生化学における一般的な官能基と結合

化合物名	構造[†1]	官能基
アミン[†2]	RNH_2 または RNH_3^+ R_2NH または $R_2NH_2^+$ R_3N または R_3NH^+	$-N\langle$ または $-\overset{+}{N}-$ アミノ基
アルコール	ROH	$-OH$ ヒドロキシ基
チオール	RSH	$-SH$ スルフヒドリル基(メルカプト基ともいう)
エーテル	ROR	$-O-$ エーテル結合
アルデヒド	$R-\overset{O}{\underset{\parallel}{C}}-H$	$-\overset{O}{\underset{\parallel}{C}}-$ カルボニル基, $R-\overset{O}{\underset{\parallel}{C}}-$ アシル基
ケトン	$R-\overset{O}{\underset{\parallel}{C}}-R$	$-\overset{O}{\underset{\parallel}{C}}-$ カルボニル基, $R-\overset{O}{\underset{\parallel}{C}}-$ アシル基
カルボン酸	$R-\overset{O}{\underset{\parallel}{C}}-OH$ または $R-\overset{O}{\underset{\parallel}{C}}-O^-$	$-\overset{O}{\underset{\parallel}{C}}-OH$ カルボキシ基 または $-\overset{O}{\underset{\parallel}{C}}-O^-$ カルボン酸イオン
エステル	$R-\overset{O}{\underset{\parallel}{C}}-OR$	$-\overset{O}{\underset{\parallel}{C}}-O-$ エステル結合
アミド	$R-\overset{O}{\underset{\parallel}{C}}-NH_2$ $R-\overset{O}{\underset{\parallel}{C}}-NHR$ $R-\overset{O}{\underset{\parallel}{C}}-NR_2$	$-\overset{O}{\underset{\parallel}{C}}-N\langle$ アミド結合
イミン[†2]	$R=NH$ または $R=NH_2^+$ $R=NR$ または $R=NHR^+$	$\rangle C=N-$ または $\rangle C=\overset{+}{N}\overset{H}{\langle}$ イミノ基
リン酸エステル[†2]	$R-O-\overset{O}{\underset{\underset{OH}{\parallel}}{P}}-OH$ または $R-O-\overset{O}{\underset{\underset{O^-}{\parallel}}{P}}-O^-$	$-O-\overset{O}{\underset{\underset{OH}{\parallel}}{P}}-O-$ リン酸エステル結合 $-\overset{O}{\underset{\underset{OH}{\parallel}}{P}}-OH$ または $-\overset{O}{\underset{\underset{O^-}{\parallel}}{P}}-O^-$ リン酸基, P_i
二リン酸エステル (ピロリン酸エステル)	$R-O-\overset{O}{\underset{\underset{OH}{\parallel}}{P}}-O-\overset{O}{\underset{\underset{OH}{\parallel}}{P}}-OH$ または $R-O-\overset{O}{\underset{\underset{O^-}{\parallel}}{P}}-O-\overset{O}{\underset{\underset{O^-}{\parallel}}{P}}-O^-$	$-O-\overset{O}{\underset{\underset{OH}{\parallel}}{P}}-O-\overset{O}{\underset{\underset{OH}{\parallel}}{P}}-O-$ リン酸無水物結合 $-\overset{O}{\underset{\underset{OH}{\parallel}}{P}}-O-\overset{O}{\underset{\underset{OH}{\parallel}}{P}}-OH$ または $-\overset{O}{\underset{\underset{O^-}{\parallel}}{P}}-O-\overset{O}{\underset{\underset{O^-}{\parallel}}{P}}-O^-$ (二リン酸基, ピロリン酸基, PP_i)

[†1] Rは炭素を含む任意の炭素含有基を表す. 二つ以上のR基をもつ分子では, それらのR基は同一とは限らない.
[†2] 生理的条件下では, これらの化学基はイオン化しており, そのため電荷をもつ.

CHARLOTTE W. PRATT・KATHLEEN CORNELY

エッセンシャル 生化学
第3版

須藤和夫・山本啓一
堅田利明・渡辺雄一郎 訳

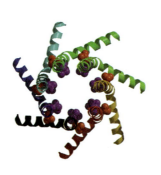

東京化学同人

Essential Biochemistry
Third Edition

CHARLOTTE W. PRATT   KATHLEEN CORNELY

Copyright © 2014, 2011, 2004 John Wiley and Sons, Inc. All rights reserved. This translation published under license.
Japanese translation edition © 2018 by Tokyo Kagaku Dozin Co., Ltd.

まえがき

　われわれは数年前に，記述は簡潔ながら多数の練習問題を含んだ新たな生化学の教科書を作成した．この教科書では，生物学の基礎にある化学的アプローチに焦点を当てながら，生化学の基礎知識を網羅するとともに，問題解決力を養うことに力点を置いた．われわれの生化学講義の経験から，生化学の効果的な学習には，個々の生化学的事実に慣れることが必要であると感じていた．そこで，教科書を読んで事実を記憶するのではなく，いろいろな角度から同じ問題にふれ，これを読者自身のものとして消化できるよう工夫をこらした．

　この教科書は，生化学の基礎をしっかりと学ぶとともに，われわれの健康，栄養，疾病といった身近な問題についても最新の知識が得られるよう執筆されている．本書を読んでいて新たな話題が出てきても，容易に理解ができ，それぞれの理解度を多数の練習問題で確認できるような構成になっている．

新版における改善点

　学習は受動的な行為ではなく，種々の事実を異なる観点から吟味して，これを消化する過程である．こうした視点に基づいて，本版では第2版に加えて新たな問題を追加した．また，以下のようなさまざまな工夫もほどこした．本書を利用することで，学生は自身の知識を確認し，生化学図式の理解を深め，問題解決能力を高めることができよう．

復習事項：すでに学んだ内容を思い出したり，新しい事項とその内容とを関連させることに困難を覚える学生は多い．各章の章頭ページでは，前の方の章で学んだ関連事項や基本的な事項を"復習事項"として示した．

図：生化学的過程を理解しやすいよう，旧版のいくつもの図を書き換えた．特に，タンパク質や生体膜の正確な三次元的構造を反映した図を用いて，対象を視覚的に理解しやすいように配慮した．多くの構造は原著者の高分解能の原図をもとにしており，生化学者が新たな知見を記す様子を垣間見ることができよう．

問題：生化学の特定の分野では，定量的な理解が必要となる．そうした理解を深めるために，本書では2章を中心に24の計算例題（6題はこの3版で新たに加えた）を出してある．この例題

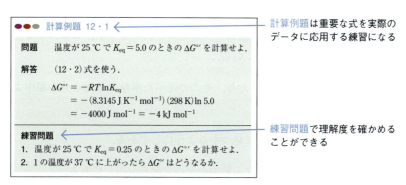

を解くことで，生化学に必要な計算法を会得できる．こうした計算例題だけでなく，章末には生化学の理解に必要な多数の問題を出題した．本書では第2版章末問題にさらに問題を加え，問題総数は1380となった．多くの問題は，実際の研究論文や臨床報告のデータに基づいて作成した．また，ほとんどすべての問題は対になっており，奇数番の問題の解答は本書末に出ているが，偶数番の問題の解答は本書には記載されていない．前の問題を参考にすれば，解答を見ずに独自に解答に達することができるよう配慮されている．

囲み記事：日々の生活に生化学的事象が深くかかわっていることを理解できるよう，45の囲み記事を入れた（"生化学ノート"）．そのうち14の記事は新版に独自のものである．ここで取上げた話題には，一酸化炭素中毒，抗真菌薬，バイオ燃料，栄養摂取，抗生物質などが含まれる．

　また，疾病をひき起こす生化学的事象や生化学的知識に基づく治療法についての理解を深めるため，臨床的観点から15の新たな囲み記事を入れた（"臨床との接点"）．ここでは，タンパク質の折りたたみまちがいに由来する疾病，ビタミン不足に由来する疾病，アルコール中毒，あるいはがん細胞の代謝について取上げた．

新しい内容：ゲノム解析の新たな展開（3章），定量的PCR法（3章），質量分析法のタンパク質解析への応用（4章），受容体タンパク質の構造（10章），ATP合成の機構（15章），糖尿病の治療（19章），ヒストンコード（20章），真核生物リボソームの構造（22章）といった最新の知見を本版で新たに取上げた．

標準的生化学教科書としての本書の構成

重要な概念：どの生化学の教科書にも，学生が消化するのに苦労するほど多くの情報が記されている．この問題に対処するため，本書では各節初めに，そこで出てくる基礎的な概念を列挙し，何が大事かを把握できるように配慮してある．これを追いながら本書を読むことで，重要な点を順序だって理解していくことができる．

方法論の解説：2章,3章,4章では,実験科学としての生化学を特徴づける実験法を解説してある．ここでは，緩衝液の調製から始まって，DNAの取扱い（DNA配列決定，PCR，組換えDNA技術，遺伝子組換え生物，遺伝子治療），そしてタンパク質解析（クロマトグラフィーによるタンパク質精製，タンパク質配列解析，タンパク質三次元構造解析）などが扱われている．

代謝の見取り図：学生にとっては生物の代謝経路は複雑で，簡単には覚えきれない．そこで，12章でおもな代謝経路の全体像を図式化してある．個々の代謝について学ぶとき，ここに戻って全体像を把握するとよい．13〜17章では複数の代謝経路が出てくるが，ここには学生の便宜のために，まとめの代謝経路図も記載されている．

まとめ：各章末には"まとめ"がついており，そこで述べた事象の重要な点が順序よく把握できるようになっている．

重要語句：重要語句は太字とし，すぐに見つかるようにしてある．

参考文献：各章末には，学生の参考になる総説などの文献を引用してある．

本書の構成の特徴

　生化学を学ぶときには，化学，生物学，物理学などではあまり深く扱わないことがらがたびたび必要になる．たとえば，酸塩基平衡，酵素反応論，酸化還元反応，酸化的リン酸化，光合成，DNA合成，転写あるいは翻訳の機構といった話題である．本書では，こうした話題に多くのスペースを割いた．一方で，あまりに多くの知識を詰め込むことも学生の意欲をそぐ原因になるので，意図的に細かな点は論じないように心掛けた場合もある．たとえば代謝経路の解説では，段階的に進行するという代謝経路の性質，その進化や制御といったスキームを重んじるようにした．

　本書は生化学を学ぶ入り口なので，いくつかのことがらについては幅広い枠組みの中でまとめて説明するように配置した．たとえば9章では，神経パルス発生を膜透過性，膜を介した輸送，あるいは膜融合という現象とともに解説している．また17章では，アテローム性動脈硬化を脂質代謝とともに解説している．

　本書を構成する22章の本文はそれぞれ比較的短く，読むのにそれほど時間はかからない．しかし，章末の問題は単に記憶したことを思い出すのではなく，解析的に解くことが求められている．実際の研究現場や臨床現場から得られた情報をもとに作成した問題が多数あるので，学生は生化学が使われている現場を身近に感じ取ることができよう．

　本書の22章は，基礎的な生化学的知識を網羅する四つの部に分けられている．第Ⅰ部は，生化学の一般的導入（1章）と，生命を支える“水”の化学の詳細な説明（2章）である．すでに化学で水分子について学んだ学生は，2章は復習として用いるとよい．まだ水分子に関する詳細な知識をもたない学生は，今後，分子構造や代謝の理解に必須となるので，2章を十分に消化しておく必要がある．第Ⅱ部は，タンパク質のような巨大分子を細胞内でつくり上げる遺伝学的基礎の解説で始まる（3章：遺伝子からタンパク質へ）．次に，タンパク質の構造（4章），タンパク質の機能（5章）について解説する．ここでは，ミオグロビンやヘモグロビンといった酸素結合タンパク質，あるいは細胞骨格タンパク質やモータータンパク質について具体的な説明を行う．その後，細胞内生理過程で中心的な役割を演じる酵素の機能についての説明（6章）と，酵素反応の定量的側面を学ぶ酵素反応速度論の解説（7章）が続く．その後，脂質の化学（8章：脂質と膜）と生体膜の構造と機能に関する二つの章（9章：膜輸送，10章：シグナル伝達）が続く．第Ⅱ部の最後で炭水化物の化学的解説を行い（11章），細胞内分子の構造と機能に関する説明を終える．第Ⅲ部では生体内物質代謝に関する話題をまとめてある．まず，生体内物質の獲得，蓄積，移動と，それを支える代謝反応の熱力学について一般的説明をする（12章）．その後，糖代謝について，グルコースとグリコーゲン代謝（13章），クエン酸回路（14章），電子伝達系と酸化的リン酸化（15章），光合成の明反応と暗反応（16章）を解説する．こうした糖代謝とエネルギー獲得反応に続いて，脂質分解と脂質合成（17章），窒素含有化合物の合成と分解，窒素固定（18章）の解説に進む．ヌクレオチドの合成と分解もここで説明する．第Ⅲ部の最終章（19章）では，哺乳類細胞内での多くの代謝反応の統合について言及する．特に，代謝反応のホルモン制御と代謝異常について詳しく解説する．第Ⅳ部には，DNA複製と修復（20章），転写（21章），タンパク質合成（22章）という遺伝情報処理に関する解説がまとめられている．DNAについては他でも取上げられることが多いので，20～22章では，トポイソメラーゼ反応，ヌクレオソームの構造，ポリメラーゼなど酵素類の反応，DNA修復機構，シャペロンを介したタンパク質折りたたみなど，他章にはないいくつかの話題について特に詳しく説明するよう心掛けた．

謝　辞

『エッセンシャル生化学 第3版』の製作に協力して下さった以下の方々に感謝する．担当編集長の Joan Kalkut，副編集長の Geraldine Osnato，編集の Aly Rentrop，製作管理会社の Ingrao Associates 社，製作編集者の Sandra Dumas，ページデザイナーの Wendy Lai，カバーデザイナーの Tom Nery，写真編集者の Teri Stratford，編集助手の Susan Tsui.

また，本書の執筆から製作に至る間に，原稿やメディア教材を見て，まちがいの訂正，内容の向上への貴重なご意見を下さった次の方々に感謝する．

Arkansas
Anne Grippo, *Arkansas State University*

Arizona
Matthew Gage, *Northern Arizona University*
Scott Lefler, *Arizona State University, Tempe*
Allan Scruggs, *Arizona State University, Tempe*

California
Elaine Carter, *Los Angeles City College*
Daniel Edwards, *California State University, Chico*
Pavan Kadandale, *University of California, Irvine*
Rakesh Mogul, *California State Polytechnic University, Pomona*

Colorado
Andrew Bonham, *Metropolitan State University of Denver*
Johannes Rudolph, *University of Colorado*

Connecticut
Matthew Fisher, *Saint Vincent's College*

Florida
David Brown, *Florida Gulf Coast University*

Georgia
Chavonda Mills, *Georgia College*
Mary E. Peek, *Georgia Tech University*
Rich Singiser, *Clayton State University*

Hawaii
Jon-Paul Bingham, *University of Hawaii-Manoa, College of Tropical Agriculture and Human Resources*

Illinois
Lisa Wen, *Western Illinois University*
Gary Roby, *College of DuPage*
Jon Friesen, *Illinois State University*
Constance Jeffrey, *University of Illinois, Chicago*

Indiana
Mohammad Qasim, *Indiana University-Purdue University*

Kansas
Peter Gegenheimer, *The University of Kansas*
Ramaswamy Krishnamoorth, *Kansas State University*

Louisiana
James Moroney, *Louisiana State University*
Jeffrey Temple, *Southeastern Louisiana University*

Maine
Robert Gundersen, *University of Maine, Orono*

Massachusetts
Jeffry Nicols, *Worcester State University*

Michigan
Kathleen Foley, *Michigan State University*
Deborah Heyl-Clegg, *Eastern Michigan University*
Jon Stoltzfus, *Michigan State University*
Mark Thomson, *Ferris State University*

Minnesota
Sandra Olmsted, *Augsburg College*

Missouri
Karen Bame, *University of Missouri, Kansas City*
Nuran Ercal, *Missouri University of Science & Technology*

Nebraska
Jodi Kreiling, *University of Nebraska, Omaha*

New Jersey
Yufeng Wei, *Seton Hall University*
Bryan Spiegelberg, *Rider University*

New York
Wendy Pogozelski, *SUNY Geneseo*
Susan Rotenberg, *Queens College of CUNY*

Ohio
Edward Merino, *University of Cincinnati*
Heeyoung Tai, *Miami University*
Lai-Chu Wu, *The Ohio State University*

Oregon
Jeannine Chan, *Pacific University*

Pennsylvania
Mahrukh Azam, *West Chester University of Pennsylvania*
David Edwards, *University of Pittsburgh School of Pharmacy*
Robin Ertl, *Marywood University*
Amy Hark, *Muhlenberg College*
Justin Huffman, *Pennsylvania State University, Altoona*
Sandra Turch-Dooley, *Millersville University*

Rhode Island
Lenore Martin, *University of Rhode Island*
Erica Oduaranm, *Roger Williams University*

South Carolina
Weiguo Cao, *Clemson University*
Ramin Radfar, *Wofford College*
Paul Richardson, *Coastal Carolina University*
Kerry Smith, *Clemson University*

Tennessee
Meagan Mann, *Austin Peay State University*

Texas
Johannes Bauer, *Southern Methodist University*
Gail Grabner, *University of Texas, Austin*

Marcos Oliveira, Feik School of Pharmacy, *University of the Incarnate Word*

Utah
Craig Thulin, *Utah Valley University*

また，旧版に有益なご意見を下さった以下の方々にも御礼申し上げる．

Arizona
Allan Bieber, *Arizona State University*
Matthew Gage, *Northern Arizona University*
Richard Posner, *Northern Arizona State University*

California
Gregg Jongeward, *University of the Pacific*
Paul Larsen, *University of California, Riverside*

Colorado
Paul Azari, *Colorado State University*

Illinois
Lisa Wen, *Western Illinois University*

Indiana
Brenda Blacklock, *Indiana University-Purdue University Indianapolis*
Todd Hrubey, *Butler University*
Christine Hrycyna, *Purdue University*
Scott Pattison, *Ball State University*

Iowa
Don Heck, *Iowa State University*

Michigan
Marilee Benore, *University of Michigan*
Kim Colvert, *Ferris State University*
Melvin Schindler, *Michigan State University*

Minnesota
Tammy Stobb, *St. Cloud State University*

Mississippi
Jeffrey Evans, *University of Southern Mississippi*
James R. Heitz, *Mississippi State University*

Nebraska
S. Madhavan, *University of Nebraska*
Russell Rasmussen, *Wayne State College*

New Mexico
Beulah Woodfin, *University of New Mexico*

Oklahoma
Charles Crittell, *East Central University*

Oregon
Steven Sylvester, *Oregon State University*

Pennsylvania
Jeffrey Brodsky, *University of Pittsburgh*
Michael Sypes, *Pennsylvania State University*

South Carolina
Carolyn S. Brown, *Clemson University*

Texas
James Caras, *Austin, Texas*
Paige Caras, *Austin, Texas*
David W. Eldridge, *Baylor University*
Edward Funkhouser, *Texas A&M University*
Barrie Kitto, *University of Texas at Austin*
Richard Sheardy, *Texas Woman's University*
Linette Watkins, *Southwest Texas State University*

Wisconsin
Sandy Grunwald, *University of Wisconsin La Crosse*

Canada
Isabelle Barrette-Ng, *University of Calgary*

　本書に出てくる多くの分子のグラフィックスは，タンパク質データバンク（www. rcsb. org）で公開されている座標を用いて作製した．図は Swiss-Pdb Viewer〔Guex, N., Peitsch, M. C., SWISS-MODEL および Swiss-Pdb Viewer："比較タンパク質モデリングの環境" *Electrophoresis* 18, 2714－2723（1997），このプログラムは spdbv. vital-it. ch/ で手に入る〕と Pov-Ray（www. povray. org），PyMol（Warren DeLano によって開発された，www. pymol. org/ で手に入る）で作製した．

訳者まえがき

　最近，がんの治療法に新たな薬剤が投入され，これまで治癒がむずかしかった場合にも驚くほどの効果がみられるというニュースを聞くことが多い．また，再生医療という新たな技術も話題になっている．こうした医学の進展には，タンパク質やDNAといった生物を構成している物質の構造や働きを分子レベルで理解することが必要で，生化学がその基礎となっている．生化学は，上記のような医学的応用だけでなく，たとえば，新薬の多くは細胞を使って産生されているように薬学でも必須の分野であり，害虫や気候変化に抵抗性をもつ農作物の作出のような農学的応用，ごく微小のモーター作製のような工学的応用など，さまざまな領域においても必須の知識となっている．今世紀に入ってからの生命科学の進歩，その基礎としての生化学的知識の蓄積と応用には目を見張らせるものがあるが，それだけに，生化学を初めて学ぶ学生に勧められる教科書にめぐり合うのはむずかしい．こうした学生のための教科書に求められることは，生化学への入門として必要な最小限の事項を簡潔に説明したうえで，言葉や現象を暗記させるのではなく，これらが生物の生存にどのようにかかわっているかを化学反応や分子構造といった“化学”の言葉で具体的に理解させることである．しかし，残念ながら，生化学の初級教科書には言葉の暗記を求めるのに重心が置かれているものが散見される．

『*Essential Biochemistry*（エッセンシャル生化学）』という表題をもつ本書の初版は10年ほど前に出版されたが，膨大な量の情報のなかで何が生化学の理解にエッセンシャルであるか，簡潔にまとめたコンパクトな良書で，必須の項目はほぼ網羅しており，多数の章末問題で理解を深める工夫がなされていたので，その時点で翻訳・出版した．今回，第3版が出版されたのを機会に，再び翻訳・出版することにした．第3版では，初版からいろいろな工夫が加えられた結果，内容がさらに洗練された感が強い．全体の筋立ては独立した4部構成で，第Ⅰ部が“生化学の基礎”，第Ⅱ部が“分子の構造と機能”，第Ⅲ部が“代謝”，第Ⅳ部が“遺伝情報”として大きくまとめられ，それぞれが独立した数章で構成されている．話題がそれぞれでほぼ完結するように配慮してあるので，読みやすい形になっている．また各章末には多数の問題が出題されており，教科書の話題を学生が言葉として記憶するだけで終わらないように工夫されている．特に，奇数番と偶数番の問題が対でつくられており，学生は前者を参考にして後者を独自に考えるようになっている．教師の立場からみても，講義の復習として偶数番の問題をうまく利用すると教育効果が大きい．さらに，このようなコンパクトな教科書のわりにはタンパク質，DNA，タンパク質−DNA複合体の詳細な分子構造が多数記載されていて，生化学が具体的な分子構造に基づいた知識であるということが実感できる．

　基礎生命科学，医学，薬学，農学といった生化学が必須の分野の学生には，本書は入門的教科書として最適である．また，工学やその他の応用分野で生化学的知識を利用したいと考えている学生にとっては，生化学を使いこなすのに“エッセンシャル”な知識がコンパクトな冊子のなかに網羅されているので，机の上に1冊置いておくのに適当であろう．

　本書は須藤が1〜7，20章，山本が11，12，14，15，17，18章，堅田が8〜10，13，19章，渡辺が

16, 21, 22 章を翻訳した．全体の用語や文体の統一は東京化学同人の橋本純子氏と武石良平氏の協力を得ながら須藤が行った．橋本氏と武石氏には，翻訳の初めから，細かい語句や全体の構成に至るまで大変なご苦労をおかけした．原文と翻訳を 1 文 1 文照らし合わせるなど，翻訳原稿のチェックをしてくださった両氏なしには，本書が世に出ることはなかったろう．

2018 年 5 月　訳者を代表して

須 藤 和 夫

著 者 紹 介

Charlotte Pratt

米国ノートルダム大学で生物学の学士課程を終え，デューク大学で生化学の博士号を取得した．タンパク質化学が専門で，血液凝固や炎症の研究に従事しており，ノースカロライナ州チャペルヒルのノースカロライナ大学に勤務していた．現在は，シアトルパシフィック大学の准教授で，ここで生化学を教えている．Pratt博士は，分子進化，酵素作用，代謝過程と疾病の関係などに興味をもっており，多数の研究論文や総説を執筆し，教科書の編集も行っている．『ヴォート基礎生化学』の共著者でもある．

Kathleen Cornely

米国オハイオ州のボーリンググリーン州立大学で化学の学士を，インディアナ大学で生化学の修士号を，コーネル大学で栄養生化学の博士号を取得した．タンパク質精製や化学修飾の実験研究を幅広く行ってきた．現在はプロビデンス大学の化学・生化学の教授で，ここで生化学，有機化学，一般化学を教えている．化学教育，特に生化学教育において，どのように実際の研究例や臨床例を利用するかというのが，最近の研究の対象である．現在，*Biochemistry and Molecular Biology Education* という雑誌の編集者のひとりであり，米国の生化学・分子生物学会における Educational and Professional Development Committee（教育開発・専門職能力開発委員会）の委員でもある．

学生へ：この教科書をどのように使うか

　この『エッセンシャル生化学 第3版』という教科書を活用できるかどうかは，自分自身を教育するということに自身がどのくらい積極的になれるかにかかっている．当然ながら，この教科書を読むことは生化学を学ぶ第一歩ではあるが，単純に教科書を読むことだけでは生化学を理解することにはならない．『エッセンシャル生化学 第3版』は，読者を心に描きながら企画し執筆したものなので，これを読む学生は，この教科書が提供しているものを十分に活用してほしい．

　生化学的な知識には積み重ねが必要である．これは一度にできることではない．読者はこの教科書をよく読み，問題など課せられたことをこなしながら，十分な時間をとって復習し，教師に質問し，必要なら彼らの助けも借りることが大切である．この教科書の各章を読んでいきながら，それが講義のシラバスにどのようにはまり込むのかを理解することも必要である．そのためには，教科書にある手引きを利用するのがよい．まず，各章頭に記されている「復習事項」をみて，準備ができているか確かめてほしい．そして，各節の初めの「重要概念」に留意し，章末の「まとめ」で理解度をチェックしてほしい．化学の知識に乏しい学生は，教科書中の計算問題を解くことも役立つ．

　教科書のなかに太字で記した重要な用語が出てくるが，これを自分で説明できるようにする必要がある．しかし，最も大事なことは，各章末に出てくる問題を解くことである．本書の最後に解答をつけてあるが，読者はとにかく解答を見ないで，すべての問題を解く努力をしなければならない．問題解決の能力をつけることは，生化学の理解を助けるだけでなく，将来，大学での勉学や社会に出てからの活動を成功させるのに必要なことである．

　最後に，章末にあるまとめやチェックリストを生化学の勉強に役立ててほしい．もし助けが必要だったり，生化学に興味があったり，最新の情報がほしかったりするなら，参考文献やウェブサイトなども参考にするとよい．

　この『エッセンシャル生化学 第3版』を執筆するにあたっては，どんどん進歩し続けている最先端の生化学へのきちんとした入門になるように教材を選んだつもりである．この教科書を読む学生が必ずしも生化学者になるわけではないだろうが，生化学の重要なテーマは何なのか，これが科学や医学の発展にどのようにかかわっているかを理解してほしいと願っている．

Charlotte W. Pratt
Kathleen Cornely

要約目次

第 I 部　生化学の基礎

1. 生命の化学的基礎
2. 水溶液の化学

第 II 部　分子の構造と機能

3. 遺伝子からタンパク質へ
4. タンパク質の構造
5. タンパク質の機能
6. 酵素の働き
7. 酵素反応速度論と酵素反応の阻害
8. 脂質と膜
9. 膜輸送
10. シグナル伝達
11. 炭水化物

第 III 部　代　謝

12. 代謝と生体エネルギー論
13. グルコース代謝
14. クエン酸回路
15. 酸化的リン酸化
16. 光　合　成
17. 脂質代謝
18. 窒素代謝
19. 哺乳類の代謝調節

第 IV 部　遺 伝 情 報

20. DNA 複製と修復
21. 転写と RNA
22. タンパク質合成

目　　次

第I部　生化学の基礎

1. 生命の化学的基礎 …………………………… 1
1・1　生化学とは何か …………………………… 1
1・2　生体分子 …………………………………… 2
　細胞には4種類の主要な生体分子がある ……… 3
　　1. アミノ酸 ……………………………………… 3
　　2. 炭水化物 ……………………………………… 3
　　3. ヌクレオチド ………………………………… 3
　　4. 脂　質 ………………………………………… 5
　3種類の主要な生体高分子がある ……………… 5
　　1. タンパク質 …………………………………… 5
　　2. 核　酸 ………………………………………… 6
　　3. 多　糖 ………………………………………… 7
1・3　エネルギーと代謝 ………………………… 8
　エンタルピーとエントロピーで
　　　　　　　　自由エネルギーが規定される … 8
　自発的に進行する反応では ΔG は負である … 9
　生物の存在は熱力学と矛盾しない …………… 9
1・4　生命の起源と進化 ………………………… 11
　生物誕生前の世界 ……………………………… 11
　現生細胞の起源 ………………………………… 13

ボックス1・A　生化学ノート
　生化学における定量的表現 …………………… 6
ボックス1・B　生化学ノート
　進化はどのように起こったのか ……………… 13

2. 水溶液の化学 …………………………………… 20
2・1　水分子は水素結合を形成する ……………… 20
　水素結合は静電相互作用のひとつである ……… 22
　多くの化合物が水に溶ける …………………… 23
2・2　疎水性相互作用 …………………………… 24
　両親媒性分子には親水性相互作用と
　　　　　　　　疎水性相互作用の両方が働く … 25
　脂質二重層の疎水性中心部は拡散に対する
　　　　　　　　　　　　　　　　障壁になる … 26
2・3　酸塩基の化学 ……………………………… 27
　$[H^+]$ と $[OH^-]$ は反比例する ……………… 28
　溶液の pH は変えられる ……………………… 28
　酸がイオン化する傾向は pK_a で記述できる …… 29
　酸溶液の pH は pK_a と関係している ………… 30
2・4　緩衝液 ……………………………………… 34

ボックス2・A　生化学ノート
　医薬品合成にフッ素がよく使われるのはなぜか … 23
ボックス2・B　生化学ノート
　汗と運動とスポーツドリンク ………………… 27
ボックス2・C　生化学ノート
　大気中の CO_2 と海洋の酸性化 ……………… 29
ボックス2・D　臨床との接点
　ヒト体内の酸塩基平衡 ………………………… 32

第II部　分子の構造と機能

3. 遺伝子からタンパク質へ …………………… 41
3・1　DNAが遺伝物質である …………………… 41
　核酸はヌクレオチドの重合体である …………… 42
　他の細胞内機能を担っている
　　　　　　　　　　ヌクレオチドもある …… 43
　DNAは二重らせん構造をとる ………………… 44

　RNAは一本鎖である …………………………… 46
　DNAの変性と再生 ……………………………… 47
3・2　遺伝子がタンパク質の情報を担っている …… 49
　遺伝子の変異は遺伝子疾患をひき起こす ……… 50
3・3　ゲノミクス ………………………………… 51
　遺伝子数は生物の複雑さと相関している ……… 51

配列比較で遺伝子を同定する ·············54
ゲノムデータから遺伝子疾患の
　　　　　原因遺伝子を探し出す ·····55
3・4　遺伝子操作 ·····························55
DNA 配列決定法 ···························55
ポリメラーゼ連鎖反応で
　　　　　DNA 鎖を増幅する ···········57
制限酵素は DNA を特定の配列で切断する ·······58
組換え DNA の作製 ·······················60
クローン化した遺伝子から利用価値の高い
　　　　　遺伝子産物が得られる ·····62
遺伝子組換え生物の実用化 ··············63
いくつかのヒト遺伝子疾患に対しては,
　　　　　遺伝子治療を行うことができる ·····63

ボックス3・A　臨床との接点
嚢胞性繊維症遺伝子の発見 ··············52
ボックス3・B　生化学ノート
DNA フィンガープリント ···············59

4.　タンパク質の構造 ·····················70
4・1　タンパク質はアミノ酸の重合体である ·······70
20 種類のアミノ酸の化学的性質は異なる ·········70
疎水性アミノ酸 ····························71
極性アミノ酸 ······························72
荷電アミノ酸 ······························73
アミノ酸がペプチド結合でつながって
　　　　　タンパク質となる ···········74
アミノ酸配列はタンパク質構造の
　　　　　第一の階層である ···········76
4・2　二次構造: ペプチドの局所的立体構造 ·······76
α ヘリックス ·····························77
β シート ··································77
タンパク質には不規則な二次構造もある ·········78
4・3　三次構造とタンパク質の安定性 ·········79
タンパク質は疎水性中心部をもつ ·········80
タンパク質はおもに疎水性相互作用を介して
　　　　　安定化される ···········81
架橋はタンパク質を安定化する ··············81
タンパク質の折りたたみは
　　　　　二次構造形成で始まる ·····82
4・4　四次構造 ···························86
4・5　タンパク質の構造解析技術 ··············87
クロマトグラフィーでは,
　　　　　タンパク質の物理的あるいは
　　　　　化学的性質を利用する ···87
質量分析でアミノ酸配列を決定する ··············89

タンパク質の立体構造決定には X 線結晶構造
　　　解析法,クライオ電子顕微鏡法あるいは
　　　　　　　NMR 分光法を用いる ···91

ボックス4・A　生化学ノート
キラリティーがなぜ重要か ··············73
ボックス4・B　生化学ノート
グルタミン酸ナトリウム ··············74
ボックス4・C　臨床との接点
タンパク質の折りたたみのまちがいと病気 ·······84
ボックス4・D　生化学ノート
質量分析法の応用 ······················90

5.　タンパク質の機能 ·····················98
5・1　ミオグロビンとヘモグロビン:
　　　　　酸素結合タンパク質 ······98
ミオグロビンへの酸素結合は
　　　　　酸素濃度に依存する ······99
ミオグロビンとヘモグロビンは共通の
　　　　　祖先タンパク質から進化した ·····100
酸素分子はヘモグロビンに協同的に結合する ···102
ヘモグロビンの協同的酸素結合の構造的基盤 ···103
ヘモグロビンの酸素結合を制御する細胞内因子··105
5・2　構造タンパク質 ·····················106
ミクロフィラメントはアクチンでできている ·····107
アクチンフィラメントは常に
　　　　　伸びたり縮んだりしている ·····109
微小管はチューブリンが重合してできた
　　　　　中空の管状構造体である ·····110
微小管の動態に影響を与える薬剤がある ·········111
ケラチンは中間径フィラメントを構成する
　　　　　タンパク質のひとつである ·····113
コラーゲンは三重らせん構造をもつ ·············115
コラーゲン分子は共有結合で架橋される ·········116
5・3　モータータンパク質 ·················117
ミオシンは二つの頭部と 1 本の長い尾部をもつ··117
ミオシンはレバーアーム機構で働く ··············119
キネシンは微小管上で機能する
　　　　　モータータンパク質である ·····120
キネシンは連続的に運動するモーターである ·····121

ボックス5・A　生化学ノート
エリスロポエチンは赤血球細胞の増殖を促す ·····102
ボックス5・B　生化学ノート
一酸化炭素中毒 ··························104
ボックス5・C　臨床との接点
変異ヘモグロビン ······················106

ボックス5・D　生化学ノート
　ビタミンC不足で壊血病が起こる ················ 116
ボックス5・E　臨床との接点
　遺伝性結合組織病 ······························· 118
ボックス5・F　生化学ノート
　ミオシンの変異と難聴 ························· 122

6. 酵素の働き ····························· 131
6・1　酵素とは何か ························· 131
　酵素の名前はそれが触媒する反応に由来する ····· 133
6・2　酵素触媒反応の化学 ··················· 134
　触媒は活性化エネルギーを下げる ··············· 135
　酵素は触媒として働く ······················· 135
　　1.　酸塩基触媒機構 ····················· 136
　　2.　共有結合触媒機構 ··················· 137
　　3.　金属イオン触媒機構 ················· 138
　キモトリプシンの触媒3残基は
　　　　　　ペプチド結合の加水分解を促進する ····· 138
6・3　酵素触媒の特異な性質 ················· 139
　遷移状態の安定化 ··························· 140
　近接効果と配向効果によって触媒効率があがる ·· 142
　活性部位周囲の微小環境が触媒作用を促す ······ 142
6・4　酵素に関するその他の特徴 ············· 143
　すべてのセリンプロテアーゼが
　　　　　共通の祖先から進化したわけではない ····· 143
　同じような機構で働く酵素でも
　　　　　　　　　基質特異性は異なる ····· 145
　キモトリプシンの活性化機構 ················· 146
　プロテアーゼインヒビターは
　　　　　プロテアーゼの活性を抑制する ····· 147

ボックス6・A　生化学ノート
　反応機構の記述 ····························· 137
ボックス6・B　臨床との接点
　血液凝固にはプロテアーゼカスケードが
　　　　　　　　　必要である ····· 144

7. 酵素反応速度論と酵素反応の阻害 ·········· 156
7・1　酵素反応速度論 ······················· 156
7・2　ミカエリスーメンテンの式の
　　　　　　　　　導出と式の意味 ····· 158
　反応速度式で反応過程を記述する ··············· 158
　酵素反応はミカエリスーメンテンの式で
　　　　　　　　　　　記述できる ····· 158
　K_Mは反応速度が最大速度の
　　　　　　半分になる基質濃度に相当する ····· 160
　触媒定数は酵素の働く速度を示す ··············· 160

k_{cat}/K_Mは触媒効率を表す ························· 161
K_MとV_{max}の値は実験的に決めることができる ·· 161
すべての酵素の反応が
　　　　　簡単なミカエリスーメンテンモデルで
　　　　　　　　　説明できるわけではない ··· 162
　　1.　複数の基質がかかわる反応 ··············· 162
　　2.　多段階反応 ··························· 163
　　3.　非双曲線形反応 ····················· 164
7・3　酵素阻害 ··························· 165
　不可逆的に働く阻害剤 ····················· 166
　拮抗阻害は最もふつうにみられる
　　　　　　　　　可逆的阻害である ····· 166
　遷移状態類似体は酵素阻害剤になる ············· 168
　V_{max}に影響を与える阻害剤もある ··············· 168
　アロステリック酵素による制御には
　　　　　　　　　阻害と活性化がある ····· 170
　酵素活性に影響する他の因子 ··············· 172

ボックス7・A　臨床との接点
　医薬の開発 ····························· 164
ボックス7・B　生化学ノート
　HIVプロテアーゼ阻害薬 ····················· 169

8. 脂 質 と 膜 ························· 181
8・1　脂 質 ··························· 181
　脂肪酸は長い炭化水素鎖をもつ ··············· 181
　脂質のいくつかは頭部に極性基をもつ ··········· 183
　脂質は多様な生理機能を司る ··············· 184
8・2　脂質二重層 ······················· 185
　二重層は流動的な構造をしている ··············· 187
　天然の二重層は非対称である ··············· 188
8・3　膜タンパク質 ······················· 188
　膜内在性タンパク質は脂質二重層を
　　　　　　　　　貫通している ····· 189
　αヘリックスは脂質二重層を横切る ··············· 189
　膜貫通βシートはバレル構造を形成する ········· 189
　脂質結合型タンパク質は膜につなぎとめられる ··· 190
8・4　流動モザイクモデル ··················· 190
　膜の糖タンパク質は細胞外に向いている ········· 192

ボックス8・A　生化学ノート
　ω-3脂肪酸 ····························· 183
ボックス8・B　臨床との接点
　脂溶性ビタミンA, D, EとK ····················· 186

9. 膜 輸 送 ··························· 198
9・1　膜輸送の熱力学 ······················· 198

イオンの移動が膜電位を変える ……………199
輸送体はイオンの膜貫通移動を仲介する ………200
9・2　受動輸送 ……………………………201
ポリンは β バレルタンパク質である ………201
イオンチャネルは高い選択性がある …………202
開口型チャネルは立体構造を変化させる ………203
アクアポリンは水に特異的な小孔である ………204
輸送タンパク質には立体構造を
　　　　　　　　変えるものがある ……205
9・3　能動輸送 ……………………………207
Na$^+$/K$^+$ ATP アーゼは膜を横切って
　　　　イオンを輸送する際に高次構造を変える ……207
ABC 輸送体は薬剤耐性を仲介する ……………208
二次性能動輸送は
　　　　　　存在する濃度勾配を活用する ……208
9・4　膜融合 ………………………………209
SNARE タンパク質は小胞と細胞膜を
　　　　　　　　　　融合させる ……211
膜融合には脂質二重層の曲率変化が
　　　　　　　　　　必要である ……212

ボックス9・A　生化学ノート
小孔で殺せる ………………………………203
ボックス9・B　生化学ノート
神経のシグナル伝達を妨げるいくつかの薬剤 ……210
ボックス9・C　臨床との接点
抗うつ薬はセロトニンの輸送を遮断する ………211

10. シグナル伝達 ……………………………219
10・1　シグナル伝達経路の一般的な特徴 ………219
リガンドは特有の親和性をもって
　　　　　　　　受容体に結合する ……219
ほとんどのシグナル伝達は
　　　　　　　2種の受容体を介している ……221
シグナル伝達の効果は制限される ……………222
10・2　G タンパク質シグナル伝達経路 ………223
G タンパク質共役型受容体は細胞膜を
　　　　　　7回貫通するヘリックスをもつ ……223
受容体は G タンパク質を活性化する …………224
アデニル酸シクラーゼは
　　　　二次メッセンジャーである
　　　　　　　サイクリック AMP を産生する ……225
サイクリック AMP は
　　　　　プロテインキナーゼ A を活性化する ……225
シグナル伝達経路は終結される ………………226
ホスホイノシチドシグナル伝達経路は
　　　　2種の二次メッセンジャーを産生する ……227

カルモジュリンは
　　　いくつかの Ca^{2+} シグナルを仲介する ……228
10・3　受容体型チロシンキナーゼ ……………229
インスリン受容体には
　　　　　二つのリガンド結合部位が存在する ……229
受容体は自己リン酸化される ………………229
10・4　脂質ホルモンのシグナル伝達 …………231
エイコサノイドは短期的なシグナルである ……234

ボックス10・A　生化学ノート
細菌のクオラムセンシング ……………………220
ボックス10・B　生化学ノート
細胞のシグナル伝達とがん ……………………231
ボックス10・C　生化学ノート
経口避妊薬 ……………………………………232
ボックス10・D　生化学ノート
アスピリンと他の
　　　　　シクロオキシゲナーゼ阻害薬 ………233

11. 炭 水 化 物 …………………………………241
11・1　単 糖 ………………………………241
炭水化物の多くはキラル化合物である …………242
環状化によって α および β アノマーが生じる ……242
さまざまなやり方で単糖の誘導体を
　　　　　　　　合成することができる ……243
11・2　多 糖 ………………………………244
最も身近な二糖は
　　　　　　ラクトースとスクロースである ……244
デンプンとグリコーゲンは
　　　　　　　燃料貯蔵のための分子である ……245
セルロースとキチンは構造の支持体となる ………246
細菌の多糖はバイオフィルムをつくる …………247
11・3　糖タンパク質 ………………………247
N 結合型オリゴ糖鎖は加工される ……………247
O 結合型オリゴ糖鎖は大きなものが多い ………248
なぜオリゴ糖が使われるのか …………………249
プロテオグリカンは
　　　　　長いグリコサミノグリカン鎖を含む ……249
細菌の細胞壁はペプチドグリカンで
　　　　　　　　　　　できている ……250

ボックス11・A　生化学ノート
セルロースによるバイオ燃料 …………………246
ボックス11・B　生化学ノート
ABO 血液型 …………………………………249
ボックス11・C　生化学ノート
抗生物質と細菌の細胞壁 ………………………250

第Ⅲ部　代　謝

12. 代謝と生体エネルギー論 ･･･････････････255
12・1　食物と燃料 ･･････････････････････255
細胞は分解産物を取込む ･･････････････････256
単量体は重合体として貯蔵される ･･･････････257
燃料は必要に応じて供給される ･････････････258
12・2　代謝経路 ･･････････････････････260
いくつかの主要な異化経路には
　　　　　　二，三の共通する中間体が存在する ･････260
多くの代謝経路には酸化還元反応が含まれる ･････261
代謝経路は複雑である ･･････････････････262
ヒトの代謝はビタミンに依存する ･････････････263
12・3　代謝反応における自由エネルギー変化 ････266
自由エネルギー変化は反応物の濃度に依存する ･･266
不利な反応は有利な反応と組合わされる ･･･････268
自由エネルギーはいろいろな形をとりうる ･･････269
自由エネルギー変化が最大のところで
　　　　　　　　　　　調節が行われる ･･････271

ボックス 12・A　生化学ノート
トランスクリプトーム，プロテオーム，
　　　　　　　およびメタボローム ･････264
ボックス 12・B　生化学ノート
カロリーとは何か ･････････････････････267
ボックス 12・C　生化学ノート
ヒトの筋肉のエネルギー源 ･･･････････････270

13. グルコース代謝 ･･････････････････279
13・1　解　糖 ･･････････････････････280
解糖における反応 1〜5 は
　　　　　　エネルギー投資の段階 ･････280
　1. ヘキソキナーゼ ･･･････････････････280
　2. ホスホグルコイソメラーゼ ･･･････････282
　3. ホスホフルクトキナーゼ ･･･････････282
　4. アルドラーゼ ･･･････････････････283
　5. トリオースリン酸イソメラーゼ ･･･････285
解糖における反応 6〜10 は
　　　　　　エネルギー回収の段階 ･････285
　6. グリセルアルデヒド-3-リン酸
　　　　　　　　デヒドロゲナーゼ ･････285
　7. ホスホグリセリン酸キナーゼ ･･････286
　8. ホスホグリセリン酸ムターゼ ･･････287
　9. エノラーゼ ･･･････････････････287
　10. ピルビン酸キナーゼ ････････････287
ピルビン酸は他の基質に変換される ･･･････289
13・2　糖新生 ･･･････････････････292

四つの糖新生の酵素といくつかの解糖の酵素が
　　　　　　ピルビン酸をグルコースに変換する ･･･294
糖新生はフルクトースビスホスファターゼの
　　　　　　　　段階で調節される ･･･294
13・3　グリコーゲンの合成と分解 ･･･････････295
グリコーゲン合成は UTP の
　　　　　　自由エネルギーを消費する ････295
グリコーゲンホスホリラーゼが
　　　　　　グリコーゲン分解を触媒する ････296
13・4　ペントースリン酸経路 ･･･････････298
ペントースリン酸経路の酸化反応は
　　　　　　　　NADPH を産生する ････298
異性化および相互変換反応が
　　　　　　　多様な単糖を産生する ････299
グルコース代謝のまとめ ･･･････････････300

ボックス 13・A　生化学ノート
他の糖の代謝について ･･･････････････288
ボックス 13・B　臨床との接点
アルコール代謝 ･････････････････････292
ボックス 13・C　臨床との接点
糖原病 ･･･････････････････････････297

14. クエン酸回路 ･･･････････････････307
14・1　ピルビン酸デヒドロゲナーゼの反応 ･･････307
ピルビン酸デヒドロゲナーゼ複合体には
　　　3 種類の異なる酵素が複数個含まれている ･･･308
ピルビン酸デヒドロゲナーゼはピルビン酸を
　　　　　　アセチル CoA にする ･･･308
14・2　クエン酸回路の 8 段階の反応 ･････････310
　1. クエン酸シンターゼはアセチル基を
　　　　　　オキサロ酢酸に付加する ････311
　2. アコニターゼはクエン酸を
　　　　　　イソクエン酸に異性化する ････313
　3. イソクエン酸デヒドロゲナーゼは
　　　　　　最初の CO_2 を放出する ････313
　4. 2-オキソグルタル酸デヒドロゲナーゼが
　　　　　　第二の CO_2 を放出する ････313
　5. スクシニル CoA シンテターゼは
　　　　　　基質レベルのリン酸化を触媒する ････314
　6. コハク酸デヒドロゲナーゼは
　　　　　　ユビキノールをつくる ････315
　7. フマラーゼは水和反応を触媒する ････････315
　8. リンゴ酸デヒドロゲナーゼは
　　　　　　オキサロ酢酸を再生する ････315

クエン酸回路はエネルギーを放出する
触媒回路である ……315
クエン酸回路は三つの段階で調節されている ……316
クエン酸回路は合成経路として進化してきた ……316
14・3　クエン酸回路の同化機能と異化機能 ……318
他の分子の前駆体となる
クエン酸回路の中間体 ……318
補充反応がクエン酸回路の中間体を補充する ……319

ボックス 14・A　臨床との接点
クエン酸回路の酵素の突然変異 ……317
ボックス 14・B　生化学ノート
グリオキシル酸回路 ……320

15. 酸化的リン酸化 ……327

15・1　酸化還元反応の熱力学 ……327
還元電位は物質の電子の受取りやすさを
示すものである ……328
還元電位の差から自由エネルギー変化を
計算できる ……329
15・2　ミトコンドリアの電子伝達系 ……330
ミトコンドリアの膜が二つの区画の境界となる ……331
複合体 I は NADH の電子を
ユビキノンに伝達する ……333
他の酸化反応もユビキノールをつくるために
使われている ……334
複合体 III は QH_2 からシトクロム c へ
電子を伝達する ……335
複合体 IV はシトクロム c を酸化し
O_2 を還元する ……337
15・3　化学浸透 ……338
化学浸透圧が電子伝達と
酸化的リン酸化を結びつける ……339
H^+ 濃度勾配は電気化学的勾配である ……339
15・4　ATP 合成酵素 ……340
ATP 合成酵素は H^+ 流入に伴い回転する ……340
結合状態変化機構によって
ATP 合成が説明できる ……342
P：O 比が酸化的リン酸化における
化学量論を示す ……342
酸化的リン酸化の速度は
燃料異化速度に依存する ……343

ボックス 15・A　生化学ノート
フリーラジカルと老化 ……338
ボックス 15・B　生化学ノート
脱共役剤は ATP 合成を阻害する ……343

16. 光 合 成 ……350

16・1　葉緑体と太陽エネルギー ……351
複数の色素が異なる波長の光を吸収する ……351
集光性複合体はエネルギーを反応中心へと
移動させる ……353
16・2　明反応 ……354
光化学系 II は光で活性化する
酸化還元酵素である ……354
光化学系 II の酸素発生複合体が水を酸化する ……355
シトクロム $b_6 f$ が光化学系 I と II をつなぐ ……357
2 番目の光酸化が光化学系 I で起こる ……358
化学浸透が ATP 合成に必要な
自由エネルギーを提供する ……360
16・3　炭素固定 ……360
ルビスコが CO_2 の固定を触媒する ……360
カルビン回路が糖分子を再編する ……363
光の有無による炭素固定の制御 ……364
カルビン回路の生成物はスクロースと
デンプンの合成に用いられる ……364

ボックス 16・A　生化学ノート
C_4 経路 ……362

17. 脂 質 代 謝 ……369

17・1　脂肪酸の酸化 ……371
脂肪酸は分解される前に“活性化”される ……371
β 酸化は四つの反応を繰返す ……372
不飽和脂肪酸の酸化には異性化反応と
還元反応が必要である ……373
炭素数が奇数の脂肪酸の酸化で
プロピオニル CoA が生じる ……376
ある種の脂肪酸の酸化は
ペルオキシソームで行われる ……377
17・2　脂肪酸生合成 ……377
脂肪酸生合成の最初の段階は
アセチル CoA カルボキシラーゼが触媒する ……379
脂肪酸合成酵素は七つの反応を触媒する ……379
新たに合成された脂肪酸に他の酵素が作用し
伸長させたり不飽和にする ……382
脂肪酸生合成は活性化されたり
阻害されたりする ……383
アセチル CoA からケトン体がつくられる ……384
17・3　他の脂質の合成 ……385
トリアシルグリセロールとリン脂質は
アシル CoA からつくられる ……385
コレステロールの合成は
アセチル CoA から始まる ……387

コレステロールの使われ方 ························ 389
脂質代謝のまとめ ······························· 390

ボックス 17・A　生化学ノート
脂肪，食事，そして心臓病 ····················· 381
ボックス 17・B　臨床との接点
脂肪酸合成酵素阻害剤 ························· 382

18. 窒素代謝 ··································· 396
18・1　窒素固定と同化 ···························· 396
ニトロゲナーゼは N_2 を NH_3 に変換する ········· 396
アンモニアはグルタミンシンテターゼと
　　グルタミン酸シンターゼにより同化される ··· 397
アミノ基転移反応によりアミノ基は
　　化合物から化合物へと渡される ····· 398
18・2　アミノ酸生合成 ···························· 401
いくつかのアミノ酸はごく一般的な
　　代謝産物から容易に合成できる ··· 401
硫黄，分枝した側鎖，あるいは芳香族側鎖を
　　もつアミノ酸の合成はさらにむずかしい ··· 402
アミノ酸はいくつかのシグナル伝達分子の
　　前駆体である ··· 405
18・3　ヌクレオチド生合成 ······················· 407
プリンヌクレオチド合成によって
　　IMP がつくられ，そこから AMP と GMP
　　　　がつくられる ··· 407
ピリミジンヌクレオチド合成によって
　　UTP と CTP がつくられる ····· 408
リボヌクレオチドレダクターゼが
　　リボヌクレオチドをデオキシ
　　　　リボヌクレオチドに変換する ··· 408
チミジンヌクレオチドは
　　メチル化によってつくられる ····· 410
ヌクレオチドが分解されると尿酸あるいは
　　アミノ酸になる ····· 410
18・4　アミノ酸の異化 ···························· 411
アミノ酸には糖原性，ケト原性，あるいは
　　その両方の性質をもつものがある ····· 411

18・5　窒素の排泄：尿素回路 ···················· 414
グルタミン酸が尿素回路に窒素を供給する ······ 415
尿素回路は四つの反応からなる ················· 415

ボックス 18・A　生化学ノート
臨床現場でのアミノトランスフェラーゼ ········· 399
ボックス 18・B　生化学ノート
よく使われる除草剤グリホサート ··············· 405
ボックス 18・C　生化学ノート
一酸化窒素 ···································· 406
ボックス 18・D　生化学ノート
先天性代謝異常 ······························· 414

19. 哺乳類の代謝調節 ························ 425
19・1　燃料代謝の統合 ···························· 425
器官は異なる機能に向けて特殊化している ······ 425
代謝産物が器官間を移動する ··················· 428
19・2　燃料代謝のホルモン調節 ·················· 429
グルコースに応答してインスリンが分泌される ·· 430
インスリンは燃料の利用と貯蔵を促進する ······ 431
グルカゴンとアドレナリンは燃料を動員する ····· 432
別種のホルモンが燃料代謝に影響を与える ······ 434
AMP 依存性プロテインキナーゼが
　　燃料センサーとして機能する ··· 434
19・3　燃料代謝の障害 ···························· 435
絶食の間に体はグルコースとケトン体を
　　産生する ··· 435
肥満には複数の原因がある ····················· 436
糖尿病は高血糖で特徴づけられる ··············· 437
メタボリックシンドロームは
　　肥満と糖尿病を関連づける ····· 439

ボックス 19・A　臨床との接点
がんの代謝 ···································· 427
ボックス 19・B　生化学ノート
腸内ミクロビオームは代謝に貢献する ··········· 428
ボックス 19・C　生化学ノート
消耗症とクワシオルコル ······················· 435

第Ⅳ部　遺伝情報

20. DNA 複製と修復 ························· 445
20・1　DNA 超らせん ····························· 446
トポイソメラーゼは DNA の超らせんを
　　変化させる ····· 447

20・2　DNA 複製装置 ····························· 448
DNA 複製は"工場"で行われる ·················· 448
ヘリカーゼは二本鎖 DNA を一本鎖 DNA にする　449
DNA ポリメラーゼが遭遇する二つの問題 ········ 450

さまざまな DNA ポリメラーゼには
共通の構造と反応機構がある ……452
DNA ポリメラーゼは
新たに合成された DNA の校正を行う ……453
RN アーゼとリガーゼが
ラギング鎖の完成に必要である ……454
20・3　テロメア ………………………………455
テロメラーゼが染色体末端に
テロメアを付加する ……455
テロメラーゼの活性は細胞の不死と関連があるか　457
20・4　DNA 損傷と修復 ………………………457
細胞内での DNA 損傷は避けがたい ……………458
修復酵素は損傷を受けた DNA の回復を担う ……459
塩基除去修復は
一番頻度の高い DNA 損傷を修復する ……459
ヌクレオチド除去修復機構は 2 番目に
頻度の高い DNA 損傷を標的とする ……463
二本鎖切断は末端結合で修復される …………463
組換えによっても DNA 切断が修復される ……464
20・5　DNA の折りたたみ ……………………465
DNA 折りたたみの基本単位は
ヌクレオソームである ……466
ヒストンは共有結合修飾を受ける ………………467
DNA も共有結合修飾を受ける ………………467

ボックス 20・A　生化学ノート
HIV と逆転写酵素 ……………………………456
ボックス 20・B　臨床との接点
がんは遺伝子の損傷に由来する病気である ……460

21. 転写と RNA …………………………………475
21・1　転写開始 ………………………………476
クロマチン再構築が
転写に先行して起こるらしい ……477
転写はプロモーターから始まる ………………478
転写因子が真核生物のプロモーターを認識する ‥479
エンハンサーとサイレンサーは
プロモーターから離れたところから作用する　480
原核生物のオペロンでは協調した
遺伝子発現をする ……481
21・2　RNA ポリメラーゼ ……………………484
RNA ポリメラーゼは
連続反応が可能な酵素である ……485

転写伸長のために RNA ポリメラーゼの
構造変化が必要である ……486
転写の終結にはいくつかの形がある …………487
21・3　RNA プロセシング ……………………488
真核生物 mRNA は 5′ キャップ構造,
3′ ポリ (A) 尾部をもつ ……488
真核生物遺伝子のイントロンを除く
スプライシング ……489
mRNA の新陳代謝と遺伝子発現を制限する
RNA 干渉 ……491
rRNA と tRNA のプロセシングでは
ヌクレオチドの付加, 除去, 修飾が起こる ……493

ボックス 21・A　生化学ノート
DNA 結合タンパク質 …………………………482
ボックス 21・B　生化学ノート
RNA: 多様な機能をもった分子 ………………494

22. タンパク質合成 ……………………………501
22・1　tRNA のアミノアシル化 ……………502
tRNA アミノアシル化は ATP を消費する ………503
いくつかの AARS は校正活性をもっている ……505
tRNA のアンチコドンが mRNA のコドンと
対をなす ……505
22・2　リボソームの構造 ……………………505
22・3　翻訳 ……………………………………508
翻訳の開始には開始 tRNA が必要である ………508
伸長の過程では適切な tRNA が
リボソームへと運ばれる ……510
ペプチジルトランスフェラーゼが
ペプチド結合の形成を触媒する ……512
終結因子が翻訳の終結を手助けする …………515
in vivo で翻訳は効率よく進む …………………516
22・4　翻訳後に起こる現象 …………………516
シャペロンはタンパク質の折りたたみを促進する　516
シグナル認識粒子によって特定の
タンパク質が膜へと向かう ……518
多くのタンパク質が化学修飾を受ける …………520

ボックス 22・A　生化学ノート
遺伝暗号の拡張 ………………………………506
ボックス 22・B　生化学ノート
タンパク質合成の阻害剤としての抗生物質 ……513

章末問題の解答 ………………………………………527
練習問題の解答 ………………………………………583
索　　引 ………………………………………………587

1

生命の化学的基礎

生体系は熱力学の法則に従うか
物質とエネルギーを記述する熱力学によると，化学系はどんどん無秩序になって最終的には平衡状態に入る．しかし，生物体は無秩序な平衡状態にいるのではなく，高度に組織化されている．本章では，細胞を構成するいろいろな分子について解説し，細胞内で起こる化学反応に適用できる法則を理解する．こうしたことを学ぶと，生体系を支配している法則が非生体系を支配している法則と同じであることに気がつくだろう．

この最初の章は生化学の概観で，本書で扱う話題に応じて3節に分かれている．§1・2では生体における主要な4種類の低分子やその重合体について，§1・3では代謝反応にかかわる熱力学を，最後に自己複製する生命体の起源と現生生物への進化について解説する．こうした簡単な解説を通して生化学における重要な事項やテーマを学ぶことで，後章で出てくるさまざまな話題についての基礎知識を得ることができる．

1・1 生化学とは何か

生化学（biochemistry）とは，生命現象を分子レベルで説明しようという科学の一分野である．生化学では，生物のいろいろな過程を記述するのに化学的手法や化学用語を用いる．生化学によって，われわれを構成している物質は何か，あるいは，われわれが生きている基盤にある機能や機構はどんなものか，といった基本的な疑問に対する答を得ることができる．生化学はまた実践的な科学でもある．遺伝学，細胞生物学，あるいは免疫学のような別の分野の進歩を担う技術も生化学に負うことが多い．生化学は，がんや糖尿病といった病気の治療法の開発に寄与し，また，廃水処理，食品加工，薬剤の合成といった工業面でも，効率向上に役立っている．

生化学はそもそも還元主義的な科学である．つまり，全体を小さな部分に分け，それぞれの部分を個別に調べることで，全体像をつかもうというものである．そのためには，生体を構成する分子を単離し，その性質を調べることが必要である（図1・1）．一つひとつの分子の物理的構造や化学的反応性がわかれば，これらの分子が集

まって協調しながら大きな機能単位を構築し，生物体をつくり上げる過程を理解することができるだろう．

しかし，こうした自然の神秘を解き明かすには，還元主義的な方法だけでなく全体論的な観点も必要になる．完全に分解してしまった時計はもはや時計とは似ても似つかないように，生物体がどのように生きているかということは，生体分子の情報をいくら集めても必ずしも明らかにならないだろう．分子間相互作用のなかには，生体外でばらばらにして調べるには複雑すぎるものもある．こうした場合には，培養した生物の分子を修飾したり壊したりして，この生物がどのようになるかを調べることも必要になる．さらに，多数の生体分子についてわかっていることが多く，データ量も莫大になるので，コンピューターを使ってこれをデータベースから引出し，**バイオインフォマティクス**（bioinformatics, 生物情報学）の手法を使って解析することも必要になる．

本書の3章から22章までは，次のような生化学の三つの主要な話題にほぼ対応して3分割できる．

1. **生物はどんな物質でできているか**．細胞の物理的形態維持にかかわっている分子があり，また，細胞機能に必要な活性を担っている分子もある（最も単純な生物体は1個の細胞なので，簡単のために，ここでは**生物体** organism と**細胞** cell をほぼ同じ意味で使う）．いずれの場合にも，分子の構造は機能とどこかでつながっている．そこで，分子の構造を調べることは，その機能を知るうえで非常に重要である．

2. **生物はエネルギーをどうやって獲得し，どのように用いるか**．生体構成分子の合成や運動，成長，増殖といった代謝反応を細胞が遂行するにはエネルギーを取

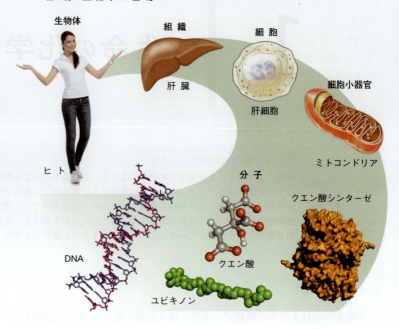

図 1・1 生体を組織するさまざまな階層. 生化学は分子の構造と機能に焦点を当てる. 分子間の相互作用によって高次の構造が生じ (たとえば細胞小器官など), それはより大きい組織の構築単位となり, 最終的に完全な生物個体となる.

込むことが必要である. 細胞はこうしたエネルギーを外界から取込み, 運用可能な形でたくわえ, 使用する.

3. **生物はどうやってその種としての特徴を世代を超えて維持するか**. 現代の人類は, 10万年前と見かけは変わらないだろう. ある種の細菌は数十億年とはいわないまでも, 数百万年は変わらずに生き延びてきている. どんな生物でも, 細胞の形態や機能を決めている情報は, 細胞が分裂するたびごとに, まちがいなく保存され次世代に伝えられなければならない.

1個の細胞でも生きている間に形を大きく変えるし, 代謝活動も変化する. しかし, こうした変化も一定の範囲内のことである. 本書では, 制御機構のおかげで, 内外の環境変化に生物が対応できる例をいろいろ紹介する. また, 生物の形態, 代謝, あるいは遺伝情報にかかわる分子に欠陥があるために起こる病気についても取上げる.

1・2 生体分子

重要概念
- 生体分子は自然界に存在している原子や官能基のうち限られたもので構成されている.
- 細胞には4種類の主要な生体分子があり, 3種類の重合体がある.

最も単純な生物の体内にも驚くほど多種類の分子が存在するが, 化学的に可能な多彩な化合物全体からみればこうした分子もほんの一部にすぎない. 既知の元素の一部だけが生体系で使われることが (図 1・2), この理由のひとつである. 生体系に最も豊富に存在しているのは C, N, O, そして H で, それに続いて Ca, P, K, S, Cl, Na, Mg の量が多い. ある種の**微量元素** (trace element) も少量ながら存在している.

ほとんどすべての生物由来の分子は炭素を含むので, 生化学は有機化学の一分野だと考えてもよい. また, H,

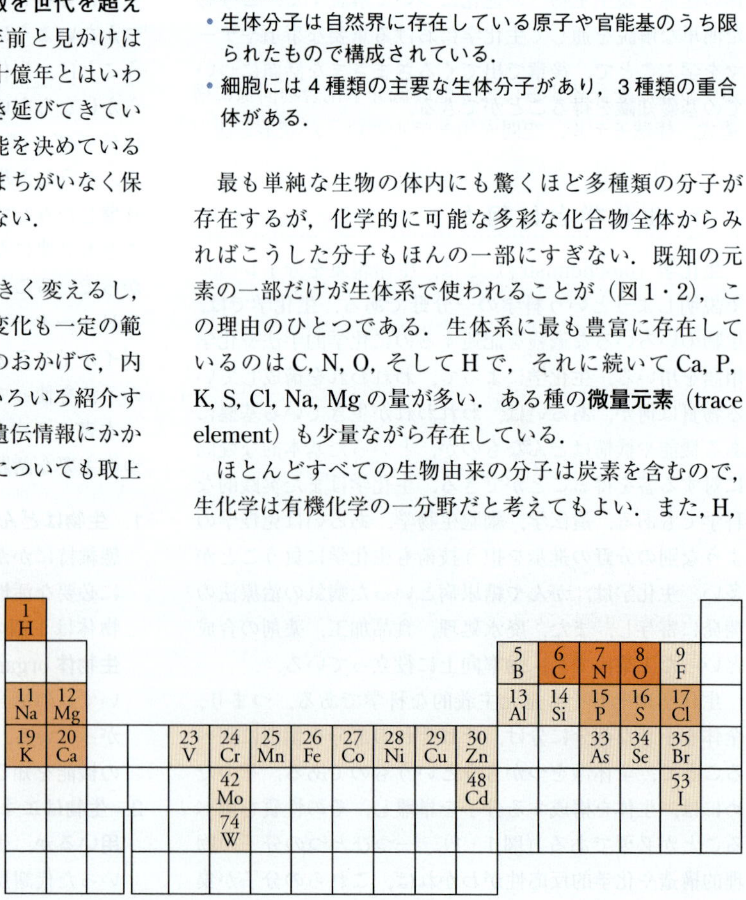

図 1・2 生体系にみられる元素. 豊富にみられる元素は濃い色, 微量元素は淡い色で示してある. 生体は必ずしもすべての微量元素をもっているわけではない. 生体分子はおもに H, C, N, O, P, そして S を含んでいる.

N, O, P および S も生体分子の構成元素である．こうした生体分子は，以下に述べるようないくつかの構造グループに分類できる．同様に，生体分子の反応性は，化学物質全体で可能な反応性の一部を占めているにすぎない．生化学でよく出てくる官能基や分子内結合のいくつかを表1・1に示す．本書では繰返しこうした官能基や結合が出てくるので，これを理解しておくことは重要である．

細胞には4種類の主要な生体分子がある

細胞にある低分子化合物は4種類に分類できる．各グループには多数の分子が含まれるが，これらは構造あるいは機能をもとにしてひとまとめにすることができる．特定の分子がどのグループに属するかを決めれば，その化学的な性質を予測することができるし，場合によっては細胞内での役割を予想することもできる．

1. アミノ酸

生体分子で最も簡単な化合物は**アミノ酸**（amino acid）である．この名前は，この分子がアミノ基 $-NH_2$ とカルボキシ基 $-COOH$ を含むところからきている．生理的な条件下では，これらの官能基は $-NH_3^+$ や $-COO^-$ のようにイオン化している．ごく一般的なアミノ酸であるアラニンを記述するには，他の低分子化合物同様に構造式，棒球モデル，空間充塡モデルといった表示方法がある（図1・3）．他のアミノ酸は，基本構造はアラニンに似ているが，メチル基 $-CH_3$ の代わりに N, O, S などの元素を含む他の側鎖（R 基ともよばれる）をもつ．たとえば，アスパラギンとシステインの構造式は次のように表せる．

2. 炭水化物

単純な**炭水化物**（carbohydrate）は**単糖**（monosaccharide）あるいはもっと簡単に**糖**（sugar）ともよばれ，$(CH_2O)_n$ （$n \geq 3$）という化学式で表される．6個の炭素原子をもつ単糖であるグルコースの化学式は $C_6H_{12}O_6$ である．グルコースの構造をはしごのような形（左）で書くと便利なことも多いが，実際には溶液中では環状構造（右）をとる．

環状の表示法では，太く書いた結合は紙面から手前に突き出しており，細く書いた結合は紙面の奥に向いている．多くの単糖では，一つあるいは複数のヒドロキシ基が他の基で置換されているが，こうした分子でも環状の構造と複数のヒドロキシ基をもつという特徴から，簡単に炭水化物と同定できる．

3. ヌクレオチド

ヌクレオチド（nucleotide）は，五炭糖（ペントース）と窒素を含む環状化合物，そして一つか複数のリン酸基でできている．たとえば，**アデノシン三リン酸**（adenosine

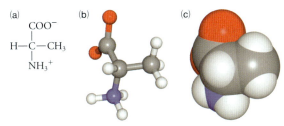

図 1・3 アラニンの表示法．構造式（a）では，すべての原子と主要な結合を示している．C-O や N-H など，明らかな結合は示していない．中心の炭素原子は四面体の中央に位置しているため，四つの結合は紙面と平行に並んでいるわけではない．上下の結合は実際には紙面から奥に，左右の結合はやや手前に突き出している．この四面体配置は棒球モデル（b）でより正確に表される．ここでは，炭素は灰色，窒素は青，酸素は赤，水素は白で示している．棒球モデルでは原子の空間的位置がわかるが，その相対的な大きさや電荷は示されない．空間充塡モデル（c）では，各原子は他の原子と最も接近したときの距離を半径とするような球で示される．このモデルは分子の実際の大きさを最も正確に示せるが，いくつかの原子や結合が隠れてしまう．

第 I 部 生 化 学 の 基 礎

表 1・1 生化学における一般的な官能基と結合

化合物名	構造[†1]	官能基
アミン[†2]	RNH_2 または RNH_3^+ R_2NH または $R_2NH_2^+$ R_3N または R_3NH^+	$-N\diagdown$ または $-\overset{+}{N}\diagdown$ アミノ基
アルコール	ROH	$-OH$ ヒドロキシ基
チオール	RSH	$-SH$ スルフヒドリル基（メルカプト基ともいう）
アルデヒド	$R-\overset{O}{\overset{\|}{C}}-H$	$-\overset{O}{\overset{\|}{C}}-$ カルボニル基, $R-\overset{O}{\overset{\|}{C}}-$ アシル基
ケトン	$R-\overset{O}{\overset{\|}{C}}-R$	$-\overset{O}{\overset{\|}{C}}-$ カルボニル基, $R-\overset{O}{\overset{\|}{C}}-$ アシル基
カルボン酸	$R-\overset{O}{\overset{\|}{C}}-OH$ または $R-\overset{O}{\overset{\|}{C}}-O^-$	$-\overset{O}{\overset{\|}{C}}-OH$ カルボキシ基 または $-\overset{O}{\overset{\|}{C}}-O^-$ カルボン酸イオン
エステル	$R-\overset{O}{\overset{\|}{C}}-OR$	$-\overset{O}{\overset{\|}{C}}-O-$ エステル結合
アミド	$R-\overset{O}{\overset{\|}{C}}-NH_2$ $R-\overset{O}{\overset{\|}{C}}-NHR$ $R-\overset{O}{\overset{\|}{C}}-NR_2$	$-\overset{O}{\overset{\|}{C}}-N\diagdown$ アミド結合
イミン[†2]	$R=NH$ または $R=NH_2^+$ $R=NR$ または $R=NHR^+$	$\diagup C=N-$ または $\diagup C=\overset{+}{N}\diagup^H$ イミノ基
リン酸エステル[†2]	$R-O-\overset{O}{\underset{OH}{\overset{\|}{P}}}-OH$ または $R-O-\overset{O}{\underset{O^-}{\overset{\|}{P}}}-O^-$	$-O-\overset{O}{\underset{OH}{\overset{\|}{P}}}-O-$ リン酸エステル結合 $-\overset{O}{\underset{OH}{\overset{\|}{P}}}-OH$ または $-\overset{O}{\underset{O^-}{\overset{\|}{P}}}-O^-$ リン酸基, P_i
二リン酸エステル（ピロリン酸エステル）	$R-O-\overset{O}{\underset{OH}{\overset{\|}{P}}}-O-\overset{O}{\underset{OH}{\overset{\|}{P}}}-OH$ または $R-O-\overset{O}{\underset{O^-}{\overset{\|}{P}}}-O-\overset{O}{\underset{O^-}{\overset{\|}{P}}}-O^-$	$-O-\overset{O}{\underset{OH}{\overset{\|}{P}}}-O-\overset{O}{\underset{OH}{\overset{\|}{P}}}-O-$ リン酸無水物結合 $-\overset{O}{\underset{OH}{\overset{\|}{P}}}-O-\overset{O}{\underset{OH}{\overset{\|}{P}}}-OH$ または $-\overset{O}{\underset{O^-}{\overset{\|}{P}}}-O-\overset{O}{\underset{O^-}{\overset{\|}{P}}}-O^-$ （二リン酸基, ピロリン酸基, PP_i）

†1 Rは炭素を含む任意の炭素含有基を表す．二つ以上のR基をもつ分子では，それらのR基は同一とは限らない．
†2 生理的条件下では，これらの化学基はイオン化しており，そのため電荷をもつ．

triphosphate: **ATP**）では，窒素を含むアデニンが単糖リボースに結合し，これにさらに三リン酸基が結合している．

生体内で最もふつうに見いだされるヌクレオチドは，塩基とよばれる含窒素環状化合物（それぞれ A, C, G, T, U と略記されるアデニン，シトシン，グアニン，チミン，ウラシル）に一リン酸基，二リン酸基あるいは三リン酸基が結合したものである．

4. 脂 質

生体分子の4番目のグループは**脂質**（lipid）である．この化合物はいろいろな形の分子を含むので，1種類の化学式で記述することができない．しかし，どの分子も共通に炭化水素様の構造を主体とするため，水に溶けにくいという性質をもつ．たとえば，下に示すパルミチン酸は，15個の炭素原子からなる水に不溶性の鎖にカルボキシ基が結合している．このカルボキシ基は生理的条件下でイオン化する．

コレステロールはパルミチン酸とは構造が全く違うが，やはり炭化水素様の構造を含むために水にはほとんど溶けない．

細胞には，これ以外に上記の4種類のグループに分類できない低分子化合物や，複数のグループの分子からなる化合物も含まれている．

3種類の主要な生体高分子がある

比較的少数の原子からできている低分子化合物に加えて，生物は数千もの原子でできている高分子化合物も含んでいる．こうした巨大分子はひとかたまりのものとして合成されるのではなく，小さな単位から組立てられている．少数の構築単位をいろいろなやり方で組合わせ，多種類の大きな構造をつくり上げるというのが自然界に広くみられる．これは，利用できる物質が限られている細胞にとって利点がある．さらに，個々の構築単位（**単量体** monomer）をつなぎ合わせて長い鎖（**重合体** polymer）にすることで，情報（単量体の並び方）を安定な形に保持できる．生化学では，大小の分子を記述するのにいろいろな単位を用いる（ボックス1・A参照）．

アミノ酸，単糖，そしてヌクレオチドは重合して，さまざまな性質を示す重合体（生体高分子）となる．ほとんどの場合，生体高分子中では単量体は同じ向きでつながっている．

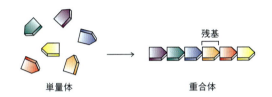

単量体間の結合は重合体の種類によって異なっている．重合体に組込まれた単量体は**残基**（residue）とよばれる．厳密にいうと，脂質は重合体を形成しないが，会合して大きな構造をつくり上げる．

1. タンパク質

アミノ酸の重合体は**ポリペプチド**（polypeptide）あるいは**タンパク質**（protein）とよばれる．20種類のアミノ酸が**ペプチド結合**（peptide bond）を介して重合し，数百ものアミノ酸からなるタンパク質となる．次に示すジペプチドでは，R^1 と R^2 という側鎖をもつ二つの残基がペプチド結合（矢印）で結合している．

20種類のアミノ酸の官能基はそれぞれ違った大きさ，形，そして化学的性質をもっているので，ポリペプチド鎖がとる**立体構造**（**コンホメーション** conformation），つまり三次元的な形はアミノ酸組成と配列に依存している．たとえば，21アミノ酸からできている短いペプチドであるエンドセリンは，それぞれのアミノ酸の官能基がぶつかり合わないようにポリペプチド鎖が折り曲げられたりたたまれたりして，小さな形になっている（図1・4）．

20種類の異なったアミノ酸はどんな順序でもどんな割合でもつなぎあわせることができるので，莫大な種類

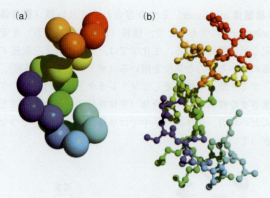

図 1・4 ヒトのエンドセリンの構造．青から赤の色で示したこの 21 アミノ酸残基からなるポリペプチドは密に詰まった構造を形成する．(a) では個々のアミノ酸残基をそれぞれ球で表している．棒球モデル (b) では水素原子以外のすべての原子を示している．[構造 (pdb 1EDN) は B. A. Wallace, R. W. Jones によって決定された．]

のポリペプチドが生じ，それぞれのポリペプチドは独特の三次元的な形をとる．この性質のために，タンパク質は生体高分子のなかでも構造が最も多様で，その結果，機能も最も多彩である．そこで，タンパク質は，化学反応を仲介したり構造維持に寄与したり，細胞内で広範な機能を果たしている．

2. 核　　酸

DNA や RNA ともよばれる**ポリヌクレオチド**（polynucleotide），あるいは**核酸**（nucleic acid）はヌクレオチドの重合体である．20 種類の異なるアミノ酸を重合に使えるポリペプチドとは違い，核酸はたった 4 種類のヌクレオチドからできている．たとえば，RNA はアデニン，シトシン，グアニン，そしてウラシルを，DNA はアデニン，シトシン，グアニン，そしてチミンを含む．ヌクレオチドのリン酸基と糖がかかわる**ホスホジエステル結合**（phosphodiester bond）を介して重合が進む．

ヌクレオチドは構造的にも化学的性質からもアミノ酸よりずっと単純なので，核酸はタンパク質よりもっと規則的な形をとる傾向がある．このことは，核酸の最も重

ボックス 1・A　生化学ノート

生化学における定量的表現

　一般的に，微小な物質の質量は原子質量単位で表現できる．たとえば，1 原子の炭素同位体 ^{12}C の質量は 12 原子質量単位である．しかし，生体分子の場合には分子量を用いることも多い．分子量は，その分子の質量と ^{12}C 質量の 1/12 との相対値である．そこで，分子量は単位のない無名数となる．一方，生化学の教科書では，タンパク質などの巨大分子の大きさをダルトン（Da）や，それに接頭語 k をつけたキロダルトン（kDa）という単位をつけて表すことが多い．ダルトン（Da）は原子質量単位とほぼ同義で，分子 1 個当たりの質量を表す単位である．そこで，"タンパク質 A の分子量は 20,000 Da（20 kDa）"というより，"タンパク質 A の分子量は 20,000" あるいは "タンパク質 A の質量は 20,000 Da（20 kDa）" というのが正確な表現である．

　数量値につけられる標準的な接頭語は，細胞内における生体分子の微小な濃度を表現するのにも用いられる．濃度は以下のようなミリ（m），マイクロ（µ），ナノ（n）などの適当な接頭語をつけて通常 1 リットル当たりのモル数（mol L^{-1} や M）で表す．たとえば，ヒトの血中グルコース濃度は約 5 mM であるが，多くの細胞内分子は µM かそれ以下の濃度で存在している．

　距離はナノメートルあるいはオングストローム（Å）で表す（1 nm は 10^{-9} m，1 Å は 10^{-10} m）．たとえば，C−C 結合の炭素原子の中心間の距離は約 1.5 Å つまり 0.15 nm であり，DNA 分子の直径は約 20 Å つまり 2 nm である．

メガ	M	10^{6}	ナノ	n	10^{-9}
キロ	k	10^{3}	ピコ	p	10^{-12}
ミリ	m	10^{-3}	フェムト	f	10^{-15}
マイクロ	µ	10^{-6}			

要な役割が遺伝情報を担うことと対応している．つまり，核酸が担う情報はその三次元構造にではなく，ヌクレオチド残基の配列のなかにあるからである（図1・5）．しかし，核酸のなかには，折り曲げられたり折りたたまれたりして，タンパク質のように一定の形をもつ球状構造をとるものもある．

を果たす．たとえば植物では，ほとんどすべての細胞のエネルギー源となるグルコースという単糖が，長時間貯蔵が可能なデンプンという重合体のかたちでたくわえられている．このとき，グルコースは**グリコシド結合**（glycosidic bond，次の二糖分子で赤で示す結合）を介して重合している．

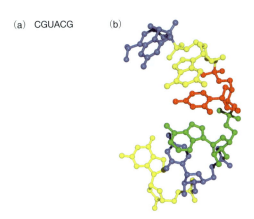

図1・5 **核酸の構造**．(a) 一文字表記によるヌクレオチドの塩基配列．(b) ポリヌクレオチド(RNA)の棒球モデル．[構造(pdb ARF0108)はR. Biswas, S. N. Mitra, M. Sundaralingamによって決定された．]

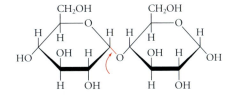

植物の細胞壁を丈夫にする役割を担うセルロースもグルコースが重合した分子である．デンプンとセルロースではグルコース残基間の結合様式が異なっており，前者はゆるいらせん構造を，後者は引き伸ばされた構造をとる（図1・6）．

上記のような生体高分子の簡単な説明は，その構造や機能の理解を助けるために一般化してある．当然ながら，こうした一般的な説明には例外がある．たとえば，細胞表面の低分子量多糖が，細胞どうしの認識情報となることがある．あるいは，細胞内タンパク質合成の場となるリボソームの構造形成の足場として核酸が使われるように，核酸が構造的役割を果たすこともある．また，特別

3. 多 糖

多糖（polysaccharide）はふつう1種類だけあるいは数種類の単糖残基しか含んでいない．細胞は数十種類の異なる単糖を合成するにもかかわらず，ほとんどの多糖は1種類の単糖の重合体である．このため多糖は，その残基配列に遺伝情報を保持したり（核酸のように），多彩な構造や代謝機能をもったり（タンパク質のように）することがほとんどなく，むしろ燃料貯蔵分子として，あるいは構造維持に必要な分子として，重要な細胞機能

表1・2 **生体高分子の特性**

生体高分子	情報を コードする	代謝反応 を行う	エネルギー を貯蔵する	細胞の構造 を支える
タンパク質	——	◎	○	◎
核　酸	◎	○	——	○
多　糖	○	——	◎	◎

◎ 主要な役割，○ 副次的な役割．

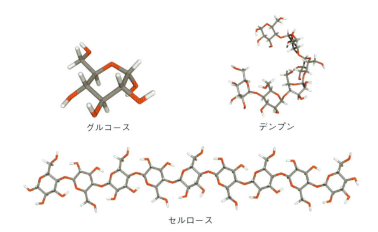

図1・6 **グルコースとその重合体**．デンプンもセルロースもグルコースを含む多糖である．デンプンとセルロースでは，単糖残基間の化学結合の形式が異なっている．その結果，デンプン分子はゆるく巻いたらせん構造をとるのに対し，セルロース分子は長く伸びた曲がりにくい構造をとる．

な条件下では，タンパク質がエネルギー貯蔵分子となることもある．タンパク質，多糖，そして核酸の主要な役割と副次的な役割を表1・2に示す．

1・3 エネルギーと代謝

重要概念
- ある系の自由エネルギーはエンタルピーとエントロピーで決まる．
- 生体系も熱力学法則に従う．

小さな分子を重合させて高分子重合体をつくるにはエネルギーが必要である．また，単量体分子がすぐに使える状態でないと，細胞は単量体を合成するところから始めなければならない．ここでもエネルギーが必要になる．そこで，細胞が生きていき，成長し，増殖するという機能すべてにエネルギーが必要とされる．

生体系でのエネルギーを記述するには，熱力学（熱と仕事を扱う科学）の言葉を用いるのがよい．生体も化学系のように熱力学の法則に従う．熱力学の第一法則によると，エネルギーは生成もせず消滅もしないが，その形態を変えることができる．たとえば，ダムから流れ落ちる川の流れは電気エネルギーに変換できる．この電気エネルギーは熱に変換したり，機械的な仕事に変換したりできる．細胞は化学エネルギーを使って代謝反応を駆動し，熱を産生したり機械的な仕事をしたりする小さな機械である，と考えることもできる．

エンタルピーとエントロピーで自由エネルギーが規定される

生化学系で使うエネルギーは，**ギブズの自由エネルギー** (Gibbs free energy，この自由エネルギーを最初に定義した科学者の名前にちなんだ用語) あるいは簡単に**自由エネルギー** (free energy) とよばれる．ギブズの自由エネルギーは G と略記し，単位は $J\ mol^{-1}$ である．自由エネルギーは**エンタルピー** (enthalpy, H と略記，単位は $J\ mol^{-1}$) と**エントロピー** (entropy, S と略記，単位は $J\ K^{-1}\ mol^{-1}$) という二つの要素からなる．エンタルピーは系に含まれる熱量と等価と考えてよい．エントロピーは系の乱雑さを表す．系の要素の並べ方の数が多ければ多いほど，エントロピーは大きくなる．たとえば，ビリヤード台の上に15個の玉がきれいに三角形に並べられているとしよう．これは秩序のあるエントロピーの低い状態である．玉がビリヤード台の上に散らばると，無秩序でエントロピーの高い状態になる（図1・7）．

自由エネルギーとエンタルピー，エントロピーは次の

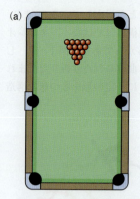 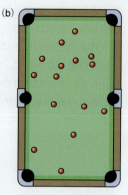

図1・7　エントロピーの説明．エントロピーとは系の無秩序さの尺度である．(a) ビリヤード台の1箇所にすべてのボールが配置されているとき，エントロピーは小さい．(b) ボールが分散すると，台上でボールがさまざまな配置をとることができるため，エントロピーは大きい．

式で関係づけられる．

$$G = H - TS \quad (1\cdot1)$$

ここで T は絶対温度で，単位は K（ケルビン）である（摂氏温度に273を足した値に等しい）．系のエントロピーは温度によって変わるので，エントロピー項に温度が係数としてかかっている．ふつうは温度が上がれば系の乱雑さは増すことになる．化学系のエンタルピーは，むずかしいが計量することができる．しかし，系の構成要素の可能な配置すべてを数え上げなければならないので，エントロピーを直接に計量することはほとんど不可能である．そこで，絶対値ではなく，次式で表されるそれぞれの量の変化（ギリシャ文字の Δ で変化を表す）を計量するほうが現実的である．

$$\Delta G = \Delta H - T\Delta S \quad (1\cdot2)$$

化学反応の前後での自由エネルギー，エンタルピー，エントロピーの変化は計量することができる．たとえば，熱が環境に放出される（$H_{後} - H_{前} = \Delta H < 0$）化学反応もあるし，逆に，環境から熱が吸収される（$\Delta H > 0$）反応もある．同様に，エントロピー変化 $S_{後} - S_{前} = \Delta S$ も場合によって正にも負にもなる．ある過程の ΔH と ΔS がわかっていれば，(1・2)式から任意の温度での ΔG が計算できる（計算例題1・1）．

●●● **計算例題 1・1**

問題　A→Bという反応が25℃で起こっているとき，表の数値を使ってエンタルピーとエントロピーの変化を計算せよ．

	エンタルピー ($kJ\,mol^{-1}$)	エントロピー ($J\,K^{-1}\,mol^{-1}$)
A	60	22
B	75	97

解答
$$\Delta H = H_B - H_A = 75\ kJ\,mol^{-1} - 60\ kJ\,mol^{-1}$$
$$= 15\ kJ\,mol^{-1} = 15{,}000\ J\,mol^{-1}$$
$$\Delta S = S_B - S_A$$
$$= 97\ J\,K^{-1}\,mol^{-1} - 22\ J\,K^{-1}\,mol^{-1}$$
$$= 75\ J\,K^{-1}\,mol^{-1}$$

練習問題

1. 反応のエンタルピー変化が $8\ kJ\,mol^{-1}$ である場合，熱は吸収されるか放出されるか．
2. 反応系は秩序だった状態から無秩序な状態へと変化する．エントロピー変化は正か負か．

自発的に進行する反応では ΔG は負である

高いところから落ちた陶器のコップが割れてしまったら，破片が再集合してコップに戻ることは決してない．この過程を熱力学的に説明すると，割れてばらばらになったコップの破片は元のコップに比べて自由エネルギーが低いということである．ある過程が進行するには過程全体の自由エネルギー変化 ΔG が負でなくてはならない．化学反応が進行するには，生成物の自由エネルギーが反応物の自由エネルギーより小さくなくてはならない．

$$\Delta G = G_{生成物} - G_{反応物} < 0 \qquad (1\cdot3)$$

ΔG が負のときに，化学反応は**自発的**（spontaneous）に起こり**発エルゴン的**（exergonic）である．ΔG が正のときには化学反応は自発的には起こらず，**吸エルゴン的**（endergonic）である．この場合には，逆反応が自発的に進行する．

$$A \longrightarrow B \qquad\qquad B \longrightarrow A$$
$$\Delta G > 0 \qquad\qquad\quad \Delta G < 0$$
自発的には起こらない　　　自発的に起こる

熱力学からは反応が自発的に起こるかどうかだけがわかり，反応の速度については何も言えない．化学反応速度は，反応分子の濃度，温度，あるいは触媒の有無など他の因子に依存している．$A \rightarrow B$ という化学反応が平衡状態になったとき，正反応の速度と逆反応の速度が等しくなり，この反応系では正味の変化は起こらなくなる．このとき，$\Delta G = 0$ となる．

$(1\cdot2)$ 式から，エンタルピーが減少しエントロピー

が上昇するような反応は ΔG が常に負になるので，どんな温度でも自発的に進行することがすぐにわかる．この結果は日常的な経験に一致する．たとえば，熱は熱い物体から冷たい物体に流れるし，きれいに揃えたものはばらばらになるが，その逆の過程は決して自発的には起こらない．（こうした過程は，ある系とその環境を一体としたものの無秩序さは増加するという熱力学の第二法則に従っている．）そこで，エンタルピーは増加し，エントロピーは減少するという反応は自発的には起こらない．もし反応中にエンタルピーとエントロピーが同時に増加するか減少するなら，ΔG の正負は温度に依存し，$(1\cdot2)$ 式の $T\Delta S$ と ΔH の大小で決まることになる．つまり，大きなエントロピーの増加は，反応に不利なエンタルピー変化（$\Delta H > 0$）を補うことになる．逆に，反応時の大きな熱の放出（$\Delta H < 0$）は，反応に不利なエントロピーの減少を補うことになる（計算例題 $1\cdot2$）．

●●● 計算例題 1・2

問題　計算例題 $1\cdot1$ の反応は自発的に起こるか．

解答　$(1\cdot2)$ 式に計算例題 $1\cdot1$ で計算した ΔH と ΔS の値を代入する．温度を絶対温度（K）で表すには 273 を摂氏温度に足せばよい（$273 + 25 = 298$ K）．

$$\Delta G = \Delta H - T\Delta S$$
$$= 15{,}000\ J\,mol^{-1} - 298\ K\,(75\ J\,K^{-1}\,mol^{-1})$$
$$= 15{,}000 - 22{,}350\ J\,mol^{-1} = -7350\ J\,mol^{-1}$$
$$= -7.35\ kJ\,mol^{-1}$$

計算した ΔG は負なので，反応は自発的に起こる．エンタルピー変化は反応に不利であるが，大きなエントロピー変化のおかげで ΔG が反応に有利になる．

練習問題

3. $\Delta H = -15{,}000\ J\,mol^{-1}$，$\Delta S = -75\ J\,K^{-1}$ のとき，反応は 25 ℃ において自発的か．
4. 計算例題 $1\cdot1$ で与えられた数値を用いて，$\Delta G = 0$ となる温度を求めよ．

生物の存在は熱力学と矛盾しない

生物は熱力学からみて自発的に起こりうる反応に依存しているはずだが，これは分子レベルで正しいのだろうか．ガラス管内（in vitro）で調べてみると，細胞内の多くの代謝反応の自由エネルギー変化は負であるが，負でないものもある．しかし，こうした反応でも生体内（in vivo）では進行する．これは，この反応が熱力学的に起こりやすい反応と共役して進行するからである．た

えば次のような二つの in vitro 反応を考える．一つは自発的に起こる反応（発エルゴン反応，$\Delta G < 0$）で，もう一つは自発的には起こらない反応（吸エルゴン反応，$\Delta G > 0$）である．

$$B \longrightarrow C \quad \Delta G = -20 \text{ kJ mol}^{-1} \quad （発エルゴン反応）$$
$$A \longrightarrow B \quad \Delta G = +15 \text{ kJ mol}^{-1} \quad （吸エルゴン反応）$$

二つの反応が共役すると，ΔG の値が足し算になり，全体の反応の自由エネルギー変化は負となる．

$$A + B \longrightarrow B + C \quad \Delta G = -20 \text{ kJ mol}^{-1} + 15 \text{ kJ mol}^{-1}$$
$$A \longrightarrow C \quad \Delta G = -5 \text{ kJ mol}^{-1}$$

この現象を図式化すると図 1・8 のようになる．熱力学的に不利な A→B という"上り坂"の反応は，熱力学的に有利な B→C という"下り坂"の反応に引っ張られる形で進行する．

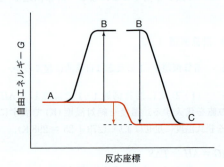

図 1・8　共役した二つの反応における自由エネルギー変化． 自由エネルギー変化 ΔG が正で自発的には進行しない A→B という反応は，ΔG が負で自発的に進行する B→C という反応と共役できる．これは，初めの反応の生成物 B が反応 B→C の反応物となっているからである．

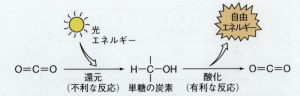

図 1・9　炭素化合物の還元と再酸化． 太陽光は，CO_2 を還元し単糖などの化合物へと変換するのに必要な自由エネルギーを供給する．これらの化合物から CO_2 への再酸化は熱力学的に自発的に起こり，生じた自由エネルギーはいろいろな代謝過程で使われる．自由エネルギーとは，実際には分子から物理的に放出される物質ではないことに注意．

細胞内でも，熱力学的に不利で自発的には起こらない代謝過程も，熱力学的に有利な代謝過程と共役すれば，正味の自由エネルギー変化が負となって進行する．ここで，自由エネルギー変化 ΔG は，その間にどんな反応が起こっても初めと終わりの状態だけで決まる量なので，上記のように足し算ができるということを記憶しておいてほしい．

目に見える大きさの地球上の現生生物のほとんどは，太陽のエネルギーで生きている（これはこれまでずっとそうだったというわけでもなく，また現在でもすべての生物がそうだということでもないが）．緑色植物のような光合成生物では，光のエネルギーによりある種の分子が励起され，その後に自由エネルギー変化が負になるような化学反応が起こる．この熱力学的に有利な自発的反応は，大気中の二酸化炭素から単糖を合成するという熱力学的に不利な反応と共役している（図 1・9）．この過

表 1・3　炭素の酸化状態

化合物[†]	構造	化合物[†]	構造	化合物[†]	構造
二酸化炭素	O=C=O	アセトアルデヒド	H-C(H)-C(=O)H	エテン（エチレン）	H₂C=CH₂
酢酸	H-C(H)(H)-C(=O)OH				
		ホルムアルデヒド	H-C(=O)H	エタン	H₃C-CH₃
一酸化炭素	C≡O				
ギ酸	H-C(=O)OH	エチン（アセチレン）	H-C≡C-H	メタン	CH₄
アセトン	H₃C-C(=O)-CH₃	エタノール	H₃C-CH₂-OH		

[†] 化合物は赤い炭素原子の酸化状態が大きい順に並んでいる．

程で，炭素原子は**還元**（reduction）される．電子を獲得する還元反応は，水素の付加か酸素の除去を伴う（炭素原子の酸化状態は表 1・3 参照）．植物や植物を餌とする動物は，単糖を分解して他の代謝活動を駆動する燃料とする．この過程で，炭素原子は**酸化**（oxidation）され，酸素が付加されるか水素が除去されて電子を失い，最終的には二酸化炭素になる．炭素原子の酸化は熱力学的に有利な反応で，生体高分子の構築単位となる分子の合成や，この単位分子の重合による生体高分子合成といったエネルギーを必要とする反応と共役している．

細胞内のほとんどすべての代謝過程は，**酵素**（enzyme）とよばれる触媒（反応前後で変化せずに化学反応の速度を上げる化合物を触媒とよぶ）の助けを借りて進行する．酵素のほとんどはタンパク質である．たとえば，生体高分子を合成するのに必要なペプチド結合形成，ホスホジエステル結合形成，あるいはグリコシド結合形成といった反応でも，特定の酵素が触媒として働いている．

生物に含まれる原子や分子，そしてもっと大きな構造は高度に組織化されているので，生物はその環境に比べてエントロピーの低い状態にあるといえる．餌から自由エネルギーを取込み続ける限り，この熱力学的に不利な状態を生物は維持できる．外界から自由エネルギーの源を獲得するのができなくなったり，あるいは蓄積した食料が尽きたりすると，生物は化学平衡に至り（$\Delta G = 0$），死んでしまう．

1・4 生命の起源と進化

重要概念
- 現生の原核細胞と真核細胞は，これよりずっと簡単でまだ生物とはいえないような原始的生命体から進化してきた．
- 生物は，細菌，アーキア，真核生物という三つのドメインに分類できる．

すべての生きている細胞は親細胞の分裂で生じる．そこで**複製**（replication, 自身と同じものをつくる）能力は，生物の基本的性質の一つである．自身によく似た子孫を残すには，細胞には世代を通じて伝えられる一組の指令書と，それを実行に移す手段がなければならない．時間がたつにつれて指令書はしだいに変化し，その結果，種も変化し進化する．生物の遺伝情報とそれを実現する細胞装置を仔細に検討すると，原始的な生命体から生物が進化してきた過程を予想することができる．したがって，進化の歴史は化石のなかにだけとらえられているのではなく，生きた細胞の分子構成にもとらえられているといってよい．たとえば，核酸はすべての生物の遺伝情報の貯蔵と伝達にかかわっており，グルコースの酸化は代謝による自由エネルギー産生のほとんど普遍的な手段である．このことから考えて，DNA や RNA, そしてグルコースはすべての細胞の祖先細胞にも存在していたにちがいない．

生物誕生前の世界

原始地球上で非生物的物質からどのようにして生命が生まれたのか，理論と実験データを総合していくつかの筋書が考えられている．たとえば，原始地球上の大気に存在していたらしい H_2, H_2O, NH_3 あるいは CH_4 といった無機化合物から，アミノ酸などの簡単な生体分子が雷の放電で生じたという考えがある．実際，実験室で同じような出発物に雷を模倣した放電をすると，こうした分子が産生される（図 1・10）．あるいはシアン化水素 HCN, ホルムアルデヒド HCHO, そしてリン酸が存在し，ある程度のエネルギーがあればヌクレオチドが産生される．

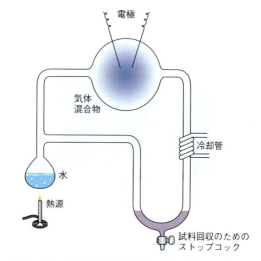

図 1・10 実験室での生体分子の合成．水素 H_2, 水 H_2O, アンモニア NH_3 あるいはメタン CH_4 といった気体の混合物に放電すると，水蒸気が液化するに従い，新たに合成されたアミノ酸のような化合物が水相に蓄積する．水相の反応産物は下部のストップコックから回収できる．

時間がたつにつれて大きな構造体の素材となる簡単な分子が蓄積し，浅い水たまりで水が蒸発したときに濃縮されるなどしてこうした構造体ができあがった可能性がある．こうして生きた細胞が組立てられる条件は整ったのだろう．ダーウィン（Charles Darwin）は，生物は"暖かい小さな沼"で生まれたのだろうと考えたが，実際には，頻繁な隕石の衝突や火山活動のために原始地球はもっとずっと荒々しい場所であったらしい．

現生の微生物の代謝の研究によって，上記のような生命誕生の筋書に代わる考えも提唱されている．この筋書では，最初の細胞は温度が 350 ℃ にもなり，ガス状の H_2S や金属硫化物が吹き出している深海の熱水噴出孔〔黒色の硫化物が吹き出すので"ブラックスモーカー (black smoker)"という名前がついている，図 1・11〕で生まれたと考えられている．実際，以下のように，少数の低分子化合物を硫化鉄や硫化ニッケル存在下で 100 ℃ にすると，新たに C−C 結合ができて有機化合物の酢酸が産生される．

$$CH_3SH + CO + H_2O \xrightarrow{\text{硫化鉄}}_{\text{硫化ニッケル}} CH_3COOH + H_2S$$
メタンチオール　一酸化炭素　水　　　　　　　　　　　酢酸　　　硫化水素

同じような条件で，アミノ酸は自発的に重合して短いポリペプチドとなる．こうした化合物の合成に必要な高温は反応生成物の分解も促進するはずだが，熱水噴出孔の脇の冷たい水中ではいったんできた化合物は分解されることはないだろう．

図 1・11　**熱水噴出孔**．生命はここに示すようなブラックスモーカーとよばれる熱水噴出孔で発生したのかもしれない．ここで，高温と H_2S や金属硫化物によって生体分子の形成が促進されたと考えられている．[B. Murton/Southhampton Oceanography Centre/Science Photo Library/Photo Researchers/amanaimages.]

どんな筋書にせよ，最初の生体構成分子は重合しなくてはならない．負電荷をもっていることが多いこうした有機分子が正電荷をもつ鉱物表面で配列することで，重合反応が促進されたのかもしれない．

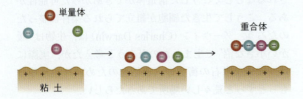

実際に，ヌクレオチドが重合して RNA になる反応を粘土が促進することは実験的に確かめられている．こうして生じた原始的な重合体は，ある時点で自己複製能力を獲得しなければならない．この重合体がいかに安定で化学的に多機能だったとしても，自己複製なしにはこれよりいっそう大きくまた複雑なものは生み出されなかったろう．数千ものばらばらな低分子の溶液から，直接に完全な機能をもつ細胞が組立てられる確率はほとんどゼ

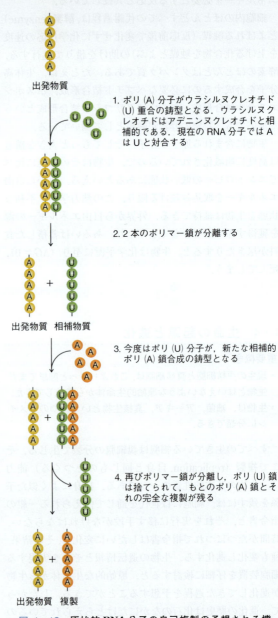

図 1・12　**原始的 RNA 分子の自己複製の予想される機構**．簡単のために，RNA 分子はアデニン (A) だけを含むヌクレオチドの重合体としてある．

ロである．現生の細胞の RNA は遺伝情報を表している
と同時に，その情報の発現過程にかかわっていることを
考えると，最初の自己複製する生体高分子も RNA のよ
うなものだったかもしれない．この自己複製過程では，
まず重合体は自身とは相補的構造をもつ重合体（**相補体**
complement），つまり自身の鏡像として写し取られる．
次に，この相補体が再び写し取られると，生じたものは
もとの重合体と同じになる（図1・12）．

現生細胞の起源

複製可能な分子がその数を増やす機会は，まわりの環
境条件に最も適合したものが生き延びて増殖するという
自然選択（natural selection）に依存している（ボック
ス1・B）．つまり，化学的に安定で，自身のコピーを産
生するための材料と自由エネルギーを簡単に手に入れら
れる複製体が有利になったのだろう．また，貴重な低分
子化合物が拡散していってしまうことがないように，あ
る種の膜に取囲まれていることも大事だったろう．自分
自身の構成材料を自ら合成できるようになり，自由エネ
ルギーをさらに効率よく利用できるような手段を発達さ
せた複製システムは，自然選択でいっそう有利になった
だろう．

最初の細胞は，簡単に利用できる H_2S や Fe^{2+} のよう
な無機化合物を酸化し，これにより放出される自由エネ
ルギーを使って CO_2 を還元し，これを有機化合物に"固
定"したと考えられる．こうした過程の痕跡は，いまで
も硫黄や鉄の関与した代謝反応でみられる．

その後，現生のシアノバクテリア（ラン藻ともいう）
に似た光合成生物が，太陽光を使って CO_2 を固定する
ようになったのだろう．

$$CO_2 + H_2O \longrightarrow (CH_2O) + O_2$$

この反応では H_2O が酸化され O_2 が生じるので，24
億年前に大気中の O_2 濃度が劇的に上昇し，**好気的**
（aerobic, 酸素を使うという意味）生物がこの強力な酸
化剤を利用するようになった．しかし，生物の**嫌気的**
（anaerobic）な起源は，現生生物の最も基礎的な代謝反
応が酸素なしに進行するという点にみてとれる．現在で
は地球の大気のおよそ18％は酸素であるが，嫌気的生
物が消え去ったわけではない．こうした生物はいまでは，
動物の消化器や水面下の沈殿物のように酸素があまりな
い環境に閉じ込められている．

現在の地球上には，細胞の構造の違いで区別される次
の2種類の生物がいる．

ボックス1・B ◆ **生化学ノート**

進化はどのように起こったのか

進化的な変化を観察するのはあまりむずかしいことでは
ないが，一方で進化が起こる機構については誤解をしがち
である．個体群は時に応じて変化し，自然選択の結果新し
い種が誕生する．選択は個体にも作用するが，その効果は
時間が経過したあとに初めて個体群においてみることが可
能となる．大半の個体群は，全体的な遺伝的構成は共有す
るものの，親から子に受け継がれる遺伝物質のランダムな
変化（突然変異）に由来する多様性ももつ個体集合である．
個体の生存は，個々が生活する特定の環境にどれだけ適応
できるかに依存する．

ある個体がその遺伝的構成ゆえに特定の環境で最も生き
残りやすくなったとすると，その子孫も同様の遺伝的構成
をもつ可能性が高い．その結果，その個体の特性は個体群
のなかに広まり，時間がたつにつれてその個体群は環境に
適応する．環境によく適応した種は生き残り，うまく適応
できなかった種は繁殖できず死滅する．

進化とは，繁殖しやすさのランダムで多様な変化の結果
であるため，本質的にランダムで予測不可能である．その
うえ，自然選択は手近にあるものに少しずつ作用し，何も

ないところから新しいものをつくり出すことはない．たと
えば，昆虫の翅は，翅のない親から突然に翅をもつ子が生
まれたわけではなく，えらや熱交換のための付属肢が何世
代もの間に徐々に変化したものだろう．こうした翅の発達
の各段階も自然選択の影響下にあったはずである．付属肢
をもつ個体で滑空できるようになったものは，おそらく餌
を捕まえたり捕食者から逃れたりできて生き残りやすく，
その子孫がしだいに飛べるようになったと考えられる．

進化とはゆっくりとした過程で，地質学的な時間で進行
するものだと考えがちであるが，実験室という環境でも，
現在進行している進化を観察および定量化することができ
る．たとえば，適当な条件では，大腸菌の1世代は約20
分しかかからない．実験室においては，培養液中では，大
腸菌は1年のうちに2500世代を経る（対照的に，ヒトの
2500世代には60,000年もかかる）．したがって，培養細
菌細胞の個体群をある種の"人工的な"選択下，たとえば
必須栄養の欠乏状態におき，新しい環境に適応するに従っ
て個体群の遺伝要素にどのような変化が起こるかを観察す
る，といったことが可能である．

1. **原核生物**（prokaryote）は小さな単細胞生物で，核や細胞内部の膜構造を欠いている（図1・13）．原核生物には見かけは似ているが全く異なる代謝経路をもつ2種類の生物がいる．一つは大腸菌などの**真正細菌**（eubacteria，単に**細菌** bacteria ともよばれる）で，もう一つが**アーキア**（archaea，**古細菌** archaebacteria ともいう）である．後者は，極端な環境下でも生存することでよく知られているが，実際にはどこにでも生息している．

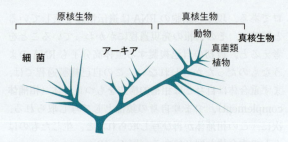

図1・15 **ヌクレオチド配列に基づいた進化系統樹**．ここに示したように，細菌はアーキアと真核生物が分かれる前に分離している．この系統樹で近くにある真菌類と植物，動物は，さまざまな原核生物と比べると相互によく似ている．[M. L. Wheelis, O. Kandler, C. R. Woese, *Proc. Natl. Acad. Sci. USA* 89, 2930−2934 (1992) による．]

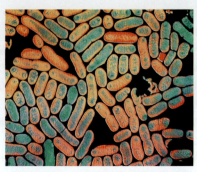

図1・13 **原核細胞**．大腸菌 *Escherichia coli* は単細胞の細菌で，核をもたず細胞内膜系ももたない．[E. Gray/Science Photo Library/Photo Researchers/amanaimages.]

2. **真核生物**（eukaryote）の細胞（真核細胞）はふつう原核細胞より大きく，細胞内に核などの膜に囲まれた区画（ミトコンドリア，葉緑体，小胞体など）をもつ．真核生物は単細胞生物の場合も多細胞生物の場合もある．真核生物には，ふつうにみられる植物，動物のほかに酵母のように顕微鏡下で観察される微小生物が含まれる（図1・14）．

る．二つの生物の配列の違いの数は，両者が共通の祖先から分岐してからの時間に比例する．似たヌクレオチド配列をもつ生物どうしは進化の過程で共有した時間が，違った配列をもつ生物どうしより長い．こうした解析から，図1・15に示すような進化系統樹をつくることができる．

真核細胞が細菌にもアーキアにも似ていることは，生物の進化過程を理解するのをむずかしくしている．真核細胞は，かつては独立して生きていた細胞だったと思われる細胞小器官を含んでいる．たとえば，光合成を行う植物細胞の葉緑体は，光合成シアノバクテリアによく似ている．真核細胞の好気的代謝のほとんどを担っている植物や動物細胞のミトコンドリアはある種の細菌に似ている．実際，葉緑体もミトコンドリアもそれ自身の独特な遺伝物質とタンパク質合成装置をもっている．

初期の真核細胞は，いろいろな原核細胞の混じり合った集団から進化してきたのだろう．何世代にもわたって互いに近くで生活し，代謝物質を分け合った結果，いくつかの細胞が一つの大きな細胞に取込まれていったと考えると，現生の真核細胞のモザイク様の特徴が説明でき

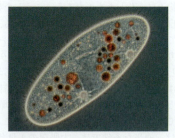

図1・14 **真核細胞**．単細胞生物であるゾウリムシには，核をはじめとしてさまざまな膜で囲まれた区画が存在する．[Dr. David Patterson/Science Photo Library/Photo Researchers/amanaimages.]

すべての生物に共通に存在している遺伝子のヌクレオチド配列を解析すると，細菌やアーキア，真核生物がどのような関係にあるかという系統樹を書くことができ

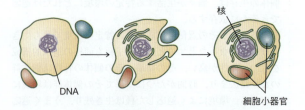

図1・16 **真核生物の起源**．もともとは単独生活をしていた異種の細胞が密に集合して生活しているうちに，しだいに現在の真核生物の祖先細胞が生まれてきたのだろう．真核生物は細菌とアーキアの特徴をモザイク様にあわせもち，また，細菌細胞に似た細胞小器官をもつ．

1. 生命の化学的基礎　　　15

る（図 1・16）.

高密度で生活している細胞は，ある時点で個体としての存在を捨てて集合体になっていったらしい. この結果，細胞機能は特異化し，細胞間の分業が進み，多細胞生物の発生に至ると考えることができる.

地球上には現在 900 万種類ほどの異なる種が生きている（この推計はかなり粗いが）. 進化の過程で，おそらく 5 億もの種が生まれ，滅んでいったと考えられる. 地球上には，まだ発見されていない哺乳類の数は多くは

ないだろうが，新たな微生物は次つぎと発見されている. 既知の原核生物の種数（ほぼ 10,000 種）は既知の真核生物の種数（たとえば，昆虫は知られているだけで 900,000 種もある）よりずっと少ないが，原核生物の代謝方法は驚くほど多様である. しかし，すべての生物に共通な特徴を調べ上げると，生物は何でできているか，どうやって生きているという状態を維持するか，そしてどのように生物は進化してきたのか，という問題に対する答を出すことができよう.

ま と め

1・2 生体分子
- 生体分子で最も豊富な元素は H, C, N, O, P, S である. 生体系にはこれ以外にもさまざまな元素が存在している.
- 細胞内の主要な低分子化合物には，アミノ酸，単糖，ヌクレオチド，そして脂質がある. タンパク質，核酸，多糖が主要な生体高分子である.

1・3 エネルギーと代謝
- 自由エネルギーには，エンタルピー（熱）とエントロピー（乱雑さ）という二つの項がある. 自発的に起こる反応では，

自由エネルギーは減少する.
- 生物の代謝反応では熱力学的に不利な吸エルゴン反応が有利な発エルゴン反応と共役しているので，生物の存在は熱力学と矛盾しない.

1・4 生命の起源と進化
- 最初の細胞は，さまざまな物質を高濃度で含んだ溶液中か，海底の熱水噴出孔のまわりで発生したのだろう.
- 真核細胞は膜で囲まれた細胞小器官を含む. もっと小さく単純な原核細胞には細菌とアーキアがいる.

問 題

1・2 生体分子

1. 次の分子の官能基を示せ.

(a)
$$^+H_3N-CH-C-O^-$$
（側鎖 CH_2, $C=O$, NH_2）

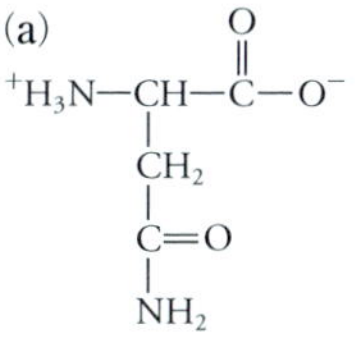

(b)
COOH
|
C=O
|
CH_2
|
H-C-OH
|
$CH_3-C-NH-C-H$
|
HO-C-H
|
H-C-OH
|
H-C-OH
|
CH_2OH

(c)
$$CH_2-O-C-(CH_2)_{14}-CH_3$$
|
HO-CH
|
$CH_2-O-P-OH$
|
OH

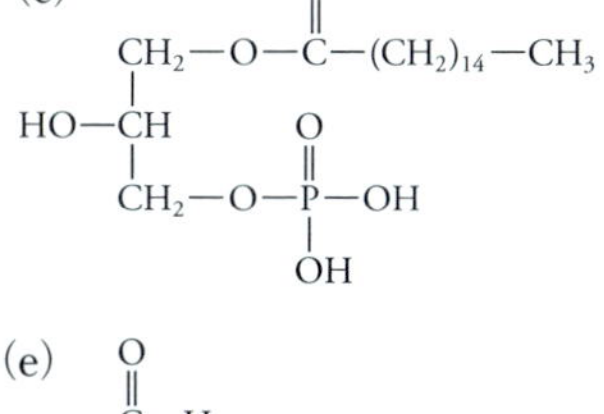

(d)
$$^+H_3N-CH-C-O^-$$
|
CH_2
|
SH

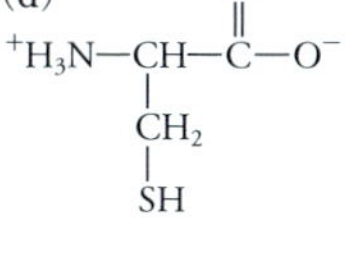

(e)
C=O, -H
|
H-C-OH
|
CH_2OH

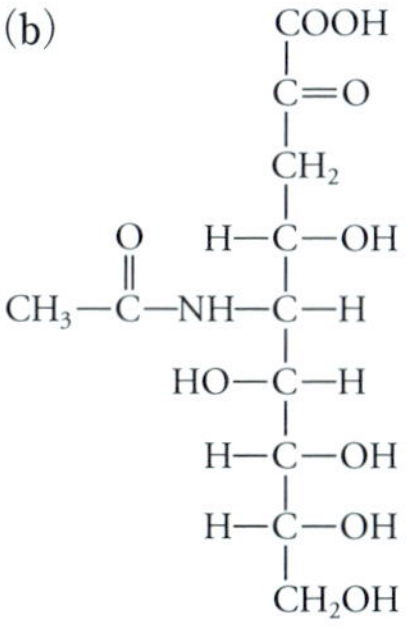

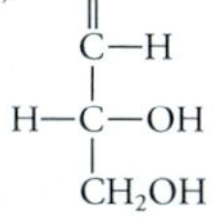

(f)
$$C-O^-$$（プロリン環）

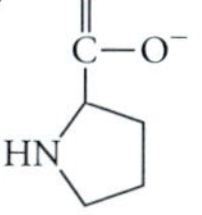

2. いくつかのビタミンの構造を次に示す. それぞれのビタミンの官能基を示せ.

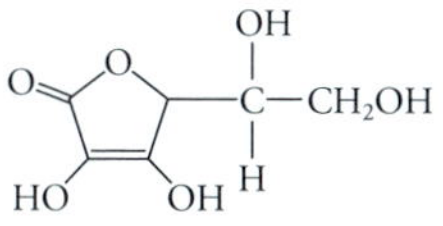

ビタミン C

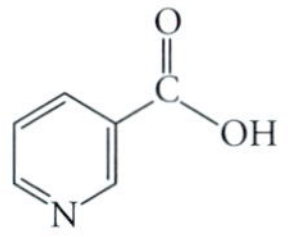

ニコチン酸（ナイアシン）

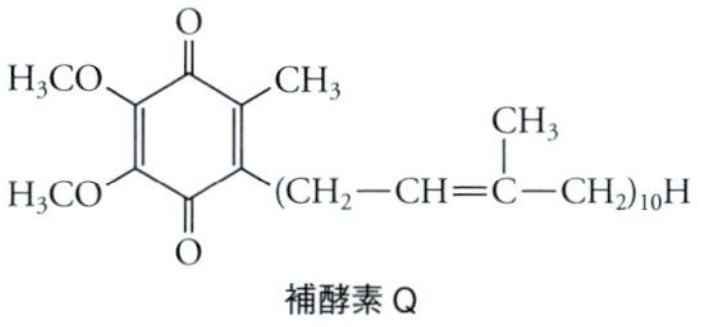

補酵素 Q

3. 低分子の生体分子を 4 種類あげよ. そのうち重合体をつくることができる三つはどれか. それぞれの重合体は何とよばれるか.

第I部　生化学の基礎

4. 次の化合物は問題3の4種類の化合物のうちのどれか.

(a)　[グルコース誘導体の構造式]

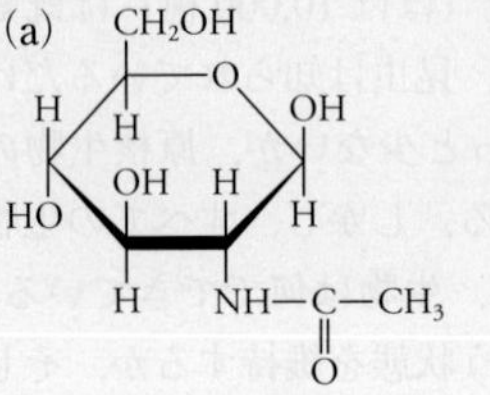

(b)　[シチジン系ヌクレオチドの構造式]

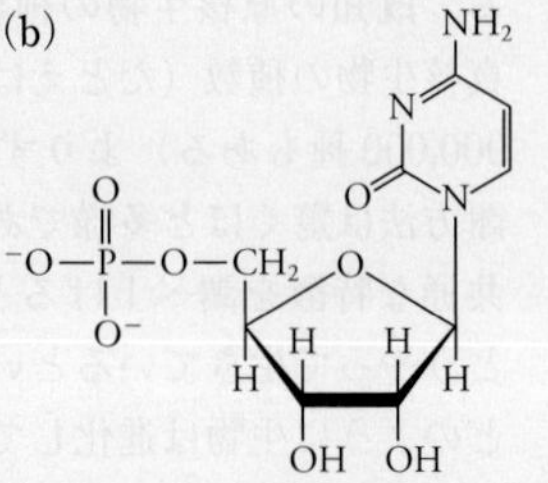

(c)　$HS-CH_2-CH_2-CH-COO^-$
　　　　　　　　　　　　　　NH_3^+

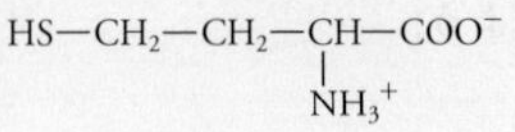

(d)　[コレステロールエステルの構造式　$R-C(=O)-O-$]

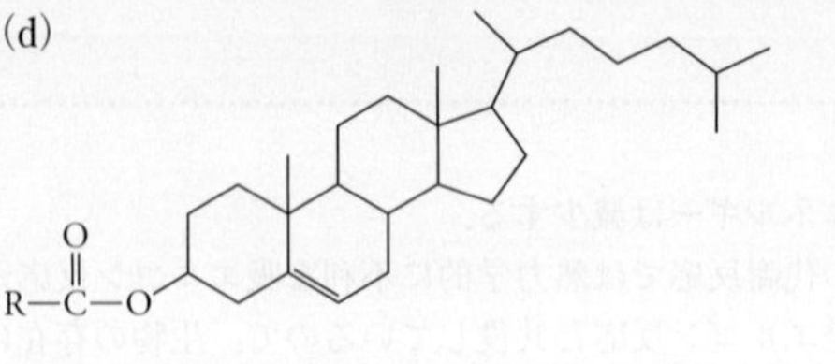

5. 食物の栄養価は，それに含まれる元素の組成から決めることができる．ほとんどの食物は脂肪（脂質），炭水化物，タンパク質という3種類の分子の混合物と考えてよい.

　(a) 脂肪に含まれる元素は何か.

　(b) 炭水化物に含まれる元素は何か.

　(c) タンパク質に含まれる元素は何か.

6. 多くの食物に含まれる化合物の化学式は $C_{44}H_{86}O_8NP$ と書ける．この化合物はどんな分子か．理由も述べよ.

7. 健康によい食物にはタンパク質が入っていなければならない.

　(a) ある食物に含まれる元素の組成を決めることができるとする．それにタンパク質が入っているかどうかを調べるにはどの元素を調べればよいか.

　(b) 三つの化合物の構造を次に示す．これらのうち，どの化合物を加えると食物のタンパク質含量が増加するようにみえるか．(a) に対する答に基づいて答えよ.

　(c) 三つの化合物のうち，実際にタンパク質を含む食物に入っているのはどれか．理由も述べよ.

(ア)　[アルデヒド・リン酸エステル構造式]
$H-C(=O)H$
$H-C-OH$
$CH_2OPO_3^{2-}$

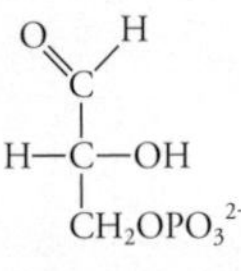

(イ)　[トリアジン環構造式]
NH_2 ... H_2N ... NH_2

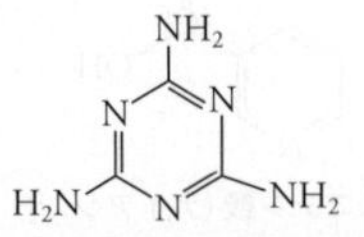

(ウ)　[アミノ酸構造式]
$^+H_3N-CH-C(=O)-O^-$
　　　　CH_2
　　　　CH_2
　　　　$C(=O)$
　　　　O^-

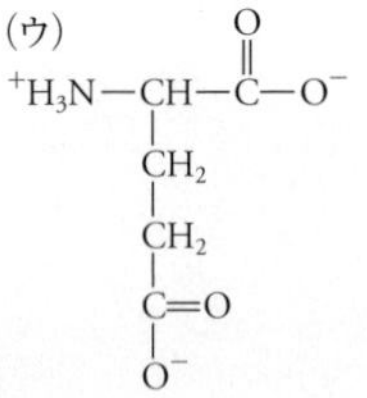

8. 尿素の構造を右に示す．尿素は代謝過程の老廃物で，腎臓から尿に排出される．医者が肝臓障害をもつ患者にタンパク質の少ない食事をするようにいうのはなぜか.

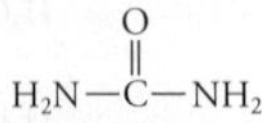

$H_2N-C(=O)-NH_2$
尿素

9. タンパク質のなかには20種類のアミノ酸が含まれている（図4・2参照）．これらのアミノ酸では，共通の基本的構造に個々のアミノ酸に固有のR基（側鎖）が結合している．すべてのアミノ酸に共通の官能基は何か.

10. アラニンというアミノ酸の構造を書け．アラニンの中心にある炭素原子の特異な点は何か.

11. アスパラギン（Asn）とシステイン（Cys）というアミノ酸の構造を§1・2に示している．Asn にあって Cys にはない官能基，Cys にあって Asn にない官能基は何か.

12. Asn と Cys という二つのアミノ酸を含むジペプチド（二つのアミノ酸を含むペプチド）の構造を書け．二つの残基間にペプチド結合ができるとき，どの原子が失われるか．どの官能基が失われ，新たにどんな官能基ができるか.

13. グルコースの直鎖構造を§1・2に示している．グルコースにはどんな官能基があるか.

14. フルクトースという単糖について，次の問いに答えよ.

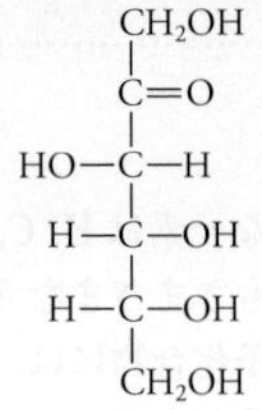

CH_2OH
$C=O$
$HO-C-H$
$H-C-OH$
$H-C-OH$
CH_2OH
フルクトース

　(a) 分子式はグルコースとどのように違うか.

　(b) 構造はグルコースとどのように違うか.

15. 窒素を含むウラシルとシトシンという塩基の構造を次に示す．両者の官能基はどのように違うか.

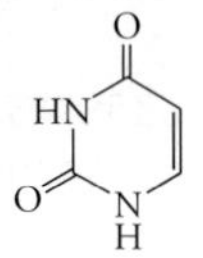

[ウラシル構造式]　　[シトシン構造式]
ウラシル 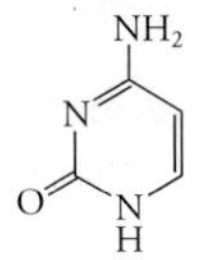　　　シトシン

16. ヌクレオチドとよばれる生体分子の構造単位は何か.

17. アラニン，グルコース，パルミチン酸，コレステロールの水に対する溶解性が大きい順に並べよ．理由も述べよ.

18. 細胞膜はほとんどが疎水的構造である．グルコースと2,4-ジニトロフェノールのどちらが膜をより容易に透過するか．理由も述べよ.

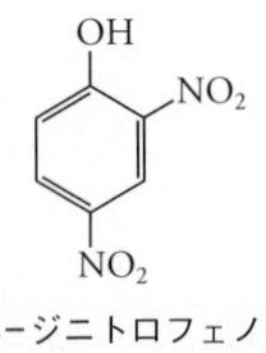

[2,4-ジニトロフェノール構造式]
OH, NO_2, NO_2
2,4-ジニトロフェノール

19. DNAとタンパク質という重合体分子のどちらがより規則的な構造をとるか．これら2種類の分子の細胞内での役割という面から，この違いを説明せよ.

20. 多糖の二つの主要な生物学的役割は何か.

21. 膵臓アミラーゼは，デンプン中のグルコース間をつなぐグリコシド結合を切断する．この酵素はセルロース中のグリコシド結合も切断するか．理由も述べよ.

22. 哺乳類がデンプンを完全に分解すると1g当たり4 kcal

を産生する．セルロースについて，エネルギー収量を求めよ．

1・3 エネルギーと代謝

23. 次の過程のエントロピー変化は正か負か．
（a）水が凍る
（b）水が蒸発する
（c）ドライアイスが昇華する
（d）塩化ナトリウムが水に溶ける
（e）数種類の脂質分子が集合して膜ができる

24. 水溶液中での次の反応でエントロピーは増加するか，減少するか．

（a）
$$\begin{array}{l} COO^- \\ | \\ C=O \\ | \\ CH_3 \end{array} + CO_2(g) \longrightarrow \begin{array}{l} COO^- \\ | \\ C=O \\ | \\ CH_2 \\ | \\ COO^- \end{array}$$

（b）
$$\begin{array}{l} COO^- \\ | \\ C=O \\ | \\ CH_3 \end{array} + H^+ \longrightarrow \begin{array}{l} H \\ | \\ C=O \\ | \\ CH_3 \end{array} + CO_2(g)$$

25. 重合体分子と，その構築単位である単量体分子混合物ではどちらのエントロピーが大きいか．

26. グルコースの燃焼反応でどんなエントロピー変化が起こるか．

$$C_6H_{12}O_6 + 6O_2 \longrightarrow 6CO_2 + 6H_2O$$

27. サッカーチームのコーチは，選手が筋肉を傷めたときのためにインスタント冷却パックというものをいつも用意している．これには水を入れた小袋と硝酸アンモニウムとが入っており，使用時には手でもんで水の入った小袋を破る．硝酸アンモニウムは放出された水に次のような反応で溶ける．インスタント冷却パックの冷却のしくみについて説明せよ．

$$NH_4NO_3(s) \xrightarrow{H_2O} NH_4^+(aq) + NO_3^-(aq)$$
$$\Delta H = 26.4 \text{ kJ mol}^{-1}$$

28. 冬季にキャンプに行くときなどには，ホットパックを持参することが多い．ホットパックは，問題27のインスタント冷却パックに似たもので，硝酸アンモニウムの代わりに塩化カルシウムが入っている．塩化カルシウムが水に溶ける反応は次のようなものである．ホットパックによる加温のしくみについて説明せよ．

$$CaCl_2(s) \xrightarrow{H_2O} Ca^{2+}(aq) + 2Cl^-(aq)$$
$$\Delta H = -81 \text{ kJ mol}^{-1}$$

29. 反応物Aが生成物Bになる反応を考える．AとBのエンタルピーとエントロピーは以下の表に示す．A→Bという反応は4 ℃で自発的に進行するか．37 ℃ではどうか．

	H (kJ mol^{-1})	S (J K^{-1} mol^{-1})
A	54	22
B	60	43

30. ある反応のエンタルピー変化 ΔH は 15 kJ mol^{-1} で，エントロピー変化 ΔS は 51 J K^{-1} mol^{-1} である．この反応が自発的に進行するのは，何 ℃ 以上の場合か．

31. 25 ℃ では二リン酸の加水分解は自発的に進行する．この反応のエンタルピー変化は -14.3 kJ mol^{-1} である．この反応のエントロピー変化についてどんなことがいえるか．

32. ホスホエノールピルビン酸が ADP にリン酸基を付与すると，ピルビン酸と ATP が産生される．25 ℃ では，この反応の ΔG は -63 kJ mol^{-1} で，ΔS は 190 J K^{-1} mol^{-1} である．この反応の ΔH はいくつか．この反応は発熱反応か吸熱反応か．

33. 次の反応のうち自発的に起こるものはどれか．
（a）任意のエンタルピーの減少とエントロピーの増加を伴う反応
（b）小さなエンタルピーの増加と大きなエントロピーの増加を伴う反応
（c）大きなエンタルピーの減少と小さなエントロピーの減少を伴う反応
（d）任意のエンタルピーの増加とエントロピーの減少を伴う反応

34. 引き伸ばしたゴムバンドを縮めると，冷たく感じる．
（a）バンドを縮めたときのエンタルピー変化は正か負か．
（b）引き伸ばしたバンドは放っておくと自然に縮む．このことから，縮むときのエントロピー変化についてどんなことがいえるか．

35. 尿素 NH_2CONH_2 は簡単に水に溶ける．つまり，この過程は自発的に起こる．尿素を溶かしたビーカーにふれると冷たく感じる．これらのことから，尿素を水に溶かしたときのエンタルピー変化とエントロピー変化の正負についてどんなことがいえるか．

36. ホスホフルクトキナーゼは，ATP 由来のリン酸基をフルクトース 6-リン酸に転移し，フルクトース 1,6-二リン酸を産生する．この反応の ΔH は -9.5 kJ mol^{-1} で，ΔG は -17.2 kJ mol^{-1} である．
（a）この反応は発熱反応か吸熱反応か．
（b）この反応の ΔS はいくつか．この反応でエントロピーは増加するか，減少するか．
（c）ΔH と ΔS のどちらが反応の自由エネルギー変化に寄与しているか．それは，反応においてどんな意味をもっているか．

37. グルコースは次のような反応でグルコース 6-リン酸に変換される．

$$\text{グルコース} + \text{リン酸} \rightleftharpoons \text{グルコース 6-リン酸} + H_2O$$
$$\Delta G = 13.8 \text{ kJ mol}^{-1}$$

（a）この反応は自発的か．
（b）グルコース 6-リン酸の合成は次のように ATP の加水分解と共役している．

$$ATP + H_2O \rightleftharpoons ADP + \text{リン酸}$$
$$\Delta G = -30.5 \text{ kJ mol}^{-1}$$

この共役反応全体の反応式を書いて，その ΔG を計算せよ．

この場合，グルコース6-リン酸の産生は自発的に起こるか.

38. グリセルアルデヒド3-リン酸（GAP）は次のような反応で1,3-ビスホスホグリセリン酸（1,3-BPG）に変換される．

$$GAP + P_i + NAD^+ \rightleftharpoons 1{,}3\text{-}BPG + NADH$$
$$\Delta G = +6.7 \text{ kJ mol}^{-1}$$

(a) この反応は自発的に起こるか．この反応は，1,3-BPGが3-ホスホグリセリン酸（3-PG）に変換される次のような反応と共役している．

$$1{,}3\text{-}BPG + ADP \rightleftharpoons 3\text{-}PG + ATP$$
$$\Delta G = -18.8 \text{ kJ mol}^{-1}$$

(b) GAPから3-PGが産生される共役反応の反応式を書け．この反応は自発的に起こるか．

39. 次の分子を，最も酸化された状態のものから最も還元された状態のものへ順に並べよ．

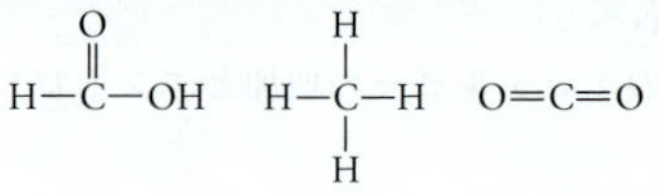

40. 次に述べる過程は酸化か還元か．
(a) 光合成により，植物は二酸化炭素から単糖を合成する．
(b) 動物は植物を食べて単糖を分解し，細胞内過程に必要なエネルギーを得る．

41. 次の反応で，反応物は酸化されているか還元されているか．反応は右側に進行するとする．

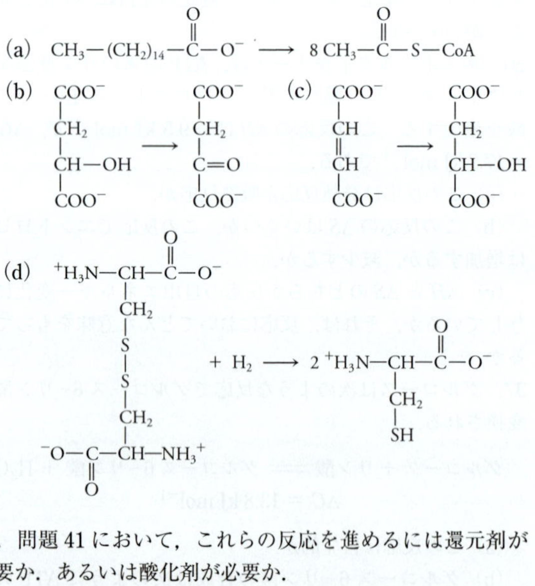

42. 問題41において，これらの反応を進めるには還元剤が必要か．あるいは酸化剤が必要か．

43. ある種の細胞では，単糖ではなくパルミチン酸（§1・2参照）のような脂質が最も重要な代謝燃料となる．
(a) パルミチン酸の炭素原子の酸化状態を考え，これが図1・9に示す図式と一致することを説明せよ．
(b) 炭素原子1個当たりで考えると，グルコースとパルミチン酸のどちらが代謝反応に多くのエネルギーを供与できるか．

44. 完全に酸化するとして，ステアリン酸とα-リノレン酸でどちらからの自由エネルギー放出が多いか．

$$H_3C-(CH_2)_{16}-COO^-$$
ステアリン酸

$$H_3C-CH_2-(CH=CHCH_2)_3-(CH_2)_6-COO^-$$
α-リノレン酸

1・4 生命の起源と進化

45. 生物発生前の地球上での落雷のエネルギーによって大気中の無機分子から有機小分子が生じたというモデルが，1920年代にオパーリン（A. I. Oparin）とホールデーン（J. B. S. Haldane）によって独立に提唱された．1953年に，ミラー（S. Miller）とユーリー（H. Urey）は，これが実際に可能であることを実験で示した．彼らは，水，メタン，アンモニア，そして水素ガスの混合物に放電しながら，混合物を還流して，水に生成物を溶かし込んだ．1週間後にこの溶液を分析すると，グリシン，アラニン，乳酸，尿素をはじめとしていろいろなアミノ酸や有機低分子が見つかった．この実験の重要な点は何か．

46. 問題45の分子よりずっと複雑な構造を生み出すには，最初の生物分子にどんな性質が要求されるか．

47. 分子に関する情報は，細菌類を分類したりその間の進化的な関係を追ったりするのに重要だが，脊椎動物の種間の比較ではそれほど重要でない．なぜか．

48. 細菌と葉緑体やミトコンドリアが似ていることの説明に，初期の真核細胞が独立に生きていた原核細胞を飲込んだものの消化できず，これらが細胞内にそのまま共生したという考えがある．ミトコンドリアや葉緑体の起源としてこうしたことが実際に起こったとは考えにくいが，なぜか．

49. 次に示すDNA配列を基にして，A, B, Cという生物の進化的関連を簡単な系統樹で示せ．

生物A　TCGTCGAGTC
生物B　TGGACTAGCC
生物C　TGGACCAGCC

50. インフルエンザウイルスの系統樹の一部を以下に示す．異なるウイルス株はHに続く数字で区別してある．

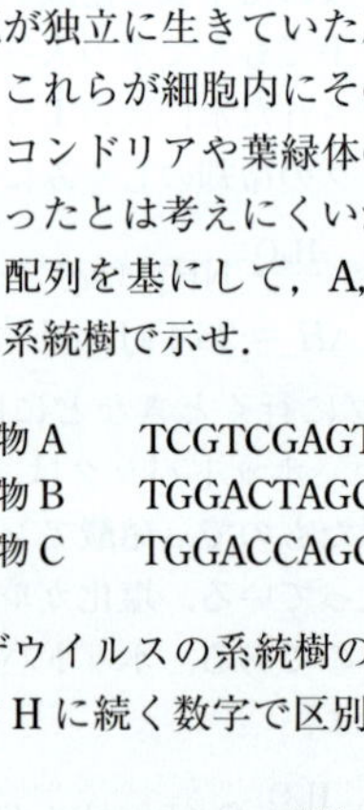

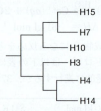

(a) 近縁インフルエンザ株を2対見つけよ．
(b) H3株に最も近い株はどれか．

参 考 文 献

Koonin, E. V., The origin and early evolution of eukaryotes in the light of phylogenomics, *Genome Biol.* **11**, 209 (2010). 真核細胞の起源に関するいくつかのモデルの比較検討.

Koshland, D. E., Jr., The seven pillars of life, *Science* **295**, 2215－2216 (2002). すべての生物に共通する必須の要素, すなわちDNAプログラム, 変異する柔軟性, 構造の区画化, エネルギー要求性, 再生能力, 適応能力, 隔離された環境についての解説.

Mora, C., Tittensor, D. P., Adl, S., Simpson, A. G. B., and Worm, B., How many species are there on earth and in the ocean? *PLoS Biol.* **9**(8): e1001127. doi: 10.1371/journal. pbio. 1001127 (2011). 既知の生物種数と未知の生物種数の予測に関する統計解析.

Nee, S., More than meets the eye, *Nature* **429**, 804 (2004). 微生物における代謝の多様性に関する簡単な解説.

Nisbet, E. G. and Sleep, N. H., The habitat and nature of early life, *Nature* **409**, 1083－1091 (2001). 初期の地球や生命の起源に関する仮説を解説している. 海底の熱水噴出孔で生命が誕生した可能性にもふれている.

Tinoco, I., Jr., Sauer, K., Wang, J. C., and Puglisi, J., *Physical Chemistry: Principles and Applications in Biological Sciences* (4th ed.), Chapters 2－5, Prentice Hall (2002). ["バイオサイエンスのための物理化学", 猪飼 篤監訳, 東京化学同人 (2004).] この教科書や他の物理化学の教科書には熱力学の基礎的な式が出てくる.

2 水溶液の化学

なぜ多数の化合物が水に溶け込むのか

水は生体分子を取囲み，その形や化学的反応性を規定している．水と他の分子とは，静電相互作用や疎水性相互作用といった他の溶媒ではみられない特異な相互作用をする．いろいろな相互作用を介して，水には多くの物質が溶け込む．

復習事項
- 生体分子はすべての原子や官能基のなかの一部のもので構成されている（§1・2）．
- ある系の自由エネルギーはそのエンタルピーとエントロピーで決まる（§1・3）．

生物は水さえあれば地球上のほとんどあらゆる場所に生息できる．極地の氷中でも，氷の結晶の間に細菌や小さな真核生物が生息している（図2・1）．また，海底の熱水噴出孔近くの熱水中でも，原核生物 *Pyrolobus fumarii* が生息している．この生物は 105℃ で最もよく生育し，113℃ という温度にも耐えられる．水が存在しさえすれば，地表から数キロメートルという場所にも生物が見つかる．

生物にとって水は必須であり，その構造や化学的性質を理解することは重要である．ほとんどの生体分子が水に取囲まれているというだけでなく，分子の構成成分と水との相互作用の仕方で，その構造が決まっているからでもある．生体分子が集合していっそう大きな構造を構築する場合や，生体分子が化学的な変化を受けるときにも水分子がかかわっている．実際，水分子それ自身やプロトン（水素イオン）H^+，水酸化物イオン OH^- は多くの生化学反応に直接関与している．そこで，後章で生体分子の構造や機能を学ぶ前に，水について理解することが必要である．

2・1 水分子は水素結合を形成する

重要概念
- 極性をもつ水分子は他の分子と水素結合を形成する．
- 生体分子には，水素結合，静電相互作用，ファンデルワールス相互作用といった非共有結合性相互作用が働いている．
- イオン性あるいは極性物質は水に溶ける．

ほとんどの生物では水が質量の70％を占めている．たとえば，ヒトの体の重量のほぼ60％は水で，そのほとんどは間質液（細胞を取囲んでいる液体）と細胞内にある．

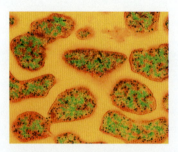

図 2・1 *Methanococcoides burtonii*．この細菌は −2.5℃ という低温の南極の湖でも生息している．[M. Rohde, GBF/Science Photo Library/Photo Researchers/amanaimages.]

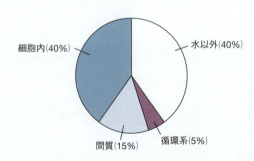

個々の H_2O 分子では，中心の酸素原子は二つの水素原子と共有結合を形成するので，酸素原子には非共有電

子対が二つ残る．そこで，水分子の酸素原子はほぼ四面体の中心に位置し，二つの水素原子が四面体の二つの頂点に，二つの電子対が残りの二つの頂点に位置する（図2・2）．

図2・2　**水分子の電子構造**．ほぼ四面体配置をとる四つの電子軌道が中心の酸素原子を取巻いている．二つの軌道は水素原子（灰色）との結合に寄与しており，他の二つの軌道には非共有電子対がある．

このような電子配置をとる結果，水分子は**極性**（polarity）をもつ．つまり，電荷に偏りがあり，酸素原子は部分的に負の電荷（δ−と表現する）をもち，水素原子は部分的に正の電荷（δ+と表現する）をもつ．この極性は水の特異な物性の鍵となる．

隣り合った水分子どうしは，部分的正電荷をもつ水素原子が部分的負電荷をもつ酸素原子に近接して並ぶ傾向がある．

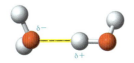

上図で黄色く色づけした相互作用は**水素結合**（hydrogen bond）とよばれる．水素結合は反対の電荷をもった粒子どうしの電気的な引力として示されることが多いが，共有結合的な性質ももつことがわかっている．つまり，水素結合には方向性がある．

それぞれの水分子は水素結合の"供与体"となる2個の水素原子をもち，水素結合の"受容体"となる2対の非共有電子対をもつので，4本の水素結合を形成できる．水の結晶である氷中では，それぞれの水分子は実際に他の4個の水分子と水素結合を形成している（図2・3）．氷が解けると，この規則的な格子構造の一部が崩壊する．

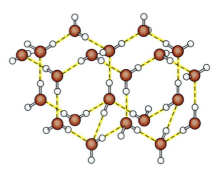

図2・3　**氷の構造**．各水分子は二つの水素結合の供与体として，同時に二つの水素結合の受容体として働くため，結晶中では他の四つの水分子と相互作用している．ここには氷中の2層の水分子だけ示している．

液体状の水の中では，それぞれの水分子は最大で4個の水分子と水素結合を形成できるが，この水素結合の寿命はたった10^{-12}秒しかない．この結果，水分子は回転し，折り曲げられ，方向を変えるので，水の構造はたえまなく変動している．理論的計算や分光学的データによると，液体状の水分子は強い水素結合を2本形成する．1分子の水は，1本の水素結合に対しては結合の供与体となり，もう1本に対しては受容体となる．結果的に，液体状では水素結合で結ばれた水分子の6員環クラスターが自然に生じる．

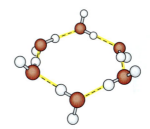

水素結合形成能力をもつ水分子どうしはきわめて接着しやすいので，水は高い表面張力を示す．水面を歩く昆虫もいるが，これは水の表面張力を使っている（図2・4）．室温（25℃）でCH_4やH_2Sのような水に似た分子が

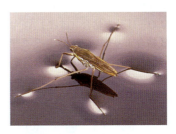

図2・4　**水の表面張力によって水上に支えられているアメンボ**．[Hermann Eisenbeiss/Photo Research, Inc./amanaimages.]

気体であるのに対し，水が液体であるのは，水分子どうしの水素結合形成に由来する．液体状の水の密度が他の液体に比べて低いのも，水素結合形成のために，隣り合う水分子の個々の原子どうしがある距離と方向性を保たなければならないからである．ふつうの物質では固体のほうが液体より比重が高いが，水素結合形成によって氷は水より密度が低く，水に浮くのはよく知られている．

水素結合は静電相互作用のひとつである

分子の構造は共有結合で維持されているが，分子の三次元的な形を決めたり分子どうしの相互作用の仕方を決めたりするのは水素結合のような弱い非共有結合である．たとえば，O–H共有結合の切断には約460 kJ mol^{-1}（110 kcal mol^{-1}）のエネルギーが必要であるが，水中の水素結合の強さはたった20 kJ mol^{-1}（4.8 kcal mol^{-1}）である．これよりもっと弱い非共有結合性相互作用もある．

生体分子のなかでみられる非共有結合性相互作用のひとつに，カルボキシ基 –COO$^-$ とアミノ基 –NH$_3^+$ 間のように荷電した基の間の静電相互作用がある．こうした**イオン相互作用**（ionic interaction）の強さは，共有結合と水素結合の中間である（図2・5）．

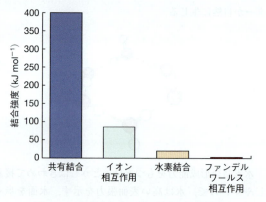

図 2・5 生体分子内にある結合の相対強度

部分的共有結合性にもかかわらず，水素結合は静電相互作用に分類される．水素結合の1.8 Å（1 Å = 0.1 nm）という長さはO–H共有結合（ほぼ1 Å）より長く，結合力もO–H結合より弱い．しかし全く相互作用していないOとHは，**ファンデルワールス半径**（van der

Waals radius，単独の原子のファンデルワールス半径は，核から実効電子表面までの距離）の和である2.7 Åよりは近づけない．

水素結合の供与体としてはふつう N–H, O–H, S–H があり，**電気陰性度**（electronegativity，電気陰性度とは電子に対する原子の親和性の指標である，表2・1）の高い N, O, S が水素受容原子となる．そこで水分子は水分子どうしだけではなく，N, O, S を含む官能基をもつさまざまな化合物とも水素結合を形成する．

表 2・1 おもな原子の電気陰性度

原子	C	F	H	N	O
電気陰性度	2.55	3.98	2.20	3.04	3.44

水–アルコール　　水–アミン

同様に，これらの官能基はそれ自身で水素結合を形成できる．たとえば，DNAやRNAの塩基の相補性は，互いに水素結合を形成することができるかどうかで決まっている．

電荷はもたないが極性をもつ粒子間，たとえば，二つのカルボニル基間でも静電相互作用が働く．

$$\text{C}=\text{O}^{\delta-}\cdots\text{C}^{\delta+}=\text{O}$$

こうした力は**ファンデルワールス相互作用**（van der Waals interaction）とよばれ，水素結合よりずっと弱い．上記のように極性の高い基の間で働くファンデルワールス相互作用は**双極子–双極子相互作用**（dipole–dipole interaction）とよばれ，ほぼ9 kJ mol^{-1}の強さである．また，非極性分子間でも，電子分布のわずかなゆらぎで一過性の電荷分離が起こり，**ロンドンの分散力**（London dispersion force）とよばれる非常に弱いファンデルワールス相互作用が働く．たとえば，メチル基のような非極性基間で働く弱い力はほぼ 0.3 kJ mol^{-1} ほどである．

ファンデルワールス相互作用は二つの基がきわめて近づいたときにだけ働き，遠ざかるとすぐに消滅してしまう．しかし，これらの基が近づきすぎると，ファンデルワールス半径で衝突が起こり，強い反発力が引力をしのいでしまう．

水素結合もファンデルワールス相互作用も個々では弱いが，生体分子はふつうこうした分子内相互作用に関与する複数の基をもつので，その効果を足し合わせると大きなものになる（図2・6）．医薬品の開発では，治療効果に影響する弱い相互作用を最適化するような設計が行われる（ボックス2・A）．

多くの化合物が水に溶ける

他の溶媒とは違い，水素結合を形成し，さまざまな静電相互作用にかかわるので，水分子は多様な化合物のよい溶媒となる．水の**比誘電率**（dielectric constant, イオン間の静電相互作用を抑える溶媒効果を数値化したもの）は比較的高い（表2・2）．溶媒の比誘電率が高ければ高いほど，イオン間の相互作用は弱まる．極性をもつ水分子は，その部分電荷を反対の電荷をもつイオン（たとえば，食塩の Na$^+$ や Cl$^-$）に向けるように揃えて，

図 2・6　**小さな力の累積効果．**巨人ガリバーがリリパットの小人たちの小さな鎖で縛りつけられたように，巨大分子の構造もたくさんの弱い非共有結合性相互作用で束縛を受けている．［Hulton Archive/ゲッティイメージズ．］

表 2・2　溶媒の誘電率（室温）

溶　媒	誘電率
ホルムアミド HCONH$_2$	109
水	80
メタノール CH$_3$OH	33
エタノール CH$_3$CH$_2$OH	25
1-プロパノール CH$_3$CH$_2$CH$_2$OH	20
1-ブタノール CH$_3$CH$_2$CH$_2$CH$_2$OH	18
ベンゼン C$_6$H$_6$	2

ボックス 2・A　生化学ノート

医薬品合成にフッ素がよく使われるのはなぜか

§1・2で述べたように，生体分子を構成する原子はおもに水素，炭素，窒素，酸素，リン，硫黄である．フッ素は天然にある有機分子にはほとんど含まれていない．それでは，なぜフルオキセチン（抗うつ薬，ボックス9・C参照），フルオロウラシル（抗がん剤，§7・3参照），シプロフロキサシン（抗菌薬，§20・1参照）といった多くの合成医薬品にフッ素が使われているのだろうか．

有用な医薬を開発するにあたってフッ素原子を使うと，出発物の形をあまり変えずに，その化学的性質や生物学的効能を変えることが可能である．化合物の水素原子をフッ素原子で置き換えると，電気陰性度の高いフッ素原子（表2・1参照）は酸素原子のようにふるまう．化学的に不活性な C−H 結合は電子求引性 C−F 結合になるので，近傍のアミノ基の塩基性を弱めることになる（§2・3参照）．正電荷が減少すると，薬剤は細胞膜を通過しやすくなり，細胞に入って薬効を発揮できる．

さらに，極性の C−F 結合は水素結合を形成したり（たとえば，C−F⋯H−C），他の双極子−双極子相互作用にかかわったりできる（たとえば，C−F⋯O=C）．その結果，薬剤分子と生体内標的分子との間で相互作用が強まる可能性が増す．両者の結合が強まると，用いる薬剤濃度を下げることができ，副作用も小さくなる．

これを取囲む.

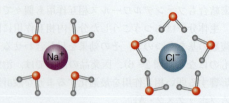

極性をもつ水分子とイオンの相互作用は Na$^+$ と Cl$^-$ との相互作用より強いので, 塩は溶解する (溶解した粒子は **溶質** solute とよばれる). 水分子に取囲まれたそれぞれのイオンは **溶媒和** (solvation) している, あるいは溶媒が水であるので, **水和** (hydration) しているといわれる.

極性基やイオン性基をもつ生体分子は, こうした基と水分子との水素結合を介して簡単に水に溶ける. たとえば, グルコースは水素結合を形成する 6 個の酸素原子をもつので, 水によく溶ける.

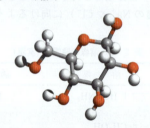

ヒト血中のグルコース濃度はほぼ 5 mM である. 5

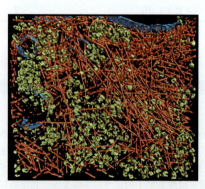

図 2・7　**細胞性粘菌 *Dictyostelium* の細胞内部の様子をクライオ電子顕微鏡トモグラフィー法で可視化した.** まず細胞を急速凍結して, 細胞内微細構造を固定する. クライオ電子顕微鏡を用いて, いろいろな角度からこの試料の像を撮り, これをまとめて細胞内構造の三次元像を再構成する. 赤で色づけした繊維状構造はアクチンフィラメントである. リボソームをはじめとしたいろいろな細胞内巨大分子複合体は緑で, 膜構造は青で色づけしてある. 低分子化合物 (ここでは見えていない) がこれら巨大分子の隙間をみたしている. [Wolfgang Baumeister, Max Planc Institute for Biochemistry 提供.]

mM のグルコース水溶液では, グルコース分子それぞれに対して 1 万もの水分子が存在する (水分子濃度は 55.5 M である). しかし, 生体内では多数のイオン, 低分子化合物, そして高分子化合物が集まって, 水っぽいスープというより濃いシチューのような溶液になっており, 生体分子がこのように希薄な状態でいることはない (図 2・7).

細胞内では, 分子間の空間はほんの数オングストロームしかないが, それでも 2 分子の水分子が入る余地はある. そこで, 規則正しく並んだ水分子をまわりにまとった溶質分子が互いに滑り合うことが可能になる. この薄い水分子の層があるおかげで, 分子どうしのファンデルワールス相互作用 (ファンデルワールス相互作用は弱いが引力として働く) が妨げられるので, 細胞内容物で込み合っていても細胞内部の流動性は保たれている.

2・2　疎水性相互作用

重要概念
- エントロピーで駆動される疎水性相互作用によって, 非極性物質は水から排除される.
- 両親媒性分子はミセルや二重層を形成する.

グルコースのように簡単に水和するものは **親水性**[*] (hydrophilic, 水を好む) である. これに対してドデカン (C$_{12}$ アルカン) のような化合物は, 極性基をもたず水には比較的不溶性であり, **疎水性**[*] (hydrophobic, 水を嫌う) である.

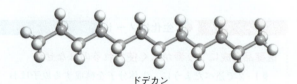

ドデカン

生体には純粋な炭化水素分子はほとんどないが, 多くの生体分子には水に不溶な炭化水素様の部分構造がある.

植物油のような非極性物質 (炭化水素のような分子からできている) を水に加えると, 溶けずに 2 層に分離する. 水と油を混ぜるには, この系に自由エネルギーを加えなければならない (たとえば, 激しく振るとか加熱する). 水に疎水性物質を溶かすのはなぜ熱力学的に不利なことなのだろうか. 非極性分子を入れる"穴"をつくるために水分子間の水素結合を切らなくてはならず, これにエンタルピーが必要だというのが一つの可能性であ

---

[*] 訳注: 親水性と極性 (polar), 疎水性と非極性 (nonpolar) という言葉は同じ意味で使われることが多い.

る．しかし，実験的には，溶媒和に必要な自由エネルギー障壁（ΔG）はエンタルピー項〔ΔH，1章の（1・2）式参照．$\Delta G = \Delta H - T\Delta S$〕よりエントロピー項 ΔS に依存していることが知られている．水和している溶質となる疎水性分子は1層の水分子で取囲まれている．このとき，水和水は他の水分子と水素結合をつくることができず，むしろ非極性溶質に極性部を向けないような配置で溶質のまわりに並ぶ．溶質とはかかわりなく動き回っている水分子には，きわめて短時間の間に他の水分子との水素結合をつくったり，切ったり，またつくり直したりするという自由度があるが，水和水はこの自由度を失っている（図2・8）．その結果，水の構造の自由度が制限されて系のエントロピーが減少する．非極性溶質を水に溶かすと，まわりに結晶状水分子の"かご"ができて水和水のエントロピーが減少すると説明されることが多いが，実際には水中では水分子は常に動き回っているので，これは必ずしも正しくない．

多数の非極性分子を水に入れると，分散して個々に1層の水分子に取囲まれて水和するわけではない．むしろ，非極性分子が集合して水分子との接触を避けるようになる（このため小さな油滴は集まって大きな油相をつくる）．この過程は，非極性分子が集合してエントロピーが減少するので熱力学的に不利なようだが，実際には，水和水が解放されて他の水分子と自由に相互作用し自由度を回復するので，水分子のエントロピーは増加し，系全体としては反応が自発的に進行する（図2・9）．

このように，非極性分子が水溶液から排除された結果集合する現象を，**疎水性相互作用**（hydrophobic interaction）とよぶ．ふつうの意味では結合でもないしイオン相互作用のようにひきつけ合う相互作用でもないが，疎水性相互作用は生化学的過程で働く重要な力である．非極性分子には，これ以外には相互に引合う力がない．個々に水和するとエントロピーの損失が大きいという理由で，非極性分子は水溶液から排除され集合する．疎水性相互作用は多くの生体分子の構造や機能を規定している．たとえば，タンパク質のポリペプチド鎖は，疎水基が溶媒から遠ざかるよう内部に位置し，親水基が水分子と相互作用できるよう外部に位置するよう球状に折りたたまれる．同様に，すべての細胞を取囲んでいる脂質膜は，脂質に働く疎水性相互作用で維持されている．

両親媒性分子には親水性相互作用と疎水性相互作用の両方が働く

次に示すパルミチン酸という脂質分子を考えてみる．

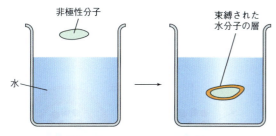

図2・8 **非極性分子の水和**．非極性分子（緑）を水に加えると，これを取囲む結合水（オレンジ）は他の水分子と水素結合する自由度を失うため，系のエントロピーは減少する．エントロピーの減少は系全体としての性質であり，溶質のまわりの水分子だけの性質ではない．非極性分子を取囲んでいる水分子はたえず溶液の残りの部分の水分子と位置を交代しているからである．エントロピーの減少は非極性溶質が水和することに対する熱力学的な障壁を意味している．

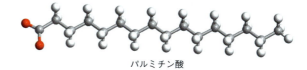

パルミチン酸

炭化水素の"尾部"（右側）は非極性であるが，カルボキシ基の"頭部"（左側）は非常に極性が高い．疎水性部位と親水性部位をもつこのような分子は**両親媒性**

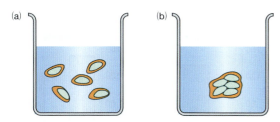

図2・9 **水中における非極性分子の凝集**．(a) 水和水（オレンジ）は水素結合を形成する自由度がないため，分散した非極性分子（緑）の個々の水和は系のエントロピーを減少させる．(b) 非極性分子が凝集すると，凝集した溶質の水和には分散した個々の溶質の水和に比べより少ない水分子しか必要としないため，系のエントロピーは増加する．このエントロピーの増加は水中における非極性物質の自発的な凝集の原因となる．

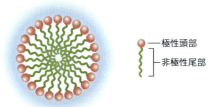

図2・10 **両親媒性分子によって形成されたミセル**．疎水性相互作用によって，分子の疎水性尾部が水と接触しないように凝集する．極性をもつ親水性頭部は表面に露出して溶媒の水分子と相互作用する．

（amphiphilic, amphipathic）であるという．両親媒性の分子を水に入れるとどうなるか．ふつう，両親媒性物質の親水基は溶媒である水分子の方を向いており，水和されている．一方，疎水基は疎水性相互作用によって寄り集まる傾向がある．この結果，両親媒性物質は，水和した表面と疎水性中心部をもつ球状ミセル（micelle）を形成する（図2・10）．

両親媒性物質の親水性部位と疎水性部位の大きさの比によっては，球状ミセルを形成せずに，シート状になることもある．生体膜の構造的基盤となる両親媒性脂質の場合は，疎水層が水和した親水層に挟まれて，**二重層**（bilayer）とよばれる2層構造をもつシートが生じる（図2・11）．生体膜の構造は8章で詳しく紹介する．親水基は溶媒である水分子と水素結合を形成し，疎水基は溶媒に接していないので，ミセルや二重層の形成は熱力学的に有利である．

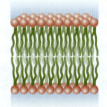

図2・11 **脂質二重層**．両親媒性の脂質分子は2層構造を形成する．極性をもつ親水性頭部は溶媒の方を向き，疎水性の尾部は水とふれないよう二重層の内部に隔離される．両親媒性分子がミセルより二重層を形成しやすいかどうかは，親水基あるいは疎水基の大きさと性質による．尾部が1本の脂質はミセルを形成しやすく（図2・10参照），尾部が2本の脂質は二重層を形成しやすい．

脂質二重層の疎水性中心部は拡散に対する障壁になる

溶媒に接する端がなくなるよう，脂質二重層は閉じた**小胞**（vesicle）を形成する傾向がある．半分に割って見た小胞を次に示す．真核細胞の多くの細胞内画分（細胞小器官）の形は，ここに示したような脂質小胞をもう少し精巧にしたものである．

小胞ができると水溶液が中に閉じ込められる．閉じ込められた極性の溶質は二重層の疎水性中心部を簡単には通り抜けることができないので，小胞の閉じられた空間から漏れ出ることはない．小胞の疎水性領域を経て水和した親水基を輸送するには大きなエネルギーが必要である（これに対し，酸素分子のように小さな疎水性分子は比較的簡単に二重層を通り抜ける）．

ふつう，高濃度に存在する物質は濃度の低い領域に向かって拡散する（濃度勾配の低い方に向かう溶質分子の動きは，エントロピーの増加で駆動される自発的過程である）．二重層のような障壁はこの拡散を抑える（図2・12）．細胞は必ず何らかの膜で取囲まれているが，この障壁のおかげで，細胞内のイオン，低分子物質，あるいは生体高分子の濃度を，外界の濃度にかかわらず一定に維持できる（図2・13）．細胞内や生体液の溶質組成は注意深く調節されている．予想できることだが，生物はかなりの代謝エネルギーを水や塩濃度を維持するのに用いており，何かが欠ければこれを補うようにできている（ボックス2・B）．

ミセル

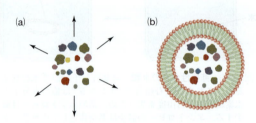

図2・12 **脂質二重層は極性物質の拡散を妨げる**．(a) 溶質は高濃度の領域から低濃度の領域へと自発的に拡散する．(b) 脂質の壁は，極性物質の通過に対する熱力学的な障壁となり，極性物質が内部区画から外部へ拡散するのを妨げる（同時に，極性物質が外部の溶液から内部へ拡散するのも妨げる）．

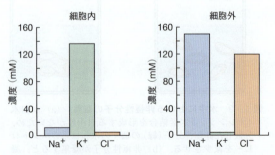

図2・13 **細胞内液および細胞外液のイオン組成**．ヒトの細胞はナトリウムや塩素に比べ高い濃度のカリウムを含んでおり，細胞の外側ではこの逆になっている．細胞膜はこの濃度差を維持するのに役立っている．

ボックス 2・B　生化学ノート

汗と運動とスポーツドリンク

　ヒトを含めた動物は，動いていないときでも代謝活性により熱を産生している．この熱のうちいくらかは，放射，対流，伝導，そして陸生動物の場合は水の蒸発によって環境へと放出される．1 g (mL) の水が気化すると，約 2.5 kJ の熱量が失われるため，蒸発は重要な冷却効果をもっている．ヒトとある種の動物は，皮膚温度の上昇に伴い汗腺が活性化され，約 50 mM Na^+，5 mM K^+，45 mM Cl^- を含む溶液を分泌する．皮膚表面より汗が蒸発することで体が冷却される．

　休止状態の体から熱が失われるのに水の蒸発が果たす割合は小さいものの，活動状態の体が産出する熱の放散では，発汗は主要な役割を果たしている．高い温度環境で激しい運動を続けると，体内からは 1 時間に 2 L もの水分が失われることがある．運動競技の訓練によって，筋肉や心肺機能の能力が向上するだけでなく，発汗能力も向上し，低い皮膚温度でも発汗するようになり，汗腺からの塩の分泌は少なくなる．しかし，訓練のあるなしにかかわらず，体重の 2% 以上にあたる水分の流出は心血管機能を損なう可能性がある．事実，"熱中症"は実際の体温の上昇よりもむしろ脱水が原因であることが多い．

　いろいろな研究によると，運動選手は運動前や運動中に十分な水分を摂取していないことが多いとされている．理想的には，水分摂取量を発汗で失われる水分量と一致させ，摂取する速度も発汗の速度に応じたものにするのがよい．では，どんな飲料がよいのだろうか．全体で 90 分以下の運動，特に激しい運動と短い休息を交互に繰返すような場合は，水のみで十分である．糖質を含む市販のスポーツドリンクは，発汗で失う水分のほかにもエネルギー源も含んでいる．しかしこのような糖質の摂取は，マラソンのような長期かつ持続した運動で体内炭水化物が消費される場合にだけ必要とされる．暑い太陽の下で走るマラソン走者などにとってはスポーツ飲料に含まれる塩分が役立つが，多くの場合には余分な塩分は必要ではない（塩分によって糖質を含む溶液がよりおいしく感じられるのは確かであるが）．発汗で失われる量を十分に埋め合わせられるだけの Na^+ や Cl^- はふつうの食事に含まれている．

2・3　酸塩基の化学

重要概念
- 水分子はイオン化してプロトン H^+ と水酸化物イオン OH^- になる．
- 酸の pK_a は，イオン化しやすさの指標となる．
- 酸溶液の pH は，酸の pK_a とその濃度，そして共役塩基の濃度によって決まる．

　水は生化学的過程で不活性な溶媒ではなく，この過程に積極的にかかわっている．生体系での水の化学反応性は，次のようなイオン化に由来する．

$$H_2O \rightleftharpoons H^+ + OH^-$$

水の解離によって生じる生成物はプロトンつまり水素イオン H^+ と水酸化物イオン OH^- である．

　水溶液では実際には H^+ は単独では存在せず，水分子と結合して次のような**オキソニウムイオン**〔oxonium ion，ヒドロニウムイオン (hydronium ion) ともいう〕H_3O^+ となる．

H^+ はさらに大きな構造の一部となって非局在化している可能性がある．

　H^+ は一つの水分子と結合したままではいないので，水分子の水素結合ネットワークのなかで受け渡されているようにみえる（図 2・14）．このすばやい**プロトンジャンプ** (proton jump) のおかげで，水分子の間を実際に拡散していかなくてはならない他のイオンに比べて，H^+ の見かけの移動度はずっと大きい．そこで，酸塩基反応は最も速い生化学反応のひとつである．

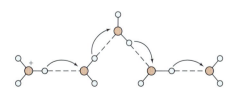

図 2・14　プロトンジャンプ．水分子に結合したプロトン（オキソニウムイオンとして存在している）は，水素結合でつながっている水分子のネットワークの間をすばやくジャンプしていく．

[H⁺] と [OH⁻] は反比例する

純水はごくわずかにしかイオン化しないので、生じる H^+ と OH^- の濃度は実際にはきわめて低い。水のイオン化は解離定数 K で記述できる。この解離定数は、生成物濃度の積をイオン化していない水の濃度で割ったものに等しい。[ ] はそれぞれのモル濃度を示す。

$$K = \frac{[H^+][OH^-]}{[H_2O]} \quad (2\cdot 1)$$

水の濃度 (55.5 M) は水素イオン濃度 $[H^+]$ や水酸化物イオン濃度 $[OH^-]$ よりずっと高いので、定数とみなしてよい。そこで次のように K を K_w として定義し直すことができる。

$$K_w = K[H_2O] = [H^+][OH^-] \quad (2\cdot 2)$$

K_w は**水のイオン積**（ion product of water）で、25 ℃ では 10^{-14} である。純水では $[H^+]=[OH^-]$ なので、次のように両者ともに 10^{-7} M となる。

$$K_w = 10^{-14} = [H^+][OH^-] = (10^{-7}\,M)(10^{-7}\,M) \quad (2\cdot 3)$$

どんな溶液でも $[H^+]$ と $[OH^-]$ の積は 10^{-14} なので、$[H^+]$ が 10^{-7} M より大きい場合には、$[OH^-]$ は 10^{-7} M より低くなって相殺される（図 $2\cdot 15$）。

$[H^+]=[OH^-]=10^{-7}$ M のときに、溶液は**中性** (neutral) である。$[H^+] > 10^{-7}$ M ($[OH^-] < 10^{-7}$ M) のときには溶液は**酸性** (acidic) で、$[H^+] < 10^{-7}$ M ($[OH^-] > 10^{-7}$ M) のときには**塩基性** (basic) である。こうした溶液の状態をもっと簡単に記述するのに、$[H^+]$ を次のように **pH** で表現する。

$$pH = -\log[H^+] \quad (2\cdot 4)$$

この表現では中性溶液の pH は 7 で、酸性溶液の pH は 7 より小さく、塩基性溶液の pH は 7 より大きい（図 $2\cdot$

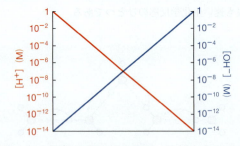

図 $2\cdot 15$ **[H⁺] と [OH⁻] の関係**。[H⁺] と [OH⁻] の積は K_w であり、これは 10^{-14} に等しい。つまり、[H⁺] が 10^{-7} M より大きくなると [OH⁻] は 10^{-7} M より小さくなる。逆もまた同様である。

表 $2\cdot 3$ **生体液の pH 値**

体液	膵液	血液	唾液	尿	胃液
pH	7.8〜8.0	7.4	6.4〜7.0	5.0〜8.0	1.5〜3.0

16）。pH は $[H^+]$ の対数なので、pH が 1 単位違うと $[H^+]$ は 10 倍違うことに注意すること。"生理的 pH"、つまりヒト血液の正常な pH はほぼ中性で 7.4 である。いろいろな生体液の pH を表 $2\cdot 3$ に示す。酸塩基の化学がかかわっているのは、研究室のなかのことだけではない（ボックス $2\cdot C$）。

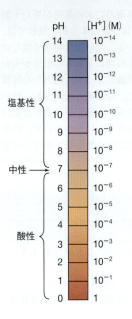

図 $2\cdot 16$ **pH と [H⁺] の関係**。pH は $-\log[H^+]$ と等しいため、[H⁺] が大きくなると pH は小さくなる。pH が 7 の溶液は中性であり、pH<7 の溶液は酸性、pH>7 の溶液は塩基性である。

溶液の pH は変えられる

$[H^+]$ と $[OH^-]$ の釣合に影響を与えるような物質を加えると、水の pH は変わる。酸を加えると H^+ の濃度が上昇して pH が下がる。塩基を加えると逆の効果が生じる。生化学的には、H^+ を供給できるものを**酸** (acid) と定義し、H^+ を受容するものを**塩基** (base) と定義する。たとえば、水に塩酸 HCl を加えると、HCl は水に H^+ を供給するので、$[H^+]$ あるいは $[H_3O^+]$ は上昇する。

$$HCl + H_2O \longrightarrow H_3O^+ + Cl^-$$

この反応では H_2O は加えた酸から H^+ を受容する塩基として働いている。

同様に、塩基である水酸化ナトリウム NaOH を加えると、H^+ と結合する OH^- を供給することになるので、pH は上がる（$[H^+]$ は下がる）。

$$NaOH + H_3O^+ \longrightarrow Na^+ + 2\,H_2O$$

この反応では，H_3O^+ は加えた塩基に H^+ を供与するので酸である．どのくらいの H^+ が加えられ（たとえば HCl から），塩基（たとえば NaOH の OH^-）との反応によってどのくらいの H^+ が除かれたのかによって溶液の最終 pH が決まる．完全にイオン化する HCl や NaOH のような物質では pH の計算は簡単である．

●●● 計算例題 2・1

問題　10 mL の 5 M HCl（a）あるいは 10 mL の 5 M NaOH（b）を加えた 1 L の水の pH を計算せよ．

解答　（a）HCl の最終濃度は

$$\frac{(0.01\,\text{L})(5.0\,\text{M})}{1.01\,\text{L}} = 0.050\,\text{M}$$

である．HCl は完全にイオン化するので，加えられた $[H^+]$ は $[HCl]$ に等しいか 0.050 M である（もともとある $[H^+]$ 10^{-7} M はこの値に比べてきわめて小さいので無視する）．

$$pH = -\log[H^+] = -\log 0.050 = 1.3$$

（b）NaOH の最終濃度は 0.050 M である．NaOH は完全に解離するので，加えられた $[OH^-]$ も 0.050 M である．（2・2）式から $[H^+]$ を計算すると，

$$K_w = 10^{-14} = [H^+][OH^-]$$
$$[H^+] = 10^{-14}/[OH^-] = 10^{-14}/(0.050\,\text{M})$$
$$= 2.0 \times 10^{-13}\,\text{M}$$

$$pH = -\log[H^+] = -\log(2 \times 10^{-13}) = 12.7$$

練習問題

1. 50 mL の 25 mM NaOH を加えた 500 mL の水の pH を計算せよ．
2. 250 mL の 5 mM NaOH を加えた 250 mL の水の pH を計算せよ．

酸がイオン化する傾向は pK_a で記述できる

HCl や NaOH と違い，生物で重要な酸や塩基は水中で完全には解離しない．つまり水への，あるいは水から H^+ の転移は不完全である．そこで，酸や塩基の最終濃度（水分子自身も含めて）を平衡式で表現しなければならない．たとえば，酢酸は部分的に解離し，一部の H^+ を水に供与する．

$$CH_3COOH + H_2O \rightleftharpoons CH_3COO^- + H_3O^+$$

この反応の平衡定数は次のように書ける．

$$K = \frac{[CH_3COO^-][H_3O^+]}{[CH_3COOH][H_2O]} \qquad (2 \cdot 5)$$

水分子の濃度は他の反応物濃度に比べずっと高いので一定とみなされ，K_a で表される**酸解離定数**（acid dissociation constant）のなかに定数として取込まれる．

$$K_a = K[H_2O] = \frac{[CH_3COO^-][H^+]}{[CH_3COOH]} \qquad (2 \cdot 6)$$

ボックス 2・C ◆ **生化学ノート**

大気中の CO_2 と海洋の酸性化

人間の活動に由来する大気中の CO_2 濃度上昇は地球温暖化の原因であり，海洋の酸性化にもかかわっている．大気中の CO_2 は水に溶け，炭酸となる．炭酸はただちに水素イオン H^+ と炭酸水素イオン HCO_3^- に解離する．

$$CO_2 + H_2O \rightleftharpoons H_2CO_3 \rightleftharpoons H^+ + HCO_3^-$$

現在の海洋は弱塩基性で，その pH はおよそ 8.0 である．しかし，CO_2 由来の水素イオン濃度上昇によって pH 低下がもたらされ，100 年後にはその pH はおよそ 7.8 まで低下すると予測されている．海洋が CO_2 を吸収してくれるおかげで大気中 CO_2 濃度の上昇は抑えられるが，海洋生物には酸性化という環境変化に適応しなくてはならないという大きな問題が起こる．

貝類，サンゴ，プランクトンといった海洋生物の身を守る殻は炭酸カルシウム $CaCO_3$ でできているが，これは海に溶け込んでいる炭酸イオン CO_3^{2-} を原料にしている．しかし，炭酸イオンは水素イオンと反応して炭酸水素イオンとなる．

$$CO_3^{2-} + H^+ \rightleftharpoons HCO_3^-$$

そこで，海洋の pH が下がると利用できる炭酸イオンが減少し，炭酸カルシウムを使って殻をつくることがむずかしくなる．これは，食用にする貝類が少なくなるというだけでなく，海洋における食物連鎖の最下部にいる単細胞生物の量に大きな影響を与えることになる．さらに，海洋酸性化の結果，サンゴ礁のような炭酸カルシウムでできた物質が溶解してしまうという事態が発生する．

$$CaCO_3 + H^+ \rightleftharpoons HCO_3^- + Ca^{2+}$$

これは，多様な種を維持している海洋の生態系に大きな影響を与える．

酢酸の酸解離定数は 1.74×10^{-5} である．K_a が大きいほど，この酸はイオン化しやすく，水に H^+ を供与する傾向が強い．K_a が小さいほど，H^+ を供与する可能性が低い．

酸解離定数は $[H^+]$ のようにきわめて小さな値になることが多いので，K_a を次のように **pK_a** に書き換えると便利である．

$$pK_a = -\log K_a \qquad (2 \cdot 7)$$

酢酸では，

$$pK_a = -\log(1.74 \times 10^{-5}) = 4.76 \qquad (2 \cdot 8)$$

である．酸の K_a が大きいほど pK_a は小さくなり，酸として強くなる．

アンモニウムイオン NH_4^+ のような酸を考えてみよう．

$$NH_4^+ \rightleftharpoons NH_3 + H^+$$

その K_a は 5.62×10^{-10} で，pK_a 9.25 に相当する．つまり，アンモニウムイオンは比較的弱い酸で，水に H^+ を容易に放出しない．これに対して NH_4^+ の**共役塩基**（conjugate base）である NH_3 は強塩基で簡単に H^+ を受容する．いくつかの化学物質の pK_a の値を表 $2 \cdot 4$ に示す．**多塩基酸**（polyprotic acid）には H^+ を放出する複数の基があり，それぞれの基の pK_a（pK_1, pK_2…のようによぶ）は異なっている．最初の H^+ 解離は，最も pK_a が低い基で起こり，それに続く H^+ 解離はもっと pK_a が高い基で起こる．

酸溶液の pH は pK_a と関係している

酸（H^+ 供与体としての HA）を水に加えると，この溶液の $[H^+]$ は酸のイオン化しやすさに依存する．

$$HA \rightleftharpoons A^- + H^+$$

つまり，pH は以下のような HA，A^-，そして H^+ の平衡状態で決まる．

$$K_a = \frac{[A^-][H^+]}{[HA]} \qquad (2 \cdot 9)$$

$$[H^+] = \frac{K_a[HA]}{[A^-]} \qquad (2 \cdot 10)$$

表 $2 \cdot 4$　いろいろな酸の pK_a

名　称	化学式[†1]	pK_a
トリフルオロ酢酸	CF_3COOH	0.18
リン酸	H_3PO_4	2.15[†2]
ギ酸	$HCOOH$	3.75
コハク酸	$HOOCCH_2CH_2COOH$	4.21[†2]
酢酸	CH_3COOH	4.76
コハク酸イオン	$HOOCCH_2CH_2COO^-$	5.64[†3]
チオフェノール	C_6H_5SH	6.60
リン酸二水素イオン	$H_2PO_4^-$	6.82[†3]
N-(2-アセトアミド)-2-アミノエタンスルホン酸 (ACES)	$H_2NCOCH_2\overset{+}{N}H_2CH_2CH_2SO_3^-$	6.90
イミダゾールイオン		7.00
p-ニトロフェノール	$HO-\!\!\!\!\bigcirc\!\!\!\!-NO_2$	7.24
N-2-ヒドロキシエチルピペラジン-N'-2-エタンスルホン酸 (HEPES)	$HOCH_2CH_2H\overset{+}{N}\!\!\!\!\bigcirc\!\!\!\!NCH_2CH_2SO_3^-$	7.55
グリシンアミド	$^+H_3NCH_2CONH_2$	8.20
トリス(ヒドロキシメチル)アミノメタン（トリス）	$(HOCH_2)_3C\overset{+}{N}H_3$	8.30
ホウ酸	H_3BO_3	9.24
アンモニウムイオン	NH_4^+	9.25
フェノール	C_6H_5OH	9.90
メチルアンモニウムイオン	$CH_3NH_3^+$	10.60
リン酸一水素イオン	HPO_4^{2-}	12.38[†4]

†1 解離する水素は赤で示してある．†2 pK_1，†3 pK_2，†4 pK_3．

次の式によって，$[H^+]$ は pH で，K_a は pK_a で表現できる．

$$-\log[H^+] = -\log K_a - \log\frac{[HA]}{[A^-]} \quad (2\cdot11)$$

$$pH = pK_a + \log\frac{[A^-]}{[HA]} \quad (2\cdot12)$$

この (2・12) 式は**ヘンダーソン−ハッセルバルヒの式**
(Henderson−Hasselbalch equation) とよばれる．この
式によって pH が酸の pK_a と酸 (HA) 濃度，そして共役
塩基 (A^-) 濃度と関係づけられる．この式を用いると，
濃度のわかった酸と塩基 (ふつうは塩の形になっている)
を含む溶液の pH を予測したり (計算例題 2・2 参照)，
ある pH における酸濃度とその共役塩基濃度を計算した
りできる (計算例題 2・3 参照)．

●●● 計算例題 2・2

問題　6.0 mL の 1.5 M 酢酸と 5.0 mL の 0.4 M 酢酸ナ
トリウムを加えた 1 L の水溶液の pH を計算せよ．

解答　まず酢酸 HA と酢酸イオン A^- の最終濃度を計
算する．溶液の最終体積は 1 L＋6 mL＋5 mL＝1.011 L
なので，

$$[HA] = \frac{(0.006\ \text{L})\,(1.5\ \text{M})}{1.011\ \text{L}} = 0.0089\ \text{M}$$

$$[A^-] = \frac{(0.005\ \text{L})\,(0.4\ \text{M})}{1.011\ \text{L}} = 0.0020\ \text{M}$$

次に，表 2・4 にある酢酸の pK_a とこれらの濃度をヘン
ダーソン−ハッセルバルヒの式に入れる．

$$pH = pK_a + \log\frac{[A^-]}{[HA]} = 4.76 + \log\frac{0.0020}{0.0089}$$
$$= 4.76 - 0.65 = 4.11$$

練習問題
3. 25 mL の 10 mM 酢酸と 25 mL の 30 mM 酢酸ナト
リウムを加えた 1 L の水溶液の pH を計算せよ．
4. 10 mL の 50 mM ホウ酸と 20 mL の 20 mM ホウ酸ナ
トリウムを加えた 500 mL の水溶液の pH を計算せよ．

●●● 計算例題 2・3

問題　10 mM ギ酸溶液の pH 4.15 におけるギ酸イオ
ン濃度を計算せよ．

解答　ギ酸溶液にはイオン化していないギ酸とその共
役塩基であるギ酸イオンが含まれている．ヘンダーソ
ン−ハッセルバルヒの式を用いて pH 4.15 におけるギ酸
イオン A^- とギ酸 HA の比を計算する．ここで pK_a は表

2・4 で与えられている．

$$pH = pK_a + \log\frac{[A^-]}{[HA]}$$

$$\log\frac{[A^-]}{[HA]} = pH - pK_a = 4.15 - 3.75 = 0.40$$

$$\frac{[A^-]}{[HA]} = 2.51\ \text{または}\ [A^-] = 2.51[HA]$$

ギ酸 HA とギ酸イオン A^- を足した全量は 0.01 M なの
で，$[A^-]+[HA] = 0.01$ M．$[HA] = 0.01$ M $- [A^-]$．
そこで，$[A^-]$ は次のようになる．

$$[A^-] = 2.51[HA] = 2.51(0.01\ \text{M} - [A^-])$$
$$[A^-] = 0.0251\ \text{M} - 2.51[A^-]$$
$$3.51[A^-] = 0.0251\ \text{M}$$
$$[A^-] = 0.0072\ \text{M}\ \text{または}\ 7.2\ \text{mM}$$

練習問題
5. pH 5.0 における 50 mM 酢酸のイオン化していない
酢酸濃度を計算せよ．
6. pH 3.0 における 50 mM リン酸溶液のイオン化して
いないリン酸濃度を計算せよ．

ヘンダーソン−ハッセルバルヒの式から，酸溶液の
pH がその酸の pK_a に等しいとすると，溶液中の酸分子
の半分が H^+ を獲得した (プロトン化した) HA の形で，
残り半分が H^+ を放出した (脱プロトンした) A^- とい
う形となっていることがわかる．pH が pK_a よりずっと
低いと，酸はほとんどが HA の形で存在する．これに対
して，pH が pK_a よりずっと高いと，酸はほとんどが H^+
を放出した A^- の形で存在する．

ある pH における酸性物質のイオン化状態を知ること
は重要である．たとえば，pH 7.4 で正味の電荷をもた
ない薬剤は簡単に細胞に取込まれるが，正味の正電荷あ
るいは負電荷をもつものは血流中にとどまっており，薬
剤としては役に立たない (計算例題 2・4)．

●●● 計算例題 2・4

問題　リン酸について，pH が (a) 1.5，(b) 4，(c) 9，
(d) 13 において，どのような形のイオン化状態が最も多
くなるか．

解答　表 2・4 の pK_a の値から次のことがわかっている．
　pH 2.15 未満では完全にプロトン化された H_3PO_4 が最
も多い．
　pH 2.15 では $[H_3PO_4] = [H_2PO_4^-]$ である．
　pH 2.15 と 6.82 の間では $H_2PO_4^-$ が最も多い．

pH 6.82 では [$H_2PO_4^-$] = [HPO_4^{2-}] である.
pH 6.82 と pH 12.38 の間では HPO_4^{2-} が最も多い.
pH 12.38 では [HPO_4^{2-}] = [PO_4^{3-}] である.
pH 12.38 より高い pH では,完全に脱プロトンした PO_4^{3-} が最も多い.

したがって,問題の pH で最も多いイオン化状態は,(a) H_3PO_4, (b) $H_2PO_4^-$, (c) HPO_4^{2-}, (d) PO_4^{3-} である.

練習問題

7. pH 6 のときに存在するリン酸はおもにどのようなイオン化状態のものか.
8. pH 8 のときに存在するリン酸はおもにどのようなイオン化状態のものか.
9. [NH_3] = [NH_4^+] となるのは pH がいくつのときか.
10. コハク酸が $HOOCCH_2CH_2COO^-$ のイオン化状態でおもに存在するのは pH がいくつのときか.

ボックス 2・D　臨床との接点

ヒト体内の酸塩基平衡

ヒト細胞内は通常 pH 6.9 から 7.4 の範囲に保たれている.細胞が強い無機酸に直接さらされる可能性は低いものの,多くの代謝過程で H^+ が生成する.そこで,血中 pH が 7.4 より下がらないようにするため,生じた H^+ に対する緩衝作用が必要となる.このとき,タンパク質の官能基やリン酸基も緩衝作用を発揮するが,最も重要なのは血漿(血液の溶液成分)の CO_2(CO_2 自身も代謝産物である)緩衝系である.

すべての気体と同様に CO_2 も水に溶けるが,CO_2 は水と結合して炭酸 H_2CO_3 にもなる.

$$CO_2 + H_2O \rightleftharpoons H_2CO_3$$

生体内ではこの可逆反応がほとんどの組織で進行しており,特に赤血球細胞に豊富なカルボニックアンヒドラーゼ (carbonic anhydrase,炭酸デヒドラターゼともいう) の働きによって速められている.炭酸はイオン化して炭酸水素イオン HCO_3^- になる(ボックス 2・C 参照).

$$H_2CO_3 \rightleftharpoons H^+ + HCO_3^-$$

すなわち,全体の反応としては次のようになる.

$$CO_2 + H_2O \rightleftharpoons H^+ + HCO_3^-$$

この反応の pK_a は 6.1 である.(HCO_3^- から CO_3^{2-} へのイオン化の pK_a は 10.3 であるため,生体内の pH においてあまり重要ではない.)

6.1 という pK_a は,必要とされる生理的緩衝液(すなわち 7.4 から 1 pH 単位以内)の緩衝幅からわずかに外れている.しかし,H^+ は HCO_3^- と再結合して H_2CO_3 となって減少する.さらに,H_2CO_3 は $CO_2 + H_2O$ と平衡状態にあり,気体 CO_2 は肺から放出されるので,さらに H^+ が失われる.そこで,この緩衝系の緩衝作用は生理的な役割を果たすことが可能となる.もし一定の pH を保つのにもっと H^+ が必要になったら呼吸を遅くして,呼気として放出される気体 CO_2 を調節し,必要な H^+ を確保する.

呼吸速度の変化によって数分から数時間単位で血液 pH 調整が行われる.しかし腎臓でも H^+ や HCO_3^- などを排出したり維持したりするさまざまな機構を介して,数時間から数日にわたる長期の調整がなされる.実際,代謝酸の緩衝作用には腎臓が重要な役割を果たす.正常な代謝反応でも,アミノ酸分解やグルコースあるいは脂肪酸の不完全な酸化,そしてリン酸化タンパク質やリン脂質の取込みによって酸が生じる.酸を緩衝するのに使われた HCO_3^- は,まず糸球体の血流から濾過されて原尿中に排出されるが,尿として排泄される前に細尿管で再吸収される.こうした HCO_3^- の再吸収は,腎細胞の H^+ と Na^+ の交換反応に依存している(下図,段階 1).排出された H^+ は HCO_3^- と結合して CO_2 となる(段階 2).非極性の CO_2 は腎細胞に拡散していき,そこで H^+ と HCO_3^- に戻る(段階 3).

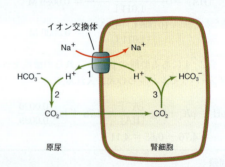

腎臓は,代謝酸の緩衝に使われたり呼気の気体 CO_2 として失われたりした HCO_3^- を,濾過 HCO_3^- 再吸収だけでなく,直接産生して補っている.腎細胞の代謝で CO_2 が産生され,これが H^+ と HCO_3^- に変換される.細胞からはプロトンポンプによって H^+ が分泌され,最終的に尿中に排出される(下図,段階 1).そのため正常な尿はわず

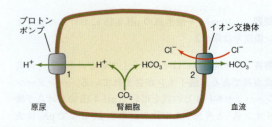

生体分子の pH 依存的イオン化は，その構造と機能を考えるうえで重要である．生体分子の官能基の多くは酸として，あるいは塩基として働く．これら官能基のイオン化状態は，それぞれの pK_a と溶液の pH によって決まる．たとえば生理的 pH では，カルボン酸 −COOH はイオン化してカルボン酸イオン −COO⁻ になり，アミノ基 −NH₂ はプロトン化して −NH₃⁺ になっているので，ポリペプチドは多数のイオン電荷をもっている．こ

れはカルボン酸の pK_a がほぼ 4 で，アミノ基の pK_a が 10 以上であるためである．pH 4 以下ではカルボン酸もアミノ基もともにプロトン化しており，pH 11 以上では両者ともにほとんどが脱プロトンしている．

pH < 4	4 < pH < 9	pH > 10
−COOH	−COO⁻	−COO⁻
−NH₃⁺	−NH₃⁺	−NH₂

かに酸性である．細胞中に残った HCO_3^- は血流中の Cl^- の流入と共役して血流に出ていく（段階 2）．さらに腎臓内では，HCO_3^- はグルタミンの代謝産物として蓄積する．グルタミンの代謝反応で二つのアミノ基はアンモニアとなり，最終的には尿中に排出される．アンモニウムイオンの pK_a は 9.25 なので，生理的 pH ではほとんどのものがプロトン化されている．このプロトン化で炭酸（CO_2 由来）から H^+ が引抜かれ，余分な HCO_3^- が残る．

$$H-\underset{\overset{|}{+NH_3}}{\overset{\overset{COO^-}{|}}{C}}-CH_2-CH_2-\underset{}{\overset{\overset{O}{\parallel}}{C}}\diagdown NH_2 \quad グルタミン$$

病的な状態で正常な酸塩基平衡がずれると，**アシドーシス**（acidosis，血液 pH が 7.35 より低くなる）あるいは**アルカローシス**（alkalosis，血液 pH が 7.45 より高くなる）となる．肺や腎臓をはじめとしていろいろな臓器の活性がこうした状態をひき起こしたり，逆にこうした状態を正常に戻すように働いたりする．

最もよくみられる酸塩基平衡の異常は**代謝性アシドーシス**（metabolic acidosis）である．これは代謝酸の蓄積で生じ，ショック状態，飢餓，重度の下痢（HCO_3^- が多く含まれている消化液が失われる），ある種の遺伝病，腎臓不全（腎不全を起こした腎臓は酸をほとんど排出できなくなる）でひき起こされる．代謝性アシドーシスは心機能を阻害し酸素供給に影響を与える．その結果，中枢神経系にも影響を与えることになる．代謝性アシドーシスの原因はい

ろいろあるが，その症状には，速く深い呼吸という共通点がある．呼吸増進によって H_2CO_3 由来の気体 CO_2 の形で酸を吐き出し，アシドーシスを抑えることができる．しかし，この機構は肺からの O_2 の取込みを妨げることになる．代謝性アシドーシスは $NaHCO_3$ を直接投与することで治療できる．慢性的な代謝性アシドーシスでは骨の鉱物成分が緩衝として働くため，カルシウム，マグネシウム，リンの減少，さらには骨粗鬆症や骨折をひき起こす．

代謝性アルカローシス（metabolic alkalosis）は頻繁にはみられないが，持続的なおう吐で胃液中の HCl を失うことでひき起こされることがある．この症状は NaCl を投与することで改善される．鉱質コルチコイド（副腎で産生されるホルモン）の過剰産生でも，H^+ の分泌と Na^+ の取込みが大きく促進されるため代謝性アルカローシスがひき起こされる．この場合には，NaCl の投与では症状は改善されない．代謝性アルカローシスの状態では，15 秒以上の無呼吸や不十分な酸素供給によってチアノーゼが起こる．こうした症状は，肺から CO_2 が失われるのを防いで血液の pH 上昇を抑えようという体の反応を反映している．

肺機能の異常で酸塩基平衡が乱れた場合には何が起こるだろうか．**呼吸性アシドーシス**（respiratory acidosis）は，気道閉塞，喘息発作，肺気腫などで肺機能が低下したときに起こることが多い．どの場合にも，腎臓でグルタミン分解を触媒する酵素の合成が加速され，アンモニアが産生される．アンモニウムイオンの分泌によってアシドーシスの症状は緩和される．しかし腎臓機能を介した症状緩和には，数時間から数日かかるので（腎臓内のグルタミン分解酵素量を変えるのにかかる時間），呼吸性アシドーシスの治療は気管支拡張，酸素吸入，人工呼吸といった形で肺機能の改善を優先するのがふつうである．

肺機能を低下させるような病気（たとえば喘息）によって**呼吸性アルカローシス**（respiratory alkalosis）が起こることもあるが，むしろおびえや不安といった心理的誘因で起こる過呼吸が原因であることが多い．他の原因で起こる酸塩基平衡の乱れとは違い，この場合には命にかかわることはほとんどない．

通常の状態

$$H^+ + HCO_3^- \rightleftharpoons H_2CO_3 \rightleftharpoons H_2O + CO_2$$

酸が過剰な状態

$$H^+ + HCO_3^- \longrightarrow H_2CO_3 \rightleftharpoons H_2O + CO_2$$
$$H^+ + HCO_3^- \rightleftharpoons H_2CO_3 \longrightarrow H_2O + CO_2$$
$$H^+ + HCO_3^- \rightleftharpoons H_2CO_3 \rightleftharpoons H_2O + CO_2$$

酸が不足している状態

$$H^+ + HCO_3^- \rightleftharpoons H_2CO_3 \longleftarrow H_2O + CO_2$$
$$H^+ + HCO_3^- \longleftarrow H_2CO_3 \rightleftharpoons H_2O + CO_2$$
$$H^+ + HCO_3^- \rightleftharpoons H_2CO_3 \rightleftharpoons H_2O + CO_2$$

−COO⁻ 基を含む化合物は，すでに H⁺ を放出しているにもかかわらず，"酸"とよばれることが多い．同様に，"塩基"化合物がすでに H⁺ を獲得していることもある．

2・4 緩衝液

重要概念
- 緩衝液は pH の変化を抑える．

純水に HCl のような強酸を加えると，加えた酸のすべてが pH の減少にかかわる．ところが HCl を弱酸 HA とその共役塩基 A⁻ を含む溶液に加えると，加わった H⁺ は塩基に結合して酸となり [H⁺] 上昇には寄与しないので，pH はそれほど劇的に変化しない．

HCl ⟶ H⁺ + Cl⁻   [H⁺] の上昇は大きい
HCl + A⁻ ⟶ HA + Cl⁻ [H⁺] の上昇は小さい

逆に，強塩基（たとえば NaOH）をこの溶液に加えると，加えられた OH⁻ の一部は酸から H⁺ を受容し水分子を生成するので，[H⁺] の低下には寄与しない．

NaOH ⟶ Na⁺ + OH⁻   [H⁺] の低下が大きい
NaOH + HA ⟶ Na⁺ + A⁻ + H₂O
          [H⁺] の低下が小さい

弱酸−塩基系（HA/A⁻）は，これがないときには酸や塩基を加えたときに起こる大きな pH 変化を抑える**緩衝液**（buffer）として働く．

酢酸のような弱酸の緩衝液活性は，この酸を強塩基で滴定すれば測ることができる（図 2・17）．滴定を始める前にはすべての酸はプロトン化されている（HA）．塩基（たとえば NaOH）を加えると，酸から H⁺ が解離し，A⁻ が生成する．塩基を続けて加えていくと，すべての H⁺ が解離し，最後に共役塩基 A⁻ が残る．ちょうど半分の H⁺ が解離すると，[HA] = [A⁻] である．こうなる pH は滴定の中点である．[HA] = [A⁻] なら，ヘンダーソン−ハッセルバルヒの式〔(2・12) 式〕の log([A⁻]/[HA]) 項は 0 となる（log 1 = 0）ので，pH = pK_a である．つまり，酸の pK_a はこれが半分解離して酸濃度と共役塩基濃度が等しくなる pH である．図 2・17 のような幅の広い平らな滴定曲線は，pH が pK_a に近いときには酸や塩基を加えても pH 変化が小さいことを意味している．一般的にいって，ある酸の緩衝液効果は pK_a の前後 1 pH 単位で有効である．酢酸（pK_a 4.76）では，これは pH 3.76〜5.76 である．

生化学実験で酸や塩基を加えたり，化学反応で H⁺ が放出されたり取込まれたりするときには，溶液の pH を維持するのに緩衝液を用いる．緩衝液がないと溶液の pH が揺らいで，調べている分子のイオン化状態が変わって違ったふるまいをする可能性があり，実験の再現性が得られない．

●●● **計算例題 2・5**

問題 600 mL の 0.01 M ホウ酸ナトリウムに何 mL の 2 M ホウ酸を加えれば，pH を 9.45 にできるか．

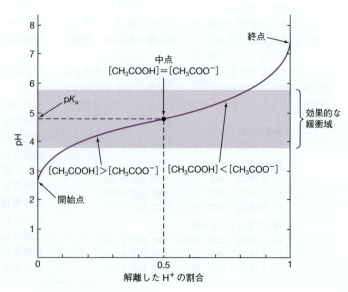

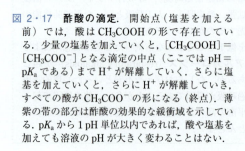

図 2・17 酢酸の滴定．開始点（塩基を加える前）では，酸は CH₃COOH の形で存在している．少量の塩基を加えていくと，[CH₃COOH] = [CH₃COO⁻] となる滴定の中点（ここでは pH = pK_a である）まで H⁺ が解離していく．さらに塩基を加えていくと，さらに H⁺ が解離していき，すべての酸が CH₃COO⁻ の形になる（終点）．薄紫の帯の部分は酢酸の効果的な緩衝域を示している．pK_a から 1 pH 単位以内であれば，酸や塩基を加えても溶液の pH が大きく変わることはない．

解答 ヘンダーソン-ハッセルバルヒの式を次のように変形して，[HA] 濃度（必要なホウ酸濃度）の項を他の項で表現する．

$$pH = pK_a + \log \frac{[A^-]}{[HA]}$$

$$\log \frac{[A^-]}{[HA]} = pH - pK_a$$

$$\log [A^-] - \log [HA] = pH - pK_a$$

$$\log [HA] = \log [A^-] - pH + pK_a$$

ホウ酸塩濃度 $[A^-]$，求められている pH，ホウ酸の pK_a という既知の値を上記の式に代入すると，表 2・2 より

$$\log [HA] = \log 0.01 - 9.45 + 9.24 = -2.21$$

$$[HA] = 10^{-2.21} = 0.0062 \text{ M}$$

次に，600 mL 溶液に加えるべき 2 M ホウ酸の体積を計算する．

$$\frac{x (2 \text{ M})}{0.6 \text{ L} + x} = 0.0062 \text{ M}$$

$$2x = 0.00372 + 0.0062 x$$

$$x = \frac{0.00372}{(2 - 0.0062)} = 0.0019 \text{ L} \text{ または } 1.9 \text{ mL}$$

したがって，1.9 mL の 2 M ホウ酸を加えればよい．

練習問題

11. 200 mL の 50 mM ホウ酸ナトリウムに何 mL の 5 M ホウ酸を加えれば，pH を 9.6 にできるか．

12. 500 mL の 10 mM イミダゾール水溶液に何 mL の 1 M イミダゾール塩化物水溶液を加えれば，pH を 6.5 にできるか．

実験室で最もよく使われる"リン酸緩衝食塩水"とよばれる緩衝液は生理的状態を模倣しており，NaH_2PO_4 と Na_2HPO_4 の混合物を水に溶かして総量で 10 mM ほどにしたものである．またこの緩衝液には 150 mM ほどの NaCl が入っているので，ここで加えたリン酸化合物の Na^+ 濃度はほとんど影響を与えない．このリン酸緩衝食塩水中では，加えられた酸は以下のように $H_2PO_4^-$ の増加として吸い上げられ，加えられた塩基は HPO_4^{2-} の増加として吸い上げられてしまう．

$$pK_a = 6.82$$

$$H_2PO_4^- \rightleftharpoons H^+ + HPO_4^{2-}$$

酸の添加　　$H_2PO_4^- \Longleftarrow H^+ + HPO_4^{2-}$

塩基の添加　$H_2PO_4^- \Longrightarrow H^+ + HPO_4^{2-}$

この現象は，溶液中で化学平衡にある反応物の濃度を変えると他の反応物の濃度が変化して化学平衡がもとに戻るという**ルシャトリエの法則**（Le châtelier's principle）を反映している．ヒトの体内では，リン酸だけでなく炭酸水素イオンなどが緩衝作用にかかわっている（ボックス 2・D）．

まとめ

2・1 水分子は水素結合を形成する

- 水分子には極性があり，互いに水素結合を形成したり，水素結合供与体や受容体をもつ他の極性分子と水素結合を形成したりする．
- 生体分子に働く静電力にはイオン相互作用やファンデルワールス相互作用がある．
- 水は極性物質やイオンの溶媒である．

2・2 疎水性相互作用

- 水中では非極性（疎水性）物質は分散するより凝集する傾向がある．これは個々の非極性分子の周囲を水分子が取囲むとエントロピーが減少するので，これを防ぐためである．これが疎水性相互作用である．
- 極性基，非極性基をともに含む両親媒性分子は，ミセルや二重層を形成する．

2・3 酸塩基の化学

- 水が解離すると水酸化物イオン OH^- とプロトン H^+ が生じる．$[H^+]$ は pH で表される．溶液の pH は酸（プロトン供与体）あるいは塩基（プロトン受容体）の添加で変化する．
- 酸がイオン化する傾向，つまりプロトンを放出する傾向は，pK_a で表される．
- ヘンダーソン-ハッセルバルヒの式は，弱酸とその共役塩基の混合溶液の pH と pK_a，酸と塩基濃度を関係づけるものである．酸とその共役塩基間の平衡は酸や塩基を添加してもあまり変化しないので，こうした混合溶液は緩衝液効果を示す．

2・4 緩衝液

- 酸とその共役塩基を含む緩衝液に新たに酸や塩基が加えられても，その pH 変化は限られている．

問　題

2・1　水分子は水素結合を形成する

1. 正四面体の CH_4 分子の $H-C-H$ 結合角は $109°$ である．これに対して，水の $H-O-H$ 結合角が $104.5°$ なのはなぜか．

2. CO_2 のそれぞれの $C=O$ 結合には極性があるが，分子全体は非極性である．なぜか．

3. アンモニアは極性分子か．

4. 次の表にある分子は，似た大きさにもかかわらず全く異なる融点をもつ．その理由を説明せよ．

	分子量	融点(℃)
水 H_2O	18.0	0
アンモニア NH_3	17.0	−77
メタン CH_4	16.0	−182

5. 次の分子の水素結合受容基と供与基を同定せよ．受容基に向けて，供与基からは離れる方向に矢印を書け．

アスパルテーム　　　尿　酸

スルファニルアミド

6. 次の分子で分子間水素結合はできるか．結合のできるところに線を引け．

(a) $H_3C-\overset{\overset{O}{\|}}{C}-H$

(b)

(c) H_3C-CH_2-OH

(d) H_3C-CH_2-Cl および $\overset{O}{H\diagdown H}$

(e) $H_3C-CH_2-O-CH_2-CH_3$ および $H-\overset{N}{\diagup\diagdown}H$
　　　　　　　　　　　　　　　　　　$\overset{|}{H}$

7. 次の分子で最も重要な分子間相互作用は何か．

(a) $H_3C-\overset{\overset{O}{\|}}{C}-CH_3$

(b) $H_3C-\overset{\overset{O}{\|}}{C}-NH_2$

(c) $H_3C-CH_2-CH_3$

(d) $CsCl$

8. 表2・1をもとに，次の問いに答えよ．
　(a) 表中の5種類の原子を電気陰性度の高い順に並べよ．
　(b) 原子の電気陰性度と水素結合の形成能力にはどんな関係があるか．

9. 次の化合物を融点の高い順に並べよ．

(a) $H_3C-CH_2-O-CH_3$

(b) $H_3C-\overset{\overset{O}{\|}}{C}-NH_2$

(c) $H_2N-\overset{\overset{O}{\|}}{C}-NH_2$

(d) $H_3C-(CH_2)_3-CH_3$

(e) $H_3C-CH_2-\overset{\overset{O}{\|}}{C}H$

10. 問題9にあげた化合物を，水溶性，わずかに水溶性，非水溶性に分類し，その理由を述べよ．

11. 水は固体のほうが液体より密度が低いという特徴がある．このため，冬になって池が凍ると，池の底ではなく表面に氷ができる．このことは生物にとってどんな利点があるか．

12. スケートをするときには，固体の氷の上を滑るわけではなく，氷とスケートの刃の間にできた薄い水の膜の上を滑る．ここでは水分子の特異な性質が利用されている．どんな性質か．

13. 硫酸アンモニウム $(NH_4)_2SO_4$ は水溶性塩である．硫酸アンモニウムが水に溶けたときにできる水和イオンの構造を書け．

14. アミノ酸であるグリシンの構造を下記のAのように書くことがある．しかしグリシンの構造はもっと正確に書くとBのようになる．グリシンは，白い結晶状固体で，融点は高く，水によく溶ける．構造Aより構造Bのほうがグリシンの構造として正確なのはなぜか．

$$H_2N-CH_2-COOH \qquad {}^+H_3N-CH_2-COO^-$$
　　　　構造A　　　　　　　　　　　構造B

15. (a) 水の表面張力はエタノールのものより3倍強い．なぜか．
　(b) 水の表面張力は温度を上げると弱まる．なぜか．

16. ワックスをかけたばかりの車の上では水滴はほとんど球状になる．それに対して，きれいなフロントガラス上では球状にはならない．なぜか．

17. 表2・2に示した4種類のアルコールのうち，アンモニウムイオンが最もよく溶けるのはどれか．これらのアルコールはすべて水素結合を形成できる OH 基をもつが，それぞれの極性についてはどんなことがいえるか．

18. 日中のサイクリング後には，イソプロピルアルコールをスポンジに含ませて皮膚を拭くと，シャワーをあびる代わりになるという記事が人気のあるスポーツ誌に出ていた．なぜイソプロピルアルコールがシャワーの代わりになるのか．

19. 半径が $1\,\mu m$ の典型的な球状細菌細胞に，あるタンパク質が1000分子含まれているとする．
　(a) mM で表したとき，このタンパク質濃度を計算せよ．[ヒント：球の体積は $4\pi r^3/3$ で求められる．]
　(b) 細胞内グルコース濃度が $5\,mM$ だとすると，1個の細

2. 水溶液の化学　37

胞に含まれるグルコースの分子数はいくつか.

20. ホメオパシー療法の施療者は, 少量の有害な物質を投与すると, これが体の自然治癒過程を刺激すると信じている. 治療薬は, ふつう動物あるいは植物の抽出物を次つぎと希釈してつくる. 30× 希釈というときには, 活性物質の 10 倍希釈を 30 回繰返す.

(a) もし初めにこの物質が 1 M という濃度で存在しているとすれば, 30× 希釈後の濃度を求めよ.

(b) ふつうのホメオパシー療法の投与量は数滴である. 上記希釈後の 1 mL 中に活性物質は何分子あるか.

(c) (b) のような計算結果に対しては, ホメオパシー療法を信じる人は活性をもつ分子はまわりの水分に記憶を刻みつけるのだと主張している. 本章で学んだどんなことがこの主張を支持, あるいは否定するか. これについて述べよ.

2・2 疎水性相互作用

21. (a)〜(e) に示す分子について, 極性か, 非極性か, あるいは両親媒性か. また, ミセルを形成できるのはどれか. 二重層を形成できるのはどれか, 答えよ.

(a)
$$H_3C-(CH_2)_{11}-N^+-CH_2COO^-$$
（上下に CH_3）

(b) $H_3C-(CH_2)_{11}-CH_3$

(c)
$$H_3C-N^+-CH_3$$
（上 CH_3, 下 CH_3, Cl^-）

(d)
$$CH_2-O-C-(CH_2)_{11}-CH_3$$
$$HC-O-C-(CH_2)_{11}-CH_3$$
$$HO-CH_2$$

(e)
$$H_3C-CH-COO^-$$
（下 OH）

22. スルホコハク酸ジ(2-エチルヘキシル) (AOT と略称) は炭化水素溶媒であるイソオクタン (IUPAC 名では 2,2,4-トリメチルペンタン) 中で "逆" ミセルを形成する. 水溶性タンパク質の抽出に逆ミセルを使う試みがなされている. このとき, まず逆ミセルを含む炭化水素相とタンパク質を含む水相の 2 相ができる. 時間がたつと, タンパク質は逆ミセルに移動する.

(a) AOT がイソオクタン中で形成する逆ミセルの構造を書け.

(b) 逆ミセルのどこにタンパク質は移動するか.

$$H_3C-(CH_2)_3-CH-CH_2-O-C-CH_2$$
$$H_3C-(CH_2)_3-CH-CH_2-O-C-CH-S-O^-$$

スルホコハク酸ジ(2-エチルヘキシル) (AOT)

23. 多くの家庭用せっけんは両親媒性で, 長鎖脂肪酸塩であることが多く, 水溶性ミセルを形成する. ドデシル硫酸ナトリウム (SDS) がその例である.

$$H_3C-(CH_2)_{11}-O-S-O^-Na^+$$
ドデシル硫酸ナトリウム(SDS)

(a) SDS 分子の極性 (親水性) 基および非極性 (疎水性) 基を示せ.

(b) SDS が形成するミセルの構造を書け.

(c) SDS ミセルはどうやって調理油のような水に溶けない物質を洗い流せるのか.

24. 環境に悪影響を与える洗剤の代替物としてランドリーボールというものが宣伝されている. これは, 野球ボールの大きさのゴムで覆われたプラスチック球で, 水分子の組織化の鋳型となる液体を含んでいるという.

(a) 水の構造に関する知識に基づいて, この宣伝が正しいかどうか判断せよ.

(b) ランドリーボール内には磁石が入っており, これが水分子のクラスターをばらばらにするので, 個々の水分子が汚れに近づきこれを除去することができるという. これが本当だとして, 水分子をばらばらにすることが汚れの除去に役立つか.

(c) 注意書では, 洗剤でなくランドリーボールを洗濯物に入れて, 冷たい水でなく湯で洗濯するよう指示されているが, なぜか.

25. 水に溶けた物質は濃度の高いほうから低いほうに自然に移動するが, これと同じように水も高濃度領域 (溶質濃度の低い領域) から低濃度領域 (溶質濃度の高い領域) に移動する. この現象を浸透という.

(a) 脂質二重層が浸透に対する障壁になる理由を示せ.

(b) 単離したヒト細胞をふつう 150 mM NaCl を含む溶液に入れておくのはなぜか. 細胞を純水に入れるとどうなるか.

26. 逆浸透という方法で, 海水から塩を除いて純水をつくることができる. 逆浸透では, 海水を強制的に膜の片側から反対側に流す. 膜の片側には塩が残り, 反対側からは純水が出てくる. 逆浸透と問題 25 の浸透とは何が違うのか.

27. 次の物質のうちどれが二重層を通過でき, どれが通過できないか. そう判断した理由も述べよ.

(a) CO_2

(b)
$$CHO$$
$$H-OH$$
$$HO-H$$
$$H-OH$$
$$H-OH$$
$$CH_2OH$$
グルコース

(c)
（ベンゼン環に OH, NO_2, NO_2）
2,4-ジニトロフェノール (DNP)

(d) Ca^{2+}

28. 特定の組織への薬物送達を成功させるには, 医薬品設計で克服しなければならない問題がある. まず, 血流に溶け込ませるために, 薬剤には十分な水溶性が求められる. これと同時に, 細胞膜を通して細胞に取込ませるために, 薬剤には十分な非極性も求められる. この相反する問題を解決するために, 水溶性薬剤を膜小胞 (§2・2 参照) に包み込むと

いう方法が考えられている．なぜこの方法だと，組織への薬物送達がうまくいくのか．説明せよ．

29. 赤血球膜にある特別なタンパク質ポンプはNa^+を排出しK^+を取込んで，図2・13に示すようなNa^+とK^+濃度を維持する．これらのイオンの移動は自然に起こるか．あるいはこの過程にはエネルギーが必要か．説明せよ．

30. 15分間激しい運動をしたとき汗で失われるNa^+のおよその量を計算せよ．ただし，このとき1時間当たり2Lの汗をかくとし，汗の中のNa^+濃度を50 mMとする．このとき失われたNa^+を補うために食べなければならないポテトチップス(約28 g中200 mgのNa^+を含む)はどのくらいか．

31. 大腸菌は，培地の溶質濃度の変化に対応して細胞質の水含量もK^+濃度も変えることができる．〔溶質濃度はモル浸透圧濃度（osmolarity）で表す．溶質濃度が高い溶液のモル浸透圧濃度は高く，溶質濃度が低い溶液のモル浸透圧濃度は低い．〕細菌細胞は膜で囲まれた細胞質をもち，細胞膜はさらに細胞壁で囲まれている．細胞壁は多孔質で水やイオンをよく通す．（細胞膜は多孔質ではないが，水もイオンもここを通過できる．）また，細胞壁はかなり柔軟で，細胞質体積が増加すると引き伸ばされる．

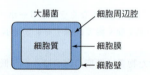

増殖していないときには，モル浸透圧濃度の変化に対して大腸菌は細胞質の水含量を変えて対応する．高モル浸透圧濃度の培地中に入れた大腸菌の細胞質体積はどうなるか．低モル浸透圧濃度の培地ではどうか．

32. 問題31において，増殖している大腸菌は，培地のモル浸透圧濃度変化に対して細胞質のK^+濃度を変えて（細胞質の水含量を変えると同時に）対応する．こうすると，水含量だけを変える場合と違って，培地のモル浸透圧濃度変化に対して細胞体積の変化が少なくてすむ．低モル浸透圧濃度の培地中で育っている大腸菌は，どうやってK^+と水の細胞質濃度の調節を行うか．高モル浸透圧濃度の培地中で培養している大腸菌ではどんなことが起こるか．

2・3 酸塩基の化学

33. pH 7.0, 25℃の純水中の水分子とH^+の濃度を比較せよ．

34. すべての平衡定数と同様に，K_wは温度依存的である．30℃ではK_wは1.47×10^{-14}である．この温度での中性のpHはいくつか．

35. 1.0×10^{-9} M HCl溶液のpHはいくつか．

36. 1.0×10^{-9} M NaOH溶液のpHはいくつか．

37. H_3O^+は生体系で存在しうる最強の酸である．なぜか．

38. 図2・14と同じような図を用いて，水酸化物イオンも水溶液中でジャンプしうることを示せ．

39. 唾液（pHはおよそ6.6）と尿（pHはおよそ5.5）のH^+濃度を計算せよ．

40. 次の表の空欄を埋めよ．

	酸, 塩基, 中性?	pH	$[H^+]$ (M)	$[OH^-]$ (M)
A		5.60		
B				4.5×10^{-7}
C	中性			
D			2.1×10^{-3}	

41. 500 mLの水に，20 mLの1.0 MのHNO_3 (a)，あるいは15 mLの1.0 M KOH (b)を加えたときのpHを計算せよ．

42. 1.0 Lの水に，1.5 mLの3.0 M HCl (a)，あるいは1.5 mLの3.0 M NaOH (b)を加えたときのpHはいくつか．

43. 食後数時間で半ば消化された食物は胃から出て小腸に入り，ここで膵液が加わる．胃から小腸に半ば消化された食物が移動するに従い，そのpHはどのように変化するか（表2・3参照）．

44. 尿のpHは摂取した食物と関連がある．肉や乳製品を食べると，タンパク質のなかの硫黄を含むアミノ酸の酸化によってH^+が生じて，尿のpHは酸性になる．果物や野菜を食べると，それらに含まれる多量の炭酸水素カリウム塩や炭酸水素マグネシウム塩によって尿はアルカリ性になる．なぜ，このような塩を摂取すると，尿がアルカリ性になるのか．

45. 次の酸の共役塩基を示せ．
 (a) $HC_2O_4^-$ (b) HSO_3^- (c) $H_2PO_4^-$
 (d) HCO_3^- (e) $HAsO_4^{2-}$ (f) HPO_4^{2-}
 (g) HO_2^-

46. 問題45にあげた化合物の共役酸を示せ．

47. 次の物質で解離する水素原子はどれか．

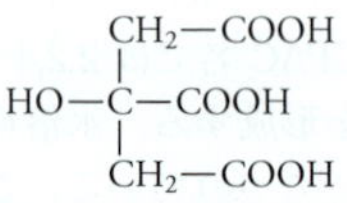

クエン酸 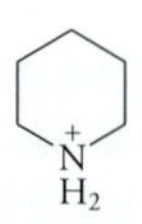　　ピペリジン 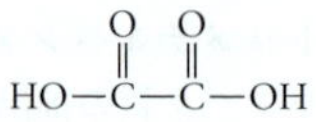　　シュウ酸

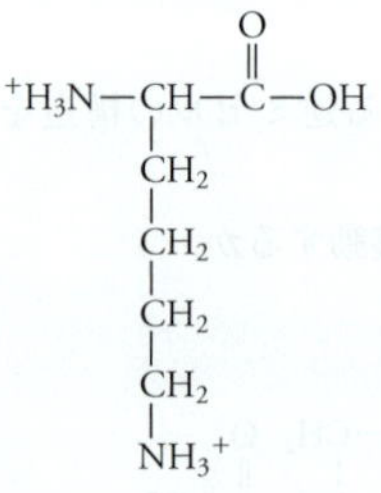

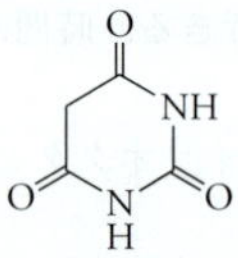

バルビツール酸

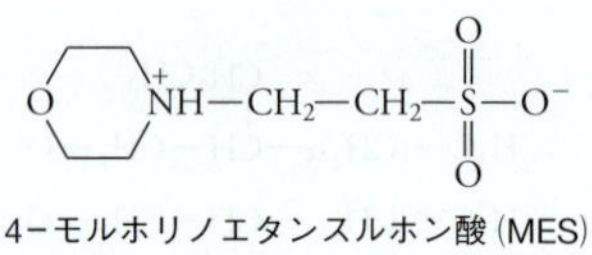

リシン　　4-モルホリノエタンスルホン酸 (MES)

48. ピルビン酸の構造を右に示す．
 (a) H^+を解離してイオン化したピルビン酸の構造を書け．
 (b) 酸性官能基について学んだことをもとに，pH 7.4でピルビン酸はおもにどのような

ピルビン酸

構造をとるか予想せよ.

49. 電荷をもたないリシンの構造を次に示す. §2・3 で学んだことをもとに, pH 7 でのリシンの構造を書け.

$$
\begin{array}{c}
\text{O} \\
\parallel \\
\text{H}_2\text{N}-\text{CH}-\text{C}-\text{OH} \\
\mid \\
\text{CH}_2 \\
\mid \\
\text{CH}_2 \\
\mid \\
\text{CH}_2 \\
\mid \\
\text{CH}_2 \\
\mid \\
\text{NH}_2
\end{array}
$$

50. 次の物質を酸としての強さで並べよ.

	酸	K_a	pK_a
A	クエン酸イオン		4.76
B	コハク酸	6.17×10^{-5}	
C	コハク酸イオン	2.29×10^{-6}	
D	ギ酸	1.78×10^{-4}	
E	クエン酸		3.13

51. $CH_3CH_2NH_3^+$ の pK_a は 10.7 である. $FCH_2CH_2NH_3^+$ の pK_a はこれより高いか, 低いか.

52. アミノ酸であるグリシン H_2N-CH_2-COOH の pK_a は 2.35 と 9.78 である. pH 2, pH 7, pH 10 で主として存在している分子の構造と正味の電荷を示せ.

2・4 緩衝液

53. pH 8.0 ではどちらの緩衝液の緩衝作用が強いか (表2・4 参照).

(a) 10 mM HEPES 緩衝液と 10 mM グリシンアミド緩衝液

(b) 10 mM トリス緩衝液と 20 mM トリス緩衝液

(c) 10 mM ホウ酸と 10 mM ホウ酸ナトリウム

54. pH 8.0 ではどちらの緩衝液の緩衝作用が強いか (表2・4 参照).

(a) 10 mM 酢酸緩衝液と 10 mM HEPES 緩衝液

(b) 10 mM 酢酸緩衝液と 20 mM 酢酸緩衝液

(c) 10 mM 酢酸と 10 mM 酢酸ナトリウム

55. 代謝で生じた CO_2 は組織で蓄積せず, 赤血球のカルボニックアンヒドラーゼの作用でただちに炭酸に変換される. なぜか.

56. 血液の pH は 7.35〜7.45 という狭い範囲に入るよう調節されている. 炭酸 H_2CO_3 が, この pH 調節にかかわっている.

(a) 炭酸には二つの解離可能な水素原子がある. それぞれのプロトン解離の反応式を書け.

(b) 最初のプロトン解離の pK_a は 6.35, 次のプロトン解離の pK_a は 10.33 である. この情報をもとに, 血液中の弱酸とその共役塩基を書け.

57. リン酸 H_3PO_4 には三つの解離可能な水素原子がある.

(a) リン酸の滴定曲線を書け. 曲線中に三つの pK_a 値を記入し, それぞれの領域における主要なリン酸の構造を書け.

(b) pH 7.4 の血液中ではどのリン酸イオンが主要成分か.

(c) pH 11 の緩衝液をつくるのに必要な二つのリン酸イオンはどれか.

58. アセチルサリチル酸 (アスピリン) の構造を次に示す. アスピリンは胃 (内部の pH はおよそ 2) で吸収されるか. あるいは小腸 (内部の pH はおよそ 8) でか. 胃や小腸で吸収されるには, これらの器官を構成する細胞膜を通過する必要があることを考慮に入れて考えること.

$$
\begin{array}{c}
\text{O} \\
\parallel \\
\text{C}-\text{OH} \quad \leftarrow pK_a\ 2.97 \\
\text{O}-\text{C}-\text{CH}_3 \\
\parallel \\
\text{O}
\end{array}
$$

アセチルサリチル酸 (アスピリン)

59. 50 mL の 2.0 M K_2HPO_4 溶液と 25 mL の 2.0 M KH_2PO_4 溶液を混ぜ, 水を加えて最終的に 200 mL とする. この緩衝液の pH はいくつか.

60. pH 7.4 の溶液中では, イミダゾールとイミダゾリウムイオンの比はいくつか.

61. 0.20 M 酢酸ナトリウム溶液 500 mL に氷酢酸 (17.4 M) を加えて, 最終的に pH 5.0 にしたい. 加える氷酢酸量 (mL) はいくつか.

62. 0.20 M 酢酸溶液 500 mL に NaOH を加えて, 最終的に pH 5.0 にしたい. 加える NaOH 量 (g) はいくつか.

63. ある実験で, pH 8.0 の HEPES 緩衝液を使うことになった (表2・4 参照).

(a) 水中での HEPES の解離式を書け. 弱酸とその共役塩基はどれか.

(b) HEPES が緩衝液として有効に働く pH 範囲はどこか.

(c) 1.0 L の 0.1 M HEPES 溶液に pH 8.0 になるまで濃塩酸を加えて, この緩衝液をつくる. 1.0 L の 0.1 M HEPES 溶液はどうやってつくるか. HEPES はナトリウム塩 (分子量 260.3) として市販されている.

(d) 1.0 L の 0.1 M HEPES 溶液に pH 8.0 になるまで 6.0 M HCl を加えて, pH 8.0 の緩衝液をつくるとする. 加える 6.0 M HCl の体積 (mL) はいくつか. 実際に, この緩衝液をつくる方法を記せ.

64. 1.0 L の 0.1 M トリス緩衝液 (pH 8.2, 表2・4 参照) をつくる.

(a) 水中でのトリス緩衝液の解離式を書け. 弱酸とその共役塩基はどれか.

(b) トリスが緩衝液として有効に働く pH 範囲はどこか.

(c) pH 8.2 での弱酸と共役塩基の濃度を計算せよ.

(d) 上記のトリス緩衝液 1.0 L に 1.5 mL の 3.0 M HCl を加えた. 最終的な弱酸と共役塩基の濃度比を計算せよ. pH はいくつになるか. この緩衝液の緩衝作用は十分か. 同量の塩酸をトリス緩衝液の代わりに 1.0 L の水に加えた場合と, トリス緩衝液に加えた場合で, pH 変化にどんな差が出るか.

(e) 上記のトリス緩衝液に 1.0 L に 1.5 mL の 3.0 M NaOH

を加えた．最終的な弱酸と共役塩基の濃度比を計算せよ．pH はいくつになるか．この緩衝液の緩衝作用は十分か．同量の NaOH をトリス緩衝液の代わりに 1.0 L の水に加えた場合と，トリス緩衝液に加えた場合で，pH 変化にどんな差が出るか．

65. 1.0 L の 0.1 M トリス緩衝液をつくり pH を 2.0 に合わせた．

(a) 共役塩基と弱酸の濃度比を求めよ．

(b) このトリス緩衝液 1.0 L に 1.5 mL の 3.0 M HCl を加えた．最終的な pH はいくつになるか．この pH でトリス緩衝液の緩衝作用は効果的か．

(c) このトリス緩衝液 1.0 L に 1.5 mL の 3.0 M NaOH を加えた．最終的な pH はいくつになるか．この pH でトリス緩衝液の緩衝作用は効果的か．

66. アスピリンの飲み過ぎで救急病院に搬送された患者がいる．この患者は呼吸性アルカローシスの症状を呈し，血

液の pH は 7.5 だった．この pH での，血液中の HCO_3^- と H_2CO_3 の濃度比を求めよ．この比と正常な血液での濃度比を比較せよ．この状態で，血液の HCO_3^-/H_2CO_3 緩衝系は有効に働いているか．

67. 代謝性アシドーシスとは，血液の pH が 7.4〜7.35 まで（場合によってはそれ以下）低下することで生じるさまざまな代謝異常を示す．腎臓は，血液の pH を一定に保つのに必須の働きをしている．腎臓は，リン酸イオン $H_2PO_4^-$，アンモニウムイオン NH_4^+，炭酸水素イオン HCO_3^- を含むさまざまなイオンを排出したり再吸収したりしている．代謝性アシドーシスが起こっているときには，どのイオンが排出され，どのイオンが再吸収されているか．対応する化学反応式を書き，説明せよ．

68. 血液の pH が 7.45 以上になると代謝性アルカローシスがひき起こされる．この状態では，腎臓でどのイオンが排出され，どのイオンが再吸収されているか（問題 67 参照）．

参 考 文 献

Ellis, R. J., Macromolecular crowding: obvious but underappreciated, *Trends Biochem. Sci.* **26**, 597−603 (2001). 細胞内の多数の高分子がどのように反応の平衡や反応速度に影響を与えるかを解説している．

Gerstein, M. and Levitt, M., Simulating water and the molecules of life, *Sci. Am.* **279** (11), 101−105 (1998). 水分子の構造と，これが他の分子とどのように相互作用するかが記載されている．

Halperin, M. L. and Goldstein, M. B., *Fluid, Electrolyte, and*

Acid−Base Physiology: *A Problem-Based Approach* (3rd ed.), W. B. Saunders (1999). 基礎科学に基づいた説明つきの多数の練習問題と酸塩基異常の臨床例を含む．

Kropman, M. F. and Bakker, H. J., Dynamics of water molecules, *Science* **291**, 2118−2120 (2001). 水和殻の水分子は外部の水分子よりずっとゆっくり動くことを解説している．

Yucha, C., Renal regulation of acid−base balance, *Nephrol, Nursing J.* **31**, 201−206 (2004). 肝臓の役割と生理的緩衝系の簡単な総説．

3 遺伝子からタンパク質へ

> **DNA の遺伝情報をどのように解読するか**
> ほとんどすべての生物由来の物質には DNA が含まれている．ごく微量の生物体液からも痕跡程度の DNA を検出できる．DNA のヌクレオチド配列に含まれる情報を読取れば，病気の診断などが可能となる．たとえば，母体の血流に入ってくる胎児DNAを解析すると，染色体異常や疾病の原因となる DNA 変異を検出できる．本章で解説する DNA 配列決定法によって莫大な量のデータが集積され，細胞がこうした情報をどのように保存し，利用するのかという生物学の基本的問題への理解が大きく進んでいる．

復習事項
- 細胞には4種類の主要な生体分子と，3種類の重合体がある（§1・2）．
- 現存の原核細胞と真核細胞は，ずっと簡単な非生物構造体から進化した（§1・4）．
- 生体分子では水素結合，イオン相互作用，あるいはファンデルワールス相互作用といった非共有結合性相互作用が重要である（§2・1）．

　細胞の構造を維持する成分やその営みを遂行する分子機械がどんなものであるかを決めているのは，細胞の遺伝物質，つまり DNA である．そこで，さまざまな生体分子やその代謝反応について学ぶ前に，まず DNA の化学構造はどんなものか，どのようにして生物情報はたくわえられ，タンパク質という形で発現するかを解説する．DNA の塩基配列の決定法やこうした配列を実験的に操作する方法についても本章で説明する．

3・1 DNA が遺伝物質である

重要概念
- DNA と RNA は，プリン塩基あるいはピリミジン塩基，デオキシリボースあるいはリボース，そしてリン酸で構成されるヌクレオチドの重合体である．
- DNA は逆平行に並んだ2本のポリヌクレオチド鎖でできている．2本の鎖は A:T そして C:G 間の水素結合を介して対合し，互いに巻きついて二重らせん構造をとる．
- 二本鎖 DNA は高温で変性するが，温度を下げると相補的な鎖からなる二重らせん構造が再生される．

　生物の特徴（たとえばマメの花の色，種子の形）が子孫に伝わることに気がついたのはメンデル（Gregor Mendel）が初めてではない．しかし，1865年にメンデルは初めて遺伝が予測できるパターンに従っていることを示した．1903年までには，メンデルの遺伝因子〔いまでは**遺伝子**（gene）とよばれる〕が，光学顕微鏡で見ることのできる**染色体**（chromosome，文字どおり"染色されるもの"という意味）にあることがわかってきた（図3・1）．

　核酸（nucleic acid）は，1869年にミーシャー（Friedrich Miescher）によって包帯についた膿の白血球から単離された．染色体は核酸とタンパク質からできているが，核酸はたった4種類の**ヌクレオチド**（nucleotide）しか含まないので遺伝情報の担い手としては適当でないと考

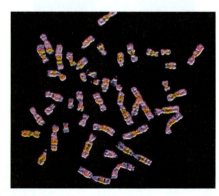

図 3・1　羊水穿刺によって得られたヒト染色体．染色体は蛍光染色している．[P. Boyer/Photo Researchers, Inc./amanaimages.]

えられていた．これに対して，タンパク質は20種類の異なるアミノ酸を含み，その組成，大きさ，そして形が多様で，遺伝情報の担い手としてはずっと適しているようにみえた．

その後，肺炎球菌 *Streptococcus pneumoniae* の病原性株から取った物質によって非病原性株の細胞が病原性を獲得することがわかった．1944年に，エーブリー（Oswald Avery），マクラウド（Colin MacLeod），マッカーティ（Maclyn McCarty）が，この形質転換物質が**デオキシリボ核酸**（deoxyribonucleic acid: **DNA**）であることを示したが，この結果はあまり注目を浴びなかった．それから7年後，ハーシー（Alfred Hershey）とチェイス（Martha Chase）が**バクテリオファージ**（bacteriophage，細菌に感染するウイルスで，タンパク質とDNAだけでできている）を用いて，タンパク質ではなくDNAに感染作用があることを証明した（図3・2）．

このときには，DNAはヌクレオチド（A, C, G, Tと略称する）の重合体でできた鎖であることがわかっていたが，たとえば

―ACGT−ACGT−ACGT−ACGT―

といった4ヌクレオチドの単純な繰返し構造をとっていると考えられていた．しかし，1950年にシャルガフ（Erwin Chargaff）がDNA中には4種類のヌクレオチドが等量含まれているのではなく，ヌクレオチド組成は生物によって異なることを示し，DNAも結局のところ遺伝物質として十分な複雑な構造をもつことが明らかとなった．そしてDNAの分子構造を決める競争が始まった．

1953年にワトソン（James Watson）とクリック（Francis Crick）とが決めたDNAの構造には，シャルガフの知見が組入れられている．つまり，シャルガフはDNA中のAの量はTの量と等しく，Cの量はGの量と等しいこと，A＋Gの総量はC＋Tの総量と等しいことを見いだしていた．この**シャルガフの法則**（Chargaff's rule）は，DNA分子が2本のポリヌクレオチド（polynucleotide, ヌクレオチドの重合体）鎖でできており，1本の鎖のAとCがもう1本の鎖のTとGと対になるとすれば成り立つ．

核酸はヌクレオチドの重合体である

DNAのヌクレオチドはそれぞれ窒素原子を含む**塩基**（base）をもっている．アデニン（adenine）Aとグアニン（guanine）Gは有機化合物の**プリン**（purine）とよく似ているのでプリン塩基とよばれる．シトシン（cytosine）Cとチミン（thymine）Tは有機化合物の**ピリミジン**（pyrimidine）に似ているのでピリミジン塩基とよばれる．

リボ核酸（ribonucleic acid: **RNA**）ではピリミジンのウラシル（uracil）Uがチミンの代わりをしている．DNAはA, C, G, Tを含み，RNAはA, C, G, Uを含む．

プリンのN9とピリミジンのN1はペントースと結合し，**ヌクレオシド**（nucleoside）を形成する．DNAではこの糖は2′-デオキシリボースで，RNAではこれがリボースである（糖の原子には，結合している塩基

図3・2 **T型バクテリオファージ**．ファージの大部分はDNA分子とそれを囲むタンパク質からなる外被でできている．ハーシーとチェイスはこのファージと大腸菌を用いて，感染をひき起こす物質がDNAであることを示した．[Dept. of Microbiology, Biozentrum/Science Photo Library/Photo Researchers/amanaimages.]

部分の原子の番号と区別するため，ダッシュのついた番号をつける）．リボースを含むヌクレオシドは**リボヌクレオシド**（ribonucleoside），2′-デオキシリボースを含むヌクレオシドは**デオキシリボヌクレオシド**（deoxyribonucleoside）とよばれる．

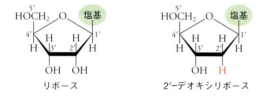

ヌクレオシドに一つ以上のリン酸基が結合したものがヌクレオチドである．結合位置はふつう，ヌクレオシドの糖のC5′である．1個，2個あるいは3個のリン酸基が結合したものが，それぞれヌクレオシド一リン酸，ヌクレオシド二リン酸，そしてヌクレオシド三リン酸とよばれる．リボヌクレオシドにリン酸基が結合した化合物は**リボヌクレオチド**（ribonucleotide），デオキシリボヌクレオシドにリン酸基が結合した化合物は**デオキシリボ**

ヌクレオチド（deoxyribonucleotide）である．リボヌクレオチドは以下に示すように三文字の略称で表記される．

アデノシン一リン酸
(AMP)

グアノシン二リン酸
(GDP)

シチジン三リン酸
(CTP)

デオキシリボヌクレオチドの表記では，リボヌクレオチドと同様の三文字の略称の前に "d" をつけて区別する．そこで，上に示したリボヌクレオチドに対応するデオキシリボヌクレオチドは，それぞれデオキシアデノシン一リン酸（dAMP），デオキシグアノシン二リン酸（dGDP），そしてデオキシシチジン三リン酸（dCTP）である．塩基，ヌクレオシド，ヌクレオチドの名前と略称を表3・1に示す．

他の細胞内機能を担っているヌクレオチドもある

RNAやDNAの構築単位というだけでなく，ヌクレオチドはエネルギー変換，細胞内シグナル伝達，酵素活性制御といったいろいろな細胞内機能を担っている．たとえば，生体高分子合成や分解にかかわる代謝経路で重要な役割を果たす**補酵素A**（coenzyme A: CoA，図3・3a）にはヌクレオチドが含まれる．多くの代謝反

表3・1 核酸塩基，ヌクレオシド，ヌクレオチド

塩基	ヌクレオシド[†1]	ヌクレオチド[†1]
アデニン (A)	アデノシン	アデノシン一リン酸（AMP）（アデニル酸） アデノシン二リン酸（ADP） アデノシン三リン酸（ATP）
グアニン (G)	グアノシン	グアノシン一リン酸（GMP）（グアニル酸） グアノシン二リン酸（GDP） グアノシン三リン酸（GTP）
シトシン (C)	シチジン	シチジン一リン酸（CMP）（シチジル酸） シチジン二リン酸（CDP） シチジン三リン酸（CTP）
チミン[†2] (T)	チミジン	チミジン一リン酸（TMP）（チミジル酸） チミジン二リン酸（TDP） チミジン三リン酸（TTP）
ウラシル[†3] (U)	ウリジン	ウリジン一リン酸（UMP）（ウリジル酸） ウリジン二リン酸（UDP） ウリジン三リン酸（UTP）

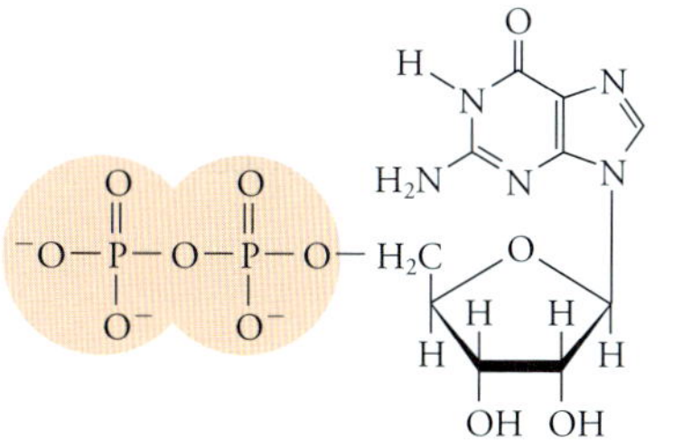

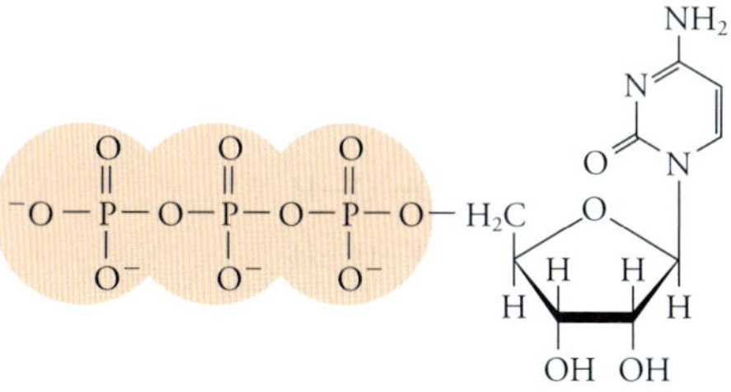

[†1] リボースの代わりに2′-デオキシリボースをもつヌクレオシドやヌクレオチドはデオキシリボヌクレオシドやデオキシリボヌクレオチドともよばれる．このときヌクレオチドの略称の前に "d" をつける．
[†2] チミンはDNAに存在するが，RNAには存在しない．
[†3] ウラシルはRNAに存在するが，DNAには存在しない．

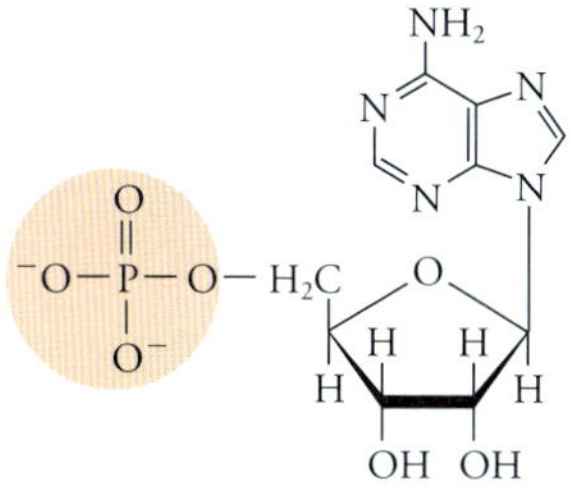

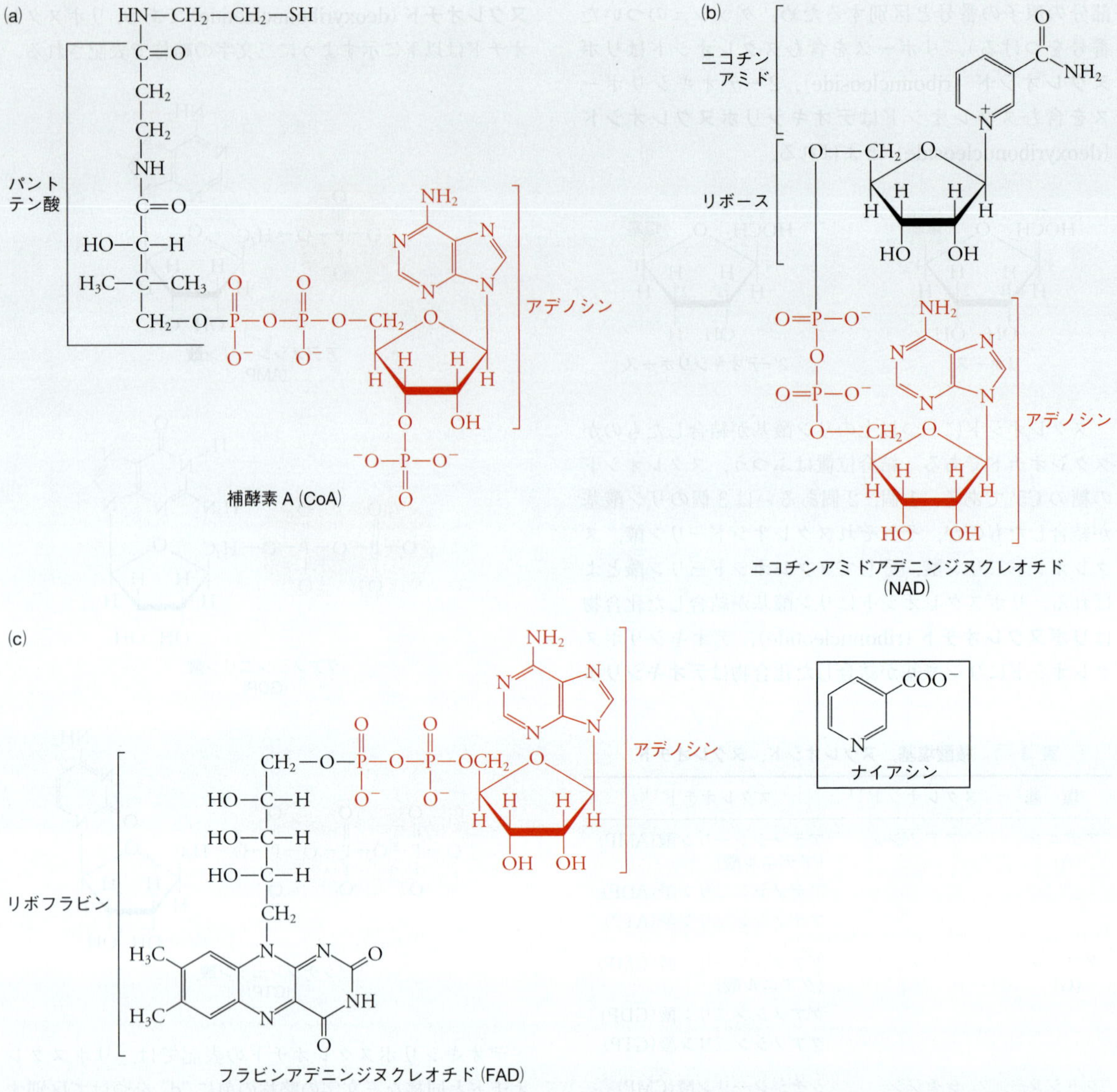

44　　　　　　　　第Ⅱ部　分子の構造と機能

図 3・3　**ヌクレオチド誘導体**．それぞれの物質のアデノシン部分を赤で示す．ビタミン誘導体もそれぞれの構成成分として含まれている．(a) 補酵素 A はパントテン酸（ビタミン B$_5$）を含む．SH 基が他の基との結合部位となる．(b) ニコチンアミドアデニンジヌクレオチド（NAD）のニコチンアミド基は，ナイアシン（ニコチン酸あるいはビタミン B$_3$ ともよばれる）の誘導体で，酸化状態と還元状態がある．似た物質にニコチンアミドアデニンジヌクレオチドリン酸（NADP）があるが，こちらではアデノシンの C2 にリン酸基が結合している．(c) フラビンアデニンジヌクレオチド（FAD）のリボフラビン（ビタミン B$_2$）基には酸化状態と還元状態がある．

応において可逆的酸化還元反応にかかわる**ニコチンアミドアデニンジヌクレオチド**（nicotinamide adenine dinucleotide: NAD，図 3・3b）や**フラビンアデニンジヌクレオチド**（flavin adenine dinucleotide: FAD，図 3・3c）には二つのヌクレオチドが含まれている．興味深いことに，これらの化合物の構造の一部は食物からしか得られない**ビタミン**（vitamin）に由来する．

DNA は二重らせん構造をとる

　核酸中のヌクレオチド間の結合は，一つのリン酸基が C5′ と C3′ の双方とエステル結合を形成するので**ホスホジエステル結合**（phosphodiester bond）とよばれる．細胞内の DNA 合成でヌクレオシド三リン酸がポリヌクレオチドに付加されるときには，二リン酸基が除去される．いったんポリヌクレオチドに取込まれたヌクレオチ

ドは正式にはヌクレオチド残基（residue）とよばれる．ホスホジエステル結合で次つぎとつながれたヌクレオチドは，糖－リン酸基が繰返す骨格から塩基が飛び出す形の重合体となる．

C5′ に結合したリン酸基をもつポリヌクレオチドの末端を **5′ 末端**（5′ end）とよび，C3′ にヒドロキシ基（OH）をもつ末端を **3′ 末端**（3′ end）とよぶ．慣習として，ポリヌクレオチドのヌクレオチド配列は 5′ 末端（左側に書く）から 3′ 末端（右側に書く）に向かって読む．

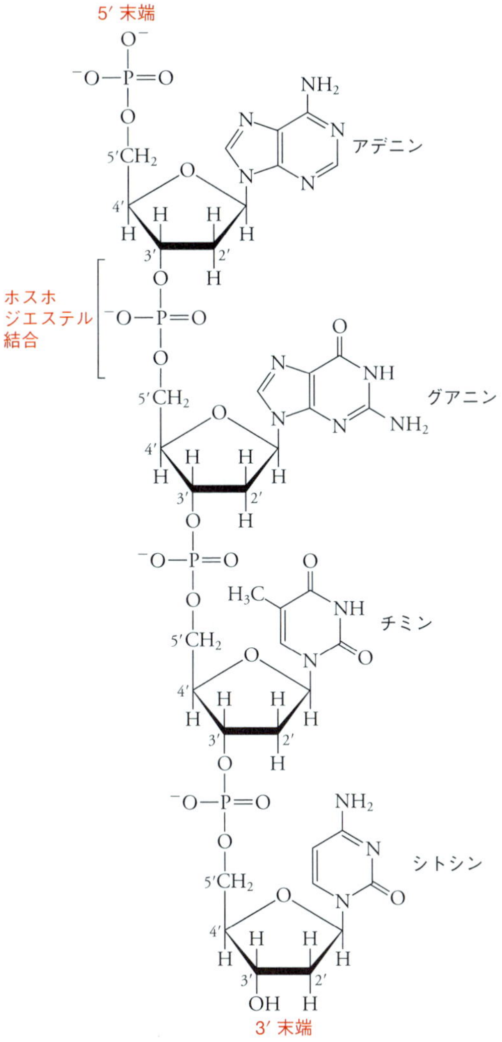

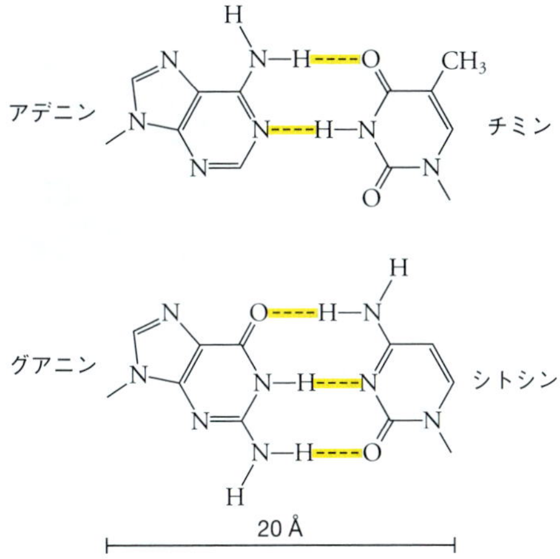

すべての**塩基対**（base pair）はプリン一つとピリミジン一つを含むので，分子サイズは同じになる（幅約 20 Å）．そこで，塩基対が A：T，G：C，T：A，C：G のどれでも，DNA 二本鎖の**糖－リン酸骨格**（sugar-phosphate backbone）は一定の間隔を保つ．

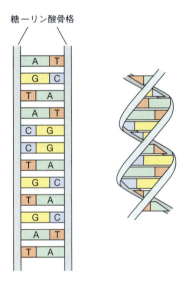

DNA は 2 本のポリヌクレオチド鎖からなり，それぞれの鎖上の塩基は水素結合（§2・1 参照）を介して対合する．2 本の水素結合がアデニンとチミンを，3 本の水素結合がグアニンとシトシンをつなぐ．

DNA をはしごのように書くと（上図左），2 本の糖－リン酸骨格は垂直の棒で，塩基対は横棒に相当する．しかし，実際には 2 本の DNA 鎖は互いに巻きついて，よく知られた二重らせんとなる（上図右）．この構造では，連続した平面状の塩基対は中心間距離 3.4 Å（0.34 nm）で次つぎと積み重なる．ワトソンとクリックはこのモデルを，シャルガフの法則だけでなくフランクリン（Rosalind Franklin）とウィルキンス（Maurice Wilkins）の DNA からの X 線回折（散乱）実験も利用

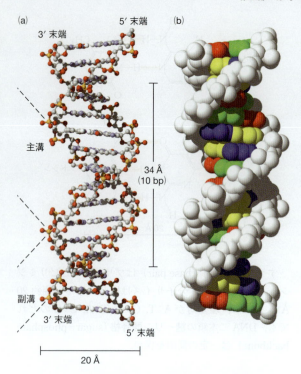

図3・4 **DNA のモデル**．(a) 棒球モデル．水素原子以外の各原子を色づけした小球で表示し，原子間結合を棒で表示している．炭素は灰色，酸素は赤，窒素は青，リンは金色．(b) 空間充塡モデル．原子はファンデルワールス半径をもつ球として表示．糖－リン酸骨格は灰色で，塩基については，A を緑，C を青，G を黄，T を赤で表示している．

して作製した．実際のところ後者の実験から，DNA がらせん構造をとり，3.4 Å の繰返しがあることがわかっていた．

DNA 分子のおもな特徴は次のようなものである（図3・4）．

1. 2本のポリヌクレオチド鎖は**逆平行**（antiparallel，反平行ともいう）である．つまり，2本の鎖のホスホジエステル結合は反対向きに並んでいる．一方の鎖が 5′→3′ の向きだとすると，他方は 3′→5′ の向きになる．
2. DNA の"はしご"は右巻きにねじれている．〔DNA らせんをらせん階段のようにして上るとすると，右手で外側の手すり（糖－リン酸骨格に相当する）をつかむことになる〕．
3. らせんの直径はおよそ 20 Å（2 nm）である．また，10 塩基対ごとに 1 巻きするので，1 巻きの長軸方向距離は 34 Å（3.4 nm）になる．
4. DNA の"はしご"をねじって二重らせんにすると，**主溝**（major groove）と**副溝**（minor groove）という幅の違う二つの溝ができる．
5. 糖－リン酸骨格はらせんの外側に向いており，溶媒に露出している．負に荷電したリン酸基は細胞内では Mg^{2+} を結合しており，この結果，リン酸基どうしの静電的反発が緩和される．
6. 塩基対はらせんの内部に位置し，らせん軸に対してほぼ直交する．
7. 塩基対は次つぎと積み重なるので，らせん内部には隙き間がない（図3・4b 参照）．塩基対の平面の面は溶媒に接していないが，その端は主溝，副溝に露出している〔このため **DNA 結合タンパク質**（DNA-binding protein）のあるものは特定の塩基を認識できる〕．

配列依存的な不規則性があるため，DNA は完全に規則的な構造をとることはほとんどない．たとえば塩基対を維持したままで DNA 鎖を巻いたりねじったりできるし，らせんは特定のヌクレオチド配列のところできつく巻いたりゆるく巻いたりする．DNA 結合タンパク質はこうした局所的な小さな変化を見つけ出し，特定の結合部位を探し出すのかもしれない．DNA 結合タンパク質が結合すると，DNA らせんは曲がったり部分的にほどけたりするので，さらに DNA らせんがひずむ．

DNA 断片の長さは塩基対数（base pair: bp），あるいはキロ塩基対数（1000 bp, kb）を単位として表す．生体の DNA 分子のほとんどは数千から数百万塩基対からなる．短い一本鎖のヌクレオチド重合体を**オリゴヌクレオチド**（oligonucleotide）とよぶことが多い（oligo という言葉はギリシャ語で"少数の"という意味である）．細胞内では，ヌクレオチドは**ポリメラーゼ**（polymerase）という酵素の働きで重合する．重合体のなかでヌクレオチドを連結しているホスホジエステル結合は，**ヌクレアーゼ**（nuclease）が切断する．**エキソヌクレアーゼ**（exonuclease）はポリヌクレオチド鎖の末端から，**エンドヌクレアーゼ**（endonuclease）はポリヌクレオチド鎖の途中から，ヌクレオチドを切り出す．DNA と RNA には，それぞれに対して特異的なポリメラーゼやヌクレアーゼがある．これらの酵素がなければ，核酸の構造は驚くほど安定である．

RNA は一本鎖である

二本鎖間の規則的塩基対形成のために立体構造が制限されている DNA に比べて，一本鎖のポリヌクレオチドである RNA は構造の自由度が高い．一本鎖に沿った異なる領域間の塩基対形成によって，RNA 鎖は折りたたまれる．この結果，RNA 分子はこみいった形の三次元構造をとることができる（図3・5）．DNA の二重らせ

3. 遺伝子からタンパク質へ　　　47

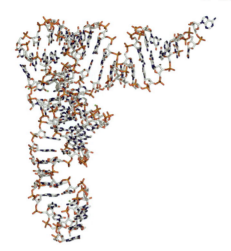

図3・5　**転移RNA分子**．この76ヌクレオチドからなる一本鎖RNAは，分子内で相補的塩基対を形成し特定の三次元構造に折りたたまれる．［構造（pdb 4TRA）はE. Westhoff, P. Dumas, D. Morasによって決定された．］

ん構造は長期にわたる遺伝情報の保存に適しているが，RNAは遺伝情報発現でもっと積極的な役割を果たす．たとえば，図3・5に示すRNA分子はフェニルアラニンというアミノ酸を結合しており，タンパク質合成の過程で多くのタンパク質や他のRNAと相互作用する．

RNAの塩基は相補的な一本鎖DNAの塩基と塩基対を形成でき，この結果，RNA-DNAハイブリッド二重らせんができる．このハイブリッド二重らせんは標準的な二重らせんより幅が広く平たい（直径はほぼ26Åで，11残基でらせんを一回りする）．さらに，その塩基対はらせん軸に対して20°ほど傾いている（図3・6）．標準的なDNAらせんとの違いは，おもにRNAの2′OH基に由来する．

DNAの二重らせんも適当な条件下でこれと同じ構造をとることが可能で，これを**A形DNA**（A-DNA）とよぶ．これに対して，図3・4に示す標準的なDNAらせんを**B形DNA**（B-DNA）とよぶ．DNAはまた別の形をとることもでき，少なくとも特定の配列をもつDNAは実際に生体内でこうした構造をとっているという証拠もある．しかし，その機能についてはまだ完全にはわかっていない．

DNAの変性と再生

二本鎖核酸では一方の鎖の塩基が他方の鎖の相補的な塩基と水素結合を形成するので，相補的なポリヌクレオチド鎖が対合する．AはT（あるいはU）と相補的で，GはCと相補的である．しかし，DNAらせんの構造的安定性に対しては，相補的塩基間の水素結合の寄与は大きくない．（2本のポリヌクレオチド鎖が分離しても，塩基は相補的な塩基の代わりに水分子と水素結合する．）むしろ，この安定性に，DNA中で上下に隣り合った塩基間で働くファンデルワールス相互作用（**スタッキング相互作用** stacking interaction）からの寄与が大きい．らせんを見下ろすと，積み重なった塩基対は，らせんを巻いているため完全には重なっていない（図3・7）．一つひとつのスタッキング相互作用は弱いが，それがDNA分子の全長にわたって足し合わされていく．

隣り合ったG:C塩基対どうしのスタッキング相互作用は，A:T塩基対どうしのスタッキング相互作用より強い（このことはG:C塩基対の水素結合数がA:

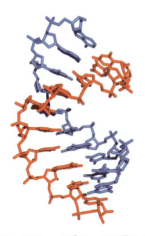

図3・6　**RNA-DNAハイブリッド二重らせん**．1本のRNA鎖（赤）と1本のDNA鎖（青）で形成された二重らせんでは，平面の塩基対が傾いており，標準的なDNA二重らせんよりねじれ方が弱い（図3・4と比較せよ）．［構造（pdb 1FIX）はN. C. Horton, B. C. Finzelによって決定された．］

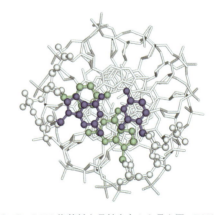

図3・7　**DNA塩基対を長軸方向から見た図**．DNA二重らせんの中心軸を見下ろすと，上下に隣り合った塩基対の重なり方がわかる（各鎖の最初の二つのヌクレオチドを青と緑で区別して強調してある）．

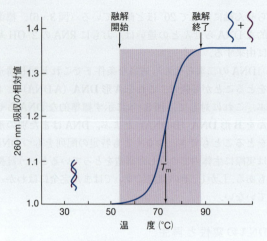

図 3・8 **DNA の融解曲線**. 温度を上げていくと，DNA が変性（二本鎖解離，融解）して，25 °C を起点とした紫外線吸収はしだいに増加していく．DNA 試料の融点 T_m は融解曲線の中点として定義される．

T 塩基対より 1 本多いということとは関係ない）．その結果，G:C に富んだ DNA は A:T の割合が多い DNA より安定である．この差は DNA の**融解温度**（melting temperature）T_m として定量できる．

DNA 試料の融点を測るには，試料温度をゆっくりと上げる．温度が十分に高くなると，塩基対の積み重なりが壊れ，水素結合が切れ，二本鎖が解離し始める．温度が上昇するに従いこの過程が進行し，最後には二本鎖が完全に解離する．DNA のこの融解，つまり**変性**（denaturation）は，温度上昇に応じた紫外線（260 nm）の吸光度増加を計って融解曲線（図 3・8）を書けば記録できる（芳香族塩基は積み重なっていないときに吸光度が大きい）．融解曲線の中点（つまり半分の DNA が一本鎖に解離する温度）が T_m である．表 3・2 に，さまざまな生物の DNA の GC 含量と融点を示す．実験室で DNA を操作するときには，対になった DNA 鎖をほどかなくてはならないことが多いので，DNA の GC 含量を知っておくと便利である．

温度をゆっくりと下げていくと，変性した DNA は**再生**（renaturation）する．つまり，相補的な鎖間の水素結合が再び形成され，塩基対の積み重なりももとに戻って，分離した鎖から二重らせんが再生する．再生の速度は，融点から 20〜25 °C 低い温度で最高となる．DNA を急いで冷却すると塩基対が短い相補領域間で無差別にできてしまい，再生が不完全になる．低温では，再び解離して正しい相手を見つけるのに必要な熱エネルギーがないので，不正確な塩基対もそのまま固定される（図 3・9）．変性 DNA の再生速度は二本鎖分子の長さによる．それぞれの鎖の塩基は相補鎖に沿って相手を探し出さなくてはならないので，短い断片は長いものより早く会合する．こうした二本鎖分子の再生過程を**アニール**（anneal）という．

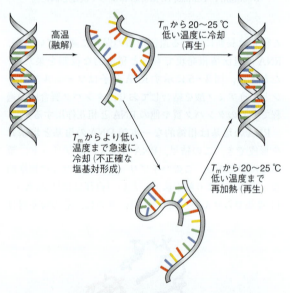

図 3・9 **DNA の再生**. 融解して解離した DNA 鎖は T_m から 20〜25 °C 低い温度で再生する．さらに低い温度では，DNA 鎖内あるいは鎖間の短い相補領域で塩基対を形成することがある．正確な再生を行うには，いったん再生した DNA を再加熱して誤った塩基対を再解離させ，その後もう一度アニールさせる．

短い一本鎖核酸（RNA か DNA）は，相補的な領域があれば長い一本鎖分子とハイブリッド形成できる．この現象は，いろいろな実験技術の基本である（§3・4 参照）．たとえば，放射能標識あるいは蛍光標識した特定の配列をもつオリゴヌクレオチドを**プローブ**（probe）として使うと，複雑な混合物のなかからこれと相補的配列をもつ核酸を探し出すことができる．

表 3・2 **DNA の GC 含量と融点**

DNA	DNA 含量（%）	T_m（°C）
キイロタマホコリカビ *Dictyostelium discoideum*	23.0	79.5
ブタノール生産菌 *Clostridium butyricum*	37.4	82.1
ヒト *Homo sapiens*	40.3	86.5
放線菌 *Streptomyces albus*	72.3	100.5

出典： T. A. Brown, (ed.), *Molecular Biology LabFax*, vol. I., pp. 233−237 Academic Press(1998)による．

3・2 遺伝子がタンパク質の情報を担っている

重要概念
- DNA 配列にコードされた遺伝情報は RNA に転写され，タンパク質のアミノ酸配列に翻訳される．

相補的な DNA の二本鎖は遺伝情報の保存庫であり，新たな世代ごとにこの情報が**複製**（replication, コピー）される．ワトソンとクリックによって最初に指摘されたように，ほどけた一本鎖 DNA がそれと相補的な鎖の合成を指示することによって，同一の二本鎖分子が生じる（図 3・10）．親鎖のヌクレオチド配列が新たな鎖のヌクレオチド配列を決定するので，親鎖は新たな鎖の鋳型として働いていることになる．こうして，ヌクレオチド残基の配列という形でたくわえられている遺伝情報は，細胞が分裂するたびに伝達されていく．

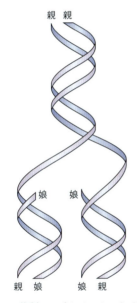

図 3・10 **DNA 複製**. 二重らせんがほどけ，各親鎖は新たな相補鎖の合成のための鋳型となる．その結果，二つの同一な DNA 分子ができる．

遺伝情報を用いて細胞機能を担うタンパク質の合成を行う過程を**発現**（expression）とよぶが，複製と似たような現象がこの遺伝情報の発現過程でもみられる．まず，DNA の一領域を占める**遺伝子**（gene）が**転写**（transcription）されて DNA と相補的な RNA 鎖が生じ，この RNA が**翻訳**（translation）されてタンパク質が合成される．このクリックが考えたパラダイムは分子生物学の**セントラルドグマ**（central dogma）とよばれ，図式的に示すと左下図のようになる．

最も単純な生物でもその DNA は莫大な長さで，多くの場合に複数の異なる DNA 分子に遺伝情報がたくわえられる（たとえば，真核生物の複数の染色体）．ある生物の遺伝情報の全セットを**ゲノム**（genome）とよぶ．ゲノムは数百からおそらく 35,000 ほどの遺伝子からなる．

遺伝子の転写では，二本鎖 DNA の片側が鋳型となり，相補的な RNA 鎖が合成される．DNA から転写された RNA 鎖は，5′→3′ 方向に読んだときに DNA の非鋳型鎖と同じ配列（T の代わりに U が使われる以外は）をもつ．非鋳型鎖に相当する DNA 鎖を**コード鎖**（coding strand）とよぶことが多い〔これに対して鋳型鎖は**非コード鎖**（noncoding strand）とよばれる〕．

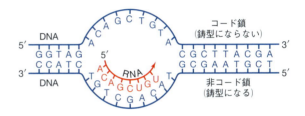

転写で生じた RNA は遺伝子と同じ遺伝情報をもち，**メッセンジャー RNA**（messenger RNA: **mRNA**）とよばれる．mRNA は**リボソーム**（ribosome）上で翻訳される．リボソームはタンパク質と**リボソーム RNA**（ribosomal RNA: **rRNA**）でできた巨大な細胞内タンパク質合成装置である．リボソーム上では，アミノ酸を結合した**転移 RNA**（transfer RNA: **tRNA**）が mRNA 中の 3 塩基ずつの配列（**コドン** codon）を認識する（tRNA

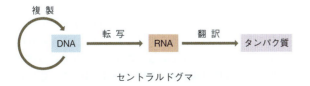

セントラルドグマ

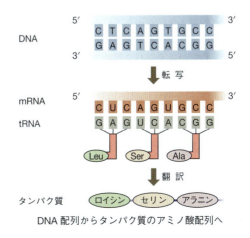

DNA 配列からタンパク質のアミノ酸配列へ

表 3・3 遺伝暗号[†]

1番目 (5′末端側)	2番目				3番目 (3′末端側)
	U	C	A	G	
U	UUU Phe	UCU Ser	UAU Tyr	UGU Cys	U
	UUC Phe	UCC Ser	UAC Tyr	UGC Cys	C
	UUA Leu	UCA Ser	UAA 終止	UGA 終止	A
	UUG Leu	UCG Ser	UAG 終止	UGG Trp	G
C	CUU Leu	CCU Pro	CAU His	CGU Arg	U
	CUC Leu	CCC Pro	CAC His	CGC Arg	C
	CUA Leu	CCA Pro	CAA Gln	CGA Arg	A
	CUG Leu	CCG Pro	CAG Gln	CGG Arg	G
A	AUU Ile	ACU Thr	AAU Asn	AGU Ser	U
	AUC Ile	ACC Thr	AAC Asn	AGC Ser	C
	AUA Ile	ACA Thr	AAA Lys	AGA Arg	A
	AUG Met	ACG Thr	AAG Lys	AGG Arg	G
G	GUU Val	GCU Ala	GAU Asp	GGU Gly	U
	GUC Val	GCC Ala	GAC Asp	GGC Gly	C
	GUA Val	GCA Ala	GAA Glu	GGA Gly	A
	GUG Val	GCG Ala	GAG Glu	GGG Gly	G

[†] Ala: アラニン, Arg: アルギニン, Asn: アスパラギン, Asp: アスパラギン酸, Cys: システイン, Gly: グリシン, Gln: グルタミン, Glu: グルタミン酸, His: ヒスチジン, Ile: イソロイシン, Leu: ロイシン, Lys: リシン, Met: メチオニン, Phe: フェニルアラニン, Pro: プロリン, Ser: セリン, Thr: トレオニン, Trp: トリプトファン, Tyr: チロシン, Val: バリン.

分子については図3・5参照). この特異的認識は相補的塩基対形成に依存している. リボソームは, 次ぎつぎとtRNAで運ばれてくるアミノ酸を共有結合でつなぎ, タンパク質をつくり出す. その結果, タンパク質のアミノ酸配列はDNAのヌクレオチド配列によって決まることになる (前ページ右下図).

アミノ酸とmRNAのコドンとの対応を **遺伝暗号** (genetic code) とよぶ. 全部で64のコドンがあり, そのうち三つは"終止"コドンで, 翻訳を停止させる. 残りの61コドンがタンパク質にある20個の標準的なアミノ酸に対応しているので, 多くの場合, 一つのアミノ酸に対して複数のコドンが対応する. 表3・3に, どのアミノ酸がどのコドンに対応しているかを示す. 原理的には, 遺伝子のヌクレオチド配列がわかれば, この遺伝子でコードされているタンパク質のアミノ酸配列がわかることになる. しかしあとで述べるように, タンパク質が最終的な形をとる前に, 遺伝情報はさまざまな過程で"プロセシング"を受けることが多い. また, タンパク質合成にかかわるrRNAやtRNAもDNA上のrRNA遺伝子やtRNA遺伝子でコードされているが, これら遺伝子は転写されても, 翻訳されない.

遺伝子の変異は遺伝子疾患をひき起こす

遺伝物質は生物の活性すべてに影響を与えるので, そ

の生物のDNAのヌクレオチド配列, 特に遺伝子のヌクレオチド配列を明らかにすることはきわめて重要である. 遺伝子産物であるタンパク質の研究によって数千の遺伝子が同定されてきた. さらに, これまでにさまざまな生物のゲノム配列解読によって数百万もの遺伝子が見つかっている (§3・3参照). 多くの遺伝子の機能はまだ不明だが, 遺伝子疾患の研究を介して機能がわかってきたものもある. 従来は, 特定の病気に特有の欠陥タンパク質を見つけ出し, 対応する遺伝子の欠陥を探し出すというやり方がとられていた. たとえば, 鎌状赤血球貧血をひき起こす変異ヘモグロビンでは, グルタミン酸がバリンに変わっていることが知られていた. 実際に, この変異ヘモグロビンの遺伝子では, 正常遺伝子のGAGというグルタミン酸のコドンがGTGというバリンのコドンに **変異** (mutation) している.

正常遺伝子 ···ACT CCT GAG GAG AAG···
タンパク質 ··· Thr Pro Glu Glu Lys···

変異遺伝子 ···ACT CCT GTG GAG AAG···
タンパク質 ··· Thr Pro Val Glu Lys···

最近では, 遺伝子疾患をひき起こす遺伝子変異を探し出すには, タンパク質からではなく, 逆にDNAの解析から始めるのがふつうである. こうしたやり方の最初の成功例が, 囊胞性繊維症 (CF) の原因遺伝子の発見で

ある（ボックス3・A）．

現在では3000を超える遺伝子が，鎌状赤血球貧血や嚢胞性繊維症のような特定の単一遺伝子疾患にかかわっていることが知られている．多くの場合，それぞれの病因遺伝子にはさまざまな変異が生じうるため，症状が人によって異なる．

3・3 ゲノミクス

重要概念
- 異なる種のゲノムは大きさも，そこに含まれる遺伝子数も異なる．
- ヌクレオチド配列によって遺伝子を同定できる．
- 遺伝子データの解析から，遺伝子の機能同定や疾病リスク評価が可能になる．

長いDNA鎖の配列決定法が確立されると，寄生細菌の小さなDNA分子から植物や哺乳類の巨大な染色体ゲノムに至るまで全ゲノムを調べることが可能となった．DNA配列データはふつうGenBankのようなデータベースに登録されている．こうしたデータは，コンピューターを使えば簡単に引出して使うことができる．

表3・4に，部分的にあるいは完全にゲノムの配列が決まった数千種の生物のうち代表的なものを示す．この表には，いろいろな生化学的研究に広く用いられるモデル生物が含まれている（図3・11）．

遺伝子数は生物の複雑さと相関している

予想されることだが，単純な生物はDNA量が少なく，遺伝子数も少ない傾向がある．たとえば，*M. genitalium* や *H. influenzae*（表3・4参照）はヒトに寄生し，栄養の供給は宿主に依存しているので，*Synechocystis*（シアノバクテリア）のような自立した細菌ほどには遺伝子数

表 3・4 さまざまな生物のゲノムサイズと遺伝子数

生物	ゲノムサイズ (kb)	遺伝子数
細菌		
Mycoplasma genitalium（マイコプラズマ）	580	525
Haemophilus influenzae（インフルエンザ菌）	1,830	1,789
Synechocystis PCC6803（シアノバクテリア）	3,947	3,618
Escherichia coli（大腸菌）	4,643	4,630
アーキア		
Methanocaldococcus jannaschii（メタン菌）	1,740	1,830
Archaeoglobus fulgidus（硫酸還元菌）	2,178	2,486
真菌		
Saccharomyces cerevisiae（酵母）	12,071	6,281
植物		
Arabidopsis thaliana（シロイヌナズナ）	119,146	33,323
Oryza sativa（コメ）	382,151	30,294
Zea mays（トウモロコシ）	約2,046,000	約32,000
動物		
Caenorhabditis elegans（線虫）	100,268	21,175
Drosophila melanogaster（ショウジョウバエ）	139,466	15,016
Homo sapiens（ヒト）	3,102,000	約20,000

出典: NCBI Genome Project.

図 3・11 モデル生物．(a) 大腸菌 *Escherichia coli*．哺乳類の消化器官に生息する細菌で，多彩な好気的あるいは嫌気的代謝を行う．(b) 酵母 *Saccharomyces cerevisiae*．モデル生物としてよく使われる単細胞真核生物．6000ほどの遺伝子をもつ．(c) 線虫 *Caenorhabditis elegans*．全長1 mmほどの虫で体が透けて見える．多細胞生物のモデル生物で，単細胞真核生物にはない遺伝子をもつ．(d) シロイヌナズナ *Arabidopsis thaliana*．植物のモデル生物．世代時間が短く，外来遺伝子を容易に取込む．[Dr. Kari Lounatmaa/Science Photo Library/Photo Researchers/amanaimages, Andrew Syred/Science Photo Library/Photo Researchers, Sinclair Stammers/Science Photo Library/Photo Researchers/amanaimages, Dr. Jeremy Burgess/Science Photo Library/Photo Researchers.]

ボックス 3・A　臨床との接点

嚢胞性繊維症遺伝子の発見

米国では3000人に一人の新生児が**嚢胞性繊維症**（cystic fibrosis, 略称 CF）をもって生まれてくる。この病気は，北ヨーロッパ系米国人のなかで最も多い遺伝子疾患である。CFの重篤な症状は，べたべたした粘液で気管がふさがれてしまうことである。気管の粘液中では細菌感染も起こりやすい。CF患者では，膵臓からの分解酵素の分泌にも障害があり，栄養失調や生育障害も起こりやすい。かつては，CF患者は成人する前に肺疾患で亡くなることが多かった。しかし，肺への細菌感染は抗生物質のおかげで抑えることができ，また他のいろいろな治療法の開発もあって，CFは致死的な疾患ではなくなってきている。

DNA検査が可能になるまで，汗に含まれる塩化物イオン含量が高いというのがCFの診断基準だった。実際，"接吻したときに塩の味がする子供は長生きできない"という中世からの言い伝えがある。こうした症状や，べたべたした粘液で気管が詰まるといった症状からだけでは，どんなタンパク質の欠陥がこの疾患の原因かわからない。そこで，CFの遺伝学的基盤を理解するのにタンパク質から出発することはできず，嚢胞性繊維症遺伝子（CF遺伝子）を見つけ出す必要があった。

CF遺伝子を見つけ出すために，CF患者やその家族のDNA解析を行った。CF患者は，2コピーの変異CF遺伝子をもっている（変異CF遺伝子についてホモ接合体）。一方，CFを発症していない家族のなかには，正常CF遺伝子1コピーと変異CF遺伝子1コピーをもつ（ヘテロ接合体）保因者がいる。2コピーの変異CF遺伝子をもつものと，1コピーの変異CF遺伝子をもつものの**DNAマーカー**（DNA marker）を詳しく解析すると，二つのDNAマーカーが共通であった。この二つのDNAマーカーによって，CF遺伝子を含む染色体領域を絞り込むことができた。特に，7番染色体のある領域は多くの哺乳類で共通に存在することから，必須遺伝子を含んでいる可能性が高いと考えられた（哺乳類ゲノムの98%の領域にはタンパク質コード遺伝子が含まれていない）。そこでこの領域のヌクレオチド配列を決定し，最終的に250,000 bpのCF遺伝子を同定することに成功した。

ほとんどすべての哺乳類遺伝子では，転写産物がそのまま翻訳に使われるのではなく，**スプライシング**（splicing）

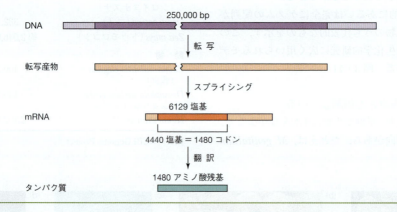

は多くない。多細胞生物では，多数の特化した細胞種の活性を維持するためにもっとDNA量が多く，遺伝子数も多いのがふつうである。しかしおもしろいことに，ヒトは線虫とほぼ同じ数の遺伝子しかもっていない。このことは，生物の複雑性が遺伝子数で決まっているのではなく，遺伝子が転写され翻訳される仕方によっていることを意味している。ヒトをはじめとして多くの生物は，両親から受け継いだ2組の遺伝情報をもっている**二倍体**（diploid）で，1個のヒト細胞にはおよそ62億塩基対のDNAが含まれている。しかし，簡単のために，遺伝情報は1組だけの**一倍体**（haploid，半数体ともいう）として扱われることが多い。

原核生物のゲノムではタンパク質やRNAの遺伝子でない部分は数パーセントしかない。生物に複雑性が増すにつれ，コード領域でないDNA量がしだいに増加する。たとえば，酵母ゲノムの約30%，シロイヌナズナゲノムの約半分，そしてヒトゲノムの98%以上が非コード領域である。ヒトゲノムの80%は転写されるらしいが，タンパク質をコードしているのはゲノム全体の1.5%だけである（図3・12）。

非コードDNAのほとんどは機能のわからない反復配列からなる。この**反復DNA**（repetitive DNA）の存在で，

という過程（§21・3参照）で一部だけが切取られてmRNAとなる．さらに，mRNAの両端には転写されない部分がある．250,000 bp長のCF遺伝子からスプライシングを経て生じたmRNAはたった6129ヌクレオチド長しかない．mRNAの両末端はタンパク質に翻訳されない非翻訳領域を含むので，このmRNAのなかで，4440ヌクレオチド長の領域が1480アミノ酸残基からなるCFタンパク質をコードしている（4440/3 = 1480）．mRNAヌクレオチド配列を3塩基ずつ区切っていき，遺伝暗号表（表3・3参照）からアミノ酸を選んでいくと，CFタンパク質のアミノ酸配列が得られる．

多くのCF患者のmRNA解析から，その70%には3ヌクレオチドの欠損があることがわかった．下に示すように，これはCFタンパク質の508番目のPheの欠損に対応する．CF患者の3ヌクレオチド欠損は，mRNAでは507番目と508番目のコドンにおける欠損に相当するが，507番目のIleに対応するコドンは縮重しているのでアミノ酸配列では507番目は影響を受けず，508番目Pheの欠損が起こる．Phe508を欠損したCFタンパク質は細胞内で分解されてしまい，機能をもつCFタンパク質がほとんど存在しない状態になる．

```
              504  505  506  507  508  509  510  511  512
正常遺伝子 ··· GAA  AAT  ATC  ATC  TTT  GGT  GTT  TCC  TAT ···
タンパク質 ··· Glu  Asn  Ile  Ile  Phe  Gly  Val  Ser  Tyr ···

              504  505  506  507  508  509  510  511  512
変異遺伝子 ··· GAA  AAT  ATC  AT-  --T  GGT  GTT  TCC  TAT ···
タンパク質 ··· Glu  Asn  Ile  Ile       Gly  Val  Ser  Tyr ···
```

それでは，CF遺伝子産物の生理的役割はなんだろうか．CF遺伝子の産物の機能は，膜を横切った物質輸送にかかわる大きなタンパク質ファミリーとの配列の相同性から予測できる（§2・2で解説したように，疎水性物質だけが脂質二重層を横切ることができるので，他の物質にはすべて輸送タンパク質が必要となる）．このタンパク質ファミリーに属するものは，膜に局在するための一つか二つの領域をもっている．CFタンパク質には，このほかに制御機能をもつと予測される余分なドメインもついている．このため，このタンパク質は，囊胞性繊維症膜貫通コンダクタンス調節タンパク質（cystic fibrosis transmembrane conductance regulator: CFTR）とよばれる．クローン化したCFTR遺伝子を異なる細胞で発現させると，その機能を調べることができる．こうして調べてみると，このCFTRタンパク質は，細胞からCl⁻が出ていくためのチャネルとして機能していることがわかった（下図）．

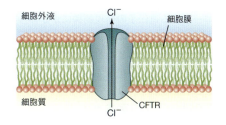

このタンパク質は，細胞のNa⁺取込みも制御している．この結果，CFTRタンパク質に欠陥があったり全く欠けていたりすると，正常なNa⁺やCl⁻の分布が維持できず，細胞周辺のNa⁺やCl⁻の細胞外濃度が低くなる．そこで，ふつうは高濃度のイオンで引寄せられる細胞外液の水分がCF患者では不足することになる．そのため，正常な肺では細胞外の体液はさらさらしていて水っぽいのに対し，CF患者の肺では体液はべたべたして粘度が高くなる．汗腺でも，欠陥のあるCFTRはNa⁺とCl⁻の輸送に影響を与えるので，汗には塩分が多くなる．この症状はCFの診断に使われる．

なぜ非常に大きなゲノムにそれほど多くない数の遺伝子しか含まれないかが説明できる．たとえばトウモロコシとイネのゲノムを比較してみると，両者はほぼ同じ数の遺伝子を含むにもかかわらず，トウモロコシゲノムの大きさはイネゲノムの10倍である．トウモロコシゲノムのおよそ半分は，何度も写しとられ染色体中に無差別に挿入された短いDNA断片である**転位因子**（transposable element）からなるようにみえる．

ヒトゲノムには，不活性な転位因子も含めて数種類の反復配列がある．ヒトゲノムのおよそ45%は，ゲノム中に散在している数百から数千ヌクレオチドの連なりで**中頻度反復配列**（moderately repetitive sequence）とよばれる．このなかには，同じものが10万コピーも存在していることがある．ヒトゲノムの3%は**高頻度反復配列**（highly repetitive sequence）で，2〜10ヌクレオチド配列が数百万コピーも存在し，1箇所で数千回も繰返して並んでいることがある．ある反復配列が特定の場所で繰返す数は，同じ家族のなかでも人によって異なることがある．そこで，この繰返し数は"DNAフィンガープリント"として個体の同定に用いることができる（§3・4参照）．

DNAの非コード領域には，さまざまなRNA分子の

54　第Ⅱ部　分子の構造と機能

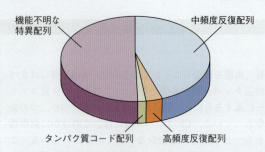

図3・12　ヒトゲノムの構成．ゲノムのおよそ1.5%だけがタンパク質をコードしている．ゲノムの45%は中頻度反復配列からなり，3%が高頻度反復配列からなる．残りの50%ほどは特異的な配列からなるが，その機能はわかっていない．全ゲノムの80%ほどが転写されている．

遺伝子も存在する．ここから転写されたRNAは，タンパク質をコードする遺伝子の発現制御にかかわっているらしい（21章）．哺乳類ゲノムを比較すると，ヒトゲノムの6%は進化の過程でほとんど変化していない．この部分は非常に重要な機能を担っているのだろう．

配列比較で遺伝子を同定する

配列が決まったゲノムでも，いまだに遺伝子数が正確にわかっていないものが多い．こうしたものでは，遺伝子の同定をどんな方法で行うかによって得られる遺伝子数が違ってくる．たとえば，DNA配列のなかで転写されたり翻訳されたりする可能性をもつ読み枠，**オープンリーディングフレーム**（open reading frame: ORF）をコンピューターで探し出すことができる．タンパク質をコードする遺伝子では，ORFはコード鎖のATGという"開始"コドンで始まる．転写されたRNAでは，これはAUGに対応する（表3・3参照）．このコドンは新生タンパク質中では最初のメチオニンを意味する．コード鎖のTAA，TAG，あるいはTGAという3種類の"終止"コドンのどれかでORFは終わる．これらは転写されたRNAではUAA，UAG，UGAに対応する（表3・3）．アブイニシオ遺伝子同定法〔アブイニシオ（ab initio）は"始めから"という意味〕といわれる既知の情報を一切使わない方法で，DNA上の遺伝子を探し出すことも可能で

ある．しかし，こうした方法では遺伝子数が多めに見積もられがちである．

遺伝子数を少なく見積もることにはなるが，既知の遺伝子との配列の相同性を使ってゲノム中の遺伝子を見つけ出すという方法もある．こうしたゲノム間の比較ができるのは，遺伝暗号がすべての生物で同一であることと，進化を介してすべての生物がつながっているからである（§1・4）．似た機能をもつ遺伝子は違った種でも互いに似ており，**相同遺伝子**（homologous gene）とよばれる．ある配列が一部だけでも対応すれば，細胞内機能を厳密に同定できないまでも，酵素であるとか，ホルモン受容体であるとかいったタンパク質の機能分類が可能になる．他の生物種には似たものがない遺伝子は**オーファン遺伝子**（orphan gene）とよばれる．いままでのところ，既知の遺伝子数は既知の遺伝子産物（タンパク質かRNA分子）の数より多い．遺伝子によっては発現量がきわめて少ないため現在の生化学的方法では検出できないことを考慮すると，このことは意外ではない．詳しい研究が進んでいる大腸菌でも，20%の遺伝子の機能はまだ不明である．

図3・13に示すような**ゲノム地図**（genome map）には，すべての遺伝子の位置と向きが示してある．反対向きの矢印は二本鎖染色体DNAの別の鎖に遺伝子がコードされていることを示している．翻訳前に転写産物からスプライシングで除かれる配列を含むため，哺乳類遺伝子は細菌遺伝子よりふつうはずっと長い．さらに哺乳類ゲノムでは，遺伝子間の間隔もずっと長い（平均27 kb）．

ゲノム地図製作プロジェクトによって，たとえば**遺伝子水平伝播**（horizontal gene transfer）とよばれる現象のような生物進化の興味深い側面が明らかになった．遺伝子が親から子へ伝えられる**遺伝子垂直伝播**（vertical gene transfer）とは違い，水平伝播では遺伝子が異なる種間で伝播する．この現象にはおそらくウイルスがかかわっている．宿主に感染したウイルスのDNAはいったん宿主ゲノムに挿入されてから切り出されるが，そのときに宿主ゲノム断片を余分に取込み，別の宿主細胞に持込む可能性がある．この結果，たとえば，哺乳類のもの

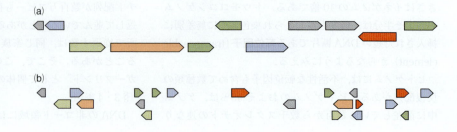

図3・13　ゲノム内の遺伝子地図．(a) 大腸菌ゲノムの10 kb幅の領域に存在する遺伝子．(b) マウスゲノムの2500 kb幅の領域に存在する遺伝子．個々の遺伝子は色違いの矢印で表示してある．

のようにみえる遺伝子が細菌ゲノムで見つかるということが起こる．多種の細菌でこうした遺伝子水平伝播が簡単に起こることを考えると，特異的なゲノムをもつ異なる種と考えられている細菌群も，ある程度の変動のあるゲノムをもつ変種とみてよいのかもしれない．

ゲノムデータから遺伝子疾患の原因遺伝子を探し出す

ゲノムを研究対象とする**ゲノミクス**（genomics）は，医療面でいろいろなことに使える．たとえば，遺伝子数とかそれらの予想される機能がわかれば，その生物の代謝能力がどんなものか，およその予測がつく．一例としては，ヒトとショウジョウバエではシグナル伝達系や免疫系のタンパク質をコードする遺伝子数が違っていることがあげられる（図3・14）．このように，ある分類（たとえば免疫機能）に属する遺伝子数が他と大きく違っている場合には，その生物が特異な性質をもつことを示唆している．こうした知識は，病原体の特異的な代謝過程を利用して，その成長を妨げるような薬を開発するのに役立つだろう．

ゲノム解析から，個人間のゲノムの違いを探し出すことができる．こうした違いのなかには，特定の疾患を発病する可能性とかかわっているものがある．単一遺伝子疾患にかかわることが明らかな遺伝子差異以外にも，数百万ものゲノムの配列差異が知られている．二人の人を比較すると，平均して300万もの部位でDNA配列が違っている．これは，1000塩基対当たりおよそ1箇所の配列が違っていることに相当する．個体間でDNA配列が異なる**一塩基多型**（single-nucleotide polymorphism: **SNP**）はデータベースに蓄積されている．

多数の遺伝子の関与が疑われる循環器疾患やがんといった病気をSNPと関係づけようという試みが行われてきた．たとえば，**全ゲノム相関解析**（genome-wide association study: GWAS）から，39箇所のSNP部位がⅡ型糖尿病と，71箇所のSNP部位が自己免疫疾患であるクローン病（Crohn's disease）にかかわっていることがわかっている．これらSNP部位の一つひとつが病気と関係がある確率は低いが，すべてのSNP部位がこれら疾病に特有の変異をもつ場合には，50％の確率で発症する可能性がある．こうしたSNP部位が必ずしも病因遺伝子内にあるわけではないが，SNP部位近辺のDNAを調べれば病因遺伝子を探し出す手掛かりになる．いまでは個人のゲノム配列を決定するというサービスを提供する会社があるが，いまのところ遺伝情報が特定の病気の効果的予防あるいは治療につながることは少ないので，"個人ゲノミクス"の利用価値は限られている．

3・4 遺伝子操作

重要概念
- DNA分子のヌクレオチド配列を決定したり，DNAポリメラーゼを使ってDNA分子を増幅（分子数を増やす）したりできる．
- DNA断片をつなぎ合わせて作製した組換えDNAを用いて，遺伝子機能を調べたり，宿主細胞内で遺伝子を発現させたり，商業的あるいは医療目的で改変遺伝子を作製したりできる．

分子生物学では，DNA分子を単離したり，増幅したり，配列決定したり，改変したりといったいろいろなDNA操作技術が使われる．こうした技術では，自然に存在するポリヌクレオチドを切断，複製，あるいは結合する酵素が用いられる．また，実験室で合成したヌクレオチド鎖，あるいは生物から単離したヌクレオチド鎖をプローブとし，ヌクレオチド鎖間の相補的相互作用を介して特定の配列のヌクレオチド鎖を探し出すという技術も頻繁に使われる．

DNA配列決定法

1975年にサンガー（Frederick Sanger）はDNAのヌクレオチド配列決定法を初めて開発した．このサンガー配列決定法では，デオキシリボースの2′と3′位にヒドロキシ基をもたないジデオキシリボヌクレオチドを用

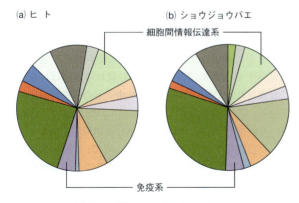

図3・14 **遺伝子の機能に基づいた分類**．ヒトゲノムに存在する17,181個の遺伝子(a)とショウジョウバエの9837個の遺伝子(b)を，遺伝子産物の生化学的機能に従って分類した．ショウジョウバエに比べてヒトゲノムのほうが細胞間情報伝達と免疫系関連の遺伝子の割合が多い．細胞間情報伝達では25.4％（ヒト）対18.6％（ショウジョウバエ），免疫系では15.3％（ヒト）対10.2％（ショウジョウバエ）である．[The Protein Analysis through Evolutionary Relationships classification system, www.pantherdb.org/ による．]

いるので，**ジデオキシDNA配列決定法**（dideoxy DNA sequencing，または簡単にジデオキシ法ともいう）とよばれている．

ジデオキシリボヌクレオシド三リン酸（dideoxyribo-nucleoside triphosphate，ジデオキシリボヌクレオチドともいう）は**ddNTP**と略称する．ここでNは四つの塩基のうちのどれかである．

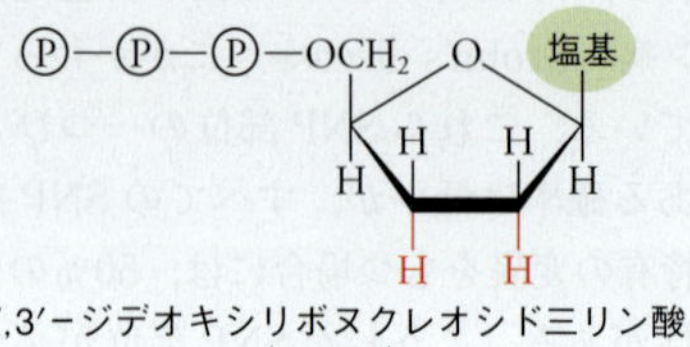

2′,3′-ジデオキシリボヌクレオシド三リン酸
(ddNTP)

図3・15に手順を示す．まずDNAを変性させ，二本鎖を解離させる．このDNAを4種のデオキシリボヌクレオチド（dATP, dCTP, dGTP, dTTP）混合物と混ぜ，さらに細菌のDNAポリメラーゼ（DNA polymerase）を加える．この酵素は，一本鎖DNAのヌクレオチド配列

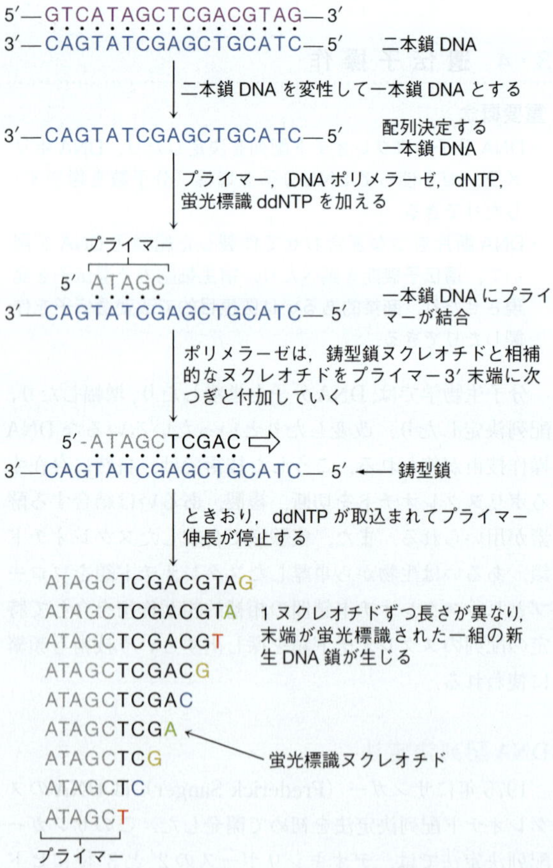

図3・15 ジデオキシDNA配列決定法の手順

を鋳型として，これと相補的なヌクレオチドを次つぎと結合させて新たなDNA鎖を合成する．ただしDNAポリメラーゼは新たなヌクレオチド鎖の合成を開始することはできず，すでに存在している鎖を伸ばすだけなので，まず鋳型鎖と塩基対をつくる短い一本鎖の**プライマー**（primer）を上記反応液に加えておく必要がある．この反応溶液には数百万分子もの鋳型DNAやプライマー，そしてDNAポリメラーゼが入っていることになる．

この反応液には，別べつの蛍光色素で標識された4種のジデオキシリボヌクレオチド（ddATP, ddCTP, ddGTP, ddTTP）も少量入っている．DNAポリメラーゼが新たなDNA鎖を合成するに従い，dNTPの代わりに対応するddNTPがある確率で取込まれる．新たに取込まれたddNTPには3′OHがないので，次のヌクレオチドとの間で5′→3′ホスホジエステル結合を形成できない．このためDNA鎖の伸長はここで停止する（§3・1参照）．

反応液中のddNTP濃度は対応するdNTP濃度より低いので，無差別なddNTPの取込みで重合反応が停止するまでに，DNAポリメラーゼによってさまざまな長さのDNA鎖が合成される．この結果，5′末端には共通のプライマーが存在して，3′末端には蛍光ddNTP残基が結合し1ヌクレオチドずつ長さが違ったDNA鎖の一群が生じる．

電場をかけてゲル状マトリックス中で分子を移動させる**電気泳動法**（electrophoresis）を使って，この反応産物を分析する．すべてのDNA断片は一様な電荷密度をもつので，DNA分子はその長さだけに依存して分離される（短いものほど速く移動する）．分離された分子をレーザーで励起すると，おのおののジデオキシリボヌクレオチドに結合した蛍光色素がそれぞれ特有の色の蛍光を発する（図3・16）．蛍光色の現れる順序は，新たに合成されたDNA鎖中のヌクレオチドの順序に対応している．ここで得られた配列は，この配列決定反応に用いた鋳型となるDNA鎖のものとは相補的である．こうした自動化された装置を用いることで，1回の反応で400～1000ヌクレオチドの配列を決めることができる．

最近用いられるようになった配列決定法である**ピロシークエンス法**（pyrosequencing）でも，DNAポリメラーゼを用いて相補的DNA鎖をつくり出す．この方法では，まず鋳型DNAをプラスチック表面に固定し，プライマーとDNAポリメラーゼを加える．次に4種のdNTP基質の一つ（たとえばdATP）を加える．DNAポリメラーゼによりこのdNTPが鋳型鎖に相補的なDNA鎖に付加されると，ピロリン酸（dNTPの二リン酸部分）が放出される．反応液にはホタルのルシフェラー

ゼが加えられており，ピロリン酸が放出されると化学反応が進行し発光が起こる．ここで発光の有無を記録し，加えた dNTP を洗い流したのちに，別の dNTP（たとえば dGTP）を加えて同じ操作を繰返す．こうして 4 種類すべての dNTP について発光の有無を検討すると，ここで相補的 DNA 鎖に取込まれた dNTP が何であったか知ることができる．こうした操作を繰返していくと，相補鎖のヌクレオチド配列が次つぎと決まる．相補鎖への dNTP の取込みを，ピロリン酸生成ではなく水素イオンの生成で検出する方法もある．この場合は，イオン感受性層の上にマイクロウェルを置き，水素イオンの生成を電圧変化としてとらえる．こうしたシークエンス法では，300～500 ヌクレオチドの長さの断片の配列決定ができる．ピロシークエンス法は，前述のジデオキシ法に比べると短い領域の配列しか決めることができないものの，微量溶液交換システムとマイクロウェルプレートを使うことで，同時に莫大な数の配列決定反応を並列で行うことができ，次世代シークエンス法として全ゲノム配列決定には欠かせない方法になっている．

通常の DNA 試料は，上述のような配列決定法で決めることのできる長さよりずっと長い．そこで，まず DNA 試料を互いに重なりをもつ多数の断片に切断しておき，各断片を別べつに配列決定反応にかける必要がある．DNA 試料の全配列は，重なり合う断片の配列をコンピューター解析でつなぎ合わせれば得ることができる．これには，まず長い DNA 試料を無差別に切断し大量の DNA 断片を作製する"ショットガン法"といわれる方法を使うことが多い．こうして得られた大量の DNA 断片の配列情報を集めて，配列の重なりを手掛かりに全配列を再構成する．

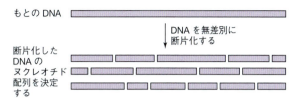

ポリメラーゼ連鎖反応で DNA 鎖を増幅する

かつては，特定の配列をもつ DNA 断片が必要になると，この DNA を苦労して単離し，後述するような方法で適当なベクターと宿主細胞を使ってクローン化した．この状況は，1985 年にマリス(Kary Mullis)が**ポリメラーゼ連鎖反応**（polymerase chain reaction: **PCR**）法を考案したときに変わった．PCR は完全にクローニングの代わりになる実験手法ではないが，DNA 断片を簡単にすばやく増幅する方法である．古典的なクローニング法に対して PCR 法の利点は，出発物がきれいでなくてもよいことである．PCR 法は組織試料や体液のように複雑な組成の試料を解析するには理想的な方法である．

DNA 配列決定法のように，PCR 法でも特定の DNA 配列のコピーを作製するのに DNA ポリメラーゼを用いる（図 3・17）．反応溶液には，DNA 試料，DNA ポリメラーゼ，4 種類すべてのデオキシリボヌクレオチド，そして標的二本鎖 DNA それぞれの 3′ 末端に相補的配列の 2 種類のオリゴヌクレオチドプライマーが入っている．まず，反応液を 90～95 ℃ に熱して DNA 鎖を一本鎖に分離する．次に温度を 55 ℃ に下げて，DNA 鎖とプライマーをハイブリッド形成させる．その後に温度を 75 ℃ に上げると，DNA ポリメラーゼがハイブリッド形成したプライマーを伸長して新たな DNA 鎖を合成し始める．DNA 鎖分離，プライマー結合，プライマー伸長という三つの過程を 40 回ほど繰返す．プライマーは標的 DNA の両端に対応するので標的配列が選択的に増幅され，各反応サイクルで濃度が 2 倍になる．たとえば 20 サイクルの PCR で，理論的には $2^{20} = 1{,}048{,}576$ コピーの標的配列が数時間で産生できる．特定の DNA をこうしてクローン化したり，配列決定に用いたり，他の目的に使ったりできる．

DNA 鎖分離に必要な高温（こうした温度ではほとんどの酵素は失活してしまう）にも耐えるような細菌の DNA ポリメラーゼを使うことが，PCR 成功の鍵で

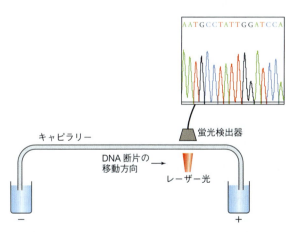

図 3・16 **ジデオキシ DNA 配列決定法で得られる結果**．蛍光標識 DNA 断片の電気泳動図を示す．ジデオキシ法の手順に従い作製した蛍光標識 DNA 断片混合物（図 3・15 下図）をキャピラリーチューブ内で電気泳動し，分離された個々の断片を蛍光検出器で次つぎと検出する．検出器で記録されたピークは 1 塩基分だけ長さが異なっており，4 色の蛍光は断片末端のジデオキシリボヌクレオチドの種類に対応している．そこで，一連の蛍光ピークからヌクレオチド配列を決めることができる．

ある.市販のPCRキットには,ふつう好熱菌 *Thermus aquaticus* (Taq, 高温の温泉に生育している) あるいは *Pyrococcus furiosus* (Pfu, 地熱で熱せられている海底に生育している) 由来のDNAポリメラーゼが入っている.これはこうした酵素が高温でも十分に機能するようにできているからである.

PCR法の限界は,プライマーを合成するには増幅する標的DNAの配列情報があらかじめ必要だという点である.プライマー配列が標的DNAと一致しないと,両者はハイブリッドを形成せず,DNAポリメラーゼは新たなDNA鎖合成を行うことができない.しかし,プライマーが標的DNAに結合しないと新たなDNAができないので,試料中に特定の配列があるかどうかというチェックにもPCRが使われる.特に,実験室内で培養することがむずかしい生物を検出するのにPCRは便利である.また非常に感染力の強い細菌やウイルスの存在を検出するのにもPCRが使われる.米国の血液銀行では,ヒト免疫不全ウイルス (HIV),肝炎ウイルス,西ナイルウイルスが保存血中に存在しないことをPCRで確認している.古代遺跡で見つかった骨からDNAを増幅したり,犯罪捜査のためにDNAを増幅したりするのにもPCRが使われる (ボックス3・B).

特定の配列の有無だけでなくもっと定量的なデータが必要な場合には,**定量的PCR** (quantitative PCR, 略してqPCR, またリアルタイムPCRともよばれる) が使われる.通常のPCRではPCR反応のあとにDNA量を定量するのに対して,qPCRでは,合成された新たなDNA鎖に蛍光プローブが結合するようなしくみになっているので,蛍光量の増加を指標にしてPCR反応中DNA量を連続的に追跡できる.qPCRは細菌やウイルスなど感染性生物の定量に向いている.また妊娠している女性の血中には母親DNAが胎児DNAの10倍あるにもかかわらず,母親から受け継いだ特定配列の胎児DNA量がわずかでも上昇すれば,母親の血液試料のqPCRでこれを検出できる.これはqPCRが高精度で特定のDNAを定量できるからである.

さらに,qPCRを用いて,細胞内での遺伝子発現量を検討できる.この場合,まず細胞内のmRNAを逆転写してDNAをつくり,このDNAを鋳型として特定の配列をqPCRで増幅する.ある遺伝子の発現量は,アクチン遺伝子のように細胞内で決まった量だけ発現するような対照と比較して表現することが多い.

制限酵素はDNAを特定の配列で切断する

天然に存在するDNAは,実験操作で加わる微小な力で切れてしまう.DNA断片が必要なときには,こうした無差別切断でできたものは役に立たないので,特定の配列でDNAを切断する酵素を使うことが多い.細菌は**制限酵素** (restriction enzyme) または**制限エンドヌクレアーゼ** (restriction endonuclease) とよばれるDNA切断酵素をもっている.この酵素は,特定のヌクレオチド配列かその近辺でのホスホジエステル結合の切断を触媒する.こうした酵素は細菌細胞に侵入した外来DNA (ファージDNAなど) を破壊し,たとえばファージの生育を"制限"するのに役立つ.細菌細胞は自身のDNAの制限酵素認識部位をメチル化 (CH_3 基を付加) して,

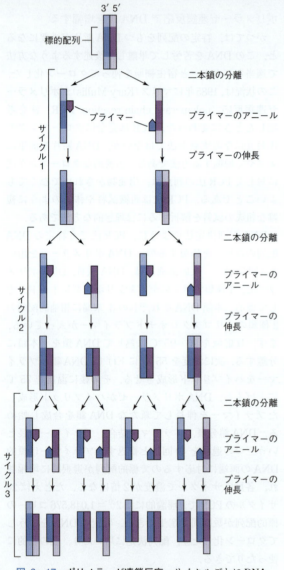

図3・17 ポリメラーゼ連鎖反応.サイクルごとにDNA二本鎖の分離,標的配列の3'末端へのプライマーの結合,そしてDNAポリメラーゼによるプライマーの伸長が起こる.1サイクルで標的DNA量は2倍に増える.

ボックス 3・B　　生化学ノート

DNA フィンガープリント

ヒトゲノムの多型性を利用すれば，指紋（フィンガープリント）と同じように，一人一人を区別することができる．現在使われている DNA フィンガープリント法では，PCR を使って 4 塩基の反復配列に見られる多型性を検出する．この 4 塩基配列の反復回数は人によって異なり，反復領域全体の長さは 500 bp 以下なので，4 塩基反復配列回数が一つ違っても，容易に検出できる．

DNA フィンガープリント法はまず PCR から始めるので，1 μg くらいの少量の DNA があればよい．また PCR で増幅するのはごく短い領域なので，ゲノム DNA がかなり分解されていてもかまわない．実際には，この反復配列領域を挟み込む二つの特異的配列に相補的な蛍光プライマーを用いて，この領域を PCR で増幅する．下に示す例では，この反復配列は，AATG という 4 塩基配列が 7 回か 8 回繰返している．

蛍光 PCR プライマーは，この領域の両端にある保存された領域（青）とハイブリッドを形成する．PCR 産物をゲル電気泳動で分離し，プライマーの蛍光で検出する．PCR で増幅された PCR 産物の大きさと既知の反復回数をもつ標準試料を比較すると，試料中のゲノム DNA における AATG の反復回数がわかる．

右の図では，試料 A の提供者では，2 コピーの反復領域（ヒトは二倍体生物で，それぞれの遺伝子は 2 コピーずつあることを思い返してほしい）で AATG が 7 回繰返しており，試料 B の提供者では，7 回繰返しが 1 コピーと，8 回繰返しが 1 コピーあることがわかる．

犯罪捜査などに用いる DNA に関しては，複数の遺伝子座を選び，それぞれの遺伝子座で 3〜70 種類の異なる対立遺伝子について同時に PCR 増幅するので，PCR 産物の電気泳動で十分な数の蛍光バンドが得られる．

二人の人を DNA フィンガープリント法で区別できる確率は，検査する遺伝子座の数と，各遺伝子座にある対立遺

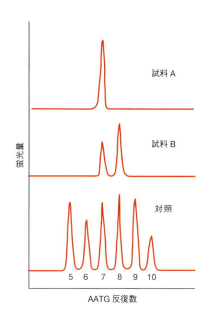

伝子の数に依存する．たとえば，ある遺伝子座に 20 種類の対立遺伝子があるとし，ある個人がそれぞれの対立遺伝子をもつ確率が 5% だとする．つまり，この遺伝子座に関して同じ対立遺伝子をもつものが 20 人に一人だとする．別の遺伝子座には 10 種類の対立遺伝子があり，同じ対立遺伝子をもつ確率は 10% とする（10 人に一人が同じ対立遺伝子をもつ）．二人の人が二つの遺伝子座について同じ対立遺伝子ももつ確率は $1/20 \times 1/10 = 1/200$ である．実際にはもっと多くの遺伝子座について対立遺伝子の多型性を調べるので，この確率は百万人に一人が同じ DNA フィンガープリントをもつ程度まで下がる．そこで現在では，法廷で特定の個人を同定するのに DNA フィンガープリント法が用いられる．

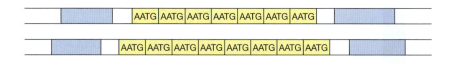

このエンドヌクレアーゼで分解されないようにしておく．数百にものぼる制限酵素が見つかっており，そのいくつかを分解部位の配列とともに表 3・5 に示す．

制限酵素はふつう 5′→3′ 方向に読んだときに両鎖が同一の配列をもつ 4〜8 塩基を認識する．こうした対称性のある配列を**回文配列**（palindrome，"たけやぶやけた"のような言葉が回文である）という．大腸菌 *E. coli* から単離された制限酵素のひとつが *Eco*RI である（最初の 3 文字は属と種の名前に由来する）．この酵素の認識配列は，

$$5'-\text{G}\overset{\downarrow}{\text{A}}\text{ATTC}-3'$$
$$3'-\text{CTTA}\underset{\uparrow}{\text{A}}\text{G}-5'$$

表 3・5 制限酵素の認識/切断部位

酵素	認識/切断部位[†1]	酵素	認識/切断部位[†1]
*Alu*I	AG|CT	*Eco*RV	GAT|ATC
*Msp*I	C|CGG	*Pst*I	CTGCA|G
*Asu*I	G|GNCCb[†2]	*Sau*I	CC|TNAGG
*Eco*RI	G|AATTC	*Not*I	GC|GGCCGC

[†1] DNA二本鎖のうち片方の配列を示す．縦の線は切断部位を示す．
[†2] N はすべてのヌクレオチドを表す．
[制限酵素についての網羅的な情報は Restriction Enzyme Database: rebase.neb.com/rebase/rebase.html で利用可能．]

である．矢印は切断されるホスホジエステル結合の位置を示す．この認識配列は両方の鎖で同一である．

*Eco*RI の切断部位は対称的だがずれているので，酵素切断で生じた DNA 断片は下のように突出した一本鎖をもつことになる．この部分を**付着末端**（sticky end）とよぶ．

```
—G        AATTC—
—CTTAA        G—
```

これに対して，大腸菌のもう一つの制限酵素である *Eco*RV は両鎖を 6 bp の認識配列の中央で切断するので，生じる DNA 断片は下のような**平滑末端**（blunt end）をもつことになる．

```
5′—GATATC—3′      —GAT    ATC—
3′—CTATAG—5′  →   —CTA    TAG—
```

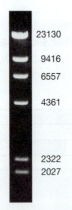

図 3・18 *Hind*III によるバクテリオファージ DNA の切断．この酵素でバクテリオファージ DNA を切断すると，特定の長さの八つの断片が得られる．そのうちの六つの断片がアガロースゲルで分離できるだけの長さがある．酵素切断断片の混合物をゲル上端に載せ，電気泳動後に分離された DNA 断片を蛍光色素で染色して可視化した．数字は各断片の塩基数を示している．[www.neb.com, http://www.neb.com より複製．©2012. New England Biolabs から許可を得て複製．]

制限酵素はさまざまな実験に使われる．たとえば，長い DNA を扱いやすい小さな断片に再現性よく切断するのに欠かせない．大腸菌に感染する λ ファージの DNA（48,502 bp）のように詳しく調べられている DNA 分子を**制限分解**（restriction digestion）すると，予測できる長さの**制限断片**（restriction fragment）が生じる（図 3・18）．

組換え DNA の作製

DNA 分子を切断し，複数の断片をつなぎ合わせて，そのコピーを細胞内あるいはガラス器内で多数作製する一連の技術を**組換え DNA 技術**（recombinant DNA technology），**遺伝子工学**（genetic engineering）あるいは**分子クローニング**（molecular cloning）とよぶ．次のような手順で，ある DNA 断片を別の DNA 分子とつなぎ合わせた組換え DNA 分子をつくり出す．

1. 制限酵素を用いたり，PCR で増幅したり，化学合成によって適当な大きさの DNA 断片をつくり出す．
2. この DNA 断片を別の DNA 分子につなぎ合わせ，組換え DNA 分子を作製する．
3. この組換え DNA 分子を細胞に取込ませ，細胞内で複製させる．
4. 目的とする組換え DNA 分子をもつ細胞を同定する．

制限酵素は遺伝子工学には欠かせない道具である．違う種類の DNA を同じ付着末端を生じる制限酵素で分解すると，すべての断片には同一の付着末端がついていることになる．これらの断片を混ぜると，付着末端どうしは相補的な相手を見つけて，一過的に塩基対を再形成する．このとき糖ーリン酸骨格は切れたままであるが，**DNA リガーゼ**（DNA ligase，隣り合ったヌクレオチド間に新たなホスホジエステル結合を形成する酵素）がここを修復する．この切貼りに似た反応で DNA 断片を染色体から制限酵素で切り出し，同じ制限酵素で切断した環状**プラスミド**（plasmid）などにこの染色体 DNA 断片を挿入する．DNA リガーゼでヌクレオチド鎖の切れ目を閉じると，染色体 DNA 断片が組込まれた二本鎖組換え DNA であるプラスミドができあがる（図 3・19）．

プラスミドは短い環状 DNA 分子で，多くの細菌細胞に存在する．一つの細胞にプラスミドが複数コピー存在することが多い．プラスミドは細菌染色体とは独立に複製し，ふつうは宿主の正常な活動に必須な遺伝子はもっていない．しかし，プラスミドは特定の抗生物質に対する耐性のような特別な機能にかかわる遺伝子（こうした遺伝子はふつう抗生物質を不活性にするタンパク質をコードしている）をもつことが多い．抗生物質耐性遺伝子をもつ細胞は抗生物質があっても生育するので，外

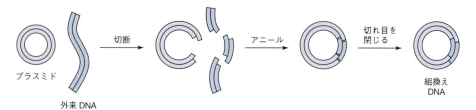

図 3・19 **組換え DNA 分子の構築**. 小さな環状プラスミドと DNA 試料を同じ制限酵素で切断して相補的な付着末端を作製すれば，この付着末端を介して外来 DNA 断片をプラスミドに挿入できる．

来 DNA 断片（たとえば染色体 DNA 断片）を組込んだプラスミドを取込んだ細胞だけを**選択**（selection）できる．こうした細胞を大量培養し，ここからプラスミドを精製して，遺伝子を挿入するときに用いた制限酵素で処理すれば，外来 DNA 断片が回収できる．このようにしてある単一の DNA 断片を増幅することを**クローニング**（cloning）という（クローン化ともいう）．このような目的で用いるプラスミドを**クローニングベクター**（cloning vector）とよぶ．**クローン**（clone）という言葉は，ここで説明したような単一 DNA 断片のコピー集団に対して用いると同時に，同一の親から生じた遺伝的に同一な細胞集団や生物個体群に対しても用いる．

図 3・20 にクローニングベクターの一例を示す．このプラスミドはアンピシリン耐性の遺伝子（amp^R とよぶ）とガラクトース誘導体の加水分解を触媒する酵素である β-ガラクトシダーゼの遺伝子（$lacZ$ とよぶ）を含んでいる．いくつかの制限酵素部位をもつよう $lacZ$ 遺伝子は細工されており，こうした制限酵素部位は共通の付着末端をもつ外来 DNA の挿入点として用いられる．外来

遺伝子の挿入で $lacZ$ 遺伝子が分断されると，β-ガラクトシダーゼは合成されなくなる．

β-ガラクトシダーゼ遺伝子内に挿入配列のないプラスミドをもつ細菌内では，合成された β-ガラクトシダーゼが以下のようにガラクトース誘導体を切断し，青色の色素を産生する．その結果，この細胞のコロニーは青色に染まる．

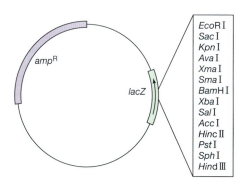

一方，外来 DNA 挿入で $lacZ$ 遺伝子が分断されたプラスミドが細胞に取込まれても，細胞内でガラクトース誘導体は切断されず，コロニーは青くはならない（図3・21）．こうして，挿入 DNA をもつプラスミドが存在している細胞を同定（スクリーニング）する方法を，**青白選択スクリーニング**（blue-white screening）とよぶ．プレート上の白いコロニーから細胞をかきとって培養し，配列決定などのために組換え DNA を単離する．プ

図 3・20 **クローニングベクターの地図**. この 2743 bp の環状 DNA 分子は pGEM-3Z というベクターで，アンピシリン耐性遺伝子（amp^R）をもっている．そこで，アンピシリン存在下で培養すれば，このプラスミドを取込んだ細菌細胞を選択できる．このプラスミドには 14 種類の異なる制限酵素の認識部位が存在する．外来遺伝子がこの部位に挿入されると，β-ガラクトシダーゼをコードする $lacZ$ 遺伝子配列が分断され，$lacZ$ 遺伝子産物の産生が抑えられる．

表 3・6 クローニングベクターの種類

ベクター	挿入 DNA の大きさ(kb)
プラスミド	<20
コスミド	40〜45
細菌人工染色体	40〜400
酵母人工染色体	400〜1000

ラスミドを全く含まない細胞も白いコロニーを形成するはずだが，培養液にアンピシリンを入れておけば，プラスミドを取込まず amp^R 遺伝子をもたない細胞は死んでしまう．

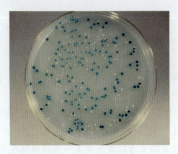

図 3・21　培養皿上に生育した大腸菌コロニーの青白選択．青コロニーの大腸菌は，正常な β-ガラクトシダーゼ遺伝子をもつプラスミドを取込んでいる．白コロニーの大腸菌は，挿入配列のある β-ガラクトシダーゼ遺伝子をもつプラスミドを取込んでいる．[S. Kopczak, D. P. Snustad, University of Minnesota 提供．]

いろいろな長さの DNA の挿入に便利なように多種類のクローニングベクターが開発されている（表 3・6）．なお，細菌，酵母，昆虫あるいは哺乳類細胞など種々の細胞について，それぞれで増殖できる異なる種類のベクターがあり，外来遺伝子を含む細胞を選択するやり方もそれぞれで違っている．

クローン化した遺伝子から利用価値の高い遺伝子産物が得られる

単離しクローン化した遺伝子を宿主細胞で発現させる（転写・翻訳過程を経てタンパク質を合成させる）と，宿主細胞の代謝に影響が出るかもしれない．遺伝子産物の機能は，こうして検討できることがある．あるいは，ベクターと宿主細胞の組合わせをうまく選べば，大量の遺伝子産物を培養細胞から，あるいは細胞を培養した培地から単離できる．こうすれば，ヒト組織から直接に単離するのがむずかしいタンパク質をずっと効率よく精製できる（表 3・7）．

遺伝子を単離しクローン化すれば，それがコードするタンパク質のアミノ酸配列をどのようにも変えられる．たとえば，**部位特異的変異誘発**〔site-directed mutagenesis, in vitro 変異誘発（in vitro mutagenesis）ともいう〕という方法を用いると，タンパク質中の特定のアミノ酸残基の構造的，機能的役割を実験的に決めることができる．部位特異的変異誘発でも PCR が用いられる．変異誘発の対象となる遺伝子断片の配列に対して，変更したいアミノ酸残基に対応する特定のヌクレオチドだけが異なる配列をもつオリゴヌクレオチドを合成し，これをプライマーとして PCR を行う．数ヌクレオチドのミスマッチがあるものの，このプライマーは野生型（変

表 3・7　組換えタンパク質の例

タンパク質	使用目的
インスリン	インスリン依存性糖尿病の治療
成長ホルモン	小児の成長異常の治療
エリスロポエチン	赤血球増殖刺激，透析時に用いる
凝固因子 IX と X	血友病 b および他の出血性疾患の治療
組織プラスミノーゲン活性化因子	心筋梗塞や脳梗塞時の凝固物の溶解
コロニー刺激因子	骨髄移植時の白血球産生刺激

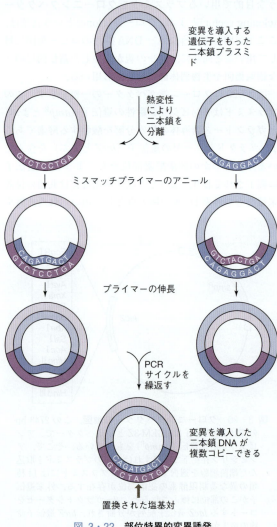

図 3・22　部位特異的変異誘発

異のない）遺伝子配列とハイブリッドを形成する．野生型遺伝子を組込んだプラスミドを鋳型とし，DNAポリメラーゼにより，この変異の入ったプライマーで遺伝子を増幅する（図3・22）．変異導入した遺伝子を適当な発現ベクターに挿入し，宿主細胞内で発現させる．

遺伝子組換え生物の実用化

外来遺伝子をクローニングベクターで宿主細胞の一つに導入すると，その細胞とすべての子孫細胞の遺伝子構成を変えることになる．すべての構成細胞が外来遺伝子をもつ多細胞生物を**トランスジェニック生物**（transgenic organism）とよぶが，これをつくることはむずかしい．哺乳類の場合，変異導入したDNAを受精卵に注入し，これを代理母の子宮に入れる．生じた胚のいくつかの細胞（卵あるいは精子も含めて）には，外来遺伝子が組込まれている．こうした胚から成長した成体を掛け合わせれば，すべての細胞が組換え体である子孫をつくり出すことができる．

遺伝子組換え植物を作製するには，少数の細胞に組換えDNAを導入する．こうした細胞から植物全体を成長させることができるので，構成細胞すべてが外来遺伝子をもつ組換え植物ができる．このようなやり方で，害虫に対する抵抗性のように望ましい性質が食糧として重要な穀物に導入されている．たとえば，米国で生産されるトウモロコシ（maize）のおよそ三分の二は，害虫に毒性を発揮するタンパク質を産生するように遺伝子改変がなされた組換え植物である．たとえば，いわゆるBtトウモロコシといわれるものでは，*Bacillus thuringiensis*という細菌由来の殺虫作用をもつタンパク質が発現するように細工されている．このような**遺伝子組換え**（genetically modified: GM）トウモロコシの米国における作付

図3・23　**遺伝子組換え米**．遺伝子操作により，ビタミンAの前駆体であるβ-カロテンを産生できるようになった．カロテンを産生しているので，もともと白い米が黄色く色づいている．[©Pholen/Alamy.]

面積は広範囲にわたっており，いろいろな議論を巻き起こしている．たとえば，昆虫はBtトウモロコシが生産する殺虫タンパク質に対する抵抗性をしだいに獲得していく可能性があるし，Btトウモロコシに導入された殺虫タンパク質遺伝子が他の植物に取込まれ，これを餌とする昆虫に対して破壊的な影響を与える可能性もある．

よりよい栄養摂取のために開発された遺伝子組換え植物もある．たとえば，他の植物由来のβ-カロテン（ビタミンA前駆体のオレンジ色素）や鉄貯蔵タンパク質フェリチンの合成酵素をコードする遺伝子をもつ組換え米がつくり出されている（図3・23）．こうした組換え米は，世界中で4億人にものぼる人たちのビタミンA不足，あるいは世界人口の3割にものぼる人たちの鉄不足の解消を目指して開発されたものである．

遺伝子操作で特定の遺伝子を不活性化した組換え動物も作製されている．こうした"遺伝子ノックアウト"動物は，ヒト遺伝子疾患のモデル生物として役立つ．たとえば，囊胞性繊維症（CF）遺伝子を欠損したマウスは，CFの発症過程の研究や，治療法の開発に利用されている．

いくつかのヒト遺伝子疾患に対しては，遺伝子治療を行うことができる

遺伝子治療（gene therapy）のゴールは，正常に機能する遺伝子を外から導入して，機能を失った変異遺伝子を補完することである．最初の遺伝子治療はアデノシンデアミナーゼ遺伝子あるいはある受容体遺伝子の欠損でひき起こされる重症複合型免疫不全（severe combined immunodeficiency: SCID）の子供たちに対して行われた．まず，子供たちそれぞれから骨髄細胞を取出し，これに正常なヌクレオチド配列をもつよう改変した遺伝子を導入する．改変遺伝子の導入には，哺乳類細胞への効率よい遺伝子導入システムであるウイルスベクターが使われた．こうしてつくられた遺伝子組換え骨髄細胞を体内に戻すと，正常な機能をもつ免疫系に分化する．

遺伝子治療を行うことができる遺伝子疾患の例を表3・8に示す．30年にわたる研究にもかかわらず，遺伝子治療にはまだ大きな問題が残っている．たとえば，遺

表3・8　**遺伝子治療の例**

遺伝子疾患	症　状
副腎白質ジストロフィー	神経変性
血友病	出血
レーバー先天性黒内障	失明
重症複合型免疫不全	免疫不全
βサラセミア	貧血
ウィスコット-アルドリッチ症候群	免疫不全

伝子治療で用いるウイルスベクターが免疫反応をひき起こし，正常タンパク質が合成される前にベクターが破壊されてしまうことがある．あるいは，実際に起こったことだが，患者に致死的な免疫反応をひき起こすこともある．さらに，ウイルスベクターは宿主細胞の染色体 DNA に無秩序に挿入されるので，他の遺伝子機能が損なわれる可能性もある．免疫細胞の増殖が制御できなくなる白血病患者に対して行われた遺伝子治療で，実際にこうしたことが数例報告されている．さらに，ヒト遺伝子には全長が数百 kb を超えるものもあることを考えると（CF 遺伝子は 250 kb），ウイルスベクターには 8

kb より長い外来遺伝子を挿入できないことも問題点である．対象となる遺伝子を特定の組織で特定の時期に発現させるために，コード領域から離れた制御配列を同時にベクターに挿入する場合には，問題はいっそうむずかしくなる．ヒトの免疫系では，わずかな数の正常細胞を導入できれば，これが増殖して機能するので遺伝子治療の可能性は高い．しかし他の組織では，外来遺伝子の導入がむずかしかったり，欠陥遺伝子の機能を相補するまで遺伝子導入細胞を増殖させるのがむずかしかったりして，遺伝子治療の実用化までにはまだ時間が必要である．

ま と め

3・1 DNA が遺伝物質である

- ほとんどすべての生物の遺伝物質は，ヌクレオチドの重合体である DNA からできている．ヌクレオチド中では，リボース（RNA の場合）あるいはデオキシリボース（DNA の場合）にプリンあるいはピリミジン塩基が結合し，さらに一つ以上のリン酸基が結合している．
- DNA は，ホスホジエステル結合で連結された 2 本の逆平行ヌクレオチド鎖でできている．反対向きの鎖から突き出た塩基は，A は T と，G は C と，というように相補的な相手と結合する．RNA は一本鎖で，T ではなく U を含んでおり，その構造は DNA に比べてもっと柔軟である．
- 核酸の構造は，おもに塩基間のスタッキング相互作用で安定化されている．一本鎖に分かれた DNA 鎖は，再結合（アニール）してもとの二本鎖を再構築できる．

3・2 遺伝子がタンパク質の情報を担っている

- DNA のヌクレオチド配列が RNA に転写され，これが遺伝暗号に従ってタンパク質に翻訳されるとするのが，セントラルドグマである．
- DNA 断片のヌクレオチド配列から，遺伝子疾患をひき起こす突然変異を見つけ出すことができる．

3・3 ゲノミクス

- ゲノムには，遺伝子以外に反復配列などさまざまな長さの非コード領域がある．遺伝子領域（コード領域）は他のゲノムとの比較や配列の特徴から同定できる．
- 遺伝的変異とヒト遺伝子疾患とを関連づけることができる．

3・4 遺伝子操作

- DNA 断片のヌクレオチド配列はふつうジデオキシ法で決める．ジデオキシ法では，まず標識プライマーと DNA ポリメラーゼを用いて鋳型 DNA 鎖に対して相補的な配列をもつ DNA 鎖を合成する．このときにヌクレオチド鎖伸長反応を停止させるジデオキシリボヌクレオチドが存在していると，さまざまな長さの断片が合成される．この断片を分離し解析すると，もとの鋳型鎖の配列を決めることができる．遺伝子のヌクレオチド配列を決めると，病気をひき起こす突然変異を探し出すこともできる．
- ポリメラーゼ連鎖反応（PCR）で特定の DNA 断片を大量に合成できる．
- 特定の配列をもつ DNA 部位に働く制限酵素で，再現性よく DNA を切断できる．
- 制限酵素で作製した DNA 断片どうしをつないで，組換え DNA 分子をつくる．組換え DNA は宿主細胞内で増殖するのでクローン化できる．
- クローン化した遺伝子を操作して，それがコードするタンパク質を大量に発現させることができる．クローン化した遺伝子のヌクレオチド配列を部位特異的変異誘発で変えれば，タンパク質のアミノ酸配列を随意に変えることができる．
- 宿主細胞に外来遺伝子を導入すれば，遺伝子組換え生物をつくることができる．遺伝子変異でひき起こされる遺伝子疾患の治癒のため，正常な遺伝子を個体に導入する遺伝子治療が行われている．

問　題

3・1　DNA が遺伝物質である

1. 1928 年に行われたグリフィス（F. Griffith）の"形質転換"実験が，DNA が遺伝物質だということを示す最初のものである．グリフィスは肺炎をひき起こす肺炎球菌の研究をして

いた．野生型の肺炎球菌は，寒天上で培養すると表面が滑らかなコロニーを形成し，これをマウスに注射するとマウスは肺炎で死ぬ．多糖の細胞壁（病原性に必要）の合成に必要な酵素を欠くため細胞壁をもたない変異型肺炎球菌は，寒天上で

3. 遺伝子からタンパク質へ

培養すると表面が粗いコロニーを形成し，これをマウスに注射してもマウスは死なない．熱処理して細胞壁を破壊した野生型肺炎球菌をマウスに注射してもマウスは死なない．しかし，変異型と熱処理した野生型とを混ぜてマウスに注射すると，マウスは肺炎で死んでしまった．もっと驚くことに，解剖してみるとマウス組織で細胞壁をもつ野生型肺炎球菌が見つかった．そこでグリフィスは，変異型肺炎球菌が"形質転換"されて野生型になったと結論した．しかし，グリフィスはなぜこのようなことが起こるか説明できなかった．本章で解説したDNAの働き方に関する知識に基づき，変異型肺炎球菌がどのようにして"形質転換"されたか説明せよ．

2. 1944年にエーブリー，マクラウド，マッカーティは，病原性のない変異型肺炎球菌を致死的な野生型に変換する化学物質（"形質転換因子"）の探索を始めた．彼らは，DNAと同じ化学的，物理的性質をもつ粘性の高い物質を単離し，これが"形質転換"をひき起こすことを示した．この物質をプロテアーゼ（タンパク質分解酵素）やリボヌクレアーゼ（RNA分解酵素）で処理しても，"形質転換"をひき起こす能力は維持されていた．この実験から，"形質転換因子"の分子的実体についてどんなことが予測できるか．

3. 1952年に，ハーシーとチェイスは細菌に感染するウイルス（バクテリオファージ）を用いた実験を行った．バクテリオファージでは，核酸はタンパク質でできた外被で取囲まれている．ハーシーとチェイスは，まずバクテリオファージを放射性同位体 ^{35}S と ^{32}P で標識した．タンパク質は硫黄原子を含むがリン原子は含まない．DNAはリン原子を含むが，硫黄原子は含まない．そこで，タンパク質は ^{35}S で，核酸は ^{32}P で標識される．放射能標識したバクテリオファージを細菌に感染させると，核酸は細菌細胞に注入され，タンパク質できた外被（ゴースト）が細菌細胞外に取残される．これをブレンダーでかき混ぜると，"ゴースト"は細菌細胞から引き剥がされる．次に，遠心で細菌細胞とゴーストを分離する．ほとんどの ^{35}S 標識はゴーストに含まれていたが，^{32}P 標識の30%は細菌から新たに放出された子孫ファージに存在していた．この実験から，どんな結論が得られるか．

4. 1953年2月（ワトソンとクリックがDNAの二重らせんモデルを発表する2カ月前）に，ポーリング（Linus Pauling）とコーリー（Robert Corey）は，DNAが三重らせん構造をとるという論文を発表した．この三重らせんモデルでは，DNA三本鎖はしっかりと巻きつき合っており，リン酸基はらせんの中心部に，塩基は外側に位置している．彼らは，三本鎖は内部に位置しているリン酸基間の水素結合で安定化されているとした．このモデルの欠陥は何か．

5. ある種の生物では，DNAでメチル基の付加が起こっている．5–メチルシトシンの構造を書け．

6. 病原性細菌のなかには，病気をひき起こすのにDNA中のアデニンのメチル化を必要とするものがある．
 （a）N^6–メチルアデニンの構造を書け．
 （b）こうした病原性細菌以外でも，N^6–メチルアデニン転移酵素（メチル基をアデニンに付加する酵素）を生合成して

いるものがある．この事実からどんなことが予想できるか．

7. ある種の大腸菌は，次に示す塩基をヌクレオチドに取込む．この塩基は，ふつうに使われる4種類の塩基のうちどれに代わって使われるか．

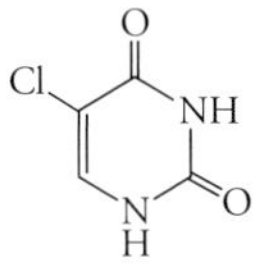

8. 問題7に示した塩基を含む培地で大腸菌を培養してDNAを単離する．対照としてこの塩基を含まない培地で培養した大腸菌からもDNAを単離する．両者の質量を比較せよ．

9. ウラシルとチミンの化学的差異を述べよ．

10. （a）ジヌクレオチドであるNADとFAD（図3・3参照）で，二つのヌクレオチド間にはどんな結合があるか．
 （b）FADとCoA中のアデノシン基にはどんな違いがあるか．

11. CAジリボヌクレオチドの化学構造を書き，ホスホジエステル結合を示せ．これがDNAだとするとどこが違うか．

12. 多くの細胞内シグナル伝達経路では，ATPがサイクリックAMPに変換される．後者では，1個のリン酸基がC3′とC5′のヒドロキシ基にエステル結合している．サイクリックAMPの構造を書け．

13. シャルガフの法則はRNAでも成り立つか．なぜそう考えるか，理由も述べよ．

14. 19%のTを含む30,000 kbの一倍体ゲノムをもつ二倍体生物がいる．この生物の細胞一つがもつDNAのA, C, G, T残基数を計算せよ．

15. あるバクテリオファージのゲノムは全部で97,004残基のヌクレオチドをもつ．
 （a）このゲノムには24,182残基のGがある．A, T, C残基の数を計算せよ．
 （b）ゲノム情報バンクであるGenBankでは，このバクテリオファージのゲノムは48,502ヌクレオチドで構成されていることになっている．なぜか．

16. あるウイルスの全ゲノムは1578個のT，1180個のG，1609個のA，1132個のCでできている．この情報から，このウイルスゲノムの構造についてどんなことが言えるか．

17. 図3・7で，青で表示された塩基対は何か．

18. アデニンの誘導体であるヒポキサンチン（hypoxanthine）は，シトシン，アデニン，ウラシルと塩基対を形成できる．それぞれの塩基対の構造を書け．

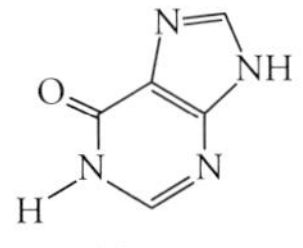

ヒポキサンチン

19. 次の文章は正しいか，まちがっているか．そのように判断した理由を述べよ．

G：C塩基対は３本の水素結合で，A：T塩基対は２本の水素結合で安定化されているので，GC に富んだ DNA は AT に富んだ DNA より変性しにくい．

20. 水素結合は DNA 分子の全体的安定性にあまり寄与しない．なぜか．

21. DNA がらせん構造をとることは疎水性相互作用（§2・2 参照）で説明できる．これを解説せよ．

22. (a) タンパク質は DNA の主溝に結合するか，あるいは副溝に結合するか．結論に至る理由も述べよ．

(b) 真核生物 DNA は，リシンとアルギニンに富んだヒストンという小さなタンパク質に結合して小さく折りたたまれる．ヒストンは DNA に高い親和性をもっている．なぜか．

リシン

アルギニン

23. 細胞性粘菌 *Dictyostelium discoideum* と放線菌 *Streptomyces albus* から得た DNA の融解曲線を書け（表3・2 参照）．

24. ある生物のゲノムは４種類のヌクレオチドを等量含む．表3・2 を指標にして，この生物由来の DNA の融解温度を推定せよ．

25. 好熱菌 *Thermus aquaticus* あるいは *Pyrococcus furiosus* の DNA と，どこにでもいる典型的な細菌の DNA の GC 含量を比較すると，どんなことがわかるか．

26. 溶液中の Na^+ 濃度を上げると，なぜ二重らせん DNA の融解温度は上昇するか．

27. RNA プローブは，相補性が低くてもハイブリッドを形成しやすいという性質がある．そこで，DNA 試料中の特定の遺伝子を検出するため，手元にある短い合成 RNA を使いたい．正しい遺伝子配列を検出する可能性を高めるためには，ハイブリッド形成時の温度は上げるべきか，下げるべきか．

28. 蛍光 in situ ハイブリダイゼーション（fluorescence in situ hybridization: FISH）という方法では，顕微鏡スライドガラス上で引き伸ばした細胞の染色体と蛍光標識オリゴヌクレオチドプローブ間でハイブリッドを形成させる．このとき，蛍光プローブを加える前に，染色体試料を加熱しなければならないが，なぜか．

3・2 遺伝子がタンパク質の情報を担っている

29. "遺伝子"を次のように定義するときの短所は何か．

(a) 遺伝子とは，花の色のように遺伝形質を決定する情報である．

(b) 遺伝子とは，タンパク質をコードしている DNA 領域である．

(c) 遺伝子とは，体内すべての細胞で転写される DNA 領域である．

30. DNA 複製における半保存的性質（図3・10 参照）は，1953 年にワトソンとクリックによって提案されたが，1958 年になるまで実験的根拠はなかった．メセルソンとスタールは，細菌を"重い窒素原子"を含む培地（放射性同位体 ^{15}N をもつ塩化アンモニウムを含む）で何世代にもわたって培養した．この間に，細菌 DNA のほとんどすべての窒素原子は ^{15}N となる．この結果，DNA はふつうより密度が高くなる．その後，培地を ^{14}N だけを含むものに突然に変えて培養を続け，集菌して DNA を密度勾配遠心で単離した．

(a) 培地交換後，第一世代の娘 DNA の密度はどうなっていると期待されるか．説明せよ．

(b) 第二世代目の DNA の密度はどうなっていると期待されるか．

31. ある DNA コード鎖断片の配列が次のようなものである．

ACACCATGGTGCATCTGACT

(a) これを鋳型として，DNA ポリメラーゼが合成する相補鎖の配列を示せ．

(b) この遺伝子断片から RNA ポリメラーゼがつくり出す mRNA の配列を示せ．

32. ある遺伝子の一部を次に示す．

5′-ATGATTCGCCTCGGGGCTCCCCAGTCGCTGGTGCT-
3′-TACTAAGCGGAGCCCCGAGGGGTCAGCGACCACGA-
　　　　　　　　GCTGACGCTGCTCGTCG-3′
　　　　　　　　CGACTGCGACGAGCAGC-5′

この遺伝子から転写された mRNA のヌクレオチド配列は次のようなものである．

5′-AUGAUUCGCCUCGGGGCUCCCCAGUCGCU-
GGUGCUGCUGACGCUGCUCGUCG-3′

(a) DNA のコード鎖と非コード鎖を同定せよ．

(b) データバンクから得ることのできる DNA 配列は，ふつうはコード鎖のものだけである．これはなぜか．

33. 1960 年代初頭に，ニーレンバーグ（Marshall Nierenberg）は次のような実験から遺伝暗号を解読することに成功した．彼はまず U 残基だけを含むポリヌクレオチド鎖〔ポリ(U)〕を合成し，タンパク質生合成に必要な成分すべてを含む試験管にこれを加えた．

(a) この"無細胞系"で産生されるポリペプチドは何か．

(b) ポリ(A)，ポリ(C)，ポリ(G) の混合物を無細胞系に加えたときに産生されるポリペプチドは何か．

34. コラナ（Har Gobind Korana）はニーレンバーグの実験を拡張するために，自身が開発したポリヌクレオチド合成法を用いて正確に決まった配列のポリヌクレオチドを合成した．

(a) 問題 33 で述べたような無細胞系にポリ(GU) を加えると，どんなポリペプチドが合成されるだろうか．

(b) この結果から，遺伝暗号についてどんな情報が得られるか．

35. ゲノム上でタンパク質をコードしている可能性のある

部分を読み枠（ORF）という．mRNA のヌクレオチド配列には三つの異なる読み枠がありうるが，そのうち正しいものは一つだけである（正しい読み枠の選択については §22・3 参照）．以下に，II 型ヒトコラーゲン遺伝子の一部を示す．三つの読み枠で転写されたとすると，それぞれで得られるアミノ酸配列を記せ．

AGGTCTTCAGGGAATGCCTGGCGAGAGGGGAGCAGCT-
GGTATCGCTGGGCCCAAAGGC

36. コラーゲンのアミノ酸配列の特徴は，3 残基おきにグリシンが位置していることである．問題 35 において，この情報があると正しい読み枠を見つけ出すのに役立つか．

37. 副腎白質ジストロフィー（adrenoleukodystrophy: ALD）は ALD タンパク質のさまざまな変異でひき起こされる．たとえば，ALD タンパク質で特定のアスパラギン残基がセリン残基に変異していると ALD を発症する．こうした患者の ALD 遺伝子で単一ヌクレオチド変異が起こっているとして，可能な変異をあげよ．

38. 別のタイプの ALD では，ALD 遺伝子の CGA コドンが UGA コドンに変異している．この変異が，なぜ ALD タンパク質に影響を与えるか．

39. DNA 配列中の塩基が変わるのが変異である．ある遺伝子の塩基が他のものに代わっても，これから産生されるタンパク質は変わらない場合がある．なぜか．

40. 同じ DNA 断片が二つのタンパク質をコードすることは可能か．理由とともに答えよ．

41. ニワトリ卵白アルブミンをコードする DNA ヌクレオチド配列の一部を以下に示す．このヌクレオチド配列がコードしているアミノ酸配列を記せ．

CTCAGAGTTCACCATGGGCTCCATCGGTGCAGCAA-
GCATGGAA—(1104 bp)—TTCTTTGGCAGATGTGTTT-
CCCCTTAAAAAGAA

42. ハンチントン病は，ある神経系タンパク質のアミノ酸配列を変えるような DNA 変異でひき起こされる．変異タンパク質は凝集体を形成し，神経系に障害をもたらす．この病気の遺伝子治療法として RNA 干渉（RNA interference）略称 RNAi という方法が研究されている．これは，変異タンパク質 mRNA とハイブリッドを形成する合成短鎖 RNA（低分子干渉 RNA small interfering RNA，略称 siRNA）によって，変異タンパク質が細胞内で産生されるのを阻害しようというものである．

　(a) 問題 41 に示したタンパク質の合成を阻害するような siRNA を設計せよ．

　(b) なぜこの siRNA は変異タンパク質の合成を阻害するか．説明せよ．

　(c) ハンチントン病の治療法として RNA 干渉が有効なものとなるには，何が問題か．

3・3 ゲノミクス

43. 細菌 *Carsonella ruddii* は 159 kb のゲノムをもち，そのなかには 182 の ORF がある．この細菌の生存環境はどんなものと考えられるか．

44. 原理的には，DNA の両鎖がタンパク質をコードしている可能性がある．つまり，遺伝子の重複がありうる．真核生物より原核生物で遺伝子重複が見いだされる可能性が高いが，これはなぜか．

45. 長い間，DNA レベルではヒトとチンパンジーの差異は少なく，2 % くらいしか違いがないと考えられてきた．実際にヒトとチンパンジーのゲノムが解読されてみると，両者で 3.5×10^7 ヌクレオチドの差が認められた．これは，これまでの考えと一致するか．

46. 個々の生物種のゲノムの DNA 量（C 値）は，その生物の複雑さに比例して長くなると予想される．ところが，いろいろな生物のゲノム配列が決まってくると，そのような相関関係がないことがわかった．実際，ある両生類のゲノム DNA 量はヒトのものとほぼ同じだった．このようなゲノム DNA 量と生物の複雑さに深い関係がないことを，"C 値パラドックス"という．この C 値パラドックスを理解するには，どんな情報が必要か．

47. 新たに発見されたバクテリオファージがもつ DNA の部分配列は以下のようなものである．

　(a) 最も長い ORF はどこか．

　(b) この ORF の開始部位はどこか．

TATGGGATGGCTGAGTACAGCACGTTGAATGAGGCGAT-
GGCCGCTGGTGATG

48. 問題 47 で述べたバクテリオファージは 59 kb の DNA をもち，そこには ORF が 105 個あるが，どの ORF も tRNA をコードしていない．このバクテリオファージは，どうやって自身の DNA を複製し，ファージ粒子複製に必要な構造タンパク質を合成しているか．

49. ヒトゲノム上で 300 ヌクレオチドごとに 1 個の SNP があるとすれば，ヒトゲノム全体でいくつの SNP があることになるか．

50. ヒトゲノム上で，遺伝子と SNP が均等に分布しているとする．二人のヒトゲノムを比べたとき，タンパク質をコードしている遺伝子のうちいくつが違っていると予測されるか．

51. ヒト染色体 1 は，ある消化器疾患と関係がある．そこで，全ゲノム関連解析で染色体 1 上の SNP とこの疾患の相関を調べた．SNP と疾患の相関の強さは P 値で表現される．$-\log_{10}(\text{P 値})$ が 7 より大きいと，この疾患に関係があると考えられる．

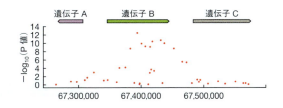

(a) 染色体上で，この疾病と最も強い相関を示す部位はどこか．
(b) この疾病と関係する SNP をもつ遺伝子はどれか．

52. 下に示す図から，ある大腸疾患と最も相関の高い SNP を含む染色体を同定せよ．

3・4 遺伝子操作

53. 次の DNA 配列を認識することができる 10 bp のプライマーを設計せよ．

5′–AGTCGATCCCTGATCGTACGCTACGGTAACGT–3′

54. ショットガン法で次のような配列の断片が生じた．これらの断片を並べて得られるもとの DNA 配列を示せ．

ACCGTGTTTCCGACCG
ATTGTTCCCACAGACCG
CGGCGAAGCATTGTTCC
TTGTTCCCACAGACCGTG

55. クローン化した DNA の配列決定に使うプライマーは，制限酵素部位配列を含むことが多い．なぜか．

56. G＋C 含量が高い DNA を鋳型としてジデオキシ法で配列決定をするときには，好熱菌の DNA ポリメラーゼを高温で用いることが多い．なぜか．

57. 通常の DNA ポリメラーゼは高温では変性してしまうが，これを PCR に用いることは可能か．もし使うとすると，PCR の手順にどのような変更を加えるべきか．

58. 問題 41 で，もとの遺伝子配列はわかっておらず，解答となるアミノ酸配列だけがわかっているとする．このアミノ酸配列情報を使って，ニワトリ卵白アルブミン遺伝子のタンパク質コード領域を PCR で増幅したい．9 デオキシヌクレオチドからなる 1 対の PCR プライマーを設計せよ．[ヒント：DNA ポリメラーゼは 3′ 方向にプライマーを伸ばしていく．] 設計できるプライマーは最大で何対あるか．

59. 表 3・5 において，どの酵素が付着末端をつくるか．どの酵素が平滑末端をつくるか．

60. 次に示す DNA を制限酵素 MspⅠ で処理し，その後，一本鎖 DNA だけに働くエキソヌクレアーゼで処理する．反応産物としてどのようなモノヌクレオチドが生じるか．

TGCTTAGCCGGAACGA
ACGAATCGGCCTTGCT

61. 4 塩基認識の制限酵素と 8 塩基認識の制限酵素のどちらが，"切断部位がまれにしかない"酵素（レアカッター）とよべるか．

62. 制限酵素は DNA の制限地図作成に使われる．制限地図というのは，特定の DNA のどこに制限酵素切断部位があるかを示したものである．制限地図をつくるには，いくつかの制限酵素を混ぜたり，単独で使ったりして，精製した DNA 試料を切断する．次に，DNA 断片を大きさで分離できるアガロースゲル電気泳動（小さな断片は速く移動してゲルの底近くに現れ，大きな断片はゆっくりと移動してゲルの上部に現れる）を使って，切断産物を分析する．ここに示すアガロースゲル電気泳動の結果から，この DNA の制限地図を作成せよ．

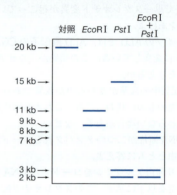

63. ある生物のゲノムの全配列を含む一群の DNA 断片を DNA ライブラリーとよぶ．遺伝子の探索には，この DNA ライブラリーを使うことが多い．新規遺伝子の探索のためにヒト DNA ライブラリーを構築したい．このとき，DNA 断片はプラスミドにクローン化するか，あるいは酵母人工染色体にクローン化するか．そのように判断した理由も記せ．

64. 既知のタンパク質の遺伝子をクローン化したいときには，その遺伝子 DNA とハイブリッド形成する合成一本鎖オリゴヌクレオチドを設計するためタンパク質のアミノ酸配列を精査する．このとき，メチオニン（Met）やトリプトファ

問題 52 図

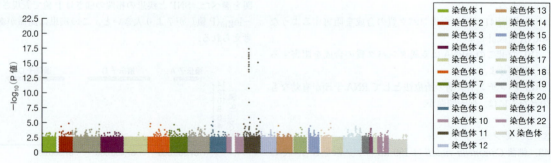

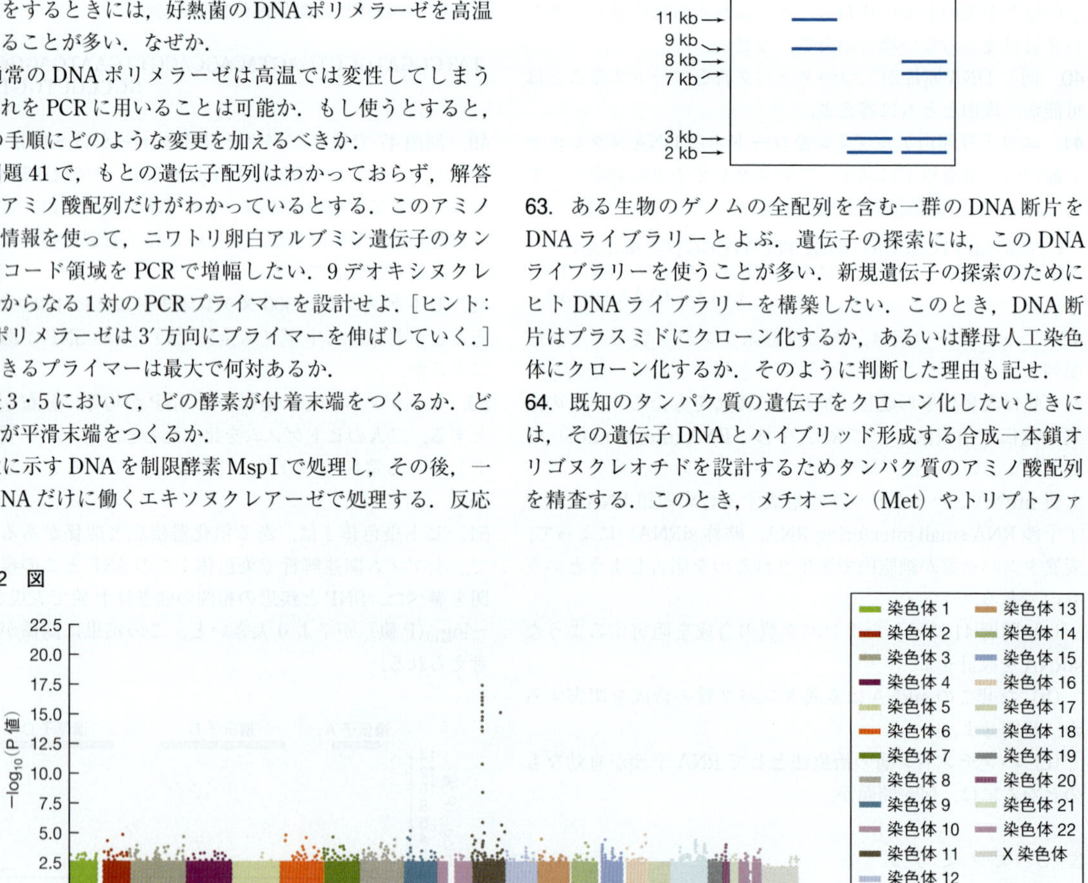

ン（Trp）を含む領域に注目するが，これはなぜか（表3・3参照）.

65. 問題41のDNA配列について次の問いに答えよ.

　(a) この遺伝子のコード鎖配列を用いて，遺伝子増幅のための18 bp PCRプライマーを設計せよ.

　(b) この遺伝子の両端に*Eco*RI制限酵素部位をつけたい. (a)で設計したPCRプライマーをどのように変更したらよいか.

参 考 文 献

Collins, F. S., Cystic fibrosis: Molecular biology and therapeutic implications, *Science* **256**, 774−779 (1992). CFTR遺伝子とそれがコードするタンパク質の発見についての論文.

Dickerson, R. E., DNA structure from A to Z, *Methods Enzymol.* **211**, 67−111 (1992). DNAのいろいろな結晶構造についての論文.

Fischer, A. and Cavazzana-Calvo, M., Gene therapy of inherited diseases, *Lancet* **371**, 2044−2047 (2008). ヒトの遺伝子治療についての解説.

Galperin, M. Y. and Fernández-Suárez, X. M., The 2012 Nucleic Acids Research Database Issue and the online Molecular Biology Database Collection, *Nucleic Acids Res.* **40**, D1−D8 (2012). 分子生物学にかかわる1380のデータベースへの新たな追加に関する簡単な解説. http://nar.oxfordjournals.org/.

International Human Genome Sequencing Consortium, Initial sequencing and analysis of the human genome, *Nature* **409**, 860−921 (2001); Venter, J. C., et al., The sequence of the human genome, *Science* **291**, 1304−1351 (2001). この文献も含めて*Nature*と*Science*のこの巻の論文はヒトゲノムの配列データを記載しており，さらにこうした情報がヒトの生物学的機能や進化の理解や保健衛生にいかに役立つかを解説している.

Lander, E. S., Initial impact of the sequencing of the human genome, *Nature* **470**, 187−197 (2011). ゲノムの構造に関する総説で，その多様性とヒトの疾患に関する知見について書かれている.

Thieffry, D., Forty years under the central dogma, *Trends Biochem. Sci.* **23**, 312−316 (1998). 核酸に生物情報が含まれているという考えの発端，その欠陥，そしてそれが認められるに至った歴史を追っている総説.

4 タンパク質の構造

> **異常なタンパク質構造がアルツハイマー病のような病気を
> ひき起こすのはなぜだろうか**
> 本章では，まずポリペプチド鎖を構成するアミノ酸から始め，次にタンパク質の構造について解説する．ここでは，タンパク質の構造が疎水性相互作用のような弱い非共有結合で安定化される機構について説明する．タンパク質の構造が崩れると相互に凝集しやすくなり，結果的に細胞機能を損傷してアルツハイマー病のような病気をひき起こすことになる．

復習事項
- 細胞には4種類の主要な生体分子と3種類の重合体がある（§1・2）．
- 生体分子では水素結合，イオン相互作用，あるいはファンデルワールス相互作用といった非共有結合性相互作用が重要である（§2・1）．
- エントロピーで駆動される疎水性相互作用によって，非極性分子は水から排除される（§2・2）．
- 酸の pK_a はイオン化しやすさの指標となる（§2・3）．
- DNA の塩基配列にコードされた遺伝情報は RNA に転写され，それからタンパク質のアミノ酸配列に翻訳される（§3・2）．

タンパク質は細胞活動の担い手で，細胞に構造的安定性を付与したり，モーターとして細胞を動かしたりする．タンパク質は自由エネルギーを獲得し，これを使って他の代謝活動を遂行するための分子装置を構成したり，遺伝情報発現にかかわったり，細胞間あるいは細胞と外部環境との情報のやりとりを仲介したりする．後章で，こうしたタンパク質の働きで生じる個々の現象についてもっと詳しく述べるが，ここでは，タンパク質の構造に焦点を当てて解説する．

タンパク質の形や大きさはさまざまである（図4・1）．タンパク質どうしや他の分子との相互作用がタンパク質の生理的機能の鍵である．ここではまずタンパク質を構成するアミノ酸について，次に，アミノ酸が重合したポリペプチドについて述べる．そして，多数のアミノ酸側鎖が相互作用し合ってポリペプチド鎖が折りたたまれ，タンパク質の三次元的な構造が生じる機構について解説する．タンパク質精製，タンパク質のアミノ酸配列決定，あるいは三次元構造決定といった話題は，最後の節で紹介する．

4・1 タンパク質はアミノ酸の重合体である

重要概念
- 20 種類のアミノ酸の化学的性質はそれぞれのもつ R 基によって異なる．
- アミノ酸はペプチド結合でつながれてポリペプチドとなる．
- タンパク質構造は，一次構造から四次構造までの階層構造で表現できる．

タンパク質（protein）は，アミノ酸が重合してできた1本あるいは複数の**ポリペプチド**（polypeptide）からできている．細胞には数十種類のアミノ酸があるが，ふつうは"標準"アミノ酸といわれる 20 種類のものだけがタンパク質に見いだされる．§1・2で説明したように，**アミノ酸**（amino acid）は，アミノ基 $-NH_3^+$ とカルボキシ基 $-COO^-$ 以外に，**R 基**（R group）とよばれるいろいろな構造をもつ側鎖も含む．

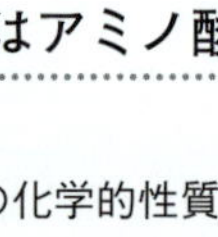

$$
\begin{array}{c}
COO^- \\
| \\
H-C-R \\
| \\
NH_3^+
\end{array}
$$

生理的 pH では，カルボキシ基からプロトンが解離しており，アミノ基にはプロトンが結合している．そこで単独のアミノ酸は正電荷と負電荷の両方を一つずつもつ．

20 種類のアミノ酸の化学的性質は異なる

標準的な 20 種類のアミノ酸の性質は R 基（側鎖）に

4. タンパク質の構造

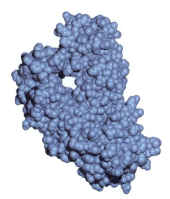

DNA ポリメラーゼ
(大腸菌のクレノウフラグメント)
既存のDNA鎖を鋳型として新しいDNA鎖を合成する(詳細は§20・2参照)

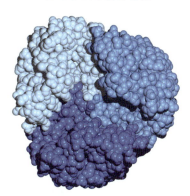

マルトポリン(大腸菌)
糖が細菌細胞膜を通過するのを可能にする(詳細は§9・2参照)

ホスホグリセリン酸キナーゼ(酵母)
代謝経路の中心的反応の一つを触媒する(詳細は§13・1参照)

プラストシアニン(ポプラ)
光エネルギーを化学エネルギーに変換する装置の一部として電子を運ぶ(詳細は§16・2参照)

インスリン(ブタ)
膵臓から分泌されて代謝燃料グルコースの取込みを促す(詳細は§19・2参照)

図4・1　**いろいろなタンパク質の構造**. これらの空間充填モデルはほぼ同じスケールで書かれている. 1本以上のポリペプチド鎖からなるタンパク質では, それぞれの鎖を別の色で示している. [DNAポリメラーゼの構造(pdb 1KFS)はC. A. Brautigan, T. A. Steitz, マルトポリンの構造(pdb 1MPM)はR. Dutzler, T. Schirmer, ホスホグリセリン酸キナーゼ(pdb 3PGK)の構造はP. J. Shaw, N. P. Walker, H. C. Watson, プラストシアニンの構造(pdb 1PND)はB. A. Fields, J. M. Guss, H. C. Freeman, インスリンの構造(pdb 1ZNI)はM. G. W. Turkenburg, J. L. Whittingham, G. G. Dodson, E. J. Dodson, B. Xiao, G. A. Bentleyによって決定された.]

よって決まる. 図4・2に示すように, アミノ酸は側鎖の化学的性質から, 疎水性側鎖をもつもの, 極性側鎖をもつもの, そして荷電した側鎖をもつものに分類される. 図には, それぞれのアミノ酸の三文字表記と一文字表記を示す. これらアミノ酸では, アミノ基もカルボキシ基も α 炭素原子 (α carbon, $C_α$ と略記される) とよばれる中心の炭素原子に結合している. こうした化合物は正式には α-アミノ酸 (α-amino acid) とよばれる.

これら20種類のアミノ酸のうちグリシン以外の19種類のものは, アミノ基, カルボキシ基, 側鎖の $C_α$ への結合の仕方が非対称的で, キラリティー (chirality) をもつキラル分子である. このキラリティーはα炭素の非対称性に由来する. α炭素に結合している四つの基には二通りの配置がありうる. たとえば, 側鎖にメチル基をもつアミノ酸であるアラニンの場合には, 以下のような二つの構造がある. 両者は, 左右の手のように互いに鏡像である.

すべてのタンパク質のアミノ酸は図に示した左側の構造をとる. 右側の構造をもつアミノ酸が, タンパク質中にあることはきわめてまれである. 前者はL-アミノ酸, 後者はD-アミノ酸とよばれる [LとDはギリシャ語の levo (左) と dextro (右) に由来する].

合成では鏡像関係にある分子は等量生じることが多いが, 両者を物理的手段で分離することはできない. しかし, 生体内では異なる挙動をする (ボックス4・A).

標準的アミノ酸の構造をよく理解しておくことが大切である. その側鎖が最終的にタンパク質の三次元的構造や化学反応性を決めることになる.

疎水性アミノ酸

その名前が意味するように, **疎水性アミノ酸**(hydrophobic amino acid) の非極性側鎖は水とほとんどあるいは全く相互作用しない. アラニン (alanine, Ala), バリン (valine, Val), ロイシン (leucine, Leu), イソロイシン (isoleucine, Ile), そしてフェニルアラニン (phenylalanine, Phe) の脂肪族 (炭化水素) 側鎖は明らかにこうしたグループに属する. 硫黄原子をもつメチオニン (methionine, Met) とNH基をもつトリプトファン

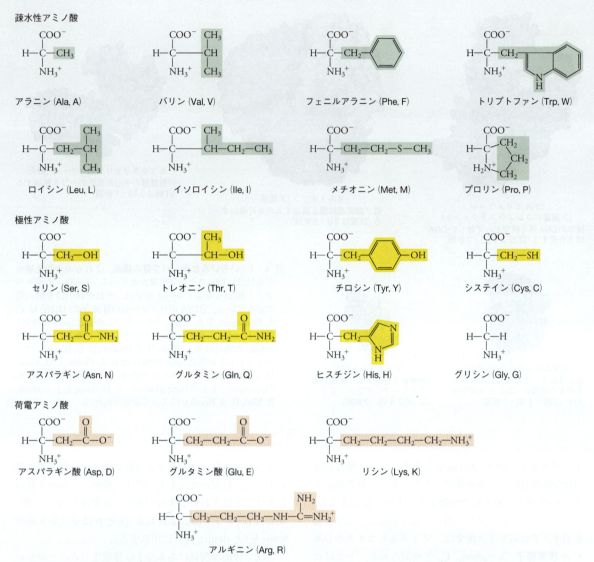

図4・2 20種類の標準的なアミノ酸の構造と略号. アミノ酸はそのR基の疎水性,極性,荷電といった化学的性質によって分類できる.それぞれのアミノ酸の側鎖 (R基) を色で示す.三文字表記の場合,ふつうはアミノ酸の名前の最初の三文字になっている.一文字表記は次のとおりである.アミノ酸の最初の文字がそのアミノ酸固有だった場合は,その文字を使う.C: システイン,H: ヒスチジン,I: イソロイシン,M: メチオニン,S: セリン,V: バリン.最初の文字が二つ以上のアミノ酸で使われる場合は,最も豊富に存在するアミノ酸に対してその文字が使われる.A: アラニン,G: グリシン,L: ロイシン,P: プロリン,T: トレオニン.それ以外のアルファベットが使われる場合もある.D: アスパラギン酸,F: フェニルアラニン,N: アスパラギン,R: アルギニン,W: トリプトファン,Y: チロシン,E: グルタミン酸,K: リシン,Q: グルタミン.アミノ酸の複数の炭素原子は,R基が結合している炭素原子から順に α, β, γ, ε というギリシャ文字で区別する.R基がついている炭素原子は C_α である.グルタミン酸には γ-カルボキシ基,リシンには ε-アミノ基があることになる.

(tryptophan, Trp) は水素結合を形成できる原子をもつものの,側鎖のほとんどの部分が疎水性である.プロリン (proline, Pro) は,脂肪族側鎖がアミノ基に共有結合しているという特異な構造をしている.

疎水性アミノ酸側鎖は,タンパク質分子内部に位置しており,水と接触しない.また,反応性の高い官能基をもたないので,疎水性側鎖が化学反応を仲介することはほとんどない.

極性アミノ酸

極性アミノ酸 (polar amino acid) の側鎖は水素結合形成が可能な基をもっており,水と相互作用する.セリ

4. タンパク質の構造　　73

| ボックス 4・A | 生化学ノート |

キラリティーがなぜ重要か

　キラリティー（chirality）の重要性は 1960 年代に注目されるようになった．この時期に，妊婦のつわりの鎮静薬としてサリドマイドが使われていた．鎮静薬として活性なのは次のような構造をとるものである．

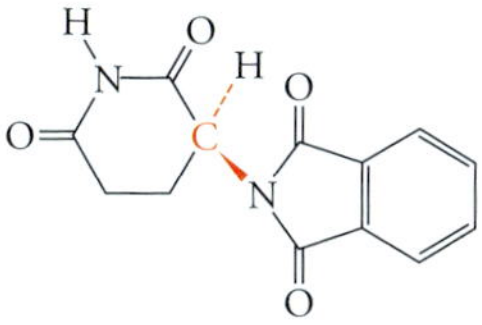

サリドマイド

しかし，市販のサリドマイドはこれと鏡像関係にあるもの

も混在していた．不幸なことに，この鏡像異性体は手や足が短くなるという深刻な先天性異常をひき起こす．

　どのような機構でサリドマイドの二つの鏡像異性体が全く異なる作用を及ぼすのか，具体的なことはよくわかっていないが，鏡像異性体が異なる生理的反応をひき起こすことは予想できる．生物がキラリティーのある分子（キラル分子）の構造的差異を区別できるのは，自身を構成する分子がキラル分子だからである．たとえば，タンパク質は L−アミノ酸でできており，ポリヌクレオチド鎖がつくるらせんは右巻きらせんである（図 3・4 参照）．サリドマイドの教訓を生かして，安全な薬剤を開発する努力が続けられている．

ン（serine, Ser），トレオニン（threonine, Thr），そしてチロシン（tyrosine, Tyr）はヒドロキシ基をもつ．システイン（cysteine, Cys）はスルフヒドリル基（メルカプト基，SH 基）を，アスパラギン（asparagine, Asn）とグルタミン（glutamine, Gln）はアミド基をもつ．極性のイミダゾール環をもつヒスチジン（histidine, His）も含めて，これらすべてのアミノ酸の側鎖はタンパク質表面に存在し，溶媒と接触している．しかし，他の水素結合供与体あるいは受容体が近くにあって水素結合形成が可能な場合には，これら極性アミノ酸側鎖もタンパク質内部にも存在できる．側鎖をもたないグリシン（glycine, Gly，R 基は水素原子だけである）は疎水性でもなく電荷ももたないので，極性アミノ酸に分類する．

　極性を上昇させるような残基が近くにあれば，極性側鎖のあるものは生理的 pH でイオン化する．たとえば，以下のようにイオン化していないヒスチジンのイミダゾール環（塩基）はプロトンを結合してイミダゾリウムイオン（酸）になる．

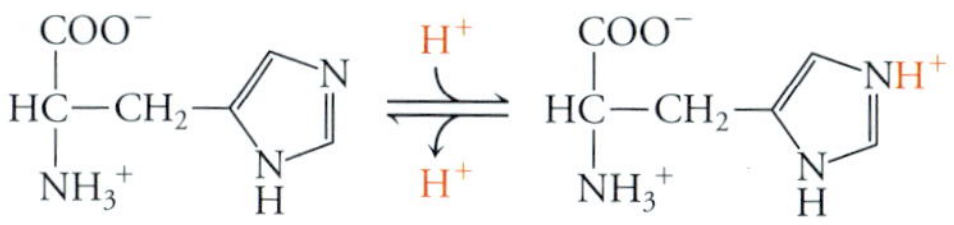

塩基　　　　　　　　　　　酸

あとで述べるように，ヒスチジンは酸としても塩基としても働くので，化学反応を触媒できる．

　同様に，システインの SH 基からプロトンが解離して，

S^- 基になる．

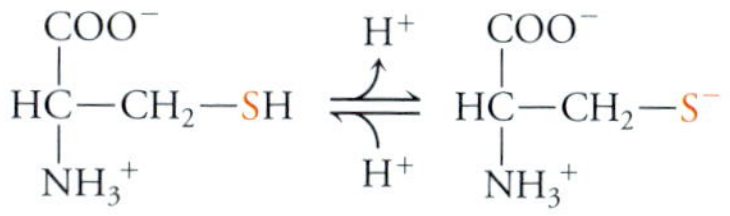

システインの SH 基は，たとえばもう一つのシステインの側鎖 SH 基との酸化反応を経て，**ジスルフィド結合**（disulfide bond）を形成する．

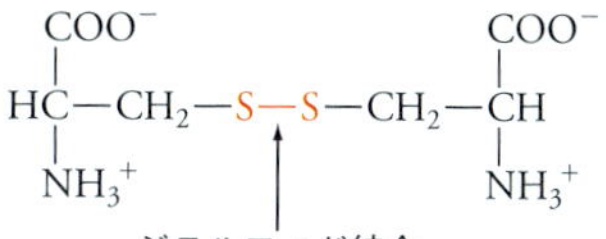

ジスルフィド結合

　セリン，トレオニン，あるいはチロシンのヒドロキシ基はごく弱い酸であるが，まれにイオン化して O^- 基となり，強塩基として反応することがある．

荷電アミノ酸

　生理的な条件では，常に側鎖に電荷をもつアミノ酸が四つある*．アスパラギン酸（aspartate, aspartic acid, Asp）とグルタミン酸（glutamate, glutamic acid, Glu）はカルボキシ基をもち，負に荷電している．リシン（lysine, Lys）とアルギニン（arginine, Arg）は正に荷電している．これらの側鎖はふつうタンパク質表面にあり，水に取囲まれているか，他のイオンと相互作用している．

　アミノ酸はタンパク質の構築単位というだけでなく，

＊　訳注: これら四つのアミノ酸の側鎖も極性をもつが，前述の極性アミノ酸が生理的 pH ではふつう電荷をもたないこととの
　　対比で，荷電アミノ酸として別に分類されることが多い．

生体内の重要な生理機能にかかわっている場合もある（ボックス4・B）.

アミノ酸がペプチド結合でつながってタンパク質となる

一つのアミノ酸のカルボキシ基と別のアミノ酸のアミノ基の縮合により〔**縮合反応**（condensation reaction）とは，ここでは水分子が除かれる反応をいう〕，アミノ酸が重合してポリペプチドができる.

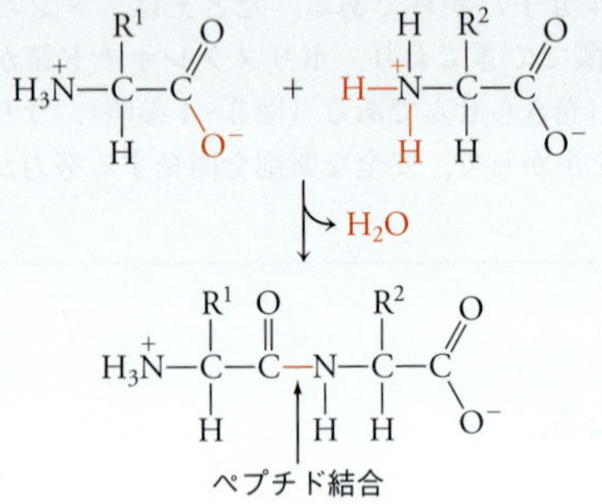

重合した二つのアミノ酸をつなぐアミド結合は，**ペプチド結合**（peptide bond）とよばれる. ペプチド結合でつながったアミノ酸一つひとつは**アミノ酸残基**（amino acid residue）とよばれる. 細胞内では，リボソーム，mRNA そしてタンパク質因子がかかわる複数の段階でペプチド結合が形成される（§22・3参照）. ペプチド結合は，**エキソペプチダーゼ**（exopeptidase，ペプチド鎖を末端から切断する酵素）あるいは**エンドペプチダーゼ**（endopeptidase，ペプチド鎖を内部で切断する酵素）によって**加水分解**（hydrolysis）され，切断される.

慣例によって，ペプチド結合でつながった一連のアミノ酸残基は，遊離したアミノ基をもつ残基を左側に〔ポリペプチドのこちらの端を**N末端**（N-terminus）とよぶ〕，遊離したカルボキシ基をもつ残基を右側に〔こちらの端を**C末端**（C-terminus）とよぶ〕書く.

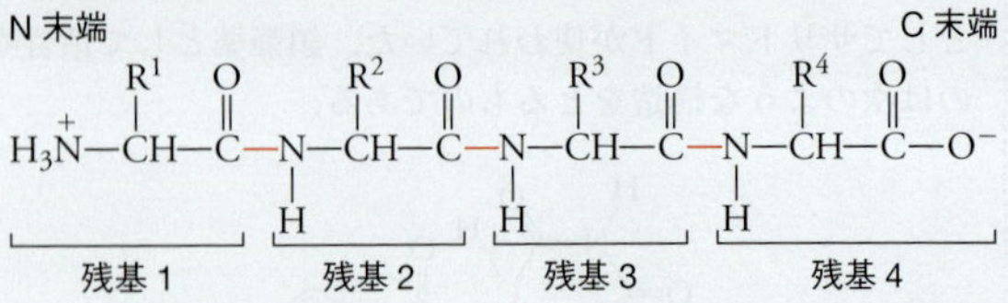

これら両端の基以外では，それぞれのアミノ酸の荷電したアミノ基とカルボキシ基はペプチド結合に使われている. このため，ポリペプチドの静電的性質は，**ペプチド骨格**（peptide backbone）から飛び出している側鎖（R基）によってほぼ決まっている.

アミノ酸のすべてのイオン化する基の pK_a を表4・1に示す（§2・3で述べたように pK_a はイオン化しやすさの指標である）. ある pH でのタンパク質の正味の電荷を計算できる（計算例題4・1参照）. しかし，重合したアミノ酸の側鎖は遊離のときのようにふるまうわけではないので，ここで計算できるのはせいぜい予測値にすぎない. これは，ポリペプチドが三次元的に折りたたまれた状態では，近くに位置するペプチド結合やそのほかの官能基が側鎖の解離に影響するからである. 側鎖のすぐ近傍，つまり**微小環境**（microenvironment）の化学的性質は，その側鎖の極性を変え，その結果プロトンの解離や結合のしやすさにも影響を与える.

タンパク質の化学的および物理的性質は構成成分のアミノ酸に依存しており，異なるタンパク質は同一の条件でも異なる挙動をする. こうしたタンパク質間の違

ボックス4・B ◆ **生化学ノート**

グルタミン酸ナトリウム

多くのアミノ酸やその誘導体が神経系におけるシグナル伝達物質として使われている（詳細は§18・2参照）. こうしたアミノ酸のひとつが，興奮性刺激で使われ，学習や記憶で重要なグルタミン酸である. グルタミン酸は食事に十分に含まれており，われわれは体内で合成もできるので，グルタミン酸欠乏に陥ることはめったにない. しかし，グルタミン酸の取過ぎという危険はある.

舌には，甘味，塩味，酸味，苦み，うまみという5種類の味覚を感知する受容体がある. グルタミン酸はこのうまみ受容体に結合する. うまみというのはそれ自身で特に快いものではないが，風味を感じさせ唾液分泌を助ける. こ

のため，グルタミン酸ナトリウム（MSG）は食材に加えられることが多い. たとえば，低塩食に MSG を加えると，味がよくなるように感じる.

よく話題になる "中華料理店症候群（chinese restaurant syndrome）" は，中華料理に含まれる過剰な MSG による可能性がある. ただし，MSG はチーズとかトマトといった食材にも含まれている. 筋肉がチクチクするとか，頭痛，眠気といった中華料理店症候群の症状は，グルタミン酸が神経系で果たしている役割と矛盾しない. しかし，グルタミン酸の過剰摂取と神経症状との関連は，まだ科学的に証明されていない.

4. タンパク質の構造　　　　　　　　　　　　　　　　75

表 4・1　ポリペプチドの解離基の pK_a

解離基[†]		pK_a
C 末端	—COOH	3.5
Asp	—CH$_2$—C(=O)—OH	3.9
Glu	—CH$_2$—CH$_2$—C(=O)—OH	4.1
His	—CH$_2$—(イミダゾール)NH$^+$	6.0
Cys	—CH$_2$—SH	8.4
N 末端	—NH$_3^+$	9.0
Tyr	—CH$_2$—(ベンゼン環)—OH	10.5
Lys	—CH$_2$—CH$_2$—CH$_2$—CH$_2$—NH$_3^+$	10.5
Arg	—CH$_2$—CH$_2$—CH$_2$—NH—C(NH$_2$)=NH$_2^+$	12.5

† イオン化するプロトンは赤で示している.

いは，特定のタンパク質を精製するときに利用される（§4・5参照）.

●●●● **計算例題 4・1**

問題　生理的 pH（7.4）と pH 5.0 における下記のポリペプチド鎖の正味の電荷を計算せよ.

Ala–Arg–Val–His–Asp–Gln

解答　このポリペプチドは以下のようなイオン化する基を含んでいる. それぞれの基の pK_a は表 4・1 参照. N 末端（pK_a 9.0），アルギニン側鎖（pK_a 12.5），ヒスチジン側鎖（pK_a 6.0），アスパラギン酸側鎖（pK_a 3.9），C 末端（pK_a 3.5）.

pH 7.4 では，pK_a が 7.4 以下の基はほとんどがプロトンを失っており，pK_a が 7.4 以上のものはほとんどがプロトンを結合している. そこで，このポリペプチド鎖の正味の電荷は 0 である. 一方，pH 5.0 では，ヒスチジン側鎖はおそらくプロトンを結合しており，正味の電荷は +1 となる.

pH 7.4		pH 5.0	
基	電荷	基	電荷
N 末端	+1	N 末端	+1
Arg	+1	Arg	+1
His	0	His	−1
Asp	−1	Asp	−1
C 末端	−1	C 末端	−1
正味の電荷	0	正味の電荷	−1

練習問題

1. pH 6.0 におけるジペプチド Glu–Tyr の正味の電荷を計算せよ.
2. pH 7.0 におけるトリペプチド Asp–Asp–Asp の正味の電荷を計算せよ.
3. pH 8.0 におけるトリペプチド His–Lys–Glu の正味の電荷を計算せよ.

　ほとんどのポリペプチドは 100〜1000 アミノ酸残基からなっているが，なかには数千のアミノ酸残基を含むものもある（表4・2）. 40 残基より短いポリペプチドは，**オリゴペプチド**（oligopeptide, oligo というのはギリシャ語で "少ない" ことを意味している）あるいは簡単に**ペプチド**（peptide）とよばれる. 重合してポリペプチドとなるアミノ酸は 20 種類あるので，短いペプチドでも，それを構成するアミノ酸によって互いに全く違っている.

　アミノ酸配列の多様性は莫大なものになりうる. 100 残基からなるふつうの大きさのポリペプチドでさえ，20^{100}，つまり 1.27×10^{130} 通りのアミノ酸配列がありうる. 宇宙にはおよそ 10^{79} の原子しかないのでこうした数は自然界ではありえないのだが，この計算からタンパク質構造の驚くべき多様性がみてとれる.

表 4・2　タンパク質の組成

タンパク質	アミノ酸残基数	ポリペプチド鎖数	質量（Da）
インスリン（ウシ）	51	2	5733
ルブレドキシン（*Pyrococcus*）	53	1	5878
ミオグロビン（ヒト）	153	1	17,053
ホスホリラーゼキナーゼ（酵母）	416	1	44,552
ヘモグロビン（ヒト）	574	4	61,972
逆転写酵素（HIV）	986	2	114,097
亜硝酸還元酵素（*Alcaligenes*）	1029	3	111,027
C 反応性タンパク質（ヒト）	1030	5	115,160
ピルビン酸デカルボキシラーゼ（酵母）	1112	2	121,600
免疫グロブリン（マウス）	1316	4	145,228
リブロースビスリン酸カルボキシラーゼ（ホウレンソウ）	5048	16	567,960
グルタミンシンテターゼ（*Salmonella*）	5628	12	621,600
カルバモイルリン酸シンテターゼ（大腸菌）	5820	8	637,020

いったん遺伝子の配列が決まれば，タンパク質のアミノ酸配列を知ることはむずかしくない（§3・3参照）．この場合には，DNAの連続する3塩基ずつをタンパク質のアミノ酸配列に変換していくだけである．しかし，翻訳前にRNAがスプライシングを受けたり，タンパク質が合成後に加水分解されたり，そのほかの共有結合による修飾を受けたりすると，こうした方法は役に立たない．もちろん，そのタンパク質の遺伝子があらかじめ同定されヌクレオチド配列がわかっていることが必要である．そこで，質量分析法などでタンパク質のアミノ酸配列を直接に決めることも必要になる（§4・5参照）．

アミノ酸配列はタンパク質構造の第一の階層である

ポリペプチドのアミノ酸配列はタンパク質の**一次構造**（primary structure）とよばれる．タンパク質構造の階層は四つまで考えられる（図4・3）．生理的な条件では，ポリペプチドはまっすぐに伸びた構造をとることはめったになく，ふつうは何層にも折りたたまれる．ペプチド骨格（側鎖を除いたポリペプチド鎖）の局所的な折りたたみは**二次構造**（secondary structure）とよばれ，ペプチド骨格の原子も側鎖も全部含めたポリペプチドの完全な三次元構造は**三次構造**（tertiary structure）とよばれる．複数のポリペプチドからなるタンパク質では，すべてのポリペプチドの空間配置が**四次構造**（quaternary structure）とよばれる．以降の節で，タンパク質構造の第二，第三，そして第四の階層について解説する．

4・2　二次構造：ペプチドの局所的立体構造

重要概念
- ポリペプチド鎖の構造的柔軟性は限られている．
- αヘリックスとβシートは，ペプチド骨格原子間の水素結合で安定化された二次構造で，タンパク質内で最もふつうに見いだされる．

ポリペプチド鎖のひと続きのアミノ酸をつないでいるペプチド結合では電子は部分的に非局在化しており，次のような二つの共鳴構造が存在する．

この部分的な二重結合性（ほぼ40%）のために，C−N結合のまわりの回転は阻害されている．そこでポリペプチド骨格は，アミノ酸残基に対応するN−C$_\alpha$−Cという平面的繰返し単位が次つぎと並んだものとみなすことができる（各平面にはペプチド結合にかかわる原子が含まれる）．ここでは，水素原子とC$_\alpha$原子に結合した側鎖は示していない．

ペプチド骨格はN−C$_\alpha$とC$_\alpha$−C結合のまわりで回転できるが，これにも多少の制限がある．たとえばC$_\alpha$原子で鋭い曲がりをつくると，下図のように隣り合う残基

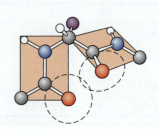

図4・3　**ヘモグロビン構造の階層性**．[ヒトヘモグロビンの構造（pdb 2HHB）はG. Fermi, M. F. Perutzによって決定された．]

のカルボニル酸素原子どうしが近づきすぎることになる．ここでは，炭素原子は灰色，酸素原子は赤，窒素原子は青，水素原子は白で表してある．

前述の共鳴構造から明らかなように，ペプチド結合に関与する原子は極性が大きく，水素結合を形成しやすい．骨格のアミド基は水素結合の供与体となるし，カルボニル酸素は水素結合受容体となる．生理的な条件のもとでは，水素結合がなるべく多くできるようにポリペプチド鎖は折りたたまれている．同時に，ペプチド骨格は，立体障害を最小にするような構造（二次構造）をとる．また，その構成アミノ酸残基の側鎖は互いの立体障害が最小になるような位置におさまるタンパク質でよくみられる α ヘリックスと β シートという 2 種類の二次構造がこの条件をみたす．

α ヘリックス

分子モデルを組立てることで，ポーリング (Linus Pauling) は α ヘリックス (α helix, α らせんともいう) を見いだした．この二次構造では，ペプチド骨格は右巻きらせんを巻いている（§3・1で説明したようにDNAも右巻きである）．らせん1巻き当たりアミノ酸が3.6残基分あり，この1巻き分がらせん長軸方向で 5.4 Å (0.54 nm) の長さになる．α ヘリックスでは，各残基のカルボニル酸素原子は 4 残基先のペプチド骨格の NH 基と水素結合を形成する．らせんの両端の 4 残基を除いて，ペプチド骨格はこのように水素結合を次つぎと形成していくことができる（図 4・4）．タンパク質中のほとんどの α ヘリックスは，ほぼ 12 残基の長さをもつ．

側鎖が内部を埋めつくしている DNA らせんのように（図 3・4b 参照），ペプチド骨格の原子も互いにファンデルワールス接触しており，らせん内部に隙き間はない．しかし，α ヘリックスでは，側鎖はらせんから外側に突き出している（図 4・5）．

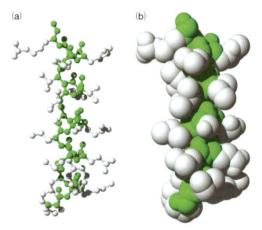

図 4・5 ミオグロビンの α ヘリックス．ミオグロビンの 100〜118 残基部分の棒球モデル (a) と空間充填モデル (b)．骨格を構成する原子を緑，側鎖を灰色で示す．[マッコウクジラのミオグロビン構造 (pdb 1MBD) は S. E. V. Phillips によって決定された．]

β シート

コーリー (Robert Corey) とともにポーリングは β シート (β sheet) のモデルも組立てた．この二次構造では何本かのポリペプチド鎖（β 鎖）が平行に走り，隣り合った鎖間に水素結合ができている．β シートのポリペプチド鎖には 2 種類の並び方がある（図 4・6）．**平行 β シート** (parallel β sheet) では，隣り合った鎖は同じ方向に向いている．**逆平行 β シート** (antiparallel β sheet, 反平行 β シートともいう) では，隣り合った鎖は反対方向に向いている．それぞれの残基は隣の鎖と 2 本の水素結合を形成するので，シート内の両端に位置する鎖以外では，ペプチド骨格で可能な水素結合がすべてできる．

1 枚の β シートには 2 本から 12 本以上にも及ぶポリペプチド鎖が含まれている．いろいろなタンパク質を調べてみると，1 枚のシートは平均 6 本のポリペプチド鎖で構成され，各鎖の平均の長さは 6 残基である．β シー

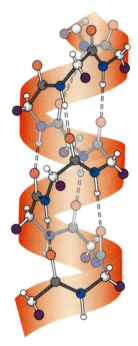

図 4・4 α ヘリックス．ペプチド骨格は右巻きらせんを巻いていて，C=O 基と 4 残基先の N−H 基の間に水素結合（破線）が形成される．原子の色は，α 炭素を淡灰色，カルボニル炭素を濃灰色，酸素を赤，窒素を青，側鎖を紫，水素を白で表している．[Irving Geis による．]

78　第Ⅱ部　分子の構造と機能

平行βシート　　　　　　　　　　　逆平行βシート

図 4・6　βシート．平行βシートや逆平行βシートでは，ポリペプチド骨格は引き伸ばされている．どちらのβシートでも，アミド基と隣の鎖のカルボニル基の間に水素結合ができている．$C_α$に結合する水素原子と側鎖は示していない．βシートを構成する複数のポリペプチド骨格は必ずしも別べつのポリペプチド鎖上にあるわけではない．1本のポリペプチド鎖のいくつかの領域が折りたたまれて，βシートを形成することもある．

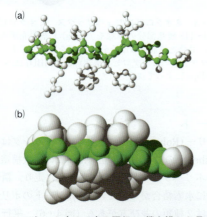

図 4・7　βシート中の2本の平行β鎖を横から見た図．カルボキシペプチダーゼA中のβシートの棒球モデル (a) と空間充填モデル (b)．骨格を構成する原子を緑で示す．アミノ酸側鎖（灰色）はシートから交互に反対側に突き出している．［カルボキシペプチダーゼ (pdb 3CPA) の構造は W. N. Lipscomb によって決定された．］

トでは，側鎖は両面に突き出している（図4・7）．

タンパク質には不規則的二次構造もある

αヘリックスとβシートを構成する各残基がとる骨格構造はどれも同じなので，**規則的二次構造**（regular secondary structure）とよばれる．実際，これら二次構造はきわめて多様なタンパク質三次元構造中でも簡単に見分けられる．もちろん側鎖の種類によって，αヘリックスやβシートは典型的な形からは多少は変形することもある．たとえば，αヘリックスの最後の1巻きは，ふつうよりは引き伸ばされた形（長くて細い）になる．

どんなタンパク質でも，**二次構造要素**（secondary structure element，個々のαヘリックスやβシートを構成するポリペプチド）はさまざまな大きさのループ（loop）でつながっている．ループは，2本の逆平行β鎖（ここでは矢印で示す）をつなぐ簡単なヘアピンターンだったり（左），つながった2本の平行β鎖を結びつけるときにみられるように，ずっと長かったりする（右）．

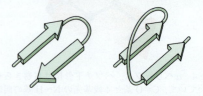

ふつう，αヘリックスやβ鎖をつなぐループは**不規則的二次構造**（irregular secondary structure）をとる．ルー

プでは，構成残基が次つぎと同じ骨格構造をとるわけではない．しかし，ここで"不規則"というのは，構造がないことを意味してはいない．ループでも，ペプチド骨格はほとんどの場合に特定の構造をとる．ほとんどのタンパク質には，規則的あるいは不規則的二次構造がある．平均すると，31%の残基はαヘリックスを組み，28%の残基はβシート内にある．残りのほとんどは，さまざまな長さのループ内にある．

4・3 三次構造とタンパク質の安定性

重要概念

- ポリペプチド鎖は折りたたまれて，親水性表面と疎水性中心部からなる構造をとる．
- タンパク質の折りたたみと構造の安定化は，非共有結合に依存している．
- タンパク質のなかには，複数の安定な構造をとるものがある．

三次構造とよばれるタンパク質の三次元構造は，規則的あるいは不規則的二次構造（つまりペプチド骨格の全体的な折りたたまれ方）とすべての側鎖の空間配置を含んでいる．生理的条件のもとで完全に折りたたまれたタンパク質では，事実上すべての原子が固有の位置を占めている．

X線結晶構造解析法（X-ray crystallography）はタンパク質などの高分子の分子構造を明らかにする最も有力な実験手段である（§4・5参照）．この方法で分子構造がわかった最初のタンパク質が**ミオグロビン**（myoglobin）である．1958年にケンドルー（John Kendrew）が，このタンパク質の骨格と側鎖の全構造を決定した．ワトソンとクリックが美しいDNAモデルを提唱してから数年後に発表されたケンドルーの結果は，ある意味では失望をまねいた．ミオグロビンはDNAとは違い，単純さに欠けており，対称性ももたず，期待されていたよりずっと不規則で複雑だったからである（ミオグロビン構造の詳細については§5・1で解説する）．

ここでは，図4・8(a)に示すトリオースリン酸イソメラーゼという**球状タンパク質**（globular protein）の構造について解説する．図4・1に示したタンパク質もすべて球状タンパク質である．なお，球状タンパク質に対して，**繊維状タンパク質**（fibrous protein）とよばれる非常に細長い形をした一群のタンパク質がある．繊維状タンパク質については§5・2で解説する．図4・8(a)は，トリオースリン酸イソメラーゼの三次構造を構成するすべての炭素原子（灰色），酸素原子（赤），窒素原子（青）を表示した空間充填モデル（space-filling model）である（水素原子は表示していない）．図4・8(b)のように，このタンパク質のペプチド骨格だけを表示すると，空間充填モデルではわかりにくかった三次構造の様子が見やすくなる．さらに図4・8(c)のように，ペプチド骨格のC_α原子をリボンでつないだリボンモデルを使うと，タンパク質内の二次構造要素を見いだすことがいっそう容易になる．リボンモデルでは，αヘリックスはらせん状リボンで，β鎖は矢印状リボンで，その他の不規則的構造は細いひも状リボンで表示する．

タンパク質三次構造のなかには，ほとんどがαヘリックスでできたもの（αタンパク質），ほとんどがβシートでできたもの（βタンパク質），両者が混在しているもの（α/βタンパク質），そしてαヘリックスもβシートもほとんど含んでいないものがある．図4・9にそれ

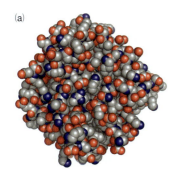
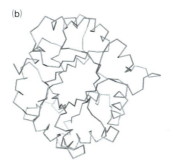
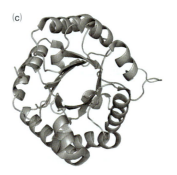

図4・8 **トリオースリン酸イソメラーゼの構造**．(a) 空間充填モデル．水素以外のすべての原子を，それぞれの大きさに対応する球で表示している（炭素は灰色，酸素は赤，窒素は青）．タンパク質表面の詳細な形がみてとれる．(b) ひもモデル．アミノ酸残基のα炭素を次々とひもでつないでいる．ポリペプチド骨格の折りたたまれ方がよくわかる．(c) リボンモデル．αヘリックスはらせん状リボンで，β鎖は矢印状リボンで，不規則的構造はひもで書いてある．タンパク質を構成する二次構造要素の空間配置が簡単にみてとれる．[構造（pdb 1YPI）はT. Alber, E. Lolis, G. A. Petskoによって決定された．]

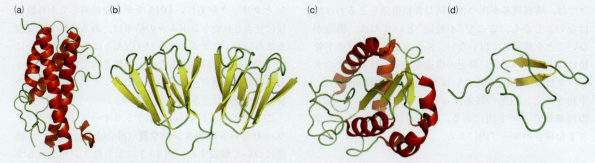

図 4・9 **タンパク質の分類**. タンパク質中の α ヘリックスは赤のらせん状リボン, β 鎖は黄矢印リボンで書いている. (a) 規則的構造として α ヘリックスだけを含む α タンパク質の例として成長ホルモンを示す. (b) 規則的構造として β 鎖だけを含む β タンパク質の例として γB クリスタリンを示す. (c) 規則的構造として α ヘリックスと β 鎖をともに含む α/β タンパク質の例としてフラボドキシンを示す. (d) α ヘリックスも β 鎖もほとんど含まないタンパク質の例としてタキスタチンを示す. [(a) の構造 (pdb 1HGU) は L. Chantalat, N. Jones, F. Korber, J. Navaza, A. G. Pavlovsky, (b) の構造 (pdb 1GCS) は S. Najmudin, P. Lindley, C. Slingsby, O. Bateman, D. Myles, S. Kumaraswamy, I. Glover, (c) の構造 (pdb 1CZN) は W. W. Smith, K. A. Pattridge, C. L. Luschinsky, M. L. Ludwig, (d) の構造 (pdb 1CIX) は N. Fujitani, S. Kawabata, T. Osaki, Y. Kumaki, M. Demura, K. Nitta, K. Kawano によって決定された.]

ぞれの例を示してある. 数万ものタンパク質やその他の巨大分子の構造データは, それぞれの分子を構成する原子の空間座標という形でデータベースにたくわえられている. こうした座標データを使ってコンピューター上でタンパク質構造を可視化したり操作したりすることは, タンパク質の構造や機能を理解するのに欠かせない.

タンパク質は疎水性中心部をもつ

球状タンパク質は, 表面と中心部という 2 層構造をもつ. ペプチド骨格と側鎖の一部は, タンパク質の表面では溶媒にさらされており, 中心部では溶媒から隔離されている. つまり, タンパク質は **親水性表面** (hydrophilic surface) と **疎水性中心部** (hydrophobic core) からできているといえる.

ある長さのポリペプチド鎖が疎水性中心部をもつ単独の構造単位に折りたたまれているとき, これを **ドメイン** (domain) とよぶ. 小さなタンパク質は一つのドメインでできているが, 大きなタンパク質は複数のドメインでできていることが多い. 一つのタンパク質を構成する複数のドメインは, 互いに似通っている場合も, 異なる場合もある (図 4・10).

小さなタンパク質 (あるいはドメイン) の疎水性中心部には, ふつう規則的二次構造が豊富に存在している. α ヘリックスや β シートでは, 水素結合形成により, ペプチド骨格の極性基の親水性が減るためである. 不規則的二次構造 (ループ) は, タンパク質 (あるいはドメイン) の表面にあることが多い. ここではペプチド骨格の極性基がまわりの水分子と水素結合をつくる.

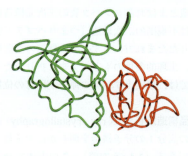

図 4・10 **二つのドメインからなるタンパク質の例**. グリセルアルデヒド-3-リン酸デヒドロゲナーゼ. 小さなドメインを赤, 大きなドメインを緑で示す. [構造 (pdb 1GPD) は D. Moras, K. W. Olsen, M. N. Sabesan, M. Buehner, G. C. Ford, M. G. Rossmann によって決定された.]

タンパク質に親水性表面と疎水性中心部があることで, そのアミノ酸配列も制限を受ける. 特定の側鎖がタンパク質の三次構造中でどこに位置するかは, その疎水性で決まる. 疎水性が高いほど, その残基はタンパク質内部にある可能性が高い. タンパク質内部では側鎖が密に詰込まれており, 水分子が入るような空間がほとんど残っていない.

表 4・3 に, アミノ酸側鎖の疎水性を定量化する 2 種類の指標を示す. こうした情報から, 特定のアミノ酸がタンパク質のどこに位置するかを予測できる. たとえば, 疎水性の大きいフェニルアラニンやメチオニンはほとんどの場合にタンパク質内部に埋込まれている. 水素結合を形成するペプチド骨格と同様に, 極性側鎖はタンパク

4. タンパク質の構造

表 4・3 疎水性指標

残基	指標A[†1]	指標B[†2]	残基	指標A[†1]	指標B[†2]
Phe	2.8	3.7	Ser	−0.8	0.6
Met	1.9	3.4	Pro	−1.6	−0.2
Ile	4.5	3.1	Tyr	−1.3	−0.7
Leu	3.8	2.8	His	−3.2	−3.0
Val	4.2	2.6	Gln	−3.5	−4.1
Cys	2.5	2.0	Asn	−3.5	−4.8
Trp	−0.9	1.9	Glu	−3.5	−8.2
Ala	1.8	1.6	Lys	−3.9	−8.8
Thr	−0.7	1.2	Asp	−3.5	−9.2
Gly	−0.4	1.0	Arg	−4.5	−12.3

[†1] 指標AはJ. Kyte and R. F. Doolittle, *J. Mol. Biol.* 157, 105−132 (1982) による.
[†2] 指標BはD. M. Engelman, T. A. Steitz and A. Goldman, *Annu. Rev. Biophys. Chem.* 15, 321−353 (1986) による.

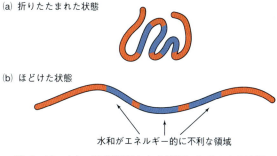

図 4・12 タンパク質折りたたみ過程における疎水性相互作用の寄与. (a) 折りたたまれたタンパク質では, 疎水性領域 (ポリペプチド鎖中の青部分) はタンパク質の内側に閉じ込められる. (b) 折りたたまれたタンパク質のポリペプチド鎖をほどくと, この領域が水と接触する. 疎水性残基は水分子どうしの自由な水素結合形成の妨げになるため, この接触はエネルギー的に不利である.

質内部で水素結合をつくることもできる. この結果, その極性が弱まり非極性の環境になじむことができる. 電荷をもった残基がタンパク質内部にあるときには, 必ずといってよいほど近くに反対の電荷をもった残基が存在し, 静電相互作用で**イオン対** (ion pair) を形成する. ミオグロビンのアミノ酸残基を疎水性に従って色づけすると, 疎水性側鎖が内部に集合し, 親水性側鎖がおもに表面に局在することがみてとれる (図4・11).

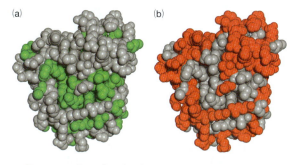

図 4・11 ミオグロビン中の疎水性および親水性残基. (a) すべての疎水性 (Ala, Ile, Leu, Met, Phe, Pro, Trp, Val) 側鎖を緑で示す. これらはほとんどがタンパク質の内部に位置している. (b) すべての極性および荷電残基側鎖を赤で示す. これらはおもにタンパク質の表面に位置している.

タンパク質はおもに疎水性相互作用を介して安定化される

驚くべきことに, 完全に折りたたまれたタンパク質とほどけたタンパク質の安定性にはほんの少ししか違いがない. 熱力学的安定性の差は1残基当たり約 0.4 kJ mol^{-1} でしかないので, 100残基のポリペプチドでさえ約40 kJ mol^{-1} の差しかない. これは2本の水素結合を切るのに必要な自由エネルギーに相当する (1本当たり約20 kJ mol^{-1}). 水素結合形成が可能なタンパク質のペプチド骨格や側鎖の数に比べて, この数は信じられないくらいに少ない. しかし実際に, タンパク質は一定の形をもつ安定な三次元構造に折りたたまれる.

疎水基が水との接触を避けて集合することで生じる疎水性相互作用がタンパク質の構造形成を支配している最も重要な力である (疎水性相互作用については§2・2参照). 個々の疎水基のまわりで秩序だった構造を形成するはずだった水分子が, 疎水基どうしの凝集で無秩序な状態をとることができるようになる. その結果, 系全体のエントロピーが上昇することが, 疎水性相互作用の駆動力である. すでに述べてきたように, 疎水性側鎖はほとんどの場合にタンパク質の内部に見いだされる. ポリペプチド鎖をほどいたり引き伸ばしたりすると疎水性側鎖が溶媒にふれるので, それを避けるためにポリペプチド鎖は折りたたまれた配置で安定になる (図4・12).

ほどけたポリペプチド鎖では, 極性基と水分子間の水素結合が極性基と極性基間の水素結合とエネルギー的に等価である. そこで, 水素結合はタンパク質安定化にはあまり寄与しない. むしろ水素結合は, 疎水性相互作用で安定に折りたたまれた構造の微調整をするのに役立っている.

架橋はタンパク質を安定化する

折りたたまれたポリペプチド鎖の多くは, イオン対, ジスルフィド結合, あるいは亜鉛などの無機イオンによるさまざまな架橋で決まった位置につなぎとめられている. こうした架橋はタンパク質の安定化に役立っている

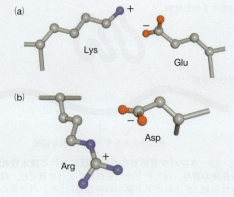

図 4・13　ミオグロビン内のイオン対の例．(a) Lys 77 の ε-アミノ酸は Glu 18 のカルボキシ基と相互作用している．(b) Asp 60 のカルボキシ基は Arg 45 と相互作用している．炭素は灰色，窒素は青，酸素は赤で示してある．側鎖どうしが相互作用している二つの残基は，一次構造上では離れている．

のだろうか．

反対に荷電した側鎖どうしや N 末端と C 末端はイオン対を形成する（図 4・13）．イオン対による静電相互作用は強いが，タンパク質の安定化にはあまり寄与していない．これは静電相互作用で得られる自由エネルギーは，イオン対で側鎖が固定されることで生じるエントロピーの損失でむだになってしまうからである．特にタンパク質内部に埋込まれたイオン対の場合には，荷電した基を疎水性中心部にもってくるのに余分なエネルギーが消費されてしまう．

ジスルフィド結合（§4・1 参照）はポリペプチド鎖内か鎖間でできる．実験的には，タンパク質のシステイン残基を化学的に修飾しても，タンパク質はふつうに折りたたまれて機能するので，ジスルフィド結合はタンパク質の安定化には必須でない．実際，細胞質は還元的なのでジスルフィド結合は細胞内タンパク質ではめったにみられない．これに対して，酸化的な細胞外に分泌されるタンパク質では，ジスルフィド結合はよくみられる（図 4・14）．細胞外の比較的厳しい環境でもタンパク質がほどけないようにするのに，ジスルフィド結合が役立っているのだろう．

ジンクフィンガー（zinc finger）とよばれる架橋をもつドメインが，DNA 結合タンパク質にはよくある．20〜60 残基からなるこの構造は，一つか二つの亜鉛イオン Zn^{2+} をもっている．この Zn^{2+} には，システインやヒスチジン，場合によってはアスパラギン酸かグルタミン酸の側鎖が配位して，四面体構造をとる（図 4・15）．このように小さなタンパク質ドメインは，金属イオンの架橋なしには安定な三次構造を組めない．亜鉛はタンパク質を安定化するには最適なイオンである．このイオンはいくつかのアミノ酸が供与するリガンド（S, N, あるいは O）と相互作用できるし，その酸化状態は一つしかない（これに対して銅イオンや鉄イオンは，細胞内環境でも簡単に酸化還元反応を行う）．

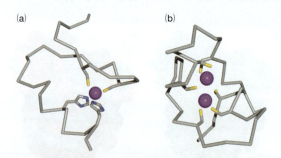

図 4・15　ジンクフィンガー．(a) アフリカツメガエル転写因子ⅢA のジンクフィンガー．一つの Zn^{2+}（紫の球）に 2 個のシステイン残基側鎖と 2 個のヒスチジン残基側鎖が配位している．(b) 酵母の転写因子 GAL4 のジンクフィンガー．二つの Zn^{2+} に 6 個のシステイン残基側鎖が配位している．［転写因子ⅢA の構造（pdb 1TF6）は R. T. Nolte, R. M. Conlin, S. C. Harrison, R. S. Brown, GAL4 の構造（pdb 1D66）は R. Marmorstein, S. Harrison によって決定された．］

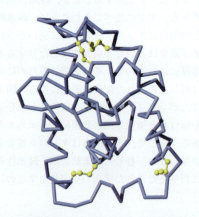

図 4・14　細胞外タンパク質リゾチームのジスルフィド結合．このトリ卵白酵素は 129 アミノ酸残基からできており，8 個のシステイン残基（黄）がある．これらシステイン残基は 4 本のジスルフィド結合を形成する．［構造（pdb 1E8L）は H. Schwalbe, S. B. Grimshaw, A. Spencer, M. Buck, J. Boyd, C. M. Dobson, C. Redfield, L. J. Smith によって決定された．］

タンパク質の折りたたみは二次構造形成で始まる

細胞内の混み合った環境（図 2・7 参照）では，タンパク質などの巨大分子はできるだけコンパクトな形をとることが望ましい．細胞内では，新たに合成されたポリペプチド鎖はリボソームから出てくるやいなや折りたた

4. タンパク質の構造

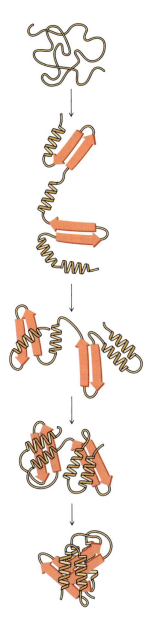

図 4・16 タンパク質折りたたみ過程のモデル. ここに示した仮想的な折りたたみ過程では，ポリペプチドは初めに二次構造（αヘリックスとβシート）を形成する．それらが集まって一つの球状の塊となり，微調整のあとに安定な三次構造となる．[M. E. Goldberg, *Trends Biochem. Sci.* **10**, 389 (1985) による.]

まれるので，まだ全体の鎖が合成されていないうちに鎖の一部はすでに最終的な三次構造をとることになる．細胞内でこの過程を追跡することはむずかしいので，まず完成したタンパク質の全長ポリペプチド鎖を化学的な手段でほどき（変性 denaturation），次に再び巻戻す（再生 renaturation）という in vitro 折りたたみ実験が行われた．タンパク質を変性させるには，塩や尿素（$NH_2-CO-NH_2$）のようによく水に溶ける物質（変性剤）を使う．これが大量に溶け込むと溶媒水分子の構造が変わり，結果として疎水性相互作用が影響を受けて，タンパク質は変性する．変性剤が除かれると，タンパク質の構造は再生する．

タンパク質の再生実験から，タンパク質の折りたたみは無秩序な過程ではないということがわかる．つまり，タンパク質は試行錯誤を繰返しながら最も安定な構造（**未変性構造** native structure）にいきつくわけではない．むしろ，一つあるいは複数の特別な経路を通ってこの構造にたどりつくのである．この再生過程では，まず小さな二次構造要素ができ，次にこれらが疎水性相互作用の影響で寄り集まって疎水性中心部ができる．最後に，立体構造の微調整を経て未変性すなわち天然構造の三次構造ができあがる（図 4・16）．

タンパク質の折りたたみに必要なすべての情報は，そのアミノ酸配列に含まれている．残念ながら，ポリペプチドの折りたたまれ方を予測する信頼性の高い方法はまだない．実際，あるアミノ酸配列が α ヘリックスを形成するのか，β シートを形成するのか，あるいは不規則的二次構造を形成するのかを決めることさえむずかしい．このため，ゲノム配列決定で同定された多数のタンパク質（§3・3参照）の構造と機能を予測するには高い障壁がある．

実験室では，小さなタンパク質のあるものは変性−再生を繰返すことができる．しかし，細胞内では，タン

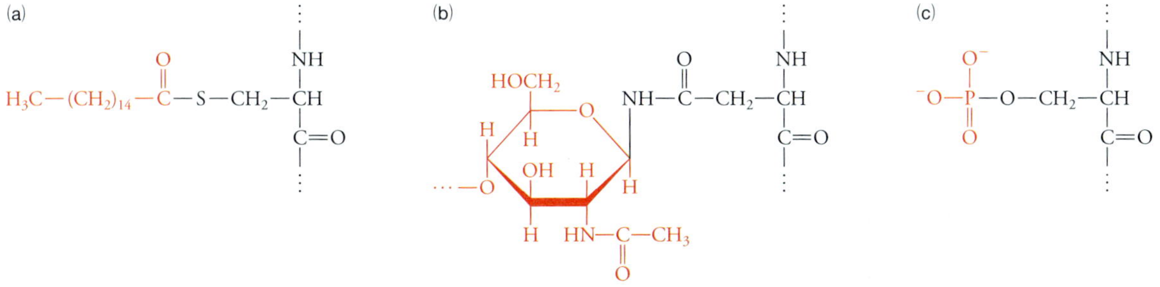

図 4・17 タンパク質の共有結合修飾．(a) 炭素数 16 の脂肪酸（パルミチン酸，赤）がシステイン残基とチオエステル結合している．(b) 糖鎖（ここでは一つの糖残基だけ赤で表示）がアスパラギン側鎖のアミド基窒素に結合している．(c) リン酸基（赤）がセリン側鎖のヒドロキシ基にエステル結合している．

パク質の折りたたみはずっと複雑で，**分子シャペロン**（molecular chaperone）といった他のタンパク質の助けが必要になる．分子シャペロンの詳細は§22・4で解説する．アミノ酸置換をひき起こす突然変異の結果，正常に折りたたまれなくなったタンパク質はさまざまな病気の原因になることが知られている（ボックス4・C）．

あるタンパク質が完全な機能を発揮するには，ポリペプチドの折りたたみ以上のことが必要になる．たとえば，複数のポリペプチドを含むタンパク質ではそれぞれの鎖がまず折りたたまれてから集合して機能を発揮する．また，多くのタンパク質は**プロセシング**（processing）という過程を経て，機能をもつに至る．プロセシングはアミノ酸残基の除去だったり，脂質，糖鎖あるいはリン酸基の付加だったりする（図4・17）．付加された基にはふつう

ボックス 4・C　臨床との接点

タンパク質の折りたたみのまちがいと病気

アルツハイマー病（Alzheimer's disease）のように，タンパク質の折りたたみがうまくいかないために発症する病気がある．まちがって折りたたまれたタンパク質は，どうして病気の原因になるのだろうか．まちがって折りたたまれたタンパク質に細胞が対応できないから，というのがその答である．ふつうは，細胞内のシャペロンは新生タンパク質の正確な折りたたみを助けるだけでなく，まちがって折りたたまれたタンパク質を折りたたみ直すという機能ももつ．この経路でも折りたたみまちがいが直されないと，このタンパク質は個々のアミノ酸にまで分解されてしまう．たとえばボックス3・Aで解説したように，まちがって折りたたまれた変異CFTRタンパク質はこのタンパク質品質管理システムで処理されてしまう．そのため必要なタンパク質が細胞内の目的地に届けられないので，嚢胞性繊維症がひき起こされる．

胞外でのアミロイド沈着（プラーク）が特徴である．

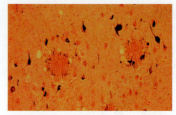

アルツハイマー病患者の脳切片像．濃赤の大きな領域が細胞外アミロイド沈着．それを取囲む小さな黒い領域が細胞内の繊維の絡まり．[Dennis Selkoe and Marcia Podlisny, Harvard University Medical School 提供．]

細胞内の繊維の絡まりはタウτというタンパク質でできている．τは，細胞骨格のひとつである微小管の集合にかかわるタンパク質である．τの沈着は，他の神経変性疾患でもみられるが，アルツハイマー病におけるτの役割はまだよくわかっていない．アルツハイマー病でみられる細胞外のアミロイド沈着は，おもにアミロイドβという40残基あるいは42残基のペプチドからできている．これらは，膜タンパク質であるアミロイド前駆体タンパク質から，β−セクレターゼやγ−セクレターゼというプロテアーゼで切り出された断片である．正常な脳組織にも細胞外アミロイドβがあるが，その機能はもとよりアミロイド前駆体タンパク質の機能もよくわかっていない．しかし，過剰にアミロイドβが存在することとアルツハイマー病に相関があることは確かである．

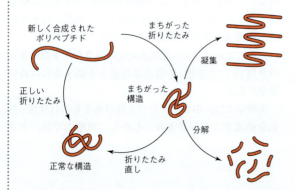

まちがって折りたたまれたタンパク質がすぐにほどかれなかったり分解されたりせず，不溶性繊維となって凝集してしまうことが原因になって発症する病気もある．このような繊維状の沈着物は体のどこにでも生じうるが，脳に生じたときに最も重大な事態になる．脳における繊維状の沈着物（**アミロイド沈着** amyloid deposit）が特徴である病気には，アルツハイマー病，パーキンソン病，海綿状脳症（狂牛病を含む）などがある．こうした神経変性疾患では，神経系異常と神経細胞の減少がみられる．

アルツハイマー病では，細胞内での繊維の"絡まり"と細

アルツハイマー病の神経変性は，記憶喪失といった症状の出るずっと前に起こっている可能性がある．動物実験によると，神経組織へのアミロイド沈着の起こる前にすでに上記のような症状が現れることがわかっており，アミロイドβの折りたたみまちがいや凝集の初期段階が神経細胞に有毒で，最終的にアルツハイマー病に至るのだろうと考えられている．細胞外繊維の蓄積は，むしろ過剰のアミロイドβ産生に対する防御反応であろう．

パーキンソン病では，αシヌクレイン（α−synuclein）というタンパク質の断片が脳のある部位の神経細胞で蓄積する．アミロイドβのように，αシヌクレインの機能はよ

特定の生理的機能があり，また，タンパク質の折りたたまれた構造を安定化する作用もある．金属イオンや有機分子と結合してはじめて機能をもつタンパク質もある．

タンパク質のなかには，複数の安定構造をもつものがある．もともとタンパク質の天然構造には柔軟性がある．実際のところ，タンパク質内の個々の結合のわずかな屈曲や伸長に由来する柔軟性は，タンパク質の生物学的機能の発現に必須である．さらに，真核生物では50％にも及ぶタンパク質で，親水性残基に富んだ非常に柔軟で引き伸ばされた部分が見いだされている．こうした**不定形タンパク質**（intrinsically unstructured protein）あるいはタンパク質の不定形領域は，いくつものタンパク質と相互作用できるので，制御機能を発揮できる．

くわかっていないが，おそらく神経伝達にかかわっているのだろう．αシヌクレインは140アミノ酸残基からなる小さな可溶性タンパク質で，秩序だった構造をもたず，引き伸ばされた形をしている．その一部は，他の分子と結合するとαヘリックスに変わる．αシヌクレインがもともと秩序だった構造をもたないことは，これがアミロイド沈着をつくりやすいということにかかわっている．アミロイド沈着が蓄積すると，神経細胞が死滅し，震え，筋肉の硬直，緩慢な動作といったパーキンソン病の典型的症状が現れてくる．αシヌクレインの発現を増加させたり，自己凝集を増加させたりするような変異は，遺伝性パーキンソン病の病因である．

感染性海綿状脳症（transmissible spongiform encephalopathy: TSE）は，ヒツジのスクレーピーやヒトのクロイツフェルト－ヤコビ病を含む一群の疾患である．脳が海綿状になるこの致死的疾患は，ウイルス感染が原因と考えられていた．しかし，一連の実験の結果，**プリオン**（prion）というタンパク質が感染因子であることが明らかとなった．興味深いことに，正常なヒト脳組織にも PrP^C（細胞型プリオンタンパク質）という同じタンパク質があり，神経細胞膜に存在して正常な脳機能にかかわっているらしい．スクレーピー型プリオンタンパク質（PrP^{Sc}）は PrP^C と同じアミノ酸配列をもつが，PrP^C に比べるとβ構造の量が多くαヘリックス量が少ない．PrP^{Sc} を細胞内に注入すると，PrP^C から PrP^{Sc} への変換が促され，結果的にプリオン凝集が起こる．

プリオン病はどのように感染するのだろうか．感染経路のひとつは食餌である．スクレーピーに感染したヒツジを餌として与えたウシに広がったウシTSE（狂牛病）は，そうした例のひとつである．感染したウシを食べたヒトがクロイツフェルト－ヤコビ病を発症することがわかって，こうした感染経路は断ち切られた．おそらく PrP^{Sc} は分解されずに体内に取込まれ，脳組織まで到達するのだろう．ここで PrP^C を PrP^{Sc} に変換して脳組織中の PrP^C 量を減らすと同時に，有害な PrP^{Sc} 量を増加させると考えられる．

アミロイドβ，αシヌクレイン，PrP^{Sc} の間に配列や構造の類似性はない．しかし，これらタンパク質の折りたたみがうまくいかなかった場合には，β鎖に富んだ似たような構造が生じる．これがアミロイド沈着形成を促すらしい．カビ由来の PrP^{Sc} 様タンパク質の研究から，アミロイド沈着形成の機構がわかってきた．このタンパク質は，もともとほとんどがαヘリックスだけでできているが，そのなかでたまたまβ鎖だけでできた構造に転移するものがある．β構造に転移した分子の数が増えてくると，分子どうしが上下に重なって分子間水素結合で安定化された凝集体が生じる．β構造をもつポリペプチド鎖が上下に重なったアミロイド繊維のモデル図を示す．ここでは5本のポリペプチド鎖を色違いで示す．また矢印はアミロイド繊維の長軸方向を示す．

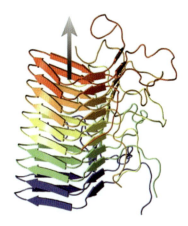

アミロイド繊維のモデル．［Meier, B., et al., *Science*, 319, 1523－1526（2008）による．AAASより許可を得て複製．］

おそらく他のアミロイド形成タンパク質も，同じような構造変化を経て凝集するのだろう．はっきりした凝集体が見えるまでには，アミロイドタンパク質濃度がある臨界に達していないといけない．アミロイド病の発症に何年もかかるのは，こうしたことが原因だろう．β構造をもつポリペプチド鎖がある程度積み重なると，これが鋳型となってαヘリックスに富んだポリペプチド鎖の構造変化を促し，アミロイド繊維がどんどん成長する．いったんできたアミロイド繊維は丈夫でプロテアーゼでも分解できない．

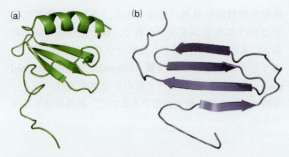

図4・18 二つの安定構造をもつタンパク質. リンホタクチンというタンパク質には, 1本のαヘリックスと3本のβ鎖でできたβシートをもつ安定構造(a)と, 4本のβ鎖でできたβシートだけをもつ安定構造(b)がある. [構造(a, pdb 1J9O と b, pdb 2JP1)は B. F. Volkman によって決定された.]

ある場合には, タンパク質が二つの構造の間を行き来することがある. たとえば, 細胞内の pH や酸化還元状態の変化, あるいは他分子の結合で, 二つの構造間の平衡がずれることがある (図4・18).

4・4 四 次 構 造

重要概念
- 複数のポリペプチド鎖からなるタンパク質には四次構造がある.

100 kDa 以上の質量をもつほとんどのタンパク質は, 複数のポリペプチド鎖からできている. ここで個々のポリペプチドはサブユニット (subunit) とよばれる. サブユニットが同一のときには, タンパク質はホモ二量体 (homodimer), ホモ四量体 (homotetramer) などとよばれ, サブユニットが同一でないときには, ヘテロ二量体 (heterodimer), ヘテロ四量体 (heterotetramer) などとよばれる. こうした複数のサブユニットからなるタンパク質 (多量体タンパク質) におけるサブユニットの空間配置が四次構造である.

複数のサブユニットを特定の四次構造にまとめている力は, 個々のポリペプチド鎖の三次構造をつくり上げている力と似ている. 二つのサブユニットの接触面は疎水性であることが多く, ここでは側鎖が密に詰まっている. 水素結合, イオン対, そしてジスルフィド結合が, 相互作用している二つのサブユニットの厳密な空間配置を決めている.

タンパク質の最もふつうの四次構造では, 二つかそれ以上のサブユニットが対称的に配置されている (図4・19). 同一でないサブユニットをもつタンパク質内でも, 対称性を考えることができる. たとえば, α鎖二量体とβ鎖二量体からなるヘテロ四量体のヘモグロビンは, 対称性をもつそれぞれの二量体がさらに二量体化したものである (図4・19c 参照). 多量体タンパク質のなかには, 複数の四次構造の間を行き来するものもある.

多量体タンパク質が有利な点はいくつもある. たとえば, 細胞内では小さな構造単位を少しずつ積み上げることで, 非常に大きなタンパク質が構築できる (次章でその例を示す). これは, 大きすぎて一度に合成するのが

図4・19 四次構造をもつタンパク質. それぞれのポリペプチドのα炭素骨格を示す. (a) ホモ三量体酵素である Alcaligenes の亜硝酸還元酵素. (b) ホモ四量体酵素である大腸菌のフマラーゼ. (c) 二つのαサブユニット(青)と二つのβサブユニット(赤)からなるヘテロ四量体であるヒトのヘモグロビン. (d) それぞれが3種類のサブユニットをもつ二つの部分(この図では右半分と左半分)からなる細菌のメタンヒドロキシラーゼ. [(a)の構造(pdb 1AS8)は M. E. P. Murphy, E. T. Adams, S. Turley, (b)の構造(pdb 1FUQ)は T. Weaver, L. Banaszak, (c)の構造(pdb 2HHB)は G. Fermi, M. F. Perutz, (d)の構造(pdb 1MMO)は A. C. Rosenzweig, C. A. Frederick, S. F. Lippard, P. Nordlund によって決定された.]

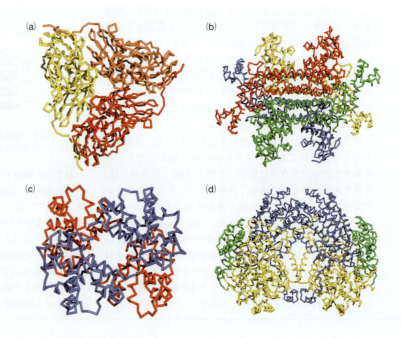

4. タンパク質の構造

無理だったり，あるいは細胞外で組立てなくてはならなかったりするようなある種の構造タンパク質にとっては重要である．さらに，転写や翻訳過程で起こるまちがいも，影響を受けるポリペプチド鎖が短くてすぐに置き換えることができるなら，重大な事態には至らない．

最後に，多量体タンパク質内のサブユニットどうしの相互作用を通して各サブユニットが影響を与え合うことがあげられる．こうした相互作用の結果，単量体タンパク質あるいはサブユニットどうしが独立に機能している多量体タンパク質ではできない機能制御が可能になる．5 章では，4 箇所の酸素結合部位をもつヘモグロビンを例として，タンパク質機能の協同性について解説する．

4・5 タンパク質の構造解析技術

重要概念
- クロマトグラフィーを用いれば，タンパク質の大きさ，電荷あるいは特異的結合によって特定のタンパク質を分離できる．
- ポリペプチド鎖のアミノ酸配列は，質量分析で決定できる．
- タンパク質内の原子配置は，X 線回折，電子線回折あるいは核磁気共鳴（NMR）を用いて決めることができる．

核酸のように，タンパク質も精製し，解析することができる．本節では，タンパク質を単離する一般的方法について述べ，単離したタンパク質のアミノ酸配列や三次元構造を決める方法を解説する．

クロマトグラフィーでは，タンパク質の物理的あるいは化学的性質を利用する

§4・1 で説明したように，タンパク質の大きさ，電荷，他分子との相互作用といった全体的特徴は，アミノ酸配列で規定される．細胞抽出液から特定のタンパク質を単離するため，こうした特徴を使ったさまざまな方法が開発されている．そのなかでも**クロマトグラフィー**（chromatography）は最も有効なもののひとつである．クロマトグラフィーでは，円柱状カラムに多孔性ビーズを詰め（固定相），そこに緩衝液を流す（移動相）．タンパク質などの溶質は，固定相との相互作用の強弱に応じて異なる速度でカラム内を移動する．

ゲル濾過クロマトグラフィー（gel filtration chromatography）では，固定相として特定の大きさの小孔をもつ小さなビーズを用いる．このようなビーズを詰めたカラムの上部から，いろいろな大きさのタンパク質を含む溶液を流すと，タンパク質はビーズと相互作用しながら

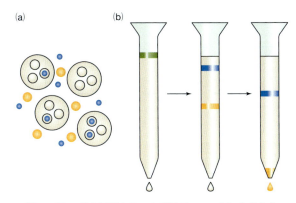

図 4・20 ゲル濾過クロマトグラフィー．(a) 小さな分子（青）は固定相に用いるビーズの小孔に入り込めるが，大きな分子（オレンジ）は入り込めない．(b) いろいろな大きさのタンパク質を含む溶液（緑）をゲル濾過カラム上部に載せると，大きなタンパク質（黄土色）は小さなタンパク質よりすばやくカラム中を移動し，カラムの下部から溶出される．カラム下部で滴下してくるタンパク質を分画すると，大きなタンパク質と小さなタンパク質とを分離できる．

カラム下部から滴下してくる．ビーズの小孔より大きなタンパク質はビーズ間の隙き間をぬって移動するが，小孔より小さなタンパク質はそこに入ったり出たりしながら移動する．そこで，ビーズの小孔より大きなタンパク質は，小さなタンパク質より速くカラムを通過することになる．カラムの下部で滴下してくるタンパク質を分画すると，大きなタンパク質と小さなタンパク質を分離することができる（図 4・20）．

イオン交換クロマトグラフィー（ion exchange chromatography）を用いると，タンパク質がもつ電荷によってタンパク質精製を行える．この場合には，正に荷電しているジエチルアミノエチル（DEAE）基か負に荷電しているカルボキシメチル（CM）基で修飾したビーズをカラムに詰める．

たとえば，DEAE ビーズを詰めたカラム上部からタンパク質混合物を流すと，負に荷電したタンパク質は DEAE 基に強く結合するが，電荷をもたないタンパク質や正に荷電したタンパク質はビーズに結合せずにカラムを通過する．ここで高塩濃度の溶液を流せば，ビーズに結合したタンパク質は塩溶液のイオンによりビーズから放出され，カラムから流出する（図 4・21）．低い pH の溶液をカラムに流し込んでも，DEAE ビーズに結合している

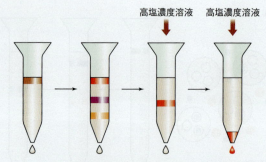

図 4・21　イオン交換クロマトグラフィー．タンパク質混合物（褐色）を正に荷電したイオン交換カラム（たとえば DEAE 樹脂を充填したカラム）上部に載せると，負に荷電したタンパク質（赤）はカラムに吸着する．これに対して，電荷をもたないか正に荷電したタンパク質（オレンジと紫）はカラムを素通りする．カラムに吸着した負に荷電したタンパク質は，高塩濃度の溶液を流すと溶出される．これは，塩に含まれるアニオンがカラム樹脂の正電荷に結合して，タンパク質を追い出すためである．これに対して，負に荷電したイオン交換カラム（たとえば CM 基をもったカラム）では，正に荷電したタンパク質が分離できる．

負に荷電したタンパク質をカラムから流し出すことができる．これは，タンパク質の負に荷電した基がプロトン化されて DEAE ビーズとの相互作用が弱まるからである．同様に，CM ビーズに結合したタンパク質も，高塩濃度の溶液か，高い pH の溶液で溶出することができる．

イオン交換クロマトグラフィーを有効に使うには，タンパク質の正味の電荷や**等電点**（isoelectric point）**pI** を知っておくことが重要である．等電点とは，タンパク質の正味の電荷が 0 になる pH である．たとえば，解離定数が K_1 と K_2 である二つの解離基をもつ分子の場合には，等電点 pI は次の式で表される．

$$\text{pI} = 1/2(\text{p}K_1 + \text{p}K_2) \qquad (4\cdot1)$$

多くの解離基をもつタンパク質の場合にも，同様に pI を予測することは可能である（計算例題 4・2）．しかし，実際には解離基間の相互作用などを考慮しなくてはならないので，正確な pI の値が必要な場合には実験的に求める．

●●● **計算例題 4・2**

問題　アルギニンの等電点を予測せよ．

解答　アルギニンの正味の電荷が 0 になるには，α-カルボキシ基ではプロトンが解離して負に荷電し，α-アミノ基でもプロトンが解離して中性になっており，さらに側鎖はプロトン化されたままで正に荷電している必要がある．α-アミノ基へのプロトン付加と側鎖からのプロトン解離でアルギニンの正味の電荷は変わるので，この二つの基の pK_a（9.0 と 12.5）を（4・1）式で用いる．

$$\text{pI} = 1/2(9.0 + 12.5) = 10.75$$

練習問題
4. アラニンの pI を求めよ．
5. グルタミンの pI を求めよ．

アフィニティークロマトグラフィー（affinity chromatography）という，タンパク質と他の分子との特異的相互作用を使ったクロマトグラフィーもタンパク質精製に用いられる．たとえば，特定のタンパク質と強く相互作用する低分子化合物を共有結合させたビーズを使うと，タンパク質混合物のなかでこのタンパク質だけがビーズに吸着し，他のタンパク質は流れ出てしまう．この手法は，タンパク質の電荷や大きさといった一般的な性質でなく，他の分子との特異的な相互作用を利用するので，タンパク質精製法としては特に有用である．

高速液体クロマトグラフィー（high-performance chromatography: HPLC）という市販の装置でクロマトグラフィーを行うことも多い．HPLC では，タンパク質試料をカラムに載せるところから，分離したタンパク質の分画まで自動化されたシステムで行うことができる．

タンパク質を分析したり分離したりするのに，**SDS-ポリアクリルアミドゲル電気泳動**（SDS polyacrylamide gel electrophoresis: SDS-PAGE）を使うことが多い．この方法では，ポリアクリルアミドからなるゲル中で電圧をかけてタンパク質試料を泳動するが，このときに界面活性剤 SDS（sodium dodecyl sulfate）をタンパク質試料にもゲルにも添加する．SDS はタンパク質に吸着

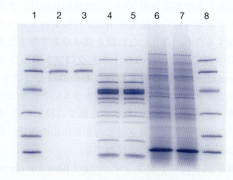

図 4・22　SDS-PAGE．電気泳動後にゲルをクマシーブルーという色素で染色すると，タンパク質のバンドが青に染まる．1 と 8 という番号のついたレーンには，分子量がわかっている標準タンパク質混合物を泳動してある．[Bio-Rad Laboratories, ©2012 提供．]

し，アミノ酸配列にかかわらず同一の長さのポリペプチド鎖には同一の負電荷を与える．電圧がかかると，SDSの吸着で負に荷電したタンパク質はすべて正電極に向かって長さに依存した速度で泳動される．小さなタンパク質は大きなものより泳動速度は速い．電気泳動後にタンパク質を染色すると，それぞれのタンパク質はゲル中の個々のバンドとして可視化できる（図4・22）．

質量分析でアミノ酸配列を決定する

タンパク質のアミノ酸配列は次のようにして決定する．

1. 他のタンパク質の混入がないように，配列決定したいタンパク質を（たとえばクロマトグラフィーなどを使って）精製する．

2. 目的のタンパク質が複数のポリペプチド鎖からできているときには，個々のポリペプチド鎖を分離しなければならない．場合によっては，還元反応でジスルフィド結合を切断する必要がある．

3. 長いポリペプチド鎖の場合には，配列決定が可能な長さ（100残基以下）まで切断する必要がある．ポリペプチド鎖切断には，臭化シアン CNBr を使ってメチオニン残基の C 末端側を切断するといった化学的方法を使う場合と，**プロテアーゼ**（protease, ペプチダーゼともよばれる）のような酵素を使う場合がある．トリプシンはこうしたときによく使われる酵素で，以下の図のようにアルギニンやリシンといった正に荷電した残基の C 末端側ペプチド結合を加水分解する．

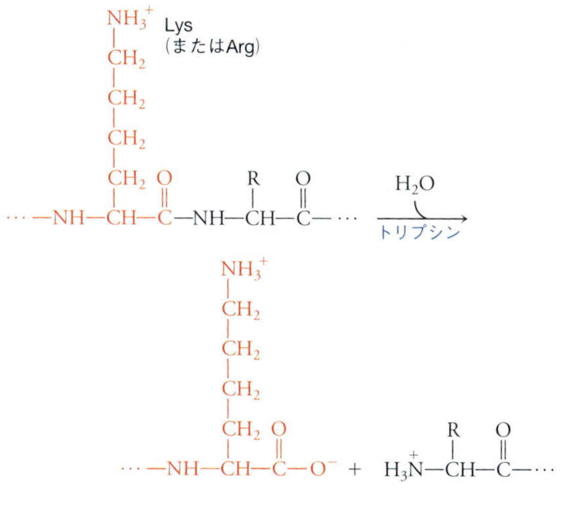

リペプチド鎖（ペプチド）を分離，精製して，それぞれの配列を決定する．従来から使われてきた**エドマン分解法**（Edman degradation）では，配列決定するペプチドの N 末端アミノ酸残基を特異的に化学修飾し，これをペプチドから切断して，クロマトグラフィーによりどのアミノ酸かを同定する．この反応を繰返すと，ペプチドのアミノ酸配列を N 末端から一つずつ決めることができる．

5. もとの長いポリペプチド鎖からいろいろな切断法を用いて，配列末端が互いに重なる一群のペプチド断片を作製し，これらのアミノ酸配列を決める．配列の重なりを指標にして断片をつなげていくと，最終的にもとの長いポリペプチド鎖の配列を再構成できる．以下のように，質量分析法でペプチドのアミノ酸配列を決定することもできる．

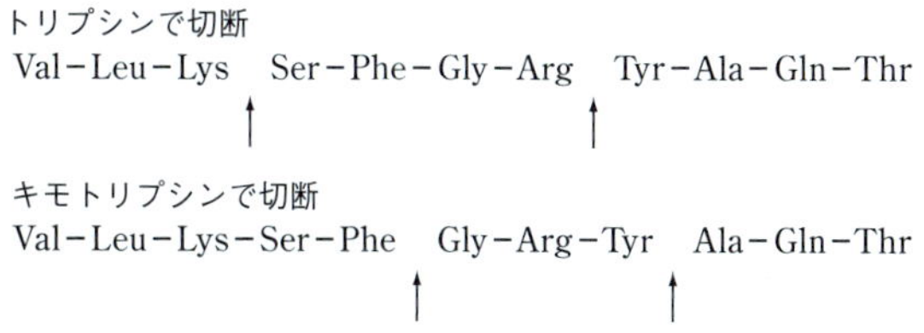

トリプシンで切断
Val－Leu－Lys　Ser－Phe－Gly－Arg　Tyr－Ala－Gln－Thr
↑　　　　　　　　　　↑

キモトリプシンで切断
Val－Leu－Lys－Ser－Phe　Gly－Arg－Tyr　Ala－Gln－Thr
　　　　　　↑　　　　　　　　↑

最近では，エドマン分解法に代わって**質量分析法**（mass spectrometry）がアミノ酸配列決定に使われるようになってきた．質量分析法では，まず高電圧をかけた小さなノズルからペプチド溶液を微小液滴として吹き出す．このとき液滴は正に荷電しているが，溶液はすぐに蒸発し，正に荷電したペプチドイオンが気相中に残る．このペプチドイオンを質量分析計に通すと，質量（m）と電荷（z）の比 m/z に従い分離される．次に，分離されたペプチドイオンのうち特定の m/z 値をもつものを集め，ヘリウムなどの貴ガスと衝突させて，ペプチド中のペプチド結合を無差別に切断する．生じた多数の断片を2台目の質量分析計に通すと，再び m/z に応じて分離された各ペプチドイオンの量が検出器で計測できる（図4・23b）．このとき，少しずつ m/z 値が異なる一連のペプ

タンパク質切断によく使われる酵素と切断部位を表4・4に示す．

4. 化学的方法あるいは酵素切断で生じた複数の短いポ

表 4・4　プロテアーゼの特異性

プロテアーゼ	切断されるペプチド結合の前の残基[†]
キモトリプシン	Phe, Trp, Tyr
エラスターゼ	Ala, Gly, Ser, Val
サーモリシン	Ile, Met, Phe, Trp, Tyr, Val
トリプシン	Arg, Lys

† 　後ろの残基が Pro だと切断されない．

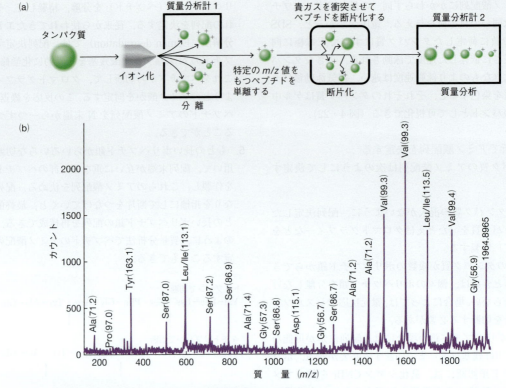

図 4・23 **質量分析によるペプチドのアミノ酸配列決定**. (a) 電荷をもったペプチドの混合物を, 最初の質量分析計 (MS1) に導入する. 特定の質量をもつ 1 種類のペプチドだけを選択して, 貴ガスと衝突させるための容器に導き, ここでこのペプチドを断片化する. 第二の質量分析計 (MS2) で, 衝突で生じた断片の質量/電荷比を決定する. 小さな質量の断片からしだいに質量が大きくなっていく断片について, 正確な質量を測ることで, もとのペプチドのアミノ酸配列がわかる. (b) 質量分析によるペプチドのアミノ酸配列決定の例. 隣り合うピーク間の質量差から, 断片化で失われた末端アミノ酸残基が決まる. アミノ酸配列は, ピーク上に記したアミノ酸残基名を右から左に読取っていけばよい. [Keough, T., et al., *Proc. Nat. Acad. Sci.* 96, 7131–7136 (1999) による. PNAS の許可を得て複製.]

ボックス 4・D 生化学ノート

質量分析法の応用

すでに数十年にわたって, 質量分析法は臨床検査や法医学検査において毒物や薬剤の検出に用いられてきた. 質量分析法は高感度で正確なので, 空港のチェックポイントで微量の爆発物の検出にも用いられている. 低分子化合物の質量分析は簡単であるが, 病気の診断や組織検査を行うために混合物中の巨大分子の解析に用いようとすると困難な問題が控えている.

血液のような体液には多種類のタンパク質が含まれており, それぞれの濃度は数桁にもわたって違っている. そこで血清タンパク質や免疫タンパク質のような大量に含まれるもの (両者で総タンパク質の 75% を占める) があるなかで微量タンパク質を検出するのはむずかしい. 質量分析を用いた尿検査はもっと期待がもてる. 尿中に含まれるタンパク質の種類は限られているし, それらの質量もほぼ 15,000 Da が上限である. それにしても 2000 種類を超えるタンパク質が検出される.

そこで生物由来の試料中にあるタンパク質を同定するには, まず試料を電気泳動にかけ, 分離されたタンパク質をゲルから抽出し, これをプロテアーゼで部分分解して, 質量分析にかけるというのがふつうである. 質量分析計で検出されたタンパク質断片のパターン (個々のタンパク質の特徴を反映するので "フィンガープリント" とよばれる) は, データベース上の多数のタンパク質と比較でき, これを使ってもとのタンパク質を一意的に同定できることが多い. 多くのコンピュータープログラムがそうした目的で開発されている. タンデム質量分析法を用いる場合でも, 目的とするポリペプチド鎖全長の配列を知る必要はない. 数アミノ酸を含むペプチドの配列だけで, もとのタンパク質を同定できる場合もある. 全ゲノム解析がいろいろな生物で完成していることが, こうしたアプローチを可能にしている.

チドイオンは正電荷を一つだけもっていると考えてよいので，それぞれの断片の m/z 値から厳密な質量がわかる．二つのペプチド断片の質量差はペプチド配列末端に位置するアミノ酸の質量に相当する．20種類のアミノ酸の質量はわかっているので，大きなほうのペプチド断片の末端残基がどのアミノ酸であるか同定できる．この操作を次つぎとやっていけば，もとのペプチドのアミノ酸配列を導くことができる．質量分析では大きなタンパク質のアミノ酸配列を一度に決めることはできないが，その部分配列でも役立つことが多い（ボックス 4・D）．また，共有結合で修飾されたアミノ酸残基の同定にも役立つ．

図 4・25　タンパク質結晶の X 線回折像．[Isolde Le Trong, David Teller, Ronald Stenkamp, University of Washington 提供.]

タンパク質の立体構造決定には X 線結晶構造解析法，クライオ電子顕微鏡法あるいは NMR 分光法を用いる

　タンパク質は小さすぎるので，その原子構造を直接に見ることは電子顕微鏡を使ってもできない．しかし，タンパク質の結晶があれば，X 線をプローブとした結晶構造解析法を用いてタンパク質の原子構造を決定できる．構造解析に用いるタンパク質結晶は直径が 0.5 mm 以下の小さなものでよく，40〜70% の水を含んでおり，固体というよりはゲルに似ている（図 4・24）．

図 4・24　ストレプトアビジンの結晶．[I. Le Trong, R. E. Stenkamp, University of Washington 提供.]

　この結晶に X 線を当てると，規則正しく並んだ多数の原子の電子によって散乱された X 線は互いに重なり合い，X 線フィルムあるいは X 線検出器上で多数のスポットからなる**回折像**（diffraction pattern）を結ぶ（図 4・25）．

　回折像のスポットの位置と強度の数学的解析から，結晶中の分子の電子密度分布を決めることができる．こうして得られた電子密度分布からタンパク質の原子構造を得ることができるかどうかは結晶試料の質に依存している．欠陥のないきわめて上質の結晶でも，結晶を構成しているタンパク質分子のゆらぎのために分解能の限界はほぼ 2 Å である．しかしここまで高分解能だと，電子密度分布からポリペプチド骨格は容易に探し出すことができ，側鎖の形も判断できる（図 4・26）．特に，タンパク質のアミノ酸配列がわかっていると，電子密度分布から側鎖を推定することができ，タンパク質全体の原子構造を決めることが容易になる．ケンドルーが初めて X 線結晶構造解析でミオグロビンの原子構造を決定したときには，アミノ酸配列はまだわかっていなかったので側鎖の同定は容易でなかった．いまではほとんどのタンパク質のアミノ酸配列はデータベースに登録されているので，高分解能電子密度図があればこの手続きは容易である．

　X 線結晶構造解析で決まったタンパク質の原子構造は本来の姿なのだろうか．溶液中で働いているときには，タンパク質は多数の結合の伸縮振動や屈曲振動によって揺れ動いている．これとは違って，結晶になるときに分子の動きが止められたり，違う形に固定されたりすることはないのだろうか．実際には，結晶中でもタン

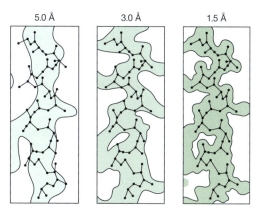

図 4・26　異なる分解能で見たタンパク質の結晶構造解析像．この例では，緑の領域が結晶構造解析で得られた電子密度図に相当する．電子密度図上に，黒でタンパク質の原子構造を示す．ここでは，黒丸が水素以外の原子を，黒線が原子間結合を示す．分解能が上がれば，α ヘリックスのようなタンパク質骨格の規則的構造が電子密度図ではっきり見えてくる．[描画は Wayne Hendrickson のものに基づく．]

パク質の動きはある程度維持されているようである。た とえば，外から加えた低分子化合物は結晶中のタンパク 質に結合し，タンパク質上で起こる化学反応に関与でき ることが多い．このように結晶中でもタンパク質の活性 が維持されていることは，結晶構造解析で決まったタン パク質の原子構造が，溶液中での構造とそれほど違って いないことを示唆している．さらに，**核磁気共鳴分光法** 〔nuclear magnetic resonance spectroscopy, **NMR 分光 法** (NMR spectroscopy) ともいう〕で決まった溶液中の タンパク質の原子構造（後述）が X 線結晶構造解析で 決まったものと大差がないことも，こうした考えを支持 している．

膜タンパク質のように結晶化が困難なタンパク質の構 造決定には，X 線ではなく電子線を使う**クライオ電子顕 微鏡法**(cryoelectron microscopy) が用いられる．電子 顕微鏡を用いる場合には，タンパク質は結晶中のように 整然と並んでいる必要はなく，ばらばらに位置した個々 の分子に電子線が当たり回折される．電子線に対するタ ンパク質の角度をいろいろ変えながら分子の回折情報を 集め，タンパク質構造を再構成する．電子線は X 線よ りタンパク質の構成原子と強く反応するので，タンパク 質試料は電子線で簡単に破壊される．これを防ぐために タンパク質を急速に凍結し，液体窒素温度 ($-196\,^\circ\mathrm{C}$) で 電子線を当てて回折情報を集める，ここからクライオ電 子顕微鏡法という名前がある．リボソームのような巨大 分子複合体 (§22・2) の構造も，この方法で決められた．

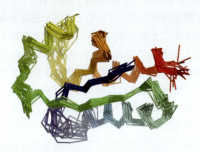

図 4・27　**グルタレドキシンの NMR 構造**．85 残基か らなるグルタレドキシンについて，NMR データと矛 盾しない 20 種類の構造を重ね書きした．構造は α 炭 素をつないだひもとして表示し，N 末端領域（青）か ら C 末端領域（赤）に向かって色分けしてある．〔構造 (pdb 1EGR) は P. Sodano, T. H. Xia, J. H. Bushweller, O. Bjornberg, A. Holmgren, M. Billeter, K. Wuthrich によっ て決定された．〕

タンパク質を構成する原子（おもに水素原子）の磁場 中での核磁気共鳴 (NMR) は，その近接する原子の影 響を受ける．そこで，溶液中のタンパク質の構造決定に NMR 分光法が用いられる．タンパク質溶液の NMR ス ペクトルの多数のピークの解析から，タンパク質内で近 接する二つの水素原子の距離や，一つか二つの原子を介 して共有結合でつながっている二つの水素原子の距離を 求めることができる．こうした情報とアミノ酸配列情 報を用いると，タンパク質の三次元構造を構築できる． NMR 分光法に固有の精度の低さのため，NMR 分光法 では似たようないくつかの三次元構造が得られることが 多い．こうした複数の構造は，水溶液中でのタンパク質 の柔軟性を反映しているのかもしれない（図 4・27）．

まとめ

4・1　タンパク質はアミノ酸の重合体である

- タンパク質の構築単位である 20 種類のアミノ酸は，化学 的性質が異なる側鎖に応じて疎水性アミノ酸，極性アミノ 酸，荷電アミノ酸に分類できる．
- アミノ酸はペプチド結合によってつながり，ポリペプチド となる．

4・2　二次構造: ペプチドの局所的立体構造

- タンパク質の二次構造には，ペプチド骨格のカルボニル基 とアミド基間の水素結合により安定化された α ヘリック ス，β シートがある．不規則的二次構造には，α ヘリッ クスや β シートのような規則的繰返し構造がない．

4・3　三次構造とタンパク質の安定性

- タンパク質のペプチド骨格とすべての側鎖を含む三次元 構造が三次構造である．規則的構造として α ヘリックス だけを含むタンパク質，β シートだけを含むタンパク質， あるいは α ヘリックスと β シート両者を含むタンパク質 がある．
- 球状タンパク質には疎水性中心部があり，疎水性相互作用 で安定化されている．イオン結合，ジスルフィド結合，あ るいは他の共有結合もタンパク質の安定化に寄与している．
- 変性タンパク質はもとの構造に巻戻ることができる．細胞 内では，シャペロンがタンパク質の折りたたみを助けてい る．

4・4　四次構造

- 複数のサブユニットからなるタンパク質は四次構造をも つ．

4・5　タンパク質の構造解析技術

- タンパク質の精製には，その大きさ，荷電量，あるいは他

の分子との特異的結合を利用したクロマトグラフィーを用いる.
- ポリペプチドのアミノ酸配列決定にはエドマン分解法か質量分析法を用いる.
- タンパク質の三次元構造を原子レベルで決めるには, X線結晶構造解析法, クライオ電子顕微鏡法あるいはNMR分光法を用いる.

問 題

4・1 タンパク質はアミノ酸の重合体である

1. グリシン以外のアミノ酸にはキラリティーがある. つまり, こうしたアミノ酸には不斉炭素原子に由来する光学異性体(鏡像異性体)がある. 光学異性体を区別するのに生化学では化学で使われる RS の代わりに, "D" と "L" が使われる.
   (a) L-アラニンの構造で, 不斉炭素原子はどれか. また, D-アラニンの構造を書け.

$$^+H_3N-\underset{CH_3}{\underset{|}{C}}-H \quad \text{L-アラニン}$$
(COO$^-$ 上部)

   (b) 生体内のほとんどすべてのアミノ酸はL-アミノ酸である. しかし, 細菌では細胞壁を構成するペプチドにD-アミノ酸が見いだされている. これは細菌にとってどんな点で有利なのか.

2. トレオニンには不斉炭素原子がいくつあるか. トレオニンには光学異性体がいくつあるか. トレオニン異性体の構造を書け.

3. 20種類のアミノ酸のうち, 以下の性質を示す側鎖をもつものはどれか.
   (a) 環状 (b) 芳香族
   (c) 生理的pHで電荷をもつことがある
   (d) 疎水性でも, 極性でもなく, 電荷ももっていない
   (e) 塩基性 (f) 酸性 (g) 硫黄原子を含む

4. アスパラギンとグルタミンの側鎖は, 酸性水溶液中では加水分解される. この脱アミノ反応の出発物と生成物の構造を書け. またこの反応で産生されるアミノ酸は何か.

5. pH7の水中での溶解性の順に次のアミノ酸を並べよ.
トリプトファン, アルギニン, セリン, バリン, トレオニン

6. 遊離のヒスチジンと問題11に示すヒスチジンテトラペプチドのどちらの水溶性が高いか.

7. pHを選べば, アミノ酸がCOOH基とNH$_2$基とを同時にもつことはあるか.

8. ほとんどのアミノ酸の融解温度は300℃付近である. また, アミノ酸は水には溶けるが, 非極性有機溶媒には溶けない. これらの事実は, 問題7の答と矛盾しないか.

9. 遊離アミノ酸のアミノ基とカルボキシ基のpK_aは, ポリペプチド鎖のN末端アミノ基あるいはC末端カルボキシ基のpK_aとは異なる, なぜか.

10. ヒストンはDNAに結合する塩基性タンパク質である. どんなアミノ酸がヒストンに多く存在するか. それはなぜか. ヒストンとDNA間にはどんな分子間相互作用が生じるか.

11. pH6.0におけるHis-His-His-Hisというテトラペプチドの正味の電荷はいくつか.

12. ある種の細菌は環状テトラペプチドを合成する.
    (a) 2個のプロリンと2個のチロシンからなるテトラペプチドのpH7.0での正味の電荷はいくつか.
    (b) このペプチドが環状でなく直鎖状だとすると, 正味の電荷はいくつか.

13. 生化学の実験では, しばしば発光クラゲから精製された緑色蛍光タンパク質 (green fluorescent protein: GFP) を組換えタンパク質に融合する. 右に示したGFPの蛍光発色団は三つの連続したアミノ酸

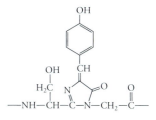

残基の誘導体で, ポリペプチド鎖が環化し酸化されたものである.
    (a) 三つの連続した残基は何か.
    (b) 環化で形成される結合はどれか.
    (c) 酸化で形成される結合はどれか.

14. Lys-GluというジペプチドのpH7.0での構造を示せ. またこの構造中で, ペプチド結合(a), N末端(b), C末端(c), α-アミノ基とε-アミノ基(d), そしてα-カルボキシ基とγ-カルボキシ基(e)を示せ.

15. カロリーの低い人工甘味料アスパルテームはAsp-Pheという配列のジペプチドである. カルボキシ末端はメチル化されている. pH7.0でのアスパルテームの構造を書け.

16. ゼブラフィッシュは, さまざまな薬剤の影響を調べるのに適した実験動物である. この魚は, 脳内のアヘン受容体に結合する特異なヘプタペプチドを産生する. このペプチドの配列は, Tyr-Gly-Gly-Phe-Met-Gly-Tyrである. pH7.0におけるこのペプチドの構造を書け.

17. グルタチオンは赤血球に見いだされるシステイン含有トリペプチドである. このペプチドの機能は, ヘモグロビンや細胞膜に傷害を与えるような過酸化水素や有機酸化物を除去することである.
    (a) グルタチオンの配列はγ-Glu-Cys-Glyである. ここでγ-Gluは, 最初のペプチド結合がグルタミン酸側鎖のγ-カルボキシ基とシステインのα-アミノ基の間で形成されることを意味している. グルタチオンの構造を書け.
    (b) グルタチオンは, これが関与する反応におけるシステイン側鎖の重要性を強調するため, しばしばGSHと略記される. たとえば2分子のGSHは, 有機過酸化物と反応する. グルタチオンは酸化されてGSSGとなり, 有機過酸化物は

無害なアルコールに還元される．GSSG の構造を書け．

$$2\,GSH + R{-}O{-}O{-}H \xrightarrow{\text{グルタチオン ペルオキシダーゼ}} GSSG + ROH + H_2O$$

18. タンパク質とポリペプチドという言葉は同じ意味ではない．なぜか．

19. 特定のタグペプチドをもった融合タンパク質を合成することができる．こうしたタグペプチドがあると，融合タンパク質を見つけ出すことが容易である．たとえば，FLAG ペプチドとよばれる Asp-Tyr-Lys-Asp-Asp-Asp-Asp-Lys というタグペプチドをもつタンパク質は特異的な抗 FLAG タグ抗体に結合する．FLAG ペプチドの構造を書け．

20. FLAG ペプチド（問題 19 参照）をもつ融合タンパク質では，このタグペプチドはタンパク質の表面に露出していると考えられる．なぜか．

21. アルギニン，ヒスチジン，プロリンを含むトリペプチドを単離した．このペプチドのアミノ酸配列として，何種類のものが考えられるか．

22. 配列が未知のテトラペプチドを単離した．ペプチド結合を加水分解すると，アラニン，グルタミン酸，リシン，トレオニンが得られた．このペプチドのアミノ酸配列として，何種類のものが考えられるか．

23. 次の文章は，一次構造，二次構造，三次構造，四次構造のどれについての記述か．
　(a) ミオグロビンはほぼ球状をしている．
　(b) ヘモグロビンは 4 本のポリペプチド鎖でできている．
　(c) コラーゲンのアミノ酸残基のほぼ三分の一はグリシンである．
　(d) リゾチーム分子は α ヘリックスからなる領域を含む．

24. 問題 13 で述べているのはタンパク質構造の何次構造についてか．

4・2　二次構造：ペプチドの局所的立体構造

25. ペプチド結合の構造を書き，ペプチドの官能基と水分子間の水素結合を示せ．

26. §4・1 では，カルボニル基とアミド基がペプチド結合の反対側に位置するトランス形で書いてあるが，シス形で書くとどうなるか．タンパク質内ではどちらの形がふつうか．それはなぜか．

27. DNA らせんと α ヘリックスの違いを述べよ．

28. α ヘリックスは，らせんの長軸沿いに向いている水素結合で安定化されている．n 番目の残基のペプチド結合のカルボニル基は $(n+4)$ 番目の残基のペプチド結合のアミド基と水素結合を形成している．この水素結合の構造を書け．

29. プロリン残基は α ヘリックスを不安定にし，α ヘリックス末端に位置することが多い．なぜか．

30. プロリンのように（問題 29 参照）グリシンもふつうは α ヘリックス内にはない．これは，プロリンとは全く反対の理由による．なぜか．

31. α ヘリックス内では連続する二つの残基は，らせん軸のまわりを 100° 回転する．これを可視化するために"ヘリカルホイール"という表示法を使う．α ヘリックスでは 3.6 残基でらせん軸を 1 回りするので，18 残基ごとに 5 回転して同じパターンが繰返される．18 残基（1〜18 と番号づけしてある）からなる α ヘリックスについて，らせん軸の真上からこの繰返し構造を見たヘリカルホイールを右に示す．

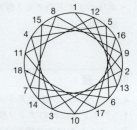

以下に，HIV のコートタンパク質 gp160 の α ヘリックスドメインのアミノ酸配列を一文字表記で示してある．

MRVKEKYQHLWRWGWRWG

これらのアミノ酸配列を上図のヘリカルホイール上に記入せよ．また，この配列でヘリカルホイールの長軸に沿って 1 列に並んでいる残基にみられる特徴を述べよ．

32. サソリ毒から単離されたパンディニン 2 という 24 残基ペプチドは，抗細菌作用と溶血作用をもつ．このペプチドの N 末端側 18 残基のアミノ酸配列を以下に示す．

FWGALAKGALKLIPSLFS

　(a) ヘリカルホイール表示を用いて，この配列を書け．
　(b) (a)の答に基づいて，このペプチドがなぜ細菌と血球細胞に対して溶解作用をもつか考えよ．

4・3　三次構造とタンパク質の安定性

33. 図 4・8 に示したトリオースリン酸イソメラーゼ中の，α ヘリックス，β シートを同定せよ．

34. 以下の二つのアミノ酸の組について，どちらのアミノ酸がタンパク質表面に露出しやすいか．
　(a) リシンとロイシン　　(b) セリンとアラニン
　(c) フェニルアラニンとチロシン
　(d) トリプトファンとグルタミン
　(e) アスパラギンとイソロイシン

35. 部位特異的変異誘発法を用いて，ある受容体タンパク質のグルタミン酸をアラニンに置換した．この受容体へのリガンド結合は百分の一に低下した．この実験から受容体とリガンド間の相互作用についてどんなことがいえるか．

36. トウモロコシの PEP カルボキシラーゼの構造と機能の関係を調べるために，部位特異的変異誘発法でリシン残基を他のアミノ酸に置換（リシンをアスパラギンに置換，リシンをグルタミン酸に置換，リシンをアルギニンに置換）した酵素変異体を作製した．置換の影響が最も少ないのはどの変異体と予想できるか．置換の影響が最も大きいのはどの変異体と予想できるか．そのように予想した理由も述べよ．

37. 次のような分子間相互作用で引き合う二つのアミノ酸側鎖を書け．
　(a) イオン相互作用　　(b) 水素結合
　(c) ファンデルワールス相互作用（ロンドンの分散力）

38. 劇症小児常染色体性劣性筋ジストロフィー（SCARMD）

という筋ジストロフィーは，50 kDa タンパク質の変異でひき起こされる．このタンパク質の 98 番目のアルギニンがヒスチジンに変異すると，筋肉が壊死する．アルギニンがヒスチジンに置換されるとタンパク質機能に欠陥が生じる理由を予想せよ．

39. 遺伝子操作を使って，でたらめなアミノ酸配列をもつポリペプチド鎖をつくると，生成物は不溶性である．一方，天然に存在する同じ長さのポリペプチド鎖はふつう水溶性である．このような違いはなぜ生じるか．

40. 未変性状態のタンパク質構造を維持している多数の弱い非共有結合の釣合を崩すとタンパク質は変性する．次のものはタンパク質をどのようにして変性させるか．
    (a) 熱　(b) pH　(c) 両親媒性界面活性剤
    (d) 2-メルカプトエタノール（HSCH$_2$CH$_2$OH）などの還元剤

41. 1950年代中ごろアンフィンセン（Christian Anfinsen）はリボヌクレアーゼを用いた変性実験を行った．RNAを分解する酵素であるリボヌクレアーゼは，124 アミノ酸残基からなる 1 本のポリペプチド鎖で構成されており，4 本の分子内ジスルフィド結合で架橋されている．タンパク質を変性させる尿素と 2-メルカプトエタノールをリボヌクレアーゼに加えると，三次構造が失われた．それと同時にタンパク質の生物活性も失われた．タンパク質溶液から変性剤（尿素）と還元剤（2-メルカプトエタノール）を同時に除いたとき，リボヌクレアーゼはもとの未変性状態に自然に巻戻り，酵素活性を回復した．この過程は再生とよばれる．この実験の重要な点は何か．

42. インスリンは短い A 鎖と長い B 鎖からなる．この 2 本の鎖はジスルフィド結合でつながっている．下図に示すように，生体内ではインスリンは 1 本のポリペプチド鎖でできたプロインスリンのプロセシングで産生される．このとき，C 鎖がプロインスリンから除かれてインスリンが生じる．

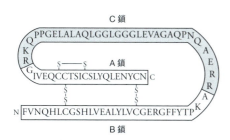

(a) アンフィンセンがリボヌクレアーゼで行ったような変性–再生実験（問題 41 参照）をインスリンで行った．アンフィンセンの得た結果とは異なり，尿素と 2-メルカプトエタノールを透析で除いても，インスリンの活性は 2〜4% しか戻らなかった（この活性は，ジスルフィド結合が無秩序に形成されたとしたときに予測されるレベルである）．しかし，プロインスリンを用いて同じ実験を行うと，再生で 60% の活性が回復できた．この実験結果を説明せよ．

(b) 変性プロインスリンの再生は，pH に依存する．たとえば，pH 7.5 の緩衝液中では 10% しか再生しないが，pH 10.5 では 60% のものが再生した．これはなぜか．［ヒント：プロインスリン中のシステイン側鎖スルフヒドリル基の pK_a は遊離システインのものとほぼ同じである．］

43. 1980 年代中ごろに，細胞を通常の 37°C でなく 42°C で培養すると一群のタンパク質の合成が劇的に上昇することが発見され，熱ショックタンパク質（heat-shock protein）と名づけられた．のちに，この熱ショックタンパク質はシャペロンであることがわかった．培養温度が上がると，なぜ細胞のシャペロン合成が上昇するのか．

44. 温度を上げてタンパク質を変性させるときに，溶液中の半数のタンパク質が変性する温度を変性温度（melting temperature, T_m）という．変性温度とタンパク質のスルフヒドリル基の量に正の相関がみられる．つまり，システイン含量の高いタンパク質ほど変性温度が高い．なぜか．

45. スペクトリンは赤血球の細胞表面に局在しており，毛細血管を通過するときに受ける変形に耐えるような強度を赤血球に付与する．このタンパク質は，ヘリックスの束を単位とした繰返し構造をもっている．グルタミン酸がプロリンに変異したスペクトリン変異体が最近見つかった．この変異はスペクトリンの構造にどのような影響を与えるか．また，その結果，赤血球にどんなことが起こるか．

46. 進化の過程では，アミノ酸の挿入，欠失，置換といった変異は，タンパク質の α ヘリックスや β シートのような規則的構造よりもループに頻繁に起こっている．なぜか．

4・4 四次構造

47. 制限酵素 *Eco*RI と *Eco*RV は二量体（サブユニット二つからなる）酵素である（§3・4 参照）．DNA との相互作用の仕方から考えて，これらのタンパク質はホモ二量体と考えられるか，あるいはヘテロ二量体と考えられるか．

48. 同一のサブユニット二つでできたタンパク質では，軸に対して 180° 回転させても同じ構造が得られることがある．このとき，このタンパク質は回転対称性をもつという．なぜ，タンパク質は鏡面対称性（タンパク質の片側がもう一方の鏡像になっている）をもつことがないのか．

49. グルタチオントランスフェラーゼは二つの同一サブユニットからできている．この二量体タンパク質は，単量体と平衡状態にある．部位特異的変異誘発法で，この単量体の二つのアルギニン残基をグルタミンに，二つのアスパラギン酸残基をアスパラギンに置換した．この結果，二量体と単量体の平衡は，単量体のほうに傾いた．これらアルギニンとアスパラギン酸は，二量体中でどのような場所に位置していると考えられるか．またこれら残基は二量体構造の安定化にどのような役割を果たしているか．

50. 界面活性剤であるドデシル硫酸ナトリウム（dodecyl sodium sulfate: SDS）をある四量体タンパク質に加えると，二量体に解離したが単量体は生じなかった．この二量体間で働き四量体を安定化している分子間力はどんなものか．これは，二量体を構成する単量体間で働く分子間力と違うか．

4・5 タンパク質の構造解析技術

51. Ser–Ile ジペプチドの pI を予想せよ.

52. Gly–Tyr–Val トリペプチドの pI を予想せよ.

53. あるタンパク質の pI は 4.3 であった. このタンパク質にはどのようなタイプのアミノ酸が豊富に含まれているか.

54. pH 3.5 以下の水溶液でのタンパク質の正味の電荷はどうなるか.

55. 次のような配列をもつ（一文字表記で記載）ペプチドをイオン交換クロマトグラフィーを用いて pH 7.0 で他のペプチドから分離したい. DEAE 基をもつビーズと CM 基をもつビーズのどちらを使うべきか.

ペプチド: GLEKSLVRLGDVQPSLGKESRAKKFQRQ

56. ピーナッツアレルギーをひき起こすアレルゲンは, Ara h8 というタンパク質であることが最近わかった. ピーナッツには Ara h8 とよく似た Ara h6 というタンパク質が含まれており, 両者は分子量が似ているうえに, pI もほぼ同一である. しかし, Ara h6 には 10 個のシステイン残基があり, ジスルフィド結合を形成している. 一方, Ara h8 にはシステイン残基がない. そこで, タンパク質の混合物をまず還元剤であるジチオトレイトール (dithiothreitol: DTT) で処理し, 次にヨード酢酸 ICH$_2$COOH を用いて遊離の SH 基をアルキル化する. この反応でヨード酢酸からヨウ素が解離し, システイン残基の SH 基はカルボキシメチル化される. 反応後, タンパク質混合物をイオン交換クロマトグラフィーにかけると Ara h8 と Ara h6 が分離できる.

(a) DTT 処理とその後のヨード酢酸処理の結果, システイン残基にどのような化学構造変化が起こるか.

(b) イオン交換クロマトグラフィーを行ったときの予想される溶出パターン（溶出溶液体積に対してタンパク質濃度を示す）を書け.

(c) DTT 処理とヨード酢酸処理によって二つのタンパク質の分離が可能になったのはなぜか.

57. アフリカ産のカエル *Kassina senegalensis* から 10 アミノ酸からなる神経ペプチド（カシニン）を単離し, その配列をエドマン分解法で決定した. 1 回目エドマン分解でこのペプチドの N 末端は Asp であると判明した. エドマン分解に用いたものとは別の未処理カシニンペプチド試料をキモトリプシンで分解したところ, 次のようなアミノ酸組成をもつ二つの断片（断片 I, 断片 II）が得られた. 断片 I の組成は Gly, Leu, Met, Val で, 断片 II の組成は 2 Asp, Gln, Lys, Phe, Pro, Ser, Val であった. 次に, キモトリプシンの代わりにトリプシンでカシニンペプチドを切断したところ, 次のようなアミノ酸組成をもつ二つの断片（断片 III, 断片 IV）が得られた. 断片 III のアミノ酸組成は Asp, Pro, Lys, Val で, 断片 IV の組成は Asp, Gln, Gly, Leu, Met, Phe, Ser, Val だった. さらに新たな試料をエラスターゼで分解すると単独のアミノ酸 Gly と三つの断片（断片 V～VII）が得られた. 断片 V のアミノ酸組成は Leu, Met で, 断片 VI は Asp, Lys, Pro, Ser, Val だった. 断片 VII は, そのアミノ酸配列が Asp–Gln–Phe–Val と決定された. 最後に, 未処理カシニン試料を臭化シアンで処理してみたが, このペプチドは分解されなかった. これらの情報を総合してカシニンのアミノ酸配列を決めよ.

58. マラリア原虫のユビキチンタンパク質をキモトリプシンで切断し, 生じた断片のアミノ酸配列を決定した. また, 同じタンパク質をキモトリプシンの代わりにトリプシンで切断し, 生じた断片のアミノ酸配列も決定した. その結果を以下に記す. ユビキチンのアミノ酸配列を示せ.

キモトリプシン断片	トリプシン断片
AGKQLEDGRTLSDY	LR
IPPDQQRLIF	AK
VKTLTGKTITLDVEPSDTIEN-	EGI
VKAKIQDKEGI	IQDK
NIQKESTLHLVLRLRGGMQIF	LIFAGK
	QLEDGR
	TLTGK
	IPPDQQR
	GGMQIFVK
	TLSDYNIQK
	ESTLHLVLR
	TITLDVEPSDTIENVK

59. 二つの同一サブユニットがジスルフィド結合でつながったタンパク質のアミノ酸配列を決定するには, まずタンパク質を還元剤で処理し, アルキル化する必要がある. 分子内ジスルフィド結合をもつポリペプチド鎖 1 本からなるタンパク質のアミノ酸配列決定でも, 同じ還元とアルキル化処理が必要である. なぜか.

60. 下記のようなペプチドを断片化したい. 表 4・4 にあげたタンパク質分解酵素のうちで, 最も多くの断片を生じるものはどれか. 最も少ないものはどれか.

NMTQGRCKPVNTFVHEPLVDVQNVCFKE

61. 種子の発芽に際しては, 種子貯蔵タンパク質が重要な栄養源となる. BN という種子貯蔵タンパク質のアミノ酸配列は次のような方法で決められた. まず BN タンパク質を 2-メルカプトエタノールで処理し, ジスルフィド結合を還元した. この処理で, BN が軽鎖と重鎖という 2 本のポリペプチド鎖から構成されていることがわかった. 次に, この 2 本のポリペプチド鎖を分離し, それぞれを 3 分割して別べつに 3 種のプロテアーゼで処理した. 得られた断片をそれぞれエドマン分解法で配列決定した. この配列を次に示す（N 末端がふさがれているため軽鎖の最初の 5 残基は欠けている）.

軽鎖
RIPKCRKEFQQAQHLRACQQWLHKQANQSGGGPS
重鎖
PQGPQQRPPLLQQCCNEKHQEEPLCVCPTLKGASKAVRQ
QIRQQGQQQGQQQGQQLQREISRIYQTATHLPRVCNIPRV-
SICPFQKTMPGP

(a) この配列を決めるには, 最低二つの違うプロテアーゼでポリペプチド鎖を別べつに切断しなくてはならない. なぜか.

(b) ここで使われたプロテアーゼの一つはトリプシンである. トリプシン処理で生じる断片のアミノ酸配列を書け.

(c) 軽鎖と重鎖をもっと小さな断片に切断するために, トリプシン以外のプロテアーゼを用いたい. どのプロテアーゼ

を選んだらよいか. なぜこれを選ぶか. ここで選んだプロテアーゼで生じる断片のアミノ酸配列を書け.

62. 抗体の N 末端につながっているペプチドの配列は,単離した抗体 mRNA の遺伝暗号を読取り,これをアミノ酸配列に変換することで決まった. 以下にその配列を示す.

METDTLLLWVLLLWVPGSTG

このペプチドのアミノ酸配列を従来の方法(たとえばタンパク質分解酵素を使うなど)で決めるのがむずかしかったのはなぜか.

63. 原核細胞では,タンパク質合成におけるまちがいはコドン当たり 5×10^{-4} になる. 500 残基からなるタンパク質では,およそ何個のアミノ酸変異が生じると予想されるか.

64. 問題 63 と同じ条件で,2000 残基からなるタンパク質では何個のアミノ酸変異が生じると予想されるか.

65. 非常に正確な測定が可能な質量分析器でもロイシンとイソロイシンが区別できないのはなぜか.

66. 質量分析を用いたアミノ酸配列決定においては,必ずしもすべてのペプチド結合が切断されるわけではない.

(a) 二つのグリシン残基間で切断が起こらないとすると,二つのグリシン残基の代わりにどんな質量の物質が生じるか.

残基	質量	残基	質量	残基	質量
Ala	71.0	Gly	57.0	Pro	97.1
Arg	156.1	His	137.1	Ser	87.0
Asn	114.0	Ile	113.1	Thr	101.0
Asp	115.0	Leu	113.1	Trp	186.1
Cys	103.0	Lys	128.1	Tyr	163.1
Gln	128.1	Met	131.0	Val	99.1
Glu	129.0	Phe	147.1		

(b) セリン残基とバリン残基間の結合が切断されないとするとどうか. 表にさまざまなアミノ酸の質量を示す.

67. 次に示すペプチドの配列を決めるため質量分析法を用いた. この化合物のペプチド結合だけが切断されるとすると,最小断片の質量はいくつか. ただし,N 末端のみが電荷をもっているとする.

68. 問題 67 において,最小の断片と次に小さい断片の質量の差はいくつか.

69. X 線結晶構造解析では,ポリペプチド鎖末端の数残基の位置は決められないことが多い. なぜか.

70. X 線結晶構造解析では,ポリペプチド鎖に対応する電子密度中で C, N, O 原子の位置を決めることはできるが,ほとんどの場合には水素原子の位置はわからない. そこで,電子密度中の予想される位置に水素原子を後で置くことが多い. 次のポリペプチド鎖の構造に,水素原子を付け加えよ.

...

参 考 文 献

Branden, C. and Tooze, J., *Introduction to Protein Structure* (2nd ed.), Garland Publishing (1999). アミノ酸やタンパク質についての章や,構造や機能で分類されたタンパク質に関する章がある図版の多い教科書.

Cuff, A. L., Sillitoe, I., Lewis, T., Redfern, O. C., Garratt, R., Thornton, J., and Orengo, C. A., The CATH classification revisited−architectures reviewed and new ways to characterize structural divergence in superfamilies, *Nuc. Acids Res.* **37**, D310−D314 (2009). タンパク質構造の分類に関する総説.

Goodsell, D. S., Visual methods from atoms to cells, *Structure* **13**, 347−354 (2005). 分子構造のいろいろな特徴を表示する方法の総説.

Hartl, F. U., Bracher, A., and Hayer-Hartl, M., Molecular chaperones in protein folding and proteostasis, *Nature* **475**, 324−332 (2011). タンパク質折りたたみ経路とまちがって折りたたまれたタンパク質の処理に関する総説.

Proteopedia, www.proteopedia.org. タンパク質,核酸などの三次元構造表示法の使い方.

Richardson, J. S., Richardson, D. C., Tweedy, N. B., Gernert, K. M., Quinn, T. P., Hecht, M. H., Erickson, B. W., Yan, Y., McClain, R. D., Donlan, M. E., and Surles, M. C., Looking at proteins: representations, folding, packing, and design, *Biophys. J.* **63**, 1186−1209 (1992). タンパク質の折りたたみ方を可視化するさまざまな方法についての読みやすい総説.

Soto, C. and Estrada, L. D., Protein misfolding and neurodegeneration, *Arch. Neurol.* **65**, 184−189 (2008). まちがって折りたたまれたタンパク質が,アルツハイマー病やパーキンソン病の原因であるという証拠をまとめた文献.

Street, J. M. and Dear, J. W., The application of massspectrometry-based protein, biomarker discovery to theragnostics, *Br. J. Clin. Pharmacol.* **69**, 367−378 (2010). 病気の原因となるタンパク質を見つけ出すのに質量分析法をどのように用いるか解説した文献.

5 タンパク質の機能

> **タンパク質は動くか**
>
> 従来のタンパク質研究では，タンパク質の立体構造（αヘリックスやβシート）が重要視されてきた．構造決定には結晶が必要なこともあって，タンパク質には動きのない堅い構造物というイメージがある．本書に頻繁に出てくるタンパク質の静止した立体構造も，タンパク質は動的な構造体ではないという印象を強める恐れがある．しかし，結合の伸縮運動や屈曲運動をはじめとしたタンパク質の動きは，その生理機能に必須である．本章では，いくつかのタンパク質を例として，その動きと機能について解説する．

復習事項

- 生体分子では水素結合，イオン相互作用，あるいはファンデルワールス相互作用といった非共有結合性相互作用が重要である（§2・1）．
- タンパク質構造は一次構造から四次構造までの4段階の階層として表現できる（§4・1）．
- 複数の安定構造をとりうるタンパク質がある（§4・3）．
- 複数のポリペプチド鎖からなるタンパク質には四次構造がある（§4・4）．

どんなタンパク質も特異的な構造をもち，それを産生している生物体内で特定の役割を果たしている．たとえば，インスリンという51残基のアミノ酸からなるタンパク質ホルモンは，インスリン受容体という大きな膜タンパク質に結合して細胞内での反応をひき出す．また，ほとんどすべての酵素はタンパク質で，特定の分子と相互作用し，その化学変化を触媒する．本章では，まずミオグロビンとヘモグロビンというタンパク質について解説する．前者は細胞内の酸素結合タンパク質で，脊椎動物の筋肉の赤い色の原因である．後者は赤血球細胞の主要タンパク質で，肺から他の組織に酸素を運搬する．この二つのタンパク質は数十年にわたって研究され，構造と生理機能の関係についての莫大な情報が蓄積されている．

ミオグロビンやヘモグロビンは球状タンパク質であるが，最も豊富に存在するタンパク質の多くは細長い繊維状タンパク質である．これら繊維状タンパク質は会合して大きな構造体となり，細胞や生物体の形状やその他の物理的性質を決定する．繊維状タンパク質には，コラーゲン，細胞外マトリックスタンパク質，そして**細胞骨格**（cytoskeleton）を構成するさまざまなタンパク質がある．繊維状網目構造を形成するということ以外には，細胞骨格タンパク質間およびコラーゲンには共通点はほとんどない．これらタンパク質の立体構造は全く異なっており，それぞれの機能に応じた独特の二次構造，三次構造，四次構造をもつ．

細胞の構造を繊維状タンパク質が支えていることは一見して明らかであるが，よくみると，細胞骨格は細胞の動的な機能にも複雑にかかわっている．たとえば，細胞の運動や細胞内での細胞小器官の移動は，細胞骨格繊維をレールとして用いる**モータータンパク質**（motor protein）の機能を反映している．モータータンパク質は，代謝で獲得した自由エネルギー（たとえばATPのエネルギー）を力学的仕事，つまり分子の運動に変換する．このエネルギー変換機構を学ぶことで，タンパク質の構造と機能の理解を深めることができる．

5・1 ミオグロビンとヘモグロビン：酸素結合タンパク質

重要概念

- 酸素分子はミオグロビンのヘム基に結合する．酸素濃度が解離定数と等しいときに，溶液中の半数のヘム基に酸素分子が結合している．
- ミオグロビンとヘモグロビンの構造やアミノ酸配列が似ていることから，これらが共通の祖先タンパク質から進化してきたことがわかる．

- ヘモグロビンには酸素が協同的に結合し，タンパク質構造はデオキシ型からオキシ型に変わる．
- ボーア効果と BPG 分子は，生体内でのヘモグロビン機能を調整する．

ミオグロビンは比較的小さな球状タンパク質で，大きさは $44 \times 44 \times 25 \text{Å}$ である（図5・1a）．ミオグロビンには β シートが全くなく，153 残基中 32 残基以外はすべて 8 本の α ヘリックス（7 残基から 26 残基の長さをもつ）の一部である．これら α ヘリックスには A から H という名前がつけられている（図5・1b）．ヘモグロビンは，ミオグロビンとよく似た構造をもつサブユニット 4 個からなる四量体タンパク質である．

完全に機能のあるミオグロビンは，1 本のポリペプチド鎖と**ヘム**（heme）とよばれる鉄含有ポルフィリン誘

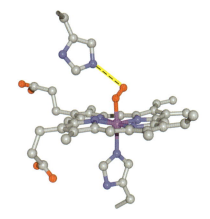

図 5・2 **ミオグロビンのヘム基に結合している酸素**．ヘム（紫）の中心の鉄(II)原子には，ポルフィリン環の四つの窒素とともに，ポルフィリン環平面下の His F8 の窒素が配位している．酸素分子(赤)はポルフィリン環と 6 番目の配位結合を可逆的に形成する．His E7 はポルフィリン環に結合した酸素分子と水素結合を形成する．

鎖だけでは遂行できない機能，ここでは酸素結合をタンパク質が遂行するのを助ける．

平面的なヘムは，ミオグロビンの E ヘリックスと F ヘリックスの間の疎水性ポケットにしっかりはまり込んでいる．タンパク質内では，ヘムは非極性のビニル基 $-CH=CH_2$ 二つが内部に埋まり込み，イオン化したプロピオン酸基 $-CH_2-CH_2-COO^-$ 二つが溶媒に露出するように配向している．中心の鉄原子には 6 本の配位結合が可能で，ポルフィリン環の 4 個の N 原子が配位している．ミオグロビンの F8（F ヘリックスの 8 番目の残基）に位置するヒスチジン残基が 5 番目の配位子となる．酸素分子 O_2 は可逆的に 6 番目の配位結合を形成する（このため，ミオグロビンやヘモグロビンなどのヘム含有タンパク質が酸素運搬タンパク質として機能できる）．E7（E ヘリックスの 7 番目の残基）のヒスチジン残基は，この酸素分子と水素結合を形成する（図5・2）．中心にある 2 価の鉄 Fe^{2+} はふつうは簡単に酸化されて 3 価の鉄 Fe^{3+} になる．後者は酸素を結合できないので，遊離のヘムはあまりよい酸素運搬体ではない．しかし，ヘムがミオグロビンやヘモグロビンといったタンパク質の一部になっていると，鉄の酸化は簡単には起こらない．

ミオグロビンへの酸素結合は酸素濃度に依存する

水中を泳ぐ哺乳類の筋肉には特にミオグロビンが多い．このためミオグロビンは酸素貯蔵タンパク質とみなされていたこともあった．たしかに，ミオグロビンがあれば長時間の潜水に有利だろう．しかしいまでは，筋肉

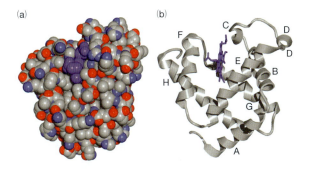

図 5・1 **ミオグロビンの構造**．(a) 空間充填モデル．この表現法では，分子中の水素原子を除くすべての原子がファンデルワールス半径をもつ球として書かれている．炭素は灰色，酸素は赤，窒素は青，また，酸素分子が結合するヘム基は紫で示されている．(b) リボンモデル．分子中の 8 本の α ヘリックス（A〜H）が，らせん状のリボンとして書かれている．［ミオグロビンの構造（pdb 1MBO）は S. E. V. Phillips によって決定された．］

細胞において酸素の拡散を促進することや一酸化窒素といった低分子化合物を結合することがミオグロビンの主要な役割だと考えられている.

ミオグロビンの酸素結合は定量化できる. まず, ミオグロビンへの可逆的な酸素分子の結合は単純な平衡で記述できる.

$$Mb + O_2 \rightleftharpoons MbO_2$$

この平衡状態の解離定数 K は, 次式で表される.

$$K = \frac{[Mb][O_2]}{[MbO_2]} \quad (5・1)$$

ここで, [ ] はモル濃度を表す. なお, 生化学では, 解離定数は K_d と表記されることが多い.

酸素分子を結合したミオグロビン分子の割合 Y は**飽和度**(fractional saturation)とよばれ, 次式で表される.

$$Y = \frac{[MbO_2]}{[Mb]+[MbO_2]} \quad (5・2)$$

$[MbO_2]$ は $[Mb][O_2]/K$ に等しいので〔(5・1) 式を書き換え〕,

$$Y = \frac{[O_2]}{K+[O_2]} \quad (5・3)$$

となる. 酸素分子 O_2 は気体なので, 濃度は**酸素分圧**(partial pressure of oxygen) pO_2 で表す. この単位は Torr である (1 気圧は 760 Torr).

$$Y = \frac{pO_2}{K+pO_2} \quad (5・4)$$

つまり, ミオグロビンに結合した酸素分子の量 Y は,

酸素分圧 pO_2 とミオグロビンと酸素の解離定数 K に依存する.

飽和度 Y を pO_2 に対して目盛ると双曲線になる (図5・3). 酸素分圧が上昇すると, ミオグロビンのヘムに次つぎと酸素分子が結合し, 高濃度の酸素分子の存在下ではほとんどすべてのミオグロビン分子が酸素分子を結合していることになる. このとき, ミオグロビンは酸素で**飽和**(saturation) 状態にある. ミオグロビンが半分だけ飽和される酸素分圧, つまり Y が最大値の半分になる酸素分圧は K に等しい. 簡単のために K はふつう p_{50} とよばれる. これは50%飽和の酸素分圧を意味し, ヒトのミオグロビンでは 2.8 Torr である (計算例題 5・1).

●●●● 計算例題 5・1

問題 $pO_2 = 1$ Torr, 10 Torr, 100 Torr のときのミオグロビンの飽和度を計算せよ.

解答 $K = 2.8$ Torr として (5・4) 式を用い,

$pO_2 = 1$ Torr のとき $Y = \dfrac{1}{2.8+1} = 0.26$

$= 10$ Torr のとき $Y = \dfrac{10}{2.8+10} = 0.78$

$= 100$ Torr のとき $Y = \dfrac{100}{2.8+100} = 0.97$

練習問題
1. $pO_2 = 5.6$ Torr のときのミオグロビンの飽和度を計算せよ.
2. $K = 1.4$ Torr のとき, 練習問題1での Y の値はどのように変化するか.
3. ミオグロビンが O_2 で75%飽和するときの pO_2 の値はいくつか.

ミオグロビンとヘモグロビンは共通の祖先タンパク質から進化した

ヘモグロビンは2本の α 鎖と2本の β 鎖からなるヘテロ四量体である. ヘモグロビンの4個のサブユニットは**グロビン**(globin) とよばれ, ミオグロビンに非常によく似ている. まず, ヘモグロビン α 鎖, β 鎖, そしてミオグロビンは驚くほどよく似た三次構造をもつ (図5・4). そして, すべてが疎水性ポケットに入り込んだヘムをもち, His F8 が2価の鉄原子に配位し, His E7 が酸素分子と水素結合を形成している.

多少意外だが, この3種類のグロビンポリペプチド鎖のアミノ酸配列は18%しか同一でない. 図5・5に

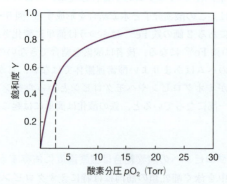

図 5・3 ミオグロビンの酸素結合曲線. ミオグロビンの飽和度 Y は酸素分圧 pO_2 に対して双曲線になる. $pO_2 = K = 2.8$ Torr では, ミオグロビンは半分だけ飽和している ($Y = 0.5$).

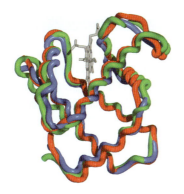

図 5・4 ミオグロビンとヘモグロビン α および β 鎖の三次構造. α グロビン鎖（青）と β グロビン鎖（赤）の折りたたまれ方をミオグロビン鎖（緑）と重ねてみると，三者が構造的に似ていることがわかる. ミオグロビンのヘム基を灰色で示す.［ヘモグロビンの構造 (pdb 2HHB) は G. Fermi, M. F. Perutz によって決定された.］

ギャップを含む配列比較を示す（たとえば，ヘモグロビン α 鎖では D ヘリックスが欠けている）．これらのタンパク質の配列が目立った相同性を示さないことは，タンパク質の三次構造の重要な原理のひとつを示唆している．つまり，ある三次構造，たとえばグロビンポリペプチド骨格の三次構造は，さまざまなアミノ酸配列を許容できるという原理である．実際，全く違ったアミノ酸配列をもつタンパク質が似た構造をとる例は多い．

明らかにグロビンは祖先タンパク質から遺伝的変異を経て進化してきた**相同タンパク質**（homologous protein）である（§3・3 参照）．ヒトヘモグロビンの α 鎖と β 鎖のアミノ酸残基の多くは共通である．このなかの一部はヒトミオグロビンとも共通している．いくつかの残基はすべての脊椎動物ヘモグロビン，ミオグロビン鎖で保存されている．すべてのグロビンで同一である**不変残基**（invariant residue）は，このタンパク質の構造と機能に必須で，他の残基と置き換えることはできない．しかし，特定の残基を維持する選択圧があまり高くないので，似たようなアミノ酸（たとえばロイシンの代わりにイソロイシン，トレオニンの代わりにセリンなど）で置き換えられる場合もある．これを**保存的置換**（conservative substitution）という．これ以外の場所は**可変**（variable）で，いろいろな残基で置き換えられる．つまり，この位置の残基はタンパク質の構造や機能には必須でない．グロビンのように進化のうえで関係しているタンパク質のアミノ酸配列を比較すれば，そのタンパク質の機能に中心的な役割を果たしている構造要素についての知見を得ることができる．

配列比較によってグロビンの進化の過程を明らかにすることもできる．これは，配列の違いの程度は遺伝子が分かれてからの時間の長さにほぼ対応するからである．ほぼ 11 億年前に，おそらく異常な遺伝的組換えの結果，ただ一つのグロビン遺伝子が重複して二つのグロビン遺伝子が生じたと考えられる（図 5・6）．時間が経つにつれて，これらの遺伝子配列はそれぞれ突然変異で独立に変化し，その結果，一方の遺伝子がミオグロビン遺伝子，

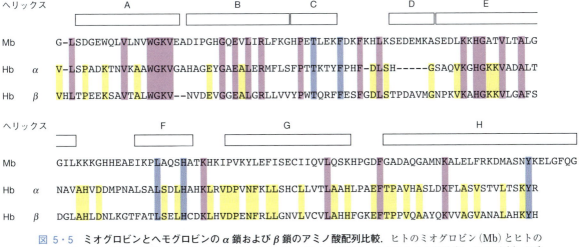

図 5・5 ミオグロビンとヘモグロビンの α 鎖および β 鎖のアミノ酸配列比較. ヒトのミオグロビン（Mb）とヒトのヘモグロビン（Hb）α 鎖（α グロビン）および β 鎖（β グロビン）の配列を，8 本のらせん部分（A～H で示す）が重なるように並べた．α グロビンと β グロビン間で同一の残基を黄，ミオグロビン，α グロビン，β グロビン間で同一の残基を青，すべての脊椎動物のミオグロビン，ヘモグロビン鎖の間で同一の不変残基を紫で示す．アミノ酸の一文字表記は図 4・2 参照.［R. E. Dickerson and I. Geis, *Hemoglobin*, pp. 68-69, Benjamin/Cummings (1983) による.］

> ### ボックス5・A　生化学ノート
>
> **エリスロポエチンは赤血球細胞の増殖を促す**
>
> 　エリスロポエチン（erythropoietin: EPO）は165アミノ酸残基からなるタンパク質ホルモンで，骨髄での赤血球細胞産生を促す．EPOはおもに腎臓で産生されるので，腎臓病患者はEPO不足に陥ることが多く，貧血を起こしやすい．しかし，組換えEPOを用いた治療で，赤血球を正常なレベルまで戻すことができる．
>
> 　こうしたEPOの効果は，長距離自転車競技のような耐久競技の選手たちに不正に利用されることがある．EPOを用いると赤血球量が増加し，筋肉への酸素供給が増加して，長時間の競技に有利になる．しかし，EPOのドーピングは見つけ出すのがむずかしい．EPOはふつうに体内で産生されており，EPO量の増加が検出されてもドーピングによるものかどうか結論できない．赤血球量が突然増加すると，ふつうは鉄イオンの体内貯蓄量が減少するが，これも鉄イオンサプリメントをあらかじめ飲んでいると発見できない．唯一のドーピング検出法は，腎臓で産生されたEPOと培養細胞でつくられた組換えEPOでは表面に結合している糖鎖の種類が違うというわずかな化学的差異を使うことである．

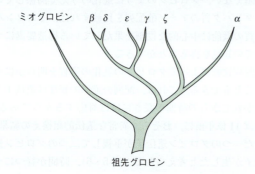

図5・6　**グロビンの進化**．祖先グロビン遺伝子が重複することで，ミオグロビンと単量体ヘモグロビンが別べつに進化してきた．ヘモグロビン遺伝子はさらに重複して6種のグロビン鎖が生じた．現在ではこれら6種類のグロビン鎖は，発生のさまざまな段階で異なる組合わせをとって四量体ヘモグロビンを形成している．

もう一方が単量体ヘモグロビン遺伝子となったのだろう．後者は，いまでもヤツメウナギのような原始的な脊椎動物でみることができる（4億2500万年前に生まれた生物）．そのあとにヘモグロビン遺伝子が重複し，さらに配列が変化してα鎖とβ鎖が生じた．ここで四量体ヘモグロビン（この構造を$\alpha_2\beta_2$と略記する）への進化が可能となった．さらにヘモグロビン遺伝子の重複や突然変異が起こり，α鎖からはζ鎖が，β鎖からはγ鎖とε鎖が生じた．哺乳類胎児では，$\alpha_2\gamma_2$という構造のヘモグロビンが，ヒト初期胚では$\zeta_2\varepsilon_2$という構造のヘモグロビンが合成されている．霊長類ではβ鎖が最近になって重複し，δ鎖が生じた．ヒト成人ヘモグロビンの微量成分（ほぼ1％）として，$\alpha_2\delta_2$という構造のものが存在している．現在はδ鎖に特別な生物学的機能があるようにはみえないが，そのうちに新たな機能が現れるのかもしれない．

酸素分子はヘモグロビンに協同的に結合する

　1ミリリットルのヒト血液には50億個の赤血球が含まれており，それぞれの赤血球には3億個のヘモグロビン分子が詰まっている．この結果，同じ体積の水に比べて血液はずっと多くの酸素を運搬できる．血液中で赤血球が占める体積は，ふつうは40％（女性）から45％（男性）であるが，貧血症患者はこの割合が低い．この場合，赤血球産生を増加させて治療することが可能である（ボックス5・A）．

　ミオグロビンのようにヘモグロビンも可逆的に酸素を結合するが，前者のような単純な挙動はしない．ヘモグロビンの酸素飽和度YをpO_2に対して目盛ると，双曲線ではなくシグモイド曲線（S字形曲線）になる（図5・7）．さらにヘモグロビンの酸素分子への親和性は，ミオグロビンより低い．ヘモグロビンを半分飽和させる酸素分圧は26 Torrであるが（p_{50} = 26 Torr），ミオグロビンではこの値が2.8 Torrである．

　なぜヘモグロビンの酸素結合曲線はシグモイド曲線なのだろうか．低い酸素濃度では最初の酸素分子はヘモグロビンに結合しにくいようにみえるが，酸素濃度が上昇するに従い酸素分子の結合は急激に増え，最後にはヘモグロビンはほとんど完全に酸素分子で飽和される．この結合曲線を逆にながめると，最初に酸素分子はヘモグロビンから解離しにくいようにみえるが，酸素濃度が減少すると突然すべての酸素分子が放出される．このような結合解離から，ヘモグロビンに最初の酸素分子が結合すると残りの結合部位での親和性は上昇することがわかる．明らかに，ヘモグロビンの4個のヘムは独立ではなく，協同して働くように互いに連絡し合っている．このような現象を**協同的結合**（cooperative binding）という．実際，4番目の酸素分子は，最初のものに比べて100倍

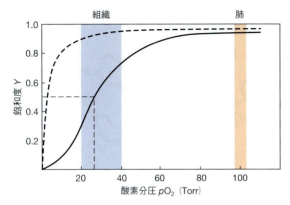

図 5・7 **ヘモグロビンの酸素結合曲線**. 飽和度 Y は酸素分圧 pO_2 に対してシグモイド曲線になる. ヘモグロビンが半分だけ飽和している pO_2 (p_{50}) は 26 Torr である. 比較のためにミオグロビンの酸素結合曲線を点線で示す. ヘモグロビンとミオグロビンの酸素親和性に差があるので, 肺でヘモグロビンに結合した酸素は筋肉のミオグロビンに確実に受け渡される. ヘモグロビンの結合曲線では, 組織の pO_2 にあたる部分で最も急激に酸素親和性が変化するため, この酸素運搬系は効率がよい.

ユニットに構造変化が生じる. こうした現象は, "タンパク質は動くか" という本章の最初に出した疑問の答になる.

デオキシヘモグロビン (deoxyhemoglobin, 酸素分子を結合していないヘモグロビン) では, ヘム鉄原子は5個の配位子をもち, ポルフィリン環はいくぶんドーム状になっていて, 鉄原子はポルフィリン環面から 0.6 Å 離れている. この結果, ヘムは His F8 に少し傾いている (図 5・8). 酸素分子がヘムに結合して**オキシヘモグロビン** (oxyhemoglobin) ができると, 6個の配位子をもった鉄原子はポルフィリン環の中央に戻る. この鉄原子の動きで, His F8 はヘムのほうに引っ張られる. この結果, F ヘリックス全体が 1 Å ほど上に動くことになる. こうした F ヘリックスの動きは必然的に全タンパク質の構造変化を伴い, 最終的には一つの $\alpha\beta$ 二量体単位がもう一つの $\alpha\beta$ 二量体単位に対して回転することになる. つまり, オキシ, デオキシ状態に対応して, ヘモグロビンは2種類の四次構造をとることになる.

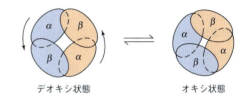

オキシ状態とデオキシ状態間の構造遷移はまず二つの

もヘモグロビンに対する親和性が高い.

ヘモグロビンが酸素分子に対して比較的親和性が低いことと協同的結合は, このタンパク質の生理的機能の鍵になっている (図 5・7 参照). pO_2 がほぼ 100 Torr の肺では, ヘモグロビンは酸素分子で 95% 飽和された状態にある. 一方, pO_2 が 20〜40 Torr の組織中ではヘモグロビンの酸素分子に対する親和性は急激に減少して, pO_2 が 30 Torr ではほぼ 55% 飽和まで下がる. この状態では, ヘモグロビンから放出された酸素分子は容易に筋肉細胞ミトコンドリアのミオグロビンに取込まれる. これは酸素分圧が低くても, ミオグロビンの酸素分子に対する親和性はヘモグロビンよりずっと高いからである. ミトコンドリアでは, 酸素分子は筋肉の活性を維持するための酸化反応に使われる. ヘモグロビンと酸素分子の結合を阻害する一酸化炭素などの化合物は, 細胞への効率的酸素運搬を阻害する (ボックス 5・B).

ヘモグロビンの協同的酸素結合の構造的基盤

ヘモグロビンの4個のヘムが協同的に酸素分子を結合したり放出したりするためには, それぞれのヘムの酸素結合状態を互いに知らなければならない. しかし, これら4個のヘムは互いに 25〜37 Å 離れていて, 電気的な信号で連絡を取合うには距離がありすぎる. そこでこの信号は機械的なものでなければならない. ヘモグロビンの結晶構造を解いたペルツ (Max Perutz) が明らかにしたように, 酸素分子を結合すると4個のグロビンサブ

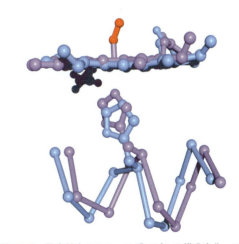

図 5・8 **酸素結合によるヘモグロビンの構造変化**. デオキシヘモグロビン (青) では, ポルフィリン環は His F8 に引っ張られて少しひずんでいる (棒球モデルで示す). F ヘリックスのほかの部分は α 炭素だけを示している. オキシヘモグロビン (紫) では, ヘム基は His F8 とその F ヘリックスを引っ張り上げ, ポルフィリン環は平らになる. 結合した酸素を赤で示す.

αβ単位が互いに回転することでひき起こされる。酸素結合で4個のサブユニットがつくる中央の穴の大きさは減少し，サブユニット間の接触面も変わる．ヘモグロビンの2種類の状態は，**T状態**（Tは緊張，tenseに由来）と**R状態**（Rは弛緩，relaxedに由来）ともよばれる．T状態はデオキシヘモグロビンに対応し，R状態はオキシヘモグロビンに対応する．

デオキシヘモグロビンは酸素分子を結合しにくい．これは，デオキシヘモグロビンが酸素結合には都合の悪いT状態をとっているためである（鉄原子がヘム面から外に出ている）．しかし，いったん酸素分子が結合すると（おそらくαβ二量体のα鎖に），原子とFヘリックスが動いて，四量体全体がオキシ（R）状態に切替わる．このとき，αβ二量体間の接触面の構造から考えて，T状態とR状態の中間構造はありえない（図5・9）．分子動力学計算によると，ヘモグロビンのT状態からR状態（あるいはR状態からT状態）の転移は突然に起こるのではなく，それに先立って四次構造のゆらぎが起こる．

いったん酸素分子が一つでも結合すると，ヘモグロビンは酸素分子の結合に有利なR状態に入るので，これに続く酸素分子への親和性は高くなる．同様に，オキシヘモグロビンは酸素分圧がずっと下がるまで，結合している酸素を放さない．しかしいったん酸素分子が放出されると，これが引金になってオキシ型構造はデオキシ型構造（T状態）に転移する．この結果，残りの酸素分子の親和性は減少し，ヘモグロビンから簡単に放出されることになる．酸素結合曲線を描くには，多数のヘモグロビン分子についての平均値を測定するので，得られる結果は図5・7のように滑らかな曲線となる．

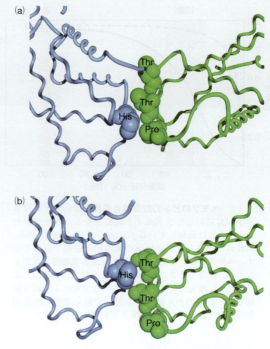

図5・9 **ヘモグロビンのサブユニット間相互作用の例.** ヘモグロビンのαβ二量体は側鎖間の接触を介して相互作用する．この接触にかかわる残基を空間充填モデルで示す．(a) デオキシヘモグロビンではβ鎖（青，左）のヒスチジン残基がα鎖（緑，右）のプロリンとトレオニン残基の間に入り込んでいる．(b) 酸素が結合すると，ヒスチジン残基は二つのトレオニン残基の間に移動する．これら側鎖の構造を大きくひずめないとデオキシ型とオキシ型の中間構造をつくることはできないので，こうした中間体というのは存在しない．［ヒトのデオキシヘモグロビンの構造（pdb 2HHB）はG. Fermi, M. F. Perutz, ヒトのオキシヘモグロビンの構造（pdb 1HHO）はB. Shaananによって決定された．］

ボックス5・B　生化学ノート

一酸化炭素中毒

ヘモグロビンと一酸化炭素の結合は，酸素との結合より250倍も強い．しかし，大気中の一酸化炭素濃度はたった0.1 ppm（体積にして百万分の一）であるのに対して，酸素分子濃度は200,000 ppmである．ふつうは体内でのCO産生があるので（まだ生理的機能は不明だが，COはシグナル伝達分子として働いているらしい），ヒトヘモグロビンの1%ほどがカルボキシヘモグロビン（Hb·CO）の形で存在している．

環境中の高濃度一酸化炭素にさらされると，体内のカルボキシヘモグロビンの割合が増加して，危険である．たとえば，ガス燃焼器具や車両エンジンで，燃料が不完全燃焼するとCOが発生する．こうした場合にはCO濃度は10 ppmになることがあるし，ひどく環境汚染が進んでいる都市部では，100 ppmに達することもある．ヘビースモーカーでは，カルボキシヘモグロビンの割合が15%にまでなることがあるが，ふつうは一酸化炭素中毒の症状ははっきりと現れない．

カルボキシヘモグロビン量が25%を超えると，一酸化炭素中毒によってめまいや意識混濁といった神経障害の症状が現れる．カルボキシヘモグロビン量が50%を超えると，こん睡状態から死に至る．いったん一酸化炭素がヘモグロビンに結合すると，それより親和性の低い酸素分子ではこれを置き換えることができない．軽い一酸化炭素中毒の場合には，酸素を供給することである程度症状を緩和することができるが，一酸化炭素のヘモグロビンからの解離には数時間を要するので，回復は遅い．

ヘモグロビンのように複数の結合部位をもつものを**アロステリックタンパク質**（allosteric protein, ギリシャ語で allo は"ほかの"を意味し，stereos は"場所"を意味している）とよぶ．こうしたタンパク質では，低分子化合物〔**リガンド**（ligand）とよばれる〕が一つの部位に結合すると，このリガンドに対する他の部位の親和性が変わる．原理的には，リガンドは1種類でなくてもよい．またリガンド結合で，他の部位の親和性は上がる場合も下がる場合もある．ヘモグロビンでは，リガンドはすべて酸素分子で，一つの部位への酸素分子の結合は他の結合部位の酸素に対する親和性を上昇させる．

ヘモグロビンの酸素結合を制御する細胞内因子

数十年にもわたる研究の結果，ヘモグロビンの活性の背後にある化学的基盤が（ボックス5・Cに示すように，分子レベルの欠陥がどうして病気につながるかという理由も）明らかになってきた．デオキシヘモグロビンがオキシヘモグロビンに変わるときの構造変化で，このタンパク質の解離基のまわりの環境も変化する．α鎖のN末端のアミノ基やβ鎖C末端近くの二つのヒスチジン残基側鎖などがこの例である．ヘモグロビンに酸素分子が結合すると，これら解離基からH^+が放出される．

$$Hb \cdot H^+ + O_2 \rightleftharpoons Hb \cdot O_2 + H^+$$

そこで，ヘモグロビンを含む溶液のpHを上げると（$[H^+]$を下げると），上記の反応が右に偏り，酸素結合が進行する．pHを下げると（$[H^+]$を上げると），反応は左に偏り酸素分子の放出が進行する．pHが下がったときに酸素分子に対するヘモグロビンの親和性が低下する現象を**ボーア効果**（Bohr effect）とよぶ．

生体内での酸素運搬では，このボーア効果は大きな役割を果たしている．組織呼吸により酸素分子が消費され二酸化炭素が放出される．溶けた二酸化炭素は赤血球に入り，カルボニックアンヒドラーゼ（carbonic anhydrase, 炭酸デヒドラターゼともいう）という酵素の働きで炭酸水素イオンHCO_3^-になる（ボックス2・D参照）．

$$CO_2 + H_2O \rightleftharpoons HCO_3^- + H^+$$

この反応で放出されるH^+によって，ヘモグロビンは酸素分子を放出する（図5・10）．肺では，高濃度の酸素分子がヘモグロビンの酸素結合を促し，この結果，H^+がヘモグロビンから放出される．このH^+は炭酸水素イオンと結びつき，二酸化炭素となって肺に放出される．

赤血球には，ヘモグロビン機能を微調整するもう一つの機構がある．この細胞には，2,3-ビスホスホグリセ

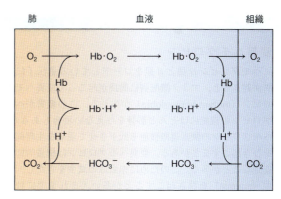

図 5・10 酸素運搬とボーア効果．ヘモグロビンは肺で酸素を結合する．体内組織では，二酸化炭素の代謝産物由来のH^+がヘモグロビンの酸素親和性を下げ，組織への酸素放出を促進する．肺に戻ると，ヘモグロビンはまた酸素を結合し，H^+を放出する．このH^+は炭酸水素イオンと結合して二酸化炭素を再生する．

リン酸（2,3-bisphosphoglycerate: BPG）という3炭素化合物が含まれている．

2,3-ビスホスホグリセリン酸（BPG）

BPGは，ヘモグロビンがT（デオキシ）状態にあるときにだけ中央の穴に結合する．BPGの5個の負電荷はデオキシヘモグロビンの正電荷と相互作用する．オキシヘモグロビンではこれらの正電荷は遠ざかっており，また中央の穴もBPGが入るには小さすぎる．そこで，BPGがあるとヘモグロビンのデオキシ型が安定になる．

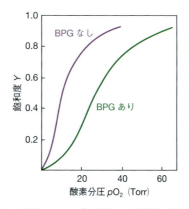

図 5・11 BPGのヘモグロビンへの影響．BPGはデオキシヘモグロビンに結合し，オキシヘモグロビンには結合しない．そのためBPGはデオキシ型の構造を安定にし，ヘモグロビンの酸素親和性を減少させる．

ボックス 5・C　臨床との接点

変異ヘモグロビン

ヘモグロビンα鎖とβ鎖をコードしている遺伝子に変異が起きると，アミノ酸配列に置換が起こって変異ヘモグロビン（mutant hemoglobin）が生じる．この変異がヘモグロビンの機能にほとんど影響を与えない場合もあるが，ヘモグロビンの酸素運搬機能を低下させて重篤な生理障害をひき起こすことがある．変異ヘモグロビンは構造的に不安定なことが多く，このために赤血球の減少をきたし，貧血（anemia）をひき起こすことが多い．これまでに数百の変異ヘモグロビンが知られており，全世界の人口の5%が何らかの形のヘモグロビン異常を遺伝的に受け継いでいる．そのなかでも，鎌状赤血球ヘモグロビン（ヘモグロビンSあるいはHbS）は最もよく知られている変異ヘモグロビンである．ヘモグロビン遺伝子について，二つの対立遺伝子がともにこの欠陥をもっている場合には，鎌状赤血球貧血が起こる．この消耗性疾患は，おもにアフリカ系の

正常赤血球細胞（上）と鎌状赤血球細胞（下）．〔Andrew Skred/Science Photo Library/Photo Researchers/amanaimages, Jacki Lewin, Royal Free Hospital/Science Photo Library/Photo Researchers/amanaimages による．〕

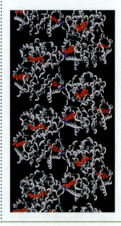

重合したヘモグロビンS分子のモデル．各ヘモグロビンS分子中のヘム基を赤，変異したバリン残基を青で示す．〔W. Royer and D. Harrington, *J. Mol. Biol.* **272**, 398-407（1992）提供．〕

人たちにみられる．

鎌状赤血球貧血の原因が分子レベルで同定されたことは，生化学の歴史において画期的なできごとであった．この疾患は1910年に最初に報告されたものの，これがあるタンパク質の分子構造の変化の結果によるものであるという直接的な証拠はなかった．しかし1949年にポーリング（Linus Pauling，このときちょうどαヘリックスの構造を見いだすところだった）は，鎌状赤血球貧血患者のヘモグロビンは健常人のヘモグロビンと異なる電荷をもつということを見いだした．さらに1957年にはイングラム（Vernon Ingram）が，鎌状赤血球ヘモグロビンβ鎖ではA3部位のグルタミン酸がバリンに置き換わっていることを証明した．これは，一つの遺伝子が変化すると対応するポリペプチドのアミノ酸配列が変化するという最初の実験的証拠であった．この変異については§3・2で解説した．

正常ヘモグロビンでは，オキシ型からデオキシ型に構造変化すると，タンパク質表面のEヘリックスとFヘリックスの間にあたる疎水性領域が露出する．ヘモグロビンS

BPGがないとヘモグロビンと酸素分子の結合は強くなりすぎて，pO_2が低い場合でも酸素放出がなかなか起こらない（図5・11）．

胎児はこのBPGの効果を利用して，母親のヘモグロビンから酸素分子を獲得している．胎児ヘモグロビンのサブユニット構成は$\alpha_2\gamma_2$となっており，γ鎖の21番目のアミノ酸は，母親のβ鎖のHisの代わりにSerである．β鎖のHisはBPG結合に重要な正電荷の一つを提供しているので，この正電荷が欠けた胎児ヘモグロビンでは，BPGの結合が弱まっている．その結果，胎児赤血球のヘモグロビンは成人ヘモグロビンより強い酸素分子結合能をもつことになる．そこで，母親の血流から胎児へ酸素分子の移動が起こりやすくなる．

5・2　構造タンパク質

重要概念

- 球状タンパク質であるアクチンは重合してフィラメントとなる．
- アクチンフィラメントの伸長や短縮によって，細胞の形態が変化する．
- 微小管は，チューブリン二量体が重合してできた中空のチューブ状フィラメントである．
- 中間径フィラメントは，コイルドコイル構造をもつ中間径フィラメントタンパク質が重合したものである．
- グリシンとプロリン残基に富むコラーゲンの3本のポリペプチド骨格が会合してコラーゲン三重らせんができる．

典型的な真核細胞には細胞全体に広がる細胞骨格

の疎水的なバリン残基側鎖は，ちょうどこの露出した疎水性領域に疎水性相互作用を介して結合できる位置にある．このようなデオキシ型ヘモグロビン S 分子どうしの会合で，硬い繊維状構造が赤血球内で生じる．

この繊維は赤血球細胞を物理的に変形させるため，よく知られているように赤血球は鎌形を呈する．ヘモグロビン S の凝集はデオキシヘモグロビン S でのみ起こるため，酸素の少ない毛細血管を赤血球細胞が通るときに鎌状赤血球化は起こりがちである．この鎌状細胞は血流を妨げるうえ破裂しやすいため，病気の特徴である激しい痛み，臓器障害，赤血球の減少がひき起こされる．

鎌状赤血球貧血遺伝子（変異型 β グロビン遺伝子）が高頻度でみられることは不可解であった．生理的機能に障害をひき起こす変異型遺伝子を 2 コピーもつ個体（変異型遺伝子のホモ接合体）は，子孫にその遺伝子を受け渡す可能性が低いため，こうした遺伝子が集団中に広がるのはまれだからである．しかし，鎌状赤血球保有者には遺伝子選択のうえで利点があることが明らかになった．つまり鎌状赤血球保有者は，世界中で年間約 2 億人が感染し，そのうち約 100 万人（その多くは子供である）が死亡するマラリアに対して抵抗性をもっている．実際，鎌状赤血球ヘモグ

ロビン保有者は，マラリアが風土病である地域によくみられる．ヘテロ接合体（正常型と変異型の β グロビン遺伝子を一つずつもつ）では，血流中の約 2% の赤血球細胞しか鎌形にならないが，これでも十分な抗マラリア効果がある．赤血球の鎌状化によって，直接にマラリアの原因である原生動物 *Plasmodium falciparum*（マラリア原虫）が体内から排除されるわけではない．むしろ，ヘモグロビン S が体内にあると，ヘムオキシゲナーゼという酵素の生合成が活性化され，マラリア原虫でひき起こされる障害に対して保護作用をもつ物質を産生するからである．

地中海沿岸や南アジアでよくみられる地中海貧血（サラセミア thalassemia）は，遺伝子変異の結果，ヘモグロビン α 鎖と β 鎖の合成速度が低下するためにひき起こされる．どんな変異が起こっているかによって，地中海貧血の症状は大きく変わる．この貧血患者の赤血球は正常なものより小さいことが多い．ヘモグロビン S のヘテロ接合体の場合のように，地中海貧血患者もマラリア抵抗性をもっている．

ヘモグロビンの機能に重要な役割を果たす残基を次の表に示す．これらの残基の変異は，臨床的に異常な症状をひき起こす．

ヘモグロビン鎖	位置	アミノ酸残基	役割	重要性
α	44	Pro	デオキシ型で $\alpha_1\beta_2$ 接触面形成にかかわる	デオキシ型の安定化
α	141（C 末端）	Arg	C 末端の $-COO^-$ が Lys127 とイオン対を形成し，デオキシ型では Lys127 側鎖は Asp126 とイオン対を形成する	デオキシ型の安定化
β	82	Lys	ヘモグロビンの中央穴で BPG とイオン対を形成する	デオキシ型の安定化
β	146	His	イミダゾール側鎖が Asp94 とイオン対を形成する．またヘモグロビン中央穴の BPG とイオン対を形成する	デオキシ型の安定化

（cytoskeleton）というフィラメント構造がある．（図 5・12）この細胞骨格の構築単位が細胞骨格タンパク質（cytoskeletal Protein）である．細胞骨格には，**ミクロフィラメント**（microfilament, 直径およそ 70 Å），**中間径フィラメント**（intermediate filament, 直径およそ 100 Å），そして **微小管**（microtubule, 直径およそ 240 Å）という 3 種類があり，それぞれが独自の細胞骨格タンパク質で構成されている．大きな多細胞生物では，**コラーゲン**（collagen）というタンパク質の繊維が，細胞外から構造を支えている．細菌細胞も，ミクロフィラメントや微小管に似た構造を形成するタンパク質を含んでいる．次に述べるように，細胞骨格の全体の構造や柔軟性，そして細胞骨格ができたり壊れたりする過程に，それぞれの

細胞骨格タンパク質の構造が影響を及ぼしている．

ミクロフィラメントはアクチンでできている

真核生物の細胞骨格の大部分は**ミクロフィラメント**が占めている．ミクロフィラメントは**アクチン**（actin）重合体にさまざまなタンパク質が結合した構造体である．多くの細胞ではミクロフィラメントの網目構造が細胞膜を支えており，細胞の形を決めている（図 2・7 と図 5・12 参照）．ある種のタンパク質はミクロフィラメントを架橋して束化し，その強度を増す．

アクチン単量体は，375 アミノ酸残基を含む球状タンパク質である（図 5・13）．その表面にはアデノシン三リン酸（ATP）を結合する溝がある．アデノシン部分は

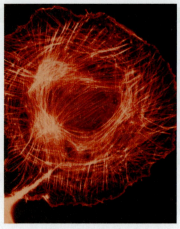  

アクチンフィラメント　　　　　　　中間径フィラメント　　　　　　　微小管

図 5・12　3 種類の細胞骨格フィラメントの細胞内分布．アクチンフィラメント，中間径フィラメント，微小管を，それぞれのフィラメントを構成する細胞骨格タンパク質に特異的に結合する蛍光プローブで可視化した．3 種類の細胞骨格フィラメントが 1 個の細胞内でそれぞれ特異な分布をすることがみてとれる．［J. Victor Small, Austrian Academy of Sciences, Vienna, Austria 提供．］

タンパク質表面のポケットに入り込み，リボースのヒドロキシ基とリン酸基はタンパク質と水素結合を形成する．

　球状の単量体アクチン（globular monomeric actin）を **G アクチン**（G-actin），その重合体であるアクチンフィラメント（filamentous actin）を **F アクチン**（F-actin）とよぶことも多い．アクチンフィラメントはアクチンサブユニットの二重らせんからなり，各サブユニットは四つの隣り合うサブユニットと接触している（図 5・14）．フィラメント内では，それぞれのアクチンサブユニットは同じ向きで配置されているので（たとえば，図 5・14 ではすべてのヌクレオチド結合部位入口は上向きになっ

ている），フィラメントには決まった極性がある．ATP 結合部位入口の方向を**マイナス（－）端**，その反対側を**プラス（＋）端**とよぶ．

　アクチン二量体や三量体は不安定なので，アクチン単量体から二量体や三量体ができる反応は起こりにくい．

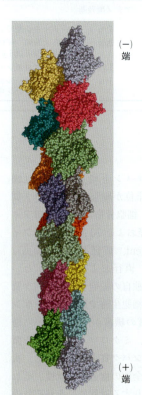

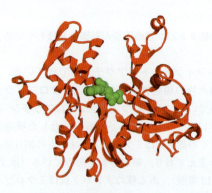

図 5・13　アクチン単量体立体構造のリボンモデル．この 375 残基のタンパク質は球状をしており，ATP（緑）が結合する溝をもつ．［ウサギのアクチンの構造（pdb 1J6Z）は L. R. Otterbein, P. Graceffa, R. Dominguez によって決定された．］

図 5・14　アクチンフィラメントの構造モデル．このモデルはアクチン単量体の X 線結晶構造に基づいている．14 個のアクチン単量体サブユニットを異なる色で表示している．［Ken holmes, Max Planck Institute for Medical Research 提供．］

しかしもっと長い重合体がいったんできあがると，アクチンサブユニットが両端に付加できるようになり，フィラメント形成が速く進行する．この付加反応はふつう（＋）端のほうが（－）端より速い（図5・15）．

アクチン上でATPが加水分解され（水分子の付加により分解される）ADPと無機リン酸P_iが産生されるという反応で，アクチン重合が駆動される．

アクチンフィラメントはATP加水分解反応の触媒となるが，GアクチンはATP触媒とならない．そこで，アクチンフィラメントのサブユニットのほとんどはADPを結合しており，フィラメント末端に付加したばかりのサブユニットだけがATPを結合している．ATP-アクチンとADP-アクチンは少し違う立体構造をとる可能性が高いので，アクチンフィラメントと相互作用するタンパク質は，速やかに重合しているアクチンフィラメント（ATP-アクチンに富んでいる）と，これよりずっと長い安定なアクチンフィラメント（ADP-アクチンに富んでいる）を区別できる．

アクチンフィラメントは常に伸びたり縮んだりしている

アクチンフィラメントは動的な構造体である．アクチン単量体の重合は可逆過程なので，サブユニットがアクチンフィラメントの末端に結合したり解離したりして，フィラメントは常に伸びたり縮んだりしている（図5・15参照）．アクチンフィラメントの一端へのサブユニットの結合速度が他端からのサブユニットの解離速度と同じになり，見かけ上その長さが変化しない状態を**トレッドミル状態**（treadmilling）とよぶ（図5・16）．

細胞内でのアクチン単量体とアクチンフィラメント間の平衡は，計算上はフィラメント形成に偏っていることになる．しかし実際には，細胞内でのアクチンフィラメントの伸長は，（＋）端と（－）端に結合して重合を阻害する**キャップタンパク質**（capping protein）で制限を受けている．キャップタンパク質を除去すると，キャップされていない末端での重合をひき起こすことになる．既存のアクチンフィラメントの脇から枝分かれして新たなフィラメントが伸長することもある．

ある場所でのアクチンフィラメントの伸長に必要なアクチン単量体は，他の場所でのフィラメントの脱重合で供給される．細胞内では，ある種のタンパク質がフィラメント中のアクチンサブユニットに結合して，アクチン-アクチン相互作用を弱めるような小さな構造変化を誘起する．その結果，アクチンフィラメントは構造変化を起こしたサブユニットで切れやすくなる．すぐにキャップされない限り，新たに生じたむき出しの末端からアクチンサブユニットは解離していく．

キャップタンパク質，分枝タンパク質，切断タンパク

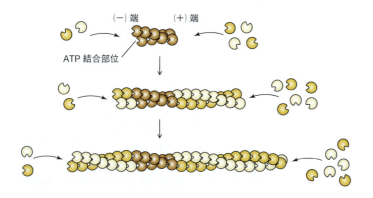

図5・15 **アクチンフィラメントの重合**．アクチンフィラメントはサブユニットが末端に結合することで伸長する．サブユニットはふつう（－）端よりも（＋）端のほうに速く結合する．細胞内のアクチンフィラメント（アクチンフィラメントは細胞内では他のタンパク質を結合しており，ミクロフィラメントとよばれる）はここに示したよりもずっと長い．

図 5・16 **アクチンフィラメントのトレッドミル**. フィラメントの一端への結合と他端からの解離は平衡状態にある.

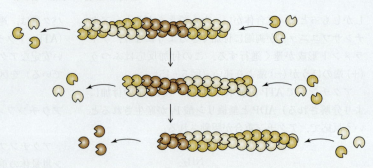

質，そして細胞外部からのシグナルに反応するその他のタンパク質が，アクチンフィラメントの形成と脱重合を調節する．細胞のある領域でアクチンフィラメントが伸び，他の領域で縮むことで，アクチンフィラメントの網目を含む細胞は形を変える．ある種の細胞は，こうしたフィラメントの動的構造変化を駆動力として細胞運動を行う．細胞が固体表面を這うときには，アクチン重合によってフィラメント（＋）端が伸び，脱重合によって"（−）端"が短縮する（図5・17a）．移動している細胞の先行端で伸長中のアクチンフィラメントの密度が高いことから（図5・17b），急激なフィラメントの形成と前方への伸長が細胞体移動や細胞形態変化に寄与していること

がわかる．なお，アクチンフィラメントは上記のような細胞体の形態変化や細胞運動にかかわっているだけでなく，筋肉細胞でみられるように張力発生装置の必須部品としても使われている（§5・3参照）．

微小管はチューブリンが重合してできた中空の管状構造体である

アクチンフィラメントのように，微小管も小さなタンパク質サブユニットからなる細胞骨格構造である．細胞外あるいは細胞内の刺激に応答して急激に細胞が形態を変えるのに十分対応できるように，微小管もアクチンフィラメントのように伸長したり短縮したりする．微小管に比べるとアクチンフィラメントは細くて曲がりやすい．微小管は中空のチューブなので，ミクロフィラメントの3倍の太さをもち，これよりずっと固い．このことは次のような比較で理解できる．鉛筆くらいの大きさの金属棒は簡単に曲げられる．しかし，同じ量の金属で，長さは同じだが直径が大きな中空のチューブをつくると，このチューブのほうが曲がりにくい．

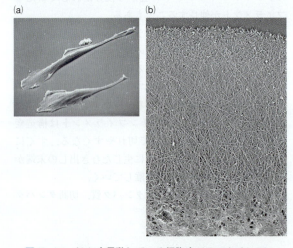

図 5・17 **ほふく運動している細胞内でのアクチンフィラメントの動態**. (a) ほふく運動をしている細胞の走査型電子顕微鏡写真. 細胞の先行端は薄いひだ状になっており（細胞の左下），基質表面から離れて伸長しようとしている. 細胞の後端は基質表面に接着したまま（細胞の右上），先端方向に引っ張られている. アクチンの重合速度は先行端が最も速い. (b) 魚の上皮細胞におけるアクチンフィラメントの組織構造. 細胞の先端部（写真上部）ではフィラメントは緻密な網目構造になっている. 細胞内部に入った領域（写真下部）のほうがフィラメントはまばらである. ［写真(a)は Guenter Albrecht-Buehler, (b)は Tatyana Svitkina, Northwestern University Medical School 提供.］

自転車のフレームや，植物の茎，骨の曲がりにくい性質は，これと同じ原理に基づいている．細胞では，中空の微小管が他の細胞骨格（図5・12参照）と一緒になって，繊毛や鞭毛を構築したり，細胞分裂時に染色体を整列させたりする．

微小管の構築単位は**チューブリン**（tubulin）というタンパク質である．αチューブリン，βチューブリンという2種類の単量体が二量体を形成し，この二量体が重合して微小管になる．それぞれのチューブリン単量体はほぼ450アミノ酸残基からなり，αチューブリンとβチューブリンのアミノ酸配列間で40％のアミノ酸が同

一である．チューブリンの中心部は 12 本の α ヘリックスに囲まれた四本鎖の β シートと六本鎖の β シートでできている（図 5・18）．

α および β チューブリンサブユニットそれぞれにヌクレオチド結合部位が一つある．アクチンと違い，チューブリンは，グアノシン三リン酸（GTP）か，その加水分解産物であるグアノシン二リン酸（GDP）というグアニンヌクレオチドを結合する．二量体中では，α チューブリンの GTP 結合部位は二つの単量体の接触面に埋込まれている．これに対して β チューブリンのヌクレオチド結合部位は溶媒にむきだしになったままである（図 5・19）．チューブリン二量体が微小管に取込まれ，もう一つの二量体がさらにその上に積み重なる

と，前者のヌクレオチド結合部位が溶媒から隔離されるので，そこで GTP が加水分解されても，生じた GDP は β チューブリンからは解離しない（α チューブリンに結合した GTP は加水分解されない）．

微小管の重合は，まずチューブリン二量体が端と端で会合して直鎖状の短い**プロトフィラメント**（protofilament）を形成することで始まる．プロトフィラメントの側面どうしが並んで曲がったシート状の構造となり，これが閉じて 13 本のプロトフィラメントからなる中空のチューブとなる（図 5・20）．チューブリン二量体が微小管の両端に結合し，微小管が伸長する．ミクロフィラメントのように微小管には極性があり，一方の端での伸長が他方より速い．チューブリン二量体が結合しやすく伸長速度が速い末端が（＋）端で，β チューブリンが露出している．（＋）端での伸長速度は α チューブリンが露出している（－）端での伸長速度の 2 倍である．

微小管の脱重合も両端で起こるが，（＋）端での脱重合速度が速い．脱重合が起こる条件では，微小管の末端は広がった形になっている（図 5・21）．このことは，脱重合時には微小管末端からチューブリン二量体が一つひとつ解離しているのではなく，チューブリン二量体が解離する前にプロトフィラメント間の相互作用が弱まることを意味している．

特定の条件では，チューブリンサブユニットが（－）端から解離するやいなや（＋）端にサブユニットが結合して，微小管のトレッドミルが起こる．細胞内では，微小管の（－）端は微小管を束ねる構造に結合していることが多いので，微小管の伸長や短縮はふつう細胞周辺部近くに存在する（＋）端で起こる．微小管の動態は微小管を架橋したり，脱重合を促進したり阻害したりするタンパク質によって制御されている．

微小管の動態に影響を与える薬剤がある

細胞分裂時に染色体は微小管でできた紡錘体に沿って分離する（図 5・22）ので，微小管の動態に影響を与える物質には大きな生理学的効果が期待される．たとえば，サフランから採れる**コルヒチン**（colchicine）という薬剤は微小管の脱重合を促して細胞分裂を阻害する．

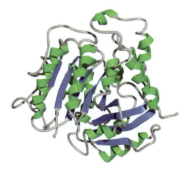

図 5・18 β チューブリンの立体構造．二つの β シートを青で，それらを囲む 12 個の α ヘリックスを緑で示す．[ブタのチューブリンの構造（pdb 1TUB）は E. Nogales, K. H. Downing によって決定された．]

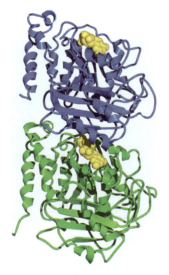

図 5・19 チューブリン二量体．二量体では，β チューブリンサブユニット（上）のグアニンヌクレオチド（黄）は溶媒に露出しているのに対して，α チューブリンサブユニット（下）のヌクレオチドは溶媒に接していない．

コルヒチン

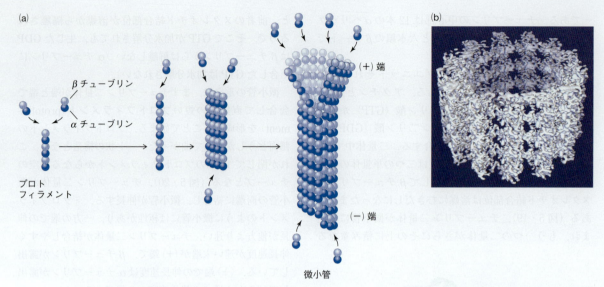

図 5・20 微小管の重合．(a) まずチューブリンの $\alpha\beta$ 二量体が直線状のプロトフィラメントを形成する．プロトフィラメントが側面で集まって管状構造をもつ微小管となる．チューブリン二量体は微小管の両端に結合できるが，(＋)端への結合速度のほうが(−)端に比べて約2倍速い．(b) 微小管のクライオ電子顕微鏡像．[Kenneth Downing, Lawrence Berkeley National Laboratory 提供．]

図 5・21 微小管の脱重合．プロトフィラメント末端領域が反り返って微小管末端でばらばらになり，この部分のチューブリン二量体が解離する．[Ronald Milligan, The Scripps Research Institute 提供．]

コルヒチンはチューブリン二量体中の α チューブリンと β チューブリンの接触面に結合し，円筒状微小管の内部に向いている．結合したコルヒチンは，プロトフィラメント間の横向きの相互作用を弱めるような構造変化を誘起するのだろう．十分量のコルヒチンが存在すると，微小管は短くなり，最後には消失する．コルヒチンは炎症をひき起こす白血球の作用を抑えるので，2000 年以上も前から**痛風**（gout, 関節に尿酸が沈殿するために起こる炎症）の治療に用いられている．

タキソール（taxol，パクリタキセルともいう）は微小管の β チューブリンサブユニットに結合するが，遊離のチューブリン二量体には結合しないので，微小管を安定化し脱重合を阻害する．タキソールとチューブリンの相互作用には，タキソールのフェニル基とフェニルアラニン，バリン，ロイシンといったチューブリンの疎水性

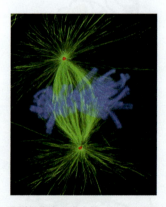

図 5・22 分裂細胞内の微小管．細胞分裂時には，微小管からなる紡錘体（緑の蛍光）が姉妹染色体（青の蛍光）を細胞の反対側にある二つの極につなぎとめる．細胞が分裂する前に，微小管の脱重合とモータータンパク質の働きで，対になった染色体は反対方向に引き離される．[写真は Alexey Khodjakov, Conly L. Rieder, Division of Molecular Medicine, Wadsworth Center, Albany による．]

5. タンパク質の機能

タキソール

残基との接触がかかわっているようにみえる．タキソールはタイヘイヨウイチイから抽出されていたが，いまはもっと手に入れやすい材料から採ることもできるし，化学的に合成もできる．タキソールは抗がん剤として使われるが，これはタキソールが細胞分裂を阻害するので，がん細胞のように速く分裂する細胞に対して毒性を示すからである．

ケラチンは中間径フィラメントを構成するタンパク質のひとつである

ミクロフィラメントと微小管以外に，真核細胞，特に多細胞生物の細胞には**中間径フィラメント**という細胞骨格がある．その直径は100Åほどで，その太さはミクロフィラメントと微小管の中間である．ミクロフィラメントや微小管とは違い，中間径フィラメントの役割は構造的なものに限られていて，細胞運動には何の役割も演じず，それをレールにしているモータータンパク質もない．しかし，架橋タンパク質を介して中間径フィラメントはミクロフィラメントや微小管と相互作用している．

中間径フィラメントタンパク質は，アクチンやチューブリンのように高度に保存されているタンパク質に比べるとずっと不均一な一群のタンパク質からなる．ヒトにはほぼ65個の中間径フィラメントタンパク質遺伝子がある．たとえば，動物細胞の**ラミン**（lamin）という中間径フィラメントタンパク質は，**核ラミナ**（nuclear lamina）とよばれる30～100Åの厚みをもつ網目構造の構築単位である．核ラミナは核膜内膜直下にあって，核の形態維持やDNAの転写・翻訳に重要な役割を担っている．多くの細胞では，中間径フィラメントはミクロフィラメントや微小管より豊富に存在する．死んだ上皮細胞からなる皮膚の最外層では，中間径フィラメントは最も目立ち，総タンパク質量の85%を占める（図5・23）．最もよく知られた中間径フィラメントタンパク質は**ケラチン**（keratin）である．ケラチンには多種類のタンパク質が含まれるが，そのなかには体内部の構造維持に役立つ"柔"ケラチンと皮膚，毛髪，つめを構成する"硬"

図5・23　ヒトの皮膚切片の走査型電子顕微鏡写真．上部の死んだ上皮細胞の層はほとんどケラチンからできている．[Science Photo Library/Photo Researchers/amanaimages.]

ケラチンがある．

中間径フィラメントの基本構造単位は，2本のαヘリックスが互いに巻きついた**コイルドコイル**（coiled coil）である．コイルドコイル構造のアミノ酸配列は7残基の繰返しからなり，このうち1番目と4番目はほとんどの場合に疎水性残基である．αヘリックス内ではこれら疎水性残基はらせんの片側に並んでいる（図5・24）．αヘリックスでは疎水基が平均して3.5残基ごとに現れるが，αヘリックスの1巻き当たり3.6残基なので，疎水性残基の列がらせんの表面をゆるやかに巻いていることになる．こうした疎水性残基の列をもつ2本のαヘリックスが会合すると，左巻きのねじれをもつコイルドコイルになる（図5・25）．

中間径フィラメントタンパク質は，中央にαヘリックスをもち，N末端とC末端に非らせん領域をもつ．このポリペプチドが2本並んで（N末端およびC末端を同じ向きに揃えて並んで）コイルドコイルをつくる．この二量体（コイルドコイル）が，両端がずれた形で反対向きに側面で会合し四量体となる．この四量体は前後で会合してフィラメントとなるが，アクチンフィラメン

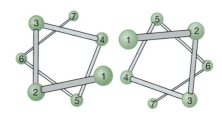

図5・24　コイルドコイル中のアミノ酸残基の並び．コイルドコイルを構成する2本のαヘリックス7残基分を上から見ると，1番目と4番目のアミノ酸が2本のαヘリックスの相対する面に並んでいることがわかる．この位置に帯状に並んだ疎水性残基クラスターが，疎水性相互作用を介してコイルドコイル構造を安定化している．

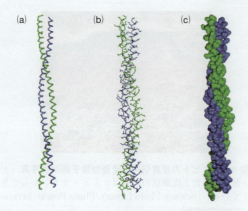

図 5・25 コイルドコイル構造の三つの表示法. これらのモデルはトロポミオシンのコイルドコイルの一部を示している. (a) 骨格モデル. (b) 棒モデル. (c) 空間充塡モデル. それぞれのαヘリックスは 100 残基からなる. αヘリックスに沿った疎水性側鎖の帯がゆるい左巻きらせんを描き, 2本のらせんをより合わせている. [トロポミオシンの構造 (pdb 1C1G) は F. G. Whitby, G. N. Phillips, Jr. によって決定された.]

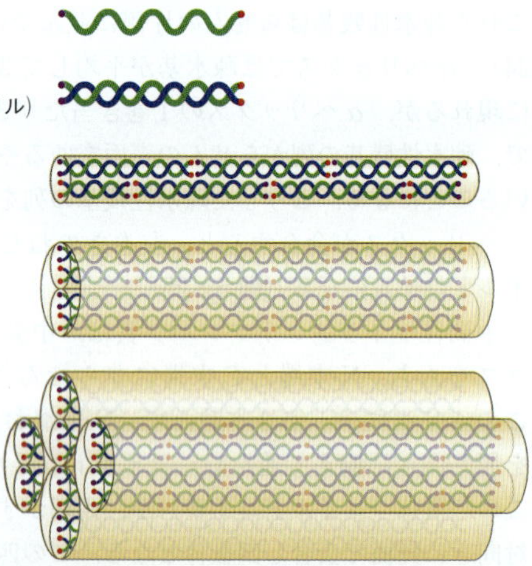

図 5・26 中間径フィラメントのモデル. 1対のαヘリックスポリペプチド鎖がコイルドコイルを形成する. この二量体 (1本のコイルドコイル) が四量体, 八量体, と重合していき, 最終的には断面当たり 16 本から 32 本のポリペプチド鎖からなる中間径フィラメントができあがる. ここではコイルドコイルの重合体を棒状に書いているが, 中間径フィラメントや, 四量体や八量体といった構成成分はロープやケーブルのようにある程度ねじり合わさっている.

間径フィラメントの重合にはヌクレオチドが必要でないことに注目してほしい. N 末端と C 末端のドメインは, 重合に際してサブユニットの配置を決めるのに役立っている. また, これらのドメインは中間径フィラメントと他の細胞成分とを架橋するタンパク質と相互作用する. ケラチン繊維は, 隣り合うポリペプチド鎖のシステイン残基間のジスルフィド結合で架橋される.

動物の毛髪はほとんどケラチンでできており (図 5・27), 変形に対しては強いものの引き伸ばすことはできる. 毛髪を強く引っ張ると, ケラチンのαヘリックスを安定化しているカルボニル基ーアミド基間水素結合が切断され, ポリペプチド鎖は完全に引き伸ばされる. さらに引っ張ると, ポリペプチド鎖が切断される. ポリペプチド鎖が切れる前に引っ張るのをやめると, もとのαヘリックスが回復する. 羊毛のセーターの伸縮性はこうしたケラチンの性質による.

中間径フィラメントはケーブル様構造をもつために, アクチンやチューブリンといった球状タンパク質ででき

図 5・27 ヒト毛髪の走査型電子顕微鏡写真. [Tony Brain/Science Photo Library/Photo Researchers/ amanaimages.]

たフィラメントに比べて形態変化しにくい. たとえば上記の核ラミンは, 細胞周期において細胞分裂時に 1 回だけ脱重合と再重合を行う. ケラチンは, 生体内では死んだ細胞の一部分として何年も変化しないで残っている. 動物の皮膚の最深部では, 上皮細胞が大量のケラチンを合成している. この細胞層は外側に移動し死んでいくが, ケラチン分子は寄り集まって強固な防水性の覆いとなる. ケラチンは表皮の一部として非常に重要なので, ケラチン遺伝子の突然変異はある種の皮膚の異常をもたらす. **単純型先天性表皮水疱症** (epidermolysis bullosa simplex: EBS) のような疾患では, ふつうの機械的な刺激でも細胞は破裂してしまう. その結果, 表皮層がはがれて, 水疱形成という目に見える症状となる. ケラチンのαヘリックスの末端近くにある高度に保存された領域に突然変異が起こった場合, この疾患で最も重篤な

トや微小管にみられる (＋) 端や (−) 端といったフィラメントの極性はこの段階で失われている. 四量体フィラメントはさらに側面で会合して高次の繊維構造をつくる (図 5・26). 完全に重合した中間径フィラメントは断面当たり 16〜32 本のポリペプチド鎖からできている. 中

のとなる．

コラーゲンは三重らせん構造をもつ

単細胞生物は細胞骨格だけでよいが，多細胞動物は特定のボディープランに従って細胞をまとめあげる手段が必要である．大型動物，特に非水生動物はその体重を支えなければならない．このために動物タンパク質としては最も豊富に存在する**コラーゲン**が役立つ．コラーゲンは，細胞外マトリックス（細胞をつなぎ合わせるのに役立つ物質），臓器内あるいは臓器間の結合組織，そして骨などの構造維持を担うタンパク質である．コラーゲンという名前は，"にかわ"を意味するフランス語 colle に由来する（にかわはかつて動物の結合組織から採られていた）．

少なくとも 28 種類の異なるコラーゲンが存在し，それぞれが異なる三次元構造と生理機能をもっている．最もよくみられるのは動物の骨や腱にあるコラーゲンで，太いロープ状の繊維を形成する（図 5・28）．この I 型のコラーゲンは三量体で，長さは 3000 Å もあるが，太さはたった 15 Å である．すべての型のコラーゲンで共通なのは，次のようにアミノ酸組成が他のタンパク質と違い，その立体構造も変わっているという点である．ポリペプチド鎖の N 末端と C 末端領域（この部分はコラーゲンが細胞から分泌されるときに除かれる）を除いて，3 残基ごとにグリシンが存在しており，残りの 30 %ほどがプロリンかヒドロキシプロリン（Hyp）である．ヒドロキシプロリン残基は，ポリペプチド鎖が合成されてからプロリン残基がヒドロキシル化されて生じる．この反応にはアスコルビン酸（ビタミン C）が必要である（ボックス 5・D）．

図 5・28　**コラーゲン繊維の電子顕微鏡写真**．細長いコラーゲン分子が何千も並んで直径 500〜2000 Å の構造をつくっている．[J. Gross/Science Photo Library/Photo Researchers/amanaimages.]

ほぼ 1000 残基の長さをもつコラーゲン鎖は 3 アミノ酸の繰返しでできている．この繰返し構造で最もふつうにみられるのは Gly–Pro–Hyp という配列である．グリシン（Gly）残基は側鎖が水素原子なので，広い範囲の二次構造に適合できる．しかし，プロリン（Pro）とヒドロキシプロリン（Hyp）の**イミノ基**（imino group）はペプチドがとりうる立体構造に制限を課する．Gly–Pro–Hyp という繰返し単位をもつポリペプチド鎖の最も安定な構造は，細い左巻きのらせんである（図 5・29a）．

コラーゲンでは，3 本のポリペプチド鎖が互いに巻きついて右巻きの**三重らせん**（triple helix）ができている（図 5・29b〜d）．3 本のポリペプチド鎖は同じ向きに並んでいるが，1 残基ずつずれているので，グリシン残基はすべて三重らせんの中心に位置し，それ以外の残基が周辺に位置している．三重らせんを上から眺めると，なぜグリシンだけがらせんの中心に位置するかわかる（図

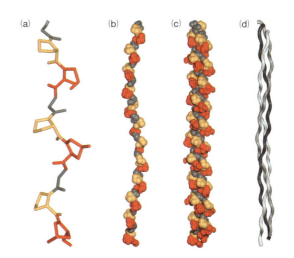

図 5・29　**コラーゲンの構造**．(a) コラーゲンポリペプチド鎖では，おもに Gly–Pro–Hyp という配列が繰返している．この繰返し配列をもつポリペプチド鎖は，細い左巻きらせんの二次構造をとる．この棒モデルの残基は Gly は灰色，Pro はオレンジ，Hyp は赤で示している．水素原子は示していない．(b) (a)に示したポリペプチド鎖の空間充填モデル．(c) (a), (b)で示したコラーゲンポリペプチド鎖 3 本が会合してできた三重らせんの空間充填モデル．(d) 三重らせん中の 3 本のポリペプチド骨格を濃淡差のある 3 本のひもで表している．それぞれのポリペプチド骨格は左巻きだが，三重らせんは右巻きである．[コラーゲンのモデル (pdb 2CLG) は J. M. Chen 作製．]

ボックス 5・D　生化学ノート

ビタミンC不足で壊血病が起こる

　アスコルビン酸（ascorbic acid，ビタミンC）がない状態で生合成されたコラーゲンにはヒドロキシプロリンやヒドロキシリシンがほとんど含まれていないので，できたコラーゲン繊維の強度は弱い．アスコルビン酸は，脂肪酸の分解とある種のホルモンの合成にもかかわっている．アスコルビン酸の欠乏によって，傷の治癒が遅くなる，歯が抜ける，出血しやすくなるといったコラーゲン合成異常に由来する症状が現れると同時に，倦怠感やうつ状態といった症状も伴う．

アスコルビン酸（ビタミンC）

　歴史的には，アスコルビン酸不足に由来する疾患は壊血病として知られており，新鮮な果物が手に入らない長い航海に従事する船員の間で蔓延していた．19世紀半ばに，壊血病の予防として毎日ライムを食べるようになった．かんきつ類のジュースもよく用いられたが，残念ながらアスコルビン酸は加熱や長期間空気にさらすと壊れてしまうので，壊血病の予防にはあまり有効ではなかった．そこで，運動とか良好な衛生状態が壊血病の予防に重要だと信じられていた．

　新鮮な果物だけがアスコルビン酸の供給源ではない．コウモリやモルモット，霊長類を除いたほとんどの動物はアスコルビン酸を生合成しているので，動物の新鮮な肉を食べてもこれを摂取することができる．北極地方のような新鮮な果物が手に入らない地域では，このことは大変重要である．

　アスコルビン酸はさまざまな食物に含まれているので，成人ではアスコルビン酸不足ということは，ふつうあまり起こらない．しかし，栄養失調や極端な食事法の副作用として発症する．壊血病の症状は致死的ではあるものの，幸いなことに，アスコルビン酸を投与したり新鮮な食物を摂取したりすれば簡単に解消する．

5・30）．グリシン以外の残基の側鎖は中心部に位置するには大きすぎるのである．実際，アラニンはグリシンについで小さなアミノ酸であるにもかかわらず，グリシンをアラニンに置換すると三重らせん構造が大きくゆがむ．

　コラーゲンの三重らせんは水素結合で安定化されている．1組の水素結合は，グリシン残基のペプチド骨格のN-H基と別の鎖のペプチド骨格のC=O基をつないでいる．三重らせんの構造からみて，他のペプチド骨格のN-HとC=Oが水素結合をつくることはできない．しかし，これらの基は三重らせんのまわりをぐるりと取囲む水分子と水素結合を形成する．ヒドロキシプロリンのヒドロキシ基もこうした水素結合ネットワークに参加する．

コラーゲン分子は共有結合で架橋される

　コラーゲン分子を構成する3本のポリペプチド鎖は小胞体で集合する．細胞から分泌されると，コラーゲン分子は側面どうし，あるいは末端どうしで会合して，電子顕微鏡で観察できるような巨大な繊維となる（図5・28参照）．この繊維は数種類の架橋で補強されている．コラーゲンポリペプチド鎖にはほとんどシステイン残基が含まれていないので，こうした架橋はジスルフィド結合ではなく，ポリペプチド合成後に化学修飾された側鎖の共有結合で生じる．たとえば一例として，二つのリシン残基が酵素で酸化され，次ページのような架橋が生じる．こうした架橋の数は年齢とともに増加するため，老いた動物の肉（コラーゲン繊維を含んでいる）は若い動物の肉より硬い．

　コラーゲン繊維は引っ張りには驚くほど強い．重量当たりで換算すると，コラーゲンは鋼鉄より強い．すべての型のコラーゲンが太く長い繊維を形成するというわけではない．多くの非繊維性コラーゲンは，シート状構造

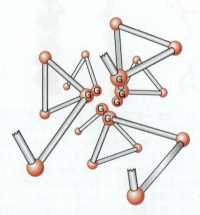

図5・30　コラーゲン三重らせんの断面図．三重らせんを上から棒球モデル．側鎖のないグリシン残基（"G"と記してある）は三重らせんの中央に位置し，ほかの残基の側鎖は三重らせんの外側に向いている．

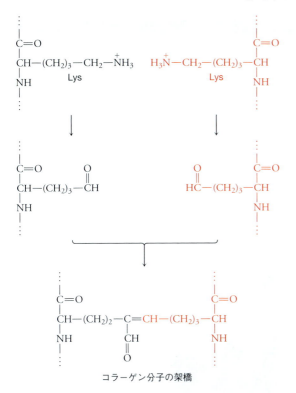

コラーゲン分子の架橋

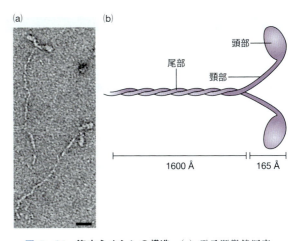

図 5・31 筋肉ミオシンの構造. (a) 電子顕微鏡写真. (b) ミオシン分子の模式図. ミオシンの二つの球状頭部は頸部を介して尾部とつながっている. 尾部では, 2本のポリペプチド鎖がコイルドコイル構造を形成している. [John Trinick, University of Leeds 提供.]

をつくって組織の中の細胞層を支える. 数種類のコラーゲンが一緒に見いだされることも多い. 当然ながら, コラーゲンの欠陥はさまざまな臓器に影響を与える（ボックス 5・E）.

5・3 モータータンパク質

重要概念
- ミオシンは, ATP 加水分解で生じる構造変化を使って筋収縮を駆動する.
- キネシンは, 微小管レール上を長距離にわたって一方向に動き, 細胞内物質輸送を担う.

さまざまな分子機械がアクチンフィラメントや微小管上を運動して, 細胞内の物質輸送を行ったり, 細胞の形を変えたり, 細胞自身の移動を駆動するための原動力を生み出す. たとえば, 筋収縮は, **ミオシン**（myosin）というモータータンパク質がアクチンフィラメントを引っ張ることで生じる. ある種の真核細胞は繊毛や鞭毛の屈曲運動を使って動くが, これは**ダイニン**（dynein）というモータータンパク質による微小管束の屈曲で駆動される. 細胞内輸送は, ミクロフィラメントや微小管上を一方向に運動するモータータンパク質で駆動される. 本節では, ミオシンとキネシンという二つのモータータ

ンパク質を例として, タンパク質自身の動きとその生理的意味について解説する.

ミオシンは二つの頭部と 1 本の長い尾部をもつ

ミオシンはアクチンと一緒になって化学エネルギー（ATP の形になっている）を力学的な仕事に変換するモータータンパク質で, ほとんどすべての真核細胞に存在し, 少なくとも 20 種類の異なったタイプがある. 筋収縮にかかわる筋肉ミオシンは総質量 540 kDa の多量体タンパク質で, 重鎖とよばれる 2 本の長いポリペプチド鎖がそのおもな構成成分である. ミオシンは二つの球状頭部とそれに続く 1 本の長い尾部からなる特徴的構造をもつ（図 5・31）. それぞれの頭部は, 1 箇所のアクチン結合部位と 1 箇所のアデニンヌクレオチドの結合部位を含む. 尾部領域では, 2 本の重鎖が互いに巻きついて 1 本の長大なコイルドコイル（中間径フィラメントタンパク質にみられるものと同じ構造）を形成している. ミオシン頭部と尾部を結ぶ頸部は, 長さ約 100 Å の α ヘリックスとこの α ヘリックスに巻きついた軽鎖とよばれる小さなポリペプチドからなる（図 5・32）. 軽鎖は, 力学的レバーとして働く頸部を強化するのに役立っている.

ミオシン頭部はそれぞれアクチンフィラメントのサブユニット一つと非共有結合的に相互作用する. このとき二つの頭部は独立に働くので, ある瞬間には, ミオシン分子の二つの頭部のうち一つだけがアクチンフィラメントに結合していることになる. ATP 加水分解と共役した一連の構造変化を経て, ミオシン頭部は結合したアク

ボックス 5・E　臨床との接点

遺伝性結合組織病

関節や骨といった結合組織は，おもにコラーゲンタンパク質や多糖（§11・3参照）からなる細胞外マトリックスと，その中に埋込まれた細胞からなる．高度に水和できる多糖は弾性があり，潰しても簡単にもとの形に戻る．コラーゲン繊維には強度があって硬いので，引っ張りに抵抗できる．また，コラーゲンと多糖は，骨と骨をつなぐ靱帯や骨と筋肉をつなぐ腱に適度な強度と柔軟性を与える．筋肉や他の器官を取巻いている結合組織には，シート状に並んだコラーゲン繊維が含まれていて，やはり強度と柔軟性を保証している．

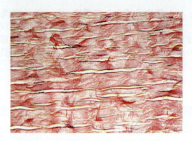

腱の中で整然と並んだコラーゲン繊維（横に並んだ帯状構造）は，引っ張りに対して抵抗性がある．コラーゲンを産生する繊維芽細胞がコラーゲン繊維の間に位置している．軟骨にはふつうは血管がない．［Mark Nielsen.］

骨では，細胞外マトリックスはおもにヒドロキシアパタイト $Ca(PO_4)_3OH$ からなるミネラルで強化されている．ヒドロキシアパタイトは白色の大きな結晶をつくり，骨の質量の50%を占めている．ヒドロキシアパタイトの結晶自身は崩れやすいが，骨の中ではコラーゲン繊維が散りばめられているので，その強度は数千倍にもなる．ヒドロキシアパタイト結晶とコラーゲン繊維が混在している骨は，外力が加わって多少変形しても折れてしまうことがほとんどない．

骨格組織の形成では，まず軟骨組織ができ，それがしだいに石化して硬い骨になる．骨折の場合には，同じような過程で修復が行われる．まず，傷を負った場所に繊維芽細胞が入り込み，ここでコラーゲンを合成する．次に軟骨芽細胞が軟骨組織を形成し，骨芽細胞が軟骨組織を骨組織に置き換えていく．でき上がった骨も，破骨細胞から放出される酵素や酸によってつくり替えられる．破骨細胞から出る酵素はコラーゲンや他の細胞外マトリックス物質を分解し，酸は骨の主要成分であるリン酸カルシウムを溶かす．骨芽細胞が，この過程で生じた間隙を骨組織で埋める．骨組織の改変は，外的な条件で左右される．たとえば，負荷がかかるところでは，骨は太くかつ強くなる．歯列矯正は，こうした現象を利用している．骨組織の改変が起こるのに必要な時間をかけ歯茎の骨に力を加え続けると，歯並びが変わる．

結合組織の構造や機能におけるコラーゲンの重要性を考えると，コラーゲン分子の異常やコラーゲンにかかわる酵素の異常によって，重篤な疾患がひき起こされることが納得できる．これまでにコラーゲン遺伝子やコラーゲン修飾タンパク質の遺伝子で何百もの変異が同定されている．ほとんどの組織で複数のコラーゲンが存在しているので，変異によって生じる生理的影響は非常に多様である．

骨や腱の構成成分であるⅠ型コラーゲンの欠損は先天性疾患である**骨形成不全症**（osteogenesis imperfecta）の原因になる．この病気の初期症状としては，骨がもろくなることによる骨折，長骨奇形，皮膚や歯の異常などがある．

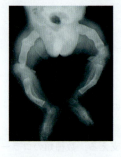

中程度の骨形成不全症を発症した小児の下肢X線写真．［DIO-MEDIA/ISM/SOVEREIGN.］

三量体分子であるⅠ型コラーゲンは2種類のポリペプチド鎖からなる．そのため，この疾患の症状は，異常なアミノ酸配列をもつのが1種類のポリペプチド鎖だけなのか，2種類ともなのかによる．さらに，変異コラーゲンがある程度の生理機能を維持しているかどうかは，変異の位置と性質による．たとえば，ある重篤な骨形成不全症では，コラーゲン遺伝子の599塩基の欠失によって三重らせん構造の大きな領域が失われている．この変異タンパク質は不安定で細胞内で分解されてしまう．あまり重篤でない骨形成不全症の例では，グリシンがもっと大きな残基に置換されている．コラーゲンの細胞内修飾や分泌を遅らせ，コラーゲン繊維の集合に影響を及ぼすようなアミノ酸変異もある．約1万人に1人の割合で骨形成不全症が発症している．

軟骨にあるⅡ型コラーゲンの変異は変形性関節症の原因になる．この遺伝子疾患は小児期に発症し，老齢期の関節の消耗からくる骨関節炎とは異なる．コラーゲンを細胞外で修飾してコラーゲン繊維の集合を促すタンパク質が欠損すると，皮膚が非常にもろくなる皮膚脆弱症などの原因になる．

エーラース-ダンロス症候群（Ehlers-Danlos syndrome）は，皮膚や骨以外のほとんどの組織に豊富にあるⅢ型コラーゲンの異常が原因である．この疾患の症状は，たとえば，皮膚が弱くてあざができやすい，皮膚が薄くて簡単に伸びる，関節が異常に伸展する，といった症状を呈する．

5. タンパク質の機能

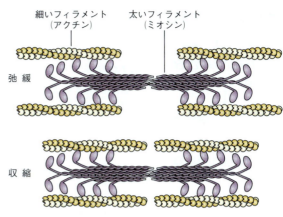

図5・34 筋収縮時の細いフィラメントと太いフィラメントの滑り運動

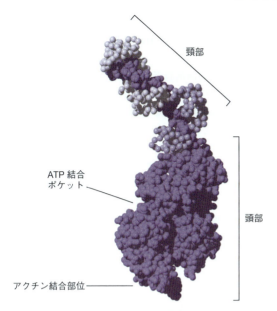

図5・32 ミオシン頭部と頸部の立体構造. ミオシン頭部は頭部と尾部の間にあり, 機械的レバーとして働く. 2本の軽鎖(薄青と濃青)が頸部のαヘリックスに巻きついて, これを安定化している. アクチン結合部位はミオシン頭部の先端にある. ATPは頭部中央の溝に結合する. このモデルの軽鎖ではα炭素だけが表示されている. [ニワトリのミオシンの構造(pdb 2MYS)は I. Rayment, H. M. Holden によって決定された.]

チンサブユニットから解離し, フィラメントの(+)端方向にある別のサブユニットに再結合する. この反応サイクルを繰返しながら, ミオシンはアクチンフィラメントに沿って解離することなく連続的に歩行する.

筋肉細胞では, 数百のミオシン尾部が集合して**太いフィラメント**(thick filament)を形成し, ここから多数の頭部ドメインが突き出している(図5・33). 一方, アクチンフィラメントとアクチン結合タンパク質からなる**細いフィラメント**(thin filament)が太いフィラメントの周囲に規則的に並んでいる. 太いフィラメントから突き出たミオシン頭部は, 細いフィラメントのアクチンサブユニットに結合してクロスブリッジ構造となる. 細

図5・33 筋肉の太い繊維の電子顕微鏡写真. ミオシン尾部が規則的に集合してできた棒状構造から, 多数のミオシン頭部が上下に飛び出している. [J. Trinick and A. Elliott, *J. Mol. Biol.* **131**, 15(1977)による.]

いフィラメントを構成するアクチン結合タンパク質は, アクチンサブユニットとミオシン頭部の相互作用を制御するという役割を担う. 筋肉が収縮するときには, ちょうどボートのこぎ手がそれぞれ勝手にオールをこぐように, 多数のミオシン頭部がそれぞれ独立にアクチンと結合, 解離を繰返し, 太いフィラメントと細いフィラメント間のすべり運動を生み出す(図5・34). 筋肉細胞中の両フィラメントの並び方のために, ミオシンとアクチンのすべりは筋肉全体の短縮となる. この現象を**筋収縮**(contraction)とよぶが, このとき筋肉は圧縮されるわけではなく, 体積は一定のままである. むしろ実際には, 筋肉は中央部で厚みを増す. ふつう筋肉の長さは20%くらい縮む. 極端な場合には, これが40%ほどになる.

ミオシンはレバーアーム機構で働く

ミオシンはどのような機構で働くのだろうか. この機構の鍵になるのは, ミオシン頭部に結合したATPの加水分解である. ATP結合部位はアクチン結合部位から35Åも離れているが, ATPからADP+P_iへの加水分解に伴いミオシン頭部に大きな構造変化がひき起こされ, これがアクチン結合部位とレバー(頸部)に伝えられる. この結果, ミオシンのATP加水分解がアクチンフィラメント上での運動という物理的動きを駆動することになる. つまり, ATP加水分解で放出される自由エネルギーが力学的仕事に変換される.

ミオシンとアクチンの間で連続して起こる4段階の反応を図5・35に示す. この図から, ヌクレオチド結合部位での化学的事象がアクチン結合やレバーの屈曲をひき起こす構造変化とどのようにかかわっているか, 理解できる. αヘリックスは細長いので, 理想的な力学的レ

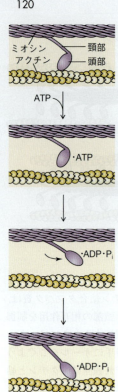

図 5・35 ミオシンとアクチンの反応サイクル．簡単のため，二つあるミオシン頭部の片側だけを示す．

1. 反応サイクルは，ミオシン頭部が細い繊維中のアクチンサブユニットに結合して始まる．ATPがミオシン頭部に結合すると，その構造が変化してアクチンから解離する

2. ATPはただちに加水分解されて，ADPとリン酸が生じる．この反応でミオシンレバー（ミオシン頸部）が回転し，ミオシン頭部とアクチンとの親和性が増す

3. ミオシン頭部は細い繊維上の先方にあるアクチンサブユニット（段階1で結合してサブユニットより右側にある）に再結合する

4. アクチンへの再結合に伴い，ミオシン頭部からリン酸が解離し，それに続いてADPが解離する．この結果，細い繊維が太い繊維に対して左側に動く（パワーストローク）

ADPがミオシン頭部から解離すると，すぐにATPが結合し，反応ステップが最初から（段階1から）再開される

バーたりうる．また，αヘリックスはあまり屈曲しないので，ミオシン尾部のコイルドコイル構造を一緒に引っ張ることができる．レバーはミオシン頭部に対していったん70°回転してからもとの位置に戻るが（反応サイクルの第4段階），これが力発生の段階に対応する．質量の差を入れて換算すると，ミオシン-アクチン系の出力は典型的な自動車のものに匹敵する．

こうしたモデルでは，ATP加水分解サイクルが1回転するごとに，ミオシン頭部は50〜100 Å動くことと予想される．アクチンフィラメント中ではサブユニットは55 Å の間隔で並んでいるので，この動きで，ミオシン頭部はアクチンフィラメント上をサブユニット一つ分だけ移動することになる．反応サイクルにはいくつかの反応段階があり，そのうちいくつかはほとんど不可逆的なので（たとえばATP→ADP＋P_i），全反応サイクルは一方向に進む．

ミオシンは筋肉細胞だけでなく多くの細胞に存在し，さまざまな役割を果たしている．たとえば，すべての細胞でみられる**細胞質分裂**（cytokinesis，細胞分裂時に細胞が二つに分かれる現象）では，ミオシンとアクチンが一緒に働き，細胞を引きちぎる力を出す．あるいは，ミオシンのモーター活性によって，ミクロフィラメントに沿った細胞成分の輸送が駆動される．また，耳の聴覚細胞にあるミオシンは，太鼓の皮を引っ張る "引っ張り棒" のように架橋されたミクロフィラメントを引っ張っている．このミオシンの変異で難聴がひき起こされることが知られている（ボックス5・F）．

キネシンは微小管上で機能するモータータンパク質である

ミクロフィラメントをレールにして動くミオシンのように，微小管をレールとして動くモーターもある．**キネシン**（kinesin）はそうしたモータータンパク質のひとつである．キネシンにも多くのタイプがあるが，ここではその原型にあたる従来型キネシンとよばれるものについて解説する．

ミオシンのようにキネシンも比較的大きなタンパク質で（質量は380 kDa），二つの大きな球状頭部と一つのコイルドコイル尾部ドメインをもつ（図5・36）．100 Åの大きさをもつ頭部は3本のαヘリックスで挟まれた8本鎖βシートからできており，ここにはチューブリン結合部位とヌクレオチド結合部位がある．分子の反対側末端に結合している軽鎖は，**小胞**（vesicle）の膜に結合する．軽鎖を介して小胞とその内容物がキネシンの積み荷となる．キネシンは，微小管の1本のプロトフィラメントに沿って移動して，積み荷を微小管の(+)端方向に運ぶ．似たような機構を使いながら，微小管の(−)端方向に動く微小管結合モータータンパク質もある．

キネシンのモーター活性には，ミオシンと同様にATP加水分解の化学エネルギーが必要である．キネシンでは，頭部と尾部コイルドコイルをつなぐ頸部は比較的柔軟性のあるポリペプチド鎖で（図5・36b参照），この頸部の柔軟性がキネシンの機能に必須である．このことから，軽鎖で補強された長いαヘリックスがレバーとなるミオシンの作動機構（図5・32参照）とは異なる機構でキネシンが力を出すことがわかる．

キネシンの二つの頭部は独立して働いているのではなく，協調している．二つのキネシン頭部は，1本のプロトフィラメントの隣り合ったβチューブリンサ

5. タンパク質の機能

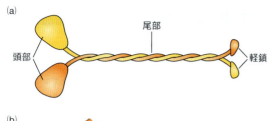

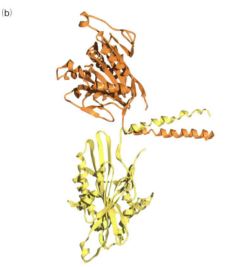

図 5・36 **キネシンの構造**．(a) キネシン分子の模式図．(b) キネシン頭部，頸部，そして尾部の一部を示すリボンモデル．α ヘリックスと β シートからなる球状頭部の C 端は，柔軟性のあるペプチド鎖からなる頸部を介して 1 本の α ヘリックスとつながっている．二つの頭部から出ている 2 本の α ヘリックスはより合わさって，コイルドコイル（尾部）を形成する．このモデルでは見えていないが，コイルドコイル末端に結合する二つの軽鎖は"積み荷"である膜小胞を結合する．[ラットのキネシンの構造 (pdb 3KIN) は F. Kozielski, S. Sack, A. Marx, M. Thormahlen, E. Schonbrunn, V. Biou, A. Thompson, E.-M. Mandelkow, E. Mandelkow によって決定された．]

ブユニットに交互に結合しながら，微小管上を歩行する．ATP 結合と加水分解でひき起こされた構造変化は，分子の他の領域に伝えられる（図 5・37）．この結果，ATP の自由エネルギーがキネシンの力学的な運動に変換される．ATP が結合するたびに後ろの頭部がほぼ 160 Å 前方にぐいと引っ張られるので，結合している積み荷の動きは 80 Å，つまりチューブリン二量体の大きさになる．

キネシンは連続的に運動するモーターである

ミオシン-アクチン系（図 5・35 参照）のように，キネシン-チューブリン反応サイクルは一方向にのみ進行する．ほとんどの分子運動は ATP 結合に共役しているものの，ATP 加水分解も反応サイクルで必須の部分である．図 5・37 に示す反応サイクルで最も遅い段階は，微小管から後方の頭部が解離するところである．前方の頭部へ ATP が結合すると，後方頭部の微小管からの解

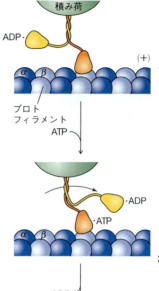

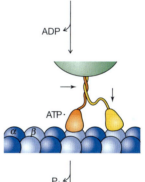

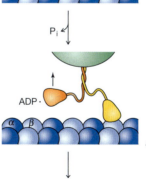

1. ヌクレオチドをもたない前方頭部（オレンジ）に ATP が結合すると構造変化が起こって頸部が頭部にドッキングする．この前方頭部の構造変化によって，ADP を結合している後方頭部（黄）に 180°の尾部まわりの回転が誘導され（矢印），この頭部が微小管（＋）端方向に移動する．この段階が力発生にかかわる

2. 新たな前方頭部（黄）はただちに微小管サブユニットに結合し，ADP を放出する．ここで，キネシンに結合していた"積み荷"は微小管プロトフィラメント前方に移動する

3. 段階 2 で後方に位置するようになった頭部（オレンジ）では，ATP が ADP とリン酸に加水分解され，リン酸が放出される．ADP を結合した頭部は微小管から解離する

4. ヌクレオチドを失っている前方頭部（黄）に ATP が結合して，段階 1 に戻って新たな反応サイクルが再開される

図 5・37 **キネシン運動の反応サイクル**．反応サイクル開始時点（最上図）では，ヌクレオチドをもたないキネシン頭部（前方頭部）が，微小管プロトフィラメントの 1 個のチューブリンサブユニットに結合している．後ろ側に位置しているもう一方の頭部（後方頭部）のヌクレオチド結合部位には ADP が結合しており，微小管から解離している．簡単のため頸部の大きさは誇張して書いてある．その後の ATP 加水分解に伴うキネシンの滑り運動を段階 1〜4 に示す．

ボックス 5・F 生化学ノート

ミオシンの変異と難聴

内耳のらせん状器官である蝸牛管の内部には何千もの有毛細胞が存在し，それぞれの先端には**不動毛**（stereocilia）の束がある．不動毛には数百の架橋されたアクチンフィラメントが存在しており，非常に硬い構造になっている．しかし不動毛基部にはアクチンフィラメントが少ないので，蝸牛管に伝わった音波によって不動毛はこの位置で屈曲する．この屈曲によって電気信号が発生し，脳に伝えられる．

不動毛［P. Motta/Science Photo Library/Photo Researchers/amanaimages.］

不動毛内部での張力を制御し，刺激の程度に応じた有毛細胞の感受性を調節しているミオシンがある．別のミオシンは尾部に細胞の構成成分を結合しており，モーター活性を使ってそれらをアクチンフィラメントに沿って再分布させている．これらミオシンタンパク質の異常によって，正常な聴力が損なわれることがある．

難聴の約半分は遺伝性であり，100を超える遺伝子が難聴と関連している．こうした遺伝子のひとつがⅦa型ミオシンをコードしている．Ⅶa型ミオシンは骨格筋の"従来"型ミオシン（Ⅱ型ミオシンともいわれる）とやや異なっていることから"非従来型"ミオシンとよばれている．遺伝子の配列解析によって，Ⅶa型ミオシンは2215残基からなり，骨格筋ミオシンのように二つの頭部と1本の長い尾部をもつ二量体構造をとることが明らかとなった．このミオシンの頭部もATPを加水分解し，その化学エネルギーを使ってアクチンフィラメントに沿った滑り運動をするらしい．Ⅶa型ミオシンの遺伝子には100以上の変異が同定されており，そのなかには終止コドンへの変異，アミノ酸置換，アミノ酸欠失などがあるが，これらすべてがタンパク質の機能を損なう．難聴と失明を同時に発症する疾患である**アッシャー症候群**（Usher syndrome）は，これらの変異が原因であることが多い．アッシャー症候群は深刻な難聴，網膜色素変性（失明の原因になる）という特徴をもち，ときに前庭（平衡感覚）にも異常がみられる．

アッシャー症候群の先天的難聴は蝸牛管有毛細胞の発生異常によるものである．音波に応答しないことや平衡感覚を維持するのに必要な内耳の液体の動きに対する応答がないことも，おそらく不動毛の無反応が原因である．20代，30代までのアッシャー症候群患者にみられる失明も，変異Ⅶa型ミオシンに由来する．このミオシンの細胞内輸送機能によって，網膜色素が網膜上にまんべんなくばらまかれる．網膜色素変性症では，網膜神経細胞が徐々に光に応答できなくなる．病気が進行した段階では，色素が網膜上で凝集している．

離が促進される．遊離した後方頭部はただちに前方の結合可能なβサブユニットに再結合し，キネシン分子全体が微小管上で前方に移動する．後方頭部の解離から再結合までの時間はごくわずかなので，二つのキネシン頭部はほとんどの時間を微小管レールに結合した状態で過ごす．

キネシンがほとんどいつも微小管に結合している結果，キネシンが微小管から解離するまでにおそらく100回以上のATP加水分解とキネシンの前進が起こる．このような状態のとき，キネシンは高い**連続運動性**（プロセッシビティー processivity）をもつという．筋肉ミオシンのようなモータータンパク質は1回の反応の後でアクチンフィラメントから解離するので，連続運動性をもたない．

筋肉細胞では，多数のミオシン-アクチン相互作用が多かれ少なかれ同時に起こって細いフィラメントと太いフィラメントのすべり合いが生じるので（図5・34参照），個々のミオシンの連続運動性は低くてもよい．これに対して，単独で働くキネシン分子のような輸送装置で高い連続運動性が必要なのは，大きな積み荷を長い距離にわたり着実に輸送しなければならないからである．

図5・38　神経細胞の電子顕微鏡写真．微小管に結合するモータータンパク質が，細胞体と軸索末端の間で積み荷を運ぶ．［CNRI/Science Photo Library/Photo Researchers/amanaimages.］

5. タンパク質の機能　123

たとえば神経細胞では，神経伝達物質や膜成分はリボソームが存在する細胞体で合成され，軸索末端まで輸送されて使われる．キネシンが担うこの輸送距離は数メートルにも及ぶことがある（図5・38）．

まとめ

5・1　ミオグロビンとヘモグロビン：酸素結合タンパク質

• ミオグロビンに含まれるヘムという補欠分子族に，酸素が可逆的に結合する．ミオグロビンへの酸素の結合量は，酸素濃度とミオグロビンへの酸素の親和性で決まる．

• ヘモグロビンの α 鎖と β 鎖はミオグロビンによく似ていて，三者が同じ進化的起源をもつことがわかる．

• ヘモグロビンへの協同的結合・解離によって，酸素は肺では効率よくヘモグロビンに結合し，組織ではヘモグロビンから細胞内のミオグロビンに効率よく渡される．

• ヘモグロビンは4個のサブユニットからなるアロステリックタンパク質で，ヘム基への酸素分子の結合・解離に呼応してT（デオキシ）状態とR（オキシ）状態の間を行き来する．pH が低いときや BPG の存在下では，デオキシ状態が優勢になる．酸素結合に対する pH の影響は，ボーア効果として知られる．

5・2　構造タンパク質

• 細胞骨格のひとつであるミクロフィラメントは，ATP 結合能をもつ球状タンパク質アクチンが二本鎖の形に重合したものである．重合は可逆的なので，ミクロフィラメントは伸長と短縮を繰返す．ミクロフィラメントの動態は，キャップ付加，分枝，切断を媒介するタンパク質によって調節されている．

• GTP を結合するチューブリン二量体は重合して，中空の微小管となる．重合は一方の端より他方の端で速く進行する．微小管は，端がばらばらにほぐれることですぐに脱重合する．微小管の動態を変える薬剤は細胞分裂に影響する．

• 中間径フィラメントタンパク質のひとつであるケラチンは，2本の長い α ヘリックスからなる．この2本の α ヘリックスは，疎水性残基が接触するように互いに巻きついたコイルドコイル構造をとる．ケラチンが重合してできたケラチンフィラメントはさらに会合し，架橋されて半永久的な構造となる．

• コラーゲンポリペプチド鎖は多量のプロリンとヒドロキシプロリンを含み，さらに3残基ごとにグリシンが位置している．コラーゲンポリペプチド鎖は細長い左巻きらせん構造をとり，さらにこの左巻きらせん3本が互いに巻きついて右巻き三重らせん構造となる．このとき，グリシンは三重らせんの中心に位置する．この三重らせんが側面で重合してコラーゲン繊維となる．コラーゲン分子間の共有結合性架橋でコラーゲン繊維の強度が増す．

5・3　モータータンパク質

• コイルドコイル構造からなる細長い1本の尾部と二つの球状頭部をもつミオシンはアクチンフィラメントと相互作用する．ATP でひき起こされる構造変化によって，ミオシン頭部はアクチンに結合し，解離し，そして再び結合するが，その間に機械的な仕事をする．ミオシンがレバーのように働く機構によって，筋収縮が駆動される．

• モータータンパク質であるキネシンでは，柔軟な頸部を介して二つの球状頭部と一つのコイルドコイル尾部とがつながれている．キネシンは，膜小胞の積み荷を微小管に沿って運搬する．このとき，ATP 結合と加水分解でひき起こされる構造変化が，キネシンの微小管に沿った連続的な歩みを駆動する．

問　題

5・1　ミオグロビンとヘモグロビン：酸素結合タンパク質

1. なぜグロビンだけ，あるいはヘムだけでは効率のよい酸素運搬機能がないのか．

2. ヘモグロビンからミオグロビンに渡された酸素分子は，さらにミトコンドリア内の複数のタンパク質に受け渡される．これらのタンパク質は，受取った酸素を筋肉細胞内でエネルギー生産に用いる．本章でのミオグロビンやヘモグロビンの解説に基づいて，これらのタンパク質の構造についてどんなことが考えられるか．

3. 筋肉細胞内での酸素の拡散効率は，ミオグロビンによって上昇する．筋肉細胞内での酸素分圧がミオグロビンの p_{50} に近いときに，この拡散効果は最も効率がよい．なぜか．

4. ミオグロビンが局在する心筋細胞や筋肉細胞では，細胞内酸素分圧はほぼ 2.5 Torr に保たれている．この酸素分圧が 1 Torr だけ上下したとき，ミオグロビンへの酸素結合能は劇的に変わる．なぜか．

5. 酸素を結合したミオグロビンは鮮紅色である．これに対して，脱酸素状態のミオグロビンは紫がかった色をしている．ヘムの Fe^{2+} が酸化されて Fe^{3+} になったミオグロビンはメトミオグロビン（metmyoglobin）とよばれ，褐色をしている．メトミオグロビンの6番目の配位子は酸素ではなく，水分子である．

（a）牛肉を二つに切ると，切断面は初め紫がかっているが，

しだいに赤くなる．なぜか．
 (b) 牛肉を調理すると，表面が褐色になる．なぜか．
 (c) 牛肉を販売するときには，真空パックではなく酸素が出入りできる包装を使うことが多い．なぜか．
6. マグロ，カツオ，サバからミオグロビンを精製し，20℃で酸素結合能を測った．その結果を図に示す．
 (a) 図から，それぞれのミオグロビンの p_{50} を求めよ．
 (b) 最も酸素結合能の高いミオグロビンはどれか．最も低いものはどれか．

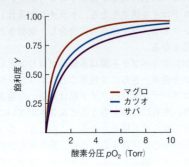

7. 図 5・2 に示したミオグロビンの酸素結合部位はヘム基に覆いかぶさるポケットにある．酸素の入るポケットの残基配置を次に示す．ここで，バリン残基側鎖は，ポケット表面を覆っている．このバリン残基をイソロイシン残基に置換すると，酸素結合能はどのような影響を受けると考えられるか．

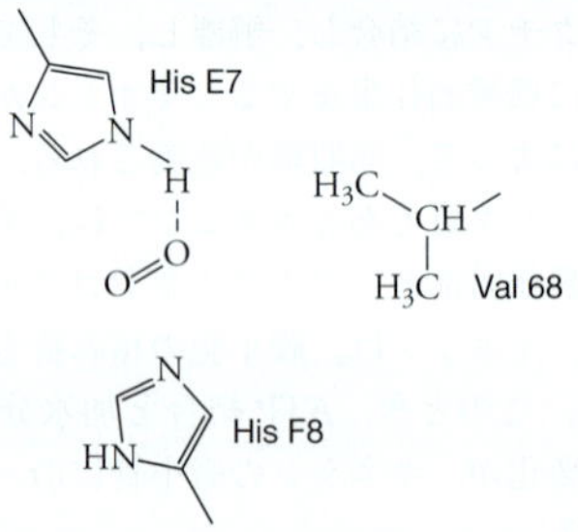

8. 問題 7 について，バリン残基をセリン残基に置換したときはどうか．〔ヒント：ポケット表面が親水性の場合と疎水性の場合とで，どちらが酸素結合に有利か考える．〕
9. 6 個の配位子をもつヘムの 2 価の鉄原子は鮮やかな赤い色をしている．同じヘム鉄原子でも 5 個の配位子をもつ場合には青色である．動脈血の色（鮮紅色）と静脈血（青色）の色の違いを鉄原子への配位の違いで説明せよ．
10. 一酸化炭素 CO は酸素に比べて 250 倍も強くヘモグロビンに結合する．一酸化炭素を結合したヘモグロビンは，酸素を結合したものより鮮やかな赤色となる．一酸化炭素中毒にかかった人はどんな症状を示すと予想されるか．
11. いろいろな生物由来のミオグロビン B ヘリックスについて，そのはじめの 10 残基を表に示す．これに基づいて，次の問いに答えよ．
 (a) アミノ酸残基の置換が許されないのはどの位置か．
 (b) 似たアミノ酸での置換なら許されるのはどこか．
 (c) いろいろな置換が可能なのはどこか．

位置	ヒト	ニワトリ	ワニ	カメ	マグロ	コイ
1	D	D	K	D	D	D
2	I	D	L	L	Y	F
3	P	A	P	S	T	E
4	G	G	E	A	T	G
5	H	H	H	H	M	T
6	G	G	G	G	G	G
7	Q	H	H	Q	G	G
8	E	E	E	E	L	E
9	V	V	V	V	V	V
10	L	L	I	I	L	L

12. 不変残基はタンパク質の構造や機能に必須で，他の残基で置き換えることができない．上記グロビン鎖のなかでは，どれが不変残基と考えられるか．
13. ヘモグロビンは pO_2 が 26 Torr のときに 50% が飽和する．もしヘモグロビンがミオグロビンのように双曲線形結合曲線をもつとして，26 Torr で 50% が飽和するとすれば，pO_2 が 30 Torr と 100 Torr での飽和度はいくつか．このことから，ヘモグロビンのシグモイド形酸素結合曲線の生理的な重要性についてどんなことがいえるか．
14. 実際には，ヘモグロビンの酸素結合曲線は双曲線形ではなくシグモイド形をしている．ヘモグロビンの酸素解離曲線は (5・4) 式を書き換えて，次のようになる．

$$Y = \frac{(pO_2)^n}{(p_{50})^n + (pO_2)^n}$$

ここで n はヒル係数（Hill coefficient）とよばれ，酸素のヘモグロビンへの協同的結合の程度を表している．ヘモグロビンの場合には，n はおよそ 3 である．この式を用いれば，ある酸素分圧におけるヘモグロビンの酸素飽和度を計算できる．ヘモグロビンの p_{50} は CO_2 濃度に依存することが知られており〔ボーア（Christian Bohr）によって 1904 年に発見されたボーア効果〕，CO_2 分圧 pCO_2 が 5 Torr のときに p_{50} は 15 Torr である．典型的な静脈血の酸素分圧 pO_2 は 25 Torr であるが，pCO_2 が 5 Torr のときのヘモグロビンの酸素飽和度はいくつか．また，肺での酸素分圧 pO_2 は 120 Torr であるが，このときのヘモグロビンの酸素飽和度はいくらか．
15. CO_2 分圧 pCO_2 が 80 Torr のときには p_{50} は 40 Torr である．このとき，酸素分圧 pO_2 25 Torr と 120 Torr での酸素分圧はいくらか．
16. pCO_2 が 5 Torr のときと 40 Torr のときとで，肺から組織細胞に運搬される酸素量はどのように変化するか．この結果から，組織細胞への酸素運搬に CO_2 はどのような役割を果たしていると考えられるか．
17. 平地に住む灰色ガンと高地に住むインドガンのヘモグロビンで p_{50} を比較すると，後者のほうが小さい．こうした適応は，生理的にどんな意味をもっているか．
18. 水に NaCl と酸素を溶かしたものを "ビタミン O" とよ

んで，これを数滴飲むと体の酸素濃度を高めることができるという広告がある．

(a) これまでに得た酸素運搬に関する知識から，これをどう判断するか．

(b) "ビタミン O"といわれているものを，血液に直接注入したらどうか．

19. 活発に活動している筋肉では細胞呼吸で生じる乳酸が多いので，ここを流れる血液は通常の pH 7.4 が pH 7.2 に低下している領域を通ることになる．この条件では，ヘモグロビンは pH 7.4 に比べて 10％余分な酸素分子を放出する．なぜか．

20. マラリアをひき起こす原生動物 *Plasmodium falciparum* は，感染した赤血球の pH を少し下げる．鎌状赤血球貧血の患者は変異ヘモグロビン Hb S をもっている．この場合，*Plasmodium* に感染すると，赤血球細胞が鎌形に変形しやすくなる．その理由をボーア効果から考えよ．

21. ヘモグロビン内の 20 個ほどのヒスチジン残基のイミダゾール環は，細胞内代謝で産生された水素イオンと可逆的に結合する．そこで，ヘモグロビンには血液の pH を安定化する緩衝能がある．それと同時に，特定のヒスチジン残基は直接にボーア効果にもかかわっている．たとえば，デオキシ形では β 鎖 His 146 は Asp 94 近傍に位置しているが，オキシ形では両者は離れている．

(a) デオキシヘモグロビンにおいて，Asp 94 と His 146 の間でどんな相互作用が働いているか．

(b) Asp 94 が近くにあることで，His 146 のイミダゾール環の pK_a が変わる．なぜか．

22. 問題 14 と 15 を参照し，pCO$_2$ が 5 Torr のときと 80 Torr のときの p_{50} を比較せよ．p_{50} が CO$_2$ 分圧で変化することは，なぜ重要か．

23. ヤツメウナギは最も原始的な脊椎動物であり，研究対象として重要である．ヤツメウナギヘモグロビンのデオキシ型は四量体であるが，酸素を結合してオキシ型になると四量体は解離して単量体となる．pH が低下すると，ヒトヘモグロビンのようにデオキシ型が有利になる．この現象には，単量体表面のグルタミン酸残基が重要な役割を演じている．このグルタミン酸残基は，単量体と四量体の平衡にどのようにかかわっているか．

24. ヒトはふつう 1 分か 2 分くらいしか息を止めていることができない．しかし，ワニは 1 時間以上も水中にいることができる．こうした適応の結果，ワニは小動物を溺死させて餌にする．長井潔らは，ヒトの場合の BPG のように，ワニでは炭酸水素イオン HCO$_3^-$ がヘモグロビンに結合すると，酸素分子の解離が促進され，結果的に組織細胞への酸素供給が高まることを実験で示した．このような実験で集められた知見は，効率のよい人工血液を設計するのに役立つ．

(a) HCO$_3^-$ がワニヘモグロビンへの酸素結合のアロステリック調節因子だとして，生理的には何が HCO$_3^-$ の供給源になるか．

(b) HCO$_3^-$ のあるなしでのワニヘモグロビンの酸素結合曲線を書け．どんな条件で p_{50} の値が大きくなるか．

(c) ワニヘモグロビンの HCO$_3^-$ の結合部位は $\alpha_1\beta_2$ サブユニットの接触面にある．オキシ型とデオキシ型の転移に際して，二つのサブユニットはこの接触面で互いに滑り合う．こうした事実から，β 鎖 Tyr 41 および α 鎖 Tyr 42 のフェノールイオン，そして β 鎖 Lys 38 の ε-アミノ基が HCO$_3^-$ 結合にかかわっていると考えられる．こうした HCO$_3^-$ と上記アミノ酸残基側鎖の間にどのような相互作用が働いていると考えられるか．

(d) 魚類は，組織細胞への酸素放出を高めるために ATP か GTP をアロステリック調節因子として使っている．BPG, HCO$_3^-$, ATP, GTP といった分子に共通する構造的特徴は何か．またこれら分子はどうやってヘモグロビンに結合すると考えられるか．

25. 発育途中の胎児では，妊娠 3 カ月から誕生に至るまで胎児ヘモグロビン（ヘモグロビン F）という特有なヘモグロビンが合成されている．誕生後は，γ 鎖の合成が減少し β 鎖の合成が上昇するため，ヘモグロビン F はしだいに減少し，成人型ヘモグロビン A が増加する．生後 6 カ月になると，98％のヘモグロビンがヘモグロビン A となる．

(a) 次のグラフで，どちらが胎児ヘモグロビンのものか．

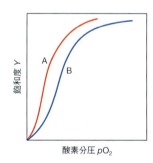

(b) ヘモグロビン F とヘモグロビン A の酸素分子に対する親和性に違いがあることは，胎児の発育にとってどんな意味があるか．

26. 鎌状赤血球貧血の治療に，副作用はあるもののヒドロキシ尿素を用いることもある．ヒドロキシ尿素は，鎌状赤血球貧血の患者に胎児型ヘモグロビン合成を促すことで作用を発揮すると考えられている．臨床調査によると，ヒドロキシ尿素の摂取の結果，ひどい痛みで入院する回数は半減し，発熱や胸の X 線写真撮影が必要になる場合も少なくなった．なぜこの薬剤は鎌状赤血球貧血の症状を軽減するのか．

27. 正常なヘモグロビン（Hb A）と変異ヘモグロビン（Hb Great Lakes）の酸素結合曲線を次ページに示す．

(a) 二つのヘモグロビンの曲線を比較して，その特徴を示せ．

(b) pO$_2$ が 20 Torr のとき，どちらのヘモグロビンが酸素分子に対して高い親和性を示すか．

(c) pO$_2$ が 75 Torr のとき，どちらのヘモグロビンの酸素親和性が高いか．

(d) 動脈血（$pO_2 = 75$ Torr）から運動中の筋肉（$pO_2 = 20$ Torr）に酸素を供給するのには，どちらのヘモグロビンが効率がよいか．

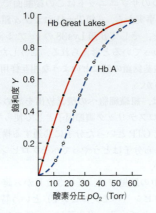

28. 次のヘモグロビン変異体の安定性を評価せよ．

Hb Hammersmith	$\beta 42$ Phe→Ser
Hb Bucuresti	$\beta 42$ Phe→Leu
Hb Sendagi	$\beta 42$ Phe→Val
Hb Bruxelles	$\beta 42$ Phe→0 (Phe 欠損)

29. 海に近い場所で生活している人たちが，5000 m ほどの高地に行くと高地適応が起こる．

(a) 高地での低酸素濃度によって，最初は低酸素症による過呼吸が起こる．これはなぜか．過呼吸が起こると，血液のpH はどうなるか．

(b) 数週間たつと，肺胞の pCO_2 が減少し，2,3-ビスホスホグリセリン酸（BPG）濃度が増加する．これを説明せよ．

30. ヤク，ラマ，アルパカといった高地原産の動物のヘモグロビンは，酸素結合能が高く，高地における低酸素濃度という環境にうまく適応している．実際，これらヘモグロビンのグロビン鎖にはいろいろな変異が入っており，さらに胎児ヘモグロビンが成体でも発現し続けている．これは問題 29 で述べた一時的な高地適応とは違い，進化的適応の例である．

(a) 高地に生息する動物と低地に生息する動物の p_{50} を比較せよ．

(b) 胎児型ヘモグロビンが成体でもひき続き合成されると，高地での生息にとって有利になるのはなぜか．

31. α 鎖は正常だが β 鎖の Lys 144 が Asn に変異したために酸素結合能が上昇した変異ヘモグロビンをもつ患者がいる．β 鎖の C 末端アミノ酸配列は −Lys 144−Tyr 145−His 146−COO⁻ である．この部分はヘモグロビンの中心にある穴に位置しており，ヘム基に配位している His 8 を含む F ヘリックスと相互作用している．Lys 144→Asn 144 変異によってヘモグロビンの酸素結合能が上昇するのはなぜか．

32. 問題 31 のような変異をもつ人は，正常な人よりも高地適応（問題 29 参照）は容易である．なぜか．

5・2 構造タンパク質

33. 球状タンパク質と繊維状タンパク質を比較し，それぞれの特徴を示せ．

34. いろいろなタンパク質（アクチン，チューブリン，ケラチン，コラーゲン，ミオシン，キネシン）が本章で出てきた．

(a) このなかで構造的な機能だけを担うのはどれか（細胞形態の変化にはかかわらない）．

(b) モータータンパク質はどれか．

(c) モータータンパク質ではないが，構造変化を起こすものはどれか．

(d) ヌクレオチド結合部位をもつものはどれか．

35. 細胞骨格のなかでミクロフィラメントと微小管には極性があるのに，中間径フィラメントには極性がないのはなぜか．

36. X 線結晶構造解析が可能な G アクチン結晶を得るためには，G アクチンと他のタンパク質を混ぜることが必要だった．

(a) なぜ二つのタンパク質を混ぜる必要があるのか．

(b) G アクチンの構造を決めるには，さらにどのような情報が必要か．

37. 毒キノコから精製したファロイジン（phalloidin）というペプチドは F アクチンには結合するが，G アクチンには結合しない．ファロイジンを細胞内に注入すると，細胞運動にどんな影響を与えるか．

38. ファロイジンに蛍光色素を共有結合で結びつけると，細胞イメージングに使える．この蛍光標識ファロイジンで可視化できる細胞内構造は何か．

39. 伸長の速い微小管とゆっくりと伸長している微小管を，微小管結合タンパク質は区別できる．なぜか．

40. 微小管末端でばらばらにほどけたプロトフィラメントで起こる脱重合のほうが，微小管末端からチューブリン二量体が一つずつ解離するより速い．なぜか．

41. GTP を結合した微小管末端はまっすぐになる傾向があり，GDP を結合した微小管末端は曲がって，プロトフィラメントがほどける傾向がある．グアニリル−メチレンジホスホン酸（GMP−PCP）という加水分解できない GTP 類似体の存在下でチューブリン二量体を重合させる．こうしてできた重合体の安定性と，GTP 存在下で重合したものと比較せよ．

GMP−PCP

42. コルヒチン（微小管脱重合を促進する）もタキソール（パクリタキセルともよばれ，脱重合を阻害する）も細胞分裂を阻害するのはなぜか．

43. 最近の総説では，がん治療薬として使える可能性をもつ数十にものぼる薬剤が記載されている．これら薬剤の標的はすべて微小管である．なぜチューブリンは抗がん剤の標的

5. タンパク質の機能

となるのか.

44. 最近, タキソール (パクリタキセル) を結合したチューブリン二量体の三次元構造が決められた. 中空になった微小管の内側表面にある β チューブリンのくぼみにタキソールは結合している. この結合によって, GTP 加水分解がひき起こす構造変化を相殺するような構造変化が生じている. タキソールの結合は, どのようにして微小管の安定性に影響を与えるか.

45. 痛風は, 関節をみたす体液 (滑液) 中に尿酸ナトリウム結晶の沈殿が生じるために起こる. この結晶は, 血流中を循環している好中球に取込まれる. 好中球が結晶を取込むと, 一連の生化学反応が進行して好中球から炎症をひき起こす伝達物質が放出される. この結果, 関節が痛む. コルヒチンは痛風の治療薬として使われる. これはコルヒチンが好中球の運動性を阻害するからである. コルヒチンはなぜこのような効果を好中球に対して発揮するか.

46. 細胞分裂に関与する微小管は, 神経細胞の軸索にある微小管より不安定である. これはなぜか.

47. ビンブラスチン (vinblastine) というニチニチソウという植物に含まれる物質は, 微小管の (+) 端を安定化し, (−) 端を不安定にする. ビンブラスチンが存在すると, 有糸分裂時の紡錘体形成にどんな影響が出るか.

48. ビンブラスチン (問題 47) は, がん細胞のように分裂の速い細胞に強い影響を与える. なぜか.

49. コイルドコイルを組むポリペプチド鎖では, 特徴的なアミノ酸配列の 7 残基単位が繰返している. この 7 残基単位では, 1 番目と 4 番目の残基は疎水性残基であることが多い.

(a) 極性残基あるいは電荷をもった残基は, 7 残基単位の残り五つの位置に現れることが多い. なぜか.

(b) Ile−Gln−Glu−Val−Glu−Arg−Asp という配列は Trp−Gln−Glu−Tyr−Glu−Arg−Asp という配列よりコイルドコイルに出現する可能性が高い. なぜか.

50. 球状タンパク質はふつう何層かの二次構造でできており, 中心部には疎水性残基が, 溶媒と接する表面には親水性残基が集まっている. ケラチンのような繊維状タンパク質でもこれは同じか.

51. まっすぐな毛髪にまず還元剤を塗布してからローラーに巻き, その後に酸化剤を塗布すると, 直毛にカールをかけることができる. このような方法でなぜ毛髪の形状を変えることができるのか.

52. 皮膚にある "軟" ケラチンに比べて, 毛髪, 角, 爪などを構成している "硬" ケラチンには高濃度の硫黄が含まれている. タンパク質の構造という観点からみて, これはどういう意味をもっているか.

53. アクチンとコラーゲンの一次構造, 二次構造, 三次構造, 四次構造を示せ. 実際には, これらのタンパク質に 4 段階の構造を単純に適用するのはむずかしい. なぜか.

54. 顔にしわが出るのを防ぐには, ニワトリの皮, フカヒレ, 豚足といったコラーゲンに富む食品を摂取するとよいという宣伝がある. コラーゲンの生合成にとって, コラーゲンに富

んだ食物をとることは必要か. こうした食品は, 本当に顔にしわが出るのを防ぐことができるか.

55. 非常に病原性の高い嫌気性細菌 *Clostridium perfringens* は, 動物組織を崩壊させる壊疽をひき起こす. この細菌は, プロリンとグリシンをつなぐペプチド結合を加水分解する 2 種類のコラゲナーゼを分泌する. 部分精製されたコラゲナーゼは研究用に市販されており, 骨, 関節, 筋肉あるいは上皮組織から細胞を単離し培養するために使われる. こうした細胞の培養に, コラゲナーゼはどのように役立っているのか.

56. オタマジャクシにある酵素の一つは図に示す結合を切断する. これはどんな種類の酵素か. また, この酵素はオタマジャクシからカエルへの変態にとってどんな意味があるか.

$$\text{—— Gly—Pro—Gln—Gly} \overset{\downarrow}{\text{—}} \text{Ile—Ala}$$

57. コラーゲンというのは多様なタンパク質分子の集団 (コラーゲンファミリー) をさしている. この集団に属するいろいろな種類のコラーゲン分子を比較するのに融点 T_m を使うことが多い. コラーゲン溶液の温度を少しずつ上昇させ, コラーゲンの構造変化を追跡する. 高温では, コラーゲン三重らせんをまとめている分子間結合が切れ, 3 本のポリペプチド鎖がばらばらになって, 変性コラーゲン, つまりゼラチンが生じる. コラーゲンのポリペプチド鎖をまとめている分子間力には協同性があるので, コラーゲン三重らせんには一気にばらばらになる傾向がある. T_m はコラーゲンが半分融解する温度として定義され, コラーゲンの安定性の指標に用いられる. 二つの生物, ネズミとウニのコラーゲンの T_m を表に示す.

(a) それぞれのコラーゲンはどちらのものか.

(b) イミノ酸含量と T_m の関連を説明せよ.

コラーゲン	1000 残基当たりの Hyp 残基数	1000 残基当たりの Pro 残基数	$T_m(℃)$
A	48.5	81.3	27.0
B	68.5	111	38.5

58. コラーゲン三重らせん内での三本鎖間相互作用の重要性を調べるため, 30 アミノ酸残基からなる次のような一連のコラーゲン様ペプチドを合成した. これらのペプチドの性質と T_m を次ページの表に示す. ここでイミノ酸含量は, プロリンとヒドロキシプロリンを合わせた量である.

ペプチド 1 (Pro−Hyp−Gly)$_{10}$

ペプチド 2 (Pro−Hyp−Gly)$_4$−Glu−Lys−Gly−(Pro−Hyp−Gly)$_5$

ペプチド 3 Gly−Lys−Hyp−Gly−Glu−Hyp−Gly−Pro−Lys−Gly−Asp−Ala−(Gly−Ala−Hyp)$_2$−(Gly−Pro−Hyp)$_4$

(a) これら 3 種類のコラーゲン様ペプチドを安定な順に並べよ. ここでみられる安定性は何に依存しているか.

(b) ペプチド 3 のいろいろな pH での T_m を比較せよ. pH

7で最大値をもつのはなぜか. どんな相互作用が安定性にとって最も重要か.

(c) ペプチド1のいろいろなpHでのT_mを比較せよ. 異なるpHでのT_m値の違いが, ペプチド3よりペプチド1で小さいのはなぜか.

(d) 上記の問いへの答えをもとに, イオン結合とイミノ酸含量のどちらがコラーゲン様ペプチドの構造安定性にとって重要か考察せよ.

ペプチド	三重らせん	イミノ酸含量		T_m(℃)
1	形成する	67%	pH 1	61
			pH 7	58
			pH 11	60
2	形成する	60%	pH 1	44
			pH 7	46
			pH 1	49
3	形成する	30%	pH 7	18
			pH 7	26.5
			pH 13	19

59. 深海の熱水にすむ *Riftia pachyptila* という生物は, 高温, 低酸素濃度, そして極端な温度変化という極限状態で生息している. この生物はコラーゲンを含む厚いクチクラでこうした厳しい環境から身を守っている. 最近になって, このコラーゲンの構造が調べられた. そのアミノ酸配列解析からは, このコラーゲンはふつうのGly–X–Yという3アミノ酸残基の繰返し配列をもつが, ヒドロキシプロリンはXの位置にしか存在せず, Yの位置はグリコシル化されたトレオニン(ガラクトースのヒドロキシ基とトレオニン側鎖のヒドロキシ基が縮合反応で共有結合したもの)が占めていることが多かった. いくつかの合成ペプチドを用いて, それぞれの安定性を検討した. その結果を表に示す.

グリコシル化トレニオン

合成ペプチド	三重らせん	T_m(℃)
(Pro–Pro–Gly)$_{10}$	形成する	41
(Pro–Hyp–Gly)$_{10}$	形成する	60
(Gly–Pro–Thr)$_{10}$	形成しない	N/A
(Gly–Pro–Thr(Gal))$_{10}$	形成する	41

(a) (Pro–Pro–Gly)$_{10}$ と (Pro–Hyp–Gly)$_{10}$ の融点を比較し, その差がどんな構造的原因によるか説明せよ.

(b) (Pro–Pro–Gly)$_{10}$ と (Gly–Pro–Thr(Gal))$_{10}$ の融点を比較し, その結果から, Thr(Gal)の果たす役割を説明せよ.

(c) (Gly–Pro–Thr)$_{10}$ を実験に加えたのはなぜか.

60. ヒドロキシプロリンを含むコラーゲン分子の安定性が

増す理由を知りたい. ピロリジン環のヒドロキシ基がまわりを取囲んでいる水と水素結合ネットワークをつくることがその理由であるというのがひとつの考えである. しかし, (Pro–Pro–Gly)$_{10}$ あるいは (Pro–Hyp–Gly)$_{10}$ でできた三重らせんはメタノール中でも安定なので, この考えには疑問の余地があるという意見もある. 安定性に関するこの問題をさらに検討するために, 4-フルオロプロリン (Flp) を含む合成コラーゲンをつくった. Flpはヒドロキシプロリンに似ているが, ヒドロキシ基の位置をフッ素原子が占めている. これら3種類の合成コラーゲン分子の融点を測ったところ, 表のようになった.

合成ペプチド	三重らせん	T_m(℃)
(Pro–Pro–Gly)$_{10}$	形成する	41
(Pro–Hyp–Gly)$_{10}$	形成する	60
(Pro–Flp–Gly)$_{10}$	形成する	91

(a) ヒドロキシプロリンとフルオロプロリンの構造を比較せよ. 実験では, なぜフルオロプロリンが選ばれたのか.

(b) 3種類の合成コラーゲンの融点を比較せよ. これら分子の安定性に最も寄与している因子は何か.

61. コラーゲン三重らせんは水素結合で安定化されている. 本書の記述に従って, 水素結合一つをアミノ酸側鎖とともに書け.

62. コラーゲン分子を結合組織から単離するのはむずかしいので, コラーゲン研究では合成ペプチドを用いることが多い. コラーゲン遺伝子を発現するように操作した細菌を培養してコラーゲン分子を単離することはできるか.

63. コラーゲンを加熱すると, 変性してゼラチンが得られる. ゼラチンは熱水で溶けるが室温ではゲル化し, 食品として利用される. 他のタンパク質に比べて, ゼラチンは栄養面では劣る. この理由を説明せよ.

64. パパイヤとパイナップルはコラーゲンを分解する酵素を含んでいる.

(a) 料理するときに, パパイヤやパイナップルを加えると肉を柔らかくすることができる. なぜか.

(b) ゼラチンの入ったデザートに味つけをするために, いったん加熱して溶けたゼラチンがまだ固まらないうちに新鮮なパパイヤとパイナップルを加え, そのまま冷やした(問題63). こうすると問題が生じるが, これはどんなことか. この問題を避けるにはどんなことをしたらよいか. その理由も述べよ.

65. 内出血, 関節の腫れ, 疲労, そして歯茎の腫れといった一連の症状を訴える患者について, 過去25年にわたる記録を検討したところ, 消化器疾患, 歯の疾患, アルコール中毒といった多様な診断がくだされていた.

(a) 上記のような症状を訴える患者は, どのような病気にかかっている可能性があるか.

(b) 上記のような症状が現れるのはなぜか.

(c) 予想される病気は, 患者の病歴と一致するか.

66. 放射能標識した[^{14}C]プロリンは培養した繊維芽細胞のコラーゲン繊維に取込まれ，コラーゲンタンパク質中に見いだされる．しかし，[^{14}C]ヒドロキシプロリン存在下で培養した繊維芽細胞には放射能標識は見いだされない．なぜか．

67. リシルヒドロキシラーゼの触媒する反応では，プロリルヒドロキシラーゼと同じようにアスコルビン酸（ビタミンC）を必要とする．リシルヒドロキシラーゼの反応産物である 5-ヒドロキシリシン残基の構造を書け．

68. コラーゲンポリペプチド鎖は，おもに Gly-Pro-Hyp という配列の繰返しで構成されている．この三つの残基のうち，5-ヒドロキシリシン残基で置き換えられる可能性が高いのはどれか．

69. ミノキシジルという薬剤の効果を，培養ヒト皮膚繊維芽細胞で調べた．その結果を表に示す．繊維芽細胞を ^{3}H 標識したプロリンあるいはリシン存在下で培養し，コラーゲンポリペプチドに放射能標識アミノ酸を取込ませた．ミノキシジル処理後に（対照としてはミノキシジル処理なし），細胞を集めて，すべての細胞タンパク質を加水分解するよう酵素処理した．コラーゲン中の ^{3}H 標識したプロリンあるいはリシンの量は ^{3}H$_2$O 放出で測った．

培養条件	プロリルヒドロキシラーゼ活性†	リシルヒドロキシラーゼ活性†
対 照	13,056	12,402
ミノキシジル	13,242	1936

† cpm, ^{3}H$_2$O/mg タンパク質．

(a) 培養繊維芽細胞に対するミノキシジルの効果は何か．
(b) この薬剤はなぜ繊維症（コラーゲンの蓄積で生じる皮膚疾患）の治療に役立つか．
(c) 脱毛の治療にミノキシジルを長期間用いるとき，どんな問題が起こりうるか．

70. II型プロコラーゲンのα1(II)鎖の遺伝子（DNAの非鋳型鎖あるいはコード鎖）の一部を下に示す（全遺伝子は3421塩基対からなる）．また，α1(II)遺伝子に突然変異をもつ患者の皮膚繊維芽細胞から単離した遺伝子の一部も示す．患者は，受胎後38週目に生まれ，直後に死亡した胎児である．この胎児の手足は短く，頭部が大きい．鼻梁は平坦で，骨格は短かった．この症状は軟骨低発生症のものと一致する．胎児から採取した組織の遺伝子解析から，α1(II)コラーゲン遺伝子における以下のような点変異が見つかった．

正常α1(II)コラーゲン遺伝子
　　…TAACGGCGAGAAGGGAGAAGTTGGACCTCCT…
変異α1(II)コラーゲン遺伝子
　　…TAACGGCGAGAAGGCAGAAGTTGGACCTCCT…

(a) 正常遺伝子と変異型遺伝子でコードされるタンパク質のアミノ酸配列はどんなものか（まず読み枠を決めなければならないことに注意）．タンパク質配列にどんな違いが生じているか．
(b) 正常コラーゲンと変異コラーゲンの融点を比較するとどうなるか．
(c) この患者は，なぜ出生直後に死亡したのか．

5・3 モータータンパク質

71. ミオシンは繊維状タンパク質か球状タンパク質か．そう考えた理由も説明せよ．

72. ミオシンVは双頭のミオシンで，結合した積み荷をアクチンフィラメントに沿って運搬する．ミオシンVの運動機構は筋肉ミオシンに似ているが，キネシンのように連続的に滑り運動する．ミオシンVの二つの頭部がアクチンフィラメントに結合した状態で，次に示す反応サイクルが始まる．ADP は前の頭部に結合しており，後の頭部のヌクレオチド結合部位は空である．

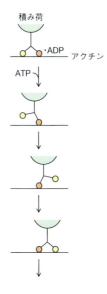

筋肉ミオシンの反応サイクルに関する知識（図5・35）に基づき，ミオシンVの反応機構を提案せよ．このとき，ATPの結合から始めること．ATP加水分解反応の各段階は，どのようにミオシンVの構造変化と関係しているか．

73. 生細胞を顕微鏡下で観察すると，細胞内で，決まった場所に向かう直線状で速い動きが観察される．
(a) こうした細胞内の動きは拡散では説明できない．なぜか．
(b) 上記のような細胞内運動機構に最低限必要な要素は何か．

74. 筋肉内におけるアクチンフィラメント上のミオシンの運動は "飛び跳ねる" ということができる．一方，微小管上でのキネシンの運動は "歩行" といえる．なぜか．

75. 死後硬直は死後数時間で起こる．モータータンパク質に関する知識に基づき，死後の筋肉の硬直を説明せよ．

76. (a) 死後硬直は食肉業界では重要な問題である．なぜか．

（b）法医学者は，死亡の状況を把握するのに死後硬直という現象を用いる．なぜか．

77. 筋ジストロフィー患者では，筋肉細胞中の構造タンパク質の遺伝子変異によって筋肉の弱化が幼年期からしだいに始まる．このとき，筋肉の弱化とともに骨形成にも異常が現れることが多い．なぜか．

78. 単頭キネシンは，モータータンパク質として効率が悪い．なぜか．

参 考 文 献

Brodsky, B. and Persikov, A. V., Molecular structure of the collagen triple helix, *Adv. Protein Chem.* **70**, 310－339 (2005). コラーゲンの構造と，コラーゲンの変異によって起こる疾患についての解説.

Endow, S. A., Kinesin motors as molecular machines, *Bioessays* **25**, 1212－1219 (2003).

Gardner, M. K., Hunt, A. J., Goodson, H. V., and Odde, D. J., Microtubule assembly dynamics: new insights at the nanoscale, *Curr. Opin. Cell Biol.* **20**, 64－70 (2008). 微小管形成に関する技術の解説.

O'Connell, C. B., Tyska, M. J., and Mooseker, M. S., Myosin at work: motor adaptations for a variety of cellular functions, *Biochim. Biophys. Acta* **1773**, 615－630 (2007).

Oshima, R. G., Intermediate filaments: a historical perspective, *Exp. Cell Res.* **313**, 1981－1994 (2007). ケラチンを含む中間径フィラメントに関する解説.

Reisler, E. and Egelman, E. H., Actin structure and function: what we still do not understand, *J. Biol. Chem.* **282**, 36113－36137 (2007). アクチンの構造と，フィラメント形成に関する研究の総説.

Schechter, A. N., Hemoglobin research and the origins of molecular medicine, *Blood* **112**, 3927－3938 (2008). ヘモグロビン S を含むヘモグロビンの構造と機能に関する総説.

Wilson, M. T. and Reeder, B. J., Oxygen-binding haem proteins, *Exp. Physiol.* **93**, 128－132 (2007). ヘモグロビン，ミオグロビンとその類似物質のあまり知られていない機能に関する解説.

6 酵素の働き

酵素の働きは"鍵と鍵穴"モデルで理解できるか

1894 年にフィッシャーは，基質分子は鍵穴にぴったりと入る鍵のように酵素活性部位に結合するという"鍵と鍵穴"モデルを提唱し，酵素作用の高い特異性を説明した．このときには，酵素の実体がタンパク質であることはまだわかっておらず，ましてその構造などわかっていたわけではないが，このフィッシャーの酵素モデルは広く受け入れられ，いまでも酵素の特異性を考える基礎となっている．しかしこの単純なモデルでは，現在わかっている多くの酵素の作用を理解するには不十分である．酵素反応を理解するには，タンパク質の構造に基づいて具体的な反応機構を学ぶことが必要である．

復習事項

- 生物も熱力学の法則に従う（§1・3）．
- 生体分子では水素結合，イオン相互作用，あるいはファンデルワールス相互作用といった非共有結合性相互作用が重要である（§2・1）．
- 酸の pK_a はイオン化のしやすさの指標となる（§2・3）．
- 20 種のアミノ酸は側鎖（R基）の化学的性質が異なる（§4・1）．
- 複数の安定構造をとりうるタンパク質がある（§4・3）．

これまでに，タンパク質の構造がその機能にかかわっていることを学んだ．本章では，細胞内で物質やエネルギーの変換反応に直接かかわっている**酵素**（enzyme）とよばれる一群のタンパク質について解説する．まず，酵素活性の熱力学的基礎も含めて酵素の基本的な性質を解説し，酵素が化学反応を加速するさまざまな機構について述べる．特に，構造の違いがどのように酵素活性に影響を与えるかを知るために消化酵素のキモトリプシンに焦点を当てる．本章に続いて，次章で酵素活性の定量法や酵素活性の調節について説明する．

6・1 酵素とは何か

重要概念

- 簡単な化学触媒に比べて，酵素は効率がよく，特異性が高い．
- 酵素の名前は，それが触媒する反応に由来する．

in vitro では，生理的条件のもとで，ペプチドやタンパク質のアミノ酸残基をつなぐペプチド結合の半減期はおよそ 20 年である．つまり，20 年後には，試料ペプチド中の半数のペプチド結合が**加水分解**（hydrolysis，水による分解）によって切断される．

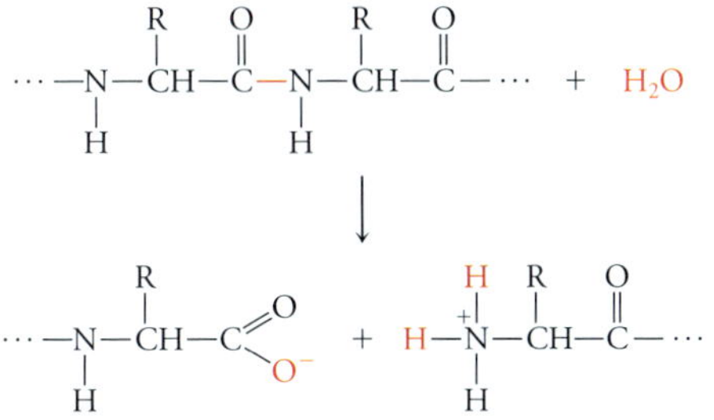

生物の構造や機能の特性はタンパク質の安定性に依存しているので，こうしたペプチド結合の長い半減期は明らかに生物にとっては有利である．一方で，ホルモンのようなタンパク質は，その生理的効果を制限するためすぐに分解されなくてはならない．つまり，生物は，場合によってはペプチド結合の加水分解を加速しなくてはならない．

一般的に，加水分解も含めてある化学反応の速度を上げるには次のような方法がある．

1. **温度を上げて（熱の形でエネルギーを与え）反応を加速する**．ほとんどの生物は体温を上げたり下げたりできず，比較的狭い温度範囲でのみ生息できるので，残念ながらこの方法は実用的でない．さらに，温度を上げると必要な反応だけでなくあらゆる化学反応が加速される．

2. **反応にかかわる物質の濃度を上げる**. 反応物(reactant)の濃度が上がれば，衝突して反応する機会が増える．しかし，細胞内には数万種類の分子が存在し，必須分子の多くは少数しかない．
3. **触媒(catalyst)を加えて反応を加速する**. 触媒というのは反応に関与するが反応の最後にはもとの形に戻っている物質である．莫大な数の化学触媒が知られている．たとえば，自動車のエンジンの触媒式排ガス浄化装置には，一酸化炭素と燃焼されなかった炭化水素を比較的無害な二酸化炭素に変換する白金とパラジウムの混合物が含まれている．生物は，化学反応の速度を上げるのに**酵素**とよばれる触媒を用いる．

ほとんどの酵素はタンパク質だが，RNAである場合も少数ながらある．こうしたRNA酵素〔**リボザイム**(ribozyme)ともよばれる〕については§21・3で詳しく解説する．最もよく調べられている酵素のひとつがキモトリプシン(chymotrypsin)である．この消化酵素は膵臓で合成され小腸に分泌されて，そこで食物中に含まれているタンパク質の分解を行う．ウシの膵臓から比較的大量に精製できるので，キモトリプシンは初めて結晶化されたタンパク質のひとつである（この酵素は実験によく用いられる，表4・4参照）．キモトリプシンの241個のアミノ酸残基は，まとまった二つのドメイン構造を形成する（図6・1）．ポリペプチド基質の加水分解は，この二つのドメインの間隙にある三つのアミノ酸残基(His 57, Asp 102, Ser 195)近くで進行する．酵素のこのような場所を**活性部位**(active site)とよぶ．ほとんどすべての既知の酵素の活性部位は，酵素表面の似たような割れ目に存在している．

キモトリプシンは1秒当たりほぼ190回のペプチド結合加水分解を触媒する．この速度は触媒がない場合に比べて$1.7×10^{11}$倍も速い．この速度は，簡単な化学触媒に比べても数桁速い．さらにキモトリプシンなどの酵素は穏和な条件（大気圧，生理的温度）で働くが，多くの化学触媒が最適な状態で働くには極端に高い温度や圧力が必要になる．

キモトリプシンのこのような触媒能力はめずらしいものではない．$10^8 \sim 10^{12}$倍に速度が上がるのは，酵素ではふつうである（表6・1にいくつかの酵素触媒反応の速度を示す）．もちろん，触媒のない反応の速度が遅ければ遅いほど，酵素で速度が上がる可能性は大きくなる（たとえば，表6・1のオロチジン-5′-リン酸デカルボキシラーゼ参照）．おもしろいことに，比較的速い反応でも生体では酵素が触媒することがある．たとえば，二酸化炭素を水に溶かして炭酸にする反応

$$CO_2 + H_2O \longrightarrow H_2CO_3$$

で，二酸化炭素の半減期は5秒である（半数の二酸化炭素分子が5秒以内に炭酸に変換される）が，**カルボニックアンヒドラーゼ**(carbonic anhydrase，炭酸デヒドラターゼともいう)という酵素で100万倍以上に加速され

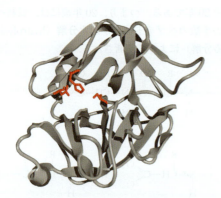

図6・1 キモトリプシンのリボンモデル．ポリペプチド鎖（灰色）は二つのドメインに折りたたまれている．酵素活性に必須の3残基を赤で示す．〔構造(pdb 4CHA)はH. Tsukada, D. M. Blowによって決定された．〕

表6・1 酵素による反応速度上昇

酵　素	基質の半減時間 (触媒なし)†	反応速度(s^{-1}) 触媒なし	反応速度(s^{-1}) 触媒あり	反応速度上昇 触媒あり/触媒なし
オロチジン-5′-リン酸デカルボキシラーゼ	78,000,000年	2.8×10^{-16}	39	1.4×10^{17}
ブドウ球菌のヌクレアーゼ	130,000年	1.7×10^{-13}	95	5.6×10^{14}
アデノシンデアミナーゼ	120年	1.8×10^{-10}	370	2.1×10^{12}
キモトリプシン	20年	1.0×10^{-9}	190	1.7×10^{11}
トリオースリン酸イソメラーゼ	1.9日	4.3×10^{-6}	4300	1.0×10^{9}
コリスミ酸ムターゼ	7.4時間	2.6×10^{-5}	50	1.9×10^{6}
カルボニックアンヒドラーゼ	5秒	1.3×10^{-1}	1,000,000	7.7×10^{6}

† 非常に遅い反応の半減期は高温での測定から外挿して見積もったもの．
〔データの大半はR. Radzicka and R. Wolfenden, *Science* **267**, 90-93 (1995)による．〕

る（表 6・1 参照）.

非生物触媒と酵素の違いは，**反応特異性**（reaction specificity）でもみられる．ほとんどの酵素は反応物〔**基質**（substrate）とよばれる〕と生成物に関して非常に特異性が高い．酵素の活性部位の官能基はうまく配置されており，この結果，酵素は同じような大きさや形をもつ物質のなかから基質を選択し，こうした基質がかかわる特定の化学反応を進めることができる．酵素の反応特異性は，多くの化学触媒の特異性のなさと対照的である．後者は多数の異なる基質に作用し，特定の基質からしばしば 1 種類以上の生成物をつくり出す．

キモトリプシンや他の消化酵素は，少なくとも実験室では比較的広い範囲の基質に作用し，複数の反応を触媒するという点で風変わりである．たとえば，キモトリプシンはフェニルアラニン，トリプトファンあるいはチロシンといった大きな疎水性残基のあとのペプチド結合を加水分解する．この酵素は他のアミド結合やエステル結合の加水分解も触媒する．こうした性質は，精製したキモトリプシンの活性を定量するのに役立つ．酢酸 *p*-ニトロフェニル（エステル）のような人工基質はキモトリプシンで簡単に加水分解される（キモトリプシンが触媒として関与していることを示すために，反応を示す矢印の横もしくは下に酵素の名前を記す）.

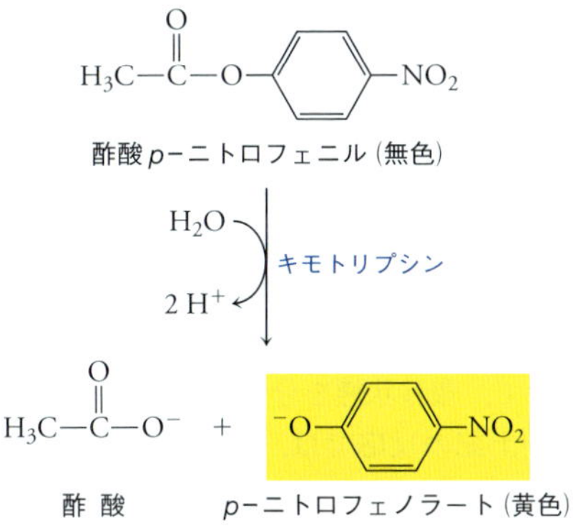

酢酸 *p*-ニトロフェニルは無色だが，その加水分解産物は鮮やかな黄色なので，反応の進行は分光光度計を用い 410 nm の吸光度で簡単に追跡できる．

最後に，生物が環境の変化に適応したり，遺伝的に決まった発生プログラムに従ったりする過程で，多くの酵素活性の調節が必要とされる点も酵素と非生物触媒との違いである．そこで，酵素がどのような機構で働くかだけでなく，いつ，なぜ働くのかということを理解することも重要である．酵素のこうした面はキモトリプシンでよくわかっているので，この酵素は酵素活性の基本を理解するのによい．

酵素の名前はそれが触媒する反応に由来する

生化学反応を触媒する酵素は，反応の種類に応じて六つのサブグループに分類される（表 6・2）．本質的に，すべての生化学反応は，ある基を他の基に付加するか，除去するか，あるいはその基の配置替えをするものである．生化学反応に関与する酵素（タンパク質や核酸）は大きい分子だが，いくつかの化学結合か，いくつかの小さな反応基だけが反応にかかわる（H_2O だったり，たった一つの電子だったりすることもある）.

酵素の名前からその機能がわかることが多い．場合によっては，基質の名前の後に "アーゼ（-ase）" という接尾語をつけて酵素の名前にすることもある．たとえば，フマラーゼ（fumarase）はフマル酸（fumarate）に働く酵素である（§14・2，クエン酸回路の反応 7 参照）．キモトリプシンは同じ言い方にすると，プロテイナーゼ（proteinase），プロテアーゼ（protease），あるいはペプチダーゼ（peptidase）となる．ほとんどの酵素名は，その酵素の触媒反応を説明する言葉と接尾語の "アーゼ" を含んでいる．たとえば，ピルビン酸デカルボキシラーゼ（pyruvate decarboxylase）は，ピルビン酸から二酸化炭素の除去を触媒する．

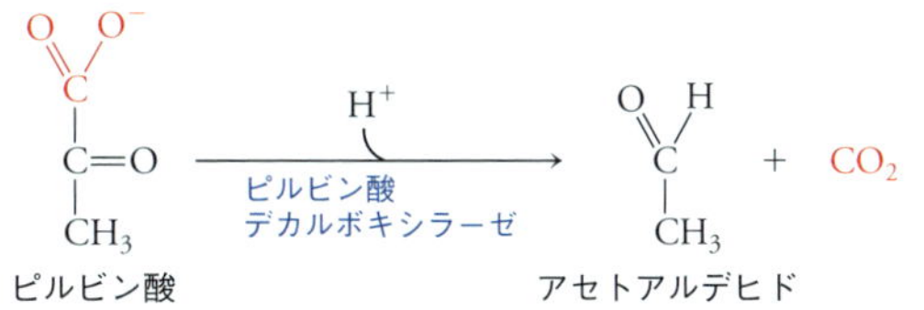

アラニンアミノトランスフェラーゼ（alanine aminotransferase）は，アラニンのアミノ基を 2-オキソ酸（α-ケト酸）に転移する反応を触媒する．

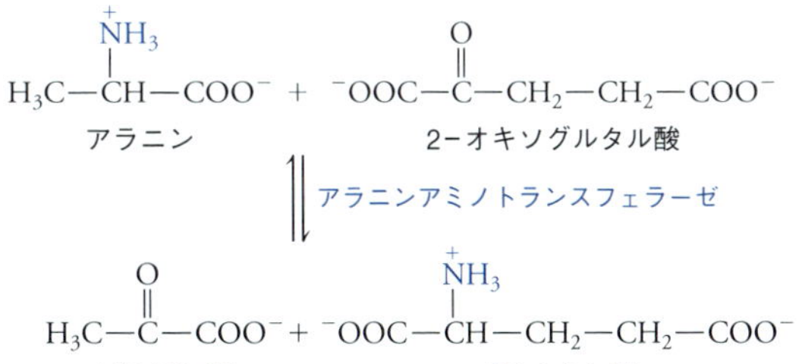

こうした命名法は数千にものぼる酵素触媒反応に対しては通用しなくなるが，本書のように少数のよく知られた反応を扱うには適している．もっと正確な酵素分類法では，酵素を四つの階層で系統的にグループ分けして，それぞれの酵素に特定の数字を割り当てる．たとえば，キモトリプシンには EC 3.4.21.1 という数字が割り当てられている〔EC は，国際生化学分子生物学連

表 6・2 酵素の分類

酵素の分類	触媒する反応の種類
1. 酸化還元酵素	酸化還元反応
2. 転移酵素	官能基の転移
3. 加水分解酵素	加水分解反応
4. リアーゼ	官能基を除去して二重結合を形成
5. 異性化酵素	異性化反応
6. リガーゼ	ATP 加水分解と共役した結合形成

合（International Union of Biochemistry and Molecular Biology）の命名法委員会の一部である酵素委員会（Enzyme Commission）に由来する〕．

　生体内では，いくつものタンパク質が一つの化学反応の触媒作用にかかわっていることがある．同じ反応を触媒する複数の酵素を**アイソザイム**（isozyme，イソ酵素ともいう）とよぶ．アイソザイムはふつう同じ祖先から進化してきたものだが，触媒作用に違いがある．その結果，別べつの組織や別べつの発生段階で発現しているさまざまなアイソザイムは，少しずつ違った代謝機能を担うことになる．

6・2　酵素触媒反応の化学

重要概念
- 反応物から生成物への変換反応の活性化エネルギーの高さが反応速度を決めている．
- 酵素が存在すると，活性化エネルギーの低い反応経路が使われる．
- 酵素は，酸塩基触媒機構，共有結合触媒機構，あるいは金属イオン触媒機構により化学反応を加速する．
- キモトリプシンの触媒3残基は，酸塩基反応と共有結合反応にかかわる．

　生化学反応では，反応物どうしが近づき合って電子の再配置が行われ，生成物が産生される．つまり，反応物の結合が切断され，新たな結合が生じて生成物となる．ここで，物質 A－B が物質 C と反応して新たな物質 A と B－C ができるという理想的な転移反応を考えてみよう．

　初めの二つの物質が反応するためには，これら物質の構成原子が反応できるように十分に近づかなくてはならない．ふつうは，近づきすぎると原子どうしは反発してしまう．しかし，反応物が十分な自由エネルギーをもっていれば，この反発を乗り越えて反応が起こり，生成

物がつくり出される．横軸に反応の進み具合（**反応座標** reaction coordinate）をとり，縦軸にこの系の自由エネルギー G をとって，こうした反応の進行過程を示すことができる（図 6・2）．この反応でエネルギーを必要とする段階に対応するのがエネルギー障壁で，この障壁を通過するのに $\Delta G^{\ddagger}$ で表される**活性化自由エネルギー**（free energy of activation）あるいは**活性化エネルギー**（activation energy）が必要である．ここで最もエネルギーが高い状態が**遷移状態**（transition state）で，反応物と生成物を結ぶ寿命の短い中間体とみなされる．

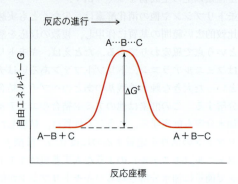

図 6・2　A－B＋C→A＋B－C という反応の反応座標ダイヤグラム．横軸は反応の進行（反応座標），縦軸は自由エネルギーを表す．A⋯B⋯C で表される反応の遷移状態は最も自由エネルギーの高い点である．反応物と遷移状態の自由エネルギーの差が活性化自由エネルギー $\Delta G^{\ddagger}$ である．

　遷移状態の寿命はきわめて短く，およそ 10^{-14} から 10^{-13} 秒である．分析的方法を使うには寿命が短すぎるので，ほとんどの反応の遷移状態をはっきり同定するのはむずかしい．しかし，結合をつくったり切ったりする過程において，遷移状態を分子としてとらえることは重要である．上記の反応では，この遷移状態は A⋯B⋯C と表現できる．反応物がこの状態に達するには自由エネルギー $\Delta G^{\ddagger}$ が必要である．反応の進行は上り坂を登るようなものだと考えることができる．

　活性化エネルギー障壁の高さは反応速度（単位時間当たりに産生される生成物量）を決める．活性化エネルギー障壁が高ければ高いほど，単位時間当たりに遷移状態に到達できる反応分子が少なくなるので，反応はますます起こりにくくなる（反応速度がいっそう遅くなる）．逆に，エネルギー障壁が低いほど，単位時間当たり遷移状態に到達できる分子の数は多くなるので，反応は起こりやすくなる（反応がいっそう速まる）．障壁の頂上の遷移状態は，エネルギーの坂のどちら側にも滑り降りる可能性がある．つまり，遷移状態の分子は，生成物となる

かもしれないし，もとの状態に戻ってしまうかもしれない．同様に，生成物（この場合 A と B−C）が反応して同じ遷移状態（A⋯B⋯C）を形成し，もとの反応物（A−B と C）を生成するという逆反応も可能である．

自然界では，反応物と生成物の自由エネルギーが同じということはほとんどない．そこで，反応座標ダイアグラムを正確に書くとすると，図 6・3 のようになる．もし，生成物が反応物より自由エネルギーが低いとすると（図 6・3a），反応の全自由エネルギー変化（$\Delta G_{反応}$，あるいは $G_{生成物} - G_{反応物}$）は負の値をとることになる．負の自由エネルギー変化を伴う反応は自発的に進行する．"自発的"というのは"すばやく"ということは意味していない．負の自由エネルギー変化を伴う反応は熱力学的に起こりやすいが，その反応の速さは活性化エネルギー障壁の高さ（$\Delta G^{\ddagger}$）が決めている．生成物が反応物より自由エネルギーが高ければ（図 6・3b），反応の全自由エネルギー変化（$\Delta G_{反応}$）は正になる．この場合，反応は反応物から生成物という方向へは進行せず，反対方向への反応が進行する．

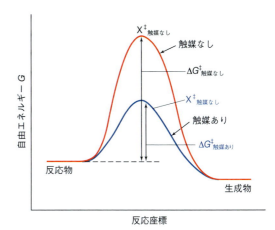

図 6・4 化学反応に対する触媒の効果．反応物は $X^{\ddagger}$ で示した遷移状態を経て生成物に変換される．触媒は活性化エネルギー $\Delta G^{\ddagger}$ を小さくする．すなわち $\Delta G^{\ddagger}_{触媒あり}$ < $\Delta G^{\ddagger}_{触媒なし}$ である．遷移状態の自由エネルギー $X^{\ddagger}$ が小さくなると，単位時間当たりにより多くの反応物が遷移状態に達するので反応は加速される．

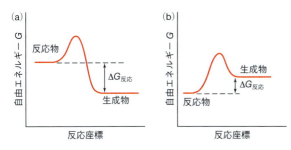

図 6・3 反応物と生成物の自由エネルギーが異なる反応の反応座標ダイアグラム．自由エネルギー変化 ΔG は $G_{生成物} - G_{反応物}$ に等しい．(a) 反応物の自由エネルギーが生成物の自由エネルギーより大きい場合，自由エネルギー変化は負になるので，反応は自発的に進行する．(b) 生成物の自由エネルギーが反応物の自由エネルギーより大きい場合，自由エネルギー変化は正になるので，反応は自発的には進行しない（しかし逆反応は進行する）．

触媒は活性化エネルギーを下げる

無機触媒であろうが酵素であろうが，触媒は反応の活性化エネルギー障壁 $\Delta G^{\ddagger}$ を下げる（図 6・4）．触媒は反応物と相互作用し，反応物が遷移状態をとるのを助ける．そこで触媒があると，単位時間当たりいっそう多くの反応分子が遷移状態をとることができ，単位時間当たりいっそう多くの生成物が生じる．（同じ理由で，温度を上げると反応速度は上昇する．つまり，熱エネルギーを注入すると，単位時間当たりいっそう多くの分子が遷移状態をとるようになる．）熱力学的計算によると，

$\Delta G^{\ddagger}$ を約 5.7 kJ mol^{-1} 下げると，反応速度は 10 倍になる．10^6 倍反応速度を上げようとすると，必要な $\Delta G^{\ddagger}$ の減少はこの値の 6 倍，つまり 34 kJ mol^{-1} となる．

酵素触媒は反応の全自由エネルギー変化に影響を与えない．酵素は単に反応物が生成物に至る経路を変えて，酵素がない場合に比べて低い自由エネルギーの遷移状態を通るようにするだけである．つまり酵素は，遷移状態のエネルギーを下げることで活性化エネルギー $\Delta G^{\ddagger}$ を下げる．ペプチド結合の加水分解は，熱力学的には常に自発的に進行するが，遷移状態の自由エネルギーを下げる触媒（たとえばキモトリプシンのようなプロテアーゼ）があるときだけ速く進む．

酵素は触媒として働く

19 世紀初頭以来，酵母による化学変化の観察から，生体には化学反応の促進作用があると考えられていた．しかし，こうした触媒作用が無傷の生体にのみ存在する"生命力（vital force）"にではなく，生体内の物質に由来することが受け入れられるまでにはしばらく時間がかかった．酵素（enzyme）という用語は，酵母の中にあり，糖を分解する活性（発酵）をもつ物質として，1878 年に初めて使われた（enzyme はギリシャ語の内部 "en" と酵母 "zyme" の合成語）．実際，酵素の働きは完全に化学の言葉で表すことができる．現在の酵素反応機構に関する知識は，簡単な化学触媒の知識に基づいている．

酵素では，活性部位にあるアミノ酸側鎖に属するいく

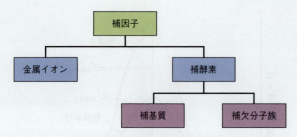

図 6・5 酵素の補因子の種類

つかの官能基が小さな化学触媒と同じような触媒機能を担っている．ある場合には，酵素のタンパク質部分だけでは必要な触媒機能を果たすことができず，強く結合した**補因子**（cofactor）が触媒として働くことがある．たとえば，多くの酸化還元反応では，アミノ酸側鎖とは違い，多数の酸化状態をとれる金属イオンが補因子として使われる．酵素のなかには，ビタミンの誘導体である**補酵素**（coenzyme）とよばれる有機分子を補因子として使っているものがある．こうした場合にも，酵素活性にはタンパク質は必須である．タンパク質の助けによって，補因子と反応物とが反応に都合のよい場所に位置するようになる（§5・1で述べたように，グロビンタンパク質とヘムが一緒になってミオグロビンやヘモグロビンは酸素を結合する）．**補助基質**（cosubstrate）とよばれる補酵素は，まるで基質のように酵素の活性部位に出入りする．これに対して，活性部位にしっかりと結合したままでいる補酵素は，**補欠分子族**（prosthetic group）とよばれる（図6・5）．

酵素が使う化学触媒機構には3種類の基本的な機構，すなわち酸塩基触媒機構，共有結合触媒機構，金属イオン触媒機構がある．

1. 酸塩基触媒機構

酸塩基触媒（acid–base catalyst）による反応ではプロトンが酵素と基質の間でやりとりされる．この反応はさらに**酸触媒**（acid catalyst）による反応と**塩基触媒**（base catalyst）による反応に分類できる．どちらかの反応機構だけを使う酵素もあるが，多くは両者を使っている．ここで，ケトンからエノールへの互変異性化というモデル反応を考えてみよう〔**互変異性体**（tautomer）とは，水素原子や二重結合の位置が違う変換可能な異性体である〕．

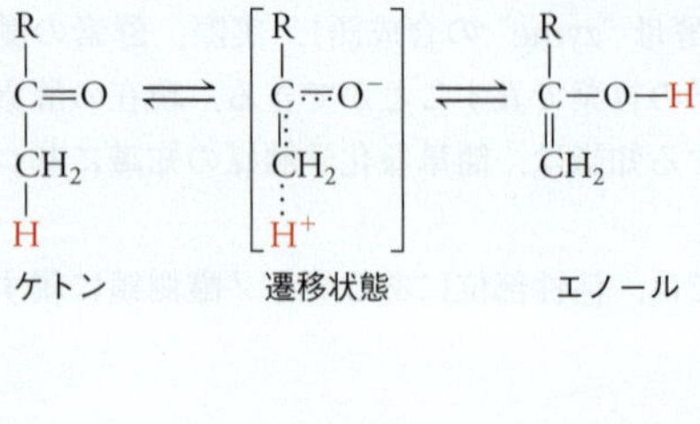

ここでは，遷移状態は不安定で一過的なものであることを示すため［　］でくくってある．点線で示す結合は，できたり壊れたりしている．カルボアニオン様の遷移状態には高い活性化エネルギー障壁があるため，触媒のない反応はゆっくりとしか進まない〔**カルボアニオン**（carbanion）とは，炭素陰イオンともいい，その炭素原子が負電荷をもつような化合物である〕．

触媒（H–Aで示す）がケトンの酸素原子にプロトンを供与すると，遷移状態のカルボアニオンのエネルギー的に不利な状態は緩和され，そのエネルギーが下がり，反応の活性化エネルギー障壁は低下することになる．

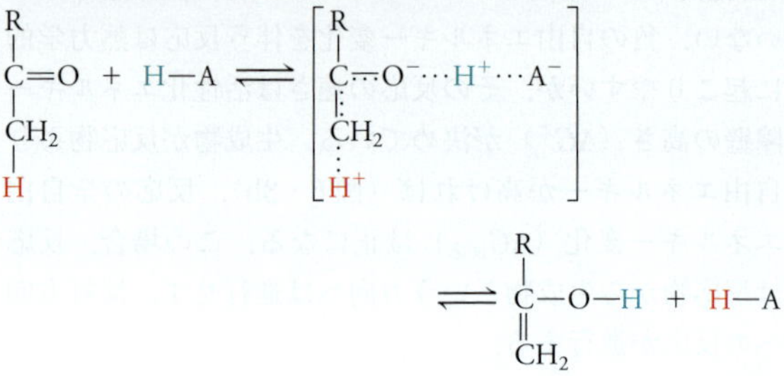

触媒はここではプロトンを供与する酸として働いており，酸触媒の一例である．反応が終わったときには，触媒はもとの状態に戻っている．

これと同じケト–エノール互変異性化は，プロトンを受容する塩基触媒によっても加速される．ここでは触媒は :Bで，不対電子は : で示されている．塩基触媒も遷

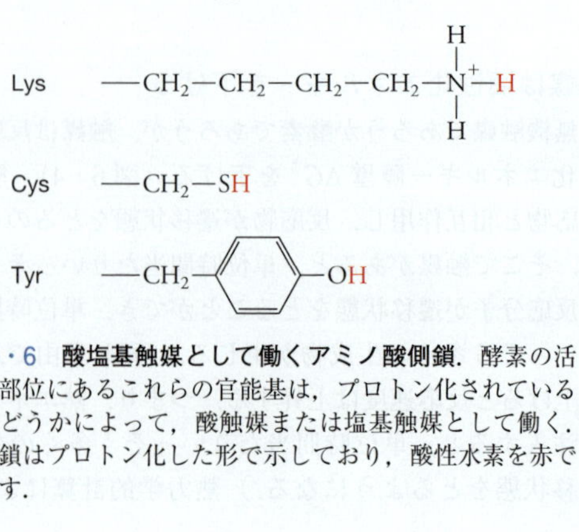

図 6・6 **酸塩基触媒として働くアミノ酸側鎖**．酵素の活性部位にあるこれらの官能基は，プロトン化されているかどうかによって，酸触媒または塩基触媒として働く．側鎖はプロトン化した形で示しており，酸性水素を赤で示す．

移状態のエネルギーを下げ，反応を加速する．

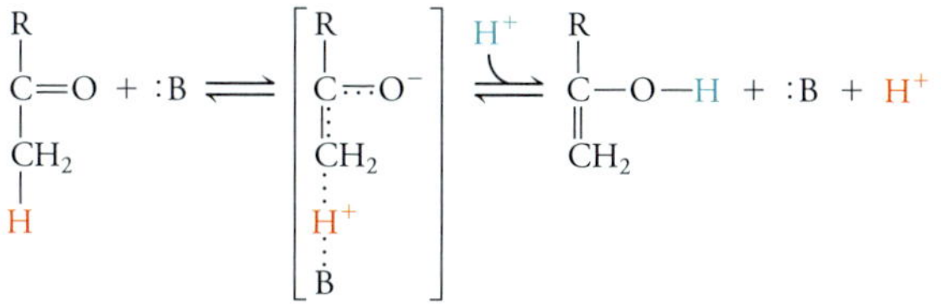

$$H_3C-\overset{\displaystyle R}{\underset{\displaystyle \overset{\displaystyle CH_2}{H}}{C}}=O + :B \Longleftrightarrow \left[\begin{array}{c} R \\ C\text{---}O^- \\ CH_2 \\ H^+ \\ B \end{array} \right] \Longleftrightarrow \overset{\displaystyle R}{\underset{\displaystyle CH_2}{C}}\text{---}O\text{---}H + :B + H^+$$

酵素活性部位では，いくつかのアミノ酸側鎖は潜在的には酸，あるいは塩基として働ける．こうした側鎖は解離可能なプロトンをもち，そのpK_aは生理的pH領域に入っているか近い．酸塩基触媒としてよくわかっている残基を図6・6に示す．こうした残基の触媒作用はプロトン化あるいは脱プロトン状態に依存するので，酵素の触媒活性はpH変化に敏感である．

2. 共有結合触媒機構

酵素が用いる二つめの主要な化学反応機構である**共有結合触媒**（covalent catalyst）による反応では，遷移状態形成時に酵素と基質の間に共有結合ができる．次のようなアセト酢酸の脱炭酸という反応を考えてみよう．この反応では，原子間での電子対の動きを赤い矢印で示す（ボックス6・A）．

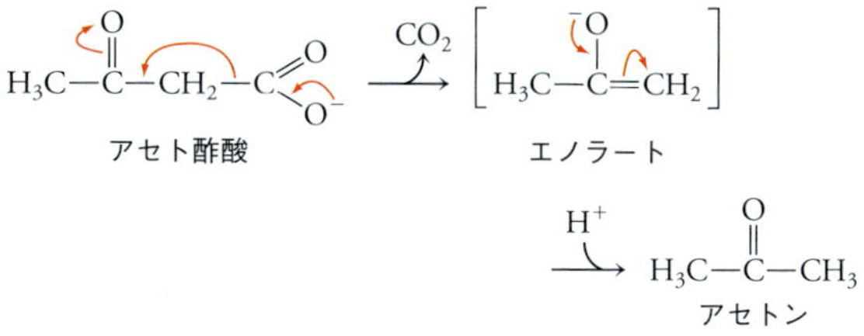

アセト酢酸 → エノラート → アセトン

遷移状態はエノラートという形だが，高い活性化自由エネルギーをもつ．この反応は第一級アミンRNH_2により触媒される．ここでは，アミンはアセト酢酸のカルボキシ基と反応して$C=N$結合を含む**イミン**（imine）を形成する〔この化合物は**シッフ塩基**（Schiff base）とよばれる〕．

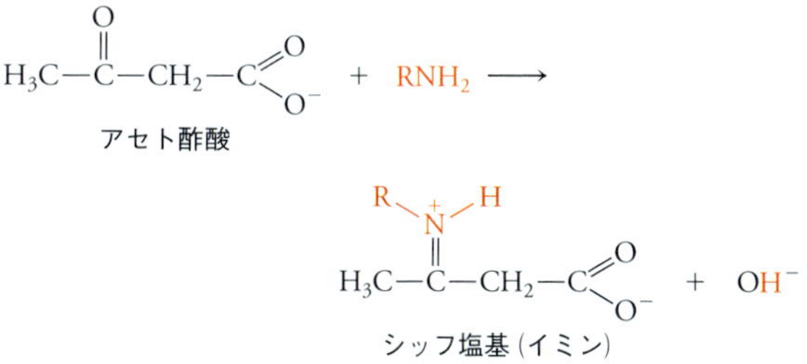

アセト酢酸 + RNH_2 → シッフ塩基（イミン）+ OH^-

この共有結合中間体では，プロトン化された窒素原子が

ボックス6・A ◆ 生化学ノート

反応機構の記述

反応物と生成物の構造を書けば化学反応を記述できるが，反応機構を完全に理解するためには，この反応に電子がどのようにかかわっているかを知らなければならない．たとえば，二つの原子が1対の電子を共有したときに共有結合ができるということを思い返してみるとよい．生化学反応の多くは，共有結合形成反応か共有結合切断反応である．生化学反応には電子1個がかかわるものもあるが，ここでは多くの生化学反応でみられる2電子反応について考えてみよう．

以下の図で使う曲がった矢印（巻矢印）は，反応中に電子がどのように配置を変えるかを示している．矢印の起点は，1対の電子のもともとの位置である．この電子対は，窒素原子や酸素原子上の不対電子対だったり，共有結合中の電子対だったりする．巻矢印の先は，反応後の電子対の位置にあたる．たとえば，共有結合切断反応における電子の移動は，次のように記述できる．

$$X\text{---}Y \longrightarrow X^+ + Y^-$$

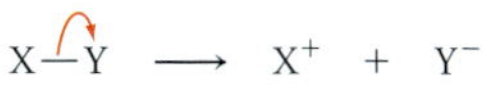

また，共有結合形成反応は次のように記述できる．

$$X^+ + :Y^- \longrightarrow X\text{---}Y$$

上記のような反応式の書き方はLewis構造に似ているし，電気陰性度（§2・1参照）を考えれば，反応中に電子を与える基（電子に富む基）と電子を受取る基（電子が不足した基）を同定することは容易である．

多くの生化学反応の記述には，たとえば次のように，複数の矢印が必要になる．

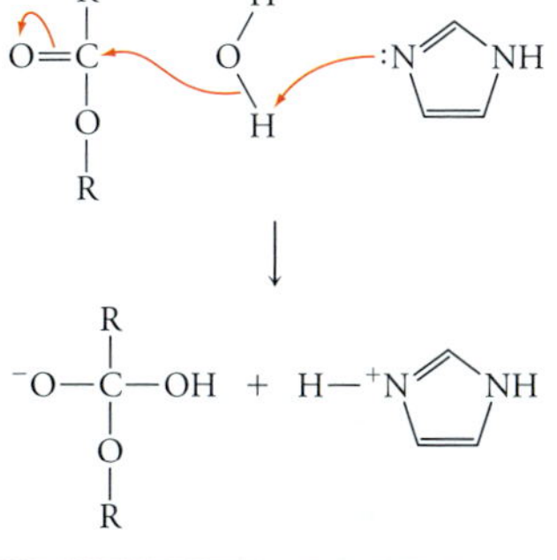

電子受容体として働き，脱炭酸反応における遷移状態であるエノラートの不安定な性質を緩和する．

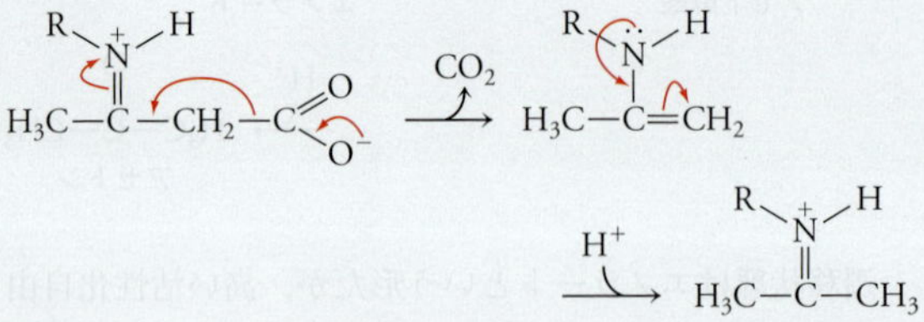

最後に，シッフ塩基が分解し，アミン触媒を再生するとともに生成物であるアセトンができる．

シッフ塩基　　アセトン

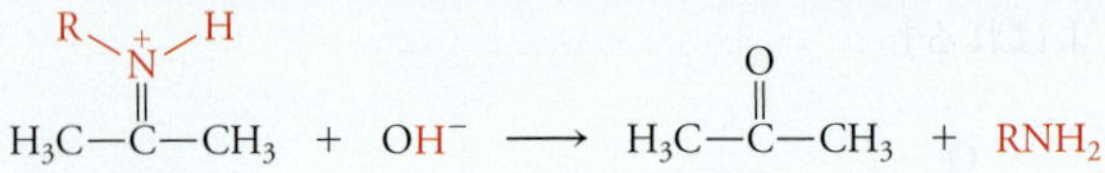

共有結合触媒機構を用いる酵素では，酵素活性部位の電子に富んだ基が基質と共有結合を形成する．この共有結合中間体は場合によって単離することができ，遷移状態よりは安定である．共有結合触媒機構を用いる酵素は2段階の反応を行う．そこで，反応座標ダイヤグラムには，二つのエネルギー障壁が表れ，その間に反応中間体が位置する（図6・7）．

酸塩基触媒となる反応基（図6・6参照）は，非共有電子対をもつので同時に共有結合触媒ともなる（図6・8）．電子の不足している基と反応しやすい電子に富む**求核剤**（nucleophile）が触媒として働くので，共有結合触媒機構は求核的触媒機構（nucleophilic catalysis）ともよばれる．〔電子が不足している化合物は**求電子剤**（electrophile）とよばれる．〕

図6・7　**共有結合触媒反応の反応座標ダイヤグラム．** 共有結合中間体は二つの遷移状態の間にある．活性化エネルギー障壁（二つの遷移状態 $X^{\ddagger}_1$ と $X^{\ddagger}_2$ のエネルギー）の相対的高さは反応により異なる．

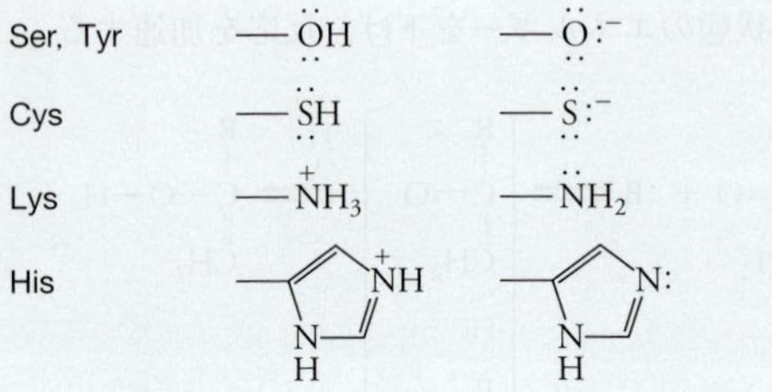

図6・8　**共有結合触媒として働くタンパク質の官能基．** これらの官能基の脱プロトン形（右に示す）は求核性で，電子のない反応中心を求核攻撃して共有結合中間体を形成する．

3. 金属イオン触媒機構

金属イオン（metal ion）は，前述のように酸化還元反応を媒介したり，静電的な効果で活性部位の反応基を活性化したりして，酵素反応にかかわる．タンパク質に結合した金属イオンは，反応基質と直接相互作用することもある．たとえば，肝臓のアルコールデヒドロゲナーゼが触媒するアセトアルデヒドのエタノールへの変換では，亜鉛イオンが，遷移状態形成時に生じる酸素原子の負電荷を安定化する．

アセトアルデヒド　　エタノール

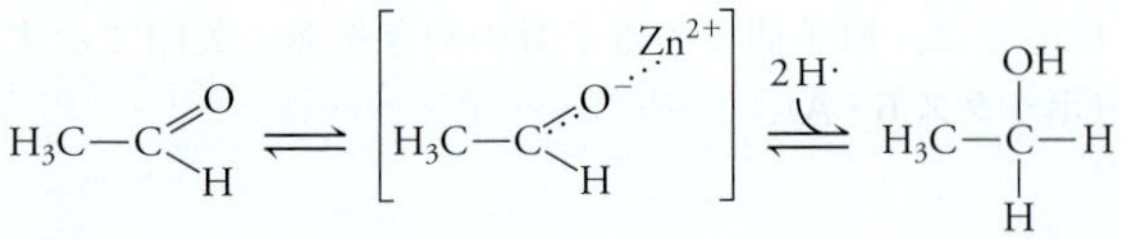

キモトリプシンの触媒3残基は　ペプチド結合の加水分解を促進する

キモトリプシンは，ペプチド結合の加水分解を促進するため，酸塩基触媒機構と共有結合触媒機構の双方を用いる．1960年代以来の化学標識法やX線結晶構造解析法を用いた研究の結果，この加水分解活性が活性部位の三つの残基に依存していることが明らかになった．このうち二つの残基は**化学標識**（chemical labeling）という手法で同定された．たとえば，キモトリプシンをジイソプロピルフルオロリン酸（DFPまたはDIPFと略す）と反応させると，27個のセリン残基のうち一つ（Ser 195）にジイソプロピルリン酸（DIPと略す）基が共有結合し，酵素活性が失われる．

Ser195（酵素活性あり）　　DFP　　DIP−Ser195（酵素活性なし）

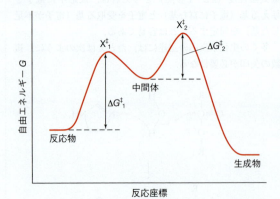

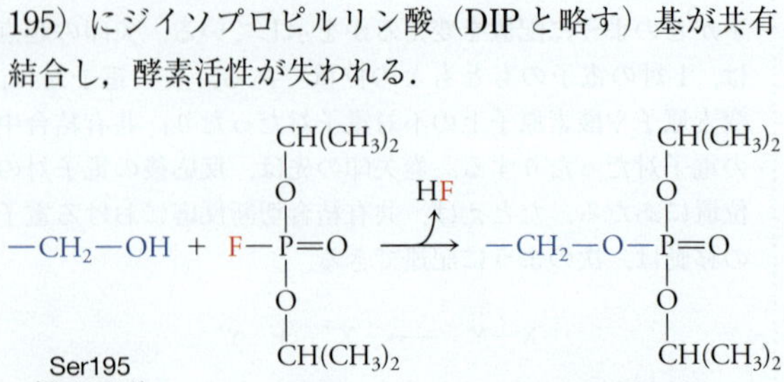

この結果は，Ser 195 が触媒にとって必須であるという強い証拠になる．セリン残基がペプチド結合加水分解にかかわる一群の酵素は**セリンプロテアーゼ**（serine protease）とよばれる大きな酵素ファミリーを構成しているが，キモトリプシンもその一員である．同様の化学標識によって，触媒作用に重要な働きをするヒスチジン残基 His 57 も同定された．キモトリプシンの触媒作用にかかわる3番目の残基は Asp 102 で，X 線結晶構造解析でキモトリプシンの微細な構造がわかって必須残基として同定された．

キモトリプシンや他のセリンプロテアーゼでみられる，水素結合を介したアスパラギン酸，ヒスチジン，セリン残基の特異的配置は**触媒3残基**（catalytic triad，触媒三つ組ともいう）とよばれる（図6・9）．基質が酵素に結合すると，基質の**切断部位**（scissile bond，加水分解で切断される結合）は Ser 195 付近に位置する．セリンの側鎖はふつうペプチド結合を攻撃できるほど求核性は強くない．しかし，His 57 が塩基触媒として働き，Ser 195 からプロトンを引抜いて，セリン側鎖の酸素原子が共有結合触媒として働くようになる．この結果生じる正に荷電した His 57 のイミダゾール環を，Asp 102 が安定化して触媒作用を促進する．

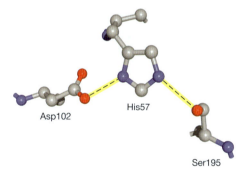

図6・9 **キモトリプシンの触媒3残基**．Asp 102（左），His 57（中央），Ser 195（右）が水素結合のネットワークを形成する．炭素は灰色，窒素は青，酸素は赤で，水素結合は黄で示してある．

キモトリプシンが触媒するペプチド結合の加水分解は，実際には，共有結合中間体の生成と崩壊という2段階を経る．触媒反応の詳細を図6・10に示す．まず，基質のカルボニル炭素原子に対する Ser 195 の求核攻撃の結果，カルボニル炭素原子が四面体構造をとる遷移状態が生じる．この状態は崩れて，基質のN末端領域が酵素に共有結合した中間体に至る．反応の第2段階では水分子の酸素原子がカルボニル炭素原子を攻撃するが，ここでも四面体構造が遷移状態として現れる．酵素が触媒する反応には複数の段階があるが，§6・1に示した触媒のない反応と正味では同じである．

キモトリプシンや他のセリンプロテアーゼファミリーのタンパク質によるペプチド結合の加水分解で Asp, His, Ser が果たす役割は，部位特異的突然変異誘発法で調べられた（§3・4参照）．触媒にかかわる Asp を他の残基で置換すると，基質の加水分解速度が 5000 分の1になる．化学修飾で His をメチル化すると（プロトンの供与体にも受容体にもなれない），同じようなことが起こる．触媒作用にかかわる Ser を他の残基で置き換えると，酵素活性は 100 万分の1にまで低下する．しかし驚くべきことに，Asp, His, Ser という触媒にかかわる三つの残基すべてを置換しても，プロテアーゼ活性を完全には阻害できない．このように修飾された酵素も，触媒のない場合に比べれば 50,000 倍もの速度でペプチド結合を加水分解できる．キモトリプシンやその類縁酵素では，Asp–His–Ser という触媒3残基を使った酸塩基触媒機構と共有結合触媒機構が中心的な役割を果たしているものの，他の機構も働いており，その結果，触媒のない場合に比べて 10^{11} も速い反応が可能になるのだろう．

6・3 酵素触媒の特異な性質

重要概念
- 酵素の触媒活性は，遷移状態安定化，近接効果と配向効果，誘導適合，静電触媒機構などにも依存する．

もし酵素の中の数残基だけが触媒作用に直接かかわっているとすれば（たとえば，キモトリプシンのアスパラギン酸，ヒスチジン，セリンのように），酵素はなぜ多くのアミノ酸を含んでいるのだろうか．触媒にかかわる残基は酵素の活性部位内で正確に配置されなければならないというのが，答のひとつである．これら残基の特定の空間配置を維持するためには，確かに多くのアミノ酸が必要になろう．こうした考えは，フィッシャー（Emil Fischer）の"基質と酵素とは鍵が鍵穴に入り込むように結合する"という**鍵と鍵穴モデル**（lock-and-key model）と一致する．しかし，基質も放出される直前の生成物も活性部位にぴったりと結合するという事実は，単純な鍵と鍵穴モデルでは説明できず，酵素が柔軟な構造体であること（§4・3参照）を考慮に入れなければならない．つまり，酵素-基質相互作用のイメージは，堅い鍵と鍵穴というよりは変形しやすい手と手袋といったほうがよいだろう．たとえば，基質が酵素に結合すると，遷移状態に近い形にまで変形される場合もある．いずれにせよ，酵素と基質の特異的な相互作用を介して，酵素の効率の

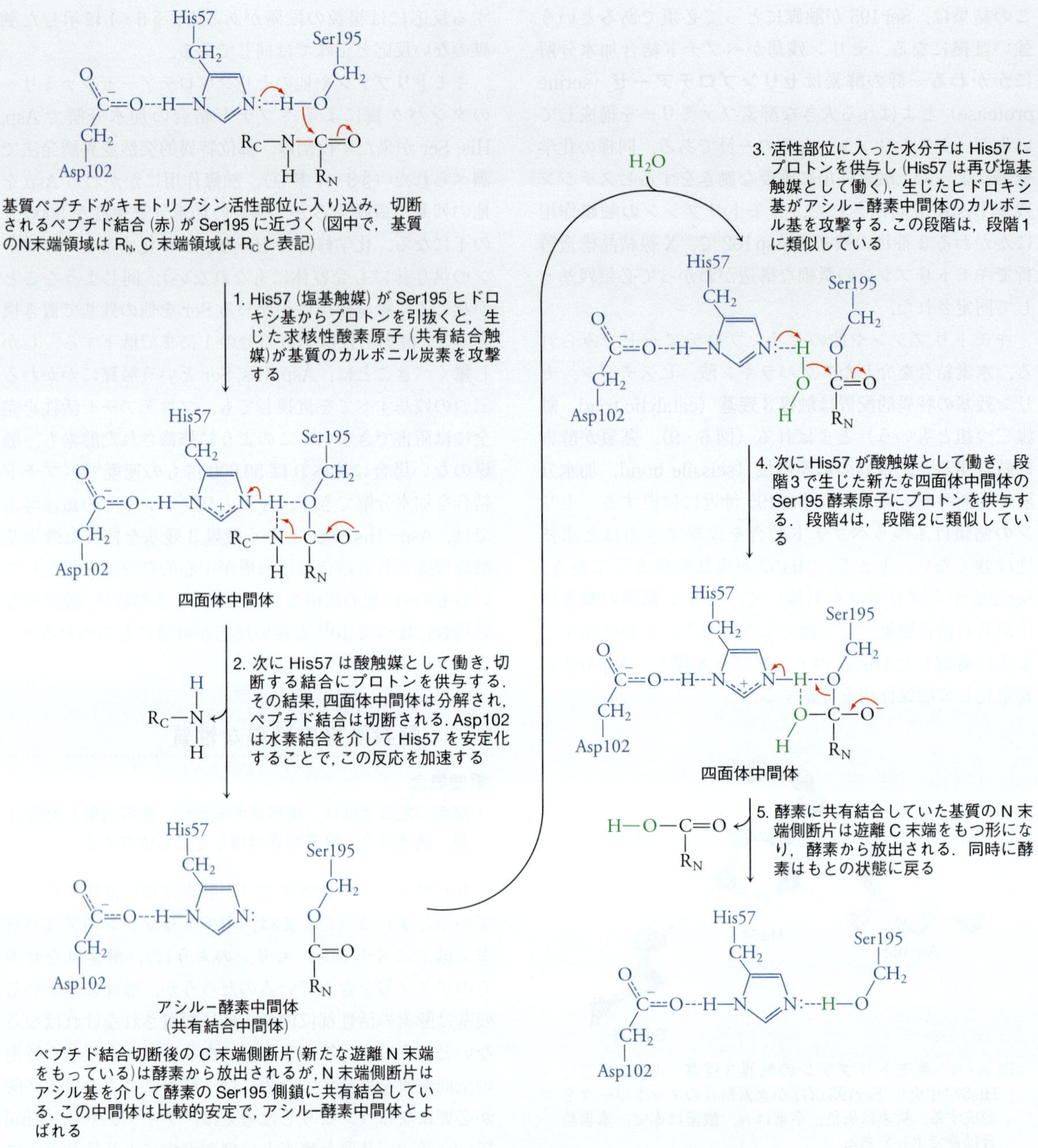

基質ペプチドがキモトリプシン活性部位に入り込み，切断されるペプチド結合（赤）が Ser195 に近づく（図中で，基質のN末端領域は R_N，C 末端領域は R_C と表記）

1. His57（塩基触媒）が Ser195 ヒドロキシ基からプロトンを引抜くと，生じた求核性酸素原子（共有結合触媒）が基質のカルボニル炭素を攻撃する

四面体中間体

2. 次に His57 は酸触媒として働き，切断する結合にプロトンを供与する．その結果，四面体中間体は分解され，ペプチド結合は切断される．Asp102 は水素結合を介して His57 を安定化することで，この反応を加速する

アシル−酵素中間体
（共有結合中間体）

ペプチド結合切断後の C 末端側断片（新たな遊離 N 末端をもっている）は酵素から放出されるが，N 末端側断片はアシル基を介して酵素の Ser195 側鎖に共有結合している．この中間体は比較的安定で，アシル−酵素中間体とよばれる

3. 活性部位に入った水分子は His57 にプロトンを供与し（His57 は再び塩基触媒として働く），生じたヒドロキシ基がアシル−酵素中間体のカルボニル基を攻撃する．この段階は，段階1に類似している

4. 次に His57 が酸触媒として働き，段階3で生じた新たな四面体中間体の Ser195 酵素原子にプロトンを供与する．段階4は，段階2に類似している

四面体中間体

5. 酵素に共有結合していた基質の N 末端側断片は遊離 C 末端をもつ形になり，酵素から放出される．同時に酵素はもとの状態に戻る

図 6・10　**キモトリプシンなどのセリンプロテアーゼの触媒機構**．二つの四面体中間体が，アシル−酵素中間体としてこの反応経路の2箇所で現れる．

よい触媒作用が発揮される．

遷移状態の安定化

　1946 年にポーリング（Linus Pauling）は，酵素が反応速度を上昇させるのは酵素が基質と強く結合するからではなく，遷移状態（生成物の構造に近づくようにゆがんでいる）をとった基質と強く結合するからだと提案し

た．つまり，鍵と鍵穴モデルにおける鍵というのは，基質そのものではなく，遷移状態をとった基質だという考えである．ポーリングの酵素反応の考えは，触媒は反応の遷移状態を安定化するという前の節で述べた化学触媒機構と一致する．酵素では，酸塩基触媒，共有結合触媒，金属イオン触媒といった機構とともに，遷移状態にある基質の安定な結合も反応速度の上昇に寄与している．一

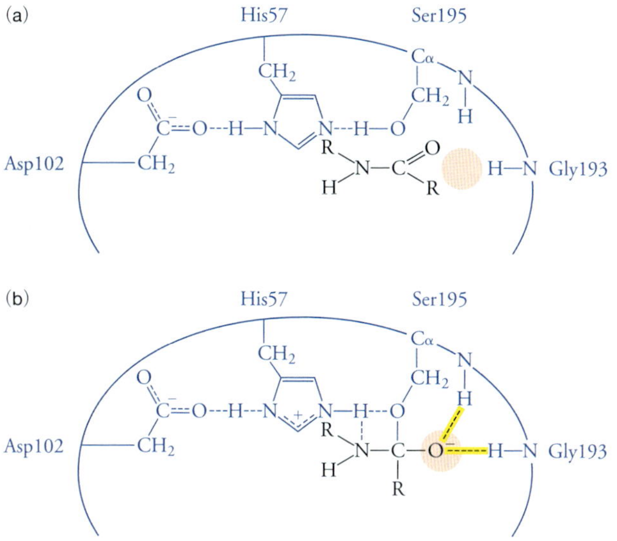

6. 酵素の働き   141

図 6・11 **オキシアニオンホールによる遷移状態の安定化**. (a) キモトリプシンの活性部位のオキシアニオンホールをピンクの円で示す. 基質ペプチドのカルボニル酸素はオキシアニオンホールに入ることができない. (b) Ser195 の酸素が基質のカルボニル基を求核攻撃すると遷移状態が形成され, カルボニル炭素は四面体配置をとる. その結果, 基質のオキシアニオン(酸素アニオン)がオキシアニオンホールに移動し, 酵素骨格の二つの残基との間に水素結合(黄)を形成する.

般的にいえば, 活性部位と遷移状態間に構造や電荷の相補性があるために遷移状態が安定化される. そこで, 遷移状態を模倣した反応性のない基質類似体は酵素に強く結合し, その活性を阻害する(酵素の活性阻害については§7・3で解説する).

遷移状態の安定化は, キモトリプシンの反応でも重要である. この場合, 二つの四面体中間体(tetrahedral intermediate, 図 6・10 参照)は, 反応の他の段階ではみられない相互作用で安定化されている. 活性部位の反応基と遷移状態にある基質間でできる結合の数や強さが増すと, 反応は加速される.

1. 四面体中間体ができるとき, 基質の平面的ペプチド基はその構造を変え, 負に荷電したカルボニル酸素原子は, それまで空だった Ser195 側鎖の近くのくぼみに入り込む. **オキシアニオンホール**(oxyanion hole)とよばれるこのくぼみでは, 基質の酸素原子は Ser195 と Gly193 のペプチド骨格の NH と 2 本の水素結合を形成する(図 6・11). 基質の切断部位手前の残基のペプチド骨格 NH は Gly193 に対してもう 1 本の水素結合を形成する(図 6・11 ではこの水素結合は書いていない). このように酵素が初めに基質に結合したときにはなかった 3 本の水素結合が遷移状態を安定化する(自由エネルギーを下げる). 標準的な水素結合のエネルギーは約 20 kJ mol^{-1} であり, $\Delta G^{\ddagger}$ が 5.7 kJ mol^{-1} 下がるごとに反応速度が 10 倍になることを考えると, これら 3 本の水素結合による安定化はキモトリプシンの触媒力のかなりの部分を占めていることになる.

2. NMR によって個々の水素結合を介した相互作用を検出ができるが, 二つの遷移状態では Asp102 と His57 の水素結合が短くなっていることがわかっている(図 6・12). こうした水素結合は, 水素原子が供与体と受容体とに等しく分配されているので(標準的な水素結合では, プロトンはまだ供与体原子に属し, 完全に受容体原子に移るにはエネルギー障壁がある), **低障壁水素結合**(low-barrier hydrogen bond)とよばれる. 低障壁水素結合ができると, 結合の長さは約 2.8 Å から約 2.5 Å になり, 結合力も 3 倍から 4 倍になる. キモトリプシンによる触媒作用でできるこうした低障壁水素結合は遷移状態の安定化に役立ち, その結果, 反応を加速する.

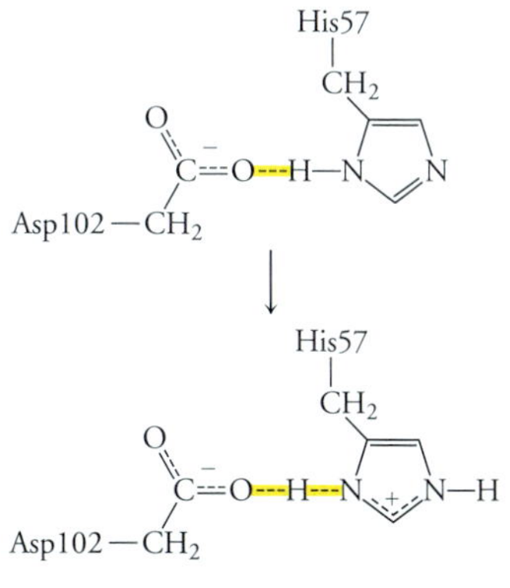

図 6・12 **キモトリプシン触媒における低障壁水素結合**. Asp102 と His57 間の水素結合は通常より短く, かつ強くなる. この低障壁水素結合では, His57 のイミダゾール環プロトンは Asp の酸素原子および His の窒素原子間を自由に移動できる.

近接効果と配向効果によって触媒効率があがる

酵素は反応基どうしを近くにもってくることで衝突する確率を上げて，反応速度を上昇させている．さらに，基質が酵素に結合すると，基質の並進運動と回転運動は制限され，反応に都合がよい向きに並べられる（図6・13）．しかし，計算上は，こうした**近接効果**（proximity effect）と**配向効果**（orientation effect）による反応速度の上昇は1000倍ほどである．つまり，酵素は反応基を並べたり配向させたりする鋳型以上のものである．

活性部位周囲の微小環境が触媒作用を促す

ほとんどすべての場合，酵素の活性部位はいくぶん溶媒から隔離されており，その触媒残基は酵素表面のくぼみやポケット中に位置している．酵素のなかには基質を結合すると大きな構造変化を起こして基質を完全に覆ってしまうものもある．この現象はコシュランド（Daniel Koshland）によって**誘導適合**（induced fit）と名づけられている．多くの酵素のX線結晶構造解析に基づいて，酵素の構造変化が触媒作用に重要であることが明らかになっており，古典的な鍵と鍵穴モデルでは酵素反応は説明しきれない．実際，ミリ秒の時間分解能でタンパク質構造を調べる方法を用いると，基質結合のみならず触媒反応のすべての段階で酵素の構造ゆらぎが重要であることがわかる．

誘導適合の典型的な例は，ATPによるグルコースのリン酸化反応を触媒するヘキソキナーゼでみられる（§13・1，解糖の反応1）．

この酵素は二つの球状ドメインが蝶番（ヒンジ）でつながれたような形をしており，活性部位は二つのドメイン間に位置している（図6・14a）．ヘキソキナーゼにグルコースが結合すると，二つのドメインは互いに近づいて，グルコースを挟み込む（図6・14b）．この蝶番の動きの結果，グルコースはATPの近くに位置することになり，

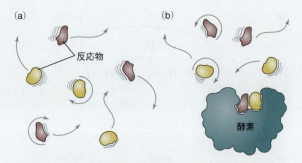

図6・13 **触媒における近接効果と配向効果**．反応が起こるためには，二つの官能基が正しい向きに衝突しなければならない．（a）溶液中の反応物は離れており，並進回転運動が反応を妨げている．（b）反応物は酵素に結合すると運動が制限され，反応しやすいように正しい向きに近接する．

リン酸基がATPから糖のヒドロキシ基に転移しやすくなる．水分子すらこの閉じられた活性部位に入ることができない．活性部位に水分子が存在すると，ATPが無駄に加水分解されてしまうので，こうした環境は酵素反応にとって望ましい．

$$ATP + H_2O \longrightarrow ADP + P_i$$

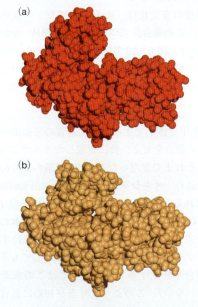

図6・14 **ヘキソキナーゼの構造変化**．（a）蝶番でつながれた二つのドメインをもつ酵母のヘキソキナーゼ．活性部位はドメインの間の溝に位置している．（b）グルコース（ここには示していない）が活性部位に結合するとドメインが回転してグルコースを包み込み，水が入り込めないようになる．["開いた"ヘキソキナーゼの構造（pdb 2YHX）はT. A. Steitz, C. M. Anderson, R. E. Stenkamp, "閉じた"ヘキソキナーゼの構造（pdb 1HKG）はW. S. Bennett Jr., T. A. Steitzによって決定された．]

溶液中のグルコースは水和層を形成している水分子に取囲まれている（§2・1参照）．グルコースを他の分子と反応させるには，この水和層の水分子を取除かなければならない．また，ヘキソキナーゼのような酵素の活性部位にグルコースを据えるには，水分子はやはり取除かなければならない．いったん脱水和された基質が酵素の活性部位に入ると，邪魔をする水分子がないので，反応は迅速に進む．溶液中では，反応物が互いに近づいて遷移状態を通過するときには，まわりの水分子間で水素結合の組換えが起こるが，これはエネルギー的には高くつく．酵素では基質が活性部位に隔離され，基質のまわりの水和水由来のエネルギー障壁が取除かれるので，反応が加速される．

この現象は**静電触媒機構**（electrostatic catalysis）とよばれることもある．これは，水分子のない活性部位では水溶液中に比べて酵素と基質間にずっと強い静電相互作用が可能となるからである（たとえば，活性部位では低障壁水素結合ができるが，ふつうの水素結合を形成する溶媒分子がまわりにあるとこのような特殊な水素結合はできない）．

6・4 酵素に関するその他の特徴

重要概念
- 進化の過程で，構造や基質特性が異なる多数のセリンプロテアーゼが生み出された．
- 不活性型の酵素前駆体は加水分解反応によって活性化される．
- 酵素活性は阻害剤で制御されることがある．

キモトリプシンは，大きなセリンプロテアーゼファミリーに属するタンパク質の構造や機能を考えるモデルとなる．ミオグロビンやヘモグロビンでみてきたように（§5・1参照），キモトリプシンを詳しく調べてみると，酵素の進化，基質特異性，活性阻害といった一般的な事象についても理解できる．

すべてのセリンプロテアーゼが共通の祖先から進化したわけではない

ここではキモトリプシン，トリプシン（trypsin），エラスターゼ（elastase）という非常によく似た三次元構造をもつ3種類の消化酵素について詳しく解説する（図6・15）．アミノ酸配列は互いにあまり似ていないので（表6・3），このような立体構造の類似は予想されていなかった．しかし詳しく調べてみると，配列が変化しているのは酵素の表面で，3種類の酵素の活性部位におけ

表 6・3　セリンプロテアーゼの同一配列

酵素	同一配列の割合
ウシのトリプシン	100%
ウシのキモトリプシン	53%
ブタのエラスターゼ	48%

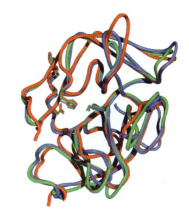

図 6・15　キモトリプシン，トリプシン，エラスターゼの X 線結晶構造．ウシのキモトリプシン（青），ウシのトリプシン（緑），ブタのエラスターゼ（赤）の骨格と活性部位のアスパラギン酸，ヒスチジン，セリン残基を重ね合わせた．［キモトリプシンの構造（pdb 4CHA）は H. Tsukada, D. M. Blow，トリプシンの構造（pdb 3PTN）は J. Walker, W. Steigemann, T. P. Singh, H. Bartunik, W. Bode, R. Huber，エラスターゼの構造（pdb 3EST）は E. F. Meyer, G. Cole, R. Radhakrishnan, O. Epp によって決定された．］

る触媒残基の位置はほとんど同じだった．つまり，これらプロテアーゼは同じ先祖から進化し，いまだに似たような全体構造と触媒機構を維持している．

触媒作用に必須のセリン残基をもつ細菌のプロテアー

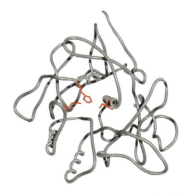

図 6・16　*Bacillus amyloliquefaciens* のズブチリシンの構造．触媒3残基を赤で示す．図6・15に示した3種類のセリンプロテアーゼの構造と比較してみよ．［ズブチリシンの構造（pdb 1CSE）は W. Bode によって決定された．］

ボックス 6・B　臨床との接点

血液凝固にはプロテアーゼカスケードが必要である

機械的力あるいは感染などで血管が傷つけられると，赤血球，白血球，そしてそのまわりの血漿（液体）が流れ出してしまう．深刻な傷でなければ，傷ついた場所で血餅が形成され止血される．血餅は血小板（傷ついた血管壁にすぐに付着する小さな除核細胞）の凝集物と，フィブリン（fibrin）というタンパク質の網目構造でできている．フィブリンは血小板血栓を補強して赤血球細胞などの大きな粒子を捕捉する．

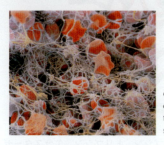

[P. Motta/Dept. of Anatomy, University La Sapienza, Rome/Science Photo Library / Photo Researchers.]

血漿中を循環している可溶性タンパク質フィブリノーゲン（fibrinogen）からフィブリンができるので，傷のできたところですぐにフィブリン重合体ができる．フィブリノーゲンは分子量 340,000 の細長い分子で，α, β, γ 鎖からなる三量体が対になった六量体タンパク質である．6 本のポリペプチド鎖のうち 4 本の鎖の N 末端から短いペプチド（14 または 16 残基）がタンパク質分解により除かれると，タンパク質が端と端で，そして側面で重合して太い繊維となる．

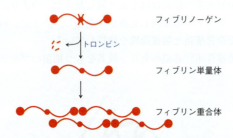

傷ついた組織や血小板から放出されるたくさんのタンパク質と補助因子が関与する一連のタンパク質分解反応の結果，**血液凝固**（coagulation）が起こる．フィブリノーゲンからフィブリンへの変換は，この過程の最終段階である．

フィブリノーゲンを切断してフィブリンにするのに必要な酵素はトロンビン（thrombin）である．アミノ酸配列と立体構造，そして触媒機構はトリプシンに似ている（アミノ酸配列は両者で 38% が同一）．ここに示すトロンビンの構造をキモトリプシンの構造（図 6・1）と比較してみよ．ここで触媒残基（Asp, His, Ser）は赤で示してある．

[トロンビンの構造（pdb 1PPB）は W. Bode によって決定された．]

トリプシンと同様に，トロンビンもアルギニン残基の後ろのペプチド結合を切断するが，後者はフィブリノーゲンの二つの切断部位配列に非常に特異的である．トロンビンはプロトロンビンという不活性な前駆体として血中を循環している．

必要な場所でプロトロンビンからトロンビンを産生するためには，複数のプロテアーゼを介する複雑な活性化カスケード反応が働いている（右ページ）．つまり，プロトロンビンは血液凝固因子 Xa というセリンプロテアーゼで特異的に加水分解され，トロンビンとなる．ここで，凝固因子 Xa〔a は活性（active）の a を表す〕は前駆体である凝固因子 X の活性型である．血液凝固の初期段階では，血球が壊れたときに放出される組織因子が凝固因子 VIIa というプロテアーゼと結合し，凝固因子 VIIa–組織因子複合体が生じる．この複合体によって凝固因子 X が切断され，凝固因子 Xa が産生されて，血液凝固過程の引金が引かれる．一方，血液凝固の後期の段階では，凝固因子 Xa は凝固因子 IXa のプロテアーゼ活性によって産生される．この凝固因子 IXa は，凝固因子 XIa あるいは凝固因子 VIIa–組織因子複合体によって産生される．ここで凝固因子 XIa は，初期段階でつくられたわずかなトロンビンによってその前駆体凝固因子 XI から産生される．

ゼには，その構造が消化作用をもつ哺乳類セリンプロテアーゼと似ているものがある．しかし，細菌のセリンプロテアーゼであるズブチリシン（subtilisin, 図 6・16）は，活性部位に同じ触媒 3 残基とオキシアニオンホールがあるにもかかわらず，キモトリプシンとは配列も全体構造も似ていない．ズブチリシンは，互いに関係ないタンパク質が結果的に同じ特徴を獲得する**収束進化**（convergent evolution）の典型的な例である．

それぞれ異なる全体構造をもつ 5 種類ものセリンプロテアーゼが，同じ Asp, His, Ser という触媒残基をもつ

6. 酵素の働き

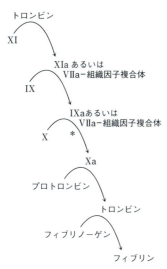

血液凝固の一連の流れ．引金となる段階には*をつけている．

タンパク質の名前についているローマ数字は発見された順番でつけられたものであり，反応の順番を表すものではないことに注意が必要である（トロンビンは凝固因子IIともいう）．どの凝固プロテアーゼもトリプシン様酵素から進化したようであるが，それぞれ厳密な基質特異性をもっており，それに応じた生理活性も厳密に決まっている．

それぞれのプロテアーゼは別の触媒を活性化するための触媒として働くので，血液凝固反応には増幅効果があることになる．すなわち，少量の凝固因子IXaが多くの凝固因子Xaを産生でき，生じた凝固因子Xaはさらに多くのトロンビンを活性化できる．こうした増幅効果は，血漿中の凝固因子の量（表参照）に反映されている．

ヒトの血液凝固因子の血漿濃度

血液凝固因子	濃度(μM)†	血液凝固因子	濃度(μM)†
XI	0.06	X	0.18
IX	0.09	プロトロンビン	1.39
VII	0.01	フィブリノーゲン	8.82

† 濃度は K. A. High and H. R. Roberts, eds., *Molecular Basis of Thrombosis and Hemostasis*, Marcel Dekker (1995) のデータより計算．

血液凝固のような複雑な過程には，種々のプロテアーゼの活性化や阻害といった制御がいろいろなところでかかっている．実際，血漿中のプロテアーゼ阻害物質は全タンパク質の10％も占めている．たとえば，アンチトロンビンという阻害物質は凝固因子IXa, Xa, そしてトロンビンのプロテアーゼ活性を阻害し，血餅形成の程度や時間経過に影響を与える．432残基のアンチトロンビン中で377〜400残基はループを形成し（図中黄色），タンパク質全体から飛び出している．このループにある Arg 393（赤）は，Arg 特異的な血液凝固プロテアーゼの"釣り針"として働く．このプロテアーゼはアンチトロンビンを基質として認識するものの，加水分解反応を完了することができないので，プロテアーゼとアンチトロンビンの安定なアシル−酵素中間体ができ，数分以内に血中から除かれてしまう．

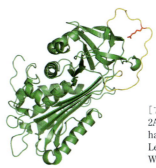

[アンチトロンビンの構造（pdb 2ANT）は R. Skinner, J. P. Abrahams, J. C. Whisstock, A. M. Lesk, R. W. Carrell, M. R. Wardell によって決定された．]

肝臓から抽出されたヘパリンという硫酸化多糖（§11・3）は，アンチトロンビンの活性を上昇させる．これには二通りの経路がある．まず，短いヘパリン断片（五つの単糖残基からなる）には，アンチトロンビンのアロステリック活性化作用がある．また，長いヘパリン断片（18残基以上の単糖からなる）は，アンチトロンビンとその標的プロテアーゼに同時に結合し，両者の相互作用を劇的に強める．ヘパリンあるいは合成類似体は，手術後の抗血液凝固剤として医学的に有用である．

血液凝固あるいはその制御にかかわる多数のタンパク質の変異は，出血異常あるいは血液凝固異常をもたらす．たとえば，凝固因子IXの遺伝的欠損はある種の血友病の原因である．アンチトロンビンの欠損は，静脈中での血液凝固の危険性を高める．固まった血餅がはがれると，肺や脳の動脈を塞ぎ，重大な結果に至る可能性がある．

ように収束進化をとげてきた．他の加水分解酵素でも，His−His−Ser あるいは Asp−Lys−Thr という触媒3残基中の求核的セリン残基あるいはトレオニン残基が基質を攻撃する．自然選択で，こうした触媒残基が選ばれてきたのだろう．

同じような機構で働く酵素でも基質特異性は異なる

触媒機構は互いに似ているにもかかわらず，キモトリプシン，トリプシン，エラスターゼは互いに基質特異性が大きく違う．キモトリプシンは，大きな疎水性残基に続くペプチド結合を切断する．トリプシンはアルギニン

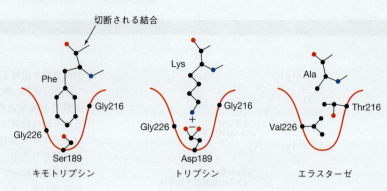

図 6・17 3種類のセリンプロテアーゼの特異性ポケット. 特異性ポケットの大きさと性質を決める重要な残基の側鎖をそれぞれの基質と一緒に示す. キモトリプシンはペプチド鎖上の大きな疎水性側鎖を, トリプシンは Lys か Arg を, エラスターゼは Ala, Gly または Val を選択する. 便宜上どれもキモトリプシンの配列に対応した残基の番号をつけてある.

やリシンなどの塩基性残基に特異性がある. エラスターゼは, アラニン, グリシン, バリン(これらの残基は, 動物組織に柔軟性をもたらすエラスチンというタンパク質に多量に含まれている)などの小さな疎水性残基に続くペプチド結合を分解する. こうした酵素の特異性は, おもに**特異性ポケット**(specificity pocket)とよばれる酵素表面の活性部位の穴がもつ化学的性質に由来する. この特異性ポケットには, 切断ペプチド結合の N 末端側の残基が入り込む(図 6・17). キモトリプシンでは, 特異性ポケットは深さ 10 Å, 幅 5 Å で, 芳香環(大きさが 6 Å×3.5 Å)がちょうどすっぽりと入る. トリプシンの特異性ポケットの大きさはキモトリプシンとほぼ同じだが, 底にはキモトリプシンのセリンの代わりにアスパラギン酸がある. この結果, トリプシンの特異性ポケットは, 直径 4 Å ほどの塩基性基をもつアルギニンやリシンの側鎖を結合する. エラスターゼの特異性ポケットでは, キモトリプシンの特異性ポケットの壁にある二つのグリシン残基(216 番目と 226 番目)がもっと大きな側鎖をもつバリンやトレオニンに置き換わっており, ポケットは小さなくぼみにすぎない. そこで, エラスターゼは小さな疎水性側鎖を結合することになる. こうした側鎖はキモトリプシンやトリプシンの特異性ポケットにも入ることができるが, ポケットにぴったりとはまり込まないので, 効率のよい触媒作用に必要とされる活性部位への固定が実現できない.

キモトリプシンの活性化機構

比較的特異性の低いプロテアーゼの活性はうまく制御しないと, これを合成している細胞に少なからぬ障害をひき起こす可能性がある. 多くの生物では, プロテアーゼ活性をプロテアーゼインヒビター(いくつかのインヒビターについてはのちほど解説する)の働きで制限したり, 必要なときにだけ活性化できるようにプロテアーゼを不活性な前駆体〔**チモーゲン**(zymogen)とよばれる〕として合成したりする.

キモトリプシンの不活性前駆体はキモトリプシノーゲン(chymotrypsinogen)とよばれ, トリプシンの前駆体(トリプシノーゲン), エラスターゼの前駆体(プロエラスターゼ)あるいは他の加水分解酵素の前駆体とともに膵臓で合成される. これら前駆体はすべて, 小腸

図 6・18 キモトリプシノーゲンの活性化. トリプシンはキモトリプシノーゲンの Arg15–Ile16 間結合を加水分解して, キモトリプシン活性化を開始する. トリプシンで活性化したキモトリプシンはさらに Ser14–Arg15 ジペプチド(Leu13–Ser14 間結合の切断による)と Thr147–Asn148 ジペプチド(Tyr146–Thr147 間結合と Asn148–Ala149 間結合の切断による)を切り出す. これらの反応で生じた 3 種類のキモトリプシン(π, δ, α)はどれもタンパク質分解活性をもっている.

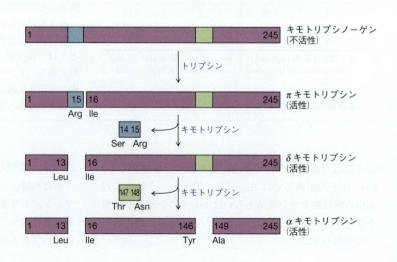

に分泌されたあとで，加水分解によって活性化される．エンテロペプチダーゼ（enteropeptidase）とよばれる小腸のプロテアーゼが，トリプシノーゲンのLys 6とIle 7間の結合を加水分解し，これを活性化する．エンテロペプチダーゼは，基質のN末端近くにある一連のアスパラギン酸を認識し，非常に特異的な反応を触媒する．

$$\begin{array}{c} \overset{+}{H_3N}-Val-Asp-Asp-Asp-Asp-Lys-Ile-\cdots \\ H_2O \downarrow \text{エンテロペプチダーゼ} \\ \overset{+}{H_3N}-Val-Asp-Asp-Asp-Asp-Lys-COO^- \\ + \\ \overset{+}{H_3N}-Ile-\cdots \end{array}$$

活性化されたトリプシンは，トリプシノーゲンも含めて膵臓で合成された前駆体のN末端ペプチドを切取る．トリプシンがトリプシノーゲンを活性化するのは**自己活性化**（autoactivation）のよい例である．

キモトリプシノーゲンのArg 15とIle 16間の結合は，トリプシンが触媒する反応で切断される．この結合の切断で，活性のあるキモトリプシン（πキモトリプシンとよばれる）が生じる．πキモトリプシンはさらに2段階の自己活性化を経て，完全に活性化されたキモトリプシン（αキモトリプシンとよばれる，図6・18）となる．前駆体が加水分解によって順次活性化されるという同じような過程が，血液凝固でもみられる（ボックス6・B）．

キモトリプシノーゲンの活性化で切取られるジペプチドは，活性部位から遠く離れている（図6・19）．このジペプチドの切除によって触媒活性が上昇するのはどうしてだろうか．キモトリプシンとキモトリプシノーゲンのX線結晶構造を比較してみると，活性部位のAsp, His, Ser残基の構造はほとんど変わらない（実際，前駆体もごくゆっくりだが加水分解を触媒する）．しかし前駆体では，特異性ポケットとオキシアニオンホールが不完全にしかできていない．前駆体の分解で小さな構造変化が起こり，特異性ポケットとオキシアニオンホールが開く．酵素は，基質を特異的に結合し（特異性ポケットを使う），遷移状態のエネルギーを減少させて（オキシアニオンホール内での結合相互作用によって）初めて十分な活性をもつ．

プロテアーゼインヒビターはプロテアーゼの活性を抑制する

膵臓では，消化酵素の前駆体が合成されると同時に，**プロテアーゼインヒビター**（protease inhibitor）として働く小さなタンパク質も合成される．肝臓も，血流中を循環するさまざまなプロテアーゼインヒビターを合成する．もし膵臓の酵素がはやまって活性化されたり，外傷によって膵臓から外に出たりしても，こうしたプロテアーゼインヒビターでただちに不活性化される．インヒビターはプロテアーゼの基質のように働くが，完全には加水分解されない．たとえば，トリプシンがウシ膵臓のトリプシンインヒビターのリシン残基を攻撃すると，反応は四面体中間体が形成されるところで停止する．インヒビターは活性部位に結合したままになり，それ以上加水分解が進むのを阻害する（図6・20）．非共有結合でつながったトリプシンとウシ膵臓トリプシンインヒビターは，解離定数が10^{-14} Mというタンパク質-タンパク質相互作用では最も強い会合状態にある．プロテアーゼ活性とプロテアーゼインヒビター活性の釣合が崩れると，病気がひき起こされる（ボックス6・B参照）．

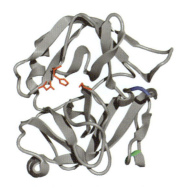

図6・19 **キモトリプシノーゲン活性化で除去されるジペプチドの位置**．Ser 14-Arg 15ジペプチド（右下，緑）とThr 147-Asn 148ジペプチド（右，青）はキモトリプシノーゲンの活性部位（赤）から少し離れた位置にある．［キモトリプシノーゲンの構造（pdb 2CGA）はD. Wang, W. Bode, R. Huberによって決定された．］

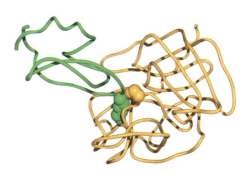

図6・20 **トリプシンとウシの膵臓トリプシンインヒビターの複合体**．トリプシンのSer 195（金色）がインヒビターのLys 15（緑）のペプチド結合を攻撃するが，反応は四面体中間体で止まってしまう．［構造（pdb 2PTC）はR. Huber, J. Deisenhoferによって決定された．］

148　第II部　分子の構造と機能

まとめ

6・1　酵素とは何か

• 酵素は穏和な条件できわめて特異的に化学反応を速める.

6・2　酵素触媒反応の化学

• 反応座標ダイヤグラムを用いて，反応物と生成物間の自由エネルギー変化や，遷移状態に達するのに必要な活性化エネルギーを表現できる. 活性化エネルギーが高ければ高いほど，遷移状態に達する分子の数は減少し，反応は遅くなる.

• 反応物（基質）から生成物への遷移状態を超えるのに必要な活性化エネルギーは，酵素がない場合より酵素がある場合のほうがずっと低い.

• 酵素は，場合によっては補因子の助けを借りながら，酸塩基触媒，共有結合触媒あるいは金属触媒といった化学触媒機構を用いて反応を加速する.

• キモトリプシンでは，Asp–His–Ser という触媒3残基がペプチド結合切断にかかわる. このとき，酸塩基触媒機構あるいは共有結合触媒機構が働くとともに，オキシアニオンホールや低障壁水素結合を介して遷移状態が安定化されている.

6・3　酵素触媒の特異な性質

• 酵素は，遷移状態安定化とともに，近接効果と配向効果，誘導適合，そして静電触媒機構によって反応速度を高める.

6・4　酵素に関するその他の特徴

• 共通の祖先タンパク質から進化してきたセリンプロテアーゼは，よく似た構造をもち，共通の触媒機構を用いる. しかし，おのおのの基質特異性には違いがみられる.

• ある種のプロテアーゼの活性は制御を受けている. たとえば，不活性な前駆体として合成されたのちに活性化されて初めて機能を発揮したり，インヒビターと相互作用したりする.

問　題

6・1　酵素とは何か

1. ほとんどのタンパク質は繊維状でなく球状なのはなぜか.

2. モータータンパク質のミオシンやキネシン（§5・3参照）はなぜ酵素といえるのか. また，それぞれが触媒する化学反応を示せ.

3. 触媒がない場合，ヒプリルフェニルアラニンのアミド結合の加水分解速度は $1.3 \times 10^{-10}\ \text{s}^{-1}$ である. カルボキシペプチダーゼ存在下では，加水分解速度は $61\ \text{s}^{-1}$ となる. ヒプリルフェニルアラニンのアミド結合加水分解速度は，この酵素によってどれほど加速されるか.

4. トレハロース中のグリコシド結合の半減期は 6.6×10^{6} 年である.

　(a) 触媒がない場合のグリコシド結合加水分解反応の速度定数を求めよ. ［ヒント: 一次反応では，速度定数 k は $0.639/t_{1/2}$ に等しい. ここで $t_{1/2}$ はグリコシド結合の半減期.］

　(b) トレハラーゼで触媒されるグリコシド結合加水分解反応の速度定数は $2.6 \times 10^{3}\ \text{s}^{-1}$ である. この酵素によって加水分解速度はどれほど上昇するか.

5. アデノシンデアミナーゼとトリオースリン酸イソメラーゼによる反応速度の上昇を比較せよ（表6・1参照）.

6. 酵素存在下での反応速度と酵素のない状態での反応速度に何らかの関係があるか.

7. 次に示すペプチド中の結合で，ペプチダーゼで加水分解される可能性のあるものはどれか.

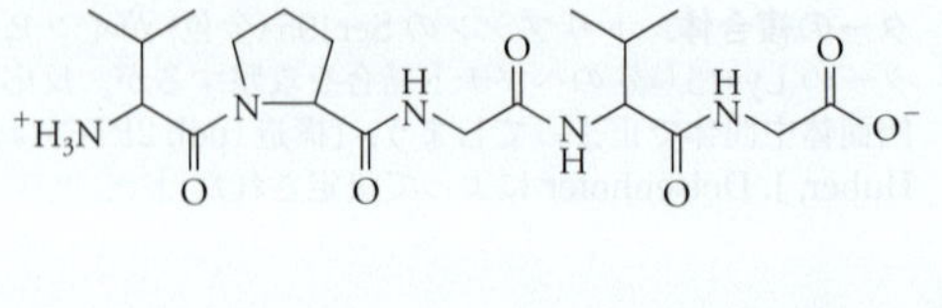

8. (a) 次の分子はトリプシンの基質である. 反応生成物を書け.

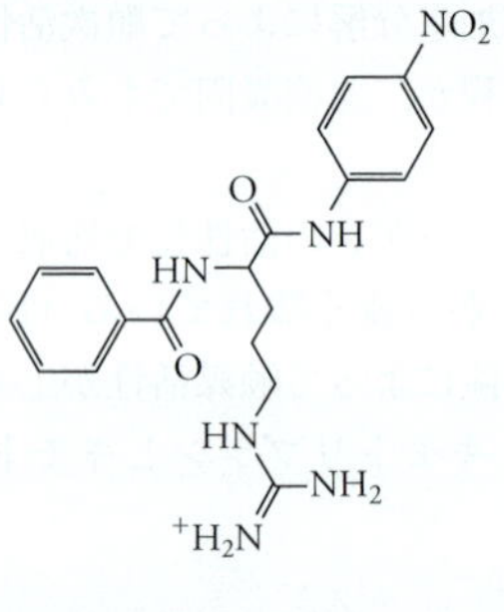

　(b) (a)に示した化合物をトリプシンで加水分解したときの反応速度を測りたい. 実験を考案せよ.

9. 次に示す酵素が触媒する反応は本章で解説した. それぞれの酵素は表6・2に示したどの分類に入るか. また，そのように答えた理由を説明せよ.

　(a) ピルビン酸デカルボキシラーゼ

　(b) アラニンアミノトランスフェラーゼ

　(c) アルコールデヒドロゲナーゼ

　(d) ヘキソキナーゼ

　(e) キモトリプシン

10. 次の反応を触媒する酵素はどの分類に属するか.

　(a)

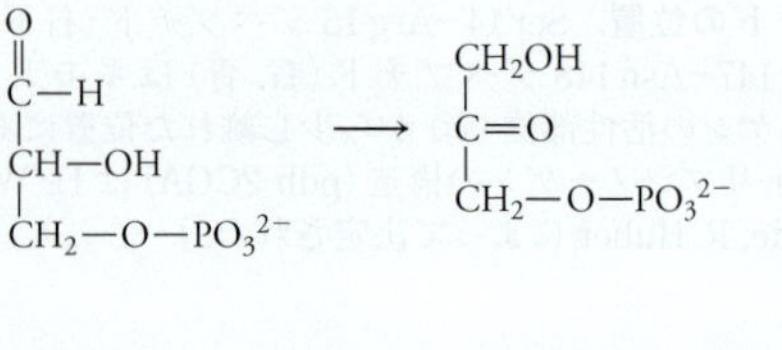

6. 酵素の働き　149

(b)
$$\begin{array}{l} COO^- \\ | \\ CH-O-PO_3^{2-} \\ | \\ CH_2OH \end{array} \longrightarrow \begin{array}{l} COO^- \\ | \\ C-O-PO_3^{2-} \\ \| \\ CH_2 \end{array}$$

(c)
$$\begin{array}{l} COO^- \\ | \\ C=O \\ | \\ CH_3 \end{array} \longrightarrow \begin{array}{l} COO^- \\ | \\ HO-C-H \\ | \\ CH_3 \end{array}$$

(d)

グルコース骨格 $-O-PO_3^{2-}$ $\xrightarrow{HPO_4^{2-}}$ グルコース骨格

(c)
$$\begin{array}{l} O \\ \| \\ C-OPO_3^{2-} \\ | \\ HC-OH \\ | \\ CH_2OPO_3^{2-} \end{array} \xrightarrow[ADP]{ATP} \begin{array}{l} O \\ \| \\ C-O^- \\ | \\ HC-OH \\ | \\ CH_2OPO_3^{2-} \end{array}$$

1,3-ビスホスホグリセリン酸　　3-ホスホグリセリン酸

(d)
$$\begin{array}{l} CH_3 \\ | \\ C=O \\ | \\ COO^- \end{array} \xrightarrow{CO_2} \begin{array}{l} CH_2-COO^- \\ | \\ C=O \\ | \\ COO^- \end{array}$$

ピルビン酸　　　オキサロ酢酸

11. コハク酸デヒドロゲナーゼが触媒する酸化反応の生成物を書け．この酵素はどの分類に属するか．

$$\begin{array}{l} COO^- \\ | \\ H-C-H \\ | \\ H-C-H \\ | \\ COO^- \end{array} \xrightarrow{コハク酸デヒドロゲナーゼ}$$

コハク酸

12. リンゴ酸デヒドロゲナーゼは，リンゴ酸のC2を酸化する反応を触媒する．生成物の構造を書け．リンゴ酸デヒドロゲナーゼはどの分類に属するか．

$$\begin{array}{l} CH_2-COO^- \\ | \\ CH-OH \\ | \\ COO^- \end{array} \xrightarrow{リンゴ酸デヒドロゲナーゼ}$$

リンゴ酸

13. ヘキソキナーゼが触媒する反応を復習せよ（§6・3参照）．クレアチンキナーゼが触媒する反応の生成物を書け．この酵素は，クレアチンに対してヘキソキナーゼと同じように働く．キナーゼがふつうに発揮する機能はどんなものだと予想できるか．

$$\begin{array}{l} NH_2 \\ | \\ C=NH_2^+ \\ | \\ N-CH_3 \\ | \\ CH_2COO^- \end{array} \quad クレアチン$$

14. 次のような反応を触媒する酵素名を示せ（反応は一方向に進むとする）．

(a)
グルコース6-リン酸 $\longrightarrow$ 6-ホスホグルコノ-δ-ラクトン

(b)
$$\begin{array}{l} CH_2-COO^- \\ | \\ CH-COO^- \\ | \\ HO-CH-COO^- \end{array} \longrightarrow \begin{array}{l} CH_2-COO^- \\ | \\ CH_2-COO^- \end{array} + \begin{array}{l} O \\ \| \\ H-C-COO^- \end{array}$$

イソクエン酸　　　コハク酸　　グリオキシル酸

15. アミノ酸であるトリプトファンは次に示すような反応でメラトニンというホルモンに変換される．次のような酵素で，どの段階の反応が触媒されるか．

(a) メチルトランスフェラーゼ（メチル基転移酵素）
(b) ヒドロキシラーゼ（水酸化酵素）
(c) アセチルトランスフェラーゼ（アセチル基転移酵素）
(d) デカルボキシラーゼ（脱炭酸酵素）

16. アミノ酸であるチロシンは，次ページに示すような反応でアドレナリンというホルモンに変換される．次のような酵素で，どの段階の反応が触媒されるか．

(a) デカルボキシラーゼ（脱炭酸酵素）
(b) メチルトランスフェラーゼ（メチル基転移酵素）
(c) ヒドロキシラーゼ（水酸化酵素）

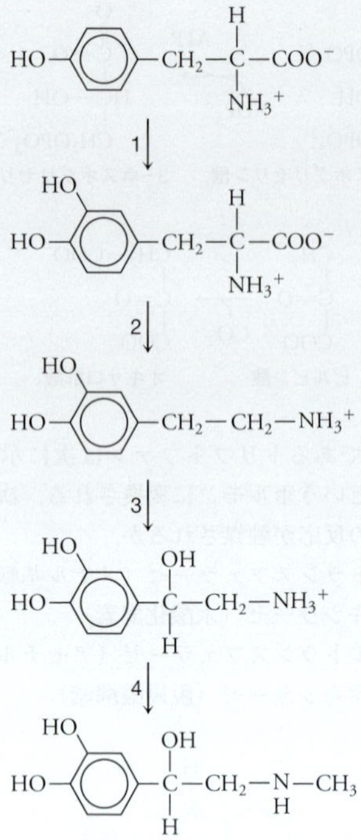

反応

HO-⟨⟩-CH₂-C(H)(NH₃⁺)-COO⁻

↓ 1

HO-⟨⟩(HO)-CH₂-C(H)(NH₃⁺)-COO⁻

↓ 2

HO-⟨⟩(HO)-CH₂-CH₂-NH₃⁺

↓ 3

HO-⟨⟩(HO)-C(H)(OH)-CH₂-NH₃⁺

↓ 4

HO-⟨⟩(HO)-C(H)(OH)-CH₂-N(H)-CH₃

17. カタラーゼ（catalase）という酵素が触媒する反応はどんなものか，Web 上の酵素命名データベース（http://enzyme.expasy.org）で調べよ．

18. EC 番号 4.3.2.1 をもつ酵素の一般名は何か．

6・2 酵素触媒反応の化学

19. ブドウ球菌のヌクレアーゼ（表6・1）によって，ホスホジエステル結合加水分解反応の活性化エネルギー $\Delta G^{\ddagger}$ はどの程度低下するか．

20. 酵素の触媒反応速度の温度依存性を測定し，次のような曲線を得た．なぜ酵素活性は温度とともにまず上昇し，その後，突然急激に低下するのか．

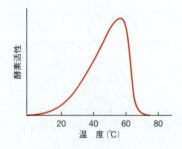

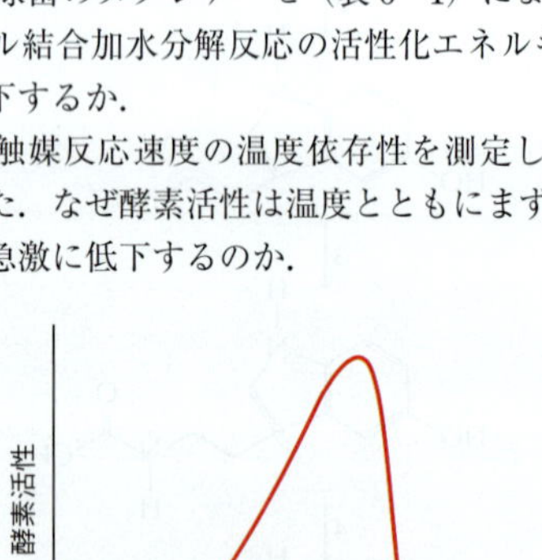

21. （a）〜（d）にあげた1対の反応について，互いの違いがわかるように1対の反応座標ダイヤグラムを書け（図6・2参照）．
   (a) 速い反応と遅い反応
   (b) 1段階の反応と2段階の反応
   (c) 吸エルゴン反応と発エルゴン反応
   (d) 遅い1段目の反応と速い1段目の反応をもつ2段階反応

22. 図6・10 を参照し，キモトリプシンが触媒するペプチド結合の加水分解反応の反応座標ダイヤグラムを書け．

23. ある条件下では，ペプチド結合の加水分解反応より合成反応のほうが熱力学的に有利である．キモトリプシンがペプチド結合形成反応を触媒することはあるか．

24. アミノ酸側鎖の酸性度と求核性にはどんな関係があるか．

25. グリシン，アラニン，バリンといったアミノ酸は，酸塩基触媒反応あるいは共有結合触媒反応に直接はかかわらない．
   (a) これはなぜか説明せよ．
   (b) それにもかかわらず，活性部位内のグリシン，アラニン，あるいはバリンを他のアミノ酸に置換すると，酵素活性に著しい影響が現れる．なぜか．

26. アミノ酸側鎖の構造と本章で解説した酵素機構をもとに，次のような反応にかかわるアミノ酸側鎖を一つあげよ．
   (a) プロトン移動   (b) 求核反応

27. リボザイムは化学反応を触媒する RNA 分子である．
   (a) 核酸のどんな点が酵素として働くのに重要か．
   (b) 問題26 における反応にかかわるのは RNA 構造のどの部分か．
   (c) RNA は触媒として働けるのに，DNA が触媒にならないのはなぜか．

28. OH⁻ があると，RNA の 2′ OH 基からプロトンが引抜かれて 2′ O⁻ が生じ，これが 5′ リン酸基を求核的に攻撃する．
   (a) DNA も塩基触媒により攻撃を受けるか．
   (b) RNA の不安定性は，RNA ではなく DNA が遺伝物質として進化してきたということの説明になるか．

29. キモトリプシンの酵素反応機構に基づき，DFP がなぜこの酵素を不活性にするか説明せよ．

30. 実験に使うためのキモトリプシンは希塩酸中に保存する．なぜ希塩酸を用いるか説明せよ．

31. サリン（sarin）は DFP に似た有機リン化合物で，1995年に東京の地下鉄でばらまかれて多くの犠牲者を出した．サリンはセリンエステラーゼに属するアセチルコリンエステラーゼという神経伝達にかかわる酵素と反応し，この酵素を不活性にするため，神経障害をひき起こす．サリンで修飾された酵素の触媒残基の構造を書け．

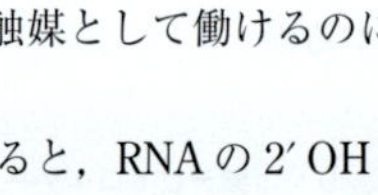

(H₃C)(H₃C)CH-O-P(=O)(F)-CH₃　サリン

32. パラチオン（parathion）は殺虫剤で，アセチルコリンエステラーゼを不可逆的に不活性にする．しかしサリンとは違い，パラチオンはまずパラオキソン（paraoxon）となり，

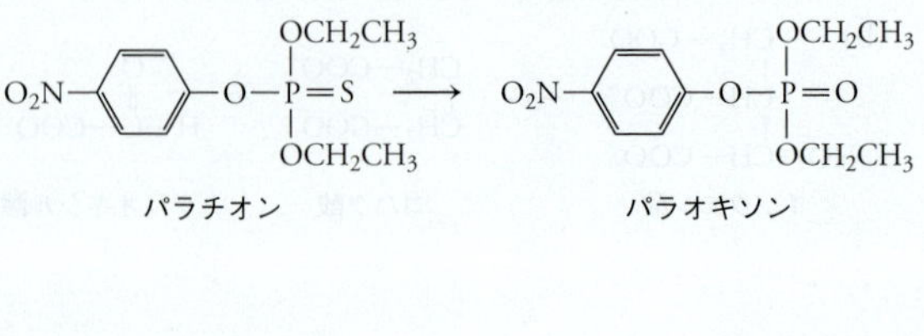

O₂N-⟨⟩-O-P(=S)(OCH₂CH₃)(OCH₂CH₃) → O₂N-⟨⟩-O-P(=O)(OCH₂CH₃)(OCH₂CH₃)

パラチオン　　　　　　　　パラオキソン

6. 酵 素 の 働 き　　　151

これがアセチルコリンエステラーゼと反応する．この反応は，DFP とキモトリプシンとの反応に似ている．パラオキソンで修飾された酵素のセリン残基の構造を書け．

33. 血管形成にかかわる酵素であるアンジオゲニンをブロモ酢酸 $BrCH_2COO^-$ で処理した．この処理で酵素活性に必須のヒスチジン残基が修飾され，酵素活性は 95% ほど低下した．ブロモ酢酸によるヒスチジン残基側鎖修飾の化学反応を示せ．こうした修飾により，活性にヒスチジン残基を必要とする酵素が不活性化される．なぜか．

34.（a）His-Lys-Ser という触媒 3 残基をもつ仮想的な加水分解酵素を考える．触媒反応中の 3 残基間の水素結合ネットワークを書け．

（b）この酵素の化学標識実験の結果，リシン残基を共有結合で修飾すると酵素活性が失われた．しかしこの実験は，この酵素の活性部位にリシン残基があるという証拠にはならない．なぜか．

35. 右に示す 1-フルオロ-2,4-ジニトロフェノール（1-fluoro-2,4-dinitrophenol: FDNP）で D-アミノ酸オキシダーゼを処理すると，酵素は失活する．FDNP 処理で失活した酵素を分析してみると，チロシン残基の一つが FDNP で修飾されていた．次に，この酵素の基質に構造が似ている安息香酸エステル存在下で FDNP 処理を行うと，チロシン残基修飾は起こらなかった．

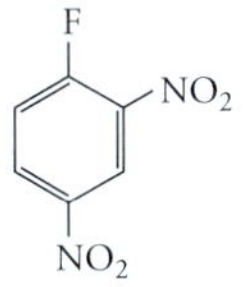

（a）FDNP 処理で修飾されたチロシン残基側鎖の構造を書け．

（b）安息香酸エステルがあるとチロシン残基修飾が起こらないのはなぜか．このことから，この酵素でチロシン残基がどんな役割を果たしていると考えられるか．

36. X-His-Y という形の触媒 3 残基をもつプロテアーゼを 2 種類示せ．

37. 極端に低い pH あるいは高い pH において，キモトリプシンの触媒 3 残基はどのような影響を受けるか（タンパク質の他の構造は影響を受けないとする）．

38. 大腸菌のリボヌクレアーゼ HI は，RNA のホスホジエステル結合の加水分解を触媒する．この酵素反応には，カルボン酸イオンを介した反応（カルボン酸イオンリレー）がかかわっていると考えられている．

（a）次の構造を参考にして，加水分解反応がどのように始まるか矢印で示して書け．

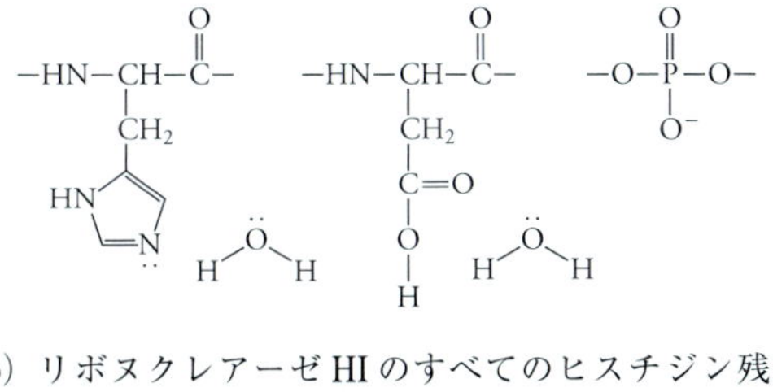

（b）リボヌクレアーゼ HI のすべてのヒスチジン残基の pK_a の値は決まっており，7.1, 5.5, 5.0 未満であった．His 124 に対応する pK_a としてはどれが一番適当か．その理由も

説明せよ．

（c）His 124 を Ala に置き換えると，酵素活性が劇的に減少した．なぜか．

39. リゾチームは細菌の細胞壁を構成する多糖を分解する．細胞壁が破壊された細菌は溶菌して死滅する．リゾチームの酵素反応の一部を次に示す．この酵素は，二つの単糖残基（六角形で示す）間の結合の切断を触媒する．この反応には，Glu 35 と Asp 52 の側鎖がかかわっている．一方の側鎖の pK_a は 4.5，もう一方は 5.9 である．

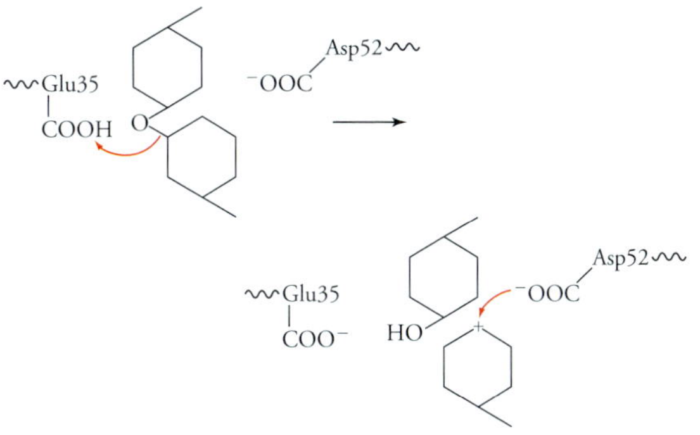

（a）Glu 35 と Asp 52 の pK_a はそれぞれいくつか．

（b）リゾチームは，pH 2.0 あるいは pH 8.0 では不活性である．なぜか．

（c）リゾチームによる酵素反応は，共有結合中間体を介して進行する．この情報を用いて，上記の酵素反応を完結させよ．

40. リボヌクレアーゼ A（RNase A）は膵臓から小腸に分泌される消化酵素である．小腸でこの酵素は RNA をヌクレオチドにまで分解する．リボヌクレアーゼ A の最適 pH は約 6 で，触媒残基として働く二つの His 残基の pK_a は 5.4 と 6.4 である．リボヌクレアーゼ A の酵素反応の第 1 段階を次に示す．

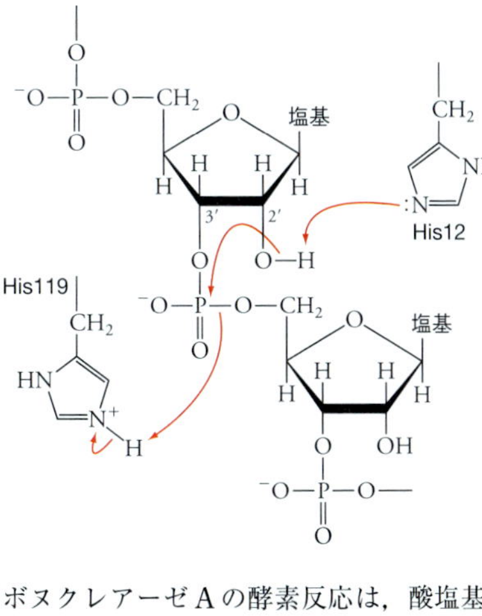

（a）リボヌクレアーゼ A の酵素反応は，酸塩基触媒反応，共有結合触媒反応，金属イオン触媒反応，あるいはこれらの組合わせのどれか．

（b）His 12 と His 119 と上記 pK_a の値を関係づけよ．

(c) リボヌクレアーゼAの最適pHはpH 6である．なぜか．

(d) リボヌクレアーゼAはRNAの加水分解を触媒するが，DNAは加水分解しない．なぜか．

41. キモトリプシンは人工基質である酢酸 p-ニトロフェニルをペプチド結合の加水分解と同じ機構で加水分解する．生成物の p-ニトロフェノラートは濃い黄色で，410 nmの光を吸収する．そこで，反応を分光光度計で追跡することができる．酢酸 p-ニトロフェニルとキモトリプシンを混ぜると，初めは p-ニトロフェノラートが急激に生成するが，その後，反応は"定常状態"に入って，生成物が一定速度でゆっくりと生じる．

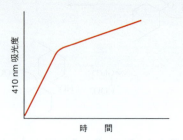

(a) キモトリプシンの反応機構に関する知識に基づいて，この結果を説明せよ．

(b) この反応の反応座標ダイヤグラムを書け．

(c) トリプシンの活性を調べるのに酢酸 p-ニトロフェニルは役立つか．

42. レニン (renin) という酵素はキモトリプシンと似ているが，セリンプロテアーゼの活性部位セリンの役割をアスパラギン酸が担うアスパラギン酸プロテアーゼという一群の酵素に属する．レニンの阻害剤は高血圧の治療に役立つ可能性がある．レニンは，アンジオテンシノーゲン (angiotensinogen) というタンパク質のペプチド結合を加水分解し，これをアンジオテンシンⅠ (angiotensin I) に変換する．後者は，血圧調節にかかわるホルモンの前駆体である．レニンの活性部位にあるAsp 32とAsp 215という二つのアスパラギン酸残基が，キモトリプシンの触媒3残基のような役割を果たす触媒2残基となる．

(a) 次に示す図から始めて，レニンで触媒されるペプチド結合加水分解反応機構を示せ．

(b) レニンによる酵素反応では，どのような反応機構が用いられているか．

(c) Asp 32とAsp 215の pK_a を比較せよ．

43. HIV/AIDS治療薬であるプロテアーゼインヒビターの標的は，ヒト免疫不全ウイルスⅠ (HIV I) のプロテアーゼである．問題42で述べたレニンと同じアスパラギン酸プロテアーゼに属するこのプロテアーゼは，同一のサブユニット2個からなるホモ二量体で，それぞれのサブユニット上のAsp 25が触媒2残基として働く．レニンとHIVプロテアーゼは，収束進化の結果と考えられるか，あるいは分岐進化の結果と考えられるか．

44. パイナップルの酵素ブロメライン (bromelain) は，システインプロテアーゼとよばれる一群の酵素に属する．これらの活性部位にありセリンプロテアーゼの活性部位セリンと同じ役割を果たすのは，プロトン化されたシステイン残基である．ブロメラインには抗炎症作用，抗腫瘍活性があるという報告もある．セリンプロテアーゼのようにブロメラインの活性部位にはヒスチジンがあるが，アスパラギン酸はない．

(a) キモトリプシンの反応機構に関する知識に基づき，ブロメラインによるペプチド結合加水分解の反応機構を示せ．

(b) 上記の反応機構は，酸塩基触媒機構を使っているか，共有結合触媒機構を使っているか，それとも両者を使っているか．

(c) ブロメラインの反応機構に一致するよう，反応座標ダイヤグラムを書け．

(d) 熱帯地方の原住民は，肉を調理するときにパイナップルを使うと肉が柔らかくなることを知っている．このことに対して生化学的な説明をせよ．

(e) ブロメラインの活性部位側鎖の pK_a はおよそ3と8である．一方，反応の最適pHは6.0である．前述の pK_a に対応するアミノ酸側鎖を同定せよ．また，そのように判断した理由を示せ．

45. スルフヒドリル基はアルキル化剤の N-エチルマレイミド (NEM) と反応する．クレアチンキナーゼ溶液にNEMを加えると，Cys 278がアルキル化されるが，他のシステイン残基は修飾されない．この情報に基づき，Cys 278の役割についてどんなことがいえるか．

46. システインプロテアーゼ (問題44参照) はヨード酢酸 ICH_2COO^- 処理で不活性になる．ヨード酢酸によるシステイン残基の修飾反応を示せ．この反応でシステインプロテアーゼが不活性になるのはなぜか．

47. ボツリヌス菌が分泌するボツリヌス神経毒素は3本のポリペプチド鎖からできている．そのうち1本のポリペプチド鎖はプロテアーゼである．この酵素は金属プロテアーゼという一群の酵素に属する．活性部位には Zn^{2+} が存在し，ヒスチジン残基二つとグルタミン酸残基一つの側鎖がこれに配

位している．活性部位には酵素反応にかかわる第二のグルタミン酸残基（Glu 224）がある．図を用いて，この酵素によるペプチド結合加水分解の機構を示せ．

48. カルボニックアンヒドラーゼは既知の酵素のなかでも反応速度が最も速いもののひとつである．この酵素は二酸化炭素の水和を触媒し，炭酸水素イオンと水素イオンを産生する．

$$CO_2 + H_2O \rightleftharpoons H^+ + HCO_3^-$$

酵素の活性部位には亜鉛イオンが一つ含まれており，これが三つのヒスチジン残基のイミダゾール環に配位結合している（近傍にもう一つ触媒作用にかかわるヒスチジン残基がある）．亜鉛イオンの第四の配位座は水分子が占めている．図に示した最初の段階から始めて，二酸化炭素の水和反応の機構を書け．また，酵素がもとの状態に戻るところも示せ．

49. タンパク質中のアスパラギン残基やグルタミン残基は，酵素の働きによらず加水分解されて脱アミドされ，それぞれアスパラギン酸やグルタミン酸に変換されることがよくある．この脱アミド反応によってタンパク質は細胞内プロテアーゼの攻撃を受けやすくなるので，これがタンパク質の寿命をはかる分子タイマーではないかという考えがある．アスパラギン残基の脱アミド反応が起こるタンパク質を徹底的に調べたところ，これら残基の脱アミドの速度は，前後のアミノ酸残基に影響を受けることがわかった．たとえば，こうしたアスパラギン残基の前にセリン，トレオニン，あるいはリシンが位置しており，その後にグリシン，セリン，あるいはトレオニンが位置していることが多い．

（a）アスパラギン残基の加水分解による脱アミド反応の釣合のとれた反応式を示せ．

（b）こうした脱アミド反応には酸触媒（HA）がかかわっている．反応の第1段階を以下に示す．残りの反応を書け．

（c）アスパラギン残基やグルタミン残基の脱アミド反応には酵素がかかわっていないことがわかっているので，HAという酸触媒は酵素が供給するのではない．こうした触媒基は，むしろ脱アミドを起こしているタンパク質自身の近傍のアミノ酸残基が供給していると考えられている．（b）における答を参考にし，脱アミド反応を起こすアスパラギン残基の前後

のアミノ酸残基側鎖が，脱アミド反応で触媒基としてどのように働いているか述べよ．

（d）N末端のグルタミン残基では内部に位置しているものより脱アミド反応がずっと速く起こる．この脱アミド反応の機構を示せ．なお，この機構には5員環であるピロリドン環形成が含まれる．N末端のアスパラギン残基は脱アミド反応を起こさない．なぜか．

（e）タンパク質内部のアスパラギン残基やグルタミン残基はタンパク質表面に位置するものよりずっと脱アミド反応が遅い．なぜか説明せよ．

50. アミダーゼという一群の酵素に属する酵素は，セリンプロテアーゼと似た機構でアミド結合の加水分解を触媒する．しかし，セリンプロテアーゼの触媒3残基Asp–His–Serに代わり，アミダーゼでは次に示すように触媒3残基はSer–Ser–Lysである．アミダーゼの酵素反応機構を示せ．

6・3 酵素触媒の特異な性質

51. 基質が酵素に結合すると，その自由エネルギーは低下する．それにもかかわらず反応が進行するのはなぜか．

52. 酵素反応が進行するには，結合した基質と酵素活性部位内の反応基の相互配置は厳密に決まっていなければならない．それにもかかわらず酵素反応の進行には酵素分子の柔軟性が必要である．なぜか．

53. ヘキソキナーゼは基質結合により大きな構造変化を起こし，基質が活性部位にぴったりと接触するようになる．その結果，水分子は活性部位から排除され，酵素反応を阻害する加水分解反応が回避できる．この知見から，酵素と基質の結合で活性部位の構造が酵素反応に有利な形に変わるという"誘導適合"モデルがコシュランドによって提唱された．しかし，セリンプロテアーゼでは，ヘキソキナーゼでみられる大きな構造変化は起こらない．なぜか．

54. ATPとキシロース（グルコースと似ているが5個の炭素原子でできている）にヘキソキナーゼを加えると，キシロース5-リン酸と遊離リン酸が産生される．これは，コシュランドの誘導適合モデルと合致するか．

55. 問題47において，亜鉛イオンが酵素反応で果たす役割は何か．また，遷移状態の安定化で果たす役割は何か．

56. 問題50において，アミダーゼは遷移状態をどのように安定化するか．

57. アデノシンデアミナーゼ（アデノシン脱アミノ酵素）はアデノシンをイノシンに変換する．1,6-ジヒドロプリンリボヌクレオシドという化合物は，基質であるアデノシンより

ずっと強く酵素に結合する．このことから，アデノシンデアミナーゼの反応機構についてどんなことがいえるか．

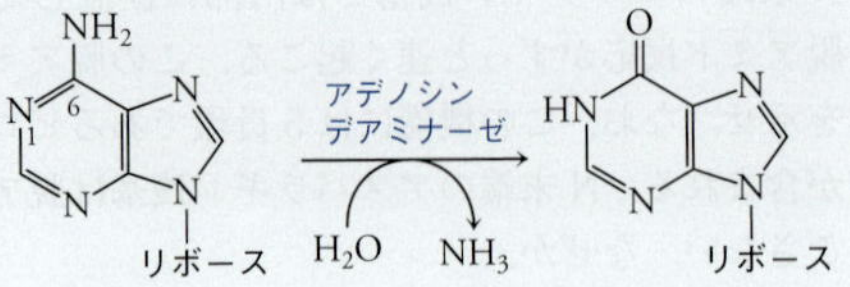

アデノシン + H_2O →（アデノシンデアミナーゼ）→ イノシン + NH_3

（構造式：アデノシン，イノシン，リボース）

1,6-ジヒドロプリンリボヌクレオシド

58. イミダゾールは酢酸 p-ニトロフェニルと反応して，N-アセチルイミダゾリウムと p-ニトロフェノラートを産生する．反応機構は次のようなものである．

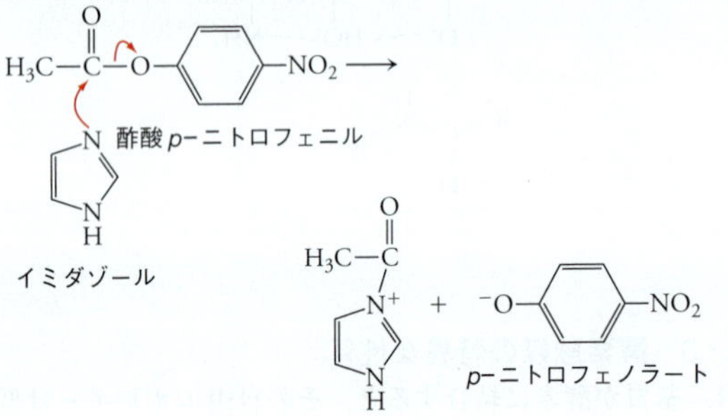

（構造式：酢酸 p-ニトロフェニル，イミダゾール，N-アセチルイミダゾリウム，p-ニトロフェノラート）

（a）次に示す化合物からも，p-ニトロフェノラートが生じる．この反応の機構を示せ．

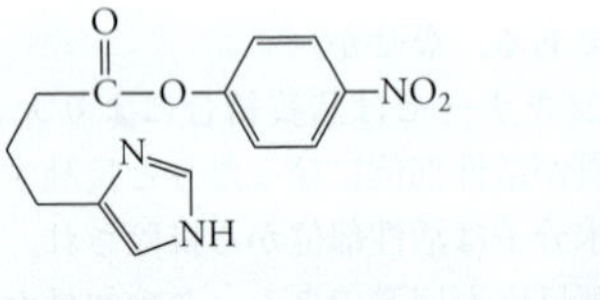

（構造式）

（b）（a）に示した化合物は，イミダゾールと酢酸 p-ニトロフェニルの場合の 24 倍も速く p-ニトロフェノラートを生じる．なぜか．

（c）この実験の結果から，酵素が反応速度を上昇させる機構についてどんなことがいえるか．

6・4 酵素に関するその他の特徴

59. 遺伝子操作で変異導入した場合，目的のタンパク質が合成されなかったり，できた酵素の活性が低かったりすることが多い．変異導入で作製した酵素の活性が高いということはありうるか．

60. キモトリプシンの活性部位に基質が結合したときに活性部位から水分子が排除されるとすると（問題 53 参照），図 6・10 に示すように触媒反応の第 3 段階で水分子がかかわることはどのようにして可能になるか．

61. トリプシンでは，基質特異性ポケットの基部には Asp 189 が位置している．

（a）このことはトリプシンの基質特異性と関係があるか．Asp 189 と基質切断部位直前の残基側鎖間には，どんな相互作用が働いているか．

（b）部位特異的変異導入で Asp 189 をリシン残基に置換した．この変異で，基質特異性にどんな影響が出ると期待されるか．

（c）（b）に記した変異トリプシンの三次元構造を決めたところ，Lys 189 側鎖は基質特異性ポケットの底部に位置しておらず，ポケットの外にせり出しているため，ポケット底部は非極性環境になっていた．この知見から，Lys 189 変異体の基質特異性について，どんなことが期待されるか．

62. 最近，血圧調節にかかわる酵素が精製された．この酵素はアスパラギン酸アミノペプチダーゼで，Asp 残基の C 末端側のペプチド結合を加水分解する．この酵素の基質結合部位を調べるため，一連の合成ペプチドを加水分解する速度を計った．ペプチドとその反応速度を以下の表に示す．残基は P1-P1′-P2′-P3′ という形で表現してあり，加水分解される結合は P1 と P1′ の間にある．

（a）P1′ と P2′ は，この酵素の活性部位に隣り合う二つのポケットにはまり込むと思われる．これらポケットの性質を，表の反応速度データから推察せよ．

（b）アスパラギン酸アミノペプチダーゼの体内での基質は，血圧調整にかかわるアンジオテンシン II だと考えられる．しかし，メチル化されたアスパルチルフェニルアラニン Asp-Phe-OCH3，つまり人工甘味料であるアスパルテームも基質になるかもしれない．アスパルテームはこの酵素のよい基質になるかどうか，ここに示したデータをもとに判断せよ．

（c）アスパラギン酸アミノペプチダーゼによるアスパルテームの加水分解産物の構造を書け．

（d）非変性条件下では，この酵素は質量 440 kDa のフェリチンと同じ大きさにみえる．変性条件下では，精製した酵素は質量 55 kDa の 1 本のポリペプチド鎖のように振舞う．このデータから，アスパラギン酸アミノペプチダーゼの構造についてどんなことがいえるか．

ペプチド (P1-P1′-P2′-P3′)	$k_{cat}(s^{-1})$	ペプチド (P1-P1′-P2′-P3′)	$k_{cat}(s^{-1})$
Asp-Ala-Ala-Leu	5.3	Asp-Ala-Phe-Leu	17.2
Asp-Phe-Ala-Leu	9.9	Asp-Ala-Lys-Leu	5.0
Asp-Lys-Ala-Leu	2.8	Asp-Ala-Asp-Leu	2.3
Asp-Asp-Ala-Leu	9.8		

63. キモトリプシンは Phe, Trp, Tyr 残基に続くペプチド結合を加水分解する酵素と考えられる．このことは，キモトリプシン活性化のときに切断される結合の種類と矛盾しないか（図 6・18 参照）．このことから，キモトリプシンの基質特異性についてどんなことがいえるか．

64. 消化酵素であるキモトリプシンの活性化をカスケード

6. 酵素の働き

反応として書け.

65. キモトリプシンは問題8に記された基質を加水分解するか. 可否とその理由を述べよ.

66. DFP はトリプシンあるいはエラスターゼを不活性にするか（問題29参照）.

67. 遺伝的膵炎は，トリプシノーゲンの自己触媒領域に生じた変異により高い消化酵素活性が常に発現するためにひき起こされる.

　(a) この疾病は生理的にどのような症状を呈するか.

　(b) この疾病はどのようにすれば治療できるか.

68. セリンプロテアーゼを阻害する物質を含む植物がある. これには，昆虫や微生物が出すプロテアーゼから植物個体を保護するという役割がある. 豆腐の原料になるダイズにもこうした物質が含まれているが，豆腐の生産過程では，このプロテアーゼインヒビターを除去する処理をする. なぜこうした処理が必要なのか.

69. すべての酵素が前駆体として合成されたり，その活性を阻害するインヒビターをもったりしているわけではない. こうしたプロテアーゼがもつ潜在的破壊力を抑えているのは何か.

70. ヘビ毒から単離されたキモトリプシンインヒビターはウシ膵臓のトリプシンインヒビターに似ている（図6・20）が，後者の Lys 15 が前者ではアスパラギン残基に変わっている. この事実は意外だが，なぜか.

参 考 文 献

Di Cera, E., Serine proteases, *IUBMB Life* **61**, 510－515 (2009). プロテアーゼの生化学的役割や機構の特徴のいくつかをまとめている.

Fersht, A., *Structure and Mechanism in Protein Science: A Guide to Enzyme Catalysis and Protein Folding*, W. H. Freeman (1999). キモトリプシンやその他の酵素の詳しい反応機構を含んでいる.

Gutteridge, A. and Thornton, J. M., Understanding nature's catalytic toolkit, *Trends Biochem. Sci.* **30**, 622－629 (2005). ア

ミノ酸側鎖の特定のセットが，多くの異なる酵素に見いだされる活性部位をどのように形成しているかを説明している.

Radisky, E. S., Lee, J. M., Lu, C.-J. K., and Koshland, D. E., Jr., Insights into the serine protease mechanism from atomic resolution structures of trypsin reaction intermediates, *Proc. Nat. Acad. Sci.* **103**, 6835－6840 (2006).

Ringe, D. and Petsko, G. A., How enzymes work, *Science* **320**, 1428－1429 (2008). 酵素の機能における一般的な特徴を簡単にまとめている.

7

酵素反応速度論と
酵素反応の阻害

薬の効き方はどうやって測定するか

アトルバスタチンは需要が最も多い薬のひとつである．他の多くの薬のように，この分子も酵素反応の阻害剤で，コレステロール生合成にかかわる HMG-CoA レダクターゼの触媒作用を阻害する．そこで，アトルバスタチンは血中のコレステロール濃度を下げ，心疾患のリスクを下げるのに臨床で用いられている．臨床で用いる前に，この薬の酵素反応に対する効果を酵素反応速度論に基づいて定量的に解析しておくことが必要であった．

復習事項
- 生物も熱力学の法則に従う（§1・3）．
- 生体分子では水素結合，イオン相互作用，あるいはファンデルワールス相互作用といった非共有結合性相互作用が重要である（§2・1）．
- 酸の pK_a はイオン化のしやすさの指標となる（§2・3）．
- 20種のアミノ酸は側鎖（R基）の化学的性質が異なる（§4・1）．
- 複数の安定構造をとりうるタンパク質がある（§4・3）．

　前章では，おもにキモトリプシンのさまざまな触媒機構を検討することで，酵素の触媒機能の基礎的な特徴について学んだ．本章では，酵素反応速度論，つまり酵素活性の数学的解析を導入することで，酵素に関する理解を深める．ここで，酵素の反応速度と特異性をどのように定量化し，酵素の生理的機能をどのように評価するか，そして，酵素に結合してその活性を変える働きをもつ阻害剤について解説する．さらに，アロステリック調節を介した酵素の活性阻害と活性化にも注目する．

7・1 酵素反応速度論

重要概念
- 生成物の産生速度で表される酵素活性は，基質濃度に依存する．

　6章で述べたキモトリプシンの例のように，酵素の構造や化学反応機構を理解すると，生体内での酵素機能について多くのことがわかってくる．しかし，酵素の生理的役割について完全に理解するには，構造情報だけでは十分ではない．たとえば，酵素がどのくらい速く反応を

触媒するかを知らなくてはならない場合もあるし，異なる基質をどの程度見分けることができるか，他の基質によって活性がどの程度影響を受けるかを知らなくてはならない場合もある．1個の細胞には同時に働いている数千の異なる酵素が存在し，それぞれの基質や生成物が存在しているといった状況を考えてみるとわかるように，これは簡単なことではない．酵素学では酵素活性を完全に記述するために，数式を用いて酵素の活性や基質特異性あるいは阻害剤に対する反応を定量化する．こうした解析は，**酵素反応速度論**（enzyme kinetics）とよばれる研究分野の一部をなしている（kinetics という言葉は，ギリシャ語の"動くこと"を意味する kinetos に由来する）．

　酵素が初めて精製されるずっと前から，酵母細胞や他の生物から得た粗精製物の酵素反応が調べられていた．こうした不純物を含む酵素を用いても，基質濃度と生成物濃度を測り，それが時間とともにどのように変わるかを観察することはできたので，数学的な解析は可能だった．たとえば，3炭素原子を含む2種類の糖（トリオース）の相互変換を行うトリオースリン酸イソメラーゼで触媒される簡単な反応を考えてみよう．

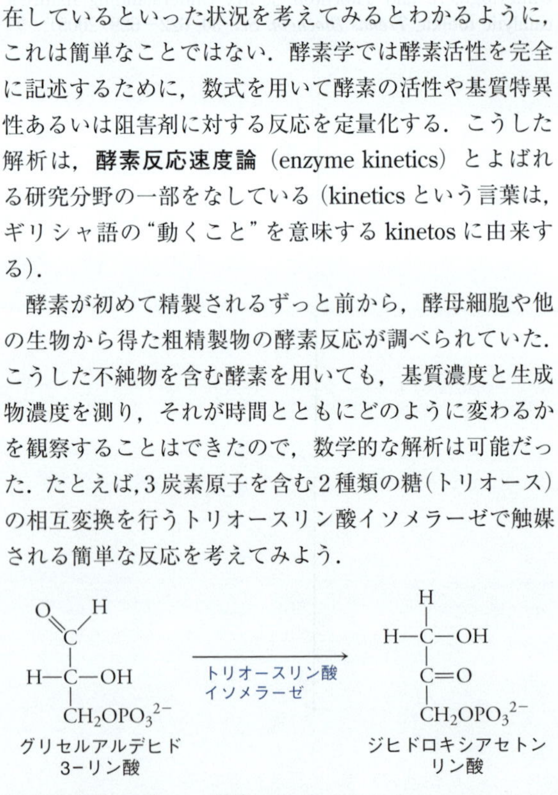

グリセルアルデヒド
3-リン酸
　→（トリオースリン酸イソメラーゼ）→　
ジヒドロキシアセトンリン酸

反応が進むに従い，基質であるグリセルアルデヒド3-リン酸濃度は減少し，生成物であるジヒドロキシアセトンリン酸濃度が上昇する（図7・1）．こうした反応の進

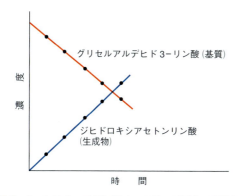

図 7・1　トリオースリン酸イソメラーゼ反応．時間とともに，基質であるグリセルアルデヒド 3-リン酸が減少し，生成物であるジヒドロキシアセトンリン酸が増加する．

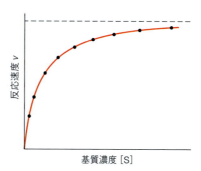

図 7・3　基質濃度に対する反応速度のプロット．一定量の酵素に基質の量を変化させて加え，それぞれの基質濃度における反応速度を測定した．反応速度を基質濃度に対して目盛ると，最初は急激に上昇するがその後ゆっくりと最大値に到達する双曲線の形になった．

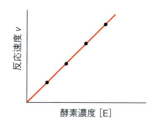

図 7・2　トリオースリン酸イソメラーゼ反応．酵素濃度と反応速度の関係．酵素が多いほど反応速度は速くなる．

行は，基質 (S) が消失する速度あるいは生成物 (P) が産生される速度である**反応速度** v (velocity) として以下のように表現することができる．

$$v = -\frac{d[S]}{dt} = \frac{d[P]}{dt} \quad (7・1)$$

ここで，[S] と [P] はそれぞれ基質濃度と生成物濃度である．当然ながら，触媒（酵素）の量が多くなると反応は速まる（図 7・2）．

　酵素濃度を一定にしたとき，反応速度は基質濃度によって非線形的に変化する（図 7・3）．基質濃度に対して反応速度を目盛った曲線は，酵素と基質の相互作用に関する重要な情報となる．線形でなく双曲線の形は酵素が基質と物理的に結合して**酵素-基質複合体**〔enzyme-substrate complex，ES 複合体（ES complex）ともいう〕を形成することを示唆している．そこで，酵素が触媒する S から P への変換

$$S \xrightarrow{E} P$$

は，もっと正確には次のように表せる．

$$E + S \longrightarrow ES \longrightarrow E + P$$

酵素に少量の基質を加えたときには，酵素活性（反応

速度で測って）はほとんど基質濃度に比例するようにみえる．しかし基質濃度がさらに上昇すると，酵素活性の上昇は頭打ちになり最大値に近づいていくようにみえる．基質濃度が低いときにはすべての基質がすぐに生成物に変換されるが，基質濃度が上がると酵素分子数より基質分子数がずっと多くなり，酵素は基質で**飽和する**．そうなると，一定時間内にすべての基質が生成物に変換されるわけではなくなるということで，このような挙動が説明できる．いわゆる飽和曲線とよばれるこうした特徴は，ミオグロビンへの酸素分子の結合（§5・1 参照）をはじめとして多くの結合現象で観察される．

　図 7・3 に示した曲線は，特定の反応条件で反応している酵素と基質に関する多くの情報を含んでいる．酵素が触媒する単純な反応の速度–基質濃度曲線は，すべて双曲線形となる．しかしこの曲線の正確な形は，酵素の種類，その濃度，酵素阻害剤の濃度，pH，温度などによって変わる．こうした曲線を解析すれば，次のような基本的な問題に答えることができる．

- その酵素はどのくらい速く働くか．
- その酵素は，どのくらい効率よくいろいろな基質を生成物に変換するか．
- その酵素はさまざまな阻害剤に対してどのくらいの感受性をもつか．また，そうした阻害剤は酵素活性をどのようにして阻害するか．

こうした問題に対する答が得られれば，次のようなことがわかってくるだろう．

- 生体内で，ある酵素が特定の反応を触媒するかどうか．
- どんな物質が，この酵素に対する生理的制御因子となるか．
- どんな阻害剤が有効な薬剤となるか．

7・2 ミカエリス-メンテンの式の導出と式の意味

重要概念

- 簡単な化学反応は速度定数を用いて記述できる.
- ミカエリス-メンテンの式は, 酵素反応を K_M と V_{max} という二つの定数で記述する.
- K_M, k_{cat}, k_{cat}/K_M という反応速度論のパラメーターは実験的に決めることができる.
- ミカエリス-メンテン型の酵素でなくても, その K_M と V_{max} の値を決めることができる.

酵素反応の解析では, 基質濃度に対して反応速度を目盛った双曲線とそれを記述する等式が中心的な役割を果たす（図7・3参照）. トリオースリン酸イソメラーゼのような酵素の反応は, 個々の素反応に分解して考え, 簡単な反応に適用できる式を使って解析する.

反応速度式で反応過程を記述する

物質 A が B に変換される次の**単分子反応**（unimolecular reaction, 1種類の反応物だけがかかわる反応）について考える.

$$A \longrightarrow B$$

この反応の進行は, 反応速度を定数（**速度定数** rate constant）と反応物濃度 [A] で表現する**反応速度式**（rate equation）で次のように数学的に表せる.

$$v = -\frac{d[A]}{dt} = k[A] \qquad (7 \cdot 2)$$

ここで k は速度定数で, 1秒当たり（s^{-1}）という単位をもつ. この式は, 反応速度は反応物質 A の濃度に比例することを示している. こうした反応は, 1種類の基質の濃度にだけ速度が依存するので, **一次反応**（first-order reaction）とよばれる.

二つの反応物がかかわる**二分子反応**（bimolecular reaction）あるいは**二次反応**（second-order reaction）は次のように表せる.

$$A + B \longrightarrow C$$

その反応速度式は,

$$v = -\frac{d[A]}{dt} = -\frac{d[B]}{dt} = k[A][B] \quad (7 \cdot 3)$$

である. ここで, k は二次速度定数で単位は $M^{-1}\,s^{-1}$ である. 二次反応の速度は二つの反応物濃度の積に比例する（計算問題7・1）.

●●●　計算例題 7・1

問題　3 μM の X と 5 μM の Y があり, 反応の速度定数が 400 $M^{-1}\,s^{-1}$ であるとき, X+Y→Z という反応の反応速度を計算せよ.

解答　(7・3) 式を用い, すべての単位をあわせて,

$$\begin{aligned}
v &= k[X][Y] \\
&= (400\,M^{-1}\,s^{-1})(3\,\mu M)(5\,\mu M) \\
&= (400\,M^{-1}\,s^{-1})(3\times10^{-6}\,M^{-1})(5\times10^{-6}\,M^{-1}) \\
&= 6\times10^{-9}\,M\,s^{-1} = 6\,nM\,s^{-1}
\end{aligned}$$

練習問題

1. 5 μM の X と 5 μM の Y があり, 反応速度が 5 μM s^{-1} であるとき, X+Y→Z という反応の反応速度定数を計算せよ.
2. 問題1で [X]＝20 μM, [Y]＝10 μM のときの反応速度を計算せよ.
3. X+Y→Z という反応の速度定数が 0.5 $mM^{-1}\,s^{-1}$ で, [X]＝[Y] であるとき, $v = 8\,mM\,s^{-1}$ となる基質濃度を計算せよ.

酵素反応はミカエリス-メンテンの式で記述できる

最も簡単な場合, 酵素はまず基質を結合して酵素-基質複合体を形成し, 次にこれを生成物に変換する. そこで, 全体の反応はそれぞれが独自な反応定数をもつ一次反応と二次反応から成り立っている.

$$E + S \underset{k_{-1}}{\overset{k_1}{\rightleftharpoons}} ES \overset{k_2}{\longrightarrow} E + P \qquad (7 \cdot 4)$$

酵素 E と基質 S の最初の衝突は, 二次速度定数 k_1 をもつ二分子反応である. 生じた酵素-基質複合体 ES では, 次の二つの単分子反応のどちらかが進む. k_2 は ES が E と P に変換される一次速度定数で, k_{-1} は ES が E と S に戻る反応の一次速度定数である. ES から生成物ができる反応（k_2 で記述される反応）の逆反応は起こらないとして, E と P から ES ができる二分子反応はここでは考えない.

生成物が生じる反応速度式は,

$$v = \frac{d[P]}{dt} = k_2[ES] \qquad (7 \cdot 5)$$

である. この反応の速度定数 k_2 を計算するには, 反応速度と ES の濃度を知らなければならない. 反応速度は, たとえば, この反応でできる生成物が着色物質あるいは蛍光物質となる合成基質を使えば比較的簡単に測ることができる.（分光光度計や蛍光光度計で追跡して生成物の生じる速度を測ると, これが反応速度である.）しか

しESの濃度を測るのはずっとむずかしい．これは，ES濃度がEとSからESができる速度と，ESがE＋SあるいはE＋Pに解離する速度に依存するからである．

$$\frac{d[ES]}{dt} = k_1[E][S] - k_{-1}[ES] - k_2[ES] \quad (7 \cdot 6)$$

解析を簡単にするために，基質濃度は酵素濃度よりずっと高いという実験条件（[S]≫[E]）を選ぶ．EとSとを混合すると，こうした条件下ではすべての基質が生成物に変換されるまでES濃度はほぼ一定に保たれる．図7・4にその状況を図示する．[ES]は時間変化しない**定常状態**（steady state）に保たれており，

$$\frac{d[ES]}{dt} = 0 \quad (7 \cdot 7)$$

である（定常状態近似）．定常状態では，ESの形成速度は消費速度と釣合っていなければならない．

$$k_1[E][S] = k_{-1}[ES] + k_2[ES] \quad (7 \cdot 8)$$

反応のどの時点でも，[ES]同様に，[E]は決めるのがむずかしい．しかし，酵素濃度の総量[E]$_T$はふつう既知である．

$$[E]_T = [E] + [ES] \quad (7 \cdot 9)$$

そこで，[E]＝[E]$_T$－[ES]であり，これを(7・8)式に代入すると次の式が得られる．

$$k_1([E]_T - [ES])[S] = k_{-1}[ES] + k_2[ES] \quad (7 \cdot 10)$$

この式を変形すると（両辺を[ES]とk_1で割って），三つの速度定数を含んだ式が得られる．

$$\frac{([E]_T - [ES])[S]}{[ES]} = \frac{k_{-1} + k_2}{k_1} \quad (7 \cdot 11)$$

ここで**ミカエリス定数**（Michaelis constant）K_Mを三つの速度定数を使って次のように定義する．

$$K_M = \frac{k_{-1} + k_2}{k_1} \quad (7 \cdot 12)$$

この結果，(7・11)式は，

$$\frac{([E]_T - [ES])[S]}{[ES]} = K_M \quad (7 \cdot 13)$$

あるいは，

$$K_M[ES] = ([E]_T - [ES])[S] \quad (7 \cdot 14)$$

となる．両辺を[ES]で割ると，

$$K_M = \frac{[E]_T[S]}{[ES]} - [S] \quad (7 \cdot 15)$$

あるいは，

$$\frac{[E]_T[S]}{[ES]} = K_M + [S] \quad (7 \cdot 16)$$

となる．[ES]について解くと，

$$[ES] = \frac{[E]_T[S]}{K_M + [S]} \quad (7 \cdot 17)$$

となる．

生成物形成の速度式(7・5)式は$v = k_2[ES]$なので，反応速度は次のように表せる．

$$v = k_2[ES] = \frac{k_2[E]_T[S]}{K_M + [S]} \quad (7 \cdot 18)$$

こうして，既知の量，つまり[E]$_T$と[S]を含む式を得ることができる．ES複合体形成によってある量のSは消費されるが，[S]$_T$≫[E]$_T$なのでこの分は無視できる．

ふつう反応速度は，酵素と基質を混合後すぐに測定を開始し，基質の10％が生成物に変換されるまでに測る（E＋P→ESという逆反応が無視できるのはこのためである）．反応開始時（時間0での）の速度v_0（**初速度** initial velocity）は，

$$v_0 = \frac{k_2[E]_T[S]}{K_M + [S]} \quad (7 \cdot 19)$$

である．ここでもう一つ単純化を行う．[S]が非常に大きいと，事実上すべての酵素はESの状態にある（基質で飽和されている）ので，酵素活性は最大値に近づく（図7・3参照）．(7・5)式と同様に，最大反応速度V_{max}は

$$V_{max} = k_2[E]_T \quad (7 \cdot 20)$$

と表される．(7・20)式を(7・19)式に代入すると，

$$v_0 = \frac{V_{max}[S]}{K_M + [S]} \quad (7 \cdot 21)$$

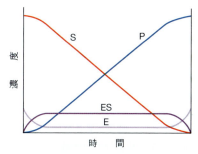

図7・4　**簡単な酵素触媒反応における濃度変化．**反応時間のほとんどの間，SがPに変換される一方で[ES]は一定に保たれている．この理想化された反応では，最終的にすべての基質が生成物に変換される．

が得られる．この関係式はミカエリス（Leonor Michaelis）とメンテン（Maude Menten）が1913年に導いたもので，**ミカエリス-メンテンの式**（Michaelis-Menten equation）とよばれる．これは酵素の触媒反応の速度式で，図7・3に示した双曲線の数学的表現である（計算例題7・2）．

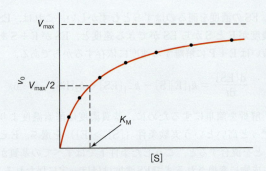

図7・5 K_Mの決定法．K_Mは反応速度が最大値の半分に達するときの基質濃度にあたる．これはv_0を基質濃度[S]に対して目盛れば簡単に見積もることができる．

●●● 計算例題 7・2

問題 K_Mが1 mM，V_{max}が5 nM s^{-1}である酵素触媒反応がある．基質濃度が0.25 mMのときの反応速度を計算せよ．

解答 ミカエリス-メンテンの式(7・21)式を使って，

$$v_0 = \frac{(5 \text{ nM s}^{-1})(0.25 \text{ mM})}{(1 \text{ mM}) + (0.25 \text{ mM})} = \frac{1.25}{1.25} \text{ nM s}^{-1}$$
$$= 1 \text{ nM s}^{-1}$$

練習問題

4. 上記の条件で，基質濃度が1.5 mMのときの反応速度を計算せよ．
5. 上記の条件で，基質濃度が10 mMのときの反応速度を計算せよ．
6. ある酵素触媒反応において，V_{max}が7.5 μM s^{-1}，反応速度が5 μM s^{-1}，基質濃度が1 μMである．このときのK_Mを計算せよ．
7. 問題6と同じ条件で，反応速度$v = 2.5$ μM s^{-1}のとき，基質濃度を計算せよ．

K_Mは反応速度が最大速度の半分になる基質濃度に相当する

これまでに述べてきたように，ミカエリス定数K_Mは三つの速度定数を含んでいる〔(7・12)式〕が，この値は実験データから簡単に決めることができる．酵素反応速度測定はふつう広い基質濃度領域で行う．図7・5に示すように，[S]＝K_Mであれば，反応速度v_0は最大値の半分になる（$v_0 = V_{max}/2$）．K_Mは反応速度が最大値の半分になる基質濃度で，酵素がどの程度効率よく基質を選択し，生成物に変換するかを示している．K_Mが小さいほど，基質濃度が低いところでも酵素は効率よく働く．K_Mが大きいほど酵素の効率は悪い．K_Mは，酵素と基質の対に対して決まっている．そこで，同じ基質に対して作用する2種類の酵素の活性を比較したり，1種類の酵素といろいろな基質との結合の差を比較したりするのにK_Mは役立つ．

実際，K_Mは酵素の基質に対する親和性の指標として使われることが多い．つまり，この値はES複合体の解離定数に近い．

$$K_M \approx \frac{[E][S]}{[ES]} \quad (7 \cdot 22)$$

この関係はES→E+Pの速度がES→E+Sよりずっと遅いときにだけ（つまり$k_2 \ll k_{-1}$のときに）厳密に成り立つ．

触媒定数は酵素の働く速度を示す

酵素が基質を選んで結合してから，どのくらい速く反応が進行するのか，つまりES複合体がどのくらい速くE+Pになるかを知ることも意味がある．この量は**触媒定数**（catalytic constant）とよばれk_{cat}で表される．酵素が触媒する反応では，

$$k_{cat} = \frac{V_{max}}{[E]_T} \quad (7 \cdot 23)$$

である．(7・4)式に示したような簡単な反応では，

$$k_{cat} = k_2 \quad (7 \cdot 24)$$

なので，k_{cat}は酵素が基質で飽和されたときの速度定数となる（[ES]≈[E]$_T$で$v_0 \approx V_{max}$）．この関係はすでに(7・20)式でみたところである．k_{cat}は，単位時間当たりそれぞれの活性部位で進行する触媒サイクルの回数，つまり1個の酵素上で単位時間当たり進行する触媒反応の回数なので，酵素の**代謝回転数**（turnover number）ともよばれる．これは一次反応定数で，s^{-1}という単位をもつ．表7・1に示すように，さまざまな酵素の触媒定数には何桁もの違いがある．

前に述べたように，酵素反応速度は単位時間当たり遷移状態に到達できた基質分子の個数に依存する（§6・2参照）．酵素は，低い活性化エネルギーをもつ遷移状態に基質を誘導することで反応速度を上昇させるが，反応物と生成物の自由エネルギーを変えることはできない．

7. 酵素反応速度論と酵素反応の阻害

表 7・1 酵素の触媒定数

酵　素	k_{cat} (s^{-1})
ブドウ球菌ヌクレアーゼ	95
シチジンデアミナーゼ	299
トリオースリン酸イソメラーゼ	4300
シクロフィリン	13,000
ケトステロイドイソメラーゼ	66,000
炭酸デヒドラターゼ	1,000,000

出典: A. Radzicka and R. Wolfenden, *Science* 267, 90－93 (1995).

つまり，酵素は化学反応を速めることはできるが，それは反応の自由エネルギー変化が負になる場合だけである（生成物の自由エネルギーが反応物の自由エネルギーより低い場合）．

k_{cat}/K_M は触媒効率を表す

上述のように，触媒定数 k_{cat} は基質濃度が高くほとんどの酵素が基質を結合している状態を反映している．しかし，酵素の触媒としての効率は，結合基質を生成物に変換する速度（k_{cat} で表される）だけでなく，どの程度しっかりと基質を結合できるかにも依存する．そこで，酵素の触媒効率を表す値として，基質を結合する強さと結合基質を生成物に変換する速度の両者を反映している k_{cat}/K_M が用いられる．

この触媒効率を理解するために，まず基質濃度が十分に低く触媒反応の速度が基質濃度に比例するような状態（図 7・5 における [S]＜K_M の領域）を考える．こうした状態では，酵素と基質は結合と解離を繰返し，一部の酵素基質複合体から生成物が生じている．この状態では，K_M に対して [S] は無視できるので，（7・19）式は

$$v_0 = \frac{k_2[E]_T[S]}{K_M} \qquad (7 \cdot 25)$$

となる．また，上記のような状態では酵素基質複合体量は酵素量に比べてわずかなので（$[E]_T \approx [E]$），

$$v_0 \approx \frac{k_2}{K_M}[E][S] \qquad (7 \cdot 26)$$

となる．（7・26）式は酵素と基質の二次反応の速度式で，見かけ上は k_2/K_M が $M^{-1}\,s^{-1}$ という単位をもつ二次速度定数である．（7・4）式のようなミカエリスメンテン型反応のときには，k_2/K_M と k_{cat}/K_M は等価である．酵素と基質がどの程度頻繁に結合するかによってこの値は変化するので，基質を生成物に関する酵素の触媒効率を表現するのに，k_{cat} あるいは K_M 単独の場合より k_{cat}/K_M が適している．

酵素の触媒効率を制限しているのはなんだろうか．遷移状態が形成されるときの電子の再配置には，結合振動の寿命である 10^{-13} s 程度の時間がかかる．酵素の代謝回転数はこれよりずっと遅い（表 7・1 参照）．さらに酵素反応の速さは，酵素と基質とが生成物をつくり出すに至る衝突をどのくらい頻繁に行えるかにもかかっている．この二次反応（二分子反応）の上限はおよそ $10^8 \sim 10^9\ M^{-1}\,s^{-1}$ である．これが，水溶液中で自由に拡散している分子どうしが衝突するときの最大速度である．

いくつかの酵素では，酵素と基質がいわゆる拡散律速（diffusion-controlled limit）的二次反応を行う．トリオースリン酸イソメラーゼはこうした酵素の一つで，その k_{cat}/K_M は $2.4 \times 10^8\ M^{-1}\,s^{-1}$ である．こうした拡散律速酵素では，酵素と基質が出会ったとたんに触媒反応が進行するので，触媒として完璧（catalytic perfection）である．しかし多くの酵素の場合，もっと低い k_{cat}/K_M でも生理機能を発揮するのに十分である．

K_M と V_{max} の値は実験的に決めることができる

少量の酵素にいろいろな濃度の基質を加えてから，時間とともに増加する生成物量を調べれば，反応動力学パラメーターを決めることができる．上述のミカエリスメンテンの式導出での仮定をみたすように，基質濃度は酵素濃度よりずっと高くする（この状態では，ES 複合体濃度は一定で，基質濃度に関係なく酵素と基質の親和性で決まる）．また，生成物が蓄積して有意な解離反応が起こらないように，初速度を求めるようにする．

反応速度と基質濃度を目盛った図 7・5 のようなグラフは，K_M や V_{max}〔この値から（7・23）式に従って k_{cat} が求まる〕といった反応速度論パラメーターを推定するのに役立つ．しかし実際には，双曲線から上限値 V_{max} を求めるのはむずかしいので，この曲線をそのまま使うとまちがった結論に至る可能性がある．もっと正確に V_{max} と K_M（$V_{max}/2$ となる基質濃度）を決めるには，次の方法のひとつを使う．

1. コンピューターを使ってデータを双曲線にのせ，反応速度の上限値を決める．
2. データが直線になるような式変形を行う．反応速度と基質濃度が線形になるような関係式で最もよく知られているのが，次式で表されるラインウィーバーバークプロット（Lineweaver-Burk plot）である．

$$\frac{1}{v_0} = \left(\frac{K_M}{V_{max}}\right)\frac{1}{[S]} + \frac{1}{V_{max}} \qquad (7 \cdot 27)$$

（7・27）式は $y = mx + b$ という簡単な形をしている．$1/v_0$ を $1/[S]$ に対してプロットすると直線になり，その傾きから K_M/V_{max} が，$1/v_0$ 軸との交点から $1/V_{max}$ が

得られる．外挿した直線と1/[S]軸との交点からは，$-1/K_M$ が求まる（図7・6）．同じデータを目盛った図7・5と図7・6を比較するとわかるように，速度と基質濃度を目盛ったときに等間隔で並んでいた点が，ラインウィーバー–バークプロットでは圧縮されている（計算例題7・3）．

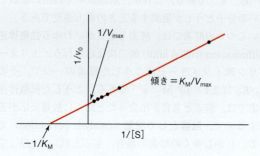

図7・6 ラインウィーバー–バークプロット．[S]と v_0 の逆数を目盛ると直線になり，その傾きと切片から K_M と V_{max} が求められる．ここでは，図7・5の各点を目盛り直してある．

計算例題 7・3

問題 酵素触媒反応の速度を基質濃度を変えて測定した．この反応の K_M と V_{max} を計算せよ．

[S] (μM)	v_0 (mM s^{-1})
0.25	0.75
0.5	1.20
1.0	1.71
2.0	2.18
4.0	2.53

解答 基質濃度と反応速度の逆数を計算し，$1/v_0$ を $1/[S]$ に対してプロットする（ラインウィーバー–バークプロット）．

1/[S] (μM^{-1})	$1/v_0$ (mM^{-1} s^{-1})
4.0	1.33
2.0	0.83
1.0	0.58
0.5	0.46
0.25	0.40

1/[S]軸との交点（$-1/K_M$ に等しい）は -1.33 μM^{-1} である．そこで，

$$K_M = -\left(\frac{1}{-1.33\ \mu M^{-1}}\right) = 0.75\ \mu M$$

である．$1/v_0$ 軸との交点（$1/V_{max}$ に等しい）は 0.33 mM^{-1} s である．そこで，

$$V_{max} = \frac{1}{0.33\ mM^{-1}\ s} = 3.0\ mM\ s^{-1}$$

である．

練習問題
8. 次のデータを用いて，K_M と V_{max} を計算せよ．

[S] (mM)	v_0 (mM s^{-1})
1	1.82
2	3.33
4	5.71
8	8.89
18	12.31

反応速度を測るには，できれば K_M より高い濃度と低い濃度をまたぐように基質濃度を選ぶとよい．こうすれば，正確な K_M と V_{max} を決めることができる．ラインウィーバー–バークプロットには，手で計算するにせよコンピューターを使うにせよ，K_M と V_{max} を簡単に目測できるという利点がある．また，別べつに精製した同一の酵素試料とか，同じ試料で阻害剤濃度を変えて活性測定をするとかいったように複数のデータセットを比較するには，線形のプロットが曲線より便利である．

すべての酵素の反応が簡単なミカエリス–メンテンモデルで説明できるわけではない

ここまでは，最も単純な酵素反応，つまり一つの基質と一つの生成物がかかわる最も簡単な反応について考えてきた．しかし，こうした反応は既知の酵素反応のごく一部を占めるにすぎない．多くの酵素反応では，複数の基質と生成物がかかわっていたり，反応が複数の段階を経由して進行したり，あるいは何らかの理由でミカエリス–メンテン型の反応速度式が仮定できない．しかしこうした反応でも，その反応速度式を導くことはできる．

1. 複数の基質がかかわる反応

既知の生化学反応の半分以上のものでは，二つの基質がかかわっている．こうした**二基質反応**（bisubstrate reaction）のほとんどは酸化還元反応か転移反応である．酸化還元反応では，電子は二つの分子間で受け渡される．

$$X_{酸化型} + Y_{還元型} \longrightarrow X_{還元型} + Y_{酸化型}$$

たとえば次のようなトランスケトラーゼで触媒されるような転移反応では，一部の基が二つの分子間で受け渡

される.

CH_2OH / $C=O$ / $HO-C-H$ / $H-C-OH$ / $H-C-OH$ / $CH_2OPO_3^{2-}$
フルクトース6-リン酸

+

$O=C-H$ / $H-C-OH$ / $CH_2OPO_3^{2-}$
グリセルアルデヒド3-リン酸

→ トランスケトラーゼ →

$O=C-H$ / $H-C-OH$ / $H-C-OH$ / $CH_2OPO_3^{2-}$
エリトロース4-リン酸

+

CH_2OH / $C=O$ / $HO-C-H$ / $H-C-OH$ / $CH_2OPO_3^{2-}$
キシロース5-リン酸

トランスケトラーゼは糖の合成と分解にかかわり，あらゆる生物に存在している．上記に示すように，この酵素は炭素数6の糖と炭素数3の糖から，炭素数4の糖と炭素数5の糖をつくりだす．2種類の基質分子はそれぞれ独自のK_Mに応じて酵素と相互作用する．それぞれのK_Mを実験的に決めるには，片側の基質濃度を一定に保ちながら他方の基質濃度を変えて反応速度を測定すればよい．この反応のV_{max}は，酵素が両方の基質で飽和されるよう両者の濃度を十分に高くしたときの最大反応速度である．

二基質反応のなかには**ランダム機構**（random mechanism）に従うものがある．この場合は，二つの基質が同時に活性部位に結合しさえすれば結合順序はどうでもよい．また，特定の基質が活性部位に結合して，はじめてもう一方の基質が結合して反応が進行するという**逐次機構**（ordered mechanism）に従う酵素反応もある．さらに，まず特定の基質が活性部位に結合して触媒反応の第一の産物が放出されたのちに，もう一方の基質が結合して触媒反応の第二の産物が放出されるという**ピンポン機構**（ping pong mechanism）に従う酵素反応もある．上記のトランスケトラーゼは，ピンポン機構で触媒反応を行う酵素である．フルクトース6-リン酸がまず酵素に結合し，酵素に2炭素原子からなる断片を供与し，最初の生成物であるエリトロース4-リン酸が活性部位から放出される．その後，第二の基質であるグリセルアルデヒド3-リン酸が酵素に結合し，さきほどの2炭素原子断片を受取って第二の生成物であるキシロース5-リン酸ができ，活性部位から放出される．

2. 多段階反応

トランスケトラーゼ反応（下記参照）でみられるように，酵素触媒反応には多数の反応段階がありうる．トランスケトラーゼ反応では，フルクトース6-リン酸から取除かれた2炭素原子断片が酵素に結合したまま第二の基質がくるのを待っているという中間状態がある．（図6・10に大枠を示したキモトリプシン反応機構でも同様に複数の反応が必要である．）トランスケトラーゼの複数の反応は，下に図示するように一連の簡単な過程に分解できる．

この過程のそれぞれの反応は，独自の正方向と逆方向の速度定数をもつ．そこで，次のような全反応のk_{cat}は個々の速度定数の複雑な関数になる〔たとえば（7・4）式のような本当に簡単な反応のときにだけ$k_{cat}=k_2$であ

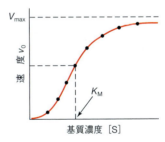

図7・7 協同的な基質結合の効果．基質がオリゴマー酵素の活性部位の一つに結合すると別の活性部位の触媒活性が変化する場合，基質濃度－反応速度曲線は双曲線ではなくシグモイド曲線になる．この場合でも，反応速度の最大値がV_{max}，反応速度が最大値の半分のときの基質濃度がK_Mである．

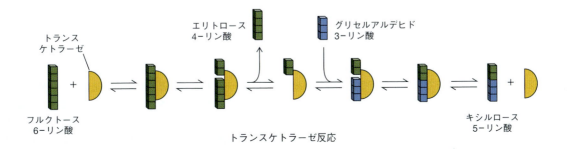

トランスケトラーゼ反応

| ボックス 7・A | 臨床との接点 |

医薬の開発

たまたま発見された化合物にせよ，工夫を重ねてつくり出された化合物にせよ，薬として使えそうな化合物が実際に臨床で治療薬として使えるようになるまでの道のりは長く，莫大な経費を必要とする．

現在使われている薬の多くは，シグナル伝達機構にかかわるタンパク質の活性を阻害するものである．こうしたタンパク質の機能阻害は，酵素活性阻害と多くの共通点をもつ．いずれにせよ，期待される生理的効果を発揮するよう設計された合成物質か，天然物からつくり替えられたものが薬として使われるようになる．たとえば，酵素活性部位の立体構造や酵素反応機構について蓄積されたデータを使えば，阻害剤として効率よく機能するような化合物を設計し，化学合成することができる（**理論的薬物設計** rational drug design）．この場合，さまざまな化学基（たとえばボックス 2・Aで説明したフッ素のような）を付加したり除去したりして，候補物質の構造を系統的に変えていき，その阻害活性を測定しながら最適なものを選択する．あるいは酵素の構造に基づいたコンピューターシミュレーションにより，できた物質が阻害剤として改善されているかどうか予測することも可能である．

こうした医薬開発技術の目的は，次のような性質をもつ化合物をつくり上げることである．まず，この化合物は標的酵素に選択的に（ほかの酵素の活性に影響を与えないように），かつ強く結合しなくてはならない．さらに，この化合物が体内でどのような挙動をするか（**薬物動態** pharmacokinetic）を追跡しなくてはならない．たとえば，薬として使える化合物は，腸壁から吸収され血管壁を通り抜け，血流に乗って標的組織に到達し，そこで効果を発揮するので，腸壁や血管壁表面を構成する脂質に溶け込むという性質と同時に，血流に溶け込むために水溶性であることも必要とされる．薬は標的組織に達するまでは不活性で，組織内で細胞内酵素により生理活性のある化合物に変換さ

れることが期待される．

一例として，ヘルペスウイルス治療薬のアシクロビル（acyclovir）の開発について説明する．この薬は不完全なリボース環をもつグアノシン類似体で，ウイルス感染細胞内でウイルスキナーゼによってヌクレオチドに変換される．この不完全なヌクレオチドが DNA 合成を阻害する．

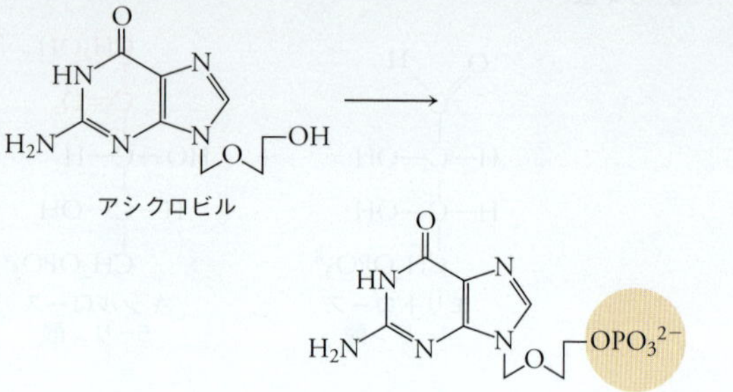

アシクロビル

ウイルス感染していない細胞にはこのキナーゼがないので，アシクロビルによって何の影響も受けない．

医薬開発の多くの努力は，外から体内に取込まれた薬剤がどのように代謝されるか明らかにすることに費やされる．シトクロム P450 酵素は，体内に入ってきたさまざまな天然物を無毒化するという役割を担っている．人工的に開発した薬剤もその基質になりうる．シトクロム P450 にあるヘム補欠分子族（§5・1参照）は酸化還元反応を介して基質にヒドロキシ基を付加し，その水溶性を高めて排出を容易にする．その結果，P450 活性は薬の効率を減少させる．場合によっては，ヒドロキシル化によって薬が有毒になることもありうる．実際に，よく使われる解熱剤であるアセトアミノフェンを大量に摂取すると，こうしたことが起こる．人によってシトクロム P450 の発現量は異なっているので，薬剤がどのように代謝されるのか予測するのはむずかしい．

る〕．

フルクトース 6−リン酸 ＋ グリセルアルデヒド 3−リン酸
$\rightleftharpoons$ エリトロース 4−リン酸 ＋ キシルロース 5−リン酸

しかしこの場合でも，酵素の回転数である k_{cat} は，1 段階で進む反応と同じ意味をもっている．

多段階反応における個々の反応の速度定数は，定常状態に入る前の反応初期段階で測ることができる場合がある．このためには，反応物をすばやく混合し，その後 1 秒から 10^{-7} 秒の時間範囲で反応の進行を観測する装置が必要である．

3. 非双曲線形反応

複数の活性部位をもつオリゴマー酵素をはじめとした多くの酵素はミカエリス−メンテンの式に従わないので，速度−基質濃度プロットは双曲線にならない．こうしたアロステリック酵素では，活性部位の一つに基質が結合すると，他の活性部位の触媒活性に影響を与える．酵素サブユニットが互いに接触していると，一つのサブユニットで起こった基質による構造変化が，残りのサブユニットの構造変化をひき起こすので，こうした**協同的**（cooperative）な挙動がみられる（§5・1）で述べたように，協同的挙動はヘモグロビンでも起こり，一つのサブ

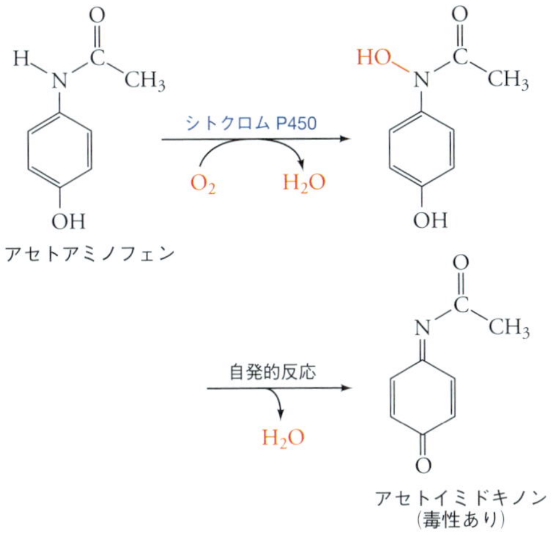

7. 酵素反応速度論と酵素反応の阻害　　165

アセトアミノフェン

シトクロム P450
O_2　H_2O

自発的反応
H_2O

アセトイミドキノン
（毒性あり）

そこで，研究室での実験に基づいた予測や動物実験があっても，合成した薬がヒトの体内でうまく働くという保証はない．最終的には，薬の有効性は**臨床試験**（clinical trial）で確かめなければならない．臨床試験は，ふつう3段階（第Ⅰ相～第Ⅲ相）で行う．第Ⅰ相の臨床試験では，少人数の健康人に対して治療効果が期待できる量の薬を投与する．第Ⅰ相臨床試験の目的は薬が安全であることを確認することである．この段階で薬物動態を調べ，その後のもっと大がかりな臨床試験のための投与方法を確立する．

第Ⅰ相臨床試験で薬の安全性が確かめられれば，第Ⅱ相臨床試験でその効果を検証する．ここでは，この薬による治療の対象となる数百人の患者に参加してもらう．安全性のさらなる確認と投与法の最適化は，この段階でも続けられる．患者は薬を投与するグループか対照グループかに無作為に分けられる．多くの場合に，臨床試験の薬が既存のものより有効かどうか確認したいので，対照グループの患者には既存の薬を投与する．患者や医師の新薬に対する期待感によって臨床試験結果が変わってしまうという偽薬効果（プラセボ効果）を避けるため，ここでは盲検試験（blind test）を使う．単盲検試験（single blind test）では，患者は自分がどちらのグループに属するか知らない．二重盲検試験（double blind test）では，患者だけでなく医師も，どの患者がどのグループに属するか知らない．後者のほうが臨床試験としては有用である．新薬も既存の薬も見かけは同じにつくることができるので，新薬と既存薬を比較するような盲検試験は容易である．しかし，たとえば薬を使う治療と外科的治療を比較することはむずかしい．こうした場合には，結果の統計処理をする人にどの患者がどの治療を受けたかを知らせないで，結果の客観性を維持する．

第Ⅲ相臨床試験では，第Ⅱ相より多い数百人から数千人の患者に参加してもらう．多数の患者の参加は，新薬が期待どおりに働く，そして多くの人が使ったときにも安全であるという証拠を統計的解析で得るために必要である．第Ⅲ相臨床試験も無作為の盲検試験であることが望ましい．第Ⅲ相臨床試験が成功すれば，米国の場合にはFDA（米国食品医薬局 Food and Drug Administration）から新薬製造の認可が下りる．ふつうは，安全性を再確認するために，完全な認可が下りる前に少量の新薬が発売される．

新薬が認可され，市販され，広く利用されるようになっても，まれな副作用や第Ⅱ相，第Ⅲ相での臨床試験の段階では現れなかった副作用の有無が常にチェックされている．このチェック段階は第Ⅳ相とよばれることがある．この段階でのチェックの重要さは，心臓発作の可能性を増すという副作用のために，広く流通していた鎮痛薬ロフェコキシブ（rofecoxib）が販売中止に追い込まれた事件からも明らかである．同様に，ロシグリタゾン（rosiglitazone）という糖尿病治療薬を投与された患者が心臓発作を起こしやすいことがわかり，現在その販売は制限されている．

ユニットのヘムに酸素分子が結合すると他のサブユニットの酸素分子に対する親和性が変わる）．ヘモグロビンのように，アロステリック酵素には二つの四次構造がある．一つはT状態（tense state）で，酵素活性が低い．もう一つはR状態（relaxed state）で活性が高い．個々のサブユニット間の相互作用の結果，酵素全体はT状態とR状態の間を行き来する．こうしたアロステリック的挙動の結果，速度−基質濃度プロットはシグモイド（S字形）曲線になる（図7・7）．この場合，標準的なミカエリスーメンテンの式はあてはまらないものの，K_M と V_{max} は求めることができ，これらの値が酵素活性を特徴づける．

7・3　酵素阻害

重要概念

- 不可逆的に酵素に結合する基質は酵素活性を阻害することができる．
- 拮抗阻害剤は V_{max} に影響を与えることなく K_M を増加させる．
- 遷移状態類似体は拮抗阻害剤として働く．
- 非拮抗阻害剤，混合阻害剤，不拮抗阻害剤は k_{cat} を減少させる．
- アロステリック調節因子は酵素の働きを阻害したり促進したりする．

細胞内には，酵素の挙動に影響を与えるさまざまな因子が存在している．酵素に結合する物質は，基質結合や触媒作用に干渉する可能性がある．天然の抗生物質や殺虫作用をもつ物質などの毒物は，細胞にとって必須な酵素の活性を阻害する．こうした阻害剤（インヒビター）は酵素活性部位の構造や触媒機構を探るのに都合のよい物質であるとともに，応用面では疾病治療のための薬剤としても使われる．より効果的な薬の開発には，ある阻害剤がどのように機能するか，そして，この阻害剤をどのようにつくり変えれば標的酵素をいっそうよく阻害できるか，という知識が必要になる．ボックス7・Aで，酵素阻害剤を有用な薬につくり替える医薬の開発について解説する．

不可逆的に働く阻害剤

ある種の物質は酵素と非常に強く結合するので，その効果は不可逆的である．たとえば，ジイソプロピルフルオロリン酸（diisopropyl fluorophosphate, diisopropylphosphofluoridate, DFPまたはDIPFと略す）は，キモトリプシン（§6・2参照）のセリン残基にジイソプロピルリン酸（DIP）基を共有結合で付加して，その触媒作用を阻害する．一般的にいうと，タンパク質のアミノ酸側鎖を共有結合で修飾するどんな薬剤も，**不可逆的阻害剤**（irreversible inhibitor）になりうる．

自殺基質（suicide substrate）とよばれる不可逆的酵素阻害剤がある．この阻害剤が酵素活性部位に入り込むと，正常な基質のような反応が始まるが，反応は途中で停止して活性部位がふさがれたままになる．たとえば，チミジル酸シンターゼは，ヌクレオチドのひとつであるデオキシウリジル酸（dUMP）のC5にメチル基を付加してデオキシチミジル酸（dTMP）に変換する酵素である．

合成した5-フルオロウラシルは，細胞に取込まれて容易に5-フルオロデオキシウリジル酸に変換される．5-フルオロデオキシウリジル酸は，dUMPのようにチミジル酸シンターゼの活性部位に入り込み，そのC6にシステイン残基のSH基が付加する．ふつうは，この反応でC5の求核性が高まり，ここに電子が少ないメチル基が結合する．しかし，5-フルオロデオキシウリジル酸には電子求引性のフッ素原子が存在しているのでメチル化が阻害される．そのため，5-フルオロデオキシウリジル酸はシステイン側鎖に結合して活性部位にとどまったままになり，チミジル酸シンターゼは不可逆的に阻害される．5-フルオロウラシルは，分裂が速いがん細胞のDNA合成を阻害するので，その増殖を抑えるのに用いられる．

拮抗阻害は最もふつうにみられる可逆的阻害である

可逆的阻害は，その名のとおり基質が酵素に可逆的に結合し，その触媒作用の性質を変えるために起こる．可逆的阻害剤は酵素のK_M，k_{cat}あるいは両者に影響を与える．可逆的阻害剤はふつう拮抗阻害剤である．**拮抗阻害**（competitive inhibition）の最も一般的な形は，阻害剤が基質のように酵素の活性部位へ結合し，この部位を酵素基質と奪い合うものである（図7・8）．予想されるように，阻害剤は酵素に結合できるよう全体の大きさや化学的な性質が基質に似ているものの，反応が進むような電子構造をもたない．

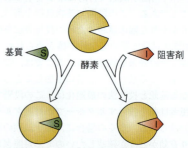

図7・8 **拮抗阻害**．酵素活性部位に阻害剤と基質が拮抗して結合する場合，酵素の拮抗阻害が起こる．拮抗阻害剤は基質と形や大きさが似ていても，反応は進行しない．阻害剤の結合と基質の結合は相互排他的である．

よく知られた拮抗阻害剤に，コハク酸を酸化（脱水素反応）してフマル酸に変換するコハク酸デヒドロゲナーゼの阻害剤であるマロン酸がある．

下記のような構造をもつマロン酸はデヒドロゲナーゼ活性部位に結合するが，脱水素反応は起こらない．

$$\begin{array}{c} COO^- \\ | \\ CH_2 \quad \text{マロン酸} \\ | \\ COO^- \end{array}$$

酵素活性部位には，大きさは異なるものの，基質であるコハク酸も拮抗阻害剤であるマロン酸も結合できる．

拮抗阻害剤が存在するときの酵素反応速度を基質濃度に対してプロットすると，図7・9のようになる．拮抗阻害剤は基質が活性部位に入るのを阻害するので，拮抗阻害剤があると K_M は見かけ上増加する（酵素の基質に対する親和性は見かけ上減少する）．しかし，拮抗阻害剤の結合は可逆的なので，基質も阻害剤と拮抗しながら活性部位に入ることができる．基質が高濃度になれば（[S]≫[I]），酵素はIではなくSを結合する確率が高くなり，阻害剤の効果は消失する．そこで，可逆的阻害剤が存在していても酵素の k_{cat} は変わらず，[S] が無限大に近づくと v_0 は V_{max} に近づく．つまり，拮抗阻害剤は酵素の見かけの K_M を増加させるが k_{cat} や V_{max} には影響を与えない．

拮抗阻害のある反応のミカエリス-メンテンの式は次のような形をしている．

$$v_0 = \frac{V_{max}[S]}{\alpha K_M + [S]} \tag{7・28}$$

ここで α は K_M を見かけ上大きくする因子で，その値は阻害の程度を示し，阻害剤濃度と阻害剤と酵素の親和性に依存する．

$$\alpha = 1 + \frac{[I]}{K_I} \tag{7・29}$$

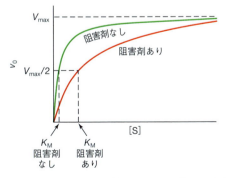

図7・9 **反応速度に対する拮抗阻害剤の影響**．反応速度を基質濃度に対して目盛ると，阻害剤は基質と拮抗して酵素に結合するため，見かけの K_M が増加する．しかし，阻害剤は k_{cat} に影響しないため，阻害剤があっても [S] が大きくなると v_0 は V_{max} に達する．

K_I は**阻害定数**（inhibition constant）で，**酵素–阻害剤複合体**〔enzyme–inhibitor complex，EI複合体（EI complex）ともいう〕の解離定数である．

$$K_I = \frac{[E][I]}{[EI]} \tag{7・30}$$

K_I が小さければ小さいほど，阻害剤と酵素の結合は強くなる．既知の濃度の阻害剤存在下の反応速度と基質濃度をプロットすれば α（つまり K_I）を導くことができる．データをラインウィーバー–バークプロットの形にすれば，1/[S]軸との交点が $-1/\alpha K_M$ となる（図7・10，計算例題7・4参照）．

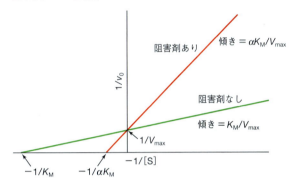

図7・10 **拮抗阻害反応のラインウィーバー–バークプロット**．拮抗阻害剤があると，拮抗の程度を表す因数 α によって1/[S]軸切片の値が変化する．これに対して，$1/v_0$ 軸切片である $1/V_{max}$ の値には影響がないことに注意．

●●● 計算例題7・4

問題 ある酵素の K_M は 8 μM で，3 μM 拮抗阻害剤存在下では見かけの K_M は 12 μM であった．K_I を計算せよ．

解答 阻害剤は α だけ K_M を上昇させる〔(7・28)式〕．阻害剤があるときにはないときに比べて K_M が 1.5 倍になっているので（12 μM/8 μM），$\alpha = 1.5$ である．α，[I]，K_M の関係を示す (7・29) 式を変形して，K_I は次のように求まる．

$$K_I = \frac{[I]}{\alpha - 1} = \frac{3 \mu M}{1.5 - 1} = \frac{3 \mu M}{0.5} = 6 \mu M$$

練習問題

9. ある酵素の K_M は 1 mM で，10 μM 拮抗阻害剤存在下では見かけの K_M は 3 mM であった．K_I を計算せよ．
10. ある阻害剤の K_I は，2 μM であり，ある酵素の K_M は 10 μM である．阻害剤が 4 μM 存在するとき，見かけの K_M を計算せよ．
11. 阻害剤Aが 2 μM 存在すると，ある酵素の見かけ

の K_M は2倍になる．阻害剤Bが9 μM存在すると，ある酵素の見かけの K_M は4倍になる．このとき，阻害剤Aと阻害剤Bの K_I の比を計算せよ．

K_I は，たとえば一連の物質について薬の有効性を検査する場合のように，異なる物質の阻害作用を評価するのに役立つ．たとえば，本章の初めに紹介したアトルバスタチン（atorvastatin，商品名リピトール）という薬はHMG-CoAレダクターゼに結合してその酵素活性を阻害するが，その K_I はおよそ8 nMである．これに対して，酵素基質の K_M はおよそ4 μMである．なお，治療に用いる場合には薬の溶解性，安定性，副作用など他の因子も考慮しなければならないので，必ずしも最も小さな K_I をもつ物質（最も強く酵素に結合する物質）が選択されるわけではない．

反応生成物が酵素活性部位を占拠し，次の基質の結合を阻害すると生成物阻害（product inhibition）が起こる．酵素活性測定を反応初期に行うのは，生成物による反応阻害の影響を避けるためである．

遷移状態類似体は酵素阻害剤になる

阻害剤の研究から，反応や酵素活性部位の化学についての情報が得られる．たとえば前述のマロン酸によるコハク酸デヒドロゲナーゼの阻害は，二つのカルボキシ基をもつ物質がデヒドロゲナーゼ活性部位に結合することを示唆している．同様に，ある阻害剤が酵素の活性部位に結合するということから，特定の反応機構が妥当かどうか判断できることもある．トリオースリン酸イソメラーゼの反応（§7・1参照）は，エンジオラート遷移状態（下図のかっこに入っている構造）を経て進行すると考えられている．

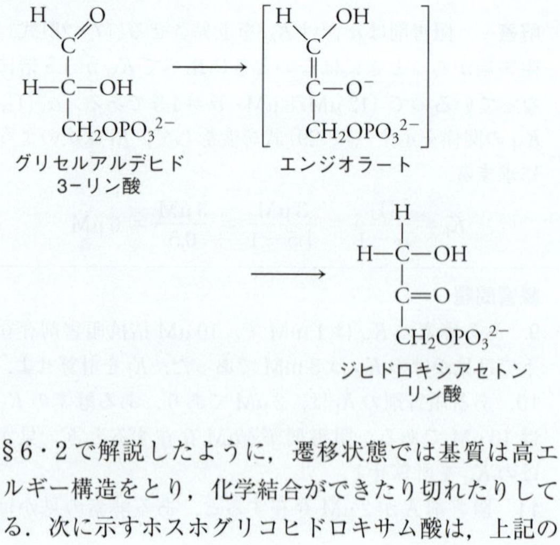

グリセルアルデヒド 3-リン酸 → エンジオラート

→ ジヒドロキシアセトン リン酸

§6・2で解説したように，遷移状態では基質は高エネルギー構造をとり，化学結合ができたり切れたりしている．次に示すホスホグリコヒドロキサム酸は，上記の遷移状態によく似ており，実際に，グリセルアルデヒド3-リン酸やジヒドロキシアセトンリン酸より300倍も強くトリオースリン酸イソメラーゼに結合する．

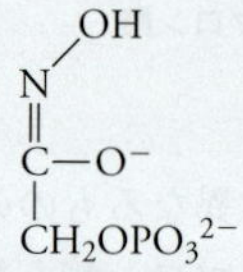

ホスホグリコ ヒドロキサム酸

多くの研究から，基質類似体はよい拮抗阻害剤ではあるが，遷移状態類似体（transition state analog）はもっとよい阻害剤になることがわかっている．これは，酵素が遷移状態をとっている物質と安定に結合して，初めて触媒反応が進行するからである．遷移状態類似体には，基質類似体ではできないようなやり方で酵素に結合できるという有利な点がある．たとえば，アデノシンというヌクレオシドは酵素によって次のようにイノシンに変換される．

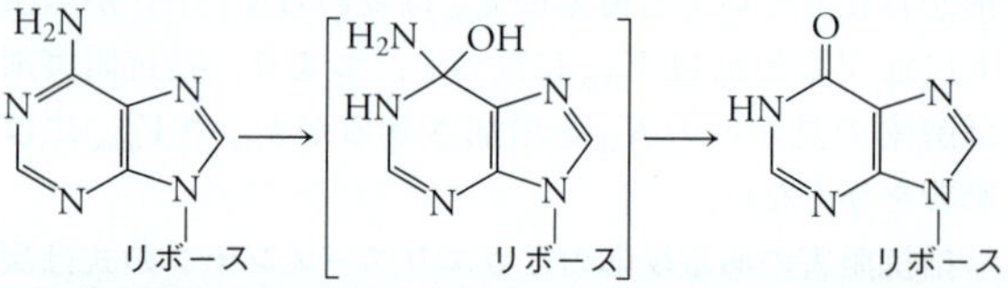

アデノシン → イノシン

基質であるアデノシンの K_M は 3×10^{-5} Mである．生成物であるイノシンは反応の阻害剤となり，その K_I は 3×10^{-4} Mである．これに対して，遷移状態類似体である1,6-ジヒドロイノシン（下図）による反応阻害の K_I は 1.5×10^{-13} Mである．

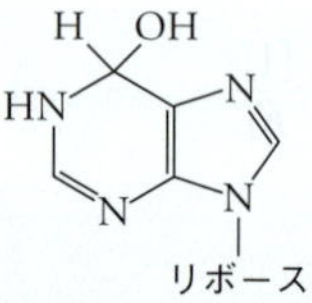

1,6-ジヒドロイノシン

こうした阻害剤は，反応の遷移状態の構造についての情報を与えるとともに，よりよい阻害剤の設計の出発点にもなる．HIV（ヒト免疫不全ウイルス）感染の治療に使われる薬剤のうちには，遷移状態類似体によるウイルス酵素阻害の研究のなかで見いだされたものがある（ボックス7・B）．

V_{max} に影響を与える阻害剤もある

可逆的阻害剤のあるものは，基質結合（K_M に反映される）を阻害するだけでなく，直接に k_{cat} に影響を与えて酵素活性を下げる．こうした状況は，阻害剤が活性部位以外の酵素部位に結合し，活性部位の構造や化学的性質に影響を与えるような構造変化をひき起こすと

ボックス 7・B　生化学ノート

HIV プロテアーゼ阻害薬

　後天性免疫不全症候群（acquired immunodeficiency syndrome: AIDS）の病原因子であるヒト免疫不全ウイルス（human immunodeficiency virus: HIV）は，15個の異なるタンパク質をコードするRNAゲノムをもつ．これら15個の遺伝子のうち，6個は構造タンパク質をコードしており（以下の図中に緑で表記），3個（紫）は酵素，6個（青）はウイルス遺伝子発現やウイルスタンパク質集合に必要とされるアクセサリータンパク質をコードしている．

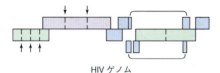

HIV ゲノム

　HIVの構造タンパク質と3種類の酵素はまず**ポリタンパク質**（polyprotein）として合成され，合成後に加水分解によって個別のタンパク質に分かれる（加水分解部位を矢印で示す）．この加水分解を触媒するのがHIVプロテアーゼで，3種類のウイルス酵素のひとつである．宿主細胞に感染する際に，HIVウイルス粒子内にこのプロテアーゼが少量含まれている．宿主細胞内でウイルスゲノムが転写・翻訳されるとHIVプロテアーゼがさらに増加する．このプロテアーゼは，ウイルスポリタンパク質内のTyr-Pro あるいは Phe-Pro 間のペプチド結合を加水分解する．HIVプロテアーゼの活性部位には，ホモ二量体酵素の2個のサブユニットからアスパラギン酸残基が一つずつ突き出している（下記のモデルでは緑の棒モデルで表示）．黄で示した構造は基質類似ペプチドである．この基質ペプチドは，活性部位近くの疎水性ポケットに結合する．

　HIVプロテアーゼ阻害剤は，理論的薬物設計（rational drug design），すなわち酵素の構造などの詳細な知見に基づいて設計・開発された．たとえば，阻害剤プロテアーゼ複合体の研究から，強力な阻害剤は少なくとも4ペプチドに相当する大きさをもっている必要があるが，（酵素自身は対称的であるが）必ずしも対称的である必要はないことが明らかになった．サキナビル（saquinavir）は広く用いられることになった最初のHIVプロテアーゼ阻害薬である（下図）．これは遷移状態類似体であり，基質のフェニルアラニン－プロリン（切断される結合を赤で示す）を模倣した大きい側鎖をもっている．ここで，プロテアーゼで切断される結合を赤で示している．

　サキナビルは $K_I = 0.15$ nM の拮抗阻害剤として働く（これに対し，合成ペプチド基質の K_M は約 35 μM である）．サキナビルを出発物としたその後の医薬開発では，プロテアーゼへの結合能を失わないようにしつつ，極性残基を加えて溶解度を改善する（すなわち体内での利用効率を上げる）ということが中心課題であった．その結果，$K_I = 0.17$ nM のリトナビル（ritonavir）が開発された．

　抗ウイルス薬開発における課題のひとつは，薬がウイルス特異的標的だけを選択して宿主代謝反応を阻害しないようにする，ということである．HIVプロテアーゼとは違い，一般に哺乳類プロテアーゼはプロリンやプロリン類似体へのアミド結合を認識できないので，HIVプロテアーゼ阻害剤では阻害されない．そうした観点からも，上記化合物は効果的な抗ウイルス薬として用いることができる．しかし，抗ウイルス薬には副作用がある．また，HIVウイルスの変異速度は速いので，ウイルスが簡単に薬剤耐性を獲得するという問題がある．そこで，HIV感染に対する効果的な治療には，プロテアーゼ阻害剤だけでなく，ウイルスがもつ逆転写酵素とインテグラーゼに対する阻害剤も併用する多剤併用療法が用いられる（ボックス 20・A 参照）．

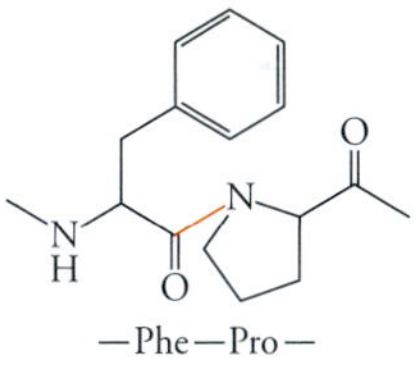

HIV プロテアーゼ．［構造（pdb 1HXW）は C. H. Park, V. Nienaber, X. P. Kong によって決定された．］

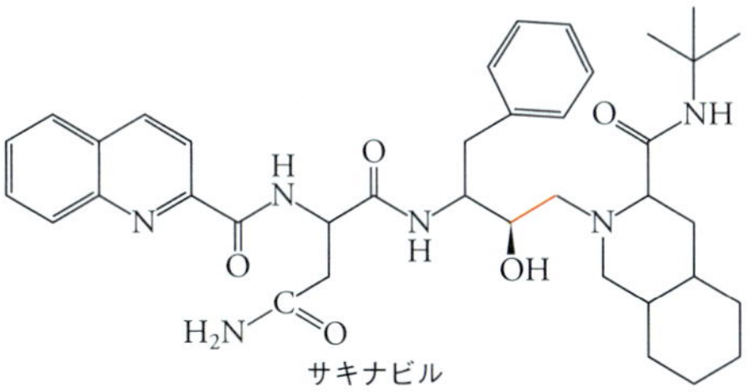

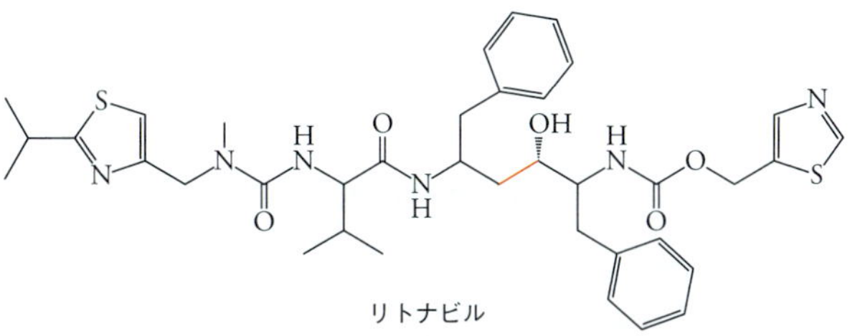

きにみられる．その結果，k_{cat} と見かけの V_{max} は減少するが，K_M は変わらない．このような阻害は**非拮抗阻害**（noncompetitive inhibition）とよばれる（図7・11）．一方，阻害剤の結合で V_{max} と K_M とが両方とも影響を受ける場合がある．こうした阻害は，**混合阻害**（mixed inhibition）とよばれる．この場合，見かけの V_{max} は下がるが見かけの K_M は上がる場合も下がる場合もある（図7・12）．

金属イオンはしばしば非拮抗阻害剤として働く．たとえば，アルミニウムイオン Al^{3+} のような3価イオンは，神経伝達物質アセチルコリンの加水分解を触媒するアセチルコリンエステラーゼ活性を阻害する．

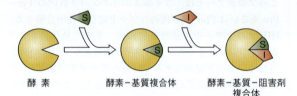

この反応は，特定の神経インパルスの持続時間を決めている（§9・4参照）．Al^{3+} は活性部位とは異なる部位に結合し，アセチルコリンエステラーゼを非拮抗的に阻害する．Al^{3+} は，遊離の酵素にも酵素－基質複合体にも結合できる．

基質が複数ある酵素では，ある特定の基質が酵素に結合したのちに，阻害剤が結合して反応の進行を阻害することがある（図7・13）．こうした阻害剤は**不拮抗阻害剤**（uncompetitive inhibitor）とよばれ，V_{max} と K_M が同じように低下する．拮抗阻害では基質濃度をどんどん増やすと阻害が解除されるので，混合阻害，非拮抗阻害あるいは不拮抗阻害とは区別できる．後者の場合には，活性部位への基質結合が直接に阻害されるのではないので，基質濃度を上げても阻害は解除されない．

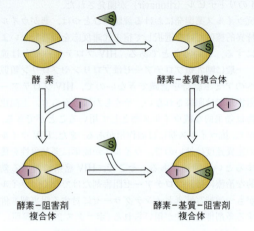

図7・11 非拮抗阻害．非拮抗阻害では，阻害剤（I）と基質（S）とが別べつの部位に結合する．このとき，阻害剤が結合しても基質結合は影響を受けないが，活性部位の触媒活性が下がる．つまり，見かけの K_M は変わらずに V_{max} が下がる．これに対して基質の結合にも影響が出るときには，見かけの K_M も増加または減少する．このような阻害を混合阻害とよぶ（図7・12参照）．

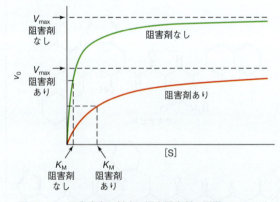

図7・13 不拮抗阻害剤．酵素に基質が結合したのちに，阻害剤が結合する．その結果，V_{max} も K_M も同じ程度に影響を受ける．

アロステリック酵素による制御には阻害と活性化がある

複数のサブユニットからなり複数の活性部位をもつようなオリゴマー酵素では，**アロステリック制御**（allosteric regulation）によって触媒反応の阻害や活性化が起こる．オリゴマー酵素のサブユニットの一つに基質が結合すると，他のサブユニットの活性部位の活性が変わったり（§5・1で解説したヘモグロビンでみられるように），サブユニットの一つに阻害剤（あるいは活性化剤）が結合すると，すべてのサブユニットの触媒活性が減少（あるいは増加）したりすることがある．

アロステリック制御は，次ページの図のような反応を触媒するホスホフルクトキナーゼの生理的調節機構の一部である．

図7・12 反応速度に対する混合阻害剤の影響．ここに示すように，混合阻害剤は基質結合（K_M で表される）にも k_{cat} にも影響することが多い．このとき，この図のように見かけの V_{max} は減少し，見かけの K_M は増加することが多いが，K_M が変化しない場合も減少する場合もある．

解糖はほとんどすべての細胞における ATP の重要な供給源となるグルコース分解経路であるが，このリン酸化反応はその 3 番目の反応である（§13・1 参照）．この反応は，解糖の 9 番目の反応の生成物であるホスホエノールピルビン酸で阻害される．

このホスホエノールピルビン酸による阻害は，以下の図に示すように**フィードバック阻害**（feedback inhibition）の一例である．この物質の細胞内濃度が十分に高くなると，生合成過程の初期段階を阻害することで自身の合成を停止させる．

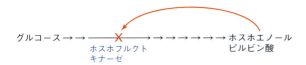

細菌の *Bacillus stearothermophilus* から単離したホスホフルクトキナーゼはサブユニット二量体が二つ会合した，四つの活性部位をもつ四量体である（図 7・14）．4 個のフルクトース 6-リン酸結合部位のそれぞれは，二量体から出ている残基で形成されている．このホスホフルクトキナーゼへのフルクトース 6-リン酸結合は双曲線形で，その K_M は 23 µM である．阻害剤であるホスホエノールピルビン酸（PEP）が 300 µM 存在しているときに，フルクトース 6-リン酸の結合はシグモイド形になり，その K_M はほぼ 200 µM にまで上昇する（図 7・15）．この阻害剤は V_{max} には影響を与えないが，フルクトース 6-リン酸への見かけの親和性が低下するためホスホフルクトキナーゼの活性も下がる．

ホスホエノールピルビン酸はどのようにして酵素活性に阻害効果を示すのだろうか．反応速度と基質濃度の曲線がシグモイド形になることから（図 7・15），ホスホエノールピルビン酸存在下では，ホスホフルクトキナーゼの活性部位は協同的に働いていることがわかる．各サブユニット上のホスホエノールピルビン酸（PEP）結合部位は，二量体接触面にある基質結合部位とループ構造を介して接している．ホスホエノールピルビン酸が阻害剤結合部位に入ると，これを閉じ込めるようにタンパク質が構造変化する．この結果，Arg 162 が基質結合部位から遠ざかり，逆に Glu 161 がここに近づくという構造変化が起こる（図 7・16）．この構造変化の結果，基

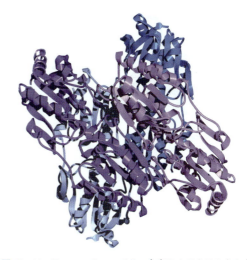

図 7・14　*B. stearothermophilus* 由来のホスホフルクトキナーゼの構造．同一サブユニットの二量体がさらに二つ会合して四量体を形成している（片方の二量体を青，もう片方を紫で示す）．［構造（pdb 6PFK）は P. R. Evans, T. Schirmer, M. Auer によって決定された．］

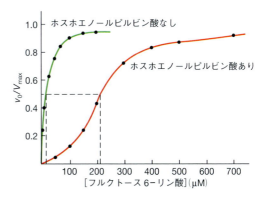

図 7・15　ホスホエノールピルビン酸の結合によるホスホフルクトキナーゼ活性の変化．阻害剤がないと，*B. stearothermophilus* ホスホフルクトキナーゼへの基質フルクトース 6-リン酸の K_M は 23 µM である．300 µM のホスホエノールピルビン酸存在下では，K_M は 200 µM に上昇する．［データは X. Zhu, N. Byrnes, J. W. Nelson, and S. H. Chang, *Biochemistry* **34**, 2560−2565 (1995) による．］

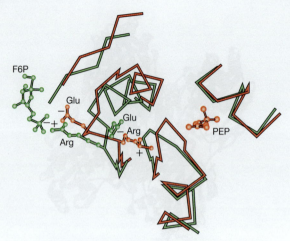

図7・16 ホスホエノールピルビン酸の結合によるホスホフルクトキナーゼの構造変化. 基質フルクトース6-リン酸(F6P)を結合した酵素の構造(緑)とアロステリック阻害剤[ホスホエノールピルビン酸類似体(PEP)]と結合した酵素の構造(赤)を示す. ホスホエノールピルビン酸が酵素に結合すると酵素は構造変化を起こし, 162番目のアルギニン(Arg, 隣のサブユニットのF6P結合部位の一部を形成している)の位置に161番目のグルタミン酸(Glu)が入れ替わる. サブユニットは協同的に働くので, 阻害剤によって酵素全体が基質に結合しにくくなり, その結果 K_M が増加する. [T. Schirmer and P. R. Evans, Nature 343, 142 (1990) による.]

質であるフルクトース6-リン酸のリン酸基の負電荷を安定化する Arg 162 の正電荷側鎖がリン酸基と反発する Glu 161 の負電荷側鎖で置き換えられるので, 基質結合が弱まる. ホスホフルクトキナーゼのサブユニットの一つにホスホエノールピルビン酸が結合すると, このサブユニットと隣り合うもう一つの二量体のサブユニットの基質結合に影響するので, この阻害剤の影響は二量体二つでできている全タンパク質に広がる(そのため協同性が生じる). ホスホエノールピルビン酸結合により全四量体構造がT状態(アロステリックタンパク質での低活性状態を示す)に転移するので, これは酵素の**負のアロステリック調節因子**(negative effector)とよばれる.

ホスホフルクトキナーゼは, ホスホエノールピルビン酸でアロステリック的に阻害されるが, ADPではアロステリック的に活性化されるので, **ADP は正のアロステリック調節因子**(positive effector)である. ADP はホスホフルクトキナーゼ反応の生成物であるが, 以下のように ATP を代謝反応で消費すると ADP を生じるので, これは同時に細胞が ATP を要求しているという一般的なシグナルでもある.

$$ATP + H_2O \longrightarrow ADP + P_i$$

ホスホフルクトキナーゼは解糖(最終生成物は ATP)に

おける10段階反応の3番目を触媒するので, この酵素の活性の上昇によって, 解糖全体としての ATP 合成速度も上昇する.

興味深いことに, 活性化因子である ADP は活性部位(ここには基質である ATP と生成物である ADP が結合する)には結合せず, 阻害剤であるホスホエノールピルビン酸の結合部位に結合する. しかし, ADP はホスホエノールピルビン酸よりずっと大きいので, 酵素は結合 ADP を取囲むような T 状態構造をとれない. その代わり, ADP 結合によって Arg 162 はフルクトース6-リン酸を安定化する位置に固定される(つまり, ADP は酵素を高活性の R 状態に固定する). この結果, ADP はホスホエノールピルビン酸の阻害効果に対抗し, ホスホフルクトキナーゼの活性を高めることになる.

酵素活性に影響する他の因子

これまでに, 酵素に結合する低分子化合物が酵素活性を阻害する(場合によっては活性化する)機構をみてき

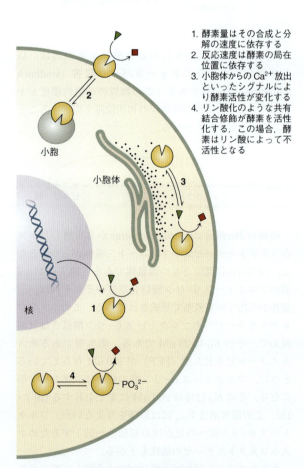

図7・17 酵素活性の種々の調節機構. この図では酵素を円形に, 基質を三角, 反応生成物を四角で書いている.

た. しかし生体内では, こうした比較的単純な現象だけで酵素活性が調節されているわけではない. これ以外の調節機構を以下に列挙し, 図7・17に図示する. 酵素を阻害したり活性化したりするとともに, こうした機構のいくつかが協調して働き, 特定の酵素の活性を正確に調節している.

1. 酵素の生合成や分解の速度を変えることで, 特定の反応を触媒する酵素の量を変えることができる〔(7・23)式から $V_{max} = k_{cat}[E]_T$ なので〕.
2. たとえば細胞内部から細胞表面へ酵素の細胞内局在が変わると, 酵素が基質に近接し, 反応速度が増すというような場合が考えられる. 酵素を基質から遮るような逆の効果によって, 反応速度は下がる.

3. pH変化や Ca^{2+} 放出のようなイオン性シグナルも, 酵素の構造を変えることで活性化や阻害をひき起こすことができる.
4. 酵素の共有結合による修飾でも, ちょうどアロステリック活性化因子や阻害因子の場合のように, K_M や k_{cat} に影響が出る. 酵素にリン酸基 $-PO_3{}^{2-}$ や脂肪酸 (脂質) アシル基が付加されて, 触媒活性が変わるというのが最もよくみられる. 共有結合による修飾は, 実質的には可逆的と考えてよい. これは, 細胞には修飾基を付加する酵素とともに, これを除去する酵素も存在するからである. シグナル伝達を扱う10章でみるように, タンパク質のリン酸化と脱リン酸は多数のタンパク質の活性を左右する.

ま と め

7・1 酵素反応速度論
- 単純な一分子反応 (一次反応) や二分子反応 (二次反応) の速度は, 速度定数を用いて数式化できる.

7・2 ミカエリス–メンテンの式の導出と式の意味
- 酵素反応はミカエリス–メンテンの式で記述できる. 反応全体の速度は, 酵素–基質複合体 (ES複合体) 形成速度と崩壊速度の関数となる.
- ミカエリス定数 K_M はES複合体にかかわる三つの速度定数を含む. K_M は, 酵素が最大速度の半分の速度で働くときの基質濃度に等しい. 最大速度は酵素が基質で飽和されるのに十分な基質濃度で最大速度になる.
- 触媒定数 k_{cat} は, ES複合体が生成物に変換される一次反応の速度定数である. k_{cat}/K_M という比の値は, 反応物が生成物に変換される反応全体の二次速度定数である. この定数は酵素と基質の結合の強さと触媒活性双方を含んでいるので, 酵素の触媒効率のよい指標となる.
- K_M と V_{max} は, ラインウィーバー–バークプロット (両逆数プロット) で求めることができる. すべての酵素反応が単純なミカエリス–メンテンモデルで記述できるのではないが, この場合でも速度パラメーターは求めることができる.

7・3 酵素阻害
- 基質のなかには酵素と不可逆的に反応して, 酵素活性を永続的に阻害するものがある.
- 遷移状態類似体のような可逆的な酵素阻害剤は, 基質と酵素活性部位を奪い合う. その結果, 酵素反応の見かけの K_M が上昇する.
- V_{max} を低下させる可逆的阻害剤には, 非拮抗阻害剤, 混合阻害剤, 不拮抗阻害剤がある.
- 細菌のホスホフルクトキナーゼのようなオリゴマー酵素の活性は, アロステリック活性化因子やアロステリック阻害因子によって制御される.
- 酵素の活性は, 酵素濃度, 酵素の局在, イオン濃度, 共有結合修飾といった要因でも制御される.

問 題

7・1 酵素反応速度論
1. 酵素反応速度と基質濃度の関係が双曲線形になるような酵素反応 (図7・3) の解析が初めて行われた時期に, フィッシャー (Emil Fischer) は, 酵素反応機構として "鍵と鍵穴モデル" を提案した (§6・3). 酵素基質–反応速度のデータは, この "鍵と鍵穴モデル" と一致することを示せ.
2. 酵素の反応速度を計算するには, 基質消費速度より生成物産生速度を求めるほうが簡単なことが多い. なぜか.

3. 次のようなスクロース加水分解反応は触媒がない状態ではきわめて遅い.

スクロース $+ H_2O \longrightarrow$ グルコース $+$ フルクトース

スクロースの初濃度を0.050 Mとすると, その半分の0.025 Mが加水分解されてグルコースとフルクトースになるのに440年かかる. 触媒がない場合の, スクロースの加水分解速度を求めよ.

4. 触媒があるとスクロースの加水分解（問題3参照）はもっと速くなる．問題3と同じようにスクロースの初濃度が0.050 Mだとして，それが半減するのに6.9×10^{-5}秒かかる．触媒存在下でのスクロース加水分解速度を求めよ．

5. 触媒がない状態での馬尿酸フェニルアラニンのアミド結合加水分解速度を，フェニルアラニン産生によって測った．馬尿酸フェニルアラニンの初濃度を30 mMとして50日間に渡って測定を行った．50日後には25 μMのフェニルアラニンが溶液中に検出された．この反応の反応速度をM s^{-1}単位で求めよ．

6. 問題5で述べた反応を，反応物（馬尿酸フェニルアラニン）濃度を変えて行った．反応速度（フェニルアラニン産生の速度をM s^{-1}単位で表す）を反応物濃度に対して目盛ったグラフを書け．

7. 酵素存在下では，馬尿酸フェニルアラニンのアミド結合（問題5参照）加水分解反応は4.7×10^{11}倍も速く進行する．この条件での反応速度を求めよ．

8. 問題7のような触媒存在下における加水分解を，反応物濃度を変えて行った．反応速度を反応物濃度に対して目盛ったグラフを書け．このグラフと問題6で得たグラフにはどんな違いがあるか．この違いはなぜ生じるか．

9. 細菌のある酵素は以下に示すようにマルトースの加水分解を触媒する．1分間の間に，マルトース濃度は65 mM減少した．このマルトース濃度減少の速度を求めよ．

$$\text{マルトース} + H_2O \longrightarrow 2\text{グルコース}$$

10. 問題9の反応において，グルコース産生の速度を求めよ．

7・2 ミカエリス–メンテンの式の導出と式の意味

11. 一段階反応について，次の表を完成せよ．

反応	反応分子数	反応速度式	kの単位	反応速度が比例する値	次数
A → B + C					
A + B → C					
2A → B					
2A → B + C					

12. 問題3について，スクロース濃度を2倍にすると反応速度も2倍になる．一方，水分子濃度は反応速度に関係ない．この結果と矛盾しないように反応速度式を書け．この反応の次数はいくつか．

13. 問題12の反応速度式を使って，スクロース濃度が0.050 Mのときの反応速度を求めよ．ここで，触媒がないときの速度定数kを$5.0 \times 10^{-11} s^{-1}$とする．

14. 問題13と同じようにして，酵素で触媒されるスクロースの加水分解反応の速度を求めよ．ただし，この場合の速度定数kは$1.0 \times 10^4 s^{-1}$とする．

15. 以下のように，ある血液タンパク質のプロトン化されていないα-アミノ基は二酸化炭素と反応してカルバミン酸となる．

$$R-NH_2 + CO_2 \longrightarrow R-NH-COO^- + H^+$$
カルバミン酸

この反応の速度定数kは4950 $M^{-1} s^{-1}$とする．

(a) この反応の次数はいくつか．

(b) 37 ℃におけるこの血液タンパク質α-アミノ基の反応速度を求めよ．ただし，α-アミノ基濃度は0.6 mM，二酸化炭素分圧は40 Torrとする．［ヒント：理想気体の法則 $PV = nRT$を用い，$R = 0.0821$ L atm K^{-1} mol^{-1}として二酸化炭素分圧を二酸化炭素モル濃度に変換する．1 atmは760 Torrである．］

(c) この反応の速度はpHによって変化する．その理由を述べよ．

16. 問題15において，$v = 0.045$ M s^{-1}となるのに必要なCO_2分圧を求めよ．

17. 図7・3に示した速度–基質濃度曲線の，どの部分が一次反応に相当するか．どの部分が濃度に依存しないゼロ次反応に相当するか．

18. 酵素反応における二つの変数間の関係を示す図を，以下の場合に対して書け．

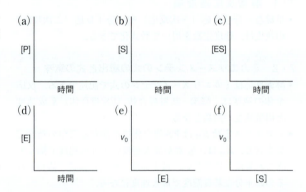

19. 酵素触媒反応の速度を異なる基質濃度で測定し，K_Mを決定しようとした．しかし，実験を行った条件では，基質は沈殿しやすいことがわかった．このことは，求めたK_Mにどのように影響するか．

20. ある酵素について，反応速度–基質濃度曲線を書いた．基質に対するK_Mはおよそ2 μMと考えられている．実験は，酵素濃度を200 nMとし，基質濃度を0.1 μMから10 μMまでの範囲で行った．この実験はどこかおかしい．正しい結果を得るには，どのように変更すればよいか．

21. (a) K_Mを求めるのに，反応速度を単位時間当たりの濃度（たとえばM s^{-1}）のような形で表現する必要はあるか．

(b) K_M, V_{max}, あるいはk_{cat}を決めるのに，酵素濃度$[E]_T$は必要か．

22. 問題9に述べた酵素反応では，K_Mは0.135 μM，V_{max}は65 μmol min^{-1}である．マルトース濃度が1.0 μMのときの反応速度を求めよ．

23. フェニルアラニンヒドロキシラーゼ（phenylalanine hydroxylase: PAH）はフェニルアラニンをヒドロキシル化し

てチロシンを合成する酵素である．この酵素に欠陥があるとフェニルケトン尿症(PKU)がひき起こされる(ボックス18・D参照)．PAHのK_Mは0.5 mM，V_{max}は7.5 μmol min^{-1}である．フェニルアラニン濃度が0.15 mMのときの反応速度を求めよ．

24．アロステリック調節因子がないとき，ホスホフルクトキナーゼによる反応はミカエリス-メンテン型となる(図7・15参照)．基質であるフルクトース6-リン酸濃度が0.10 mMのとき，v_0/V_{max}の値は0.9である．(7・21)式を用いて，この条件でのK_Mを求めよ．

25．以下の曲線から，この酵素反応のK_MとV_{max}を計算せよ．

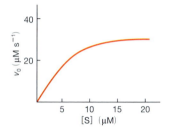

26．以下の曲線から，酵素1，酵素2それぞれのK_MとV_{max}を求めよ．基質濃度が，[S]=1 mMのとき(a)，および[S]=10 mMのとき(b)，どちらの酵素の生成物産生速度が速いか．この基質濃度での，[S]とK_Mの関係はどうなるか．

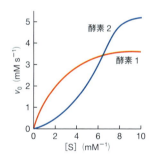

27．酵素触媒反応が，V_{max}の75%(a)，90%(b)で進行しているとして，K_Mと[S]にはどんな関係があるか．

28．[S]=5K_Mのときv_0はV_{max}にどの程度近い値をとるか．[S]=20K_Mのときはどうか．この結果から，v_0を[S]に対してプロットしてV_{max}を求める方法の正確さについてどんなことがいえるか．

29．昆虫のアミノペプチダーゼを単離し，合成基質を用いて酵素活性を調べた．V_{max}は，4.0×10^{-7} M s^{-1}，K_Mは1.4×10^{-4} M，活性測定に用いた酵素の濃度は1.0×10^{-7} Mであった．k_{cat}の値を求めよ．k_{cat}の意味は何か．

30．問題29における触媒効率k_{cat}/K_Mを求めよ．

31．3種類の酵素反応を図のような異なる条件下で行った．この図から，反応1，2，3のK_MとV_{max}を求めよ．どの反応のV_{max}が最も高いか．

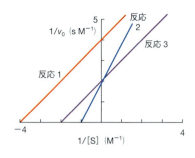

32．基質が一つの反応の酵素基質複合体の形成は，E+S⇌ESと表すことができる．基質がAとBという二つの場合には，この反応式はE+A+B⇌EABと表すことができよう．この反応は，1段階の三分子反応というよりは2段階の二分子反応と考えるが，それはなぜか．

33．二つの違う基質に対するキモトリプシンのK_Mを次の表に示す．

基 質	K_M(M)
N-アセチルバリンエチルエステル	8.8×10^{-2}
N-アセチルチロシンエチルエステル	6.6×10^{-4}

(a) どちらの基質が，酵素に対して見かけ上高い親和性をもつか．6章で学んだ知識をもとに，説明せよ．
(b) どちらの基質のV_{max}が大きいと考えられるか．

34．ヘキソキナーゼという酵素は，グルコースとフルクトースのどちらにも作用する．それぞれのK_MとV_{max}の値を表に示す．このデータをもとに，ヘキソキナーゼとこれら二つの基質の相互作用を比較検討せよ．

基 質	K_M(M)	V_{max}(相対値)
グルコース	1.0×10^{-4}	1.0
フルクトース	7.0×10^{-4}	1.8

35．次に示すデータをもとに，酵素A，B，Cで触媒される反応が拡散律速かどうか決めよ．

酵素	反 応	K_M	k_{cat}
A	S→P	0.3 mM	5000 s^{-1}
B	S→Q	1 nM	2 s^{-1}
C	S→R	2 μM	850 s^{-1}

36．問題35の酵素A，B，Cが等量入った溶液に5 nMの上記基質Sを加え，30秒間反応させた．P，Q，Rという生成物のうちどれが最も多いか．

37．アフリカ睡眠病をひき起こす原生動物トリパノソーマ*Trypanosoma brucei*のγ-グルタミルシステイン合成酵素(γ-GCS)は，以下に示すようにトリパノチオン(tripanothione)という化合物の生合成の第1段階を触媒する．この化合物は，この寄生虫にとって適度な細胞内酸化還元状態を維持するのに必要である．

アミノ酪酸＋グルタミン酸＋ATP $\xrightarrow{\gamma-\text{GCS}}$ トリパノチオン

3種類の基質それぞれの K_M を以下に示す．

基質	K_M(mM)
グルタミン酸	5.9
アミノ酪酸	6.1
ATP	1.4

(a) この反応はミカエリス-メンテン型の反応か．
(b) 3種類の基質それぞれの K_M は，どのようにして決めるか．
(c) γ-GCS 反応の V_{max} にはどうしたら到達できるか．

38. β3-GalT というガラクトシルトランスフェラーゼは次のような反応を触媒する．この反応は，免疫認識において重要な役割を果たす糖タンパク質合成の初期段階で起こる．

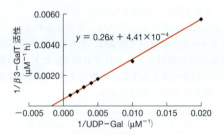

UDP-[³H]Gal 存在下で，この反応の速度を測定した．以下に示すラインウィーバー-バークプロットから，β3-GalT の K_M と V_{max} を求めよ．

39. ズブチリシンは枯草菌が産生するアルカリ性セリンプロテアーゼで，洗剤や食品加工の領域で工業的に利用されている．酵素活性を高める目的でズブチリシンの部位特異的変異誘発を行い，Ile31 を Leu31 に置換した（Ile31 を選んだのは，X線結晶構造解析によって，この残基が Asp, His, Ser という触媒3残基のうち Asp 残基に隣り合っていることがわかっているからである）．Ile31 をもつ野生型と Leu31 変異型の触媒活性を比較した．両者の活性測定には，N-スクシニル-Ala-Ala-Pro-Phe-p-ニトロアニリド（AAPF）という人工基質を用いた．その結果を下の表に示す．

酵素	K_M (mM)	k_{cat} (s⁻¹)	k_{cat}/K_M (mM⁻¹ s⁻¹)
Ile31 野生型ズブチリシン E	1.9±0.2	21±4	11
Leu31 変異型ズブチリシン E	2.0±0.3	120±15	60

(a) AAPF 基質を用いて反応速度を測るには，どんな実験を行えばよいか．
(b) 31番目の残基をイソロイシンからロイシンに置き換えると，AAPF の加水分解で測った触媒活性に対してどんな効果が生じるか．K_M と k_{cat} について説明せよ．
(c) ミルクから単離されたカゼインというタンパク質は，この酵素の基質である．両方の酵素による，カゼイン中のペプチド結合切断活性を検討した．その結果を表に示す．カゼインを基質としたとき，二つの酵素の活性を比較せよ．

酵素	比活性(相対活性/mg酵素)
Ile31 野生型ズブチリシン E	109±9
Leu31 変異型ズブチリシン E	297±30

(d) イソロイシンをロイシンに置き換えると，なぜ酵素の触媒効率は変化するか．
(e) ミルクや血液などのタンパク質に由来する衣服の汚れをとるのに，ズブチリシンを洗剤に添加するのは効果的か．

40. アスパラギン酸アミノトランスフェラーゼ（AspAT）は次の反応を触媒する．

$$NH_3^+-CH-COO^- \atop CH_2 \atop COO^-} \xrightarrow[2-オキソ酸]{AspAT \atop α-アミノ酸} {COO^- \atop C=O \atop CH_2 \atop COO^-$$

アスパラギン酸　　　　　　　　　オキサロ酢酸

この酵素の活性部位には292番目と386番目に Arg 残基（Arg 292 と Arg 386）が存在し，基質である Asp の α-カルボン酸，β-カルボン酸それぞれと相互作用している．この必須 Arg 残基の片側か両方を Lys 残基に置換した変異 AspAT をつくって，AspAT 反応機構の詳細を調べた．野生型酵素と変異型酵素の反応速度パラメーターを表に示す．

酵素	アスパラギン酸に対する K_M(mM)	k_{cat}(s⁻¹)
野生型 AspAT (Arg292 Arg386)	4	530
変異型 AspAT (Lys292 Arg386)	326	4.5
変異型 AspAT (Arg292 Lys386)	72	9.6
変異型 AspAT (Lys292 Lys386)	300	0.055

(a) 基質である Asp の結合の強さを野生型と変異型酵素で比較せよ．
(b) Arg を Lys に置換すると，なぜ AspAT の基質結合に影響が現れるのか．
(c) 野生型酵素と変異型酵素の触媒効率を計算せよ．
(d) Arg を Lys に置換すると，なぜ酵素の触媒活性に影響が現れるのか．

7・3 酵素阻害

41. 予備的な実験から，酵素試料に不可逆的阻害剤が混入しているのではないかと考えられた．そこで試料を100倍に薄めて酵素活性を測ることにした．試料中の阻害剤が(a)不可逆的な場合と，(b)可逆的な場合について，結果はどのようになるか．

42. ジイソプロピルフルオロリン酸（DFP）は，どのような機構でキモトリプシンの見かけの K_M や V_{max} に影響を与え

るか．

43. エドロホニウムのようなアセチルコリンエステラーゼの阻害剤は，アルツハイマー病の治療に用いられる．この酵素の基質はアセチルコリンである．アセチルコリンとエドロホニウムの構造を次に示す．

(a) エドロホニウムはどんな種類の阻害剤か．
(b) エドロホニウムによる阻害は，大量の基質を加えれば in vitro では抑えることができるか．
(c) エドロホニウムの酵素への結合は，可逆的か不可逆的か．

44. 次に示すインドールは，キモトリプシン，トリプシン，エラスターゼのどれに対して拮抗阻害剤として有効か．そのように判断した理由も述べよ．

45. K_M を変化させずに V_{max} を低下させる阻害剤がほとんどない理由を述べよ．

46. コンピューターを用いたモデル計算では，拮抗阻害剤より非拮抗阻害剤や不拮抗阻害剤のほうが少量で効果を発揮する．この結果は，医薬設計の際に重要である．このモデル計算の結果を説明できる仮説をたてよ．

47. グルコース-6-リン酸デヒドロゲナーゼは次の反応を触媒する（§13・4参照）．

好熱性細菌 T. martima から単離された酵素の反応速度論データを次の表に示す．

基 質	K_M(mM)	V_{max}(相対活性/mg酵素)
グルコース6-リン酸	0.15	20
NADP$^+$	0.03	20
NAD$^+$	12.0	6

(a) NADPH はグルコース-6-リン酸デヒドロゲナーゼ活性を阻害する．NADPH はどんな阻害剤か．
(b) NADPH が存在していると，この表の K_M と V_{max} はどのように変わるか．
(c) グルコース-6-リン酸デヒドロゲナーゼの補助因子としては，NAD$^+$ と NADP$^+$ のどちらが有効か．

48. グルコース-6-リン酸デヒドロゲナーゼは酵母にもあり，問題47と同じ反応を触媒する．酵母のグルコース6-リン酸の K_M は 2.0×10^{-5} M である．また，NADP$^+$ の K_M は 2.0×10^{-6} M である．この酵素はいくつもの細胞内物質で阻害され，その K_I は以下のとおりである．

阻害剤	K_I(M)
無機リン酸	1.0×10^{-1}
グルコサミン6-リン酸	7.2×10^{-4}
NADPH	2.7×10^{-5}

(a) どれが最も有効な阻害剤か．そのように考える理由も述べよ．
(b) 正常な細胞内条件で全く阻害効果をもたない可能性があるのはどの阻害剤か．そのように考える理由も述べよ．

49. 細菌のプロリンラセマーゼはプロリンの二つの異性体の相互変換を触媒する．

以下に示す化合物はこの酵素の阻害剤である．これがなぜ阻害剤として働くのか．

50. シチジンデアミナーゼは次の反応を触媒する．

以下に示す二つの化合物はこの反応を阻害する．これら二つの化合物の K_I は 3×10^{-5} M と 1.2×10^{-2} M である．どちらの値がどちらの化合物のものか．どちらの化合物がより効果的な阻害剤か．どのような構造的議論から，こうした答を出すに至ったか説明せよ．

51. アデノシンデアミナーゼは，1,6-ジヒドロイノシンで阻害される．この事実から，アデノシンデアミナーゼの遷移状態が提案された．右に示すコホルマイシン（遷移状態）もアデノシンデアミナーゼの阻害剤で，その K_I はおよそ 0.25 μM である．この結果は，1,6-

コホルマイシン

ジヒドロイノシン阻害に基づいて提案された遷移状態を支持するか．

52. インフルエンザウイルスの酵素であるノイラミニダーゼは，細胞表面にある糖タンパク質から加水分解でシアル酸を切り出す．この活性は，新たに産生されたウイルスが宿主細胞から脱出するのに必要である．オセルタミビル（タミフル®）やザナミビル（リレンザ®）はノイラミニダーゼの遷移状態類似体で，その活性を阻害することでウイルス感染を阻止する薬剤である．ノイラミニダーゼの274番目残基がヒスチジンからチロシンに変わった酵素と野生型酵素では，活性の速度論パラメーターが次の表のようになる．

	野生型酵素	His274Tyr 変異酵素
シアル酸に対する K_M (μM)	6.3	27.0
V_{max}（相対値）	1.0	0.8
オセルタミビルの K_I (nM)	0.32	85
ザナミビルの K_I (nM)	0.1	0.19

(a) 野生型ウイルスではどちらの薬剤のききがよいか．
(b) His274Tyr 変異は基質結合に影響を与えるか．あるいは回転数に影響を与えるか．
(c) His274Tyr 変異はオセルタミビルやザナミビルによる阻害にどのような影響を与えるか．変異型インフルエンザウイルスに対してどちらの薬が有効か．

53. ホスホリパーゼは基質である脂質を加水分解する．その K_M は 10 μM で，V_{max} が 7 μmol mg^{-1} min^{-1} である．阻害剤である 30 μM パルミトイルカルニチン存在下で，K_M は 40 μM に増加し，V_{max} は変化しない．この阻害剤の K_I はいくつか．

54. マラリア病原虫からあるシステインプロテアーゼが単離された．P56 という化合物はこの酵素の阻害剤で，マラリア治療薬として使える可能性がある．P56 の有無で，基質濃度を変えて酵素活性を測定した結果を下の図に示す．

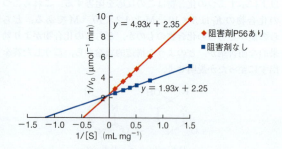

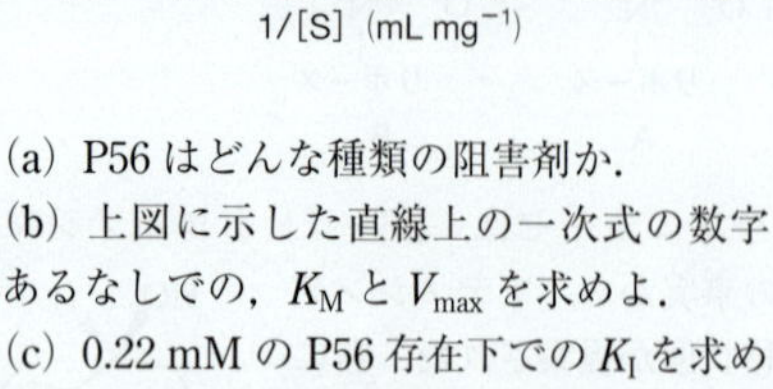

(a) P56 はどんな種類の阻害剤か．
(b) 上図に示した直線上の一次式の数字を用いて，阻害剤あるなしでの，K_M と V_{max} を求めよ．
(c) 0.22 mM の P56 存在下での K_I を求めよ．

55. チロシナーゼが触媒する反応で茶色の化合物が生成する．この酵素は，哺乳類では皮膚のメラニン色素産生にかかわっている．また植物では，リンゴやキノコを切ったときに切断面が褐変するのは，この酵素の働きによる．植物由来の食品加工では，加工時の褐変を抑える必要があり，チロシナーゼの阻害剤が工業的に有用である．こうした阻害剤に，没食子酸ドデシルがある．下図に示すラインウィーバー–バークプロットから，阻害剤の有無でのでの K_M と V_{max} を求めよ．また，これはどんな種類の阻害剤か．

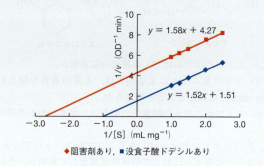

56. HIV-1 プロテアーゼはヒト免疫不全ウイルス 1（HIV-1）の生活環で重要な働きをするので，AIDS 治療の重要な標的となる．このウイルスが産生する p6* というタンパク質は，HIV-1 プロテアーゼの阻害剤である．次に示す人工基質を用いたアッセイ系を用いて，p6* の有無で HIV-1 プロテアーゼの活性を測った．

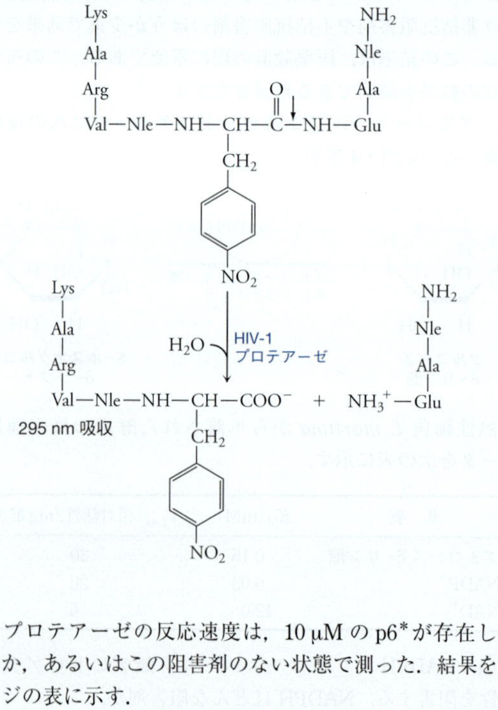

HIV プロテアーゼの反応速度は，10 μM の p6* が存在しているか，あるいはこの阻害剤のない状態で測った．結果を次ページの表に示す．

(a) ラインウィーバー–バークプロットを書き，阻害剤の有無での K_M と V_{max} を計算せよ．
(b) p6* はどんな種類の阻害剤か．
(c) 阻害剤の K_I を計算せよ．

[S] (μM)	v_0 (P6* なし) (nmol min^{-1})	v_0 (P6* あり) (nmol min^{-1})
10	4.63	2.70
15	5.88	3.46
20	6.94	4.74
25	9.26	6.06
30	10.78	6.49
40	12.14	8.06
50	14.93	9.71

57. プロテインチロシンホスファターゼは，特定のタンパク質のリン酸化チロシン残基からリン酸基を除去する反応を触媒する．そのひとつであるプロテインチロシンホスファターゼ1B（PTP1B）は，インスリンの作用機構における重要な調節酵素である．そこで，バナジン酸のようなホスファターゼ阻害剤は糖尿病治療に有効かもしれない．バナジン酸がPTP1B活性を阻害するかどうか調べるため，バナジン酸の有無でPTP1B活性を測った．活性測定には，人工基質であるフルオレセイン二リン酸（FDP）を用いた．これは，反応生成物であるフルオレセイン一リン酸（FMP）が450 nmの光を吸収するためである．酵素反応は以下のようになる．

$$\text{フルオレセイン二リン酸} \xrightarrow{\text{PTP1B}}$$
$$\text{フルオレセイン一リン酸} + \text{HPO}_4^{2-}$$
(450 nmの光を吸収)

バナジン酸の有無で測った活性を表に示す．

[FDP] (μM)	v_0 (バナジン酸なし) (nM s^{-1})	v_0 (バナジン酸あり) (nM s^{-1})
6.67	5.7	0.71
10	8.3	1.06
20	12.5	2.04
40	16.7	3.70
100	22.2	8.00
200	25.4	12.5

(a) このデータを用いてラインウィーバー–バークプロットを書け．バナジン酸の有無でのPTP1BのK_MとV_{max}を求めよ．

(b) バナジン酸はどんな種類の阻害剤か．

58. 問題57について，一定濃度の基質を入れた状態で阻害剤濃度を増しながら酵素触媒反応の速度を測ると，阻害剤のK_Iを求めることができる．基質濃度を6.67 μMとしたときのデータを右に示す．K_Iを計算するには，(7・28)式を変換しαについて解く．$\alpha = 1 + [I]/K_I$なので，αを[I]に対して目盛ると，直線の傾きが$1/K_I$に等しくなる．この方法で，バナジン酸のK_Iを求めよ．

[バナジン酸] (μM)	v_0 (nM s^{-1})
0.0	5.70
0.2	3.83
0.4	3.07
0.7	2.35
1.0	2.04
2.0	1.18
4.0	0.71

59. ホモアルギニンは骨に存在するアルカリホスファターゼの活性を阻害する．アルカリホスファターゼはいろいろな組織に存在しているので，血清中のアルカリホスファターゼ活性値はいろいろな病気の検査に用いられる．4 mM ホモアルギニン存在下で，人工基質であるフェニルリン酸を骨由来のアルカリホスファターゼと反応させた．測定データを次に示す．

[フェニルリン酸] (mM)	v_0 (阻害剤なし) (nM min^{-1})	v_0 (阻害剤あり) (nM min^{-1})
4.00	1.176	0.476
2.00	0.909	0.436
1.00	0.667	0.385
0.67	0.556	0.333
0.50	0.455	0.286
0.33	0.345	0.244

(a) このデータを用いてラインウィーバー–バークプロットを書け．ホモアルギニンの有無でのアルカリホスファターゼのK_MとV_{max}を求めよ．

(b) ホモアルギニンはどんな種類の阻害剤か．

(c) ホモアルギニンは骨のアルカリホスファターゼを阻害するが，腸のアルカリホスファターゼは阻害しない．なぜか．

60. プロテインホスファターゼ1（PP1）が触媒する反応で，細胞分裂の調節に重要な役割を果たす物質が産生される．そこで，PP1は，ある種のがんの治療薬剤の標的になりうる．PP1は，ミエリン塩基性タンパク質（MBP）に共有結合したリン酸基を次のような加水分解反応で除去する．

$$\text{MBP–リン酸} \xrightarrow{\text{PP1}} \text{MBP} + \text{P}_i$$

PP1の活性を，阻害剤であるホスファチジン酸（PA）の有無で測った．PA濃度は300 nMであった．酵素活性データを表に示す．

[MBP] (mg mL^{-1})	v_0 (PAなし) (遊離 P$_i$ nmol mL^{-1} min^{-1})	v_0 (PAあり) (遊離 P$_i$ nmol mL^{-1} min^{-1})
0.010	0.0209	0.00381
0.015	0.0335	0.00620
0.025	0.0419	0.00931
0.050	0.0838	0.0140

(a) 表のデータを用いてラインウィーバー–バークプロットを作成せよ．PAはどんな種類の阻害剤か．

(b) 阻害剤PAの有無でのPP1のK_MとV_{max}を求めよ．

61. アスパラギン酸カルバモイルトランスフェラーゼ（ATCアーゼ）は，カルバモイルリン酸とアスパラギン酸からN-カルバモイルアスパラギン酸を合成する反応を触媒する．この反応は，以下のようにシチジン三リン酸（CTP）を合成する多段階反応のうちのひとつである．

$$\text{カルバモイルリン酸 + アスパラギン酸} \xrightarrow{\text{ATC アーゼ}}$$
$$N\text{-カルバモイルアスパラギン酸} \to \to \to \text{UMP}$$
$$\to \to \text{UTP} \longrightarrow \text{CTP}$$

アスパラギン酸濃度を変えたATCアーゼ活性の速度論的解析の結果，次のようなグラフが得られた．

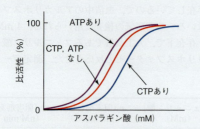

(a) ATCアーゼはアロステリック酵素か．なぜそのように判断できるか．

(b) CTPはどのような因子か，説明せよ．ATCアーゼに対するCTPの効果の生物学的意味は何か．

(c) ATPはどのような因子か，説明せよ．ATCアーゼに対するATPの効果の生物学的意味は何か．

62. いくつかのヌクレオチドを加えて，ATCアーゼ（問題61参照）の活性を測定した．その結果を以下の表に示す．ここで1より大きい活性値は酵素が活性化されていることを，1より小さい活性値は阻害されていることを示す．

加えたヌクレオチド	5 mM アスパラギン酸存在下での相対活性
ATP	1.35
CTP	0.43
UTP	0.95
ATP + CTP	0.85
ATP + UTP	1.52
CTP + UTP	0.06

(a) どのようなヌクレオチドの組合わせで，活性が最も阻害されるか．

(b) このヌクレオチドの組合わせには，生理的にどんな意味があるか．

(c) この情報を含めて，問題61のグラフを書き換えよ．このヌクレオチドの組合わせにおけるK_M値は，単独のヌクレオチドの場合に比較するとどうなるか．

63. 細胞の酸化還元状態（特定の基の酸化されやすさ，還元されやすさ）は，ある種の酵素の活性を調節している．二つのシステイン残基のSH基間の可逆的分子内ジスルフィド結合（−S−S−）形成によって，酵素活性はどのようにして調節されるか．

64. ピルビン酸キナーゼは，次のように解糖の最後の反応を触媒する（図13・2参照）．

ホスホエノールピルビン酸（PEP）＋ ADP ⟶
ピルビン酸 ＋ ATP

哺乳類では4種類の異なるピルビン酸キナーゼがある．これらはすべて同じ反応を触媒するが，解糖の中間体であるフルクトース1,6-ビスリン酸（F16BP）に対する応答が異なっている．

ピルビン酸キナーゼのM_1型酵素の活性を，PEP濃度を変えながらF16BPの有無で測定した．その結果を以下の図に示す．ここで青丸はF16BP存在下，赤丸はF16BPなしでの結果である．

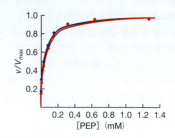

(a) M_1型ピルビン酸キナーゼはアロステリック酵素か．F16BPは酵素活性に影響を与えるか．与えるとすれば，どのようにしてか．

(b) この酵素について，部位特異的変異誘発を用いてAla398Arg変異体を作製した．Ala→Arg変異を導入した残基は，サブユニット間にある．(a)のようにF16BPの有無で変異酵素の活性を測定した．結果を以下の図に示す．変異導入で酵素にどのようなことが起こったか．

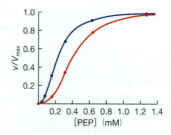

参 考 文 献

Corey, E. J., Czakó, B., and Kürti, L., *Molecules and Medicine*, Wiley (2007). さまざまな薬理学的条件に影響を与える100以上の薬剤の発見，構造，作用についての解説．

Schramm, V. L., Enzymatic transition states theory and transition state analogue design, *J. Biol. Chem.* **282**, 28297−28300 (2007). 遷移状態類似阻害剤が酵素機構研究にどのように使われるかという解説．

Segel, I. H., *Enzyme Kinetics*, Wiley (1993). 酵素活性やさまざまな様式の阻害を記述する式についての解説．

Wlodawer, A. and Vondrasek, J., Inhibitors of HIV-1 protease: A major success of structure-assisted drug design, *Annu. Rev. Biophys. Biomol. Struct.* **27**, 249−284 (1998). HIV-1 プロテアーゼ阻害剤の開発についての総説．

8 脂質と膜

> **なぜ細胞膜は柔軟性があるのに透過性がないのか**
> 水生生物のアメーバ *Amoeba proteus* は，脂質とタンパク質からなる膜に取囲まれた単細胞生物である．細胞の形態が変わると膜も変化するが，膜は障壁として機能し続け，細胞外物質の流入と細胞内物質の流出を防いでいる．本章では，脂質が自発的に二重層を形成する特性，さらに脂質二重層が動的な構造をもって膜の内と外にある物質の強力な仕切りになっていることを学ぶ．

復習事項

- 細胞には4種類の主要な生体分子と3種類の重合体がある（§1・2）．
- 生体分子では水素結合，イオン相互作用，あるいはファンデルワールス相互作用といった非共有結合性相互作用が重要である（§2・1）．
- エントロピーで駆動される疎水性相互作用によって，非極性分子は水から排除される（§2・2）．
- 両親媒性分子は，ミセルまたは二重層を形成する（§2・2）．
- 折りたたまれたペプチドの構造は，疎水的な中心部と親水的な表面をもつと推定される（§4・3）．

すべての細胞と真核細胞の内側にあるさまざまな小器官は，膜によって囲まれている．事実，細胞進化の歴史において，膜の形成が決定的なできごとであったと信じられている（§1・4）．膜がないと，細胞は必須の資源を保持することができないだろう．膜がどのように機能するかを理解するために，まず膜を脂質とタンパク質の両方を含む混合構造体として考えよう．

脂質（lipid）は膜の物質構造を形づくっており，**脂質二重層**（lipid bilayer）が凝集して，イオンや他の溶質が通過できない層構造を形成している．この挙動の鍵は脂質分子の疎水性にある．疎水性はまた，エネルギー貯蔵のような役割を果たす脂質の有益な特性でもある．脂質はかたちと大きさにおいてかなりの多様性を示し，あらゆる種類の生物学的仕事を実行するが，すべての脂質はその疎水性によって結びつけられる．

8・1 脂 質

重要概念

- 脂質はおもにエステル化される疎水性の分子であるが，ポリマーを形成しない．
- グリセロリン脂質とスフィンゴ脂質は両親媒性の分子である．
- 二重層を形成しないコレステロールと他の脂質は，別のさまざまな機能をもつ．

ヌクレオチドやアミノ酸とは異なり，脂質として示すのにふさわしい分子は，ある単一の構造上の型をもたず，特定の官能基を共有していない．実際に，脂質は官能基をもたないものとして，初めに定義づけられている．脂質はおもに炭素と水素の原子からなり，窒素や酸素を含む官能基がないので水素結合を形成する能力に欠け，したがって多くは水に溶けない（多くの脂質は非極性な有機溶媒には溶ける）．脂質の少数は極性基や荷電基を含むが，それらの構造の大部分は炭化水素に似ている．

脂肪酸は長い炭化水素鎖をもつ

最も単純な脂質は**脂肪酸**（fatty acid）である（これらは生理的な pH でカルボン酸塩としてイオン化している）．これらの分子は最大で24個の炭素原子からなるが，植物や動物を通じて最も多い脂肪酸は，C16 や C18 のような偶数個の炭素原子からなるパルミチン酸（palmitic acid）やステアリン酸（stearic acid）である．

このような分子は，その尾部のすべての炭素鎖が水素原子で“飽和”されているために**飽和脂肪酸**（saturated fatty acid）とよばれる．また，**不飽和脂肪酸**（unsaturated

H₂C-C パルミチン酸 ステアリン酸 オレイン酸 リノール酸

遊離脂肪酸は生体系においては比較的まれな存在である．通常は，たとえばグリセロールなどにエステル結合した状態で存在する．動植物に存在する脂肪や油は**トリアシルグリセロール**（triacylglycerol，しばしばトリグリセリド triglyceride ともよばれる）であり，脂肪酸の**アシル基**（acyl group，$R-CO-$）三つが，グリセロールの三つのヒドロキシ基にエステル結合したものである．個々のアシル基をつなぐエステル結合は，縮合反応の結果による．この反応は脂質が多量体化に向かうのに似ている．他の生体分子とは異なり，脂肪酸は長鎖の形成に向けて末端－末端間を結合することができない．

fatty acid，不飽和結合を一つ以上もつ）であるオレイン酸（oleic acid）やリノール酸（linoleic acid）なども広く生体膜に含まれている．これらの分子における二重結合は，通常シス体である（二つの水素原子が同じ方向に配置される）．多く存在している飽和および不飽和脂肪酸のいくつかの例を表8・1に示す．ヒトの細胞は多種の飽和脂肪酸を合成可能であるが，9個の炭素（カルボキシ末端から数えて）を超えて二重結合をもつ不飽和脂肪酸を合成できない．しかしながら，他の生物種にはそれが可能なものがあり，ω-3脂肪酸として知られる不飽和脂肪酸を産生する（ボックス8・A）．

$$CH_2-CH-CH_2$$
$$\;\;OH\quad OH\quad OH$$
グリセロール

$$CH_2-CH-CH_2$$
（グリセロール）

$C=O\quad C=O\quad C=O$
$(CH_2)_n\;\;(CH_2)_n\;\;(CH_2)_n$ 三つの脂肪酸アシル基
$CH_3\quad\;\; CH_3\quad\;\; CH_3$

トリアシルグリセロールに存在する三つの脂肪酸の種類は，同じことも異なる場合もある．以下に示す理由から，トリアシルグリセロールは二重層を形成できず，そのため生体膜の構成成分としてはあまり重要ではない．しかし，トリアシルグリセロールも大きな球塊に凝集し，その分解によって代謝エネルギーを放出する脂肪酸の貯蔵庫として機能することができる（この反応については

表 8・1 一般的な脂肪酸

炭素原子数	一般名	系統名[†1]	構造
飽和脂肪酸			
12	ラウリン酸	ドデカン酸	$CH_3(CH_2)_{10}COOH$
14	ミリスチン酸	テトラデカン酸	$CH_3(CH_2)_{12}COOH$
16	パルミチン酸	ヘキサデカン酸	$CH_3(CH_2)_{14}COOH$
18	ステアリン酸	オクタデカン酸	$CH_3(CH_2)_{16}COOH$
20	アラキジン酸	エイコサン酸[†2]	$CH_3(CH_2)_{18}COOH$
22	ベヘン酸	ドコサン酸	$CH_3(CH_2)_{20}COOH$
24	リグノセリン酸	テトラコサン酸	$CH_3(CH_2)_{22}COOH$
不飽和脂肪酸			
16	パルミトレイン酸	9-ヘキサデセン酸	$CH_3(CH_2)_5CH=CH(CH_2)_7COOH$
18	オレイン酸	9-オクタデセン酸	$CH_3(CH_2)_7CH=CH(CH_2)_7COOH$
18	リノール酸	9,12-オクタデカジエン酸	$CH_3(CH_2)_4(CH=CHCH_2)_2(CH_2)_6COOH$
18	α-リノレン酸	9,12,15-オクタデカトリエン酸	$CH_3CH_2(CH=CHCH_2)_2(CH_2)_6COOH$
18	γ-リノレン酸	6,9,12-オクタデカトリエン酸	$CH_3(CH_2)_4(CH=CHCH_2)_3(CH_2)_3COOH$
20	アラキドン酸	5,8,11,14-エイコサテトラエン酸[†2]	$CH_3(CH_2)_4(CH=CHCH_2)_4(CH_2)_2COOH$
20	EPA	5,8,11,14,17-エイコサペンタエン酸[†2]	$CH_3CH_2(CH=CHCH_2)_5(CH_2)_2COOH$
22	DHA	4,7,10,13,16,19-ドコサヘキサエン酸	$CH_3CH_2(CH=CHCH_2)_6(CH_2)_2COOH$

†1 数字は二重結合が始まる位置を示す．カルボキシル化された炭素を1番とする．
†2 "エイコサ"は"イコサ"ともいう．

8. 脂 質 と 膜   183

| ボックス 8・A | 生化学ノート |

ω-3 脂肪酸

　ω-3 脂肪酸（omega-3 fatty acid）は，そのメチル基末端から 3 個手前の炭素から始まる部分に二重結合をもつ〔脂肪酸鎖に存在する最後の炭素は ω（オメガ）炭素とよばれる〕．海藻類は長鎖の ω-3 脂肪酸である EPA や DHA（表 8・1 参照）を産生する有名な生物であり，これらの脂質は寒冷魚の脂肪組織に蓄積しやすい．したがって，魚油は健康によいとされる ω-3 脂肪酸の便利な原料として認識されている．より短鎖な α−リノレイン酸のような ω-3 脂肪酸は，植物によって生産される．魚油を含まない食事をとるヒトは，α−リノレイン酸を植物資源から得て，それにカルボン酸末端からの脂肪酸鎖を延長してより長鎖の ω-3 脂肪酸に変換している（§17・2）.

　1930 年代に ω-3 脂肪酸が正常なヒトの成長に必須なものとして同定されたが，1970 年代になって EPA などの ω-3 脂肪酸の消費は，心血管疾患のリスク低下と関連することが示された．この相関は，野菜をほとんどとらずに魚と肉を食する北極地方で，心臓病の発症頻度が驚くほど低いという観察から実証された．生化学的な説明のひとつは，脂肪酸をあるシグナル伝達分子に変換する酵素に対して，ω-3 脂肪酸が ω-6 脂肪酸と競合するというものである．ω-6 脂肪酸に由来するシグナル伝達分子は，アテローム性動脈硬化症のような病態にかかわる強い炎症作用をひき起こす．したがって，消費される ω-3 脂肪酸の絶対量よりも，ω-3 脂肪酸と ω-6 脂肪酸の相対的な量が問題となろう.

　22 炭素の DHA は脳と網膜に多く，その濃度は加齢とともに減少する．DHA は，発作の障害から神経組織を保護すると考えられる物質に生体内で変換される．しかしながら，DHA の補給が，アルツハイマー病のような病態と関連する認知機能低下を改善するようにはみえない（ボックス 4・C 参照）.

　数多くの研究によって，関節炎やがんのような他の疾病の軽減や治療に ω-3 脂肪酸が効力をもつかが試みられているが，ある場合には病気を悪化させることもあり，ω-3 脂肪酸の効力に向けた知見は混沌としている．このため，ヒトの健康における ω-3 脂肪酸の真の役割については，さらなる研究が必要である.

§17・1 で説明する）．トリアシルグリセロールの疎水性と凝集しやすい性質によって，細胞は内部の水溶性環境で進むさまざまな反応を妨げることなく，この物質を多量に貯蔵することが可能となる.

脂質のいくつかは頭部に極性基をもつ

　生体膜の主要な構成脂質のなかには，**グリセロリン脂質**（glycerophospholipid）があり，これは，グリセロール骨格の 1 位と 2 位に脂肪酸アシル基がエステル結合し，3 位に頭部といわれるリン酸誘導体が結合したものである．トリアシルグリセロールと同様に，グリセロリン脂質を構成している脂肪酸も分子によってその種類が異なる．これらの脂質は，一般に，頭部にある官能基によって名前がつけられている.

　グリセロリン脂質の性状は完全に疎水的ではなく，極性基または荷電基をもつ頭部に疎水的な尾部が結合した

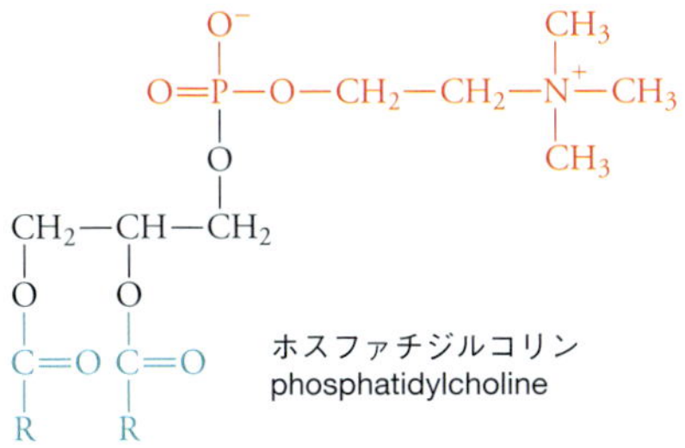

ホスファチジルコリン
phosphatidylcholine

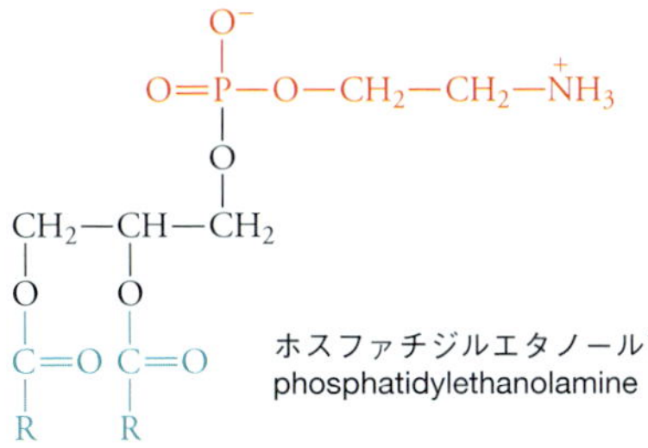

ホスファチジルエタノールアミン
phosphatidylethanolamine

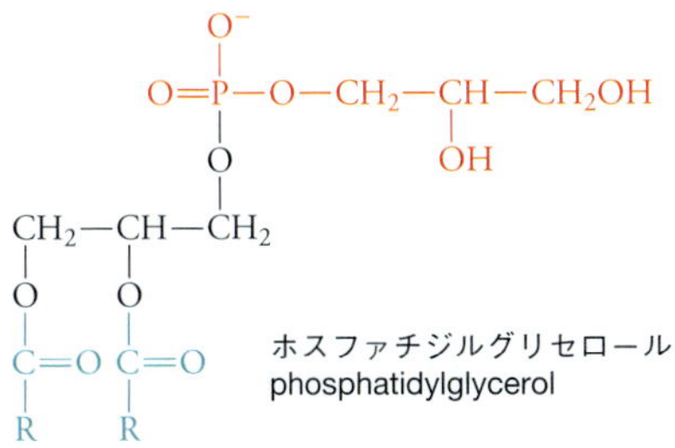

ホスファチジルグリセロール
phosphatidylglycerol

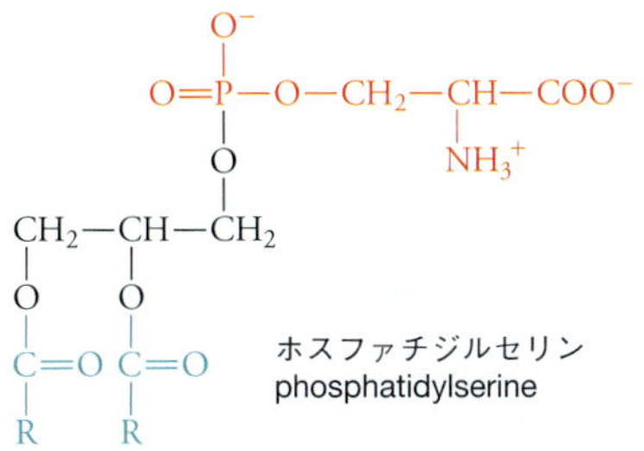

ホスファチジルセリン
phosphatidylserine

両親媒性（amphipathic）である．こうした構造が二重層の形成に適したものであることをみていこう．

グリセロリン脂質の構成成分をつなぐ結合は，ホスホリパーゼによって加水分解されてアシル鎖と頭部の官能基が放出される（図8・1）．これらの酵素反応は脂質の単なる分解を意味しない．膜脂質に由来するいくつかの生成物は，細胞内または近傍の細胞間においてシグナル伝達分子として作用する．

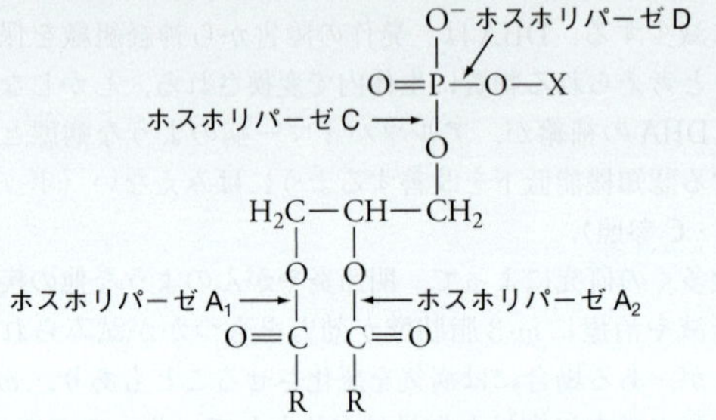

生体膜には**スフィンゴ脂質**（sphingolipid）とよばれる別の両親媒性脂質も存在する．**スフィンゴミエリン**（sphingomyelin）はホスホコリンやホスホエタノールアミンを頭部にもち，立体化学的にグリセロリン脂質と似た構造をしている．大きな違いは，スフィンゴミエリンがグリセロール骨格からできておらず，セリンとパルミチン酸の誘導体であるスフィンゴシン（sphingosine）を基本骨格にもつことである．スフィンゴ脂質においては，2位の脂肪酸アシル基はセリンの窒素原子にアミド結合によって付加している（図8・2）．いくつかのスフィンゴ脂質は，その頭部に一つ以上の炭水化物をもつものがある．それらは**糖脂質**（glycolipid）とよばれ，セレブロシド（cerebroside）とガングリオシド（ganglioside）が含まれる．

図 8・1 ホスホリパーゼによる切断部位

脂質は多様な生理機能を司る

細胞膜や他の部位には，グリセロリン脂質とスフィンゴ脂質に加えて，他の多くの種類の脂質が存在する．こ

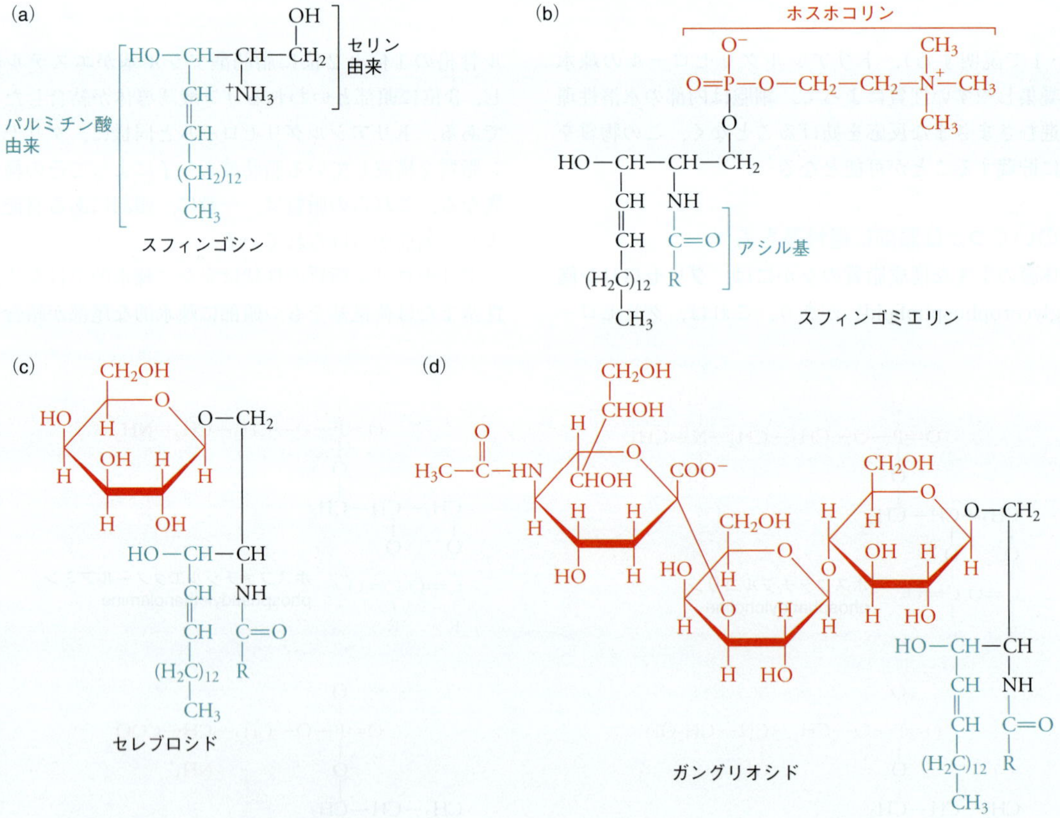

図 8・2 スフィンゴ脂質． (a) スフィンゴシンの骨格はセリンとパルミチン酸に由来する．(b) 第二のアシル基と頭部へのホスホコリン（またはホスホエタノールアミン）の結合によって，スフィンゴミエリンが生成する．(c) セレブロシドは，リン酸誘導体というよりは，頭部分が単糖の誘導体である．(d) ガングリオシドは頭部分に多糖を含む．

れらのひとつに，27個の炭素原子からなる四つの環状構造をもったコレステロール（cholesterol）がある．

コレステロール

コレステロールは膜の重要な構成成分であり，エストロゲンやテストステロンのようなステロイドホルモンの代謝前駆体でもある．

コレステロールは多種類存在するテルペノイドまたは**イソプレノイド**（isoprenoid）のひとつであり，それらの脂質はイソプレン（下図）と同じ5個の炭素原子からなる骨格から構築される．たとえば，イソプレノイドであるユビキノン（ubiquinone）は，ミトコンドリア膜で可逆的に酸化還元される化合物である（これについては§12・2で詳しく説明する）．

イソプレン

ユビキノン

ビタミンA, D, E, Kとして知られる分子もすべてイソプレノイドであり，膜の構造には関与しないが，さまざまな生理機能をもつ（ボックス8・B）．

二重層の構築に使われること以外に，他の脂質の機能は何であろうか．疎水性をもつために，いくつかの脂質は防水材料として機能する．たとえば，植物によって生成されるワックスは，葉や果実の表面を保護して水分が失われるのを防いでいる．みつ（蜜）ろうはパルミチン酸と30炭素からなるアルコールのエステル体を含んでおり，極端に不溶性となる．

みつろう

ヒトでは，20炭素脂肪酸であるアラキドン酸からの誘導体がシグナル伝達分子として機能し，血圧，痛み，そして炎症を調節している（§10・4）．多くの植物脂質は，受粉媒体生物（昆虫）に対する誘引物質または草食動物に対する忌避物質として機能する．たとえば，ゲラニオール（geraniol，バラの香りをもつ）は多くの開花植物が生成し，リモネン（limonene）は柑橘類の果物に特有の香りを与えている．

ゲラニオール

リモネン

トウガラシの辛い味覚を与える化合物のカプサイシン（capsaicin）は，多くの動物の消化管を刺激するが，世界中で食べられている．この物質の疎水性は，水で簡単に洗浄できないことから説明できる．カプサイシンは鎮痛薬として治療に利用されており，痛みと熱の両方を感知する神経に存在する受容体を活性化する．この受容体が熱シグナルで極度に刺激されると，カプサイシンは神経が痛みシグナルを受容するのを阻害する．

カプサイシン

8・2 脂質二重層

重要概念
- 二重層の流動性は，それを構成する脂質の長さと飽和度およびコレステロールの存在に依存する．
- 脂質の非対称性は，おもに膜面の間の遅い速度による拡散によって維持されている．

生体膜の基本的な構成要素は脂質二重層であり，両親媒性分子がその疎水性の尾部で水に接するのを避けるように互いに結合し，その親水性の頭部で水の溶媒層に接するよう，二次元的に広がったものである（図8・3）．

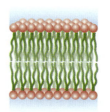

図8・3 脂質二重層

ボックス 8・B　臨床との接点

脂溶性ビタミン A, D, E と K

　植物界にはイソプレノイドが多く存在し，色素やシグナル分子（ホルモンやフェロモン），防御因子などに利用されている．進化の過程において，脊椎動物の代謝はこれらの化合物を異なる目的のために新たに適応させてきた．これらの化合物は**ビタミン**（vitamin）となり，動物は自ら合成できず食事から摂取しなければならない物質である．ビタミン A, D, E, K は脂質であるが，それ以外の多くのビタミンは水溶性である．脂質であるということ以外に，ビタミン A, D, E, K にはそれぞれ共通点はあまりない．

　最初に見つかったビタミンは，**ビタミン A**〔**レチノール**（retinol）ともいう〕である．これはおもに βーカロテン

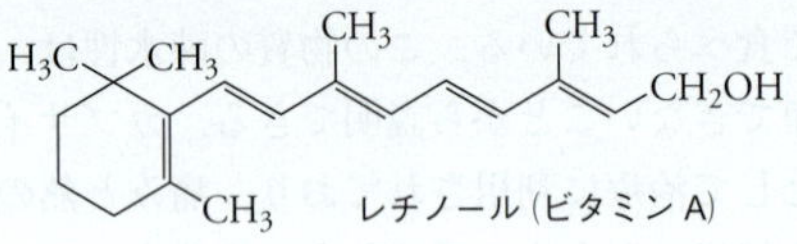

レチノール（ビタミン A）

のような植物の色素に由来する（トマトやニンジン，緑色野菜に含まれるオレンジ色の色素である）．レチノールは酸化されてアルデヒドであるレチナールとなり，眼の光受容体として機能する．光はレチナールを異性化して，視神経にインパルスを生じる．重度のビタミン A 不足は失明をひき起こす．レチノールの誘導体であるレチノイン酸は，ホルモンのようにも働いて組織の修復を促す．これは，重篤なニキビや皮膚潰瘍の治療にもよく使われる．

　ステロイドに由来するビタミン D は，実は二つの類似した分子からなり，一つ（ビタミン D_2）は植物成分に由来し，もう一つ（ビタミン D_3）は動物体内で合成されたコレステロールに由来する．ビタミン D_2 と D_3 の合成に

ビタミン D_2

ビタミン D_3

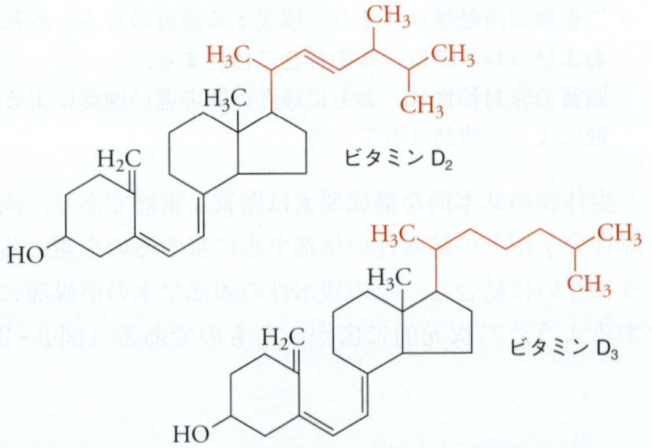

は紫外線（UV）が必要であり，日光がビタミン D をつくるとよくいわれる．肝臓と腎臓に存在する酵素によって二つのヒドロキシル化反応が進行し，ビタミン D は活性型に変換されて，小腸におけるカルシウムの吸収が促進される．その結果として血流中の Ca^{2+} 濃度が上昇し，骨や歯

への Ca^{2+} の蓄積が増大する．くる病は発育阻害や骨の変形を伴うビタミン D 欠乏症であるが，栄養の改善と日光浴により簡単に予防できる．

　αー**トコフェロール**（α-tocopherol）別名ビタミン E は著しく疎水的な分子で，細胞膜に取込まれる．古典的な考えでは，ビタミン E は酸化反応で生じた遊離ラジカルと反応する．したがって，ビタミン E の活性は，膜脂質に存在する多価不飽和脂肪酸の過酸化を抑制する効果がありそうである．しかし，構造的に αートコフェロールに類似した化合物は，遊離ラジカルを除去する活性を示さないの

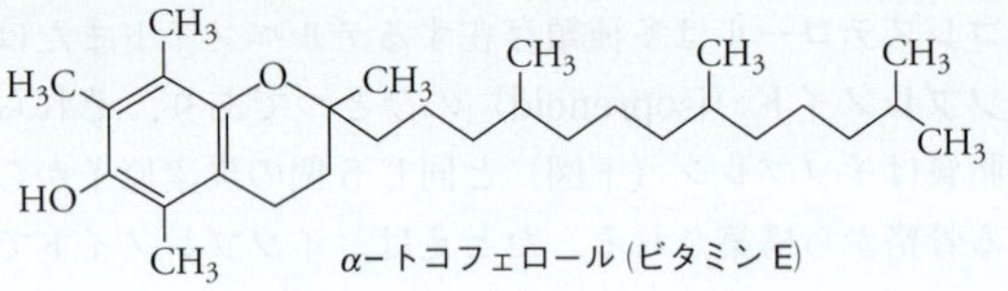

αートコフェロール（ビタミン E）

で，ビタミン E の見かけの抗酸化作用は，むしろ酸化酵素の活性化または産生を抑制して遊離ラジカル生成を減少させるような制御分子として，その作用が現れたと考えられる．この視点からは，ビタミン E はシグナル伝達分子として作用するような脂質に似ている．

　ビタミン K はデンマーク語である "koagulation（凝固）" に由来して名づけられた．これは血液の凝固に関与するタンパク質のグルタミン酸残基のカルボキシル化に介在している（ボックス 6・B 参照）．ビタミン K の欠乏はグルタミン酸のカルボキシル化を阻害するため，凝固系のタンパク質の機能が阻害されて多量の出血を生じる．ビタミン K は緑色野菜からフィロキノン（phylloquinone）として摂取できる．しかし，ビタミン K の 1 日摂取量の約半分は，腸内細菌により供給されている．

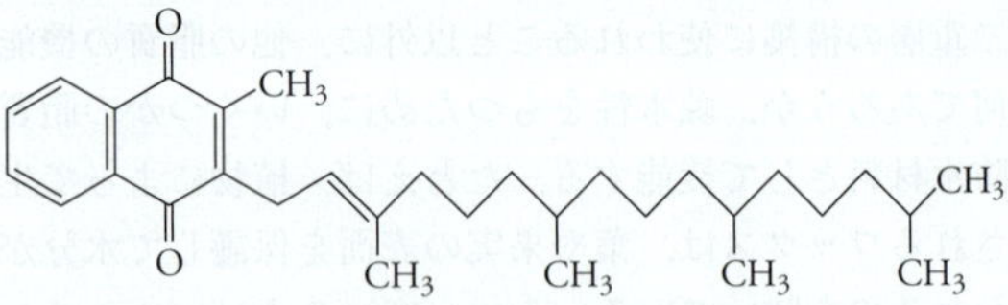

フィロキノン（ビタミン K）

　ビタミン A, D, E, K は水溶性ではないために，長い年月をかけて脂肪組織に蓄積する．ビタミン D の過剰摂取は腎結石や柔組織に石灰化をひき起こす．ビタミン K の過剰摂取による副作用はほとんどないが，ビタミン A をかなり過剰に摂取すると，先天性欠損症や多くの非特異的な症状をひき起こす．一般にビタミンの過剰摂取による毒性の発現はめずらしく，通常は自然に発生するのではなく，ビタミン剤を過剰に摂取することによる．

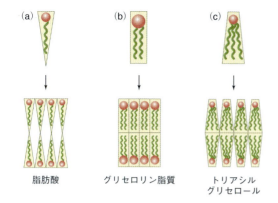

図 8・4 脂質の二重層を形成する能力. (a) 遊離脂肪酸は 1 本の疎水性の尾に対して比較的大きな頭部分をもっているため，二重層を形成しない. (b) たいていのグリセロリン脂質は，頭部の幅が二つのアシル鎖の幅と同じくらいである. そのため, 脂質間に空間をつくることなく，脂質二重層を形成できる. (c) トリアシルグリセロールは頭部が小さく，あまり極性をもたないために二重層を形成しない.

より変化する. 結局，脂質二重層は静的な構造ではないために，厳密に定義づけることは不可能である. むしろ，かなり動的な構造体であり，頭部は常に飛び出したり引っ込んだりを繰返し，また炭化水素でできている脂質の尾部は常にすばやく動いている. 中心部分に至っては純粋な炭化水素のように流動性が高い（図 8・5）. この構造は，本章の初めで提起した問題の答を与えている. 二重層は細胞が形態を変化させるのに十分に柔軟であるが, その内部の炭化水素は二つの水層の間に挟まれた油層として損なわれずに維持されている.

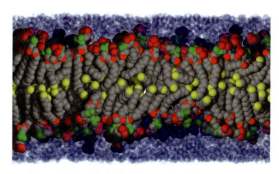

図 8・5 脂質二重層のモデル. ジパルミトイルホスファチジルコリンによる二重層のモデルでは，炭素原子は灰色（黄で示した個々の脂質尾部の末端炭素は除く），エステル結合の酸素原子は赤，リン酸基は緑，頭部分のコリンは赤紫で示している. 二重層の各側面に存在する水分子を青の球体で示す. ［Richard Pastor, Richard Venable, National Institutes of Health 提供.］

二重層が生体における境界として優れている点は，それが（自由エネルギーを費やすことなく）疎水性の効果によって自発的に形成されることにある. これは, 水和するとエネルギー的に不利な状態となる非極性の部分を, 二重層内部に凝集させるからである（§2・2）. さらに, 二重層は自ら密閉でき，その薄さにもかかわらず相対的に多量の内容物や細胞全体を取込むことが可能である. 二重層はひとたび形成されると非常に安定である.

グリセロリン脂質とスフィンゴ脂質は二重層を形成するために適した構造をもつが，脂肪酸とトリアシルグリセロールはそうではない（図 8・4）. 純粋なコレステロールは極性をもつヒドロキシ基が一つのみでかなり疎水的なため，自身で二重層を形成できない. コレステロールの大部分は，膜の疎水的な部分に，その平面環を他の脂質のアシル鎖に入り込ませるような形で埋まっている. その他の脂質も二重層の完全な形成には寄与していないが，膜に溶解している

二重層は流動的な構造をしている

天然に存在する二重層は多種類の脂質からなる混合物である. これは脂質二重層が確固とした構造をもたない理由のひとつである. 大部分の脂質二重層は，全長でおよそ 30〜40 Å の厚さがあり，そのうち疎水性の中心部分は 25〜30 Å である. 実際の厚みはアシル鎖の長さとそれがどのように折れ曲がり，突起をもっているかにより変化する. さらに，生体膜の頭部も一様な大きさではなく，膜の中心部分からの距離は周辺の頭部との関係に

ある膜の流動性を考えるのに，膜脂質が整った固相状態から液相状態に移る温度，すなわち **融点**（melting point）を用いると便利である. 固相状態においては，膜のアシル鎖はファンデルワールス相互作用によって整った構造を保っている. 一方の液相状態では，アシル鎖のメチレン基 $-CH_2$ は自由に回転できる. 個々のアシル鎖の融点はその長さと飽和度に依存している. 飽和アシル鎖の場合，融点はアシル鎖が長いほど上昇する. これは長い鎖ほど，より強力なファンデルワールス結合を形成しているため，その解離に必要な自由エネルギーが大きい（高温を要求する）からである. 逆に短いアシル鎖ほどファンデルワールス結合を形成する表面積が小さくなるため，低温で融解する. 二重結合はアシル鎖によじれをもたらすので，周囲のアシル鎖と隙き間なく詰まることがむずかしくなる（次ページ上図）. したがって, 不飽和度が大きくなるほどアシル鎖の融点は低下する.

ある温度で混合した脂質からなる二重層にとってこの現象はどのような意味があるのだろうか. 一般的に, "長いアシル鎖は短いものに比べて動きにくく（より固相化

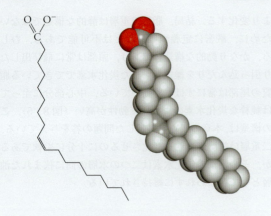

している), 飽和したアシル鎖は不飽和のものに比べてより動きにくい". 膜の流動性は多くの代謝経路に必須であるため, 生体は二重層の脂質組成を調節することにより膜の流動性を一定に維持しようとする. たとえば低温状態に適応するために, ある生物は短くて不飽和な脂質の合成を増加させる.

ほとんどの生体膜は, かなりの温度変化があっても一定の流動性を保つ. これは, 生体膜が多種類の (さまざまな融点をもった) 脂質により構成されており, 純粋な脂質組成の場合のように急激に液相と固相の状態間を転換しないことに一因がある. さらに, コレステロールが以下に示す二つの異なる機構によって膜の流動性を一定に保つことに寄与している.

1. 種類の異なる脂質が混在した二重層では, コレステロールの硬く平らな環状構造が周辺のアシル鎖の流動性を制限し, その結果として膜の流動性を下げている.
2. 膜脂質の間にコレステロールが入り込むことによって, 脂質が隙き間なく詰まること (すなわち固相化) を防いで, 膜の流動性を上げている.

天然にある膜は, 存在する部位によってその流動性が異なっている. 膜の**ラフト** (raft) とよばれる部位は, 緊密に詰まったコレステロールとスフィンゴ脂質で構成されていて, 固相化構造に近いと考えられる. ラフトには特定のタンパク質も結合しており, それらの構造は輸送やシグナル伝達の経路で機能的に重要であると考えられている. しかし, 脂質ラフトの物理的な特性を明確にすることはむずかしく, そうした構造は一瞬の存在としかなりえないであろう.

天然の二重層は非対称である

生体膜の二重層の内側と外側の組成が同一であることはまずありえない. たとえば, 炭水化物の頭部をもつスフィンゴ脂質は, そのほとんどすべてが細胞外に面した外側の細胞膜に存在する. ホスファチジルコリンの極性をもつ頭部は, ほとんど細胞外に面しているのに対し, ホスファチジルセリンは内側に面している.

脂質の非対称性は, そのほとんどが小胞体やゴルジ体に存在する脂質合成酵素の配向に依存している. **反転拡散** (transverse diffusion) あるいは**フリップーフロップ** (flip-flop) とよばれる内側と外側の間での脂質の反転は, ほとんどの膜脂質で起こるが, その頻度が非常に低いために内側と外側の膜の組成は異なったままで存在している.

反転拡散 (フリップーフロップ)

 非常に遅い

この反転運動は, 水和している極性をもった頭部が疎水的な二重層の内側を通過しなければならないために, 熱力学的に不利である. しかし, 細胞は**トランスロカーゼ** (translocase) あるいは**フリッパーゼ** (flippase) とよばれる酵素の働きによって, 実際にある脂質を反転させている. 脂質分子は, **側方拡散** (lateral diffusion), すなわち内側あるいは外側の膜面での移動を, すばやく行っている.

側方拡散

 速い

膜の二重層において, ある脂質は隣の脂質と 1 秒間に 10^7 回という速さで交換している. したがって図 8・5 に示した二重層の図は, ある瞬間の時間に固定化されたものを表している.

8・3 膜タンパク質

重要概念
- 膜内在性タンパク質は, αヘリックスまたはβバレルを一つ以上形成して, 膜二重層を完全に貫通している.
- 共有結合性の脂質付加によって, いくつかのタンパク質が膜二重層につなぎとめられる.

生体膜は脂質のほかにタンパク質も含んでいる. 平均して, 重量換算で膜の 50% はタンパク質である. しかし, この量は膜の由来によって大きく異なる. たとえば, ある細菌の細胞膜と細胞小器官膜の 3/4 はタンパク質であ

る。脂質二重層は極性分子の拡散を防ぐ障壁として機能するが、生体膜のその他のほとんどの機能は膜タンパク質によって担われている。たとえば、ある膜タンパク質は細胞外の環境を感知してそれを細胞内へと伝える。あるタンパク質は特異的な代謝反応を行う。また、あるタンパク質は脂質二重層に穴をあけ、イオンやその他の物質が膜の反対側へ移動する通路をつくっている。膜タンパク質は、脂質二重層の疎水的な内側とどのように相互作用するかによって、異なるグループに分類される（図8・6）。

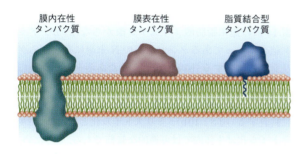

図8・6 膜タンパク質の種類。この膜断面の模式図は、膜を貫通する膜内在性タンパク質（膜貫通タンパク質）、膜表面に結合する膜表在性タンパク質、そして脂質二重層に疎水性の脂質を埋込んだ脂質結合型タンパク質を示す。

膜内在性タンパク質は脂質二重層を貫通している

膜内在性タンパク質〔integral membrane protein, intrinsic membrane protein, 膜貫通タンパク質（transmembrane protein）ともいう〕とよばれるものは、膜タンパク質の一部が二重層に完全に埋まった状態で存在する。これと慣例的に区別できるものとして、脂質の頭部や膜内在性タンパク質とのゆるい結合を介して膜に存在する**膜表在性タンパク質**（peripheral membrane protein, extrinsic membrane protein）がある（図8・6参照）。膜表在性タンパク質は、膜との弱い結合を除いては、通常の可溶性タンパク質と特別な違いはない。

ほとんどの膜内在性タンパク質は二重層を貫通しており、疎水的な膜の内側に加えて、膜の両側で親水性の環境にさらされている。膜内在性タンパク質が水層と接触している部分は他のタンパク質と同様の特徴をもっている。すなわち、疎水性の内側のまわりを親水性の表面が覆っている。しかし、脂質二重層を貫通している部分は疎水性の表面をしている。さもないと極性基（とそれを水和している水分子）を二重層に埋込むエネルギーの消費は非常に大きなものとなってしまうだろう。

αヘリックスは脂質二重層を横切る

ポリペプチド鎖が脂質二重層を横切る一つの方法は、側鎖が疎水性のαヘリックスを形成することである。ポリペプチド骨格のアミノ基とカルボキシ基は水素結合によって安定化する傾向にあるが、この結合がαヘリックス内で形成される（図4・4参照）。疎水性の側鎖はヘリックスから外側に伸び、アシル鎖との相互作用に寄与する。

30Åの疎水的な二重層を貫通するのに、αヘリックスは少なくても20アミノ酸からなる必要がある。膜貫通ヘリックスの部位は、そのアミノ酸配列からしばしば容易に同定できる。膜貫通ヘリックスは、Ile, Leu, Val, Pheのような疎水性の高いアミノ酸に富んでいる。極性をもった芳香族アミノ酸（TrpやTyr）とAsnやGlnは、αヘリックスと極性をもった脂質の頭部とが接する場所に存在する。また、Asp, Glu, Lys, Argのような極性の高いアミノ酸は、膜から出て水層に到達したポリペプチド鎖領域に存在する（図8・7）。

(a) Pro-Glu-Trp-Ile-Trp-Leu-Ala-Leu-Gly-Thr-Ala-Leu-Met-Gly-Leu-Gly-Thr-Leu-Tyr-Phe-Leu-Val-Lys-Gly

(b)

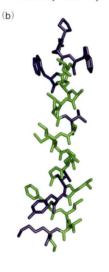

図8・7 膜貫通αヘリックス。(a) タンパク質バクテリオロドプシンのアミノ酸配列の一部。(b) (a)の配列の三次元構造。極性をもつ側鎖を紫で、疎水性側鎖を緑で示す。

多くの膜内在性タンパク質は、膜を貫通するαヘリックスのいくつかが束になった部分をもつ（図8・8）。これらのαヘリックスはケラチンにみられる左回りのコイルドコイルの結合様式に似ている（§5・2参照）。ヘリックスどうしの結合は極性基の静電的な相互作用による場合があるが、脂質の尾部と接するヘリックスの束の表面はすべて疎水性である。

膜貫通βシートはバレル構造を形成する

β鎖として膜を貫通するポリペプチド鎖は、水素結合できる骨格の部位をそのまま残している。しかし、い

性残基の側鎖でできた明瞭な配列がないために，タンパク質の配列から膜を貫通したβ鎖を同定することはむずかしい．

脂質結合型タンパク質は膜につなぎとめられる

膜タンパク質の第二グループは，**脂質結合型タンパク質**（lipid-linked protein）である．このタンパク質の多くは，可溶性のタンパク質に脂質が共有結合することによって脂質二重層につなぎとめられる．脂質結合型タンパク質のなかには，膜を貫通したポリペプチド領域をもつものも存在する．いくつかの脂質結合型タンパク質は脂肪酸アシル基をもつ．たとえば，ミリストイル基（炭素14個の飽和脂肪酸ミリスチン酸からなる）が，アミド結合によってあるタンパク質のN末端に存在するグリシンに結合する（図8・10a）．またあるタンパク質には，パルミトイル基（炭素16個のパルミチン酸からなる）がチオエステル結合によってシステイン残基の硫黄原子に結合する（図8・10b）．ミリストイル化と異なり，パルミトイル化は生体内では可逆的な修飾である．そのため，ミリストイル化されたタンパク質は常に膜へつなぎとめられているが，パルミトイル化されたタンパク質はアシル基が除かれることによって可溶性になることもある．

真核生物に存在する脂質結合型タンパク質には，プレニル化されているものもある．すなわち，チオエステル結合によってタンパク質のC末端のシステイン残基に15または20個の炭素原子からなるイソプレノイド基が結合している（図8・10c）．この場合，一般的にはC末端はカルボキシメチル化されている．

最後に，多くの真核生物，特に原生動物においては，タンパク質のC末端にグリコシルホスファチジルイノシトールとよばれる脂質–炭水化物基が結合するものがある（図8・10d）．これらの脂質結合型タンパク質はほとんどすべてが細胞の外側に面しており，スフィンゴ脂質とコレステロールでできたラフトに多く局在する．

8・4 流動モザイクモデル

重要概念

- 脂質二重層内を側方に拡散するタンパク質の流動性から，膜構造が特徴づけられる．

生体膜はタンパク質と脂質からなるが，両者の混ざり合いは完全に自由なものではないだろう．たとえば，ある脂質とあるタンパク質は特異的に結合して，タンパク質の構造の安定化や機能の調節に寄与している．どの膜タンパク質も，膜の内側または外側を向くかのよう

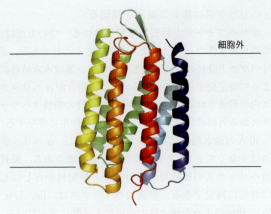

図 8・8　バクテリオロドプシン．この膜内在性タンパク質は，7回膜貫通αヘリックスの束と膜の両側で水層に出たループからできている．ヘリックスは，青（アミノ末端）から赤（カルボキシ末端）へと虹色の順に色分けしている．水平方向の線は，およその膜の外側表面を示す．［構造（pdb 1QHJ）は H. Belrhali, P. Nollert, A. Royant, C. Menzel, J. P. Rosenbusch, E. M. Landau, E. Pebay-Peyroula によって決定された．］

くつかのβ鎖が集まり互いに水素結合してβシートを形成した場合には，エネルギー的に有利な状態で膜を貫通できる．水素結合を最大にするために，βシートは凝集して**βバレル**（β barrel）を形成している．

βバレルは最小のもので8個のβ鎖からできる．βバレルの外側表面は，約22 Å の幅の疎水性側鎖が帯状になっている．この帯の両端は，極性をもった芳香環の側鎖が続き，脂質の頭部と相互作用する（図8・9）．さらに大きな22本の鎖からなるβバレルは，しばしば中央部に水でみたされた通路を含んでおり，小分子がこの通路を介して膜の一方から他方へと拡散する（§9・2）．

βシートの側鎖は内側と外側の交互に配置されるので，βバレルのある側鎖はバレルの内側を，またある側鎖は脂質二重層側を向く．αヘリックスのように疎水

図 8・9　膜貫通βバレル．大腸菌の OmpX とよばれるタンパク質は，8個のβ鎖が二重層の幅にわたり完全に水素結合を形成している．疎水性の側鎖（緑）はバレル外側で二重層内部に向いている．芳香環の残基（金色）は大部分脂質の頭部に隣接している．［構造（pdb 1QJ9）は J. Vogt, G. E. Schulz によって決定された．］

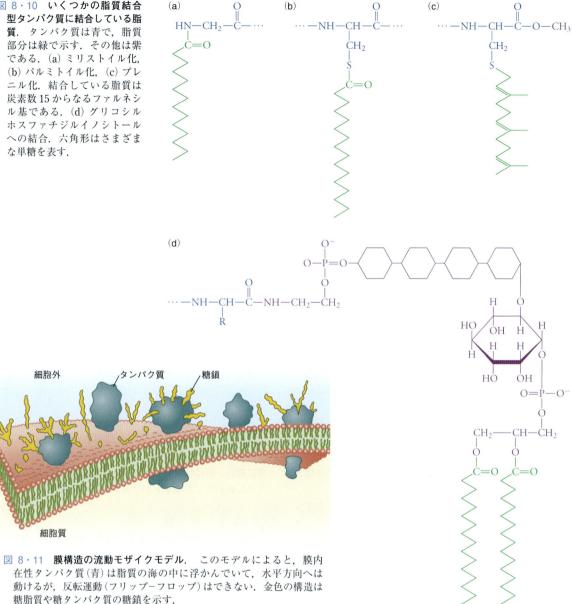

図 8・10 いくつかの脂質結合型タンパク質に結合している脂質．タンパク質は青で，脂質部分は緑で示す．その他は紫である．(a) ミリストイル化，(b) パルミトイル化，(c) プレニル化．結合している脂質は炭素数15からなるファルネシル基である．(d) グリコシルホスファチジルイノシトールへの結合．六角形はさまざまな単糖を表す．

図 8・11 膜構造の流動モザイクモデル．このモデルによると，膜内在性タンパク質（青）は脂質の海の中に浮かんでいて，水平方向へは動けるが，反転運動（フリップ-フロップ）はできない．金色の構造は糖脂質や糖タンパク質の糖鎖を示す．

に，膜への配向が決まっている．タンパク質はその最終的な形と膜に対する向きが決定したあとにはフリップ-フロップすることはない．なぜなら，フリップ-フロップが起こるには極性をもった大きなポリペプチド鎖が疎水性の脂質二重層を通り抜けなくてはならないからである．しかし，水平方向の移動は可能である．膜の脂質よりは非常に遅いが，膜内在性タンパク質や脂質結合型タンパク質は二重層の膜面を側方に拡散できる．この種の動きは，1972年にシンガー（S. Jonathan Singer）とニコ

ルソン（Garth Nicolson）によって提唱された膜構造の**流動モザイクモデル**（fluid mosaic model）の重要な特徴である．このモデルによれば，膜タンパク質は脂質の海に浮かんでいる氷山のようなものである（図8・11）．

流動モザイクモデルは年月を経ても大筋において正しいが，いくつかの修正も加えられてきた．たとえば，多くのタンパク質は最初に考えられていたほど自由に拡散できるわけではない．それらの動きは，他の膜タンパク質や膜の直下に存在する細胞骨格系との相互作用によっ

て，ある程度制限されている．したがって，あるタンパク質は事実上動くことができず（細胞骨格系にしっかり結合していれば），あるものは狭い範囲を動き回れる（他の膜タンパク質や細胞骨格系により範囲が制限されていれば），また，あるものは自由に拡散することができる（図8・12）．当初の流動モザイクモデルには記述されていなかった脂質ラフトの存在も，ある膜タンパク質の動きを制限していると考えられよう．

膜の糖タンパク質は細胞外に向いている

膜脂質と同様に，膜タンパク質も膜二重層の間で非対称に存在している．たとえば，ほとんどの脂質結合型タンパク質は，膜の内側を向いている（グリコシルホスファチジルイノシトール結合タンパク質は例外である）．脊椎動物細胞の外側の膜は，炭水化物が結合した糖脂質（セレブロシドやガングリオシド）や**糖タンパク質**（glycoprotein）に富んでいる．膜脂質やタンパク質に共有結合した糖鎖（単糖の重合体）は，細胞を綿のように包み込んでいる（図8・11参照）．完全に水和することにより，親水性の高い炭水化物は大きな体積を占めるようになる．

11章で述べるように，単糖はそれぞれ異なった様式で，また潜在的には無限の配列で互いに結合することができる．糖脂質や糖タンパク質に存在するこの多様性は，生物情報の一種である．たとえば，よく知られているABO血液型は，赤血球に存在する糖脂質や糖タンパク質の糖鎖の種類に依存している（ボックス11・B参照）．他の多くの細胞は，膜タンパク質間の相互作用によって互いに認識しているようである．

図8・12 **膜タンパク質の流動性の制限**．直下にある細胞骨格系と強く結合しているタンパク質(A)は動けない．他のあるタンパク質(B)は細胞骨格タンパク質によって規定された空間内を動き回れる．何の制限も受けずに膜中を動き回れるタンパク質も存在する．

まとめ

8・1 脂　　質

- 脂質はかなり疎水的な分子である．脂肪酸はエステル化されてトリアシルグリセロールを形成する．
- グリセロリン脂質は，リン酸誘導体の頭部が付加したグリセロール骨格に脂肪酸アシル基が二つ結合している．スフィンゴミエリンは機能的には似ているが，グリセロール骨格をもたない．コレステロールやその他の脂質はイソプレノイドである．

8・2 脂質二重層

- 脂質二重層は動的な構造である．この流動性は構成している脂肪酸アシル鎖の長さと飽和度に依存している．短くて不飽和度が高いほど流動性は増大する．コレステロールは温度変化に対して膜の流動性を一定に維持することに寄与している．

- 膜脂質は側面方向には自由に拡散できるが，反転拡散は非常に遅い．膜にはコレステロールとスフィンゴ脂質で構成された固相化したラフトが存在する場合がある．

8・3 膜タンパク質

- 膜内在性タンパク質は1本または束になったαヘリックス，あるいはβバレルの構造で脂質二重層を貫通している．膜タンパク質のなかには脂質と共有結合していて，それによって二重層につなぎとめられているものもある．

8・4 流動モザイクモデル

- 流動モザイクモデルによれば，膜タンパク質は二重層の膜面を側方に拡散する．タンパク質の動きは細胞骨格系との相互作用によって制限されていると考えられる．膜に存在する糖脂質や糖タンパク質は細胞外に向いている．

問　題

8・1 脂　　質

1. 脂肪酸の構造は，コロンによって分けられた二つの番号によって簡略表記される．最初の番号は炭素の数で，次の番号は二重結合の数である．たとえば，パルミチン酸は16:0と略記される．不飽和脂肪酸は$n-x$の記号が利用され，nは炭素の総数で，xはメチル末端炭素から数えて最後に二重

結合をもつ炭素の位置を表す．特に示さない限り，二重結合はシス体で，一つのメチレン基がそれぞれの二重結合で分離されている．たとえば，オレイン酸は 18:1 n-9 で略記される．この簡略表記に基づいて，次の脂肪酸の構造を書け．

(a) ミリスチン酸，14:0
(b) パルミトレイン酸，16:1 n-7
(c) α-リノレン酸，18:3 n-3
(d) ネルボン酸，24:1 n-9

2. 魚油は脂肪酸 EPA と DHA を含む．週に少なくとも 2 回魚を食べる人は，魚油脂質の生理作用から心血管疾患の罹患率が低い．問題 1 で述べた簡略表記に基づいて，次の脂肪酸の構造を書け．

(a) EPA (エイコサペンタエン酸，20:5 n-3)
(b) DHA (ドコサヘキサエン酸，22:6 n-3)

3. 植物のいくつかの種は，動物界には存在しない脂肪酸を産生できる不飽和化酵素を含んでいる．そのまれな脂肪酸にシアドン酸があり，20:3 Δ^{5,11,14} と表記される．これは，問題 1 で述べた簡略表記とは異なる．上つきの数字は，カルボキシ末端炭素から数えた二重結合をもつ炭素の位置を表す．この簡略表記はあまり一般的ではないが，二重結合の位置が問題 1 で述べた形式に符合しない場合に利用される．この簡略表記に基づいて，シアドン酸の構造を書け．

4. 植物には数百種の不飽和脂肪酸が存在する．これらの脂肪酸のいくつかはまれな短鎖または長鎖であり，さらに他のものは別の官能基をもつ．これらの脂肪酸は潤滑油と重合体の工業的合成において重要な出発材料である．問題 3 で述べた簡略表記に基づいて，次のまれな植物の脂肪酸の構造を書け．

(a) エルカ酸 (22:1 Δ^{13})
(b) カレンジン酸 (18:3 Δ$^{8-trans,10-trans,12-cis}$)
(c) リシノール酸 (12-ヒドロキシ-18:1 Δ^9)

5. 普通海綿脂肪酸とよばれるある種の脂肪酸は，普通海綿に存在することから命名されていたが，発見以降その存在は広く分布することが知られている．問題 3 で述べた簡略表記に基づいて，海産軟体動物で見いだされた次の脂質の構造を書け．

(a) 24:2 Δ^{5,9} (b) 24:4 Δ^{5,9,15,18}

6. 2-ヒドロキシオレイン酸は，白血病細胞の培養に加えると，アポトーシス (プログラム細胞死のある型) を誘導することが知られている脂肪酸である．この脂肪酸の構造を書け．

7. トランス脂肪酸は，もともと牛肉とミルクに存在するが，油を部分的に水素化して液体の油から半固形化した脂肪に変換した場合にも生じる．エライジン酸 (18:1 Δ$^{9-trans}$) の構造を書け．エライジン酸の融点は，その二重結合がシス形異性体であるオレイン酸 (18:1 Δ^9) の融点に比べてどうなるか．

8. 海産生物は非典型的な脂肪酸のよい資源であり，治療の視点からも可能性を秘めている．海綿から単離されたモノアシルグリセロールのひとつは，グリセロールの C1 に 10-メチル-9-cis-オレイン酸の脂肪酸がエステル化している．このモノアシルグリセロールの構造を書け．

9. 特定の栄養素が制限されると，海洋の植物プランクトンは膜脂質の代謝を変えて，スルホキノボシルジアシルグリセロール (SQDG) のような代替脂質を産生する．

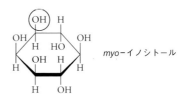

スルホキノボシルジアシルグリセロール (SQDG)

(a) SQDG は，ホスファチジルエタノールアミンまたはホスファチジルグリセロールのどちらの代替脂質であるか．
(b) その生物が SQDG 合成の増加をもたらしたのは，いかなる元素が制限されたことによるか．

10. パルミチン酸を三つもつトリアシルグリセロールであるトリパルミチンの構造を書け．

11. ホスファチジルイノシトール (PI) は，細胞のシグナル伝達において重要なグリセロリン脂質である．myo-イノシトールの構造に基づいて，PI の構造を書け．リン酸との結合に用いられるイノシトールのヒドロキシ基は円で囲んでいる．

myo-イノシトール

12. いくつかのシグナル伝達経路で，ホスファチジルイノシトールの複数部位がリン酸化されたシグナル伝達分子が生成する．ホスファチジルイノシトールには，さらにどれくらいの数のリン酸基が付加しうるか．

13. ジパルミトイルホスファチジルコリン (DPPC) は，界面活性剤として働く肺の機能に不可欠なタンパク質と脂質の複合体の主要な脂質である．発生過程の胎児における界面活性剤の産生能は出生時まで低いため，未熟児は呼吸困難に陥ることがある．DPPC の構造を書け．

14. 最近，イカの一種であるアメリカケンサキイカ Loligo pealeii の神経から，まれなスフィンゴシンが単離された．その化学名は，2-アミノ-9-メチル-4,8,10-オクタデカトリエン-1,3-ジオールである．このスフィンゴシン脂質の構造を書け．

15. 哺乳類の皮膚にある複雑な脂質は，防水のための層として機能している．これらの脂質のひとつはあるグルコセレ

ブロシドで，28 炭素からなるアシル基の ω−ヒドロキシ基にリノール酸がエステル化したカルボキシ基がアミド結合している．この脂質の構造を書け．

16. 問題 15 の脂質は，加水分解によってグルコースとリノール酸基が除去され，さらにその ω−ヒドロキシ基に，あるタンパク質のグルタミン酸残基の側鎖が結合する．このタンパク質と脂質の複合体の構造を書け．

17. §8・1 にあげたグリセロリン脂質のうち，水素結合できる頭部をもつものはどれか．

18. §8・1 にあげたグリセロリン脂質のうち，電荷をもつもの，電荷をもたないものはどれか．

19. いくつかの自己免疫疾患では，個体が DNA やリン脂質といった細胞内の構成成分を認識する抗体を産生することがあり，なかには DNA とリン脂質に対してともに反応する抗体もある．この両反応性の生物化学的な基盤を示せ．

20. いくつかのホスホリパーゼによる切断部位を，図 8・1 に示す．次の反応によって生じる生成物を示せ．

(a) ホスファチジルセリン ＋ ホスホリパーゼ A_1

(b) ホスファチジルコリン ＋ ホスホリパーゼ C

(c) ホスファチジルグリセロール ＋ ホスホリパーゼ D

21. トウガラシの香るピリッとしたインド料理は，しばしば全乳ヨーグルトを原料とする飲み物を添えて提供される．一口のピリッとした料理の後で，水よりも 1 杯のヨーグルトを飲むほうが好ましいのはなぜか．

22. Olestra® は消化されずに腸を通過する合成脂質で，"低カロリー"のチップスや菓子に用いられている．米国食品医薬品局 (FDA) は，製造元に対して，認可前に合成脂質を含む製品にビタミン A, D, K を添加するように求めた．その理由を述べよ．

23. サラダをアボカド（一価の不飽和脂肪酸に富む）の有無とともに摂取するボランティアによって栄養学研究が行われた．ボランティアの採血試料から，アボカドを含むサラダの摂取によって β−カロテン（植物に含まれるオレンジ色の色素で，細胞でビタミン A に変換される）の含量が著しく増加することが示された．この知見について説明せよ．

24. ビタミン C（構造をボックス 5・D に示す）は 1 日推奨許容量を超えて消費しても，一般に毒性を示さないのに，ビタミン D と A の過剰な消費は，なぜ健康に逆効果を及ぼすか．

8・2 脂質二重層

25. 次の分子を，極性があるか，ないか，あるいは両親媒性かに，分類せよ．

(a) $CH_3CH_2(CH{=}CHCH_2)_3(CH_2)_6COO^-$

(b)
CH₂—OH
HC—OH
CH₂—OH

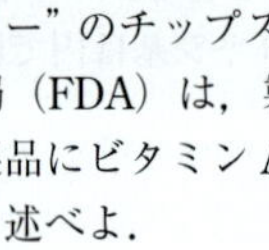

(c)

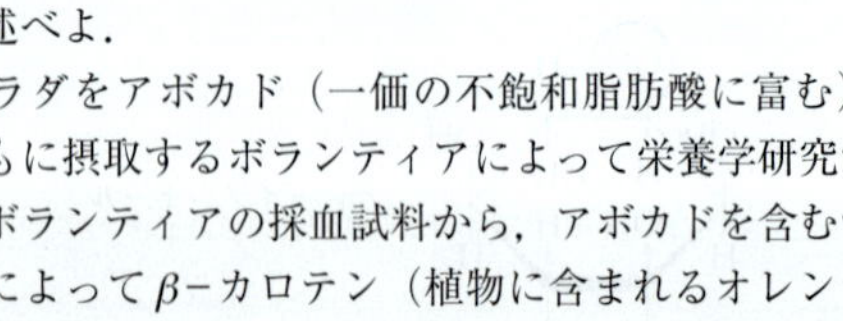

(d)

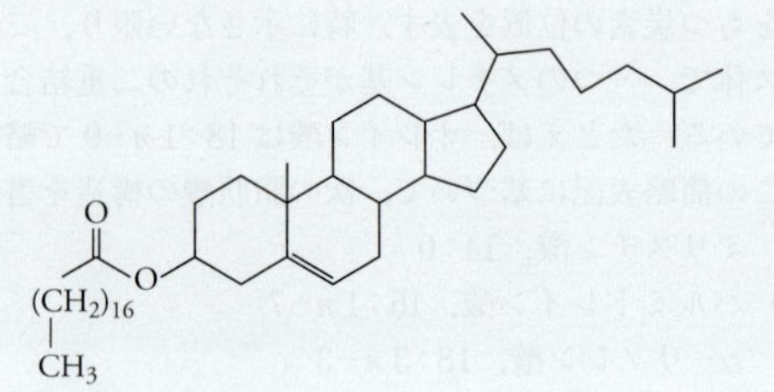

(e)

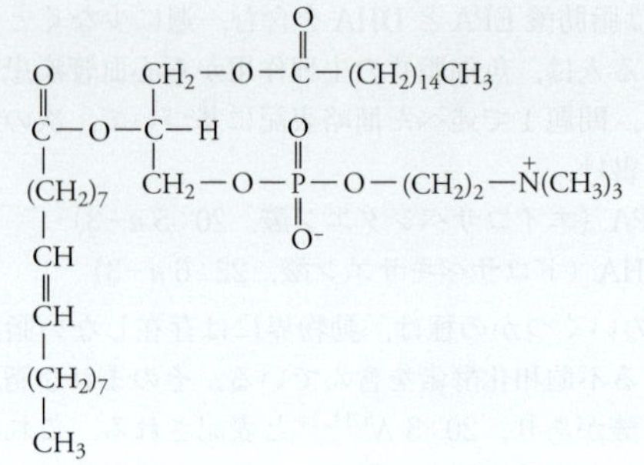

26. 問題 25 の分子のうち，二重層を形成できるのはどれか．

27. 次に示す脂質はプラスマローゲン (plasmalogen) である．

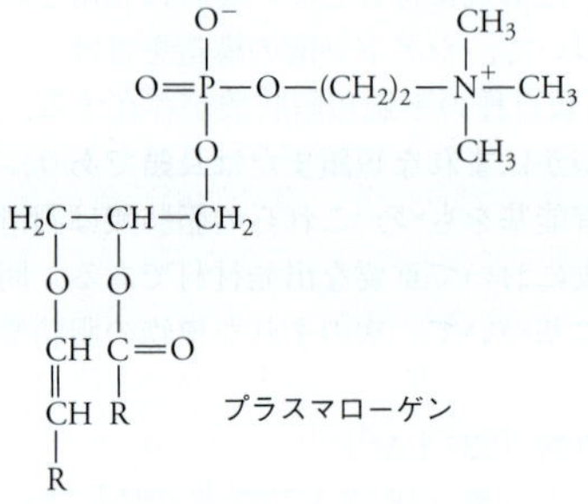

プラスマローゲン

(a) どのようにグリセロリン脂質と異なるか．

(b) このリン脂質がホスファチジルコリンのみを含む二重層に存在すると，顕著な影響があるか．

28. グリセロリン脂質の二つの飽和脂肪酸鎖をともに高度不飽和脂肪酸鎖に取り替えた場合，二重層の湾曲はどのような影響を受けるかを，図 8・4 で示したような単純な図解によって示せ．

29. トリアシルグリセロールはなぜ脂質二重層を形成できないのか．

30. 多くの有毒な昆虫の毒液に見いだされた酵素であるホスホリパーゼ A_1 で赤血球を処理すると，赤血球は溶血する．この酵素の処理によって，なぜ赤血球膜は破壊されるのか．

31. 表に，代表的な飽和または不飽和脂肪酸の融点を示す．脂肪酸の融点に影響を与える重要な要素は何か．

脂肪酸	融点(℃)	脂肪酸	融点(℃)
ラウリン酸(12:0)	44.2	オレイン酸(18:1)	13.2
リノール酸(18:2)	−9	パルミチン酸(16:0)	63.1
リノレン酸(18:3)	−17	ステアリン酸(18:0)	69.1
ミリスチン酸(14:0)	52		

8. 脂質と膜

32. 次の脂肪酸を，融点の高い順に並べよ．

(a) *cis*-オレイン酸　$H_3C-(CH_2)_7$ $(CH_2)_7-COO^-$

(b) *trans*-オレイン酸

$H_3C-(CH_2)_7$ H
H $(CH_2)_7-COO^-$

(c) リノール酸（18:2）

33. 室温で，動物のトリアシルグリセロールは固体（脂肪），植物のトリアシルグリセロールは液体（油）になる傾向が強い．動物と植物のトリアシルグリセロールにおける脂肪酸鎖の性質について説明せよ．

34. ピーナッツ油は一価不飽和トリアシルグリセロール（二重結合を一つだけもつ脂肪酸鎖をもつ）を多く含むが，植物油は多価不飽和トリアシルグリセロール（二重結合を複数もつ脂肪酸鎖をもつ）を多く含む．室外の食料庫にピーナッツ油と植物油の缶を貯蔵し，寒さが続いた場合，ピーナッツ油が凍るのに対して植物油は液体のままである．その理由を説明せよ．

35. 北欧では，トナカイの肉は重要な食糧資源である．10月（相対的に健康状態が良い時期）に屠殺したトナカイの肉と2月（厳しい冬の後の相対的に健康状態が悪い時期）に屠殺した肉との比較研究が行われた．研究者は，オレイン酸，リノール酸，α-リノレン酸の脂質含量が2月に屠殺したトナカイの脚で減少していることを見いだした．この知見は，トナカイが冬を生き抜く能力とどのようにかかわるか．

36. フィトール（phytol）は，草食動物が餌にする植物にも含まれるアルコールである．フィトールはフィタン酸（phytanic acid）に変換され，代謝エネルギーを取出すために酸化される．この酸化経路の酵素一つが欠損しているときに，新陳代謝の先天的な異常が生じる．これらの個体では，フィタン酸が神経細胞の膜に蓄積して神経異常をひき起こす．フィタン酸は神経細胞の膜の流動性にどのような影響を与えるのだろうか．

フィトール（3,7,11,15-テトラメチル-2-ヘキサデセン-1-オール）

↓

フィタン酸（3,7,11,15-テトラメチルヘキサデカン酸）

37. 乳酸桿菌 *Lactobacillus* は，ヒトの消化管で生息し，消化器障害の治療にしばしば利用される"友好的"な細菌である．この種の細菌は，シクロプロパン環をもち19個の炭素原子からなるラクトバチリン酸（lactobacillic acid）を産生する．この脂肪酸の融点はステアリン酸（18:0）やオレイン酸（18:1）に近いか．これら3種の脂肪酸の融点の順番も答

えよ．

ラクトバチリン酸

38. 細菌は一般に37℃で生育する．生育温度が42℃に上昇すると，膜脂質の構成成分はどうなるか．

39. リン脂質のみからなる膜は，熱によって固相型から液相型へと急激に変化する．しかし，80%のリン脂質と20%のコレステロールからなる膜は，同様に熱を与えても固相型から液相型へ徐々に変化していく．その理由を述べよ．

40. 流動性は，脂質二重層の中央部で最も高いのはなぜか．

41. 植物は，ジエン酸（二つの二重結合をもつ脂肪酸）にもう一つの二重結合を導入することによって，トリエン酸（三つの二重結合をもつ脂肪酸）を合成することができる．高温で生育する植物のほうがジエン酸をトリエン酸により多く変換すると考えられるか．

42. 植物 *Chorispora bungeana* は，凍結温度においても生育によく適応できる．この植物が -4℃で生育すると，25℃での場合に比べて，18:3の脂肪酸の比率が上昇し，逆に18:0,18:1,18:2の脂肪酸の比率が低下した．これらのデータに一致する仮説を述べよ．

43. 膜の脂質分布には非対称性がある．ホスファチジルセリン（PS）は，膜二重層の細胞質に面する内側に限って見いだされている．ホスファチジルエタノールアミン（PE）も内側に多い．これに反して，ホスファチジルコリン（PC）とスフィンゴミエリン（SM）は，膜二重層の細胞外に面する外側に多く見いだされている．

(a) PS と PE は共通にどのような官能基をもつか．

(b) PC と SM は共通にどのような官能基をもつか．

(c) 膜の一方は他方に比べてより電荷をもっているか，または膜の両方が同じ電荷をもっているか．

44. あるリン脂質のフリッパーゼが赤血球で研究された．実験から，そのフリッパーゼは，細胞膜の外側から細胞質側に向けてリン脂質を反転させることが示された．このフリッパーゼは，ホスファチジルセリンをすばやく反転させ，ホスファチジルエタノールアミンをゆっくりと反転させる．しかし，ホスファチジルコリンは反転しない．細胞からATPやMg^{2+}が欠乏したり，SH基をアルキル化する試薬で細胞を処理すると，反転は起こらない．このフリッパーゼに必要な特徴を表す項目を記せ．これらの知見は，問題43で示したデータと一致するか．

8・3 膜タンパク質

45. 膜貫通タンパク質の精製には，そのタンパク質を可溶化するために緩衝液に界面活性剤の添加が必要である．

(a) 界面活性剤がないと，なぜ膜貫通タンパク質は不溶性になるのか．

(b) 界面活性剤であるドデシル硫酸ナトリウム（SDS）は

膜貫通タンパク質とのように相互作用するかを示す模式図を書け.

46. 次の文章に該当するものを，細胞膜の模式図のなかのA〜Eから選んで答えよ.

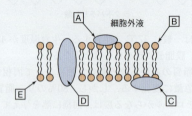

(a) 糖タンパク質である.
(b) 電荷をもたない塩溶液（穏やかな環境）で洗うだけで，他から分離される.
(c) 他から分離するためには，強い可溶化剤などの厳しい環境にさらす必要がある（問題45参照）.
(d) ナトリウムイオンを結合して膜を横切って通過させる唯一のものである.
(e) セラミドやガングリオシドである.
(f) フリッパーゼの助けによって，フリップ-フロップを起こす（問題44参照）.

47. 次のA〜Cの脂質結合型タンパク質を，それぞれ同定せよ.

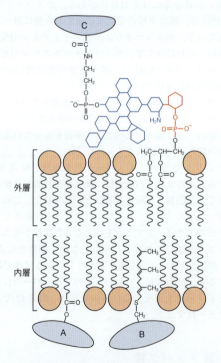

48. ミトコンドリアの内膜で電子伝達系を司るタンパク質であるシトクロムcは，塩溶液による抽出といった比較的穏やかな方法で単離できる. これに対して，同じミトコンドリア由来でも，シトクロムcオキシダーゼは可溶化剤を含む溶液や有機溶剤による抽出によってのみ単離できる. シトクロムcとシトクロムcオキシダーゼはどのような種類の膜タンパク質であるかを説明せよ. また，個々のタンパク質は膜においてどのように局在するか，図を用いて説明せよ.

49. グリコホリンAは131残基からなる膜内在性タンパク質で，脂質二重層を1回貫通する. 次のグリコホリンAのアミノ酸配列（一文字表記）内の膜貫通領域を示せ.

LSTTEVAMHTTTSSSVSKSYISSQTNDTHKRDTYA-
ATPRAHEVSEISVRTVYPPEEETGERVQLAHHFS-
EPEITLIIFGVMAGVIGTILLISYGIRRLIKKSPSDV-
KPLPSPDTDVPLSSVEIENPETSDQ

50. 膜貫通型のβバレルを形成するタンパク質は，常に偶数個のβ鎖を有する.
(a) その理由を述べよ.
(b) なぜβ鎖が逆平行になっているか.
(c) βバレルの中では平行になりうるか.

51. ペプチドホルモンが細胞内にシグナルを伝達するためには，標的細胞の細胞外表面にある受容体に結合する必要がある. 一方，エストロゲンなどのステロイドホルモンの受容体は細胞内にある. こういったことがなぜ可能か.

52. 26アミノ酸のペプチドであるメリチン（melittin）は，膜と相互作用することが知られている. ペプチド鎖内にトリプトファン残基が存在するので，メリチンが膜に結合したときに推定される構造を蛍光顕微鏡によって観察することが可能である. 1位にパルミチン酸(16：0)，2位に任意の脂肪酸がエステル化したホスファチジルコリン（PC）を用いて，人工的な膜を調製した. 2位にオレイン酸(18：1)をもつPCにメリチンを作用させたときに，メリチンの構造が制限されることが見いだされた. しかし，2位にアラキドン酸(20：4)をもつPCに作用させたときは，メリチンの構造の制限は弱いものであった. この観察結果に一致する仮説を提唱せよ.

53. 膜は脂質ラフトとよばれる構造上のドメインをもつという証拠がいくつか存在する. これらの構造は，緩く詰込まれたスフィンゴ糖脂質とその隙間を埋めるコレステロールからなると考えられる. 脂質ラフトに結合したリン脂質の脂肪酸鎖は飽和している傾向にある.
(a) スフィンゴ糖脂質は，なぜ緩く詰込まれるのか.
(b) ここで示された定義によれば，周囲を取囲む膜に比べて，脂質ラフトは流動性がより高いまたは低いと考えられるか.

54. 血液から取込まれたコレステロールはリン脂質とタンパク質と結合し，リポタンパク質とよばれる複合体を形成す

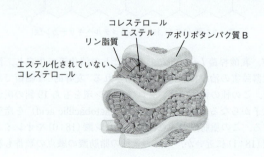

る．低密度リポタンパク質（LDL）の模式図を示す．LDL値と心血管疾患の罹患率には高い相関関係がある．

(a) 血液を介する輸送のために，なぜコレステロールとコレステロールエステル（問題25d参照）はLDL内に詰込まれる必要があるのか．

(b) LDLの構造は，どのように膜構造と類似しており，また異なるのか．

(c) タンパク質のアポリポタンパク質Bは1980年代中ごろに精製された．なぜ，このタンパク質の精製は困難だったのか．

8・4 流動モザイクモデル

55. 20世紀の初頭にオーバートン（Charles Overton）は，低分子量の脂肪族アルコール，エーテル，クロロホルム，アセトンが容易に膜を通過できるが，その一方で，糖，アミノ酸，塩類は通過できないことに気づいた．当時は，多くの科学者が膜は水以外のすべての化合物を通さないと信じていたので，この知見は革新的であった．

(a) 膜構造についての現在の知識から，オーバートンの知見を説明せよ．

(b) 極性のある水分子が，どのようにして膜を横切って輸送されるかを説明する仮説を記せ．

56. 1935年にデーブソン（H. Davson）とダニエリー（J. Danielli）は，膜はタンパク質からなる外側と内側の層（サンドイッチのパン）が脂質を充填して形成されるという，膜構造の"サンドイッチモデル"を提唱した．そのモデルと実験データは矛盾するので，この仮説はもはや受け入れられていない．膜構造についての現在の知識から，サンドイッチモデルの欠点を示せ．

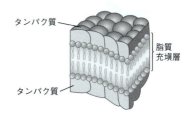

57. 有名な実験として，エディディン（Michael Edidin）はマウスとヒトの細胞の表面タンパク質をそれぞれ緑と赤で蛍光標識した．この2種の細胞は融合してハイブリッド細胞を形成した．融合の直後では，緑のマーカーはハイブリッド細胞の片側半分にみられ，赤のマーカーは別の片側半分にみられた．37℃で40分インキュベーションすると，緑と赤のマーカーはハイブリッド細胞の表面全体に混ざって分布した．このハイブリッド細胞を15℃でインキュベーションすると，混ざらなかった．この結果を説明せよ．また，この結果が膜構造の流動モザイクモデルを支持するものであるかを説明せよ．

58. 光退色後の蛍光回復実験において，蛍光団は細胞の膜構成成分に付着している．微小区域に照射された強いレーザー光のパルスは，その区域内の蛍光物質を破壊する（退色させる）．時間が経つと，この区域での蛍光はどうなるか．

参考文献

Edidin, M., Lipids on the frontier: A century of cell-membrane bilayers, *Nat. Rev. Mol. Cell Biol.* 4, 414−418 (2003). 膜にかかわる研究の歴史を簡単にまとめている．

Engel, A. and Gaub, H. E., Structure and mechanics of membrane proteins, *Annu. Rev. Biochem.* 77, 127−148 (2008). 膜タンパク質の構造を解析する新しい手法をまとめている．

Lingwood, D. and Simons, K., *Science* 327, 46−50 (2010). 脂質ラフトに加えて，膜と膜タンパク質についての一般的な特徴をまとめている．

Popot, J.-L. and Engelman, D. M., Helical membrane protein folding, stability, and evolution, *Annu. Rev. Biochem.* 69, 881−922 (2000). いくつかのタンパク質の構造を示し，膜貫通タンパク質についての多くの特徴をまとめている．

Schulz, G. E., β-Barrel membrane proteins, *Curr. Opin. Struct. Biol.* 10, 443−447 (2000). 最小単位である8本のβ鎖からなるバレルを含めて，膜を貫通するβバレル構築の基本的な原理をまとめている．

van Meer, G., Voelker, D. R., and Feigenson, G. W., Membrane lipids: Where they are and how they behave, *Nat. Rev. Mol. Cell Biol.* 9, 112−124 (2008). 非対称性と液相−固相を含めて，膜脂質の構造と機能をまとめている．

9 膜輸送

> **なぜ小孔が細胞を殺すか**
> 肺や皮膚組織に感染する真菌クリプトコッカス *Cryptococcus neoformans* は，その代謝が宿主と類似した真核細胞の病原体であるために，排除することがむずかしい．さらに，この真菌は厚い細胞壁に囲まれており，免疫系による攻撃にも抵抗できる．しかし，この真菌の細胞膜は，哺乳類の細胞膜にあるコレステロールに対応するエルゴステロールと特異的に結合する小さな化合物に対しては脆弱である．この化合物がクリプトコッカスの膜に侵入して小孔を形成すると，宿主に傷害を与えずに真菌を殺せる．

復習事項
- 生物も熱力学の法則に従う（§1・3）．
- 両親媒性分子はミセルまたは二重層を形成する（§2・2）．
- 酵素は反応物から生成物へのエネルギー要求性のより低い経路を提供する（§6・2）．
- 膜内在性タンパク質は，αヘリックスあるいはβバレルを一つ以上形成して，脂質二重層を完全に貫通している（§8・3）．

最もよくわかっている膜が関与する事象は，神経系の活動過程で起こる．細胞から細胞へとシグナルを伝達する神経の能力は，細胞膜を横切る荷電粒子の制御された流れによる電位変化に依存している．§2・2で述べたように，神経細胞を含めたすべての動物細胞は，細胞の内側と外側とで異なったイオン濃度を保っている（図2・13参照）．たとえば，細胞内のNa^+濃度は細胞外に比べて非常に低い．K^+の場合にはこれと反対である．濃度が平衡にあるイオンは存在していない．

平衡に達するためには，Na^+が濃度勾配に従って細胞内に自然に流入しなければならない．同様に濃度勾配に従うと，K^+は細胞外へ流出することになる（図9・1）．しかし，細胞膜が拡散を防ぐ障壁として存在するために，これらのイオンの分布が変化することはない．イオンの濃度勾配をつくり維持しているタンパク質と濃度が低いほうへとイオンを移動させるタンパク質の両者が，神経のシグナル伝達に必要である．

9・1 膜輸送の熱力学

重要概念
- 神経インパルスの間にイオンの移動が膜電位を変えて，軸索に沿って移動する活動電位を発生させる．
- 熱力学の法則に従う輸送体は，濃度勾配に沿って物質が移動する通路を提供するか，濃度勾配に逆らって物質を移動するためにATPを消費している．

哺乳類の膜はほとんどイオンを透過させないが，微量のK^+は実際に細胞外へ漏れ出ている．このK^+と他のイオンの動きにより，細胞外は相対的に正に荷電し，細胞内は反対に負に荷電している．結果として生じる電荷の不均等は，微量ではあるが，膜の両側に電位を生じさせる．これは**膜電位**（membrane potential）とよばれ，$\Delta \psi$

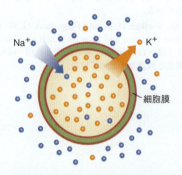

図 9・1 動物細胞におけるNa^+とK^+の分布．細胞外のNa^+濃度（約 150 mM）は細胞内濃度（約 12 mM）に比べて圧倒的に高い．逆に，細胞外K^+濃度（約 4 mM）は細胞内濃度（約 140 mM）に比べてかなり低い．もし，細胞膜がイオンに対して完全に透過性であるなら，Na^+は濃度勾配に従って細胞内へ（青の矢印），逆にK^+は細胞外へ（オレンジの矢印）流れる．

と表記される．最も単純な場合，$\Delta\psi$ は膜の両側のイオン濃度の関数によって導かれる．

$$\Delta\psi = \frac{RT}{ZF} \ln \frac{[イオン_内]}{[イオン_外]} \quad (9\cdot1)$$

ここで，R は**気体定数**（gas constant, 8.3145 J K^{-1} mol^{-1}），T はケルビン温度（20 °C = 293 K），Z はイオンのもつ電荷数，F は 1 価のカチオン 1 mol の電気量**ファラデー定数**（Faraday constant, 96,485 C mol^{-1} または 96,485 J V^{-1} mol^{-1}）である．$\Delta\psi$ は，V や mV の単位で表記できる．1 価のイオン（$Z=1$）で 20 °C の場合，式は

$$\Delta\psi = 0.058 \, \text{V} \log \frac{[イオン_内]}{[イオン_外]} \quad (9\cdot2)$$

と書き替えられる（計算例題 9・1 参照）．実際の神経における膜電位はもっと複雑であり，さまざまなイオンの濃度と膜の透過性により決まる（K$^+$ は最も重要ではあるが）．

●●● **計算例題 9・1**

問題 20 °C における Na$^+$ の細胞外濃度 [Na$^+_外$] が 160 mM で膜電位が -50 mV であるとき，細胞内 Na$^+$ 濃度 [Na$^+_内$] を計算せよ．

解答 (9・2) 式から，細胞内 Na$^+$ 濃度が得られる．

$$\Delta\psi = 0.058 \log \frac{[\text{Na}^+_内]}{[\text{Na}^+_外]}$$

$$\frac{\Delta\psi}{0.058} = \log[\text{Na}^+_内] - \log[\text{Na}^+_外]$$

$$\log[\text{Na}^+_内] = \frac{\Delta\psi}{0.058} + \log[\text{Na}^+_外]$$

$$= \frac{-0.050}{0.058} + \log(0.160)$$

$$= -0.862 - 0.796 = -1.66$$

$$[\text{Na}^+_内] = 0.022 \, \text{M} = 22 \, \text{mM}$$

練習問題
1. 20 °C における膜電位が -100 mV であるとき，細胞内 Na$^+$ 濃度を計算せよ．
2. 細胞内 Na$^+$ 濃度が 10 mM で細胞外 Na$^+$ 濃度が 100 mM であるとき，20 °C における膜電位を計算せよ．
3. 細胞内 Na$^+$ 濃度が 40 mM で細胞外 Na$^+$ 濃度が 25 mM であるとき，20 °C における膜電位を計算せよ．

イオンの移動が膜電位を変える

ほとんどの動物細胞は，約 -70 mV の膜電位を保っている．マイナスの符号は内側（細胞質）が外側（細胞外液）よりも負に荷電していることを示す．細胞膜をイ

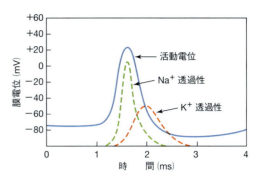

図 9・2 **活動電位**．神経細胞の細胞膜は Na$^+$ チャネルの開口（緑の破線）によって脱分極し，つづいて K$^+$ チャネルが開口（赤の破線）して再分極する．活動電位（青の実線）に続いて，膜は過分極（$\Delta\psi < -70$ mV）することもあるが，数ミリ秒以内に正常な静止電位に復元する．

オンが急に通過すると膜電位は大きく変化するが，この現象がまさに神経発火の際に起こっている．

物理的あるいは感覚器官から発せられたシグナルによって神経細胞が興奮すると，細胞膜の Na$^+$ チャネルが開口する．Na$^+$ は細胞内のほうが細胞外よりもずっと濃度が低いので，急激に細胞内に流入する．細胞内へのこの Na$^+$ の流入により，膜電位は静止期の -70 mV から $+50$ mV へと上昇する．この膜電位の逆転，すなわち脱分極は**活動電位**（action potential）とよばれる．

Na$^+$ チャネルが開いているのは 1 ミリ秒以下である．しかし，その間に活動電位はすでに発生して，二つの作用をもたらす．第一は，近傍に存在する電位依存性 K$^+$ チャネル（voltage-gated K$^+$ channel）の開口をひき起こすことである（このチャネルは膜電位の変化のみに応じて開く）．K$^+$ チャネルの開口によって，濃度勾配に従って K$^+$ が細胞外へ流出する．この作用によって膜電位は再び約 -70 mV に復元される（図 9・2）．

活動電位は第二に，**軸索**（axon，神経細胞の伸びた部分）に沿って存在する別の Na$^+$ チャネルの開口を促進する．これにより，また脱分極と再分極が繰返され，それが続いていく．このようにして活動電位は軸索を徐々に伝わっていく．このシグナルは逆方向へ伝わることはできない．なぜなら，一度閉じてしまったこのイオンチャネルはその後数ミリ秒間閉じたままだからである．これらの事象を図 9・3 にまとめて示す．

哺乳類では，軸索がいわゆる**ミエリン鞘**（myelin sheath）により覆われているために，活動電位は非常に速く伝達する．この構造は何層もの別の細胞由来の膜が軸索のまわりを取囲んでできている（図 9・4）．ミエリン鞘はスフィンゴミエリンに富んでおり，タンパク質は少ない（他の膜では最大で約 50 % までがタンパク質で

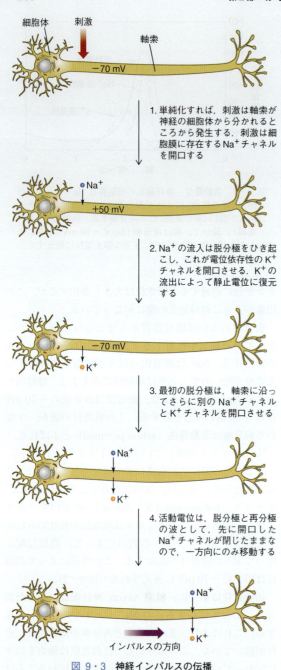

図 9・3　神経インパルスの伝播

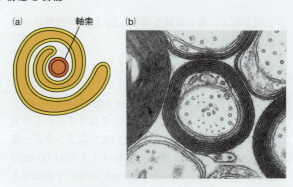

図 9・4　軸索のミエリン化．(a) 補助的な細胞が軸索のまわりを取囲み，それらの細胞の膜が軸索を覆っている断面を模式的に示す．(b) ミエリン化された軸索の電子顕微鏡写真．ミエリン鞘は 10〜15 層の厚さと考えられる．[Cedric S. Raine, Albert Einstein College of Medicine 提供．]

徐々に損なわれていく．

輸送体はイオンの膜貫通移動を仲介する

活動電位の伝達に関与する Na^+ チャネルと K^+ チャネルは，すべての細胞の細胞膜や真核生物の細胞内膜に存在するさまざまな輸送タンパク質群のうちの二つにすぎない．輸送タンパク質（transport protein）はその役割に従ってさまざまな名称でよばれている．たとえば，輸送体，トランスロカーゼ（転位酵素），パーミアーゼ（透過酵素），細孔，チャネル，ポンプなどがある．ときには，膜を横切って輸送する物質によって分類されたり，それらが常に開いているか，刺激を受けたときだけ開口するかで分類されたりもする．輸送体分類データベース（www.tcdb.org）では，6000 近い輸送体が機構の異なる 5 種のグループに分類されている．しかし，輸送タンパク質の最も重要な分類方法は，それが働く際に自由エネルギーを必要とするか否かである．神経の Na^+ や K^+ のチャネルは，濃度勾配に従って熱力学的に有利な方法でイオンを運搬するため，**受動輸送体**（passive transporter）とみなされる．

膜電位の効果に依存せずに働くすべての輸送タンパク質の場合，ある物質 X の外側から内側への膜貫通により変化する自由エネルギーは，

$$\Delta G = RT \ln \frac{[X_{内}]}{[X_{外}]} \tag{9・3}$$

で表される．したがって，自由エネルギー変化が負である（すなわち，その過程が自発的である）のは，X が高濃度である膜の外側部位から低濃度である膜の内側部位へ移動した場合のみである（計算例題 9・2）．

できているのに対し，ミエリン鞘では約 18 % である）．ミエリン鞘はミエリン化された軸索の部分におけるイオンの動きを阻害し，節の部分以外ではイオンが動けないために，活動電位は節から節へと飛び跳ねるように伝達する．結果としてミエリンに覆われていない軸索に比べ約 20 倍も速く活動電位は伝達される．多発性硬化症などの病気によりミエリン鞘が劣化すると，運動機能が

9. 膜 輸 送　　201

●●● 計算例題 9・2

問題　グルコースが細胞外（[グルコース] = 10 mM）から細胞質（[グルコース] = 0.1 mM）に移動するときに，自由エネルギー変化が 0 より小さい（$\Delta G < 0$）ことを示せ.

解答　細胞質を（内），細胞外を（外）とすると，

$$\Delta G = RT \ln \frac{[\text{グルコース}_\text{内}]}{[\text{グルコース}_\text{外}]}$$

$$= RT \ln \frac{10^{-4}}{10^{-2}} = RT(-4.6)$$

$(10^{-4}/10^{-2})$ の対数は負の値となるので，自由エネルギー変化 ΔG もまた負となる.

練習問題

4. $T = 20\,^\circ\text{C}$ として，上で述べた過程の自由エネルギー変化 ΔG を計算せよ.

5. 細胞外グルコース濃度が 5 mM で細胞内濃度が 0.5 mM であるとき，20 ℃ でグルコースが細胞外から細胞内に移動するときの自由エネルギー変化 ΔG を計算せよ.

6. 細胞外グルコース濃度が 0.5 mM で細胞内濃度が 5 mM であるとき，20 ℃ でグルコースが細胞外から細胞内に移動するときの自由エネルギー変化 ΔG はどうなるか.

　もし輸送される物質がイオンの場合，膜を横切る電荷に差があるので，膜電位 $\Delta\psi$ を含むある項を (9・3) 式に加える必要がある.

$$\Delta G = RT \ln \frac{[\text{X}_\text{内}]}{[\text{X}_\text{外}]} + ZF\Delta\psi \qquad (9\cdot4)$$

(9・4) 式から，あるイオンが輸送されるときの自由エネルギー変化 ΔG を求めることが可能で，添字の "外" はそのイオンが最初に存在する部位を，添字の "内" は移動後の部位を示す（計算例題 9・3 参照）. 輸送される物質が電荷 Z をもつイオンの場合，たとえ濃度勾配が輸送に適当であったとしても，膜電位 $\Delta\psi$ の値によっては輸送自体は熱力学的に不利になることも考えられる.

●●● 計算例題 9・3

問題　細胞外の Na^+ 濃度が 150 mM で細胞質濃度が 10 mM であるとき，Na^+ が細胞内に移動するときの自由エネルギー変化を計算せよ. $T = 20\,^\circ\text{C}$, $\Delta\psi = -50$ mV（内側が負）とする.

解答　(9・4) 式から，

$$\Delta G = RT \ln \frac{[\text{X}_\text{内}]}{[\text{X}_\text{外}]} + ZF\Delta\Psi$$

$$= (8.3145\,\text{J K}^{-1}\,\text{mol}^{-1})(293\,\text{K}) \ln \frac{(0.010)}{(0.150)}$$
$$+ (1)(96{,}485\,\text{J V}^{-1}\,\text{mol}^{-1})(-0.05\,\text{V})$$

$$= -6600\,\text{J mol}^{-1} - 4820\,\text{J mol}^{-1}$$

$$= -11{,}600\,\text{J mol}^{-1} = -11.6\,\text{kJ mol}^{-1}$$

練習問題

7. 細胞外の K^+ 濃度が 15 mM で細胞質濃度が 50 mM であるとき，K^+ が細胞内に移動するときの自由エネルギー変化を計算せよ. $T = 20\,^\circ\text{C}$, $\Delta\psi = -50$ mV（内側が負）とする. この移動は自発的に進行するか.

8. Na^+ 濃度が 100 mM である外側から 25 mM の内側に向けて膜を横切って Na^+ が移動するときの自由エネルギーを計算せよ. $T = 20\,^\circ\text{C}$, $\Delta\psi = +50$ mV とする. この移動は自発的に進行するか.

　神経細胞における受動的イオンチャネルと異なり，Na^+ や K^+ の濃度勾配を基本的に形成・維持しているタンパク質は**能動輸送体**（active transporter）とよばれ，濃度勾配に逆らってイオンを運ぶのに ATP の自由エネルギーを必要としている. 次節では，さまざまな輸送タンパク質について説明する. 小さな非極性の物質は輸送タンパク質の助けを借りなくても膜を透過できることをよく覚えておこう. それらは単純に脂質二重層を通り抜けて拡散していく.

9・2　受 動 輸 送

重要概念
- ポリンと β バレルはいくつかの分子を選択的に膜を通過させる.
- イオンチャネルは選択的なフィルターをもって開閉する.
- アクアポリンは水分子のみを通過させる.
- 輸送タンパク質は，膜のそれぞれの面に結合部位を露出させる構造変化を起こし，物質を輸送する.

　それ自身では二重層を通過して簡単に拡散できないすべての物質について，何らかの輸送体がかかわっている. いくつかの輸送体は膜を垂直に貫通した穴を形成しており，より複雑なものでは，酵素のように機能している. 最も単純な輸送体であるポリンから紹介する.

ポリンは β バレルタンパク質である

　ポリン（porin）は，細菌やミトコンドリア，葉緑体の外膜に存在する（いくつかの細菌や細菌を由来とする

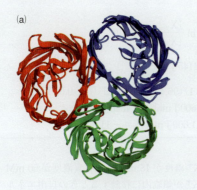 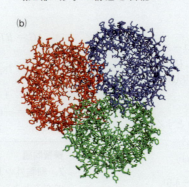 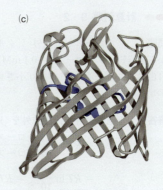

図9・5 大腸菌のOmpFタンパク質. 三量体タンパク質のそれぞれのサブユニットが膜貫通βバレルを形成し, イオンや小さな分子の通過を可能にしている. (a) 細胞膜の外側から見たリボンモデル. (b) 棒モデル. (c) それぞれのサブユニットにおいて, 16本のβ鎖はループによってつながっており, このループの一つ(青)がバレルの中心を制限することで, ポリンが小さい正電荷をもつ物質(溶質)のみを選択的に通す機構を生み出している. [構造(pdb 1OPF)はS. W. Cowan, T. Schirmer, R. A. Pauptit, J. N. Jansoniusによって決定された.]

細胞小器官には, 細胞質を囲む膜に加えて第二の外膜がある). 現在までに知られているポリンはすべて三量体であり, それぞれのサブユニットは16〜18個のβ鎖からなる膜貫通型βバレル構造を形成している(図9・5). この大きさのβバレルは, 親水性の側鎖で覆われて水でみたされた中心部分をもっており, そこが約1000 Daまでの大きさのイオンや分子が膜を横切って通過する経路となっている. 図8・9に示した8個のβ鎖からなるβバレルの場合には, 中心部分がアミノ酸の側鎖によって埋まっており, イオンが通り抜ける穴を形成できない.

16個のβ鎖をもつOmpFタンパク質では, β鎖どうしを長いループが結んでいる(図9・5c). そのループのうちの一つが, それぞれ単量体でβバレルの中側に折込まれ, その直径が約7Åに制限されているため, OmpFでは600 Da以上の大きさのものは通れないようになっている. またループ部分にはカルボキシ基をもつ側鎖がいくつか存在するため, ポリンはカチオン性物質に対して弱い選択性をもつ. その他のポリンでは, バレルの内側の構造やそれに折込まれているアミノ酸側鎖の性質に依存して, 輸送される分子に対して非常に高い選択性をもっている. たとえば, いくつかのポリンはアニオンや小さな炭水化物に特性がある. ポリンは常に開いた状態であり, 輸送される分子はどちらの方向にも移動できると考えられている.

イオンチャネルは高い選択性がある

神経細胞や他の真核生物と原核生物に存在するイオンチャネルは, ポリンよりももっと複雑な構造をしている. その多くは, 膜貫通型αヘリックスをもった同一または類似の分子をサブユニットとする多量体である. イオンの通路それ自身は, サブユニットどうしが接しているタンパク質の中心軸に存在する. このタンパク質の最もよく知られた例は, $Streptomyces\ lividans$ とよばれる細菌に存在するK^+チャネルである. 四量体の各サブユニットには, 二つの長いαヘリックスが存在する. 一つのヘリックスは膜を貫通した細孔の壁の部分を形成しており, もう一つは疎水性の膜内部に面している(図9・6). 三つ目の小さいヘリックスは, タンパク質の細胞外部分に位置している.

Na^+はK^+より小さく, 細孔を通り抜けるのは容易なはずであるが, K^+チャネルはK^+をNa^+の約10,000倍

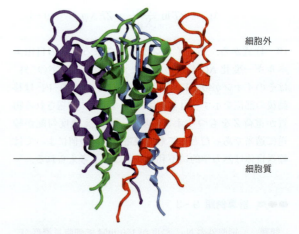

図9・6 $S.\ lividans$のK^+チャネルの構造. 四つのサブユニットは異なる色で示してある. それぞれのサブユニットは, おおむね中心の小孔の部分を構成する内側のヘリックスと膜内部と接する外側のヘリックスからできている. [構造(pdb 1BL8)はD. A. Doyle, J. M. Cabral, R. A. Pfuetzner, A. Kuo, J. M. Gulbis, S. L. Cohen, B. T. Chait, R. MacKinnonによって決定された.]

通しやすい．K$^+$ に対する高い選択性は，選択フィルターの存在，すなわち細孔の細胞外の入口を形成しているタンパク質の配置で決まっている．細孔はある部位で約 3 Å まで狭まり，四量体のそれぞれの骨格は折れ曲がって，それに伴い側鎖がタンパク質の内部に折れ込み，カルボニル基は細孔の内部に入り込んでいる．カルボニル基の酸素原子は，水和していない K$^+$（直径 2.67 Å）が細孔を通り抜ける際，協調的に働くのにちょうどよい位置関係にある．水和していない Na$^+$（直径 1.90 Å）では小さすぎてカルボニル基と協調的に働けないため，細孔から排除される（図 9・7）．

神経の電位依存性 K$^+$ チャネルは，細菌のものより大きく，四量体の各サブユニットには六つの α ヘリックスが存在し，それがさらに他のタンパク質と結合して大きな複合体を形成している．しかし，このチャネルにも，多くの K$^+$ チャネルと同様に，選択フィルターが存在する．Na$^+$ や Ca^{2+} のような異なったイオンに対するチャネルでは，異なった選択性の機構をもつ必要がある．水分子の輸送に選択的な膜チャネル群は，全く異なるタンパク質ファミリーを形成している（下記参照）．

開口型チャネルは立体構造を変化させる

K$^+$ や Na$^+$ チャネルが絶えず開口していたならば，神経細胞は活動電位を発生できず，また細胞内外のイオン濃度はすばやく平衡に達して，細胞は死んでしまうであろう（ボックス 9・A）．したがって，これらのイオンチャネルと他の多くのものは，**開口**（gated）する．すなわち，チャネルはある特定のシグナルに応答して開いたり

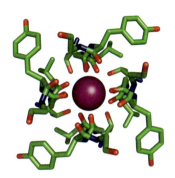

図 9・7 **K$^+$ チャネルの選択フィルター**．細胞外空間から選択フィルターを見た細孔のモデル図．細孔は，K$^+$（紫の球形）と協調するように配置されたカルボニル基の骨格によって形成されている．チロシン残基を含む堅いタンパク質のネットワークが，より小さな Na$^+$ がはまり込めるように細孔が縮むことを阻害している．炭素は緑，窒素は青，酸素は赤で示す．

ボックス 9・A　　生化学ノート

小孔で殺せる

抗真菌薬のアムホテリシン B（amphotericin B）は，クリプトコッカスや他の病原性真菌を殺す．アムホテリシン B は，明らかな親水性と疎水性の界面をもつ比較的小さな環状化合物である．炭素は緑，窒素は青，酸素は赤，水素は白で区別して示す．

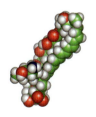

推定上 4〜6 分子のアムホテリシンが真菌の細胞膜に入り込むと，その疎水性部分は強くエルゴステロールと相互作用して，疎水性部分が膜の一方から反対側に向けた通路を形成する．わずか 23 Å の長さのアムホテリシン分子は，脂質二重層の疎水性中心部をかろうじて貫通しており，それが形成する孔はあまりに小さく，細胞の内容物を流出させることはできない．しかし，その孔は，明らかに Na$^+$，K$^+$ や他のイオンを通過させるのに十分である．イオンの濃度勾配の破壊や膜電位の消失によって，細胞は死に至る．

土壌細菌によって産生されるアムホテリシンは，細菌が多岐にわたって競争生物または捕食生物の膜の完全性を破壊しようともくろむ産物のほんの一例である．これらの化学兵器は，典型的には，個体から分泌されて標的細胞の膜で二つまたは小さな多量体として会合し，イオンの通路を形成する．こうした化合物のいくつかは，しばしば化学的に修飾され，抗生物質としての利用に向けて改良されている．

哺乳類の免疫系もまた，細菌および真菌の感染と闘う小孔形成の機構に依存している．これらの生物種に存在する細胞壁のある構成成分は，**補体**（complement）の活性化を誘導する．補体は一連の循環タンパク質で，互いに連続して活性化されて，標的細胞の細胞膜に小孔を形成するドーナツ状の構造物，いわゆる膜侵襲複合体（membrane attack complex）を生成する．この結果，イオンが流失して細胞を殺す．ヒトの細胞表面における膜侵襲複合体の不適切な会合は，自身の構成成分に対してまちがって免疫系が作動するいくつかの病気の原因となっている．

閉じたりする．いくつかのイオンチャネルはpHの変化，Ca^{2+}や小分子のような特異的なリガンドの結合によって開口する．嚢胞性線維症Cl^-チャネル（CFTRタンパク質，ボックス3・A参照）は，リン酸化されると開口する．

開口型チャネルの研究から，イオンの通路の開閉機構は変化に富むことが示された．神経細胞のK^+チャネルは，電位によって，すなわち脱分極に応答して開口する．その開口機構には，膜の細胞内側近くにあるヘリックスが，チャネルタンパク質の残りの構造を大きく破壊することなく，イオンの通路の入口をふさぐのに十分なほど移動することが関与している（図9・8）．

電位依存の開口に加えて，神経細胞のK^+チャネルは，そのタンパク質のN末端側部分（図9・8には示していない）が細胞質側にあるイオンの通路をふさぐように配置する機構によって，不活性化される．この不活性化は，K^+チャネルが最初に開口してから数ミリ秒で生じ，このチャネルがその後すぐには開口できないことを説明している．結果的には，活動電位が前方にのみ伝導する．

細菌で膜の伸長に応答して開口する機械刺激感受性チャネルでは，αヘリックスの束が互いに交差して移動し，立体配置を変化させている（図9・9）．興味深いことに，閉口状態で穴は100％ふさがれていない．しかし，かさばった疎水性の残基が開口部に並んでいるので，水やイオンは通過できない．1分子の水や水和していないイオンは幾何学的に適合するかもしれないが，極性をもつ分子がこの疎水的な障壁を通過するエネルギーは高く，効果的に穴をふさいでいる．

アクアポリンは水に特異的な小孔である

長い間，水分子は単純拡散によって膜を横切る〔要するに**浸透**（osmosis）であって，溶質が低濃度から高濃度のほうへ水が移動する〕と思われてきた．水は生体内に多量に存在するため，この考え方は理にかなっているようにみえた．しかし，ある細胞，たとえば腎臓においては，水の輸送は想像以上に非常に速く，まだ発見されていない水を輸送する細孔があるのではないかと考えられていた．同定のむずかしかったこのタンパク質は1992年にアグレ（Peter Agre）によって発見され，**アクアポリン**（aquaporin）と名づけられた．

アクアポリンは自然界に広く存在している．植物は約50もの異なるアクアポリンをもつと考えられている．哺乳類では13個のアクアポリンが，水輸送の重要な組織，たとえば腎臓，唾液腺，涙腺に豊富に発現している．ほとんどのアクアポリンは水分子に対して非常に特異性があり，グリセロールや尿素のような他の小さな極性因子を輸送しない．

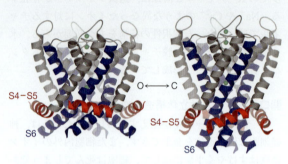

図9・8 電位開口型K^+チャネルの作動．閉じた構造（右）では，いわゆるS4–S5連結ヘリックス（赤）がS6ヘリックスを押し下げて，穴の細胞内側の末端をつまみ込んでいる．脱分極すると，連結ヘリックスが上向きに揺れてS6ヘリックスが曲がり，穴を開口させる（左）．［Roderick MacKinnon, Rockefeller University and Howard Hughes Medical Institute 提供．］

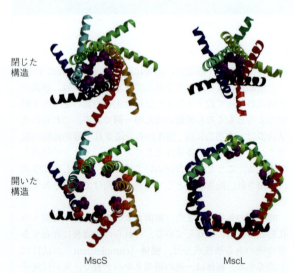

図9・9 閉口と開口状態にある機械刺激感受性チャネルの構造．細菌のタンパク質MscSとMscLにおいては，αヘリックスの束が穴を取囲んでいる（タンパク質の残りの部分は示していない）．αヘリックスは互いに交差して移動し，眼球の虹彩のように穴を開けたり閉じたりしている．閉鎖状態で穴をふさいでいる疎水性の残基を紫で示した．［Douglas C. Rees, California Institute of Technology 提供．］

$$H_2N-\overset{\overset{O}{\|}}{C}-NH_2$$
尿素

アクアポリンファミリーのなかで最もよく解析されたアクアポリン1（AQP1）は，ホモ四量体でその細胞外表面に糖鎖が結合している．それぞれのサブユニットは

その大部分を占める 6 本の膜貫通 α ヘリックスと脂質二重層の中に埋もれた 2 本の短いヘリックスからなる（図 9・10）．

K^+ チャネルとは異なり，アクアポリンの小孔は四つのサブユニットの中心にあり，それぞれのサブユニットが小孔をもっている．一番狭い部分で細孔は直径約 3 Å である（水分子の直径は 2.8 Å である）．小孔の大きさは巨大分子の通過を明らかに妨げる．小孔は重要な働きをしている二つのアスパラギンを除いては，疎水性側鎖でできている（図 9・11）．

もし水分子が水素結合した状態でアクアポリンを通り抜けるとしたら，プロトンも容易に通過できるであろう（プロトンは H_3O^+ と等価であり，プロトンはあたかも水素結合した水分子の間をすばやく動き回れることを思い出そう，§2・3 参照）．しかし，アクアポリンはプロトンを通過させない（プロトンを通過させる他のタンパク質は，エネルギー代謝に重要な役割を果たしている）．

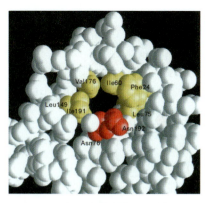

図 9・11　**アクアポリン細孔の様子**．疎水的な残基を黄で，二つのアスパラギン残基を赤で示した．[Yoshinori Fujiyoshi, Kyoto University 提供．]

プロトンの輸送を防ぐために，アクアポリン内では水分子が水素結合でつながることを妨げる必要があるが，それは，上述のアスパラギン残基が通過していく水分子と一過的に水素結合をすることによって行われている．

輸送タンパク質には立体構造を変えるものがある

膜内外の輸送を仲介するすべての輸送タンパク質が，ポリンやイオンチャネルのように，明確な膜を貫通した細孔をもっているわけではない．赤血球に存在するグルコース輸送体のようなタンパク質は，膜の片側から反対側に物質を輸送するためにその立体構造を変える．このタンパク質のグルコース結合部位は，細胞の内側と外側とに交互に向くことが実験から示唆されている．グルコースが膜のどちらかの面で結合すると，構造変化が生じて，グルコースはもう一方の面を向くことになる（図 9・12）．この受動輸送体の二つの構造状態は平衡にあるため，グルコースが細胞の内側と外側でどちらの濃度が相対的に高いかに依存して，細胞膜の一方向へグルコースを輸送することが可能となる．

グルコース輸送体と類似した他の輸送タンパク質も存在し，それらはすべてリガンドを結合して膜の反対側で放出するために立体構造を変える膜貫通タンパク質である．それらは，膜を横切って物質を運ぶ速度を加速している点で，酵素のように機能している．さらに，酵素のように高い"基質"濃度によって輸送は飽和し，競合や別種の阻害を受けやすい．明白なことだが，輸送タンパク質は，ポリンやイオンチャネルに比べて，運ぶ物質に対して高い選択性をもっている．輸送タンパク質の多様性は，さまざまな代謝燃料と構成成分を細胞や細胞小器官の内外に運ぶ必要性を反映している．微生物の約 10% の遺伝子が輸送タンパク質と見積もられている．

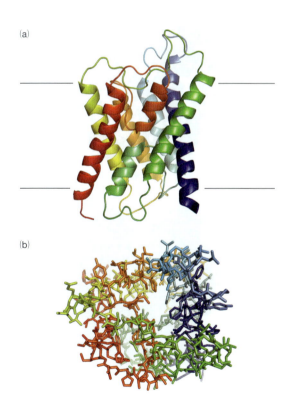

図 9・10　**アクアポリンサブユニットの構造**．(a) 膜の側面から見たリボンモデル．(b) 一方の端から見た棒状モデル．完全なアクアポリンは，ヘリックス間の水素結合と膜の外側にあるループの相互作用を介して，これらのサブユニットが四つ会合したものである．[構造 (pdb 1FQY) は K. Murata, K. Mitsuoka, T. Hirai, T. Walz, P. Agre, J. B. Heymann, A. Engel, Y. Fujiyoshi によって決定された．]

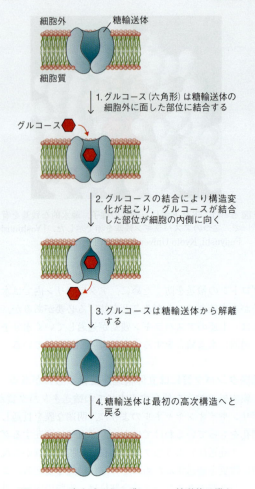

図 9・12 赤血球にあるグルコース輸送体の働き

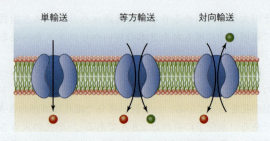

図 9・13 膜輸送系のいくつかの種類

胞質に向けて開いた結合部位の裂け目を定めているかを示している．結合した糖を膜の反対方向に露出させるために，わずかな高次構造変化が，どのようにしてタンパク質を二分した半分を傾けているかは容易に想像できよう（図 9・14）．

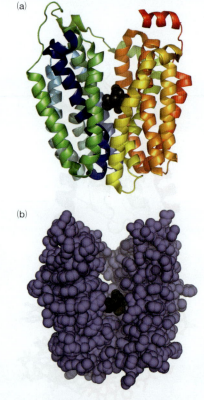

図 9・14 大腸菌ラクトース輸送体の構造．(a) タンパク質のヘリックスを青（N 末端）から赤（C 末端）への虹色で表現したリボンモデル．二糖のラクトース類似体を暗い灰色の球形で示す．(b) 基質が結合する穴を示すために，二つのヘリックスを取除いた空間充填モデル．ラクトースの輸送はプロトン（示していない）の輸送と共役している．［構造 (pdb 1PV7) は J. Abramson, I. Smirnova, V. Kasho, G. Verner, H. R. Kaback, S. Iwata によって決定された．］

輸送タンパク質のなかにはリガンドを 1 種類以上結合できるものも存在するため，これらがどのように機能するかに着目して分類することは有用である（図 9・13）．

1. **単輸送体**（uniporter）は，グルコース輸送体のように，一度に一つの分子を輸送する．
2. **等方輸送体**（symporter）は，一度に二つの異なる物質を同じ方向に輸送する．
3. **対向輸送体**（antiporter）は，一度に二つの異なる物質を膜の反対方向に輸送する．

グルコース輸送体の構造は十分に解明されていないが，いくつかの他の糖輸送体の構造が詳細に検討されている．これらの糖輸送体は等方輸送の過程を触媒し，グルコース輸送体のように，揺動（ロッキング）機構によって作動している．大腸菌ラクトース輸送体（ガラクトシドパーミアーゼ，ラクトースパーミアーゼともいう）の構造は，12 番目の α ヘリックスが，どのようにして細

9・3 能動輸送

重要概念
- Na$^+$/K$^+$ ATPアーゼにおいては，ATPの加水分解に起因する高次構造変化がNa$^+$とK$^+$の輸送を駆動する．
- 二次性能動輸送は，第二の基質であるATPに依存した濃度勾配によって間接的に駆動する．

真核細胞の内側と外側のNa$^+$とK$^+$の濃度差は，おもにNa$^+$/K$^+$ ATPアーゼ（Na$^+$/K$^+$ ATPase）として知られる対向輸送タンパク質により維持されている．この能動輸送体は，Na$^+$を細胞の外側へ，K$^+$を細胞の内側へと，イオンを濃度勾配に逆らって輸送する．この名前が示すとおり，ATPが自由エネルギーの源となっている．別のATPを要求する輸送タンパク質が，濃度勾配に逆らってさまざまな物質を輸送する．

Na$^+$/K$^+$ ATPアーゼは膜を横切ってイオンを輸送する際に高次構造を変える

Na$^+$/K$^+$ ATPアーゼは，1回の反応サイクルで一つのATPを加水分解し，三つのNa$^+$を排出して二つのK$^+$を取込む．

$$3\,\text{Na}^+_{内} + 2\,\text{K}^+_{外} + \text{ATP} + \text{H}_2\text{O} \longrightarrow$$
$$3\,\text{Na}^+_{外} + 2\,\text{K}^+_{内} + \text{ADP} + \text{P}_i$$

他の膜輸送タンパク質と同様に，Na$^+$/K$^+$ ATPアーゼは2種類の構造をとり，Na$^+$とK$^+$がそれぞれ結合する部分を膜の両側に交互に配置する．図9・15に示すように，ATPを加水分解して，このタンパク質は三つのNa$^+$を一度に細胞外へ排出したのちに，今度は二つのK$^+$を同時に細胞内へ流入させる．要するに，エネルギー的に有利なATPからADPおよび無機リン酸への変換が，エネルギー的に不利なNa$^+$とK$^+$の輸送を駆動している．ATPの加水分解はイオン輸送と連携しており，ATPから輸送タンパク質にリン酸基が移ることでタンパク質の構造が変化し（段階3と4），その後無機リン酸が遊離することによって別の構造変化をひき起こす（段階5と6）．この多段階の反応は，リン酸化タンパク質を中間体として含み，この方法によって反応が一方向に働き，濃度勾配に従ってNa$^+$とK$^+$が拡散して戻ってこないようにしている．モータータンパク質（§5・3）についても同様の機構が作動しており，ADPと無機リン酸が別べつに放出されることによってATPを再合成して反応が逆に進むことがないようにしている．

Na$^+$/K$^+$ ATPアーゼは，10個の膜貫通ヘリックスからなる大きなαサブユニットと，それぞれ1個の膜貫通ヘリックスからなる小さなβとγサブユニットから構

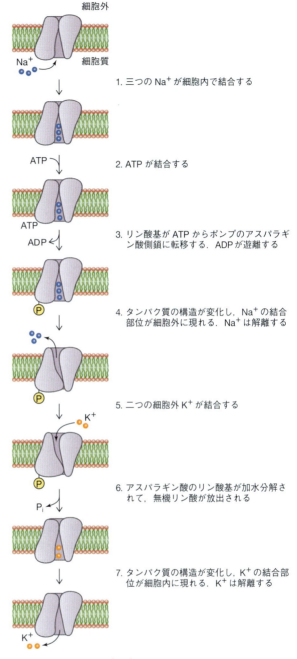

1. 三つのNa$^+$が細胞内で結合する
2. ATPが結合する
3. リン酸基がATPからポンプのアスパラギン酸側鎖に転移する．ADPが遊離する
4. タンパク質の構造が変化し，Na$^+$の結合部位が細胞外に現れる．Na$^+$は解離する
5. 二つの細胞外K$^+$が結合する
6. アスパラギン酸のリン酸基が加水分解されて，無機リン酸が放出される
7. タンパク質の構造が変化し，K$^+$の結合部位が細胞内に現れる．K$^+$は解離する

図9・15 Na$^+$/K$^+$ ATPアーゼの反応サイクル

成されている．外側に向けた形状のポンプの構造を図9・16に示す．ATP結合部位と反応サイクルの間にリン酸化されるアスパラギン酸残基は細胞質側に存在するので，ATP結合とリン酸基転移の事象はカチオンが結合して解離する膜貫通部位まで，かなりの距離を伝達されなければならない．

Na$^+$/K$^+$ ATPアーゼは，P型ATPアーゼとして知ら

は多剤耐性輸送体（multidrug-resistance transporter）として知られている.

ABC輸送体は，他の輸送タンパク質やATPアーゼポンプと同じように機能する．ATPに依存するタンパク質の細胞質側での高次構造変化が，そのタンパク質の膜に埋込まれた部分の高次構造変化と共役している．予想されるように，この輸送体はタンパク質の全体半分の二つが互いに向き合って配置しており，リガンド結合部位を膜の両側に交互に露出させる．輸送体の半分のそれぞれには，膜を貫通するαヘリックスの束とそれと結合したATP反応が進行する球状のヌクレオチド結合ドメインが存在する（図9・17）.

いくつかのABC輸送体は，イオン，糖，アミノ酸や他の極性物質に特異性がある．P糖タンパク質と他の多剤耐性輸送体は，非極性物質を基質とする．この場合，タンパク質の膜貫通ドメインが，脂質二重層内からの基質取込みを可能にしている．薬剤耐性が生じると，基質は細胞から完全に排出されるだろう．あるいは，基質は二重層の片側から反対側へと単純に移動するだろう．いくつかの脂質フリッパーゼ（§8・2）は，二重層の間で脂質を運ぶABC輸送体である．

二次性能動輸送は存在する濃度勾配を活用する

ときには，"骨の折れる"膜を横切る物質の輸送が，ATPからADPと無機リン酸への変換と直接共役しない

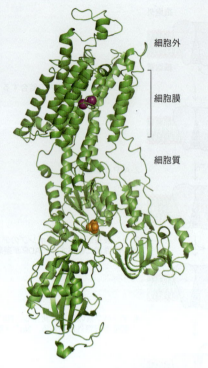

図9・16 **Na$^+$/K$^+$ ATPアーゼの構造**．αサブユニットをリボンモデルで示す（βとγサブユニットは示していない）．二つのRb$^+$（紫）は二つのK$^+$が結合する位置を示す．リン酸基の類似体はオレンジで示しており，リン酸化部位を表す．［構造（pdb 3B8E）はJ. P. Morth, P. B. Pedersen, M. S. Toustrup-Jensen, T. L. M. Soerensen, J. Petersen, J. P. Andersen, B. Vilsen, P. Nissenによって決定された．］

れている（Pはリン酸化を表す）．ATPに依存する他のポンプとして，植物の液胞や他の細胞小器官で機能するV型ATPアーゼやミトコンドリア（§15・4）や葉緑体（§16・2）で逆にATPを合成するために実際に作用しているF型ATPアーゼがある．

ABC輸送体は薬剤耐性を仲介する

すべての細胞には，脂質二重層内へと侵入して膜の構造と機能を変える毒性物質に対して，自身を保護する能力がある．この防御に向けて，**ABC輸送体**（ABC transporter）として知られる膜タンパク質が作用している（ABCは，これらのタンパク質で共通する構造上の特徴であるATP結合カセット：ATP-binding cassetteを表す）．不運なことに，多くの抗生物質や他の薬剤は脂溶性であり，これらABC輸送体の基質となる．がんの化学療法における薬剤耐性や細菌の抗生物質耐性は，ABC輸送体の発現や過剰発現と関連している．ヒトでこの輸送体は，P糖タンパク質（P-glycoprotein）また

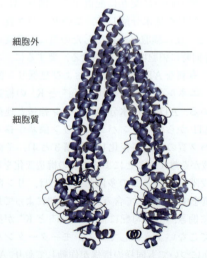

図9・17 **マウスP糖タンパク質の構造**．1本のポリペプチド鎖から構築される輸送体をリボンモデルで示す．内部の空洞が，細胞質と膜の内層側の両方に向けて開いていることに注目せよ．［構造（pdb 3G5U）はS. G. Aller, J. Yu, A. Ward, Y. Weng, S. Chittaboina, R. Zhao, P. M. Harrell, Y. T. Trinh, Q. Zhang, I. L. Urbatsch, G. Changによって決定された．］

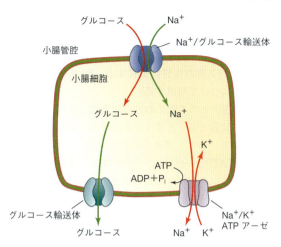

図 9・18 小腸細胞へのグルコースの輸送. Na^+/K^+ ATP アーゼは, 細胞外の Na^+ の濃度が細胞内より高い状態をつくり出す. Na^+ は濃度勾配に従って細胞内に流入し, そのさいグルコースも等方輸送タンパク質によって同時に細胞内に流入する. そのためグルコースの細胞内濃度はさらに高くなる. その後, 図9・12で示した赤血球の輸送体と同様の受動的な単輸送糖輸送体によって, グルコースは濃度勾配に従って血液側に排出される. エネルギー的に有利な動きは青緑の矢印で, またエネルギーが必要な動きは赤の矢印で示してある.

場合もある. その代わりに, 輸送体は別のポンプ, 多くはATPアーゼによる働きによってすでに形成された濃度勾配を利用する. この間接的なATPの自由エネルギーの利用は**二次性能動輸送**(secondary active transport)として知られている. たとえば, 小腸細胞外側の高い Na^+ 濃度 (Na^+/K^+ ATP アーゼの働きによって形成される) は, 等方輸送によってグルコースが細胞内に流入する際に利用される (図9・18). Na^+ がその濃度勾配に従って細胞内に流入する際に生じる自由エネルギーが, グルコースが濃度勾配に逆らって細胞内に流入する際に使われる. この機構により, 小腸は消化された食物からグルコースを吸収し, 血中にそれを放出している. ラクトース輸送体 (透過酵素, 図9・14参照) は別の二次性輸送体であり, プロトンの濃度勾配による自由エネルギーを利用して, プロトンとともにラクトースを細胞内に輸送する.

9・4 膜融合

重要概念

- 神経伝達物質はエキソサイトーシスの経路によって分泌される.
- SNARE タンパク質の作用による膜融合は, 二重層の曲率変動を必要とする.

ある神経細胞から次の神経細胞, あるいは分泌腺や筋肉細胞へとシグナルを伝える最終段階では, 軸索の先端から**神経伝達物質**(neurotransmitter)として知られる物質を放出することになる. 一般的な神経伝達物質は, アミノ酸やその誘導体などである. 運動神経とその標的の筋肉の間を結ぶシナプスでは, 神経伝達物質としてア

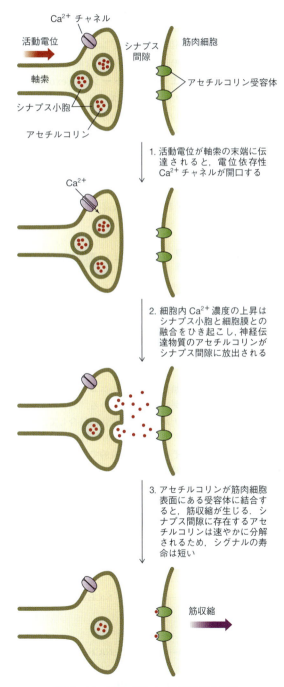

図 9・19 神経-筋シナプスで起こる現象

セチルコリン（acetylcholine）が用いられている.

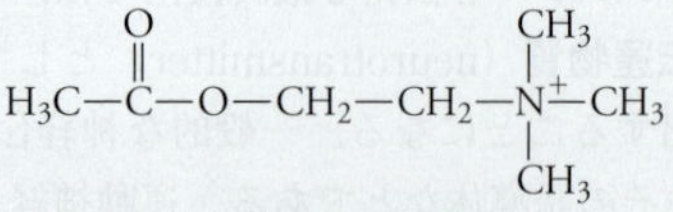

$$H_3C-\overset{O}{\overset{\|}{C}}-O-CH_2-CH_2-\overset{CH_3}{\underset{CH_3}{\overset{+}{N}}}-CH_3$$

アセチルコリン

アセチルコリンは，直径約400 Åのシナプス小胞（synaptic vesicle）とよばれる膜で囲まれた区画に貯蔵されている．活動電位が軸索の先端に達すると，電位依存性 Ca^{2+} チャネルが開口して Ca^{2+} が細胞内に流入する．$1\,\mu M$ 以下から $100\,\mu M$ への局所的な細胞内 Ca^{2+} 濃度の上昇は，小胞のエキソサイトーシス（exocytosis）をひき起こす（エキソサイトーシスとは，細胞膜と小胞が融合し，それにより小胞の内容物が細胞外の空間へと放出されることである）．アセチルコリンは，軸索の末端と筋肉細胞との間の狭い空間であるシナプス間隙を拡散し，筋肉細胞の表面にある膜内在性タンパク質である受容体に結合する．この結合が筋収縮に至る一連の事象をひき起こす（図9・19）．神経伝達を遮断すると，筋

収縮が抑制される（ボックス9・B）．一般的に，神経伝達物質を受容した細胞の応答は，神経伝達物質の性質や神経伝達物質が受容体に結合したことで活性化される細胞内タンパク質の性質に依存する．10章では，他の受容体機構について解説する．

神経−筋シナプス間における現象は，すばやく約1ミリ秒以内に起こる．しかし，1回の活動電位の効果は限られている．まず，神経伝達物質の放出を促した Ca^{2+} は，Ca^{2+} ATP アーゼによってすばやく細胞外に排出される．次に，シナプス間隙のアセチルコリンは，数ミリ秒以内に脂質結合型あるいは可溶性のアセチルコリンエステラーゼにより分解される．アセチルコリンエステラーゼは以下の反応を触媒する．

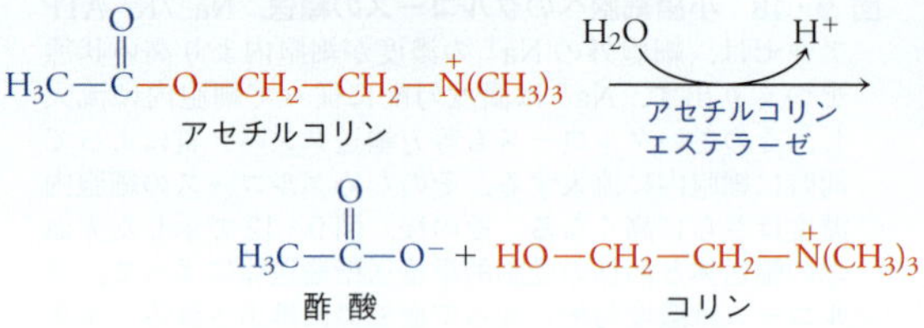

$$H_3C-\overset{O}{\overset{\|}{C}}-O-CH_2-CH_2-\overset{+}{N}(CH_3)_3 \quad \xrightarrow[\substack{\text{アセチルコリン}\\\text{エステラーゼ}}]{H_2O \quad\quad H^+}$$

アセチルコリン

$$H_3C-\overset{O}{\overset{\|}{C}}-O^- + HO-CH_2-CH_2-\overset{+}{N}(CH_3)_3$$

酢酸　　　　　　　　コリン

ボックス9・B　🔶 生化学ノート

神経のシグナル伝達を妨げるいくつかの薬剤

多種に及ぶ医薬品が神経の異なる機能を妨害し，筋活動，痛覚や意識に影響を与える．アヘン（ケシ由来）のように，これらの物質のあるものは何世紀にもわたって医療目的で利用されている．他のものは，最近の医薬品開発による努力の賜物である．

アセチルコリンに類似したスクシニルコリン（succinylcholine）は，筋弛緩薬に利用されている．スクシニルコリンは筋肉細胞のアセチルコリン受容体に結合して，それを活性化する．しかし，スクシニルコリンは非常にゆっくりと分解されるため，その効果は持続的である（スクシニルコリンは，通常の神経伝達物質であるアセチルコリンを急速に分解するアセチルコリンエステラーゼの基質とはならない）．その筋肉細胞は，初期状態への復帰や追加刺激に応答できないので，全体の結果として筋肉が弛緩する．スクシニルコリンの効果は数分続くのみで，痛覚や意識を妨害しない．スクシニルコリンは，おもに救急医療で利用さ

れ，しばしば気管内（呼吸管）チューブで挿入適用される．

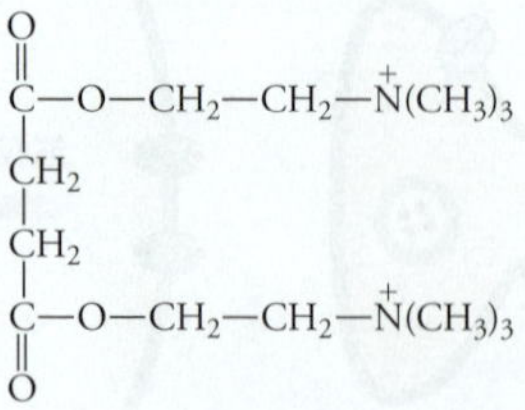

ある局所麻酔薬は，活動電位の発生に介在する Na^+ チャネルの孔をふさいで，体の特定部分の神経シグナル伝達を阻害する．広く利用される医薬品のひとつであるリドカイン（lidocaine）は，歯科治療や軽い手術で組織の麻痺に処方される．また，痛みや激しいかゆみを和らげる目的で，局所的にも利用される．リドカインは肝臓でゆっくりと分解されるので，その効果は2時間持続する．

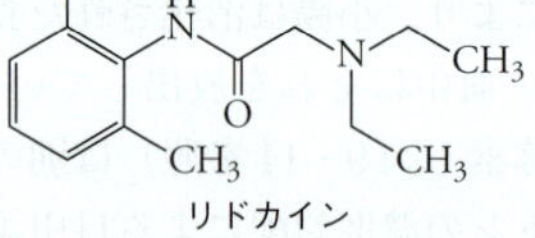

リドカイン 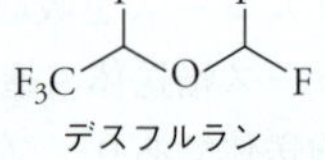　　　　　　　　デスフルラン

一般的な麻酔薬として，種々の物質が利用されており，デスフルラン（desflurane）のような吸入される揮発性の化合物も含まれる．こうした化合物は，膜に非特異的に挿入してその流動性を変化させ，その麻酔効果を発揮するとこれまで信じられていた．しかし，それらの化合物は，リガンド開口型イオンチャネルとして機能する神経伝達物質受容体のあるものと特異的に結合することが，X線結晶構造解析から解明された．麻酔薬は，受容体の膜貫通部分にある空洞に滑り込み，イオンの移動を阻害することによって神経のシグナル伝達を阻害している．

スクシニルコリン

9. 膜　輸　送　211

ボックス 9・C　● 臨床との接点

抗うつ薬はセロトニンの輸送を遮断する

　神経伝達物質のセロトニン（serotonin）はトリプトファンの誘導体であり，中枢神経系の細胞から分泌される．

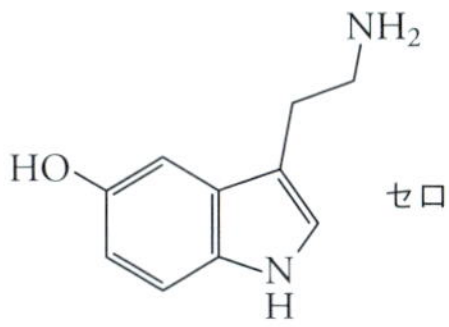

（セロトニンの構造式）セロトニン

　セロトニンのシグナル伝達は，とりわけ幸福，食欲の抑制や覚醒の感覚に導く．セロトニンに応答する受容体タンパク質は7種類あり，ときには対立する方向にシグナルを伝達するので，この神経伝達物質が気分や行動に影響を与える経路の理解は十分ではない．

　アセチルコリンと異なり，セロトニンはシナプス内で分解されずに，その約90％が細胞内に取込まれて，分泌に再利用される．セロトニンはその細胞外濃度がかなり低く，細胞外濃度が細胞内よりも高い Na^+ とともに単輸送体を介して，細胞内に再び取込まれる．セロトニン輸送体が神経伝達物質を取込む速度は，シグナル伝達の強度を調節することに役立っている．輸送タンパク質の遺伝的変異がうつ病や心的外傷後ストレス障害（PTSD）のような患者の精神状態を説明できるという研究もあるが，輸送体の発現量は患者間さらに患者内でも変動するので，そうした相関は証明することがむずかしい．

　選択的セロトニン再取込み阻害薬（selective serotonin reuptake inhibitor: SSRI）として知られる医薬品は，輸送体を阻害してセロトニンのシグナル伝達を増強する．最も広く処方されている医薬品は，フルオキセチン（fluoxetine）とセルトラリン（sertraline）を含む SSRI である．

　これらの医薬品は，不安障害や強迫性障害に処方されるが，おもには抗うつ薬として利用されている．数十年間の研究にもかかわらず，セロトニン輸送体とこれらの医薬品の相互作用は分子レベルで完全には解明されておらず，いくつかの研究は異なる阻害剤が輸送体の別の部位に結合することを示している．

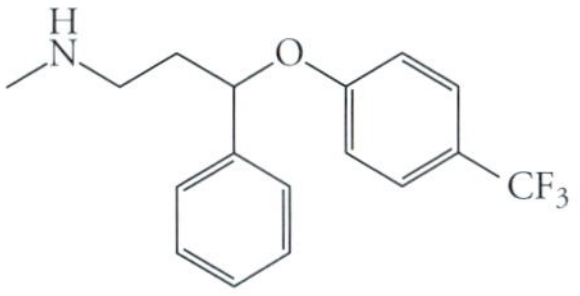

（フルオキセチンの構造式）フルオキセチン

（セルトラリンの構造式）セルトラリン

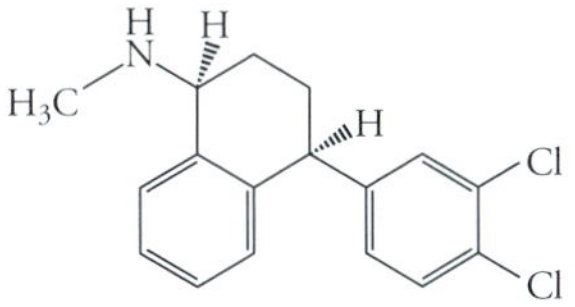

　厳しい臨床試験の結果から，重篤な障害の治療には SSRI が最も有効であるが，中度のうつ病にはプラセボ（偽薬）と同様で効かないことが示されている．フルオキセチンやセルトラリンのような医薬品の臨床効果を評価する難題のひとつは，うつ病を生化学的に定義することがむずかしいことにある．さらに，セロトニンのシグナル伝達経路は複雑であり，SSRI に応答して，体は遺伝子発現を変化させて他のシグナル伝達経路を調節するので，抗うつ薬の効果が数週の間に現れないかもしれない．SSRI の副作用項目は多く，個体間で大きく変動し，気がかりなことに自殺行為の危険が少し上昇する．

　別種の神経伝達物質は，分解される代わりに再利用される．この種の神経伝達物質は，二次性能動輸送体の作用によってそれらを放出する細胞内に再び取込まれる（ボックス9・C）．神経には何百ものシナプス小胞があり，一度にエキソサイトーシスされる小胞の数は限られているため，細胞は神経伝達物質を繰返し（たとえば1秒間に50回ほどの頻度でも）放出することができる．

SNARE タンパク質は小胞と細胞膜を融合させる

　多段階の反応からなる融合は，ある膜（たとえば小胞由来）がもう一方の膜（たとえば細胞膜由来）を標的にすることから始まる．二つの膜を近づけて融合できる状態にすることに，多くのタンパク質が寄与している．しかし，これらのタンパク質の多くは，二つの膜を物理的に結びつけて融合を促進するタンパク質である SNARE の補助的な因子にすぎないと考えられている．

　SNARE は膜内在性タンパク質である（SNARE の名前は soluble *N*-ethylmaleimide-sensitive factor attachment protein receptor からとられた）．細胞膜由来の二つの SNARE とシナプス小胞からの一つの SNARE が複合体となり，4本のヘリックスをもつ120Åの長さのコイルドコイル構造を形成する（細胞膜由来の二つの SNARE はそれぞれ一つずつで合計2本のヘリックスを形成し，シナプス小胞の SNARE は一つで2本のヘリックスを形成する）．それぞれが約70残基からなる4本のヘリックスは平行に並んでいる（図9・20）．ケラチンのような他のコイルドコイルタンパク質とは異なり（§5・2），4本のヘリックスの束は完全に整った構造をしているわけ

図 9・20　**4本のヘリックスの束からなるSNARE複合体の構造**．三つのタンパク質（一つは2本のヘリックスを含む）が色分けされている．ヘリックスの束を形成しないSNAREの部分は，X線結晶構造解析に先立って切断してある．[構造 (pdb 1SFC) は R. B. Sutton A. T. Brunger によって決定された．]

せるのに必要である（図9・21）．SNARE複合体の形成は熱力学的に有利に進むので，膜の融合は自発的に進行する．生体におけるアセチルコリンの放出はすばやいので，少なくともあるシナプス小胞においてSNAREはすでに細胞膜に結合した状態にあり，融合の進行に向けてCa^{2+}のシグナルを待っていると思われる．

膜融合には脂質二重層の曲率変化が必要である

　純粋な脂質二重層を用いた実験から，in vitro での膜融合の進行にSNAREは必須でないが，融合の速度は膜の脂質成分に依存することが証明されている．この知見は，融合しようとする膜の脂質二重層が再編成されることを説明している．接触しようとする層のリン脂質は，穴の形成に先だって混ざり合う必要がある（図9・22）．必要とされる膜の曲率変化は，ある種の脂質によって促進されるようである．

　生きている細胞では，SNARE複合体の形成による張力が二重層の形状変化を促進する．加えて，膜脂質の活発な再構築が進むであろう．たとえば，酵素によるアシル基の除去は円筒状の脂質を円錐状のものに変換できる．こうした脂質の集合は二重層を外側に曲げることになり，反対に，脂質の大きな頭部の除去は二重層を内側に

ではなく，その直径はまちまちである．

　小胞と細胞膜におけるSNARE間の相互作用は，互いに適正な膜どうしが融合するように方向づける系として機能している．初めに，個々のSNAREタンパク質が開いて，自然にジッパーが締まるように，4本のヘリックスの複合体が形成される．この過程は二つの膜を接近さ

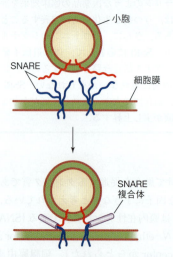

図 9・21　**SNAREによる膜融合のモデル**．小胞と細胞膜由来のSNAREが複合体を形成することにより，膜どうしが近づいて自発的に融合する．

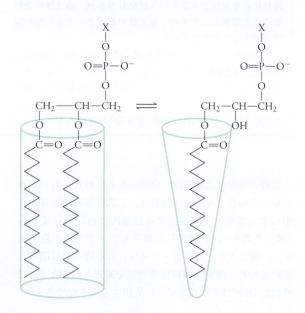

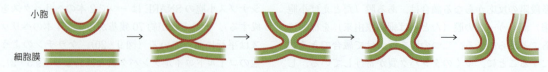

図 9・22　膜融合のモデル図．単純化するために，小胞膜と細胞膜は二重層として書いてある．

9. 膜　輸　送　　　213

曲げることになるだろう.

　エキソサイトーシスの結果として, 細胞膜は融合したシナプス小胞の膜成分で増大する. 神経は, 増加した細胞膜成分の一部を新しいシナプス小胞の形成に再利用し

ている. 新しい小胞は既存の膜が出芽することによって形成され, この機構は**エンドサイトーシス** (endocytosis) とよばれる. これはエキソサイトーシスの逆であり, 図 9・22 で示した経路を逆方向に進行する.

ま と め

9・1 膜輸送の熱力学

- 神経のシグナル伝達において, 膜を通過したイオンの輸送は膜電位の変化 $\Delta\psi$ をひき起こす.
- 膜を通過した物質移動の自由エネルギー変化 ΔG は, 膜の各両端での物質濃度と膜電位 (物質が電荷をもっているときは) に依存する.

9・2 受 動 輸 送

- ポリンのような受動輸送タンパク質は, 濃度勾配に従って物質を膜の反対側へ輸送する. アクアポリンは水分子の輸送を仲介する.
- イオンチャネルは, ある 1 種のイオンだけを透過させるような選択フィルターをもっている. 開口型チャネルは, 別の事象に応答して開いたり閉じたりする.
- 受動糖輸送体のような膜タンパク質は, リガンドの結合部

位を膜の両側へ交互に向けるような構造変化をひき起こす.

9・3 能 動 輸 送

- Na^+/K^+ ATP アーゼや ABC 輸送体のような能動輸送体は, 濃度勾配に逆らった膜を横切る物質の輸送に ATP の自由エネルギーを必要とする.
- 二次性能動輸送は, ある物質の有利な輸送を進めて, 別の物質の不利な輸送を駆動させる.

9・4 膜 融 合

- 神経伝達物質の放出に際して, 細胞内小胞は細胞膜に結合し, その後融合する. 小胞側と細胞膜側の SNARE タンパク質は 4 本のヘリックス構造を形成し, 融合する膜どうしを近づける. 融合の進行には, 二重層の曲率変化が必要である.

問　題

9・1 膜輸送の熱力学

1. 多くの神経細胞における静止膜電位は約 $-70\ mV$ である. (9・2) 式を用いて, 静止電位における $[Na^+_内]/[Na^+_外]$ の比を計算せよ.

2. 神経が刺激されると膜電位が $-70\ mV$ から $+50\ mV$ に上昇する. 脱分極した神経細胞の $[Na^+_内]/[Na^+_外]$ の比を計算せよ. この比は問題 1 で計算した値と比べてどうか, また, この変化はどのように重要か.

3. 静止膜電位において (問題 1 で述べた状態), 細胞内への Na^+ の移動に向けた自由エネルギー変化を (9・4) 式を用いて計算せよ. 温度が 37 ℃ として, この過程は自発的に進行するか.

4. 問題 2 で述べた脱分極した状態の細胞内への Na^+ の移動に向けた自由エネルギー変化を (9・4) 式を用いて計算せよ. 温度が 37 ℃ として, この過程は問題 3 で計算した値と比べてどうか, また, この差はどのように重要か.

5. 典型的な海洋生物において, Na^+ と Ca^{2+} の細胞内濃度はそれぞれ 10 mM と 0.1 μM であり, 細胞外濃度はそれぞれ 450 mM と 4 mM である. 温度が 37 ℃ として, これらのイオンが膜を横切って移動する際の自由エネルギー変化を (9・4) 式を用いて計算せよ. これらのイオンはどちらの方向に移動するか. 膜電位は $-70\ mV$ であるとする.

6. 図 9・1 に示された状態において, Na^+ と K^+ が膜を横

切って移動する際の自由エネルギー変化を, 温度が 20 ℃ として計算せよ. 膜電位は $-70\ mV$ であるとする. これらのイオンはどちらの方向に移動するか.

7. 小胞体の Ca^{2+} 濃度 (外側) は 1 mM であり, 細胞質の Ca^{2+} 濃度 (内側) は 0.1 μM である. 膜電位が, $-50\ mV$ (a) と $+50\ mV$ (b) の場合における自由エネルギー変化 ΔG を, 温度が 20 ℃ として計算せよ. Ca^{2+} の移動が熱力学的により有利なのは, どちらの場合か.

8. 細胞質の Ca^{2+} 濃度 (内側) は 0.1 μM であり, 細胞外液の Ca^{2+} 濃度 (外側) は 2 mM である. 膜電位が $-50\ mV$ の場合における自由エネルギー変化 ΔG を, 温度が 37 ℃ として計算せよ. Ca^{2+} の移動が熱力学的に有利なのは, どちらの方向か.

9. 高熱は正常な神経機能を妨げる. 温度は膜電位を定める (9・1) 式の一つの項であるので, 熱は神経の静止期における膜電位を効果的に変えることが可能である.

　(a) 温度が 37 ℃ から 40 ℃ に変化したとき, 神経の膜電位に与える影響を計算せよ. 正常な静止膜電位を $-70\ mV$ とし, イオンの分布は変化しないものとする.

　(b) このほかに, 温度の上昇は神経活動にどのような影響を与えるだろうか.

10. ミトコンドリアの電子伝達系 (15 章) においては, プロトンがミトコンドリア内膜を横切って, ミトコンドリアの

マトリックスの内側から膜間腔に輸送される．ミトコンドリアのマトリックスの pH は 7.78 で，膜間腔の pH は 6.88 である．

(a) こうした環境下で膜電位はどうなるか．

(b) 温度が 37 ℃ として，プロトンが輸送される際の自由エネルギー変化を (9・4) 式を用いて計算せよ．

11. 腸管に沿った上皮細胞で吸収されたグルコースは，細胞から放出され，門脈を経由して肝臓に運ばれる．高炭水化物食を摂取したあとでは，門脈のグルコース濃度が 15 mM にも達する．

(a) 門脈の血液（15 mM）から，内側のグルコース濃度が 0.5 mM の肝細胞に，グルコースが輸送される際の自由エネルギー変化 ΔG はどうなるか．

(b) 温度が 37 ℃ として，血中のグルコース濃度が 4 mM に低下した空腹状態での場合の ΔG はどうなるか．

12. 細胞外が 0.1 mM の濃度にあるグルタミン酸が，10 mM 濃度である細胞の内側に輸送される際の ΔG はどうなるか．膜電位は -70 mV とする．

13. 次の化合物を，膜を通過する拡散速度の順に並べよ．

$$\underset{\text{A. アセトアミド}}{H_3C-\overset{\displaystyle O}{\overset{\|}{C}}-NH_2} \qquad \underset{\text{B. ブチルアミド}}{H_3C-CH_2-CH_2-\overset{\displaystyle O}{\overset{\|}{C}}-NH_2} \qquad \underset{\text{C. 尿素}}{H_2N-\overset{\displaystyle O}{\overset{\|}{C}}-NH_2}$$

14. 透過係数は，水溶性の溶媒から極性のない脂質膜へ移動する際に，溶質の移動のしやすさを示している．問題 13 で示した化合物に対する透過係数を次の表に示す．これらの化合物について膜を横切る拡散速度を順位づけるときに，透過係数はどのように役立つか．

	透過係数（cm s^{-1}）
アセトアミド	9×10^{-6}
ブチルアミド	1×10^{-5}
尿 素	1×10^{-7}

15. 天然と合成のそれぞれの二重層に対して，グルコースとマンニトールが示す透過係数（問題 14 参照）を，次の表に示す．

	透過係数（cm s^{-1}）	
	グルコース	マンニトール
赤血球細胞膜	2.0×10^{-4}	5.0×10^{-9}
合成脂質二重層	2.4×10^{-10}	4.4×10^{-11}

(a) 二つの溶質（次に構造を示す）の透過係数を比較せよ．

$$\begin{array}{cc} \text{CHO} & \text{CH}_2\text{OH} \\ \text{H}-\text{OH} & \text{HO}-\text{H} \\ \text{HO}-\text{H} & \text{HO}-\text{H} \\ \text{H}-\text{OH} & \text{H}-\text{OH} \\ \text{H}-\text{OH} & \text{H}-\text{OH} \\ \text{CH}_2\text{OH} & \text{CH}_2\text{OH} \\ \text{グルコース} & \text{マンニトール} \end{array}$$

人工膜をより容易に移動する溶質はどちらか．また，それはなぜか．

(b) 2 種類の膜に対して，それぞれの溶質が示す透過係数を比較せよ．2 種類の膜に対して劇的に変化する溶質はどちらか．また，それはなぜか．

16. 輸送体の助けを借りることなく，二酸化炭素が細胞膜を通過できるのはなぜかを説明せよ．

9・2 受動輸送

17. 真正細菌の緑膿菌 *Pseudomonas aeruginosa* は，増殖培地からリン酸が欠乏すると，リン酸に特異的なポリンを発現する．ポリンの表面に露出したアミノ末端部分には，三つのリシン残基が連続しているので，研究者はそのリシン残基をグルタミン酸残基に置換した変異体を作製した．

(a) 細菌がリン酸を輸送するうえで，なぜ研究者はリシン残基が重要な役割をもつかもしれないと仮定したのか．

(b) リシン残基をグルタミン酸残基に置換すると，ポリンの輸送活性はどのような影響を受けるか予想せよ．

18. 本章で述べたように，大腸菌の OmpF タンパク質は大きな分子を通過させないように制約された直径をもつ．制約された部位にあるタンパク質ループには，DEKA のアミノ酸配列があり，このポリンが陽イオンに対して弱い選択性をもつようにしている．もし，Ca^{2+} に対して高い選択性をもつようなポリン変異体を作製したい場合，制約された部位のアミノ酸配列をどのように置換したらよいか．

19. 神経細胞に加えて筋肉細胞も脱分極するが，そのアセチルコリン受容体の活性から，神経細胞に比べて程度は小さく，速度は遅い．

(a) このアセチルコリン受容体も開口型イオンチャネルであるが，何が開口をひき起こしているのか．

(b) このアセチルコリン受容体/イオンチャネルは，Na^+ に特異的である．Na^+ の移動は内側または外側へのどちらか．

(c) このイオンチャネルを介する Na^+ の流れは，膜電位をどのように変化させるか．

20. 酸で開口するチャネルタンパク質で酸を感知する部位には，アスパラギン酸やグルタミン酸の残基が存在する．これらのアミノ酸残基は，チャネルの開口にどのようにかかわっているのか．

21. 細菌を溶質が豊富な環境から純水に移すと，機械刺激感受性チャネルが開口して細胞質の物質は流出（外側への流れ）する．浸透圧効果を用いて，この過程が細胞死を抑制する機構を説明せよ．

22. アンモニアは，水と同じようにチャネルタンパク質を必要とせずに，膜を横切って拡散すると長い間信じられてきた．最近研究者らは *Rhcg* という遺伝子を欠失させた変異型マウスを用いて，腎臓の細胞からのアンモニアの透過性を解析した．野生型マウスの細胞におけるアンモニアの流れは，変異型マウスに比べて 3 倍高い結果であった．

(a) *Rhcg* がコードするタンパク質の役割について，この

結果は何を示しているか．

　(b) アクアポリンに関する知識に照らして，この結果は驚くべきことか．

23. 細菌の塩素チャネルClCにある選択フィルターは，部分的には，セリンとトレオニンの側鎖にあるヒドロキシ基と主鎖にあるアミド基によって形成される．これらの官能基によって，陽イオンは通過せずにCl⁻が通過することを説明せよ．

24. KcsAチャネルの選択フィルターには，TVGYGのアミノ酸配列がある．他のいくつかのイオンチャネルにおいて対応する選択フィルターの配列とイオン特異性を表に示す．選択フィルターの配列がSVGFG(a)とITMFG(b)の場合，そのチャネルのイオン選択性はどのように予想されるか．

チャネル	アミノ酸配列	イオン特異性
KcsA	TVGYG	K⁺
NaK	TVGDG	Na⁺, K⁺
Ca²⁺ II	LTGED	Ca²⁺
Na⁺ IV	TTSAG	Na⁺

25. 赤血球での受動的グルコース輸送体において，グルコースの輸送速度とグルコース濃度のプロットを以下に示す．
　(a) このプロットは，なぜ飽和曲線を描くのかを説明せよ．
　(b) ミカエリス-メンテンの式に関する知識を利用して，このグルコース輸送体のV_{max}とK_Mを求めよ．

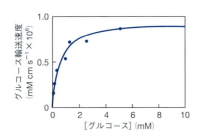

26. グルコースがグルコース輸送体に結合するときに，化合物 6-O-ベンジル-D-ガラクトースは競合阻害する．この阻害剤が存在するときのグルコースの輸送速度について，問題25(b)で示したものと類似の曲線を書け．

27. 赤血球でのグルコース輸送をより深く理解するために，赤血球の"ゴースト"を用いて実験が行われた．"ゴースト"は，赤血球を低張液で溶血させ，細胞質成分を洗浄除去して調製されている．等張溶液に懸濁すると，ゴーストの膜は再び封じる．酵素であるトリプシンがゴーストの内側に取込まれるようにゴーストを調製すると，グルコース輸送は進行しない．しかし，トリプシンがゴーストの外液に存在すると，グルコース輸送は進行する．これらの知見から，グルコース輸送についてどのような結論が導き出されるか．

28. グルコース C1 炭素のヒドロキシ基にプロピル基が結合すると，そのグルコース誘導体は細胞外表面側に向いた輸送体に結合することができない．別の実験から，グルコースC6炭素のヒドロキシ基にプロピル基が結合すると，そのグルコース誘導体は膜の細胞質側に向いた輸送体に結合することができない．これらの知見から，受動的なグルコース輸送の機構について何が言えるか．

29. グルタミン酸は脳で神経伝達物質として作用し，神経細胞に隣接するグリア細胞がそれを再吸収して再利用する．グルタミン酸輸送体は，グルタミン酸の輸送とともに3分子のNa⁺と1分子のH⁺を同時に輸送し，1分子のK⁺を逆方向に輸送する．1分子のグルタミン酸の輸送に際して，細胞膜を横切る全体的な電荷の収支を示せ．

30. シュウ酸分解菌 *Oxalobacter formigenes* は腸に見いだされており，そこで果物や野菜（ホウレンソウで特に含量が高い）に存在するシュウ酸を消化する役割を果たしている．この細菌はシュウ酸塩の形で細胞外液からシュウ酸を取込む．細胞に取込まれると，シュウ酸塩は脱炭酸されてギ酸となり，シュウ酸と対向輸送されて細胞外に流出する．
　(a) この輸送系による全体的な電荷の収支を示せ．
　(b) この機構を解明した研究者は，この行程をなぜ"水素ポンプ"とよんだのか．

$$^-OOC-COO^- \xrightarrow[H^+ \quad CO_2]{脱炭酸酵素} H-COO^-$$
シュウ酸塩　　　　　　　　　　　　ギ酸

31. §5·1で述べたように，組織は呼吸時に老廃物として二酸化炭素を生成する．二酸化炭素は赤血球に取込まれ，カルボニックアンヒドラーゼが触媒する反応によって水と結合し，炭酸を生成する．バンド3とよばれる赤血球のタンパク質は，Cl⁻との交換によって炭酸水素イオン HCO₃⁻ を輸送する．肺への二酸化炭素の運搬において，バンド3が果たす役割は何か．また，二酸化炭素はどこで排出されるか．

32. バンド3はめずらしく，Cl⁻との交換によって炭酸水素イオン HCO₃⁻ をどちらの方向にも輸送できる受動輸送体である．バンド3が両方向に作動することはなぜ重要か．

9·3 能動輸送

33. Na⁺/K⁺ ATPアーゼはまずNa⁺と結合し，その後ATPと反応して"高エネルギー"中間体であるアスパルチルリン酸を生成する．リン酸化されたアスパラギン酸の構造を書け．

34. 東アフリカの樹木（ウアバイの木 ouabio tree）の抽出液に含まれるウワバインは，矢毒として利用されている．ウワバインはNa⁺/K⁺ ATPアーゼの細胞外部位に結合し，"高エネルギー"中間体であるアスパルチルリン酸の加水分解を阻害する．ウワバインは，なぜ致死性が高いのか．

35. 真核生物においてリボソーム（約 2.5×10^6 Da）は，二重の膜で覆われた核の内側で合成される．他方，タンパク質の合成は細胞質で起こる．
　(a) リボソームを細胞質に輸送するために，ポリンまたはグルコース輸送体のようなタンパク質が必要か説明せよ．
　(b) リボソームが核から細胞質に移動するために，自由エネルギーが必要となるか．なぜそうなるのか．

36. 骨組織にある破骨細胞には，カルボニックアンヒドラーゼのアイソザイムの一つが特に豊富に存在する．適切に酵素が機能することが健全な組織の発育に必要である．

(a) カルボニックアンヒドラーゼは，水と二酸化炭素から炭酸を生成する反応を触媒する．次に生じた炭酸は解離する．これらの反応を示す二つの反応式を書け．

(b) 適切な骨の発育において，破骨細胞は細胞外の環境（骨再吸収区画とよばれる）を酸性化する必要がある．いくつかの輸送体がこの酸性化に関与している．Na^+/H^+ 交換体，Cl^-/HCO_3^- 交換体，そして Na^+ と K^+ を交換する Na^+/K^+ ATP アーゼである．破骨細胞の部分的な模式図を次に示す．図中に示したカルボニックアンヒドラーゼ，および骨再吸収区画の酸性化にかかわる交換体の役割を示した空欄を埋めよ．細胞内での適切な化学反応による反応物と生成物を記し，さらに個々のイオンがそれぞれ破骨細胞でどちらの方向に運ばれていくのかを示せ．

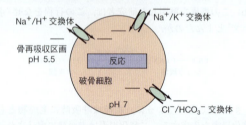

37. 目の網膜には，内皮細胞と周皮細胞とよばれる細胞が等量含まれている．糖尿病による網膜症の初期段階では，周皮細胞の基底膜に肥厚が生じ，やがては盲目に至ることもある．2種の細胞について，Na^+ の濃度を上昇させて培養し，グルコースの取込みを測定した．その結果を図に示している．

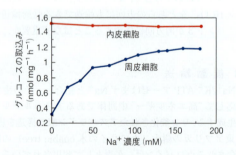

(a) これらの結果から何がわかるか．
(b) 曲線の形状から示唆される情報は何か．
(c) 周皮細胞によるグルコースの取込みに，Na^+ はどのような機構で作用するのか．

38. 輸送タンパク質による輸送速度は，ミカエリス−メンテンの式によって表される．輸送される物質は酵素の基質に，輸送タンパク質は酵素に相当する．結合と輸送過程に対して K_M と V_{max} を求めることが可能であり，K_M は輸送体に対する輸送物質の親和性を，V_{max} は輸送過程の速度を表す．図に示す情報を用いて，問題37で述べた周皮細胞へのグルコースの取込みに対する K_M と V_{max} を求めよ．

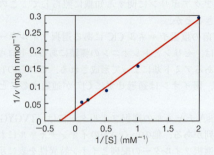

39. 肝細胞はコリン輸送タンパク質を用いてコリンを門脈循環血から取込む．マウスの細胞にコリン輸送タンパク質の遺伝子を導入し，輸送動態を測定した．遺伝子導入した細胞において，コリン濃度を上昇させて放射能標識されたコリンの取込みを測定した．

$$HO-(CH_2)_2-\overset{\overset{\displaystyle CH_3}{|}}{\underset{\underset{\displaystyle CH_3}{|}}{N}}-CH_3 \quad コリン$$

(a) 問題38で述べたミカエリス−メンテンの式を用いて，この曲線から K_M と V_{max} を求めよ．

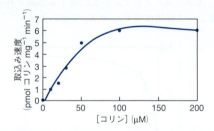

(b) コリンの血漿濃度はコリンを摂取したあとに最も高くなるが，$10 \sim 80\ \mu M$ の範囲である．コリン輸送体はこれらの濃度で効果的に働くか．

(c) コリン輸送タンパク質は外部のpHが低いと阻害され，高いと活性化される．コリンの輸送における H^+ の役割は何か．

(d) テトラエチルアンモニウム（TEA）イオンはコリン輸送を抑制する．その理由を説明せよ．

$$H_3C-CH_2-\overset{\overset{\displaystyle CH_3}{|}}{\underset{\underset{\displaystyle CH_3}{\underset{|}{CH_2}}}{\underset{|}{N}}}-CH_2-CH_3 \quad \begin{array}{l}テトラエチルアンモニウム\\ (TEA)\end{array}$$

40. 脳への一方向性グルコースの輸送を，フロリジン（phlorigin）の存在下と非存在下で測定した．種々のグルコース濃度における輸送速度を測定し，そのラインウィーバー−

バーク（Lineweaver–Burk）プロット を次に示す.

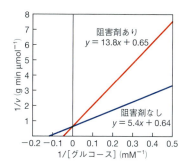

(a) フロリジンの存在下と非存在下での K_M と V_{max} を求めよ.

(b) フロリジンの阻害様式は何か.

41. 多くのABC輸送体はリン酸類似体であるバナジン酸によって阻害される．バナジン酸は，なぜこれらの輸送体の効果的な阻害剤なのか．

42. 乳酸菌 Lactococcus のABC多剤耐性輸送体 LmrA は，ビンブラスチン（vinblastine）のような細胞傷害性化合物を排出する．この輸送体には，ビンブラスチンに対する結合部位が二つ存在する．最初のビンブラスチンは 150 nM の結合定数（$1/K_d$ に相当）で結合し，第二のビンブラスチンに対する結合定数は 30 nM である．これらの値に基づいて，ビンブラスチンが LmrA に結合する様式を示せ.

43. 腎臓の細胞には，H^+/Na^+ 交換体と Cl^-/HCO_3^- 交換体（ボックス 2・D 参照）の2種の対向輸送タンパク質が存在する．これらすべてのイオンの膜を横切った移動を駆動させるのに必要な自由エネルギーは，何から供給されるか．

44. 多くの細胞はアンモニウムイオンを流出させる機構をもっている．これが二次性能動輸送を介して起こることを示せ．

45. 消化に際して，PEPT1輸送体は小腸に沿った細胞へのジペプチドとトリペプチドの輸送を助けている．この系には，H^+ に沿って膜を横切るジペプチドとトリペプチドの輸送にかかわる共輸送体(a)，H^+–Na^+ 逆輸送体(b)，そして Na^+/K^+ ATPアーゼ(c) の三つの成分が含まれる．ペプチドを細胞内に輸送するために，これら三つの輸送体がどのように協調しているかを図で示せ．

46. Ca^{2+} ATPアーゼについて，ATP類似体であるアデノシン 5′–（β,γ–メチレン）三リン酸（AMPPCP）が結合した酵素のX線結晶構造が決定された．このタンパク質の画像をとらえるうえで，ATP類似体と共結晶する戦略は結晶学者にどのように助けとなったのか．

9・4 膜融合

47. 重症筋無力症（myasthenia gravis）は，筋力の低下や疲労を症状とする自己免疫疾患である．この病気の患者は，シナプス後細胞に存在するアセチルコリン受容体に対する抗体を産生する．この結果，受容体の数が減少する．この病気は，アセチルコリンエステラーゼを阻害する医薬品の投与によって治療が可能である．この病気の治療に向けて，なぜこれが有効な戦略となるのか．

48. ランバート–イートン症候群（Lambert–Eaton Syndrome）は別の自己免疫疾患であるが，この疾病ではシナプス前細胞に存在する電位開口型カルシウムチャネルに対する抗体がチャネルの開口を妨げる．この病気の患者は筋力の低下に苦しめられるが，その理由を説明せよ．

49. キモトリプシンと同様にアセチルコリンエステラーゼは，活性部位にセリン残基をもつので，セリンプロテアーゼファミリーに属する．キモトリプシンと同様に DIPF と反応する（§6・2 参照）．DIPF によって酵素が修飾された触媒残基の構造を書け．

50. パラチオンとマラチオンは，DIPF（問題49参照）に類似した有機リン酸化合物である．しばしばこれらの化合物は殺虫剤として利用される．これらの化合物はなぜ猛毒なのか．

51. 破傷風をひき起こす破傷風菌 Clostridium tetani が産生する毒素は，SNARE を分解して破壊するプロテアーゼである．この活性が筋肉麻痺をもたらすことを説明せよ．

52. ボトックス（Botox®）として知られる薬剤は，破傷風毒素（問題51参照）と類似したボツリヌス毒素の製剤である．形成外科医が目のまわりなどのしわを解消する際にこれを少量注入するが，この生物化学的基盤を述べよ．

53. ホスファチジルイノシトールは，頭部に単糖（イノシトー

ル)を含む膜のグリセロリン脂質である．リン酸化ホスファチジルイノシトールがある種のキナーゼによってさらにリン酸化される．この酵素活性は，膜からの出芽によって新しい小胞が形成されるときに，なぜ必要となるか．

54. いくつかの研究から，膜の融合に先立って二重層内のジアシルグリセロールの比率が上昇することが示されている．この脂質の存在が，なぜ融合過程を促進するかを説明せよ．

55. オートファジー（autophagy，自食作用）において，細胞内で傷ついたまたは不要となった細胞小器官は，オートファゴソーム（autophagosome）とよばれる区画で取囲まれる．オートファゴソームの形成は脂質とタンパク質の再編成で始まり，付加した脂質を捕捉して成長して，ファゴフォア（phagophore）とよばれる小さな二重層で囲まれた仕切りを形成する．ファゴフォアは膨張を続けて，傷ついた細胞小器官を取囲み，膜の融合によってオートファゴソームは塞がれる．ここに示されたオートファゴソームの形成経路を完成させよ．細胞の残りの部分から傷ついた細胞小器官を分離している膜は何層であるか．

56. オートファゴソームの形成（問題55）が完了すると，それにリソソームが融合して，オートファゴソームの内側にある傷ついた細胞小器官を実質的に分解する加水分解酵素を運び込む．細胞小器官の分解に先立って，リソソーム酵素は脂質二重層を分解しなければならないことを，問題55で答えた図を用いて示せ．

参 考 文 献

Gouaux, E. and MacKinnon, R., Principles of selective ion transport in channels and pumps, *Science* **310**, 1461−1465 (2005). 構造が知られている輸送タンパク質を比較し，Na^+, K^+, Ca^{2+}やCl^-の選択性を解説している．

Higgins, C. F., Multiple molecular mechanisms for multidrug resistance transporters, *Nature* **446**, 749−757 (2007). 薬剤耐性にかかわるABC輸送体と他の輸送体の一般的な特徴について解説している．

King, L. S., Kozono, D., and Agre, P., From structure to disease: the evolving tale of aquaporin biology, *Nat. Rev. Mol. Cell Biol.* **5**, 687−698 (2004). アクアポリンの構造と機能をまとめている．

Morth, J. P., Pederson, B. P., Buch-Pederson, M. J., Andersen, J. P., Vilsen, B., Palmgren, M. G., and Nissen, P., A structural overview of the plasma membrane Na^+, K^+-ATPase and H^+-ATPase ion pumps, *Nat. Rev. Mol. Cell Biol.* **12**, 60−70 (2011). 2種の能動輸送体の構造と生理的重要性をまとめている．

Südhof, T. C. and Rothman, J. E., Membrane fusion: grappling with SNARE and SM proteins, *Science* **323**, 474−477 (2009). 膜融合に介在するいくつかのタンパク質を解説している．

10 シグナル伝達

なぜコーヒーで目が覚めるのか

コーヒーにある活性成分はカフェインである.カフェインは多くの種子(コーヒー豆やコーラナッツ)や葉(紅茶)に含まれる物質で,天然の農薬として作用する.数千年もの間,カフェインを含む溶液は興奮剤として利用されてきた.世界で最も普及しているこの薬は,すばやく効いて,ほとんど副作用を示さずに習慣性も弱い.多くの医薬品と同様に,カフェインは細胞外シグナルを細胞の内側に運ぶシグナル伝達経路と相互作用することによって効いている.

復習事項

- 複数の安定構造をとりうるタンパク質がある (§4・3).
- アロステリック調節因子は酵素を阻害または活性化する (§7・3).
- 二重層を形成しないコレステロールや他の脂質は,変化に富んだ別の機能をもつ (§8・1).
- 膜内在性タンパク質は,α ヘリックスあるいは β バレルを一つ以上形成して,脂質二重層を完全に貫通している (§8・3).
- Na^+/K^+ ATP アーゼにおいて ATP の加水分解に起因する高次構造変化は,Na^+ と K^+ の輸送を駆動させる (§9・3).

10・1 シグナル伝達経路の一般的な特徴

重要概念

- 受容体へのリガンド結合は解離定数で説明できる.
- G タンパク質共役型受容体と受容体型チロシンキナーゼは,細胞外シグナルを細胞の内側に伝達する二つの主要な受容体である.
- シグナル伝達の強度を制限する調節機構が存在する.

すべてのシグナル伝達経路は,そのほとんどが膜内在性タンパク質である**受容体**(receptor)を必要とし,受容体には**リガンド**(ligand)とよばれる小さな分子が特異的に結合する.受容体は,ヘモグロビンが酸素と結合するような様式で,そのリガンドと単に結合するわけではない.受容体はむしろそのリガンドと相互作用し,ある応答が細胞の内側で起こるようにしている.

リガンドは特有の親和性をもって受容体に結合する

細胞外のシグナルにはさまざまな種類があり,アミノ酸とその誘導体,ペプチド,脂質,その他の小分子が含まれる(表10・1).そのいくつかは**ホルモン**(hormone)という名称でよばれており,ある組織で産生されて別の組織の機能に影響を与える物質である.他の多くのシグナルは別の名称をもって作用している.ここでは述べないが,光,機械的刺激,においや味のような刺激も,細胞にシグナルを与えることを覚えておこう.細菌が産生するいくつかのシグナル分子を,ボックス10・Aで紹

原核細胞を含むすべての細胞は,外部環境を感知してそれらに応答する機構をもつ必要がある.細胞膜は外側と内側の間に障壁をつくるので,典型的な情報伝達は細胞外分子が細胞表面受容体に結合することを含んでいる.受容体は次にその高次構造を変化させて,細胞の内側に情報を伝達する.**シグナル伝達**(signal transduction)には多くのタンパク質が必要で,受容体それ自身から始まり,シグナルに対して挙動を変え最終的に応答する細胞内タンパク質まで含まれる.本章では,まずシグナル伝達経路のいくつかの特徴を紹介し,G タンパク質や受容体型チロシンキナーゼを含むよく知られたシグナル伝達系について説明する.

第Ⅱ部　分子の構造と機能

表 10・1　細胞外シグナルの例

ホルモン	化学的性状	由　来	生理機能
オーキシン	アミノ酸誘導体	植物組織	植物の成長・開花の促進
コルチゾール	ステロイド	副　腎	炎症の抑制
アドレナリン（エピネフリン）	アミノ酸誘導体	副　腎	闘争反応の準備
エリスロポエチン	ポリペプチド（165残基）	腎　臓	赤血球産生の促進
成長ホルモン	ポリペプチド（19残基）	脳下垂体	成長・代謝の促進
一酸化窒素	気　体	血管上皮細胞	血管拡張の引金
トロンボキサン	エイコサノイド[†]	血小板	血小板の活性化と血管収縮の引金

†　イコサノイドともいう.

介する.

　シグナル伝達分子は酵素の基質に相当する. それらは高い親和性をもって特異的な受容体に結合し, 個々のリガンドとその結合部位の間に構造的, 電気的な相補性をもたらす. 受容体へのリガンド結合は可逆的な反応として扱われ, ここで, R は受容体, L はリガンドを表す.

$$R + L \rightleftharpoons RL$$

生化学者は, 受容体へのリガンド結合の強度を解離定数 K_d として表記するが, これは結合定数の逆数である.

この反応は,

$$K_d = \frac{[R][L]}{[RL]} \tag{10・1}$$

と書き換えられる（計算例題 10・1 参照）. 酸素がミオグロビンに結合する（§5・1参照）, あるいは基質が酵素に結合する（§7・2参照）ような他の結合現象と等しく, K_d は受容体全体の半分がリガンドの結合によって飽和するリガンド濃度となる. いいかえると, 半数の受容体分子がリガンドを結合している（図10・1）.

ボックス 10・A　　生化学ノート

細菌のクオラムセンシング

　遊離した単細胞からなる生物であっても, 同種の他細胞との情報交換がしばしば必要となる. 細菌における細胞間の情報伝達のひとつとして**クオラムセンシング**（quorum sensing）が知られており, 細胞が周囲の菌体密度を感知して遺伝子発現を調節している. その結果, 細胞の集団は, バイオフィルム（§11・2参照）とよばれる防護膜の形成に必要な細胞外多糖やその他のマトリックスの生産といった共同作業に着手する. クオラムセンシングはまた, 無性生殖種においてしばしば必要な DNA の取込みまたは交換を細胞に準備させる. 病原性細菌は, 宿主を攻撃するために必要な毒素や他のタンパク質の生産に先だって, 菌体密度が十分高くなるまで待機できるようにクオラムセンシングを利用している.

　クオラムセンシングの本質は, 細胞密度の増加とともに濃度が上昇するシグナル分子に対して, 細胞が応答することにある. ごく限られた種類の分子が同定されており, その一種にアシル化ホモセリンラクトンがある. これらの分子のアシル鎖は4～8個の炭素を含み, 細胞内の脂肪酸または外因性の脂質に由来する.

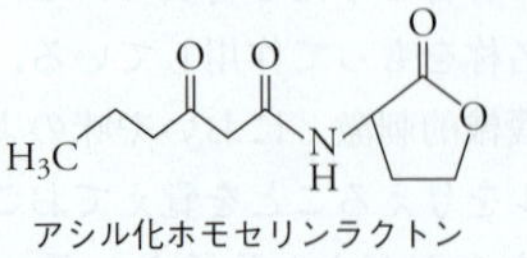

　多種の異なるアシル鎖がホモセリンラクトンに結合しており, このクラスの化合物を多様なものにしている. これらの脂質は水には溶けにくく, 別種の分子を含んだ脂質小胞の形状で細胞から分泌されるらしい（§2・2参照）. 疎水性の分子であるので, 受容した細胞膜を横切って拡散して細胞質の受容体に結合する. この受容体とリガンドの複合体は DNA に結合して, 特定の遺伝子発現を指令する.

　ある種類の細菌は, クオラムセンシングに利用される数十もの異なる分子を産生する. これらの分子のいくつかは, 別種の細菌に対する毒素としても作用するので二重の務めを果たし, 他種を犠牲にして同種の成長を協調させている. これへの対抗策として, 細菌のいくつかは他種が産生したシグナルを分解するか, 他種のシグナルが受容体に結合する際に競合的に阻害する分子を自身で合成するという機構を進化させている.

アシル化ホモセリンラクトン

計算例題 10・1

問題 ある細胞の全受容体濃度は 10 mM である．25% の受容体はリガンドで占有され，遊離しているリガンド濃度は 15 mM である．リガンドが受容体に結合する K_d を計算せよ．

解答 25% の受容体がリガンドで占有されているので [RL] = 2.5 mM，[R] = 7.5 mM となる．(10・1) 式から K_d を計算すると，次式が得られる．

$$K_d = \frac{[R][L]}{[RL]}$$
$$= \frac{(0.0075)(0.015)}{(0.0025)}$$
$$= 0.045\,M = 45\,mM$$

練習問題

1. ある細胞の全受容体濃度は 24 µM であり，40% の受容体がリガンドで占有されている．遊離しているリガンド濃度は 10 µM である．K_d を計算せよ．
2. 受容体へのリガンド結合の K_d は 3 mM である．遊離しているリガンド濃度が 18 mM で遊離の受容体濃度は 5 mM であるとき，リガンドで占有されている受容体濃度はいくらか．
3. ある細胞の全受容体濃度は 20 mM である．遊離しているリガンド濃度が 5 mM で，K_d は 10 mM である．リガンドで占有されている受容体の比率を計算せよ．

受容体に結合して生物学的効果をひき起こすリガンドは，**アゴニスト**（agonist，作動薬ともいう）といわれる．たとえば，アデノシンはアデノシン受容体の天然アゴニストである．心筋においてアデノシンのシグナルは心拍数を低下させ，脳でのアデノシンのシグナルは神経伝達物質の放出を減少させて鎮静作用をもたらす．

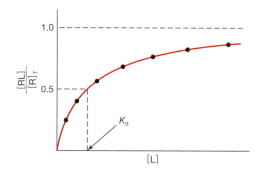

図 10・1 受容体へのリガンド結合．リガンド濃度 [L] の上昇とともに，より多くの受容体分子がリガンドを結合する．したがって，リガンドを結合した受容体 [RL] の濃度は，1.0 に近づく．[R]_T は全受容体濃度を表す．解離定数 K_d は，全受容体分子の半量がリガンドで占有されるリガンド濃度を表す．

カフェインはアデノシン受容体に結合するが，応答をひき起こさないので，アデノシン受容体の**アンタゴニスト**（antagonist，拮抗薬ともいう）である．カフェインは，酵素の阻害剤のように競合的に作用する（§7・3 参照）．その結果，カフェインは心拍数を高く維持し，覚醒感覚を生む．カフェインと同様に臨床で使用されている多くの薬は，血圧，生殖や炎症のような生体調節に介在する種々の受容体に対するアゴニストまたはアンタゴニストである．

ほとんどのシグナル伝達は 2 種の受容体を介している

アゴニストが膜貫通タンパク質であるアデノシン受容体に結合すると，受容体は高次構造を変化させて **G タンパク質**（G protein）とよばれる細胞内タンパク質と結合できるようになる．したがって，こうした受容体は **G タンパク質共役型受容体**（G protein-coupled receptor: **GPCR**）とよばれる．G タンパク質の名称はグアニンヌクレオチド（GTP と GDP）と結合する能力をもつことに由来する．G タンパク質は受容体へのリガンド結合に応答して活性化され，さらに細胞内の別のタンパク質と結合してそれを活性化する．これらのなかのひとつには酵素があり，細胞内を拡散する小分子を生成する．GPCR に結合する細胞外の初めのシグナル（ホルモンなど）に対して，これらの小分子は細胞内の応答を象徴するので**二次メッセンジャー**（second messenger）とよばれる．細胞内ではさまざまな物質が二次メッセンジャーとして作用しており，ヌクレオチドやその誘導体，膜脂質の極性部分と非極性部分が含まれる．二次メッセンジャーが存在すると細胞内タンパク質の活性が変化し，最終的には代謝活性や遺伝子発現の変化に導かれる．これらの経路を図 10・2 (a) にまとめる．

第二の種類の受容体も膜貫通タンパク質であり，リガンドの結合によって受容体に内在するキナーゼが活性化される．**キナーゼ**（kinase）は酵素であり，ATP のリン酸基を別の分子に転移させる．この受容体は，リン酸

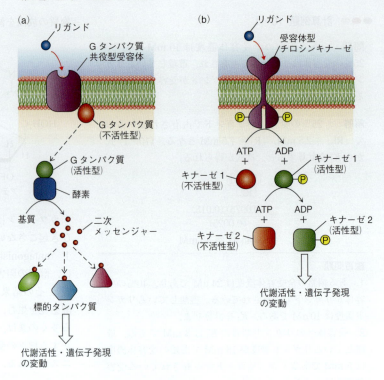

図 10・2 シグナル伝達経路の概略. リガンドが細胞表面受容体に結合して, 細胞の内側に伝達されるシグナルを生成し, 結果的に細胞の活動を変化させる. (a) リガンドが G タンパク質共役型受容体に結合すると, G タンパク質が活性化され, これが続いて二次メッセンジャーを産生する酵素を活性化する. 二次メッセンジャー分子は拡散して細胞内の標的タンパク質の活性を促進または抑制する. (b) リガンドが受容体型チロシンキナーゼに結合すると, 受容体のキナーゼが活性化されて細胞内タンパク質がリン酸化される. 一連のキナーゼ反応が標的タンパク質にリン酸基を付加し, それらの活性を促進または抑制する.

基を標的タンパク質のチロシン残基の側鎖に存在するヒドロキシ基に縮合させるので, **受容体(型)チロシンキナーゼ**(receptor tyrosine kinase)とよばれる. 受容体型チロシンキナーゼを含むシグナル伝達経路のいくつかでは, 標的となる基質タンパク質もキナーゼであり, リン酸化によって触媒活性が上昇する. この結果, 最終的には代謝や遺伝子発現の変化に導く一連のキナーゼ活性化経路が進行する (図 10・2b).

受容体のなかには G タンパク質とチロシンキナーゼの両方を含む系もあり, また全く異なる機構によって作用する別の受容体も存在する. たとえば, 筋肉細胞のアセチルコリン受容体(図 9・19 参照)はリガンド開口型イオンチャネルである. アセチルコリンが神経筋シナプスに放出されて受容体に結合すると, 筋肉細胞に Na^+ が流入して脱分極をひき起こし, Ca^{2+} が流入して筋収縮が起こる.

シグナル伝達の効果は制限される

シグナル伝達経路の多段階性と酵素による触媒反応の介在は, 細胞外リガンドが提示するシグナルが細胞内に伝達されるとともに増幅されることを保証している (図 10・2 参照). したがって, 比較的小さな細胞外シグナルでも細胞の活動に劇的な効果を与えることが可能になる. しかし, シグナルに対する細胞応答はさまざまな方法で調節されている.

シグナル伝達の速度, 強度, そして時間は, シグナル伝達経路を構成する成分の細胞内局在に依存する. いくつかの経路では, 多種のタンパク質からなる複合体が細胞膜上あるいはその近傍にあらかじめ形成されており, リガンドがその受容体に結合するとただちに活性化されることを可能にしている. 標的に到達するために長い距離を拡散する, あるいは細胞質から核内に移動する必要のある成分は, 細胞応答をひき起こすのに長い時間が必要となろう.

シグナル伝達経路は完全に直線的というよりは分岐する傾向にあるので, 同一の細胞内成分が複数のシグナル伝達経路に介在し, 二つの異なる細胞外シグナルが結果的には細胞内に同じ効果を生むことがある. これとは反対に, 二つのシグナルが互いの効果を打消すこともある. したがって, 多種の異なる受容体を発現する細胞の応答は, 種々のシグナルがどのように集積するかに依存している. 同様に, 異なる種類の細胞は違った細胞内成分を含むので, 同一のリガンドに対しても異なる方式で応答することになろう.

恒常性の法則に従う生体系においては, 点灯したすべての反応はやがて消灯する必要がある. そのような制御がシグナル伝達経路に適用されている. たとえば, G タンパク質は共役する受容体で活性化されたのち, ただち

にもとの不活性型に復帰する．キナーゼの作用は，標的タンパク質からリン酸基を取除く酵素の働きによって取消される．これらや他の反応によって，シグナル伝達の構成成分はもとの静止状態に復元され，別のリガンドが受容体に結合したときに再び応答できるように準備している．

最後に，強いにおいをかぐと数分のうちにその刺激性を失うという，よく知られたことを考えよう．これは，他の種類と同様に嗅覚受容体が**脱感作**（desensitization）されることによる．いいかえると，リガンドに絶えずさらされても，受容体のシグナルを伝達する能力が低下することである．脱感作は，ひき続くリガンドの濃度変化に応答できるよう，シグナル伝達装置をある一定の状態にリセット（再配置）することにある．

10・2　Gタンパク質シグナル伝達経路

重要概念
- リガンドの結合によってGタンパク質共役型受容体の高次構造が変化し，細胞内のGタンパク質が活性化される．
- Gタンパク質はアデニル酸シクラーゼを刺激して二次メッセンジャーcAMPを産生し，これがプロテインキナーゼAを活性化する．
- Gタンパク質に依存したシグナル伝達はいくつかの機構で制限される．
- ホスホイノシチドシグナル伝達経路はGタンパク質を活性化して脂質由来の二次メッセンジャーを生成し，プロテインキナーゼCを活性化する．
- シグナル伝達経路の成分が共有されると，クロストークが生じる．

ヒトのゲノムには少なくとも800種のGタンパク質共役型受容体の遺伝子があり，これらのタンパク質は大部分の細胞外シグナルの情報伝達において重要である．本節では，これらの受容体，受容体に結合するGタンパク質，そして種々の二次メッセンジャーとそれらの細胞内標的分子について紹介する．

Gタンパク質共役型受容体は
細胞膜を7回貫通するヘリックスをもつ

GPCRは七つのαヘリックスを含むので，7回膜貫通型（7TM）受容体としても知られており，膜タンパク質であるバクテリオロドプシン（図8・8参照）の構造に酷似している．多くのGタンパク質共役型受容体はそのシステイン残基がパルミトイル化されており，脂質結合タンパク質でもある（§8・3参照）．GPCRのファミリーのヘリックス領域は細胞膜の内側と外側をつなぐループ領域よりも高い相同性をもっている．

これらのタンパク質のひとつであるアドレナリンβ_2受容体の構造を図10・3に示す．GPCRのリガンド結合部位は，タンパク質のヘリックス中心のある部分と細胞外ループにある．この一般的な配置は別として，リガンド結合部位の構造は異なるGPCRの間で異なっている．これは，分子の大きさの大小や極性の有無といった数多くのリガンドのなかで，個々の受容体はごく限られた数のリガンドに対してのみ特異性をもつという知見に一致している．

アドレナリンβ_2受容体に対する生理的リガンドは，副腎においてアミノ酸のチロシンから合成されるアドレナリン〔adrenaline，エピネフリン（epinephrine）ともいう〕とノルアドレナリン〔noradrenaline，ノルエピネフリン（norepinephrine）ともいう〕である．

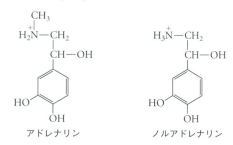

これらの物質は，神経伝達物質としても機能する．これらは闘争－逃走反応において重要であり，燃料の動員，血管と気管支の拡張，そして心機能増強によって特徴づけられる．アドレナリンβ_2受容体を介するシグナル伝達を妨げるアンタゴニストは，β遮断薬（β-blocker）

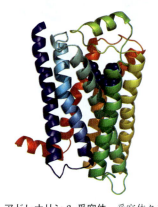

図10・3　アドレナリンβ_2受容体．受容体タンパク質の主鎖構造を，アミノ末端（青）からカルボキシ末端（赤）へ虹色で色分けしている．リガンドを青の空間充塡モデルで示す．〔構造（pdb 2RH1）は V. Cherezov, D. M. Rosenbaum, M. A. Hanson, S. G. F. Rasmussen, F. S. Thian, T. S. Kobilka, H. J. Choi, P. Kuhn, W. I. Weis, B. K. Kobilka, R. C. Stevens によって決定された．〕

として知られており,高血圧の治療に処方される.

どのようにして受容体は細胞外のホルモン性シグナルを細胞の内側に伝達しているのであろうか.シグナル伝達は受容体の膜貫通ヘリックスを含む高次構造の変化に依存している.ヘリックスの二つが少し移動してそのリガンドを収容し,これがタンパク質の細胞質側に向けたループの一つを再配置させる.多種の異なるリガンドを用いた研究から,受容体は実際にある範囲をもった高次構造の変化を許容できることが示されている.これは,受容体が単にオンとオフのみのスイッチとしてではなく,強弱をもつアゴニストの効果を伝達できることを示唆している.

受容体はGタンパク質を活性化する

リガンドがひき起こすGタンパク質共役型受容体の高次構造変化は,細胞質側に空洞を開口して,Gタンパク質に対する特異的な結合部位をつくり出す(図10・4a).Gタンパク質は脂質を結合しており,すでにGPCRに近接している.GPCRと結合する三量体Gタンパク質はα, β, γと名づけられた三つのサブユニットからなる(図10・4b,別種のGタンパク質はこうした3成分の構造ではない).静止状態ではαサブユニットにGDPが結合しており,受容体が結合するとGタンパク質からGDPが遊離して,そこにGTPが結合する.$\alpha\beta\gamma$三量体状態ではGTPのγ位(3番目)のリン酸基が容易には収容されず,$\beta\gamma$二量体から解離したαサブユニットがGTPと結合し続ける.ひとたびGタンパク質が解離すると,αサブユニットと$\beta\gamma$二量体はともに活性型になる.すなわち,両者はシグナル伝達経路にある次の細胞内成分と結合する.しかし,αとβサブユニットは脂質で係留されているので,Gタンパク質のサブユニットは活性化された受容体から遠く拡散することはない.

Gタンパク質のシグナル伝達活性は,αサブユニットに内在するGTPアーゼ活性によって制限されており,結合したGTPをゆっくりとGDPに変換する.

$$GTP + H_2O \longrightarrow GDP + P_i$$

GTPの加水分解は,αと$\beta\gamma$の単位を再会合させて

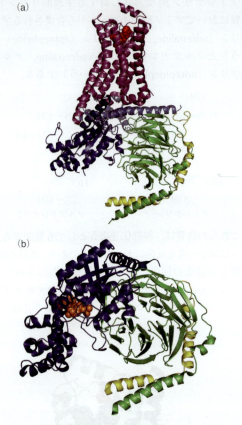

図10・4 GPCR-Gタンパク質複合体.(a) 横断面から見た図.GPCRを紫,結合したアゴニストを赤,Gタンパク質を黄,緑,青で表す.(b) βサブユニット(緑)はプロペラ様構造をもち,小さなγサブユニット(黄)がβサブユニットに固く結合している.αサブユニット(青)がもつ二つのドメインの割れ目にグアニンヌクレオチド(GDP,オレンジ)が結合している.αとβサブユニットには共有結合性の脂質修飾があり,受容体近傍の細胞膜の細胞質側に係留されている.[(a) の構造 (pdb 3SN6) はS.G.F.Rasmussen,B.T.DeVree,Y.Zou,A.C. Kruse, K.Y.Chung, T.S.Kobilka, F.S.Thian, P.S.Chae, E. Pardon, D. Calinski, J. M. Mathiesen, S. T. A. Shah, J. A. Lyons, M. Caffrey, S. H. Gellman, J. Steyaert, G. Skiniotis, W. I. Weis, R. K. Sunahara, B. K. Kobilkaによって,(b) の構造(pdb 1GP2)はM. A. Wall, S. R. Sprangによって決定された.]

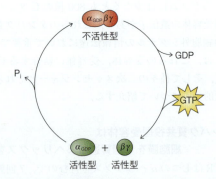

図10・5 Gタンパク質のサイクル.αサブユニットにGDPが結合した$\alpha\beta\gamma$三量体は不活性である.Gタンパク質と共役する受容体にリガンドが結合すると,高次構造が変化し,GDPがGTPと交換してαサブユニットは$\beta\gamma$二量体から解離する.Gタンパク質の両成分がシグナル伝達経路で活性型となる.αサブユニットに内在するGTPアーゼ活性によって,Gタンパク質は不活性な三量体に復帰する.

不活性な三量体に復帰させる（図10・5）．Gタンパク質のスイッチを再びオン・オフさせる細胞のコストは，GTP加水分解反応の自由エネルギーによってまかなわれる（GTPはエネルギー的にATPと等価である）．

アデニル酸シクラーゼは二次メッセンジャーであるサイクリックAMPを産生する

細胞には異なる種類のGタンパク質があり，細胞内でさまざまな標的と相互作用してそれらを促進または抑制する．一つの受容体が複数のGタンパク質と相互作用するので，この時点でリガンドの結合効果が増幅される．活性化されたGタンパク質の主要な標的のひとつに，アデニル酸シクラーゼとよばれる膜内在性酵素がある．Gタンパク質のαサブユニットが結合すると，この酵素の触媒領域はATPを**サイクリックAMP**（cyclic AMP，環状AMPともいう，略称**cAMP**）とよばれる分子に変化する．cAMPは細胞内を自由に拡散できる二次メッセンジャーである．

cAMPがRサブユニットに結合すると，抑制状態が解除され，四量体から活性をもつ二つのCサブユニットが解離する．

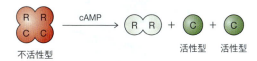

不活性型 → 活性型 活性型

したがって，cAMPはこのキナーゼに対してアロステリックな活性化因子として作用し，cAMPの濃度がプロテインキナーゼAの活性の程度を決定する．

プロテインキナーゼAはセリン/トレオニンキナーゼであり，ATPのリン酸基を標的タンパク質のセリンまたはトレオニン残基の側鎖に転移させる．

$$-CH_2-O-PO_3^{2-} \quad -CH-O-PO_3^{2-}$$
$$\qquad\qquad\qquad\qquad\quad |$$
$$\qquad\qquad\qquad\qquad\; CH_3$$

リン酸化セリン　　リン酸化トレオニン

この反応の基質はキナーゼの二つの断片で挟まれた割れ目に結合する（図10・6a）．他のキナーゼもこれと同じ中核となる構造を共有しているが，しばしば細胞内の局在を規定する，あるいは調節の機能を可能とする別の領域をさらにもっている．

cAMPがRサブユニットに結合して調節することに加えて，プロテインキナーゼAはそれ自身のリン酸化によっても調節される．キナーゼがもつ活性部位への入口近傍にあるポリペプチド鎖配列，いわゆる"活性化ループ"は，リン酸化されるトレオニン残基を含んでいる．ループがリン酸化されていないと，キナーゼの活性部位はふさがれている．リン酸化されると，ループは移動してキナーゼの触媒活性が上昇する．いくつかのプロテインキナーゼでは，数桁の強度で活性が増加する．この活性化効果は，活性化部位への基質の侵入を単に改善した結果によるばかりでなく，触媒に影響を与える高次構造の変化も含まれる．たとえば，負の電荷をもつリン酸化トレオニンは，触媒部位に存在する正の電荷をもつアルギニン残基と相互作用する．触媒作用を効率化するには，ATPからタンパク質基質へのリン酸基の転移に向けて，このアルギニン残基と隣接したアスパラギン酸残基の再配置が必要となる（図10・6b）．

プロテインキナーゼAの標的の多くは，グリコーゲン代謝に含まれる酵素群である（§19・2）．cAMPによってプロテインキナーゼAの活性化へと導くアドレナリン受容体β_2を介するシグナル伝達の結果のひとつに，グリコーゲンホスホリラーゼ（glycogen

ATP

アデニル酸シクラーゼ → サイクリックAMP (cAMP)

サイクリックAMPはプロテインキナーゼAを活性化する

cAMPの標的のひとつに，プロテインキナーゼA（protein kinase A: PKA）とよばれる酵素がある．cAMPが存在しないと，このキナーゼは不活性で，二つの調節（R）サブユニットと二つの触媒（C）サブユニットからなる四量体である．それぞれのRサブユニットのある領域がCサブユニットの活性部位を抑制しているので，このキナーゼはいかなる基質もリン酸化できない．

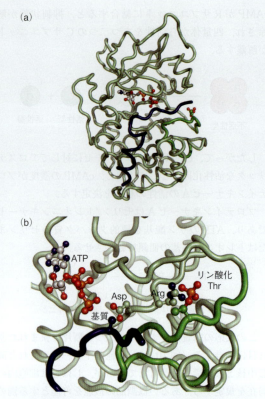

図 10・6 プロテインキナーゼA. (a) 触媒サブユニットの主鎖を薄い緑, その活性化ループを濃い緑で表す. リン酸化されたトレオニン残基(右)とATP(左)は棒状モデルで示す. 標的タンパク質を模倣したペプチドを青で表す. (b) 活性部位近傍の拡大図. 活性化ループがリン酸化されると, リン酸化されたトレオニン残基がアルギニン残基と相互作用し, 隣接するアスパラギン酸残基がATPのγ位(3番目の)リン酸とペプチド基質の近傍に配置される. 炭素は灰色または緑, 酸素は赤, 窒素は青, リンは黄で色づけされている. [構造(pdb 1ATP)はJ. Zheng, E. A. Trafny, D. R. Knighton, N.-H. Xuong, S. S. Taylor, L. F. Teneyck, J. M. Sowadskiによって決定された.]

をリン酸化するキナーゼは, 何によって活性化されるかという疑問を投げかける. これからみていくことになるが, 連続して作用するキナーゼカスケードは生物のシグナル伝達経路において共通にみられ, これらの経路の多くは相互に関連しているので, 単純な因果関係を追跡することは困難である.

シグナル伝達経路は終結される

リガンドが受容体に結合してGタンパク質が応答し, 二次メッセンジャーが生成してプロテインキナーゼAのような効果器酵素が活性化され, さらに標的基質タンパク質がリン酸化されたあとで何が起こるだろうか. 細胞が静止状態に復帰するためには, シグナル伝達経路のすべての事象が抑制されるか, もとに戻る必要がある. すでに, Gタンパク質のGTPアーゼ活性がその活性化状態を制限することを示した. また, 二次メッセンジャーは細胞内ですばやく分解されるので, その寿命は短い. たとえば, cAMPはcAMPホスホジエステラーゼ(cAMP phosphodiesterase)という酵素で加水分解される.

カフェインは, アデノシン受容体のアンタゴニストであることに加えて, 細胞の内側を拡散してcAMPホスホジエステラーゼを抑制する. その結果, cAMP濃度が高く維持されてプロテインキナーゼAの作用は持続し, 貯蔵されている代謝燃料が動員されて体は睡眠から活動に向けて準備される.

細胞内のGタンパク質のいくつかは, アデニル酸シクラーゼを促進ではなく抑制し, したがって細胞内

phosphorylase)とよばれる酵素のリン酸化と活性化があり, この酵素は細胞のグルコース貯蔵体であるグリコーゲンから細胞の最初の代謝燃料であるグルコース残基の遊離を触媒する. したがって, アドレナリンのようなシグナルは闘争-逃走反応において必要な代謝の燃料を動員することが可能となる.

細胞のシグナル伝達に介在するプロテインキナーゼAや他のキナーゼに存在する活性化ループをリン酸化する酵素は, そのキナーゼが最初に合成されたときに作動するので, キナーゼはすでに"準備状態"にあり, 二次メッセンジャーの存在によってアロステリックな調節に際してのみ必要となる. しかし, この調節機構は, キナーゼ

cAMP濃度を減少させる．他のGタンパク質はcAMPホスホジエステラーゼを活性化し，cAMPに依存する反応に対して類似の効果を与える．あるホルモンのシグナルに対する細胞の応答は，どのGタンパク質が応答するかに一部依存している．1種類のホルモンが数種類のGタンパク質を刺激することもあるので，Gタンパク質が不活性化される前にシグナル伝達経路はごく短い時間に限って活性化状態にあるだろう．

プロテインキナーゼA（や他のキナーゼ）によって触媒されたリン酸化は，タンパク質の側鎖からリン酸基を除く加水分解反応を触媒するプロテイン**ホスファターゼ**（phosphatase）の作用によってもとに戻される．キナーゼと同様に，ホスファターゼは一般にセリン/トレオニンまたはチロシンに特異的であるが，いくつかの"二重特異性"ホスファターゼは三つのすべての側鎖からリン酸基を脱離させる．より大きなリン酸化チロシン残基を収容するために，チロシンホスファターゼの活性部位のポケットはセリン/トレオニンホスファターゼのポケットよりも深い位置にある．いくつかのホスファターゼは膜貫通タンパク質であり，また他のものは完全に細胞質に局在する．これらのホスファターゼは複数のドメインまたはサブユニットからなる傾向にあり，多くのタンパク質間相互作用の形成や複合的な調節系への介在を可能にしている．

最終的には，受容体から細胞外リガンドが解離すると，シグナル伝達作用が停止するか，受容体が脱感作される．Gタンパク質共役型受容体の脱感作は，リガンドの結合したGPCRがGPCRキナーゼによってリン酸化させることから始まる．その後リン酸化された受容体は，リン酸基と結合するリシンとアルギニン残基を含むアレスチン（arrestin，図10・7）として知られるタンパク質によって認識され，それと結合する．この結合は，Gタンパク質との相互作用を阻害（arrest，アレスチンの名前はこれに由来）することによってシグナル伝達を停止させ，さらにエンドサイトーシスによって細胞表面から細胞内小胞へと受容体の移動を促進させる．興味深いことに，アレスチンは別のシグナル伝達経路の成分を再編する足場タンパク質としても機能する．アドレナリンβ_2受容体を含むGPCRのいくつかは，アレスチンと相互作用してGタンパク質を利用することなく細胞内応答を惹起することが，実験結果から支持されている．

ホスホイノシチドシグナル伝達経路は2種の二次メッセンジャーを産生する

Gタンパク質の多様性とともにGタンパク質共役型受容体の多様性は，二次メッセンジャーの量的な調節と細胞内の酵素活性の変動に向けてほとんど無限の可能性を提供している．アドレナリンβ_2受容体を活性化するホルモンのアドレナリンは，**ホスホイノシチドシグナル伝達経路**（phosphoinositide signaling pathway）の一部となるアドレナリンα受容体として知られる受容体にも結合する．アドレナリン受容体のαとβは異なる組織に局在して同じホルモンを結合するが，互いに別種の生理学的効果を仲介する．アドレナリンα受容体と共役するGタンパク質は細胞内酵素のホスホリパーゼC（phospholipase C）を活性化し，膜脂質のホスファチジルイノシトールビスリン酸に作用する．ホスファチジルイノシトールは細胞膜の微量成分（全脂質量の4〜5%）であり，そのビスリン酸体（全体で三つのリン酸基をもつ）はさらにまれである．ホスホリパーゼCはこの脂質をイノシトールトリスリン酸とジアシルグリセロールに変換する（次ページ上図）．

高い極性をもつイノシトールトリスリン酸は，小胞体膜に存在するカルシウムチャネルの開口をひき起こす二次メッセンジャーであり，Ca^{2+}を細胞質に流入させる．このCa^{2+}の流れは，プロテインキナーゼBまたはAktとして知られているセリン/トレオニンキナーゼの活性化を含むさまざまな事象を細胞内で起こす．イノシトールトリスリン酸は，また直接キナーゼを活性化してさらにリン酸化し，八つのリン酸基までを含む一連の二次メッセンジャーを産生する．

図10・7 **アレスチン**．図のウシβアレスチン1は，リン酸化されたGタンパク質共役型受容体を支えてGタンパク質を活性化する効力を減弱させるために，互いに対して移動すると考えられる二つのカップ形状領域をもつ．［構造（pdb 1G4R）はC. Schubert, M. Hanによって決定された．］

ホスファチジルイノシトールビスリン酸

イノシトールトリスリン酸 + ジアシルグリセロール

ホスホリパーゼCの反応生成物である疎水性のジアシルグリセロールも，また二次メッセンジャーである．これは細胞膜にそのままとどまるが，側面方向に拡散してプロテインキナーゼCを活性化し，その標的タンパク質のセリンまたはトレオニン残基をリン酸化する．プロテインキナーゼCは静止状態において細胞質に局在し，活性化ループがその触媒部位を遮断している．ジアシルグリセロールが非共有結合で結合すると，酵素を細胞膜の裏側界面に係留して高次構造を変化させ，活性化ループを再配置して触媒が活性化状態になる．プロテインキナーゼA（配列の同一性が40%）の場合のように，触媒活性に必須となる活性化ループのトレオニン残基のリン酸化はすでに起こっている．いくつかのプロテインキナーゼCの完全な活性化にはCa^{2+}が必要であり，これは二次メッセンジャーであるイノシトールトリスリン酸の作用の結果として提供される．プロテインキナーゼCの標的には，遺伝子発現や細胞分裂を調節するタンパク質が含まれる．ジアシルグリセロールを模倣する化合物はプロテインキナーゼCを活性化することが可能で，結果的にはがんに特徴的な制御不能な増殖へと導いてしまう．

ホスホリパーゼCは，アドレナリンα受容体のようなGタンパク質共役型受容体ばかりでなく，受容体型チロシンキナーゼを含む他のシグナル伝達経路によっても活性化される．これは，細胞内である成分を共有しているシグナル伝達経路間が相互に連結されるという，**クロストーク**（cross-talk）の例である．ホスホイノシチドシグナル伝達経路の一部は，二次メッセンジャーの産生基質であるホスファチジルイノシトールビスリン酸からリン酸基を除去する脂質ホスファターゼの作用によっ

て調節されている．

シグナル伝達経路の間で重複がみられる別の例として，膜の通常の構成成分であるスフィンゴミエリン（図8・2）のようなスフィンゴ脂質がある．ある受容体型チロシンキナーゼへのリガンド結合は，スフィンゴミエリナーゼを活性化してスフィンゴシンとセラミド（セラミドはスフィンゴミエリンからリン酸化コリンを除いたもの）を放出する．セラミドは二次メッセンジャーとして作用し，キナーゼ，ホスファターゼや他の細胞内酵素を活性化する．スフィンゴシンは（受容体型チロシンキナーゼに依存した機構により）リン酸化されてスフィンゴシン1-リン酸となり，細胞内と細胞外の両方でシグナル伝達分子として作用する．スフィンゴシン1-リン酸は細胞内でホスホリパーゼCを抑制し，また，ABC輸送体（§9・3）を介して細胞外に排出され，Gタンパク質共役型受容体に結合してさらに細胞応答をひき起こす．

カルモジュリンはいくつかのCa^{2+}シグナルを仲介する

Ca^{2+}が酵素活性を変化させる場合のいくつかには，カルモジュリン（calmodulin）として知られるCa^{2+}結合タンパク質が介在する．カルモジュリンは小さなタンパク質（148残基）で長いαヘリックスで分離された二つの球状ドメインをもち，それぞれに二つのCa^{2+}が結合する（図10・8a）．遊離型のカルモジュリンは伸びた構造であるが，Ca^{2+}と標的タンパク質が存在すると，

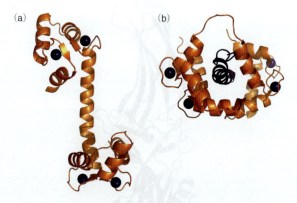

図10・8 **カルモジュリン**．(a) 単離されたカルモジュリンは伸びた構造をもつ．結合した四つのCa^{2+}を青の球状で示す．(b) 標的タンパク質（青のヘリックス）に結合したときには，カルモジュリンの長い中央部のヘリックスがほどけて折れ曲がり，カルモジュリンがその標的を巻込む．［カルモジュリンの構造（pdb 3CLN）はY. S. Babu, C. E. Bugg, W. J. Cook，26残基からなる標的と結合したカルモジュリンの構造（pdb 2BBM）はG. M. Clore, A. Bax, M. Ikura, A. M. Gronenbornによって決定された．］

αヘリックスが部分的にほどけてカルモジュリンは半分に折れ曲がり，標的タンパク質としっかり結合してその活性を促進または抑制する（図10・8b）．

10・3 受容体型チロシンキナーゼ

重要概念
- インスリンのようなリガンドが受容体のチロシンキナーゼ活性を上昇させる．
- 受容体型チロシンキナーゼは標的タンパク質をリン酸化し，Rasを活性化して細胞応答をひき起こす．

細胞の増殖と分裂を調節する多くのホルモンや別種のシグナル伝達分子は，チロシンキナーゼとして作用する細胞表面の受容体に結合する．これらの受容体の大部分は1回の膜貫通領域をもつ単量体である．リガンドの結合によって受容体は二量体化し，この状態でその細胞質ドメインが触媒活性をもつキナーゼとして機能する．インスリン受容体は静止状態で二量体として存在するが，他の受容体型チロシンキナーゼのモデルとなる．

インスリン受容体には二つのリガンド結合部位が存在する

哺乳類において燃料代謝の多くの局面を調節するインスリンは，51残基のポリペプチドホルモンであり，体の大部分の組織に存在する受容体に結合する．この受容体は生合成されたあとに切断される二つの長いポリペプチド鎖からなり，成熟した受容体は4本のポリペプチド鎖がジスルフィド結合で互いに結ばれた$α_2β_2$型の構造である（図10・9a）．

インスリン受容体の細胞外部分は，複数の構造ドメインをもった逆V字形をしている（図10・9b）．αサブユニットの部分には二つのインスリン結合ドメインがあるが，1分子のホルモンがそれらに同時に結合するには，あまりにも距離が離れすぎている（約65 Å）．むしろ生化学的証拠からは，一つの部位への結合が二つのαサブユニットを互いに結んで，第二の結合部位にはインスリンが結合できないことが示されている．ジスルフィド結合とともにドメイン間の相互作用から受容体は固い状態にあると考えられ，この特性が情報（インスリンが細胞外のαサブユニットに結合）を細胞内のシグナル伝達装置（βサブユニットのチロシンキナーゼドメイン）に伝達するうえで重要であろうと推測される．不活性な単量体として存在する他の受容体型チロシンキナーゼも，おそらくはリガンドを結合して再配置したあとに類似の様式で互いに結ばれ，チロシンキナーゼドメインを活性化するのだろう．

受容体は自己リン酸化される

受容体型チロシンキナーゼにおけるリガンド依存性の高次構造変化は，二つのチロシンキナーゼドメインを十分に引き寄せて互いの交差リン酸化を可能とする．キナーゼが自身をリン酸化するので，この過程は**自己リン酸化**（autophosphorylation）と名づけられている．個々のチロシンキナーゼドメインはキナーゼに典型的な中核となる構造をもち，そこには活性化ループが活性部位近傍に配置されて基質の結合を妨げている．この活性化ループにある三つのチロシン残基のリン酸化は受容体の高次構造を変化させ，酵素にATPとタンパク質基質が結合してリン酸基の転移が可能となるようにしている（図10・10）．

細胞の増殖と分裂を促進する応答をひき起こすため

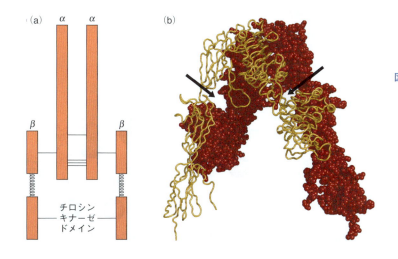

図10・9 インスリン受容体．(a) 模式図．受容体はジスルフィド結合（水平線）で結ばれた二つのαと二つのβサブユニットからなる．αサブユニットがインスリンを結合し，個々のβサブユニットには膜貫通領域（コイル）と細胞質チロシンキナーゼドメインが存在する．(b) インスリン受容体の細胞外部分．細胞表面は下側方向．1対のαβサブユニットを空間充填モデルで，反対の部分を主鎖構造で示す．インスリンは矢印で示す二つの結合部位の一つに結合する．[構造（pdb 2DTG）はM. C. Lawrence, V. A. Streltsovによって決定された．]

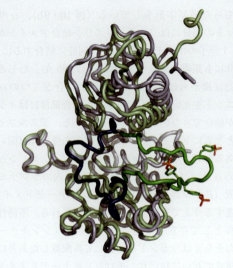

図 10・10　インスリン受容体チロシンキナーゼの活性化. インスリン受容体について, 不活性型のチロシンキナーゼドメインの主鎖構造を薄い青で, 活性化ループを濃い青で示す. 他方, 活性型のチロシンキナーゼドメインの主鎖構造を薄い緑で, 活性化ループを濃い緑で示す. 活性化ループ上の三つのチロシン残基の側鎖がリン酸化され (個々のチロシンキナーゼドメインが反対側をリン酸化した結果), 活性化ループが揺れ動いて離れ, 触媒部位がより露出されることに注意せよ. リン酸化されたチロシン残基の側鎖を棒状モデルで示す. 炭素は緑, 酸素は赤, リンは黄で色づけされている. [不活性型キナーゼドメインの構造 (pdb 1IRK) は S. R. Hubbard, L. Wei, L. Ellis, W. A. Hendrickson, 活性型キナーゼドメインの構造 (pdb 1IR3) は S. R. Hubbard によって決定された.]

に, 増殖因子の受容体や他の受容体型チロシンキナーゼは種々の細胞内標的タンパク質をリン酸化する. これらの受容体はまた, Ras のような低分子量 G タンパク質 (これらもまた GTP アーゼである) を含む他のシグナル伝達経路を開始させる. 受容体のチロシンキナーゼドメインが直接 Ras と相互作用するのではなく, そこには複数のアダプタータンパク質が介在しており, Ras と受容体のリン酸化チロシン残基の間を橋渡ししている (図 10・11). これらのタンパク質もまた, Ras からの GDP の解離と GTP の結合を促進させる.

別種の G タンパク質のように, Ras も GTP を結合している間は活性型である. Ras・GTP 複合体はあるセリン/トレオニンキナーゼをアロステリックに活性化し, これが別のキナーゼをリン酸化してそれを活性化する, という経路が繰返し続く. こうして, 数種のキナーゼカスケードは最初の増殖シグナルを増幅することが可能となる.

Ras に依存するシグナル伝達経路の最終的な標的は核内のタンパク質であり, タンパク質がリン酸化されると DNA の特徴的な配列に結合して遺伝子発現を促進 (開始) または抑制 (停止) する. こうした**転写因子** (transcription factor) の活性変化は, 最初のホルモンのシグナルがリン酸化を介して短期的 (秒から分の単位) に細胞内の酵素活性を変動させるだけでなく, 数時間以上も必要な長期的過程であるタンパク質合成にも影響を与えることを意味している.

Ras のシグナル伝達活性は Ras の GTP アーゼ活性を促進するタンパク質の作用によって停止され, Ras は不活性な GDP 結合型に復帰する. さらに, ホスファターゼが種々のキナーゼの効果を逆転させる. 他のシグナル伝達経路と同様に, 受容体型チロシンキナーゼの経路も直線的ではなく, クロストークが可能であることが示されている. たとえば, 受容体型チロシンキナーゼのいくつかは, 直接または間接 (Ras を経由して) にホスファチジルイノシトールリン脂質をリン酸化するキナーゼを

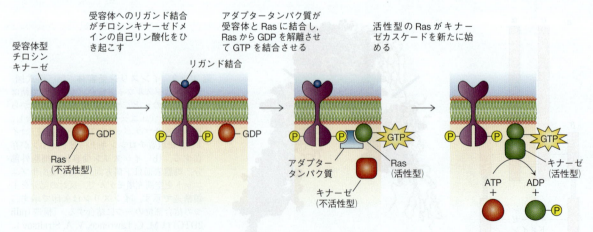

図 10・11　**Ras 経路**. Ras はホルモンが受容体に結合した情報を細胞内のキナーゼカスケードに伝達する.

10. シグナル伝達　231

ボックス 10・B　生化学ノート

細胞のシグナル伝達とがん

　有糸分裂段階の DNA 複製から細胞周期を通じての細胞の増殖は，整然としたシグナル伝達経路に依存している．細胞増殖が制御不能となるがんは，細胞増殖を刺激するシグナル伝達経路の過剰な活性化を含めて，種々の要因からもたらされる．事実，大部分のがんは遺伝子に変異があり，その遺伝子がコードするタンパク質には Ras やホスホイノシチド経路のシグナル伝達に介在するものが含まれる．これらの変異遺伝子は，"腫瘍" を意味するギリシャ語の onkos から，**がん遺伝子**（oncogene，腫瘍遺伝子）と名づけられている．

　がん遺伝子は，がんをひき起こすあるウイルスで最初に発見された．このウイルスは宿主の細胞から正常な遺伝子を取込んで，そのあとに変異を導入したと推定される．増殖因子の受容体をコードしているがん遺伝子があり，そのチロシンキナーゼドメインを保持するものの，そのリガンド結合ドメインは欠失している．その結果，キナーゼは恒常的に（絶えず）活性型となり，増殖因子が存在しなくても細胞の増殖と分裂が促進される．いくつかの *RAS* がん遺伝子は，GTP の加水分解が極端に遅くなる変異型の Ras を産生し，そのシグナル伝達経路が活性化状態に維持されてしまう．がん遺伝子による変異によって促進過程の増強あるいは抑制過程の減弱が生じるが，いずれの場合もその結果はシグナル伝達活性が過大となる．

　腫瘍形成の誘導あるいは維持における種々のキナーゼの重要性から，これらの酵素は抗がん剤として魅力的な標的

となっている．白血病（白血球のがん）のある型では，染色体再配列によって，恒常的なシグナル伝達活性をもった Bcr-Abl とよばれるキナーゼが生産されるようになる．抗がん剤イマチニブ（imatinib，商品名グリベック）は，細胞が有する数多くのキナーゼに影響を与えることなく，Bcr-Abl のキナーゼのみを特異的に抑制する．こうして，副作用がほとんどない効果的な抗がん剤治療が生まれている．

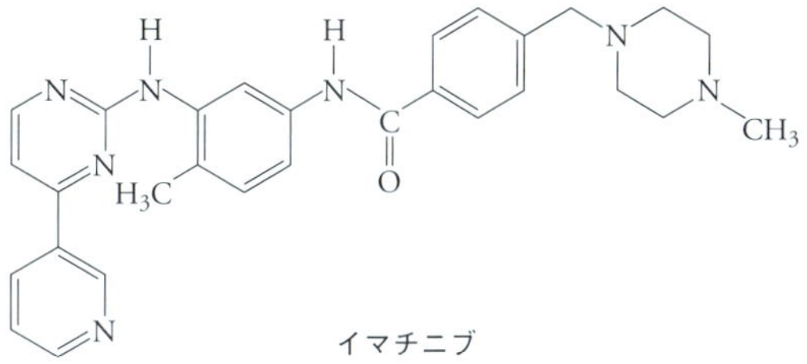

イマチニブ

　トラスツズマブ（trastuzumab，商品名ハーセプチン）として知られる抗体医薬は，多くの乳がんで過剰発現している増殖因子受容体に向けてアンタゴニストとして結合する．他種のがんに対しては，別の抗体医薬が類似の受容体を標的としている．正常と変異という両方の増殖シグナル伝達経路のしくみに向けた理解は，ひき続く効果的な抗がん剤治療の発展にとって明らかに必須なものである．

活性化し，ホスホイノシチド経路を介するシグナル伝達を促進する．これらのシグナル伝達経路の異常によって，腫瘍の増殖が促進される（ボックス 10・B）．

10・4　脂質ホルモンのシグナル伝達

重要概念

- 脂質ホルモンは遺伝子発現を調節する細胞内受容体に結合する．
- エイコサノイドは G タンパク質共役型受容体を介して機能する局所的なメディエーターである．

　いくつかのホルモンは脂質であり，膜を通過して細胞内の受容体と相互作用できるので，細胞表面の受容体に結合する必要がない．たとえば，レチノイン酸（retinoic acid）や甲状腺ホルモンのチロキシン（thyroxine，T_4）やトリヨードチロニン（triiodothyronine，T_3）はこの

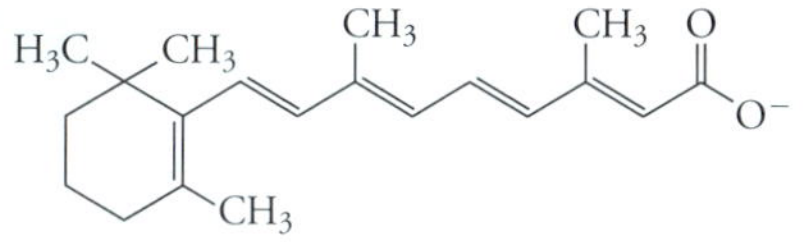

レチノイン酸

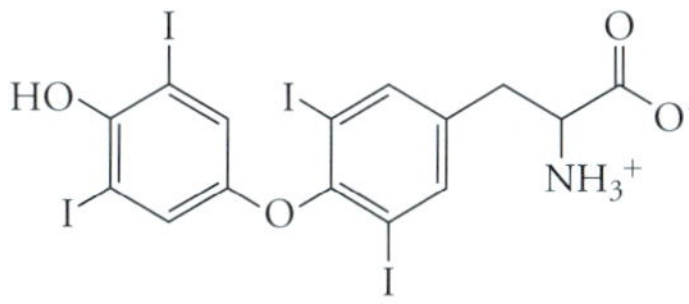

チロキシン（T_4）

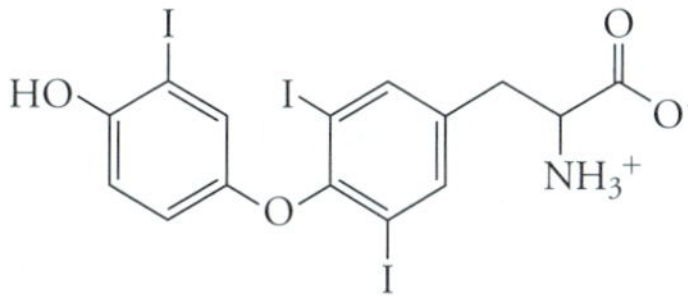

トリヨードチロニン（T_3）

図 10・12　脂質ホルモンの例

種類のホルモンである（図10・12）．レチノイン酸は，特に免疫系においては細胞の増殖や分化を調節する化合物であり，β-カロテン誘導体のレチノール（ボックス8・B）から合成される．一般に代謝を促進する甲状腺ホルモンは，チログロブリン（thyloglobulin）とよばれる巨大な前駆体タンパク質から産生される．チログロブリンのチロシン残基は酵素的にヨウ素化されてこれら二つの残基が縮合し，タンパク質分解によってチログロブリンから甲状腺ホルモンが遊離する．

§8・1で紹介した27の炭素からなるコレステロールは，代謝，塩分・水分の釣合や生殖機能を調節する多数のホルモンの前駆体である．アンドロゲン（おもには男性ホルモン）は19の炭素からなり，エストロゲン（おもには女性ホルモン）は18の炭素からなる．21の炭素からなるグルココルチコイドのコルチゾール（cortisol）は，広範の組織の代謝活性に影響を与える．

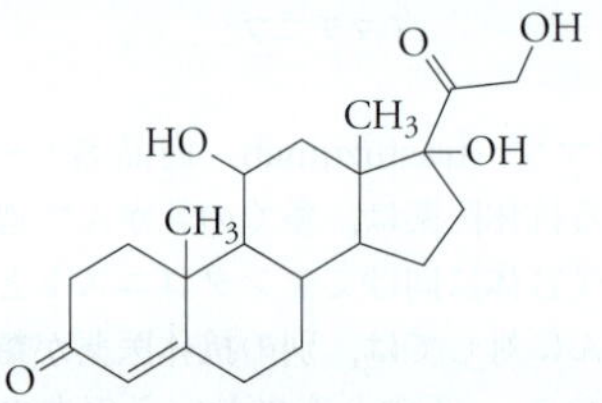

コルチゾール

レチノイン酸，甲状腺ホルモン，そしてステロイドはすべて疎水性の分子で，特異的な担体タンパク質あるいはアルブミンのような万能の結合タンパク質のどちらかと結合して，血流中を運ばれている．

脂質ホルモンが結合する受容体は，標的細胞の内側である細胞質または核内のどちらかに局在している．リガンドが結合すると，いつもではないが，受容体は二量体化することもある．個々の受容体サブユニットは，リガンド結合ドメインとDNA結合ドメインのようないくつかの領域から構成されている．リガンド結合ドメインはホルモンであるリガンドの違いに対応して変化するが，DNA結合ドメインは共通した構造を示し，四つのシステイン残基の側鎖にZn^{2+}が配位して架橋形成されるジンクフィンガー領域（§4・3）を二つもつ．リガンドが結合しないと，受容体はDNAに結合できない．

リガンドが結合して二量体化すると，受容体は核内に移行して（すでに核内に局在していなければ）**ホルモン応答配列**（hormone response element）とよばれる特定のDNA配列に結合する．ホルモン応答配列は個々の受容体-リガンド複合体に対応して変化するが，それらはすべて数塩基対で隔てられた二つの同一6塩基対配列から構成されている．ホルモン応答配列の同一塩基配列が二つ同時に結合するのは，多くの脂質ホルモン受容体が二量体であることによる（図10・13）．

受容体は核内で転写因子として機能し，ホルモン応答配列近傍の遺伝子発現が促進または抑制の方向に調節される．たとえば，コルチゾールのようなグルココルチコイドは，キナーゼの促進効果を打消すホスファターゼの

ボックス 10・C　生化学ノート

経口避妊薬

女性の性周期は，エストロゲン（estrogen）とプロゲステロン（progesterone）を含む下垂体ホルモンおよび卵巣ホルモンの連携に依存している．6種の異なる物質の総称であるエストロゲンは，すべてコレステロールから合成され（§8・1参照），女性の生殖器の構築，脂肪沈着や発毛パターンにみられる女性に特徴的な発育に重要である．卵巣によるエストロゲンの産生は，典型的な28日性周期での最初の第2週に上昇し，子宮内膜（子宮の周囲）を肥厚させて成熟卵（卵子）の放出である排卵を誘発する．子宮はプロゲステロンとともにある程度のエストロゲンを産生し続け，その濃度は性周期の第3週目近くで最大となる．卵子が受精しないと，ホルモン産生はその後低下して月経が開始する．

経口避妊薬（妊娠調節薬ピル）は排卵を妨げるために設計されており，受精の機会を減少させる．最も普及している避妊薬調合は，プロゲスチンとよばれるプロゲステロン類似体またはプロゲスチンとエストロゲン類似体の併用である．排卵に必要で，通常の月経周期で現れるエストロゲンとプロゲステロンの急上昇を防ぐ下垂体ホルモンの分泌は，これらのホルモンを通常の1日濃度で摂取すると，抑制される．プロゲスチンそれ自身は，子宮頸部の粘液を濃くして精子の侵入を妨げ，さらに妊娠の恐れを減少させている．

半世紀を超えた広範な経口避妊薬の利用から，多くの女性に副作用はないことが示されている．報告されている重篤な副作用は，静脈血栓（血餅）と心血管疾患の危険性増大である．経口避妊薬は卵巣と大腸のがんの危険性を減少させるが，他のいくつかのがんの頻度を増大させるようである．避妊薬の処方が体重増加やうつ病の原因となる科学的証拠は得られていない．

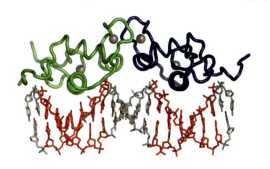

図 10・13　グルココルチコイド受容体－DNA複合体．DNAを結合するグルココルチコイド受容体の二つのジンクフィンガー領域を青と緑で示す．Zn^{2+}を灰色の球で示す．DNA（下段）のホルモン応答配列は赤で色づけしている．二つのタンパク質ヘリックスは配列特異的にヌクレオチドと接触している．［構造（pdb 1GLU）は B. F. Luisi, W. X. Xu, Z. Otwinowski, L. P. Freedman, K. R. Yamamoto, P. B. Sigler によって決定された．］

発現を促進する．この特性から，コルチゾールやその誘導体は慢性炎症や喘息の症状を治療する薬として有益となる．しかし，多くの組織がグルココルチコイドに応答するので，これらの薬の副作用が現れ，長期間の使用は制限される傾向にある．ステロイドホルモンの類似体は避妊薬として処方されるが，耐性が生じやすい（ボックス 10・C）．

ステロイドや他の脂質ホルモンによってひき起こされる遺伝子発現の変化は，その効果が現れるまでに数時間を要する．しかし，いくつかの脂質ホルモンに対する細胞応答は秒から分単位で現れることから，このホルモンはまた，Gタンパク質やキナーゼに集めるような，より短時間のシグナル伝達経路にもかかわっていると考えられる．この場合には，その受容体は細胞表面に局在しているにちがいない．

ボックス 10・D　生化学ノート

アスピリンと他のシクロオキシゲナーゼ阻害薬

ヤナギ *Salix alba* の樹皮は，古代より痛みや発熱の軽減に使用されてきた．その有効成分はアセチルサリチル酸（アスピリン aspirin）である．アスピリンは 1853 年に初めて調製されたが，50 年間は臨床的に使用されなかった．20 世紀初頭のバイエル化学会社によるアスピリンの積極的な販売が，近代的な製薬会社の始まりとなった．

国際世界的な評判にもかかわらず，アスピリンの作用機構は 1971 年までわからなかった．アスピリンは，アラキドン酸に作用する酵素のシクロオキシゲナーゼ（cyclooxygenase, COX として知られる）活性を抑制して，プロスタグランジン（痛みと発熱をひき起こす）の産生を阻害する（図 10・14 参照）．COX の抑制機構は，アラキドン酸を収容する空洞に存在する活性部位近傍のセリン残基が，アスピリンによってアセチル化されるためである．イブプロフェンのような痛みを軽減する別の物質も COX に結合し，アセチル化とは異なる機構によってプロスタグランジンの合成を阻害する．

アスピリンの短所のひとつは，複数の COX のアイソザイムを抑制してしまうことにある．COX-1 は恒常的に発現している酵素で，胃の粘膜保護層を維持するものを含めて種々のエイコサノイドの産生に重要である．組織が損傷や感染を受けたときに，COX-2 の発現は増加して炎症反応に介在するエイコサノイドを産生する．長期間のアスピリンの処方は両方のアイソザイムを抑制し，胃潰瘍のような副作用をもたらす．

COX-1 と COX-2 との少し異なる構造に依存した合理的薬物設計（ボックス 7・A）から，Celebrex® と Vioxx® という薬が開発された．これらの化合物は COX-2 の活性部位にのみ結合する（COX-1 の活性部位には大きすぎて入らない）ので，胃の組織に障害を与えることなく炎症誘発性エイコサノイドの産生を選択的に阻害できる．不幸なことに，これらの薬の副作用として心臓発作の危険性増大があり，その機構は十分に解明されていない．この結果から，Vioxx は市場から撤退され，Celebrex の処方は制限されている．何はともあれ，こうした経緯は，生物学的なシグナル伝達経路は複雑であって，治療に向けてそれらをどう操るかの理解がむずかしいことを示している．

三つめの COX アイソザイムである COX-3 は，中枢神経系において高い発現がみられる．COX-3 は広く処方されている薬アセトアミノフェン（ボックス 7・A）の標的分子である．アセトアミノフェンには解熱・鎮痛作用があるが，COX-2 に特異的な阻害剤がもつ副作用はない．

エイコサノイドは短期的なシグナルである

本章で紹介した多くのホルモンは，合成され放出される前にある程度貯蔵されているが，いくつかの脂質ホルモンはシグナル伝達過程に応答して合成される（スフィンゴシン 1-リン酸はその一例である，§10・2）．**エイコサノイド**（eicosanoid）とよばれる脂質ホルモンは，リン酸化と Ca^{2+} の存在によって酵素ホスホリパーゼ A が活性化されたときに産生される．ホスホリパーゼの基質のひとつは膜脂質のホスファチジルイノシトールである．この脂質の場合は，第二のグリセロール炭素に結合していたアシル鎖が切断されて，20 の炭素鎖からなるアラキドン酸を放出する（エイコサノイドの名称は，"20" を意味するギリシャ語の eikosi に由来する）．

四つの二重結合をもつ多価不飽和脂肪酸のアラキドン酸は，環化と酸化の反応を触媒する酵素の作用によってさらに修飾される（図 10・14）．組織に依存して多様なエイコサノイドが産生され，それらの機能も同じように多彩である．エイコサノイドは血圧，血液凝固，炎症，痛みや熱を調節する．たとえば，エイコサノイドのトロンボキサンは，血小板（血液凝固系で作用する細胞の小片）を活性化して血管を収縮させる．これとは逆の作用をもつエイコサノイドも存在する．このエイコサノイドは血小板の活性化を抑制して，血管を拡張させる．"血液希釈剤"としてのアスピリンの利用は，アラキドン酸をトロンボキサンに変換する酵素を抑制する作用をもつことにある（図 10・14 参照）．他の多くの薬も，同じ触媒段階を遮断することによって，エイコサノイドの産生を阻害している（ボックス 10・D）．

エイコサノイドの受容体は G タンパク質共役型受容体であり，cAMP 依存性とホスホイノシチド依存性の応

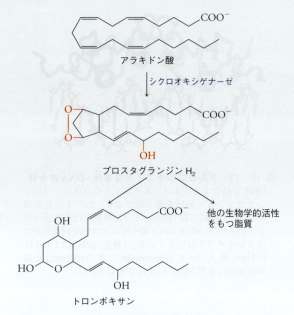

図 10・14 アラキドン酸からシグナル伝達分子エイコサノイドへの変換．最初の段階はシクロオキシゲナーゼで触媒される．数十のエイコサノイドのなかで二つのみを示す．

答をひき起こす．しかし，エイコサノイドは比較的すばやく分解される．疎水的性状と不安定性から，エイコサノイドの効果は時間・空間的に限定されている．エイコサノイドはそれを産生する細胞とその近傍の細胞に対してのみ応答する傾向にある．これに反して，他の多くのホルモンは体内を循環し，その受容体を発現するすべての組織に対して効果を発揮させる．この理由から，エイコサノイドはホルモンというよりも局所メディエーターとよばれる．

まとめ

10・1 シグナル伝達経路の一般的な特徴

- 受容体へのアゴニストまたはアンタゴニストの結合は，解離定数によって定量できる．
- 最も普遍的な受容体として，G タンパク質共役型受容体と受容体型チロシンキナーゼが存在する．
- シグナル伝達経路は細胞外シグナルを増幅するが，それらはまた調節を受け，シグナル伝達を停止させて受容体を脱感作する．

10・2 G タンパク質シグナル伝達経路

- アドレナリンのようなリガンドは G タンパク質共役型受容体に結合する．G タンパク質共役型受容体に対して G タンパク質が応答し，GDP を遊離して GTP を結合させ，α サブユニットと βγ 二量体とに解離させる．
- G タンパク質の α サブユニットはアデニル酸シクラーゼを活性化し，ATP を cAMP に変換する．cAMP は二次メッセンジャーであり，プロテインキナーゼ A に高次構造変化をひき起こし，その活性化ループを再配置して十分な触媒活性をもたらす．
- cAMP に依存するシグナル伝達活性は，G タンパク質のGTP アーゼ，ホスホジエステラーゼの作用，さらにプロテインキナーゼ A の効果を逆転させるホスファターゼを介した二次メッセンジャー産生の減少によって制限される．リガンドの解離そしてリン酸化とアレスチンの結合を

介した受容体の脱感作も，Gタンパク質共役型受容体のシグナル伝達を制限する．
- ホスホリパーゼCを活性化するGタンパク質共役型受容体は，イノシトールトリスリン酸とジアシルグリセロールの二次メッセンジャーを産生し，それらがプロテインキナーゼBとプロテインキナーゼCをそれぞれ活性化する．
- Gタンパク質共役型受容体と受容体型チロシンキナーゼという異なるシグナル伝達経路は，キナーゼ，ホスファターゼ，そしてホスホリパーゼのような同じ細胞内成分を経由して重なり合っている．

10・3 受容体型チロシンキナーゼ
- 受容体型チロシンキナーゼは二量体分子で，リガンド結合ドメインを一つもつ．リガンドの結合は，その細胞質のチロシンキナーゼドメインが互いにリン酸化できるように単量体を互いに集める．
- 受容体型チロシンキナーゼは，キナーゼとして作用する以外に，低分子量Gタンパク質のRasを活性化して他のキナーゼカスケードをひき起こす．

10・4 脂質ホルモンのシグナル伝達
- ステロイドと他の脂質ホルモンは，まず細胞内の受容体に結合し，二量体化してDNA上のホルモン応答配列に結合し，近傍の遺伝子発現を促進あるいは抑制する．
- 膜脂質から合成されるエイコサノイドは，時間・空間的に限定されたシグナルとして機能する．

問題

10・1 シグナル伝達経路の一般的な特徴
1. 表10・1に示したシグナル伝達分子のなかで，どれが細胞表面受容体を必要としないのはどれか．
2. 医薬品プレドニゾンの構造を次に示す．これはどのような種類の分子で，どのような経路を介してその効果を発揮するか．

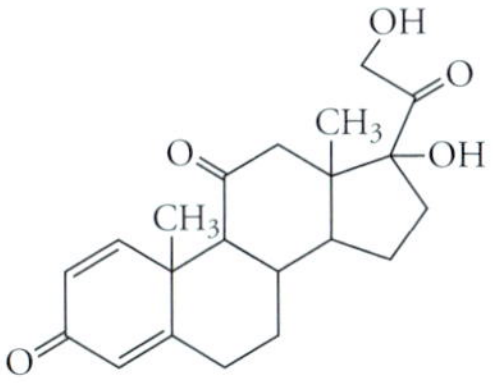

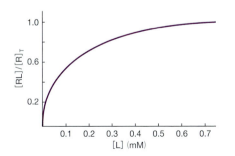

3. ある標品の全受容体濃度は10 mMである．遊離のリガンド濃度が2.5 mMで，解離定数K_dは1.5 mMである．リガンドで占有されている受容体の比率を計算せよ．
4. ある標品の全受容体濃度は10 mMである．遊離のリガンド濃度が2.5 mMで，解離定数K_dは0.3 mMである．リガンドで占有されている受容体の比率を計算せよ．この解答を問題3で得た解答と比較し，その差を説明せよ．
5. 次に示す図を用いて，解離定数K_dの値を推定せよ．
6. 培養実験において，リガンドとなるアデノシンを心筋細胞に加えた．リガンドが結合した受容体数を測定してプロットすると，図10・1に示すような曲線が得られた．この実験をカフェインの存在下に繰返すと，その結果はどのようになるか．
7. 解離定数K_dは（10・1）式で与えられ，遊離の受容体濃度[R]，リガンド濃度[L]と受容体-リガンド複合体の濃度[RL]の間の関係を示している．[RL]と同様に，[R]の値は求めにくいが，いくつかの実験から，[R]と[RL]の和である$[R]_T$の値は測定可能である．この情報を利用して，（10・1）式から始めて$[RL]/[R]_T$比を表現する式を誘導せよ〔誘導式はミカエリス-メンテンの式と同様で，（7・9）式から（7・17）式が参考となろう〕．
8. $[RL]:[R]_T$の比はリガンドが結合した受容体の比率となる．問題7で誘導した式を利用して，以下の場合に$[R]_T$の関数として，[RL]を表せ．
   (a) $K_d = 5[L]$　　(b) $K_d = [L]$　　(c) $5K_d = [L]$
9. 1細胞当たりエリスロポエチンの表面受容体が1000個存在する細胞があり，そのわずか10%にリガンドが結合すると最大応答が発揮される．最大応答をひき起こすのに必要なリガンド濃度はいくらか．問題7で誘導した式を利用し，エリスロポエチンに対する解離定数K_dは$1×10^{-10}$ Mである．
10. 問題9で述べた細胞の表面受容体の数が150個に減少した場合，最大応答をひき起こすのに必要なリガンド濃度はいくらか．
11. 血小板にADPが結合すると活性化される．血小板上に二つの結合部位が同定され，そのひとつはK_dが0.35 µMであり，二つめのK_dは7.9 µMである．
   (a) どちらが低親和性の結合部位で，どちらが高親和性の結合部位か．
   (b) 血小板を活性化するのに必要なADP濃度は，0.1～0.5 µMである．血小板を活性化するのにどちらの受容体が効果的に作用しているか．
   (c) 二つのADPアゴニストも血小板に結合する．2-メチルチオ-ADPは7 µMのK_dで，また，2-(3-アミノプロピ

オチオ)-ADP は 200 μM の K_d で結合する．これらの ADP アゴニストは ADP が血小板に結合する際に効果的に競合できるか．

12. 問題 11 で述べた研究において，1 血小板当り 160,000 個の高親和性結合部位が同定された．受容体の 85% に結合するために，ADP 濃度はいくら必要か．

13. ミカエリス-メンテンの式と同様に，問題 7 で得られた式は直線性を示す式に変換可能である．受容体へのリガンド結合に対する二重逆数プロットを示す．このプロットの情報を利用して，K_d を求めよ．

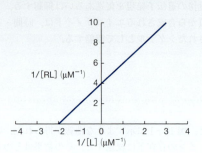

14. 受容体へのリガンド結合が直線性を示す別の方法として，スキャッチャードプロットがある．このプロットでは，$[RL]$ に対して $[RL]/[L]$ がプロットされる．直線の傾きが $-1/K_d$ と等しくなる．次に示すスキャッチャードプロットを利用して，カルモジュリンがカルシニューリンに結合する際の K_d を求めよ．

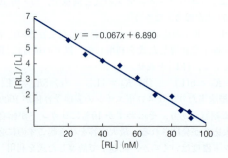

15. 細胞表面受容体を §4・5 で述べたクロマトグラフィーを用いて精製することがむずかしいのはなぜか．

16. 細胞表面受容体を精製する方法として，アフィニティークロマトグラフィーがしばしば利用される．この手法を用いて，ある細胞表面受容体を精製していく段階を示せ．

17. アドレナリンはいくつかの異なる G タンパク質共役型受容体に結合する．これらの受容体はそれぞれに異なる細胞応答をひき起こすが，どうしてそれが可能になるかを説明せよ．

18. 肝臓において，グルカゴンとアドレナリンはともに異なる G タンパク質共役型受容体に結合するが，同じ応答であるグリコーゲン分解をひき起こす．2 種の異なるリガンドは，どうして同じ細胞応答をひき起こすことができるのか．

19. 高濃度のシグナル伝達リガンドが存在すると，多くの受容体は脱感作されるが，この脱感作は種々の様式で生じる．ときに，受容体はエンドサイトーシスによって細胞表面から取除かれ，他の場合には，受容体がリン酸化される．これらが効果的な脱感作の戦略となるのはなぜか．

20. 図に示した方法で，D を活性化する利点は何か．1 段階で D を活性化する単純な経路に比べて，この方法はなぜ効果的なのか．

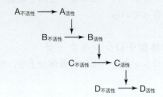

10・2 G タンパク質シグナル伝達経路

21. 本文で述べたように，G タンパク質共役型受容体はそのシステイン残基がしばしばパルミトイル化されている．システイン残基にパルミチン酸（16:0）が共有結合した構造を書け．

22. アドレナリンとノルアドレナリンは，チロシンとどのように異なるのか．それらのもとになるアミノ酸は何か．

23. β 遮断薬として知られるアンタゴニストは，なぜ高血圧の治療に有効か．

24. コレラ菌が産生する毒素は，G タンパク質の α サブユニットに ADP-リボース部分を共有結合させる．その結果，G タンパク質に内在する GTP アーゼ活性が抑制される．これはアデニル酸シクラーゼの活性にどのような影響を与えるか．cAMP の細胞内量はどうなるか．

25. G タンパク質共役型受容体のいくつかは，RGS（G タンパク質シグナル伝達調節タンパク質 regulator of G protein signaling）とよばれるタンパク質と結合する．RGS は受容体に結合した G タンパク質に内在する GTP アーゼ活性を促進する．RGS はシグナル伝達過程にいかなる効果を与えるか．

26. シグナル伝達経路の研究では，培養細胞に非水解性誘導体の GTPγS を添加して観察することが多い．GTPγS の添加は，細胞内 cAMP 量にいかなる効果を与えるか．

27. (a) プロテインキナーゼ A が標的タンパク質に存在するトレオニン残基のリン酸化を触媒する反応を書け．

10. シグナル伝達

(b) ホスファターゼがリン酸化トレオニンの加水分解を触媒する反応を書け.

28. 細菌のシグナル伝達経路のなかには, ヒスチジン残基の側鎖にリン酸基を転移するキナーゼが存在する. リン酸化されたヒスチジン残基の構造を書け.

29. 植物から単離された化合物であるホルボールエステルは, 構造的にジアシルグリセロールに類似している. ホルボールエステルを細胞に添加すると, 細胞のシグナル伝達経路にどのような効果を与えるか.

30. 本文で述べたように, リガンドがある受容体型チロシンキナーゼに結合すると, 酵素であるスフィンゴミエリナーゼが活性化される. スフィンゴミエリナーゼが触媒するスフィンゴミエリンからセラミドへの加水分解を示す反応を書け.

31. 無刺激状態のT細胞でNFAT(nuclear factor of activated T cell)とよばれる転写因子は, リン酸化された状態で細胞質に局在化している. 細胞が刺激を受けて細胞質内 Ca^{2+} が上昇すると, カルシニューリン (calcineurin) とよばれるホスファターゼが活性化される. 活性化されたカルシニューリンは, NFATからリン酸基を加水分解して核局在化シグナルを露出させ, NFATは核内に移行しT細胞の活性化に必須な遺伝子発現を促進する. NFATの活性化に至る細胞のシグナル伝達経路を述べよ.

32. 免疫抑制薬のシクロスポリンAは, カルシニューリン(問題31参照)の阻害薬である. なぜシクロスポリンAは効果的な免疫抑制薬なのか.

33. プロテインキナーゼB (Akt) を活性化へと導く経路は, 抗アポトーシス作用をもつと考えられる (アポトーシスとはプログラム細胞死である). いいかえると, プロテインキナーゼBは細胞の増殖と分化を促進する. すべての生物学的事象と同様に, 開始されたシグナル伝達経路は終結する必要がある. PTENとよばれるホスファターゼは, タンパク質からリン酸基を除去する役割を演じているが, この酵素は基質特異性が高く, イノシトールトリスリン酸からリン酸基を除去する. 哺乳類細胞にPTENを過剰発現させると, 細胞は増殖するのか, あるいはアポトーシスするのか.

34. ヒトのがんにおいて, PTEN (問題33参照) の遺伝子変異は見いだされるであろうか. その理由を説明せよ.

35. 一酸化窒素NOは, 内皮細胞においてアルギニンがNOとシトルリンに分解されて自然に生じるシグナル伝達分子である (表10・1参照). この反応を触媒する酵素のNOシンターゼは, アセチルコリンが内皮細胞に結合したときに上昇する細胞質 Ca^{2+} によって活性化される.

(a) リガンドであるアセチルコリンはどこに由来するか.

(b) アセチルコリンが結合してNOシンターゼを活性化に導く機構を示せ.

(c) 内皮細胞で生成したNOは, 近傍の平滑筋細胞に拡散して細胞内にある受容体に結合するが, この受容体は二次メッセンジャーであるサイクリックGMP (cGMP) の合成を触媒する. cGMPの合成を示す反応を書き, この反応を

触媒する酵素の名称を示せ.

(d) サイクリックGMPは次にプロテインキナーゼGを活性化し, これが筋肉細胞のタンパク質に作用して平滑筋細胞が弛緩する. この過程の機構を示せ.

36. 本文で述べたように, 開始されたシグナル伝達経路はその後終結される必要がある. 問題35に対する解答と関連して, シグナル伝達経路の個々の段階を停止に導く事象を説明せよ.

37. NOシンターゼをノックアウトしたマウス (NOシンターゼを欠いた動物) は, 血圧と心拍数が上昇し, 左心室肥大となる. これらの症状を示す理由を説明せよ.

38. クロトリマゾール (clotrimazole) はカルモジュリンのアンタゴニストである (問題35bの解答参照). 内皮細胞の培養系にクロトリマゾールを添加すると, どのような効果が現れるか.

39. 19世紀後期以降, 舌下錠のニトログリセリンは狭心症(心臓への血流低下による胸痛)の治療に利用されている. しかし, その作用機序はごく最近になって解明された. 舌下錠のニトログリセリンが狭心症にかかわる痛みを軽減する理由を説明せよ.

ニトログリセリン

40. 勃起不全の治療薬であるシルデナフィル (バイアグラ®) はcGMPホスホジエステラーゼの阻害薬である. この薬が勃起不全の治療に有効な理由を説明せよ.

41. 炭疽病をひき起こす炭疽菌 *Bacillus anthracis* は, 3成分からなる毒素を産生する. その1成分は, 他の2成分の毒素が哺乳類細胞の細胞質に侵入するのを促進する. 浮腫因子 (edema factor: EF) として知られるこの毒素はアデニル酸シクラーゼである.

(a) EFはどのようにして正常なシグナル伝達を破壊するのか.

(b) EFは初めに Ca^{2+}−カルモジュリンが結合して, 活性化される必要がある. どうしてこれが細胞のシグナル伝達の破壊に必要かを説明せよ.

42. 炭疽菌はまた, 致死因子 (lethal factor: LF) として知られる毒素を産生する (問題41参照). LFはプロテアーゼであり, 細胞増殖を刺激する経路の一部を担うタンパク質を特異的に分解して不活性化する. LFの白血球への侵入が, 体内で炭疽菌の拡散を促進する理由を説明せよ.

43. いくつかの増殖因子・受容体へのリガンド結合は, キナーゼカスケードをひき起こし, 酸素を二次メッセンジャーである過酸化水素 H_2O_2 に変換する酵素を活性化する. 過酸化水素が細胞内のホスファターゼ活性に対して与えそうな効果を

説明せよ．

44. 問題43で述べたように，過酸化水素は二次メッセンジャーとして作用し，PTEN（問題33参照）や他の細胞内ホスファターゼに影響を与えることが示されている．H_2O_2 はPTENを活性化するのか，あるいは抑制するのか．

10・3 受容体型チロシンキナーゼ

45. Rasの活性は，部分的には2種のタンパク質，グアニンヌクレオチド交換因子（GEF）とGTPアーゼ活性化タンパク質（GAP）によって調節されている．GEFタンパク質はRas・GDPに結合し，結合したGDPの解離を促進する．GAPタンパク質はRas・GTPに結合し，Rasに内在するGTPアーゼ活性を促進する．GEFの存在あるいはGAPの存在によって，シグナル伝達経路の下流の活性はどのような影響を受けるか．

46. 変異したRasタンパク質は種々のがんと関連することが見いだされている．変異したRasはGTPを結合できるが，それを加水分解できない場合，細胞にどのような効果を与えるか．

47. リガンドの結合と自己リン酸化によるインスリン受容体の刺激は，結果的にプロテインキナーゼB（Akt）とプロテインキナーゼCの両方を活性化へと導く．プロテインキナーゼBはグリコーゲンシンターゼキナーゼ3（GSK3）をリン酸化して，それを不活性化する（活性型のGSK3は，グリコーゲンシンターゼをリン酸化してそれを不活性化する）．グリコーゲンシンターゼはグルコースからグリコーゲンの合成を触媒する．インスリンが存在すると，GSK3が不活性化され，グリコーゲンシンターゼはリン酸化されずに活性化されている．プロテインキナーゼCは，未解明な機構によって，グルコース輸送体の細胞膜への移動を促進する．糖尿病の治療戦略のひとつとして，インスリン受容体のリン酸化チロシン残基からリン酸基を除く酵素ホスファターゼを抑制する薬の創製がある．これはなぜ糖尿病に対して効果的な治療薬になるのか．

48. インスリンが受容体に結合すると，高次構造が変化して受容体にある特定のチロシン残基が自己リン酸化される．シグナル伝達経路の次の段階では，IRS-1（insulin receptor substrate-1）とよばれるアダプタータンパク質がリン酸化された受容体に結合する（細胞のシグナル伝達経路に介在するアダプタータンパク質を図10・11に示した）．この段階は，下流に位置するプロテインキナーゼBとCの活性化に必須である（問題47参照）．筋肉細胞の培養においてIRS-1を過剰発現させると，グルコース輸送体の局在変化とグリコーゲン合成に対して，どのような効果がみられるか．

49. 図10・11に示したように，Rasはキナーゼカスケードを活性化する．最も普遍的なキナーゼカスケードはMAPキナーゼ経路であり，これは増殖因子が細胞表面受容体に結合してRasを刺激したときに活性化される．これは結果的に転写因子と他の遺伝子調節タンパク質を活性化して，細胞に成長，増殖や分化をもたらす．この情報を用いて，なぜホルボールエステル（問題29参照）が腫瘍形成を促進するかを説明せよ．

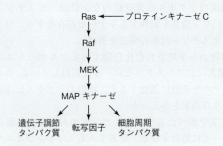

50. MAPキナーゼカスケード（問題49参照）を活性化するシグナル伝達分子は，受容体型チロシンキナーゼよりもGタンパク質共役型受容体を経由するのはなぜか．

51. RNA活性化プロテインキナーゼ（protein kinase RNA activated）PKRは，ある種のウイルスが細胞内で成長する期間に形成するような二本鎖RNA分子を認識するプロテインキナーゼである．PKRの構造は，RNA結合領域とともに標準のキナーゼドメインをもつ．ウイルスのRNAが存在すると，PKRは自己リン酸化され，抗ウイルス応答をひき起こす細胞内タンパク質をリン酸化するようになる．短鎖のRNA（30塩基対未満）はPKRの活性化を抑制するが，33塩基対以上のRNAはPKRを強く活性化する．PKRの活性化におけるRNAの役割を説明せよ．

52. 腺ペストの病原菌であるペスト菌 *Yersinia pestis* によって，14世紀にヨーロッパの人口の約3分の1が死亡した．この細菌は，リン酸化チロシンを加水分解するYopHとよばれるホスファターゼを産生するが，YopHの触媒活性は哺乳類のホスファターゼに比べて著しく高い．

   (a) ペスト菌が哺乳類細胞にYopHを注入すると，どうなるか．

   (b) 細菌自身は，なぜYopHによる影響を受けないのか．

   (c) 新興感染症であるペスト感染を治療するYopH阻害薬の展開に興味がもたれている．YopH阻害薬の展開において考慮すべき重要な事項は何か．

10・4 脂質ホルモンのシグナル伝達

53. ステロイドホルモン受容体は異なる細胞内局在を示す．プロゲステロン受容体は核内に存在し，ひとたびプロゲステロンが結合するとDNAと相互作用する．しかし，グルココルチコイド受容体は細胞質にあり，リガンドを結合するまでは核内に移行しない．これら2種の受容体分子の間で異なる構造的特徴は何か．

54. ステロイドに応答性を示す組織である乳房，子宮，卵巣，前立腺や精巣の腫瘍においては，ステロイドホルモン量の異常な変動が観察される．

   (a) これらの組織でステロイドホルモンがひき起こす応答の作用機序を考慮して，腫瘍を治療する薬を設計するためにどのような戦略が可能か．

   (b) 細胞のシグナル伝達とがん（ボックス10・B参照）

についての理解を考慮して，これらの組織における腫瘍の形成に"古典的でない"経路が介在していると推定することは妥当か．

55. 図にスフィンゴシン 1-リン酸とセラミド 1-リン酸の生成経路を示す．§10・2で述べたように，これらのシグナル伝達分子は細胞の産生された部位（細胞内）で，あるいは細胞の外に流出して近傍の細胞に作用できる．この図の経路や本章で述べた他の経路との間で，多くのクロストークが存在する．

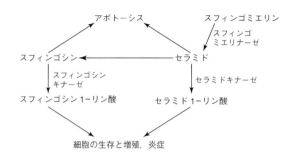

セラミド 1-リン酸（C1P）は細胞膜からアラキドン酸の遊離を促進し，スフィンゴシン 1-リン酸（S1P）は COX-2 活性を促進することが示されている．これらの知見は C1P と S1P に帰結される炎症性作用と一致するか．

56. スフィンゴシン 1-リン酸（問題 55 参照）はプロテインキナーゼ B（Akt，問題 33 参照）の活性化を促進する．これは細胞にどのような効果を与えるか．

57. スフィンゴシン 1-リン酸がもつ細胞生存作用は，S1P が複数の細胞経路と相互作用する結果によると考えられる．S1P が Akt を活性化する（問題 56 参照）ことに加えて，細胞の生存促進に向けて S1P は他にどのような作用をもつか．

58. 炎症とがんの間には強い関連がみられる．問題 55 で示された情報を考慮して，抗がん剤として有用と考えられる薬理学的製品を提示せよ．

59. アスピリンは，COX 上のセリン残基をアセチル化することによって，その酵素活性を抑制する（ボックス 10・D 参照）．アスピリンがセリンの側鎖をアセチル化する反応を示せ．セリン残基のアセチル化によって，なぜ酵素活性が抑制されるかを説明せよ．

60. プロスタグランジンを合成するために，シクロオキシゲナーゼは基質としてアラキドン酸を利用する（ボックス 10・D 参照）．血小板においては，類似の経路によってトロンボキサンが生成し（図 10・14 参照），この分子が血管収縮を刺激して血小板を凝縮させる．心臓発作に備えて，毎日アスピリンを服用するのはなぜか．

61. プレドニゾンのようなコルチゾール類似体は，その作用機序が完全に解明されていないが，抗炎症薬として利用される．プレドニゾンによるホスホリパーゼ A_2 の抑制が，なぜ炎症を減少させるかを説明せよ．

62. マリファナの有効成分であるテトラヒドロカンナビノール（THC）は脳に存在する受容体に結合する．この受容体に対する天然のリガンドはアナンダミド（anandamide）である．

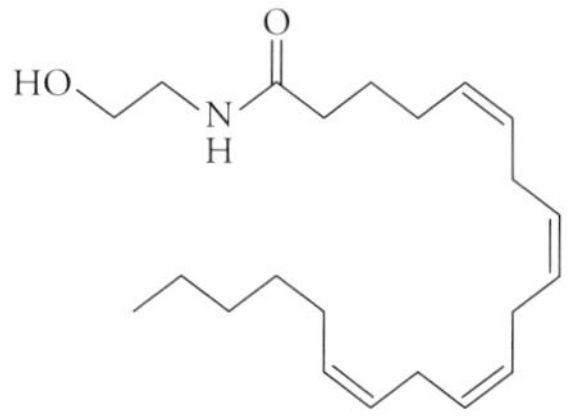

アナンダミドは加水分解酵素によって急速に分解されるので，その半減期は短い．アナンダミドの分解生成物のひとつはエタノールアミンであるが，他の生成物は何か．

63. 酵母の複雑なシグナル伝達経路では，細胞が高濃度の塩またはグルコースに曝露されると，高濃度のグリセロールを蓄積できるようになる．細胞外溶液の浸透圧の増大は Ras を活性化し，これが次にアデニル酸シクラーゼを活性化する．第二の経路である HOG（high osmolarity glycerol）経路は，MAP キナーゼ経路を活性化する（問題 49 参照）．この標的タンパク質は酵素の PFK2 で，リン酸化によって活性化される．（PFK2 は解糖を活性化するアロステリック調節因子を産生し，これが結果的にグリセロールを生成する）．Ras と MAP キナーゼ経路が収束して PFK2 をリン酸化し，それが活性化される経路図を書け．

64. HOG 経路（問題 63 参照）の構成成分を欠失した酵母の変異体が高濃度のグルコースに曝露され，その後に PFK2 活性が測定された．その変異体の PFK2 活性は，等張条件に曝露された変異体の PFK2 活性と比べてどうなるか．

参 考 文 献

De Meyts, P., The insulin receptor: A prototype of dimeric, allosteric membrane receptors? *Trends Biochem. Sci.* **33**, 376-384 (2008).

Eyster, K. M., The membrane and lipids as integral participants in signal transduction: Lipid signal transduction for the non-lipid biochemist, *Adv. Physiol. Educ.* **31**, 5-16 (2007). ホスホリパーゼ，脂質キナーゼとホスファターゼ，脂質ホルモンと二次メッセンジャーの役割をまとめている．

Milligan, G., and Kostenis, E., Heterotrimeric G-proteins: A short history, *Br. J. Pharmacol.* **147**, S46-55 (2006).

Newton, A. C., Lipid activation of protein kinases, *J. Lipid Res.* 50, S266−S271(2009). 脂質の二次メッセンジャーが，どのようにプロテインキナーゼＣのようなキナーゼに影響を与えるかを記載している.

Rasmussen, S. G. F., DeVree, B. T., Zou, Y., Kruse, A. C., Chung, K. Y., Kobilka, T. S., Thian, F. S., Chae, P. S., Pardon, E., Calinski, D., Mathiesen, J. M., Shah, S. T. A., Lyons, J. A., Caffrey, M., Gellman, S. H., Steyaert, J., Skiniotis, G., Weis, W I., Sunahara, R. K., and Kobilka, B. K., Crystal structure of the β_2 adrenergic receptor−Gs protein complex, *Nature* 477, 549−555(2011). Ｇタンパク質とそれに結合する受容体の間の相互作用について，詳細な情報を提供している.

Taylor, S. S. and Kornev, A. P., Protein kinases: Evolution of dynamic regulatory proteins, *Trends Biochem. Sci.* 36, 65−77 (2011). プロテインキナーゼの一般的な構造と活性化ループのリン酸化による活性化機構をまとめている.

11 炭水化物

> **なぜある種の炭水化物を消化できないのか**
> 細胞の主要な構成単位であるヌクレオチド，アミノ酸，脂質，および炭水化物のなかで，われわれのまわりに最も豊富に存在するのは炭水化物である．われわれの食物のほとんどが炭水化物を含んでいる．しかし，小さな糖から大きな分子をつくる際の化学結合の仕方が微妙に違うので，すべての炭水化物が容易に分解できるわけではない．そのため，われわれは食べた炭水化物のすべてを消化して利用することはできない．

復習事項
- 細胞には4種類の主要な生体分子と3種類の重合体がある（§1・2）．
- 極性をもつ水分子は他の分子と水素結合をつくる（§2・1）．

炭水化物（carbohydrate）の原子組成はほぼ炭素，水素，酸素だけであるが，エネルギー代謝から細胞の構造までのさまざまな機能にかかわっている．炭水化物は**糖**または**糖質**（sugar, saccharide）ともよばれ，そのなかには**単糖**（monosaccharide），小さな重合体（**二糖** disaccharide，**三糖** trisaccharide など），および大きな重合体である**多糖**〔polysaccharide, 複合糖質（complex carbohydrate）ともよばれる〕が含まれる．単糖の化学式は $(CH_2O)_n$ で表せるので炭水化物という名称がつけられた．ここで n は3より大きい数である．炭水化物の特徴は多くのヒドロキシ基 −OH をもつことで，窒素，リン，および他の元素を含む基をもった糖の誘導体においてもその特徴がみられる．本章では，単糖とその誘導体，いくつかの代表的二糖と多糖，およびタンパク質に結合した炭水化物について概説する．

11・1 単 糖

重要概念
- 単糖には炭素数の異なるものや，アルドースとケトースがあり，多数のエナンチオマーとエピマーも存在する．
- アノマー炭素がグリコシド結合に使われていなければ，α アノマーと β アノマーは自由に相互変換できる．
- 単糖の官能基は修飾を受け，さまざまな誘導体が生じる．

最も単純な糖はグリセルアルデヒド（glyceraldehyde）とジヒドロキシアセトン（dihydroxyacetone）という三炭素化合物である．グリセルアルデヒドのようにカルボニル基がアルデヒドのものを**アルドース**（aldose），ジヒドロキシアセトンのようにカルボニル基がケトンのものを**ケトース**（ketose）とよぶ．ほとんどのケトースでは2番目の炭素 C2 がケトンになっている．

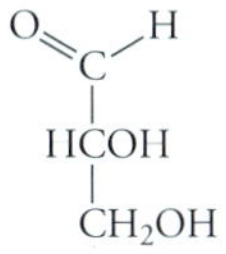

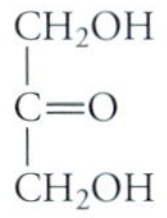

グリセルアルデヒド　　ジヒドロキシアセトン

単糖は構成している炭素の数に基づいて分類されることもある．たとえば上で述べた三炭素化合物は**トリオース**（triose, 三炭糖）とよばれる．炭素4個のものは**テトロース**（tetrose, 四炭糖），5個は**ペントース**（pentose, 五炭糖），6個は**ヘキソース**（hexose, 六炭糖）とよぶ．アルドペントースであるリボースはリボ核酸（RNA）の構成成分である（デオキシリボ核酸 DNA ではリボースの誘導体である 2′−デオキシリボースが使われている）．最も豊富に存在する単糖はグルコース

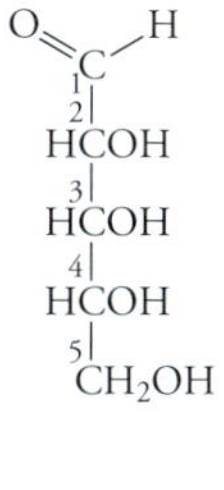

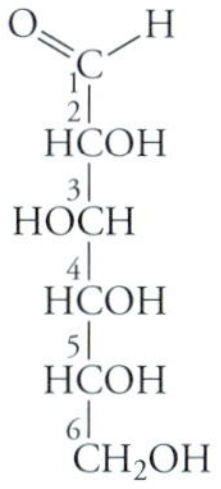

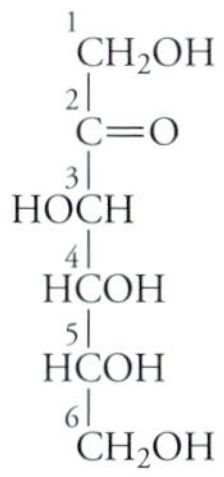

リボース　　　　グルコース　　　　フルクトース

242　第Ⅱ部　分子の構造と機能

（glucose）で，これはアルドヘキソースである．フルクトース（fructose）は最も身近なケトヘキソースである．

炭水化物の多くはキラル化合物である

前ページに示したように，グルコースのC1とC6以外の炭素は4個の手に結合しているものがすべて異なるので，グルコースは**キラル**（chiral）化合物である（キラリティーについては§4・1参照）．そのためグルコースや他の単糖には多数の立体異性体が存在する（対称構造をもつジヒドロキシアセトンは例外である）．炭水化物にはさまざまな立体異性がある．

アミノ酸の場合と同様に（§4・1），グリセルアルデヒドは鏡面対称性をもった二つの異なった構造をとる．こうした1対の構造は**エナンチオマー**（enantiomer, 鏡像異性体ともいう）とよばれ，どのように回転させても重ね合わせることはできない．慣例として，こうした構造はL形およびD形とよばれる．それらはギリシャ語で左を意味するlevoと右を意味するdextroに由来する．大きな単糖がD形であるかL形であるかはD形およびL形グリセルアルデヒドとの比較によって決められる．カルボニル基から最も遠い不斉炭素（グルコースの場合C5）の空間配置がD-グリセルアルデヒドの不斉炭素のものと同じ糖は**D糖**（D sugar），不斉炭素の空間配置がL-グリセルアルデヒドの不斉炭素のものと同じ糖は**L糖**（L sugar）という．すべてのD糖はL糖の鏡像となる．

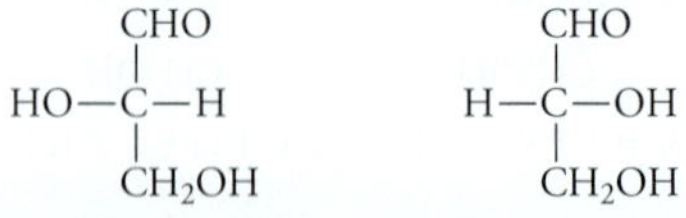

L-グリセルアルデヒド　　D-グリセルアルデヒド

二つのエナンチオマーは化学的には同じにふるまうが生物学的には同じではない．なぜかというと，生物はL-アミノ酸のようなキラル化合物からできていてD形

およびL形の糖を区別できるからである．自然界に存在する糖のほとんどはD形なので，名前の前にDやLをつけないことが多い．

グルコースにはエナンチオマーにかかわる炭素（C5）を入れて4個の不斉炭素があるので，それぞれの炭素のところで立体異性体が生じる．それらのうちのどれか一つの炭素においてだけ構造が異なるもののことを**エピマー**（epimer）とよぶ．たとえば身近な単糖であるガラクトースはC4においてグルコースのエピマーである．

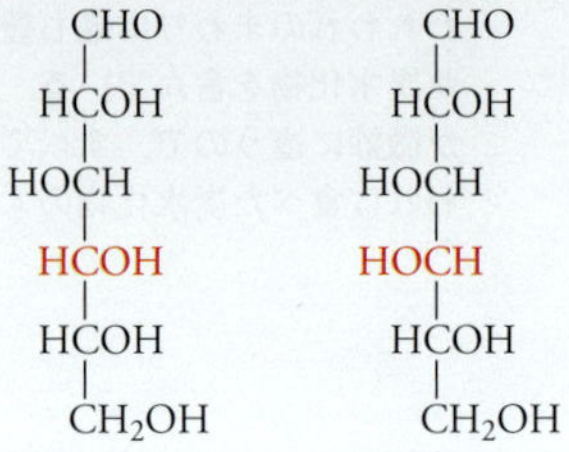

D-グルコース　　D-ガラクトース

ケトースにもアルドースにもエピマーは存在する．そして，エナンチオマーの場合と同じで，エピマーは生物学的には異なるものとみなされる．活性部位でグルコースと結合する酵素はガラクトースとは全く結合しない．

環化によってαおよびβアノマーが生じる

炭水化物の構造上の特徴である多数のヒドロキシ基は化学反応を起こす部位にもなる．分子内でカルボニル基とヒドロキシ基の一つとの間でそうした化学反応が起こると環状構造ができる（図11・1）．糖の環状構造は**ハース投影式**（Haworth projection）で書く．この図で太く示した水平な線は紙面より手前にある結合を表し，細い水平な線は紙面より奥にある結合を表している．単純な規則によって**フィッシャー投影式**（Fischer projection）で書いた直鎖状グルコースの図（水平方向の結合は紙面から手前に向かうもので，垂直方向の結合は紙面から奥

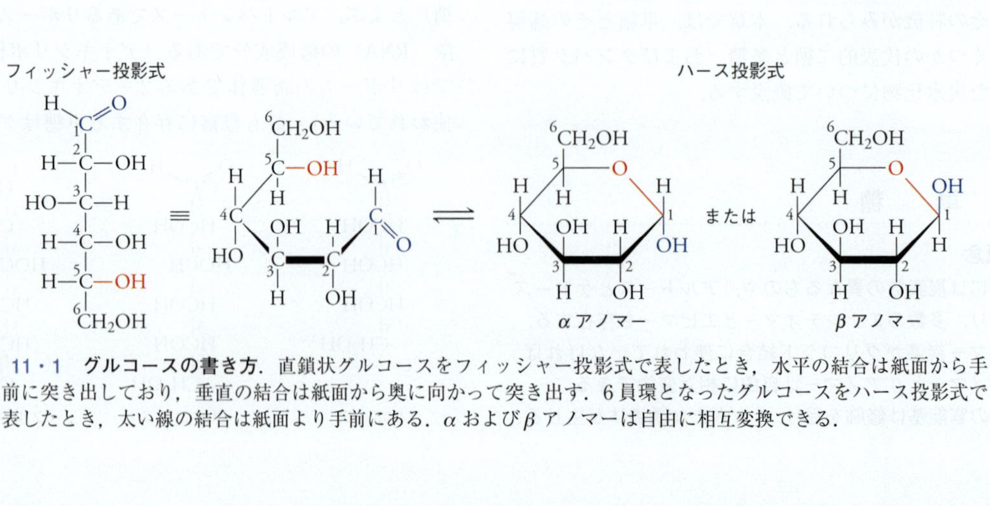

フィッシャー投影式　　　　　　　　　　　　　　　　　　　　ハース投影式

αアノマー　　　βアノマー

図 11・1　グルコースの書き方．直鎖状グルコースをフィッシャー投影式で表したとき，水平の結合は紙面から手前に突き出しており，垂直の結合は紙面から奥に向かって突き出す．6員環となったグルコースをハース投影式で表したとき，太い線の結合は紙面より手前にある．αおよびβアノマーは自由に相互変換できる．

11. 炭水化物

に向かうものである）をハース投影式で示した図に変換できる．フィッシャー投影式で右に出ている基はハース投影式では下に突き出し，左に出ている基は上に突き出すようにするのである．

環化反応によりカルボニル炭素（グルコースの場合C1）だった炭素に結合することになったヒドロキシ基は上を向く場合と下を向く場合がある．α アノマー（α anomer）の環状構造では，このヒドロキシ基は D 形か L 形かを決める不斉炭素に結合している CH₂OH 基とは反対の方向に突き出す（グルコースの α アノマーではヒドロキシ基は下に突き出す，図 11・1 参照）．β アノマー（β anomer）の環状構造では，このヒドロキシ基は D 形か L 形かを決める不斉炭素に結合している CH₂OH 基と同じ方向に突き出す（グルコースの β アノマーではヒドロキシ基は上に突き出す，図 11・1 参照）．

エナンチオマーやエピマーの間では相互変換は起こらないが，水溶液中の α および β アノマーの間では自由に相互変換できる．ただし，それはアノマー炭素に結合しているヒドロキシ基が他の分子と結合していない場合である．実際，水溶液中のグルコースでは約 64 ％ が β アノマーで，約 36 ％ が α アノマーであり，環が開いた直鎖状のものはごくわずかしか存在していない．

ハース投影式ではヘキソースやペントースの環状構造が平面状に見えてしまうが，実際はそうではない．糖が環状構造を形成しても，炭素原子が正四面体の頂点に向かって結合する手を出す性質は保たれている．各炭素に結合している基は環の上あるいは下に向く（アキシアル）か外に突き出す（エクアトリアル）．グルコースがいす形構造をとると，かさ高い基（OH 基や CH₂OH 基）はすべてエクアトリアル方向を向く．

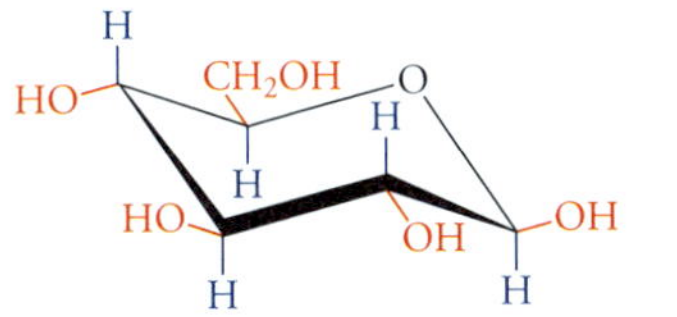

他のヘキソースでは，かさ高い基のいくつかがアキシアル方向に突き出し，窮屈になるので安定性が低い．単糖のなかでグルコースが最も多く存在する理由の一つはこの安定性かもしれない．

さまざまなやり方で単糖の誘導体を合成することができる

単糖内のアノマー炭素は容易に見つけることができる．直鎖状のときはカルボニル炭素であり，環状のときは環内の酸素とヒドロキシ基の両方と結合している炭素である．このアノマー炭素は酸化されやすく，Cu(Ⅱ) を Cu(Ⅰ) に還元できる．この化学反応性はベネディクト試薬（Benedict's reagent）とよばれる銅イオンを含む溶液によって検出でき，アノマー炭素がすでに他の分子と結合している単糖と還元糖（reducing sugar）とよばれる遊離した単糖とを区別するために用いられる．たとえば，グルコース分子（還元糖）がメタノール CH₃OH と反応すると非還元糖（nonreducing sugar）となる（図 11・2）．この反応にはアノマー炭素がかかわっているので，メチル基は α あるいは β の位置にくる．このアノマー炭素を他の基とつなぐ結合をグリコシド結合（glycosidic bond）とよび，他の分子と結合した糖を含む化合物をグリコシド（glycoside，配糖体ともいう）とよぶ．グリコシド結合はオリゴ糖や多糖において単糖を連結させ（§11・2），ヌクレオチドにおいてリボースとプリンあるいはピリミジン塩基を結合させる（§3・1）．

グリセルアルデヒド 3-リン酸やフルクトース 6-リン酸のようなリン酸化された糖がグルコースの分解（解

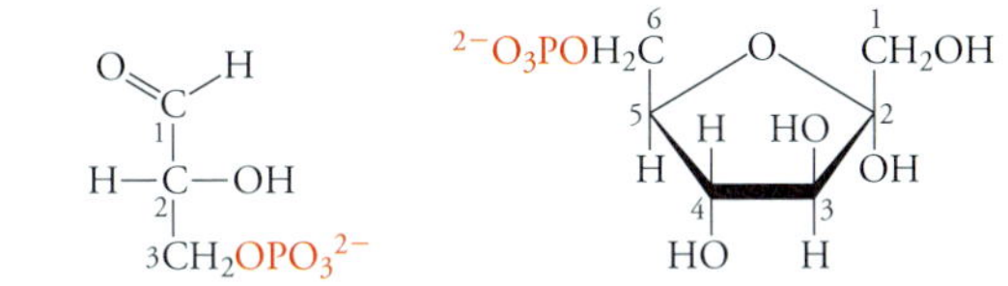

グリセルアルデヒド 3-リン酸　　　フルクトース 6-リン酸

糖，§13・1）および合成（光合成，§16・3）の経路において中間体として出現する．

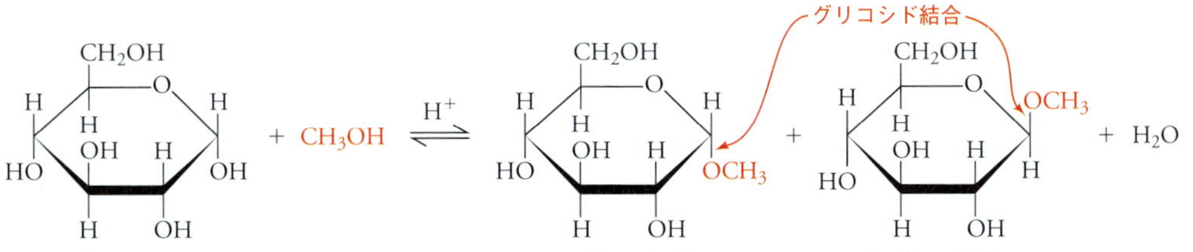

図 11・2　**グルコースとメタノールの反応**．グルコースのアノマー炭素にメタノールが付加すると還元糖として機能しなくなる．アノマー炭素とメタノールの酸素の間のグリコシド結合は α と β のどちらとでもできる．

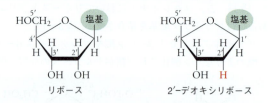

図 11・3　いくつかの単糖誘導体．アミノ糖(a)ではOH基がNH$_3^+$基に置換されている．酸化および還元反応によりカルボキシ基をもった糖(b)およびヒドロキシ基がさらに増えた糖(c)ができる．

別の代謝過程ではヒドロキシ基がアミノ基に置換され，グルコサミンのようなアミノ糖がつくられる（図11・3a）．糖のカルボニル基やヒドロキシ基が酸化されるとウロン酸（カルボキシ基をもつ糖）ができ（図11・3b），還元されると"シュガーレス"食品に使われる甘味料であるキシリトールができる（図11・3c）．リボヌクレオチドレダクターゼが触媒する反応は代謝においてとても重要な糖の修飾である．この反応によりリボヌクレオチドのリボースの2′ OH基が還元されてデオキシリボヌクレオチドがつくられ，それはDNA合成に使われる（§18・3）．

11・2　多　糖

重要概念

- 単糖はグリコシド結合によっていろいろな配置でつながる．
- ラクトースとスクロースは代謝燃料として使われる二糖である．
- グルコースの重合体にはデンプンやグリコーゲンのような燃料貯蔵のための多糖とセルロースのような構造をつくるための多糖がある．
- 構造をつくるための多糖のその他の例としてはキチンと細菌のバイオフィルムがある．

単糖はグリコシド結合によって次つぎとつながって多糖を構成する．生体内で同じようにポリマーを形成するアミノ酸やヌクレオチドの結合様式は一つしかないが，

単糖の結合様式はいろいろあって，さまざまな鎖状構造をつくり上げる．それぞれの単糖は縮合反応に関与できるいくつかのOH基をもっているので異なる様式の結合ができ，枝分かれをつくることもできる．このように炭水化物はさまざまな構造をつくるため，その研究はむずかしい．

研究室において糖鎖，すなわち**グリカン**（glycan）の配列は質量分析によって調べられるが（§4・5），同じ質量をもった異性体の識別ができないので不確実な結果しか得られないことがある．水溶液中のグリカンの三次元構造は変形が大きいので，一般的には平均的分子構造がわかるNMR法（§4・5）によって調べられる．糖鎖の配列や構造を調べるのはむずかしいので，糖鎖を網羅的に調べる**グリコミクス**（glycomics）はゲノミクスやプロテオミクスほどには進展していない．

最も複雑なグリカンはオリゴ糖で，通常それらは糖タンパク質でのように他の分子と結合している．多糖のうちのいくつかは巨大であるが，オリゴ糖ほどの不均質さや複雑さはない．多糖は1種類あるいは2種類の単糖が同じように繰返し結合してできている．こうした構造上の均質さは，燃料貯蔵や建築資材となる多糖の機能にうまく合っている．まず，最も単純な多糖である二糖から説明しよう．

最も身近な二糖はラクトースとスクロースである

二つの単糖がグリコシド結合でつながると二糖となる．自然界において二糖は多糖が消化される際の中間体や代謝燃料として存在する．たとえば，哺乳類の乳汁中に分泌される**ラクトース**（lactose）はガラクトースとグルコースがつながったものである．

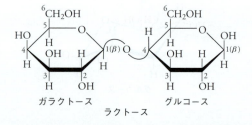

この分子において，ガラクトースのアノマー炭素（C1）はβ-グリコシド結合でグルコースのC4と結合していることに注意してほしい．もし二つの単糖がα-グリコシド結合でつながっていたりガラクトースのアノマー炭素がグルコースの別の炭素とつながっていたら，そうした分子は全く異なった二糖となる．ラクトースは哺乳類の新生児にとって主要な食料となる．ヒトも含めて，哺乳類の成体はラクトースのグリコシド結合を切断する

酵素であるラクターゼ（lactase, β-ガラクトシダーゼ β-galactosidase ともよばれる）をほとんど産生しなくなるので，ラクトースを効率よく消化できない．

スクロース（sucrose）すなわち砂糖は自然界に最も大量に存在する二糖である．

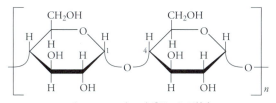
スクロース

この分子ではα形のグルコースのアノマー炭素がβ形のフルクトースのアノマー炭素と結合している．スクロースは光合成が行われている葉で新たにつくられた炭水化物を植物の他の組織に輸送する際に使われる分子である．それらの組織では燃料として使われたりあとで使うためにデンプンとして貯蔵されたりする．

デンプンとグリコーゲンは燃料貯蔵のための分子である

デンプンとグリコーゲンはα(1→4)グリコシド結合によってグルコースがつながってできた重合体である．このα(1→4)グリコシド結合とは，グルコースのアノマー炭素（C1）がα-グリコシド結合によって次のグルコースのC4と結合することを意味する．

植物がつくるアミロース（amylose）とよばれる直鎖状のデンプン（starch）は数千ものグルコースからなる．もっと大きなアミロペクチン（amylopectin）とよばれるデンプンには，グルコース24個から30個ごとにα(1→6)グリコシド結合があり，枝分かれした重合体になっている．

多数の単糖を1個の多糖にまとめ上げるというのは，植物の主要な代謝燃料であるグルコースを貯蔵するうえで効率のよいやり方である．α-グリコシド結合でできた鎖は曲がりながららせんを描くので比較的密度の高い粒子になる（図11・4）．

動物はグルコースをグリコーゲン（glycogen）にして貯蔵する．グリコーゲンはアミロペクチンに似ているが，グルコース約12個ごとに枝分かれがある．グリコーゲンは枝分かれが多いので，代謝における必要性に応じて急激に合成したり分解したりすることができる．その

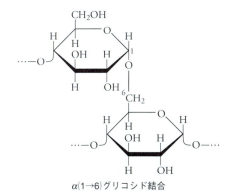
アミロース，α(1→4)グリコシド結合

α(1→6)グリコシド結合

図 11・4 **アミロースの構造**．グルコース残基は炭素原子が黒で酸素原子が赤で表されている．この枝分かれのない多糖はα(1→4)グリコシド結合したグルコースからなり（ここでは6個つながったものを示した），大きな左巻きらせんになる．

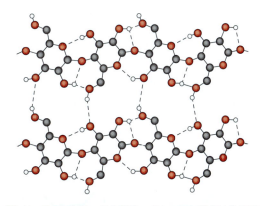

図 11・5 **セルロースの構造**．グルコース残基は炭素原子が黒で酸素原子が赤の六角形で表されている．すべての水素原子(小さな円)が示されているわけではない．同一鎖内および隣接鎖間のグルコース残基の間には水素結合(破線)ができ，セルロース重合体はまっすぐに伸びた丈夫な繊維となる．

理由は，グリコーゲンにグルコースを付加したり切り離したりする酵素が枝分かれの末端でだけそれを行うからである．

セルロースとキチンは構造の支持体となる

セルロース（cellulose）は，アミロースのように何千ものグルコースが直鎖状に重合したものである．しかし，分子内でグルコースは α (1→4) グリコシド結合ではなく β (1→4) グリコシド結合によってつながっている．

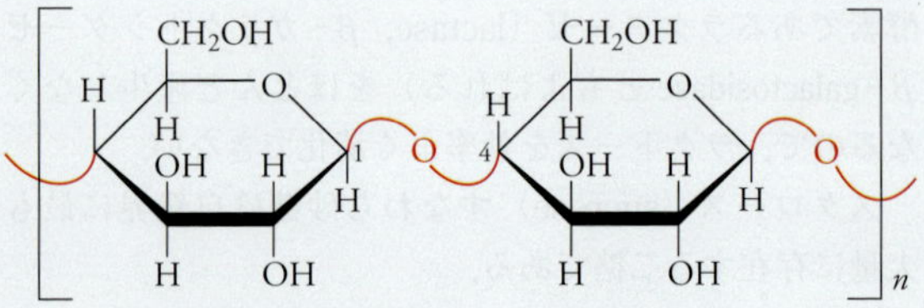

セルロース

結合におけるこの単純な違いが構造においては大きな差をもたらす．細胞内でデンプンは密度の高い粒子となっ

ボックス 11・A　生化学ノート

セルロースによるバイオ燃料

セルロースは自然界において最も大量に存在する多糖であり，それぞれの糖鎖は何千もの単糖からなる．そのため，セルロースを豊富に含んでいる木材や農業廃棄物はエタノールなどのバイオ燃料をつくるための糖の原料となる．エタノールは石油に由来する燃料の代替物となる可能性をもつ．残念なことに，自然界にはセルロースだけでできたものは存在しない．植物の細胞壁も通常ヘミセルロース，ペクチン，およびリグニンといった他の重合体を含んでいる．

ヘミセルロースはセルロース（500〜3000 グルコース残基）より短く，枝分かれしている．ヘミセルロースは不均質な重合体で，さまざまなペントースやヘキソースを構成成分として含んでいる．そのなかで最も多いのがキシロース（xylose）である．

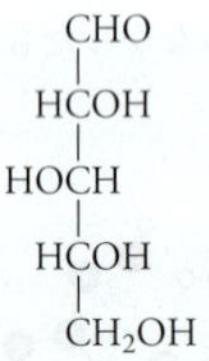

キシロース

セルロースは丈夫な繊維をつくり，ヘミセルロースは網目構造をつくるが，それらの隙き間を埋めるのがペクチン（pectin）である．ペクチンも不均質な重合体で，そのなかにはガラクツロン酸やラムノースなどが含まれている．

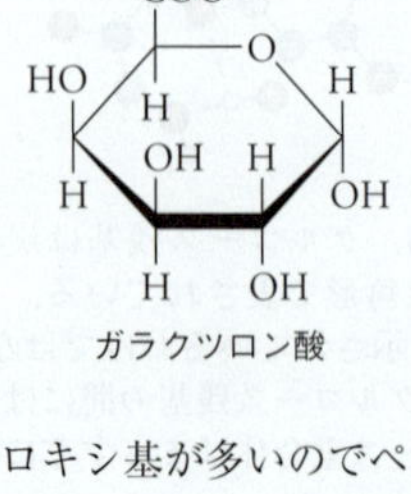

ガラクツロン酸 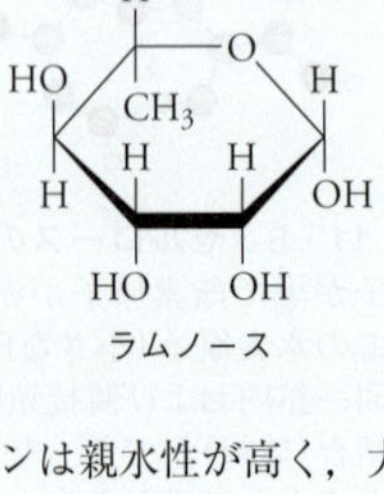　　　ラムノース

ヒドロキシ基が多いのでペクチンは親水性が高く，大量の水を保持できるのでゲルのような性質をもつ．

リグニンはセルロース，ヘミセルロース，ペクチンとは全く異なり，多糖ではない．芳香族（フェノール）化合物からなり，非常に不均質なのでその性質を述べるのがむずかしい重合体である．ヒドロキシ基が少ないので比較的疎水性である．リグニンはヘミセルロースと共有結合によってつながっているので細胞壁の機械的強度を増すことに寄与している．

リグニンを含む木材のすべての成分は大量の自由エネルギーをたくわえていて，燃焼によりそれを放出させることができる（たとえば木を燃やすときのように）．工業的にこのたくわえられているエネルギーを別なタイプの燃料に変換することを生物変換（bioconversion）という．その第1段階の多糖とリグニンを分離するところが最もむずかしい．細かく砕き粉にするという物理的方法だと多くのエネルギーを必要とするが，強い酸あるいは有機溶媒を使うという化学的方法にも問題がある．化学的方法のさらなる問題は，つくられたものが次の段階である生物あるいは生物由来の酵素によるバイオ燃料生成反応を阻害するという点である．

リグニンを取除いたあとの炭水化物は加水分解酵素で処理される．それらの酵素の多くは植物を分解することで生きている細菌や真菌類から得たものである．そうしてさまざまな単糖の混合物が得られる．酵母のような真菌類はグルコースを効率よくエタノールにし（§13・1），それを蒸留すれば燃料として使える．キシロースをエタノールにすることができる生物もいるがその経路は効率が悪く，最終生成物として乳酸や酢酸などが生じてしまうこともある．最も有望な方法は，生物工学によって微生物を改変し，多糖の加水分解と単糖のエタノールへの変換の両方をできるものをつくり出すことである．そうした微生物は比較的安定で，輸送や保存も容易だろう．もう一つの方法は，微生物によって糖の混合物を炭化水素に変え，それをディーゼル燃料の代わりに使うことである．

ているが，セルロースはまっすぐに伸びた繊維となり，細胞壁を固く丈夫にしている．セルロース繊維は束となり，その束の内部では繊維内および繊維間に多数の水素結合がつくられている（図11・5）．植物の細胞壁には他の重合体も存在し，セルロースとともに，丈夫だが弾力のある壁をつくっている．木材などから炭水化物を取出すことはバイオ燃料製造業者にとっていまでも難題である（ボックス11・A）．

動物はセルロースを合成できず，多くの動物はそれを消化して中に含まれているグルコースをエネルギー源として利用することもできない．セルロースを多く含む食物からエネルギーを得ているシロアリや反芻動物（放牧されている哺乳類）は体内に微生物をもっており，それらがグルコースの間の $\beta(1\rightarrow 4)$ 結合を加水分解する酵素（セルラーゼ）をもっている．植物の乾燥重量の80％はグルコースであるが，ヒトはそうした微生物をもっていないので，ほとんど利用できない．しかし，それらの大部分は食物繊維とよばれ，消化器系が正常に働くために必要とされる．

昆虫や甲殻類の外骨格および多くの真菌類の細胞壁には，キチン（chitin）とよばれるセルロースに似た重合体が含まれている．これはグルコースの誘導体である N-アセチルグルコサミン（グルコサミンのアミノ基にアセチル基が結合したもの）が $\beta(1\rightarrow 4)$ 結合したものである．

図11・6 *Pseudomonas aeruginosa* がつくるバイオフィルム．寒天プレートの表面で育つこの病原性細菌は複雑な三次元的形態をもつバイオフィルムをつくる．［Roberto Kolter, Harvard Medical School 提供．］

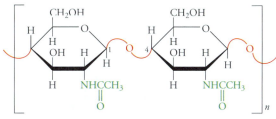

キチン

細菌の多糖はバイオフィルムをつくる

原核生物はセルロースを使った細胞壁をつくらず（§11・3参照）燃料をデンプンやグリコーゲンとしてたくわえることもしないが，増殖するために保護基質となる細胞外多糖をつくっている．**バイオフィルム**（biofilm）はいろいろなものの表面に貼りつく．そこには細菌がすみついていて，バイオフィルムを維持している（図11・6）．バイオフィルムをつくっている細胞外物質は，グルクロン酸や N-アセチルグルコサミンを含む親水性の高い多糖の雑多な集合体である．バイオフィルムにはさまざまな細菌がすみついており，いろいろある多糖の組合わせ比率は多くの環境要因によって変わるので，その特

徴を述べるのはむずかしい．

菌の表面にできるプラークのようなバイオフィルムはゲルのような性質をもつため，細菌が洗い流されたり乾燥することを防いでいる．カテーテルなどの医療器具の表面にできたバイオフィルムは，病原性細菌増殖の足場となったり抗生物質や免疫系の細胞からの防御壁となったりするので問題である．

11・3　糖タンパク質

重要概念
- 炭水化物は N 結合型あるいは O 結合型オリゴ糖としてタンパク質に結合する．
- プロテオグリカンのグリコサミノグリカンは強く水和している．
- 細菌はペプチドグリカンで細胞壁をつくる．それは糖鎖と短いペプチドからなる三次元的網目構造である．

数多くの異なる単糖が存在し，それらの結合の仕方もいろいろあるので，ほんの2～3残基からなるオリゴ糖でも可能な構造の数は膨大なものとなる．その複雑さを利用して生物はさまざまな構造，すなわちタンパク質や脂質に独特のオリゴ糖による印をつける．真核細胞から分泌されたり細胞表面に局在したりするタンパク質の多くは，合成直後に一つあるいは複数のオリゴ糖が共有結合で付加された糖タンパク質である．

N 結合型オリゴ糖鎖は加工される

真核生物の糖タンパク質についているオリゴ糖鎖はAsn 側鎖（***N* 結合型オリゴ糖** *N*-linked oligosaccharide）あるいは Ser か Thr の側鎖（***O* 結合型オリゴ糖** *O*-linked oligosaccharide）と結合している．

248　第II部　分子の構造と機能

N 結合型オリゴ糖

O 結合型オリゴ糖

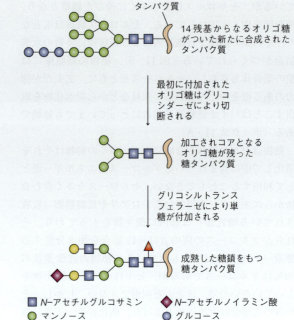

図 11・7　*N* 結合型オリゴ糖の加工．小胞体内で新たにつくられたタンパク質に付加された 14 残基のオリゴ糖をゴルジ体内のグリコシダーゼとグリコシルトランスフェラーゼが加工する．コアとなる 5 残基のオリゴ糖（マンノース 3 個と *N*-アセチルグルコサミン 2 個からなる，中央）はすべての *N* 結合型オリゴ糖に共通である．図に示したのは多くの成熟したオリゴ糖のうちのひとつである．

N-グリコシル化は，タンパク質が粗面小胞体に結合したリボソーム上で合成されている最中から始まる．タンパク質が小胞体の内腔へ輸送されると 14 残基からなるオリゴ糖鎖が Asn 残基に付加される（図 11・7）．合成の終わったタンパク質が小胞体内腔からゴルジ体（一連の膜に囲まれた区画）に送り込まれると，**グリコシダーゼ**（glycosidase）とよばれる酵素がいくつかの単糖を切除し，**グリコシルトランスフェラーゼ**（glycosyltransferase）とよばれる酵素が新たな単糖を付加する．これらの加工酵素は単糖の種類およびそれらのグリコシド結合の位置に対しての特異性が非常に高い．

アミノ酸配列すなわちタンパク質の局所的構造および細胞内に存在する加工酵素の組合わせによりどの糖が加えられどの糖が除去されるかが決まるようである．その結果，異なる糖タンパク質に結合しているオリゴ糖鎖はとても異なったものになり，同じ糖タンパク質でも分子が違うと糖鎖が異なるということが起こる．*N* 結合型オリゴ糖鎖の例を図 11・8 に示す．

O 結合型オリゴ糖鎖は大きなものが多い

O 結合型オリゴ糖鎖は，おもにゴルジ体においてグリコシルトランスフェラーゼによって 1 残基ずつ付加されていく．*N* 結合型オリゴ糖とは異なり，*O* 結合型オリゴ糖はグリコシダーゼによる加工を受けない．*N* 結合型オリゴ糖鎖をもつ糖タンパク質と比べると，*O* 結合型オリゴ糖鎖をもつ糖タンパク質はより多くの糖鎖をもち，その糖鎖はより長い．そのような糖タンパク質は 80 % が

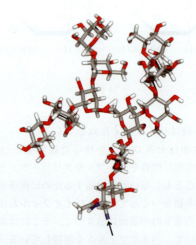

図 11・8　*N* 結合型オリゴ糖の構造．グリコシド結合によってつながった 11 の単糖からなるこのオリゴ糖は柔軟な構造をもつので，ここに示した構造は多くの可能な構造のうちのひとつにすぎない．矢印で示したのはこのオリゴ糖が結合しているタンパク質の Asn 側鎖の窒素原子である．［このダイズアグルチニンの糖鎖の構造は A. Darvill, H. Halbeek によって決定された．］

ボックス 11・B 生化学ノート

ABO 血液型

ヒトの血液は赤血球や他の細胞表面の糖鎖により 15 の異なる血液型に分類される．糖鎖による分類で最もよく知られており，臨床的にも重要なものは ABO 血液型で，およそ 1 世紀ほど前に発見された．生化学的には，赤血球や他の細胞のスフィンゴ脂質やタンパク質に結合したオリゴ糖が ABO 血液型にかかわることがわかっている．

血液型が A 型の人はオリゴ糖の末端に N-アセチルガラクトサミンをもっている．B 型の人は末端にガラクトースをもつ．O 型の人はそのどちらももたない．

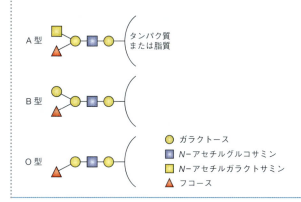

血液型は遺伝によって決まる．A 型と B 型の人は少し異なるグリコシルトランスフェラーゼ遺伝子をもっているのでオリゴ糖の末端に異なる単糖が付加される．O 型の人は突然変異によりグリコシルトランスフェラーゼを全くもたないので，オリゴ糖の末端には何も付加されない．

A 型の人は B 型のオリゴ糖を認識して赤血球を凝集させる抗体をつくるようになる．B 型の人は A 型のオリゴ糖に対する抗体をつくるようになる．そのため，A 型の人に B 型の血液を輸血することはできず，その逆もできない．血液型が AB 型の人は A 型および B 型のオリゴ糖をもつのでどちらのオリゴ糖に対しても抗体をつくらない．この血液型の人には A 型の血も B 型の血も輸血できる．O 型の人は A 型と B 型のオリゴ糖に対する抗体をつくるようになる．もし O 型の人が A, B あるいは AB 型の人の血液を輸血されると，入ってきた赤血球と抗体が反応して溶血させたり凝集させて血管を詰まらせる．一方で O 型の人は誰にでも血液を提供できる．A, B あるいは AB 型の人は O 型の血を輸血されても安全である（それらの人たちは O 型オリゴ糖に対する抗体をつくらない．なぜなら，そのオリゴ糖は彼らのもつオリゴ糖をつくる途中の前駆体として彼らの体の中に存在しているからである）．

炭水化物であり，気管や消化管の保護層に存在する粘液の主要成分である．

なぜオリゴ糖が使われるのか

オリゴ糖は親水性で柔軟な構造をもっているので，タンパク質表面での有効体積が大きい．これによりタンパク質を保護したりタンパク質の構造を安定化させているのだろう．実際，ある種のシャペロンは一部がグリコシル化されたタンパク質だけを認識して本来の構造をとるように助ける．オリゴ糖がある種の細胞内配送システムの宛名として働き，新たに合成されたタンパク質が細胞内の適切な場所，たとえばリソソームに配送されることもある．そのほかに，異なるタイプの細胞が相互作用するときにその認識と結合にオリゴ糖が関与することもある．たとえば，よく知られた ABO 血液型は赤血球表面に存在するオリゴ糖鎖の違いによって決まる（ボックス 11・B）．傷を受けたり細菌が感染した部位に血流中の白血球が出ていくときに，血管壁をつくっている細胞の表面にある糖タンパク質につかまって止まる．残念なことに，多くのウイルスや病原性細菌が宿主細胞と結合し侵入する際にも特定の炭水化物を認識してそれに結合している．

プロテオグリカンは
　　　　長いグリコサミノグリカン鎖を含む

プロテオグリカン（proteoglycan）は糖タンパク質で，タンパク質部分はグリコサミノグリカン（glycosaminoglycan）とよばれる長い直鎖状の多糖が O-グリコシド結合する部位を提供している．グリコサミノグリカン鎖の多くはアミノ糖（しばしば N-アセチル化されている）とウロン酸（カルボキシ基をもった糖）からなる二糖の繰返しでできている．

合成されたのち，多くのヒドロキシ基が酵素により硫酸化（OSO_3^- 基が付加）される．コンドロイチン硫酸というプロテオグリカンの繰返し二糖を図 11・9 に示す．プロテオグリカンは膜貫通タンパク質の場合と脂質により膜に係留されたタンパク質の場合があるが（§8・3），グリコサミノグリカン鎖はどんな場合でも細胞膜の外側にある．タンパク質の足場と結合していない細胞外プロテオグリカンとグリコサミノグリカン鎖は結合組織

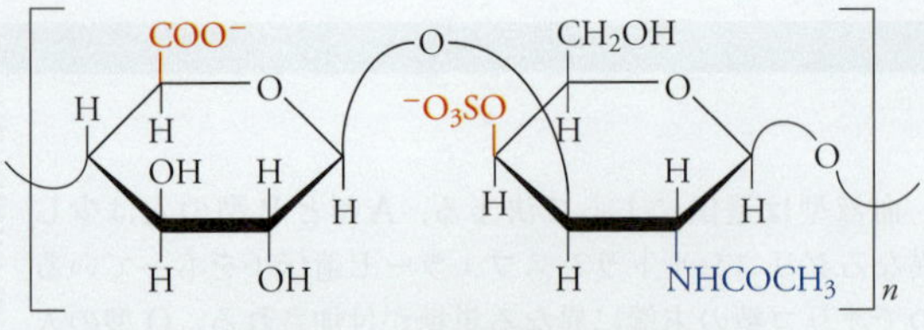

図 11・9 コンドロイチン硫酸の繰返し二糖．1本のコンドロイチン硫酸鎖はこの二糖を何百も含んでおり，硫酸化の程度は部位により異なる．

において構造上重要な役割を演じている．

　細胞の間やコラーゲン繊維（§5・2）などの細胞外マトリックス成分の間に入り込んでいるグリコサミノグリカンは，多くの親水基が水を引き寄せるので水をとても多く含んでいる．機械的圧力がかかるとグリコサミノグリカン内の水の一部が絞り出されることが，結合組織や他の構造が身体の動きに適応する際に役立つ．圧縮は負電荷をもった硫酸基とカルボキシ基を近づけることにもなる．圧力が弱まると，負電荷をもった基間の反発と水の再吸収によって，グリサミノグリカンは速やかにもとの形に戻る．関節におけるグリコサミノグリカンのこのスポンジのような性質は衝撃の吸収に役立つ．

細菌の細胞壁はペプチドグリカンでできている

　細菌の細胞壁は炭水化物とペプチドが架橋された網目でつくられている．**ペプチドグリカン**（peptidoglycan）

とよばれるこの物質は細胞膜を取囲み細胞の外形を決定している．多くの細菌において糖部分は $\beta(1\to4)$ 結合した二糖である．

　4〜5個のアミノ酸からなるペプチドが三次元的に糖鎖

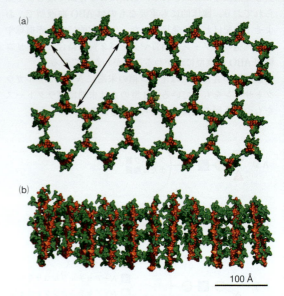

図 11・10 黄色ブドウ球菌細胞壁の構造．二糖が8回繰返す糖鎖はオレンジで，ペプチドは緑で示している．(a) 上から細胞表面を見た図．矢印は細胞壁を貫通するタンパク質が占めるであろう空間を示している．(b) 横から見た図．〔PNAS 103, 4404, Fig 4 (2006) による．Shahriar Mobashery, University of Notre Dame 提供．〕

ボックス 11・C　生化学ノート

抗生物質と細菌の細胞壁

　細菌感染に対して処方される抗生物質には，DNA, RNAあるいはタンパク質の合成を阻害するなどさまざまな方法で細菌の増殖を妨害するものがある．しかし，抗生物質の作用として最も一般的なものは細胞壁合成の阻害である．臨床で最初に使われた抗生物質であるペニシリン（penicillin）は，ペプチドグリカンを架橋する酵素を阻害して細菌を殺す．構造上の欠陥をもった細胞壁は強度が足りない．通常の細胞壁だと細胞内部からの浸透圧に耐えられるのだが，細胞壁が強度不足だと細胞は膨らんでしまい破裂する．

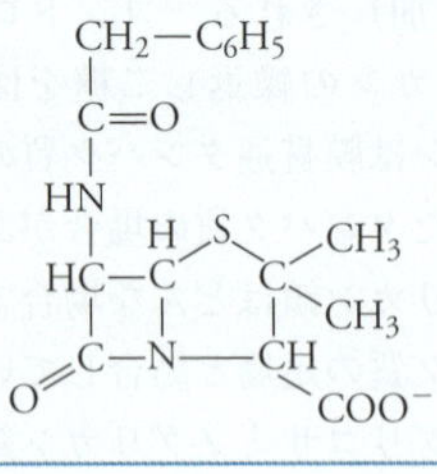

ペニシリンが速く効くのはこのためである．その他の β-ラクタム系抗生物質，たとえばメチシリン，アモキシシリン，セファロスポリンも同じように働く（ペニシリンおよびこれらの分子中の4員環は β-ラクタムとよばれる）．

　β-ラクタム系抗生物質に対して耐性のある細菌は β-ラクタム環のアミド結合を切断する酵素をもっている．そのため，β-ラクタム系抗生物質が効かないメチシリン耐性黄色ブドウ球菌（MRSA, methicillin-resistant *Staphylococcus aureus* の略）の治療はむずかしい（現在メチシリンは治療に使われていない）．MRSAを保持していても健康な人もいるが，免疫無防備状態の人はMRSAにより重篤な感染症を起こす．そのような場合，異なるタイプの抗生物質が有効である．しかし，多剤耐性のMRSA（および他の病原菌）が出現するので，医療関係者は警戒を怠らないようにし，科学者は常に新しい抗生物質を開発するよう努めていなければならない．

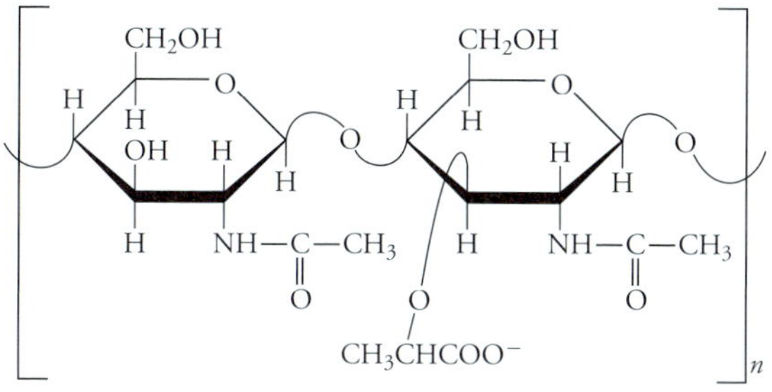

11. 炭 水 化 物　　　251

ペプチドグリカン

を共有結合で架橋し，細菌によっては250 Å（1 Å＝0.1 nm）にもなる構造をつくりあげる．ペニシリン系の抗生物質はペプチドによる架橋を阻害することで細菌を殺す（ボックス11・C）．

　NMR のデータに基づいた黄色ブドウ球菌 *Staphylococcus aureus* の細胞壁モデルを見ると，グリカン鎖は細胞表面に対して垂直に伸びていることがわかる．ペプチドによる架橋はハチの巣のような構造をつくり，そこにはタンパク質が入り込める（図11・10）．

ま　と　め

11・1　単　　糖

- 炭水化物の化学式は $(CH_2O)_n$ で表すことができ，単糖といろいろな大きさの多糖が存在する．単糖にはアルドースとケトースがあり，鏡像関係にあるエナンチオマーや一つの炭素における立体配置が異なるエピマーがある．
- 単糖が環化すると α および β アノマーが生じる．アノマー炭素がグリコシド結合に使われると α と β の間の相互変換ができなくなる．
- 単糖誘導体には，リン酸化糖，アミノ基やカルボキシ基および余分なヒドロキシ基をもった糖，デオキシ糖がある．

11・2　多　　糖

- ラクトースはガラクトースが $\beta(1{\to}4)$ 結合でグルコースと結合している．スクロースはグルコースが $\alpha(1{\to}2)$ 結合でフルクトースと結合している．
- デンプンはグルコースが $\alpha(1{\to}4)$ 結合で多数結合した重

合体，グリコーゲンはそのほかに $\alpha(1{\to}6)$ 結合による枝分かれをもつ．セルロースはグルコースが $\beta(1{\to}4)$ 結合でつながったもの，キチンはグルコースではなく N-アセチルグルコサミンが同じようにつながったものである．
- 細菌のバイオフィルムは細胞外に分泌された多糖の基質中に多数の細菌が埋込まれたものである．

11・3　糖タンパク質

- オリゴ糖は N 結合型あるいは O 結合型としてタンパク質に結合する．N 結合型オリゴ糖はグリコシダーゼとグリコシルトランスフェラーゼによって加工される．糖タンパク質の糖鎖はタンパク質を保護したり認識目印となったりする．
- プロテオグリカンは長いグリコサミノグリカンを含んでいて，圧縮されてももとに戻る性質をもつ．
- 細菌の細胞壁にあるペプチドグリカンはオリゴ糖とペプチドが架橋されてできる．

問　題

11・1　単　　糖

1. 次の糖はアルドースかケトースか．

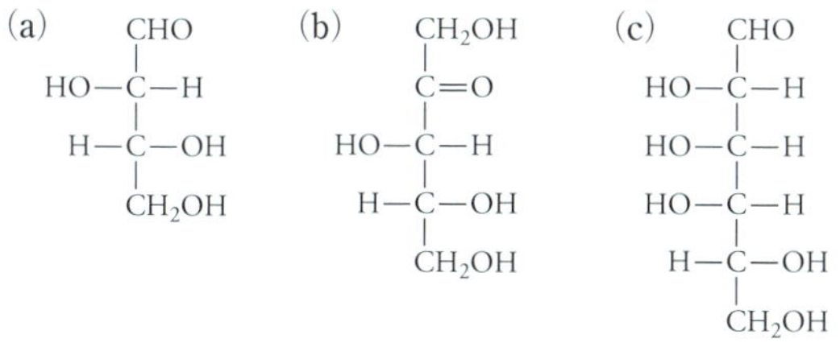

　(a)
```
    CHO
HO—C—H
 H—C—OH
    CH₂OH
```
　(b)
```
    CH₂OH
    C=O
HO—C—H
 H—C—OH
    CH₂OH
```
　(c)
```
    CHO
HO—C—H
 H—C—OH
 H—C—OH
 H—C—OH
    CH₂OH
```

2. グルコースをアルドヘキソースであるということができる．次の糖はその命名法ではどのようによぶか．

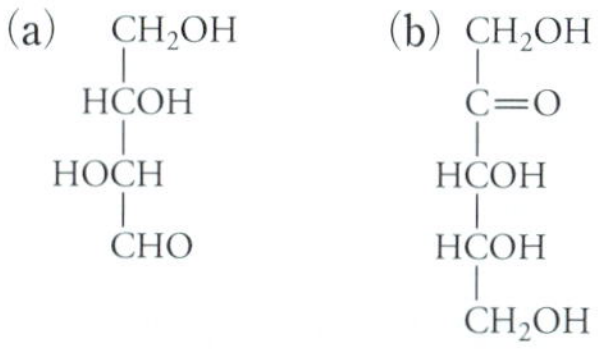

　(a)
```
 CH₂OH
 HCOH
 HOCH
 CHO
```
　(b)
```
 CH₂OH
 C=O
 HCOH
 HCOH
 CH₂OH
```

3. 問題1の糖の炭素のうち不斉炭素はどれか．

4. 補酵素 A，NAD，FAD 分子（図3・3参照）内にある単糖を見つけよ．

5. 次の糖は D 糖か L 糖か．

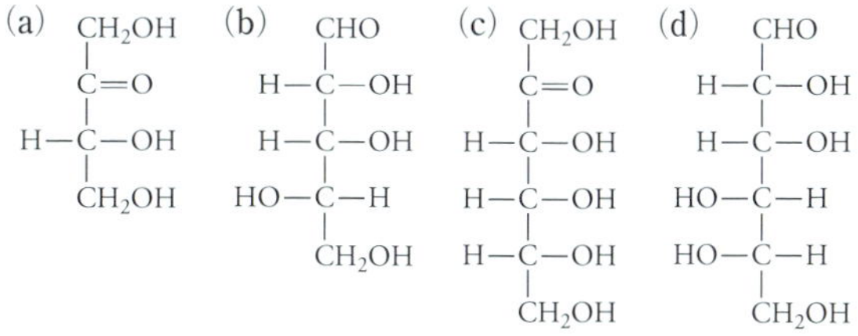

　(a)
```
 CH₂OH
 C=O
 HO—C—OH
    CH₂OH
```
　(b)
```
    CHO
 H—C—OH
 H—C—OH
 HO—C—H
    CH₂OH
```
　(c)
```
 CH₂OH
 C=O
 H—C—OH
 H—C—OH
    CH₂OH
```
　(d)
```
    CHO
 H—C—OH
 HO—C—H
 HO—C—H
    CH₂OH
```

6. 不斉炭素の数が n のとき立体異性体の数は 2^n であるとすると，ケトペントース（a），ケトヘキソース（b）およびケトヘプトース（c）には何個の立体異性体がありうるか．

7. 次の糖の組はどのような種類の異性体か．
　(a) D−ソルボースと D−プシコース

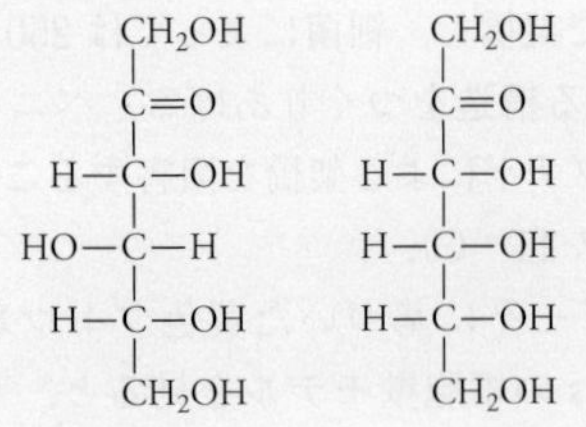

```
     CH2OH          CH2OH
      |               |
      C=O             C=O
      |               |
   H-C-OH          H-C-OH
      |               |
  HO-C-H           H-C-OH
      |               |
   H-C-OH          H-C-OH
      |               |
     CH2OH          CH2OH
   D-ソルボース      D-プシコース
```

員環となる．NANA の α アノマーの構造を書け．

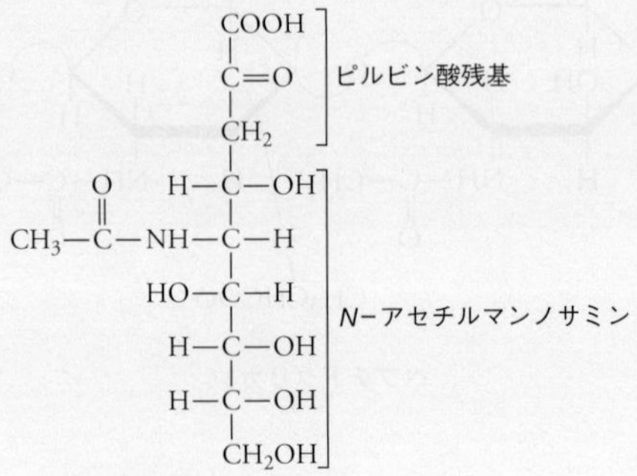

```
         COOH
          |
          C=O      ピルビン酸残基
          |
          CH2
      O   |
      ‖ H-C-OH
CH3-C-NH-C-H
      HO-C-H        N-アセチルマンノサミン
       H-C-OH
       H-C-OH
         CH2OH
    N-アセチルノイラミン酸
       （直鎖状）
```

(b) D-ソルボースと D-フルクトース

(c) D-フルクトースと L-フルクトース

(d) D-リボースと D-リブロース（構造式は問題 2b）

8. α-D-グルコースと β-D-グルコースの異性体の種類は何か．

9. グルコース 6-リン酸，フルクトース，ガラクトース，リボースのうちグルコースの異性体はどれか．

10. マンノースはグルコースの C2 エピマーである．その構造式を書け．

11. スクロースと同じくらい甘い人工甘味料であるタガトースはフルクトースの C4 エピマーである．

(a) D-タガトースの構造を書け．

(b) L-タガトースも砂糖と同じくらい甘いが D 形に比べて製造にお金がかかる．そのため，L-タガトースを市場に出そうとした初期計画は放棄された．L-タガトースの構造を書け．

(c) 小腸ではタガトースの 30% しか吸収されないので，実質的カロリーはスクロースの 30% となる．D-タガトースが小腸で吸収される効率が悪いのはなぜか．

12. フルクトースの C3 エピマーである D-プシコースはカロリーゼロで血糖低下作用があるので糖尿病治療に役立つかもしれない．D-プシコースの構造を書け．

13. マンノースの α アノマーと β アノマーはどちらが安定か．

14. ガラクトースの環化反応で生じる二つの生成物のハース投影式を書け．

15. リボースもグルコースと同じようにホルミル基と C5 ヒドロキシ基の間で環化反応が起こり 6 員環を生じる．二つの生成物の構造を書け．

16. リボースは問題 15 とは異なる環化反応を行うことができる．この場合ホルミル基は C4 のヒドロキシ基と反応する．二つの生成物の構造を書け．この環は何個の原子からなるか．

17. (a) フルクトースもグルコースと同じように環化反応を行う．最も起こりやすい反応はケトンのカルボニル基と C5 のヒドロキシ基の反応である．二つの反応生成物の構造を書け．この環は何個の原子からなるか．

(b) ケトンのカルボニル基と反応するのが C6 のヒドロキシ基だったらどのような構造のものができ，環は何個の原子からなるか．

18. N-アセチルノイラミン酸（NANA）の直鎖状構造を図に示す．この分子は N-アセチルマンノサミンとピルビン酸の反応によってつくられる．この単糖は環化反応を起こし 6

19. ある酵素はグルコースの α アノマーだけを基質として認識して生成物に変換する．この酵素を α および β アノマーの混合物に加えたとき，すべてのグルコースが徐々に生成物に変換される理由を説明せよ．

20. 本文で述べたように，グルコースの溶液中で 64% が β アノマーで 36% が α アノマーである．なぜ両者が 50% ずつにならないのか．いいかえると，なぜ β アノマーができやすいのか．

21. 血液中のグルコースが細胞内に取込まれると，細胞内の酵素がグルコース 6-リン酸に変換する．この反応はグルコースを細胞内に閉じ込めることになる．なぜそうなるのか．

22. パンを焼くとき，還元糖が食材中のタンパク質と反応し，異なった香りをもつ茶色の付加体ができる（トーストにしたときパンが茶色になり独特の風味をもつのはそのためである）．この過程の第一段階はカルボニル基とアミノ基の間の縮合である．たとえば，グルコースのカルボニル炭素はリシン側鎖の ε-アミノ基と反応してシッフ塩基を形成する．この反応の生成物の構造を書け．

23. ベネディクト試薬とはアルカリ性の硫酸銅溶液で，ホルミル基の検出に使われる．ベネディクト試薬を入れるとホルミル基は酸化され，水に溶けていた青い Cu^{2+} が還元されて赤い Cu_2O となって沈殿する．グルコースのような糖は還元糖とよばれる．それは，ベネディクト試薬を加えると赤い沈殿を生じる，すなわち Cu^{2+} を Cu^{+} に還元するからである．グルコースが還元糖なのにフルクトースは還元糖でないのはなぜか．

24. 次の糖のうち，ベネディクト試薬によって陽性反応（問題 23 参照）を示すものはどれか．

(a) ガラクトース　　　　　(b) キシリトール

(c) β-エチルグルコシド　(d) フルクトース 6-リン酸

25. (a) 酸触媒存在下でメタノールを糖に付加させると，図 11・2 のようにアノマーヒドロキシ基だけがメチル化される．もしヨウ化メチル CH_3I のように強力なメチル化剤を使うと，すべてのヒドロキシ基がメチル化される．α-D-グルコース溶液にヨウ化メチルを加えたときにできるものの構造を書け．

(b) (a) でできたものを強い酸で処理すると，グリコシド

結合していたメチル基はただちに加水分解されるがメチルエーテルは加水分解されない．(a) でできたものを強い酸で処理したときにできるものの構造を書け．

26. 未知の単糖とヨウ化メチルを反応させ，次に強い酸で処理したところ（問題25参照），できたものは2,3,5,6-テトラ-O-メチル-D-グルコースだった．修飾される前の未知の糖のハース投影式を書け．

27. グルコースのホルミル基を酸化するとグルコン酸ができる．その構造を書け．

28. グルコースのホルミル基を還元するとソルビトールができる．その構造を書け．

29. 藻類では，ある種の単糖が分解されると2-ケト-3-デオキシグルコン酸（KDG）ができる．KDGの構造を書け．

30. 本文中の例にならって次の糖の構造を推定せよ．
 (a) フルクトース1,6-ビスリン酸　(b) ガラクトサミン
 (c) N-アセチルグルコサミン

11・2　多　糖

31. ラクトースは還元糖なのにスクロースはそうではない理由を述べよ．

32. 本文で述べたように，ラクターゼはラクトースを加水分解する酵素である．この酵素は新生児において発現されるが，成熟するに従って減少し，成体になるとラクトース不耐症となる．しかし，祖先がウシ（北欧）やヤギ（アフリカ）を家畜化していた民族では，大人になってもラクトース不耐症にならない．なぜか．

33. セロビオース（cellobiose）はグルコース2個が$\beta(1\to4)$グリコシド結合でつながった二糖である．セロビオースの構造を書け．セロビオースは還元糖か．

34. 次に示すトレハロース（trehalose）は還元糖か．

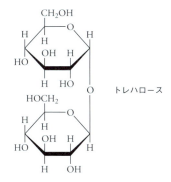

35. トレハラーゼはトレハロース（問題34参照）内の二つの単糖をつないでいる結合を加水分解する酵素である．トレハラーゼによってつくられるものの構造を書け．

36. トレハロース（問題34参照）は脱水状態になった植物中で増える．トレハロースは乾燥状態になった植物中で酵素，タンパク質，および脂質膜を安定化する．こうした植物は，再び水が与えられるともとの状態に戻るので，"フッカツソウ"とよばれる．トレハロースはどのようにして細胞内分子を安定化しているのか．

37. 次の情報をもとにマルトース（maltose）という二糖の構造を推定せよ．完全に加水分解してもD-グルコースしか生じない．2価の銅イオンをCu_2Oに還元する．α-グルコシダーゼによって加水分解されるがβ-グルコシダーゼによっては加水分解されない．

38. 未知の二糖をヨウ化メチルでメチル化してから酸で加水分解した（問題25参照）．その反応で2,3,4,6-テトラ-O-メチル-D-グルコースと2,3,4-トリ-O-メチル-D-グルコースが生じた．未知の二糖の構造を書け．

39. 糖アルコールであるソルビトール（問題28参照）は加工食品にスクロースの代わりに使われることがある．しかし，大量のソルビトールを摂取すると，子供などは胃腸の痛みに見舞われることがある．ソルビトールで甘くした食品はスクロースで甘くした食品よりカロリーが低い．理由を述べよ．

40. 女性の友達が，セロリを消化するにはセロリに含まれている以上のカロリーを消費すると聞いたので，セロリをいっぱい食べて痩せるつもりだと言った．それに対してどのように返事をするか．

41. マメを食べたときに腸内でガスが発生するのは含まれているラフィノース（raffinose）というオリゴ糖（下図）のせいだとされている．消化されなかったラフィノースが大腸で細菌に取込まれると，代謝副産物としてガスが発生する．ヒトはなぜラフィノースを消化できないのか．

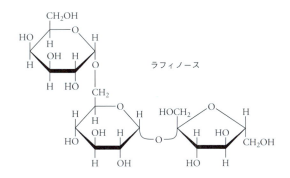

42. シンガポールの科学者が *R. oligosporus* という真菌から抽出した酵素をダイズに注入してから発芽させた．3日後，ラフィノース（問題41参照）の濃度が劇的に低下した（その代わり，がんと闘うといわれているダイズイソフラボンの濃度が上昇するというおまけがついていた）．真菌にはどのような酵素が含まれていたのか．

43. ホモポリマーではすべてのモノマーは同一で，ヘテロポリマーではモノマーが異なっている．本章で取上げた多糖のなかで，どれがホモポリマーでどれがヘテロポリマーか．

44. 500,000残基からなり250残基ごとに枝分かれしているジャガイモアミロペクチンの還元末端数はいくつか．

45. ある種の植物はデンプンの代わりにイヌリン（inulin）をつくる．イヌリンはフルクトースが$\beta(2\to1)$結合した重合体である．チコリの根にはイヌリンが豊富に含まれている．
 (a) 二つの糖からなるイヌリンの構造を書け．
 (b) 一部の食品製造業者が製品（ヨーグルト，アイスクリー

ム，および飲料）の繊維含量を上げるためイヌリンを加える
のはなぜか.

46. 水にアミロースを懸濁させてヨウ素 I_2 を入れると，ヨ
ウ素がらせんの内部に入り込んで青い色が現れる．ジャガイ
モの切断面に黄色いヨウ素溶液を1滴落とすと青くなるが，
リンゴの切断面に落としても黄色いままである．なぜそうな
るのか理由を述べよ.

47. ジャムやゼリーをつくるときに果物抽出物にペクチン
（ボックス11・A）を加えることがあるのはなぜか.

48. ヘミセルロースも植物がつくる多糖である．これはセ
ルロースの誘導体ではなく，さまざまな単糖が不規則につな
がったヘテロポリマーである．最も多く含まれているのは
D-キシロース（ボックス11・A参照）で，$\beta(1\rightarrow4)$ グリコシ
ド結合でつながっている．2個のD-キシロースからなるヘ
ミセルロースの構造を書け.

49. セルロースをつくる植物が，成長しているときにセル
ラーゼもつくる理由を説明せよ.

50. 古くて色あせたように見せるストーンウォッシュした
綿の衣類は，服を石と一緒に水に入れ撹拌することでつくら
れる．別の方法では，セルラーゼを含む液に服を短時間浸す.

  （a）セルラーゼにはどのような作用があるか.

  （b）セルラーゼに浸す時間を長くしたらどうなるか.

51. 褐藻は土，肥料，真水を必要とせず，リグニン（lignin）
を含まないのでバイオ燃料源として魅力がある．褐藻が含む
主要な多糖はラミナリン（laminarin）で，これはグルコー
スが $\beta(1\rightarrow3)$ グリコシド結合でつながったものである．ラ
ミナリンの単位となる二糖の構造を書け.

52. マイコバクテリアはいくつかのめずらしいポリメチル
化された多糖を含んでいる．そのうちのひとつは $3-O-$ メ
チルマンノースが $\alpha(1\rightarrow4)$ グリコシド結合でつながってい
る．この多糖の単位となる二糖の構造を書け.

11・3 糖タンパク質

53. §11・3の最初に示した図で N および O 結合した糖の
部分はどこか．これらの結合は $\alpha-$ グリコシド結合か $\beta-$ グ
リコシド結合か.

54. オリゴ糖が糖タンパク質に結合するときによくみられ
る構造は $\beta-$ ガラクトシル-$(1\rightarrow3)-\alpha-N-$ アセチルガラク
トシル-セリンである．オリゴ糖の構造と糖タンパク質への

結合の構造を書け.

55. コンドロイチン硫酸の二糖の図（図11・9）で，もとに
なる単糖とその間の結合部はどこか.

56. 二糖単位を100個含むコンドロイチン硫酸の総電荷を
計算せよ.

57. 深海の熱水噴出口にすむ虫から単離したコラーゲンに
は，$(\text{Gly}-\text{X}-\text{Y})_n$ という三つ組の繰返しのYの位置にグリ
コシル化されたトレオニン残基があった．そのトレオニンに
はガラクトースが $\beta-$ グリコシド結合で共有結合していた.
そのガラクトシル化されたトレオニンの構造を書け.

58. 過去には真核細胞だけがグリコシル化されたタンパク
質をもつと信じられていたが，最近，原核細胞中に糖タンパ
ク質が発見された．グラム陽性細菌である *L. monocytogenes*
のフラジェリン（flagellin）というタンパク質の6個のセリ
ンあるいはトレオニン残基が $N-$ アセチルグルコサミンに
よってグリコシル化されていることが示された．この結合の
構造を書け.

59. ペプチドグリカンの繰返し二糖のなかから単糖前駆体
を見つけよ.

60. 涙や粘液に含まれているリゾチーム（lysozyme）とい
う酵素は $\beta(1\rightarrow4)$ グリコシダーゼである．リゾチームは細
菌感染を防ぐうえでどのように役立っているか.

61. ペプチドグリカンに使われているある種のペプチドで
は，Ala 残基が繰返し二糖との間でアミド結合を形成し架橋
している．この結合部位はどこか.

62. 細胞膜へ送られることになっている膜貫通タンパク質
は翻訳後加工される．小胞体内でオリゴ糖鎖が特定の Asn
残基に付加され，その糖鎖はゴルジ体内で加工される（図
11・7）．コアとなるオリゴ糖に付加される糖の一つは $N-$ ア
セチルノイラミン酸で，シアル酸ともよばれる（問題18）.
腫瘍細胞は細胞表面にシアル酸を大量に発現することが知ら
れていた．それは腫瘍細胞が腫瘍から離れて血液中を移動し，
新たな腫瘍をつくるために役立っているかもしれない．一般
に腫瘍細胞表面のシアル酸残基は免疫系に認識されない．そ
れが問題をいっそうひどくする.

  （a）細胞表面にシアル酸があると組織から離れやすくなる
のはなぜか.

  （b）こうした腫瘍細胞を殺すための治療薬を設計すると
きにどのような戦略をとるか.

参 考 文 献

Frank, M. and Schloissnig, S., Bioinformatics and molecular
modeling in glycobiology, *Cell. Mol. Life Sci.* **67**, 2749－2772
(2010). 炭水化物研究に用いるデータベースとソフトの紹介.

Hart, G. W. and Copeland, R. J., Glycomics hits the big time,
Cell **143**, 672－676 (2010). 炭水化物の生体内での役割と研究
方法の紹介.

Kolter, R. and Greenberg, P., The superficial life of microbes,
Nature **441**, 300－302 (2006). 細菌のバイオフィルムについて

の簡単なまとめ.

Schwarz, F. and Aebi, M., Mechanism and principles of N-
linked protein glycosylation, *Curr. Opin. Struct. Biol.* **21**, 576－
582 (2011). オリゴ糖の合成と生物学的重要性についての総説.

Spiro, R. G., Protein glycosylation: nature, distribution, enzy-
matic formation, and disease implications of glycopeptide
bonds, *Glycobiology* **12**, 43R－56R (2002). 炭水化物とタンパク
質のさまざまな結合についての記述.

12 代謝と生体エネルギー論

> **ATPの何が特別なのか**
> ATPは比較的豊富に存在するヌクレオチドで，RNAの構築単位となり，デオキシ形はDNAの構築単位となる．さらに，ATPは細胞のエネルギー通貨としても知られており，細胞が何個のATPを消費しなければならないかということを使って，ある代謝過程のエネルギーコストについて述べられもする．本章で，ATPが特別な化学構造をもった魔法のコインではないことを知る．むしろ，ATPは平凡なヌクレオチドだが，その反応がすべての細胞の代謝においてきわめて重要な役割を果たしていることがわかる．

復習事項
- 生物も熱力学の法則に従う（§1・3）．
- アミノ酸はペプチド結合でつながり，ポリペプチドになる（§4・1）．
- アロステリック調節因子は酵素を阻害または活性化する（§7・3）．
- ほとんどの脂質が疎水性分子で，エステル化しているものもあるが重合しているものはない（§8・1）．
- 単糖はさまざまな配置でグリコシド結合によってつながる（§11・2）．

化学合成独立栄養生物（chemoautotroph, trophe はギリシャ語で"栄養を与える"という意味）とよばれる生物は，代謝に必要な物質と自由エネルギーのほとんどすべてを単純な無機化合物であるCO_2, N_2, H_2, そしてS_2から得ている．また，身近な緑色植物のような**光独立栄養生物**（photoautotroph）はCO_2, H_2O, 窒素源，そして太陽光だけしか必要としない．それに対し，動物を含む**従属栄養生物**（heterotroph）はすべての構成物質や自由エネルギーを直接的あるいは間接的に化学合成独立栄養生物や光独立栄養生物がつくった有機化合物から得ている．栄養のとり方はさまざまであるが，すべての生物がよく似た細胞構造をもち，同じ型の生体分子をつくり，そしてそれらを合成したり分解するために類似した酵素を使っている．

細胞は大きな分子を分解，すなわち**異化**（catabolism）して自由エネルギーを放出させ低分子をつくる．細胞は次にその自由エネルギーと低分子を使って大きな分子を再構築する．この過程を**同化**（anabolism）とよぶ（図12・1）．これらすべての異化と同化の活動を合わせたものが生物の**代謝**（metabolism）である．植物，動物，および細菌で行われている代謝反応のすべてを書き記すことは本書の目的ではない．そうではなく，哺乳類に焦点を絞りいくつかの共通した代謝過程についてみていく．このあとの何章かで，自由エネルギーを放出する異化過程と，それを消費する同化過程のいくつかについて説明する．しかし，その前に，代謝に登場する主要な分子とその前駆体や分解産物をいくつか紹介し，生体系における自由エネルギーの意味についてさらに理解を深めることにする．

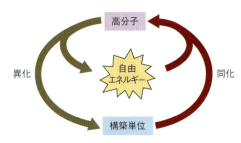

図 12・1 異化と同化．異化（分解）反応によって生じた自由エネルギーと低分子を使って同化（合成）反応が行われる．異化と同化をすべて合わせたものを代謝という．

12・1 食物と燃料

重要概念
- 食物中の高分子は加水分解され，生じた単量体が腸で吸収される．
- 細胞は脂肪酸，グルコース，およびアミノ酸を重合体としてたくわえる．
- 代謝燃料が必要なときには，グリコーゲン，トリアシルグリセロール，およびタンパク質の分解が起こる．

256　　　　　　　　　　第Ⅲ部　代　　謝

従属栄養生物である哺乳類は他の生物がつくった食物に依存して生きている。消化・吸収された食物は代謝エネルギーのもととなり，動物の成長や他の活動を支える物質となる。ヒトの食物中には§1・2で紹介した4種類の生体分子が含まれるが，それらについてはこのあとの章でより詳しく説明する。ほとんどの場合それらの分子はタンパク質，核酸，多糖，そしてトリアシルグリセロールといった高分子重合体となっている（トリアシルグリセロールは単量体が次つぎと結合するのではなくグリセロールという別な分子と結合しているので，厳密には重合体とはいえない）。それらの重合体は消化により構成単量体であるアミノ酸，ヌクレオチド，単糖，そして脂肪酸に分解される。ヌクレオチドの分解はそれほど大きな自由エネルギーをもたらさないので，ここではその他の生体分子の異化に注意を向けよう。

細胞は分解産物を取込む

消化は口，胃，そして小腸といった細胞外部で行われ，その反応は加水分解酵素によって触媒される（図12・2）。たとえば，唾液中のアミラーゼはグルコースの直鎖状重合体（アミロース）と枝分かれした重合体（アミロペクチン，§11・2）の複合体であるデンプンを分解する。胃や膵臓からのプロテアーゼ（トリプシン，キモトリプシン，エラスターゼなど）はタンパク質を小さなペプチドやアミノ酸に分解する。膵臓で合成され小腸に分泌されるリパーゼはトリアシルグリセロールから脂肪酸を切り離す。水に溶けにくい脂肪酸は消化で生じた他の分子とは混じり合わず，ミセルを形成する（図2・10）。

分解産物は小腸内腔に面している細胞によって吸収される。単糖は図9・18に示した Na^+/グルコース系を使った能動輸送によって細胞に取込まれる。アミノ酸，ジペプチド，そしてトリペプチドも同様な等方輸送系により細胞に取込まれる。ある種の疎水性の高い脂質は細胞膜を拡散で通り抜けるが他のものは輸送体を必要とする。トリアシルグリセロールの分解産物は細胞内で再びトリアシルグリセロールになり，一部の脂肪酸はコレステロールと結合してコレステロールエステルとなる。

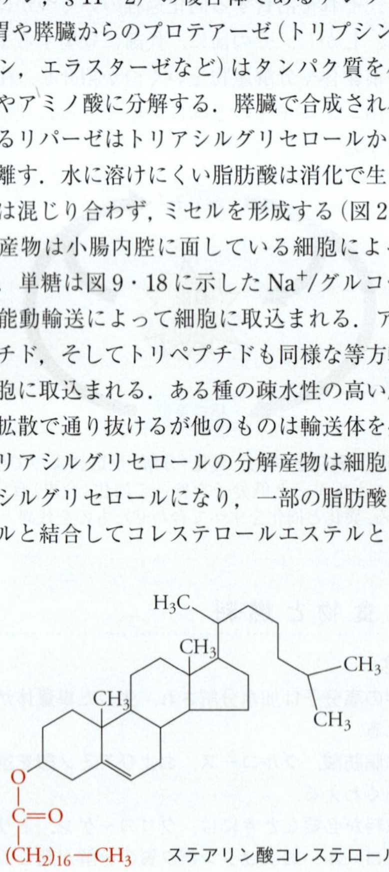

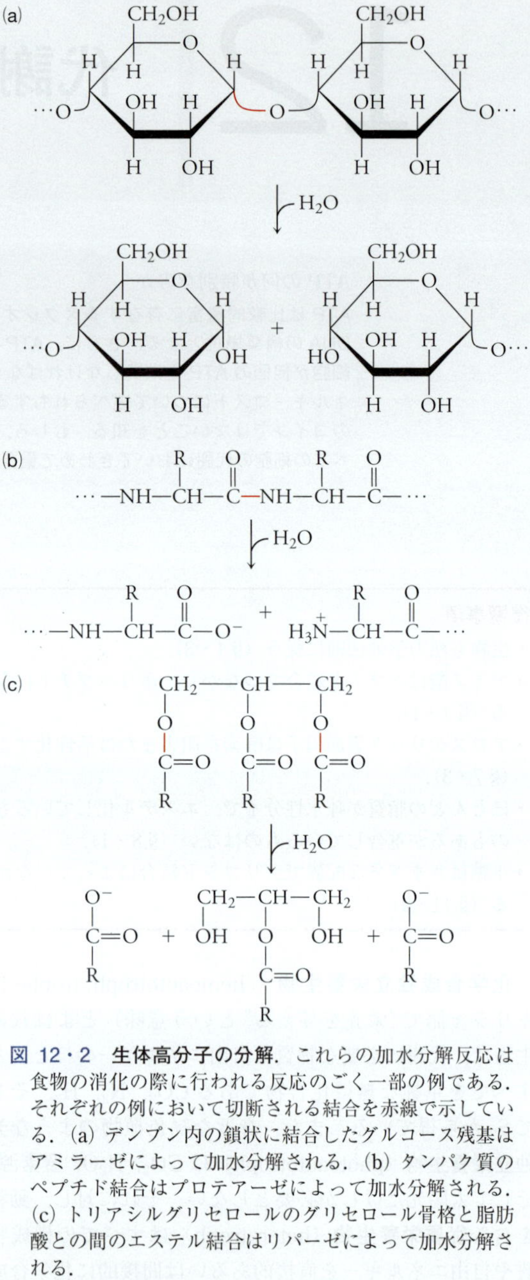

図 12・2　生体高分子の分解。これらの加水分解反応は食物の消化の際に行われる反応のごく一部の例である。それぞれの例において切断される結合を赤線で示している。(a) デンプン内の鎖状に結合したグルコース残基はアミラーゼによって加水分解される。(b) タンパク質のペプチド結合はプロテアーゼによって加水分解される。(c) トリアシルグリセロールのグリセロール骨格と脂肪酸との間のエステル結合はリパーゼによって加水分解される。

トリアシルグリセロールとコレステロールエステルは特異的タンパク質とともに集合して**リポタンパク質**（lipoprotein）となる。これらの粒子はキロミクロン（chylomicron）とよばれ，リンパ管を通ってから血液と混ざり，各組織に運ばれる。

アミノ酸や単糖などの可溶性物質は小腸細胞を出て，小腸や他の消化器官からの血液を集める門脈に入り，肝臓へ運ばれる。したがって，肝臓は食物中の栄養分のほとんどを受取り，それらを異化したり貯蔵したり血流中

ステアリン酸コレステロール

に再放出したりする．肝臓はキロミクロンを取込み，それに別のタンパク質および脂質を組合わせて性質の異なるリポタンパク質をつくる．それらのリポタンパク質はコレステロール，トリアシルグリセロール，そして他の脂質を体内に循環させる（リポタンパク質については17章で詳しく説明する）．食事のあとの栄養素の振分けは，そのときの栄養状況や食べたものに含まれる栄養素によって変わる．幸いなことに，何を食べても体は効率よくそれをやってくれる．

単量体は重合体として貯蔵される

食事のすぐあと，血液中の単量体化合物の濃度は高くなる．すべての細胞はどうしても必要な分だけそれらを取込むが，ある種の組織は栄養分を長期にわたってたくわえるように特殊化している．たとえば，脂肪酸はトリアシルグリセロール合成に使われ，そのトリアシルグリセロールの多くはリポタンパク質の形で脂肪組織に運ばれ，脂肪細胞内に脂肪球としてたくわえられる．脂肪の塊は疎水性で水溶液である細胞質の活動を邪魔しないので，脂肪の塊はいくらでも大きくなれて脂肪細胞の体積のほとんどを占めるまでになる（図12・3）．

ほぼすべての細胞が単糖を取込み，ただちに異化して自由エネルギーを産生する．他の細胞，おもに肝臓と筋肉（体の体積のかなりの部分を占める）は，単糖を取込んでグルコース貯蔵のための重合体であるグリコーゲンの合成に使う．グリコーゲンは枝分かれが多い重合体で密に詰まった構造をもつ．いくつかのグリコーゲン分子が集合して電子顕微鏡で見える顆粒となる（図12・4）．多数ある枝分かれの末端にグルコースを付加できるので，グリコーゲン分子は急速に巨大になることができ，また多くの末端からグルコースを切り離せるので急速に小さくなることもできる．グリコーゲンに組込まれなかったグルコースは2炭素化合物であるアセチル基に異化されてから脂肪酸に変えられ，トリアシルグリセロールとして貯蔵される．

アミノ酸はポリペプチドをつくるときに使われる．グリコーゲンがグルコース貯蔵のため，トリアシルグリセロールが脂肪酸貯蔵のためにつくられるのと異なり，タンパク質はアミノ酸貯蔵のためにつくられるのではない．したがって余ってしまったアミノ酸は保存されることはない．しかし，飢餓時のような特別な場合には，タンパク質は体に必要なエネルギーを供給するために分解される．摂取したアミノ酸の量がタンパク質合成で必要とされる量より多かった場合，アミノ酸は分解されて炭水化物（グリコーゲンとして貯蔵できる）にされるかアセチル基（脂肪に変換できる）に変換される．

ヌクレオチドの合成にはアミノ酸とグルコースの両方が必要である．プリンとピリミジンの塩基をつくるときの炭素や窒素はAsp, Gln, Glyから供給される（§18・3）．ヌクレオチドのリボース5-リン酸はグルコースを材料として六炭糖を五炭糖にする経路によってつくられる（§13・4）．以上をまとめると，細胞内での栄養素の振分けは，細胞がどの組織にあるかということと細胞内の構造をつくるか，自由エネルギーを供給するか，あるいは将来のために栄養素を保存しておくかといった必要

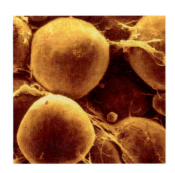

図12・3 脂肪細胞．脂肪組織をつくっているこれらの細胞には細胞質部分が少なく，球状のトリアシルグリセロール（脂肪球）がいっぱい詰まっている．[©CNRI/Phototake.]

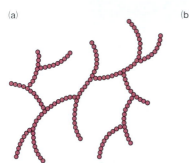 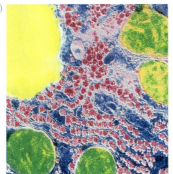

図12・4 グリコーゲンの構造．(a) グリコーゲン分子の模式図．それぞれの円がグルコース分子を表していて，8～14残基ごとに枝分かれがある．(b) グリコーゲン顆粒（ピンク）がみられる肝細胞．ミトコンドリアは緑，脂肪球は黄に色づけしてある．[©CNRI/Science Photo Library/Photo Researchers/amanaimages.]

グリコーゲン

グルコース 1-リン酸

加リン酸分解

燃料は必要に応じて供給される

アミノ酸, 単糖, および脂肪酸は, 細胞の活動に使われる自由エネルギーをつくり出す過程で分解されるので**代謝燃料**（metabolic fuel）とみなされている. 食事のあと, 遊離グルコースやアミノ酸は異化されて自由エネルギーを放出する. それらの燃料が底をついたとき, 体は貯蔵してある資源を利用する. すなわち, 多糖やトリアシルグリセロール（場合によってはタンパク質も）といった貯蔵分子をそれぞれの構築単位に分解する. 体の組織の多くは代謝燃料としてグルコースを利用することを好み, 中枢神経系はグルコース以外のものは利用できない. こうした要求に応じるため肝臓はグリコーゲンを分解してグルコースを供給する.

ふつう脱重合反応は加水分解であるが, グリコーゲンの場合, グルコース残基間の結合を切るのは水ではなくリン酸である. そのためグリコーゲンの分解は**加リン酸分解**（phosphorolysis）とよばれる. この反応はグリコーゲンホスホリラーゼによって触媒され, グリコーゲン分子の枝分かれの末端からグルコース 1-リン酸を放出させる.

グルコース 1-リン酸のリン酸基は肝臓から血液中に放出される直前に除去される. 他の組織は血流中からグルコースを吸収する. **糖尿病**（diabetes mellitus）になるとこれが起こらず, 血液中のグルコース濃度が上昇する.

グルコースの供給が不足気味になると脂肪組織に貯蔵されていた脂肪が供給されるようになる. リパーゼがトリアシルグリセロールを加水分解し, 生じた脂肪酸は血液中に放出される. この遊離脂肪酸は水に溶けにくいのでタンパク質と結合して循環する. 心臓だけは脂肪酸を主要な燃料として使うが, 体の他の部分は脂肪を燃やしてエネルギーを得るようにはなっていない. ふつう, 体が要求するエネルギーが食事中の炭水化物やアミノ酸でまかなえる限り, たとえ食事中に脂肪が全く入っていなくても貯蔵されている脂肪は利用されない. 哺乳類の燃料代謝のこの特徴がダイエットをしている多くの人を悲しませてきた.

貯蔵グリコーゲンが枯渇するような絶食状態以外でアミノ酸がエネルギーを得るために使われることはない（このような場合, 肝臓はアミノ酸からグルコースをつくることもできる）. しかし, 細胞内のタンパク質は, 特定の酵素, 輸送体, 細胞骨格成分などに対する需要に

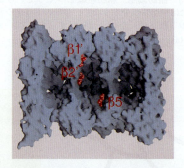

図 12・5 **酵母プロテアソーム中心部の構造**. この断面図でタンパク質分解が行われる内部区画がよくわかる. ここに示していない別のタンパク質複合体がプロテアソーム内にタンパク質が入るのを助ける. 赤で示したところはタンパク質分解が行われる三つの活性部位である. ［Robert Huber, Max-Planck-Institut fur Biochemie, Germany 提供.］

合わせて, 絶えず分解され再構築されている. 不要になったタンパク質を分解する主要な機構が二つある. その第一のものがプロテアーゼや他の加水分解酵素を含む細胞小器官である**リソソーム** (lysosome) で, 膜小胞に包まれたタンパク質を分解する. 膜タンパク質やエンドサイトーシスによって取込まれた細胞外タンパク質はこの機構で分解される. 細胞内タンパク質も, 膜小胞で包まれたうえでリソソーム酵素により分解される.

第二の機構は細胞内タンパク質を分解するためのもので, **プロテアソーム** (proteasome) とよばれる樽状構造が使われる. 700 kDa のこの多量体タンパク質複合体の中心部にはペプチド結合加水分解を行う複数の活性部位をもつ内部区画がある (図 12・5). **ユビキチン** (ubiquitin) という小さなタンパク質で標識されたタンパク質だけがこのプロテアソーム内に入れる. ほとんどの生物がこの 76 アミノ酸からなるタンパク質をもっていて, 自然界に広く存在する (ubiquitous) ことからユビキチンと名づけられた. 真核生物においてこのアミノ酸配列はよく保存されている (図 12・6). 一群の酵素の働きによりユビキチンの C 末端が標的タンパク質の Lys 側鎖に結合させられる. 最初に結合したユビキチンの Lys 残基に次のユビキチンの C 末端が結合するようにして, 次つぎとユビキチンがつながっていく. プロテアソームによって分解されるためには少なくとも 4 個のユビキチンが結合していなければならない.

ユビキチン化され分解されるタンパク質の構造上の特徴はよくわかっていないが, 不要なタンパク質や欠陥のあるタンパク質だけが分解され, 必要なタンパク質は分解されないようになっている. プロテアソームの樽状構造のふたに相当する部分 (図 12・5 には示してない) が, ユビキチン化されたタンパク質を内部区画に入れるかどうか判別している. プロテアソームにとらえられたタンパク質は, 容易に加水分解できるように ATP の自由エネルギーによって構造がほどかれる. ユビキチン分子は分解されない. それらは解離し, 再利用される. プロテアソーム内の三つのプロテアーゼ活性部位は, ほどけたタンパク質をおよそ 8 残基ほどのペプチドに切断する. それらは拡散によってプロテアソームから出ていく (図 12・7). これらのペプチドは細胞内のペプチダーゼによって分解され, 生じたアミノ酸は異化あるいは再利用される.

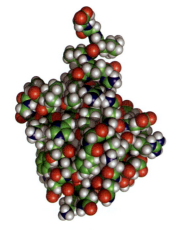

図 12・6 **ユビキチン**. プロテアソームで分解されるタンパク質の Lys 残基には 76 アミノ酸からなるこのタンパク質が 1 個あるいは複数個つけられる. 図中の原子は C は緑, O は赤, N は青, H は白で表している. [構造(pdb 1UBQ) は S. Vijay-Kumar, C. E. Bugg, W. J. Cook によって決定された.]

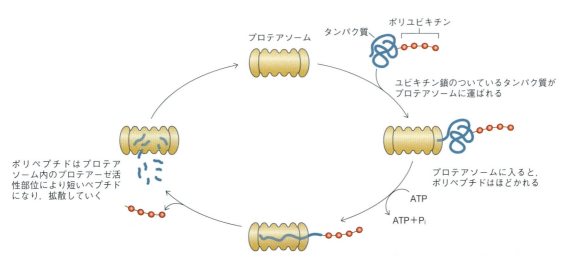

図 12・7 プロテアソームにおけるタンパク質の分解

12・2 代謝経路

重要概念
- 二，三の代謝産物は複数の代謝経路に現れる．
- NAD^+ やユビキノンのような補酵素は酸化される化合物から電子を受取る．
- 細胞内の代謝経路は互いにつながり調節されている．
- ヒトが合成できない物質であるビタミンのいくつかは補酵素の構成成分となっている．

生体高分子とその単量体との相互変換はふつう二，三の酵素が触媒する反応によって行われる．それに対して単量体を分解したり，それを小さな前駆体から合成するには多くの反応段階が必要である．これらの一連の反応は**代謝経路**（metabolic pathway）とよばれる．代謝経路はいろいろな見方ができる．一連の中間体すなわち**代謝産物**（metabolite）として，代謝産物を変換していく反応を触媒する一群の酵素として，エネルギーを産生するあるいはエネルギーを必要とする現象として，および活性が上がったり下がったりする動的な過程としてみることができるのである．これからの章において代謝を説明する際には，これらの見方のうちのどれかを採用することになる．

いくつかの主要な異化経路には 二，三の共通する中間体が存在する

代謝研究のむずかしい点は，細胞内で起こっている非常に多くの反応と何千にも及ぶ反応中間体を扱わねばならないことにある．しかし，代謝経路にはごく少数の低分子がいろいろな生体分子に至る，あるいはそれから始まる代謝経路の前駆体あるいは生成物として出現する．それらの中間体（intermediate）はこのあとの章で何回も出てくるので，ここで説明しておく．

グルコースという単糖を分解する**解糖**（glycolysis）とよばれる経路では，ヘキソースがリン酸化されたあとに分解され，2分子のグリセルアルデヒド3-リン酸が生じる（図 12・8）．この化合物はいくつかの反応のあとにピルビン酸という3炭素化合物に変換される．ピルビン酸の脱炭酸反応（CO_2 として炭素を除く反応）によりアセチル CoA ができる．これは2炭素化合物であるアセチル基が運搬体である CoA（補酵素 A coenzyme A）と結合したものである．

グリセルアルデヒド3-リン酸（glyceraldehyde 3-phosphate），ピルビン酸（pyruvic acid），そしてアセチル CoA（acetyl CoA）は他の代謝経路においても出現する重要な化合物である．たとえば，グリセルアルデヒド3-リン酸はトリアシルグリセロールの骨格となる3炭素化合物であるグリセロールの代謝前駆体である．植物においては，光合成によって固定された炭素が最初に入る化合物がこのグリセルアルデヒド3-リン酸である．その後，2分子のグリセルアルデヒド3-リン酸が結合して炭素を6個含む単糖がつくられる．ピルビン酸は可逆的なアミノ基転移反応によってアラニンとなる．この反応のため，ピルビン酸はアミノ酸の前駆体であると同時にアミノ酸の分解産物ともなる．ピルビン酸に二酸化

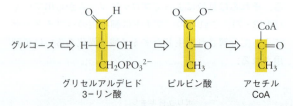

図 12・8 グルコース異化の過程で生じる中間体

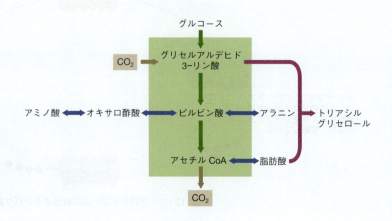

図 12・9 共通中間体が代謝において果たすいくつかの役割

炭素が付加するとオキサロ酢酸ができ，この4炭素化合物は他のいくつかのアミノ酸の前駆体となる．

$$\begin{array}{ccc}
\underset{\text{ピルビン酸}}{\begin{array}{c}COO^-\\|\\C=O\\|\\CH_3\end{array}} + CO_2 \longrightarrow & \underset{\text{オキサロ酢酸}}{\begin{array}{c}COO^-\\|\\C=O\\|\\CH_2\\|\\COO^-\end{array}}
\end{array}$$

脂肪酸はアセチルCoA由来の2個の炭素が順につながっていくことによりつくられ，脂肪酸が分解されるとアセチルCoAがつくられる．こうした関係をまとめたものが図12・9である．2炭素中間体は，もし他の化合物の合成に使われなかった場合，**クエン酸回路**（citric acid cycle）によって分解されCO_2になる．この回路は代謝燃料の異化において最も重要な代謝経路である．

多くの代謝経路には酸化還元反応が含まれる

一般に，アミノ酸，単糖，および脂肪酸の異化は炭素の酸化過程で，それらの合成には炭素の還元が行われる．§1・3で述べたように，**酸化**（oxidation）されるということは電子を失うことで，**還元**（reduction）されるということは電子を得ることである．酸化還元反応は対になって起こるので，一方の化合物がより酸化される（電子を与えてしまうか捕捉する力を弱める）と，もう一方の化合物は還元される（電子を受取るか捕捉する力を強める）．

われわれが関心をもっている代謝反応において，炭素の酸化はC-H結合（CとHが電子を同等に分け合う）がC-O結合（炭素原子より電気陰性度の高い酸素が電子を自分のほうに引寄せる）に置き換わるという形で現れることが多い．電子は共有結合に使われてはいるが，炭素はその一部を使えなくなっている．

メタンが二酸化炭素になるという変化は，炭素が最も還元された状態から最も酸化された状態へ変換される代表的な例である．

$$\begin{array}{c}H\\|\\H-C-H\\|\\H\end{array} \longrightarrow O=C=O$$

同様に，脂肪酸や炭水化物の異化でも酸化が起こっている．たとえば，脂肪酸の飽和したメチレン基$-CH_2-$がCO_2になるとき，および炭水化物中の炭素（代表的なものがCH_2Oである）がCO_2になるときである．

$$\begin{array}{c}|\\H-C-H\\|\end{array} \longrightarrow O=C=O$$

$$\begin{array}{c}|\\H-C-OH\\|\end{array} \longrightarrow O=C=O$$

それらの過程の逆転，すなわちCO_2の炭素を脂肪酸や炭水化物の炭素にすることは還元である（光合成のときにこれが起こっている）．還元過程でC-O結合がC-H結合になることにより，炭素原子は電子を再び獲得する．

CO_2を炭水化物CH_2Oにするには自由エネルギーを注入する必要がある（太陽光）．それゆえ，炭水化物の還元された炭素は自由エネルギー貯蔵形態のひとつとみなせる．このエネルギーは，細胞が炭水化物を分解してCO_2にしたときに回収できる．もちろん，そのような変換は突然起こったりはしない．酵素が触媒する多くの段階を経て行われる．

酸化還元反応を含む代謝経路を追っていきながら，炭素原子の還元状態を調べることができ，酸化還元反応中に伝達された電子の行方を追うこともできる．酸化された金属イオンが電子を得て還元される場合などはわかりやすい．

$$Fe^{3+} + e^- \longrightarrow Fe^{2+}$$

しかし，電子がプロトンと一緒になって水素原子として動く場合，あるいは1対の電子がプロトンと一緒になってヒドリドイオンH^-として動く場合もある．

代謝燃料となる分子が酸化されるとき，電子はニコチンアミドアデニンジヌクレオチド（nicotinamide adenine dinucleotide，略称NAD^+）あるいはニコチンアミドアデニンジヌクレオチドリン酸（nicotinamide adenine dinucleotide phosphate，略称$NADP^+$）という化合物に渡される．これらの分子構造は図3・3(b)に示した．NAD^+と$NADP^+$は**補因子**（cofactor）あるいは**補酵素**（coenzyme）とよばれる有機化合物で，酵素が特定の化学反応を触媒する際それを助ける（§6・2）．NAD^+と$NADP^+$の酸化還元に関係する重要な部分はニコチンアミド部分である．

この反応は可逆的なので，還元された補因子が2個の電子を伴ったヒドリドイオンを他の物質に与えて酸化されることも可能である．一般に，NAD^+は異化反応に関与し$NADP^+$は同化反応に関与する．これらの電子伝達体は可溶性なので自由に細胞内を移動でき，電子を還元状態の化合物から酸化状態の化合物へと渡すことがで

細胞内での酸化還元反応の多くは膜表面で起こる．真核細胞のミトコンドリア内膜や葉緑体のチラコイド膜，あるいは原核細胞の細胞膜がその例としてあげられる．これらの場合，膜に結合している酵素は基質からの電子を脂質に溶けやすい伝達体であるユビキノン（ubiquinone, 補酵素 Q, CoQ ともいう，Q と略す，§8・1 参照）に渡す．哺乳類のユビキノンは 10 個のイソプレン（5 炭素）単位からなる疎水性尾部により膜に結合したまま拡散していく．ユビキノンは 1 個あるいは 2 個の電子を受取ることができる（それに対して NAD^+ は厳密に 2 電子を授受する）．電子 1 個によって還元されたユビキノンは（水素原子が付加して）安定なフリーラジカルであるユビセミキノン（ubisemiquinone, QH・と表す）となる．電子 2 個によって還元されると（2 個の水素原子が付加して）ユビキノール（ubiquinol, QH_2 と表す）ができる．

還元されたユビキノールは膜の上を拡散していき，他の酸化還元反応に電子を与えることができる．

クエン酸回路のような異化経路では大量の還元された補因子が生じる．それらのうちのいくつかは同化反応によって再酸化される．残りは ADP と P_i から ATP を合成する過程によって再酸化される．哺乳類では，NADH と QH_2 の再酸化とそれに伴う ATP の産生には O_2 が H_2O に還元されることが必要で，この過程は **酸化的リン酸化**（oxidative phosphorylation）とよばれている．

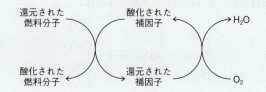

以上をまとめると，NAD^+ やユビキノンは還元されている燃料分子から電子（自由エネルギー）を集める．その電子が最終的に酸素に渡されたとき，自由エネルギーは ATP として回収される．

代謝経路は複雑である

ここまで，哺乳類のエネルギー代謝において，高分子物質としてたくわえられたものが単量体単位に戻され，それがさらに小さな中間体に分解されるという流れを紹介してきた．それら中間体はさらに分解され（酸化され），その電子は補因子が受取る．また，同化（合成）反応においては，共通の 2 炭素あるいは 3 炭素中間体から大きな化合物がつくられるということも簡単に説明した．ここでは，代謝におけるいくつかの重要な側面を際立たせるために，それらを模式的に示す（図 12・10）．

1. **代謝経路はすべてつながっている．** 細胞内で一つの代謝経路が単独で仕事をするということはない．その基質が他の経路の産物かもしれないし，その逆もありうる．たとえば，クエン酸回路で生じた NADH や QH_2 は酸化的リン酸化の出発物である．

2. **経路の活動は調節されている．** 単量体の供給が少ないときに細胞が重合体を合成することはない．逆に，ATP の需要が少ないときに細胞が燃料を異化することもない．そうした代謝経路の流れ，すなわち中間体の量は，基質の供給量や細胞がどれだけその経路の産物を必要としているかによって，さまざまなやり方で調節されている．各経路で働く酵素の一つあるいはいくつかの活性がアロステリック調節因子（§5・1, §7・3）によって制御されているかもしれない．そうした変化は，細胞内のキナーゼ，ホスファターゼ，および二次メッセンジャー（§10・1）を活性化する細胞外シグナルの影響を受けているかもしれない．脂肪酸の合成と分解といった逆方向の過程が同時に行われたらとても無駄なことなので，代謝経路の調節は非常に重要である．

3. **すべての細胞がすべての代謝経路をもっているわけではない．** 図 12・10 は多数の代謝過程をまとめ上げたもので，ある種の細胞あるいは組織はそのうちの一

12. 代謝と生体エネルギー論　　263

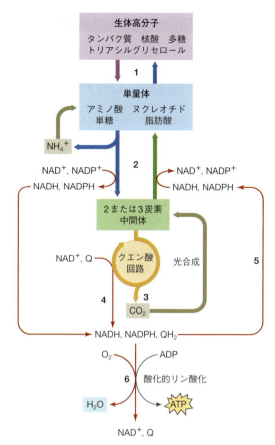

図 12・10　代謝の概略. 図において, 下向きの矢印は異化を, 上向きの矢印は同化を表している. 赤矢印は主要な酸化還元反応を示している. 主要な代謝過程を太い矢印で示している. 生体高分子(タンパク質, 核酸, 多糖, トリアシルグリセロール)は単量体(アミノ酸, ヌクレオチド, 単糖, 脂肪酸)からつくられ, また分解されて単量体になる(1). その単量体はグリセルアルデヒド 3-リン酸, ピルビン酸, アセチル CoA などの 2 あるいは 3 炭素中間体に分解され, それらは多くの生体高分子の前駆体ともなっている(2). 生体高分子が完全に分解されると NH_3, CO_2, H_2O などの無機化合物になる. これらの物質は光合成などにより中間体に戻される(3). 電子伝達体(NAD^+ やユビキノン)は代謝燃料(アミノ酸, 単糖, 脂肪酸)が分解され, クエン酸回路により完全に酸化される際に放出される電子を受取る(4). 還元された補因子(NADH や QH_2)は多くの生合成反応に必要とされる(5). 還元された補因子の再酸化により ADP と P_i から ATP がつくられる(酸化的リン酸化, 6).

部だけしか行っていない. 哺乳類は光合成を行っていないし, 炭水化物以外の材料からグルコースを合成できるのは肝臓と腎臓だけである.

4. **それぞれの細胞は独特な代謝を行っている**. ここには示してないが, 細胞は図 12・10 に示した燃料代謝の経路以外にさまざまな合成反応を行っている. そうした経路が, いろいろな細胞や組織の独特な代謝能力を生み出している(ボックス 12・A).

5. **生物は代謝を通じて相互依存している**. 光合成植物とそれを食べる従属栄養生物の関係は代謝相補性のわかりやすい例であるが, 微生物の世界にも多くの例がある. メタンを老廃物として放出するある種の生物はメタン資化性(メタンを燃料として消費する)生物の近傍で生活している. どちらの生物も相手がいないと生きていけない. ヒトも他の生物種との共同生活をしている. すなわち, 100 兆にものぼるといわれるさまざまな微生物がヒトの体の中や表面で生きている. それらの生物は何百万もの遺伝子を発現し, それによってさまざまな代謝活動を行っているのである.

図 12・10 のような概観は細胞内の代謝過程の本当の複雑さを表していない. 細胞内には多くの基質と競合する酵素があり, それらに幾重もの制御がかかっている. さらに, この図中には遺伝情報がどのように伝えられ, 読み解かれるかについても書かれていない(これらに関しては, 本書の最終章で取上げる). しかし, 図 12・10 のような図は代謝過程間の関係をみるうえで役に立つので, このあとの章においても参照する. オンラインのデータベースでは, 代謝経路, 酵素, 中間体, および代謝関連の病気に関してもさらなる情報が提供されている.

ヒトの代謝はビタミンに依存する

ヒトには植物や微生物のもつ生合成経路の多くが欠けているので, ある種の素材を他の生物に頼らねばならない. ある種のアミノ酸や不飽和脂肪酸は必須(essential)であるといわれるが, それはヒトの体がそれらを合成できず食品から得なくてはならないからである(表 12・1, ボックス 8・B 参照). **ビタミン**(vitamin)もヒトにとって必要だが合成できない化合物である. たぶん, それらの物質を合成する経路のためには多くの特殊な酵素が必要なので, それらの合成が不要な従属栄養生物では進化の過程でその経路が失われたのだろう.

vitamin という言葉は 1912 年にファンク(Casimir Funk)が健康のために必要な微量有機成分を記述する際に新たにつくった vital amine という言葉に由来する. その後, ビタミンの多くはアミンではないことがわかったが名前は残った. 表 12・2 にビタミンとその生化学的機能を示す. ビタミン A, D, E, K は脂質で, それらの機能についてはすでにボックス 8・B で述べた. 水溶性ビタミンの多くは補酵素の前駆体で, このあとに特定の代謝反応とのかかわりで出てきたときに説明する. さまざまな化合物がビタミンとなっていて, それらの発見と機

ボックス 12・A　生化学ノート

トランスクリプトーム，プロテオーム，およびメタボローム

現代の生物学はコンピューターの力を借りて膨大なデータを集め分析するという研究手法を開発した．そのような試みは多くの知見をもたらしたがそこには限界がある．§3・3で述べたように，生物の全遺伝子を調べるというゲノミクスは，その生物の独特な代謝の全体像を垣間見せてくれた．しかし，その生物あるいは一つの細胞がある瞬間に何をしているかは，どの遺伝子が活性化されているかに依存する．

細胞内のmRNA分子の集団は，活性化された，すなわち転写されている遺伝子群を表している．そうしたmRNAの研究を**トランスクリプトミクス**（transcriptomics）とよぶ．以下のようにして1種類の細胞が転写している全mRNA（**トランスクリプトーム** transcriptome）を同定して定量化できる．まず短いDNA鎖を支持体表面上で合成する．次に，ある細胞標本から取出して蛍光標識したmRNAをそのDNAとハイブリダイズさせる，すなわち二本鎖構造をつくらせる．蛍光強度は特定の相補的DNAと結合したmRNAの量を表す．何千もの異なる配列のDNAを2～3 cm^{2}の支持体表面に固定したものを**マイクロアレイ**（microarray）あるいは**DNAチップ**（DNA chip）とよぶ．全ゲノムでマイクロチップをつくることもでき，いくつかの選んだ遺伝子だけでつくることもできる．図に示したDNAチップ上のそれぞれの明るい点が特定のDNA塩基配列に対応していて，蛍光標識された相補的なmRNAがそれらと結合する．ある条件下で発現量が変わる遺伝子や異なる発生段階で発現量が変わる遺伝子を同定する際にDNAチップが使われる．

残念なことに，mRNAの量とつくられるタンパク質の量は完全には一致しない．ある種のmRNAは急速に分解されてしまうが，何回も翻訳されて多くのタンパク質をつくりだすmRNAもあるからである．そのため，遺伝子発現をより信頼性高く評価するためには**プロテオミクス**（proteomics）を使う．特定の時点において細胞内で合成されている全タンパク質（**プロテオーム** proteome）を調べるのである．しかし，ごく微量の何千もの異なるタンパク質を定量することは技術的に困難なので，このやり方にも限界がある．核酸はポリメラーゼ連鎖反応（§3・4参照）によって増幅できるが，タンパク質を増幅する同じような方法はない．

ゲノミクス，トランスクリプトミクス，プロテオミクスでは不十分なのでメタボロミクス（metabolomics）が登場した．この手法は細胞あるいは組織内の全代謝産物（**メタボローム** metabolome）を同定・定量することにより代謝活性を明らかにしようというものである．細胞内には何万もの異なった化合物が存在し，その濃度の違いは何桁にも及ぶので，この分析は簡単なものではない．そうした物質のなかには毒素，防腐剤，薬物，およびそれらの分解産物といった食品ではないものも含まれる．代謝産物の分析にはカラムクロマトグラフィー，核磁気共鳴分光法（NMR），あるいは質量分析法がおもに用いられる（§4・5）．下の図に見られるように，^{1}H NMRを使うとネズミの脳の試料10 μLから20の代謝産物が検出できる．

ゲノミクス，プロテオミクス，および他のバイオインフォマティクス領域でなされているように，メタボロミクスのデータも，誰もが見られ，引出し，分析できる状態でデータベースに登録される．患者の尿や血液の代謝産物プロフィールから自動的に病気の診断をするというのがメタボロミクスから期待されることの一つである．工業的応用としては，ワイン製造や生物的修復（bioremendation，微生物を使って除染などの環境浄化を行うこと）といった生物学的過程を監視することが考えられる．

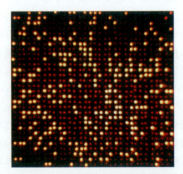

［Voker Steger/Science Photo Library/Photo Researchers/amanaimages.］

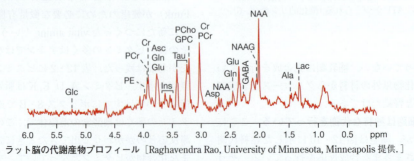

ラット脳の代謝産物プロフィール ［Raghavendra Rao, University of Minnesota, Minneapolis 提供．］

12. 代謝と生体エネルギー論

表 12・1 ヒトにとっての必須物質

アミノ酸		脂肪酸	その他
イソロイシン	フェニルアラニン	リノール酸 $CH_3(CH_2)_4(CH=CHCH_2)_2(CH_2)_6COO^-$	コリン $(CH_3)_3N^+CH_2CH_2OH$
ロイシン	トレオニン	リノレン酸 $CH_3CH_2(CH=CHCH_2)_3(CH_2)_6COO^-$	
リシン	トリプトファン		
メチオニン	バリン		

表 12・2 ビタミンとその役割

ビタミン	補酵素	生化学的機能	ヒトの欠乏症	参照
水溶性				
アスコルビン酸 (C)	アスコルビン酸	コラーゲンのヒドロキシル化の補因子	壊血病	ボックス 5・D
ビオチン (B_7)	ビオシチン	カルボキシル化反応の補因子	†	§13・1
コバラミン (B_{12})	コバラミン補酵素	アルキル化反応の補因子	貧血	§17・1
葉 酸	テトラヒドロ葉酸	1炭素転移反応の補因子	貧血	§18・2
リポ酸	リポアミド	アシル基転移反応の補因子	†	§14・1
ニコチン酸 (ナイアシン, B_3)	ニコチンアミド補酵素 (NAD^+, $NADP^+$)	酸化還元反応の補因子	ペラグラ	図3・3, §12・2
パントテン酸 (B_5)	補酵素 A	アシル基転移反応の補因子	†	図3・3, §12・3
ピリドキシン (B_6)	ピリドキサールリン酸	アミノ基転移反応の補因子	†	§18・1
リボフラビン (B_2)	フラビン補酵素 (FAD, FMN)	酸化還元反応の補因子	†	図3・3
チアミン (B_1)	チアミンピロリン酸	アルデヒド転移反応の補因子	脚気	§12・2, §14・1
脂溶性				
ビタミン A (レチノール)		光吸収色素	夜盲症	ボックス 8・B
ビタミン D		Ca^{2+} 吸収を促すホルモン	くる病	ボックス 8・B
ビタミン E (トコフェロール)		抗酸化剤	†	ボックス 8・B
ビタミン K (フィロキノン)		血液凝固タンパク質のカルボキシル化反応の補因子	出血	ボックス 8・B

† ヒトでの欠乏症はまれ，もしくは未観測.

能の解明は生化学の歴史のなかで最も華々しいできごとのひとつにあげられる.

多くのビタミンは栄養不良の研究から発見された. 栄養と病気との関係で最も古くから知られていたのは船乗りがかかる壊血病 (scurby) で，何世紀も前のことである. 壊血病はビタミン C 不足によって起こる (ボックス 5・D). 脚気 (beriberi) という病気の研究から最初のビタミン B が発見された. 脚気はチアミン(thiamine, ビタミン B_1) の欠乏により起こる病気で，脚がむくんで衰える.

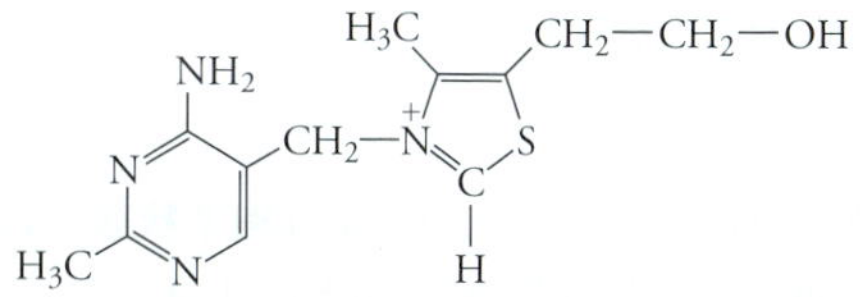

を含む重要な酵素群の補欠分子族である. 米ぬかにはチアミンが多いが精米した白米ばかりを食べていると脚気になりやすくなる. この病気は当初感染症ではないかと考えられていたが，白米ばかりを与えられた囚人やニワトリが同じ症状を示したので欠乏症と認められた. チアミン欠乏症は慢性アルコール中毒の人，十分な食事をとれない人，および栄養の吸収が悪い人にも起こる.

NAD^+ や $NADP^+$ の構成要素であるナイアシン (niacin, ニコチン酸) は，最初ペラグラというビタミン欠乏症の因子として同定された.

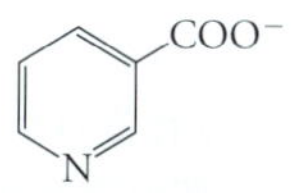

チアミン (ビタミンB_1)

ナイアシン

チアミンは，ピルビン酸をアセチル CoA に変える酵素

ペラグラの症状は下痢と皮膚炎であるが，ヒトはトリプトファンをナイアシンにすることができるので，トリプ

トファンを大量に摂取すると改善する. ナイアシン欠乏症はトウモロコシばかり食べている人によくみられた. トウモロコシはトリプトファンをあまり含まず, 含まれているナイアシンは他の分子と結合しているので消化管から吸収されにくい. トウモロコシの原産地である南米では, 粒をアルカリ性の水に浸すか, その中で煮るという習慣がある. この処理によりナイアシンが解離するのでペラグラを防ぐことができた. 不幸なことに, この調理習慣はトウモロコシ栽培をあとから始めた他の国には伝わらなかったのである.

ほとんどのビタミンはバランスのとれた食事をとっていれば十分量得ることができるが, 貧困国などでは低栄養のため, いまだにビタミン欠乏症が起こっている. 動植物由来の食品や腸内細菌はビタミンの供給源である. しかし, 植物はコバラミン (cobalamin) を含んでいないので, 厳格なベジタリアンはコバラミン欠乏症に陥る危険性が高い.

12・3 代謝反応における自由エネルギー変化

重要概念
- ある反応の自由エネルギー変化は反応の平衡定数と実際の反応物の濃度に依存する.
- 自由エネルギーが大きく負になる反応は, もう一つの不利な反応と共役させることができる.
- ATPのリン酸無水物結合を切ると大きな自由エネルギー変化が起こる.
- 細胞は, 他のリン酸化化合物, チオエステル, 還元された補因子, および電気化学的濃度勾配のもつ自由エネルギーも使う.
- 非平衡な反応は代謝の調節点となる.

異化反応は自由エネルギーを放出することが多く, 同化反応は自由エネルギーを消費することが多いということを前に述べた (図12・1参照). しかし, 実際には, 生体内で起こるすべての反応において自由エネルギーは減少している. すなわち反応の ΔG は常に0以下である (自由エネルギーについての説明は§1・3参照). 細胞内での代謝反応は孤立したものではなく連結しているので, 熱力学的に起こりやすい第一の反応の自由エネルギーが使われて熱力学的に起こりにくい第二の反応を進行させる. 自由エネルギーは, 一つの反応から別の反応へ, どのように受け渡されるのだろうか. 自由エネルギーは物質ではなく, 1個の分子の属性でもない. したがって, 1個の分子あるいは分子中のある結合が大きな自由エネルギーをもつというのは正しくない. 自由エネルギーとは系の属性で, 系が化学反応を起こしたときに

変化するものなのである.

自由エネルギー変化は反応物の濃度に依存する

ある系の自由エネルギー変化は反応物の濃度に関係する. $A+B \rightleftharpoons C+D$ というような反応が平衡になっているとき, 四つの反応物の濃度によってこの反応の**平衡定数** (equilibrium constant, K_{eq}) が定義される.

$$K_{eq} = \frac{[C]_{eq}[D]_{eq}}{[A]_{eq}[B]_{eq}} \qquad (12 \cdot 1)$$

[ ] はそれぞれの物質の濃度を表している. 平衡状態では正反応と逆反応が釣合っていて, どの反応物の濃度も変化しないということを思い出してほしい. 平衡とは反応物と生成物の濃度が等しいということではない.

この系が平衡に達していないとき, 反応物は平衡値になるようにある駆動力を受ける. この力がその反応の**標準自由エネルギー変化** (standard free energy change, $\Delta G^{\circ\prime}$) で, 以下のように定義される.

$$\Delta G^{\circ\prime} = -RT \ln K_{eq} \qquad (12 \cdot 2)$$

ここで, R は気体定数 ($8.3145\ \mathrm{J\ K^{-1}\ mol^{-1}}$), T は絶対温度である. §1・3で述べたように, 自由エネルギーの単位は $\mathrm{J\ mol^{-1}}$ である (ボックス12・B). (12・2)式は $\Delta G^{\circ\prime}$ を K_{eq} から求めることにも, その逆のことにも使える (計算例題12・1).

●●●◐ 計算例題 12・1

問題　温度が25℃で $K_{eq}=5.0$ のときの $\Delta G^{\circ\prime}$ を計算せよ.

解答　(12・2)式を使う.

$$\begin{aligned}
\Delta G^{\circ\prime} &= -RT \ln K_{eq} \\
&= -(8.3145\ \mathrm{J\ K^{-1}\ mol^{-1}})(298\ \mathrm{K}) \ln 5.0 \\
&= -4000\ \mathrm{J\ mol^{-1}} = -4\ \mathrm{kJ\ mol^{-1}}
\end{aligned}$$

練習問題
1. 温度が25℃で $K_{eq}=0.25$ のときの $\Delta G^{\circ\prime}$ を計算せよ.
2. 1の温度が37℃に上がったら $\Delta G^{\circ\prime}$ はどうなるか.
3. もし37℃での反応の $\Delta G^{\circ\prime}$ が $-10\ \mathrm{kJ\ mol^{-1}}$ だとしたら K_{eq} はどうなるか.

通常, 自由エネルギーの測定は**標準状態** (standard condition) すなわち25℃ (298 K), 1気圧のもとで行われる. そのことを示すのが ΔG の後につける "°" の記号である. 化学者にとっての標準状態とはすべての反

12. 代謝と生体エネルギー論

ボックス 12・B　生化学ノート

カロリーとは何か

　ほとんどの生化学者が量を表すときに国際単位系（ボックス1・A）を使い，そのなかにジュール（James Prescott Joule）という物理学者にちなんでつけられたジュールという単位がある．このジュールというのはいろいろな仕事（エネルギーは仕事をする能力である）によって定義できる組立単位である．たとえば，1ジュール(J)は1ニュートン(N)の力を出しながら1メートル(m)動くときに行った仕事に等しい．すなわち，1J＝1N mである．

　多くの場合，1gの水の温度を1℃上げるために必要な熱量であるカロリー（cal）の代わりにこのジュールが使われる．カロリーというものを実測するのはかなりむず

かしいのだが，食品のもつエネルギーについて述べるときにはよく使われる．ところが，1カロリーというのがかなり小さな量なので，キロカロリー（kcal）あるいは大カロリー（Cal）という単位がよく使われる．したがって，ピーナッツバターの栄養表示にテーブルスプーン1杯当たりのカロリーが95カロリーと書かれていたら，それは95 Calであり95 kcalすなわち95,000 calなのである．こうした混乱を避けるために，カロリーはしばしばジュールに変換される．1カロリーは4.184ジュールで，1ジュールは0.239カロリーである．

応物が1M存在する場合だが，生化学反応は中性pH（[H^+]が1Mではなく10^{-7}M）の水中（[H_2O]が55.5M）で起こるので化学における標準状態での値は実用的ではない．生化学的標準状態を表12・3にまとめた．そこで生化学的標準状態で測定された標準自由エネルギー変化には"′"をつけて化学における標準状態での測定値と区別している．平衡の表記においては[H^+]と[H_2O]は1とし，この項は無視できるようにしている．

$$\Delta G = \Delta G^{\circ\prime} + RT \ln \frac{[C][D]}{[A][B]} \quad (12\cdot3)$$

ここで[ ]の値は平衡になる前の反応物および生成物の濃度である．（12・3）式における濃度の入った項は**質量作用比**（mass action ratio）とよばれている．

　この反応が平衡に到達すると$\Delta G＝0$となるので

$$\Delta G^{\circ\prime} = -RT \ln \frac{[C]_{eq}[D]_{eq}}{[A]_{eq}[B]_{eq}} \quad (12\cdot4)$$

この式は（12・2）式と同じである．ある反応が自発的に進むかどうかは実際の反応物の濃度によって定まるΔGが決めるのであって，$\Delta G^{\circ\prime}$という定数が決めるのではないということを（12・3）式は示している．すなわち，標準自由エネルギー変化が正の反応（すべての反応物が標準濃度で存在している場合には進行しない）でも，細胞内での反応物の濃度によっては進行するかもしれないのである（計算例題12・2参照）．熱力学的に自発的に進行するといっても，それがすばやく起こることを意味してはいない点に注意してほしい．非常に反応を起こしやすい物質（$\Delta G \ll 0$）でも触媒する酵素が作用しないと反応しないこともまれではない．

表 12・3　生化学的標準状態

温　度	25 ℃ (298 K)
圧　力	1気圧
反応物濃度	1 M
pH	7.0 ([H^+]＝10^{-7} M)
水の濃度	55.5 M

　K_{eq}と同様$\Delta G^{\circ\prime}$も反応固有の定数である．その値は正になる場合も負になる場合もある．全反応物が標準濃度で存在したときの$\Delta G^{\circ\prime}$が正になるか負になるかによって，その反応が自発的に進むか（$\Delta G^{\circ\prime} < 0$）そうではないか（$\Delta G^{\circ\prime} > 0$）が決まる．しかし，細胞内で反応物と生成物が標準状態の濃度であることはまずないし，温度も25℃ではないかもしれない．それでもある自由エネルギー変化のもとに反応は起こっている．したがって，その反応の標準自由エネルギー変化と実際の自由エネルギー変化ΔGとの違いを知ることが大切である．ΔGは反応物の実際の濃度や温度（ヒトでは37℃すなわち310 K）の関数として与えられる．標準自由エネルギーとの関係は以下のとおりである．

●●●○○　計算例題 12・2

問題　ホスホグルコムターゼが触媒する以下の反応の標準自由エネルギー変化は-7.1 kJ mol^{-1}である．この反応の平衡定数を計算で求めよ．温度が37℃で，グルコース1-リン酸濃度が1 mM，グルコース6-リン酸濃度が25 mMのときのΔGを計算せよ．この条件で反

応は自発的に進行するか.

グルコース 1-リン酸 ⇌ グルコース 6-リン酸

解答 平衡定数 K_{eq} は (12・2) 式を変形した式から求められる.

$$K_{eq} = e^{-\Delta G°'/RT}$$
$$= e^{-(-7100\,J\,mol^{-1})/(8.3145\,J\,K^{-1}\,mol^{-1})(298\,K)}$$
$$= e^{2.87} = 17.6$$

37 ℃ は 310 K だから

$$\Delta G = \Delta G°' + RT \ln\frac{[グルコース 6-リン酸]}{[グルコース 1-リン酸]}$$
$$= -7.1\,kJ\,mol^{-1}$$
$$\quad + (8.3145\,J\,K^{-1}\,mol^{-1})(310\,K)\ln(0.025/0.001)$$
$$= -7.1\,kJ\,mol^{-1} + 8.3\,kJ\,mol^{-1}$$
$$= +1.2\,kJ\,mol^{-1}$$

ΔG が正なので,この反応は自発的には進行しない.

練習問題

4. ここに示した反応でグルコース 1-リン酸濃度が 5 mM,グルコース 6-リン酸濃度が 20 mM のときの ΔG を計算せよ.
5. 平衡状態においてグルコース 6-リン酸濃度が 35 mM であった.グルコース 1-リン酸濃度は何 mM か.
6. 自由エネルギー変化が $-2.0\,kJ\,mol^{-1}$ となるためにはグルコース 1-リン酸に対するグルコース 6-リン酸の濃度比はどうなるべきか計算せよ.

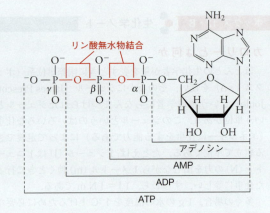

図 12・11 アデノシン三リン酸. 三つのリン酸基はギリシャ文字で α, β, γ と書かれることがある.ATP の第一(α)と第二(β)のリン酸基の間と,第二(β)と第三(γ)のリン酸基の間はリン酸無水物結合である.一つあるいは二つのリン酸基が他の化合物に渡される反応(リン酸無水物結合が切られる反応)の $\Delta G°'$ は大きな負の値となる.

不利な反応は有利な反応と組合わされる

ある生化学反応の自由エネルギー変化が正だった場合,その反応は起こらないように思える.しかし,ΔG が大きく負である第二の反応とその反応が共役し,両者を合わせた反応の ΔG が負であった場合,その反応は生体内で進行しうる.ATP の分解反応は非常に大きな自由エネルギー変化を伴うので,しばしばそうした共役反応に使われる.

アデノシン三リン酸(ATP)には二つのリン酸無水物結合がある(図 12・11).それらの結合のどちらが切れても,それは一つあるいは二つのリン酸基が他の分子に渡されることであるが,その反応は大きな負の標準自由エネルギー変化を伴う(生理的条件下での ΔG はもっと大きな負の値となる).生化学者は,一つの規準点として,

リン酸基が水に渡される反応,いいかえると以下に示すリン酸無水物結合の加水分解反応を使う.

$$ATP + H_2O \longrightarrow ADP + P_i$$

この反応は自発的に起こり,$\Delta G°'$ は $-30\,kJ\,mol^{-1}$ である.

共役反応において ATP が果たす役割の例を次に示す.グルコースを無機リン酸(HPO_4^{2-})P_i でリン酸化する反応は熱力学的に不利である($\Delta G°' = +13.8\,kJ\,mol^{-1}$).

グルコース + P_i ⟶ グルコース 6-リン酸 + H_2O

この反応が ATP 加水分解反応と組合わさると $\Delta G°'$ は両反応の $\Delta G°'$ の和となる.

		$\Delta G°'$
グルコース + P_i ⟶ グルコース 6-リン酸 + H_2O		+13.8
ATP + H_2O ⟶ ADP + P_i		−30.5
グルコース + ATP ⟶ グルコース 6-リン酸 + ADP		−16.7

このようにして,反応全体としてはグルコースのリン酸化が熱力学的に好都合となる($\Delta G < 0$).生体内で

この反応はヘキソキナーゼ（§6・3で紹介した）が触媒し，リン酸基はATPからグルコースに直接渡される．ATPは実際には加水分解されていないので酵素のまわりに遊離のリン酸基が漂うようなことは起こらない．しかし，上に示したように二つの共役する反応を書くと熱力学的に何が起こっているかがわかりやすい．

いくつかの生化学的過程はATPがADPとP$_i$に加水分解されるのと同時に起こる．たとえば，ミオシンやキネシンの動き（§5・3）やNa$^+$/K$^+$ ATPアーゼのイオンポンプ作用（§9・3）がそれにあたる．しかし，より詳しくみていくと，それらすべてにおいてATPはリン酸基を一度タンパク質に渡している（訳注：ミオシンとキネシンはそうではない）．その後リン酸基が水に渡されるので全体としてはATPの加水分解反応のようにみえるのである．それと同じATPの"加水分解"的効果として，リン酸基ではなくAMP部分が物質に渡されて二リン酸（ピロリン酸ともいう）PP$_i$が残るという反応もある．二リン酸のリン酸無水物結合が切断されるときの$\Delta G^{\circ\prime}$も大きく負になる．

ATPは熱力学的に不利な多くの反応を駆動することができるので，ATPとはそれを産生する反応からそれを消費する反応へと自由エネルギーの小包を運ぶ配達人のようにみえる．よくATPが細胞内でのエネルギー通貨であるといわれるのもそのためである．発エルゴン的異化過程と吸エルゴン的同化過程をつなぐというATPの役割を図式化すると以下のようになる．

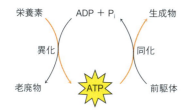

この図を見ると，異化された栄養素のエネルギーはATPに移され，次にATPのもつエネルギーが生合成反応に使われるようにみえる．しかし，自由エネルギーは有形のものではなく，本章の初めに述べたようにATPには何も特別なところはない．二つあるリン酸無水物結合は"高エネルギー結合"とよばれるが，他の共有結合と何ら変わりはない．大切なのはそれらの結合を切断したときに自由エネルギー変化が大きく負になることだけである．ATPの加水分解を例にあげると，加水分解によって大きな自由エネルギーが放出されるのは生成物の自由エネルギーが反応物のそれよりとても小さいからだということがいえる．ここで，そうなる二つの理由について考えてみよう．

1. **ATP加水分解の生成物はATPより安定である．**生理的pHのもとでATPのリン酸部分には3〜4個の負電荷が存在する（そのpK_aが中性に近いので）．そして，それらのアニオンが互いに静電的に反発する．反応後ADPとP$_i$になることで，それらの反発の一部が解消される．
2. **リン酸無水物結合をもつ化合物は加水分解生成物に比べて共鳴による安定化が少ない．**共鳴による安定化（resonance stabilization）は分子内での電子の非局在化の度合を反映し，大ざっぱにいうと，どれだけ異なったやり方で分子の構造を記述できるかによって推定できる．ATPの末端のリン酸基がとりうる等価な構造の数は遊離P$_i$のものより少ない．

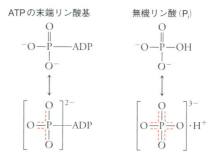

以上をまとめると，ATPがエネルギー通貨として機能するのは，その反応が発エルゴン的（$\Delta G \ll 0$）だからである．ATPがADPになるという有利な反応は，もう一つの不利な反応を一緒にひき起こすことができるが，それは両反応の自由エネルギー変化の和が負になるときだけである．細胞はそうした反応をひき起こすためにATPを"支払っている"．

自由エネルギーはいろいろな形をとりうる

細胞内エネルギー通貨となれる分子はATPだけではない．その反応の自由エネルギー変化が大きく負の化合

表 12・4 リン酸加水分解による標準自由エネルギー変化

化合物	$\Delta G^{\circ\prime}$ (kJ mol^{-1})
ホスホエノールピルビン酸	−61.9
1,3−ビスホスホグリセリン酸	−49.4
ATP ⟶ AMP + PP$_i$	−45.6
ホスホクレアチン	−43.1
ATP ⟶ ADP + P$_i$	−30.5
グルコース 1−リン酸	−20.9
PP$_i$ ⟶ 2P$_i$	−19.2
グルコース 6−リン酸	−13.8
グリセロール 3−リン酸	−9.2

物はエネルギー通貨となりうる．たとえば，ATP 以外の多くのリン酸化合物が他の分子にリン酸基を渡すことができる．表 12・4 はそのような反応で水にリン酸基が渡されたとき（加水分解）の自由エネルギー変化をまとめたものである．

リン酸基と分子の他の部分との結合を切断するのは不経済な作業にみえるが（できるものは遊離リン酸 P_i だけである），この表に示された値は，これらの化合物が前に述べたヘキソキナーゼの反応のような共役反応においてどのように働くかを示すものとなる．たとえば，ホスホクレアチンの加水分解の標準自由エネルギー変化は $-43.1 \text{ kJ mol}^{-1}$ である．

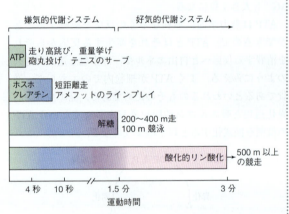

クレアチンはホスホクレアチンより自由エネルギーが低い．それはクレアチンが共鳴構造を一つではなく二つも

ボックス 12・C　生化学ノート

ヒトの筋肉のエネルギー源

ATP に対する需要が少ない休止時の筋肉では，クレアチンキナーゼが ATP のリン酸をクレアチン（creatine）に移し，ホスホクレアチン（phosphocreatine）をつくる．

$$\text{ATP} + \text{クレアチン} \rightleftharpoons \text{ホスホクレアチン} + \text{ADP}$$

筋収縮が起こって ATP を ADP＋P_i に変え，ADP 濃度が上昇すると，この反応は逆方向に進む．したがって，ホスホクレアチンは ATP の供給を維持するためのリン酸基の貯蔵庫として働いているといえる．細胞は ATP を備蓄できない．しかし，その濃度は需要が大きく変わるにもかかわらず，ほぼ一定である（2 mM から 5 mM）．筋肉にホスホクレアチンが存在しなかったら，他の遅い経路によって ATP が供給され始める前に ATP は枯渇してしまうであろう．

身体活動の違いによって筋肉での ATP のつくられ方も変わってくる．激しくても短い時間の運動の場合は筋肉内に存在している ATP だけで足りる．その活動が 2〜3 秒続く場合はホスホクレアチンによる ATP 再生が必要となる．ホスホクレアチンの量も限られているので，もう少し運動する場合は，解糖によってグルコース（筋肉内にたくわえられていたグリコーゲンから得られる）を分解して ATP を供給しなければならない．この経路の最終産物は乳酸という弱酸なので，この物質が蓄積すると pH は下がり筋肉は疲労する．この時点まで筋肉は嫌気的に（O_2 の関与なしに）機能を果たしている．これ以上運動を続けるためには好気的代謝に切替えて，クエン酸回路によってグルコースをさらに酸化しなければならない．筋肉は脂肪酸も異化し，その代謝産物もクエン酸回路に入る．クエン酸回路では還元された補因子がつくられ，それらは分子状酸素によって再酸化されねばならないことを思い出してほしい．グルコースや脂肪酸の好気的代謝は嫌気的な解糖系より遅いが，つくれる ATP の量ははるかに多い．さまざまな運動とそれに対するエネルギー供給機構を図式化したものを次に示す．

[W. D. McArdle, F. I. Katch, and V. L. Katch, "Exercise Physiology (2nd ed.)", p. 348, Lea & Febiger (1986) を改変.]

ふつうの運動選手だと嫌気的機構から好気的機構への切替えは約 90 秒後にくる．一流選手の場合はそれが 150〜170 秒後にきて，1000 m を走り切ったあたりとなる．

短距離走者の筋肉は嫌気的に ATP をつくる能力が高いが，長距離走者の筋肉は好気的に ATP をつくるように適応している．そのようなエネルギー代謝の違いは鳥の飛翔筋の色にも表れる．ガンのような渡り鳥の筋肉は長距離を飛ぶエネルギーをおもに脂肪酸から得ているので，酸化的リン酸化を行うミトコンドリアを多く含んでいる．ミトコンドリアの赤褐色の色が筋肉を暗赤色に見せる．めったに飛ばないニワトリなどの筋肉にはミトコンドリアが少なく，色も明るいピンクである．これらの鳥が飛べる時間は，嫌気的エネルギー供給によるので，ごく短い．

つからである．この共鳴による安定化はホスホクレアチンがリン酸基を他の化合物に転移させるときの大きな負の自由エネルギー変化に寄与している．筋肉では，ホスホクレアチンがADPにリン酸基を転移させてATPをつくっている（ボックス12・C）．

他のヌクレオシド三リン酸も加水分解されたときにATPと同じ大きな負の標準自由エネルギー変化を示す．細胞内シグナル伝達（§10・2）やタンパク質合成（§22・3）の反応において，ATPではなくGTPがエネルギー通貨として使われるのはこのためである．細胞内では，ヌクレオシド二リン酸キナーゼの触媒作用により，ヌクレオシド三リン酸は自由に変換できる．この反応により，ATPのリン酸基を他のヌクレオシド二リン酸（NDP）に移すことができる．

$$\text{ATP} + \text{NDP} \rightleftharpoons \text{ADP} + \text{NTP}$$

この反応では反応物と生成物はエネルギー的に等価なので，反応の$\Delta G^{\circ\prime}$はほとんど0である．

加水分解によって大きな自由エネルギーを放出する第三の化合物群はアセチルCoAなどの**チオエステル**（thioester）である．補酵素A（CoA）はヌクレオチド誘導体で，側鎖の末端にスルフヒドリル基（SH基）をもつ（図3・3a参照）．CoAのスルフヒドリル基にはアシル基あるいはアセチル基（CoAの"A"はこれによる）がチオエステル結合で結合する．この結合を加水分解したときの$\Delta G^{\circ\prime}$は$-31.5 \text{ kJ mol}^{-1}$とATPを加水分解したときと同じくらいである．

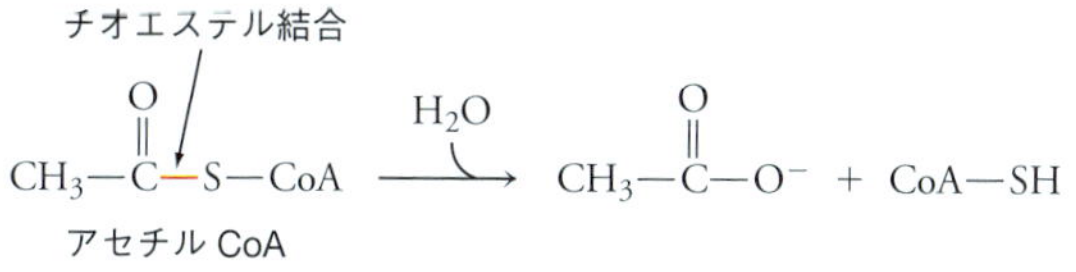

チオエステル結合
$$\text{CH}_3-\overset{\text{O}}{\overset{\|}{\text{C}}}-\text{S}-\text{CoA} \xrightarrow{\text{H}_2\text{O}} \text{CH}_3-\overset{\text{O}}{\overset{\|}{\text{C}}}-\text{O}^- + \text{CoA}-\text{SH}$$
アセチルCoA

一般の（酸素が入った）エステルよりチオエステルのほうが発エルゴン的なのは，硫黄原子が酸素原子より大きいためチオエステル結合は共鳴による安定化が小さくエネルギーが下がらないからである．チオエステル結合を切ったときの大きな自由エネルギー変化が新しい結合形成のエネルギー源となるので，CoAに結合したアセチル基は容易に他の分子に移される．

補因子であるNAD$^+$やユビキノンが酸化還元反応において電子を受取るということについてはすでに述べた．この還元された補因子が他の化合物によって再酸化される反応も大きく負の自由エネルギー変化を伴うので，これらも一種のエネルギー通貨である．還元された補因子が他の化合物に電子を渡し，それが多くの細胞における最終的電子受容体であるO$_2$に渡されると，ATP合成に十分なほどの自由エネルギーが放出される．

自由エネルギー変化は，リン酸基の転移といった化学変化や電子移動などだけで起こるのではないことに注意してほしい．熱力学第一法則（§1・3）に述べられているようにエネルギーは多くの形をとりうる．このあと，細胞内でのATP合成には電気化学的濃度勾配のエネルギーが使われるということを述べる．それは，膜を隔ててある物質（この場合はプロトン）の濃度が大きく異なることにより生じるものである．この勾配を解消するとき（系が平衡に向かおうとするとき）の自由エネルギー変化がATP合成酵素の機械的エネルギーに変換される．光合成細胞において，炭水化物をつくるための化学反応は，光によって励起された分子が低いエネルギー状態に戻るときに起こる反応の自由エネルギー変化によって究極的には駆動される．

自由エネルギー変化が最大のところで調節が行われる

代謝経路を構成する一連の反応において，いくつかの反応のΔGの値はほぼ0である．そのようなほぼ平衡状態にある反応は，経路を動かす力となりえない．そこでは，反応物や生成物のわずかな濃度変化によって正方向に流れたり逆流したりする．代謝産物の濃度が変化したとき，ほぼ平衡になっている反応を触媒していた酵素は速やかに平衡に近い状態に戻そうとする．

自由エネルギーに大きな変化を生じる反応は平衡からかなりずれている．それらは前に進むように最も"駆り立てられる"反応である．しかし，そうした反応を触媒する酵素の働きは遅いので，すぐに平衡状態にはならない．多くの場合，それらの酵素はすでに基質によって飽和しているので，反応速度はそれ以上上がらない（$[\text{S}] \gg K_\text{M}$のとき$v \approx V_{\max}$，§7・2）．平衡からかなり離れているそれらの反応はダムのように働いて全経路の流れを制限する．

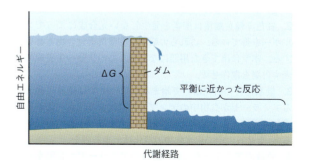

細胞は，自由エネルギー変化の大きい反応の速度を変えることによって，ある経路全体の流れを調節することができる．酵素の量を増やしたり，アロステリック調節

（図7・17参照）で酵素固有の活性を変えたりすることによって，それは行われる．より多くの代謝産物がダムを越えるや否や，平衡に近かった反応は流れに対応し，経路の中間体を次つぎにつくり，最終産物にする．ほとんどの代謝経路はダムのたとえのように調節点が一つということはない．細胞全体の代謝ネットワークのなかでその経路が効率よく働けるように，多くの場合，流れを調節する点を複数もっている．

ま と め

12・1 食物と燃料

- デンプン，タンパク質，およびトリアシルグリセロールのような食品中の重合体分子は分解されて単量体構成成分（グルコース，アミノ酸，および脂肪酸）になってから吸収される．それらは，組織固有のやり方で，重合体としてたくわえられる．
- 必要に応じ，グリコーゲン，脂肪，およびタンパク質から代謝燃料が供給される．

12・2 代謝経路

- 代謝経路という一連の反応が生体分子の分解と合成を行っている．同じ低分子中間体がいくつかの経路で使われている．
- アミノ酸，単糖，および脂肪酸の酸化過程で，電子はNAD^+やユビキノンといった電子伝達体に渡される．還元された補因子の再酸化が酸化的リン酸化によるATP合成を駆動する．

- 代謝経路は複雑なネットワークを形成しているが，すべての細胞あるいは生物がすべての代謝過程を実行しているわけではない．ヒトは，ビタミンや他の必須物質の供給を他の生物に依存している．

12・3 代謝反応における自由エネルギー変化

- ある反応の標準自由エネルギー変化は反応の平衡定数と関係しているが，実際の自由エネルギー変化は細胞内の反応物や生成物の濃度による．
- ATPのリン酸無水物結合が切断されると大きな自由エネルギーが放出されるので，ATPを含む過程と共役させると熱力学的に不利な反応も進行する．
- その他の細胞内エネルギー通貨としてリン酸化化合物，チオエステル，還元された補因子があげられる．
- 細胞は，平衡から大きく外れた反応段階で代謝経路を調節する．

問 題

12・1 食物と燃料

1. 次の生物は化学合成独立栄養生物，光独立栄養生物あるいは従属栄養生物のどれに属するか．
   (a) 水素と酸素を水に変換する水素細菌 *Hydrogenobacter*
   (b) 緑色植物シロイヌナズナ *Arabidopsis thaliana*
   (c) アンモニアを酸化して亜硝酸にする亜硝酸菌
   (d) 酵母 *Saccharomyces cerevisiae*
   (e) 線虫 *Caenorhabditis elegans*
   (f) 硫化水素を酸化するチオトリクス属細菌 *Thiotrix*
   (g) シアノバクテリア

2. 紅色非硫黄細菌は酸素を発生しない光合成によってエネルギーを得ている．これらの細菌は有機炭素化合物も必要とする．本章に出てきた用語にならい，この生物の栄養戦略を表す言葉を創作せよ．

3. 炭水化物の消化は口で始まる．口の中では唾液に含まれるアミラーゼが食物中のデンプンを消化する．食べ物が飲込まれて胃に入ると炭水化物の消化は止まる（小腸で再び始まる）．なぜ胃の中で炭水化物の消化は止まるのか．

4. 唾液のアミラーゼと似た膵液のアミラーゼが膵臓から小腸に分泌される．膵液アミラーゼの活性部位には5個のグルコース残基が入り込み，2番目と3番目の間のグリコシド結合が切断される．この酵素は枝分かれした部分と結合できない．

   (a) アミロースが消化されてできる主要な産物は何か．
   (b) アミロペクチンが消化されてできる産物は何か．

5. $\alpha(1\rightarrow6)$グリコシド結合を切断するイソマルターゼ（α-デキストリナーゼ）と$\alpha(1\rightarrow4)$グリコシド結合を切断するマルターゼ（α-グルコシダーゼ）によってデンプンの分解は完了する．なぜ，α-アミラーゼのほかにこれらの酵素が必要なのか．

6. 多糖や二糖の消化によってできた単糖は，特殊な輸送系によって小腸の内壁を覆っている細胞の中に入る．この輸送の自由エネルギーは何から供給されるのか．

7. 問題6で述べた単糖とは異なり，ソルビトール（問題11・28解答参照）のような糖アルコールは受動拡散によって吸収される．なぜか．受動拡散と受動輸送ではどちらが速く取込まれるか．

8. アルコール（エタノール）の性質についての知識を使い，胃や小腸でどのように吸収されるか説明せよ．食べ物が存在するとエタノールの吸収にどのような影響を与えるか．

9. 食物中の核酸は消化酵素によって加水分解される．分解産物はどのようなしくみで小腸細胞に入ると考えられるか．

10. タンパク質の加水分解は胃の壁細胞から分泌された塩酸によって触媒されて始まる．ペプチド結合が加水分解される反応の様子を書け．

11. 胃の低いpHはタンパク質の構造にどのような影響を与

12. 代謝と生体エネルギー論　　273

えて消化されやすいようにするのか.

12. セリンプロテアーゼ（§6・4参照）と同様に，ペプシンも細胞内では不活性性の前駆体としてつくられる. ペプシンは pH が約 2 である胃の中に分泌されると活性化される. ペプシノーゲンには "塩基性ペプチド" があり，pH 7 ではそれが活性部位をふさいでいる. pH が 2 になると，その塩基性ペプチドが活性部位から解離して分解されるので，酵素は活性型になる. ペプシンの活性部位にはどのようなアミノ酸残基があるのか. なぜ塩基性ペプチドは pH 7 で活性部位と強く結合し，pH が低くなると解離するのか.

13. 胃の中でのペプチド結合の切断は塩酸（問題 10 参照）と酵素ペプシンによって触媒される. 小腸でも，トリプシンとキモトリプシンという膵液中の酵素によって触媒されて，ペプチド結合の切断は続けられる. ペプシンが最もよく機能する pH はいくつか，いいかえると，どの pH でペプシンの V_{max} は最大になるのか. ペプシンの最適 pH はトリプシンやキモトリプシンのものと違うのか.

14. 胃の酸性環境下でボツリヌス毒素がどう生き延びるのかが最近わかった. この毒素は毒性のない第二のタンパク質と複合体をつくり，それが胃の中の酵素による消化から毒素を守っているのである. 小腸に入ると両タンパク質は解離し，ボツリヌス毒素が放出される. ボツリヌス毒素と毒性のないタンパク質の間の相互作用はどのようなもので，胃の中では複合体になりやすいが小腸ではそうならないのはなぜか.

15. 小腸内腔から小腸細胞への遊離アミノ酸の輸送には Na^+ が必要である. 小腸細胞へのアミノ酸輸送を図解せよ.

16. 下痢をしている患者に対する経口補水治療では，グルコースと電解質の混液が与えられる. 処方によってはアミノ酸を含むこともある. なぜ電解質が入れられるのか.

17. トリアシルグリセロールの消化は胃で始まる. 胃のリパーゼはグリセロールの 3 番目の炭素と脂肪酸の結合を加水分解する.

　(a) この反応の反応物と生成物の構造を書け.

　(b) 胃の中でトリアシルグリセロールをジアシルグリセロールと脂肪酸に変換すると脂質の乳化が促進される. すなわち，生成物は容易にミセルに取込まれる. 理由を述べよ.

18. 問題 17 で述べた反応で生じた脂肪酸の多くはミセルとなり，そのまま吸収される. しかし，脂肪酸のごく一部は遊離状態で輸送タンパク質の助けなしで小腸上皮細胞に取込まれる. 輸送タンパク質が必要ない理由を述べよ.

19. 小腸内壁を覆っている細胞は，コレステロールは吸収するがコレステロールエステルは吸収しない. コレステロールエステラーゼによりステアリン酸コレステロールからコレステロールができる反応を書け.

20. コレステロールの一部は，小腸内壁を覆っている細胞内でコレステロールエステルに戻される（問題 19 で述べた反応の逆反応）. コレステロールとコレステロールエステルは両方とも脂質とタンパク質からなるキロミクロン（chylomicron）とよばれる粒子に詰込まれる. コレステロールとコレステロールエステルの物理的性質に関する知識をも

とに，キロミクロン中で両者はどこに局在するかを答えよ.

21. (a) 親水性グリコーゲン分子と疎水性トリアシルグリセロールの会合体の物理的性質をよく考えて，重量当たりのエネルギー貯蔵に関しては脂肪のほうがグリコーゲンより効率がよいことの理由を述べよ.

　(b) 脂肪細胞がたくわえることができるグリコーゲン分子の大きさには限度があるが，トリアシルグリセロールの量には上限がない理由を説明せよ.

22. グリコーゲンは，多数の枝分かれの末端にグルコースをつけることにより急激に大きくすることができ，そうした末端から同時にグルコースを取除くことにより急激に小さくすることができる. これらの反応を触媒する酵素はグリコーゲンの還元末端に特異的か，それとも非還元末端に特異的か. 説明せよ.

23. グリコーゲンを加リン酸分解するとグルコース 1-リン酸が生じる. グルコース 1-リン酸は異性化されグルコース 6-リン酸になる. 次にリン酸基は加水分解反応により除去される. グルコースが細胞から出て血液に入るためになぜリン酸基の除去が必要なのか.

24. 膜で囲われたリソソーム内部で働く加水分解酵素の最適 pH はおよそ 5 である. この性質は，リソソーム酵素が細胞質に漏れ出してしまったときのための "保険" である. 理由を述べよ.

12・2　代 謝 経 路

25. 次の表に示した中間体はいくつかの経路の反応物あるいは生成物である. 関連する代謝経路に丸をつけよ.

	アセチル CoA	G3P[†]	ピルビン酸
解糖			
クエン酸回路			
脂肪酸代謝			
TG 合成[†]			
光合成			
アミノ基転移			

† G3P: グリセロール 3-リン酸, TG: トリアシルグリセロール.

26. 次に示す反応で，反応物は酸化されるのかそれとも還元されるのか.

　(a) 糖の異化経路の反応

　(b) 脂肪酸合成経路の反応

(c) 糖の異化経路の反応

$$\underset{\substack{\text{C}=\text{O}\\ |\\ \text{CH}_3}}{\overset{\substack{\text{O}\\ \|\\ \text{C}-\text{O}^-}}{}} \longrightarrow \underset{\substack{\text{H}-\text{C}-\text{OH}\\ |\\ \text{CH}_3}}{\overset{\substack{\text{O}\\ \|\\ \text{C}-\text{O}^-}}{}}$$

(d) 同化にかかわるペントースリン酸経路の反応

27. 問題 26 に示したそれぞれの反応で，補因子は NAD$^+$, NADP$^+$, NADH, あるいは NADPH のどれか.

28. 温室効果ガスであるメタンを減らせるかもしれない方法は硫酸還元菌を利用するものである.

(a) この生物によるメタン消費の化学反応式を完成させよ.

$$\text{CH}_4 + \text{SO}_4^{2-} \longrightarrow \underline{\quad} + \text{HS}^- + \text{H}_2\text{O}$$

この反応式中で酸化されるもの (b) と還元されるもの (c) はどれか.

29. ビタミン B$_{12}$ は胃腸内の細菌により合成され，肉，ミルク，卵，および魚といった動物由来の食品中にも存在する. ビタミン B$_{12}$ を含んだ食品を食べたとき，食品から放出されたビタミン B$_{12}$ はハプトコリン (haptocorrin) とよばれる唾液中のビタミン B$_{12}$ 結合タンパク質と結合する. ハプトコリン–ビタミン B$_{12}$ 複合体は胃を通過して小腸に至る. そこでビタミン B$_{12}$ はハプトコリンから解放され，内因子 (intrinsic factor: IF) と結合する. 内因子–ビタミン B$_{12}$ 複合体は，受容体依存性エンドサイトーシスによって小腸内壁を覆っている細胞に取込まれる. この情報をもとに，ビタミン B$_{12}$ 欠乏症を起こす危険性の高いヒトの特徴をあげよ.

30. ハートナップ病 (Hartnup disease) は，非極性アミノ酸の輸送欠陥に起因する遺伝病である.

(a) この病気の症状 (光過敏症や神経学的異常) は食事療法で防ぐことができる. どのような食事が効果的か.

(b) ハートナップ病の患者はしばしばペラグラのような症状を示す. なぜか.

31. ビタミン K 依存性カルボキシラーゼという酵素は，血液凝固タンパク質の特定のグルタミン酸残基を γ–カルボキシル化する反応を触媒する.

(a) γ–カルボキシグルタミン酸残基の構造を書け.

(b) この翻訳後修飾が，血液凝固に必要なこのタンパク質の Ca^{2+} 結合を助けるのはなぜか.

32. 生のニンジンからと調理したニンジンからとではどちらがビタミン A を吸収しやすいと思うか. 理由を述べよ.

33. 表 12·2 を参照して，次の反応に必要なビタミンを答えよ.

(a)

(b)

$$\underset{\substack{\text{C}=\text{O}\\ |\\ \text{CH}_3}}{\overset{\substack{\text{COO}^-}}{}} + \text{ATP} + \text{HCO}_3^- \longrightarrow \underset{\substack{\text{C}=\text{O}\\ |\\ \text{CH}_2\\ |\\ \text{COO}^-}}{\overset{\substack{\text{COO}^-}}{}} + \text{ADP} + \text{P}_i$$

(c)

$$\underset{\substack{\text{C}=\text{O}\\ |\\ \text{CH}_3}}{\overset{\substack{\text{COO}^-}}{}} + \underset{\substack{\text{CH}_2\\ |\\ \text{CH}_2\\ |\\ \text{COO}^-}}{\overset{\substack{^+\text{H}_3\text{N}-\text{CH}-\text{COO}^-}}{}} \longrightarrow {^+\text{H}_3\text{N}}-\underset{\substack{|\\ \text{CH}_3}}{\text{CH}} + \underset{\substack{\text{C}=\text{O}\\ |\\ \text{CH}_2\\ |\\ \text{COO}^-}}{\overset{\substack{\text{COO}^-}}{}}$$

(d)

$$\underset{\substack{\text{C}=\text{O}\\ |\\ \text{CH}_3}}{\overset{\substack{\text{COO}^-}}{}} + \text{CoA}-\text{SH} \longrightarrow \text{H}_3\text{C}-\overset{\substack{\text{O}\\ \|}}{\text{C}}-\text{S}-\text{CoA} + \text{CO}_2$$

34. 厳密にはナイアシンはビタミンではない. なぜか.

12·3 代謝反応における自由エネルギー変化

35. A $\rightleftharpoons$ B と C $\rightleftharpoons$ D という二つの反応がある. 反応 A $\rightleftharpoons$ B の K_{eq} は 10，反応 C $\rightleftharpoons$ D の K_{eq} は 0.1 である. 試験管 1 に 1 mM の A を入れ，試験管 2 に 1 mM の C を入れ，平衡になるまで放置した. 計算をせずに試験管 1 内の B の濃度が試験管 2 内の D の濃度より高いかあるいは低いかを答えよ.

36. 問題 35 の二つの反応の $\Delta G^{\circ\prime}$ の値を，温度が 37℃ として計算せよ.

37. E $\rightleftharpoons$ F という反応で $K_{eq} = 1$ であった.

(a) 計算をせずに，この反応の $\Delta G^{\circ\prime}$ の値について何がいえるか.

(b) 試験管に 1 mM の F を入れ，平衡になるまで放置した. E と F の最終濃度を求めよ.

38. 問題 37 の仮想的な反応において，試験管に 5 mM の E と 2 mM の F を入れたとき，反応はどの方向に進むか述べよ. E と F の最終濃度はいくつか.

39. 問題 35 の A $\rightleftharpoons$ B という反応で，A と B が 0.9 mM と 0.1 mM だったときの ΔG を計算せよ. この濃度のとき反応はどちらに進むか.

40. 問題 35 の C $\rightleftharpoons$ D という反応で，C と D が 0.9 mM と 0.1 mM だったときの ΔG を計算せよ. この濃度のとき反応はどちらに進むか.

41. (a) ある仮想反応の $\Delta G^{\circ\prime}$ が 10 kJ mol^{-1} だとする. この反応の K_{eq} と $\Delta G^{\circ\prime}$ が 2 倍大きい反応の K_{eq} を比較せよ.

(b) 仮想反応の $\Delta G^{\circ\prime}$ が -10 kJ mol^{-1} の場合に同様の比較をしてみよ.

42. 表 12·4 の標準自由エネルギー値を使って，グルコース 1–リン酸がグルコース 6–リン酸になる異性化反応の $\Delta G^{\circ\prime}$ を計算せよ.

(a) 標準状態で，この反応は自発的に進行するか.

(b) グルコース 6-リン酸の濃度が 5 mM でグルコース 1-リン酸の濃度が 0.1 mM のとき，この反応は自発的に進行するか．

43. [ATP] = 3 mM, [ADP] = 1 mM, [P$_i$] = 5 mM という細胞内の条件での ATP 加水分解の ΔG を計算せよ．

44. トリオースイソメラーゼが触媒する次の反応の標準自由エネルギー変化は 7.9 kJ mol^{-1} である．

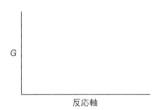

グリセルアルデヒド 3-リン酸　　ジヒドロキシアセトンリン酸

(a) この反応の平衡定数を計算せよ．
(b) グリセルアルデヒド 3-リン酸の濃度が 0.1 mM，ジヒドロキシアセトンリン酸の濃度が 0.5 mM のとき，37 °C での ΔG を計算せよ．
(c) その条件で反応は自発的に進行するか．それとも逆反応が自発的に進行するか．

45. 1 個のリンゴは 72 kcal のエネルギーを含んでいる．これは ATP 何モル分に相当するか．すなわち，ATP → ADP + P$_i$ という反応から出るエネルギーの何個分に相当するか．

46. 760 kcal のラージサイズのホットチョコレートに相当する ATP は何モルか（問題 45 参照）．

47. 次の反応の自由エネルギー変化を次のグラフに書け．
(a) グルコース + P$_i$ ⟶ グルコース 6-リン酸
(b) ATP + H$_2$O ⟶ ADP + P$_i$
(c) 前の二つが共役した反応（§ 12・3 参照）

```
    G |
      |
      |_____
       反応軸
```

48. いくつかの研究によると（すべてではない），クレアチンのサプリを飲むと 30 秒以下の激しい運動におけるパフォーマンスが向上するという．クレアチンのサプリは長時間の運動にも効果があると思うか．

49. pH 7，Mg^{2+} 存在下の標準状態で ATP 加水分解反応の ΔG は -30.5 kJ mol^{-1} である．
(a) pH が 7 より低い条件下でこの値はどうなるか．理由も述べよ．
(b) Mg^{2+} が存在しないとこの値はどうなるか．

50. グルコース 1-リン酸と UTP から UDP グルコースができる反応の $\Delta G°'$ はほぼ 0 である．しかし反応は UDP グルコース産生に向かう．この反応の駆動力は何か．

グルコース 1-リン酸 + UTP ⇌ UDP グルコース + PP$_i$

51. (a) グルコースを完全に酸化するとかなりのエネルギーが放出される．次の反応の $\Delta G°'$ は -2850 kJ mol^{-1} である．

C$_6$H$_{12}$O$_6$ + 6 O$_2$ ⟶ 6 CO$_2$ + 6 H$_2$O

効率が 33 % だと仮定して，標準状態で 1 モルのグルコースが酸化されたとき何モルの ATP が生じるか．
(b) 炭素数 16 の飽和脂肪酸であるパルミチン酸が酸化されたときに放出されるエネルギーは 9781 kJ mol^{-1} である．

C$_{16}$H$_{32}$O$_2$ + 23 O$_2$ ⟶ 16 CO$_2$ + 16 H$_2$O

効率が 33 % だと仮定して，標準状態で 1 モルのパルミチン酸が酸化されたとき何モルの ATP が生じるか．
(c) グルコースとパルミチン酸から，1 炭素当たり何個の ATP が生じるか計算せよ．この違いが生じる理由も述べよ．

52. 体重約 57 kg の成人女性は 1 日に 2200 kcal の食事を摂らねばならない．
(a) もしこのエネルギーが ATP 合成に使われるとしたら，標準状態で 1 日当たり何モルの ATP が生じるか計算せよ（効率は 33 % とする）．
(b) 1 日に合成される ATP のグラム数を計算せよ．ATP の分子量は 505 である．
(c) 体重約 57 kg の成人女性の体内には約 40 g の ATP が存在している．この事実と(b)での計算値の違いを説明するにはどう考えたらよいか．

53. 問題 52 で計算した量の ATP をつくるには何個のリンゴを食べなくてはいけないか．問題 45 の答を利用せよ．

54. 問題 52 で計算した量の ATP をつくるにはラージサイズのホットチョコレートを何杯飲まないといけないか．問題 46 の答を利用せよ．

55. 表 12・4 にあげられている化合物のうち ADP と P$_i$ から ATP を合成する反応と共役する反応に使えるものはどれか．

56. 表 12・4 にあげられている化合物のうち ATP を加水分解して ADP と P$_i$ にする反応と共役する反応に使えるものはどれか．

57. クエン酸回路において，クエン酸は異性化されイソクエン酸になる（14 章）．この反応はアコニターゼという酵素によって触媒される．反応の $\Delta G°'$ は 5 kJ mol^{-1} である．1 M のクエン酸と 1 M のイソクエン酸を 25 °C の酵素溶液に入れ，in vitro での反応速度を測定した．
(a) この反応の平衡定数 K_{eq} はいくつか．
(b) 平衡時の反応物と生成物の濃度を求めよ．
(c) 標準状態において反応はどちらに進むか．
(d) アコニターゼが触媒するこの反応は 8 段階ある回路全体の反応のうちの第 2 段階にあたり，図に示されている方向に反応は進む．この事実と(c)の答はどのようにしたら説明がつくか．

```
CH$_2$—COO$^-$                    CH$_2$—COO$^-$
|                                 |
HO—C—COO$^-$  ⇌ アコニターゼ ⇌  HC—COO$^-$
|                                 |
CH$_2$—COO$^-$                   HO—CH—COO$^-$
   クエン酸                       イソクエン酸
```

58. グルコース 6-リン酸をフルクトース 6-リン酸に変換させる反応の平衡定数は 0.41 である．この反応は可逆的で，ホスホグルコイソメラーゼ（グルコース 6-リン酸イソメラーゼ）によって触媒される．

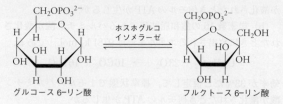

グルコース 6-リン酸　　　　　フルクトース 6-リン酸

(a) この反応の $\Delta G^{\circ\prime}$ はいくつか．標準状態でこの反応は上のとおりに進行するか．

(b) グルコース 6-リン酸濃度が 2.0 mM，フルクトース 6-リン酸濃度が 0.5 mM で 37 °C のときの ΔG はいくつか．こうした細胞内での条件で，この反応は上のとおりに進行するか．

59. グルタミン酸をグルタミンにする反応は熱力学的に不利である．細胞内でこの反応を進めるためには ATP の加水分解と共役させなければならない．それには二つの機構が考えられる．

機構 1

$$\text{グルタミン酸} + NH_3 \rightleftharpoons \text{グルタミン}$$
$$ATP + H_2O \rightleftharpoons ADP + P_i$$

機構 2

$$\text{グルタミン酸} + ATP \rightleftharpoons \gamma\text{-ホスホグルタミン酸} + ADP$$
$$\gamma\text{-ホスホグルタミン酸} + H_2O + NH_3 \rightleftharpoons \text{グルタミン} + P_i$$

両機構の全体としての反応を化学式で表せ．二つの機構のなかに可能性がより高いものがあるか，それとも両者はほぼ同等か．その理由も述べよ．

60. グルコースをリン酸化してグルコース 6-リン酸にする反応は解糖の最初の反応である（13章）．グルコースをリン酸によってリン酸化する反応は次のように表せる．

$$\text{グルコース} + P_i \rightleftharpoons \text{グルコース 6-リン酸} + H_2O$$
$$\Delta G^{\circ\prime} = +13.8 \text{ kJ mol}^{-1}$$

(a) 上の反応の平衡定数を計算して求めよ．

(b) ［グルコース］＝［P_i］＝ 5 mM という細胞内の条件で上記の反応が起こったとすると，平衡に達したときのグルコース 6-リン酸の濃度はどうなるか．上記の反応は解糖のためにグルコース 6-リン酸を供給する経路として妥当なものと考えられるか．

(c) ある反応の生成物を増す方法の一つは反応物の濃度を高めることである．そうすると質量作用比が減少するので〔(12・3)式参照〕，理論的には反応が右にいきやすくなる．細胞内のリン酸濃度が 5 mM だとして，通常の生理的グルコース 6-リン酸濃度である 250 μM にするためにはどのくらいのグルコース濃度にする必要があるか．グルコースが水に溶ける最大濃度が 1 M 以下であることを考慮したとき，グルコース 6-リン酸濃度を上げる方法としてこのやり方は妥当なものと考えられるか．

(d) グルコース 6-リン酸濃度を上げるもう一つの方法は，§12・3 で述べたようにグルコースのリン酸化を ATP の加水分解と共役させることである．ATP が加水分解されると同時にグルコースがグルコース 6-リン酸に変換される反応の K_{eq} を計算して求めよ．

(e) この ATP 依存的グルコースのリン酸化が起こった場合，ATP と ADP の濃度がそれぞれ 5.0 mM と 1.25 mM だとしたとき，細胞内グルコース 6-リン酸濃度を 250 μM にするためにはグルコース濃度は何 mM であるべきか．

(f) グルコースをリン酸化してグルコース 6-リン酸にする経路として，リン酸による直接的リン酸化と ATP 加水分解と共役したリン酸化のどちらが妥当か．理由も述べよ．

61. 解糖でフルクトース 6-リン酸はリン酸化されてフルクトース 1,6-ビスリン酸になる．リン酸によるフルクトース 6-リン酸のリン酸化は次式で表される．

$$\text{フルクトース 6-リン酸} + P_i \rightleftharpoons \text{フルクトース 1,6-ビスリン酸}$$
$$\Delta G^{\circ\prime} = 47.7 \text{ kJ mol}^{-1}$$

(a) 細胞内のリン酸濃度が 5 mM だとすると，平衡状態におけるフルクトース 1,6-ビスリン酸とフルクトース 6-リン酸の濃度比はいくつになるか．

(b) フルクトース 6-リン酸のリン酸化が ATP の加水分解と共役していると考える．

$$ATP + H_2O \rightleftharpoons ADP + P_i$$
$$\Delta G^{\circ\prime} = -30.5 \text{ kJ mol}^{-1}$$

フルクトース 6-リン酸のリン酸化が ATP の加水分解と共役するという新しい反応式を書け．この反応の $\Delta G^{\circ\prime}$ を計算して求めよ．

(c) 平衡状態で，［ATP］＝ 3 mM，［ADP］＝ 1 mM であるとき，(b) で書いた反応が起こるとするとフルクトース 6-リン酸に対するフルクトース 1,6-ビスリン酸の比はいくつか．

(d) 上記のことからわかったことを短い文章でまとめよ．

(e) ATP 加水分解とフルクトース 6-リン酸のリン酸化を共役させる機構として，全体としての反応は同じだが，二つのものが考えられる．

機構 1: フルクトース 6-リン酸がリン酸化されてフルクトース 1,6-ビスリン酸になるのと同時に ATP が加水分解される．

$$\text{フルクトース 6-リン酸} + P_i \rightleftharpoons \text{フルクトース 1,6-ビスリン酸}$$
$$ATP + H_2O \rightleftharpoons ADP + P_i$$

機構 2: ATP の γ-リン酸が直接フルクトース 6-リン酸に渡されフルクトース 1,6-ビスリン酸ができる．

$$\text{フルクトース 6-リン酸} + ATP + H_2O \rightleftharpoons$$
$$\text{フルクトース 1,6-ビスリン酸} + ADP$$

どちらの機構を生化学的に妥当なものと考えるか．その理由も述べよ．

12. 代謝と生体エネルギー論　　277

62. 解糖系において，グリセルアルデヒド 3−リン酸（GAP）は最終的に 3−ホスホグリセリン酸（3PG）に変えられる．

$$\begin{array}{ccc}
\text{H} & & \text{O} \\
| & & \| \\
\text{C}=\text{O} & & \text{C}-\text{O}^- \\
| & \rightleftharpoons & | \\
\text{H}-\text{C}-\text{OH} & & \text{H}-\text{C}-\text{OH} \\
| & & | \\
\text{CH}_2\text{OPO}_3{}^{2-} & & \text{CH}_2\text{OPO}_3{}^{2-} \\
\text{グリセルアルデヒド} & & \text{3−ホスホグリセリン酸} \\
\text{3−リン酸} & &
\end{array}$$

$$\begin{array}{c}
\text{O} \\
\| \\
\text{C}-\text{OPO}_3{}^{2-} \\
| \\
\text{H}-\text{C}-\text{OH} \\
| \\
\text{CH}_2\text{OPO}_3{}^{2-} \\
\text{1,3−ビスホスホグリセリン酸(1,3−BPG)}
\end{array}$$

二つの場合を考えよ．

1) GAP がリン酸化され，1,3−BPG になる（$\Delta G^{\circ\prime} = 6.7$ kJ mol^{-1}）．それが加水分解されて 3PG となる（$\Delta G^{\circ\prime} = -49.3$ kJ mol^{-1}）．

2) GAP がリン酸化され 1,3−BPG になる．それがリン酸を ADP に渡して ATP を生成する（$\Delta G^{\circ\prime} = -18.8$ kJ mol^{-1}）．

二つの場合の反応式を書け．どちらが細胞内で起こっていると思うか．その理由は何か．

63. 細胞内でパルミチン酸は CoA とチオエステル結合をつくることにより活性化される．パルミチン酸と CoA からパルミトイル CoA を合成する反応の $\Delta G^{\circ\prime}$ は 31.5 kJ mol^{-1} である．

$$\text{H}_3\text{C}-(\text{CH}_2)_{14}-\overset{\displaystyle\text{O}}{\overset{\displaystyle\|}{\text{C}}}-\text{O}^- + \text{CoA} \rightleftharpoons$$

$$\text{H}_3\text{C}-(\text{CH}_2)_{14}-\overset{\displaystyle\text{O}}{\overset{\displaystyle\|}{\text{C}}}-\text{S}-\text{CoA} + \text{H}_2\text{O}$$

(a) この反応が平衡に達したときの反応物に対する生成物の比はどうなるか．反応は起こりやすいか．理由も述べよ．

(b) パルミトイル CoA の合成が ATP の加水分解と共役していると考えよ．ATP の γ−リン酸が加水分解によって切り離される反応の標準自由エネルギー変化は表 12・4 に書かれている．パルミチン酸が ATP の加水分解と共役することにより活性化されるという新しい反応式を書け．この反応の $\Delta G^{\circ\prime}$ を計算して求めよ．この反応が平衡に達したときの反応物に対する生成物の比はいくつか．この反応は進行しやすいか．(a)での答とこの問いに対する答を比較してみよ．

(c) (a)で述べた反応が ATP が加水分解されて AMP になる反応と共役していると考えよ．ATP の β−リン酸を加水分解する反応の標準自由エネルギー変化は表 12・4 に書かれている．ATP が加水分解されて AMP ができる反応と共役したパルミチン酸の活性化を反応式で表せ．この反応の $\Delta G^{\circ\prime}$ を計算して求めよ．この反応が平衡に達したときの反応物に対する生成物の比はいくつか．この反応は熱力学的にみて進行しやすいものか．(b)での答とこの答とを比較してみよ．

(d) 二リン酸 PP$_i$ は表 12・4 に書いたように加水分解される．(c)で述べたパルミチン酸の活性化は二リン酸の加水分解とも共役している．この共役反応の反応式を書け．この反応の $\Delta G^{\circ\prime}$ を計算して求めよ．この反応が平衡になったときの反応物に対する生成物の比はいくつか．この反応は熱力学的にみて進行しやすいか．(b)や(c)での答とこの答とを比較してみよ．

64. ホスホジエステル結合が切れた（"ニック"が入った）DNA はリガーゼという酵素によって修復される．DNA 内に新たなホスホジエステル結合を形成するためには ATP のリン酸無水物結合の切断による自由エネルギーが必要である．このリガーゼによる反応で，ATP は加水分解されて AMP になる．

$$\text{ATP} + \text{ニックが入った結合} \underset{\overset{\displaystyle\rightleftharpoons}{}}{\overset{\text{リガーゼ}}{\rightleftharpoons}}$$
$$\text{AMP} + \text{PP}_i + \text{ホスホジエステル結合}$$

この反応の平衡定数を表す式を変形して，ある定数 C を以下のように定義することができる．

$$K_{\text{eq}} = \frac{[\text{ホスホジエステル結合}][\text{AMP}][\text{PP}_i]}{[\text{ニック}][\text{ATP}]}$$

$$\frac{[\text{ニック}]}{[\text{ホスホジエステル結合}]} = \frac{[\text{AMP}][\text{PP}_i]}{K_{\text{eq}}[\text{ATP}]}$$

$$C = \frac{[\text{PP}_i]}{K_{\text{eq}}[\text{ATP}]}$$

$$\frac{[\text{ニック}]}{[\text{ホスホジエステル結合}]} = C[\text{AMP}]$$

さまざまな AMP 濃度下でホスホジエステル結合に対するニックが入った結合の比が測定された．

(a) 次のデータをもとに[ニック]/[ホスホジエステル結合]と[AMP]の関係をグラフに表し，そこから C を求めよ．

[AMP] (mM)	[ニック]/[ホスホジエステル結合]	[AMP] (mM)	[ニック]/[ホスホジエステル結合]
10	4.0×10^{-5}	35	9.47×10^{-5}
15	4.3×10^{-5}	40	9.30×10^{-5}
20	5.47×10^{-5}	45	1.0×10^{-4}
25	6.67×10^{-5}	50	1.13×10^{-4}
30	8.67×10^{-5}		

(b) PP$_i$ と ATP の濃度はそれぞれ 1.0 mM と 14 μM に保たれているとして，この反応の K_{eq} を求めよ．

(c) この反応の $\Delta G^{\circ\prime}$ はいくつか．

(d) 次の反応の $\Delta G^{\circ\prime}$ はいくつか．

$$\text{ニックの入った結合} \rightleftharpoons \text{ホスホジエステル結合}$$

この実験での Mg^{2+} 濃度 10 mM において ATP が AMP と PP$_i$ に加水分解されるときの $\Delta G^{\circ\prime}$ は -48.5 kJ mol^{-1} である．

(e) 一般的リン酸エステルが加水分解されてリン酸とアルコールになるときの $\Delta G^{\circ\prime}$ は -13.8 kJ mol^{-1} である．DNA 中のホスホジエステル結合と一般的リン酸エステル結合の安定性を比較せよ．

参 考 文 献

Falkowski, P. G., Fenchel, T., and Delong, E. F., The microbial engines that drive Earth's biogeochemical cycles, *Science* **320**, 1034-1038 (2008). 代謝過程の多様性と相関性の解説.

Hanson, R. W., The role of ATP in metabolism, *Biochem. Ed.* **17**, 86-92 (1989). ATP がエネルギー貯蔵体ではなくエネルギー

運搬体であることのよい説明.

Wishart, D. S., Knox, C., Guo, A. C., *et al.*, HMDB: a knowledge-base for the human metabolome, *Nuc. Acids Res.* **37**, D603-D610 (2009). 約 7000 件のデータが集まっているヒトメタボロームデータベースの紹介. http://www.hmdb.ca/.

13 | グルコース代謝

酵母は糖をどのようにして他の物質に変換するのか

酵母は，数千年にわたって醸造と製パンに利用されてきた．比較的最近になるまで，気体（CO_2 ガス）と酔わせるもの（エタノール）を生み出す能力は，"生命力"をもつ生物に特有な性質と信じられてきた．しかし，1800年代中ごろに科学者によって，細胞抽出液から個々の酵素を単離する技術が開発され，グルコースは二酸化炭素やエタノールに変換され，他の物質は酵素が触媒する一連の化学反応の産物であることが明らかにされた．酵母のようなモデル生物を用いて研究を続けた近代の生化学者は，個々の化学的経路を詳しく解析することに努め，酵母からすべての生物がどのように必須の代謝活動を営むかについて多くのことを解明している．

復習事項

- 酵素は，酸塩基触媒作用，共有結合触媒作用，および金属イオン触媒作用によって化学反応を加速する（§6・2）．
- グルコースの重合体には，燃料貯蔵の多糖としてデンプンとグリコーゲン，そして構造成分の多糖としてセルロースがある（§11・2）．
- NAD^+ やユビキノンなどの補酵素は酸化される化合物から電子を受取る（§12・2）．
- 自由エネルギーが大きく負となる反応は，これと共役して別の不利な反応を進めることが可能である（§12・3）．
- ATP のリン酸無水物結合が切れると大きな自由エネルギー変化が起こる（§12・3）．
- 非平衡の反応は，しばしば代謝の調節点として作用する（§12・3）．

グルコースは大部分の細胞の代謝において中心的な役割を占めている．グルコースは代謝エネルギーの源（いくつかの生物では，それは唯一のエネルギー源）であり，他の生体分子の合成前駆体を供給する．グルコースは，植物ではデンプン，動物ではグリコーゲンといった重合体で貯蔵されることを思い出そう（§11・2）．これらの重合体の分解から，異化されてエネルギーを放出するグルコース単量体が供給される．現在，**解糖**（glycolysis）とよんでいる経路は 10 の段階からなり，6 個の炭素からなるグルコースを 3 個の炭素からなるピルビン酸に変換する．長年の研究から，その経路の 9 個の中間体とそれらの化学変換を行う酵素について非常に多くのことが解明されている．さらに，解糖は，他のすべての代謝経

路とともに，以下のような特徴を示すことが明らかにされた．

1. 経路の各段階は異なる酵素により触媒される．

2. ある反応において消費または生成される自由エネルギーは ATP や NADH のような分子に担われている．

3. 経路の速度は各酵素の活性を変えることにより調節しうる．

もし仮に，代謝経路が酵素によって触媒される多段階反応でなかったら，細胞は反応生成物の量や種類を調節しきれなかっただろうし，自由エネルギーの管理もできなかっただろう．たとえば，グルコースと酸素から二酸化炭素と水が生じる反応が，もしも 1 回の完全な燃焼で起こったとしたら，それは一度に約 2810 kJ mol^{-1} もの自由エネルギーの生成をひき起こすだろう．細胞では，グルコースの燃焼が多段階の過程からなるため，細胞はその自由エネルギーをより小さく便利な量で回収できる．

本章では，グルコースが含まれる主要な代謝経路を解説する．図 13・1 には，これらの経路が図 12・10 で概説した一般的な代謝経路とどのような関係があるかを示している．色をつけて強調した経路は，単糖であるグルコースと重合体であるグリコーゲンの相互変換，グルコースが炭素数 3 の中間体ピルビン酸へと分解される経路（解糖），より小さな分子からのグルコースの生成（**糖新生** gluconeogenesis），そしてグルコースが炭素数 5 の単糖リボースへと変換される経路である．すべての経路について，その中間体と関連する酵素のいくつかを紹

解糖は古くからの代謝経路だろう．解糖の経路は酸素分子を必要としないことから，光合成による大気中の酸素の増加より以前に発生したと考えられる．全体として，解糖は一連の10種の酵素による触媒反応からなり，そこでは炭素数6のグルコース1分子が分解して炭素数3のピルビン酸が2分子生じる．この異化経路の過程で，2分子のADPがリン酸化され（2分子のATPを生じ），2分子のNAD^+が還元される．この経路の正味の式は水分子と水素分子を無視すると，次のようになる．

グルコース $+ 2\,NAD^+ + 2\,ADP + 2\,P_i \longrightarrow$
$\qquad\qquad 2\,$ピルビン酸 $+ 2\,NADH + 2\,ATP$

解糖の10種の反応は，2段階に分けると考えやすい．第1段階（反応1～5）では，ヘキソースがリン酸化され二つに分かれる．第2段階（反応6～10）では，炭素数3の分子がピルビン酸になる（図13・2）．以下で解糖の各反応を述べるが，反応基質がどのようにして酵素の働きで反応生成物へと転換されるか（そして酵素の名称がその反応の目的をどのように反映しているか）に留意してほしい．また，各反応の自由エネルギー変化にも注意を向けてほしい．

解糖における反応1～5はエネルギー投資の段階

解糖の第1段階は，エネルギー生産のための第2段階を準備するものと考えることができる．実際，第1段階は二つのATP分子という形の自由エネルギーの投資を必要とする．

1. ヘキソキナーゼ

解糖の第1段階において，酵素ヘキソキナーゼ（hexokinase）はATPのリン酸基をC6ヒドロキシ基に転移してグルコース6-リン酸を生成する．キナーゼ（kinase）とはATP（もしくは他のヌクレオシド三リン酸）のリン酸基を別の基質に転移する酵素である．

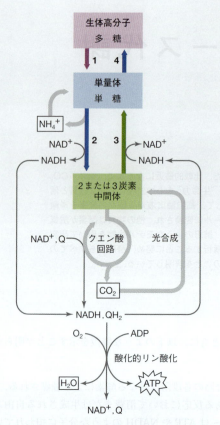

図13・1 グルコース代謝の前後関係．多糖のグリコーゲンはグルコースに分解され(1)，その後解糖(2)により異化されて3炭素の中間体ピルビン酸になる．糖新生(3)はより小さな前駆体からグルコースを合成する経路である．グルコースはその後再びグリコーゲンに取込まれうる(4)．グルコースからヌクレオチドの構成成分の一つであるリボースへの変換は，この図には示していない．

介する．さらに，自由エネルギーを生成あるいは消費する反応の熱力学についても考察し，これらの反応のいくつかがどのように調節されているかを解説する．

13・1 解 糖

重要概念

- 解糖は10段階からなり，1分子のグルコースが2分子のピルビン酸に変換される．
- 解糖の前半部分の反応は自由エネルギーを必要とするが，後半部分の反応では2分子のATPと2分子のNADHが産生される．
- 解糖の流量は，おもにホスホフルクトキナーゼの段階で調節される．
- ピルビン酸は乳酸，アセチルCoA，またはオキサロ酢酸に変換される．

13. グルコース代謝　281

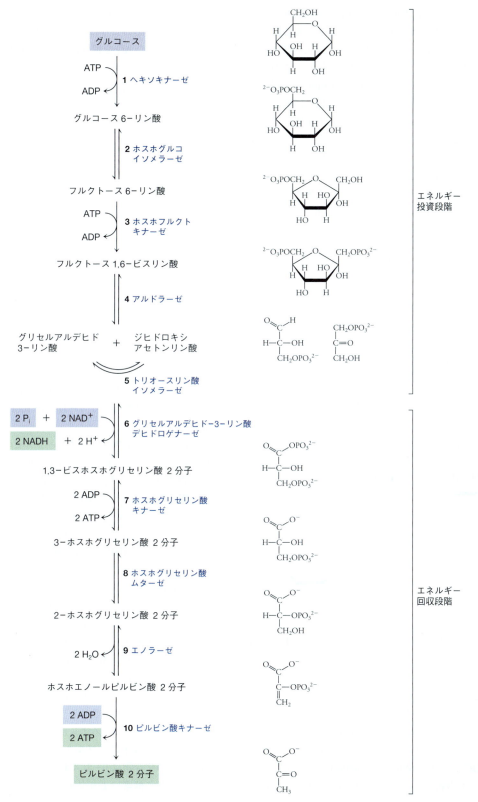

図 13・2　解糖の反応．経路の 10 段階に対応する基質，生成物および酵素を示している．色囲みは経路全体としての基質（青）と生成物（緑）を示している．

ヘキソキナーゼの活性部位がその基質を取囲み，その結果リン酸基が ATP から効率よくグルコースに転移されることを，§6・3から思い出してほしい．ATP の一つのリン酸無水物結合を切断する反応を伴ったこの反応の標準自由エネルギー変化は -16.7 kJ mol^{-1}（ΔG，その反応における実際の自由エネルギー変化は同様の値となる）である．この自由エネルギー変化の重要性が意味するところは，その反応が一方向にしか進まないということである．つまり，逆反応は，その標準自由エネルギー変化が $+16.7$ kJ mol^{-1} であるために，まず起こりえない．したがって，ヘキソキナーゼは**代謝的に不可逆な反応**（metabolically irreversible reaction）を触媒するといえ，グルコースが解糖から逃れるのを阻止する．多くの代謝経路には同様の不可逆的な過程が存在し，その部位は代謝産物が進んでいく経路の始まりの近くにある．

2. ホスホグルコイソメラーゼ

解糖の2番目の反応は異性化反応であり，そこではグルコース 6-リン酸がホスホグルコイソメラーゼ〔phosphoglucoisomerase，グルコース-6-リン酸イソメラーゼ（glucose-6-phosphate isomerase）ともいう〕によりフルクトース 6-リン酸に変換される．

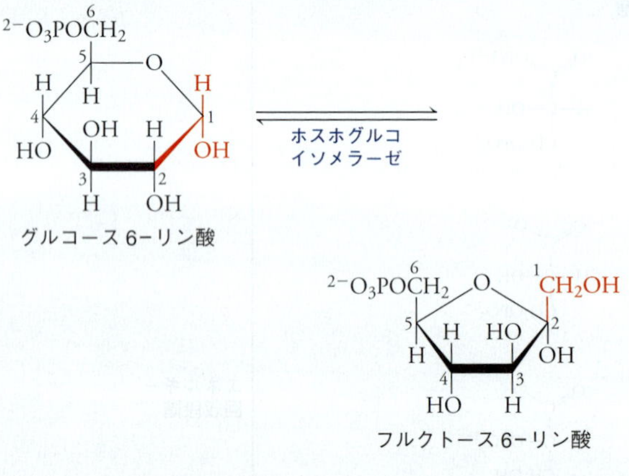

フルクトースは炭素数6のケトースで（§11・1），5員環を形成する．

ホスホグルコイソメラーゼ反応に対する標準自由エネルギー変化は $+2.2$ kJ mol^{-1} であるが，生体内における反応物の濃度では約 -1.4 kJ mol^{-1} という ΔG を生じる．ほとんど0に近い ΔG は，平衡で進む反応であることを示している（平衡状態においては $\Delta G=0$）．そのような**準平衡反応**（near-equilibrium reaction）は，反応物がわずかにでも過剰になると，質量作用の法則により逆反応が進むので，自由な可逆反応であると考えられる．ヘキソキナーゼ反応のように代謝的に不可逆の反応では，その反応の大きな ΔG を補うほど十分には反応生成物の濃度は上昇しない．

3. ホスホフルクトキナーゼ

解糖の3番目の反応では，2個目の ATP を消費してフルクトース 6-リン酸がリン酸化され，フルクトース 1,6-ビスリン酸を生じる．

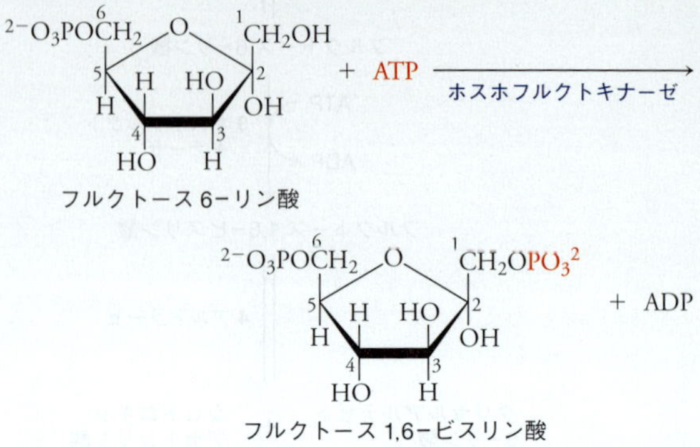

ホスホフルクトキナーゼ*（phosphofructokinase，略称 PFK）はヘキソキナーゼとほぼ同様の様式で働き，その触媒する反応は不可逆で，-17.2 kJ mol^{-1} という ΔG をもつ．

細胞において，ホスホフルクトキナーゼの活性は調節されている．すでに，細菌のホスホフルクトキナーゼ活性がどのようにアロステリック効果に応答するのかを解説してきた（§7・3）．ADP が酵素に結合してフルクトース 6-リン酸の結合を促進する構造変化をひき起こし，それが次に触媒反応を促進する．この機構が有用なのは，細胞内の ADP 濃度が解糖の生成物である ATP の要求性のよい指標になっているからである．解糖の段階9の生成物であるホスホエノールピルビン酸は，細菌のホスホフルクトキナーゼに結合し，フルクトース 6-リン酸に対する結合を不安定化する構造変化をもたらすことで触媒活性を低下させる．つまり，解糖が多量のホスホエノールピルビン酸と ATP を産生すると，ホスホエノールピルビン酸はフィードバック阻害剤として機能し，ホスホフルクトキナーゼが触媒する反応速度を減少させて解糖の代謝を低下させる（図13・3a）．

しかし，哺乳類におけるホスホフルクトキナーゼの最も強力な活性化因子は，フルクトース 2,6-ビスリン酸である．この化合物は 6-ホスホフルクト-2-キナーゼとして知られる酵素によりフルクトース 6-リン酸から

---

* 訳注: 単にホスホフルクトキナーゼというときは 6-ホスホフルクトキナーゼをいう．

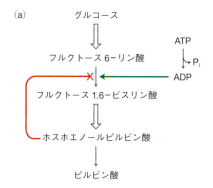

ある．それは解糖のなかで最も遅い反応であり，その反応速度は全体の経路を通じたグルコースの流量（flux, 流れる速さ）を決定する．一般的に，ホスホフルクトキナーゼ反応のような**律速反応**（rate-determining reaction）は，平衡反応とはほど遠いものである．つまりそれは大きな負の自由エネルギー変化を伴い，通常の代謝条件では不可逆反応である．その反応速度はアロステリック効果により変化しうるが，その基質や生成物の濃度変化には影響されない．つまり，それは一方向の弁のように作用する．これと対照的に，ホスホグルコイソメラーゼのような平衡に近い反応は，経路にとって律速反応としては機能しない．なぜなら，それは逆反応を起こすことで基質のわずかな変化に応答してしまうからである．

4．アルドラーゼ

4番目の反応は六炭糖であるフルクトース 1,6-ビスリン酸を 2 個の炭素数 3 の分子に変換するが，それぞれの分子は一つのリン酸基をもつ．

図 13・3 ホスホフルクトキナーゼの調節．(a) 細菌における調節．細胞のあらゆるところで消費される ATP から生じる ADP はホスホフルクトキナーゼの活性を促進する（緑）．解糖の最後の中間体であるホスホエノールピルビン酸は，ホスホフルクトキナーゼを阻害し（赤），それにより経路全体の速度を低下させる．(b) 哺乳類における調節．

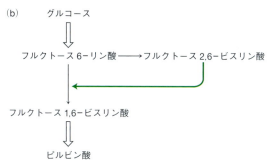

この反応はアルドール（アルデヒド-アルコール）縮合の逆なので，その反応を触媒する酵素はアルドラーゼ（aldolase）とよばれる．その反応機構を検討することは価値がある．哺乳類のアルドラーゼの活性部位は，二つの触媒的に重要なアミノ酸残基を含んでいる．それらは，基質とシッフ塩基（イミン）を形成するリシン残基および塩基触媒として働くイオン化したチロシン残基である（図 13・4）．

合成される（したがって，解糖の酵素はしばしば 6-ホスホフルクト-1-キナーゼとよばれる）．

6-ホスホフルクト-2-キナーゼの活性は，血糖値が高いときにホルモンにより調節される．結果として生じるフルクトース 2,6-ビスリン酸濃度の上昇は，ホスホフルクトキナーゼを活性化して解糖経路を通じたグルコースの流入を促進する（図 13・3b）．

ホスホフルクトキナーゼ反応は解糖の主要な調節点で

アルドラーゼに関する初期の研究では，触媒にはシステイン残基が関係していると考えられていた．なぜなら，システイン残基と反応するヨード酢酸もその酵素を不活化するからである．

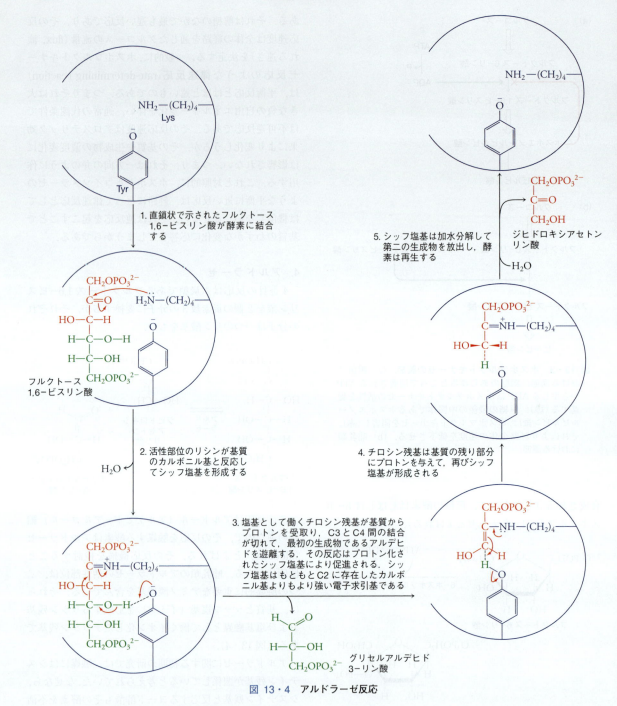

図 13・4 アルドラーゼ反応

研究者は，解糖の中間体を同定するためにヨード酢酸を用いた．つまり，ヨード酢酸の存在下では，次の段階が阻害されるためにフルクトース1,6-ビスリン酸が蓄積するのである．システイン残基のアセチル化は，活性部位の一部ではないが，おそらくアルドラーゼ活性に必要な構造変化を阻害するものと思われる．

アルドラーゼ反応の $\Delta G^{\circ\prime}$ は $+22.8 \text{ kJ mol}^{-1}$ であり，その反応が標準状態では不利であることを示している．しかし，生体内ではその反応は進行する（ΔG は実際には 0 以下である）．なぜなら，その生成物がその後の反応によりすぐなくなるからである．実質的には，グリセルアルデヒド3-リン酸とジヒドロキシアセトンリン酸

5. トリオースリン酸イソメラーゼ

アルドラーゼ反応の生成物は両方ともリン酸化された炭素数3の化合物である．しかし，それらのうち一方のみ，すなわちグリセルアルデヒド3-リン酸が残りの経路に進行していく．ジヒドロキシアセトンリン酸は，トリオースリン酸イソメラーゼ（triose phosphate isomerase）によってグリセルアルデヒド3-リン酸に変換される．

トリオースリン酸イソメラーゼは触媒として完璧な酵素の例として§7・2で紹介した．その触媒反応速度は基質がその活性部位に拡散する速度によってのみ制限を受ける．トリオースリン酸イソメラーゼの触媒機構には，障壁の低い水素結合（それはセリンプロテアーゼにおける遷移状態を安定化するのにも役立っている，§6・3参照）が関与しているかもしれない．さらに，トリオースリン酸イソメラーゼの触媒能は，活性部位を包み込むタンパク質のループに依存している（図13・5）．

トリオースリン酸イソメラーゼ反応の標準自由エネルギー変化は，生理的な条件でもわずかに正である（$\Delta G^{\circ\prime}$は+7.9 kJ mol^{-1}であり，ΔGは+4.4 kJ mol^{-1}である）．しかし，グリセルアルデヒド3-リン酸が次の反応で速やかに消費されるので，その反応は進行する．そのため，ジヒドロキシアセトンリン酸は常にグリセルアルデヒド3-リン酸に変換される．

解糖における反応6～10はエネルギー回収の段階

解糖のこれまでの反応で，2分子のATPを消費してきた．しかしこの投資は，解糖の後半で4分子のATPが産生された時点で，全体として2分子のATPが産生されたことになり，最終的には利益を得ている．解糖の後半のすべての反応は炭素数3の中間体が関与しているが，留意すべきは，解糖に入ったグルコース分子一つから炭素数3の分子が二つ産生されるということである．

いくつかの生物種においては，これまで述べた方法とは別の様式で，グルコースがグリセルアルデヒド3-リン酸に変換される．しかし解糖の後半部でグリセルアルデヒド3-リン酸がピルビン酸に変換される経路はすべての生物種で同一である．このことから，解糖の経路は"下部から上部へ"進化したのではないかという可能性が考えられる．すなわち，解糖は細胞がヘキソースのような大きな分子を合成する能力を獲得する以前に，非生物的に生産された低分子から自由エネルギーを得る経路として進化したというのである．

6. グリセルアルデヒド-3-リン酸デヒドロゲナーゼ

解糖の6番目の反応では，グリセルアルデヒド3-リン酸が酸化およびリン酸化される．反応1および3を触媒するキナーゼとは異なり，グリセルアルデヒド-3-リン酸デヒドロゲナーゼ（glyceraldehyde-3-phosphate dehydrogenase）はリン酸基の供与体としてATPを必要としない．すなわち，無機リン酸を基質に付け加えるのである．この反応は酸化還元反応でもあり，グリセルアルデヒド3-リン酸のホルミル基が酸化され，補

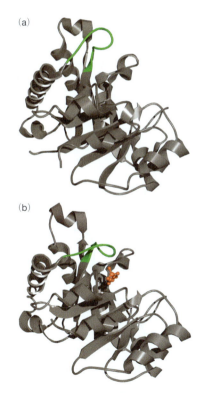

図13・5 酵母トリオースリン酸イソメラーゼの構造変化．(a) 166～176番目のアミノ酸からなる一つのループ構造を緑で示している．(b) 酵素に基質が結合すると，そのループは活性部位を覆うように閉じてその遷移状態を安定化する．このモデルでは，遷移状態類似体である2-ホスホグリコール酸（オレンジ）が活性部位を占めている．トリオースリン酸イソメラーゼは実際にはホモ二量体である．図にはサブユニット一つだけを示してある．[酵素のみの構造（pdb 1YPI）は T. Alber, E. Lolis, G. A. Petsko，基質類似体が結合した酵素の構造（pdb 2YPI）は E. Lolis, G. A. Petsko によって決定された．]

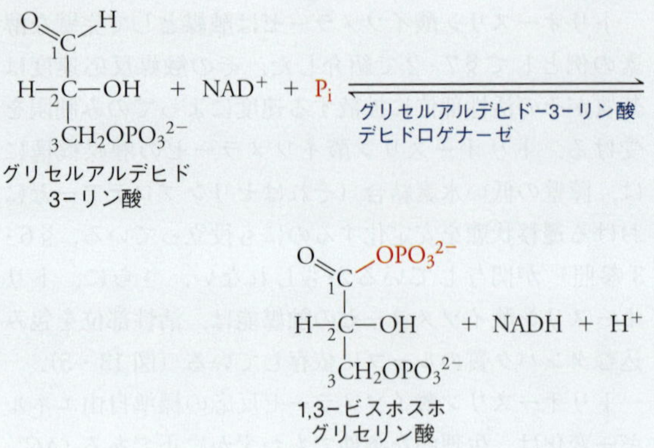

グリセルアルデヒド
3-リン酸

$$\text{グリセルアルデヒド 3-リン酸} + NAD^+ + P_i \xrightarrow{\text{グリセルアルデヒド-3-リン酸デヒドロゲナーゼ}}$$

1,3-ビスホスホ
グリセリン酸

因子 NAD^+ が還元されて NADH になる。要するに，グリセルアルデヒド-3-リン酸デヒドロゲナーゼは水素原子の除去を触媒するので，"デヒドロゲナーゼ" とよばれる。生成物である NADH は最終的には再び酸化されなければならず，さもなければ解糖が停止してしまうことに留意しよう。実際，"エネルギー通貨" の形態である NADH の再酸化は，ATP を生み出す（15章）。

グリセルアルデヒド-3-リン酸デヒドロゲナーゼ反応には，活性部位のシステイン残基が関与している（図

13・6）。この酵素は，活性部位への無機リン酸 $PO_4{}^{3-}$ の結合に競合するヒ酸イオン $AsO_4{}^{3-}$ により阻害される。

7. ホスホグリセリン酸キナーゼ

反応 6 の産物 1,3-ビスホスホグリセリン酸は，アシルリン酸の一種である。

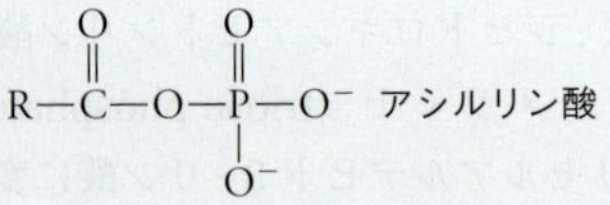

アシルリン酸

結果として生じるリン酸基の除去は，多大な自由エネルギーを生み出す。その理由のひとつはその生成物がより安定だからである（同じ原理が，ATP のリン酸無水物結合の解離反応における大きな負の ΔG に貢献している，§12・3参照）。1,3-ビスホスホグリセリン酸はそのリン酸基を ADP に与えるので，この反応で生じる自由エネルギーは ATP を産生するのに利用される。

ホスホグリセリン酸キナーゼ（phosphoglycerate kinase）は ATP と他の分子の間でリン酸基を転移するので，この反応を触媒する酵素はキナーゼとよばれることに留意しよう。

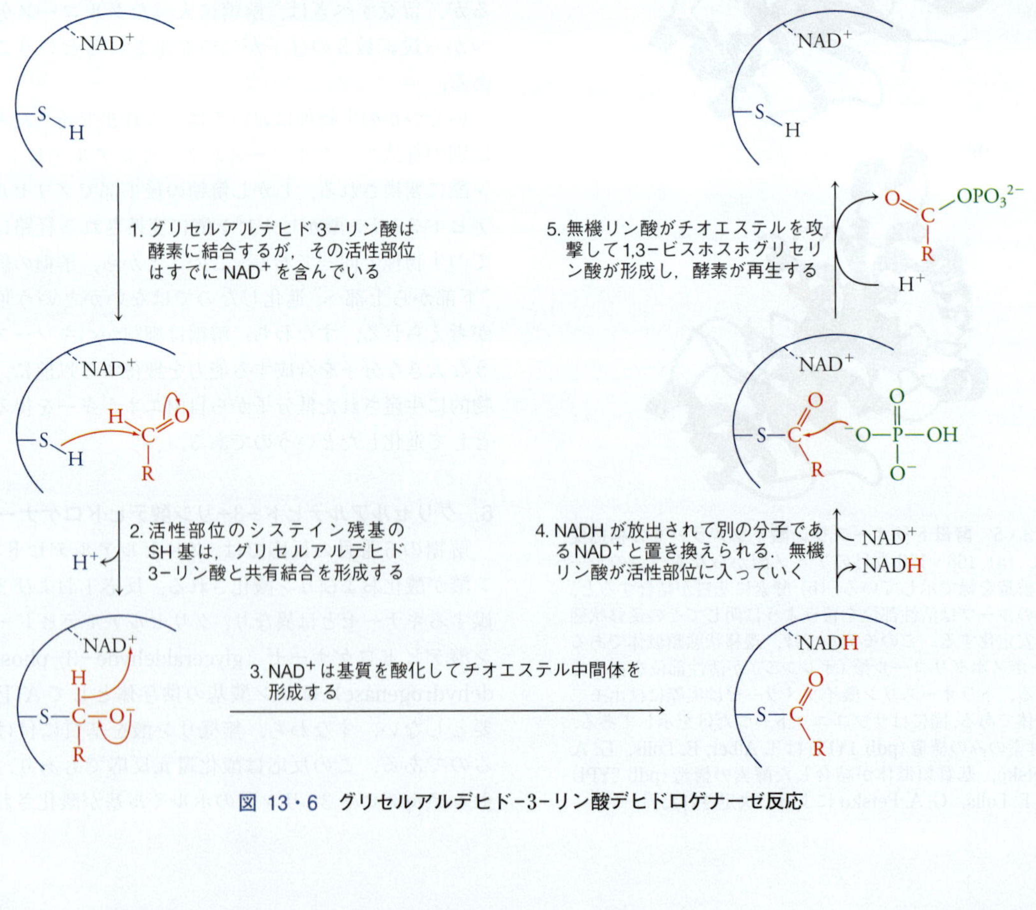

1. グリセルアルデヒド 3-リン酸は酵素に結合するが，その活性部位はすでに NAD^+ を含んでいる

2. 活性部位のシステイン残基の SH 基は，グリセルアルデヒド 3-リン酸と共有結合を形成する

3. NAD^+ は基質を酸化してチオエステル中間体を形成する

4. NADH が放出されて別の分子である NAD^+ と置き換えられる。無機リン酸が活性部位に入っていく

5. 無機リン酸がチオエステルを攻撃して 1,3-ビスホスホグリセリン酸が形成し，酵素が再生する

図 13・6 グリセルアルデヒド-3-リン酸デヒドロゲナーゼ反応

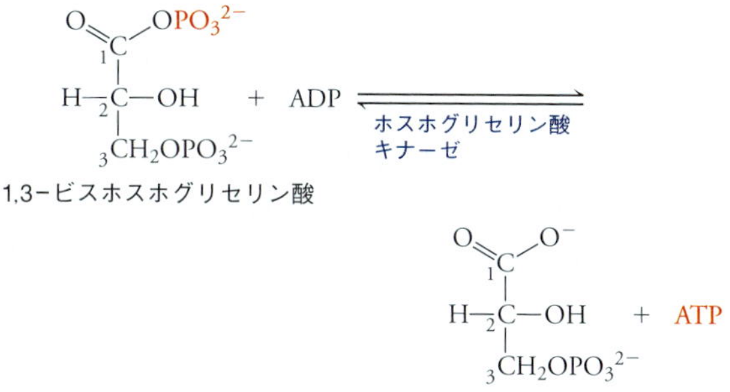

13. グルコース代謝

1,3-ビスホスホグリセリン酸

（structure: $CO\text{-}OPO_3^{2-}$ / $H\text{-}C\text{-}OH$ / $CH_2OPO_3^{2-}$）$+ \text{ADP}$ ⇌（ホスホグリセリン酸キナーゼ）

3-ホスホグリセリン酸

（structure: $CO\text{-}O^-$ / $H\text{-}C\text{-}OH$ / $CH_2OPO_3^{2-}$）$+ \text{ATP}$

ホスホグリセリン酸キナーゼ反応の標準自由エネルギー変化は $-18.8\ \mathrm{kJ\ mol^{-1}}$ である．この大きいエネルギーを放出する反応は，標準自由エネルギー変化が0より大きいグリセルアルデヒド-3-リン酸デヒドロゲナーゼ反応（$\Delta G^{\circ\prime} = +6.7\ \mathrm{kJ\ mol^{-1}}$）を正方向に進めるのに役立つ．この対となる反応は，熱力学的に有利な反応と不利な反応の組合わせの好例になっており，全体の自由エネルギーの減少は次のとおりである．

$$-18.8\ \mathrm{kJ\ mol^{-1}} + 6.7\ \mathrm{kJ\ mol^{-1}} = -12.1\ \mathrm{kJ\ mol^{-1}}$$

生理的条件では，対になった反応の ΔG は0に近くなる．

8. ホスホグリセリン酸ムターゼ

次の反応において，3-ホスホグリセリン酸はホスホグリセリン酸ムターゼ（phosphoglycerate mutase）により2-ホスホグリセリン酸に変換される．

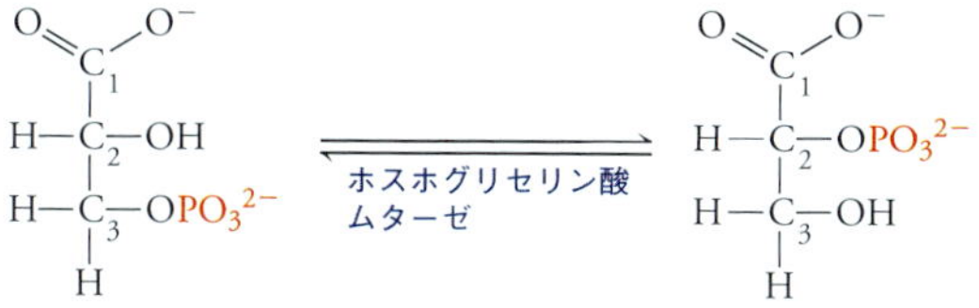

3-ホスホグリセリン酸 ⇌（ホスホグリセリン酸ムターゼ）**2-ホスホグリセリン酸**

その反応は単純な分子内のリン酸基の移動を伴っているようにみえるが，その反応機構は少し複雑であり，リン酸化された His 残基を含む酵素活性部位を必要とする．リン酸化 His 残基はそのリン酸基を3-ホスホグリセリ

ン酸に転移して2,3-ビスホスホグリセリン酸を生成し，その後リン酸基を酵素側に戻すことで2-ホスホグリセリン酸とリン酸化 His 残基が生じる．その反応機構（下に示す）から推察されるように，ホスホグリセリン酸ムターゼ反応は生体内において完全な可逆反応である．

9. エノラーゼ

エノラーゼ（enolase）は脱水反応を触媒し，水分子が除かれる．

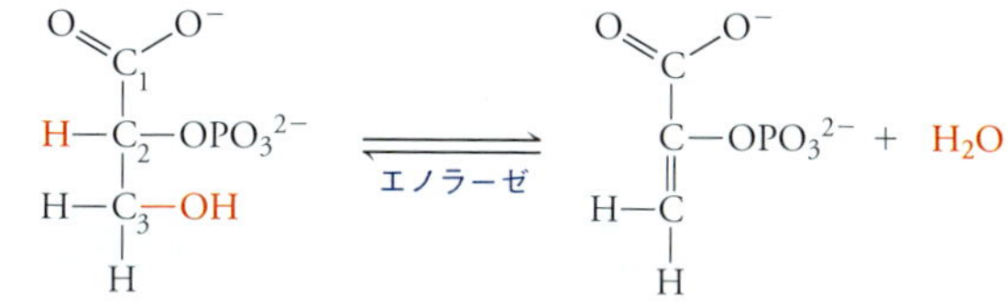

2-ホスホグリセリン酸 ⇌（エノラーゼ）**ホスホエノールピルビン酸** $+\ H_2O$

この酵素の活性部位は Mg^{2+} を含み，それは明らかに C3 位のヒドロキシ基と協力して，それをよりよい脱離基にしている．フッ化物イオンと無機リン酸の複合体は，Mg^{2+} と複合体を形成することによってその酵素を阻害する．フッ化物イオンによる解糖の阻害を証明している初期の研究においては，エノラーゼの基質である2-ホスホグリセリン酸が蓄積していた．ホスホグリセリン酸ムターゼはただちに過剰の2-ホスホグリセリン酸を3-ホスホグリセリン酸に戻すので，フッ化物イオン存在下では，3-ホスホグリセリン酸の濃度もまた増加したのである．

10. ピルビン酸キナーゼ

解糖の10番目の反応はピルビン酸キナーゼ（pyruvate kinase）により触媒されるが，この酵素はホスホエノー

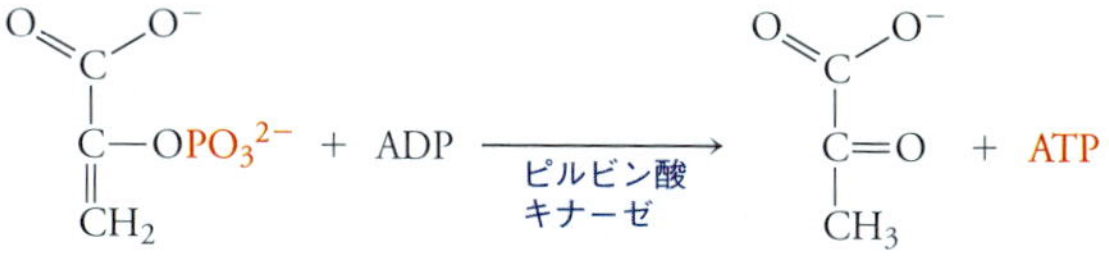

ホスホエノールピルビン酸 $+\ \text{ADP}$ →（ピルビン酸キナーゼ）**ピルビン酸** $+\ \text{ATP}$

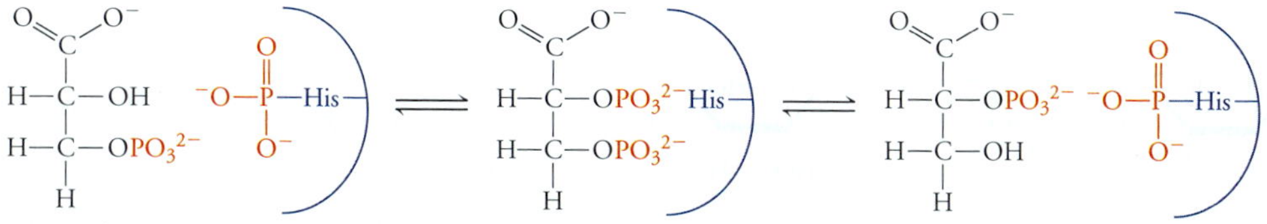

ホスホグリセリン酸ムターゼの反応機構

ルピルビン酸をピルビン酸に変換し，リン酸基を ADP に転移して ATP を産生する．この反応は実際には2段階からなる．まず初めに，ADP がホスホエノールピルビン酸のリン酸基を攻撃し，ATP とエノールピルビン酸を産生する．

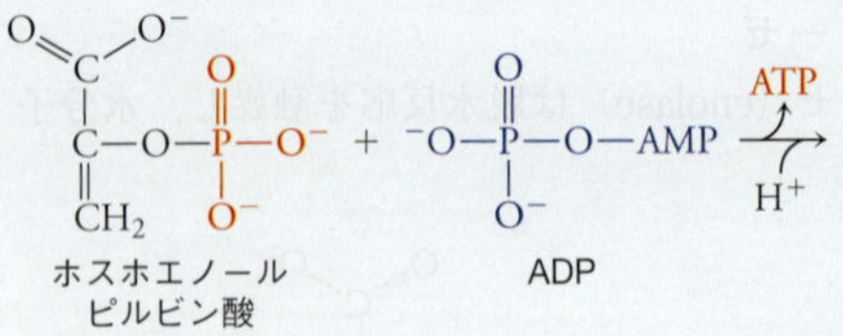

ホスホエノールピルビン酸のリン酸基の除去は，特別な発エルゴン反応ではない．その反応が加水分解反応（リン酸基が水分子に転移する）として表されるとき，その $\Delta G^{\circ\prime}$ は $-16\ kJ\ mol^{-1}$ である．この自由エネルギーは ADP と無機リン酸から ATP を生成（これには $+30.5\ kJ\ mol^{-1}$ が必要である）するには十分ではない．しかし，ピルビン酸キナーゼ反応の後半部は大きなエネルギーを放出する反応である．これはエノールピルビン酸のピルビン酸への**互変異性化**（tautomerization，水素原子の移動を介した異性化）である．この反応の $\Delta G^{\circ\prime}$ は $-46\ kJ\ mol^{-1}$ である．それゆえ，反応全体（ホ

ボックス 13・A　● 生化学ノート

他の糖の代謝について

代表的なヒトの食事には，グルコースやその重合体以外の炭水化物が多く含まれている．たとえば，グルコースとガラクトースからなる二糖のラクトース（lactose，乳糖ともよばれる）はミルクや乳製品に存在する（§11・2）．ラクトースは腸で酵素ラクターゼ（lactase）により切断され，二つの単糖は吸収後に肝臓に運ばれて代謝される．ガラクトースはリン酸化と異性化を受け，グルコース6-リン酸として解糖に入り，その結果グルコースの場合と同等のエネルギーを生み出す．

他の主要な二糖であるスクロース（sucrose，砂糖）は，グルコースとフルクトースからなる（§11・2）．スクロースは植物由来のさまざまな食物に見いだされる．ラクトースのように，スクロースは小腸で加水分解され，生成物であるグルコースとフルクトースは吸収される．単糖であるフルクトースもまた，多くの食物，特に果物やハチミツ中に多く存在する．それはスクロースよりも甘く，より水に溶けやすい．さらに低価格で高フルクトースのコーンシロップという形状で生産できるため，ソフトドリンクや他の加工食品の生産者にとっては魅力的なものになっている．このような理由で，米国におけるフルクトースの消費量が過去30年間で約61%も増加している．

フルクトースの過剰消費は，肥満の発症にかかわっている．ひとつの考えられる説明は，グルコースの異化とは少し違うフルクトースの異化から生じることかもしれない．つまり，フルクトースはおもに肝臓で代謝されるが，肝臓に存在するヘキソキナーゼの型（グルコキナーゼとよばれる）は，フルクトースに対する親和性が非常に低い．そのため，フルクトースはある異なった経路で解糖に入る．

まず初めに，フルクトースはリン酸化されてフルクトース1-リン酸を生じる．その後フルクトース-1-リン酸アルドラーゼが，下に示すように，炭素数6の分子を二つの炭素数3の分子であるグリセルアルデヒドとジヒドロキシアセトンリン酸に変換する．

ジヒドロキシアセトンリン酸はトリオースリン酸イソメラーゼによりグリセルアルデヒド3-リン酸に変換され，解糖の第2段階を介して進んでいく．グリセルアルデヒドはリン酸化されてグリセルアルデヒド3-リン酸になるが，それはまた，トリアシルグリセロール骨格の前駆体であるグリセロール3-リン酸にもなる．これは脂肪の増加に貢献しうる．フルクトース代謝経路の第二の問題は，フルクトース異化反応が解糖のホスホフルクトキナーゼによって触媒される段階を迂回するので，主要な調節点を逃してしまうことである．これによりエネルギー代謝が乱れ，フルクトース異化はグルコース異化よりも多量の脂質産生に結びつく．高フルクトース食をとると，代謝的にはそのカロリー（エネルギー）量を上回る影響を与えることになる．

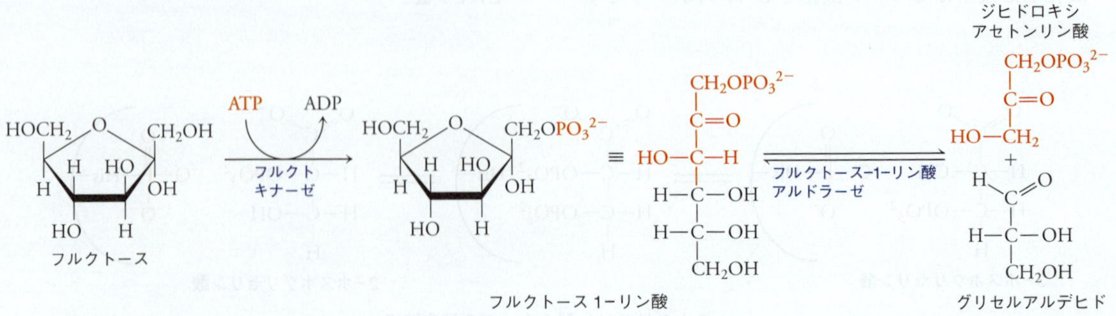

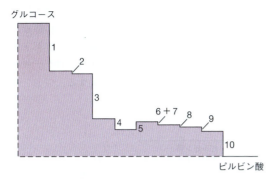

図 13・7 解糖における自由エネルギー変化の模式図. 三つの段階は, 大きな負の ΔG を示す. 残りの反応は準平衡反応である (ΔG はほぼ 0). 各段階の高さは心筋組織における ΔG に相当し, 番号は解糖の酵素に対応する. 組織により ΔG は若干変わることに留意してほしい. [データは E. A. Newsholme, C. Start, *Regulation in Metabolism*, p.97, Wiley (1973) による.]

スホエノールピルビン酸の加水分解に続く, エノールピルビン酸のピルビン酸への互変異性化) の $\Delta G^{\circ\prime}$ は $-61.9\ \mathrm{kJ\ mol^{-1}}$ である. これは ATP を合成するのに十分な自由エネルギーである.

解糖における 10 の反応のなかの三つ (ヘキソキナーゼ, ホスホフルクトキナーゼとピルビン酸キナーゼにより触媒される反応) の ΔG は大きな負の値をもつ. 平衡から離れたこれらの反応は, 理論的には解糖の流量調節点となりえる. 他の七つの反応は平衡近くで機能しており ($\Delta G = 0$), したがってどちらの方向にも調節可能である. 解糖における 10 の反応の自由エネルギー変化を図 13・7 に示す.

すでに, 解糖の主要な調節点であるホスホフルクトキナーゼ活性を制御する機構を紹介した. また, ヘキソキナーゼは不可逆的な反応を触媒し, その生成物であるグルコース 6-リン酸で抑制される. しかし, グルコースはヘキソキナーゼ反応を迂回してグルコース 6-リン酸として解糖に入ることが可能なので, ヘキソキナーゼは解糖の単なる調節点ではない. ピルビン酸キナーゼは不可逆反応を触媒し, 経路における潜在的な律速反応であるが, その反応が 10 段階からなる経路の最後に起こるので, 主要な調節段階になるほどではない. そうであっても, ピルビン酸キナーゼ活性は調節される. いくつかの生物においては, フルクトース 1,6-ビスリン酸がア

ロステリック部位に作用してピルビン酸キナーゼを活性化する. これは**フィードフォワード活性化**(feed-forward activation) の一例である. つまり, ひとたび単糖が解糖に入ると, フルクトース 1,6-ビスリン酸が経路のすばやい流れを確実にする手助けをしている.

解糖の後半部をまとめる. グリセルアルデヒド 3-リン酸がピルビン酸に変換されて 2 分子の ATP を生じる (反応 7 および 10 において). グルコース 1 分子から 2 分子のグリセルアルデヒド 3-リン酸が生じるので, 解糖の後半部の反応は 2 倍にしなければならず, 全部で ATP は 4 分子生成することになる. 解糖の前半部で 2 分子の ATP が消費されるので, 1 分子のグルコースから生じる ATP は 2 分子ということになる. さらに, 1 分子のグルコースから 2 分子の NADH が生じる. その他の単糖は同様の様式で代謝され, ATP を生じる (ボックス 13・A).

ピルビン酸は他の基質に変換される

グルコースの異化作用により生じたピルビン酸は, その後どうなるであろうか. これはさらにアセチル CoA に分解されたり, オキサロ酢酸のような他の化合物を合成するのに利用されたりする. ピルビン酸の運命は, 細胞の種類および代謝自由エネルギーや生体構成分子の必要性に依存する. 選択されるいくつかの経路を図 13・8 に示す.

運動している間, ピルビン酸は一過的に乳酸に変換

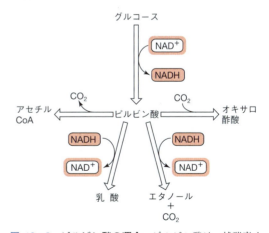

図 13・8 ピルビン酸の運命. ピルビン酸は, 補酵素 A が結合した炭素数 2 のアシル基に変換される. アセチル CoA はさらにクエン酸回路によって分解されるか, 脂肪酸の合成に利用される. 筋肉ではピルビン酸が乳酸に還元され, 解糖に向けて NAD$^+$ を再生産する. 酵母はピルビン酸を二酸化炭素とエタノールに分解する. ピルビン酸はまた, カルボキシル化されて炭素数 4 のオキサロ酢酸を生成する.

される．非常に活動的な筋肉細胞においては，解糖はすばやく ATP を供給して筋収縮に力を与える．しかし，その経路はグリセルアルデヒド-3-リン酸デヒドロゲナーゼの段階で，NAD^+ も消費する．1 分子のグルコースの異化反応から生じる 2 分子の NADH は，酸素存在下で再酸化される．しかし，この反応は非常に遅いため，解糖による急速な ATP 産生に必要な NAD^+ を補給することができない．NAD^+ を再合成するために，乳酸デヒドロゲナーゼ（lactate dehydrogenase）がピルビン酸を還元して乳酸（lactate）を生成する．

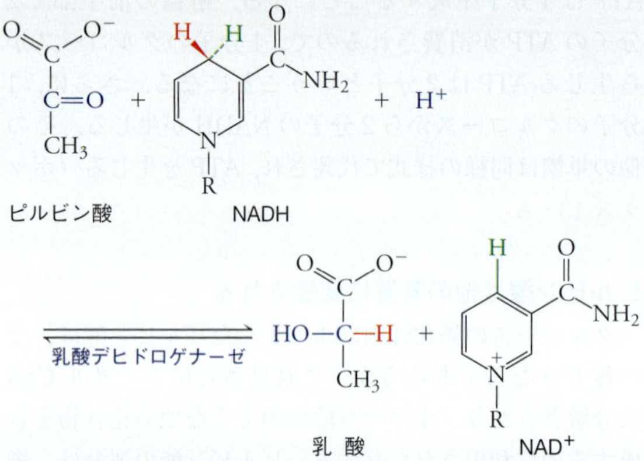

この反応はしばしば解糖の 11 番目の反応とよばれ，筋肉が無酸素的に数分程度活動できるようにしている（ボックス 12・C 参照）．嫌気的なグルコースの異化作用の全体の反応式は，次のとおりである．

$$\text{グルコース} + 2\,\text{ADP} + 2\,\text{P}_i \longrightarrow 2\,\text{乳酸} + 2\,\text{ATP}$$

乳酸は，いわば代謝の行き止まりを示している．その後の選択肢としては，再びピルビン酸に変換されるか（乳酸デヒドロゲナーゼ反応は可逆的である），細胞から排出されるかである．肝臓は乳酸を取込み，それを酸化してピルビン酸を生成し，糖新生で利用できるようにしている．このようにしてつくられたグルコースは再び筋肉に戻って，持続的な筋肉の収縮に役立っているかもしれない．筋肉が好気的に機能しているときは，グリセルアルデヒド-3-リン酸デヒドロゲナーゼの反応によってつくられた NADH が酸素により再酸化されるので，乳酸デヒドロゲナーゼ反応は必要とされない．

酵母のように嫌気的な環境で生育する生物は，ピルビン酸をアルコールに変換することで処理する．1800 年代中ごろに，この過程はパスツール（Louis Pasteur）により発酵（fermentation）とよばれ，無酸素状態での生命現象を意味しているが，酵母は酸素の存在下に糖を発酵させる．また，本章の初めに提示した問題への解答として，酵母は糖を解糖によってピルビン酸に変換した

あとで 2 段階の発酵を行っている．第一に，ピルビン酸デカルボキシラーゼ（動物には発現していない酵素）がピルビン酸のカルボキシ基の除去を触媒してアセトアルデヒドを産生する．次にアルコールデヒドロゲナーゼがアセトアルデヒドをエタノールに還元する．

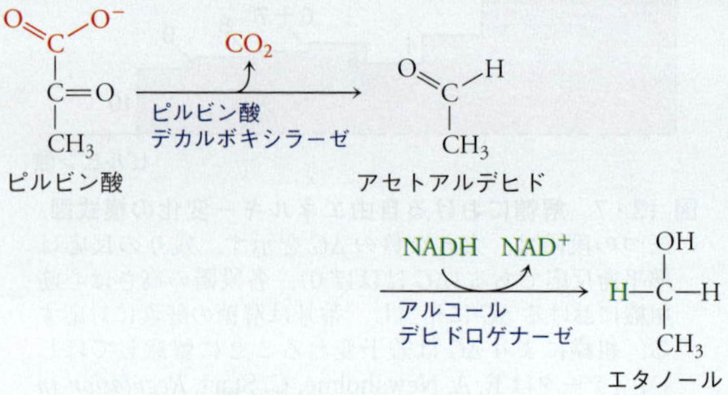

エタノールは糖代謝の老廃物だと考えられる．エタノールの蓄積は，それを産生する酵母を含めて他の生物にとって有害である（ボックス 13・B）．したがって，ワインなどの酵母醸造による飲料のアルコール濃度は約 13 % にとどまっている．"強い"お酒は，アルコール濃度を上げるために蒸留しなければならない．

解糖は酸化的な経路であるが，その最終産物であるピルビン酸は依然として相対的には還元された分子である．ピルビン酸のさらなる異化は脱炭酸によって始まり，補酵素 A が結合した炭素数 2 のアシル基（アセチル CoA）を生成する．

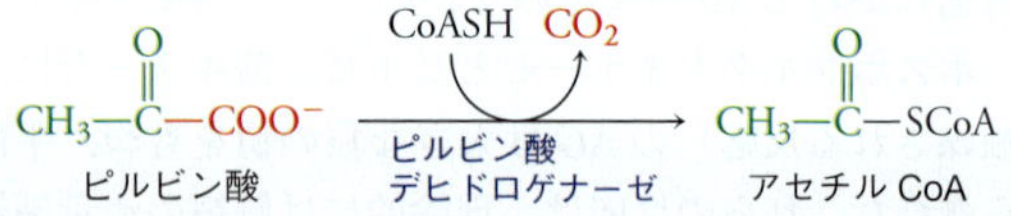

生成したアセチル CoA はクエン酸回路（14 章）の基質となる．グルコースの 6 炭素が CO_2 へと完全に酸化されると，グルコースが乳酸に変換される場合（表 13・1）に比べて，大きなエネルギーの放出が可能となる．このエネルギーの多くは，酸素分子を要求するクエン酸回路と酸化的リン酸化（15 章）における ATP の産生によって回収される．

ピルビン酸はいつも異化に向かうとは限らない．代謝前駆体としてのピルビン酸の炭素原子は，肝臓における

表 13・1 グルコース異化における標準自由エネルギー変化

異化経路	$\Delta G^{\sim}$ (kJ mol^{-1})
$\underset{\text{（グルコース）}}{C_6H_{12}O_6} \longrightarrow \underset{\text{（乳酸）}}{2\,C_3H_5O_3^-} + 2\,H^+$	196
$\underset{\text{（グルコース）}}{C_6H_{12}O_6} + 6\,O_2 \longrightarrow 6\,CO_2 + 6\,H_2O$	−2850

13. グルコース代謝

グルコース（次節で述べる）に加えて，さまざまな分子を合成するのに好都合な材料である．脂肪酸，トリアシルグリセロール骨格の前駆体，そして多くの膜脂質は，ピルビン酸から生じるアセチル CoA の炭素数2の単位から合成される．この反応は過剰の炭水化物から脂肪を生成する．

ピルビン酸はいくつかのアミノ酸合成の中間体である炭素数4のオキサロ酢酸の前駆体でもある．オキサロ酢酸はピルビン酸カルボキシラーゼ（pyruvate carboxylase）の働きにより合成され，クエン酸回路の

中間体のひとつでもある．

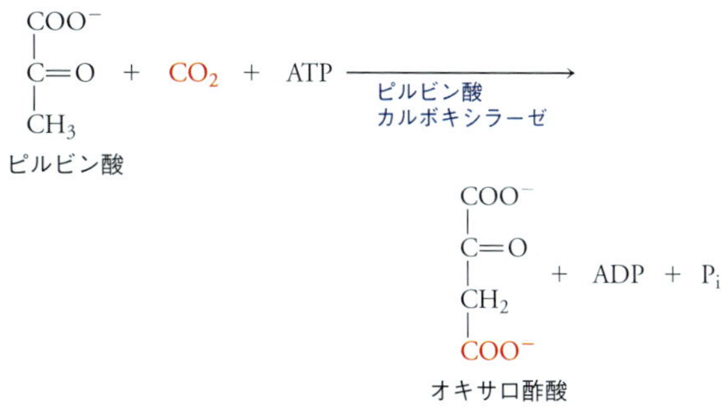

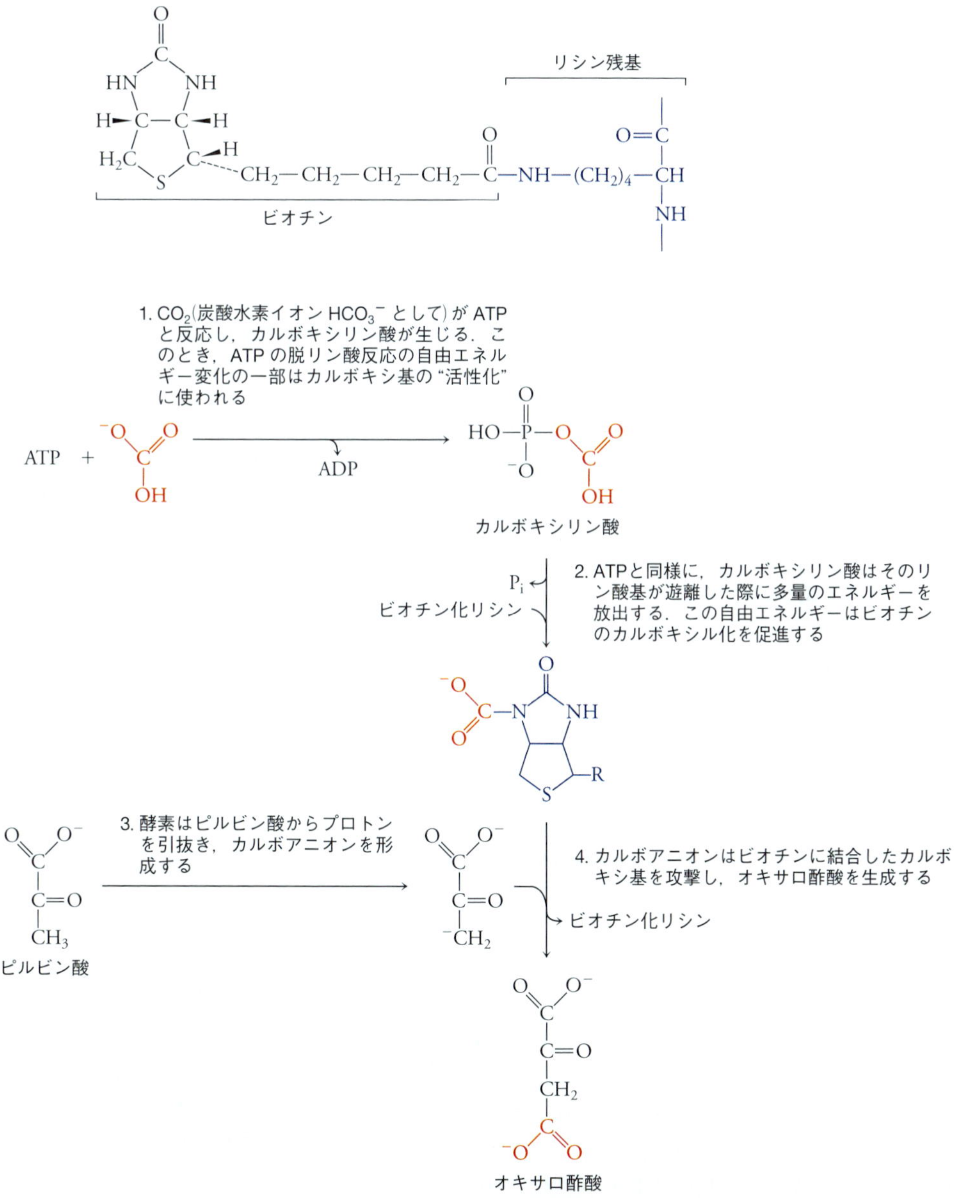

$$\text{ピルビン酸} + CO_2 + ATP \xrightarrow{\text{ピルビン酸カルボキシラーゼ}} \text{オキサロ酢酸} + ADP + P_i$$

図 13・9 ピルビン酸カルボキシラーゼ反応

1. CO_2(炭酸水素イオン HCO_3^- として)が ATP と反応し，カルボキシリン酸が生じる．このとき，ATP の脱リン酸反応の自由エネルギー変化の一部はカルボキシ基の "活性化" に使われる

2. ATPと同様に，カルボキシリン酸はそのリン酸基が遊離した際に多量のエネルギーを放出する．この自由エネルギーはビオチンのカルボキシル化を促進する

3. 酵素はピルビン酸からプロトンを引抜き，カルボアニオンを形成する

4. カルボアニオンはビオチンに結合したカルボキシ基を攻撃し，オキサロ酢酸を生成する

ボックス 13・B 臨床との接点

アルコール代謝

エタノールは多くの食物に本来含まれており，腸内細菌によって少しは生産されるが，酵母とは異なり，哺乳類はエタノールを生成しない．小さな弱い極性物質であるエタノールは，消化管から容易に吸収されて血流を介して輸送されるが，肝臓はエタノールを代謝する能力を備えている．第一には，アルコールデヒドロゲナーゼがエタノールをアセトアルデヒドに変換する．この過程は，酵母がエタノールを生成する反応の逆向きである．第二の反応で，アセトアルデヒドから酢酸に変換される．

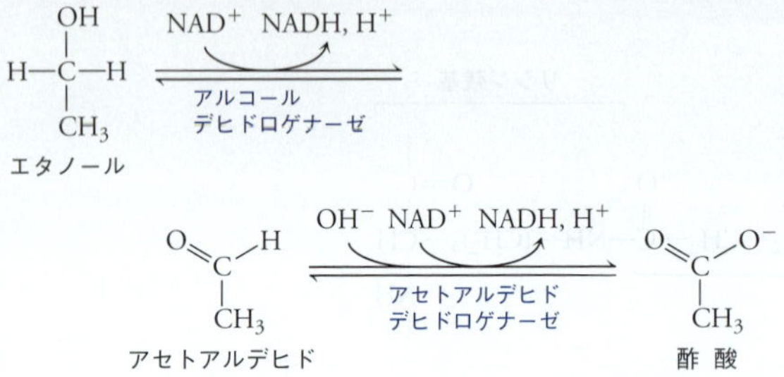

これらの反応はともに，解糖を含む多くの細胞内酸化経路で利用される補因子の NAD^+ が必要なことに留意しよう．肝臓は，アルコール飲料から得た過剰なエタノールの代謝に，二つの酵素からなる同じ経路を利用している．エタノールそれ自身は多少有害であり，アルコールの生理的効果は，肝臓や脳といった組織でのアセトアルデヒドと酢酸の毒性を反映している．

低用量で短時間を超えたアルコールは，くつろぎをもたらし，しばしば活気のある行動と多弁に導く．これらの応答のいくつかは，有意な量のエタノールが吸収される以前に，しばしば現れるので，心理的な（化学的な効果というよりは社会的な合図による）ものであろう．体内でエタノールがひとたび血管拡張をもたらすと，顔を紅潮（増大した血流量によって皮膚が暖まって赤く）させる．同時に，心

拍数と呼吸数は少し低下する．エタノールは視床下部（脳のある部分）が浸透圧を適正に感知する能力を阻害して，腎臓は水の排泄を増大させる．

エタノールは中枢神経作用をもつために，向精神薬と考えられる．エタノールは，ある神経伝達物質の受容体によるシグナル伝達を促進するが，この受容体はリガンド開口性イオンチャネル（§9・2）として機能し，神経シグナル伝達を抑制して鎮静作用をもたらしている．エタノールによって感覚，運動，そして認識機能が阻害され，反応時間の遅延と平衡感覚の消失に至る．血中アルコール濃度が0.05% 以下の低用量でも，エタノール中毒のいくつかの症状は体験できる．血中アルコール濃度が 0.25% を超える高用量では，意識喪失，昏睡状態や死に至る．しかし，エタノールに対する応答は著しく個人差が大きい．

節度あるエタノール摂取による快適な応答の大部分は，エタノール代謝産物の濃度がある程度高いときには，回復するまで続く．二日酔いの不快な症状の一部は，代謝産物のアセトアルデヒドと酢酸の化学的性質による．左に示すように，肝臓での代謝は NAD^+ を消費して，細胞内の $[NAD^+]/[NADH]$ 比を低下させる．NAD^+ が十分に存在しないと，解糖系によって ATP を産生する肝臓の能力が減少する（なぜなら，NAD^+ はグリセルアルデヒド-3-リン酸デヒドロゲナーゼ反応に必要である）．アセトアルデヒドそれ自身は肝臓のタンパク質と反応し，それらを不活性化する．酢酸の産生は血液の pH を低下させる．

長期間に渡る過度のアルコール摂取は，エタノールとその代謝産物の毒性効果を悪化させる．たとえば，肝臓の NAD^+ 欠乏は脂肪酸の分解を弱め（解糖のように NAD^+ を要求する），脂肪酸の合成を促進して肝臓に脂肪を蓄積させる．時間とともに，細胞死が中枢神経系の永続的な機能消失をもたらす．肝細胞の死とそれに代わる繊維状瘢痕組織は，肝硬変をひき起こす．

ピルビン酸カルボキシラーゼはその独特の化学反応ゆえ興味深い．その酵素は補欠分子核としてビオチンをもっており，それが CO_2 の運搬体として働く．ビオチンはビタミンの一種と考えられるが，多くの食物に含まれること，また腸内細菌で合成されることから，その欠乏はまれである．ビオチン基は酵素のリシン残基に共有結合している（前ページ図）．リシン側鎖とそれに結合したビオチン基は，14 Å 長の柔軟なアーム形状で，酵素がもつ二つの活性部位の間を揺れ動く．第一の活性部位で CO_2 分子がまず ATP との反応により"活性化"されると，ビオチンに転移する．第二の活性部位は，ピルビン酸に

カルボキシ基を付加してオキサロ酢酸を生成する（図13・9）．

13・2 糖 新 生

重要概念

- ピルビン酸は，解糖の酵素の逆向き作用と解糖の不可逆段階を迂回する酵素によって，グルコースに変換される．
- 糖新生の流量はおもにフルクトース 2,6-ビスリン酸によって調節される．

すでに，肝臓が糖新生により炭水化物でない前駆体か

らグルコースを合成する能力があることを述べた．糖新生は，腎臓や膵臓でもある程度起こるが，肝臓からのグリコーゲンの供給が尽きた際に発動する．中枢神経系や赤血球などの組織は，代謝の主燃料としてグルコースを用いており，自身ではグルコースを産生できない．したがって，これらの組織は肝臓に依存しており，新しく合成されたグルコースを供給してもらう必要がある．

糖新生は解糖の逆向き経路と考えられる．つまり，2分子のピルビン酸をグルコースに変換するわけである．糖新生のいくつかの段階は解糖の酵素が逆に働いて触媒するが，この経路にはいくつかの特有な酵素も存在し，それらは解糖の三つの不可逆反応を迂回する．それらの段階とは，ピルビン酸キナーゼ，ホスホフルクトキナーゼ，ヘキソキナーゼにより触媒される反応である（図13・

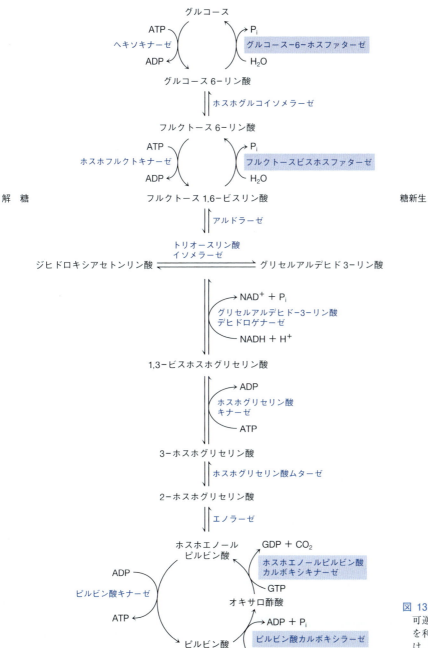

図 13・10 糖新生の反応．この経路は可逆反応を触媒する七つの解糖の酵素を利用する．解糖の三つの不可逆反応は，糖新生では青で示した四つの酵素により迂回される．

10). この原則は逆方向の代謝経路のすべてにおいてあてはまる. すなわち, これら二つの経路では, いくつかの準平衡にある反応を触媒する酵素は共有できるが, 熱力学的に不可逆な反応を触媒する酵素は共有できない. 解糖の三つの不可逆反応は, 各反応の自由エネルギー変化を示す図 (図13・7参照) で明らかにみてとれる.

四つの糖新生の酵素といくつかの解糖の酵素がピルビン酸をグルコースに変換する

ピルビン酸は直接ホスホエノールピルビン酸には戻せない. なぜなら, ピルビン酸キナーゼは不可逆反応を触媒するからである (解糖の反応10). この熱力学的な障害を乗り越えるために, ピルビン酸はピルビン酸カルボキシラーゼによりカルボキシル化され, 炭素数4のオキサロ酢酸となる (図13・9に示したものと同じ反応). 次に, ホスホエノールピルビン酸カルボキシキナーゼ (phosphoenolpyruvate carboxykinase) によりオキサロ酢酸が脱炭酸され, ホスホエノールピルビン酸が生じる.

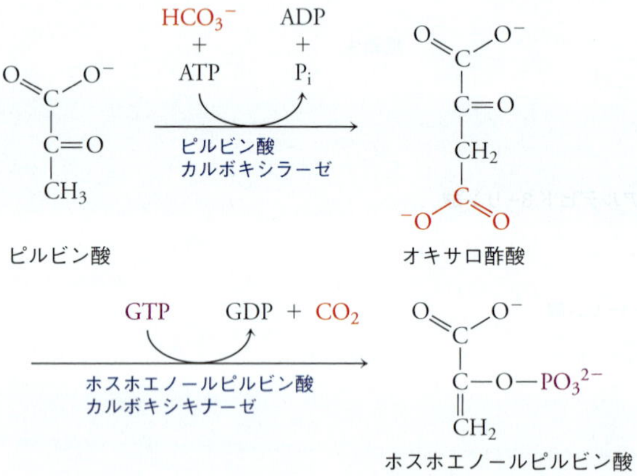

最初の反応で付加されたカルボキシ基が, 第二の反応で解離することに留意しよう. 二つの反応はエネルギー的に高くつく. つまり, ピルビン酸カルボキシラーゼはATPを消費し, ホスホエノールピルビン酸カルボキシキナーゼはGTP (この分子はエネルギー的にATPと等価であり交換可能である) を消費する. 二つのリン酸結合の切断は, 大きなエネルギーを放出するピルビン酸キナーゼ反応と "反対方向" の反応を起こさせるのに必要な自由エネルギーを供給する.

アミノ酸 (ロイシンとリシンを除く) は糖新生の前駆体の主要な供給源である. なぜなら, それらはすべてオキサロ酢酸に変換され, その後ホスホエノールピルビン酸に変換されうるからである. それゆえ, 飢餓状態ではタンパク質が分解されて, 中枢神経系の燃料のためのグルコースを産生するのに用いられる. 脂肪酸はオキサロ酢酸に変換されないので, 糖新生の前駆体にはなりえない (しかし, 炭素数3のトリアシルグリセロール骨格は糖新生の前駆体である).

2分子のホスホエノールピルビン酸は, 解糖の酵素により触媒される六つの一連の反応で, フルクトース1,6-ビスリン酸に変換される (段階4〜9の逆向き). これらの反応はほぼ平衡反応 ($\Delta G \approx 0$) なので可逆であり, 流れの方向は反応基質や生成物の濃度で決まる. ホスホグリセリン酸キナーゼ反応は, 糖新生の向きに働くときには, ATPを消費するということに留意しよう. NADHもまた, グリセルアルデヒド-3-リン酸デヒドロゲナーゼ反応を逆転させるときに必要とされる.

糖新生の最後の三つの反応は, この経路に特有な二つの酵素を必要とする. 最初の段階は, 解糖の主要な調節点である不可逆反応, ホスホフルクトキナーゼ反応をもとに戻す反応である. 糖新生においては, フルクトースビスホスファターゼ (fructose bisphosphatase) がフルクトース1,6-ビスリン酸のC1位のリン酸を加水分解してフルクトース6-リン酸を生じる. この反応は熱力学的に好ましく, ΔG は $-8.6 \ \mathrm{kJ \ mol^{-1}}$ である. 次に, 解糖の酵素であるホスホグルコイソメラーゼが解糖の段階2の逆反応を触媒し, グルコース6-リン酸を生じる. 最後に, 糖新生の酵素であるグルコース-6-ホスファターゼ (glucose-6-phosphatase) による加水分解反応によりグルコースと無機リン酸が生じる. フルクトースビスホスファターゼとグルコース-6-ホスファターゼにより触媒される加水分解反応は, 解糖における二つのキナーゼ(ホスホフルクトキナーゼとヘキソキナーゼ)の働きを帳消しにする.

糖新生はフルクトースビスホスファターゼの段階で調節される

糖新生はエネルギー的に高くつく. 2分子のピルビン酸から1分子のグルコースを産生するのに6分子のATPが消費されるが, そのうち2分子ずつが, ピルビン酸カルボキシラーゼ, ホスホエノールピルビン酸カルボキシキナーゼ, およびホスホグリセリン酸キナーゼによって触媒される各反応で使われる. もし解糖と糖新生が同時に起こるとすると, 全体のATPの消費量は以下のようになる.

解　糖　グルコース＋2 ADP＋2 P$_\mathrm{i}$ ⟶
　　　　　　　　　　　　2ピルビン酸＋2 ATP

糖新生　2ピルビン酸＋6 ATP ⟶
　　　　　　　　　　　　グルコース＋6 ADP＋6 P$_\mathrm{i}$

全　体　4 ATP ⟶ 4 ADP＋4 P$_\mathrm{i}$

代謝の自由エネルギーの無駄を避けるために，糖新生を行う細胞（おもに肝細胞）は細胞のエネルギー需要に応じて，解糖と糖新生の相反する二つの反応を注意深く調節している．主要な調節点は，フルクトース 6-リン酸とフルクトース 1,6-ビスリン酸の相互変換におかれている．すでに述べたが，フルクトース 2,6-ビスリン酸は解糖の反応 3 を触媒するホスホフルクトキナーゼ（PFK）の強力なアロステリック活性化因子である．驚くことではないが，フルクトース 2,6-ビスリン酸は，反対の糖新生反応を触媒するフルクトースビスホスファターゼ（FBPアーゼ）の強力な阻害因子（inhibitor）である．

は，両酵素の活性を一方の活性が上昇すれば他方の活性を減少させるように調節する．この二重の調節効果は，調節が単にある酵素を活性化あるいは阻害する様式よりも，より大きく全体の流れに影響を与えることが可能となる．

13・3　グリコーゲンの合成と分解

重要概念
- グリコーゲン合成の基質は UDP グルコースであり，基質の産生にリン酸無水物結合一つの自由エネルギーを必要とする．
- グリコーゲンは加リン酸分解によってグルコースを産生し，グルコースは細胞から流出するか解糖で異化される．

食事に由来するグルコースや糖新生により産生されたグルコースは，肝臓や他の臓器にグリコーゲンとしてたくわえられる．グリコーゲンはその後加リン酸分解されて，グルコース単位が遊離する（§12・1 参照）．グリコーゲンの分解は熱力学的に自発的なので，グリコーゲンの合成は自由エネルギーの投入が必要である．二つの対立する経路は異なる酵素を利用しており，個々の経路は細胞内環境で熱力学的に有利に進行する．

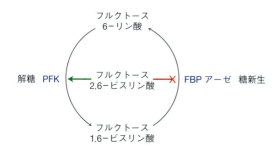

このアロステリック調節の様式は効果的である．なぜなら，単一の分子フルクトース 2,6-ビスリン酸が逆の様式で二つの相反する経路の流れを調節できるからである．つまり，フルクトース 2,6-ビスリン酸の濃度が高いときには，解糖が促進されて糖新生は阻害され，濃度が低ければ逆のことが起こる．

糖新生を行わない多くの細胞には，糖新生の酵素であるフルクトースビスホスファターゼが存在する．これはなぜだろうか．フルクトースビスホスファターゼとホスホフルクトキナーゼの両方が活性化している場合は，全体の ATP の加水分解は以下のとおりである．

PFK　　フルクトース 6-リン酸 + ATP ⟶
　　　　　　　　　　フルクトース 1,6-ビスリン酸 + ADP
FBPアーゼ　フルクトース 1,6-ビスリン酸 + H_2O ⟶
　　　　　　　　　　フルクトース 6-リン酸 + P_i

全　体　　ATP + H_2O ⟶ ADP + P_i

このような代謝反応の組合わせは一見全く無駄な結果にみえるため，**浪費サイクル**（futile cycle）とよばれる．しかし，ニューズホルム（Eric Newsholme）はそのような浪費サイクルが実は代謝経路の出力を微調整する手段になりうることに気がついた．たとえば，解糖のホスホフルクトキナーゼが触媒する反応はフルクトースビスホスファターゼの活性により減弱される．フルクトース 2,6-ビスリン酸のようなアロステリック化合物

グリコーゲン合成は
UTP の自由エネルギーを消費する

グリコーゲンに取込まれる単糖の単位はグルコース 1-リン酸であり，それはホスホグルコムターゼの作用によってグルコース 6-リン酸（糖新生の最後から 2 番目の生成物）から生成される．

哺乳類の細胞では，グルコース 1-リン酸はその後 UTP と反応することで"活性化"されて UDP グルコースとなる（GTP と同様に，UTP はエネルギー的に ATP と等価

である).

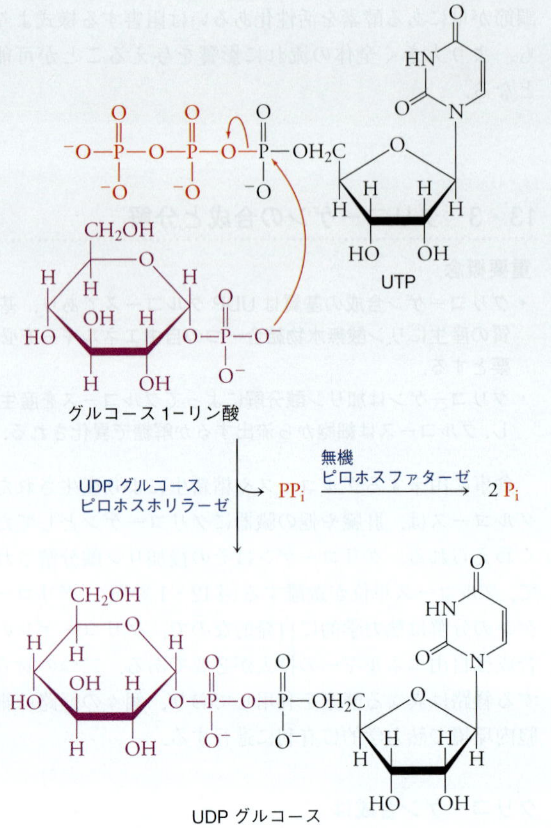

左カラム（構造図の周辺ラベル）

グルコース 1-リン酸

UTP

UDP グルコース
ピロホスホリラーゼ

PP_i

無機
ピロホスファターゼ

$2\,P_i$

UDP グルコース

この反応は可逆的なリン酸無水物の交換反応である（$\Delta G \approx 0$）．UTP の二つのリン酸無水物結合が，生成物の PP_i および UDP グルコースにおける結合として維持されていることに注意しよう．しかし，大きなエネルギー放出反応において，PP_i は無機ピロホスファターゼにより急速に分解されて 2 分子の無機リン酸 P_i となる（$\Delta G^{\circ\prime} = -19.2\ \text{kJ mol}^{-1}$）．こうしてリン酸無水物結合の切断は，UDP グルコースの形成をエネルギーを放出する不可逆反応にしている．すなわち，PP_i の加水分解の結果，平衡に近い反応が進行することになる．無機ピロホスファターゼによる PP_i の加水分解は生合成反応の共通の戦略である．この反応については，DNA, RNA

およびポリペプチドといった他の高分子を合成する過程において再び目にすることになろう．

最後に，グリコーゲンシンターゼ（glycogen synthase）がグルコース単位をグリコーゲン分枝の末端に存在する C4 のヒドロキシ基に転移させて，$\alpha(1\rightarrow4)$ 結合の直鎖状重合体を伸長する．

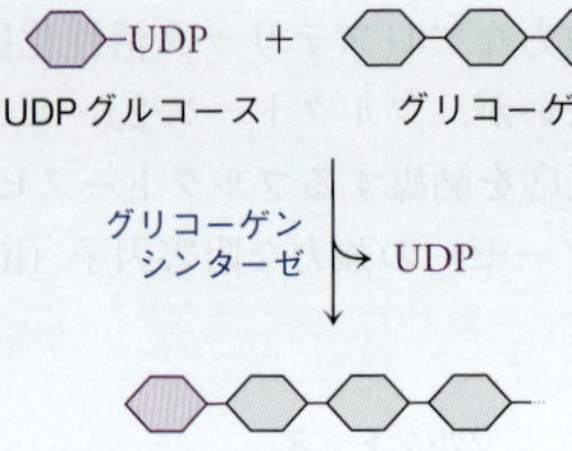

UDP グルコース ＋ グリコーゲン

グリコーゲン
シンターゼ ↓ UDP

別のグリコシルトランスフェラーゼ（glycosyltransferase）あるいは分枝酵素とよばれる酵素が 7 残基目を切断して，それをグルコース C6 のヒドロキシ基に転移させて，$\alpha(1\rightarrow6)$ 結合の分枝点を形成する．

グリコーゲン合成の段階は，下に示すように要約される．一つのグルコース単位を付加する際のエネルギー対価は，UTP に存在する一つのリン酸無水物結合の切断である．ヌクレオチドは他の糖の合成にも必要である．たとえば，ラクトースはグルコースと UDP ガラクトースから合成される．植物では，デンプンが ADP グルコースを，またセルロースが CDP グルコースを出発物として合成される．

グリコーゲンホスホリラーゼが
グリコーゲン分解を触媒する

グリコーゲンの分解は，グリコーゲン合成とは異なる段階によって進行する．**グリコーゲン分解**（glycogenolysis）においては，グリコーゲンが，加水分解ではなく，加リン酸分解されてグルコース 1-リン酸を生成する．しかし，脱分枝酵素は，加水分解によって $\alpha(1\rightarrow6)$ 結合した残基を除去できる．肝臓でグルコース 1-リン酸はホスホグルコムターゼによってグルコース 6-リン酸に変換され，それがグルコース-6-ホスファターゼによって加水分解されて遊離のグルコースを

グリコーゲン合成

UDP グルコースピロホスホリラーゼ	グルコース 1-リン酸 ＋ UTP $\rightleftharpoons$ UDP グルコース ＋ PP_i
ピロホスファターゼ	PP_i ＋ H_2O $\longrightarrow$ $2\,P_i$
グリコーゲンシンターゼ	UDP グルコース ＋ グリコーゲン$_{(n\text{残基})}$ $\longrightarrow$ グリコーゲン$_{(n+1\text{残基})}$ ＋ UDP

グルコース 1-リン酸 ＋ グリコーゲン ＋ UTP ＋ H_2O $\longrightarrow$
グリコーゲン ＋ UDP ＋ $2\,P_i$

ボックス 13・C　臨床との接点

糖原病

　糖原病（glycogen storage disease，グリコーゲン貯蔵病）はグリコーゲン代謝にかかわる一連の遺伝子疾患であり，その病名が意味するようなグリコーゲン蓄積の症状を示さないものもある．糖原病の症状は，影響を受ける組織が肝臓または筋肉，あるいは両方に依存して異なっている．肝臓に影響を与える糖原病では，一般に低血糖（血液中のグルコースが少ない）と肝腫大を生じる．おもに筋肉に影響を与える糖原病では，筋力低下やけいれん症状が現れる．糖原病の頻度は 20,000 人に 1 人と高く，いくつかの症状は成人期まで発症しない．12 種類の糖原病があり，個々の欠陥を表に示す．以下に，最もよくみられる糖原病に焦点を当てる．

　グルコース-6-ホスファターゼの欠損〔I 型糖原病，フォンギエルケ病（von Gierke's disease）ともいう〕は，この酵素が糖新生の最終段階を触媒し，さらにグリコーゲン分解から遊離のグルコースを生成するので，糖新生とグリコーゲン分解の両方に影響を与える．肝腫大と低血糖は，罹患者に過敏症，嗜眠，重篤な場合では死を含めた症状をもたらす．関連する欠損にグルコース 6-リン酸をこの酵素が局在する小胞体に移動させる輸送タンパク質の欠乏がある．

　III 型糖原病あるいはコリ病（Cori's disease）は，グリコーゲン分枝酵素の欠損に由来する．この型は全糖原病の約 1/4 を占め，通常は肝臓と筋肉の両方に影響を与える．III 型では効果的に分解できないグリコーゲンが蓄積するので，症状として筋力低下や肝腫大がある．III 型糖原病の症状はしばしば加齢とともに改善し，成人前期までに消失する．

　最も頻度の高い糖原病は IX 型である．この型では，グリコーゲンホスホリラーゼを活性化する酵素を欠損している．症状の程度は重篤なものから中程度までであり，加齢に伴って消失する．この疾患の複雑さは，グリコーゲンホスホリラーゼキナーゼが四つのサブユニットからなり，個々の多様なサブユニットの発現が肝臓や他の組織で異なるという事実を反映している．α 鎖（このキナーゼの触媒サブユニット）は X 染色体上にあり，また，VIII 型糖原病では伴性遺伝する（女性に比べて男性が多く罹患する）．グリコーゲンホスホリラーゼキナーゼにおいて調節機能をもつ β, γ, δ サブユニットの遺伝子は他の染色体にあるので，これらの遺伝子の欠損は男女で等しく現れる．

　筋肉のグルコシダーゼを欠損する II 型糖原病はまれであるが，生後 1 年以内に死亡する．欠損する酵素はリソソームの加水分解酵素であるが，グリコーゲン分解の主要経路では作用せず，他のリソソーム酵素と同様に細胞内物質のリサイクルで重要な役割を果たしている．リソソームでグリコーゲンが蓄積すると，細胞はついには死んでしまう．

　これまで糖原病は，症状や血液検査，そしてグリコーゲン量を測定するために痛みを伴う肝臓や筋肉の生検に基づいて診断されてきた．最近の診断法は，相当する遺伝子の変異解析という非侵襲的手法に中心をおいている．典型的な糖原病の治療は，低血糖の緩和に向けて頻繁に少量の炭水化物に富む食事を摂取することである．しかし，食事療法は糖原病のいくつかの症状を完全に除去せず，また慢性的な低血糖や肝障害などの代謝異常は身体成長や認知発達を著しく損なうので，肝臓移植が効果的な治療になると証明されている．少なくとも II 型糖原病のある患者においては，欠損している酵素が注入されている．糖原病は一つの遺伝子欠損に起因し，遺伝子治療（§3・4）に向けて興味深い疾病標的になっている．

型	欠損している酵素
I	グルコース-6-ホスファターゼ
II	α-1,4-グルコシダーゼ
III	アミロ-1,6-グルコシダーゼ（脱分枝酵素）
IV	アミロ-(1,4→1,6)-糖転移酵素（分枝酵素）
V	筋肉グリコーゲンホスホリラーゼ
VI	肝臓グリコーゲンホスホリラーゼ
VII	ホスホフルクトキナーゼ
VIII, IX, X	ホスホリラーゼキナーゼ
XI	GLUT2 輸送体
0	グリコーゲンシンターゼ

放出する．

細胞から流出したグルコースは血流に入る．肝臓のような糖新生経路をもつ臓器だけが，体内に供給する多くのグルコースを生成している．筋肉のようなグリコーゲンを貯蔵する他の組織は，グルコース-6-ホスファターゼを欠くので，組織自身に必要なグリコーゲンを分解する．これらの組織では，グリコーゲンの加リン酸分解で遊離したグルコース 1-リン酸がグルコース 6-リン酸に変換され，ホスホグルコイソメラーゼ反応（段階 2）

で解糖に入る．ヘキソキナーゼ反応（段階1）を含まないので，ATP の消費が倹約できる．結果的には，グリコーゲン由来のグルコースを利用する解糖は，血流から供給されたグルコースを利用する解糖に比べて，ATP の全体としての収率が高くなっている．

グルコースの移動は，特定の組織や体全体のエネルギー需要に見合って調達される必要があるので，グリコーゲンホスホリラーゼ（glycogen phosphorylase）の活性は，ホルモンによるシグナル伝達と関連した多様な機構によって注意深く調節されている．グリコーゲンシンターゼ活性も，同様にホルモン支配の対象になっている．19章では，異なる視点からグリコーゲンの合成と分解を含めた燃料代謝を調節する機構を紹介する．ボックス 13・C では，**糖原病**（glycogen storage disease）として知られる代謝異常について取上げている．

13・4　ペントースリン酸経路

重要概念

- ペントースリン酸経路は酸化的経路で，NADPH を産生してグルコースをリボースに変換する．
- この経路の逆反応は，リボースの相互変換と解糖系・糖新生の中間体の供給を可能にする．

すでに述べたように，グルコースの異化により生成したピルビン酸は，さらに酸化されて多くの ATP を生み出すか，あるいはアミノ酸や脂肪酸を合成するのに利用される．グルコースはヌクレオチド合成のための前駆体でもある．グルコース 6-リン酸をリボース 5-リン酸に変換する**ペントースリン酸経路**（pentose phosphate pathway）は，すべての細胞で起こる酸化的経路である．解糖とは異なり，ペントースリン酸経路は NADH ではなく NADPH を産生する．この二つの補因子は互いに交換することはできず，分解酵素（一般に NAD^+ を利用）と生合成酵素（一般に $NADP^+$ を利用）により容易に区別される．ペントースリン酸経路はグルコース代謝の小さな部分では決してない．肝臓におけるグルコースの約 30% がペントースリン酸経路により異化されているかもしれない．この経路は二つの部分に分けられる．一連の酸化反応とそれに続く一連の可逆的な相互変換反応である．

ペントースリン酸経路の酸化反応は NADPH を産生する

ペントースリン酸経路の出発点はグルコース 6-リン酸であり，それは遊離のグルコース，グリコーゲンの加リン酸分解によるグルコース 1-リン酸，あるいは糖新生から生じる．その経路の第 1 段階では，グルコース-6-リン酸デヒドロゲナーゼ（glucose-6-phosphate dehydrogenase）がグルコース 6-リン酸からヒドリドイオンを $NADP^+$ に転移してラクトンと NADPH を生成するという代謝的に不可逆な反応を触媒する．

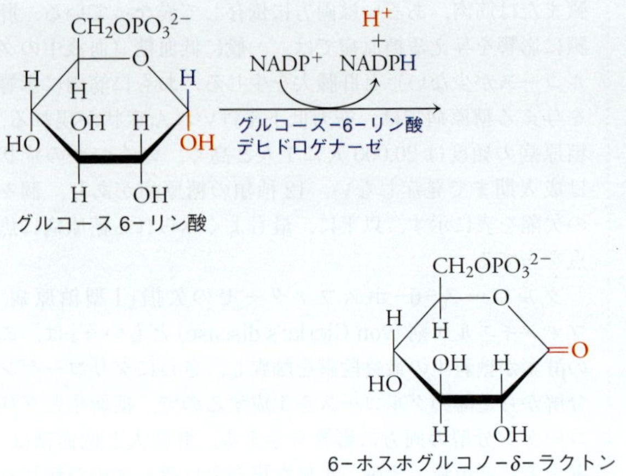

グルコース 6-リン酸

6-ホスホグルコノ-δ-ラクトン

グルコース-6-リン酸デヒドロゲナーゼの欠損は，ヒトで最もよくみられる酵素欠損である．この欠損では細胞内の NADPH 産生が減少し，ある酸化還元反応の正常機能を阻害して細胞が酸化的傷害を受けやすくなる．しかし，グルコース-6-リン酸デヒドロゲナーゼが欠損すると，マラリアに対してより抵抗性となる．そのため，欠損酵素をコードする遺伝子は（ボックス 5・C で述べた鎌状赤血球のヘモグロビン遺伝子のように）選択有利性をもっているので，そのまま維持されてきた．

ラクトン中間体は 6-ホスホグルコノラクトナーゼの作用によって 6-ホスホグルコン酸に加水分解される．この反応はその酵素がなくても進行する．

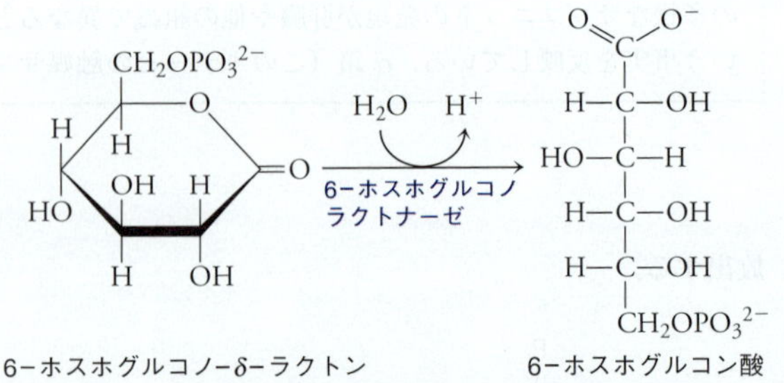

6-ホスホグルコノ-δ-ラクトン　　　6-ホスホグルコン酸

ペントースリン酸経路の第三の段階では，6-ホスホグルコン酸が酸化的に脱炭酸されるが，この反応でヘキソース（六炭糖）がペントース（五炭糖）に変換され，2 番目の $NADP^+$ が NADPH に還元される．

13. グルコース代謝

スを生成するだけでなく，リボースをデオキシリボースに還元するのに必要な還元剤（NADPH）も供給する．リボヌクレオチドレダクターゼはヌクレオシド二リン酸（NDP）の還元を行う．

この経路に入ったグルコース1分子につき2分子産生されるNADPHは，おもに脂肪酸やデオキシヌクレオチドの合成に利用される．

異性化および相互変換反応が多様な単糖を産生する

ペントースリン酸経路における酸化反応の生成物であるリブロース5-リン酸は，リブロース-5-リン酸イソメラーゼ（ribulose-5-phosphate isomerase）により異性化されてリボース5-リン酸になる．

この酵素は反応過程で酸化されるが，NADPHが還元される一連の反応によって，もとの状態に戻る．

しかしいくつかの細胞では，他の生合成反応のためのNADPH要求性がリボース5-リン酸のための要求性より大きい．この場合には，ペントースの余分の炭素が再利用されて解糖の中間体となり，それらは分解されてピルビン酸となるか糖新生で使われるが，その経路は細胞の種類や代謝の要求性に依存する．

5炭素化合物のリブロースは，可逆反応の組合わせによって炭素数6（フルクトース6-リン酸）と炭素数3（グリセルアルデヒド3-リン酸）の部分に変換される．この変換反応はおもにトランスケトラーゼとトランスアルドラーゼにより行われるが，それらはさまざまな単糖中間体の間で2もしくは3個の炭素原子単位を移動させて，3, 4, 5, 6または7個の炭素原子からなる一連の単糖を生成する（トランスケトラーゼにより触媒される反応は§7・2で紹介した）．図13・11はその過程の模式図である．これらの相互変換はすべて可逆的なので，解糖中間体は解糖または糖新生から吸い上げられて，リボース5-リン酸を合成するのに利用されうる．こうし

リボース5-リン酸はヌクレオチドのリボース部分の前駆体である．多くの細胞では，これはペントースリン酸経路の終わりを意味しており，全体の反応としては以下のようになる．

グルコース6-リン酸 + 2 NADP$^+$ + H$_2$O ⟶
　　リボース5-リン酸 + 2 NADPH + CO$_2$ + 2 H$^+$

驚くことではないが，多量のDNAを合成する必要のある急速に分裂している細胞では，ペントースリン酸経路の活性は高い．実際には，ペントースリン酸経路はリボー

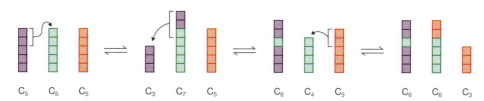

図13・11　ペントースリン酸経路の生成物の再配列．ペントースリン酸経路の酸化段階で生じる三つの炭素数5の生成物は，2分子のフルクトース6-リン酸と1分子のグリセルアルデヒド3-リン酸に変換されるが，これは2もしくは3個の炭素原子単位の移動を伴う可逆反応による．個々の四角形は単糖中の炭素原子を表す．この経路は，解糖や糖新生でリボースの炭素が利用できるようにしている．

て細胞は，ペントースリン酸経路の一部または全体を利用して NADPH とリボースを産生し，リボースを他の単糖に相互変換している．

グルコース代謝のまとめ

すべての細胞において中心的な位置にあるグルコースの代謝は詳しく学ぶに値する．実際，グリコーゲン代謝，解糖，糖新生，およびペントースリン酸経路にかかわる酵素群は，最もよく研究されているタンパク質群に含まれる．ほとんどすべてにおいて，これらの分子構造の詳細な知見から，それらの触媒機構や調節様式が明らかにされてきた．

グルコース代謝について解説してきた内容は，完全なものとはいえないが，本章ではいくつかの酵素と反応について述べてきた．それらは図 13・12 にまとめた．その図を見る際に，以下のいくつかの点を心にとめておいてほしい．それらは続く章で取扱う他の代謝経路にも当てはまるものである．

1. 代謝経路は酵素により触媒される一連の反応であり，個々の段階で基質が反応産物へと変換される．
2. グルコースのような単量体化合物は，重合によりグリコーゲンになったり，他の単糖（たとえばフルクトース 6-リン酸やリボース 5-リン酸など），あるいはより小さな 3 炭素のピルビン酸へと相互変換されたりする．
3. 同化と異化の経路はいくつかの段階を共有しているが，それらの不可逆的段階は各経路に特有の酵素によ

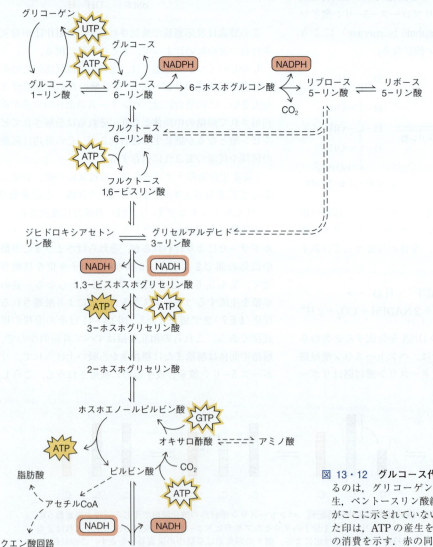

図 13・12 グルコース代謝の要約．この図に含まれているのは，グリコーゲン合成と分解の経路，解糖，糖新生，ペントースリン酸経路である．点線は，個々の反応がここに示されていないことを示す．黄色で塗りつぶした印は，ATP の産生を示す．一方で黄色の枠は，ATP の消費を示す．赤の同様の印は，還元型補因子である NADH と NADPH の産生と消費を示す．

13. グルコース代謝　301

り触媒される.

4. いくつかの反応は，ATP として存在する自由エネルギーを消費したり産生したりする. 多くの場合において，それらはリン酸基転移反応である.

5. いくつかの段階は酸化還元反応であり，そこでは還元型補因子である NADH や NADPH が使われたり生成したりする.

まとめ

13・1 解　糖

- グルコースの異化経路である解糖は，酵素によって触媒される一連の経路であり，そこでは自由エネルギーが ATP や NADH として維持される.
- 解糖の 10 種の反応で，6 炭素のグルコース 1 分子が 2 分子のピルビン酸になり，2 分子の NADH と 2 分子の ATP を生成する. 前半の段階（ヘキソキナーゼ，ホスホグルコイソメラーゼ，ホスホフルクトキナーゼ，アルドラーゼ，およびトリオースリン酸イソメラーゼによりそれぞれ触媒される反応）は，2 分子の ATP の投資を必要とする. ホスホフルクトキナーゼにより触媒される不可逆反応が律速段階であり，解糖の主要な調節点となる. 解糖の後半部（グリセルアルデヒド-3-リン酸デヒドロゲナーゼ，ホスホグリセリン酸キナーゼ，ホスホグリセリン酸ムターゼ，エノラーゼおよびピルビン酸キナーゼによりそれぞれ触媒される反応）は，グルコース 1 分子当たり 4 分子の ATP を産生する.
- ピルビン酸は還元されて乳酸またはエタノールになりうる. また，クエン酸回路によってさらに酸化されたり，他の分子に変換されたりする.

13・2 糖 新 生

- 糖新生では，6 分子の ATP を消費して 2 分子のピルビン酸から 1 分子のグルコースが生成する. その経路では七つの解糖の酵素が用いられる. そして，ピルビン酸カルボキシラーゼ，ホスホエノールピルビン酸カルボキシキナーゼ，フルクトースビスホスファターゼおよびグルコース-6-ホスファターゼの活性は，解糖の三つの不可逆反応を迂回する.
- ホスホフルクトキナーゼとフルクトースビスホスファターゼが関与する浪費サイクルは，解糖と糖新生の流量の調節に役立っている.

13・3　グリコーゲンの合成と分解

- グルコース残基は UDP の付加により活性化されたあと，グリコーゲンに取込まれる.
- グリコーゲンの加リン酸分解によってリン酸化されたグルコースが生じ，解糖に入る.

13・4　ペントースリン酸経路

- ペントースリン酸異化経路は，グルコースから NADPH とリボースを産生する. ペントースの中間体は解糖の中間体に変換される.

問　題

13・1 解　糖

1. 解糖の 10 種の反応のうち，どれが，リン酸化 (a)，異性化 (b)，酸化還元 (c)，脱水 (d)，および炭素間結合の開裂 (e) か.

2. 解糖の反応で，可逆なものと不可逆なものはどれか. 代謝的に不可逆な反応の生理的意義は何か.

3. ヘキソキナーゼ反応に対する $\Delta G^{\circ\prime}$ は -16.7 kJ mol^{-1} であり，細胞内におけるその ΔG は同様の値である.

　(a) [ATP] と [ADP] の比が 10:1 のとき，標準状態におけるグルコース 6-リン酸とグルコースの比はいくつか.

　(b) [ATP] と [ADP] の比が 10:1 のとき，質量作用の法則によりヘキソキナーゼ反応を逆転させるためには，グルコース 6-リン酸とグルコースの比がどの程度高くなければならないか.

4. 標準状態 (a) および細胞の環境下 (b) において，フルクトース 6-リン酸とグルコース 6-リン酸の比はいくつか. 細胞の環境下において，その反応はどちら方向に進むか.

5. 飢餓の間を除いて，脳はその唯一の燃料源としてグルコースを用い，体内循環量の 40% までも消費する.

　(a) なぜヘキソキナーゼは脳における解糖の主要な律速段階になりうるのか. （筋肉のような組織ではヘキソキナーゼよりもホスホフルクトキナーゼが律速段階を触媒する.）

　(b) 脳ヘキソキナーゼのグルコースに対する K_M は，循環するグルコース濃度（5 mM）に比べて 100 倍も低い. この低い K_M の利点は何か.

6. しばしば栄養源として患者にグルコースを静脈注射（血管内への直接注入）する. あなたが研修中の病院で，ある研修医がグルコースの代わりにグルコース 6-リン酸を使ってはどうかと進言した. あなたは生化学の講義から，グルコースからグルコース 6-リン酸への変換は ATP を必要とすることを思い出し，グルコース 6-リン酸の投与は患者のエネルギーを温存する可能性があるかもしれないと考えた. その研修医の進言を採用すべきか.

7. ADP はホスホフルクトキナーゼ（PFK）反応の基質ではなく生成物であるが，その活性を促進させる. 見かけ上矛盾するこの調節機構を説明せよ.

8. PFKのようなアロステリック酵素に対して，低親和性と高親和性のヘモグロビン型を区別するためにT状態とR状態として命名する（§5・1参照）．アロステリック阻害因子はT状態を安定化して基質に対する親和性を低下させる．他方，活性化因子は高親和性R状態を安定化する．次のアロステリック調節因子は，PFKのT状態またはR状態のどちらを安定化するか．

    (a) ADP（細菌）   (b) PEP（細菌）

    (c) フルクトース 2,6-ビスリン酸（哺乳類）

9. 細菌 *Bacillus stearothermophilus* から単離された PFK は四量体であり，フルクトース 6-リン酸と 23 μM の K_M で双曲線形に結合する．ホスホエノールピルビン酸（PEP，図7・15参照）が存在すると，その K_M はどうなるか．生じる現象を T 状態，R 状態表記で説明せよ．

10. 図7・16を参照して，162番目のアルギニンが161番目のグルタミン酸の位置に変化する高次構造変化によって，なぜ酵素は基質に対して低親和性になるかを説明せよ．

11. 酵素ホスホフルクトキナーゼを欠損している酵母を単離した．この酵母変異体はエネルギー源としてグリセロールで生育可能だが，グルコースでは生育不能であった．理由を述べよ．

12. 研究者がホスホフルクトキナーゼに変異をもつ酵母を単離したが，この PFK のフルクトース 2,6-ビスリン酸の結合部位に存在するセリン残基はアスパラギン酸残基に置換していた．フルクトース 2,6-ビスリン酸（F26BP）の PFK への結合は，このアミノ酸置換によって完全に消失した．この変異体は対照の酵母に比べて，グルコースの消費とエタノールの産生が劇的に減少した．

    (a) この PFK 変異体がフルクトース 2,6-ビスリン酸を結合できない理由を説明する仮説を述べよ．

    (b) この酵母変異体でのグルコース消費とエタノール産生の劇的な減少は，解糖におけるフルクトース 2,6-ビスリン酸の役割について何を示しているか．

13. ヨード酢酸が解糖における中間体の順番を決定するのには有用なのに，酵素の活性部位についてはまちがった情報を与えがちなのはなぜか．

14. 酵素触媒反応において短寿命の中間体構造を決定するために，生化学者は遷移状態の類似体を利用する．酵素はその遷移状態類似体に強く結合するので，遷移状態を模倣する化合物は強力な競合阻害剤となる．トリオースリン酸イソメラーゼに対して，ホスホグリコヒドロキサム酸はジヒドロキシアセトンリン酸よりも 150 倍強く結合する．この情報に基づいて，トリオースリン酸イソメラーゼ反応の中間体構造を書け．

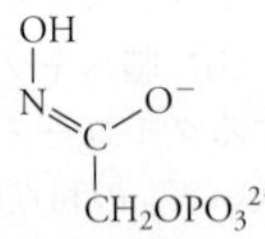

ホスホグリコヒドロキサム酸

15. 非平衡状態において，37℃における細胞中のグリセルアルデヒド 3-リン酸（GAP）とジヒドロキシアセトンリン酸（DHAP）の比はいくつか．この解答を出すにあたって，細胞において DHAP から GAP への転換が速やかに起こると

いう事実をどのように説明するのか．

16. がん細胞ではグリセルアルデヒド-3-リン酸デヒドロゲナーゼ（GAPDH）濃度が上昇しているが，それはがん細胞でみられる高い解糖の活性を説明しうるかもしれない．メチルグリオキサールという化合物は，がん細胞の GAPDH を阻害するが，正常細胞では阻害しない．この知見はがん細胞の高速スクリーニング法の開発や抗がん剤の開発につながるかもしれない．

    (a) どのような作用機構ががん細胞における GAPDH の上昇の原因になりうるのだろうか．

    (b) メチルグリオキサールはがん細胞では GAPDH を阻害するのに，正常細胞では阻害しないのはなぜだろうか．

17. ヒ酸 AsO_4^{3-} は，リン酸類似体として働き，GAPDH 反応においてリン酸と置き換わる．この反応産物は 1-アルセノ-3-ホスホグリセリン酸である．次に示すように，それは不安定で自発的に加水分解して 3-ホスホグリセリン酸を生じる．解糖を行っている細胞に対するヒ素の効果はどのようなものか．

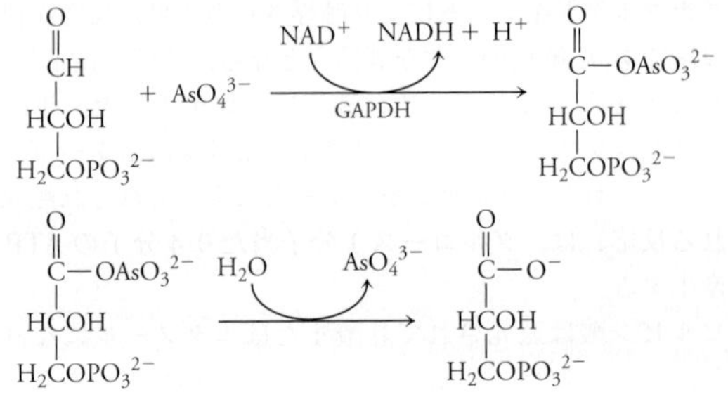

18. ある種の細菌では，GAPDH 活性が NAD⁺/NADH の比によって調節されている．NAD⁺/NADH の比が上昇すると，GAPDH 活性は増加するか，あるいは減少するかを予想せよ．この反応は正方向のみ進行するものとする．

19. 赤血球のホスホグリセリン酸キナーゼは，細胞膜に結合している．このため，キナーゼ反応は Na⁺/K⁺ ATP アーゼのポンプと共役している．細胞膜に酵素が近接していると，ポンプが活性化されるしくみを説明せよ．

20. 赤血球細胞は，以下の図のように，解糖の迂回路として 2,3-ビスホスホグリセリン酸（2,3-BPG）を合成して分解する．

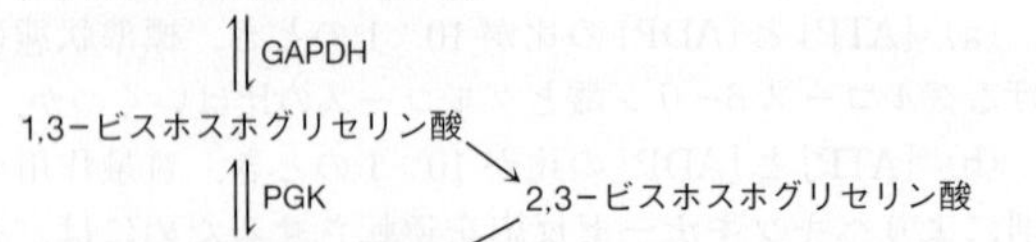

2,3-BPG はヘモグロビンの酸素非結合型の中央の溝に結合することにより，ヘモグロビンの酸素に対する親和性を低下させる．これにより酸素が組織に運ばれやすくなる．解糖の酵素の一つに欠損が生じると，2,3-BPG の量に影響が出る

かもしれない．図は，正常な赤血球とヘキソキナーゼおよびピルビン酸キナーゼに欠損がある赤血球の酸素結合曲線を示したものである．どの曲線がどの酵素の欠損に相当するのかを示せ．

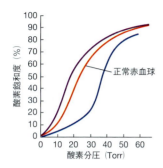

21. バナジン酸 VO_4^{3-} は GAPDH を阻害するが，それはリン酸類似体として働くからではなく，その酵素に必須な SH 基と相互作用することによる．赤血球をバナジン酸と培養したときに，細胞内のリン酸，ATP，および 2,3-BPG（問題 20 参照）の量はどうなるだろうか．

22. 植物のホスホグリセリン酸ムターゼの反応機構は，本文で示した哺乳類のホスホグリセリン酸ムターゼの反応機構とは異なる．3-ホスホグリセリン酸（3-PG）は植物の酵素に結合してそのリン酸基を酵素に転移し，その後酵素はそのリン酸基を基質に戻して 2-ホスホグリセリン酸（2-PG）が生成する．[^{32}P] で標識された 3-PG を，培養肝細胞 (a)，または植物細胞 (b) に添加したときに，[^{32}P] の運命はどうなるだろうか．

23. フッ化物イオンが存在すると，解糖ではどのような中間体が蓄積するか．

24. ADP と無機リン酸から ATP を合成するのに，30.5 kJ mol^{-1} の標準自由エネルギー変化が必要であると仮定して，グルコースから乳酸 (a) または二酸化炭素 (b) への異化によって ATP は理論的に何分子生産可能か（表 13・1 参照）．

25. ピルビン酸キナーゼを欠損する赤血球は，[ADP]/[ATP] の比と [NAD$^+$]/[NADH] の比がどうなるか（問題 20 参照）．

26. ピルビン酸キナーゼ欠損（問題 25 参照）の症状のひとつに溶血性貧血があり，赤血球が膨張してついには溶血する．この酵素欠損が溶血性貧血の症状をもたらす理由を述べよ．

27. 本文中で述べたように，酵母のような嫌気的な環境で生育する生物は，発酵とよばれる過程でピルビン酸をアルコールに変換する．解糖で産生されたピルビン酸は乳酸に変換される代わりに，2 段階の反応でアルコールへと変換される．段階 1 はピルビン酸カルボキシラーゼにより触媒され，段階 2 はアルコールデヒドロゲナーゼにより触媒される．酵母にとって段階 2 が必要なのはなぜか．

28. いくつかの研究から，肝細胞においてアルミニウムが PFK を阻害することが示された．
(a) フルクトースをエネルギー源とした肝臓の灌流によるピルビン酸の産生を，対照とアルミニウム処理ラットで比較せよ．
(b) フルクトースの代わりにグルコースを用いると，実験結果はどうなるか．

29. メタノールを飲むと，その用量に依存して失明や死をもたらす．その原因物質はメタノールに由来するホルムアルデヒドである．
(a) メタノールからホルムアルデヒドへの釣合のとれた反応式を示せ．
(b) メタノール中毒の患者にとって，ウイスキー（エタノール）の飲料が解毒薬となるのはなぜか．

30. "ターボデザイン" という表現は，1 分子以上の ATP を消費する段階に続いて 1 分子以上の ATP を産生する段階があり，経路全体として ATP が産生される解糖のような経路をさすのに用いられる．数理モデルから "ターボ" 経路は，"門に見張り"（すなわち，経路の初期段階での抑制機構）がないと，基質によって加速される死の危険性をもつことが示されている．酵母では，トレハロース-6-リン酸シンターゼ（TPSI）で仲介される複雑な機構によって，ヘキソキナーゼが抑制される．TPSI を欠損する（門に見張りがない）酵母の変異体が，高濃度のグルコース環境では生育できない理由を説明せよ．

31. 最近の研究から，好塩菌 *Halococcus saccharolyticus* では本章で紹介した解糖経路よりむしろエントナー–ドゥドロフ経路（Entner–Doudoroff pathway）でグルコースが分解されることが示された．次にエントナー–ドゥドロフ経路を改変した図式を示す．

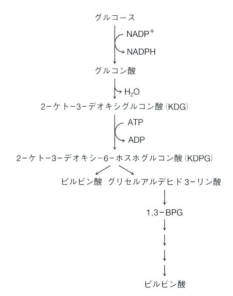

(a) この経路において，グルコース 1 分子当たり ATP は何分子産生されるか．
(b) この生物において，どのような反応がエントナー–ドゥドロフ経路のあとに続く必要があるか述べよ．

32. 血中に生存しているトリパノソーマは，すべてのエネルギーを解糖から得ている．トリパノソーマは宿主の血液か

らグルコースを取込み，老廃物としてピルビン酸を排泄する．彼らの生活環のこの部分において，トリパノソーマは全く酸化的リン酸化を行わず，NADH を酸化するために，哺乳類には存在しない別の酸素依存的な経路を利用する．

(a) こうしたその他の経路は，なぜ必要なのか．

(b) もしトリパノソーマがピルビン酸よりむしろ乳酸を排出するなら，その経路は必要か．

(c) この経路は抗寄生虫薬のよい標的になりうるか．

13・2 糖 新 生

33. 解糖と糖新生の逆向き経路を通じる流量はいくつかの様式で制御されている．

(a) アセチル CoA によるピルビン酸カルボキシラーゼの活性化はグルコースの代謝にどのような影響を与えるか．

(b) ピルビン酸はアミノ基転移反応を逆向きに進行してアラニンへ変換される（§12・2）．アラニンはピルビン酸キナーゼのアロステリック調節因子である．アラニンはピルビン酸キナーゼを促進あるいは抑制するかを説明せよ．

34. ある 4 歳男児の肝生検により，フルクトース-1,6-ビスホスファターゼの活性が正常の 20% であることが示された．その患者の血糖値は絶食時の初期には正常であったがその後急激に減少した．ピルビン酸とアラニンの濃度はグリセルアルデヒド 3-リン酸とジヒドロキシアセトンリン酸の比と同様に上昇した．これらの症状の原因を説明せよ．

35. インスリンは糖新生を調節する主要なホルモンのひとつである．インスリンの作用の一部は，糖新生の酵素のいくつかをコードする遺伝子の転写抑制にある．インスリンが転写を抑制する遺伝子として，どのようなものが期待されるか．

36. II 型糖尿病は，インスリンがその多くの作用を発揮できないという，インスリン抵抗性によって特徴づけられる．もしインスリンが問題 35 で示した作用を発揮できないなら，II 型糖尿病患者にどのような症状が現れるであろうか．

37. 細胞においてフルクトース 2,6-ビスリン酸（F26BP）の濃度は，ある二つの触媒活性をもつホモ二量体酵素によって調節されている．この酵素は，フルクトース 6-リン酸の C2 ヒドロキシ基をリン酸化してフルクトース 2,6-ビスリン酸を産生するキナーゼ活性と，そのリン酸基を除去するホスファターゼ活性の二つの機能をもつ．

(a) 絶食状態で，キナーゼとホスファターゼのどちらが活性化されていると考えられるか．

(b) この活性をもたらすのに重要となりそうなホルモンは何か．

(c) §10・2 を参照して，この誘導をもたらす機構を提唱せよ．

38. アミノ酸のほとんどの "炭素骨格" は，多くの酵素反応が必要な経路でグルコースに変換可能である．脱アミノ（アミノ基をもつ炭素がケト形となる反応）のあとで，直接糖新生に流入することが可能なアミノ酸はどれか．

39. スオウの水抽出液に見いだされる化合物ブラジリン（brazilin）は，韓国で糖尿病の治療に用いられている．ブラジリンはフルクトース 2,6-ビスリン酸を産生する酵素を活性化し，またピルビン酸キナーゼも活性化する．

(a) 肝細胞の培養液にブラジリンを添加すると，どのような効果が現れるか．

(b) ブラジリンは糖尿病の治療になぜ有効か．

40. メトホルミン（metformin）はホスホエノールピルビン酸カルボキシキナーゼの転写を抑制する医薬品である．メトホルミンが糖尿病の治療になぜ有効かを説明せよ．

41. 筋肉から遊離する乳酸がどのようにして肝臓でグルコースに再変換されるかを示す図を書け．この経路の回転による経費は ATP の単位でいくらになるか．

42. 筋肉から遊離するアラニン（問題 33 b 参照）が，どのようにして肝臓でグルコースに再変換されるかを示す図を書け．この回路が長期間に渡って回転すると，生理的な経費はどうなるか．

13・3 グリコーゲンの合成と分解

43. ビールはコムギやオオムギのような原料から生産される．それらの種子を，発酵前に発芽させて，デンプンがグルコースに分解する理由を説明せよ．

44. いくつかのパン工場では，発酵過程に先立ってパン生地にアミラーゼを添加する．この酵素（§12・1参照）はパンの製造過程でどのような役割を果たすのか．

45. グリコーゲンは加リン酸分解によって分解され，グルコース 1-リン酸を生じる．この過程は，リン酸化されたグルコースの代わりにグルコースを生じる単なる加水分解反応に比べてどのような利点があるか．

46. グリコーゲン分解の反応式を以下に示す．

$$\text{グリコーゲン}_{(n\text{残基})} + P_i \underset{}{\overset{\substack{\text{グリコーゲン} \\ \text{ホスホリラーゼ}}}{\rightleftharpoons}}$$
$$\text{グリコーゲン}_{(n-1\text{残基})} + \text{G1P}$$
$$\Delta G^{\circ\prime} = +3.1 \text{ kJ mol}^{-1}$$

(a) 標準状態において，$[P_i]/[\text{G1P}]$ 比はどうなるか．

(b) $[P_i]/[\text{G1P}]$ 比が 50：1 である細胞の状態において，ΔG の値はいくつか．

47. マッカードル病（McArdle's disease）の患者は，遺伝的にグリコーゲンを分解する酵素であるグリコーゲンホスホリラーゼに欠陥があるために，中程度に力を入れたときさえ筋肉に激痛を感じる．しかし，これらの人々には正常量のグリコーゲンが存在する．この事実は，グリコーゲン分解と合成の経路についてどのようなことを語っているか．

48. マッカードル病の患者は，肝臓のグリコーゲンの含量と構造は正常である．この患者はボックス 13・C の表で掲

げた糖原病のどの型か.

49. マッカードル病の患者が可能な限り虚血性（嫌気的）運動を続けている．運動の期間中に患者から数分間隔で採血し，乳酸量を測定した．この患者の試料を糖原病ではない患者の試料と比較し，結果を図に示した．対照患者において，乳酸濃度はなぜ上昇するのか．糖原病患者の乳酸濃度に上昇が認められないのはなぜか．

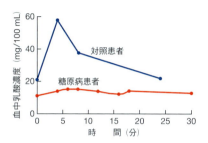

50. マッカードル病の患者（問題 47〜49 参照）は，低血糖あるいは高血糖で苦しむか，あるいは苦しまないか．

51. フォンギエルケ病（I 型糖原病）の患者は，グルコース-6-ホスファターゼを欠損している．この疾患の最も代表的な症状のひとつは，肥大化した肝臓による腹部の突出である．フォンギエルケ病の患者で，なぜ肝臓が肥大化するかを説明せよ．

52. フォンギエルケ病の患者（問題 51 参照）は，低血糖あるいは高血糖で苦しむか，あるいは苦しまないか．

53. 酵素ホスホグルコムターゼの反応機構は，問題 22 とここで述べる植物のムターゼと類似している．しばしばグルコース 1,6-ビスリン酸がこの酵素から解離する．グルコース 1,6-ビスリン酸の解離がこの酵素を抑制するのはなぜか．

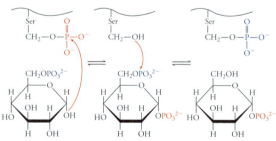

グルコース 6-リン酸　グルコース 1,6-ビスリン酸　グルコース 1-リン酸

54. トレハロースは，昆虫の血リンパ（昆虫の体を通じて循環する液体）における主要な糖のひとつである．それはグルコース残基が二つ結合した二糖である．血リンパにおいて，トレハロースはグルコースの保存形態として機能するだけでなく，昆虫を乾燥や氷結から保護している．血リンパにおけるトレハロースの濃度は正確に調節されていなければならない．トレハロースは昆虫の脂肪体で合成されるが，脂肪体は脊椎動物の肝臓に相当し，代謝における役割を果たす器官である．昆虫 *Manduca sexta* に関する最近の研究から，飢餓状態において血リンパのグルコース濃度は低下し，その結果脂肪体のグリコーゲンホスホリラーゼの活性が上昇してフルクトース 2,6-ビスリン酸の濃度が低下する．絶食した昆虫において，これらの変化は血リンパのトレハロース濃度にどのような影響を与えるか．

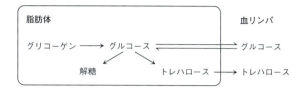

55. 好熱菌 *Thermoproteus tenax* の解糖は本章で示したものとは異なる．*T. tenax* におけるホスホフルクトキナーゼ反応は可逆的であり，ATP の代わりに二リン酸を利用する．さらに，*T. tenax* は二つの異なるグリセルアルデヒド-3-リン酸デヒドロゲナーゼ（GAPDH）のアイソザイムを有している．第一の"リン酸化依存性 GAPDH"は，本章で述べた酵素に類似している．第二のアイソザイムは，不可逆的な"リン酸化非依存 GAPDH"で，図に示す反応を触媒する．*T. tenax* はエネルギー源をグリコーゲン貯蔵に依存している．リン酸化非依存 GAPDH 酵素を利用した経路によって 1 分子のグルコースが酸化されると，ATP の収量は何分子になるか．

グリセルアルデヒド 3-リン酸　　　3-ホスホグリセリン酸
＋　　　　　　　　　　　　　　　　＋
NAD$^+$　　　　　　　　　　　　NADH + H$^+$

56. フルクトース不耐症の患者は，フルクトースの異化に必須な肝臓の酵素であるフルクトース-1-リン酸アルドラーゼを欠損している．フルクトース-1-リン酸アルドラーゼがないと，肝臓にフルクトース 1-リン酸が蓄積して，グリコーゲンホスホリラーゼとフルクトース-1,6-ビスホスファターゼを抑制する．

（a）フルクトース不耐症の患者は，なぜ低血糖（低い血中グルコース）を呈するかを説明せよ．

（b）グリセロールとジヒドロキシアセトンリン酸の投与は低血糖を改善しないが，ガラクトースの投与は低血糖を軽くする．なぜか．

13・4　ペントースリン酸経路

57. ほとんどの代謝経路には，代謝産物がその経路を通じて流れるように拘束する，酵素が触媒する反応がある．

（a）ペントースリン酸経路で最初に不可逆的となる反応を示し，その理由を説明せよ．

（b）解糖の最初の段階で，ヘキソキナーゼが不可逆的な

反応を触媒する．この段階はグルコースが解糖を流れるように決定づけるか．

58. ある代謝産物は一つ以上の代謝経路をたどりうる．肝細胞(a)と筋細胞(b)におけるグルコース6-リン酸のすべての可能な運命を列挙せよ．

59. 還元型グルタチオンはシステインを含むトリペプチドで赤血球に存在し，そこで高濃度の活性酸素により細胞の構成成分に形成された有機過酸化物を還元する．

2 γ−Glu—Cys—Gly + R—O—OH ⟶
    |
    SH

還元型グルタチオン   有機過酸化物

γ−Glu—Cys—Gly
    |
    S
    | + R—OH + H_2O
    S
    |
γ−Glu—Cys—Gly

酸化型グルタチオン

還元型グルタチオンは正常な赤血球の構造やヘモグロビンの鉄イオンを2価の酸化状態に保つ役割も担っている．グルタチオンは以下に示す反応により再生される．

γ−Glu—Cys—Gly
    |
    S
    | + NADPH + H^+ ⟶
    S
    |
γ−Glu—Cys—Gly

2 γ−Glu—Cys—Gly + $NADP^+$
       |
       SH

この情報を利用して，グルコース−6−リン酸デヒドロゲナーゼ欠損がひき起こす生理的効果を予想せよ．

60. グルコース−6−リン酸デヒドロゲナーゼ（G6PDH）活性と細胞の成長速度との関係を研究するために，培養細胞を用いた実験が行われた．G6PDH活性を促進する成長因子を加えた血清入りの培地で細胞を培養した．次のような環境下において，細胞内の[NADPH]/[$NADP^+$]比はどのように変化するかを予想せよ．

 (a) 培地から血清を除去する．

 (b) グルコース−6−リン酸デヒドロゲナーゼの阻害薬DHEAを添加する．

 (c) 酸化剤 H_2O_2 を添加する．

 (d) 血清を除去して，H_2O_2 を添加する．

61. 6−ホスホグルコノラクトンが非酵素的に加水分解されて，6−ホスホグルコン酸を生成する機構を示せ．

62. 糸状菌 *Aspergillus nidulans* の酵素は，窒素をアンモニウムイオンに変換するときに補酵素として NADPH を利用する．硝酸塩を含む培地でこの菌を培養すると，グルコース代謝にかかわるいくつかの酵素活性の上昇が見いだされた．この環境において，調節される酵素の候補は何かを説明せよ．

63. いくつかの研究から，生成物グルコース 1,6−ビスリン酸（G16BP）は，鍵となる酵素を抑制または促進して，糖代謝の経路を調節することが示された．いくつかの重要な酵素に対する G16BP の効果を表にまとめている．G16BP が存在すると，どの経路が活性化され，どの経路が不活性化されるか．全体としての効果はどうなるかを説明せよ．

酵 素	G16BPの効果
ヘキソキナーゼ	抑制
ホスホフルクトキナーゼ（PFK）	促進
ピルビン酸キナーゼ（PK）	促進
ホスホグルコムターゼ	促進
6−ホスホグルクロン酸デヒドロゲナーゼ	抑制

64. キシルロース 5−リン酸は，肝細胞においてキナーゼを活性化してリン酸化する細胞内シグナル伝達分子として機能する．このシグナル伝達の結果，フルクトース 2,6−ビスリン酸を産生する酵素活性が上昇し，脂質を合成する遺伝子の発現が亢進する．これらの応答による全体の効果はどうなるか．

参 考 文 献

Brosnan, J. T., Comments on metabolic needs for glucose and the role of gluconeogenesis, *Eur. J. Clin. Nutr.* 53, S107−S111 (1999). とても読みやすい総説であり，なぜ糖が代謝エネルギーとして普遍的に利用されているか，なぜグルコースがグリコーゲンとしてたくわえられるか，なぜペントースリン酸経路が重要なのか，について述べている．

Greenberg, C. C., Jurczak, M. J., Danos, A. M., and Brady, M. J., Glycogen branches out: new perspectives on the role of glycogen metabolism in the integration of metabolic pathways, *Am. J. Physiol. Endocrinol. Metab.* 291, E1−E8 (2006). 肝臓と筋肉におけるグリコーゲンの役割を記載している．

Özen, H., Glycogen storage diseases: New perspectives, *World J. Gastroenterology* 13, 2541−2553 (2007). 糖原病の主要な型について，症状，生化学および治療を記載している．

Roach, P. J., Depaoli-Roach, A. A., Hurley, T. D., and Tagliabracci, V. S., Glycogen and its metabolism: Some new developments and old themes. *Biochem. J.* 441, 763−787 (2012). グリコーゲンの合成と分解で鍵となる酵素がホルモンによって調節される過程についての解説．

14 クエン酸回路

呼気中の CO_2 はどこからくるのか

吐く息を集める方法のひとつが風船を膨らませることである。吐き出された息の中には CO_2 が含まれている。呼吸している動物では、取込まれた酸素が変換されて二酸化炭素になり放出されると考えるかもしれない。実際は、これらの二つの分子は体内で直接相互作用することはない。本章で、放出された細胞代謝のゴミである CO_2 はおもにクエン酸回路で生じるということを学ぶ。この代謝経路は代謝燃料に含まれる炭素を CO_2 に変換し、そのエネルギーを ATP 合成のために保存する。この代謝経路は代謝燃料中の炭素を CO_2 に変換し、そのエネルギーを使って ATP 合成のために保存する。

復習事項

- 酵素は、酸塩基触媒作用、共有結合触媒作用、および金属イオン触媒作用によって化学反応を加速する（§6・2）。
- NAD^+ やユビキノンのような補酵素は酸化される化合物から電子を受取る（§12・2）。
- 細胞の代謝経路は互いにつながり調節されている（§12・2）。
- ヒトが合成できないビタミンの多くは補酵素の構成成分となる（§12・2）。
- ピルビン酸は乳酸、アセチル CoA、およびオキサロ酢酸に変換されうる（§13・1）。

　　クエン酸回路（citric acid cycle）は多くの細胞において代謝の中心となる経路である。この経路はアセチル CoA に含まれる 2 炭素化合物を CO_2 に変換するので、炭水化物だけではなく脂肪酸やアミノ酸といった代謝燃料の酸化の最終段階である（図 14・1）。炭素が完全に酸化されて CO_2 になるとき、そのエネルギーは保存され、次に ATP をつくるときに使われる。クエン酸回路の 8 段階の反応は、原核生物では細胞質で、真核生物ではミトコンドリア内で行われる。

　　解糖（図 13・2）や糖新生（図 13・10）のような直線型経路とは異なり、このクエン酸回路はいつも最初の出発点に戻り、全体として多段階触媒のようにふるまう。しかし、そのなかの各段階で起こっている化学的変換を追うことは可能である。

　　クエン酸回路を学ぶと代謝経路というものの重要な性質がみえてくる。すなわち、代謝の各経路というのは配管の各要素ではなく、互いに連絡のあるネットワークを形成しているということである。別の表現をすると、代謝経路というのは一方からある物質が入り、他方からそれが変換されて出てくるというパイプラインのようなものではなく、経路の中間体が細胞内での需要に応じてさまざまな反応に参加するものなのである。

　　クエン酸回路に入る炭素原子はアミノ酸、脂肪酸、あるいは糖に由来するが、ここでは解糖の最終産物であるピルビン酸を出発点としてクエン酸回路をみていこう。まず、クエン酸回路の 8 段階の反応について説明し、この一連の反応がどう進化してきたのかについて推察する。最終的に、クエン酸回路は他のさまざまな代謝過程と密接に結びついた多機能経路であることがわかるだろう。

14・1　ピルビン酸デヒドロゲナーゼの反応

重要概念

- ピルビン酸デヒドロゲナーゼ複合体は 3 種類の酵素からなり、連携してピルビン酸からカルボン酸イオンを奪い、アセチル CoA と NADH を生成する。

　　解糖の最終産物は炭素数 3 のピルビン酸である。好気的生物ではそれらの炭素は 3 個の CO_2 に酸化される（その酸素は分子状酸素からではなく水とリン酸からの酸素である）。ピルビン酸が脱炭酸されてアセチル基になるときに最初の CO_2 が放出される。2 番目と 3 番目の CO_2 はクエン酸回路で放出される。

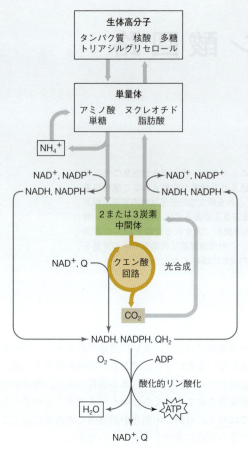

図 14・1 クエン酸回路と他の経路との関係. クエン酸回路は代謝経路の中心に位置し,その出発物はアミノ酸,単糖,および脂肪酸に由来する2個の炭素を含むアセチル基である. それらは酸化されて CO_2 として放出されると同時に補因子である NAD^+ やユビキノン(Q)を還元する.

ピルビン酸デヒドロゲナーゼ複合体には3種類の異なる酵素が複数個含まれている

ピルビン酸の脱炭酸はピルビン酸デヒドロゲナーゼ複合体によって行われる. 真核生物では,この酵素複合体とクエン酸回路の酵素はミトコンドリア内に存在する〔ミトコンドリアは二重膜に包まれた細胞小器官で,その内部は**ミトコンドリアマトリックス**(mitochondrial matrix)とよばれる〕. したがって,細胞質で行われている解糖によってつくられたピルビン酸は,まずミトコンドリア内に送り込まれなければならない.

ピルビン酸デヒドロゲナーゼ複合体を構成する3種類の酵素を E1, E2, および E3 と名づけることにする. それらの酵素は連携してピルビン酸の酸化的脱炭酸と補酵素A(CoA)へのアセチル基の転移を行う.

ピルビン酸 + CoA + NAD^+ ⟶
 アセチル CoA + CO_2 + NADH

パントテン酸を含むヌクレオチド誘導体である CoA の構造は図3・3(a)に示してある.

大腸菌のピルビン酸デヒドロゲナーゼ複合体は 60 のタンパク質サブユニットを含み (24 E1, 24 E2, および 12 E3), その質量は約 4600 kDa である. 哺乳類や他の細菌ではその複合体はもっと大きく (42〜48 E1, 60 E2, および 6〜12 E3), 複合体をまとめたり酵素活性を調節するタンパク質も含む. *Bacillus stearothermophilus* のピルビン酸デヒドロゲナーゼ複合体では 60 個の E2 サブユニットが十二面体の中心部となり, 他のサブユニットはこの構造のまわりに配置される (図 14・2).

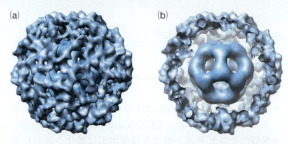

図 14・2 *B. stearothermophilus* のピルビン酸デヒドロゲナーゼ複合体の構造モデル. この画像はピルビン酸デヒドロゲナーゼ複合体のクライオ電子顕微鏡像をもとにつくられた. (a) 表面の画像. (b) 60 個の E2 サブユニットがつくる中心部を示すため表面を除去した画像. このモデルでは外側の殻は E3 だけからなる. 天然のピルビン酸デヒドロゲナーゼ複合体では,ほぼ同じ位置に E1 と E3 のどちらかが存在している. 二つのタンパク質層の間の間隔は 75〜90 Å である. 〔Jacqueline L. S. Milne and Sriram Subramaniam, National Cancer Institute, National Institute of Health 提供.〕

ピルビン酸デヒドロゲナーゼはピルビン酸をアセチル CoA にする

ピルビン酸デヒドロゲナーゼ複合体の活性にはいくつかの補酵素が必要である. 5段階の反応におけるそれら補酵素の役割について以下に述べる.

1. E1(ピルビン酸デヒドロゲナーゼともよばれる)により触媒される第1段階の反応ではピルビン酸が脱炭酸される. この反応には補因子としてチアミンピロリン酸〔thiamine pyrophosphate, チアミン二リン酸 (thiamine diphosphate)ともいう,略称 TPP, 図 14・3〕が必要である. TPP はピルビン酸のカルボニル基の炭素を攻撃し, CO_2 が出ていったあとのヒドロキシエチル基と結合する. このカルボアニオンは正に荷

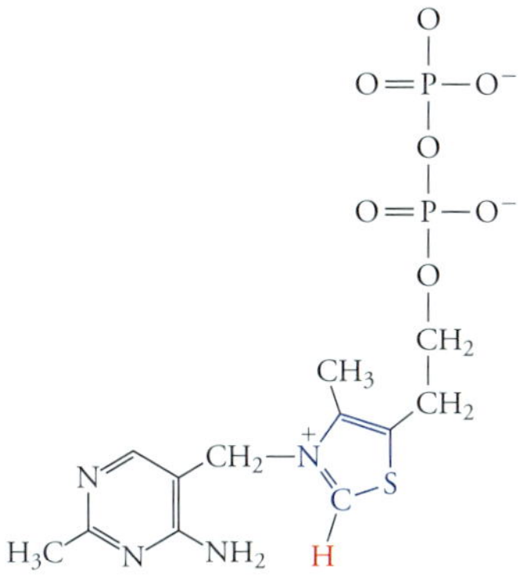

図 14·3　チアミンピロリン酸 (TPP). この補因子はリン酸化されたチアミンすなわちビタミン B_1 である (§12·2 参照). 中央のチアゾリウム環 (青) が活性部位である. 赤で示した水素が解離し, 残されたカルボアニオンは隣の正電荷をもった窒素によって安定化される. いくつかの異なる脱炭酸酵素が TPP を補因子として使っている.

電した TPP のチアゾリウム環によって安定化される.

ヒドロキシエチル-TPP

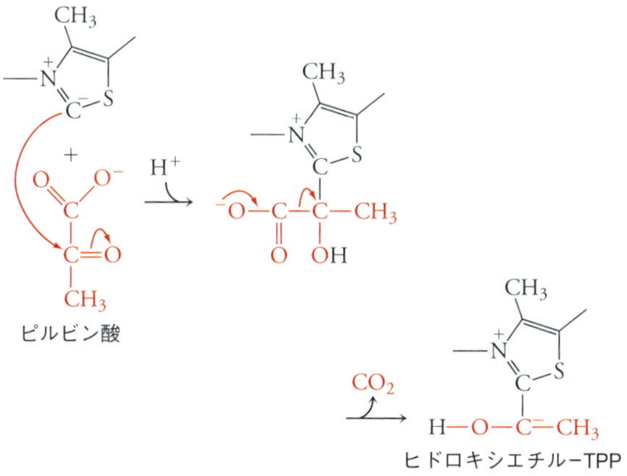

2.　このヒドロキシエチル基は次にピルビン酸デヒドロゲナーゼ複合体の E2 に渡される. ヒドロキシエチル基を受取るのはリポアミド (lipoamide) という補欠分子族である (図 14·4). この転移反応により E1 の補因子 TPP は再生され, ヒドロキシエチル基は酸化されてアセチル基になる.

リポアミド

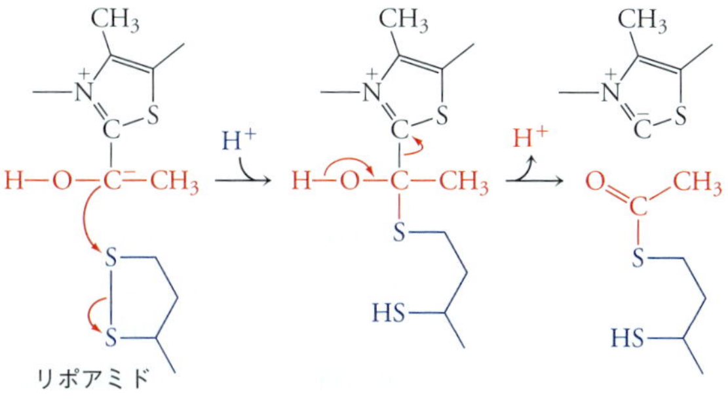

3.　次に E2 はアセチル基を CoA に渡してアセチル CoA にし, 還元状態のリポアミドが残る.

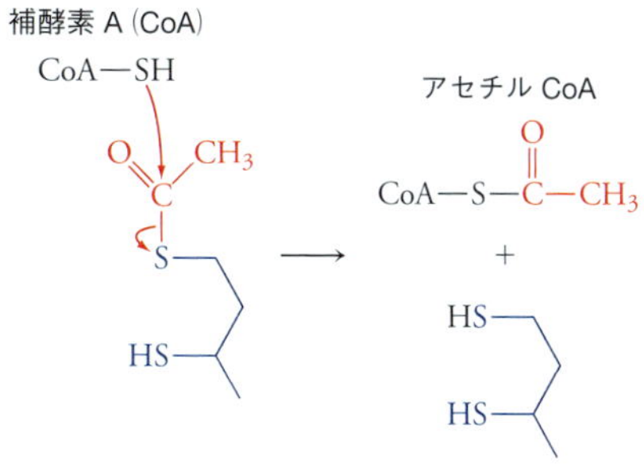

アセチル CoA はチオエステルで, エネルギー通貨の一種であることを思い出してほしい (§12·3 参照). ヒドロキシエチル基が酸化されてアセチル基になるときに放出される自由エネルギーの一部はアセチル CoA 中に保存されている.

4.　最後の二つの反応によりピルビン酸デヒドロゲナーゼ複合体はもとの状態に戻る. まず E3 が自身の Cys–Cys ジスルフィド結合に電子を移すことにより E2 のリポ酸を再酸化する.

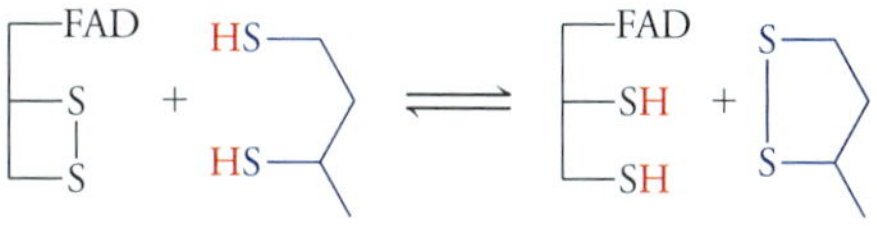

5.　最後に還元された Cys のスルフヒドリル基を NAD^+ が再酸化する. この電子伝達反応は FAD という補欠

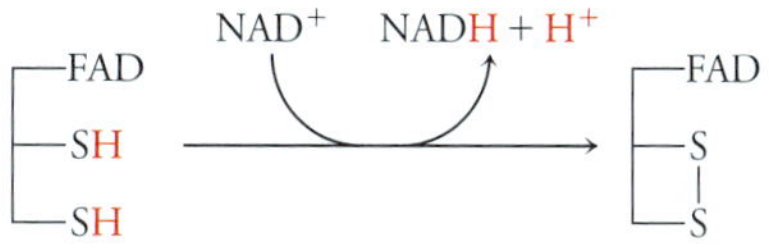

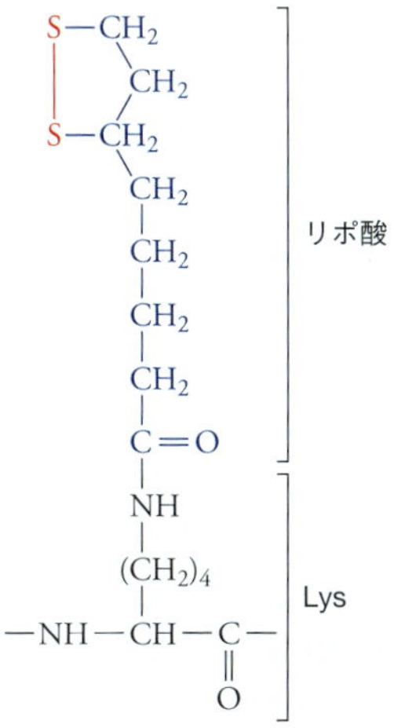

図 14·4　リポアミド. この補欠分子族はタンパク質のリシン残基の ε-アミノ基にリポ酸 (ビタミンの一種) がアミド結合したものである. 長さ 14 Å のリポアミドの活性部位はジスルフィド結合の部分 (赤) で, ここは可逆的に還元されうる.

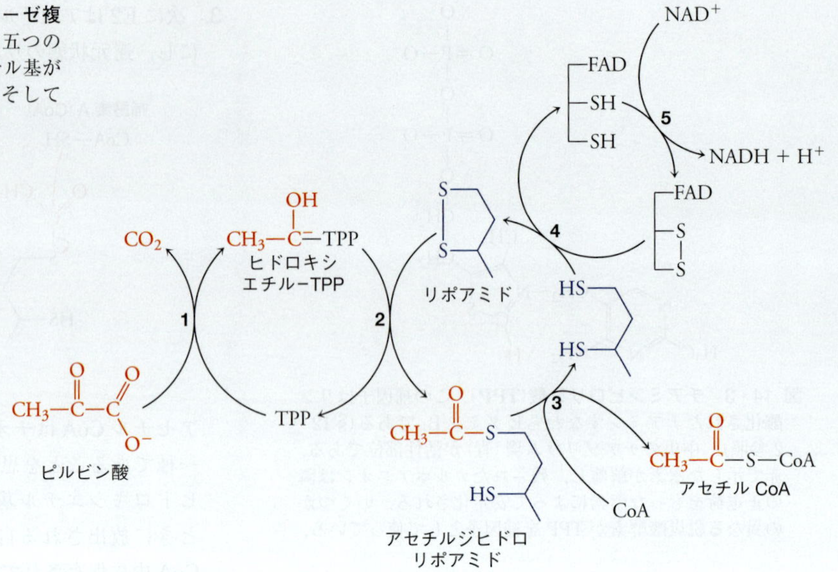

図 14・5 ピルビン酸デヒドロゲナーゼ複合体上で起こっている反応. この五つの反応によりピルビン酸からのアセチル基がCoAに渡され，CO_2が放出され，そしてNAD$^+$が還元されてNADHとなる.

分子族により促される（核酸誘導体である FAD の構造は図 3・3c に示した）.

これら 5 段階の反応の間（全体の反応は図 14・5 にまとめてある），E2 に含まれる長いリポアミドは腕を振るようにして複合体中の E1, E2, および E3 の活性部位に入り込む. その腕は E1 サブユニットからアセチル基を受取り，それを E2 の活性部位にある CoA に渡す. 次にこの腕は E3 の活性部位に入り込み再酸化される. 他の多酵素複合体においてもこうした腕のような構造が存在する. それらはタンパク質中の蝶番でつながったようなドメインに結合していて自由に動けるようになっている.

ピルビン酸デヒドロゲナーゼ複合体のような**多酵素複合体**（multienzyme complex）では，一つの反応の生成物が，外へ拡散していったり他の物質と反応してしまうことなく，すぐに次の反応の基質となるので，多段階の反応が効率よく進行する. 解糖やクエン酸回路の酵素も互いに弱く結びつき，活性部位が近くに集まることにより，それぞれの経路の反応速度を高めているという証拠があがっている.

ピルビン酸デヒドロゲナーゼ複合体の反応速度は生成物阻害によって調節されている. NADH とアセチル CoA がともにこの反応の阻害剤となる. この複合体の活性はホルモンで調節されるリン酸化と脱リン酸によっても制御されている. こうした調節は，この複合体がクエン酸回路に代謝燃料が入る際の入口であることを考えると納得がいくであろう.

14・2　クエン酸回路の 8 段階の反応

重要概念

- クエン酸回路は八つの反応からなり，まずアセチル基がオキサロ酢酸と縮合した後，2 個の CO_2 が失われ，オキサロ酢酸が再生する.
- クエン酸回路が一回りするごとに，NADH 3 分子，QH$_2$ 1 分子，GTP，結果的に ATP 1 分子が生じる.
- クエン酸回路の流れは 3 箇所においてフィードバック阻害によって調節されている.
- クエン酸回路は，進化の過程で酸化的経路と還元的経路が組合わさることによって生じた.

ピルビン酸に由来するアセチル CoA は炭水化物異化の産物であると同時にアミノ酸異化の産物でもある. なぜなら，多くのアミノ酸炭素骨格は分解されてピルビン酸になるからである. また，アセチル CoA は脂肪酸やある種のアミノ酸から直接つくられる. 組織によっては，アセチル CoA の大半が炭水化物やアミノ酸ではなく脂肪酸の異化により生成される.

そのもとは何であれ，アセチル CoA はクエン酸回路に入ってさらに酸化される. この過程は非常に発エルゴン的で，その自由エネルギーはいくつかの段階でヌクレオシド三リン酸（GTP）一つと複数の還元された補因子として保存される. クエン酸回路にアセチル基が入るたびに完全に酸化された CO_2 が 2 分子生じ，これは 4 対の電子が失われたことを意味する. これらの電子は 3 分子の NAD$^+$ と 1 分子のユビキノン（Q）に渡され，3 分子の NADH と 1 分子の還元型ユビキノン（QH$_2$）ができる. したがって，クエン酸回路の全体としての反応は次

14. クエン酸回路

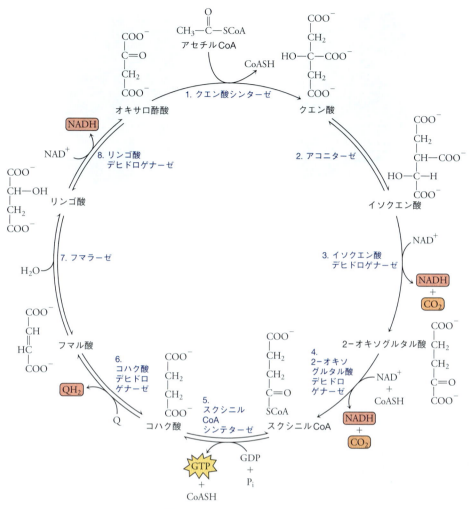

図 14・6 クエン酸回路の反応

のようになる.

アセチル CoA + GDP + P$_i$ + 3 NAD$^+$ + Q ⟶
  2 CO$_2$ + CoA + GTP + 3 NADH + QH$_2$

本節では,二,三の興味深い反応に焦点を当てながら,8段階の酵素反応のつながりを解説する.図 14・6 に全反応をまとめて示す.

1. クエン酸シンターゼはアセチル基をオキサロ酢酸に付加する

クエン酸回路の最初の反応で,アセチル CoA のアセチル基が 4 炭素化合物であるオキサロ酢酸と縮合し 6 炭素化合物のクエン酸となる.クエン酸シンターゼ(citrate synthase)は二量体で,基質と結合すると大きく構造を変える(図 14・7).

クエン酸シンターゼは補因子として金属イオンを使わずに炭素-炭素結合を形成できるめずらしい酵素のひとつである.図 14・8 にその反応機構を示す.最初の反応中間体は通常の水素結合より強い低障壁水素結合(§6・3 参照)の形成により安定化される.最終段階で放出された CoA はピルビン酸デヒドロゲナーゼにより再利用されるか,クエン酸回路の後半でスクシニル CoA の合成に利用される.

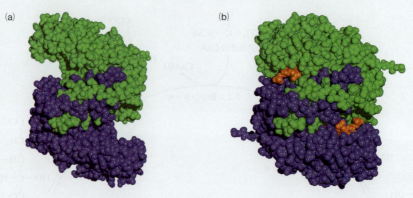

図 14・7 クエン酸シンターゼの構造変化. (a) 基質が存在しないときの構造. 二量体酵素の各サブユニットは青と緑で色分けしてある. (b) オキサロ酢酸 (赤, 埋もれていてごく一部しか見えていない) が結合すると, 各サブユニットは構造変化を起こし, それによりアセチル CoA 結合部位ができる (アセチル CoA の類似体をオレンジで示す). アセチル CoA が結合する前にオキサロ酢酸が結合しなければならない理由はこの構造変化にある. [ニワトリクエン酸シンターゼだけの構造 (pdb 5CSC) は D.-I. Liao, M. Karpusas, S. J. Remington, オキサロ酢酸とカルボキシメチル CoA の結合したクエン酸シンターゼの構造 (pdb 5CTS) は M. Karpusas, B. Branchaud, S. J. Remington によって決定された.]

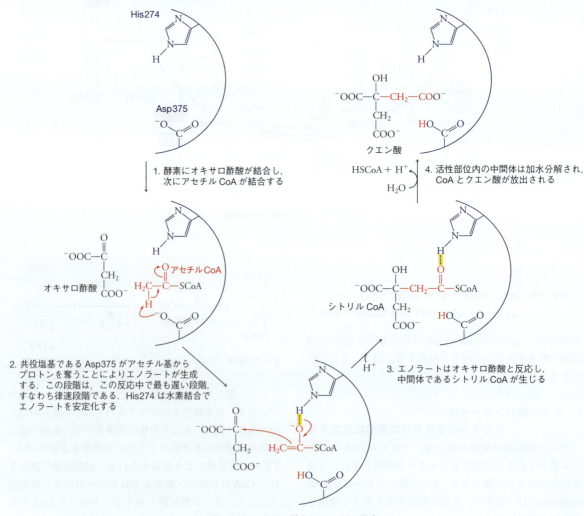

図 14・8 クエン酸シンターゼの反応

クエン酸シンターゼによる反応は非常に発エルゴン的である（$\Delta G^{\circ\prime} = -31.5\ \mathrm{kJ\ mol^{-1}}$．この値はアセチルCoAのチオエステル結合を切ったときの自由エネルギーに等しい）．このあとで，クエン酸回路が効率よく働くためにはこの段階が大きな自由エネルギー変化をもつ必要がある理由について説明する．

2. アコニターゼはクエン酸をイソクエン酸に異性化する

クエン酸回路の2番目の酵素はクエン酸からイソクエン酸への可逆的異性化反応を触媒するアコニターゼ（aconitase）である．この酵素の名称は反応中間体の名称をもとにつけられた．

クエン酸は対称性をもつ分子であるが，二つあるカルボキシメチル基 $-\mathrm{CH_2-COO^-}$ の一方だけがアコニターゼによって脱水され，また加水される．この立体特異性は，クエン酸回路（クレブス回路ともよばれる）を発見したクレブス（Hans Krebs）を含む生化学者を長いあいだ困惑させてきた．最終的にオグストン（Alexander Ogston）は，クエン酸が対称だとしても非対称な酵素に結合したとき，二つのカルボキシメチル基は同等ではないと指摘した（図14・9）．実際には，クエン酸のように鏡面対称性をもった分子の場合，酵素が二つのカルボキシメチル基を区別するには3点接触も必要でない．簡単な有機化学の炭素骨格モデルを使いさえすれば，このことは証明できる．酵素を含む生物系というのは元来キラルなものだということを認識してほしい．

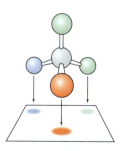

図 14・9 クエン酸シンターゼの立体化学．クエン酸が3点で酵素と結合した場合，カルボキシメチル基（緑）の一方だけが反応する．

（§4・1も参照）．

3. イソクエン酸デヒドロゲナーゼは最初の $\mathrm{CO_2}$ を放出する

クエン酸回路の3番目の反応はイソクエン酸が酸化的脱炭酸によって2-オキソグルタル酸（α-ケトグルタル酸ともいう）になる反応である．基質はまず $\mathrm{NAD^+}$ を NADH にする反応と共役して酸化される．次にケトンから β の位置にある（ケトンから炭素二つ分離れた）カルボキシ基が $\mathrm{CO_2}$ として除去される．この酵素の活性中心に存在する $\mathrm{Mn^{2+}}$ が反応中間体の負電荷を安定化させている．

イソクエン酸デヒドロゲナーゼ（isocitrate dehydrogenase）によってつくられた $\mathrm{CO_2}$ は，このあとの段階でつくられる $\mathrm{CO_2}$ やピルビン酸の脱炭酸でつくられる $\mathrm{CO_2}$ と一緒に細胞から拡散していき，血流によって肺まで運ばれ，呼気により放出される．これらの $\mathrm{CO_2}$ は酸化還元反応によってつくられるということに注意してほしい．すなわち $\mathrm{NAD^+}$ の還元により炭素は酸化されたのである．本章の初めに述べたように，この過程で $\mathrm{O_2}$ は直接関与していない．

4. 2-オキソグルタル酸デヒドロゲナーゼが第二の $\mathrm{CO_2}$ を放出する

2-オキソグルタル酸デヒドロゲナーゼ（2-oxoglutarate dehydrogenase）も，イソクエン酸デヒドロゲナーゼと同様に，酸化的脱炭酸反応を触媒する．さらにこの酵素は残った4炭素化合物を CoA に渡す．

2-オキソグルタル酸の酸化による自由エネルギーはスクシニル CoA のチオエステル結合に保存される．2-オキソグルタル酸デヒドロゲナーゼは多酵素複合体で，

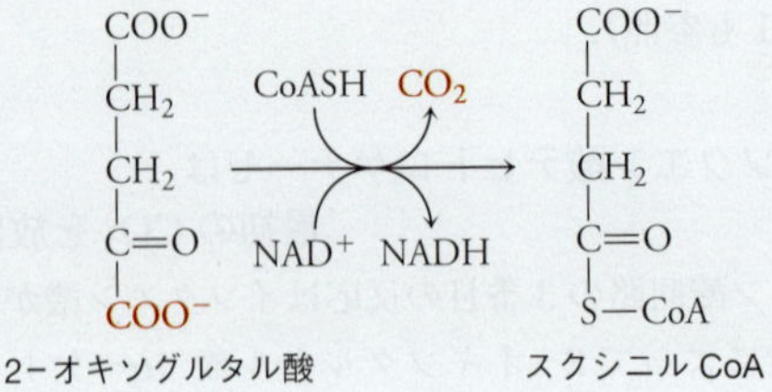

構造や酵素反応機構がピルビン酸デヒドロゲナーゼと似ている．実際，両者には E3 という同じ酵素が含まれている．

イソクエン酸デヒドロゲナーゼと 2-オキソグルタル酸デヒドロゲナーゼによる反応はともに CO_2 を放出する．これらの二つの炭素はアセチル CoA からクエン酸回路に入ってきたものではない．そのアセチル基の炭素はその後の周回の際に放出される（図 14・10）．しかし，全体としてみると，入ってきたアセチル CoA ごとに，クエン酸回路が 1 周回ると 2 個の炭素が CO_2 として失われる．

5. スクシニル CoA シンテターゼは基質レベルのリン酸化を触媒する

チオエステルであるスクシニル CoA は，その結合が切れると大きな自由エネルギー（$\Delta G^{\circ\prime} = -32.6\ \mathrm{kJ\ mol^{-1}}$）を放出する．このエネルギーはヌクレオシド二リン酸とリン酸からヌクレオシド三リン酸を合成するのに（$\Delta G^{\circ\prime} = 30.5\ \mathrm{kJ\ mol^{-1}}$）十分なものである．両者を合わせた反応の自由エネルギー変化は 0 に近いので，この反応は可逆的である．事実，この酵素の名称（スクシニル CoA シンテターゼ succinyl-CoA synthetase）は逆反応からきている．哺乳類クエン酸回路のスクシニル CoA シンテターゼは GTP を生じるが植物や細菌のこの酵素は ATP を生成する（エネルギー的には GTP と ATP は同等であることを思い出してほしい）．発エルゴン反応と共役させてヌクレオシド二リン酸にリン酸基を転移させる反応を**基質レベルのリン酸化**（substrate-level phosphorylation）とよび，酸化的リン酸化（§15・4）や光リン酸化（§16・2）といった間接的 ATP 合成と区別している．

スクシニル CoA シンテターゼはチオエステルの切断とヌクレオシド三リン酸の合成とをどのように結びつけ

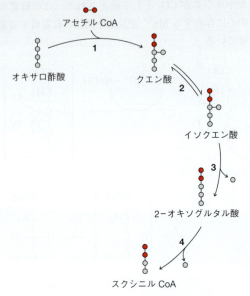

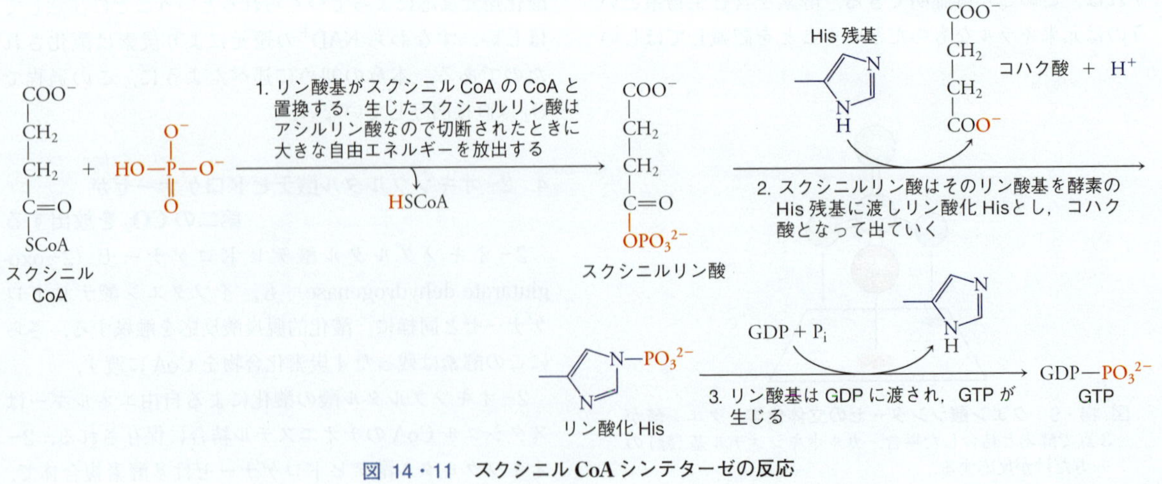

図 14・10　クエン酸回路に入った炭素原子の行方．イソクエン酸デヒドロゲナーゼによる反応（段階 3）と 2-オキソグルタル酸デヒドロゲナーゼによる反応（段階 4）で放出される CO_2 の炭素はクエン酸回路に入ってきたアセチル CoA からのもの（赤）ではない．そのアセチル基の炭素はオキサロ酢酸の一部となって，そのあとの周回の際に放出される．

図 14・11　スクシニル CoA シンテターゼの反応

ているのだろうか．この反応では活性部位に存在するHis残基が関与する連続したリン酸基の転移が行われている（図14・11）．反応中間体であるリン酸化Hisはスクシニル基からヌクレオシド二リン酸へリン酸基を運ぶためにかなりの距離を動かなくてはならない（図14・12）．

6. コハク酸デヒドロゲナーゼはユビキノールをつくる

クエン酸回路の最後の三つの反応はコハク酸を回路の出発物であるオキサロ酢酸に戻すためのものである．コハク酸デヒドロゲナーゼはコハク酸とフマル酸の間の可逆的な脱水素反応を触媒する．この酸化還元反応は補欠分子族のFADを必要とし，それは反応によってFADH$_2$に還元される．

この酵素を再生するためにはFADH$_2$を再酸化しなくてはならない．コハク酸デヒドロゲナーゼはミトコンドリア内膜に埋込まれているので（この酵素はクエン酸回路の8個ある酵素のうち唯一マトリックスに溶けていないものである）水溶性補因子であるNAD$^+$ではなく脂溶性電子伝達体であるユビキノン（§12・2参照）によって再酸化される．ユビキノン（Q）は2個の電子を受取りユビキノール（QH$_2$）になる．

7. フマラーゼは水和反応を触媒する

7番目の反応ではフマラーゼ（fumarase）が二重結合に可逆的に水を付加する反応を触媒してフマル酸をリンゴ酸にする．

8. リンゴ酸デヒドロゲナーゼはオキサロ酢酸を再生する

NAD$^+$に依存する酸化反応によりリンゴ酸からオキサロ酢酸が再生されてクエン酸回路は完結する．

この反応の標準自由エネルギー変化は +29.7 kJ mol^{-1}なので上に書いた方向に進む確率は低い．しかし，反応生成物であるオキサロ酢酸は次の反応の基質である（クエン酸回路の最初の反応）．クエン酸シンターゼによる反応が非常に発エルゴン的なので（熱力学的に起こりやすいので），リンゴ酸デヒドロゲナーゼ（malate dehydrogenase）の反応を正方向へと進行させる．クエン酸回路の第一の反応でアセチルCoAのチオエステル結合が切断されたときに放出された自由エネルギーが後に残らず散逸したようにみえたのはこのためである．

クエン酸回路はエネルギーを放出する触媒回路である

8番目の反応によってクエン酸回路はもとに戻るので，この経路全体がアミノ酸，炭水化物，そして脂肪酸に由来する炭素を処理する触媒のように働いている．セント-ジェルジ（Albert Szent-Györgyi）は，組織標品にコハク酸，フマル酸，あるいはリンゴ酸といった有機物を少量入れただけでO$_2$取込みが活性化されることから，

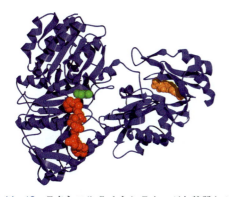

図 14・12　スクシニルCoAシンテターゼと基質との結合．スクシニルCoA（補酵素Aの部分を赤で示す）は酵素に結合し，スクシニル基がリン酸化される．スクシニルリン酸はそのリン酸基を側鎖のHis246（緑）に渡す．リン酸化されるのを待っているヌクレオシド二リン酸（ADP，オレンジ）は35Åも離れたところにあるので，リン酸化Hisを含むループ部分は大きく動かなくてはならない．［大腸菌スクシニルCoAシンテターゼの構造（pdb 1CQI）はM. A. Joyce, M. E. Fraser, M. N. G. James, W. A. Bridger, W. T. Wolodkoによって決定された．］

この経路の触媒的性質を発見した．それらの物質を直接酸化するのに必要な O_2 より消費された O_2 の量がずっと多かったので，彼はそれらの物質が触媒的に働いていると言ったのである．

この酸素の消費はクエン酸回路で生じた還元された補因子（NADH や QH_2）の再酸化過程である酸化的リン酸化によるものであることがわかっている．クエン酸回路で生じる GTP（あるいは ATP）は 1 分子であるが，還元された補因子の O_2 による再酸化によってもっと多くの ATP が生じる．各 NADH から約 2.5 分子，各 QH_2 から約 1.5 分子の ATP が生じる（なぜこれらの値が整数にならないのかは §15・4 参照）．したがって，クエン酸回路に入ったアセチル基 1 個当たり 10 分子の ATP が生じることになる．二つのアセチル基を供給するグルコース 1 分子当たりで得られるエネルギーは次のように計算できる．

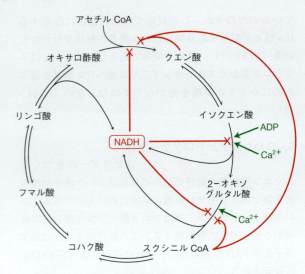

図 14・13　クエン酸回路の調節．阻害は赤で，活性化は緑で示してある．

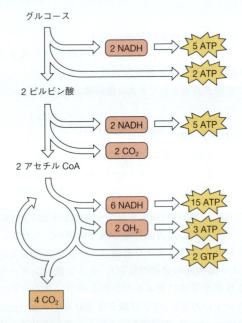

嫌気的条件で収縮している筋肉内ではグルコース 1 分子当たり 2 分子の ATP しか生じないが，好気的条件でクエン酸回路が活発に活動しているとグルコース 1 分子当たり 32 分子の ATP が生じる．この普遍的現象はパスツール（Louis Pasteur）にちなんで**パスツール効果**（Pasteur effect）とよばれている．酵母によるグルコース消費が生育環境を嫌気的から好気的に変えることにより劇的に減ることを彼が最初に発見したからである．

クエン酸回路は三つの段階で調節されている

クエン酸回路の流れは，回路内にある代謝的に不可逆な反応を行っている三つの段階でおもに調節されている．それはクエン酸シンターゼが触媒する反応（反応1），イソクエン酸デヒドロゲナーゼによる反応（反応3），そして 2-オキソグルタル酸デヒドロゲナーゼによる反応（反応4）である．主要な調節因子を図 14・13 に示す．

アセチル CoA もオキサロ酢酸もクエン酸シンターゼを飽和させるほどの濃度では存在していないので，クエン酸回路の第 1 段階の流れは基質濃度に大きく依存する．この反応の生成物であるクエン酸はクエン酸シンターゼを阻害する（クエン酸はホスホフルクトキナーゼも阻害して解糖によって生成するアセチル CoA の量を減らす）．反応 4 の生成物であるスクシニル CoA も自身をつくり出す酵素を阻害する．スクシニル CoA はまた反応 1 のアセチル CoA と拮抗してフィードバック阻害も起こす．

イソクエン酸デヒドロゲナーゼの活性はその生成物である NADH によって阻害される．NADH は 2-オキソグルタル酸デヒドロゲナーゼとクエン酸シンターゼも阻害する．二つのデヒドロゲナーゼは，細胞が自由エネルギーを必要としていることを知らせる Ca^{2+} によって活性化される．より多くの ATP が必要であることを知らせる ADP もイソクエン酸デヒドロゲナーゼを活性化する．まだ理由がはっきりしないが，多くのがん細胞はイソクエン酸デヒドロゲナーゼに突然変異を起こしている（ボックス 14・A）．

クエン酸回路は合成経路として進化してきた

クエン酸回路のような環状の経路は既存の直線型生化学反応経路から進化したはずである．この回路の起源に

ボックス 14・A　臨床との接点

クエン酸回路の酵素の突然変異

クエン酸回路は代謝経路の中心をなすものなので，その構成要員の欠陥は命にかかわると考えられる．しかし，2-オキソグルタル酸デヒドロゲナーゼ，スクシニル CoA シンテターゼ，およびコハク酸デヒドロゲナーゼを含むいくつかのクエン酸回路の酵素の遺伝子に突然変異が起こっていることが研究者によって報告されている．それらの欠陥はすべてまれなものではあるが，通常，中枢神経系に影響を及ぼし，運動障害や神経変性をひき起こす．フマラーゼに起こるまれな欠陥は脳の奇形や発達障害をひき起こす．フマラーゼに別な欠陥をもった患者は筋腫になる危険性が高まる．筋腫とは，子宮筋腫のようながんではない腫瘍で，悪性になる確率が低いものである．そのほかのクエン酸回路の酵素の突然変異もがんと関係している．欠陥をもった酵素が細胞の重要なエネルギー代謝経路を直接妨害することにより**発がん**（carcinogenesis）にかかわるという説明も可能であるが，酵素の欠陥が特別な代謝産物を蓄積させ，それが細胞の正常な発生運命を変えてしまうという説明も可能である．

フマラーゼは後者の機構によりがんに関係しているらしい．正常な細胞は，酸素供給量の低下（hypoxia）に対し低酸素誘導因子群とよばれる転写因子を活性化して応答する．これらのタンパク質は DNA と相互作用して，解糖の酵素の遺伝子および新たな血管の伸長を促す増殖因子の遺伝子の発現を促す．フマラーゼ遺伝子に欠陥があると細胞内にフマル酸が蓄積し，低酸素誘導因子群を不安定化するタンパク質を阻害する．その結果，嫌気的経路である解糖が活発になり，まわりの血管も発達する．これら二つの変化は腫瘍にとって好ましいものである．なぜなら，急速に増殖する腫瘍にとって，血流による酸素の供給や栄養素の補給が制限要因となるからである．

イソクエン酸デヒドロゲナーゼの欠陥も間接的にがんを誘発する．がん細胞の多くは二つある遺伝子の一方にだけ突然変異をもつ．このことは，変異をもたないほうが正常なクエン酸回路を維持するために必要で，変異したほうが発がんに関与することを示唆する．興味深いことに，通常この変異は活性部位の Arg 残基が His 残基に変わっている．このことは，何か機能獲得に対する選択圧がかかっていることを意味している（多くの突然変異はタンパク質の機能を失わせる）．突然変異を起こしたイソクエン酸デヒドロゲナーゼは通常の反応（イソクエン酸を 2-オキソグルタル酸に変換する）を行えなくなるが，NADPH 依存的に 2-オキソグルタル酸を 2-ヒドロキシグルタル酸に変換する．2-ヒドロキシグルタル酸がどのようにしてがんをひき起こすのかははっきりしていないが，それが関与していることは 2-ヒドロキシグルタル酸の蓄積を起こす別の突然変異でも脳腫瘍になりやすくなることから支持されている．

ついての手掛かりは原始的生命体に近いと思われる生物の代謝を調べることにより得られた．そのような生物は大気中に酸素が増える前から存在し，最終的酸化剤として硫黄を利用し，それを H_2S に還元していたのであろう．現存するそのような生物は炭素を中心とする経路とは別な経路から自由エネルギーを得ている嫌気的独立栄養生物である．それらは分子状酸素によって酸化される還元型補因子をつくるためのクエン酸回路はもっていない．しかし，それらの生物もタンパク質，核酸，炭水化物，および脂質などをつくるための低分子を合成する必要がある．

クエン酸回路を使っていない生物であってもいくつかのクエン酸回路の酵素の遺伝子をもっている．たとえば，そうした細胞はアセチル CoA とオキサロ酢酸を縮合させ，いくつかのアミノ酸の前駆体となる 2-オキソグルタル酸をつくっているかもしれない．それらはまたオキサロ酢酸を変化させ，リンゴ酸とフマル酸を経由して，コハク酸にしているかもしれない．これら二つの経路を合わせるとクエン酸回路に似てくる．右へいく反応は通常のクエン酸回路の酸化的過程であり，左へいく反応は逆反応なので還元的過程となる（図 14・14）．その還元的反応過程は他の異化反応によって還元された補因子を再生する方法として進化したものかもしれない（たとえば，解糖のグリセルアルデヒド-3-リン酸デヒド

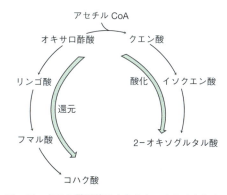

図 14・14　**クエン酸回路のもととなったかもしれない経路**．オキサロ酢酸から始まって右へいく経路は酸化的生合成経路で，左へいく経路は還元的経路である．現在のクエン酸回路はこうした経路をつなぎ合わせてつくられたのかもしれない．

ロゲナーゼによる反応で生成した NADH がそれにあたる，§13・1 参照）．

進化の過程で 2-オキソグルタル酸をコハク酸にする酵素が出現して，現在のクエン酸回路に似た環状経路ができたのかもしれないという説は容易に浮かんでくる．おもしろいことに，大腸菌は好気的生育条件ではクエン酸回路を用いるが，嫌気的生育条件では図 14・14 に示すような途中で切れたクエン酸回路を用いる．

現在のクエン酸回路の最後の四つの反応は代謝上可逆的なので，原始的クエン酸回路も容易に時計方向に回るようになり，酸化的回路となったことであろう．もし全回路が反時計方向に回っていたとすると，この経路は還元的生合成経路になっていたであろう（図 14・15）．この経路は大気中の CO_2 を生体分子として取込む，すなわち "固定" するものとなり，植物や光合成細菌にみられる今日の CO_2 固定経路（§16・3 で述べる）の前駆的なものだったかもしれない．

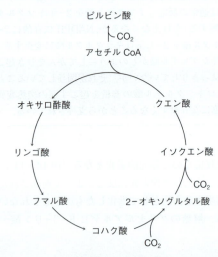

図 14・15 **クエン酸回路をもとに考えられた還元的生合成経路．** この経路は CO_2 を生体分子に取込むように働いていたかもしれない．

14・3　クエン酸回路の同化機能と異化機能

重要概念
- クエン酸回路は他の化合物を合成するための前駆体を供給する．
- クエン酸回路の中間体は外から補充できる．

哺乳類において，8 個あるクエン酸回路の中間体のうち 6 個（イソクエン酸とコハク酸を除いたすべて）が他の経路の前駆体あるいは代謝産物である．このため，クエン酸回路を異化だけの経路とよぶことも，同化だけの経路とよぶこともできない．

他の分子の前駆体となるクエン酸回路の中間体

クエン酸回路の中間体を取出して他の化合物をつくることができる（図 14・16）．たとえば，スクシニル CoA はヘムの合成に使われる．炭素数 5 の 2-オキソグルタル酸はグルタミン酸デヒドロゲナーゼによる還元的アミノ化を受け，グルタミン酸というアミノ酸になる．

$$\begin{array}{c}COO^-\\|\\CH_2\\|\\CH_2\\|\\C=O\\|\\COO^-\end{array} + NH_4^+ \underset{\text{グルタミン酸}}{\overset{NADH + H^+ \quad NAD^+}{\rightleftharpoons}} \begin{array}{c}COO^-\\|\\CH_2\\|\\CH_2\\|\\H-C-NH_3^+\\|\\COO^-\end{array} + H_2O$$

2-オキソグルタル酸　　　　　　　　　　グルタミン酸

グルタミン酸はグルタミン，アルギニン，およびプロリンといったアミノ酸の前駆体となる．グルタミンは次にプリンやピリミジンヌクレオチドの合成の前駆体となる．オキサロ酢酸が単糖合成の前駆体となることはすでに述べた（§13・2）．そのため，クエン酸回路の中間体で最終的にオキサロ酢酸になりうるものはすべて究極的には糖新生の前駆体となるのである．

アセチル CoA とオキサロ酢酸の縮合によって生じたクエン酸はミトコンドリアから細胞質に運び出すことができる．すると ATP-クエン酸リアーゼが次の反応を触媒する．

ATP ＋ クエン酸 ＋ CoA ⟶
ADP ＋ P_i ＋ オキサロ酢酸 ＋ アセチル CoA

生じたアセチル CoA は細胞質で行われる脂肪酸やコ

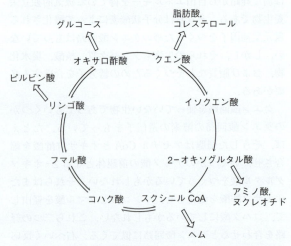

図 14・16 **生合成前駆体となるクエン酸回路の中間体**

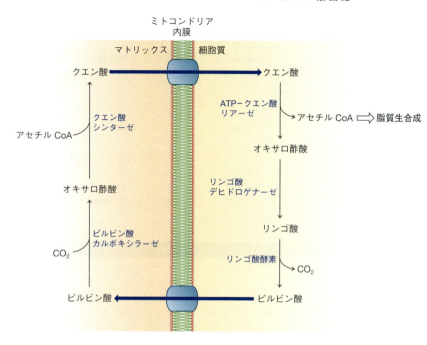

図 14・17 **クエン酸輸送系**. クエン酸とピルビン酸はともに特異的輸送体によってミトコンドリア内膜を通り抜ける．この系によりミトコンドリア内のアセチル CoA の炭素原子がクエン酸として細胞質に放出され，脂肪酸やコレステロールの合成に使われる．

レステロールの合成に使われる．この ATP−クエン酸リアーゼによる反応は発エルゴン的なクエン酸シンターゼによる反応をもとに戻すものなのでエネルギーを浪費しているようにみえる．しかし，ミトコンドリア内でつくられるアセチル CoA は細胞質に出てこられないがクエン酸は出てこられるので，この細胞質で行われる ATP−クエン酸リアーゼの反応は重要である．ATP−クエン酸リアーゼのもう一方の生成物であるオキサロ酢酸は細胞質に存在するリンゴ酸デヒドロゲナーゼが逆に働くことによってリンゴ酸になる．リンゴ酸はリンゴ酸酵素によって脱炭酸されピルビン酸となる．

まで"，plerotikos はギリシャ語の"みたす"からきている，図 14・18）によって補充される．それらのうちで最も重要なものはピルビン酸カルボキシラーゼにより触媒される反応である（この反応は糖新生の最初の反応でもある，§13・2）．

$$\text{ピルビン酸} + CO_2 + ATP + H_2O \longrightarrow \text{オキサロ酢酸} + ADP + P_i$$

アセチル CoA はピルビン酸カルボキシラーゼを活性化するので，クエン酸回路の活性が下がり，アセチル

$$\begin{array}{c}COO^-\\|\\CH-OH\\|\\CH_2\\|\\COO^-\end{array} \underset{\text{リンゴ酸酵素}}{\overset{NADP^+ \quad NADPH}{\rightleftharpoons}} \begin{array}{c}COO^-\\|\\C=O\\|\\CH_3\end{array} + CO_2$$

リンゴ酸　　　　　　　　　　　ピルビン酸

ピルビン酸は再びミトコンドリアに入りオキサロ酢酸になりうるので，図 14・17 に示すような回路が完結する．植物では，イソクエン酸がクエン酸回路から出て**グリオキシル酸回路**（glyoxylate cycle）とよばれる生合成経路に入る（ボックス 14・B）．

補充反応がクエン酸回路の中間体を補充する

他の目的のためにクエン酸回路から失われた中間体は**補充反応**（anaplerotic reaction，ana はギリシャ語の"上

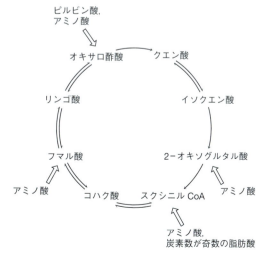

図 14・18　クエン酸回路の補充反応

CoA が増加するとより多くのオキサロ酢酸がつくられるようになる. リンゴ酸デヒドロゲナーゼの反応は熱力学的に不利でクエン酸シンターゼの反応は熱力学的に有利なので, 通常オキサロ酢酸の濃度は低い. オキサロ酢酸が補充されるとただちにクエン酸, イソクエン酸, 2-オキソグルタル酸などに変化していくので, クエン酸回路のすべての中間体が増え, 回路の流れも速くなる. クエン酸回路は触媒的に働くので, その成分の濃度が高まると回路全体の流れも増す.

炭素数が奇数の脂肪酸を分解していくと, 最後にスクシニル CoA というクエン酸回路の中間体になる. そ

の他の補充経路としてはある種のアミノ酸を分解するものがあり, それによって 2-オキソグルタル酸, スクシニル CoA, フマル酸, オキサロ酢酸が生じる. それらの反応のいくつかは次のようなアミノ基転移反応である.

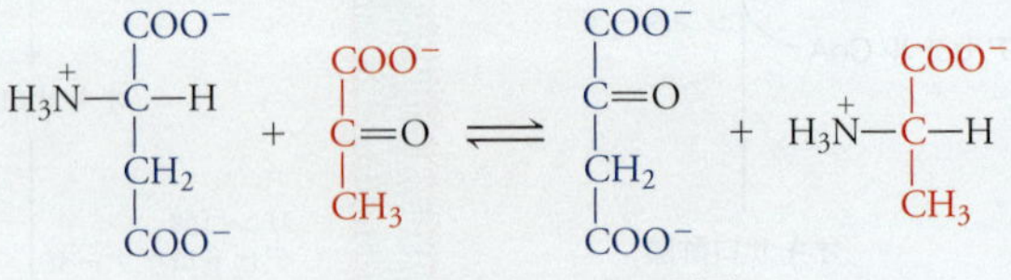

アスパラギン酸　ピルビン酸　オキサロ酢酸　アラニン

ボックス 14・B　🔴 生化学ノート

グリオキシル酸回路

植物やある種の細菌はクエン酸回路の酵素のいくつかと一緒に働く酵素をもっていて, アセチル CoA から糖新生の前駆体であるオキサロ酢酸をつくる. 動物はこうした酵素をもっていないので 2 炭素化合物から炭水化物をつくることができない. 植物の**グリオキシル酸回路**（glyoxylate cycle）の反応はミトコンドリアと**グリオキシソーム**（glyoxysome）にまたがって行われている. このグリオキシソームには, ペルオキシソームと同様に, 重要な代謝過程を進行させる酵素が含まれている.

グリオキシソーム内でアセチル CoA はオキサロ酢酸と縮合してクエン酸となり, それがクエン酸回路と同様に異

性化されイソクエン酸になる. しかし, 次の反応はイソクエン酸デヒドロゲナーゼによるものではなくグリオキシソーム酵素であるイソクエン酸リアーゼによるもので, イソクエン酸はコハク酸と 2 炭素化合物であるグリオキシル酸に変換される. コハク酸はミトコンドリアのクエン酸回路と同様に処理され, オキサロ酢酸となる.

グリオキシソーム内ではこのグリオキシル酸が第二のアセチル CoA と縮合して 4 炭素化合物であるリンゴ酸となる. この反応はグリオキシソーム酵素であるリンゴ酸シンターゼによって行われる. リンゴ酸はオキサロ酢酸に変えられ糖新生に使われる. これら二つの反応はグリオキシル酸回路に特有なもので, 図中では緑で示す. クエン酸回路と同じ反応は青で示す.

グリオキシル酸回路はクエン酸回路に存在する CO_2 を放出する二つの反応（イソクエン酸デヒドロゲナーゼと 2-オキソグルタル酸デヒドロゲナーゼが触媒する反応）をなくし, 第二のアセチル基取込み反応（リンゴ酸シンターゼによる反応）を加えたものといえる. グリオキシル酸回路ではグルコース合成に使える 4 炭素化合物が生成する. この回路は, たくわえられていた油脂（トリアシルグリセロール）が分解されてアセチル CoA がつくられる発芽中の種子において非常に活性が高い. グリオキシル酸回路はこのように脂肪酸からグルコースを合成する経路となっている. 動物にはイソクエン酸リアーゼとリンゴ酸シンターゼがないので, 脂肪から炭水化物を合成することはできない.

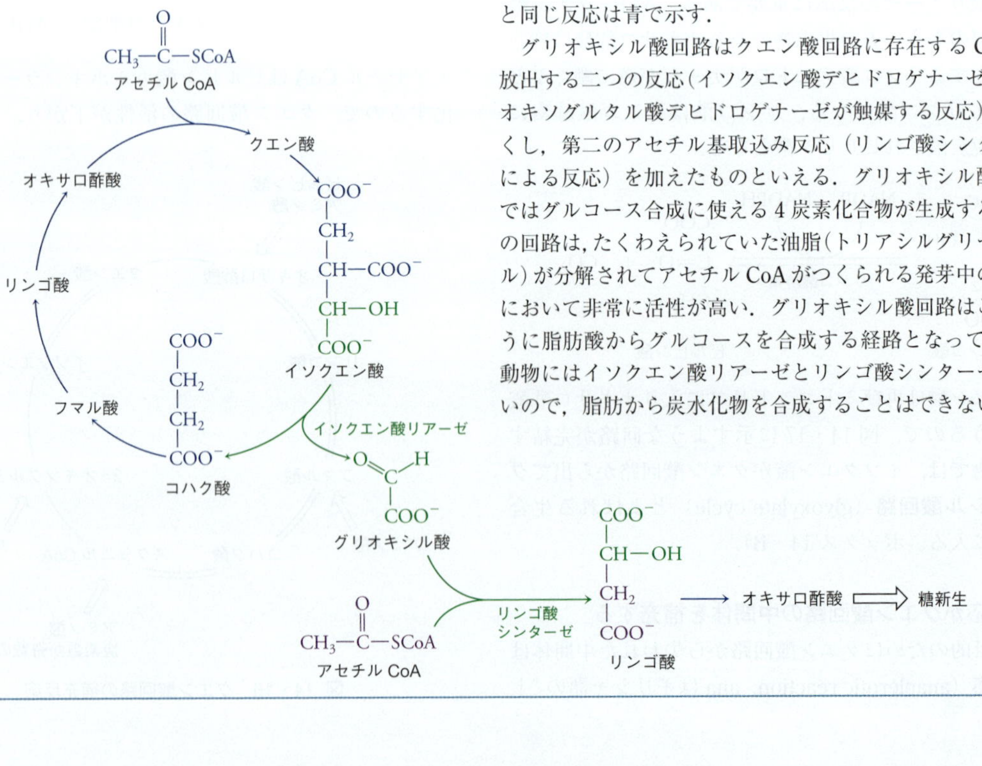

14. クエン酸回路

アミノ基転移反応の ΔG はほぼ 0 なので，クエン酸回路中間体のプールへ流れ込むか流れ出すかは反応物の濃度による．

激しく運動している筋肉では 2〜3 分のうちにクエン酸回路中間体の濃度が 3〜4 倍に増加する．これによりクエン酸回路のエネルギー産出活性が高まることは確かだが，これだけで活性が高められているのではない．実際のクエン酸回路の流れは 100 倍ほどに上昇しており，これは重要な調節点にある三つの酵素すなわちクエン酸シンターゼ，イソクエン酸デヒドロゲナーゼ，および 2-オキソグルタル酸デヒドロゲナーゼの活性上昇による．クエン酸回路中間体の増加は，運動の開始と同時に急激に増す解糖の結果生じた大量のピルビン酸を処理するためのものであろう．すべてのピルビン酸を乳酸にするのではなく（§13・1），一部をピルビン酸カルボキシラーゼの反応によりクエン酸回路の中間体にする．また，一部のピルビン酸はアラニンアミノトランスフェラーゼにより以下のような可逆反応を起こす．

$$
\underset{\text{ピルビン酸}}{\text{COO}^-\ \text{C=O}\ \text{CH}_3} + \underset{\text{グルタミン酸}}{\text{COO}^-\ \text{CH}_2\ \text{CH}_2\ \text{H-C-NH}_3^+\ \text{COO}^-} \rightleftharpoons \underset{\text{アラニン}}{\text{COO}^-\ \text{H}_3\overset{+}{\text{N}}\text{-C-H}\ \text{CH}_3} + \underset{\substack{\text{2-オキソ}\\\text{グルタル酸}}}{\text{COO}^-\ \text{CH}_2\ \text{CH}_2\ \text{C=O}\ \text{COO}^-}
$$

生じた 2-オキソグルタル酸はクエン酸回路の中間体を増加させ，大量に生じたピルビン酸を酸化できるようにする．

クエン酸回路の中間体として入った化合物それ自身は酸化されないという点に注意してほしい．クエン酸回路はアセチル CoA 由来の 2 個の炭素を酸化するためのもので，中間体の増加はこの回路の触媒的働きを高めるだけなのである．

まとめ

14・1 ピルビン酸デヒドロゲナーゼの反応

- 解糖の産物であるピルビン酸がクエン酸回路に入るためには多酵素複合体であるピルビン酸デヒドロゲナーゼ複合体による酸化的脱炭酸を受けねばならない．その結果，アセチル CoA，CO_2，および NADH が生じる．

14・2 クエン酸回路の 8 段階の反応

- クエン酸回路の 8 段階の反応は，アセチル CoA に由来する 2 個の炭素を $2CO_2$ にする多段階触媒として働く．
- この酸化過程により放出された電子は 3 分子の NAD^+ と 1 分子のユビキノンに渡される．その還元された補因子を再酸化する際に酸化的リン酸化により ATP が生成する．さらに，スクシニル CoA シンテターゼにより 1 分子の

GTP，結果的に ATP が生じる．

- クエン酸回路のうちで調節されている段階はクエン酸シンターゼ，イソクエン酸デヒドロゲナーゼ，および 2-オキソグルタル酸デヒドロゲナーゼが触媒する不可逆な段階である．
- クエン酸回路は 2-オキソグルタル酸あるいはコハク酸を生合成する経路から進化してきた可能性が高い．

14・3 クエン酸回路の同化機能と異化機能

- 8 個あるクエン酸回路の中間体のうち 6 個がアミノ酸，単糖，および脂質などの他の化合物の前駆体となる．補充反応は他の化合物をクエン酸回路中間体にし，回路で処理できるアセチル基由来の炭素の量を増やす．

問　題

14・1 ピルビン酸デヒドロゲナーゼの反応

1. 哺乳類細胞内でピルビン酸が変換される反応を四つあげよ．

2. ピルビン酸デヒドロゲナーゼ複合体の五つの反応のうち，どれが代謝として不可逆であるか．その理由も述べよ．

3. ピルビン酸デヒドロゲナーゼ複合体の反応生成物であるアセチル CoA は全反応のうちの段階 3 で放出される．それでは段階 4 と 5 は何のために行われるのか．

4. 脚気（beriberi）は食物中のチアミンピロリン酸（TPP）の前駆体であるチアミンというビタミンが不足すると起こる欠乏症である．脚気になった人の体内では，特にグルコースを摂取したあとに，二つの代謝産物が高濃度になる．それら

は何か．そしてなぜそうなるのか．

5. 亜ヒ酸イオンの毒性の一部は次に示すようにリポアミドなどのチオール化合物と反応することによる．亜ヒ酸イオンが体内に入るとクエン酸回路にどのような影響がでるか．

$$
\underset{\text{亜ヒ酸}}{\text{-O-As}\begin{smallmatrix}\text{OH}\\\text{OH}\end{smallmatrix}} + \underset{\text{ジヒドロリポアミド}}{\begin{smallmatrix}\text{HS}\\\text{HS}\\ \text{R}\end{smallmatrix}} \longrightarrow \text{-O-As}\begin{smallmatrix}\text{S}\\\text{S}\end{smallmatrix} + 2\,H_2O
$$

6. ピルビン酸デヒドロゲナーゼ複合体の反応を例とし，酵母のアルコール発酵（§13・1 参照）における TPP 依存性ピ

ルビン酸デカルボキシラーゼの反応を書け．

7. ピルビン酸デヒドロゲナーゼの活性は次の場合どう影響を受けるか．
   (a) [NADH]/[NAD$^+$] 値が高いとき
   (b) [アセチル CoA]/[CoASH] 値が高いとき

8. ピルビン酸デヒドロゲナーゼの活性はリン酸化によっても調節されている．ピルビン酸デヒドロゲナーゼキナーゼという酵素は，E1 サブユニットの特定の Ser 残基をリン酸化し，不活性化する．ピルビン酸デヒドロゲナーゼホスファターゼという酵素は，そのリン酸基を除去することにより，阻害を解除する．そのキナーゼとホスファターゼの活性は細胞質の Ca^{2+} 濃度によって調節されている．筋肉では，収縮中に Ca^{2+} 濃度が上昇している．先に述べた酵素のうち Ca^{2+} で阻害されるのはどちらで，Ca^{2+} で活性化されるのはどちらか．

9. 今日までに調べられたピルビン酸デヒドロゲナーゼ欠損による病気のほとんどで E1 サブユニットに突然変異が起こっている．この病気の治療はとてもむずかしい．しかし，患者がピルビン酸デヒドロゲナーゼ欠損症であることを知った医師は，治療の手始めとしてチアミンを投与した．なぜそうしたのか説明せよ．

10. ピルビン酸デヒドロゲナーゼ欠損症（問題 9 参照）の第二の治療法はピルビン酸デヒドロゲナーゼキナーゼ（問題 8 参照）を阻害するジクロロ酢酸の投与である．この治療法はどのようにして効果を上げるのか．

14・2 クエン酸回路の 8 段階の反応

11. 解糖（§13・1 参照）の 3 番目の反応を触媒するホスホフルクトキナーゼの活性をクエン酸回路の 1 番目の反応の生成物であるクエン酸が阻害することの利点は何か．

12. 南アフリカの有毒植物 *Dichapetalum cymosum* の葉を食べた動物の細胞内クエン酸濃度は 10 倍に跳ね上がる．この植物はフルオロ酢酸を含んでいて，それは代謝されてフルオロアセチル CoA となる．この有毒植物を食べてしまった動物の細胞内でクエン酸濃度が上昇するのはなぜか．（フルオロアセチル CoA はクエン酸シンターゼの阻害剤ではない．）

13. 部位特異的突然変異誘発によってクエン酸シンターゼの活性部位に存在するヒスチジンをアラニンに変えた変異体をつくった．この変異クエン酸シンターゼの触媒活性が低いのはなぜか．

14. S-アセトニル CoA はブロモアセトンと補酵素 A とから合成することができる．

$$\underset{S\text{-アセトニル CoA}}{\text{H}_3\text{C}-\overset{\overset{\text{O}}{\|}}{\text{C}}-\text{CH}_2-\text{S}-\text{CoA}}$$

   (a) S-アセトニル CoA 生成の反応式を書け．
   (b) クエン酸シンターゼの活性に対する S-アセトニル CoA の阻害効果をみるため，ラインウィーバー–バークプロットを行った．S-アセトニル CoA はどのような阻害を起

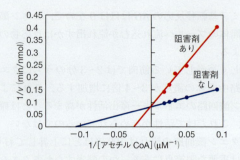

こすか．理由も述べよ．
   (c) アセチル CoA はピルビン酸カルボキシラーゼのアロステリック活性化因子である．S-アセトニル CoA はピルビン酸カルボキシラーゼを活性化せず，この酵素に対するアセチル CoA の結合と競合することもない．この結果は，ピルビン酸カルボキシラーゼがどのようにしてアロステリック活性化因子となることを示唆しているか．

15. カルボキシメチル CoA はクエン酸シンターゼの拮抗阻害剤で，遷移状態と類似の構造をもっていると考えられている．この情報をもとに，オキサロ酢酸との反応の途中にアセチル CoA からつくられる反応中間体の構造を推定せよ．

$$\underset{\substack{\text{カルボキシメチル CoA}\\(\text{遷移状態の類似構造})}}{\text{CoA}-\text{S}-\text{CH}_2-\overset{\overset{\text{OH}}{|}}{\underset{\underset{\text{O}}{\|}}{\text{C}}}}$$

16. クエン酸はクエン酸シンターゼとの結合でオキサロ酢酸と競合する．イソクエン酸デヒドロゲナーゼは筋肉が収縮するときに細胞内に放出される Ca^{2+} によって活性化される．これら二つの調節機構はどのようにして筋肉が休止状態（クエン酸回路の活性が低い）から活動状態（クエン酸回路の活性が高い）への移行を助けるのか．

17. 肺に障害があるときには高濃度の酸素を与えることは有効だが，同時に組織に損傷を与えることになる．
   (a) 高酸素状態におかれると肺のアコニターゼ活性が劇的に低下することがわかっている．クエン酸回路中間体の濃度はどのような影響を受けるか．
   (b) 高酸素状態によってアコニターゼ活性とミトコンドリアの呼吸が下がるとき，解糖とペントースリン酸経路の速度は上昇する．なぜか．

18. 問題 17 のような高酸素状態での実験を行っていた研究者は，培養細胞にフルオロ酢酸あるいはフルオロクエン酸を与えても同じ効果が起こることを見いだした．そうなる理由を述べよ．[ヒント: 問題 12 の解答参照．]

19. 1970 年代に行われたアコニターゼの速度論の研究から，*cis*-アコニット酸を基質として測定したとき，*trans*-アコニット酸が拮抗阻害剤となることがわかった．しかし，クエン酸を基質として測定したとき，*trans*-アコニット酸は非拮抗阻害剤となった．この観察結果を説明する仮説を提案せよ．

20. アコニターゼ遺伝子が機能しない酵母の変異株を単離

した．この株はどのようにしてエネルギーを産生しているのか．

21. イソクエン酸デヒドロゲナーゼの $\Delta G^{\circ\prime}$ は -21 kJ mol^{-1} である．この反応の K_{eq} はいくつか．

22. イソクエン酸デヒドロゲナーゼの結晶構造解析から，この酵素の基質結合ポケットにはよく保存されたアミノ酸のクラスター（アルギニン3個，チロシン1個およびリシン1個からなる）があることがわかった．なぜこれらのアミノ酸残基はよく保存されており，それらのアミノ酸側鎖が基質結合に果たす役割は何だと考えられるか．

23. 細菌のイソクエン酸デヒドロゲナーゼの活性は，活性中心にある特定のSer残基のリン酸化によって調節されている．しかし，X線結晶構造解析で調べると，リン酸化されたものもされていないものも構造に大きな差はなかった．
   (a) リン酸化はどのようにしてイソクエン酸デヒドロゲナーゼの活性を調節しているのか．
   (b) (a)で考えた仮説を検証するために研究者らはそのSer残基をAsp残基に変えた変異体の酵素を作製した．この変異体はイソクエン酸を結合できなかった．この結果は(a)で考えた仮説とあっているか．

24. グルコースを含んだ培地で育った酵母を酢酸などの2炭素化合物しか含まない培地に急激に切替えるといくつかの酵素の発現が変わる．
   (a) グルコースを含む培地から酢酸を含む培地に変えたとき，イソクエン酸デヒドロゲナーゼの発現が増すのはなぜか．
   (b) イソクエン酸デヒドロゲナーゼが機能を失った変異株と野生株の代謝を比較した．両者をグルコースを含む培地で育ち，急に炭素源として酢酸しか含まない培地に変えた．その後48時間にわたって[NAD$^+$]/[NADH]比を測定した．その結果を次に示す．野生株の酵母において，この比が36時間経ってもわずかしか増加しないのはなぜか．変異株に劇的な変化が起こったのはなぜか．

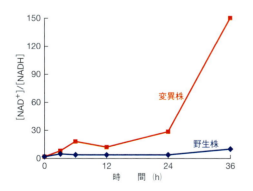

25. ピルビン酸デヒドロゲナーゼ複合体の反応をモデルとして2-オキソグルタル酸デヒドロゲナーゼの反応の中間状態を示せ．五つの反応段階のそれぞれで何が起こっているか述べよ．

26. 問題25の機構を用いてスクシニルリン酸が2-オキソグルタル酸デヒドロゲナーゼを阻害する理由を説明せよ．

スクシニルリン酸

27. スクシニルCoAはクエン酸シンターゼと2-オキソグルタル酸デヒドロゲナーゼの両方を阻害する．スクシニルCoAはなぜ両方の酵素を阻害できるのか．

28. 2-オキソグルタル酸デヒドロゲナーゼ欠乏症の患者は血液中のピルビン酸濃度のわずかな上昇と乳酸濃度の大きな上昇を示す．その結果，[乳酸]/[ピルビン酸]比は通常の数倍になる．この症状の理由を説明せよ．

29. スクシニルCoAシンターゼはコハク酸チオキナーゼともよばれる．なぜこの酵素はキナーゼとみなされるのか．

30. スクシニルCoAシンターゼはαサブユニットとβサブユニットからなる二量体である．αサブユニットの遺伝子は一つでβサブユニットの遺伝子は二つある．その一つはGDPに特異的で，もう一方はADPに特異的である．
   (a) ADPに特異的なβサブユニットは異化が活発な脳や筋肉といった組織で発現しているが，GDPに特異的なものは同化が活発な肝臓や腎臓といった組織で発現している．この観察を説明する仮説を提案せよ．
   (b) αサブユニット遺伝子に突然変異をもって生まれた人は乳酸アシドーシスを起こし，ふつう，生後2〜3日で死亡する．この突然変異はなぜそれほど致命的なのか．
   (c) ADPに特異的なβサブユニット遺伝子に突然変異をもって生まれた人たちは，乳酸濃度が正常かわずかに高い程度で，ふつう，20代前半まで生きていられる．これらの人たちの経過がαサブユニット遺伝子に変異をもった人たちよりよいのはなぜか．

31. マロン酸はコハク酸デヒドロゲナーゼの拮抗阻害剤である．単離したミトコンドリア標品にマロン酸を入れたら，クエン酸回路中間体中の何が蓄積するか．

32. コハク酸デヒドロゲナーゼはグリオキシル酸回路で働く酵素ではないが，この経路が適切に働くために重要だと考えられている．それはなぜか．

33. フマラーゼによる反応の $\Delta G^{\circ\prime}$ は -3.4 kJ mol^{-1} であるが，ΔG はほぼ0である．細胞内と同じ条件で37℃のとき，リンゴ酸に対するフマル酸の量比はいくつか．この反応がクエン酸回路の調節点となる可能性はあるか．

	野生型酵素	E315Q 変異型酵素
V_{max} (μmol min^{-1} mg^{-1})	345	32
K_M (mM)	0.21	0.25
k_{cat} (s^{-1})	1150	107
k_{cat}/K_M (M^{-1} s^{-1})	5.6×10^6	4.3×10^5

34. 細菌フマラーゼの 315 番目の Glu (E) を Gln (Q) に変えた変異型酵素をつくった. この変異型酵素と野生型酵素の反応速度を測定し比較した結果を前ページの表に示す. この変異による違いはどう表れているか説明せよ.

35. クエン酸回路の反応 8 と反応 1 は共役しているとみなすこともできる. なぜなら, アセチル CoA のチオエステル結合を切るという反応 1 の発エルゴン的性質が反応 8 でのオキサロ酢酸生成の駆動力となっているからである.

(a) 全共役反応の式を書き, $\Delta G^{\circ\prime}$ を計算してみよ.

(b) この共役反応の平衡定数はいくつか. 反応 8 だけのときの平衡定数とこの値を比べてみよ.

36. グルコースを好気的に酸化している細胞のほうがグルコースを嫌気的に酸化している細胞よりリンゴ酸デヒドロゲナーゼの活性が高い. なぜか.

37. オキサロ酢酸の C4 の位置に ^{14}C を入れたもの (a) と, アセチル CoA の C1 の位置に ^{14}C を入れたもの (b) を作製し, 呼吸中のミトコンドリア懸濁液に加えた. この標識された炭素はどうなるか.

38. 酵母入りのパンをつくるとき, 膨らんできたパン生地を"拳で潰し", それをまた暖かい場所に置いて"膨らませる". この現象は生化学的に説明するとどういうことか.

39. クエン酸回路の流れは, (a) 基質の供給量, (b) 反応産物阻害, および (c) フィードバック阻害といった単純な機構によって調節されている. それぞれの例をあげよ.

40. ある種の微生物は不完全なクエン酸回路をもっていて, 2-オキソグルタル酸を脱炭酸してコハク酸セミアルデヒドにする. 次にデヒドロゲナーゼがそれをコハク酸にする. これらの反応と他の標準的クエン酸回路の反応とを組合わせると, クエン酸をオキサロ酢酸にする経路をつくることができる. 細胞に自由エネルギーを供給するという点で, この経路は標準的クエン酸回路と比べてどう違うか.

14・3　クエン酸回路の同化機能と異化機能

41. ピルビン酸カルボキシラーゼが触媒する反応がクエン酸回路への補充反応として最も重要なのはなぜか.

42. ピルビン酸カルボキシラーゼがアセチル CoA で活性化されるというのはなぜ絶妙な調節戦略なのか.

43. 多くのアミノ酸が分解されてクエン酸回路の中間体となる.

(a) それらアミノ酸の "残がい" がクエン酸回路で完全に酸化され CO_2 にならないのはなぜか.

(b) ピルビン酸になったアミノ酸はクエン酸回路で完全

に分解されるのはなぜか.

44. 次のアミノ基転移反応がクエン酸回路の補充反応となりうることを説明せよ.

45. 次の化合物からグルコースを合成することは可能か.

(a) 脂肪酸の一種パルミチン酸 (16:0). 分解されて 8 個のアセチル CoA となる.

(b) 脂肪酸の一種ペンタデカン酸 (15:0). 分解されて 6 個のアセチル CoA と 1 個のプロピオニル CoA になる.

(c) グリセルアルデヒド 3-リン酸

(d) ロイシン. 分解されてアセチル CoA とアセト酢酸 (代謝的には 2 個のアセチル CoA と同等な化合物) になる.

(e) トリプトファン. 分解されてアラニンとアセト酢酸になる.

(f) フェニルアラニン. 分解されてアセト酢酸とフマル酸になる.

46. 膵島細胞を 1〜20 mM のグルコース存在下で培養すると, ピルビン酸カルボキシラーゼとピルビン酸デヒドロゲナーゼ複合体の E1 サブユニットの活性がグルコース濃度に比例して上昇する. なぜか.

47. 医者は新生児にピルビン酸カルボキシラーゼ欠損がないかを診断している. アラニンを注射すると通常は糖新生が起こるが, 欠損症患者ではそのような応答がみられない. 理由を説明せよ.

48. 問題 47 で述べた患者の治療として医師がグルタミンを投与した. この病気になぜグルタミンが効くのか説明せよ.

49. 医師の多くはピルビン酸カルボキシラーゼ欠損症の処置としてビオチンを投与する. この処方が効果をもたらすかもしれないと考えられるのはなぜか.

50. ピルビン酸デヒドロゲナーゼ欠損症の患者およびピルビン酸カルボキシラーゼ欠損症の患者 (問題 47〜49) は, ともに血中のピルビン酸および乳酸の濃度が高い. なぜか.

51. 運動前後のラット筋肉の代謝産物を計測した. 運動後, ラット筋肉内のオキサロ酢酸濃度は上がり, ホスホエノールピルビン酸濃度は下がり, ピルビン酸濃度は変わらなかった. なぜか.

52. 酸素はクエン酸回路のどの反応においても反応物となっていないが, この回路が機能するためには必須なものである. 理由を説明せよ.

53. 大腸菌のイソクエン酸デヒドロゲナーゼの活性はリン酸基が共有結合することにより調節される. リン酸化されたイソクエン酸デヒドロゲナーゼは不活性となる. 大腸菌を培養する際に酢酸を栄養源として与えるとイソクエン酸デヒドロゲナーゼはリン酸化される.

(a) 大腸菌内で酢酸がどのように代謝されるのかを示す経

路図を書け.

(b) この培地にグルコースを加えるとイソクエン酸デヒドロゲナーゼのリン酸基は除去される. 酢酸に代わってグルコースが栄養源になると大腸菌内の代謝の流れはどう変わるか.

54. 酵母にはエタノールを基質として糖新生を行うという通常ではみられない性質がある. エタノールはグリオキシル酸回路の助けを借りてグルコースに変換される. この変換がどのように行われるのか説明せよ.

55. 動物にはグリオキシル酸回路がないため脂質を炭水化物に変えることができない. しかし, 動物を飼うときに炭素のすべてを放射性同位素 ^{14}C で置換した脂肪酸だけを与えていると, 標識された炭素を含むグルコースが生じる. どうしてこのようなことが可能なのか.

56. イソクエン酸デヒドロゲナーゼの発現量が低い大腸菌の変異株は, 培地にグルタミン酸を加えると正常に増殖できる. その理由を説明せよ.

57. プリンヌクレオチド回路（次に示す）は筋肉において重要な経路である. 筋肉の活動が高まるとこの回路の活性も高まる. このプリンヌクレオチド回路は激しい運動を行っている筋肉細胞のエネルギー産生にどう貢献するのか説明せよ. IMP はイノシン一リン酸である.

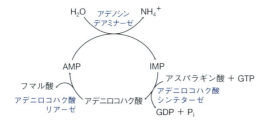

58. 植物の代謝産物であるヒドロキシクエン酸は脂肪蓄積を妨げる薬として宣伝されている.

$$\begin{array}{c} CH_2-COO^- \\ HO-C-COO^- \\ HO-CH-COO^- \end{array}$$
ヒドロキシクエン酸

(a) この化合物はクエン酸とどこが異なるのか.

(b) ヒドロキシクエン酸は ATP-クエン酸リアーゼの活性を阻害する. どのようなタイプの阻害が起こると考えられるか.

(c) ATP-クエン酸リアーゼの阻害がどうして炭水化物が脂肪に変わるのを止めることになるのか.

(d) ヒドロキシクエン酸によって合成が阻害されるその他の化合物としてはどのようなものがあるか.

59. ピロリ菌 *Helicobacter pylori* はヒトの胃腸部上部に生息し慢性胃炎や胃潰瘍, および胃がんの原因とみられている. この細菌の中間代謝を知ることはこれらの病気の薬物治療法開発の助けとなる. ピロリ菌のクエン酸"回路"は環状ではなく枝分かれした経路で, 代謝によりエネルギーを得るのではなく生合成中間体をつくるためのものである. コハク酸は"還元的経路"によって生成されるが 2-オキソグルタル酸は"酸化的経路"によって生成される. この二つの経路は 2-オキソグルタル酸オキシダーゼの反応によってつながれている. その経路図を以下に示す.

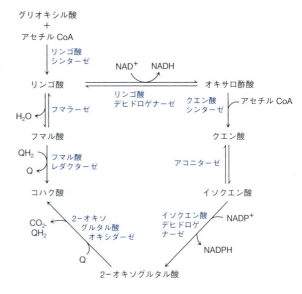

(a) 哺乳類のクエン酸回路とピロリ菌のクエン酸回路を比較して違う点を示せ.

(b) 次の表中の酵素の K_M 値は他の細菌の同様な酵素と比べて大きい. このことからピロリ菌のクエン酸回路はどのような条件下で働いていると言えるか.

(c) ピロリ菌とヒトのクエン酸シンターゼの性質を比較せよ.

(d) ピロリ菌のクエン酸回路を調節しているのはどの酵素と考えられるか.

(e) 胃炎, 胃潰瘍, あるいは胃がんを患っている人への薬はどの酵素を標的としたものがよいか.

酵素	基質	阻害剤	活性化剤
クエン酸シンターゼ	アセチル CoA オキサロ酢酸	ATP	
アコニターゼ	クエン酸		
イソクエン酸デヒドロゲナーゼ（NADP$^+$依存性）	イソクエン酸 NADP$^+$	高濃度 NADP$^+$ イソクエン酸	AMP（弱い）
2-オキソグルタル酸オキシダーゼ	2-オキソグルタル酸		CoASH
リンゴ酸デヒドロゲナーゼ	オキサロ酢酸 NADH		
フマラーゼ	リンゴ酸		
フマル酸レダクターゼ	フマル酸, QH$_2$		
リンゴ酸シンターゼ	グリオキシル酸 アセチル CoA		

60. クエン酸回路の中に還元的経路と酸化的経路をもつピ

ロリ菌（問題59参照）は胃腸部消化管内に存在するアミノ酸と脂肪酸を生合成中間体として使う.

(a) 脂肪酸分解で生じたアセチル CoA を使って，ピロリ菌はどのようにグルコースとグルタミン酸を合成するのか.

(b) ピロリ菌はどのようにアスパラギン酸をグルタミン酸に変換するのか説明せよ.

61. 非発酵性の基質で育てられた酵母をグルコースで育てるようにすると，いくつかの酵素が基質に誘導された阻害を受ける．グルコースによって阻害を受ける酵素群はどのようなもので，それはなぜか.

62. マクロファージや好中球のような食細胞は免疫系の構成要員で，侵入してきた微生物による被害からわれわれをまもってくれている．食細胞は侵入してきた微生物をファゴソーム（phagosome）とよばれる膜で包みこんだ状態にして内部に取込む．そのファゴソームはさまざまなタンパク質分解酵素を含む細胞小器官であるリソソームと融合するので，運がよければ病原菌は分解される．しかし，ある種の微生物はこのファゴソーム内の過酷な環境を生き抜く．その一例が結核菌 *Mycobacterium tuberculosis* で，この菌はマクロファージの中で休眠状態となって長く生き続ける．マクロファージに取込まれたのち，この菌のイソクエン酸リアーゼ，リンゴ酸シンターゼ，クエン酸シンターゼ，リンゴ酸デヒドロゲナーゼの濃度が通常の 20 倍にもなることがわかった.

(a) ファゴソーム内の結核菌はどのような経路を使っており，なぜそれらの経路は生存に必要なのか.

(b) 結核菌に感染した患者の治療薬は何を標的にすべきか.

63. 細菌と植物はホスホエノールピルビン酸カルボキシラーゼという酵素をもっている（動物はもっていない）．この酵素は左下に示す反応を触媒する.

(a) これらの生物にとって，この反応の重要な点は何か.

(b) ホスホエノールピルビン酸カルボキシラーゼは，アセチル CoA とフルクトース 1,6-ビスリン酸の両方によりアロステリックに活性化される．これらの調節機構について説明せよ.

64. コハク酸は薬剤，化粧品，食品に使われる重要な化合物である．これまでは石油化学によって合成されてきたが細菌発酵によりコハク酸をつくる"緑の"製法は環境にやさしい．細菌によるコハク酸産生の最適化をめざしていた研究者は，嫌気的条件でリンゴ酸デヒドロゲナーゼの活性が上昇することに気づいた.

(a) コハク酸がホスホエノールピルビン酸からどのようにしてつくられるかを示す反応式を書け.

(b) コハク酸生成に嫌気的条件が必須なのはなぜか.

65. 培養がん細胞を使った実験から，グルタミンが，タンパク質合成とは別に，生合成反応のために大量に消費されていることが示された．そこで使われている可能性がある経路のひとつはグルタミンをグルタミン酸にし，さらに 2-オキソグルタル酸にする反応である．2-オキソグルタル酸は糖新生に必要なピルビン酸をつくるのに使える.

(a) グルタミンを 2-オキソグルタル酸に変換する反応はどのような性質のものか.

(b) 2-オキソグルタル酸をピルビン酸にするまでに働く酵素の名をすべてあげよ.

66. 多くのがん細胞は解糖系を高速で働かせるが，生じたピルビン酸のほとんどをアセチル CoA ではなく乳酸にする．しかし，高速で増殖するがん細胞には大量の脂肪酸が必要で，その合成にはアセチル CoA が必要である．これらのがん細胞ではイソクエン酸デヒドロゲナーゼが逆反応を行っている．この反応がグルタミン酸などのアミノ酸を脂肪酸に変換するのに役立つ理由を説明せよ.

$$
\begin{array}{c}
CH_2 \\
\parallel \\
C-O-P_i \\
\mid \\
COO^-
\end{array}
+ HCO_3^- \xrightarrow{PPC}
\begin{array}{c}
COO^- \\
\mid \\
CH_2 \\
\mid \\
C=O \\
\mid \\
COO^-
\end{array}
+ P_i
$$

ホスホエノール
ピルビン酸 　　　　　　オキサロ酢酸

参 考 文 献

Barry, M. J., Enzymes and symmetrical molecules, *Trends Biochem. Sci.* **22**, 228−230 (1997). 対称性をもつクエン酸がなぜ非対称な反応をするのかを明らかにした実験や洞察をまとめたもの.

Brière, J.-J., Favier, J., Giminez-Roqueplo, A.-P., and Rustin, P., Tricarboxylic acid cycle dysfunction as a cause of human disease and tumor formation, *Am. J. Physiol. Cell Physiol.* **291**, C1114−C1120 (2006). クエン酸回路の代謝における役割と位置づけについての解説.

Milne, J. L. S., Wu, X., Borgnia, M. J., Lengyel, J. S., Brooks, B. R., Shi, D., Perham, R. N., and Subramaniam, S., Molecular structure of a 9-MDa icosahedral pyruvate dehydrogenase subcomplex containing the E2 and E3 enzymes using cryoelectron microscopy, *J. Biol. Chem.* **281**, 4364−4370 (2006).

Owen, O. E., Kalhan, S. C., and Hanson, R. W., The key role of anaplerosis and cataplerosis for citric acid cycle function, *J. Biol. Chem.* **277**, 30409−30412 (2002). さまざまな臓器におけるクエン酸回路中間体の補充と消耗についての解説.

15

酸化的リン酸化

ATP合成酵素はどのようにして熱力学的に不利な反応を行うのか

これまでのいくつかの章で，細胞がATP加水分解反応による自由エネルギーを使って仕事をする多くの例をみてきた．しかし，最初にATPをつくるためにはADPに三つ目のリン酸を付加するという熱力学的に不利な反応を行わなければならない．解糖やクエン酸回路からもいくらかのATPがつくられるが，好気的生物において，ATPのほとんどはミトコンドリアのATP合成酵素によってつくられる．この酵素はロータリーエンジンのように回転しながらADPにリン酸を付加していく．本章では，このめずらしい分子機械の動力源について検討していこう．

復習事項

- 生物も熱力学の法則に従う（§1・3）.
- 輸送体は溶質が移動する通路をつくるが，その方向は熱力学の法則にのっとり濃度勾配に従う．濃度勾配に逆らって移動させるときはATPを使う（§9・1）.
- NAD^+やユビキノンのような補酵素は酸化される化合物から電子を受取る（§12・2）.
- ATPのリン酸無水物結合が切れると大きな自由エネルギー変化が起こる（§12・3）.

グルコース，脂肪酸，およびアミノ酸などの代謝燃料の酸化やクエン酸回路によるアセチル基の炭素のCO_2への酸化によりNADHやユビキノール（QH_2）といった還元された補因子がつくられる．これらの化合物の再酸化（好気性生物においては最終的には酸素分子による）は発エルゴン反応なので，それらはエネルギー通貨（§12・3参照）となっている．それによって放出される自由エネルギーは**酸化的リン酸化**（oxidative phosphorylation）とよばれる機構によりATP合成に使われる．図12・10に示したように，酸化的リン酸化は代謝燃料の異化の最終段階で，細胞内ATPの主要な供給源である（図15・1）.

酸化的リン酸化は，この前の二つの章で扱ってきた伝統的生化学反応とは異なっている．特にATP合成は，キナーゼが触媒する反応といったような特定の一つの化学反応と直接共役していない．酸化的リン酸化はむしろ間接的な過程で，化学反応の自由エネルギーはATP合成に使われる前に膜を隔てたプロトンの濃度勾配に変換

され，たくわえられる．

酸化的リン酸化を理解するためには，まず他の代謝反応でつくられた還元された補因子がどのように酸素分子によって再酸化されるかを知らなければならない．NADHやQH_2などの還元された化合物からO_2のような酸化された化合物への電子の流れは熱力学的に有利なものである．まず，この電子伝達反応に伴う自由エネルギー変化は関与している化学物質の還元電位から定量化できるということを述べる．次に，小さな分子から巨大な膜内在性タンパク質中の補欠分子族に至るさまざまな電子伝達体の間をどのような順で電子が受け渡されていくのかをみていく．NADHやQH_2からの電子が酸素分子まで運ばれていく際に，膜に結合したタンパク質はH^+をミトコンドリアの一方から他方へ輸送する．この過程は膜を挟んでの化学的勾配の形成とその利用という化学浸透圧説の第1段階である．最後に，H^+濃度勾配の自由エネルギーを使ってADPとP_iからATPを結合するATP合成酵素の構造について解説する．

15・1 酸化還元反応の熱力学

重要概念

- 標準還元電位は物質の還元されやすさを示している．実際の還元電位はそれらの物質の濃度に依存する．
- 電子は還元電位の低い物質から高い物質へと渡される．
- 酸化還元反応における自由エネルギー変化は還元電位の差に依存する．

$$\text{FADH}_2 + \text{Q} \rightleftharpoons \text{FAD} + \text{QH}_2$$
還元型　酸化型　　酸化型　還元型

この反応において，2個の電子は2個のH原子の形で渡される（H原子はプロトンと電子，すなわちH^+とe^-からなる）．補因子NAD^+が関与する酸化還元反応では，電子対はヒドリドイオン（H^-，プロトンと2個の電子からなる）の形で渡される．生体内で電子はふつう対になって移動する．しかしあとでわかるが，1回に1個しか渡せない場合もある．Fe^{3+}が還元されてFe^{2+}になる場合のように反応物の酸化状態が一目でわかることもあるが，コハク酸が酸化されてフマル酸になる場合（§14・2）などでは分子の構造を詳しく見ないとわからないことがある．

還元電位は
物質の電子の受取りやすさを示すものである

物質が電子を受取りやすいか（還元されやすいか）あるいは電子を与えやすいか（酸化されやすいか）を定量的に示すことができる．酸化還元反応には酸化剤と還元剤の両方が必要ではあるが，その一方だけすなわち**半反応**（half-reaction）について考えることも役に立つ．上で述べた例で考えると，ユビキノンの半反応は（還元されると考えると）

$$\text{Q} + 2\text{H}^+ + 2e^- \rightleftharpoons \text{QH}_2$$

である（この反応式を左右逆に書くと酸化の半反応となる）．

ある物質，たとえばユビキノンの電子に対する親和性をその物質の**標準還元電位**（standard reduction potential, $\varepsilon°'$）といい，単位はボルト（V）である．°と′の印はこの値が標準生化学状態，すなわち圧力1気圧，温度25 ℃，pH 7.0 ですべてのものが 1 M 存在するときの値であることを意味する．$\varepsilon°'$の値が大きいほどその物質の酸化型は電子を受取りやすく還元されやすい．表15・1にいくつかの生体物質の標準還元電位をあげる．

ΔGと同様に，実際の還元電位は酸化されるものと還元されるものの濃度に依存する．実際の**還元電位**（reduction potential）εと標準還元電位$\varepsilon°'$の関係は**ネルンストの式**（Nernst equation）で表される．

$$\varepsilon = \varepsilon°' - \frac{RT}{nF} \ln \frac{[A_{還元型}]}{[A_{酸化型}]} \quad (15・1)$$

ここでRは気体定数で 8.3145 J K^{-1} mol^{-1}，Tは絶対温度，nは受け渡される電子の数（本書に出てくる反応では1か2），Fは**ファラデー定数**（Faraday constant）で 96,485 J V^{-1} mol^{-1}（1価のカチオン1モルの電気量）

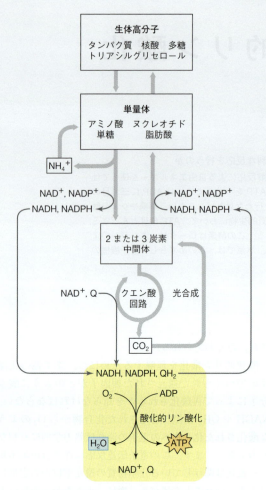

図 15・1　**酸化的リン酸化と他の経路との関係**．アミノ酸，単糖，および脂肪酸の酸化的異化の際に生じた還元された補因子NADHとQH_2は酸素分子によって再酸化される．この過程による自由エネルギーはたくわえられ，ADPとP_iからATPを合成するために使われる．

酸化還元反応（§12・2）は他の化学反応と同じように分子の一部分（この場合は電子である）が転移する反応である．どんな酸化還元反応においても，一方の反応物〔**酸化剤**（oxidizing agent, oxidant）とよばれる〕は電子を受取って還元され，他方の反応物〔**還元剤**（reducing agent, reductant）とよばれる〕は電子を放出して酸化される．

$$A_{酸化型} + B_{還元型} \rightleftharpoons A_{還元型} + B_{酸化型}$$

たとえば，コハク酸デヒドロゲナーゼの反応において（クエン酸回路の6番目の反応，§14・2参照），この酵素の補欠分子族である還元状態の$FADH_2$から2個の電子がユビキノン（Q）に渡され，$FADH_2$は酸化されユビキノンは還元される．

15. 酸化的リン酸化　329

表 15・1　生体物質の標準還元電位

半反応	$\varepsilon^{\circ\prime}$ (V)
$1/2 O_2 + 2H^+ + 2e^- \rightleftharpoons H_2O$	0.815
$SO_4^{2-} + 2H^+ + 2e^- \rightleftharpoons SO_3^{2-} + H_2O$	0.48
$NO_3^- + 2H^+ + 2e^- \rightleftharpoons NO_2^- + H_2O$	0.42
シトクロム $a_3(Fe^{3+}) + e^- \rightleftharpoons$ シトクロム $a_3(Fe^{2+})$	0.385
シトクロム $a(Fe^{3+}) + e^- \rightleftharpoons$ シトクロム $a(Fe^{2+})$	0.29
シトクロム $c(Fe^{3+}) + e^- \rightleftharpoons$ シトクロム $c(Fe^{2+})$	0.235
シトクロム $c_1(Fe^{3+}) + e^- \rightleftharpoons$ シトクロム $c_1(Fe^{2+})$	0.22
シトクロム $b(Fe^{3+}) + e^- \rightleftharpoons$ シトクロム $b(Fe^{2+})$ （ミトコンドリア）	0.077
ユビキノン $+ 2H^+ + 2e^- \rightleftharpoons$ 還元型ユビキノン	0.045
フマル酸$^- + 2H^+ + 2e^- \rightleftharpoons$ コハク酸$^-$	0.031
$FAD + 2H^+ + 2e^- \rightleftharpoons FADH_2$ （フラビンタンパク質中）	約 0
オキサロ酢酸$^- + 2H^+ + 2e^- \rightleftharpoons$ リンゴ酸$^-$	−0.166
ピルビン酸$^- + 2H^+ + 2e^- \rightleftharpoons$ 乳酸$^-$	−0.185
アセトアルデヒド $+ 2H^+ + 2e^- \rightleftharpoons$ エタノール	−0.197
$S + 2H^+ + 2e^- \rightleftharpoons H_2S$	−0.23
リポ酸 $+ 2H^+ + 2e^- \rightleftharpoons$ ジヒドロリポ酸	−0.29
$NAD^+ + H^+ + 2e^- \rightleftharpoons NADH$	−0.315
$NADP^+ + H^+ + 2e^- \rightleftharpoons NADPH$	−0.320
アセト酢酸$^- + 2H^+ + 2e^- \rightleftharpoons$ 3−ヒドロキシ酪酸$^-$	−0.346
酢酸$^- + 3H^+ + 2e^- \rightleftharpoons$ アセトアルデヒド $+ H_2O$	−0.581

出典: 多くは P. A. Loach, in Fasman, G. D.(ed.), *Handbook of Biochemistry and Molecular Biology* (3rd ed.), Physical and Chemical Data, Vol. I, pp. 123−130, CRC Press (1976) による.

である. 25 °C (298 K) のとき, ネルンストの式は

$$\varepsilon = \varepsilon^{\circ\prime} - \frac{0.026\,\text{V}}{n} \ln \frac{[A_{還元型}]}{[A_{酸化型}]} \quad (15 \cdot 2)$$

となる. 生体内の多くの物質では還元型と酸化型の濃度が同じくらいなので, 対数の入った第2項は小さな値となり ($\ln 1 = 0$ であるから), ε は $\varepsilon^{\circ\prime}$ に近い値をとる (計算例題 15・1).

●●● 計算例題 15・1

問題　フマル酸濃度 40 μM, コハク酸濃度 200 μM で 25 °C のときのフマル酸の還元電位 ($\varepsilon^{\circ\prime} = 0.031$ V) を計算せよ.

解答　(15・2) 式を使う. フマル酸の濃度を酸化された物質のところに, コハク酸の濃度を還元された物質のところに代入する.

$$\varepsilon = \varepsilon^{\circ\prime} - \frac{0.026\,\text{V}}{n} \ln \frac{[A_{還元型}]}{[A_{酸化型}]}$$

$$= 0.031\,\text{V} - \frac{0.026\,\text{V}}{2} \ln \frac{(2 \times 10^{-4})}{(4 \times 10^{-5})}$$

$$= 0.031\,\text{V} - 0.021\,\text{V} = 0.010\,\text{V}$$

練習問題

1. 37 °C で［フマル酸］＝ 80 μM,［コハク酸］＝ 100 μM のときのフマル酸の還元電位を計算せよ.

2. 25 °C で $\varepsilon = 0.5$ V,［$A_{還元型}$］＝ 5 μM, および［$A_{酸化型}$］＝ 200 μM のとき物質 A の標準還元電位を計算せよ. ただし, $n = 2$ とする.

還元電位の差から自由エネルギー変化を計算できる

異なる物質の還元電位がわかると二つの物質の間で電子がどう移動するかを予想するのに役立つ. それらの物質が同一溶液中に存在しているか, あるいは別べつの容器に入れられ電線でつながれると, 電子は還元電位の低い物質から還元電位の高い物質へと流れる. たとえば Q/QH$_2$ と NAD$^+$/NADH を含む系において, 電子が QH$_2$ から NAD$^+$ へ流れるのか, それとも NADH から Q へ流れるのかを予想できる. 表 15・1 の標準還元電位の値をみると, NAD$^+$ の $\varepsilon^{\circ\prime}$ は −0.315 V でユビキノンの $\varepsilon^{\circ\prime}$ (0.045 V) より低いことがわかる. したがって, NADH が電子をユビキノンに渡すであろう. すなわち, NADH は酸化され, Q は還元される.

完全な酸化還元反応は二つの半反応を組合わせればできあがる. NADH とユビキノンとの反応は, ユビキノンが還元される半反応 (表 15・1 に書いてあるとおりの方向) と NADH が酸化される半反応 (表 15・1 に書いてある方向と反対の方向) を合わせたものとなる. NAD$^+$ の半反応は表に書かれている方向と反対の反応なので, $\varepsilon^{\circ\prime}$ の値の符号も反対になることに注意してほしい.

$NADH \rightleftharpoons NAD^+ + H^+ + 2e^-$	$\varepsilon^{\circ\prime} = +0.315$ V
$Q + 2H^+ + 2e^- \rightleftharpoons QH_2$	$\varepsilon^{\circ\prime} = +0.045$ V
$NADH + Q + H^+ \rightleftharpoons NAD^+ + QH_2$	$\Delta\varepsilon^{\circ\prime} = +0.360$ V

このように二つの半反応を足し合わせると本来の反応式となり, それぞれの還元電位を足し合わせるとこの反応の $\Delta\varepsilon^{\circ\prime}$ が得られる. 還元電位は半反応の性質を表すもので実際の反応方向とは関係ないことに注意してほしい. 上式で $\varepsilon^{\circ\prime}$ の正負の符号を逆にしたのは計算を簡単にするためである. $\Delta\varepsilon^{\circ\prime}$ を計算するには以下のようにしてもよい.

$$\Delta\varepsilon^{\circ\prime} = \varepsilon^{\circ\prime}_{電子受容体} - \varepsilon^{\circ\prime}_{電子供与体} \quad (15 \cdot 3)$$

当然のことではあるが, ε の差が大きければ大きいほど ($\Delta\varepsilon$ が大きければ大きいほど), 電子は一方の物質から他方の物質へと移動しようとする傾向が強く, 系の自由エネルギー変化も大きくなる. ΔG と $\Delta\varepsilon$ の関係は以

下のようになる.

$$\Delta G^{\circ\prime} = -nF\Delta\varepsilon^{\circ\prime} \quad \text{すなわち} \quad \Delta G = -nF\Delta\varepsilon \tag{15・4}$$

したがって $\Delta\varepsilon$ が大きく正の場合 ΔG は大きく負となる（計算例題 15・2 参照）. 反応する物質の還元電位によっては, 酸化還元反応は非常に大きなエネルギーを放出することができる. 代謝燃料の酸化によって還元された補因子の再酸化が行われるミトコンドリアでは, まさにそれが起こっている. この過程で放出された自由エネルギーは酸化的リン酸化による ATP 合成に使われている. 図 15・2 はミトコンドリアの主要な電子輸送体を還元電位順に並べて示したものである. NADH から最終電子受容体である O_2 に至る電子伝達のそれぞれの段階で, 自由エネルギー変化は負になっている.

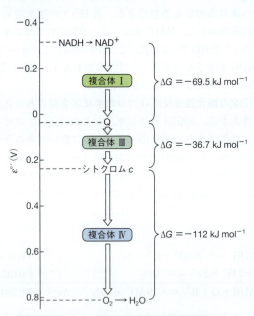

図 15・2 ミトコンドリアの電子伝達系の概観. 主要な電子伝達体の還元電位を示した. 複合体 I, III, および IV における酸化還元反応は自由エネルギーを放出する.

●●●◯ 計算例題 15・2

問題 リンゴ酸が NAD^+ によって酸化されるときの標準自由エネルギー変化を計算せよ. 標準状態でこの反応は自発的に起こるか.

解答 1 まず, それぞれの半反応を書く. そのときにリンゴ酸の半反応を逆方向に書き（酸化される反応にする）, 同時に $\varepsilon^{\circ\prime}$ の正負を反対にする.

リンゴ酸 ⟶ オキサロ酢酸 $+ 2H^+ + 2e^-$
$\qquad\qquad\qquad\qquad\qquad\varepsilon^{\circ\prime} = +0.166\,\text{V}$

$NAD^+ + H^+ + 2e^- \longrightarrow NADH \qquad \varepsilon^{\circ\prime} = -0.315\,\text{V}$

―――――――――――――――――――――
リンゴ酸 $+ NAD^+ \longrightarrow$
$\qquad$ オキサロ酢酸 $+ NADH + H^+ \qquad \Delta\varepsilon^{\circ\prime} = -0.149\,\text{V}$

解答 2 電子受容体（NAD^+）と電子供与体（リンゴ酸）を確認し,（15・3）式にそれらの標準還元電位を代入する.

$$\Delta\varepsilon^{\circ\prime} = \varepsilon^{\circ\prime}_{\text{電子受容体}} - \varepsilon^{\circ\prime}_{\text{電子供与体}}$$
$$= -0.315\,\text{V} - (-0.166\,\text{V}) = -0.149\,\text{V}$$

解答 1, 2 に共通な部分 この反応の $\Delta\varepsilon^{\circ\prime}$ は $-0.149\,\text{V}$ である.（15・4）式から $\Delta G^{\circ\prime}$ を計算すると

$$\Delta G^{\circ\prime} = -nF\Delta\varepsilon^{\circ\prime}$$
$$= -(2)(96{,}485\,\text{J}\,\text{V}^{-1}\,\text{mol}^{-1})(-0.149\,\text{V})$$
$$= +28{,}750\,\text{J}\,\text{mol}^{-1} = +28.8\,\text{kJ}\,\text{mol}^{-1}$$

となり, この反応の $\Delta G^{\circ\prime}$ は正なので自発的には進まない.（生体内では, この吸エルゴン反応はクエン酸回路の 8 番目の反応で, 発エルゴン反応である 1 番目の反応と共役している.）

練習問題
3. ユビキノンによるリンゴ酸の酸化の標準自由エネルギー変化を計算せよ. 標準状態においてこの反応は自発的に起こるか.
4. 酵母ではアルコールデヒドロゲナーゼがアセトアルデヒドを還元してエタノールにする（§13・1）. 標準状態におけるこの反応の自由エネルギー変化を計算せよ.
5. 細胞内でシトクロム c はシトクロム c_1 を酸化する. その逆反応の自由エネルギー変化を計算せよ.

15・2 ミトコンドリアの電子伝達系

重要概念
- ミトコンドリア内膜はマトリックスを包み込んでおり, 膜には特有な輸送タンパク質が埋込まれている.
- 複合体 I は NADH からの電子をユビキノンに伝達する.
- ミトコンドリア内で行われるクエン酸回路, 脂肪酸酸化, および他の過程からもユビキノールがつくられる.
- 複合体 III によって行われる Q 回路でシトクロム c が還元される.
- 複合体 IV はシトクロム c からの電子を使って O_2 を還元して H_2O にする.

好気性生物では, 解糖, クエン酸回路, 脂肪酸酸化および他の代謝経路によってつくられた NADH やユビキノールは最終的に酸素分子によって再酸化され, この過程は**呼吸**（respiration）とよばれる. O_2 が H_2O に還

元される反応の標準還元電位は +0.815 V なので，さまざまな生体物質のなかで O_2 が最も強い酸化剤であることがわかる（表 15・1 参照）．O_2 による NADH の酸化，すなわち NADH から電子が直接 O_2 へ渡されるとしたら非常に大きな自由エネルギーが放出されるはずだが，この反応は 1 段階では起こらない．電子は複数の段階を経て O_2 に渡されることにより，この反応の自由エネルギーを保存する機会をつくっている．真核生物では，酸化的リン酸化の全過程がミトコンドリアの膜に結合したタンパク質複合体によって行われている．（原核生物では細胞膜のタンパク質が類似した働きをしている．）以下の節では，還元された補因子から O_2 への電子がどのようにこの"呼吸鎖"を流れていくかについて説明する．

ミトコンドリアの膜が二つの区画の境界となる

ミトコンドリア（mitochondrion, *pl.* mitochondria）は 2 層の膜に包まれていて，その起源が共生細菌であることと合致する．外膜にはポリン（porin）と似たタンパク質が存在していて質量約 10 kDa までの物質は通すので，ある種の細菌と同様にかなり透過性が高い（ポリンの構造と機能については §9・2 参照）．内膜は入り組んだ構造をとっていて，その内側の空間は**ミトコンドリアマトリックス**（mitochondrial matrix）とよばれている．ミトコンドリア内膜は，特異的輸送タンパク質によるものを除いて，イオンや低分子化合物を透過させないので，マトリックス内の組成は内膜と外膜に挟まれた部分のものとは異なっている．外膜にはポリンが存在しているので，この**膜間腔**（intermembrane space）のイオン組成は細胞質とほとんど同じだと考えられている（図 15・3）．

これまで，ミトコンドリアは回転楕円体で，内膜が**クリステ**（crista, *pl.* cristae）とよばれるひだ状になっている細胞小器官だといわれてきた（図 15・4a）．しかし，さまざまな角度から撮影した電子顕微鏡写真をもとに細胞内構造の三次元像を再構築する**電子線トモグラフィー**（electron tomography）という手法で観察すると，ミトコンドリアの構造はもっと複雑であることがわかった．たとえば，クリステは平面的ではなく不規則な膨らみをもち，内膜の他の部位との間に管状の連結部をもっていた（図 15・4b）．さらに，ある種の細胞は数百から数千の細菌のような形をしたミトコンドリアを含んでおり，別の細胞では多くの枝分かれをもち，網目になった管状ミトコンドリアを 1 個だけ含んでいた（図 15・4c）．個々のミトコンドリアは細胞内を動き回り，融合や分裂を行っている．

その起源が太古に自由に生活していた生物であったこ

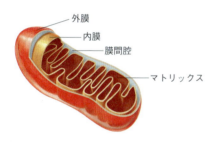

図 15・3 ミトコンドリアの構造模式図．透過性の低い内膜がタンパク質に富んだマトリックスを包んでいる．外膜は質量が約 10 kDa 以下の物質を透過させるほどなので，膜間腔のイオン組成は細胞質のものとほぼ同じである．

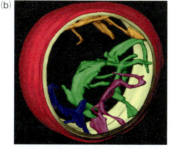
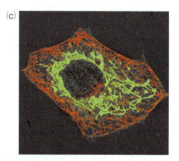

図 15・4 ミトコンドリア像．(a) クリステが平面的なひだのように見える一般的電子顕微鏡像．(b) クリステが不規則な管状であることを示す電子線トモグラフィーによるミトコンドリアの三次元再構成像．(c) 管状ミトコンドリアが網目をつくっている（緑色蛍光色素で標識された部分）哺乳類繊維芽細胞の顕微鏡像．まわりの細胞質部分をはっきりさせるために，微小管を赤い蛍光色素で標識した．[(a) は K. Porter/Photo Researchers/amanaimages．(b) は Carmen Mannella, Wadsworth Center, Albany, New York 提供．(c) は Michael P. Yaffe 提供．*Science* **283**, 1493-1497 (1991) による．]

とを反映するように，ミトコンドリアは自身のゲノムとそこにコードされた独自のrRNAやtRNAからなるタンパク質合成機構をもっている．ミトコンドリアゲノムには13のタンパク質がコードされていて，それらはすべて電子伝達複合体の構成成分である．約1500といわれるミトコンドリアの機能に必要なタンパク質の総数と比べるとこれらはごくわずかでしかない．そのほかの電子伝達鎖タンパク質，マトリックス内の酵素，輸送体などは核内ゲノムにコードされ，細胞質で合成され，特別な機構により外膜あるいは内外膜両方を通り抜けてミトコンドリアに取込まれる．

細胞において，NADHやQH$_2$のほとんどはミトコンドリアマトリックス内のクエン酸回路によってつくられる．脂肪酸の酸化もほとんどマトリックスで行われ，NADHやQH$_2$がつくられる．これらの還元された補因子はミトコンドリア内膜と強固に結合している電子伝達タンパク質複合体に電子を渡す．しかし，細胞質での解糖や他の酸化過程で生じたNADHは直接電子伝達鎖と接触できない．ミトコンドリア内膜にはNADHを運ぶ輸送体もない．その代わりに"還元力（reducing equivalent）"はリンゴ酸-アスパラギン酸シャトルのような化学反応系によってマトリックス内に運び込まれる（図15・5）．

酸化的リン酸化によってミトコンドリアマトリックス内でつくられるATPのほとんどは細胞質で消費されるので，ミトコンドリアにはATPを送り出しADPとP$_i$を取込む機構が必要である．ATP/ADPトランスロカーゼとよばれる輸送タンパク質がATPを送り出しADPを取込む．この輸送体はどちらか一方のヌクレオチドを1個結合してから構造変化を起こし，膜の反対側へと運ぶ（図15・6a）．酸化的リン酸化の基質のひとつである無機リン酸はH$^+$との等方輸送によって細胞質から運び込まれる（図15・6b）．

電子伝達を行うタンパク質複合体やATP合成酵素はミトコンドリアマトリックスに存在するNADH，ADP，およびP$_i$と結合できるような配置で内膜に埋込まれて

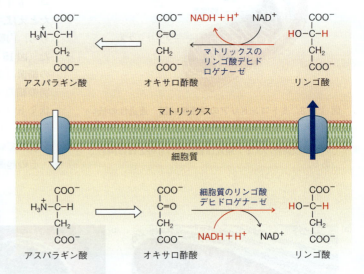

図15・5　リンゴ酸-アスパラギン酸シャトル．細胞質オキサロ酢酸はミトコンドリアへの輸送のために還元されてリンゴ酸になる．リンゴ酸はマトリックスに入り酸化されオキサロ酢酸になる．この結果，還元力が細胞質からマトリックスへ輸送されたことになる．マトリックスで生じたオキサロ酢酸はアミノトランスフェラーゼによってアスパラギン酸に変えられてから細胞質に戻される．

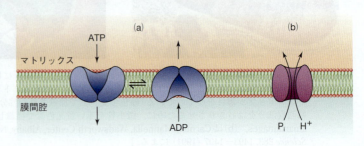

図15・6　ミトコンドリアの輸送機構．(a) ATP/ADPトランスロカーゼはATPあるいはADPと結合してから構造変化を起こし，そのヌクレオチドをミトコンドリア内膜の反対側に放出する．この輸送体はATPを運び出し，ADPを取込む．(b) P$_i$/H$^+$等方輸送体は無機リン酸とH$^+$を同時にミトコンドリアマトリックスに移動させる．

いる．これらの複合体は，電子伝達の効率を上げるため，互いに接触していることが電子顕微鏡を使った研究から示唆されている．

複合体IはNADHの電子をユビキノンに伝達する

電子伝達鎖での電子伝達は複合体Iから始まる．このタンパク質複合体はNADH-ユビキノンオキシドレダクターゼ複合体（NADH-ubiquinone oxidoreductase complex）あるいはNADHデヒドロゲナーゼ（NADH dehydrogenase）とよばれる．この酵素はNADHからの1対の電子をユビキノンQに渡す．

$$NADH + H^+ + Q \rightleftharpoons NAD^+ + QH_2$$

複合体Iは電子伝達系のタンパク質のなかで最も大きく，哺乳類のものは45個の異なったサブユニットを含み，その質量は約980 kDaである．少し小さい細菌の複合体I（550 kDa）をX線結晶構造解析したところ，多数の膜貫通αヘリックスを含む部分と膜から出た突起からなるL字形をしていることがわかった（図15・7）．電子伝達は膜から突き出た部分が行う．この部分にはいくつかの補欠分子族が含まれていて，それらは電子を受取ると還元され，その電子を次のものに渡すと酸化される．これらすべての補欠分子族すなわち**酸化還元中心**（redox center）はNAD$^+$の還元電位（$\varepsilon^{\circ\prime} = -0.315$ V）とユビキノンの還元電位（$\varepsilon^{\circ\prime} = +0.045$ V）の間の還元電位をもっている．これにより，電子を還元電位が低いものから高いものへと順に伝達する鎖がつくられている．伝達されるものが，大きな化合物ではなく電子なので各酸化還元中心はそれほど近接していなくてもよい．酸化還元中心間の距離が14 Åまでなら電子はタンパク質の共有結合部分を通って移動できる．

NADHからの2個の電子はまずフラビンモノヌクレオチド（FMN，図15・8）に渡される．このFADに似て非共有結合で複合体に結合している補欠分子族は第二のタイプの酸化還元中心である鉄-硫黄（Fe-S）クラスターに1個ずつ電子を渡す．複合体Iには9個のこう

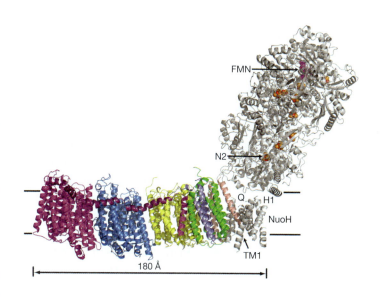

図15・7 **細菌の複合体Iの構造**．この図は大腸菌の膜内部分（色のついた部分）と高度好熱菌 *Thermus thermophilus* の膜から突き出した部分（灰色の部分）とをつなぎ合わせたものである．FMNと9個の鉄-硫黄クラスターからなる酸化還元中心を空間充填モデルで示した．ユビキノン結合部位はQで示した．2本の水平線は脂質二重層の範囲を示している．上方が細胞質（ミトコンドリアではマトリックスに対応する）である．[Leonid Sazanov, Medical Research Council, Cambridge, U. K. 提供]

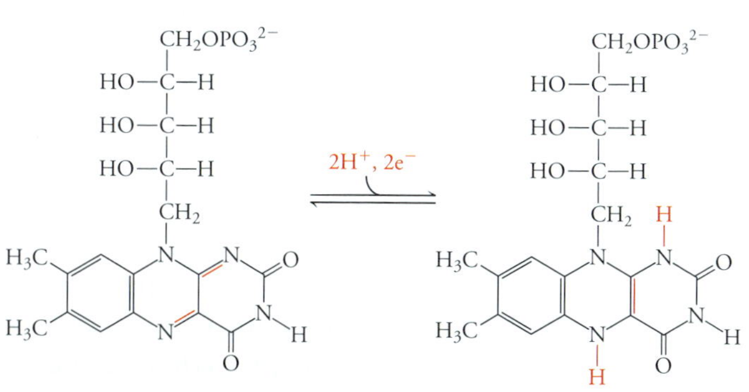

図15・8 **フラビンモノヌクレオチド（FMN）**．この補欠分子族はフラビンアデニンジヌクレオチド（FAD，図3・3c参照）と似ているがADP部分がない．FMNを2個の電子で還元するとFMNH$_2$になる．

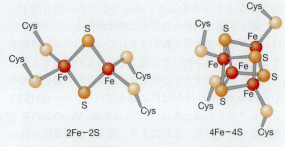

図 15・9　鉄－硫黄クラスター（Fe–S クラスター）．8個の鉄原子を含む Fe–S クラスターも存在するが，一般的なものは 2Fe–2S と 4Fe–4S というクラスターである．すべての Fe–S クラスターには Cys 側鎖の S 原子が配位している．これらの補欠分子族は酸化還元反応に伴い 1 個の電子を授受する．

した補欠分子族があり，どれも同数の鉄と硫黄を含んでいる（図 15・9）．これまでみてきた電子伝達体とは異なり，Fe–S クラスターは 1 電子しか伝達できない．クラスター中の鉄原子の数に関係なく $+3$（酸化状態）あるいは $+2$（還元状態）の状態をとる（クラスターは共役していて一つの単位として働く）．ユビキノンに到達するまでに電子は数個の Fe–S クラスター間を伝達される．ユビキノンは FMN と同様に 2 電子伝達体であるが Fe–S クラスターから 1 個ずつ電子を受取る．Fe–S クラスターは，鉄や硫黄が多かった生命の起源以前の地球上ですでに化学反応において働いていたと思われる最も古い電子伝達体のひとつである．

電子が NADH からユビキノンに伝達される間に，複合体 I は 4 個の H^+ をマトリックスから膜間腔に輸送する．他の輸送タンパク質との比較および結晶構造から，複合体 I の膜に埋込まれた部分に 4 個のプロトン輸送チャネルが存在することが示された．膜から突き出た部分の補欠分子族が一時的に還元され再酸化されるときに複合体 I は構造変化を起こし，それが突起部から膜に埋込まれた部分にある水平方向に向いていたヘリックスを経由して伝わる（図 15・7 参照）．これらの構造変化は Na^+ や K^+ の輸送体のときのように通路を開くのではない（§9・2）．H^+ は水素結合したタンパク質群と水分子がつくる鎖状の**プロトンワイヤー**（proton wire）とよばれるものの上を高速で伝達されて膜の反対側にいく（図 2・14 で H^+ が水分子上を高速でジャンプしていくことを紹介したことを思い出してほしい）．この機構ではマトリックス側で取込まれた H^+ は，膜間腔に放出されたものと同じものではないという点に注意してほしい．複合体 I 上での反応をまとめて図 15・10 に示す．

他の酸化反応もユビキノールをつくるために使われている

複合体 I でつくられた還元型キノンは長い疎水性イソプレノイド鎖のためにミトコンドリア内膜に溶け込み他のキノンと一緒にたくわえられる（§12・2 参照）．還元型ユビキノンをたくわえるために他の酸化還元反応も寄与する．そのうちのひとつはコハク酸デヒドロゲナーゼが触媒するクエン酸回路の 6 番目の反応である（§14・2 参照）．

$$コハク酸 + Q \rightleftharpoons フマル酸 + QH_2$$

コハク酸デヒドロゲナーゼはクエン酸回路の酵素のなかで唯一ミトコンドリアマトリックスに溶けていないものである．この酵素だけは内膜に埋込まれている．電子伝達鎖の他の複合体と同様に，この酵素も FAD を含むいくつかの還元中心をもっている．コハク酸デヒドロゲナーゼはミトコンドリア電子伝達鎖中の複合体 II ともよばれている．しかし，この酵素は H^+ 輸送を行わず酸化還元反応の自由エネルギーを ATP 合成に提供していないので，電子伝達鎖の本流からはずれた存在である．それでも，この酵素は QH_2 という還元力のある物質を電子伝達系に供給している（図 15・11a）．

ミトコンドリアマトリックスで行われるもう一つのエネルギー発生異化経路である脂肪酸酸化がユビキノールの主要な供給源である．膜に結合した脂肪酸アシル CoA デヒドロゲナーゼが補酵素 A に結合した脂肪酸の C–C 結合の酸化を触媒する．このデヒドロゲナーゼの反応で除去された電子はユビキノンに渡される（図 15・11b）．§17・1 で述べるように，脂肪酸が完全に酸化されるとき NADH もつくられ，それらは複合体 I から始まるミトコンドリアの電子伝達鎖によって再酸化される．

細胞質で生じた NADH からの電子もミトコンドリアに入りユビキノールとしてたくわえられる．この反応には細胞質とミトコンドリアの両方に存在するグリセロ

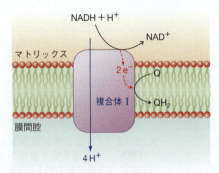

図 15・10　**複合体 I の機能**．水溶性 NADH から脂溶性ユビキノンへ 2 個の電子が伝達されるときに 4 個の H^+ がマトリックスから膜間腔に輸送される．

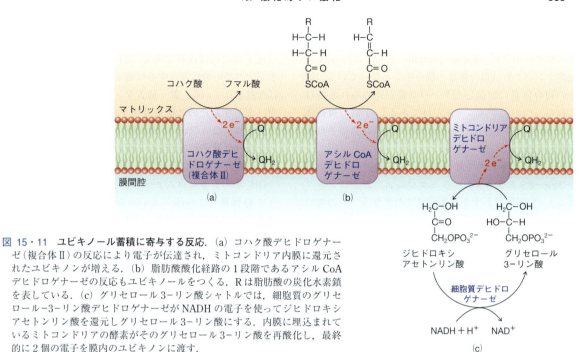

図 15・11 ユビキノール蓄積に寄与する反応. (a) コハク酸デヒドロゲナーゼ (複合体 II) の反応により電子が伝達され, ミトコンドリア内膜に還元されたユビキノンが増える. (b) 脂肪酸酸化経路の 1 段階であるアシル CoA デヒドロゲナーゼの反応もユビキノールをつくる. R は脂肪酸の炭化水素鎖を表している. (c) グリセロール 3-リン酸シャトルでは, 細胞質のグリセロール-3-リン酸デヒドロゲナーゼが NADH の電子を使ってジヒドロキシアセトンリン酸を還元しグリセロール 3-リン酸にする. 内膜に埋込まれているミトコンドリアの酵素がそのグリセロール 3-リン酸を再酸化し, 最終的に 2 個の電子を膜内のユビキノンに渡す.

ルー3-リン酸デヒドロゲナーゼが関与する (図 15・11 c). NADH の電子をユビキノンに渡すこの反応系は複合体 I を経由しない.

複合体III は QH_2 からシトクロム c へ電子を伝達する

二つのユニットのそれぞれに 11 個のサブユニットをもつ膜内在性タンパク質である複合体 III が QH_2 を再酸化する. 複合体 III はユビキノール-シトクロム c オキシドレダクターゼ (ubiquinol–cytochrome c oxidoreductase) あるいはシトクロム bc_1 複合体 (cytochrome bc_1 complex) ともよばれ, 電子をシトクロム c という膜表在性タンパク質に渡す. シトクロム (cytochrome) とはヘムを補欠分子族としてもつタンパク質である. シトクロム (cytochrome) という言葉は"細胞内色素"という意味である. ミトコンドリアが赤茶色なのはこのシトクロムのせいである. シトクロムの名前には 1 文字のアルファベットがついていて ($a, b,$ あるいは c), それは含んでいるヘムのポルフィリン環の構造とも対応している (図 15・12). ヘムの構造とそれを取囲んでいるタンパク質の微細な違いがこれらのシトクロムの吸収スペクトルに影響を与える. それらはさらに各シトクロムの還元電位の差 (-0.080 V から $+0.385$ V) の原因ともなっている.

ヘモグロビンやミオグロビンのヘム補欠分子族とは異なり, シトクロムのヘムは中央の鉄が Fe^{3+} (酸化型) と Fe^{2+} (還元型) の二つの状態をとることにより, 可逆的に 1 電子による還元を受ける. 複合体 III の反応では 2 個の電子が伝達されるので 2 分子のシトクロム c が還元される.

$$QH_2 + 2 \text{シトクロム } c \, (Fe^{3+}) \rightleftharpoons$$
$$Q + 2 \text{シトクロム } c \, (Fe^{2+}) + 2H^+$$

図 15・12 b 型シトクロムのヘム. 平面状ポルフィリン環が中央の鉄原子を取囲んでいる [ここでは酸化状態 (Fe^{3+}) のものを示している]. 青で示したヘムの置換基の部分がヘム a や c では異なっている (ヘモグロビンやミオグロビンのヘムはこの b 型と同じである, §5・1 参照).

複合体III自身も膜内在性のシトクロム（シトクロムbとシトクロムc_1）をもっている．これらのシトクロムとリスケタンパク質（Rieske protein）ともよばれる鉄－硫黄タンパク質は複合体IIIの機能中心となっている（細菌の複合体IIIに類似したタンパク質が認められるのはこれら三つのサブユニットだけである）．1個の複合体IIIは14個の膜貫通αヘリックスにより膜に係留される（図15・13）．

QH$_2$から渡された2個の電子は鉄－硫黄タンパク質の2Fe-2Sクラスター，シトクロムc_1，およびシトクロムb（実際にはわずかに還元電位の異なる二つのものが存在する）という1電子伝達体の上を伝わっていくため二つに分かれなければならないので，複合体III内での電子の流れは複雑である．2Fe-2Sクラスターを除き，すべての酸化還元中心は電子を次つぎに渡せるように配置されている．鉄－硫黄タンパク質だけは，電子を受け渡しするために構造変化を起こし，22 Åほど位置を変えねばならない．1個の複合体IIIが補因子であるキノンを酸化還元する部位を2個もっているということも電子の流れを複雑化させている理由の一つである．

QH$_2$からシトクロムcへの電子は図15・14に示すようにQ回路（Q cycle）という経路を2回回る．Q回路での実質的な電子の流れはQH$_2$からの2個の電子が2分子のシトクロムcを還元することである．このときに，

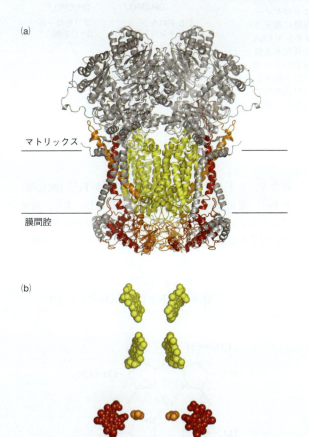

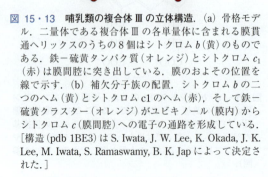

図15・13　哺乳類の複合体IIIの立体構造．（a）骨格モデル．二量体である複合体IIIの各単量体に含まれる膜貫通ヘリックスのうちの8個はシトクロムb（黄）のものである．鉄－硫黄タンパク質（オレンジ）とシトクロムc_1（赤）は膜間腔に突き出している．膜のおよその位置を線で示す．（b）補欠分子族の配置．シトクロムbの二つのヘム（黄）とシトクロムc_1のヘム（赤），そして鉄－硫黄クラスター（オレンジ）がユビキノール（膜内）からシトクロムc（膜間腔）への電子の通路を形成している．［構造（pdb 1BE3）は S. Iwata, J. W. Lee, K. Okada, J. K. Lee, M. Iwata, S. Ramaswamy, B. K. Jap によって決定された．］

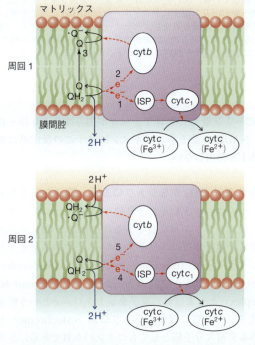

1. 最初の周回でQH$_2$は電子の一つを鉄－硫黄タンパク質（ISP）に渡す．この電子はシトクロム（cyt）c_1を経由してシトクロムcに渡される
2. QH$_2$のもう一つの電子はシトクロムbに渡される．QH$_2$の二つのH$^+$は膜間腔に放出される
3. 酸化されたユビキノン（Q）はもう一つのキノン結合部位へ拡散していき，そこでシトクロムbから電子を受取り，半分還元された状態のセミキノン（・Q$^-$）となる
4. 2回目の周回では別のQH$_2$が電子2個を複合体IIIに渡し，2個のH$^+$を膜間腔に放出する．電子の一つはシトクロムcに渡される
5. もう一つの電子はシトクロムbを経由して最初の周回で生じたセミキノンに渡される．この段階でマトリックスのH$^+$を使ってQH$_2$が再生される

図15・14　Q回路

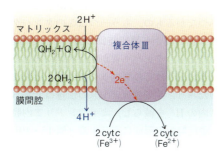

図 15・15 **複合体Ⅲの機能**. 2個の電子がユビキノールからシトクロム c へ渡されるたびに 4 個の H^+ が膜間腔へ輸送される.

1回目の周回でQH$_2$から2個のH$^+$が, 2回目の周回でQH$_2$から2個のH$^+$というように, 計4個のH$^+$が膜間腔に放出される. このH$^+$の移動は膜を挟んでのH$^+$濃度勾配形成に使われる. 複合体Ⅲの働きを図15・15にまとめて示す.

複合体Ⅳはシトクロム c を酸化し O_2 を還元する

ユビキノンが複合体Ⅰから(そして他の酵素からも)複合体Ⅲに電子を伝達したように, シトクロム c は複合体Ⅲから複合体Ⅳへ電子を伝達する. ユビキノンや他の電子伝達鎖のタンパク質とは異なり, シトクロム c は膜間腔の水溶性タンパク質である (図 15・16). この膜表在性タンパク質は多くの生物の代謝において重要な働きをしているので, このタンパク質のアミノ酸配列を比較することが進化における近縁関係を知るうえでとても役に立った.

シトクロム c オキシダーゼともよばれる複合体Ⅳは代謝燃料の酸化によって生じた電子を処理する最後の酵素である. 酸素分子を還元して水にする際にシトクロム c によって運ばれてきた4個の電子が使われる.

$$4 \text{シトクロム}\, c\,(Fe^{2+}) + O_2 + 4H^+ \longrightarrow$$
$$4\text{シトクロム}\, c\,(Fe^{3+}) + 2H_2O$$

哺乳類複合体Ⅳの酸化還元中心には複数のヘムと銅イオンが存在していて, それらは二量体構造をもつこの複合体の単量体当たりに13個含まれるサブユニットの中に配置されている (図 15・17).

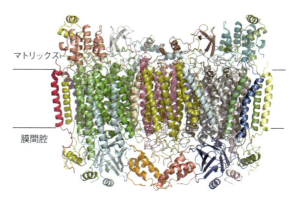

図 15・17 **シトクロム c オキシダーゼの立体構造**. 哺乳類のこの複合体は二量体で, その単量体には 13 個のサブユニットが含まれ, さらにその中に 28 個の膜貫通 α ヘリックスがある. [構造(pdb 2OCC)は T. Tsukihara と M. Yao によって決定された.]

シトクロム c からの各電子は, 銅イオンを2個含むCu$_A$という酸化還元中心を経てヘム a に渡される. 電子はそこからヘム a_3 の鉄イオンと銅イオン (Cu$_B$) からなる二核中心へいく. この Fe−Cu 二核中心において 4 個の電子による O_2 の還元が行われる. O_2 が還元されて H_2O になるときにマトリックス内の H^+ が 4 個消費されることに注意してほしい. そこでの反応の順番につ

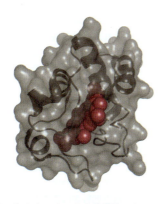

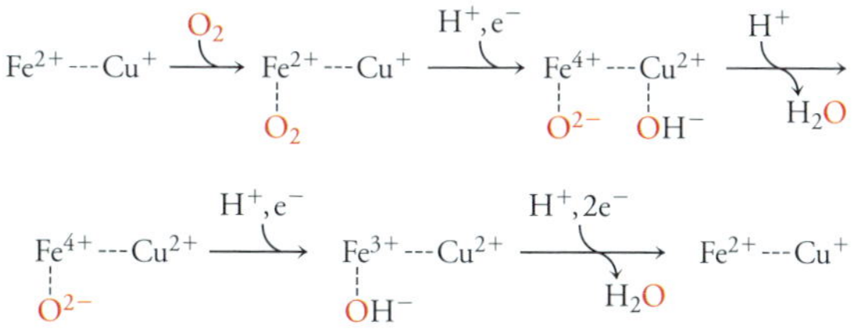

図 15・16 **シトクロム c の立体構造**. タンパク質の骨格はリボンモデルで, 表面構造は透明な灰色で示している. ヘム(ピンク)は深い窪みの中にある. この膜表在性タンパク質は複合体Ⅲから複合体Ⅳへ電子を1個ずつ伝達する. [構造(pdb 5CYT)は T. Takano によって決定された.]

図 15・18 **シトクロム c オキシダーゼでの反応順について提案されているモデル**. H^+ や電子がどのような順番で結合していくのかは正確にはわかっていない. ここに示したモデルは分光学的証拠や他の証拠から推定されたものである. この酵素のチロシンラジカルが電子伝達に重要な役割を果たしているらしい.

いてのモデルの一つを図 15・18 に示す. O_2 が H_2O に還元される途中の不完全な還元がフリーラジカルをつくり，それがミトコンドリアに傷害を与えると信じられている（ボックス 15・A）．

シトクロム c オキシダーゼも 4 個の H^+ をマトリックスから膜間腔に運び出す（1 対の電子当たり 2 個の H^+). このタンパク質複合体内にはプロトンワイヤーが 2 個あるらしい．一つはマトリックスから酸素を還元する活性部位へつながるもの，もう一つはこのタンパク質のマトリックス側の面から膜間腔側の面まで長さ 50 Å にも及ぶものである．タンパク質が酸化状態に応じて構造を変えるときに H^+ はそのプロトンワイヤー上を伝達されていくのだろう．水の生成と H^+ の伝達はどちらもマトリックス内の H^+ を減らし，ミトコンドリア内膜を挟んでの H^+ 濃度勾配の形成に寄与する（図 15・19）．

15・3 化学浸透

重要概念
- 電子伝達の際につくられた膜を挟んでのプロトン濃度勾配が ATP 合成に必要な自由エネルギーを供給する．
- プロトン濃度勾配の自由エネルギーには濃度と電荷が寄与する．

代謝燃料の酸化時に放出された電子は O_2 を還元して H_2O にするときにすべて使われてしまう．しかし，それらの自由エネルギーは保存される．理論的にはどれほどのエネルギーが得られるのだろうか．複合体 I, III, および IV における基質と生成物の標準還元電位（図

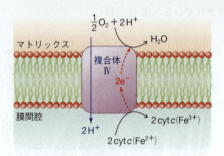

図 15・19 複合体 IV の機能． シトクロム c が運んでくる電子 2 個当たり 2 個の H^+ が膜間腔に輸送される. $1/2\,O_2 \rightarrow H_2O$ という反応においてもマトリックスの 2 個の H^+ が消費される（O_2 を還元するには 4 個の電子が必要である）．

ボックス 15・A　生化学ノート

フリーラジカルと老化

酸素分子の酸化力は，嫌気的代謝よりはるかに効率のよい好気的代謝をもたらしてくれたが，その代償も払わなければならない．複合体 IV における O_2 の不完全な還元や複合体 I および III での副反応によりスーパーオキシドフリーラジカル $\cdot O_2^-$ が生じる．

$$O_2 + e^- \longrightarrow \cdot O_2^-$$

フリーラジカル（free radical）とは不対電子を 1 個もった原子あるいは分子で，もう一つの電子を探して対になろうとする性質があるのでとても反応性が高い．こうした反応性のため，フリーラジカルは寿命がとても短いにもかかわらず（$\cdot O_2^-$ の半減期は 1×10^{-6} 秒）近傍の分子を化学的に変化させてしまう．最も傷害を受けるのはミトコンドリアであろう．ミトコンドリアのタンパク質，脂質，および DNA はスーパーオキシドアニオンに電子を奪われて酸化されるという危険にさらされる．

こうした傷害が蓄積するとミトコンドリアの作業効率は落ち，ついには機能を失う．この時点で細胞は自己破壊する．老化のフリーラジカル説によると，$\cdot O_2^-$ や他のフリーラジカルがもたらす酸化的傷害が老化とともに起こる組織の変質の理由だという．パーキンソン病やアルツハイマー病といった病気の病因も酸化的傷害ではないかといわれている（ボックス 4・C 参照）．

フリーラジカルと老化のつながりはいくつかの証拠によって支持されている．第一に，早老症という早くから老化する病気の患者の組織は通常より多くの酸素フリーラジカルを産生している．第二に，あらゆる種類の細胞が抗酸化機構を備えており，それが重要な機能を果たすことが示唆されている．たとえば，スーパーオキシドジスムターゼという酵素はスーパーオキシドアニオンを毒性の低い過酸化物に変換する．

$$\cdot O_2^- + 2H^+ \longrightarrow H_2O_2 + O_2$$

アスコルビン酸（ボックス 5・D 参照）や α-トコフェロール（ボックス 8・B 参照）といった細胞内成分は，フリーラジカルを除去することにより，細胞を酸化的傷害から守る．さらに，寿命を延ばすことがわかっているカロリー制限では，酸化的代謝に回る燃料が減ることにより，フリーラジカルの生成が減ることが動物実験から示唆されている．残念なことに，ヒトでの研究からは，特定の抗酸化物質の摂取や燃料消費を減らすことが老化に伴う変質を抑えるというはっきりとした証拠は得られていない．

15・2で図式化した）をもとに計算した ΔG からみて、三つの呼吸鎖複合体は、理論上、吸エルゴン反応である ADP のリン酸化による ATP の産生（$\Delta G°' = +30.5$ kJ mol^{-1}）を駆動させることができる．

	$\Delta G°'$
複合体Ⅰ：NADH $\longrightarrow$ QH$_2$	-69.5 kJ mol^{-1}
複合体Ⅲ：QH$_2$ $\longrightarrow$ シトクロム c	-36.7 kJ mol^{-1}
複合体Ⅳ：シトクロム c $\longrightarrow$ O$_2$	-112.0 kJ mol^{-1}
NADH $\longrightarrow$ O$_2$	-218.2 kJ mol^{-1}

化学浸透圧が電子伝達と酸化的リン酸化を結びつける

1960年代まで呼吸を伴う電子伝達（O$_2$消費によって測定できる）と ATP 合成との関係は謎であった．この関係を明らかにするうえで一番功績があったのはミッチェル（Peter Mitchell）で、彼はミトコンドリアにおけるリン酸輸送を研究しているときに生体内での区画の重要さに気づいた．ミッチェルの**化学浸透圧説**（chemiosmotic theory）とは、ミトコンドリア内膜に存在する電子伝達複合体による H$^+$ 輸送が膜を挟んでの H$^+$ 濃度勾配を形成するというものだった．内膜が H$^+$ を透過させないので、この H$^+$ はマトリックスに戻ることはできない．この H$^+$ 濃度の不均衡は自由エネルギーを生じるので**プロトン駆動力**（proton motive force, H$^+$ 駆動力ともいう）ともよばれ、ATP 合成酵素を駆動する．

現在、1対の電子が複合体Ⅰ、Ⅲ、およびⅣへと伝達されていくと 10 個の H$^+$ がマトリックスから膜間腔（イオン組成は細胞質と同じ）に輸送されることがわかっている．細菌では細胞膜に存在する電子伝達複合体が細胞質の H$^+$ を細胞外へ輸送する．ミッチェルの化学浸透圧説は単に好気的呼吸を説明するだけのものではない．太陽光のエネルギーが膜を挟んでの H$^+$ 濃度勾配をつくる場合にも化学浸透圧説があてはまる（光合成のこうした側面については§16・2で述べる）．

H$^+$ 濃度勾配は電気化学的勾配である

ミトコンドリアの電子伝達複合体が内膜を横切ってマトリックスの H$^+$ を輸送すると、ミトコンドリア外側の H$^+$ 濃度は上昇し内部の H$^+$ 濃度は低下する（図15・20）．この H$^+$ の不均衡は非平衡状態であり、自由エネルギー（系を平衡状態に戻そうとする力）をもつ．H$^+$ 濃度勾配の自由エネルギーには二つの成分が含まれる．それは化学物質の濃度差による項と正電荷をもつ H$^+$ による電荷の項である（このため、ミトコンドリアでの H$^+$ 濃度勾配は単なる濃度勾配ではなく電気化学的勾配とよ

ばれる）．化学物質の不均衡による自由エネルギー差は次のようになる．

$$\Delta G = RT \ln \frac{[\text{H}^+_{外}]}{[\text{H}^+_{内}]} \qquad (15・5)$$

ふつう、膜間腔（外）の pH（$-\log[\text{H}^+]$）はマトリックス（内）より約 0.75 低い．

電気的不均衡による自由エネルギー差は次のようになる．

$$\Delta G = ZF\Delta\psi \qquad (15・6)$$

ここで、Z はイオンのもつ電荷（H$^+$ の場合は $+1$）で、$\Delta\psi$ は正電荷の不均衡により生じた膜電位である（§9・1参照）．ふつう、ミトコンドリアでの $\Delta\psi$ は 150〜200 mV である．この値は膜間腔と細胞質がマトリックスより正の電位をもつことを意味する（§9・1で述べたように、細胞全体でみたとき、細胞外に比べて細胞質の電位は負で $\Delta\psi$ が負の値であったことを思い出してほしい）．

プロトンをマトリックス（内）から膜間腔（外）に輸送するときの化学的効果と電気的効果を組合わせた全体としての自由エネルギー変化は次のようになる．

$$\Delta G = RT \ln \frac{[\text{H}^+_{外}]}{[\text{H}^+_{内}]} + ZF\Delta\psi \qquad (15・7)$$

1個の H$^+$ をマトリックスから外へ輸送するときの自由エネルギー変化は約 $+20$ kJ mol^{-1} である．〔(15・7) 式からどのようにこの値を導くかについては計算例題 15・3 を参照〕．熱力学的にみると、これはエネルギーを必要とする過程である．逆に、H$^+$ がマトリックスに戻るときの自由エネルギー変化は約 -20 kJ mol^{-1} となるはずである．これは熱力学的には好都合な反応であるが ATP を合成するには不十分である．しかし、1対の電

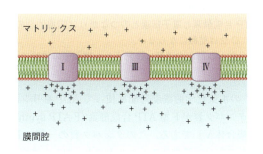

図15・20 **H$^+$ 濃度勾配の形成**．ミトコンドリアの複合体Ⅰ、Ⅲ、およびⅣにおける酸化還元反応により H$^+$（図ではただの＋で表している）がマトリックスから膜間腔に輸送される．これにより H$^+$ と電荷の不均衡が生じる．

子が NADH から O_2 へ伝達されるごとに輸送される 10 個の H^+ によるプロトン駆動力はおよそ 200 kJ mol^{-1} となり，数分子の ADP をリン酸化するのに十分なエネルギーである．

●●● 計算例題 15・3

問題 pH$_{マトリックス}$ = 7.8，pH$_{細胞質}$ = 7.15，$\Delta\psi$ = 170 mV で T = 25℃ のとき，ミトコンドリアマトリックスから細胞質へ H^+ を輸送する際の自由エネルギー変化を計算せよ．

解答 pH は $-\log[H^+]$ なので〔(2・4) 式〕，(15・7) 式の対数部分を書き直すと次のようになる．
$$\Delta G = 2.303 RT(\text{pH}_{内} - \text{pH}_{外}) + ZF\Delta\psi$$
ここに与えられた値を代入すると
$$\begin{aligned}\Delta G &= 2.303(8.3145 \text{ J K}^{-1}\text{mol}^{-1})(298 \text{ K})(7.8 - 7.15) \\&\quad + (1)(96{,}485 \text{ J V}^{-1}\text{mol}^{-1})(0.170 \text{ V}) \\&= 3700 \text{ J mol}^{-1} + 16{,}400 \text{ J mol}^{-1} \\&= +20.1 \text{ kJ mol}^{-1}\end{aligned}$$
となる．

練習問題

6. pH$_{マトリックス}$ = 7.6，pH$_{細胞質}$ = 7.35，$\Delta\psi$ = 170 mV，で T = 37℃ のとき，ミトコンドリアマトリックスから細胞質へ H^+ を輸送する際の自由エネルギー変化を計算せよ．

7. 30.5 kJ mol^{-1} に相当するミトコンドリア内と細胞質との間の pH 差はどれほどか．$\Delta\psi$ = 170 mV および T = 25℃ として計算せよ．

15・4 ATP 合成酵素

重要概念
- H^+ の流入が ATP 合成酵素の一部を回転させる．
- 回転に伴う構造変化により ATP 合成酵素は ADP と P_i を結合し，ADP をリン酸化し，ATP を放出する．
- ATP 合成酵素と電子伝達とのつながりは間接的なので，P：O 比は整数にならない．
- 酸化的リン酸化の速度は還元された補因子の供給で決まる．

H^+ の電気化学的濃度勾配を使って ADP をリン酸化するタンパク質が F 型 ATP 合成酵素 (F-ATP synthase，別名複合体 V) である．このタンパク質の一部で F_o とよばれる部分は膜貫通チャネルとなり，H^+ を濃度勾配に従ってマトリックスに流入させる．F_1 部分は ADP + P_i → ATP + H_2O という反応を触媒する (図 15・21)．本章では ATP 合成酵素のこれらの二つの構成成分の構

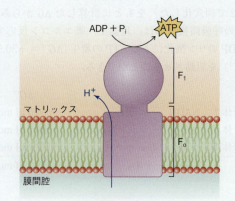

図 15・21 ATP 合成酵素の機能．F_o の中を膜間腔からマトリックスへ H^+ が流れ込むときに F_1 はそれを利用して ADP と P_i から ATP を合成する．

造について解説し，それらの活動がどのようにして発エルゴン的 H^+ 流入を吸エルゴン的 ATP 合成に共役させることになるのかを説明する．

ATP 合成酵素は H^+ 流入に伴い回転する

当然のことだが，ATP 合成酵素の全体的構造は異なる種の間で高く保存されている．F_1 部分は中央のシャフトのまわりに 3 個の α サブユニットと 3 個の β サブユニットが結合してできている．膜に埋込まれている F_o は a サブユニット 1 個，外に突き出して F_1 と相互作用する b サブユニット 2 個，そして膜の中で環状に会合している c サブユニットからなっている (図 15・22)．c サブユニットの数は種によって異なる．たとえばウシのミトコンドリア ATP 合成酵素の c サブユニット数は 8 であるが，ある種の細菌では 15 である．

すべての種において，ATP 合成酵素の中を H^+ が通り抜けるとき，固定されている a サブユニットに対して c サブユニットからなる環状構造が回転する．各 c サブユニット中の高く保存されている Asp あるいは Glu の側鎖のカルボキシ基が H^+ の結合部位である (図 15・23)．a サブユニットと向かい合う位置にきた c サブユニットは膜間腔から 1 個の H^+ を受取ることができる．c 環が回転すると別のサブユニットが結合していた H^+ をマトリックスに放出できる位置にくる．熱力学的に好都合な H^+ の移動が起こると c 環は一方向に回転し続けることになる．膜を挟んでの H^+ の相対的濃度により c 環はどちらの方向にも回転しうることが実験的に示された．実際，V 型 ATP アーゼとよばれる類似したタンパク質は能動輸送体として働き，ATP 加水分解のエネルギーを使い，イオンを膜の反対側に送り出している．

γ，δ，ε サブユニットは c 環に結合し，それと一緒に回

15. 酸化的リン酸化   341

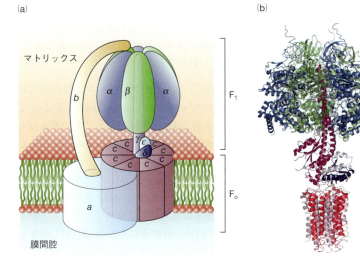

図 15・22 **ATP 合成酵素の構造**．(a) 哺乳類の酵素の模式図．球状部分は α サブユニット 3 個と β サブユニット 3 個からなり，γ, δ, ε サブユニットからなる中央の軸により膜に埋込まれた c 環に結合する．a サブユニットは c 環と密着しており，膜の外にあるいくつかのサブユニットからなる (b サブユニットを含む) 細長い支えが a サブユニットと触媒ドメインをつないでいる．(b) X 線結晶構造解析により 3.5 Å の解像度で明らかになったウシの ATP 合成酵素．サブユニットのいくつかは見えていない．[構造 (pdb 2XND) は I. N. Watt, M. G. Montgomery, M. J. Runswick, A. G. W. Leslie, J. E. Walker によって決定された．]

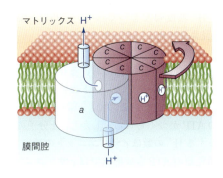

図 15・23 **ATP 合成酵素による H^+ 輸送機構**．c サブユニット (紫) の一つが膜の一方の側から H^+ を受取ると a サブユニット (青) から離れるように動く．c サブユニットは環状に配置されているので，回転により別の c サブユニットが a サブユニットに近づき，結合していた H^+ を膜の反対側に放出する．ここに示した哺乳類の ATP 合成酵素では c 環が 1 周する際に 8 個の H^+ が流入する．

かる．実際，各 αβ 対は少しずつ異なった構造をとっており，モデルをつくってみると，三つのサブユニットは立体構造上の理由から同時に同じ構造をとれないことがわかった．三つの αβ 対は γ サブユニットの回転にあわせて構造を変える (γ は c 環の "回転子" によって駆動されるシャフトのようである)．αβ 六量体は外側からの細長い支えによって a サブユニットに係留されているので回転しない (図 15・22a 参照)．

c サブユニットを 8 個もっている ATP 合成酵素の場合，各 H^+ の移動当たり γ サブユニットが 45°(360°÷8) 回転するはずである．しかし，ビデオ顕微鏡で観察すると，γ サブユニットは 120° 回転するごとに止まり，1 回転する (図 15・22)．δ と ε サブユニットは比較的小さいが，γ サブユニットは折れ曲がった 2 本の長い α ヘリックスがコイルドコイル構造をつくり，球形の F_1 の中央を貫通している．3 個の α サブユニットと 3 個の β サブユニットは立体構造が似ていて，γ サブユニットのまわりにミカンの房のように配置されている (図 15・24)．6 個のサブユニットはすべてアデニンヌクレオチドを結合できるが，触媒活性をもつのは β サブユニットだけである (α サブユニットに結合するヌクレオチドは活性調節を行っているのかもしれない)．

F_1 の構造を細かくみると，γ サブユニットと 3 組の αβ サブユニット対との相互作用は同等でないことがわ

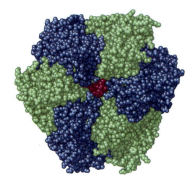

図 15・24 **ATP 合成酵素の F_1 部分の構造**．γ サブユニットの軸 (紫) のまわりに α サブユニット (青) と β サブユニット (緑) が交互に結合した六量体の環状構造がある．この図は図 15・22(b) を上から (マトリックス側から) 見たものである．[構造 (pdb 1E79) は C. Gibbons, M. G. Montgomery, A. G. W. Leslie, J. E. Walker によって決定された．]

転のうちに 3 個の αβ 対と次つぎに相互作用しているようにみえる．2～3 個の H⁺ が移動してねじれの力をたくわえている間 β–γ 間の静電相互作用が γ サブユニットをそこに止めているのかもしれない．次の H⁺ が移動したとき，γ サブユニットは一挙に 120° 回転し，次の β サブユニットのところへいく．このしくみなら ATP 合成酵素の c サブユニットの数が生物種によって違うことの説明がつく．c 環は少しずつねじれても（c サブユニットの数によって 24°～45°），γ サブユニットは 120° という大きな変化しかできないのである．

結合状態変化機構によって ATP 合成が説明できる

本章の初めで，ATP 合成酵素は，細胞が必要とする ATP のほとんどを供給するために，大きく吸エルゴン的な反応（$\Delta G^{\circ\prime} = 30.5$ kJ mol⁻¹）を触媒していると指摘した．この酵素は，機械的エネルギー（回転）を使って化学的結合（リン酸基を ADP に結合させる）をつくらせるという通常とは異なる働きをする．別の言い方をすると，この酵素は機械的エネルギーを ATP の化学的エネルギーに変換しているのである．このエネルギー変換を説明するのが γ サブユニットと αβ 六量体の相互作用である．

ボイヤー（Paul Boyer）により提唱された**結合状態変化機構**（binding change mechanism）によると，γ の回転によって各触媒 β サブユニットの構造に変化が起こり，アデニンヌクレオチドに対する親和性が変わるという．各触媒部位は常に相異なる構造（と結合親和性）をもち，それらは開状態，弱く閉じた状態，強く閉じた状態とよばれている．ATP の合成は次のようにして行われる（図 15・25）．

1. 基質である ADP と P_i が弱く閉じた状態の β サブユニットに結合する．
2. γ サブユニットの回転で β サブユニットが強く閉じた状態になったときに，それらの基質は ATP になる．
3. 次の回転で β サブユニットが開状態になったときに，生成した ATP は放出される．

ATP 合成酵素の三つの β サブユニットは協調的に相互作用しているので γ サブユニットの回転に合わせて一斉に構造変化を起こす．1 回転したところで酵素はもとの状態に戻るが，各 120° ごとにどれかの活性部位から ATP が放出されている．

単離した F₁ を使った実験から，F₀ の存在しないときの F₁ は ATP アーゼとなり ATP を ADP と無機リン酸に分解する（この反応は熱力学的に有利である）ことが示された．天然の ATP 合成酵素においては，H⁺ 濃度勾配の解消と ATP 合成とがほぼ 100% の効率で強く共役している．したがって，H⁺ 濃度勾配が存在しないと γ サブユニットを回転させるエネルギーがないので ATP 合成は起こらない．H⁺ 濃度勾配を解消させてしまう化合物は，H⁺ 濃度勾配をつくっている電子伝達と ATP 合成を"脱共役させる"（ボックス 15・B）．

P：O 比が酸化的リン酸化における化学量論を示す

ATP 合成酵素の γ サブユニットは回転子である c サブユニットに結合しているので，c 環が 1 回転するごとに 3 個の ATP がつくられる．しかし，1 分子の ATP ごとに流入する H⁺ の数は c サブユニットの数によって決まる．哺乳類の ATP 合成酵素では c サブユニット数が 8 なので，3ATP 当たり 8 H⁺，すなわち 1ATP 当たり 2.7 H⁺ ということになる．多くの生化学反応で，このような非整数の値を納得させることはむずかしいが，化学浸透圧説ではこれが当然なのである．呼吸による酸化還元反応の化学エネルギーはプロトン駆動力に変換され，次にロータリーエンジン（γ サブユニットのついた c 環）

図 15・25 **結合状態変化機構**．この図は図 15・24 と同じ方向から見た ATP 合成酵素の F₁ 部分の触媒（β）サブユニットだけを示したものである．3 個の β サブユニットはそれぞれ異なる構造をとっている．開（O）状態，弱く閉じた（L）状態，そして強く閉じた（T）状態である．基質の ADP と P_i は L 状態のサブユニットに結合する．このサブユニットが T 状態になったときに ATP が生じる．次にこのサブユニットが O 状態になったときに ATP は放出される．こうした構造変化は紫で示した γ サブユニットが 120° ずつ回転することによってひき起こされる．各触媒部位がそれぞれこの過程をたどるので，γ サブユニットが 120° 回転するたびに三つある β サブユニットのうちのどれかから ATP が放出される．

15. 酸化的リン酸化

の機械的運動に変換され，最後に ATP という形の化学エネルギーに戻されるという過程を経るからである．

呼吸（電子伝達複合体の活性）と ATP 合成の関係は**P：O 比**（P：O ratio）で表されてきた．これは還元された酸素の数に対するリン酸化された ADP の数である．たとえば，NADH が O_2 によって酸化されるとき（複合体 I，III，および IV によって行われる）10 個の H^+ が膜間腔に輸送される．その10個の H^+ が F_o を通ってマトリックスに戻るとき理論的には 3.7 分子の ATP が合成される（哺乳類のミトコンドリアでは 2.7 個の H^+ の流入で1個の ATP がつくられるから）．

$$\frac{1\,ATP}{2.7\,H^+} \times 10\,H^+ = 3.7$$

このようにして P：O 比は 3.7 となる（還元された $1/2\,O_2$ ごとに 3.7ATP）．QH_2 からの電子対の場合 6 個の H^+ しか輸送できず（複合体 III と IV による），P：O 比は約 2.2 となる．

$$\frac{1\,ATP}{2.7\,H^+} \times 6\,H^+ = 2.2$$

電子伝達によって輸送された H^+ の一部が膜を透過し

てしまったり P_i をマトリックスに輸送する際に使われたりするので（図 15・6 参照），生体内での P：O 比は理論値より少し小さな値となる．そのため，実験で求めた P：O 比は，NADH からだと 2.5，ユビキノールからだと 1.5 である．こうした値は，解糖系とクエン酸回路によりグルコースが完全に酸化されたときに何個の ATP が生成するかを計算するときの基礎となる（§14・2 参照）．

酸化的リン酸化の速度は燃料異化速度に依存する

多くの代謝経路において発エルゴン的（不可逆的）段階が調節部位となっている．酸化的リン酸化においてはシトクロム c オキシダーゼ（複合体 IV，図 15・2 参照）が触媒する反応がそれに相当する部位である．しかし，シトクロム c オキシダーゼ活性を変えるエフェクターは見つかっていない．H^+ 濃度勾配が ATP 合成と密接に共役しているので，酸化的リン酸化の調節は他の代謝経路でつくられる還元型補因子（NADH と QH_2）の供給量によって行われているらしい．

基質となる ADP と P_i の供給量（それぞれの輸送タンパク質の活性に依存する）も主要なものではないが調節機構として使われている．ADP や P_i が存在しないと

ボックス 15・B　　生化学ノート

脱共役剤は ATP 合成を阻害する

代謝における ATP の需要が少ないと，還元された補因子の酸化により膜を挟んでの H^+ 濃度勾配が非常に高まり，しまいには電子伝達が止まってしまう．ATP 合成酵素の F_o 部分を通って H^+ がマトリックスに戻ると電子伝達は回復する．しかし，もし H^+ が ATP 合成酵素以外の経路でマトリックスに戻ってしまうと，ATP の合成なしに電子伝達だけが行われる．この状態を ATP 合成と電子伝達が"脱共役した"といい，このように H^+ 濃度勾配を解消してしまう反応剤のことを**脱共役剤**（uncoupler）とよぶ．

よく知られている脱共役剤のひとつがジニトロフェノールイオンで，H^+ と結合して（pK_a はほぼ中性である）電荷が中和されたジニトロフェノール（DNP）は脂質二重層を通り抜け，反対側で H^+ を放出する．このようにジニ

トロフェノールは H^+ を膜の反対側に運ぶので H^+ 濃度勾配を解消させることができる．

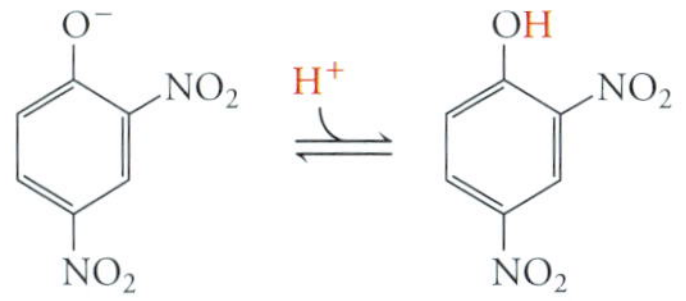

もちろん，ジニトロフェノールは通常ミトコンドリアに存在しない．しかし，生理的脱共役というものが実際にある．H^+ 濃度勾配を解消してしまうと ATP は合成されなくなるが酸化的代謝は高速で行われる．この代謝活動の副産物は熱である．

熱発生（thermogenesis）のための脱共役は褐色脂肪という特別な脂肪組織で行われている（この組織が褐色なのはシトクロムを含むミトコンドリアが高濃度で存在するからである．一般的脂肪組織は白色に近い）．褐色脂肪のミトコンドリアの内膜には脱共役タンパク質（uncoupling protein: UCP）とよばれる膜貫通チャネルが存在している．電子伝達鎖によって膜間腔に送り出された H^+ は ATP 合成酵素を通らず脱共役タンパク質を通ってマトリックスに戻ることができる．このため，電子伝達による自由エネルギーは ATP 合成に使われずに熱として失われてしまう．褐色脂肪は冬眠する哺乳類や新生児がもっていて，その UCP 活性や褐色脂肪ミトコンドリアへの貯蔵脂肪酸の輸送はホルモンによって調節されている．

ジニトロフェノールイオン　　　ジニトロフェノール

ATP合成酵素のF_1部分のβサブユニットは結合状態変化機構に伴う構造変化を起こせなくなる. そのため, γサブユニットは動けず, F_0のc環を通るH^+の流入も起こらなくなる. このATP合成とH^+輸送の強い共役によりH^+濃度勾配の自由エネルギーの浪費が抑えられている.

ミトコンドリア内にはATP合成酵素と結合してATP加水分解を阻害する調節タンパク質が存在するという証拠もある. この阻害タンパク質はpH感受性をもち, マトリックスのpHが高いとき（電子伝達が行われているとき）にはATP合成酵素と結合しない. しかし, 一時的にH^+濃度勾配が失われマトリックスのpHが下がると, この阻害タンパク質はATP合成酵素と結合する. この調節機構によりATP合成酵素が逆回転してATPアーゼとして働かないようになっている.

まとめ

15・1 酸化還元反応の熱力学
- 還元電位$\varepsilon^{\circ\prime}$は, 酸化還元反応を行い電子伝達に関与する物質の電子との親和性の指標となる.
- 酸化還元反応を行う物質間の還元電位の差は, その反応の自由エネルギー変化に関係する.

15・2 ミトコンドリアの電子伝達系
- 代謝反応によって生じた還元型補因子の酸化がミトコンドリアによって行われる. 還元力, ATP, ADP, およびP_iはシャトル経路や輸送タンパク質によって膜を通り抜ける.
- 電子伝達鎖を構成する一群の膜内在性タンパク質複合体には鉄−硫黄クラスター, フラビン, シトクロム, および銅イオンのような酸化還元反応を行うものが多数含まれていて, それらは可動性電子伝達体によってつながれている. 電子は, NADHから出発して還元電位が高くなる方向に, 複合体Ⅰ, ユビキノン, 複合体Ⅲ, シトクロムc, そして複合体Ⅳへと運ばれ, そこでO_2が還元されてH_2Oになる.
- 電子が伝達されるときにH^+が膜間腔に輸送される. 複合体ⅠとⅣではプロトンワイヤーが使われ, 複合体Ⅲでは

Q回路が使われる.

15・3 化学浸透
- 化学浸透圧説とは, ミトコンドリアでの電子伝達に伴って輸送されたH^+が電気化学的勾配をつくり, その自由エネルギーを使ってATPが合成されるというものである.

15・4 ATP合成酵素
- H^+濃度勾配のエネルギーはATP合成酵素の中を通り抜けていくときに使われる. H^+の流入は膜内在性cサブユニットからなる環を回転させる. それに結合しているγサブユニットも回転し, ATP合成酵素のF_1部分に構造変化をひき起こす.
- 結合変化機構によると, F_1部分にある3個の機能単位が三つの構造を順番にとり, そのときにADPとP_iを結合し, それらをATPに変換し, そのATPを放出する.
- P：O比とは還元されたO_2当たり合成されるATPの数で, 電子伝達と酸化的リン酸化の結びつきを定量化したものである. これらの過程は共役しているので, 酸化的リン酸化の速度は還元された補因子の供給量により決まる.

問　題

15・1 酸化還元反応の熱力学
1. ピルビン酸がNADHによって還元されるときの標準自由エネルギー変化を, 表15・1に示したこれらの物質の半反応を使って計算せよ. この反応は標準状態で自発的に起こるか.
2. 酸素がシトクロムa_3によって還元されるときの標準自由エネルギー変化を, 表15・1に示したこれらの物質の半反応を使って計算せよ. この反応は標準状態で自発的に起こるか.
3. ピルビン酸デヒドロゲナーゼ反応の最終段階で（§14・1参照）, E3がE2のリポアミド基を再酸化し, 次にNAD^+がE3を再酸化する. ジヒドロリポ酸からNAD^+への電子伝達の$\Delta G^{\circ\prime}$を計算せよ.
4. シトクロムcの電子は複合体Ⅳの還元中心であるCu_Aに渡される. 還元中心Cu_Aの$\varepsilon^{\circ\prime}$は0.245 Vである. この電

子伝達の$\Delta G^{\circ\prime}$を計算せよ.
5. アセトアルデヒドは酸化されると酢酸になる. この場合にNAD^+は酸化剤として使えるか. 理由も述べよ.
6. アセト酢酸は還元されると3−ヒドロキシ酪酸になる. 還元剤としてはNADHと$FADH_2$のどちらがよいか. 理由も述べよ.
7. QH_2が2個Q回路に入るごとにQH_2が1個再生され, 他方のQH_2は2個の電子をシトクロムc_1に渡す. 全体としての反応は

$$QH_2 + 2\text{シトクロム } c_1(Fe^{3+}) + 2H^+ \longrightarrow$$
$$Q + 2\text{シトクロム } c_1(Fe^{2+}) + 4H^+$$

となる. このQ回路の自由エネルギー変化を計算せよ.
8. コハク酸がNAD^+ではなくFADによって酸化されるの

15. 酸化的リン酸化 345

はなぜか.

9. (a) QH_2/Q の比が 10 で, シトクロム c (Fe^{3+})/シトクロム c (Fe^{2+}) の比が 5 のとき, QH_2 がシトクロム c によって酸化される反応の $\Delta\varepsilon$ はいくつか.

(b) (a)の反応の ΔG を計算せよ.

10. 複合体Ⅲ中の鉄-硫黄タンパク質はシトクロム c_1 に電子を与える. それらの還元半反応の $\varepsilon^{\circ\prime}$ を次に示す. この反応の反応式を書き, 標準自由エネルギー変化を計算せよ. この反応が細胞内で自発的に起こるという事実はその結果で説明できるか.

$$\text{FeS}_{酸化型} + e^- \longrightarrow \text{FeS}_{還元型}$$
$$\varepsilon^{\circ\prime} = 0.280 \text{ V}$$

$$シトクロム\ c_1(\text{Fe}^{3+}) + e^- \longrightarrow シトクロム\ c_1(\text{Fe}^{2+})$$
$$\varepsilon^{\circ\prime} = 0.215 \text{ V}$$

11. NADH が O_2 によって酸化される反応から得られるはずの自由エネルギーと 2.5 分子の ADP から 2.5 分子の ATP をつくるときに必要なエネルギーとを比較することにより, 標準状態での酸化的リン酸化の効率を計算せよ.

12. 問題 11 の解答として得られた値を使い, (a) 複合体Ⅰ (NADH がユビキノンにより酸化される), (b) 複合体Ⅲ (QH_2 がシトクロム c によって酸化される), および (c) 複合体Ⅳ (シトクロム c が O_2 によって酸化される) によって生じる ATP の数を計算せよ.

13. コハク酸デヒドロゲナーゼ (複合体Ⅱ) による反応の $\Delta\varepsilon^{\circ\prime}$ と $\Delta G^{\circ\prime}$ を計算せよ.

14. 問題 13 の値から見て, 標準状態においてこの反応でATP を合成するのに十分なエネルギーを供給できるか. 理由も述べよ.

15・2 ミトコンドリアの電子伝達系

15. 電子伝達の起こる順番の一部は特定の部位での伝達を止める阻害剤を使うことにより決められた. たとえば, ロテノン (植物毒素) やアミタール (バルビツール酸の一種) は複合体Ⅰでの電子伝達を止め, アンチマイシン A (抗生物質の一種) は複合体Ⅲでの電子伝達を止め, シアン化物 CN^- は複合体Ⅳ の Fe-Cu 二核中心の Fe^{2+} と結合することにより電子伝達を止める.

(a) 呼吸中のミトコンドリアにそれらの阻害剤を作用させると酸素消費はどうなるか.

(b) これらの阻害剤を別べつに作用させたとき, 電子伝達鎖内の電子伝達体の酸化還元状態はどうなるか.

16. ロテノン, アミタール, あるいはシアン化物で処理したミトコンドリアにコハク酸を与えたらどうなるか (問題15 参照). コハク酸は阻害剤による妨害を"迂回"することによりミトコンドリアの電子伝達を回復させることができるか. 理由も述べよ.

17. テトラメチル-p-フェニレンジアミン (TMPD) という化合物は複合体Ⅳ に 1 対の電子を与えることができる. この化合物の P：O 比はいくつか.

18. アスコルビン酸 (ビタミン C) はシトクロム c に 1 対の電子を与えることができる. アスコルビン酸の P：O 比はいくつか.

19. 問題 15 で述べたようなロテノン, アミタール, およびシアン化物で処理したミトコンドリアをテトラメチル-p-フェニレンジアミン (問題 17 参照) は迂回路をつくることにより救えるか. アスコルビン酸 (問題 18 参照) はどうか. 理由も述べよ.

20. 呼吸しているミトコンドリアに抗真菌薬であるミクソチアゾールを作用させると, QH_2/Q 比が大きくなる. ミクソチアゾールが電子伝達を止めるのは電子伝達鎖のどの部分か.

21. シアン化物による中毒 (問題 15 参照) であることがわかったときにはすぐ亜硝酸塩を投与する. 亜硝酸はヘモグロビンの Fe^{2+} を Fe^{3+} に酸化することができる. この処置が有効なのはなぜか.

22. 単離したラット脳ミトコンドリアの電子伝達速度 (任意の単位) に対するフルオキセチンという薬剤の効果をさまざまな基質や阻害剤の存在下で調べた (問題 15〜17 参照).

(a) ピルビン酸とリンゴ酸はどのようにして電子伝達の基質となるのか.

(b) フルオキセチンは電子伝達にどのような影響を与えるか. 理由も述べよ.

(c) フルオキセチンは ATP 合成酵素も阻害する. フルオキセチンを長期にわたって使用することがなぜ懸念されるのか.

電子伝達の速度

フルオキセチン濃度 (mM)	ピルビン酸 + リンゴ酸	コハク酸 + ロテノン	アスコルビン酸 + TMPD
0	163±15.1	145±14.2	184±22.2
0.15	77±7.3	131±13.5	116±13.9

23. 複合体Ⅰ, コハク酸デヒドロゲナーゼ, アシル CoA デヒドロゲナーゼ, およびグリセロール-3-リン酸デヒドロゲナーゼ (図 15・11 参照) はすべてフラビンタンパク質である. すなわち, FMN あるいは FAD を補欠分子族としてもっている. これらの酵素におけるフラビン基の機能を説明せよ.

24. H^+ を輸送する膜タンパク質において, どのようなアミノ酸側鎖がプロトンワイヤーの一部となりうるか.

25. ユビキノンはミトコンドリア膜上で固定されているのではなく, 電子伝達鎖の構成員の間を自由に動き回っている. この分子の構造上のどの部分がこうした性質をもたらしているのか.

26. 複合体Ⅰのユビキノン結合部位 (図 15・7) は膜から突き出た部分の膜に一番近いところにあるのはなぜか説明せよ.

27. シトクロム c はミトコンドリア膜標品から容易に解離してくるが, シトクロム c_1 を解離させるには強い界面活性剤

が必要である．なぜか．

28. ミトコンドリアからのシトクロム c の放出はプログラムされた細胞死であるアポトーシスを起こすときのシグナルのひとつである．シトクロム c のどのような特徴がそうした役割を演じさせているのか．

29. 陸上からの高濃度栄養分の流入は沿岸の藻類の異常発生をひき起こす．栄養分が食べつくされると藻類は死に，下に沈み，他の微生物によって分解される．藻類の死は海底付近の酸素濃度の急激な低下をまねき，魚や底生無脊椎動物を殺す．なぜ，そうした"死水域"が生じるのか．

30. クロムは酸化された状態 Cr(Ⅵ) で最も毒性が高く水に溶けやすいが，より還元された状態 Cr(Ⅲ) では毒性も弱く水にも溶けにくい．クロムに汚染された地下水を解毒する方法に還元性のある化学物質を地下に注入するというものがある．もう一つの方法は微生物を利用した環境浄化である．この方法では，糖蜜や料理油を汚染された地下水に注入する．こうした物質はどのように Cr(Ⅵ) を還元して Cr(Ⅲ) にする反応を促進するのか説明せよ．

31. ある時期，ミオグロビンは酸素を貯蔵するだけのタンパク質だと考えられていた．新たな証拠により，筋肉の中でミオグロビンはもっと活躍していることが示唆された．"ミオグロビンが促進する酸素拡散"というのがその役割で，筋肉細胞の細胞膜からミトコンドリア膜表面まで酸素を輸送するのである．ミオグロビン遺伝子をノックアウトしたハツカネズミの組織は毛細血管密度が高く，赤血球数も多く，心臓の冠動脈の血流量も多い．ノックアウトしたハツカネズミにこうした代償機構が働く理由を説明せよ．

32. 表のように，いくつかの動物についてミオグロビンとシトクロム c オキシダーゼの含量が測定されている．二つのタンパク質の含量の間にはどのような関係があるか．その理由も述べよ．

	ミオグロビン含量 (mmol kg^{-1})	シトクロム c オキシダーゼ活性
ウサギ	0.1	900
ヒツジ	0.19	950
ウ　シ	0.31	1200
ウ　マ	0.38	1800

33. ミオグロビンが分布しているのは筋肉だけではないことが最近わかった．血が十分に流れないので低酸素状態になっている腫瘍細胞もミオグロビンを発現していることがわかった．こうした適応は，どのようにして腫瘍細胞の生存機会を増すのか．

34. 酸素の供給が十分でも，がん細胞は大量の乳酸を産生する．フルクトース 2,6-ビスリン酸の濃度は通常細胞よりがん細胞でとても高いことが観察されている．酸素が供給されているのになぜ嫌気的代謝を行うのか．

35. 定期的な運動をしていない高齢の一団が 12 週間にわたる運動プログラムに参加した．そうした人たちから得たデータを以下の表に示してある．運動したことによる結果はどの

ようなことで，なぜそのようなことが起こったのか．

	運動前	12 週間の運動後
全ミトコンドリア DNA	1300	1900
複合体 Ⅲ の活性	0.13	0.20
複合体 Ⅰ～Ⅳ の活性	0.51	1.00

36. 筋萎縮性側索硬化症（ALS）は神経が変性する病気で，筋肉が麻痺し，やがては死んでいく．この病気の患者の神経系のいろいろな部分の電子伝達鎖複合体の活性を測定したところ，脊髄のある領域において，複合体Ⅰの量は変わらないが活性が落ちていることがわかった．このことが病気の進行とどのようにかかわるのか．

15・3　化学浸透

37. 神経芽腫細胞の $\Delta\psi$ は 81 mV である．H$^+$ による電気的不均衡をつくる際の自由エネルギー変化はいくつか．

38. pH$_{マトリックス}$＝7.6, pH$_{細胞質}$＝7.2, $\Delta\psi$＝200 mV, T＝37 ℃の条件下で H$^+$ をミトコンドリアマトリックスから運び出すときの自由エネルギー変化を計算せよ．

39. 化学浸透圧説の確立にはいくつかの重要な実験に基づく観察があった．以下に記した観察はミッチェルの提唱した化学浸透圧説とどのようなところが合致するか．

  (a) ミトコンドリアマトリックスの pH より膜間腔の pH のほうが低い．

  (b) ミトコンドリア標品に界面活性剤を作用させると酸化的リン酸化は起こらなくなる．

  (c) DNP（ボックス 15・B 参照）のような脂溶性物質は酸化的リン酸化を阻害するが電子伝達は阻害しない．

40. ミッチェルが最初に化学浸透圧説を唱えたときによりどころとしたのはミトコンドリア内膜が Na$^+$ や Cl$^-$ という H$^+$ 以外のイオンも透過させないということであった．

  (a) この考えはなぜ重要なのか．

  (b) ミトコンドリア膜が他のイオンは透過させるとしたら ATP は合成されるか．

41. ニゲリシン（nigericin）は膜に入り込んで K$^+$/H$^+$ 対向輸送を行う抗生物質である．バリノマイシン（valinomycin）はこれに似た抗生物質であるが，K$^+$ の透過性だけを高める．これら二つの抗生物質を呼吸しているミトコンドリアに同時に作用させると電気化学的な勾配が完全に失われる．

  (a) 実験結果と合うようにミトコンドリア内膜にニゲリシンとバリノマイシンが入り込んだ図を書け．

  (b) なぜ電気化学的な勾配が失われたのか説明せよ．ATP 合成はどうなるか．

42. 膜間腔からマトリックスへ P$_i$ を輸送することがなぜミトコンドリア内膜を挟んだ pH 差に影響を与えるのか．

15・4　ATP 合成酵素

43. グルコース 1 分子を完全に酸化したときに細胞内で生じる ATP は何分子か．グルコースが嫌気的に乳酸やエタノー

ルになったときに得られる ATP の量と比較せよ.

44. グリセロール 3-リン酸シャトルは，細胞質で生じた NADH をミトコンドリアマトリックスに運ぶ（図 15・11c 参照）．このシャトルでは H^+ と電子が FAD に渡され $FADH_2$ がつくられる．これらの H^+ と電子は次に電子伝達系の CoQ に渡される．グリセロール 3-リン酸シャトルが使われたとき，1 分子のグルコースからつくられる ATP は何分子か.

45. グルコースを完全に酸化したときの自由エネルギー変化は $-2850 \ kJ \ mol^{-1}$ である．不完全な酸化によって乳酸やエタノールにされたときの自由エネルギー変化はそれぞれ，$-196 \ kJ \ mol^{-1}$ と $-235 \ kJ \ mol^{-1}$ である．これら三つのグルコース酸化過程の効率を計算せよ.

46. グルコースを完全に酸化できる生物のほうが完全に酸化できない生物より有利だと思うか．［ヒント: 問題 45 を参考にせよ.］

47. 嫌気的条件で培養していた酵母に酸素を与えると細胞当たりのグルコース消費が激減する．この現象はパスツール効果とよばれている.

（a）なぜパスツール効果が起こるのか説明せよ.

（b）嫌気的条件下の細胞に酸素を与えると [NADH]/[NAD$^+$] や [ATP]/[ADP] 比も変化する．この比がどう変わるのか説明し，これにより，酵母の解糖やクエン酸回路はどのような影響を受けるか述べよ.

48. 1970 年代に行われた実験により，パスツール効果（問題 47 参照）が起こるのは，嫌気的条件でヘキソキナーゼとホスホフルクトキナーゼが活性化されていたためであることがわかった．酸素が与えられるとこれらの酵素の活性は低下する．酸素がないときにこれらの酵素の活性が高いのはなぜか.

49. 酸化的リン酸化の基質である ADP と P_i をミトコンドリア内に輸送する ATP/ADP トランスロカーゼと P_i/H^+ 等方輸送体について考えてみよう（図 15・6 参照）.

（a）ATP/ADP トランスロカーゼの活性はミトコンドリア膜での電気化学的勾配にどのような影響を与えるか.

（b）P_i/H^+ 等方輸送体の活性は同じ電気化学的勾配にどのような影響を与えるか.

（c）二つの輸送系を駆動している熱力学的な力は何だと思うか.

50. アトラクチロシドとボンクレキン酸という化合物は ATP/ADP トランスロカーゼに強く結合して阻害する．ATP 合成および電子伝達に対してこれらの化合物はどのような影響を与えるか.

51. ジシクロヘキシルカルボジイミド（DCCD）は Asp 残基や Glu 残基と反応する化合物である．この化合物が ATP 合成酵素の c サブユニットのたった一つと反応しただけで ATP 合成と ATP 加水分解が完全に止まってしまうのはなぜか.

52. オリゴマイシンは ATP 合成酵素の F_o の H^+ チャネルによる輸送を止める抗生物質である．呼吸中のミトコンドリアにオリゴマイシンを作用させると，(a) ATP 合成，(b) 電子伝達，(c) 酸素消費はどうなるか．(d) そこへジニトロフェノールを加えたらどのような変化が起こるか.

53. ジニトロフェノール（DNP）は 1920 年代に "やせ薬" として紹介されていたが，場合によっては死亡するような副作用があるのですぐに使用は禁止された．DNP が減量に効果があると考えられた理由は何か.

54. カルボニルシアニド-p-トリフルオロメトキシフェニルヒドラゾン（FCCP）は DNP のような脱共役剤である．FCCP がどのようにして脱共役剤として働くのかを説明せよ.

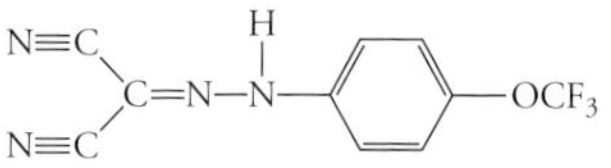

FCCP

55. 1950 年代に行われた単離したミトコンドリアを用いた実験で，外液に ADP が含まれるときだけ有機化合物の酸化と O_2 の消費が起こることが示された．ADP の供給が止まると O_2 消費も止まった．この結果を説明せよ.

56. 代謝速度が正常人の 2 倍で熱も高い患者が治療を求めてきた．筋肉組織を切取り検査を行ったところ，ミトコンドリアの構造に異常があり，通常の呼吸調節を受けないことがわかった．ADP 濃度に関係なく電子伝達が起こってしまうのである.

（a）この患者のミトコンドリアの電子伝達鎖に NADH からの電子が入ったときの P:O 比は正常な値と比べてどうなっているか.

（b）なぜ患者の代謝速度と体温は上昇したのか.

（c）この患者には激しい運動を行う能力があるか.

57. 実験系で ATP 合成酵素の F_o 部分を膜内で再構成することができる．この F_o は H^+ チャネルとして働き，系に F_1 成分を加えるとチャネル活性は停止する．この系に再び H^+ を輸送させるにはどのような分子を加えるべきか．その理由も述べよ.

58. 酵母とホウレンソウ葉緑体の ATP 合成酵素の c サブユニット数はそれぞれ 10 と 14 である．合成される ATP に対する輸送される H^+ の比を計算せよ.

59. 細菌の ATP 合成酵素の c サブユニットの数は 10 で，葉緑体の ATP 合成酵素の c サブユニットの数は 14 である．P:O 比が高いのはどちらか.

60. ATP 合成酵素の c 環は 6000 rpm で回転していることが実験で明らかになった．1 秒間に何分子の ATP がつくられるか.

61. ATP 合成酵素の機能を損なうような突然変異はまれである．研究室での実験で ATP 合成酵素を欠損している細胞の ATP 産生は 2-オキソグルタル酸を与えることにより非常に高まることが示されたが，それはアスパラギン酸を同時に与えたときのみであった．その理由を説明せよ.

62. 酵母の中でピルビン酸は，ピルビン酸デカルボキシラーゼとアルコールデヒドロゲナーゼによる 2 段階の反応によっ

てエタノールに変えられる（§13・1参照）．ピルビン酸はピルビン酸デヒドロゲナーゼによってアセチルCoAに変えられることもある．ピルビン酸デカルボキシラーゼ遺伝子を欠損した酵母の突然変異 *pdc*⁻ 体はピルビン酸デヒドロゲナーゼの活性調節を研究するうえで有用な材料である．野生型酵母を急激なグルコース濃度上昇にさらすと解糖の速度は劇的に高まり，呼吸速度も増す．同じ実験を *pdc*⁻ 突然変異酵母で行うと，解糖の速度はごくわずかしか上昇せず，酵母から放出される主要有機物はピルビン酸であった．この結果を説明せよ．

63. 酵母の嫌気的発酵において，与えられたグルコースの大半は解糖によって酸化され，残りはペントースリン酸経路に入り NADPH とリボースをつくるために使われる．好気的状態においてもグルコースはこの両方で使われるが，ペントースリン酸経路に入るグルコースの割合は嫌気的発酵のときよりずっと高い．なぜそうなのか説明せよ．

64. 脱共役タンパク質1は褐色脂肪のミトコンドリア内膜に存在する脱共役タンパク質である（ボックス15・B参照）．脱共役タンパク質1遺伝子をノックアウトしたマウスを調べることにより脱共役タンパク質2という第二の脱共役タンパク質が発見された．

(a) 脱共役タンパク質1を刺激する β_3 アドレナリンアゴニストを正常マウスに注射すると酸素消費は2倍以上に上がったが，ノックアウトマウスに注射しても全く上がらなかった．この結果を説明せよ．

(b) 脱共役タンパク質1ノックアウトマウスは脂肪組織への脂肪の蓄積が増えた点以外では正常のものと全く変わらなかった．なぜか．

(c) 正常マウスと脱共役タンパク質1ノックアウトマウスを低温室（5℃）に24時間入れておくという実験を行った．正常マウスは24時間後でも体温を37℃に維持し続けることができたが，ノックアウトマウスを低温室に入れると体温が10℃以上下がってしまった．この理由を説明せよ．

(d) 脱共役タンパク質1ノックアウトマウスは高脂肪食を与えても肥満にならなかった．この観察を説明する仮説を提案せよ．

65. アメリカ東部に生育しているザゼンソウ（eastern skunk cabbage）は，外気温が $-15 \sim +15$ ℃になる2月から3月ころに，体温を外気温より $15 \sim 35$ ℃も高くすることができる．この植物の肉穂花序（花の一部）は霜に弱いので，熱発生は生き残るために重要な意味をもつ．この熱発生には脱共役タンパク質が関与していることがわかった

(a) 大量のデンプンをたくわえている巨大な根がザゼンソウの肉穂花序で起こる熱発生を支えている．数時間ではなく数週間ものあいだ熱を発生し続けるザゼンソウに大量のデンプンが必要なのはなぜか．

(b) 気温が下がるにつれザゼンソウの酸素消費は高まる．気温が10℃下がるごとに酸素消費は2倍になる．日中，気温が30℃近くあるとき，酸素消費は抑えられ，夜になると増加する．こうなることを生化学的に説明せよ．

66. ジャガイモの脱共役タンパク質（問題65参照）をコードする遺伝子が最近単離された．この遺伝子のノーザンブロット解析（mRNA量を検出するものである）の結果を下に示す．この結果をどう解釈するか．この脱共役タンパク質の mRNA 量はジャガイモの熱発生にどのような影響を与えるか．

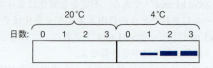

67. 図に示すように，グルタミン酸をミトコンドリアの呼吸基質として使うことができる．グルタミン酸の存在下で呼吸しているミトコンドリア懸濁液にスフィンゴ脂質であるセラミドを入れると呼吸が低下する．この研究を行った人はセラミドが生体内でミトコンドリア機能の調節を行うという仮説を立てた．

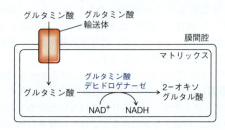

(a) グルタミン酸はどのようにしてミトコンドリアの呼吸基質となるのか．

(b) セラミドによる呼吸阻害は他の要因のせいかもしれない．可能性のある要因をあげよ．

(c) セラミド処理したミトコンドリアに脱共役剤を作用させたが呼吸は増加しなかった．阻害部位である可能性から除外できるのはどこか．

(d) 別の実験で，ミトコンドリアを凍結融解し，内膜がNADH を通すようにした．こうしたミトコンドリアでは NADH を電子伝達の基質とすることができる．このミトコンドリアに基質として NADH を与えセラミドによる阻害を調べたところ，呼吸の低下は正常なミトコンドリアにグルタミン酸を基質として与えたときに起こった低下と同じだった．阻害部である可能性から除外できるのはどこか．

68. 酸化的リン酸化が行えないときでも，細胞は基質レベルのリン酸化によって ATP を合成することができる．

(a) 解糖とクエン酸回路の酵素のなかで基質レベルのリン酸化を触媒するものはどれか．

(b) 呼吸によって取込んだ O_2 が，吐く息の中の CO_2 に直接変換されるわけではない．すべての構成成分を入れて酸素によるグルコース燃焼の化学反応式を書け．

参 考 文 献

Boekema, E. J. and Braunm H.-P., Supramolecular structure of the mitochondrial oxidative phosphorylation system, *J. Biol. Chem.* **282**, 1－4 (2007). 複合体 I ～ IV が超複合体を形成していることについての総説.

Boyer, P. D., Catalytic site forms and controls in ATP synthase catalysis, *Biochim. Biophys. Acta* **1458**, 252－262 (2000). 結合状態変化機構を唱えた著者による ATP 合成と加水分解の各段階の説明およびその実験的証拠とその他の学説についての記述.

Hosler, J. P., Ferguson-Miller, S., and Mills, D. A., Energy transduction: proton transfer through the respiratory complexes, *Annu. Rev. Biochem.* **75**, 165－187 (2006). 複合体 IV に焦点を当てて電子伝達がどのように H^+ 輸送に変換されるかについての記述.

Watt, I. N., Montgomery, M. G., Runswick, M. J., Leslie, A. G. W., and Walker, J. E., Bioenergetic cost of making an adenosine triphosphate molecule in animal mitochondria, *Proc. Nat. Acad. Sci.* **107**, 16823－16827 (2010). ウシの ATP 合成酵素の構造から高等動物における ATP 合成効率について述べている.

16 光合成

なぜ植物は酸素を発生させるのか

植物は光合成を行う際に水と二酸化炭素を取込み，糖を合成する．この過程の副生成物が気体の酸素分子で，水中に置かれた植物から発生する小さな泡として見ることができる．酸素は非常に反応しやすい分子で，その酸化力は細胞内で ATP の大半を生産することに最終的には費やされる．本章で光合成装置を概観することで，酸素が電子伝達系の最後で役割を果たす分子ではなく，光合成の初期過程でつくられることがわかるだろう．

復習事項

- グルコースの重合体には，燃料貯蔵の多糖としてデンプンとグリコーゲン，そして構造成分の多糖としてセルロースがある（§11・2）．
- NAD^+ やユビキノンのような補酵素は酸化される化合物から電子を受取る（§12・2）．
- 電子は酸化還元電位の低い化合物から高い化合物へと移動する（§15・1）．
- 電子伝達の際に膜を隔ててプロトン勾配ができることで，ATP を合成する自由エネルギーが生じる（§15・3）．

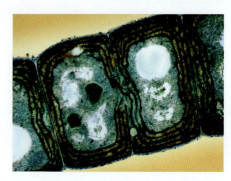

図 16・1 シアノバクテリア．最初の光合成生物はこうした細菌の細胞とおそらく似たものであったろう．[Biophoto Associates/Photo Researchers, Inc./amanaimages.]

地球上の植物は，毎年，**光合成**（photosynthesis）によって 6×10^{16} g もの炭素を有機化合物へと変換させていると見積もられている．この活動のほぼ半分が森やサバンナで，残りが海の中あるいは氷の下で，水，二酸化炭素，そして光があれば，どこでも行われている．光合成生物によって合成される有機化合物は，自分だけでなく，それを糧にして生きている生物も支えている．

日光をエネルギー源として用いる能力は，約 35 億年前に生まれた．それ以前，細胞の代謝は火山の熱水噴出孔の周辺などでおもに起こっていたような無機的な反応であっただろう．最初の光合成生物は，太陽光を吸収するために種々の色素（光吸収分子）をつくり，化合物の還元をひき起こすようになった．こうした生物の子孫で現存しているのが，紅色細菌と緑色硫黄細菌である．約 25 億年前ごろには**シアノバクテリア**（cyanobacterium, pl. cyanobacteria）が誕生した〔図 16・1，この生物はときどきラン藻（blue-green algae）ともよばれるが，これは誤解をまねきやすい名前で，実際には原核生物である．本当の藻類は真核生物である〕．シアノバクテリアは吸収した十分な太陽エネルギーを，大きなエネルギーを必要とする水を酸化して酸素分子を生み出すという反応に用いる．実際，24 億年前の大気中の酸素濃度の劇的な増加（約 1％から，現在の 20％へ）は，シアノバクテリアの増加による．現存の植物は初期の真核細胞がシアノバクテリアと共生することによって始まった．

生化学の現象として光合成を学ぶ価値は，単に地球レベルでの炭素と酸素の循環としての重要性だけではない．植物と動物の生化学を比較する機会を与えてくれる．まず最初に，ミトコンドリアと同じように細菌の共生体の名残りであり，光を吸収する葉緑体についてみてみよう．その次に太陽エネルギーを生物が利用できる ATP，還元型補酵素 NADPH などの自由エネルギー源に変換できる電子伝達複合体をみることにする．最後に，こうしたエネルギー源の通貨を，二酸化炭素を有機化合物へと**固定**（fixation）する生合成反応（炭素固定 carbon fixation とよばれる）のなかでどのようにして利用して

16. 光　合　成

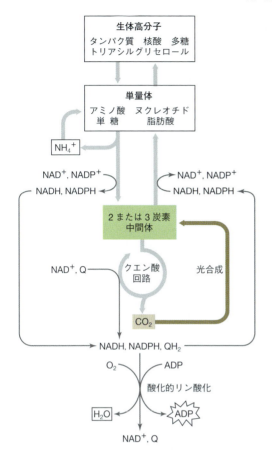

図 16・2　光合成と他の経路との関係．光合成生物は，大気中の CO_2 を取込んで，炭素数3の化合物に変換する．それらは糖質やアミノ酸の前駆体となる．光合成は，生合成反応で消費される ATP と NADPH の生産を促すのに光エネルギーを必要とする．

いるかをみてみよう．

　光合成のしくみと反応はすべての生物において見いだされるものではないが，12章で概観した代謝の流れのなかに位置づけることができる（図 16・2）．太陽エネルギーの吸収と，そのエネルギーを用いて CO_2 が炭素数3の化合物へと取込まれることについて述べたあと，動物細胞でみられる代謝の過程との相違点と類似点をみていくことにしよう．

16・1　葉緑体と太陽エネルギー

重要概念
- 複数の光合成色素が，異なる波長の光を吸収し，励起される．
- 集光性複合体は光エネルギーを反応中心へと導く．

　緑色植物の光合成は**葉緑体**（chloroplast）で起こる．葉緑体はシアノバクテリアに由来する独立した細胞小器官である．ミトコンドリアのように，葉緑体は自らの DNA をもっていて，100〜200 ほどの葉緑体タンパク質をコードしている．1000 あるいはそれ以上の，光合成に必須な産物の遺伝子は細胞の核 DNA にコードされている．

　葉緑体は，通過性のよい**外膜**（outer membrane）とイオンも通さない**内膜**（inner membrane）とに囲まれている（図 16・3）．その内部の区画は**ストロマ**（stroma）とよばれ，ミトコンドリアのマトリックスのように，多くの酵素を含んでいて糖質の合成にかかわる．ストロマの中には，膜でできた**チラコイド**（thylakoid）とよばれる構造がある．平坦あるいは管状のミトコンドリアのクリステ（図 15・4 参照）とは異なり，チラコイドの膜は平たくなった小胞が重なり合うように折りたたまれ，**チラコイド内腔**（thylakoid lumen）とよばれる空間を中にもつ．光合成でエネルギーを伝達する反応はチラコイド膜で起こる．光合成細菌ではこうした反応は，細胞膜上の折りたたまれた領域で起こる．

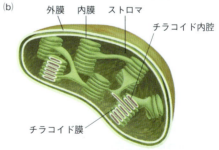

図 16・3　葉緑体．(a) タバコ由来葉緑体の電子顕微鏡写真．(b) 模式図．重なったチラコイド膜はグラナ（granum, *pl.* grana）とよばれる．[(a) は Dr. Jeremy Burgess/Photo Researchers, Inc./amanaimages.]

複数の色素が異なる波長の光を吸収する

　光は波としても，あるいは**光子**（photon）とよばれる粒子としてもとらえることができる．**プランクの法則**（Planck's law）として表されるように光子がもつエネ

ギー E はその波長に依存する

$$E = \frac{hc}{\lambda} \qquad (16 \cdot 1)$$

ここで, h はプランク定数 (6.626×10^{-34} J s), c は光速 (2.998×10^8 m s^{-1}), そして λ は波長である (可視光であれば 400〜700 nm, 計算例題 16・1). このエネルギーは葉緑体の光合成装置によって吸収され, 化学エネルギーに変換される.

●●● **計算例題 16・1**

問題 550 nm の波長をもつ光子一つのエネルギーを計算せよ.

解答

$$
\begin{aligned}
E &= \frac{hc}{\lambda} \\
&= \frac{(6.626 \times 10^{-34}\,\text{J s})\,(2.998 \times 10^8\,\text{m s}^{-1})}{550 \times 10^{-9}\,\text{m}} \\
&= 3.6 \times 10^{-19}\,\text{J}
\end{aligned}
$$

練習問題
1. 550 nm の波長をもつ光子 1 mol (6.022×10^{23}) のエネルギーを計算せよ.
2. 1 mol が 250 kJ のエネルギーをもつ光子の波長を計算せよ.

葉緑体はさまざまな種類の光を吸収する色素または**光受容体** (photoreceptor, 図 16・4) を含む. 光受容体のなかでも主要なのが**クロロフィル** (chlorophyll) で, 青と赤の光を吸収するために, クロロフィルは緑に見える. 2 番目に多い色素が赤いカロテノイド (carotenoid) で, 青の光を吸収する. 長波長の赤い光を吸収するフィコシアニン (phycocyanin) は, 水の中の生物でよくみられる. 水が青い光を吸収するからであろう. 最終的にこうした一連の色素によって, 可視光のほとんどの波長が吸収される (図 16・5).

光合成色素は高度に共役した分子である. 適切な波長の光子を吸収すると, 非局在化した電子の一つが, 高エネルギーの軌道へと高められる. これを励起状態

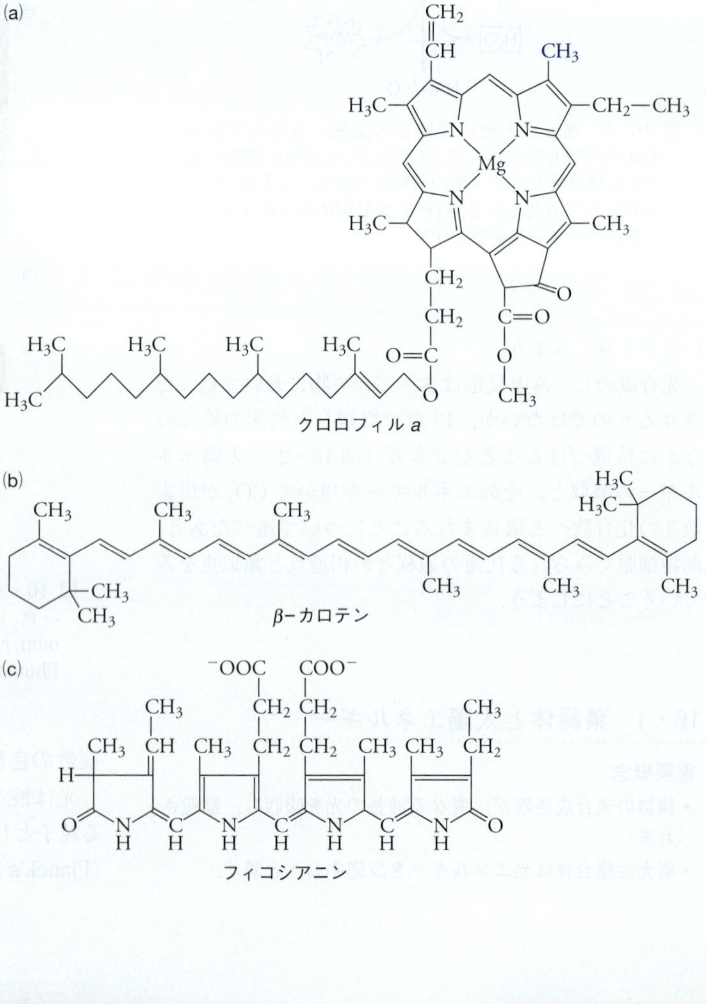

図 16・4 葉緑体中の光受容体. (a) クロロフィル a. クロロフィル b では, メチル基 (青) がホルミル基となる. クロロフィルはヘモグロビン, シトクロムのヘムとよく似ているが, 中心に Fe^{2+} ではなく Mg^{2+}, さらにシクロペンタン環と, 長い脂質の側鎖をもっている (図 15・12 参照). (b) カロテノイドである β-カロテン. ビタミン A の前駆体である (ボックス 8・B 参照). (c) フィコシアニンは直線状のテトラピロールである. 折りたたまれていないクロロフィル分子のような形をしている.

16. 光合成

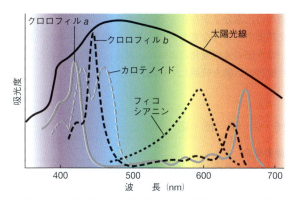

図 16・5 複数の光合成色素による可視光の吸収．吸収する光の波長は，地表に到達する太陽エネルギーの山に重なる．

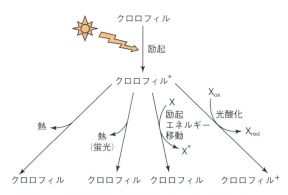

図 16・6 光励起された分子のエネルギー放出．クロロフィルのような色素分子は光子を吸収して励起される．励起された分子（クロロフィル*）は，いずれかの機構で基底状態に戻る．こうしたエネルギー移動過程はすべてがある程度ずつ葉緑体で起こる．しかし励起エネルギーの移動と光酸化が光合成にとって一番重要である．

（excited state）という．励起された分子はいくつかの機構を経てもとの低エネルギー，いいかえると基底状態へと戻っていく（図16・6）．

1. 吸収されたエネルギーが熱として放出される．
2. エネルギーが，光，あるいは**蛍光**（fluorescence）として発せられる．熱力学的に，放射される光子は吸収された光子よりエネルギーが低い（長波長）．
3. エネルギーがほかの分子に受け継がれる．この過程を，**励起エネルギー移動**（exciton energy transfer）または共鳴エネルギー移動（resonance energy transfer）とよぶ〔exciton（エキシトン，励起子）とは移動する励起エネルギーを粒子としてみたときの言葉〕．なぜなら，供与体と受容体の分子軌道の間で，エネルギー移動のときに協調した振動が起こるからである．
4. 電子が，励起した分子から受容する分子へと移動する．**光酸化**（photooxidation）とよばれるこの過程で，励起された分子が酸化され，受容分子が還元される．光酸化した分子がもとの還元状態へ戻るには次の電子伝達の反応が起こる必要がある．

こうしたエネルギー移動の過程すべてが葉緑体で起こるが，そのなかでも励起エネルギー移動と光酸化が重要である．

集光性複合体はエネルギーを反応中心へと移動させる

光合成の最初の反応は，**反応中心**（reaction center）とよばれる特定のクロロフィル分子で起こる．しかし，葉緑体には反応中心よりも数多くのクロロフィル分子とそれ以外の色素がある．こうした一見余分にみえる**アン**

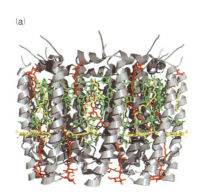  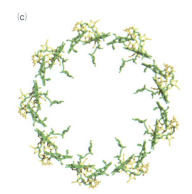

図 16・7 紅色細菌 *Rhodopseudomonas acidophila* 由来の集光性複合体．サブユニット9対（淡灰色と濃灰色）は大半が膜に埋もれていて，クロロフィル分子（黄と緑）とカロテノイド（赤）による二つの環の足場を形成している．色素どうしは，2〜3 Å 以内の距離に位置している．(a) 横から見た図．上が細胞外．(b) 上から見た図．(c) クロロフィル分子のみを示した上から見た図．内側の環（緑）にある18のクロロフィル分子は互いに重なり合っていて，そのために励起エネルギーは環全体に均一に分布する．〔構造（pdb 1KZU）は R. J. Cogdell, A. A. Freer, N. W. Isaacs, A. M. Hawthornwaite-Lawless, G. McDermott, M. Z. Papiz, S. M. Prince によって決定された．〕

テナ(antenna)色素は，**集光性複合体**(light-harvesting complex)とよばれる膜タンパク質に含まれている．30種類以上の異なる集光性複合体がすでに調べられているが，驚くほど整然とした幾何学的な構造をしている．たとえば，一つの紅色光合成細菌の集光性複合体は18本のポリペプチド鎖からなり，クロロフィルとカロテノイドからなる二つの同心円を形成している（図16・7）．光を吸収する分子が示す幾何学的な配置は集光性複合体が機能するために必須である．

それぞれの光受容タンパク質の微小環境が，自身が吸収する光子の波長（つまりエネルギー）に影響を与える（それはちょうどシトクロムのタンパク質の構造がヘムの還元電位に影響を与えるのと似ている，§15・2参照）．結果として，複数の色素を含むさまざまな集光性複合体が多くの異なった波長の光を吸収することができる．集光性複合体のなかでの正確な配置によって，色素分子がそのエネルギーをほかの色素に移動することが可能となる．励起エネルギーの移動によって最後には反応中心にあるクロロフィルにそのエネルギーが集まることになる（図16・8）．集光性複合体が光を集めて濃縮することをしなかったら，反応中心のクロロフィルは太陽からの放射エネルギーのうちのほんの一部しか集めることができないだろう．とはいえ，これだけのことをしても葉は降り注ぐ太陽エネルギーのたかだか1%しか受取れない．

光の強度が強い状況では，ある補助色素が太陽エネルギーの一部を逃がして，不必要な光酸化による光合成装置の損傷を受けないようにしている．植物にはほかにも種々の色素分子が存在する．それらは植物の成長の速さを制御するような光センサーとして働き，日々の，あるいは季節の光の変化によって，発芽，開花，休眠といった植物の活動を統括している．

16・2 明反応

重要概念
- 光化学系IIのP680反応中心は光酸化を受ける．
- 光化学系IIは水を分解し，P680から消えた電子を補給し，酸素を発生する．
- 光化学系IIからの電子は，プラストキノン，シトクロムb_6f，プラストシアニンを経て，光化学系Iへと移動する．
- 光化学系IのP700の光酸化が，循環型，そして非循環型の電子の流れをひき起こす．
- チラコイド膜を隔てて形成されるプロトン勾配がATP合成を促す．

植物，シアノバクテリアでは，集光性複合体のアンテナ色素がとらえたエネルギーは二つの光化学系反応中心へと集まる．反応中心が励起されると，一連の酸化還元反応がひき起こされ，最終的に水分子の酸化，$NADP^+$の還元，そしてATP合成を促す膜を隔てたプロトン勾配が生じる．こうした現象は光合成のなかで**明反応**(light reaction)として知られる．（大半の光合成細菌が同様の反応を行うが，一つの反応中心をもつだけで，酸素を発生させない．）光エネルギーの受取りを仲介するのは，光化学系Iおよび光化学系IIとよばれる二つのタンパク質複合体である．チラコイド膜中の他の膜内在性，膜表在性タンパク質とともに，これらの複合体は，ミトコンドリアの電子伝達のように，連続した反応系として機能している．

光化学系IIは光で活性化する酸化還元酵素である

植物とシアノバクテリアでは，明反応は**光化学系II**(photosystem II，略称PSII，IIというのは2番目に見つかったということ)から始まる．この膜内在性タンパク質複合体は二量体を形成している．その大半は，ストロマ側よりもチラコイド膜の内腔側に存在する．シアノバクテリアの光化学系IIは少なくとも19のサブユニットからなる（うち14は膜内在性タンパク質である）．それが含む補欠分子族のなかには，光を吸収する色素と酸化還元にかかわる補因子が含まれる（図16・9）．

数十の光化学系IIのクロロフィル分子が膜内在性のアンテナとして機能し，エネルギーを集めて，二つの反応中心に供給している．どちらもそれぞれ1対のP680として知られるクロロフィルをもっている（680 nmは

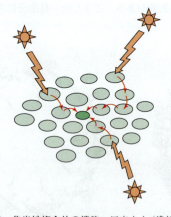

図16・8　集光性複合体の機能．反応中心（濃緑）とそれを取囲む集光性複合体（淡緑）からなる典型的な光合成系．複数の色素が存在することで異なる波長の光が吸収できる．励起エネルギーが移動して，捕捉された太陽エネルギーが反応中心にあるクロロフィルに集まる．励起エネルギーはエネルギーの高いところから低いところに移動する．反応中心から一番遠いところに位置するアンテナ色素が一番エネルギーの高い励起状態にある．

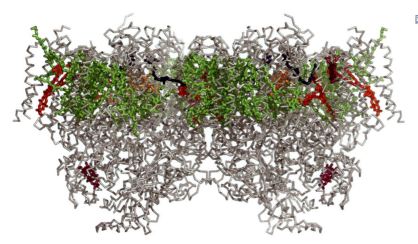

図 16・9 シアノバクテリアの光化学系 II の構造. タンパク質を灰色のリボンで, さまざまな補欠分子族や補因子を色別の棒モデルで示す. クロロフィルが緑, オレンジがフェオフィチン, 赤が β-カロテン, 紫がヘム, 青がキノン. 上がストロマ側, 下がチラコイド内腔側. [シアノバクテリア *Synechococcus elongatus* 由来の光化学系 II (1S5L) の構造は K. N. Ferreira, T. M. Iverson, K. Maghlaoui, J. Barber, S. Iwata によって決定された.]

一つの吸収極大の波長). 反応中心のクロロフィルは重なっているので, 電気的に一緒となり, 一つの単位として機能する. P680 が励起され, P680* と表記される状態になると, すばやく電子を放出し, 低エネルギー状態の P680$^+$ と表記される状態に落ちていく. これは, 光が P680 を酸化したといえる. 光酸化されたクロロフィル分子はもとの状態へと戻るには還元される必要がある.

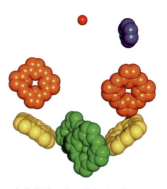

図 16・10 光化学系 II 中の補欠分子族の配置. 緑で示したクロロフィルは光酸化可能な P680 である. 黄で示した二つの"補助"クロロフィルは酸化も還元も受けない. P680 からの電子はフェオフィチン(オレンジ)の一つへ移動していく. この分子は本質的には中央部に Mg^{2+} をもたないクロロフィル分子である. 次段階で電子は強固に結合したプラストキノン分子(青)へ移動し, さらにゆるく結合したプラストキノン(図には示していない)に移動する. 鉄原子(赤)は最後の電子移動を助ける可能性がある. 補欠分子族である脂質尾部は示されていない.

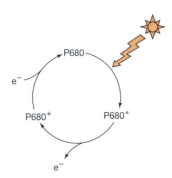

その 1 対の P680 は光化学系 II の内腔側の近くに存在する. 光酸化したそれぞれの P680 から放出された電子は, いくつかの酸化還元分子を渡り歩いていく(図 16・10). 光化学系 II の補欠分子族の多くがおおよそ対称的に配置しているが, すべてが直接電子伝達にかかわるわけではない. 電子は最後には光化学系 II のストロマ側にあるプラストキノン分子に到達する. プラストキノン(plastoquinone: PQ)は, 哺乳類のミトコンドリアにあるユビキノンと似ている(§12・2 参照). これは 2 電子の伝達体として機能する. 完全に還元したプラストキノール(plastoquinol, PQH$_2$)はチラコイド膜内で可溶性なものとしてたくわえられているプラストキノンの中に入っていく. プラストキノンを PQH$_2$ へと完全に還元するうえで二つの電子(P680 の二つの光酸化)が必要である. この反応はストロマから取込まれる二つのプロトンを消費する.

光化学系 II の酸素発生複合体が水を酸化する

本章の最初に述べたように, 酸素は光合成過程にとっては反応の結果生じる副産物である. 酸素 O$_2$ は, 水か

ら**酸素発生複合体**（oxygen-evolving complex）とよばれる光化学系Ⅱの内腔側での酸化によって生じる．反応は次のように表される．

$$2H_2O \longrightarrow O_2 + 4H^+ + 4e^-$$

水から出た電子は光酸化した P680 を還元型にするのに消費される．

水を分解する反応の触媒は Mn_4CaO_5 の化学組成をもつ補因子である（図16・11）．このめずらしい無機の補因子はすべての光化学系Ⅱで同じ組成である．これはこのユニークな組成が約25億年ものあいだ変わらずにきたことを示唆する．水から電子を取出し，O_2 を形成する反応について，このマンガンクラスターをしのぐ人工触媒は見つかっていない．水の分解反応は，光化学系Ⅱ当たり毎秒およそ50分子の酸素を産出する迅速なもので，地球大気の大半の酸素を生み出した．

水分子の酸化反応の間に，マンガンクラスターはいろいろな酸化状態をとりうる．それはちょうど逆反応ではあるがシトクロム c オキシダーゼの Fe–Cu 2 原子中心での変化と似ている（ミトコンドリア複合体Ⅳ，図15・18 参照）．水に由来した四つのプロトンはチラコイド内腔に放出され，ストロマよりも低い pH となっていく．光化学系Ⅱのチロシンのラジカル Y・ が $P680^+$ へとそれぞれの四つの電子を移していく（チロシンラジカルがシトクロム c オキシダーゼにおいても電子伝達に関与している，§15・2 参照）．

チロシンラジカル

O_2 は非常に高い還元電位（+0.815 V）をもっているので水分子の酸化は熱力学的にエネルギーを必要とす

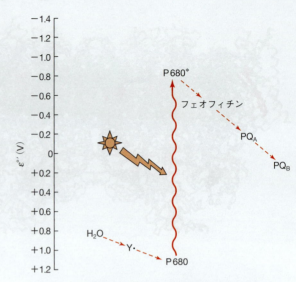

図 16・12 光化学系Ⅱにおける還元電位と電子移動．電子は自発的に還元電位の低い分子から高い電位をもった分子へと移動していく．H_2O からプラストキノンへの電子の移動（赤破線で示す）は P680 の励起（波線）がその還元電位を下げることで可能となる．

る．電子は自発的に還元電位がより低いほうから高いほうへ流れていく（§15・1 参照）．実際，P680 は生体系で最強の酸化剤であり，その還元電位は約 +1.15 V である．それが光酸化を受けると，P680（P680* として）の還元電位は劇的に，約 −0.8 V まで下がる．この低い還元電位をもつゆえに，P680* は電子を順番に還元電位の値が大きくなる分子に受け渡すことになる（図 16・12）．全体の結果として，太陽エネルギーが光化学系Ⅱに入ったあと，電子が水からプラストキノンに熱力学的に問題なく移っていくことができる．光化学系Ⅱの四つの光酸化が，二つの水分子を酸化し，1分子の O_2 を生成するうえで必要である．図 16・13 に光化学系Ⅱの機能をまとめた．

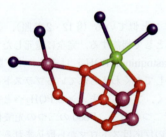

図 16・11 Mn_4CaO_5 クラスターの構造．Mn は紫，Ca は緑，O は赤で表している．クラスターと接する四つの水分子のうち，1ないし複数のものが分解反応の基質となると思われる．クラスターを保持する Asp, Glu, His の側鎖は示していない．[PSⅡの構造（pbd 3ARC）は Y. Umeda, K. Kawakami, J. R. Shen, and N. Kamiya によって決定された．]

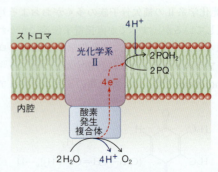

図 16・13 光化学系Ⅱの機能．一つの酸素分子が生成するたびに，二つのプラストキノンが還元される．

シトクロム b_6f が光化学系 I と II をつなぐ

電子がプラストキノールとして光化学系 II から離れると，次は**シトクロム b_6f** (cytochrome b_6f) として知られる膜と結合したタンパク質複合体に到達する．この複合体はミトコンドリアの複合体Ⅲと類似しており，還元型のキノンの形で電子が入るところから始まり，酸化還元化合物の間を電子が循環する形で流れ，最後に移動できる電子輸送体へと移っていく．

シトクロム b_6f 複合体は二量体で，それぞれ八つのサブユニットから構成される（図 16・14）．三つのサブユニットは電子を伝達する補欠分子族を含んでいる．サブユニットの一つがシトクロム b_6 で，これはミトコンドリアのシトクロム b と相同な分子である．二つ目がシトクロム f であり，そのヘムは c 型である．それはミトコンドリアのシトクロム c_1 とは配列上の相同性はないが，機能は類似している．葉緑体の複合体もミトコンドリアのものと似たふるまいをする 2Fe-2S クラスターをもったリスケタンパク質（Rieske protein，リスケ鉄硫黄クラスタータンパク質ともいう）を含んでいる．シトクロム b_6f 複合体には，補欠分子族としてクロロフィル分子と β-カロテンが含まれる点がミトコンドリアの複合体と異なる．こうした光を吸収する分子は電子伝達に参加することはなく，利用できる光の量を調節することでシトクロム b_6f 複合体の活性の調節を助けているようである．

シトクロム b_6f 複合体における電子の流れは，ミトコンドリアの複合体Ⅲにおける Q 回路とおそらく同じ循環型のパターンを示す（図 15・14 参照）．葉緑体では，最終的に電子を受取る分子がシトクロム c ではなく，活

図 16・15　プラストシアニン．Cys, Met, そして二つの His（黄）に，酸化還元にかかわる銅イオン（緑）が配位している．[ポプラの葉由来のプラストシアニンの構造 (pdb 1PLC) は J. M. Guss, H. C. Freeman によって決定された．]

性部位に銅イオンを含んだ小さなタンパク質であるプラストシアニン（plastocyanin）である（図 16・15）．プラストシアニンは Cu^+ と Cu^{2+} の酸化状態を交互にとって一つの電子を運ぶ伝達体として機能する．シトクロム c のようにプラストシアニンも膜表在性タンパク質で，シトクロム b_6f 複合体の内腔側表面で電子を受取り，次に光化学系 I （photosystem I）とよばれる別の膜内在性タンパク質複合体へと電子を運ぶ．

シトクロム b_6f 複合体での正味の結果として，光化学系 II から放出される電子 2 個ごとに四つのプロトンがチラコイド内腔に放出される．2 分子の H_2O の酸化は 4 電子の反応なので，O_2 1 分子が生じると，シトクロム b_6f 複合体によって内腔に八つのプロトンが生じる（図 16・16）．結果として生じるストロマと内腔の間での pH 勾配が，後述する ATP 合成につながる自由エネルギーの源となる．

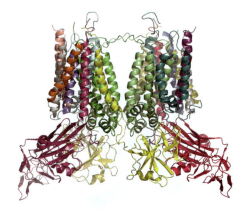

図 16・14　シアノバクテリアのシトクロム b_6f の構造．二量体中のサブユニットをそれぞれ別の色で表している．補欠分子族はここでは示していない．[構造 (pdb 1VF5) は G. Kurisu, H. Zhang, J. L. Smith, W. A. Cramer によって決定された．]

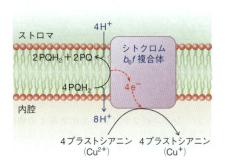

図 16・16　シトクロム b_6f 複合体の機能．シトクロム b_6f 複合体中に記された分子数は，光化学系 II の酸素発生複合体から放出される四つの電子を反映させたものである．

2番目の光酸化が光化学系Iで起こる

光化学系Iは，光化学系IIと同様，数多くの色素分子を含む巨大なタンパク質複合体である．シアノバクテリア *Synechococcus* の光化学系Iはそれぞれ12個のタンパク質からなる単量体が，対称的な三量体を構成している（図16・17）．96分子のクロロフィル，22分子のカロテノイドが組込まれて，光化学系Iの集光性複合体として機能している．

各単量体の中心部には，1対のクロロフィル分子があり，その一方あるいは両方が光によって活性化する P700（P680よりほんの少し長波長側に吸収極大をもっている）として知られる分子団となっている．P680のように P700はアンテナ色素からエキシトンの移動を受ける．P700*は電子を渡して，より低エネルギーの酸化状態にある P700$^+$ へと変わる．P700$^+$ は次にプラストシアニンから提供される電子を受取って還元される．

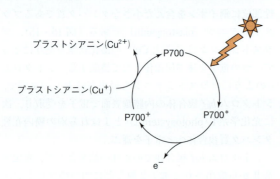

P700は特別によい還元剤というわけではない（その還元電位は比較的高く，約 +0.45 V である）．しかし励起された P700* の $\varepsilon^{\circ\prime}$ の値は非常に低く（約 −1.3 V），そのため電子は P700* から他の光化学系Iにある別の酸化還元分子に自発的に流れていく．そこには別の四つのクロロフィル分子，キノン，4Fe−4S 型の鉄−硫黄クラスターが含まれる（図16・18）．光化学系IIと同様，こうした補欠分子族はおおよそ対称的に配置している．ただし，光化学系Iではすべての酸化還元分子が酸化還元状態を行き来すると思われる．

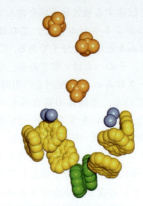

図 16・18 光化学系Iの補欠分子族．この分子族にはP700（緑のクロロフィル分子），"補助"クロロフィル（黄），キノン（青の球），4Fe−4S クラスター（オレンジ）が含まれる．

光酸化を受けた P700から放出された電子はそれぞれ，最終的にはフェレドキシン（ferredoxin）というチラコイド膜のストロマ側にある低分子の膜表在性タンパク質へと渡される．フェレドキシンは 2Fe−2S クラスターにおいて1電子の還元を受ける（図16・19）．還元されたフェレドキシンは葉緑体における2種類，すなわち非循

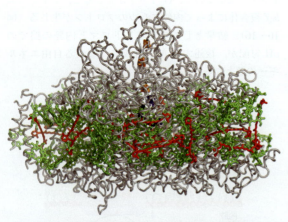

図 16・17 シアノバクテリアの光化学系Iの構造．タンパク質を灰色のリボン，種々の補欠分子族は，クロロフィルは緑，β-カロテンは赤，フィロキノンは青，Fe−S クラスターはオレンジで示す．三量体のうち一つの単量体を示す．上がストロマ．［シアノバクテリア *Synechococcus* の光化学系Iの構造（pdb 1JB0）は P. Jordan, P. Fromme, H. T. Witt, O. Klukas, W. Saenger, N. Krauss によって決定された．］

図 16・19 フェレドキシン．2Fe−2S クラスターをオレンジで示す．［シアノバクテリア *Anabaena* 由来のフェレドキシンの構造（pdb 1CZP）は R. Morales, M. H. Charon, M. Frey によって決定された．］

環型電子伝達と循環型電子伝達の電子輸送の流れに関与する．

非循環型電子伝達 (noncyclic electron flow) において，フェレドキシンはフェレドキシン–$NADP^+$レダクターゼ (ferredoxin–$NADP^+$ reductase) の基質となる．ストロマに存在するこの酵素は（二つの別のフェレドキシン分子に由来する）二つの電子を用いて，$NADP^+$を還元してNADPHを生じる（図16・20）．この非循環型電子伝達の最終結果として，電子を水から受取り，光化学系II，シトクロムb_6f複合体，光化学系Iを経由して，$NADP^+$へと受け渡したことになる．光化学系Iはチラコイド膜を介したプロトン勾配の形成には関与しないが，$NADP^+$を還元してNADPHにする際にストロマ側のプロトンを消費する．

還元電位に沿って図示すると，水から$NADP^+$に至る電子を受け渡す官能基の道筋によって，**Z機構** (Z-scheme) とよばれる図が書ける（図16・21）．このジグザグをなす形は，二つの光酸化の現象によってP680とP700が還元電位を大きく下げることに由来する．1分子のO_2と2分子のNADPHを生じる際の4電子が関与する過程で，八つの光子の吸収を伴うことに注目してほしい（光化学系II，光化学系I，それぞれ4個ずつ）．

循環型電子伝達 (cyclic electron flow) では，光化学系Iからの電子は$NADP^+$を還元せずに，シトクロムb_6f複合体へと戻っていく（図16・22）．そこで電子はプラストシアニンへ移動し，光化学系Iへと戻って，光酸化したP700$^+$を還元する．その間，プラストキノール分子がシトクロムb_6f複合体の二つのキノン結合部位の間を行き来することで，ミトコンドリアのQ回路（Q cycle, 図15・14）の場合のように，ストロマと内腔の間でプロトンが移動することになる．循環型の電子伝達には光化学系Iの光エネルギーの投入は必要だが，光化学系IIの光エネルギーは不要である．循環型電子伝達では還元型補因子であるNADPHの形では自由エネルギーを回収できないが，シトクロムb_6f複合体の働きによって膜を介したプロトン勾配を形成して自由エネルギーが保存される．その結果，循環型電子伝達では化学浸透によるATP生成だけを活性化する（一つの反応中心しかないある種の細菌では，これと同様の電子の流れのみでO_2，NADPHいずれも生成しない）．光合成細胞は，光化学系Iが関与する循環型，非循環型の電子伝達の割合を変化させることで，明反応によって生成され

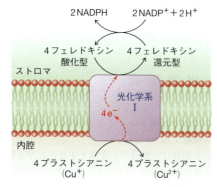

図 16・20 **光化学系Iを経由する非循環型電子伝達**．プラストシアニンから供給された電子はフェレドキシンに移動し，$NADP^+$を還元するのに用いられる．ここでの化学量論量は光化学系IIの$2H_2O$を酸化することで放出された4電子に対応している．したがって，O_2 1分子ごとに2NADPHが生産される．

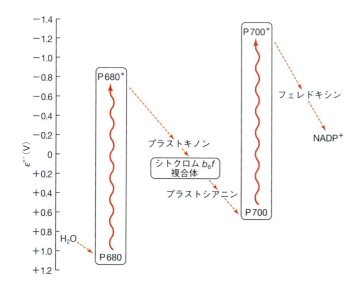

図 16・21 **光合成のZ機構**．おもな分子の還元電位を示した（光化学系II，シトクロムb_6f複合体，光化学系I中の個々の酸化還元電位は示していない）．P680とP700の励起によって，他は還元電位が増加していく方向へ，いいかえると熱力学的に無理のない方向に電子が流れることが可能となる．

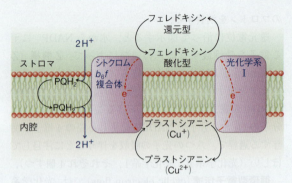

図 16・22 循環型電子伝達. 光化学系 I とシトクロム b_6f 複合体の間で電子が循環する. NADPH も酸素も産生されないが, シトクロム b_6f 複合体の働きで ATP 合成の原動力となるプロトン勾配が生じる.

るATPとNADPHの割合を変えることができる.

化学浸透が ATP 合成に必要な自由エネルギーを提供する

葉緑体とミトコンドリアは同じ機構によって ATP を合成している. 膜を隔てたプロトン勾配を ADP 分子のリン酸化にうまく利用している. 光合成生物では, この過程を**光リン酸化**(photophosphorylation)とよぶ. 葉緑体の ATP 合成酵素は, ミトコンドリアや細菌の ATP 合成酵素と非常に相同性が高い. CF_1CF_0 複合体 ("C" は葉緑体をさす) は, プロトン輸送にかかわる膜内在性タンパク質 CF_0 が, 可溶性タンパク質 CF_1 と結合した機械仕掛けのような構成をしている. CF_1 ではこの結合が変化することによって (図 15・25 参照) ATP が生成される. チラコイド内腔からストロマへとプロトンが移動して, ATP 合成を促す自由エネルギーを提供する (図

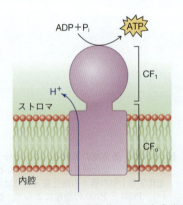

図 16・23 光リン酸化. 葉緑体の ATP 合成酵素の CF_0 部分をプロトンが通り抜けると (内腔からストロマへの濃度勾配に沿って) CF_1 部分が ATP を合成する.

16・23).

ミトコンドリアと同様, プロトン勾配は化学的にも電気的にも関与する. 葉緑体での pH 勾配は (pH で約 3.5), ミトコンドリアのもの (pH で約 0.75) よりもずっと大きい. しかし, 葉緑体では電気的な寄与はミトコンドリアの場合よりも小さい. なぜならチラコイド膜が Mg^{2+}, Cl^- といったイオンを通しやすいことによる. こうしたイオンが拡散することで, プロトンによる電位勾配の差の効果を薄めている.

非循環型の電子の流れを想定すると, 8 光子が吸収されて (光化学系 II で 4 個, 光化学系 I で 4 個), 酸素発生複合体から 4 個, シトクロム b_6f 複合体からは 8 個の H^+ が内腔に生じる. 理論的には, この 12 H^+ でおよそ 3 分子の ATP が合成される. これは酸素 1 分子が生成されるごとに ATP が約 3 分子合成されるという実験の値とよく合う.

16・3 炭素固定

重要概念
- ルビスコは 5 炭素からなる受容分子に CO_2 を固定する反応を触媒する.
- カルビン回路は, 糖分子の変換をすることで正味として 3 分子の CO_2 から 1 分子のグリセルアルデヒド 3-リン酸を産生する.
- 光に依存した, カルビン回路の活性を制御する機構が存在する.
- 新生された糖はスクロースや多糖に取込まれる.

チラコイド膜 (細菌の場合には細胞膜) 上の複合体が光で活性化することによって ATP, NADPH が生産されることだけでは, 光合成全体を語ったことにはならない. 以後本章では, 明反応での生成物を利用する, いわゆる**暗反応**(dark reaction)についてみていく. 葉緑体のストロマで起こるこの反応は, 大気の二酸化炭素を生物に役立つ有機分子として固定するものである.

ルビスコが CO_2 の固定を触媒する

二酸化炭素は, リブロースビスリン酸カルボキシラーゼ (ribulose bisphosphate carboxylase), 通称**ルビスコ**(rubisco) の働きで固定される. この酵素は CO_2 を 5 炭素からなる糖に付加し, その生成物を二つの 3 炭素化合物に変換する (図 16・24). この反応自身は ATP も NADPH も必要としないが, ルビスコの生成物である 3-ホスホグリセリン酸を, 炭素数 3 のグリセルアルデヒド 3-リン酸に変換させる反応には, 後述するように ATP と NADPH 両方を必要とする.

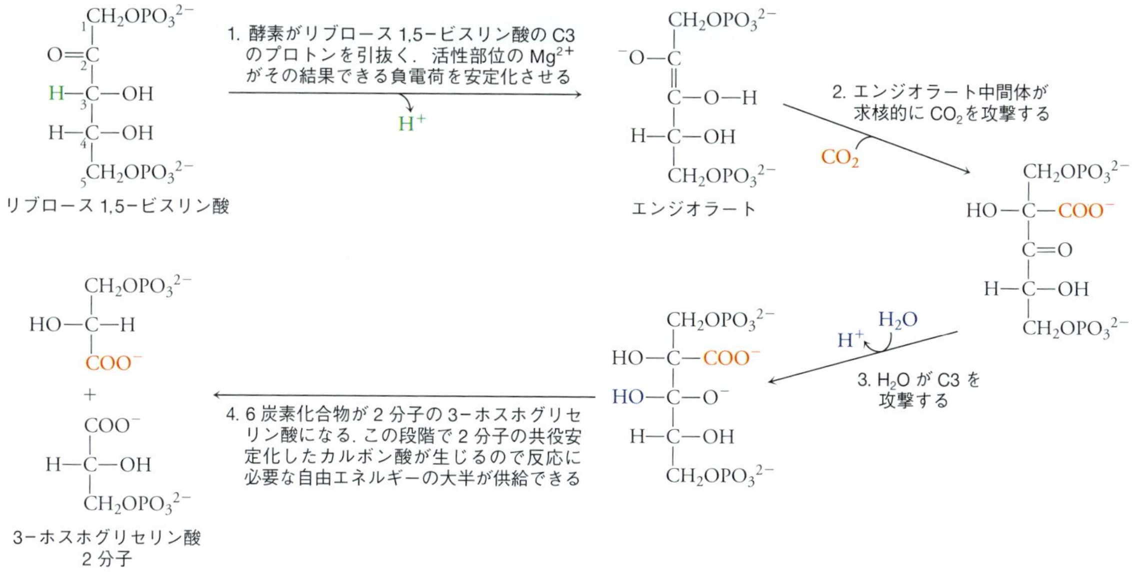

図 16・24 ルビスコによるカルボキシル化反応

3炭素化合物は，単糖，アミノ酸，そして間接的にヌクレオチドを生合成する前駆体である．これらはまた，脂肪酸を合成する過程で用いられる炭素数2のアセチル基の産生にもつながる．この小さな分子構築単位は代謝で重要な役割を果たしており，図16・2では光合成をCO_2から2炭素あるいは3炭素中間体へと変換する過程として扱っている．

その活性が地球上のバイオマスの大半を直接あるいは間接的に支えているという意味でも，ルビスコは重要な酵素である．植物の葉緑体タンパク質含量の約半分はこの酵素が占めている．ルビスコはまちがいなく，一番豊富に存在する生体触媒分子である．大量に存在する理由のひとつとして，格別効率のよい酵素ではないことがあげられる．その触媒によって毎秒3分子のCO_2が固定されるにすぎない．

細菌のルビスコは通常小さな二量体をなすのに対して，植物のルビスコは8個の大サブユニット，8個の小サブユニットからなる巨大な多量体である（図16・25）．あるアーキアの場合には10個の同一のサブユニットからなる．複数の触媒部位をもった酵素は多くの場合，協奏的なふるまいをして，アロステリックに調節される．しかしこのことは植物のルビスコの場合には当てはまらず，それぞれの八つの活性部位は独立に働く．多量体を形成しているのは，単に葉緑体内の限られた空間により多くの活性部位を詰込むためなのかもしれない．

その代謝上の重要性にもかかわらず，ルビスコはそれほど特異的な酵素ではない．この酵素はCO_2と化学的に類似したO_2との反応を触媒するオキシゲナーゼ（oxygenase）としても機能する（そのためリブロースビスリン酸カルボキシラーゼ/オキシゲナーゼとよばれ

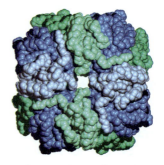

図 16・25　ホウレンソウのルビスコ．複合体は約550 kDaの質量をもっている．八つの触媒部位が大サブユニット（濃青）に存在している．八つの小サブユニットのうち四つのみ（淡青）がこの像で確認できる．［構造（pdb 1RCX）はT. C. Taylor, I. Andersonによって決定された．］

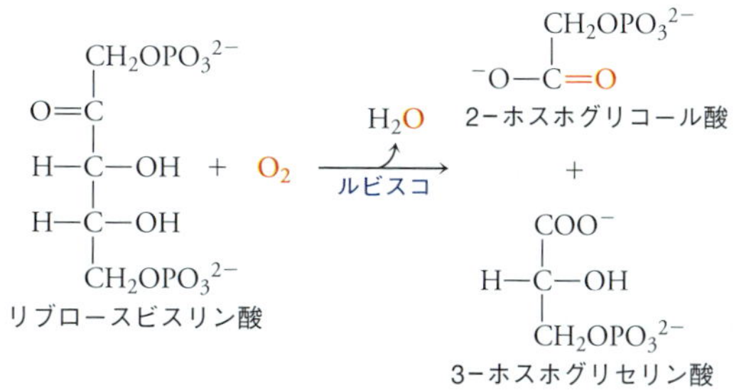

ボックス 16・A 　生化学ノート

C$_4$ 経 路

　暑くて光も強いと，高温は光呼吸に有利に働く．そして水を失うまいと蒸発を避けるために気孔（葉の表面の孔）を閉じるので，CO_2の供給も低くなる．こうした状況で光合成が止まってしまう．いくつかの植物は，気孔が閉じている最中でも光合成が継続するよう4炭素化合物にCO_2をたくわえておくことで，こうした可能性を回避している（気孔が閉じることで光呼吸に必要なO_2を制限することにもなる）．

　炭素を蓄積する機構は炭酸水素イオンHCO_3^-とホスホエノールピルビン酸が縮合してオキサロ酢酸を生成することから始まる．オキサロ酢酸は次にリンゴ酸に還元される．こうした4炭素の酸が関係するところからC_4経路と名づけられた．次にリンゴ酸の酸化的脱炭酸が起これば，カルビン回路で利用されるCO_2と$NADPH$を生じる．残りの3炭素化合物のピルビン酸は，循環してホスホエノールピルビン酸に戻る．

　C_4経路とルビスコ反応はCO_2を獲得するのを競争するので，この二つの反応は異なる型の細胞で起こるか，あるいは1日のうちで別の時間に起こる．たとえば，ある植物では，C_4経路による炭素貯蔵は葉の表面近くのルビスコをもたない葉肉細胞で起こる．その後C_4化合物は，より内部のルビスコをふんだんに含む維管束鞘細胞に入っていく．別の植物ではC_4経路は，気孔が開いても水の喪失が抑えられる夜の間に働き，炭素はルビスコによって気孔が閉じた昼間に固定される．

　C_4経路にはエネルギー的に負担がかかり大量の太陽光を必要とする．そのため，光が限られているとC_4植物はC_3植物よりもゆっくりと成長する．しかし，暑く乾燥した気候条件では有利である．経済的に重要なトウモロコシ，サトウキビ，モロコシ（ソルガム，コーリャンともよばれる）を含む，地球上の植物の約5%がC_4経路を用いている．

　地球温暖化が問題になるなか，気温の上昇とともに，C_4植物の"雑草"が，経済的に重要なC_3植物を乗っ取っていくかもしれないという人もいる．実際のところ，温暖化傾向を促す大気中のCO_2濃度が増加していることが，C_3植物の成長を促進しているようにみえる．C_3植物のほうが気孔を通して過度に水を失うことなしにCO_2を容易に得ることができる．しかし，もし水が限定要因となるようであれば，暑さのみならず，乾燥した環境にも適応しているので，C_4植物のほうがより強い競争力をもっているであろう．

$$
\begin{array}{c}
COO^- \\
| \\
C{-}OPO_3^{2-} \\
\| \\
CH_2
\end{array}
$$
ホスホエノールピルビン酸

CO_2 $\xrightarrow{\text{カルボニック アンヒドラーゼ}}$ HCO_3^- $\xrightarrow[\text{$P_i$}]{\text{ホスホエノールピルビン酸カルボキシラーゼ}}$

$$
\begin{array}{c}
COO^- \\
| \\
C{=}O \\
| \\
CH_2 \\
| \\
COO^-
\end{array}
$$
オキサロ酢酸

$NADPH \searrow$　リンゴ酸デヒドロゲナーゼ
$NADP^+ \nearrow$

$$
\begin{array}{c}
COO^- \\
| \\
CHOH \\
| \\
CH_2 \\
| \\
COO^-
\end{array}
$$
リンゴ酸

$NADP^+ \searrow$　リンゴ酸酵素
カルビン回路 $\Longleftarrow$ CO_2 + $NADPH \nearrow$

$$
\begin{array}{c}
COO^- \\
| \\
C{=}O \\
| \\
CH_3
\end{array}
$$
ピルビン酸

る）．オキシゲナーゼ反応の生成物は3炭素化合物と2炭素化合物，1分子ずつである．

　ルビスコの酸素添加反応の生成物である2-ホスホグリコール酸は，ATP，$NADPH$を消費し，CO_2を生成する経路で代謝される．この過程は**光呼吸**（photorespiration）とよばれ，明反応の産物を使うので，捕獲した光子の自由エネルギーの一部を浪費することになる．

　オキシゲナーゼ活性は知られているすべてのルビスコがもち，植物の進化を通じて保存されているので，重要な役割を果たしているにちがいない．CO_2の供給が炭素を固定するのに不十分である状況で，光呼吸は植物にとって過剰な自由エネルギーを逃がす機構となっているようである．光呼吸は高温でオキシゲナーゼ活性に有利となり，大量のATP，$NADPH$を消費する．ある植物は**C_4経路**（C_4 pathway）とよばれる機構を進化させて，光呼吸を最小限に抑えている（ボックス16・A）．

カルビン回路が糖分子を再編する

　もしルビスコがCO_2を固定するのであれば，もう一つの基質であるリブロースビスリン酸の起源は何であろうか．カルビン（Melvin Calvin），バシャム（James Bassham），ベンソン（Andrew Benson）による何年もの研究で得られた答が，**カルビン回路**（Calvin cycle，還元的ペントースリン酸回路ともいう）として知られる代謝経路である．藻類を用いて^{14}Cで標識したCO_2がどんな物質に変換されるかを追跡したところ，2〜3分の間に放射能標識された糖が数多くできた．こうした糖分子間の変換の過程で，ルビスコの基質となる5炭素化合物が生じる．

　リブロース5−リン酸という一つの糖リン酸が，ATPに依存してリン酸化されるところからカルビン回路は始まる（図16・26）．結果としてできるリブロース1,5−ビスリン酸が，上述のルビスコの基質となる．ルビスコ反応の生成物3−ホスホグリセリン酸は，そしてまたATPの消費を伴ってリン酸化される．このリン酸化反応（図16・26の段階3）は解糖でのホスホグリセリン酸キナーゼ反応と同一である．次にビスホスホグリセリン酸は葉緑体酵素であるグリセルアルデヒド−3−リン酸デヒドロゲナーゼによって還元される．この酵素は解糖の酵素と類似しているが，NADHではなくNADPHを用いる．このNADPHは光合成の明反応での産物である．

　グリセルアルデヒド3−リン酸の一部はカルビン回路からグルコースやアミノ酸合成などの代謝へと向かう．グリセルアルデヒド3−リン酸からグルコースまでの経路は，ATPのエネルギー消費を伴わない反応からなっていることを思い出してほしい（§13・2参照）．またグリセルアルデヒド3−リン酸はピルビン酸，さらにはオキサロ酢酸へと変換され，この二つはいずれもアミノ基転移によってアミノ酸を生み出す．反応がさらに加われば，他の代謝産物も生じる．

　こうした生合成経路に入らないグリセルアルデヒド3−リン酸がカルビン回路のなかにとどまり，以下に続く異性化反応と官能基転移反応によって，リブロース5−リン酸を生じる．こうした相互変換反応はペントースリン酸経路（§13・4）と類似している．以下のように炭素原子が炭素数3〜7の糖の間をどのように動いていくかを単純に表すことができる．

$$C_3 + C_3 \longrightarrow C_6$$
$$C_3 + C_6 \longrightarrow C_4 + C_5$$
$$C_3 + C_4 \longrightarrow C_7$$
$$C_3 + C_7 \longrightarrow C_5 + C_5$$
$$\text{正味の反応として：} 5\,C_3 \longrightarrow 3\,C_5$$

　結果として，カルビン回路が炭素数5のリブロース3分子から始まり，$CO_2$3分子が固定され，炭素数3のグリセルアルデヒド3−リン酸6分子ができる．そのうち5分子がリブロース3分子を生じるうえで再利用される

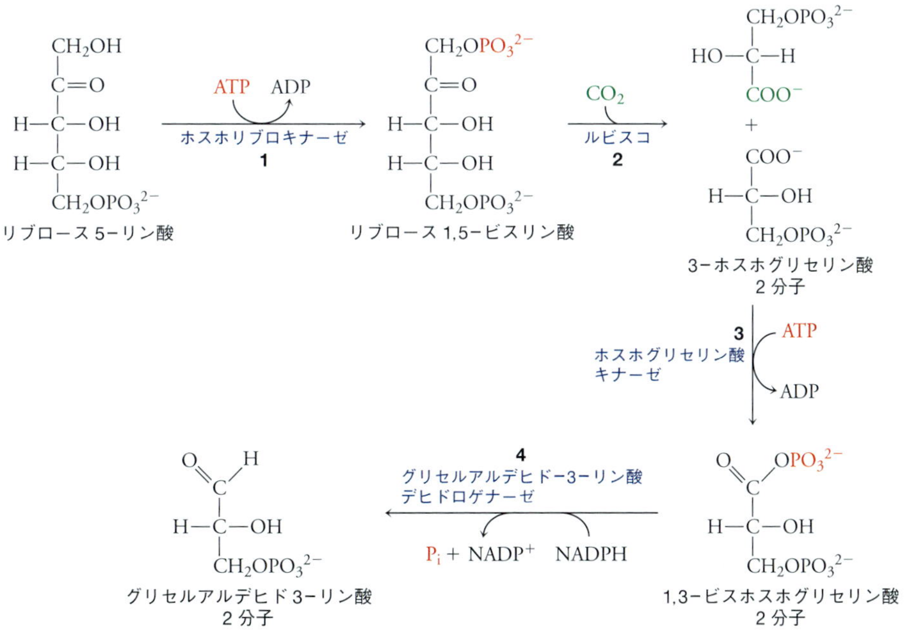

図 16・26　**カルビン回路の初期反応**．CO_2がグリセルアルデヒド3−リン酸へと変換されていく過程で，光に依存した反応生成物であるATPとNADPHが消費されることに注目しよう．

ので，残りの1分子が（3分子のCO_2が固定されたとみなす）正味の生成物となる．

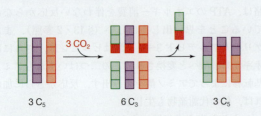

ATP, NADPH といった補因子を含めて，カルビン回路の収支を示す反応式は

$$3CO_2 + 9ATP + 6NADPH \longrightarrow$$
グリセルアルデヒド 3-リン酸 $+ 9ADP + 8P_i$
$+ 6NADP^+$

となる．CO_2 1分子を固定するのに，ATP 3分子と NADPH 2分子を必要とする．これはおよそ八つの光子を吸収して合成される ATP と NADPH と等量である．吸収された光子の数と固定された炭素あるいは放出された酸素の量との関係は，光合成での**量子収率**（quantum yield）として知られる．吸収された光子当たりの正確な炭素の固定量は，葉緑体 ATP 合成酵素によって合成された ATP 当たりのプロトンの輸送量とか，光化学系 I での循環型と非循環型の電子伝達の比などの因子に依存することを頭に入れておこう．

光の有無による炭素固定の制御

植物は光の得られる状況によって炭素固定を調節しなければならない．昼間には両方の過程が起こる．夜には光化学系などは不活性になり，植物は"暗"反応を止めて，ATP や NADPH の消費を減らす．一方で解糖やペントースリン酸経路などの代謝系によってこうした補因子を再生する経路を動かす．こうした異化反応をカルビン回路と同時に進行させることは無駄であろう．したがって，"暗"反応は暗い状況では，名前とは裏腹に実質ほとんど進行しない．

カルビン回路を制御する機構は，直接あるいは間接的に光エネルギーが得られる状況と関係がある．制御機構のいくつかをここで取上げよう．たとえば，ルビスコの活性部位にあって触媒に不可欠な Mg^{2+} は，ε-アミノ基と CO_2 の反応によって生じたカルボキシル化したリシンの側鎖にも一部配位する．

$$-(CH_2)_4-NH_2 + CO_2 \rightleftharpoons -(CH_2)_4-NH-COO^- + H^+$$
Lys

Mg^{2+} 結合部位が形成されることで，この"活性化" CO_2 によって，ルビスコがさらに基質 CO_2 を固定する能力が促進される．このカルボキシル化反応はpHが高いと起こりやすくなる．この状況は明反応が進行していること（ストロマの H^+ が減ってくる）と ATP, NADPH がカルビン回路にとって十分にある状態という合図となる．

また Mg^{2+} は直接ルビスコや，カルビン回路のいくつかの酵素を活性化する．明反応の際，ストロマのpHが上昇すると Mg^{2+} が内腔側からストロマへと移動する（このイオンの動きによって反対方向に移動したプロトンの電荷との釣合をとる）．光化学系が活動しているときには還元型フェレドキシンの酸化型に対する比が大きくなり，これがシグナルとなってカルビン回路のいくつかの酵素が活性化される．

カルビン回路の生成物は
スクロースとデンプンの合成に用いられる

カルビン回路によって合成された炭素数3の糖の多くは，スクロースかデンプンに変換される．多糖であるデンプンは葉緑体のストロマ内で一時的なグルコースの貯蔵場所となる．またデンプンは葉，種子，根を含む植物のほかの部分での，長期間用の貯蔵分子としても合成される．デンプン合成の最初の段階でグリセルアルデヒド 3-リン酸 2分子が哺乳類の糖新生（図13・10参照）と同様の反応によって，グルコース 6-リン酸へと変換する．次にホスホグルコムターゼが，異性化反応を行ってグルコース 1-リン酸を生成する．次にこの糖は ATP と反応して活性化し，ADP グルコースを形成する．

（§13・3で述べた，グリコーゲン合成が化学的に関連性のある糖ヌクレオチド，UDP グルコースを用いたことを思いだそう．）デンプン合成酵素は次にグルコース残基をデンプン分子の端に転移し，新しいグリコシド結合を形成する．反応全体は，ADP グルコース形成時に放出される PP_i の加水分解と共役することで進む．こうして，リン酸無水物結合を一つ消費することによってグルコース1残基分デンプン分子が伸長する．

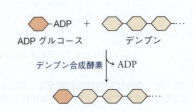

スクロース(グルコースとフルクトースからなる二糖)は細胞質で合成される. グリセルアルデヒド3-リン酸あるいは異性体であるジヒドロキシアセトンリン酸は, リン酸化されたトリオース(三炭糖)をリン酸と引換えに輸送する対向輸送タンパク質によって葉緑体から運び出される. こうした糖の2分子が結合してフルクトース6-リン酸ができる. そしてほかの2分子でグルコース1-リン酸が形成され, つづいてUTPで活性化されUDPグルコースとなる. 次にフルクトース6-リン酸はUDPグルコースと反応してスクロース6-リン酸を形成する. 最後にホスファターゼが働いて, リン酸化された糖を通常のスクロースへと変換する(右図).

スクロースは次にほかの植物組織へと輸送される. この二糖はそのグリコシド結合がアミラーゼ(デンプン分解酵素)など広く存在する加水分解酵素による影響を受けないので, 植物内で炭素を輸送する際に好まれる形なのであろう. さらに, 二つのアノマー炭素がグリコシド結合しているので, ほかの基質とは酵素の存在なしには反応できない.

植物におけるもう一つの多糖であるセルロースもやはりUDPグルコースから合成される(セルロースについては§11・2参照). 植物の細胞壁は約36本のセルロースポリマーを含んだ結晶に近い束から構成されていて, 他の多糖からなる不定形の基質のなかに埋もれた格好になっている(ボックス11・A参照). 植物のデンプンや動物のグリコーゲンと異なり, セルロースは植物の細胞膜に存在する酵素複合体によって合成され, 細胞間隙に押し出されていく.

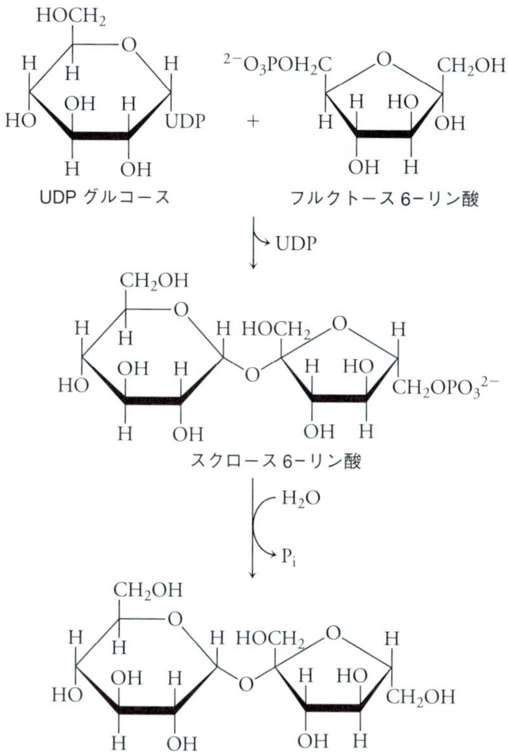

スクロースの合成反応

まとめ

16・1 葉緑体と太陽エネルギー

- 植物の葉緑体の色素は光子を吸収して, そのエネルギーをおもに他の分子に渡すか(エキシトン移動), または電子を放出する(光酸化). 集光性複合体が光エネルギーをとらえ, 光合成反応中心へと集める.

16・2 明反応

- いわゆる光合成の"明反応"で, 電子が光化学系IIの光酸化したP680反応中心から出た電子は, 数種類の補助色素団を経由して, プラストキノンへと到達する. P680電子は光化学系IIの酸素発生複合体が水を酸素に変換する4電子酸化反応に由来するもので置き換わる.
- 電子は次に, プロトン移動を起こすシトクロム b_6f 複合体へと流れ, その後プラストシアニンタンパク質へと移動する.
- 光化学系IのP700で起こる二つ目の光酸化で, 電子はフェレドキシンタンパク質へと流れ, 最後にNADP$^+$からNADPHが産生される.

- 光で駆動された電子の流れの自由エネルギーは, 特に循環型電子伝達では, 膜を隔てたプロトン勾配形成というかたちで保存される. この勾配は光リン酸化という過程でATP合成を促す.

16・3 炭素固定

- 酵素ルビスコは炭素数5の糖のカルボキシル化を触媒することで, CO_2を"固定"する. ルビスコは光呼吸ではオキシゲナーゼとして働く.
- カルビン回路の反応は明反応の産物(ATPとNADPH)を用いて, ルビスコ反応による産物をグリセルアルデヒド3-リン酸に変換し, 炭素数5のCO_2受容分子を再生する. この"暗反応"は光の有無といった環境要因によって調節を受けている.
- 葉緑体は光合成の産物, グリセルアルデヒド3-リン酸を, デンプン, スクロース, セルロースのもととなるグルコース残基へと変換する.

問　題

16・1　葉緑体と太陽エネルギー

1. 次にあげる項目が葉緑体で起これば C，ミトコンドリアで起これば M と記せ．

プロトン輸送	光リン酸化	光酸化
キノン	酸素還元	水の酸化
電子伝達	酸化的リン酸化	炭素固定
NADH 酸化	Mn 補因子	ヘム基
結合状態変化機構	鉄－硫黄クラスター	$NADP^+$ 還元

2. 葉緑体とミトコンドリアの構造での共通点と相違点をあげよ．

3. チラコイド膜は他でみられない種類の脂質を含む．その一つがガラクトシルジアシルグリセロールである．この分子はグリセロールが 2 位と 3 位の位置で，脂肪酸とエステル化したものである．β-D-ガラクトースの C1 残基が最初のグリセロールの炭素に結合している．ガラクトシルジアシルグリセロールの構造を書け．

4. チラコイド膜は高度に不飽和化した脂質を含む．このことからチラコイド膜の性質について考えられることは何か．

5. 波長 400 nm (a)，700 nm (b) をもつ光子 1 mol 当たりのエネルギーを計算せよ．

6. 100％の効率を仮定して，問題 5 で計算したエネルギーをもつ光子 1 mol 当たり何 mol の ATP を生成するかを計算せよ．

7. (15・4) 式を用いて，1 mol の P680 を P680* へと変換するのに必要な自由エネルギーを計算せよ．

8. 1 mol の P680 を P680* へと変換する自由エネルギーを与える光子の波長を求めよ（問題 7 参照）．

9. 赤潮は，海水が赤く見えるまで藻類が異常繁殖して起こる．光合成過程で，紅藻類はほかの生物が吸収しない波長をうまく利用している．紅藻類の光合成色素について述べよ．

10. ある光合成細菌は，可視光がほとんど入っていかないような濁った池で生きている．こうした生物の光合成色素が吸収するのはどのような波長か．

11. クロロフィル a（図 16・4）と還元型のヘム b（図 15・12）の構造を比較せよ．

12. 葉緑体のシトクロム f とミトコンドリアのシトクロム c_1 の機能の共通性を研究しているとする．

　（a）タンパク質のアミノ酸配列と三次元モデルとではどちらがより有効な情報を与えるか．それはなぜか．

　（b）二つのアポタンパク質（ヘムを含まないポリペプチド）の高解像度のモデルを調べるのと，ホロタンパク質（ヘムを含むポリペプチド）の低解像度のモデルを調べるのとどちらがよいだろうか．

13. 非常に強い光量のもとでは，過剰に吸収された太陽エネルギーは，"光保護"作用をもつチラコイド膜上のタンパク質によって散逸する．膜を隔ててプロトン勾配が形成されることでこうしたタンパク質が活性化することは，どのように有利か．

14. 図 16・6 で示す光エネルギーを散逸させる四つの機構のうち，過剰な光エネルギーから光化学系を"守る"うえでどれが一番効果的だろうか．

16・2　明反応

15. チラコイド膜上の三つの電子伝達複合体は，プラストシアニン－フェレドキシン酸化還元酵素，プラストキノン－プラストシアニン酸化還元酵素，そして水－プラストキノン酸化還元酵素ともよばれる．これらの酵素の一般名称は何か，そしてどのような順番で働くか．

16. 光化学系 II はチラコイド膜が非常に密に重なり合っている部分におもに存在するのに対して，光化学系 I は重なっていない部分に存在する（図 16・3 参照）．この二つの光化学系が離れていることはどうして重要と考えられるか．

17. 除草剤 DCMU〔3－(3,4－ジクロロフェニル)－1,1－ジメチル尿素〕は光化学系 II から光化学系 I への電子の流れを阻害する．DCMU を植物に与えた際に，酸素の生産と光リン酸化にどのような影響を与えるか．

18. 抗カビ剤のミキソチアゾール（myxothiazol）を葉緑体の懸濁液に加えると，PQH_2/PQ の比が大きくなる．ミキソチアゾールは電子伝達のどこを阻害するのだろうか．

19. プラストキノン分子はチラコイド膜のどの構成要素とも強固に結合していない．その代わりに膜上で光合成の構成要素の間を横に自由に拡散できる．この分子のどのような構造上の特徴がそのようなことを可能にしているか．

20. 光化学系 II の反応中心には PQ_B 結合部位をもつ D1 というタンパク質がある．単細胞性の藻類クラミドモナス *Chlamydomonas reinhardtii* の D1 には疎水的な膜貫通ヘリックス領域が五つあると予想される．4 番目と 5 番目の膜貫通ドメインの間のループはストロマにある．このループは膜表面に沿っており，いくつかの保存性の高いアミノ酸残基をもっている．D1 タンパク質の Ala 251 の位置にアミノ酸置換が入った変異体について光合成能力と除草剤感受性が検討された．結果を表に示す．D1 タンパク質の 251 位のアミノ酸の重要な性質とは何か．

251 位のアミノ酸	性　質
Ala	野生型
Cys	野生型と類似
Gly, Pro, Ser	光合成不能
Ile, Leu, Val	光独立栄養成長ができない，光合成不能，除草剤への耐性
Arg, Gln, Glu, His, Asp	光合成能力が不十分

21. 内腔の pH がストロマの pH より 3.5 低く，$\Delta\psi$ が -50 mV であるとして．ストロマから H^+ が移動する際の自由エネルギーを計算せよ．

22. pH の差が 0.75，$\Delta\psi$ が 200 mV のミトコンドリアから H^+ が移動する際の自由エネルギーの値を計算し，問題 21 で計算した H^+ が移動する際の自由エネルギーと，双方の移

16. 光　合　成

動様式を比較せよ．その過程はエネルギーを吸収するか，放出するか．それぞれ，pH の差と膜電位のどちらが自由エネルギーの多くを占めるか．

23. $NADP^+$ によって水 1 分子が酸化される際の標準自由エネルギーを計算せよ．

24. 波長 600 nm の二つの光子によって得られるエネルギーを計算せよ．この値と問題 23 で計算した標準自由エネルギー変化を比較せよ．二つの光子は $NADP^+$ による水 1 mol の酸化を促すのに十分なエネルギーを供給できるだろうか．

25. 葉緑体での光リン酸化は，ミトコンドリアにおける酸化的リン酸化と類似している．光合成における最後の電子受容体は何か．ミトコンドリアの電子伝達での最後の電子受容体は何か．

26. 同位体標識をした $H_2^{18}O$ を植物に与えた．標識はどこに現れるか予想せよ．

27. ジニトロフェノールのような脱共役剤（ボックス 15・B）が葉緑体の ATP（a），NADPH（b）の生産に与える影響を予想せよ．

28. アンチマイシン A（抗生物質の一種）はミトコンドリアの複合体 III の電子伝達系を阻害する．葉緑体にアンチマイシンを添加すると，葉緑体の ATP の合成，NADPH の生成にどのような影響を与えるだろうか．

29. ATP 合成酵素の CF_0 部分がより多くの c サブユニットをもった場合（a），光合成系 I を介した循環型電子伝達の割合が増加した場合（b）に，光合成の量子収率は増加するだろうか，減少するだろうか．

30. オリゴマイシンはミトコンドリアの ATP 合成酵素のプロトンチャネル（F_0）を阻害するが CF_0 は阻害しない．オリゴマイシンを光合成中の植物細胞に加えると，細胞質の ATP/ADP の比は減少するが，葉緑体の ATP/ADP の比は変化しない，あるいはむしろ増加する．これらの結果を説明せよ．

16・3　炭素固定

31. "暗反応" とは，反応が夜だけ起こることから名づけられたという主張を擁護あるいは反論せよ．

32. 光合成の明反応と "暗反応" をあわせた正味の化学式，つまり 1 分子の CO_2 が $(CH_2O)_n$ と書かれる糖に取込まれる反応式は，

$$CO_2 + 2H_2O \longrightarrow (CH_2O) + O_2 + H_2O$$

H_2O の代わりに H_2S が電子の供給源となっている光合成細菌の場合，この式はどのように異なるか．

33. カルビンらは，$^{14}CO_2$ を藻類細胞に与えた際，5 秒間だけ与えたとき一つの化合物が放射能標識されることに気づいた．この化合物は何か，そしてどこに放射能標識は現れるか．

34. 本文で述べたように，ルビスコはさほど特異的な酵素ではない．科学者は，なぜ何百万年もの間の進化の過程のなかでもっと特異的な酵素が生まれなかったのかを不思議に思っている．CO_2 と反応して，酸素とは反応しないようなルビスコ酵素を生み出した植物にはどのような有利な点があ

るだろうか．

35. 小さなドングリから大きなナラの木が成長する．光合成について学んだことをもとに，重量の増加を説明せよ．

36. リブロースビスリン酸カルボキシラーゼの反応の $\Delta G°'$ は $-35.1 \ kJ \ mol^{-1}$ で，ΔG は $-41.0 \ kJ \ mol^{-1}$ である．通常の細胞内の条件では，生成物の反応物に対する比はどのようになっているか．

37. 毎秒 3 分子以上の CO_2 を固定する，より効率がよくなるような変異を導入したルビスコを開発することは，植物をより早く大きく成長させることができ，農業を改善していける．改良されたルビスコが，なぜ窒素肥料の必要量を減らせる可能性があるのかを説明せよ．

38. ある植物は，2-カルボキシアラビニトール 1-リン酸という糖を合成する．この化合物はルビスコの活性を阻害する．

$$
\begin{array}{l}
CH_2OPO_3^{2-} \\
| \\
HO-C-CO_2^- \\
| \\
H-C-OH \\
| \\
H-C-OH \\
| \\
CH_2OH
\end{array}
\quad
\begin{array}{l}
\text{2-カルボキシアラビニトール} \\
\text{1-リン酸}
\end{array}
$$

（a）想定される阻害物質の作用機構を述べよ．

（b）この植物が夜間この阻害物質を合成し，昼間には分解している理由は何か．

39. "活性化" した CO_2 はルビスコの Lys 側鎖と反応して，カルボキシル化する．このカルボキシル化反応は pH が高いほうが進行する．なぜか．

40. 葉緑体のホスホフルクトキナーゼ（PFK）は ATP と NADPH によって阻害を受ける．この事実から明反応と解糖の制御との関係を説明せよ．

41. メヒシバ（crab grass）という C_4 植物は，C_3 植物が褐色となるほど長期間暑く，乾燥した環境でも緑であり続ける．この事実を説明せよ．

42. 葉緑体は，ジスルフィド結合を分子内で形成する二つの Cys 残基をもったチオレドキシン（thioredoxin）という低分子のタンパク質を含んでいる．チオレドキシンのスルフヒドリル基/ジスルフィド基の変換は，フェレドキシン-チオレドキシンレダクターゼとして知られる酵素によって触媒される．カルビン回路のいくつかの酵素と同様，この酵素にもスルフヒドリル基/ジスルフィド基変換を経る二つの Cys 残基がある．チオレドキシンも絡むジスルフィド変換がどのように光化学系 I の活性とカルビン回路の活性との調和をとるかを示せ．

43. 葉緑体の内膜は NADPH や ATP といった大きい極性をもったイオン化合物を通さない．しかし，膜には P_i とひきかえに，ジヒドロキシアセトンリン酸あるいは 3-ホスホグリセリン酸を通過させる対向輸送タンパク質がある．この系によって光リン酸化のために P_i を取込み，炭素固定による産物を外へ出す．同じ対向輸送によって，どのように ATP と還元された補因子が葉緑体から細胞質へ輸送されるかを示せ．

44. カルビン回路のセドヘプツロースビスホスファターゼ (SEPase) はセドヘプツロース 1,7-ビスリン酸 (SBP) の C1 からリン酸基を脱離させ，セドヘプツロース 7-リン酸 (S7P) を合成する反応を触媒する．この反応の $\Delta G^{\circ\prime}$ は -14.2 kJ mol^{-1}で，ΔG は -29.7 kJ mol^{-1} である．通常の細胞内の条件では，生成物の反応物に対する比はどのようになっているか．この酵素はカルビン回路のなかで，調節されている可能性はあるか．

45. ホスホエノールピルビン酸カルボキシラーゼ (PEPC) はホスホエノールピルビン酸 (PEP) をカルボキシル化して，オキサロ酢酸 (OAA) の合成を触媒する．この酵素は植物には広く見いだされるが，動物にはない．反応は次に示すとおりである．

$$\text{PEP} \begin{array}{c} \text{COO}^- \\ | \\ \text{C}-\text{OPO}_3^{2-} \\ \| \\ \text{CH}_2 \end{array} + \text{HCO}_3^- \xrightarrow{\text{PEPC}} \begin{array}{c} \text{COO}^- \\ | \\ \text{C}=\text{O} \\ | \\ \text{CH}_2 \\ | \\ \text{COO}^- \end{array} + \text{HPO}_4^{2-} \quad \text{OAA}$$

(a) なぜ PEPC はアナプレロティック酵素 (訳注：補充反応ともよばれ，重要な代謝経路の中間体を生成する反応にかかわる酵素) とよばれるのか．

(b) アセチル CoA は PEPC のアロステリックな調節因子である．アセチル CoA は PEPC を活性化するか，もしくは阻害するか．理由も述べよ．

46. 発芽しつつある脂肪種子 (貯蔵物質として脂肪をたくわえる種子) のなかで，トリアシルグリセロールは迅速にスクロースとタンパク質へと変換される．この過程での PEPC (問題 45 参照) の役割は何か．

47. トランスジェニック植物 (遺伝子組換え植物) の利用が過去 10 年以上にわたって増えている．新しい遺伝子を植物ゲノムに挿入することによって植物に望ましい形質，たとえば除草剤や霜への抵抗性や食品としての栄養価が高まる性質，を与えるものである．こうした植物には対象となる遺伝子，(その遺伝子を発現させるための) プロモーターとターミネーターが導入されている．こうしたトランスジェニック植物を作製する際にカリフラワーモザイクウイルス (CaMV) のプロモーターが使われている．その DNA 部分配列を以下に示す．トランスジェニック植物でこのプロモーター配列の存在を検出するための 18 塩基長の PCR プライマーを 1 組設計せよ．

GTAGTGGGATTGTGCGTCATCCCTTACGTCAGT…
(112塩基)…TCAACGATGGCCTTTCCTTTATCGCAATGA-TGGCATTTGTAGGAGC

48. エンドトキシンタンパク質をコードする，細菌 *Bacillus thuringiensis* (*Bt*) の遺伝子をもったトウモロコシの品種が作製されている．チョウ目 (ヨーロッパアワノメイガ European corn borer が想定されているが，残念ながら，多くの欧米人が愛するオオカバマダラも含む) の昆虫がそのトウモロコシを食べると，体内にエンドトキシンが入り，虫の中腸内の pH が高くなる．すると，エンドトキシンは中腸壁の細胞膜に孔をつくり，細胞内にイオンの流入を起こし，ついには死に追いやる．Bt エンドトキシンはわれわれ人間に毒性を示すだろうか．その理由も述べよ．

49. ゲノムに細菌の 5-エノールピルビルシキミ酸-3-リン酸シンターゼ (EPSPS) の遺伝子が組込まれている "ラウンドアップレディ" という遺伝子組換えダイズ品種がある．EPSPS は芳香族のアミノ酸合成のなかで重要な段階を触媒する (下図)．除草剤ラウンドアップ® にはグリホサートという成分が含まれている．この化合物は植物の EPSPS を競争的に阻害する性質をもつが，細菌型の EPSPS には働かない．グリホサートを含む除草剤を使って雑草を殺しながら，ダイズを育てる戦略を述べよ．

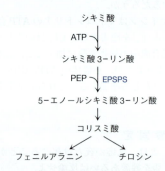

50. ラウンドアップ® (問題 49 参照) は人体に有害かどうか，理由とともに答えよ．

参考文献

Allen, J. F., and Martin, W., Out of thin air, *Nature* 445, 610–612 (2007). 数十億年前に起こったシアノバクテリアの酸素発生型光合成への変化についての考察．

Andersson, I., Catalysis and regulation in rubisco, *J. Exp. Botany* 59, 1555–1568 (2008). ルビスコの構造，化学，代謝の解説．

Heathcote, P., Fyfe, P. K., and Jones, M. R., Reaction centres: the structure and evolution of biological solar power, *Trends Biochem. Sci.* 27, 79–87 (2002).

Nelson, N., and Yocum, C. F., Structure and function of photosystems I and II, *Annu. Rev. Plant Biol.* 57, 521–565 (2006).

Umena, Y., Kawakami, K., Shen, J.-R., and Kamiya, N., Crystal structure of oxygen-evolving photosystem II at a resolution of 1.9 Å, *Nature* 473, 55–60 (2011). Mn$_4$CaO$_5$ クラスターの構造を含む．

17 脂質代謝

> **なぜ不飽和脂肪酸だと太りにくいのか**
> 細胞はさまざまな代謝燃料を酸化し，CO_2を排出しながら自由エネルギーをATPとしてたくわえる．重量当たりで計算すると，脂肪は炭水化物より多くのエネルギーを含む．それが低脂肪食を食べると体重が減る理由である．しかし，脂肪の種類も重要である．不飽和脂肪酸を含むトリアシルグリセロールは，飽和脂肪酸を含むトリアシルグリセロール（固形の脂肪）より自由エネルギーの放出が少ない（カロリーが少ない）．脂肪酸代謝のエネルギー産生過程を学んでいくとなぜそうなるのかがわかるだろう．

復習事項
- ほとんどの脂質が疎水性分子で，エステル化しているものもあるが重合しているものはない（§8・1）．
- 代謝燃料はグリコーゲン，トリアシルグリセロール，およびタンパク質の分解により得られる（§12・1）．
- 複数の代謝経路に現れる代謝産物が2～3個ある（§12・2）．
- 細胞は，リン酸化された化合物，チオエステル，還元された補因子，および電気化学的勾配の自由エネルギーを利用する（§12・3）．

米国人の死因の約半分が**アテローム性動脈硬化症**（atherosclerosis, ギリシャ語でatheroは"ペースト状"，sclerosisは"硬化"を意味する）という血管の病気と関係している．アテローム性動脈硬化症は太い血管壁に脂質が蓄積することにより始まるゆっくりと進行する病気である．付着した脂質は白血球，特にマクロファージを誘引する化学シグナルをつくらせることにより血管に炎症をひき起こす．マクロファージは脂質を取込みながら仲間をさらによび寄せ，炎症を持続させる．

損傷を受けた血管壁には，コレステロール，コレステロールエステル，およびマクロファージの死骸が芯となり，そのまわりを増殖した平滑筋細胞が取囲み，さらに骨形成時のようにカルシウムも沈着して，かさぶたのようなもの（プラーク）ができる．これが動脈が"硬化"する理由である．かなり大きなかたまりが動脈内腔に生じるが（図17・1），ふつうは血流を完全に止めることはない．それが起こるのは，このかさぶたのようなものが破裂し，血液凝固反応をひき起こしたときで，心臓への血流を止めたときは心筋梗塞となり，脳への血流を止めたときは脳梗塞となる．

血管壁に蓄積する脂質はどこからくるのだろうか．それらは低密度リポタンパク質（low-density lipoprotein: LDL）によって運ばれてくる．**リポタンパク質**（lipoprotein）は特殊なタンパク質と脂質からなる粒子で，血液中を循環している脂質のほとんどはこの形態をとる（図17・2）．食物中の脂質は腸から他の器官へキロミクロン（chylomicron）となって運ばれる（§12・1）ということを思い出してほしい．このリポタンパク質は比較的大きい（直径1000～5000 Å）が，タンパク質含量はたった1～2%である．主要な役割は食物中のトリアシルグリセロールを脂肪組織に運び，コレステロールを肝臓に運ぶことである．肝臓はコレステロールや他の脂質（トリアシルグリセロール，リン脂質，コレステロールエステルなど）を組合わせ超低密度リポタンパク質（very low-density lipoprotein: VLDL）として送り出す．

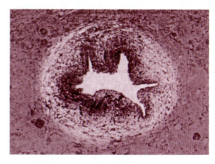

図17・1 動脈内のアテローム性動脈硬化症のプラーク．血管壁の厚さに注目．[DIOMEDIA/BSIP.]

図17・2 リポタンパク質の構造．この画像はHDL粒子からの小角中性子散乱をもとにつくられた．3個のアポリポタンパク質A1（オレンジ）がリン脂質，コレステロール，およびコレステロールエステルからなる芯の部分を包み込んでいる．この粒子の大きさは約110×96 Åである．タンパク質部分は細胞表面にこの粒子を結合させ，内部の脂質に作用する酵素の活性を調節する．大きさ，脂質組成，タンパク質組成，および密度（脂質量とタンパク質量の相対的比率の関数である）の異なるさまざまなタイプのリポタンパク質がある．[Wu et al., *J. Biol. Chem.* **286**, 12495–12508 (2011) をもとに許可を得て改変．]

VLDLはトリアシルグリセロール含量が50％ほどで直径は約500 Åである．VLDLは，血流にのって流れている間に，トリアシルグリセロールを組織に与え，コレステロールやコレステロールエステルに富んだ小さくて密度の高いリポタンパク質になる．すなわち，中間状態である中間密度リポタンパク質（intermediate-density lipoprotein: IDL）を経て直径約200 Åでコレステロールエステルを約45％含んだ低密度リポタンパク質となる（表17・1）．

血清中のコレステロールとして計測される血液中LDL（"悪玉コレステロール"とよばれる）の濃度が高いことがアテローム性動脈硬化症の主要因である．高脂肪食（特に飽和脂肪酸の多い食事）はLDL濃度を上げるのでアテローム性動脈硬化症を起こしやすくするが，遺伝因子，喫煙，感染症などもアテローム性動脈硬化症になる危険性を増す．コレステロールの少ない食事をと

る人や高密度リポタンパク質（high-density lipoprotein: HDL, "善玉コレステロール"とよばれる）の濃度が高い人はこの病気になりにくい．HDL粒子はLDL粒子より小さく密度は高い（表17・1参照）．HDLのおもな働きは体内の余分なコレステロールを肝臓に戻すことである．したがって，HDLはLDLによるアテローム性動脈硬化症誘発効果を相殺する．さまざまなリポタンパク質の役割を図17・3にまとめて示す．

脂質代謝には多くの経路があり，LDLとHDLによる拮抗した作用はその調節のごく一部にすぎない．たとえば，脂質は食物の消化により得られるが，低分子量前駆体から合成することもできる．細胞内では自由エネルギーを得るために使われ，構造をつくる構成成分やシグナル伝達物質としても使われている．それらは脂肪組織にたくわえられ，リポタンパク質により組織間でやりとりされる．本章ではおもに脂質の合成と分解という相反する代謝経路を取上げる．こうした反応のほとんどは図

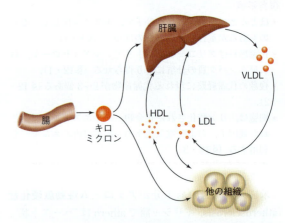

図17・3 リポタンパク質の機能．ほとんど脂質だけからなる大きなキロミクロンは食物からの脂質を肝臓や他の組織に運ぶ．肝臓はトリアシルグリセロールに富んだ超低密度リポタンパク質（VLDL）をつくる．VLDLはいろいろな組織を巡っている間にトリアシルグリセロールを奪われてコレステロールの多い低密度リポタンパク質（LDL）となり，組織に取込まれる．リポタンパク質のうち最も小さく最も密度の高い高密度リポタンパク質（HDL）は組織から肝臓へコレステロールを運ぶ．

表17・1 さまざまなリポタンパク質の性質

リポタンパク質	直径（Å）	密度（g cm^{-3}）	％タンパク質	％トリアシルグリセロール	％コレステロールおよびコレステロールエステル
キロミクロン	1000～5000	＜0.95	1～2	85～90	4～8
VLDL	300～800	0.95～1.006	5～10	50～65	15～25
IDL	250～350	1.006～1.019	10～20	20～30	40～45
LDL	180～250	1.019～1.063	20～25	7～15	45～50
HDL	50～120	1.063～1.210	40～55	3～10	15～20

17. 脂質代謝　371

脂肪酸の分解（酸化）は代謝による自由エネルギー獲得手段のひとつである．本節では，細胞がどのように脂肪酸を取込み，活性化し，酸化するかについて説明する．ヒトが代謝燃料として使う脂肪酸の主要な供給源は食事中の**トリアシルグリセロール**（triacylglycerol, トリグリセリドともいう）である．トリアシルグリセロールはリポタンパク質によって組織に運ばれ，そこで加水分解されて脂肪酸とグリセロールになる．この加水分解は，細胞表面に結合しているリポタンパク質リパーゼ（lipoprotein lipase）という酵素によって，細胞外で行われる．

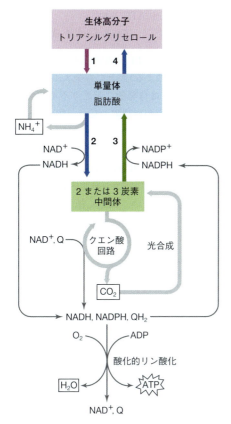

図 17・4　**脂質代謝の位置**．脂肪酸の"重合体"であるトリアシルグリセロールは加水分解されて脂肪酸となり(1)，それが酸化的に分解されて2炭素中間体であるアセチル CoA となる(2)．アセチル CoA は脂肪酸の還元的生合成の際の出発物でもある(3)．脂肪酸はトリアシルグリセロールとしてたくわえられたり，他の脂質の合成に使われる(4)．アセチル CoA は脂肪酸以外の他の脂質の前駆体でもある（それらの経路はここには示していない）．

脂肪組織内にたくわえられたトリアシルグリセロールは細胞内のホルモン感受性リパーゼ（hormone-sensitive lipase）によって分解され，脂肪酸は放出されて他の組織で燃料として使われる．この放出された脂肪酸はリポタンパク質に取込まれるのではなく，血清タンパク質の約半分を占める 66 kDa のタンパク質であるアルブミンと結合して血中を移動する（このタンパク質は多用途輸送タンパク質で，金属イオンやホルモンとも結合する）．

遊離脂肪酸は界面活性剤のように働き（ミセルを形成する，§2・2参照）細胞膜を壊す可能性があるので，体内での濃度は低く抑えられている．タンパク質の助けを借りて細胞内に取込まれた脂肪酸は，エネルギーのために分解されたり，再エステル化されトリアシルグリセロールや他の複合脂質（§17・3で述べる）にされる．遊離脂肪酸の多くは肝臓や筋肉に取込まれる．特に心筋は炭水化物の燃料があるときでも脂肪酸を優先的に燃やす．

17・4 中の色をつけた部分のものである．

17・1　脂肪酸の酸化

重要概念
- 分解される脂肪酸は，まず CoA と結合してからミトコンドリアへ送り込まれる．
- β 酸化の各周回における四つの反応でアセチル CoA，QH_2，NADH がつくられる．
- 不飽和脂肪酸の分解には追加の酵素が必要である．
- 炭素数が奇数の脂肪酸からはプロピオニル CoA ができ，それは最終的にアセチル CoA に変換される．
- ペルオキシソームは炭化水素鎖が長い脂肪酸や炭化水素鎖が枝分かれしている脂肪酸を酸化し，H_2O_2 をつくる．

脂肪酸は分解される前に"活性化"される

脂肪酸は酸化的に分解される前にまず活性化されなければならない．その活性化はアシル CoA シンテターゼにより触媒される2段階の反応である．まず，脂肪酸が ATP の二リン酸基と置き換わり，次に補酵素 A（coenzyme A, CoA）が AMP 部分と置き換わることによりアシル CoA が形成される．

脂肪酸 + CoA + ATP ⇌
アシル CoA + AMP + PP$_i$

しかし，次に起こる PP$_i$ の加水分解（遍在する無機ピロホスファターゼによる）がとても発エルゴン的なので，アシル CoA の生成は自発的に起こり不可逆なものとなる．ほとんどの細胞が脂肪酸の長さ（短いもの $C_2 \sim C_3$, 中間 $C_4 \sim C_{12}$, 長いもの C_{12} 以上，あるいはとても長いもの C_{22} 以上）に特異的な一群のアシル CoA シンテターゼをもつ．最も長いものに特異的な酵素は膜輸送タンパク質と協力して働き，脂肪酸が細胞内に入ると同時に活性化するのかもしれない．大きく極性をもつ CoA が結合すると，脂肪酸は膜を通って外に戻ることはできず，細胞内で代謝されるしかない．

脂肪酸の活性化は細胞質で行われるが，残りの酸化反応はミトコンドリア内で行われる．CoA 化合物の輸送体は存在しないのでアシル基はカルニチン（carnitine）という小さな分子と結合してミトコンドリアに入る（図17・5）．そこでようやくアシル基の酸化が行われる．

β 酸化は四つの反応を繰返す

β 酸化（β oxidation）とよばれる経路がアシル CoA を分解してアセチル CoA とし，そのアセチル CoA はクエン酸回路によりさらに酸化されてエネルギーを産生する．実際，ある組織または特定の条件では，β 酸化のほうが解糖より多くのアセチル CoA をクエン酸回路に

第 1 段階で生じたアシルアデニル酸は大きな自由エネルギーをもっている（これが加水分解されると大きな自由エネルギーを放出する）ので，ATP のリン酸無水物結合のエネルギーは保存されているといえる．第 2 段階でアシル基が CoA（アセチル基と結合してアセチル CoA をつくるものと同じ化合物）と結合する場合も，チオエステル結合ができるので，自由エネルギーは保存される（§12・3 参照）．したがって，この全体の反応の自由エネルギー変化はほぼ 0 である．

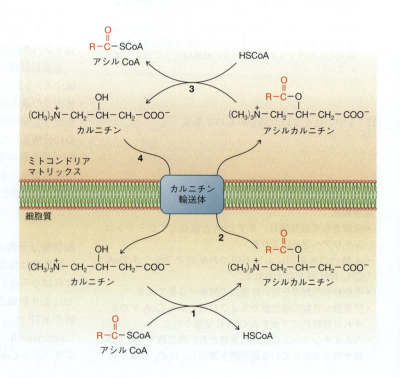

図 17・5 カルニチンシャトルシステム．1) 細胞質に存在するカルニチンアシルトランスフェラーゼがアシル基を CoA からカルニチンへ転移させる．2) カルニチン輸送体がアシルカルニチンをミトコンドリアマトリックスに輸送する．3) ミトコンドリア内に存在するカルニチンアシルトランスフェラーゼがアシル基をミトコンドリア内の CoA に転移させる．4) 遊離したカルニチンは輸送体により細胞質に戻る．

供給することがある．さらに，β酸化はミトコンドリアの電子伝達系に電子を供給し，それが酸化的リン酸化により ATP を産生する．

β酸化は渦巻状の経路である．各周回は四つの酵素触媒反応からなり，1分子のアセチル CoA と炭素数が2個少ないアシル CoA が生じる．このアシル CoA が次の周回の出発物となる．炭素数16の脂肪酸の場合，7周のβ酸化により8分子のアセチル CoA が生じる．

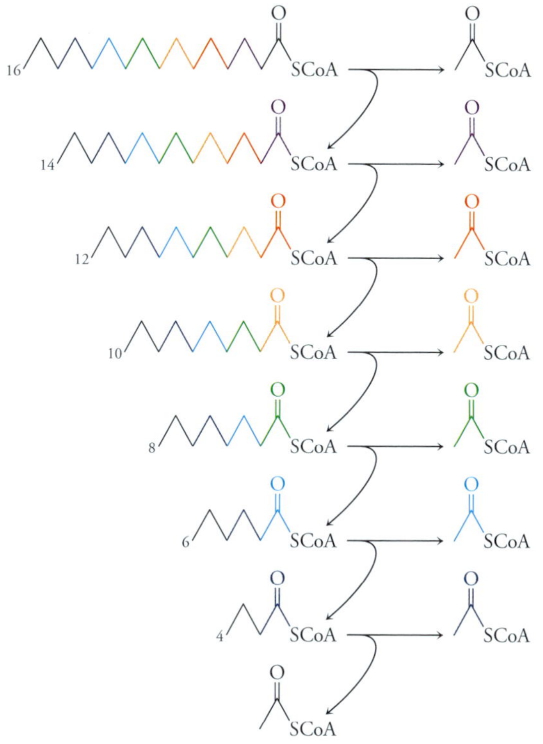

図 17・6 にβ酸化の反応を示す．β酸化とはカルボニル炭素から二つ先の炭素（すなわちβ位の炭素，図中の C3）が酸化されることからきた名前である．アセチル基が失われていくのは脂肪酸のメチル基のある側からではなく，CoA が結合して活性化されている側からであることに注意してもらいたい．

炭素が2個ずつ失われながら脂肪酸が酸化されていくということは 100 年ほど前にわかっており，その酵素反応段階が明らかになったのは約 40 年前である．しかし，β酸化の細部について調べていくと，まだ驚くような発見が残っている．たとえば，一つのアシル CoA をすべてアセチル CoA にするには多くの酵素が必要であることがわかってきた．図 17・6 に示した四つの反応それぞれに（アシル CoA シンテターゼの四つの反応についても同様に）鎖長特異性の異なる 2～5 種類の酵素が存在している．そうしたアイソザイムの存在は脂肪

酸酸化に異常のある患者の研究から明らかになった．場合によっては致命的ともなる病気の一因として中鎖アシル CoA デヒドロゲナーゼ（acyl-CoA dehydrogenase）の欠損がある．この酵素が欠損した人は炭素数が 4～12 のアシル CoA を分解できないので，それらの誘導体が肝臓にたまり，尿に排泄される．

断食していて炭水化物が取込めないときなどは，β酸化が細胞の主要な自由エネルギー源となる．β酸化の周回ごとに，QH_2，NADH，およびアセチル CoA が1分子ずつ生じる．アセチル CoA がクエン酸回路で酸化されると，3分子の NADH，1分子の QH_2，および1分子の GTP がつくられる．それらの還元型補因子が全部酸化されると約 13 分子の ATP がつくられる．2分子の QH_2 から3分子，4分子の NADH から 10 分子．（§15・4で P：O 比に関して述べたように，酸化的リン酸化は間接的なものなので，電子伝達系に入った1対の電子からつくられる ATP の数は整数にならない）．β酸化の周回ごとに，全部で 14 個の ATP がつくられる．

β酸化の 各周回	クエン酸 回路		酸化的 リン酸化
1 QH_2		→	1.5 ATP
1 NADH		→	2.5 ATP
1 アセチル CoA →	3 NADH	→	7.5 ATP
	1 QH_2	→	1.5 ATP
	1 GTP	→	1 ATP
		計	14 ATP

β酸化の調節は，おもに遊離 CoA の量（アシル CoA を生成するため）と NAD^+/NADH および Q/QH_2 の比（酸化的リン酸化の状態を反映する）によって行われている．酵素のあるものは生成物阻害によっても調節されている．

不飽和脂肪酸の酸化には
異性化反応と還元反応が必要である

ありふれた脂肪酸であるオレイン酸やリノール酸にはシス形の二重結合があり，β酸化の酵素が作用しにくくなっている．リノール酸の場合，最初の3周目までは

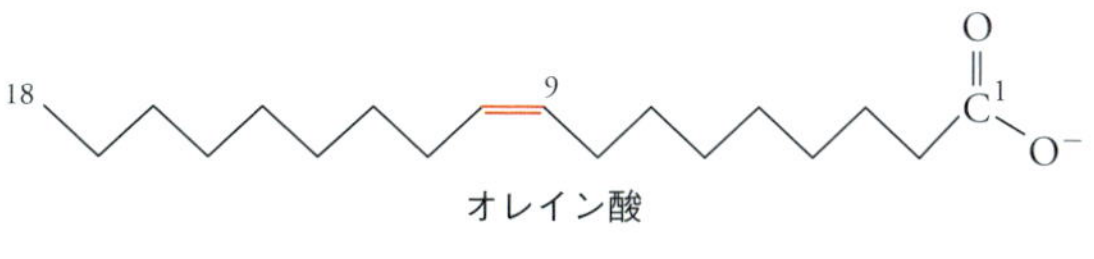

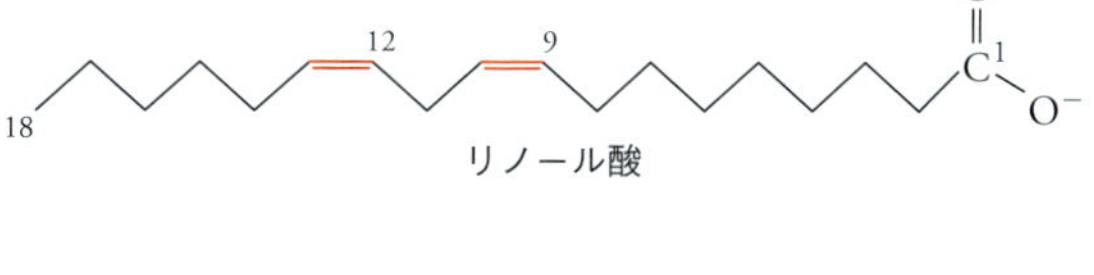

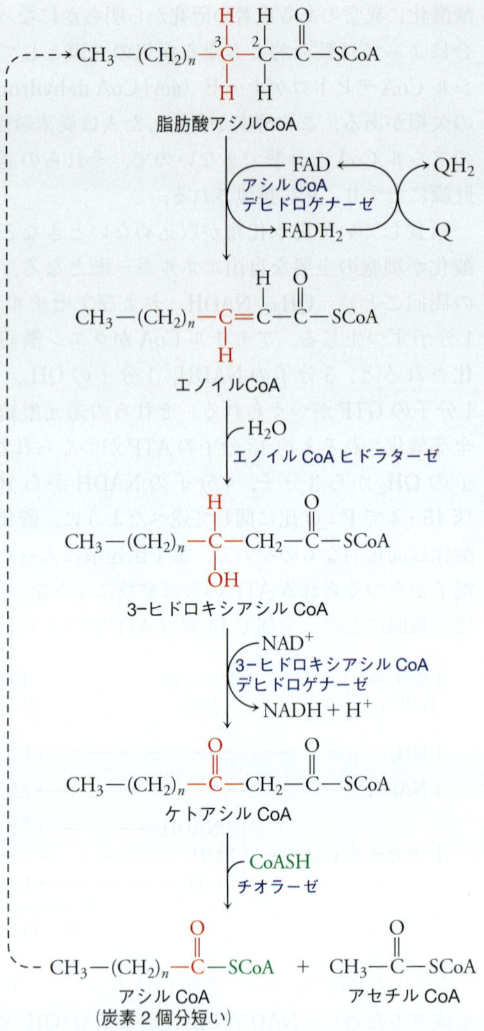

374　　　　　　　　　　　　　　　　　第Ⅲ部　代　　謝

$CH_3-(CH_2)_n-\overset{3}{\underset{H}{\overset{H}{C}}}-\overset{2}{\underset{H}{\overset{H}{C}}}-\overset{O}{\overset{\|}{C}}-SCoA$

脂肪酸アシルCoA

アシル CoA
デヒドロゲナーゼ
FAD → QH₂
FADH₂ → Q

1. アシル CoA デヒドロゲナーゼによりアシル CoA の 2 と 3 位の炭素が酸化されると 2,3-エノイル CoA ができる. アシル基から奪われた 2 個の電子は補欠分子族である FAD に渡される. 一連の電子伝達反応によりこの電子はユビキノン (Q) に渡される

$CH_3-(CH_2)_n-\overset{H}{C}=\overset{}{\underset{H}{C}}-\overset{O}{\overset{\|}{C}}-SCoA$

エノイルCoA

H₂O
エノイル CoA ヒドラターゼ

2. ヒドラターゼが触媒する第 2 段階の反応で, 第 1 段階で形成された二重結合に水が付加される

$CH_3-(CH_2)_n-\overset{H}{\underset{OH}{\overset{|}{C}}}-CH_2-\overset{O}{\overset{\|}{C}}-SCoA$

3-ヒドロキシアシル CoA

NAD⁺
3-ヒドロキシアシル CoA
デヒドロゲナーゼ
NADH + H⁺

3. ヒドロキシアシル CoA が, 別のデヒドロゲナーゼによって酸化される. この酵素の補因子は NAD⁺ である

$CH_3-(CH_2)_n-\overset{O}{\overset{\|}{C}}-CH_2-\overset{O}{\overset{\|}{C}}-SCoA$

ケトアシル CoA

CoASH
チオラーゼ

4. 最終段階ではチオラーゼによりチオリシスが起こり, アセチル CoA が生じる. 残ったアシル CoA は炭素数が 2 減っていて, 次の 4 反応からなる周回に入る (点線)

$CH_3-(CH_2)_n-\overset{O}{\overset{\|}{C}}-SCoA$　　+　　$CH_3-\overset{O}{\overset{\|}{C}}-SCoA$

アシル CoA　　　　　　　　　　　アセチル CoA
(炭素 2 個分短い)

図 17・6　β 酸化における化学反応

ふつうに進む. しかし, 第 4 周目ではアシル CoA の 3 番と 4 番の炭素の間に二重結合がある (もとの分子中では 9 番と 10 番). さらに, この分子はシス形の二重結合をもつが, β 酸化の第 2 段階のエノイル CoA ヒドラターゼ (enoyl-CoA hydratase) はトランス形の二重結合にしか作用しない. この問題点は C3-C4 のシス形二重

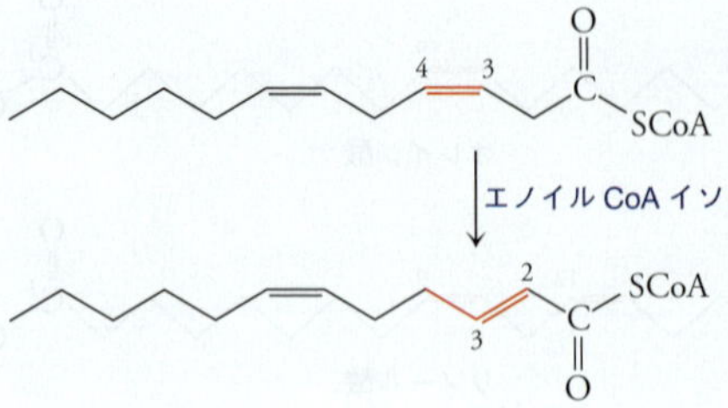

結合を C2-C3 のトランス形二重結合に変えるエノイル CoA イソメラーゼ (enoyl-CoA isomerase) により克服され, β 酸化は先に進むことができる.

第二の問題点は 5 回目の周回の最初の反応が終わったあとに現れる. アシル CoA デヒドロゲナーゼはいつもどおり 2 位と 3 位の炭素の間に二重結合を生成する. しかし, リノール酸の場合は 12 位と 13 位の炭素の間にあった二重結合が 4 位と 5 位の位置にきている. こうなったジエノイル CoA は次のエノイル CoA ヒドラターゼにとってよい基質ではない. したがって, このジエノイル CoA の二重結合は NADPH に依存した反応により切断され, C3-C4 のトランス形二重結合だけにされなければならない. 次に, この化合物は異性化され C2-C3 のトランス二重結合になり, エノイル CoA ヒ

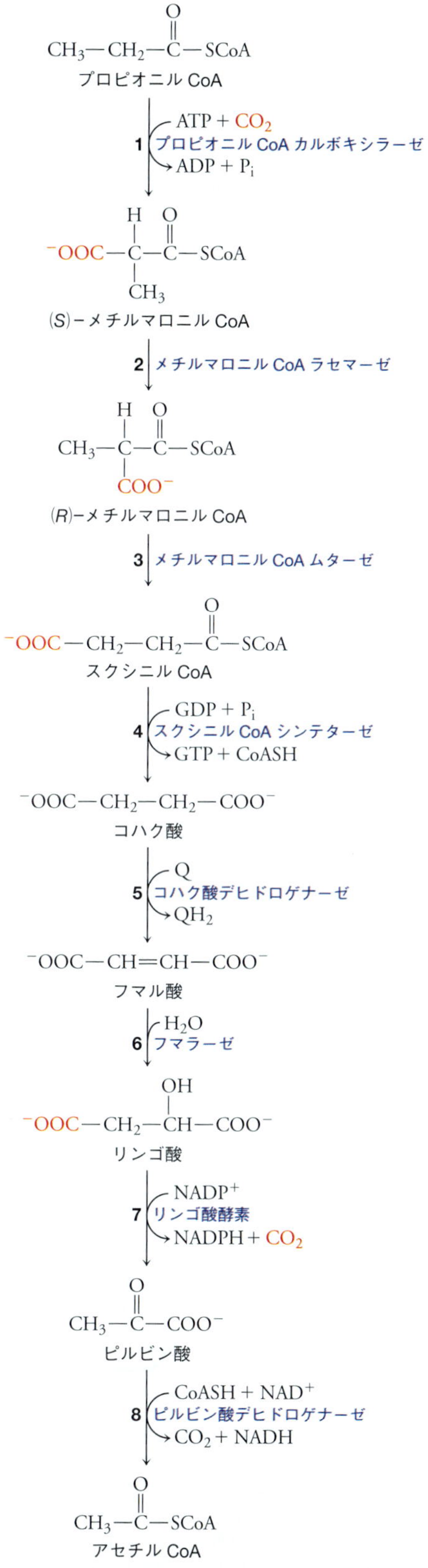

$$CH_3-CH_2-\overset{\displaystyle O}{\overset{\|}{C}}-SCoA$$

プロピオニル CoA

1 | ATP + CO_2
プロピオニル CoA カルボキシラーゼ
ADP + P_i

1. プロピオニル CoA カルボキシラーゼがプロピオニル基の 2 位の炭素にカルボキシ基を付加しメチルマロニル基にする

$$^-OOC-\overset{\displaystyle H}{\underset{\displaystyle CH_3}{\overset{|}{\underset{|}{C}}}}-\overset{\displaystyle O}{\overset{\|}{C}}-SCoA$$

(S)−メチルマロニル CoA

2 | メチルマロニル CoA ラセマーゼ

2. ラセマーゼがメチルマロニル CoA の二つの立体異性体を一方だけにする(二つの構造は R と S で区別されている)

$$CH_3-\overset{\displaystyle H}{\underset{\displaystyle COO^-}{\overset{|}{\underset{|}{C}}}}-\overset{\displaystyle O}{\overset{\|}{C}}-SCoA$$

(R)−メチルマロニル CoA

3 | メチルマロニル CoA ムターゼ

3. メチルマロニル CoA ムターゼが炭素骨格を組替えてスクシニル CoA にする

$$^-OOC-CH_2-CH_2-\overset{\displaystyle O}{\overset{\|}{C}}-SCoA$$

スクシニル CoA

4 | GDP + P_i
スクシニル CoA シンテターゼ
GTP + CoASH

4〜6. クエン酸回路の中間体であるスクシニル CoA はクエン酸回路の反応 5〜7 によってリンゴ酸に変換される(図 14・6 参照)

$$^-OOC-CH_2-CH_2-COO^-$$

コハク酸

5 | Q
コハク酸デヒドロゲナーゼ
QH_2

$$^-OOC-CH=CH-COO^-$$

フマル酸

6 | H_2O
フマラーゼ

$$^-OOC-CH_2-\overset{\displaystyle OH}{\overset{|}{C}}H-COO^-$$

リンゴ酸

7 | $NADP^+$
リンゴ酸酵素
$NADPH + CO_2$

7. リンゴ酸はミトコンドリアから細胞質に送られ,そこでリンゴ酸酵素によりピルビン酸に変換される

$$CH_3-\overset{\displaystyle O}{\overset{\|}{C}}-COO^-$$

ピルビン酸

8 | CoASH + NAD^+
ピルビン酸デヒドロゲナーゼ
$CO_2 + NADH$

8. ピルビン酸はミトコンドリアに戻され,ピルビン酸デヒドロゲナーゼ複合体によりアセチル CoA に変換される

$$CH_3-\overset{\displaystyle O}{\overset{\|}{C}}-SCoA$$

アセチル CoA

図 17・7 プロピオニル CoA の異化

ドラターゼのよい基質となる．

$$\text{R-CH}_2\text{-CH}=\text{CH-CH}=\text{CH-C(=O)-SCoA}$$

↓ NADPH + H⁺ / NADP⁺ （レダクターゼ）

$$\text{R-CH}_2\text{-CH}=\text{CH-CH}_2\text{-C(=O)-SCoA}$$

↓ イソメラーゼ

$$\text{R-CH}_2\text{-CH}=\text{CH-CH}_2\text{-C(=O)-SCoA}$$

二重結合をもった炭素化合物は飽和されているものより少し酸化が進んでいる（表 1・3 参照）ので，それらを CO_2 にしても放出されるエネルギーは少ない．そのため，不飽和脂肪酸を多く含む食事は飽和脂肪酸を多く含む食事よりカロリーが少ない．不飽和脂肪酸から得られる自由エネルギーが飽和脂肪酸からのものより少ないことは，こうした迂回経路の存在によって分子レベルで説明できる．まず，エノイル CoA イソメラーゼの反応が QH_2 を産生するアシル CoA デヒドロゲナーゼの反応の代わりに入っているので ATP 産生量が 1.5 分子減る．次に，NADPH 依存性レダクターゼが NADPH を使用し，これはエネルギー的には NADH と等価なので ATP 2.5 分子の消費に相当する．

炭素数が奇数の脂肪酸の酸化で プロピオニル CoA が生じる

多くの脂肪酸の炭素数は偶数である（本章の後のほうで解説するが，これは脂肪酸の合成が炭素を 2 個含むアセチル基の付加により行われるためである）．しかし，われわれの体に入ってくるある種の植物や細菌由来の脂肪酸には炭素数が奇数のものが存在する．こうした脂肪酸を β 酸化していくと，最後に残るものがアセチル CoA ではなく 3 炭素のプロピオニル CoA（propionyl-CoA）となる．

$$\text{CH}_3\text{-CH}_2\text{-C(=O)-SCoA} \quad \text{プロピオニル CoA}$$

この化合物は図 17・7 に示すような段階的反応によりさらに代謝される．ちょっとみたところ，この経路は不必要に長いように思える．たとえば，プロピオニル基の 3 位の炭素にもう一つ炭素をつければ，ただちにスクシニル CoA ができるだろう．しかし，そのような反応は化学的には起こりにくい．なぜなら，3 位の炭素は電子を引寄せる効果をもつ CoA とのチオエステル結合部から離れすぎているからである．そこで，プロピオニル CoA カルボキシラーゼ（propionyl-CoA carboxylase）が 2 位の炭素に炭素を付加し，その炭素骨格をメチルマロニル CoA ムターゼ（methylmalonyl-CoA mutase）が再編成してスクシニル CoA にするという過程が必要なのである．スクシニル CoA はこの経路の終点ではないということに注意してほしい．この化合物はクエン酸回路の中間体の一つなので，分解されるのではなく触媒的に働く（§14・2 参照）．プロピオニル CoA の炭素が完全に異化されるためには，スクシニル CoA がピルビン酸に変換され，次にアセチル CoA となってクエン酸回路に入らねばならない．

メチルマロニル CoA ムターゼ（図 17・7，段階 3 参照）は炭素骨格を再編し，補欠分子族としてコバラミン（cobalamin）というビタミン（ビタミン B_{12}，図 17・8）

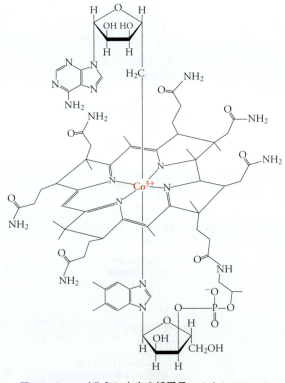

図 17・8 コバラミン由来の補因子．メチルマロニル CoA ムターゼの補欠分子族はコバラミンというビタミンの誘導体である．ヘムのような環状構造をもち，その中央にはコバルトイオンがある．コバルトに配位している原子の中に炭素があることに注目してほしい．生体内で炭素と金属の間に配位結合が起こるというのは非常にまれである．

の誘導体を必要とするという点で，めずらしい酵素である．コバラミンを補因子として使う酵素は十数種類しか知られていない．ヒトが必要とするわずかな量のコバラミンは動物性食品を含む食事によって容易に摂取できる．しかし，絶対菜食主義者はビタミン B_{12} を含むサプリをとらないといけない．ビタミン B_{12} の吸収に異常が起こると悪性貧血となる．

ある種の脂肪酸の酸化はペルオキシソームで行われる

哺乳類細胞内の脂肪酸酸化はほとんどがミトコンドリアで行われるが，ごく一部が**ペルオキシソーム**（peroxisome）という細胞小器官で行われる（図 17・9）．植物ではすべての脂肪酸酸化がペルオキシソームとグリオキシソーム（glyoxysome）で行われる．ペルオキシソームは 1 層の膜で覆われ，種々の分解および生合成のための酵素が含まれている．ペルオキシソームでの β 酸化はその最初の反応が異なっている．この反応はアシル CoA オキシダーゼ（acyl-CoA oxidase）が触媒する．

この反応の生成物であるエノイル CoA はミトコンドリアでのアシル CoA デヒドロゲナーゼによる反応の生成物と同じであるが（図 17・6 参照），アシル CoA から

受取った電子はユビキノンに渡されるのではなく，直接酸素分子に渡され過酸化水素 H_2O_2 が生じる．〔ペルオキシソームの名前はこの過酸化水素（hydrogen peroxide）からきている．〕過酸化水素はペルオキシソーム内のカタラーゼ（catalase）という酵素によって分解される．

$$2H_2O_2 \longrightarrow 2H_2O + O_2$$

脂肪酸酸化の第 2，第 3，および第 4 の反応はミトコンドリアでのものと同じである．

ペルオキシソーム内の酸化酵素は長鎖脂肪酸（炭素数が 20 以上のもの）に特異的で短いものとの親和性が低いので，ペルオキシソームは脂肪酸鎖を短くする装置として働いている．部分的に分解され短くなったアシル CoA はミトコンドリアへ送られ完全に分解される．

ペルオキシソームはミトコンドリアの酵素が作用できない枝分かれした脂肪酸も分解できる．そうした非標準的脂肪酸としてフィタン酸（phytanic acid）がある．

フィタン酸

フィタン酸はクロロフィルの側鎖に由来するもので（図 16・4 参照），植物を原材料とする食品には必ず含まれている．3 位の炭素についているメチル基は 3-ヒドロキシアシル CoA デヒドロゲナーゼによる脱水素反応（標準的 β 酸化の第 3 段階の反応）を妨害するので，ペルオキシソーム酵素によって分解されねばならない．フィタン酸分解に関与する酵素のどれかが欠損すると，組織にフィタン酸がたまり神経が縮退するレフサム病（Refsum's disease）となる．ペルオキシソーム酵素の欠損やペルオキシソーム自体の形成不全による病気の多くが致命的であることからも，脂質代謝（異化と同化の両方）におけるペルオキシソームの重要性がよくわかる．

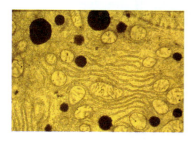

図 17・9　ペルオキシソーム．ほとんどすべての真核細胞がこの 1 層の膜に包まれた細胞小器官をもつ（黒い部分）．ペルオキシソームは植物のグリオキシソームに似ている（ボックス 14・B 参照）．[Don W. Fawcett/Photo Researchers, Inc./amanaimages.]

17・2　脂肪酸生合成

重要概念

- 脂肪酸生合成は細胞質でのアセチル CoA のカルボキシル化から始まる．
- 脂肪酸合成酵素は 7 段階の反応を触媒し，脂肪酸の炭素を 2 個ずつ伸ばしていく．
- 伸長酵素とデサチュラーゼが新たに合成された脂肪酸を修飾する．
- さまざまな代謝産物が脂肪酸生合成の調節に関与する．
- アセチル CoA から可溶性で小さなケトン体をつくることをケトン体生成という．

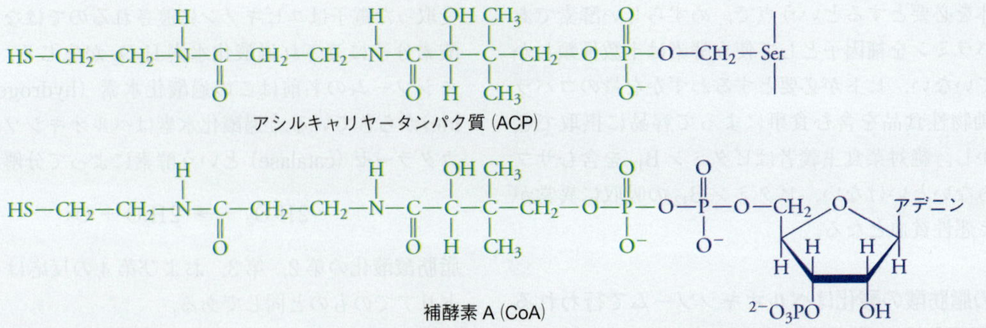

378　　第III部　代　謝

アシルキャリヤータンパク質 (ACP)

補酵素 A (CoA)

図 17・10　アシルキャリヤータンパク質と補酵素 A. アシルキャリヤータンパク質 (ACP) と補酵素 A (CoA) の両方ともパントテン酸 (ビタミン B_5) の誘導体 (緑の部分) を含んでいて，その末端はアシル基あるいはアセチル基がチオエステル結合するためのスルフヒドリル基になっている．CoA ではパントテン酸誘導体はアデニンヌクレオチドとエステルを形成し，ACP ではその誘導体がポリペプチド鎖のセリン残基の OH 基とエステルを形成している (哺乳類の ACP は脂肪酸合成酵素という巨大な多機能タンパク質の一部となっている).

　一見すると脂肪酸の生合成は酸化をそのまま逆にしたもののようである．たとえば，合成や分解は炭素2個ずつを単位として行われ，二つの経路の反応中間体のいくつかはよく似ていたり同一であったりする．しかし，解糖と糖新生でみてきたように，熱力学的理由から脂肪酸の合成と分解は同一ではありえない．脂肪酸の酸化は熱力学的にみて起こりやすい反応であるから，単純にこの反応段階を逆にしたものは熱力学的には起こりにくいことになる．

　哺乳類細胞内での脂肪酸の合成と分解という反対方向の経路は完全に分離されている．β酸化はミトコンドリアマトリックス内で起こるが合成は細胞質で行われる．さらに，両経路は使用する補因子が異なる．β酸化では脂肪酸は CoA と結合しているが，合成途中の脂肪酸は**アシルキャリヤータンパク質**（acyl carrier protein: ACP, 図 17・10）と結合している．β酸化では電子はユビキノンと NAD^+ に渡されるが，合成時の還元力は NADPH により供給される．最後に，β酸化ではアシル基を活性化するのに ATP 2分子（二つのリン酸無水物結合）のエネルギーが必要だが，生合成経路では炭素2個を脂肪酸に付加するたびに ATP が1分子必要となる．本節ではβ酸化と比較・対比させながら脂肪酸生合成

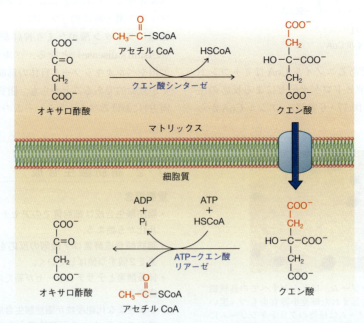

図 17・11　クエン酸輸送系. ミトコンドリアのクエン酸シンターゼや細胞質の ATP-クエン酸リアーゼとクエン酸輸送タンパク質がともに働くことによりミトコンドリアマトリックスからアセチル基が運び出される．

反応をみていく.

脂肪酸生合成の最初の段階はアセチル CoA カルボキシラーゼが触媒する

脂肪酸生合成の出発物はアセチル CoA で，それはピルビン酸デヒドロゲナーゼ複合体によってミトコンドリアでつくられたものかもしれない（§14・1）．しかし，β 酸化の際にアシル CoA が直接ミトコンドリアに入れなかったように，ミトコンドリア内でつくられたアセチル CoA が直接細胞質に出て生合成に利用されるということはない．細胞質へのアセチル基の輸送には輸送タンパク質が存在するクエン酸が使われる．クエン酸シンターゼ（クエン酸回路の最初の段階を触媒する酵素，図 14・6 参照）がアセチル CoA とオキサロ酢酸からクエン酸を合成し，それがミトコンドリアから出ていく．ATP-クエン酸リアーゼ（ATP-citrate lyase）がクエン酸シンターゼの反応を"もとに戻し"，細胞質内にアセチル CoA とオキサロ酢酸を生成させる（図 17・11）．ATP-クエン酸リアーゼの反応でチオエステル結合をつくらせるために ATP が消費されることに注意してほしい．

脂肪酸生合成の第 1 段階はアセチル CoA カルボキシラーゼによるアセチル CoA の ATP 依存的カルボキシル化である．この酵素が触媒する反応は脂肪酸生合成経路の速度調節段階となっている．アセチル CoA カルボキシラーゼの触媒機構はプロピオニル CoA カルボキシラーゼ（図 17・7 の段階 1）やピルビン酸カルボキシラーゼ（図 13・9 参照）のものと似ている．まず CO_2（炭酸水素イオン HCO_3^- として）が ATP の加水分解反応と共役して"活性化"され，補欠分子族である**ビオチン**（biotin）に結合する．

ビオチン + HCO_3^- + ATP ⟶
　　　　　ビオチン−COO^- + ADP + P_i

次に，このカルボキシビオチンがカルボキシ基をアセチル CoA に渡し，3 炭素のマロニル CoA を生成し，酵素はもとに戻る．

ビオチン−COO^- + CH_3−$\underset{\text{アセチル CoA}}{\overset{\overset{O}{\|}}{C}}$−SCoA ⟶

　　　^-OOC−CH_2−$\underset{\text{マロニル CoA}}{\overset{\overset{O}{\|}}{C}}$−SCoA + ビオチン

脂肪酸を合成する際に，このマロニル CoA が 2 炭素ずつ鎖を伸ばすためのアセチル基の供給源となる．カルボキシル化反応によって付加されたカルボキシ基は次の

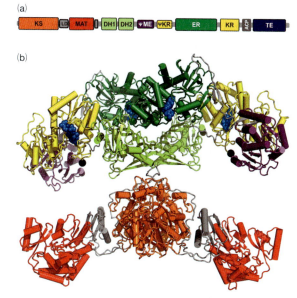

図 17・12 哺乳類脂肪酸合成酵素の構造. (a) 脂肪酸合成酵素ポリペプチドのドメイン構造. KS, MAT, DH1/DH2, ER, KR, TE と記されたところが 6 個の酵素である. ACP はアシルキャリヤータンパク質で, そのパントテン酸アームが酵素の活性部位から活性部位へと移動する. ΨME および ΨKR と記された部分に酵素活性はない. (b) 脂肪酸合成酵素二量体の三次元構造. 各ドメインの色は (a) のドメイン構造で使った色と同じである. この図では ACP と TE（チオエステラーゼ）部分は示していない. $NADP^+$ 分子は青の空間充塡モデルで示した. 黒い球はアシルキャリヤータンパク質の係留点を示している. [T. Maier, M. Leibundgut, N. Ban, *Science* 321, 1315−1322 (2008). AAAS の許可を得て転載.]

脱炭酸反応によって除去される．カルボキシル化のすぐあとに脱炭酸反応によってそれを除去するという手順は，糖新生においてピルビン酸からホスホエノールピルビン酸を合成する場合にも使われる（§13・2 参照）．脂肪酸生合成では 3 炭素中間体が生成するが β 酸化では 2 炭素のアセチル基だけしか生じないことに注意してほしい．

脂肪酸合成酵素は七つの反応を触媒する

動物の脂肪酸生合成の主要反応を行うタンパク質は 540 kDa の**多機能酵素**（multifunctional enzyme）で，2 本の同一ポリペプチド鎖からできている（図 17・12）．脂肪酸合成酵素の各ポリペプチド鎖は図 17・13 に示すような 7 段階の異なる反応を触媒する 6 個の活性部位をもっている．植物や細菌の合成反応は別べつのポリペプチド鎖によって触媒されるが，化学変化は全く同じである．

反応 1 と 2 はアシル基転移反応で，これにより縮合反

応(反応3)を起こす反応物が酵素上に結合する．この縮合反応において，マロニル基からの脱炭酸が2位の炭素とアセチルチオエステルとを反応させてアセトアセチルACPをつくる．アセチル基をカルボキシル化してマロニル基にした理由がこの化学反応からわかる．アセチル基の2位の炭素はあまり反応性が高くないからである．

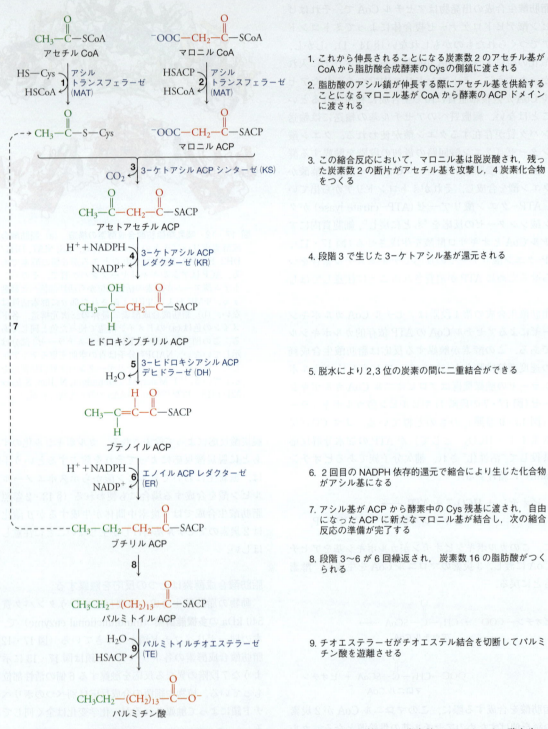

1. これから伸長されることになる炭素数2のアセチル基がCoAから脂肪酸合成酵素のCysの側鎖に渡される
2. 脂肪酸のアシル鎖が伸長する際にアセチル基を供給することになるマロニル基がCoAから酵素のACPドメインに渡される
3. この縮合反応において，マロニル基は脱炭酸され，残った炭素数2の断片がアセチル基を攻撃し，4炭素化合物をつくる
4. 段階3で生じた3-ケトアシル基が還元される
5. 脱水により2,3位の炭素の間に二重結合ができる
6. 2回目のNADPH依存的還元で縮合により生じた化合物がアシル基になる
7. アシル基がACPから酵素中のCys残基に渡され，自由になったACPに新たなマロニル基が結合し，次の縮合反応の準備が完了する
8. 段階3～6が6回繰返され，炭素数16の脂肪酸がつくられる
9. チオエステラーゼがチオエステル結合を切断してパルミチン酸を遊離させる

図 17・13 **脂肪酸生合成**．ここでは脂肪酸合成酵素が，アセチルCoAから始めて，炭素数16のパルミチン酸を生成するまでの段階を示している．酵素名の後ろについている略号は図17・12の構造ドメインに対応している．

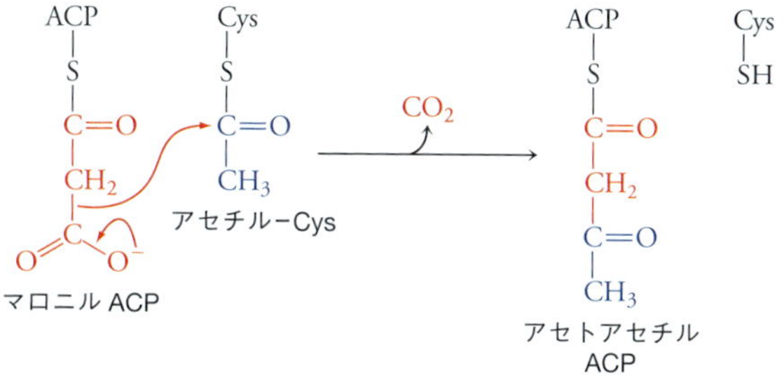

17. 脂 質 代 謝

マロニル ACP — アセチル–Cys → （CO_2 放出）→ アセトアセチル ACP

してほしい.

反応 4 でつくられたヒドロキシアシル化合物は β 酸化の第 2 段階で生じるヒドロキシアシル化合物と似ているが，両者は立体構造が異なっている（§4・1 参照）.

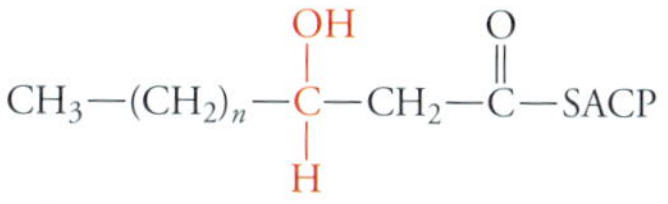

$$CH_3-(CH_2)_n-\overset{\overset{OH}{|}}{\underset{\underset{H}{|}}{C}}-CH_2-\overset{\overset{O}{||}}{C}-SACP$$

脂肪酸合成の 3-ヒドロキシアシル ACP 中間体
（D 形）

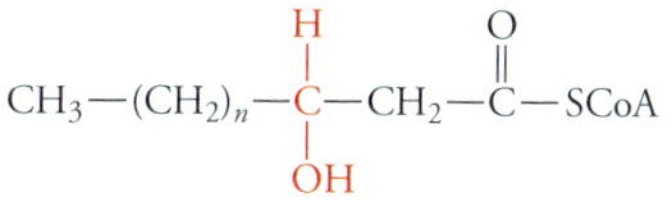

$$CH_3-(CH_2)_n-\overset{\overset{H}{|}}{\underset{\underset{OH}{|}}{C}}-CH_2-\overset{\overset{O}{||}}{C}-SCoA$$

β 酸化の 3-ヒドロキシアシル CoA 中間体
（L 形）

アシル基が伸長する際も，β 酸化で短くなるときと同様に，チオエステル結合部側で反応が起こることに注意

脂肪酸生合成における二つの還元反応（段階 4 と 6）で使われる NADPH はペントースリン酸経路（§13・4 参照）で生成される. 脂肪酸生合成でごく一般的なパルミチン酸を 1 分子合成するには 7 分子の ATP を使って 7 分子のマロニル CoA をつくる必要がある. 脂肪酸生合成反応 7 回分で 14 分子の NADPH が使われ，これは 14×2.5 で 35 分子の ATP に相当する. 全体として 42 分子の ATP を使うことになるが，それはパルミチン酸を酸化したときに生じる自由エネルギーよりはるかに少ない.

脂肪酸の合成中，ACP 上の長くてしなやかなパントテン酸誘導体が中間体をつなぎ止め（図 17・10 参照），脂肪酸合成酵素上のさまざまな活性部位の間を行き来させる（ピルビン酸デヒドロゲナーゼ複合体中のリポアミドも似たような働きをしている，§14・1 参照）. 脂肪酸合成酵素は二量体なので，二つの脂肪酸が同時に生成する.

哺乳類の脂肪酸合成酵素のように数種類の酵素活性を一つの多機能タンパク質内におさめると，それらの酵素の合成や，活性調節を協調して行うことができる. さらに，一つの反応の生成物が次の反応を触媒する活性部位に速やかにたどり着ける. 細菌や植物の脂肪酸生合成は

ボックス 17・A　生化学ノート

脂肪，食事，そして心臓病

何年にも及ぶ研究から LDL 濃度とアテローム性動脈硬化症に関係があることが明らかにされ，動脈を詰まらせる脂肪沈着や心臓血管系の病気の発生にはある種の食事が原因となっていることが示唆されている. 食物中の脂肪がどのように血清中の脂肪濃度に影響を与えるかについて多くの研究が行われてきた. たとえば，初期の研究により，飽和脂肪の多い食事は血中コレステロール（LDL）を増加させ，飽和脂肪の代わりに不飽和の植物油を使った食事はコレステロールを減らすということが示された. こうした発見により，アテローム性動脈硬化症の可能性のある人は飽和脂肪やコレステロールの多いバターではなく，コレステロールを含まない植物油からつくられたマーガリンを食べることが勧められた.

液状の植物油（不飽和脂肪酸を含むトリアシルグリセロール）を半固体にするためには脂肪酸鎖を化学的に飽和化する水素添加が行われる. この過程で，もともとあったシス形二重結合がトランス形二重結合に変えられてしまうことがある. 臨床での研究から，トランス形の脂肪酸は飽和脂肪酸と同じくらい LDL 濃度を上げ HDL 濃度を下げ

ることがわかっている. 米国の食事ガイドラインでは水素添加した植物油からのトランス形脂肪酸の過剰摂取に注意するようよびかけている（少量のトランス形脂肪酸はある種の動物脂肪にも含まれている）. すなわち，食品内容物のなかに“部分的に水素添加した植物油”が含まれている加工食品は食べないほうがよいというのである.

バターにするかマーガリンにするか. 食物中の特定の脂肪とヒトの健康や病気を関係づけるというのはむずかしいことなのである. 定量的な情報は疫学的および臨床学的研究によって得られるが，それには時間がかかり，しばしばはっきりとした結論が出せなかったり，全く相反する結果が出たりする. 科学者も特定の脂肪酸，飽和か不飽和かあるいはシス形かトランス形かがリポタンパク質代謝にどう影響を与えるのかについて十分理解していない. 他の食物中の成分も健康に影響を与える. たとえば，低脂肪食にすると炭水化物の摂取率が高くなる. さらに肉（脂肪を多く含むことが明らかなので）の摂取も減らしたとすると，その分果物や野菜を食べることになるので，これだけで健康を増進させる効果があるだろう.

個々に分かれた酵素によって行われるのでこうした利点はないが，酵素が固定されたものではないので，さまざまな脂肪酸を容易につくることができる．哺乳類の脂肪酸合成酵素は，おもに炭素数 16 の飽和脂肪酸であるパルミチン酸をつくる．

新たに合成された脂肪酸に他の酵素が作用し伸長させたり不飽和にする

ある種のスフィンゴ脂質（sphingolipid）は炭素数 22 や 24 の脂肪酸を含んでいる．こうした長い脂肪酸は脂肪酸合成酵素によってつくられた炭素数 16 の脂肪酸に

伸長酵素（elongase）という酵素が作用してつくられる．この伸長は小胞体かミトコンドリアで行われる．小胞体での反応にはアセチル基供与体としてマロニル CoA が使われ，化学反応としては脂肪酸合成酵素によるものに近い．ミトコンドリアでの反応は NADPH が使われること以外は β 酸化の逆反応に近い．

デサチュラーゼ（desaturase）という酵素が飽和脂肪酸に二重結合を導入する．この反応は小胞体膜に結合した酵素により小胞体内部で行われる．脂肪酸の脱水素反応によって奪われた電子は最終的に酸素分子と反応して水となる．動物で一番多い不飽和脂肪酸はパルミトレイ

ボックス 17・B ● 臨床との接点

脂肪酸合成酵素阻害剤

脂肪酸生合成は重要な代謝活動なので，宿主である哺乳類の脂肪酸生合成は阻害せずに病原生物のものを阻害することは感染症の予防と治療の有効な手段である．たとえば，多くの化粧品，歯磨き，抗菌せっけんだけでなく，プラスチックのおもちゃや台所用品までがトリクロサン（triclosan）とよばれる 5−クロロ−2−(2,4−ジクロロフェノキシ)フェノールという化合物を含んでいる．

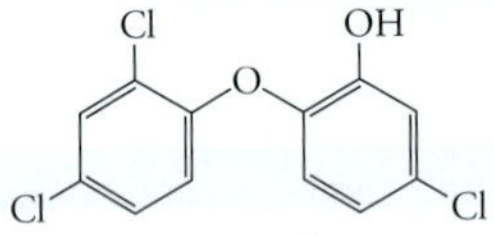

トリクロサン

この化合物は 1970 年代から抗菌剤として使われてきたが，その作用機序がわかったのは 1998 年である．

トリクロサンは汎用殺菌剤，すなわち家庭用漂白剤や紫外線のように無差別に菌を殺すものと考えられてきた．このような非特異的殺菌剤は細菌が抵抗機構を獲得できないので有効であると考えられていた．しかし，トリクロサンが実は特定の生化学的標的に作用する抗菌剤だったのである．この場合，その標的はエノイル ACP レダクターゼという脂肪酸生合成の段階 6 を触媒する酵素だった（図 17・13 参照）．

この酵素の天然基質に対する K_M は約 22 μM であるが，トリクロサンとの解離定数は 20〜40 pM と非常に強く結合する．この酵素の活性部位で，反応中間体の構造と類似したトリクロサンのベンゼン環の一つが補因子 NADPH のニコチンアミド環に重なる．トリクロサンはさらにファンデルワールス相互作用や水素結合によって活性部位内のアミノ酸残基とも結合する．

過去 60 年にわたりイソニアジド（isoniazid）という抗生物質が結核菌 *Mycobacterium tuberculosis* の治療に使わ

れてきた．イソニアジドはこの細菌の中で酸化され，そうしてできたものが NAD^+ と結合してエノイル ACP レダクターゼの一つを阻害する．標的となる酵素は非常に長い脂肪酸に特異的なもので，その長い脂肪酸は結核菌細胞壁の一部であるろうのような物質ミコール酸（mycolic acid）に組込まれる．

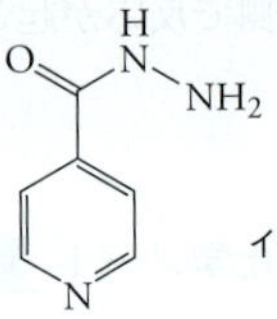

イソニアジド

イソニアジドは他の代謝活性を標的とする抗生物質と一緒に投与されることが多い．こうした組合わせ療法は細菌が薬剤耐性になる可能性を減らす．しかし，結核菌の複製はとても遅く，宿主細胞内で休眠状態になることさえあるので薬剤や宿主の免疫系からまもられる．そのため，何カ月ものあいだ薬を飲み続けねばならない．

ある種の真菌類にはセルレニン（cerulenin）が効く．この薬剤は，3−ケトアシル ACP シンターゼとマロニル ACP との結合を妨害することで縮合反応を阻害する（脂肪酸生合成の段階 3, 図 17・13 参照）．

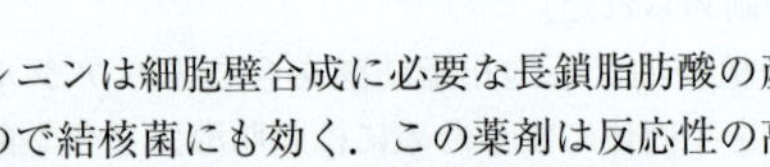

セルレニン

セルレニンは細胞壁合成に必要な長鎖脂肪酸の産生を阻害するので結核菌にも効く．この薬剤は反応性の高いエポキシ基をもっているので，酵素の活性部位にある Cys 残基と不可逆的に反応し C−S 共有結合をつくる．セルレニンの炭化水素鎖は本来なら伸長中の脂肪酸鎖が入るはずの部位を占拠する．

ン酸（炭素数 16）とオレイン酸（炭素数 18，§ 8・1 参照）で，両者とも 9 位と 10 位の炭素の間にシス形二重結合がある．動物でも植物でもトランス形二重結合をもつ脂肪酸はまれである．ところが，ある種の加工食品にはそれが多いので"健康によい"脂肪をとろうとしている人を混乱させている（ボックス 17・A）．

不飽和化のあとに伸長が起こることもある（その逆もある）ので，動物はさまざまな長さとさまざまな不飽和度をもった脂肪酸を合成できるはずである．しかし，哺乳類は 9 位の炭素より先に二重結合をつくることができないのでリノール酸やリノレン酸のような脂肪酸を合成

できない．これらの脂肪酸は炭素数 20 のアラキドン酸や他の特別な生物活性をもつ脂肪酸の前駆体である（図 17・14）．したがって，哺乳類はリノール酸やリノレン酸を食事から摂取せねばならない．これらの**必須脂肪酸**（essential fatty acid）は魚や植物の油に多く含まれる．末端から三つ目の炭素に二重結合のある不飽和脂肪酸は ω-3 脂肪酸とよばれ，健康のためによい（ボックス 8・A）．超低脂肪食などによって必須脂肪酸が欠乏すると，成長が遅れ，傷の治りが悪くなる．

脂肪酸生合成は活性化されたり阻害されたりする

代謝燃料が十分にある場合は，炭水化物やアミノ酸の異化によって生じた化合物から脂肪酸が合成され，トリアシルグリセロールとしてたくわえられる．脂肪酸生合成の速度は反応の第 1 段階を触媒するアセチル CoA カルボキシラーゼにより調節される．この酵素は生成物のひとつであるパルミトイル CoA により阻害され，クエン酸（アセチル CoA が豊富に存在することのシグナルである）によってアロステリックに活性化される．この酵素はホルモンを介したリン酸化や脱リン酸によってもアロステリックに調節されている．

脂肪酸生合成と脂肪酸の酸化を同時に行うという無駄を避けるためにはマロニル CoA の濃度が重要な役割を果たす．マロニル CoA は脂肪酸生合成時にアセチル基を供与するだけではなく，アシル基をミトコンド

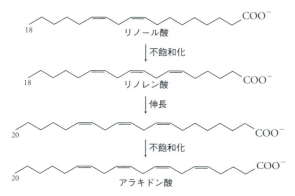

図 17・14　**アラキドン酸の生合成**．リノール酸（あるいはリノレン酸）が伸ばされ，不飽和化されて炭素数 20 で二重結合を 4 個もつアラキドン酸となる．

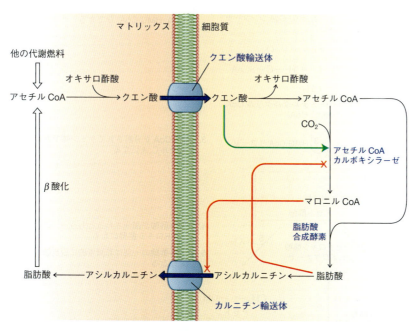

図 17・15　**脂肪酸代謝の調節機構**．赤い線は阻害，緑の線は活性化を表す．

リアに送り込むカルニチンアシルトランスフェラーゼ
（carnitine acyltransferase, 図17・5参照）を阻害する
ことによりβ酸化を抑制する．したがって，脂肪酸生
合成が行われているときには，ミトコンドリアへのアシ
ル基の輸送およびそこでの酸化は起こらない．脂肪酸代
謝におけるこうした調節機構を図17・15にまとめて示
す．

　広く使われている抗菌剤トリクロサンや病原菌に対す
る特異性の高い薬剤（ボックス17・B）のような脂肪酸
合成酵素の阻害剤が，天然および合成のものを含めて，
多数存在する．過体重（脂肪による）は米国民の3分の
2以上が気にしている健康問題なので，脂肪酸合成酵素
の阻害剤は科学者だけでなく一般人にとっても興味をひ
かれる存在である．さらに，多くの腫瘍は高い脂肪酸生
合成を維持し続けるので，脂肪酸合成酵素阻害剤はがん
の治療に役立つかもしれない．

アセチル CoA からケトン体がつくられる

　絶食状態が長びき，食物からのグルコースは入ってこ
ず，肝臓のグリコーゲンも枯渇してしまうと，各組織は
貯蔵されていたトリアシルグリセロールから放出され
る脂肪酸をエネルギー源として使うようになる．しか
し，脂肪酸は血液脳関門を通り抜けられないので脳はそ
れを利用できない．そこで，脳に必要なエネルギーを供
給するために糖新生が行われるが，肝臓はその補助エネ
ルギー物質として**ケトン体**（ketone body）も産生する．
ケトン体とはアセト酢酸（acetoacetate）と3-ヒドロ
キシ酪酸（3-hydroxybutyrate, β-ヒドロキシ酪酸とも
よばれる）のことで，肝臓のミトコンドリア内でア
セチル CoA から合成される．この過程を**ケトン体生成**
（ketogenesis）という．ケトン体生成は脂肪酸由来のア
セチル基を使うので，糖新生のようにアミノ酸を使わな
くてすむ．

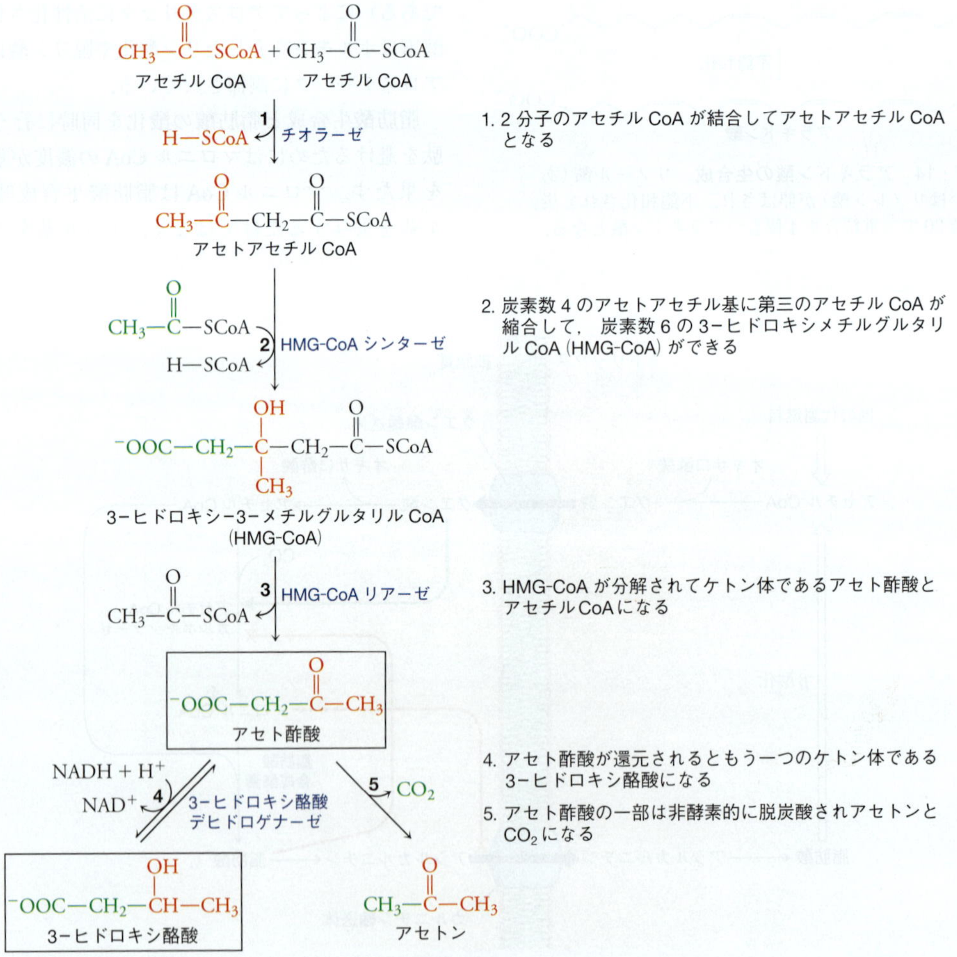

1. 2分子のアセチル CoA が結合してアセトアセチル CoA となる

2. 炭素数4のアセトアセチル基に第三のアセチル CoA が縮合して，炭素数6の3-ヒドロキシメチルグルタリル CoA（HMG-CoA）ができる

3. HMG-CoA が分解されてケトン体であるアセト酢酸とアセチルCoAになる

4. アセト酢酸が還元されるともう一つのケトン体である3-ヒドロキシ酪酸になる

5. アセト酢酸の一部は非酵素的に脱炭酸されアセトンと CO_2 になる

図 17・16　ケトン体生成．ケトン体は四角で囲ってある．

17. 脂 質 代 謝　　　385

ケトン体生成は，脂肪酸生合成や脂肪酸を 2 炭素ずつ酸化していく過程と似ている（図 17・16）．実際，中間体のヒドロキシメチルグルタリル CoA（HMG-CoA）は β 酸化や脂肪酸生合成における中間体 3–ヒドロキシアシル CoA と化学的に似ている．

ケトン体は小さくて水溶性なので，特別なリポタンパク質を介さず血液中を流れていき，中枢神経系にも容易に入っていける．糖尿病などでケトン体生成活性が高まると，ケトン体の生成が消費より多くなることがある．余分なアセト酢酸の一部は分解されてアセトンとなり，これが息に特徴的な甘い香りをもたせる．ケトン体は pK_a が約 3.5 の酸でもある．したがって，それらが大量につくられると血液の pH が下がる．この状態を**ケトアシドーシス**（ketoacidosis）とよぶ．高タンパク質低炭水化物食をとっている人の血液では，炭水化物不足を補うためケトン体生成が亢進するので，軽度の酸性化がみられる．

肝臓でつくられたケトン体は他の組織でアセチル CoA に戻されて代謝燃料として使われる（図 17・17）．

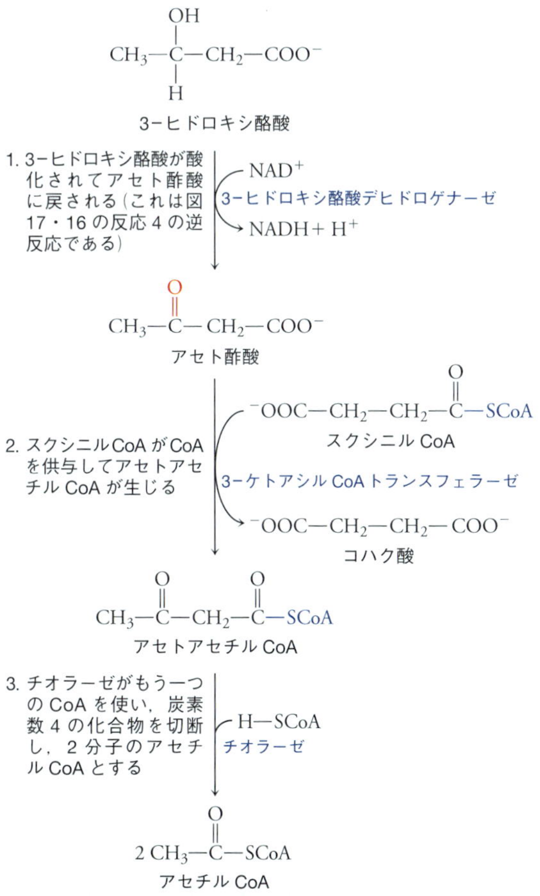

肝臓自身はこの反応に必要な 3–ケトアシル CoA トランスフェラーゼをもっていないのでケトン体を異化できない．

17・3 他の脂質の合成

重要概念
- グリセロールの骨格にアシル基が転移されてトリアシルグリセロールとリン脂質がつくられる．
- コレステロールはアセチル CoA からつくられる．
- コレステロールは細胞内でも細胞外でも使われる．

脂肪酸代謝では多くの化学反応が行われるが，その多くはトリアシルグリセロール，グリセロリン脂質，およびスフィンゴ脂質などの構成成分である脂肪酸に関連するものである．アラキドン酸のような脂肪酸はシグナル伝達分子として特別な生物学的役割を果たす脂質の前駆体でもある（§10・4）．本節ではアセチル CoA からのコレステロール合成のような，いくつかの主要な脂質の生合成について説明する．

トリアシルグリセロールとリン脂質は アシル CoA からつくられる

細胞は，トリアシルグリセロールとなった脂肪酸ならいくらでもたくわえることができる．トリアシルグリセロールは細胞質で会合して油滴となり，その表面は両親媒性リン脂質の単層によって覆われる．トリアシルグリセロールはグリセロール骨格に脂肪酸が結合することによって生じる．そのグリセロールはホスホグリセロールあるいは解糖の中間体，たとえばジヒドロキシアセトンリン酸などに由来する．

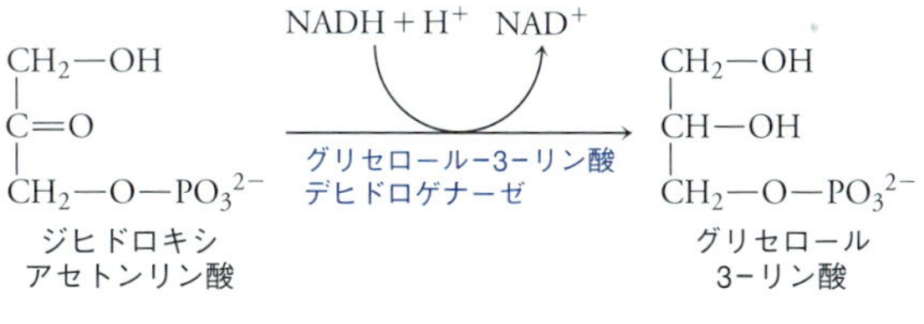

脂肪酸は ATP 依存的に CoA とチオエステルをつくって活性化される．

脂肪酸 ＋ CoA ＋ ATP $\rightleftharpoons$
　　　　　　　　アシル CoA ＋ AMP ＋ PP_i

この反応を触媒する酵素は脂肪酸酸化のときに働くものと同じアシル CoA シンテターゼである．トリアシルグリセロールは図 17・18 のように組立てられる．グリセ

図 17・17　ケトン体の異化

ロール骨格に脂肪酸を付加するアシルトランスフェラーゼは脂肪酸の炭素数や不飽和度に対してそれほど特異性は高くないが，ヒトのトリアシルグリセロールでは，通常，1位の炭素にパルミチン酸がつき，2位の炭素に不飽和のオレイン酸がついている．

トリアシルグリセロールの生合成経路はグリセロリン脂質の前駆体も供給している．これらの両親媒性リン脂質はホスファチジン酸あるいはジアシルグリセロールから合成され，この合成経路ではシチジン三リン酸（CTP）の加水分解により活性化が起こる．ある場合にはリン脂質の頭部が活性化され，別の場合には脂質尾部が活性化される．

図 17・19 は，ホスファチジルエタノールアミンやホ

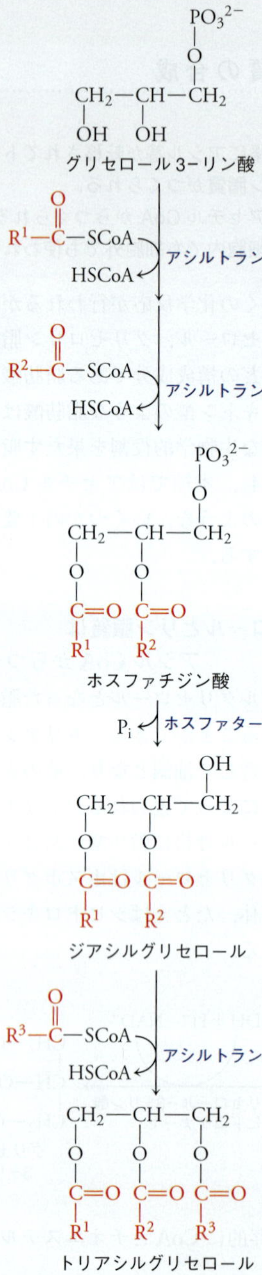

図 17・18 トリアシルグリセロールの生合成．アシルトランスフェラーゼによりグリセロール 3-リン酸の 1 位の炭素に脂肪酸がエステル結合する．次のアシルトランスフェラーゼにより 2 位の炭素に脂肪酸がエステル結合し，ホスファチジン酸となる．ホスファターゼがリン酸を除去してジアシルグリセロールができ，そこにもう一つアシル基がエステル結合してトリアシルグリセロールができ上がる．

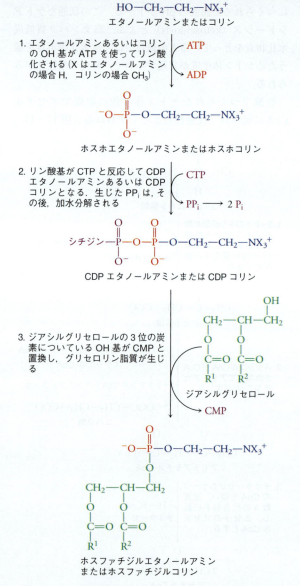

図 17・19 ホスファチジルエタノールアミンとホスファチジルコリンの生合成

スファチジルコリンが生成される際に頭部のエタノール
アミンやコリンがどのように活性化されてジアシルグリ
セロールに付加されるかを示している．ヌクレオチド
を使った類似した化学反応が UDP グルコースからグリ
コーゲンがつくられる際（§13・3 参照）や ADP グル
コースからデンプンがつくられる際にも使われている
（§16・3 参照）．

　ホスファチジルセリンはホスファチジルエタノールア
ミンの頭部をエタノールアミンからセリンに置換するこ
とによりつくられる．

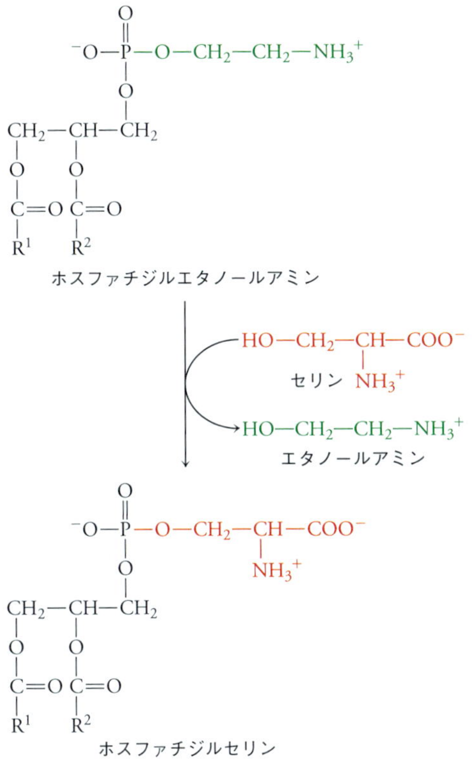

ホスファチジルエタノールアミン

セリン　NH$_3^+$

エタノールアミン

ホスファチジルセリン

　ホスファチジルイノシトールの生合成では頭部ではな
くジアシルグリセロールのほうが CDP ジアシルグリセ
ロールとなって活性化され，そこにイノシトールが付加
される（図 17・20）．

　グリセロリン脂質（そしてスフィンゴ脂質）は細胞膜
の主成分である．新しい膜は既存の膜に脂質やタンパク
質を挿入することによってつくられ，それはおもに小胞
体で行われる．新たにつくられた膜は小胞体から出芽す
る小胞となって最終目的地に運ばれるか，場合によって
は膜が接触している部位で拡散により移動する．グリセ
ロリン脂質はホスホリパーゼやアシルトランスフェラー
ゼによって異なる脂肪酸がつけられて別の性質に変えら
れることもある．

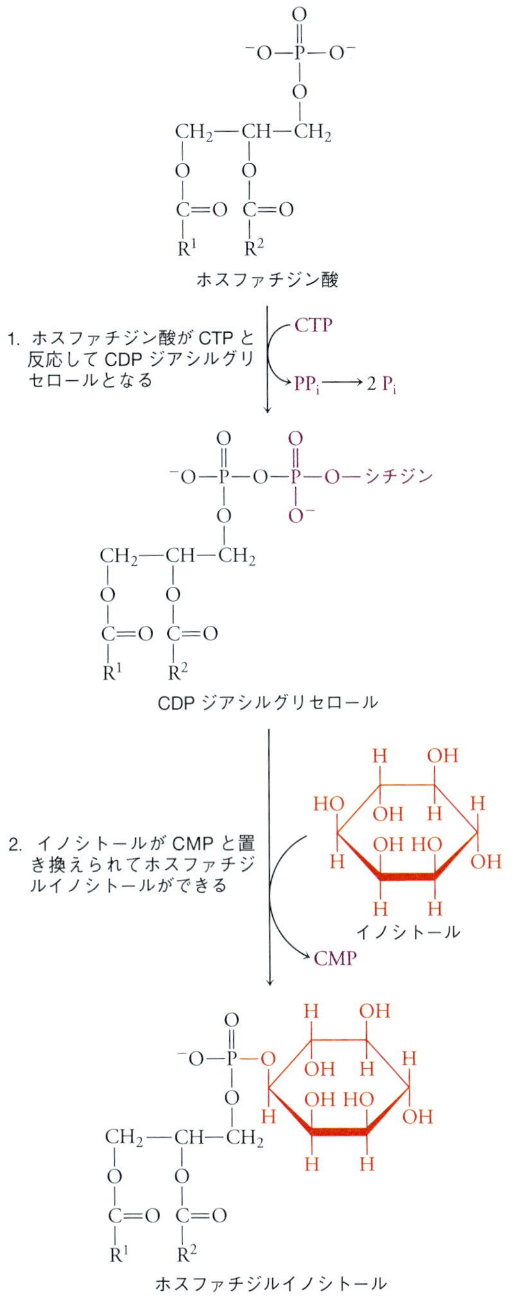

ホスファチジン酸

1. ホスファチジン酸が CTP と
　反応して CDP ジアシルグリ
　セロールとなる

　CTP

　PP$_i$ ⟶ 2 P$_i$

CDP ジアシルグリセロール

2. イノシトールが CMP と置
　き換えられてホスファチジ
　ルイノシトールができる

イノシトール

CMP

ホスファチジルイノシトール

図 17・20　ホスファチジルイノシトールの生合成

コレステロールの合成はアセチル CoA から始まる

　コレステロール（cholesterol）も脂肪酸と同様に炭素
数 2 のアセチル基を単位として合成される．実際，コ
レステロール合成の最初の段階はケトン体生成のものと
似ている．しかし，ケトン体はミトコンドリアで合成さ
れる（それも肝臓でのみ）のに対してコレステロールは
細胞質で合成される．コレステロール生合成とケトン体

生成の反応は HMG-CoA 生成のあとの反応から異なったものとなる。ケトン体生成ではこの化合物が切断されてアセト酢酸を生じる（図17・16参照）。コレステロール合成では HMG-CoA のチオエステルが還元されてアルコールになり、炭素数6のメバロン酸が生じる（図17・21）。

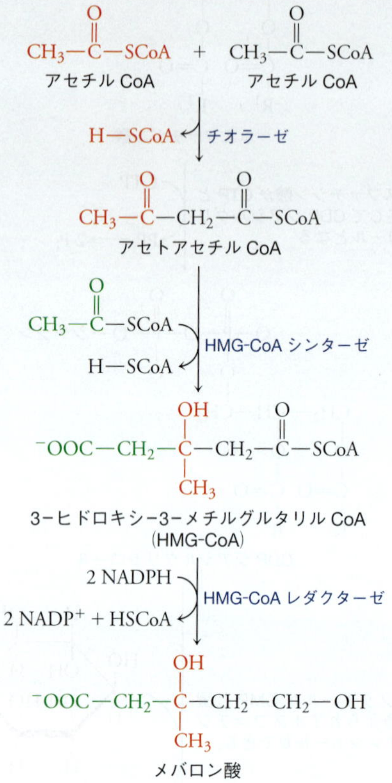

次の四つの段階でメバロン酸は二つのリン酸基を得、脱炭酸されて、炭素数5のイソペンテニル二リン酸（isopentenyl diphosphate, イソペンテニルピロリン酸ともいう）となる。

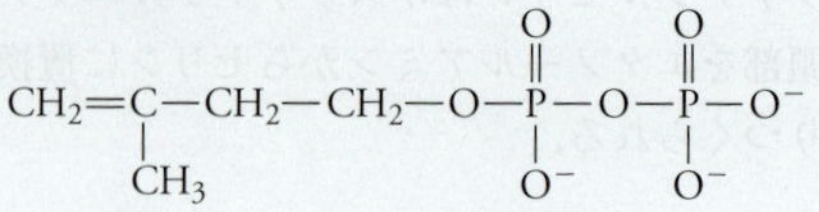

$$CH_2{=}C{-}CH_2{-}CH_2{-}O{-}\overset{\displaystyle O}{\underset{\displaystyle O^-}{P}}{-}O{-}\overset{\displaystyle O}{\underset{\displaystyle O^-}{P}}{-}O^-$$
$$\underset{\displaystyle CH_3}{\,}$$

イソペンテニル二リン酸

このイソプレン誘導体はコレステロールの前駆体であるだけでなく、ユビキノン、ある種の膜タンパク質と共有結合する脂質である炭素数15のファルネシル基、および β-カロテンのような色素といったイソプレノイド（isoprenoid）の前駆体でもある。イソプレノイドにはさまざまなものがあり、特に植物に多い。これまでに約25,000種が発見されている。

コレステロール生合成では6個のイソプレン単位が縮合して炭素数30のスクアレン（squalene）となる。この直鎖状分子が環化すると四つの環をもつコレステロールに近いものとなる（図17・22）。このスクアレンをコレステロールにするのに全部で21の反応が必要である。いくつかの段階では NADH あるいは NADPH が使われる。

30以上の段階からなるコレステロール合成の律速段階かつ主要な調節点は HMG-CoA レダクターゼが触媒する HMG-CoA からメバロン酸への変換である。この酵素は最も高度に調節されているもののひとつである。

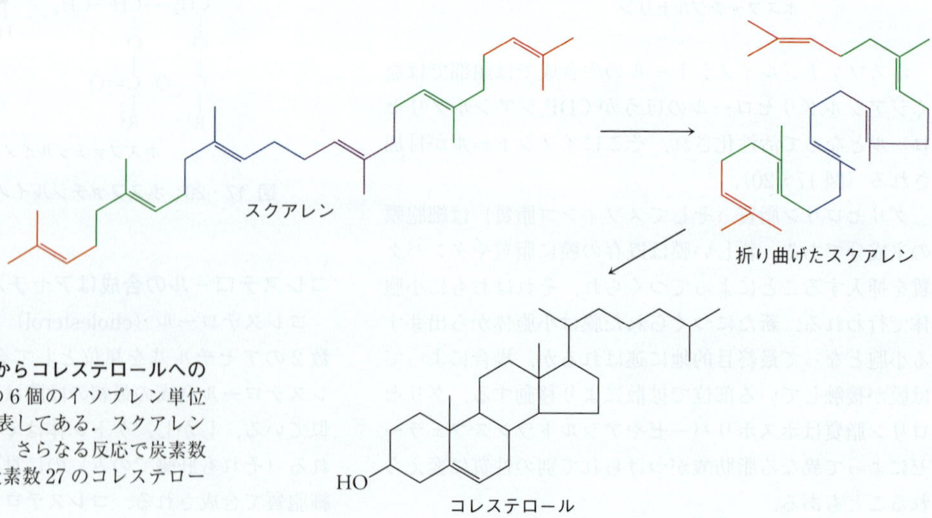

図 17・21　コレステロール生合成の最初の段階。この経路が HMG-CoA を生成するなどケトン体生成（図17・16）と似ている点に注意してほしい。HMG-CoA レダクターゼが4個の電子を使った還元的脱アシルを行い、メバロン酸を生成する。

図 17・22　スクアレンからコレステロールへの変換。スクアレン中の6個のイソプレン単位はそれぞれ異なる色で表してある。スクアレンは折れ曲がり環化する。さらなる反応で炭素数30のスクアレンから炭素数27のコレステロールがつくられる。

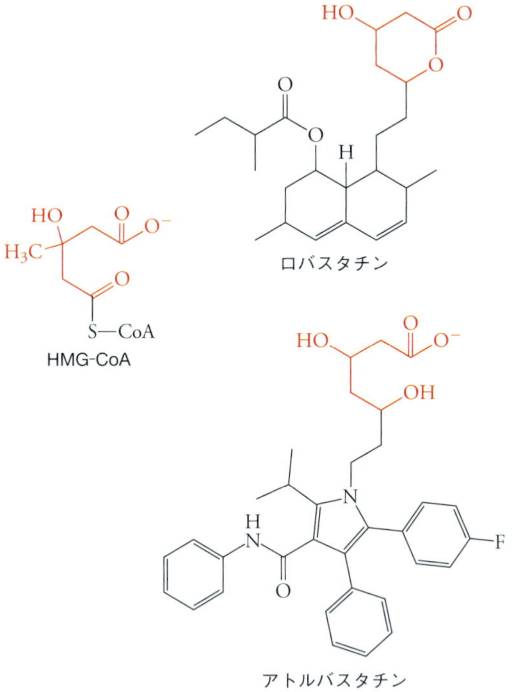

17. 脂 質 代 謝　　389

くわえられるか，肝臓では VLDL に積み込まれる.

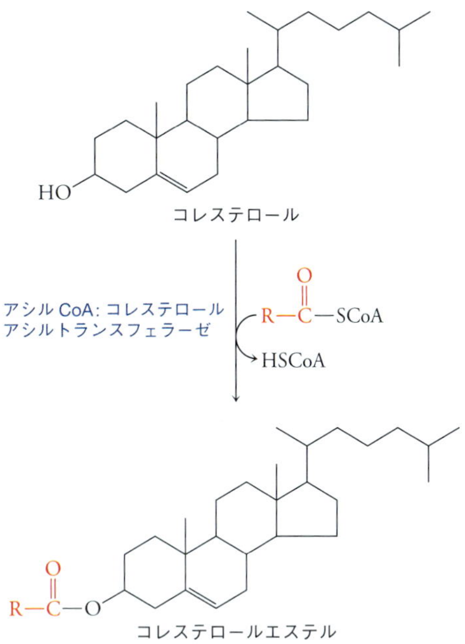

図 17・23　いくつかのスタチン類. HMG-CoA の阻害剤であるこれらのスタチン類は大きな疎水性部分と HMG に似た部分（赤で示す）をもつ.

たとえば，この酵素の合成と分解は厳密に調節され，その活性も Ser 残基のリン酸化によって阻害される.

　HMG-CoA レダクターゼの人工的阻害剤であるスタチン類は非常に強くこの酵素と結合し，その K_I は nM 台である. 基質 HMG-CoA の K_M は約 4 μM である. すべてのスタチン類は HMG 様の構造をもち，酵素への HMG-CoA の結合を拮抗阻害する（図 17・23）. それらの強固な疎水性部分は，酵素が CoA のパントテン酸部分と結合できるような構造になることも妨げる. スタチン類にはメバロン酸合成を抑えることにより血中コレステロール濃度を下げるという生理的効果がある. 細胞は血液と一緒に循環しているリポタンパク質からコレステロールを得ねばならないからである. メバロン酸はユビキノンのような他のイソプレノイドの前駆体でもあるので，スタチンの長期服用は悪い副作用をもたらす恐れがある.

コレステロールの使われ方

　新たに合成されたコレステロールはいくつかの経路をたどる.

1. 細胞膜に取込まれる.
2. アシル化されてコレステロールエステルになり，た

3. ある種の組織においてはテストステロンやエストロゲンなどのステロイドホルモンの前駆体となる.
4. コール酸（cholate）のような胆汁酸の前駆体となる.

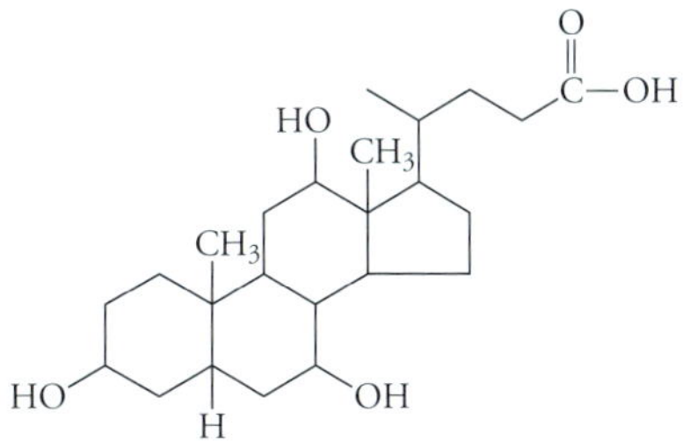

コール酸

　胆汁酸（bile acid）は肝臓で合成され，胆嚢にたくわえられ，小腸に分泌される. 胆汁酸は小腸内で界面活性剤として働き，食物中の脂肪を可溶化してリパーゼにより分解されやすくする. 胆汁酸の多くは吸収され，肝臓に回収されて再利用されるが，一部のものは排泄されてしまう. これはコレステロールが外部に放出される唯一の経路である.

　細胞はコレステロールを合成できるが循環している低密度リポタンパク質（LDL）から得ることもできる. 細胞表面の LDL 受容体に LDL が結合すると，このリポタンパク質-受容体複合体はエンドサイトーシスで取込まれる. 細胞内でリポタンパク質は分解され，コレステロールは細胞質に放出される.

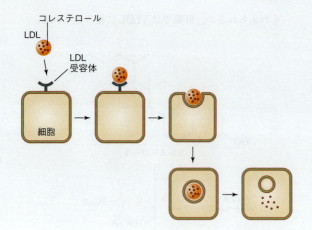

LDLが細胞にコレステロールを届けるということはLDL受容体の遺伝的欠陥による家族性高コレステロール血症という病気によって明らかになった．この欠陥のホモ接合体の細胞はLDLを取込めないので，血中コレステロール濃度は正常人の3倍にもなる．これによりアテローム性動脈硬化症を発症しやすくなるので，多くの人が30歳になる前に死亡する．

高密度リポタンパク質（HDL）は細胞から過剰なコレステロールを除去するうえで重要な働きをする．コレステロールを外に出すためには細胞膜とHDL粒子および特異的細胞表面タンパク質が非常に接近することが必要である．特異的細胞表面タンパク質のうちの一つはコレステロールを膜の内層から外層へ移動させるABC輸送体（§9・3参照），すなわち**フリッパーゼ**（flippase）である．外層に輸送されたコレステロールはHDL粒子中へ拡散していく．

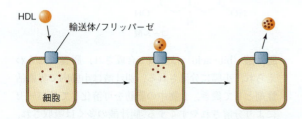

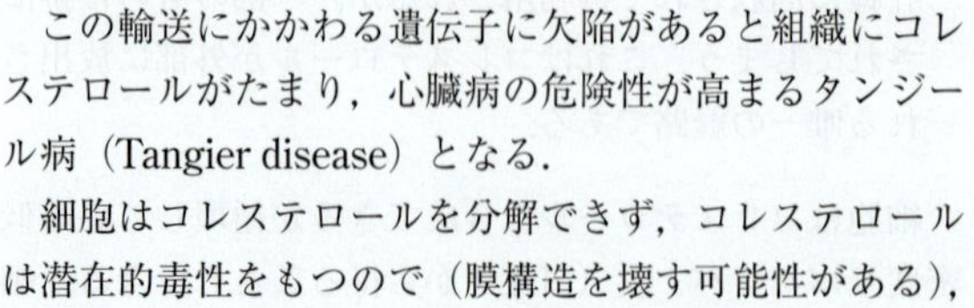

この輸送にかかわる遺伝子に欠陥があると組織にコレステロールがたまり，心臓病の危険性が高まるタンジール病（Tangier disease）となる．

細胞はコレステロールを分解できず，コレステロールは潜在的毒性をもつので（膜構造を壊す可能性がある），コレステロールの合成と組織間輸送を調和させることが体にとって重要である．たとえば，コレステロールはHMG-CoAレダクターゼなどの酵素の合成を阻害することにより自身の合成を抑制している．細胞内コレステロールはLDL受容体遺伝子の転写も抑制している．脂肪酸代謝の調節が合成と分解といった反対方向の経路の釣合によって行われているのに対し，コレステロール代謝の調節は細胞への流入と流出との釣合によって行われている．

脂質代謝のまとめ

脂質の合成と分解の過程をみると，細胞が反対方向の代謝経路を遂行する際の基本原則が明らかになってくる．図17・24は本章に出てきた主要な脂質代謝経路をまとめたものである．ここにはいくつかの注目すべき点がある．

1. 脂肪酸の異化と合成の経路および他の化合物の合成経路はすべて一つの共通中間体のところで交差する．それはアセチルCoAで，この化合物は炭水化物代謝の産物であり（§14・1参照），アミノ酸代謝でも重要な役割を果たす（それについては18章で解説する）．

2. 脂肪酸の分解経路と合成経路には類似した中間体があり，チオエステルが重要な役割を果たすなど，反応を逆転させたかのようにみえるが，自由エネルギー変化はとても異なっている．β酸化は多くの還元型補因子を生み出し，ATPの消費は2分子だけである．それに対して，脂肪酸の合成にはNADPHが必要で，アセチル基を付加するごとにATPが必要である．コレステロール合成などの他の代謝経路も異化によって生じた還元型補因子を消費している．

3. β酸化，アセチルCoAからのケトン体生成，クエン酸回路によるアセチルCoAの酸化，および還元型補因子の再酸化はミトコンドリアで行われる（脂質代謝の一部はペルオキシソームでも行われる）．それに対して，多くの脂質の生合成反応は細胞質あるいは小胞体膜上で行われる．それゆえ，それらの経路は膜輸送系や個別の基質や補因子の供給源を必要とする．

4. 脂質代謝の中央の経路（図17・24）には異なる反応はわずかしかないようにみえるが，アシル基の長さにより働くアイソザイムが異なったり，炭素数が奇数のときや枝分かれしているときや不飽和なときに働く酵素が存在したり，組織特異的エイコサノイドやイソプレノイドをつくるための酵素が存在しているのでかなり複雑である．

脂質代謝酵素の欠陥やリポタンパク質を介しての脂質の輸送に関与するタンパク質の異常などによる病気を診断し治療するうえで，脂質代謝を理解することは大切である．

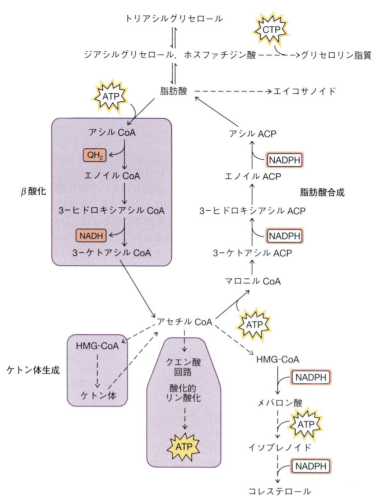

図 17・24 脂質代謝のまとめ．本章に出てきた主要経路だけをまとめてある．黄で囲ったところは ATP の消費を示し，黄で塗りつぶしたところは ATP の産生を示す．赤で囲ったものと塗りつぶしたものはそれぞれ還元型補因子（NADH, NADPH, および QH$_2$）の消費と生成を示す．紫で塗りつぶした部分の反応はミトコンドリア内で起こるものである．

まとめ

17・1 脂肪酸の酸化

- 血液中ではリポタンパク質がコレステロールを含めた脂質を輸送する．LDL 濃度が高いとアテローム性動脈硬化症を起こしやすい．
- トリアシルグリセロールからリパーゼによって切り離された脂肪酸は ATP 依存性反応によって CoA と結合して活性化される．
- 四つの酵素による β 酸化の過程で脂肪酸アシル CoA は炭素を 2 個ずつ短くされ，同時に QH$_2$, NADH, およびアセチル CoA を 1 分子ずつ生じる．アセチル CoA はクエン酸回路でさらに酸化される．還元型補因子が再酸化される際にはかなりの数の ATP が生じる．
- 不飽和あるいは炭素数が奇数の脂肪酸の酸化にはさらに別の酵素が必要である．非常に長いものや枝分かれのあるものはペルオキシソームで酸化される．

17・2 脂肪酸生合成

- 脂肪酸生合成経路は β 酸化を逆にしたものと似ている．脂肪酸生合成の最初の段階でアセチル CoA カルボキシラーゼが ATP 依存的にアセチル CoA をマロニル CoA にする．それがアシル基に 2 個の炭素を付加する供与体となる．
- 哺乳類脂肪酸合成酵素は多機能酵素で，伸長中のアシル基を CoA ではなくアシルキャリヤータンパク質に結合させる．伸長酵素とデサチュラーゼが新たに合成された脂肪酸をさらに修飾することもある．
- 肝臓はアセチル CoA をケトン体にし，それは他の組織で

代謝燃料として使われる.

セロール合成の中間体から合成される.

17・3 他の脂質の合成
• グリセロール骨格に三つの脂肪酸アシル基が結合するとトリアシルグリセロールになる. リン脂質はトリアシルグリ

• コレステロールはアセチル CoA から合成される. この経路の律速段階はスタチンという薬剤の標的である. 過剰となったコレステロールは HDL に取込まれ血液中を循環する.

問　題

17・1　脂肪酸の酸化

1. 表 17・1 の情報をもとにリポタンパク質の密度が異なる理由を説明せよ.

2. 図 17・2 に示したリポタンパク質において, アポリポタンパク質 A1 が内部の脂質と接触する際に使っていると考えられるアミノ酸側鎖をいくつかあげよ.

3. バイオディーゼル油はおもに植物の油脂からつくられる燃料で, 油脂をメタノール/KOH 混液で処理して脂肪酸メチルエステルとしたものである. 1-パルミトイル-2,3-ジオレイルグリセロールというトリアシルグリセロールをメタノール/KOH 混液で処理したときに生じるものの構造を書け.

4. 問題 3 のメタノール/KOH 混液は水を含まないメタノールを使わねばならない. もし水があった場合, どのようなことが起こるか.

5. 脂肪酸を活性化して脂肪酸アシル CoA にすると同時に ATP を AMP に加水分解する反応の全体としての自由エネルギー変化はほぼ 0 である. この反応が起こりやすい理由は, そのあと二リン酸がリン酸に加水分解されるからである (この反応の $\Delta G°'$ は -19.2 kJ mol^{-1} である). この共役した反応式を書き, $\Delta G°'$ と平衡定数 K_{eq} を計算せよ.

6. アシル CoA シンテターゼにより触媒される脂肪酸の活性化は, 脂肪酸のカルボキシ基の負に荷電した酸素が ATP の α 位の (最も奥の) リン酸を求核的に攻撃することにより始まる. それによりアシルアデニル酸という混合酸無水物ができる. この反応機構を示せ.

7. カルニチンが欠乏すると筋肉は痙攣を起こすようになり, それは絶食や運動により悪化する. 痙攣を生化学的に説明し, なぜ絶食や運動をしているときに筋肉が痙攣を起こしやすくなるのかを述べよ.

8. カルニチン欠損症の人の筋肉を取出し酵素活性を調べたところ, カルニチンがなくても中鎖 ($C_8 \sim C_{10}$) の脂肪酸は正常に代謝されることがわかった. このことはミトコンドリア内膜を横切る脂肪酸の輸送におけるカルニチンの役割について何を意味しているのか.

9. 中鎖アシル CoA デヒドロゲナーゼ (MCAD) を欠損している患者にはどの中間体が蓄積するか.

10. 中鎖アシル CoA デヒドロゲナーゼを欠損している患者にはどのような処置が必要か.

11. β 酸化経路の最初の三つの反応はクエン酸回路内の三つの反応と似ている. それらの反応はどれか. なぜそれらは似ているのか.

12. β 酸化において脂肪酸のメチレン基 $-CH_2-$ が酸化されてカルボニル基 $C=O$ になるが, β 酸化の反応のどこをみても酸素は消費されていない. どうしてこのようなことが可能なのか.

13. β 酸化経路の一部は 1904 年にクヌープ (Franz Knoop) によって解明されていた. 彼はイヌに脂肪酸のフェニル誘導体を与え, 尿中に排泄されてくる代謝産物を調べた. イヌにフェニルプロピオン酸とフェニル酪酸を与えると, どのような代謝産物が生じるか.

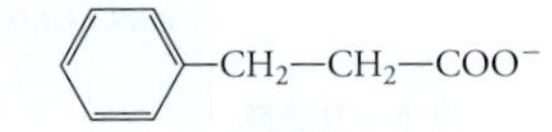

フェニルプロピオン酸

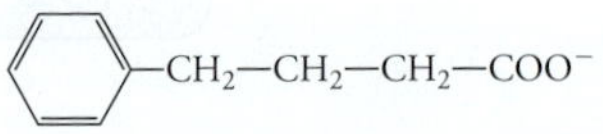

フェニル酪酸

14. ペルオキシソームのフィタン酸分解酵素が欠損した人はレフサム病になる. この病気はフィタン酸蓄積による神経障害である. レフサム病の患者は α 酸化を行う酵素をもたないので, フィタン酸をプリスタン酸に変えることができない. プリスタン酸は通常ペルオキシソームで β 酸化される. フィタン酸からプリスタン酸の α 酸化を次に示す. プリスタン酸はどのように β 酸化されるのかを示し, その結果生じるものをすべて書け.

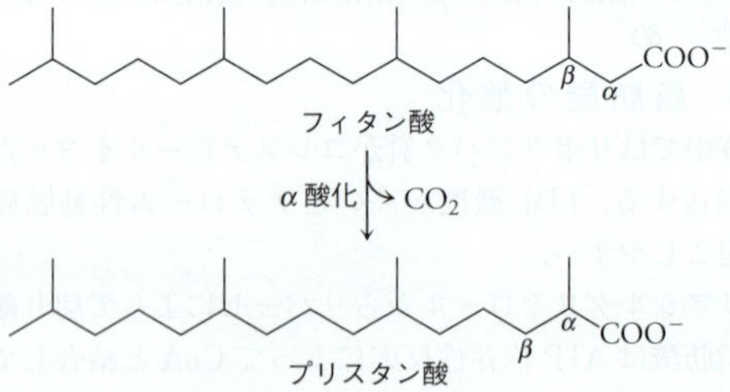

フィタン酸

α 酸化 → CO_2

プリスタン酸

15. ミトコンドリア内の β 酸化経路で, パルミチン酸 (a) とステアリン酸 (b) が完全に酸化されたときに生じる ATP はそれぞれ何分子か.

16. ミトコンドリア内の β 酸化経路で, オレイン酸 (a) とリノレン酸 (b) が完全に酸化されたときに生じる ATP は何分子か.

17. 完全に飽和した炭素数 17 の脂肪酸が β 酸化経路により酸化されたときに生じる ATP は何分子か.

18. 完全に飽和した炭素数 24 の脂肪酸が,最初ペルオキシソームで酸化され,炭素数 12 になってからミトコンドリアで酸化されたときに生じる ATP は何分子か.

19. ビタミン B_{12} の欠乏症は悪性貧血である.この病気は,ビタミンそのものの欠乏ではなく内因子とよばれる胃壁細胞から分泌されるタンパク質の欠乏によって起こることが多い.内因子はビタミン B_{12} と結合し,小腸での吸収を助ける.この情報をもとに,悪性貧血と診断された患者の治療法を考えよ.

20. もしあなたが医師で,患者が悪性貧血(問題 19 参照)かどうか確かめたかったら,患者の血液あるいは尿のどのような代謝産物を測定するか.それはなぜか.

21. 脂肪酸やグルコースが酸化されると大量の ATP が生じる.両経路に必要なすべての酵素を含んだ細胞標品に脂肪酸やグルコースを与えても,少量の ATP を加えておかないと,ATP は生成しない.理由を説明せよ.

22. グルコースとパルミチン酸が CO_2 にまで酸化されたときの自由エネルギー変化 $\Delta G^{\circ\prime}$ は,それぞれ -2850 と -9781 kJ mol^{-1} である.それぞれの燃料分子について,炭素 1 個当たり生じる ATP の理論値 (a) と生体内で生じる実際の数 (b) を比較せよ.

(c) これらの結果から,炭水化物と脂肪酸の酸化のエネルギー効率について何がいえるか.

17・2 脂肪酸生合成

23. 次の表を完成させることにより,脂肪酸の分解と合成を比較せよ.

	脂肪酸分解	脂肪酸合成
細胞内での局在		
アシル基の運搬体		
電子伝達体		
ATP 要求性		
生成単位あるいは供与体単位		
ヒドロキシアシル CoA 中間体の立体配置		
脂肪酸アシル鎖のどちらの端で短縮あるいは伸長が起こるか		

24. アセチル CoA カルボキシラーゼを欠損したハツカネズミは正常なものより痩せていて,常に脂肪酸を酸化している.なぜか.

25. アセチル CoA カルボキシラーゼによりアセチル CoA がマロニル CoA になる機構を示せ.

26. 脂肪酸生合成において,二つのアセチル基が縮合するのはエネルギー的に不利なのにアセチル基とマロニル基が縮合するのは有利なのはなぜか.

27. アセチル CoA カルボキシラーゼ,ピルビン酸カルボキシラーゼ,プロピオニル CoA カルボキシラーゼに共通することは何か.

28. アセチル CoA カルボキシラーゼの活性はホルモン依存的リン酸化および脱リン酸によって調節される.アドレナリンからのシグナル伝達(§10・2)に関する知識をもとに,アセチル CoA カルボキシラーゼの活性および脂肪酸代謝に対するアドレナリンの影響について述べよ.グリコーゲン代謝に対するアドレナリンの影響と整合性はあるか.

29. パルミトイル CoA によるアセチル CoA カルボキシラーゼの阻害の K_I〔(7・30) 式参照〕は,この酵素がリン酸化されたとき(問題 28 参照),高くなるのか低くなるのか.

30. アセチル CoA カルボキシラーゼがリン酸化されているとき(問題 28 参照),それを活性化するにはクエン酸濃度は高いほうがよいのか低いほうがよいのか.

31. アセチル CoA からパルミチン酸を合成するときに必要なエネルギーはどれほどか.

32. アセチル CoA からマロニル CoA を合成する際に $^{14}CO_2$ を使ったとき,この炭素はパルミチン酸のどこに取込まれるか.

33. トリクロサン (triclosan) が細菌の脂肪酸合成酵素を阻害するが哺乳類のものは阻害しないのはなぜか.

34. がん細胞の脂肪酸合成量は正常細胞より多い.その理由は脂肪酸合成酵素 (FAS) の発現量が多いからである.腫瘍増殖のためにがん細胞は脂肪酸合成を必要とする.この観察結果に基づき,脂肪酸合成の阻害剤を抗がん剤として使えないかを調べる研究が始まった.

(a) 脂肪酸合成酵素を阻害する一連の化合物を合成した.それらは右図のような構造をもち,アルキル鎖 (R) の長さだけが異なっている.これらの化合物がなぜ脂肪酸合成酵素の阻害剤になりうるのか説明せよ.

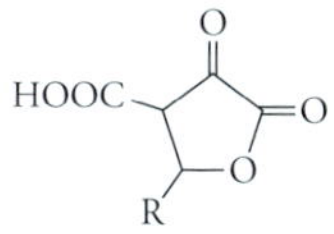

(b) 次に,それらの化合物の FAS 阻害活性を調べた.使用した細胞は正常のものと乳がん細胞由来の細胞であった.それぞれの化合物について ID_{50}(半数の細胞が増殖を止める薬剤濃度)を測定した.その結果を表に示す.どの阻害剤が最も効果的か.効果的な阻害剤はどのような性質をもっているか〔ヒント: 正常細胞での ID_{50} とがん細胞での ID_{50} の比を計算せよ〕.効果的な阻害剤は水溶液に溶けやすくないといけない.したがって溶解性も考慮して答えよ.

化合物	アルキル鎖 (R)	乳がん細胞 ID_{50} (μg/mL)	正常細胞 ID_{50} (μg/mL)
A	$-C_{13}H_{27}$	3.9	10.6
B	$-C_{11}H_{23}$	4.8	29.0
C	$-C_9H_{19}$	5.2	12.8
D	$-C_8H_{17}$	5.0	21.3
E	$-C_7H_{15}$	4.8	21.7
F	$-C_6H_{13}$	8.4	12.4

(c) 阻害剤 D の白血病細胞におけるトリアシルグリセロール合成の阻害を調べた.細胞に ^{14}C で標識した酢酸を取込ませ,いろいろな細胞内脂質の放射能を測定した.次のグ

ラフに示すような結果が得られたが，これをどう説明するか．

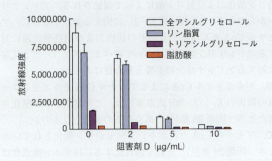

35. 次の脂肪酸の構造を書け．そのなかでヒトにとっての必須脂肪酸はどれとどれか．
    (a) オレイン酸（18:1 n-9）
    (b) リノール酸（18:2 n-6）
    (c) α-リノレン酸（18:3 n-3）
    (d) パルミトレイン酸（16:1 n-7）

36. 魚に多く含まれるドコサヘキサエン酸（DHA, 22:6 n-3）を粉ミルクにいれるのはなぜか．

37. 糖新生（図13・10）と脂肪酸生合成の反応におけるカルボキシル化/脱炭酸の反応順を比較せよ．両経路におけるそれらの段階の自由エネルギー供給源についても述べよ．

38. 次のような条件で脂肪酸合成酵素の活性は上昇するか下降するか．その理由も述べよ．
    (a) 高炭水化物食（肝臓の脂肪酸合成酵素）
    (b) 高脂肪食（肝臓の脂肪酸合成酵素）
    (c) 妊娠中期から後期（乳腺の脂肪酸合成酵素）

39. 単離された心筋細胞は，アセト酢酸さえあれば，グルコースや脂肪酸がなくても収縮し続けることができる．
    (a) この化合物はどのようにして代謝燃料となるのか．
    (b) たとえアセト酢酸が大量にあってもピルビン酸がないと，クエン酸回路の流れは徐々に遅くなっていく．なぜか．

40. グルコースが不足すると，肝臓は脂肪酸を分解し全身に代謝燃料を送り届ける．グルコースが不足したとき，脂肪酸由来のアセチルCoAがクエン酸回路で異化されるのではなくケトン体生成に回されるのはなぜか．

41. 肝臓で2個のアセチルCoAから3-ヒドロキシ酪酸というケトン体が生成され，それが筋肉で再び2個のアセチルCoAに戻されてから使われる際のエネルギー損失について述べよ．

42. "脂肪は炭水化物の炎によって燃やされる"といわれてきた．この言葉を生化学的に説明せよ．

43. 2年離れて生まれた子供がそれぞれピルビン酸カルボキシラーゼ欠損症と診断された．二人は生まれて1カ月もしないうちに死亡している．赤ん坊が死ぬ前に採取した血液試料からは高濃度のケトン体が検出された．ケトン体濃度が高かった理由を説明せよ．

44. ピルビン酸カルボキシラーゼ欠損症（問題43参照）の症状は3-ヒドロキシ酪酸：アセト酢酸比の減少である．理由を説明せよ．

17・3 他の脂質の合成

45. トリアシルグリセロール合成の第1段階に必要なグリセロール3-リン酸はグルコースとピルビン酸のどちらからもつくることができる．これらはどのようにグリセロール3-リン酸になるのか説明せよ．すべての細胞が両方からグリセロール3-リン酸をつくれるのか．

46. 部位特異的突然変異誘発によりHMG-CoAレダクターゼの重要なセリン残基をアラニン残基に変えた．LDL粒子を含む溶液に正常な細胞を入れるとHMG-CoAレダクターゼの活性が低下するが，突然変異したHMG-CoAレダクターゼをもつ細胞ではこの酵素の活性変化はみられなかった．HMG-CoAレダクターゼの活性調節機構についてこの結果はどのようなことを示唆するか．

47. フモニシン（fumonisin）はトウモロコシや他の穀類につく菌類から単離されたマイコトキシンである．フモニシンは毒性があるだけでなく発がん性もあり，この菌類がついた穀類を食べた動物は病気になる．フモニシン B_1 の構造を次に示す．構造がスフィンゴシンに似ていることに注目してほしい．

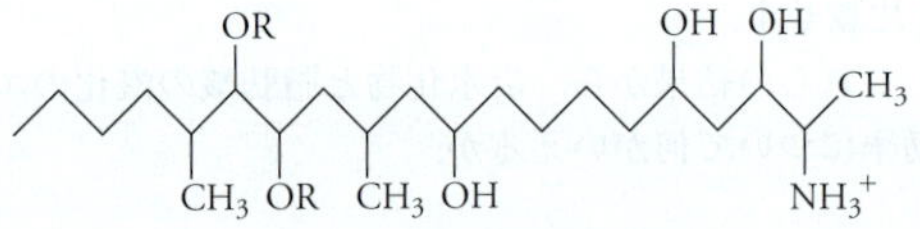

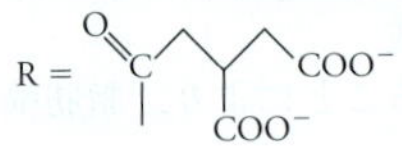

フモニシンは以下に示すセラミド合成経路の酵素のひとつを阻害する．セラミドは重要な細胞のシグナル伝達分子で，その調節は細胞の生存にとって大切である．

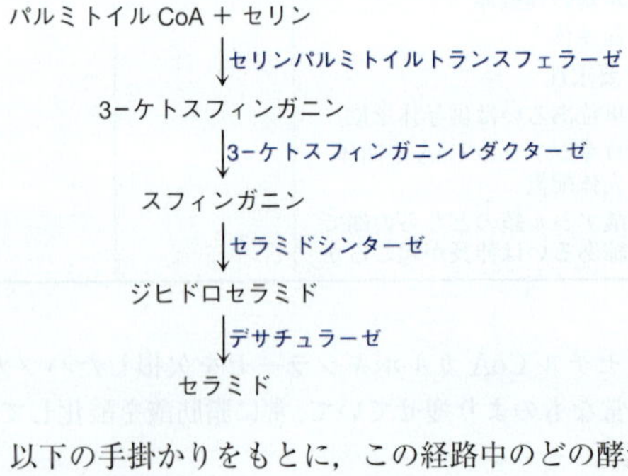

パルミトイルCoA + セリン
　↓セリンパルミトイルトランスフェラーゼ
3-ケトスフィンガニン
　↓3-ケトスフィンガニンレダクターゼ
スフィンガニン
　↓セラミドシンターゼ
ジヒドロセラミド
　↓デサチュラーゼ
セラミド

(a) 以下の手掛かりをもとに，この経路中のどの酵素が阻害されるのか予想せよ．
1) ラット肝細胞にフモニシン B_1 を投与するとセラミド合成はほぼ完全に止まる．他のリン脂質の合成には影響はなかった．
2) 培養細胞にフモニシン B_1 を与えても3-ケトスフィンガニンの生成速度はほとんど変わらなかった．
3) 3-ケトスフィンガニンの蓄積は起こらなかった．

17. 脂 質 代 謝

4）放射能標識したセリンをフモニシン B_1 の入った細胞培養液に加えたとき，標識の入ったスフィンガニンの量は対照より増した．

　(b) (a)で同定した酵素をフモニシンはどのように阻害するのか．

48. コリンとジアシルグリセロールからホスファチジルコリンをつくるにはリン酸無水物結合をいくつ切断しないといけないか．

49. 調理油の製造業者は化学的にトリアシルグリセロールをジアシルグリセロールに変換することができる．この化学反応はどのようなもので，その目的は何か．

50. がん細胞はコリンキナーゼの発現を増加させているようだ．この酵素はなぜリン脂質合成に必要なのか．

51. マラリア原虫はコリンがなくても大量のホスファチジルコリンをつくることができる．そのためにはホスホエタノールアミンメチルトランスフェラーゼという酵素が必要となる．

　(a) この酵素が触媒する反応を説明せよ．

　(b) この酵素がマラリア治療薬の標的として適しているかを評価するためにはどのような情報が必要か．

52. 真菌類はコレステロールではなくエルゴステロール

エルゴステロール

（ergosterol）をつくっている．エルゴステロールがコレステロールと違う点をいくつかあげよ．

53. コレステロールは水に溶けにくいが，細胞はその濃度を感知して取込みや合成を調節しなければならない．それは HMG-CoA レダクターゼや LDL 受容体の遺伝子の発現を変えることなどにより行われる．細胞のコレステロールセンサーは SREBP（sterol regulatory element binding protein）とよばれるタンパク質である．コレステロールが存在しないと小胞体膜内の SREBP はタンパク質分解酵素により分解され，DNA 結合タンパク質に共通するモチーフをもった可溶性で大きな N 末端ドメインを放出する．

　(a) SREBP が膜内在性タンパク質であるということはなぜ重要なのか．

　(b) SREBP のプロテアーゼによる分解はなぜ必要なのか．

　(c) SREBP はコレステロール代謝に関係する酵素の転写をどう調節すると考えられるか．

54. ふつう，閉経期前の女性は男性より HDL 濃度が高い．

　(a) こうした女性が心臓病になる危険性が低いのはなぜか．

　(b) なぜ HDL 濃度だけでは心臓病になりやすさの指標として不十分なのか．

55. LDL に含まれるアポリポタンパク質 B-100 の遺伝子に欠陥をもっている人は，このタンパク質をあまりつくらない．

　(a) この患者の肝臓にはなぜ脂肪が溜まるのか説明せよ．

　(b) こうした人は高コレステロール血症になるか，それとも低コレステロール血症になるか．

56. キロミクロンをつくることのできない人はビタミン A 欠乏症と一致する症状を示す．理由を説明せよ．

....

参 考 文 献

Houten, S. M. and Wanders, R. J. A., A general introduction to the biochemistry of mitochondrial fatty acid β-oxidation, *J. Inherit. Metab. Dis.* 33, 469−477 (2010). 酵素の欠損によって起こる病気とそれに関連する化学反応の解説を含む．

Maier, T., Leibundgut, M., and Ban, N., The crystal structure of a mammalian fatty acid synthase, *Science* 321, 1315−1322 (2008). 多機能タンパク質のうちの二つのドメインの構造を示している．

Mizuno, Y., Jacob, R. F., and Mason, R. P., Inflammation and the Development of Atherosclerosis Effects of Lipid-Lowering Therapy, *J. Atheroscler. Thromb.* 18, 351−358 (2011). アテローム性動脈硬化症の病理，リポタンパク質の役割，および薬物療法についての解説．

Zhang, Y.-M., White, S. W., and Rock, C. O., Inhibiting bacterial fatty acid synthesis, *J. Biol. Chem.* 281, 17541−17544 (2006). 細菌の脂肪酸生合成経路のそれぞれの酵素を阻害剤とともに解説している．

18 窒素代謝

> **なぜヒトはアンモニアを排泄しないのか**
> 窒素をどう獲得しどう分配するかはすべての生物の代謝活動において大きな割合を占める. ヒトはアンモニウムイオンを生体分子に取込むことおよびアミノ基を他の分子に転移してアミノ酸, ヌクレオチド, および他の含窒素化合物にすることができる. しかし, その逆の過程すなわち含窒素化合物を異化してアンモニアを放出することは, アンモニアが毒性をもつためできない. そのため, ヒトや他の多くの生物は, 窒素を安全な化合物に変換して排泄する手の込んだ経路を使う.

復習事項

- DNA と RNA はヌクレオチドの重合体で, それぞれのヌクレオチドはプリンあるいはピリミジン塩基, デオキシリボースあるいはリボース, そしてリン酸からなる (§3・1).
- 20種のアミノ酸は側鎖 (R基) の化学的性質が異なる (§4・1).
- 複数の代謝経路に現れる代謝産物が2〜3個ある (§12・2).
- ヒトが合成できないビタミンの多くは補酵素の構成成分となる (§12・2).
- クエン酸回路は, 他の化合物の合成のための前駆体を供給する (§14・3).

18・1 窒素固定と同化

重要概念

- ニトロゲナーゼの働きによる窒素固定は窒素サイクルの一部である.
- 他の酵素はアミノ基をグルタミンやグルタミン酸に組込む.
- アミノトランスフェラーゼはアミノ基を転移させ, アミノ酸と2-オキソ酸の相互変換を触媒する.

われわれが呼吸している空気の約80%は窒素 N_2 であるが, この状態の窒素はアミノ酸, ヌクレオチド, および他の窒素を含む生体分子の合成には利用できない. そ

のためヒトや他の多くの生命体は, この気体状の窒素を生物にとって有用な形に変えることにより"固定"することのできる少数の微生物の活動に依存している. 亜硝酸, 硝酸, およびアンモニアとなって固定された窒素の供給量が, 世界中のほとんどの海域における生物生産性の決定因子であると信じられている. 地上生物の生育も固定された窒素の量によって決まる. 農民が穀物の生育を促すために肥料 (いろいろなものが入っているがおもに固定された窒素の供給源である) を与えるのはこのためである.

ニトロゲナーゼは N_2 を NH_3 に変換する

窒素固定生物 (nitrogen-fixing organism) すなわちジアゾ栄養生物 (diazotroph) としてある種の海洋性シアノバクテリアとマメ科植物の根粒に生息する細菌が知られている (図18・1). これらの細菌はニトロゲナーゼ (nitrogenase) という酵素をもっており, それが大量のエネルギーを必要とする N_2 から NH_3 への還元を行っている. ニトロゲナーゼは金属を含むタンパク質で鉄-硫黄中心と鉄とモリブデンからなる鉄-硫黄クラスターに似た補因子を含んでいる (図18・2). 窒素の工業的固定にも金属触媒が使われるが, この場合は2個の窒素原子間の三重結合を切るために300〜500℃の温度と300気圧以上の圧力が必要とされる.

生物が行う N_2 の還元には多数の ATP および電子を供給するためにフェレドキシン (§16・2参照) のような強い還元剤が必要である. この正味の反応は次のとお

18. 窒素代謝

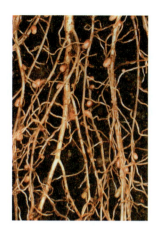

図 18・1　**クローバーの根粒**．マメ科植物（マメ，クローバー，アルファルファなど）やある種の他の植物は根粒に窒素固定細菌を宿らせている．この共生関係は細菌が窒素を固定・供給し植物が他の栄養素を細菌に供給することで成り立っている．[Dr. Jeremy Burgess/Science Photo Library/Photo Researchers, Inc./amanaimages.]

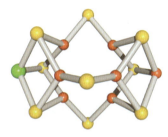

図 18・2　**ニトロゲナーゼの FeMo 補因子の構造モデル**．ニトロゲナーゼの補欠分子族は鉄原子（オレンジ），硫黄原子（黄），およびモリブデン原子（緑）からできている．中央の空間には炭素原子が入り，6個の鉄がそれに配位する．この FeMo 補因子と N_2 がどう相互作用するかはわかっていない．[ニトロゲナーゼの FeMo 補因子の構造（pdb 1QGU）は S. M. Mayer, D. M. Lawson, C. A. Gormal, S. M. Roe, B. E. Smith によって決定された．]

りである．

$$N_2 + 8H^+ + 8e^- + 16ATP + 16H_2O \longrightarrow 2NH_3 + H_2 + 16ADP + 16P_i$$

N_2 の還元には反応式上は 6 個の電子しか必要ではないが，ニトロゲナーゼの反応では 8 個の電子が必要であることに注目してほしい．余分の 2 個の電子は H_2 を生成するのに使われる．生体内でも反応の効率が悪いと，N_2 の還元に必要な ATP 分子数は 20 から 30 に跳ね上がる．酸素はニトロゲナーゼを不活性化する．したがって，窒素固定細菌の多くは嫌気的な条件下で生息するか O_2 濃度の低いときにだけ窒素固定（nitrogen fixation）を

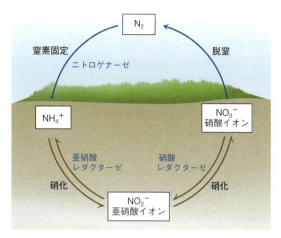

図 18・3　**窒素循環**．窒素固定により N_2 から生物にとって利用しやすい NH_4^+ がつくられる．硝酸イオンも NH_4^+ に変換されうる．アンモニアは硝化とそれに続く脱窒によって N_2 に戻される．

行う．

生物にとって有用な窒素は水や土壌に含まれる硝酸イオン NO_3^- からつくられる．硝酸イオンは植物，真菌類，および多くの細菌によって NH_3 に還元される．まず硝酸レダクターゼが 2 個の電子を使い硝酸イオンを還元し，亜硝酸イオン NO_2^- にする．

$$NO_3^- + 2H^+ + 2e^- \longrightarrow NO_2^- + H_2O$$

次に亜硝酸レダクターゼがそれをアンモニアに変える．

$$NO_2^- + 8H^+ + 6e^- \longrightarrow NH_4^+ + 2H_2O$$

アンモニアの pK_a は 9.25 なので，生理的条件下ではプロトンがついた状態 NH_4^+（アンモニウムイオン）で存在する．

ある種の細菌が NH_4^+ を NO_2^- を経て NO_3^- に酸化することによっても硝酸イオンは生じる．この過程は**硝化**（nitrification，硝酸化ともいう）とよばれる．また，他の生物が NO_3^- を N_2 に戻すこともある．これは**脱窒**（denitrification）とよばれる．こうした反応によって地球上の**窒素循環**（nitrogen cycle）が行われている（図 18・3）．

アンモニアはグルタミンシンテターゼとグルタミン酸シンターゼにより同化される

グルタミンシンテターゼはすべての生物に存在する．微生物では，この酵素による窒素固定が代謝経路への入り口となっている．動物では，この酵素は毒性のある過剰なアンモニアを除去するために役立っている．このグ

ルタミンシンテターゼの反応の第1段階でATPがグルタミン酸にリン酸を与える．次にアンモニアがこの反応中間体と反応し，リン酸と置き換わり，グルタミンを生じる．**シンテターゼ**（synthetase，合成酵素）という名は反応中にATPが使われる場合につけられる．

むグルタミンシンテターゼによる反応には窒素を含んでいる化合物（グルタミン酸）が必要である．では，グルタミン酸の窒素はどこからきたのだろう．細菌や植物のグルタミン酸シンターゼ（glutamate synthase）は次のような反応を触媒する．〔ATPを使わない酵素は**シンターゼ**（synthase，生成酵素）とよぶ．〕

生体内でグルタミンとグルタミン酸は他のアミノ酸と比べても高濃度で存在している．これはアミノ基運搬体としての役割のためである．当然のことながら，アミノ基の供給を一定に保つため，グルタミンシンテターゼの活性は厳密に調節されている．たとえば，十二量体である大腸菌のグルタミンシンテターゼはアロステリックな調節と共有結合的修飾による調節の両方を受けている（図18・4）．

固定された窒素（アンモニア）を生体化合物中に組込

グルタミンシンテターゼとグルタミン酸シンターゼの反応を合わせると次のようになる．

2-オキソグルタル酸 ＋ NH_4^+ ＋ NADPH ＋ ATP ⟶
　　　　グルタミン酸 ＋ $NADP^+$ ＋ ADP ＋ P_i

すなわち，これら二つの酵素の反応を合わせると固定された窒素 NH_4^+ を有機化合物（2-オキソグルタル酸，クエン酸回路の中間体）に同化させ，アミノ酸（グルタミン酸）をつくったことになる．哺乳類にはグルタミン酸シンターゼが存在しないが，別の反応経路によってつくられるので，グルタミン酸の濃度は比較的高い．

アミノ基転移反応により
　　アミノ基は化合物から化合物へと渡される

還元された窒素はとても貴重だが遊離アンモニアは毒性があるので，アミノ基は分子から分子へと受け渡される．多くの場合，供与体となるのはグルタミン酸である．こうした**アミノ基転移**（transamination）反応の例は，§14・3でクエン酸回路の中間体が他の代謝経路に寄与することを紹介した際に出てきた．

アミノトランスフェラーゼ〔aminotransferase，**トランスアミナーゼ**（transaminase），**アミノ基転移酵素**ともいう〕はアミノ基を2-オキソ酸（α-ケト酸）に転移させる反応を触媒する．このようなアミノ基転移反応中，アミノ基は一時的にこの酵素の補欠分子族と結合す

図 18・4　大腸菌のグルタミンシンテターゼ． この酵素は12個の同一サブユニットからなり，それらは6個のサブユニットからなる環が二つ重なるように配置されている（図では上側の環だけしか見えていない）．サブユニットが対称的に配置されているのはアロステリック調節因子によって調節を受ける酵素の一般的特徴である．一つの活性部位における活性の変化が他の活性部位に効果的に伝わる．〔構造（pdb 2GLS）は D. Eisenberg，R. J. Almassy，M. M. Yamashita によって決定された．〕

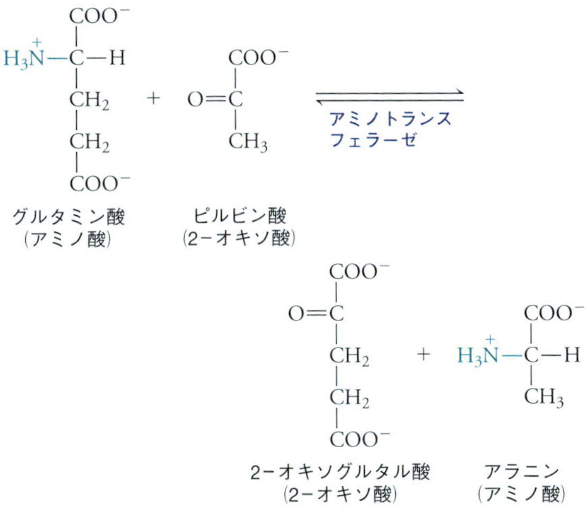

18. 窒素代謝

グルタミン酸
（アミノ酸）

ピルビン酸
（2-オキソ酸）

アミノトランス
フェラーゼ

2-オキソグルタル酸
（2-オキソ酸）

アラニン
（アミノ酸）

酵素

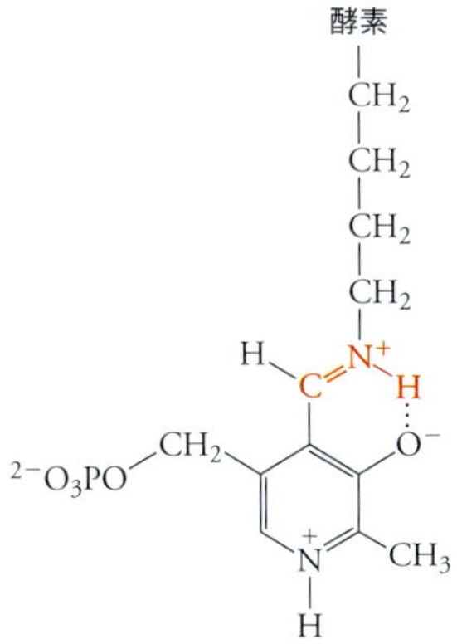

酵素-PLP シッフ塩基

る．それはピリドキシン（ビタミン B_6）の誘導体ピリドキサール 5′-リン酸（pyridoxal 5′-phosphate: PLP）である．

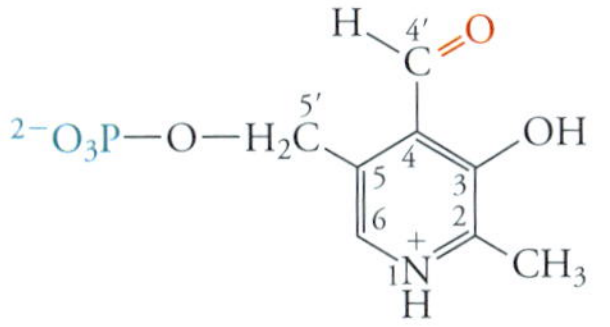

ピリドキサール 5′-リン酸
（PLP）

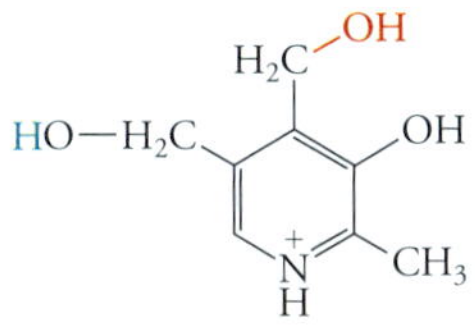

ピリドキシン
（ビタミン B_6）

PLPは酵素のリシン残基の ε-アミノ基とシッフ塩基（イミン）によって共有結合している．

基質となるアミノ酸はこのリシンのアミノ基の代わりにPLPと結合し，リシンのアミノ基は酸塩基触媒として働く．その反応を図 18・5 に示す．

このアミノ基転移反応は完全に可逆的なので，アミノトランスフェラーゼはアミノ酸合成とアミノ酸分解の両方に関与する．もし，段階4で生じた2-オキソ酸が再び活性部位に入ると，一度奪われたアミノ基が戻され，もとのアミノ酸に戻ってしまう．しかし，アミノトランスフェラーゼの多くは，反応の後半部（段階5から7）で基質として2-オキソグルタル酸かオキサロ酢酸しか受けつけない．だとすると，多くのアミノトランスフェラーゼがつくるアミノ酸はグルタミン酸かアスパラギン酸ということになる．リシンは唯一アミノ基転移反応を受けないアミノ酸である．筋肉や肝臓中のアミノトランスフェラーゼは，これらの組織が傷害を受けているかどうかを検出する指標となる（ボックス 18・A）．

ボックス 18・A　🔷 生化学ノート

臨床現場でのアミノトランスフェラーゼ

　血液中のアミノトランスフェラーゼ活性の測定は AST〔アスパラギン酸アミノトランスフェラーゼ aspartate aminotransferase，すなわち SGOT（血清グルタミン酸-オキサロ酢酸トランスアミナーゼ serum glutamate-oxaloacetate transaminase）のこと〕や ALT〔アラニンアミノトランスフェラーゼ alanine aminotransferase，すなわち SGPT（血清グルタミン酸-ピルビン酸トランスアミナーゼ serum glutamate-pyruvate transaminase）のこと〕とよばれ，よく知られた臨床検査の項目である．検査室では血液試料を基質混合液に加える．酵素の量に比例するはずである反応生成物の量を二次的呈色反応と比色計により計測する．計測キットを使うと数分で信頼できる結果が得られる．

　心筋梗塞などで心臓の筋肉が傷害を受け，細胞の内容物が放出されると血液中の AST の濃度が上昇する．一般に，心筋梗塞を起こしてから2～3時間で AST 濃度が上がりだし，24時間から36時間でピークになり，2～3日でもとに戻る．しかし，多くの組織が AST をもっているので，心筋の傷害状況を監視するには心筋に特異的な心筋トロポニンの量を計測することのほうが多い．ALT はおもに肝臓にある酵素なので，その量は感染，外傷，慢性的アルコール摂取などによる肝臓傷害の目印として役に立っている．コレステロール濃度を下げるスタチン（§17・3）などの薬は，時として投与を中止しないといけないほど AST や ALT の濃度を上昇させることがある．

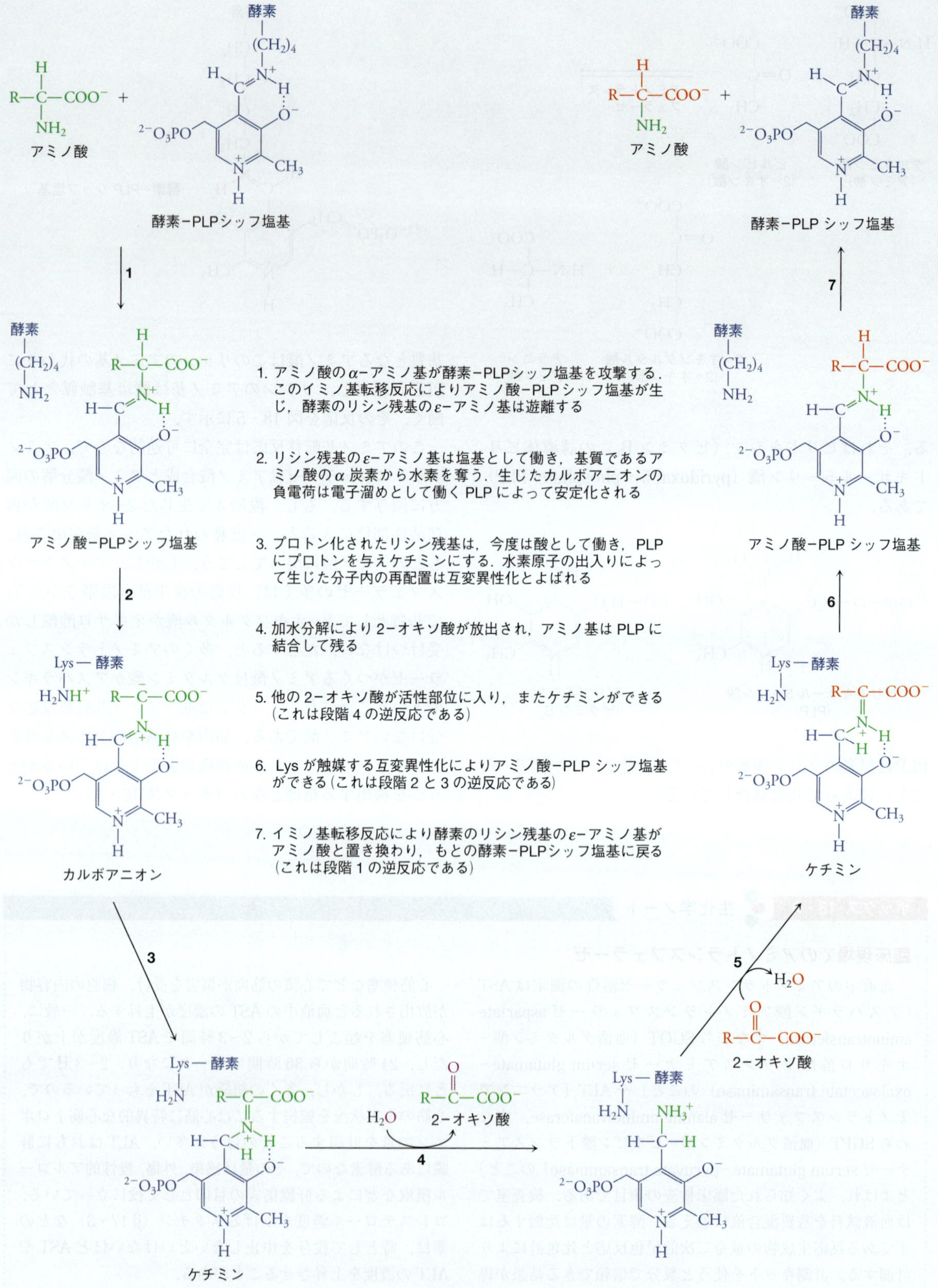

アミノ酸の α-アミノ基が酵素-PLPシッフ塩基を攻撃する．このイミノ基転移反応によりアミノ酸-PLPシッフ塩基が生じ，酵素のリシン残基の ε-アミノ基は遊離する

1. アミノ酸の α-アミノ基が酵素-PLPシッフ塩基を攻撃する．このイミノ基転移反応によりアミノ酸-PLPシッフ塩基が生じ，酵素のリシン残基の ε-アミノ基は遊離する

2. リシン残基の ε-アミノ基は塩基として働き，基質であるアミノ酸の α 炭素から水素を奪う．生じたカルボアニオンの負電荷は電子溜めとして働く PLP によって安定化される

3. プロトン化されたリシン残基は，今度は酸として働き，PLP にプロトンを与えケチミンにする．水素原子の出入りによって生じた分子内の再配置は互変異性化とよばれる

4. 加水分解により2-オキソ酸が放出され，アミノ基は PLP に結合して残る

5. 他の2-オキソ酸が活性部位に入り，またケチミンができる（これは段階4の逆反応である）

6. Lys が触媒する互変異性化によりアミノ酸-PLP シッフ塩基ができる（これは段階2と3の逆反応である）

7. イミノ基転移反応により酵素のリシン残基の ε-アミノ基がアミノ酸と置き換わり，もとの酵素-PLPシッフ塩基に戻る（これは段階1の逆反応である）

図 18・5　PLP が触媒するアミノ基転移反応

18・2 アミノ酸生合成

重要概念

- アラニン，アルギニン，アスパラギン，アスパラギン酸，グルタミン酸，グルタミン，グリシン，プロリン，およびセリンは解糖とクエン酸回路の中間体から合成される．
- 細菌と植物は，硫黄を含むアミノ酸（システインとメチオニン），枝分かれした側鎖をもつアミノ酸（イソロイシン，ロイシン，およびバリン），芳香環をもつアミノ酸（フェニルアラニン，トリプトファン，およびチロシン），そしてヒスチジン，リシン，およびトレオニンを合成できる．
- グルタミン酸とチロシンは修飾を受けて神経伝達物質やホルモンになる．

アミノ酸は，解糖，クエン酸回路，およびペントースリン酸経路の中間体から合成される．それらのアミノ基は窒素運搬体であるグルタミン酸あるいはグルタミンに由来する．12章で示した代謝図をもとに，アミノ酸生合成

表 18・1 ヒトの必須アミノ酸と非必須アミノ酸

必須アミノ酸	アルギニン	イソロイシン	トリプトファン
	トレオニン	バリン	ヒスチジン
	フェニルアラニン		メチオニン
	リシン	ロイシン	
非必須アミノ酸	アスパラギン	アスパラギン酸	アラニン
	グリシン	グルタミン	グルタミン酸
	システイン	セリン	チロシン	プロリン

や他の窒素代謝がこれまで述べてきた他の代謝経路とどのような関係にあるかを示すことができる（図18・6）．

ヒトはタンパク質に含まれている20種のアミノ酸のうちのいくつかしか合成できない．これら合成できるものは**非必須アミノ酸**（nonessential amino acid，必須でないアミノ酸）である．それ以外のものは食物からとらなければならないので**必須アミノ酸**（essential amino acid）とよばれる．必須アミノ酸の究極の供給源は植物と微生物で，これらは必須アミノ酸を合成するのに必要なすべての酵素をもっている．ヒトにとっての必須アミノ酸と非必須アミノ酸を表18・1に示す．この分類には実態と合わないところもある．たとえば，アルギニンのような非必須アミノ酸も子供にとっては必須かもしれないのである．すなわち，成長期には体の中でつくられるだけでは足りないので食物で補充しなくてはいけない．ヒトの細胞はヒスチジンを合成できないので必須アミノ酸に分類されているが，腸内細菌によって十分な量が供給されているため，その必要量は定義されていない．チロシンは必須アミノ酸であるフェニルアラニンから直接合成され，システインの合成には必須アミノ酸であるメチオニンからの硫黄の供給が必要であるので，必須アミノ酸とも考えうる．

いくつかのアミノ酸は
ごく一般的な代謝産物から容易に合成できる

すでにいくつかのアミノ酸がアミノ基転移反応によって合成されることを述べてきた．アラニンはピルビン酸から，アスパラギン酸はオキサロ酢酸から，そしてグルタミン酸は2-オキソグルタル酸から合成される．グルタミンシンテターゼはグルタミン酸をアミド化してグルタミンにすることをみてきた．アスパラギンシンテターゼは，アンモニアではなくグルタミンをアミノ基の供与体として，アスパラギン酸をアスパラギンにする（次ページ）．このように，ごく一般的な代謝中間体（ピルビン酸，オキサロ酢酸，および2-オキソグルタル酸）に対する単純なアミノ基転移反応やアミド化反応によって，5種の非必須アミノ酸をつくれることがわかった．

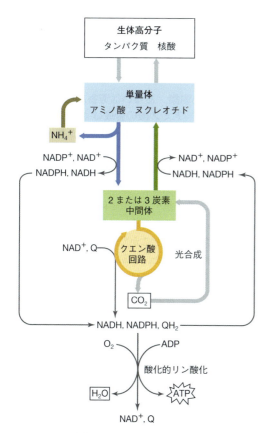

図 18・6 **窒素代謝の位置**．アミノ酸の多くは解糖の3炭素中間体あるいはクエン酸回路の中間体から合成される．アミノ酸の異化ではそれらの中間体のいくつかが生成するが，2炭素のアセチルCoAも生じる．アミノ酸はヌクレオチドの前駆体でもある．両者とも窒素を含んでいるので，アミノ酸代謝を解説する場合，アミノ基の獲得，利用，および排泄の経路が必然的に入ってくる．

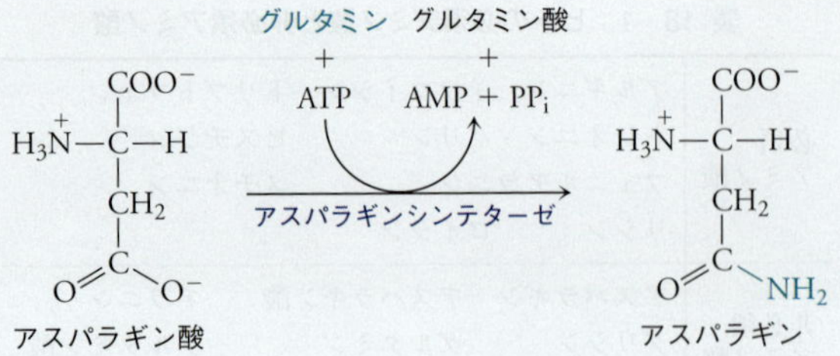

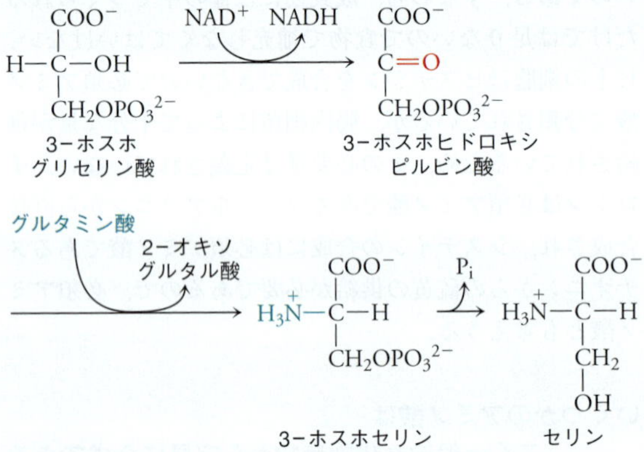

炭素数が3のセリンからセリンヒドロキシメチルトランスフェラーゼによって炭素数2のグリシンが合成される（逆反応によりグリシンからセリンを合成することもある）．この酵素はセリンのα炭素についているヒドロキシメチル基 $-CH_2OH$ を取除くのに PLP を利用する．この炭素数1の断片は，次にテトラヒドロ葉酸（tetrahydrofolate）という補因子に渡される．

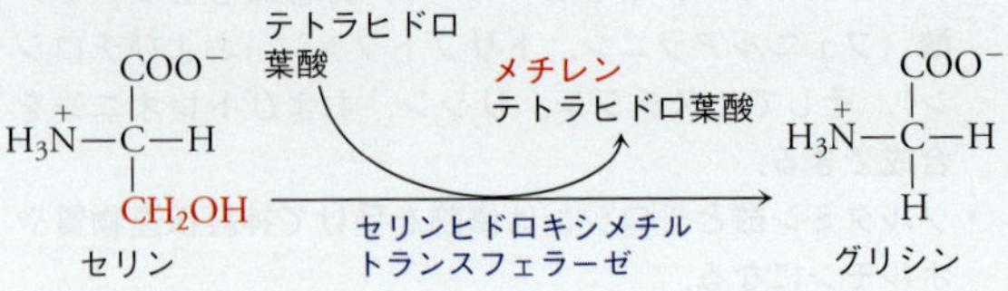

テトラヒドロ葉酸は，アミノ酸やヌクレオチド代謝のいくつかの反応で1炭素の運搬体として働いている（図18・7）．哺乳類は葉酸（テトラヒドロ葉酸の酸化型）を合成できないのでビタミンとして食物からとらなければならない．葉酸は葉酸添加シリアル，果物，野菜に多く含まれる．胎児の神経系が発達する妊娠初期の2〜3週間に葉酸の需要が高まる．葉酸の摂取は脊髄が露出したままになる脊椎披裂などの神経管欠陥を防ぐ効果がある．

硫黄，分枝した側鎖，あるいは芳香族側鎖をもつアミノ酸の合成はさらにむずかしい

上で述べたように3-ホスホグリセリン酸，オキサロ酢酸，2-オキソグルタル酸といった少数の代謝産物から2〜3段階の酵素反応によって9種類の異なるアミノ酸が合成される．必須アミノ酸とそれらから直接つくられるアミノ酸も非必須アミノ酸と同様に一般的代謝産物から合成されるが，その合成には何段階もの反応が必要である．進化の過程のどこかで動物はそれらのアミノ酸を合成する能力を失った．たぶん，合成には多大なエネルギーが必要で，食物からも摂取できたからであろう．概していえば，ヒトは枝分かれした側鎖や芳香族の側鎖

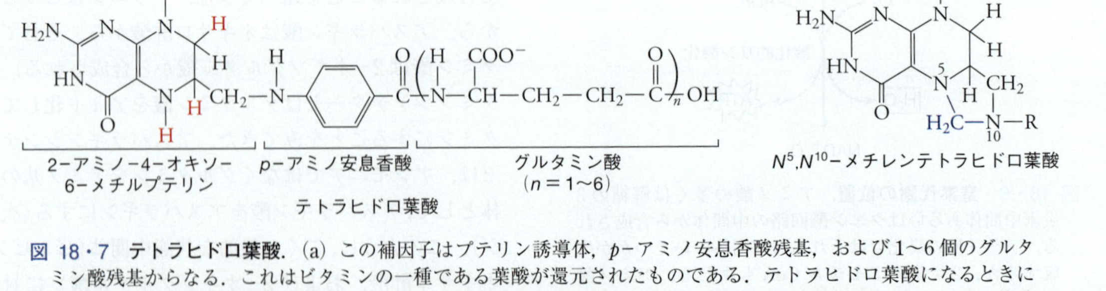

グルタミン酸からプロリンやアルギニン（どれも炭素5個の骨格をもつ）をつくるにはもう少し複雑な反応が必要である．

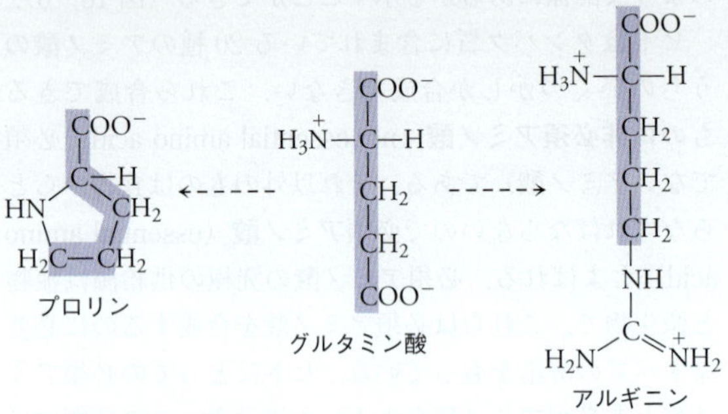

セリンは解糖の中間体である3-ホスホグリセリン酸から3段階の反応によって合成される．

図 18・7 テトラヒドロ葉酸．（a）この補因子はプテリン誘導体，p-アミノ安息香酸残基，および1〜6個のグルタミン酸残基からなる．これはビタミンの一種である葉酸が還元されたものである．テトラヒドロ葉酸になるときに取込まれた4個の水素原子を赤で示す．（b）セリンをグリシンにするとき，メチレン基（青）がテトラヒドロ葉酸の N5 と N10 に結合する．テトラヒドロ葉酸は酸化状態の異なる1炭素を結合できる．たとえば，メチル基は N5 に結合し，ホルミル基 $-CHO$ は N5 あるいは N10 に結合する．

をもつアミノ酸を合成できず，硫黄を取込ませてメチオニンのようなアミノ酸にすることができない．ここでは必須アミノ酸の合成に関係するいくつかのおもしろい点を取上げることにする．

細菌が硫黄を含むアミノ酸（含硫アミノ酸）を合成する経路はセリンから始まり，その硫黄原子は無機硫化物に由来する．

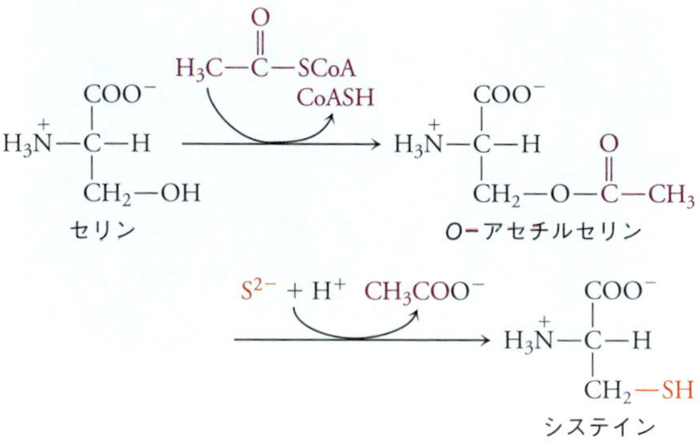

セリン → O-アセチルセリン → システイン

システインは硫黄原子をアスパラギン酸由来の4炭素化合物に与え，あまり一般的ではないホモシステイン（homocysteine）というアミノ酸にする．メチオニン合成の最終段階はメチオニンシンターゼによって行われ，テトラヒドロ葉酸が供給するメチル基がホモシステインに付加される．

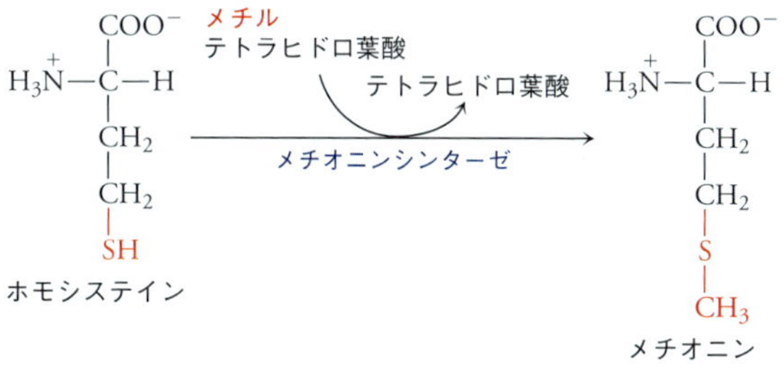

ホモシステイン → メチオニン（メチルテトラヒドロ葉酸／メチオニンシンターゼ）

ヒトではセリンとホモシステインが反応してシステインができる．

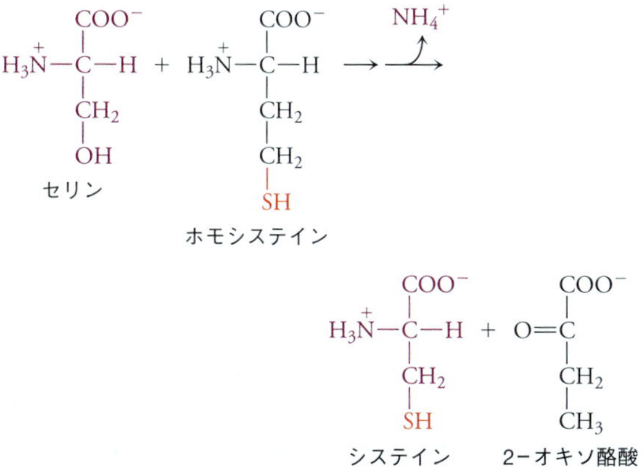

セリン ＋ ホモシステイン → システイン ＋ 2-オキソ酪酸

この経路があるのでシステインは必須アミノ酸ではないとされているのだが，使われる硫黄原子は他のアミノ酸のものを使わねばならない．

ヒトでは，心臓血管系の病気になると血中ホモシステイン濃度が上昇する．この関係は尿中に大量のホモシスチン（homocystine，ホモシステインの酸化物）が排泄されるホモシスチン尿症の患者で発見された．こうした人は子供のうちからアテローム性動脈硬化症を発症する．たぶん LDL 濃度が上昇しなくてもホモシステインが直接血管壁に傷害を与えるのだろう（17章参照）．テトラヒドロ葉酸の前駆体となる葉酸（folic acid）というビタミンの摂取を増やすと，ホモシステインがメチオニンに変換されるので，ホモシステイン濃度を下げることができる．

メチオニンの前駆体であるアスパラギン酸はトレオニンやリシンといった必須アミノ酸の前駆体でもある．これらのアミノ酸は，アミノ酸をもとにしてつくられるので，アミノ基をすでにもっている．分枝したアルキル鎖をもつアミノ酸（分枝アミノ酸，バリン，ロイシン，およびイソロイシン）はピルビン酸を出発物とする経路により合成される．これらのアミノ酸の合成には，アミノ基を導入するためのアミノトランスフェラーゼ（グルタミン酸を供与体とする）による反応が必須である．

植物や細菌において芳香族アミノ酸（フェニルアラニン，チロシン，およびトリプトファン）を合成する経路は炭素数3の化合物であるホスホエノールピルビン酸（解糖の中間体）とエリトロース 4-リン酸（ペントースリン酸経路で合成される炭素数4の化合物）の縮合に

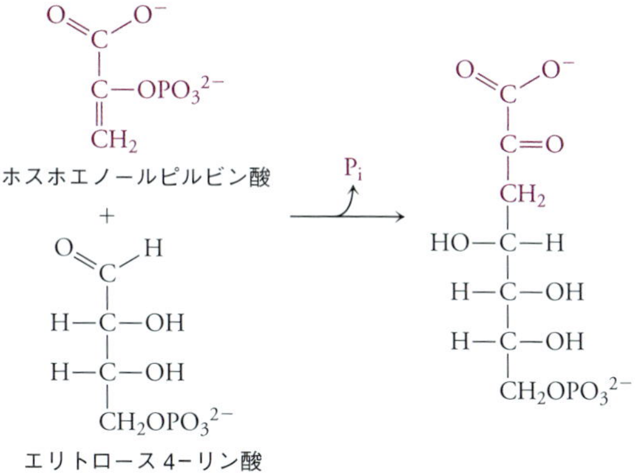

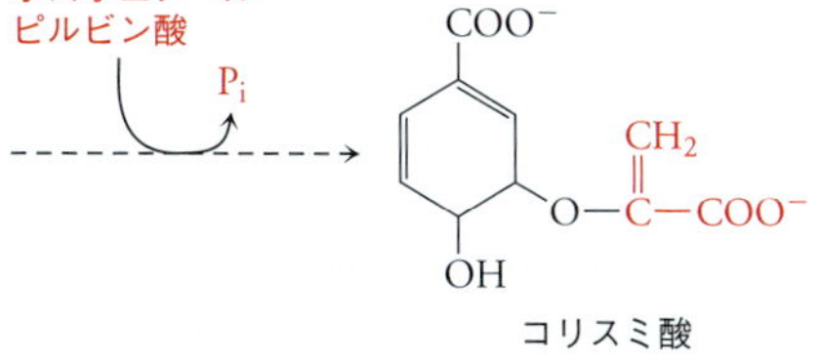

ホスホエノールピルビン酸 ＋ エリトロース 4-リン酸 → （Pi）

ホスホエノールピルビン酸（Pi）→ コリスミ酸

よって始まる。炭素数7の反応生成物は環状になり、さらにホスホエノールピルビン酸から3個の炭素が付加され、それら三つの芳香族アミノ酸に共通な中間体の最後のものであるコリスミ酸 (chorismate) となる。動物はコリスミ酸を合成しないので、この経路は動物に影響を与えず植物の代謝を阻害する薬剤の標的として最適である（ボックス18・B）。

フェニルアラニンとチロシンはトリプトファンとは別の経路でコリスミ酸からつくられる。ヒトではフェニルアラニンのヒドロキシル化によりチロシンがつくられるのでチロシンは必須アミノ酸とみなされていない。

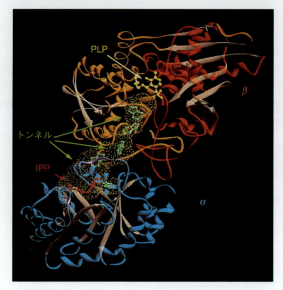

図 18・8 トリプトファンシンターゼ。αサブユニット1個（青と茶）とβサブユニット1個（黄、オレンジ、および茶）だけを示す。インドールプロパノールリン酸（IPP、赤）のあるところがαサブユニットの活性部位で、PLP補因子（黄）のあるところがβサブユニットの活性部位である。二つの活性部位をつなぐトンネル表面を黄の点で示した。反応中間体であるインドール分子がどうトンネルを通っていくかを示すため、いくつかのインドール分子（緑）をトンネルの中に示している。〔Craig Hyde, National Institutes of Health 提供。〕

全部で13段階からなるトリプトファン生合成経路の最後の二つの反応は$\alpha_2\beta_2$という四次構造をもつ二機能酵素であるトリプトファンシンターゼによって行われる。まずαサブユニットがインドール3-グリセロールリン酸をインドール（indole）とグリセルアルデヒド3-リン酸にし、次にβサブユニットがセリンをインドールに付加させトリプトファンをつくる。

αサブユニットによりつくられ、βサブユニットの基質となるインドールは酵素から外へ放出されることはない。インドールは溶媒中に出ることなく、一方の活性部位から他方の活性部位へと直接移動する。X線結晶構造解析で明らかになった構造をみると、隣り合うα

とβの活性部位は25 Å離れているが、それらはタンパク質中にあるインドールを十分通せる大きさのトンネルによってつながっていた（図18・8）。二つの活性部位の間を反応生成物が直接移動することをチャネリング (channeling) とよぶ。これにより代謝の進行は速くなり、中間体の損失も防げる。他のいくつかの多機能酵素でもこのチャネリングが起こることがわかっている。

20種ある標準的なアミノ酸のうち1種を除くすべてが主要な糖代謝経路で生じたものだけを前駆体として合成されている。例外はヒスチジンで、ATPが窒素と炭素を1原子ずつ提供している。グルタミン酸とグルタミンが他の二つの窒素を提供し、残りの5個の炭素はリン酸化された単糖である5-ホスホリボシル二リン酸〔5-phosphoribosyl diphosphate, 5-ホスホリボシルピロリン酸（5-phosphoribosyl pyrophosphate）ともいう、略称PRPP〕が提供している。5-ホスホリボシル二リン酸はヌクレオチドのリボース基も供給している。このことから、原始のころ、すべてをRNAが行っていた代謝からRNA-タンパク質による代謝へと移行していた生命体が最初に合成したアミノ酸の一つがヒスチジンでは

18. 窒 素 代 謝　　　　405

ボックス 18・B　生化学ノート

よく使われる除草剤グリホサート

　グリシンホスホネートはグリホサートすなわちラウンドアップ®のことで、コリスミ酸合成時に付加される第二のホスホエノールピルビン酸と競合する.

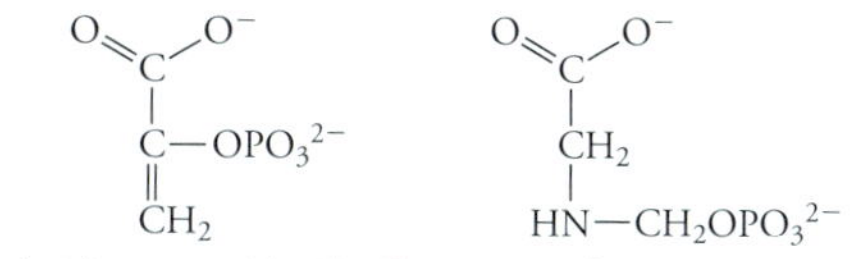

ホスホエノールピルビン酸　　　　グリホサート

　コリスミ酸がないと植物は芳香族アミノ酸をつくれなくなるので、グリホサートは除草剤として使われる. グリホサートは、他の毒性の強い化合物を押しのけ、農業だけでなく家庭でも広く使われているので、米国で最も多く使われる除草剤となった. 植物に吸収されなかったグリホサートは土壌粒子と強く結合し、細菌によって速やかに分解さ

れる. そのため、グリホサートでは他の安定な化合物と比べ地下水の汚染が少ない. 除草剤としての効果を表すためには植物組織の中に入っていかねばならないので、葉の表面を覆っているろうを通り抜けられるように界面活性剤（両親媒性化合物）と一緒に梱包されて売られている.

　グリホサートに耐性をもつ農作物を植えると、雑草が芽を出し、作物と競合し出したら畑にグリホサートをまけばよいのだから、その除草能力を有効に使える. そうした"ラウンドアップレディ"のダイズ、トウモロコシ、および綿がつくられている. これらの植物は、グリホサートによる阻害を受けないようにした細菌の酵素を発現するように遺伝子が改変されている. 予想できるように、グリホサートの使用はこの除草剤への耐性の選択圧をかけることとなり、現在多くの雑草がグリホサートに対する耐性を獲得している.

ないかと考えられている.

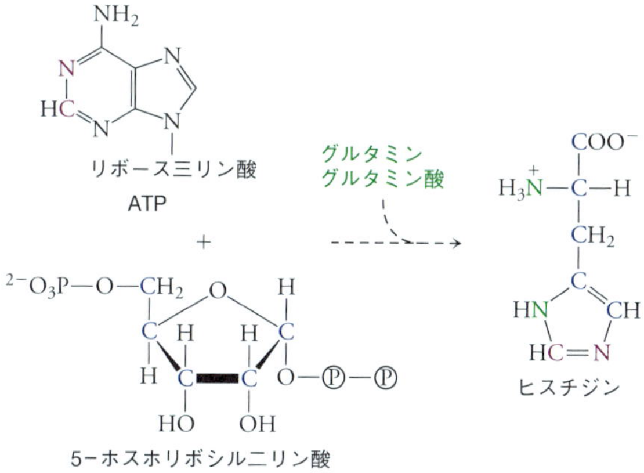

リボース三リン酸
ATP

＋

5-ホスホリボシル二リン酸

グルタミン
グルタミン酸

ヒスチジン

アミノ酸は
いくつかのシグナル伝達分子の前駆体である

　取込まれたり体内で合成されたアミノ酸の多くはタンパク質合成に使われるが、一部は**神経伝達物質**（neurotransmitter）などの前駆体になるという重要な役割を果たす. 神経系の複雑な神経回路内での伝達は、一方のニューロンから放出され他のニューロンに受取られる小分子化学シグナルによって行われている（§9・4参照）. よく使われる神経伝達物質としてグリシンやグルタミン酸とグルタミン酸からカルボキシ基が一つとれた γ-アミノ酪酸 （γ-aminobutyric acid: GABA） があげ

られる.

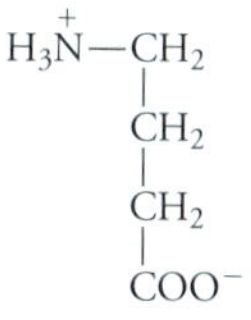

γ-アミノ酪酸

　ほかにもアミノ酸に由来する神経伝達物質がいくつかある. たとえば、チロシンからはドーパミン、ノルアドレナリン （ノルエピネフリン）、およびアドレナリン （エピネフリン） がつくられる. これらの化合物は、構造がカテコールに似ているので、カテコールアミン （catecholamine） とよばれる. ドーパミンが欠乏するとパーキンソン病 （Parkinson's disease） になる. 手が震えたり、硬直したり、動きが鈍くなる病気である. §10・2で述べたように、カテコールアミンは他の組織でもつくられ、ホルモンとして働く.

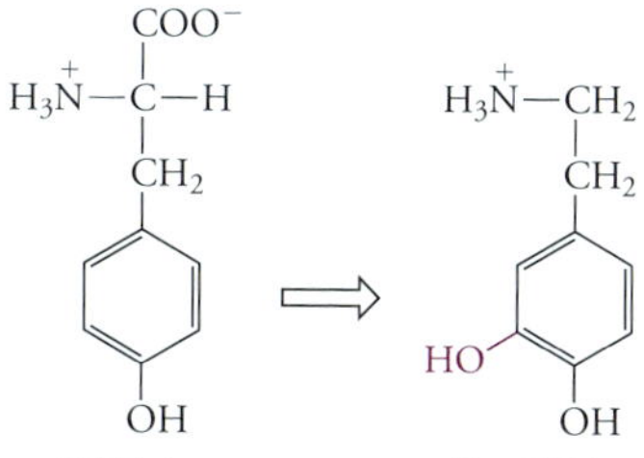

チロシン　　　　ドーパミン

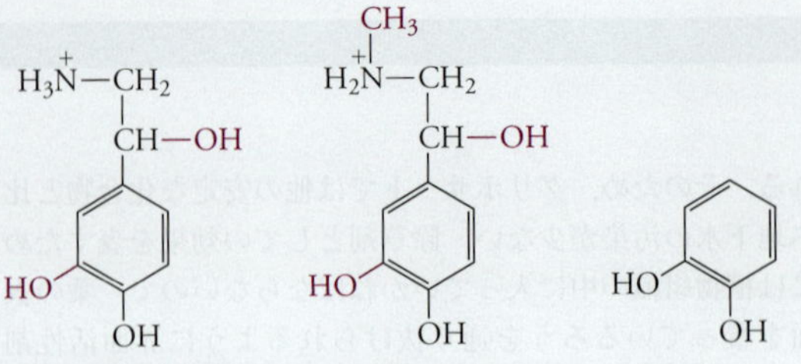

ノルアドレナリン
（ノルエピネフリン）

アドレナリン
（エピネフリン）

カテコール

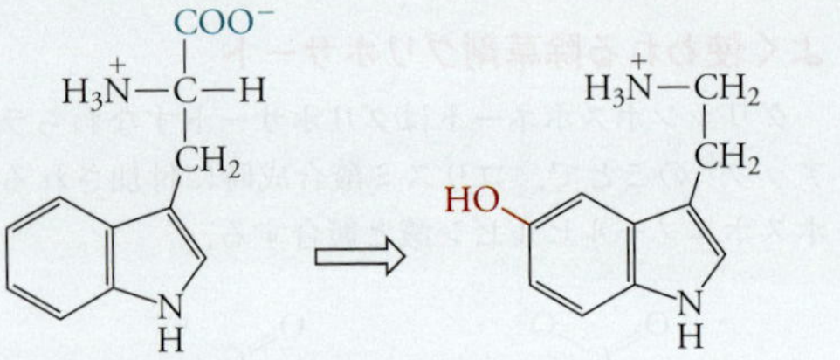

トリプトファン

セロトニン

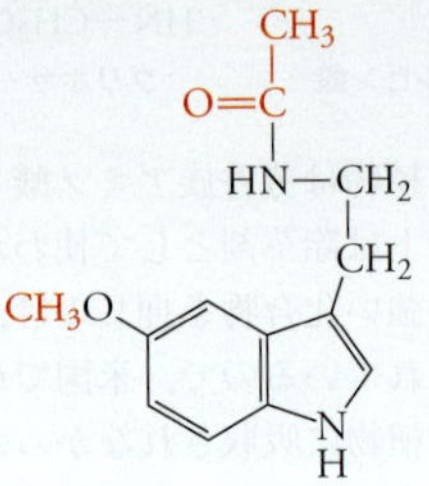

メラトニン

の濃度は日中低く，暗くなると高くなる．メラトニンは

トリプトファンはセロトニン（serotonin）という神経伝達物質の前駆体である．脳内のセロトニン濃度が下がるとうつ病，攻撃的精神状態や活動亢進状態となる．フルオキセチンのような抗うつ薬は放出されたセロトニンの再吸収を妨げることにより濃度を高める（ボックス9・C）．セロトニンはメラトニンの前駆体である．このトリプトファン誘導体は松果体や網膜で合成される．そ

ボックス 18・C　　生化学ノート

一 酸 化 窒 素

　1980年代，血管の研究者たちは内皮細胞から放出され血管を拡張させる"弛緩因子"の本体を調べていた．この物質は速やかに拡散し，局所的に働き，そして数秒のうちに消えてしまった．この神秘的因子が一酸化窒素のフリーラジカル・NOであることがわかり，多くの人が驚いた．NOに血管拡張効果があることはわかっていたが，その不

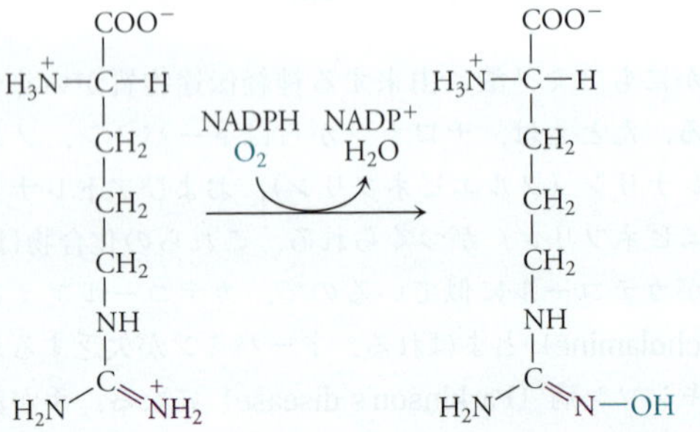

対電子は非常に反応性が高く分解生成物は浸食性の強い硝酸となるので，生物のシグナル伝達分子の候補とは考えられていなかった．

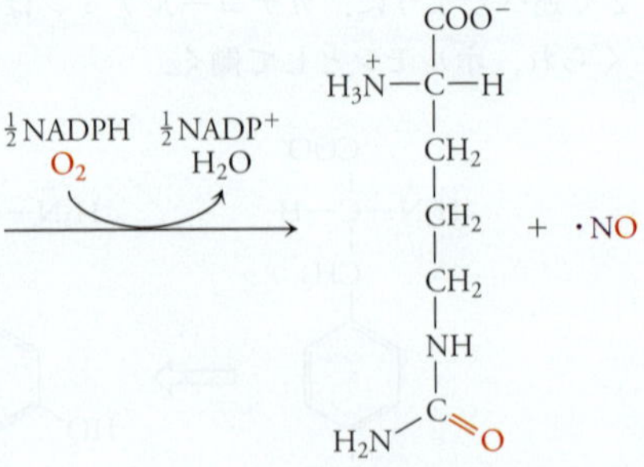

　NOは多くの組織においてシグナル伝達分子として働いている．低濃度では血管を拡張させ，高濃度では酸素ラジカルと一緒に病原体を殺す．NOはNOシンターゼ（NO synthase）によりアルギニンからつくられる．この酵素は補因子としてFMN，FAD，テトラヒドロビオプテリン（§18・4で述べる），およびヘムを必要とする．NO生成の最初の段階はヒドロキシル化反応である．第2段階で電子1個がN-ヒドロキシアルギニンから奪われ酸化される．

　いくつかの理由でNOは一般的シグナル伝達分子とは異なっている．まず，あとの放出のためにたくわえておくことができない．膜を通り抜けて細胞内に入っていくので細胞表面受容体を必要としない．自然に分解するので分解酵素を必要としない．NOはそれが必要なところで，必要なときにつくられる．NOのような気体フリーラジカルを直接体内に導入することはできないが，NOの間接的供給源となる物質は1世紀以上にわたって臨床で使われてきた．冠状動脈の血流が悪くなって胸に痛みを覚える狭心症の患者はニトログリセリンによって痛みから救われる．

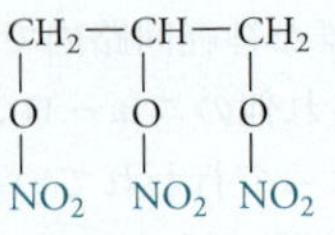

アルギニン　　　　N-ヒドロキシアルギニン

ニトログリセリン

シトルリン

生体内ではニトログリセリンからNOがつくられ，それが血管を拡張して狭心症の症状をやわらげるのである．

18. 窒 素 代 謝　　　　407

概日リズム（circadian rhythm，日周期）を調節する神経伝達物質の合成を支配しているようなので，睡眠障害や時差ぼけ治療に使われている．

アルギニンもごく最近発見されたシグナル伝達物質である一酸化窒素 NO の前駆体である（ボックス 18・C）．

18・3　ヌクレオチド生合成

重要概念
- AMP と GMP はプリンヌクレオチドである IMP からつくられる．
- ピリミジンヌクレオチド合成によって UTP がつくられ，それから CTP がつくられる．
- リボヌクレオチドレダクターゼはフリーラジカル機構によって NDP を dNDP に変換する．
- dUMP がメチル化されて dTMP となる．
- ヌクレオチドは分解されたのちに排泄されるか，その一部をサルベージ経路あるいは他の経路に供給する．

ヌクレオチドは何種類かのアミノ酸を含む前駆体から合成される．ヒトは，核酸やヌクレオチドを含む補因子が分解される際にもヌクレオチドを再利用する．食物か

らもヌクレオチドは供給されるが，生合成や再利用が有効に働いているので，プリンやピリミジンを食物からとる必要はない．本節では哺乳類におけるプリンやピリミジンの生合成経路について手短に紹介する．

プリンヌクレオチド合成によって IMP がつくられ，そこから AMP と GMP がつくられる

プリンヌクレオチド（purine nucleotide，AMP や GMP）はリボース 5−リン酸の上にプリン塩基を組立てるようにしてつくられる．この経路の最初の反応は 5−

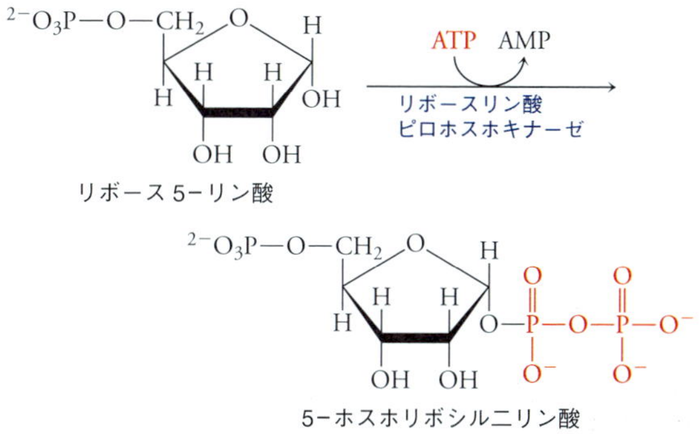

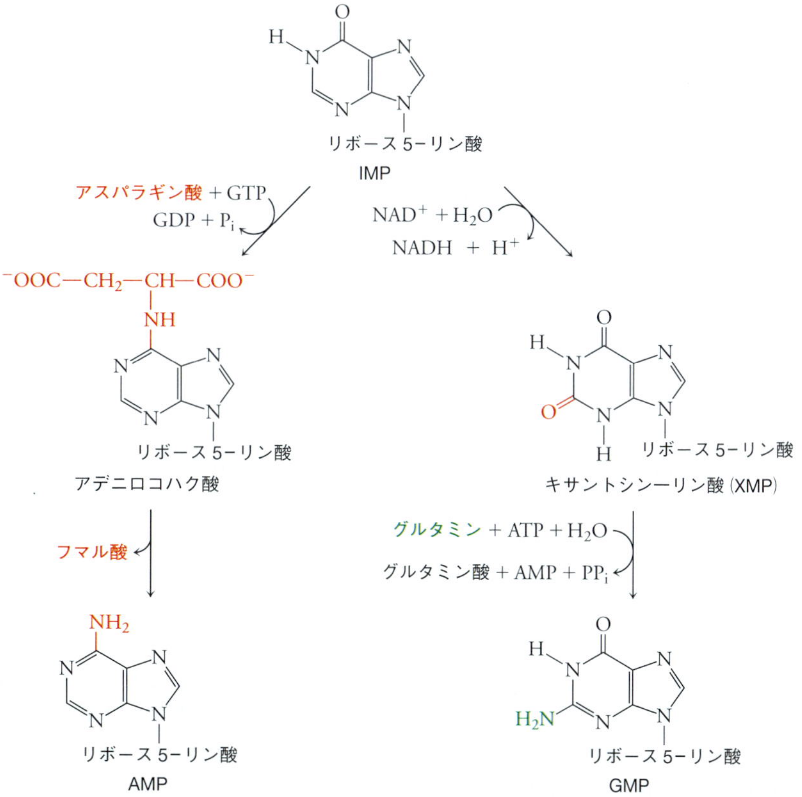

図 18・9　**IMP からの AMP と GMP の合成**

ホスホリボシル二リン酸（これはヒスチジンの前駆体でもある）の合成である.

このあとの 10 段階にわたる反応では基質としてグルタミン，グリシン，アスパラギン酸，炭酸水素イオン，およびテトラヒドロ葉酸由来のホルミル基 −HC＝O が使われる. そうしてできたのがイノシン一リン酸（inosine monophosphate: IMP）で，このヌクレオチドの塩基はヒポキサンチン（hypoxanthine）というプリンの一種である.

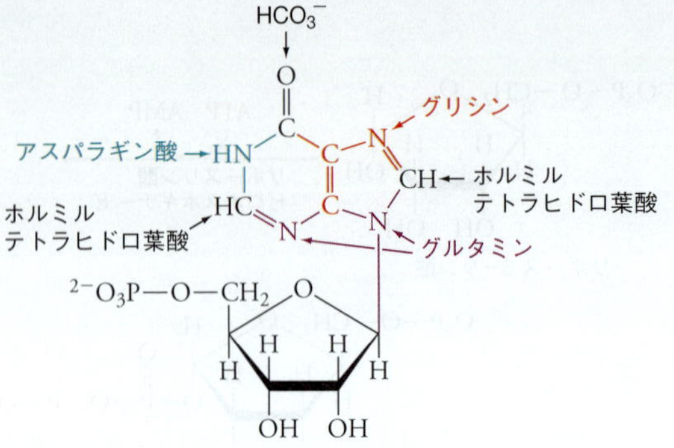

イノシン一リン酸 (IMP)

IMP を基質とした短い経路により AMP と GMP が合成される. AMP 合成の場合，アスパラギン酸由来のアミノ基がプリン環に付加される. GMP の場合はグルタミン酸由来のアミノ基がプリン環に付加される（図 18・9）. いくつかのキナーゼがリン酸基転移反応によってこれらのヌクレオシド一リン酸を二リン酸や三リン酸（ATP や GTP）にする.

図 18・9 に示したように，AMP 合成には GTP が，GMP 合成には ATP が関与する. そのため，ATP 濃度が高いと GMP 合成が，GTP 濃度が高いと AMP 合成が促される. この関係はアデニンヌクレオチドとグアニンヌクレオチドの合成量を調和させる機構のひとつである（ヌクレオチドの多くは DNA や RNA の合成に使われるので，それらはほぼ等量存在することが望ましい）. AMP や GMP に至るまでの経路もいくつかの反応段階でフィードバック阻害により調節されている. 第1段階のリボース 5−リン酸から 5−ホスホリボシル二リン酸の合成反応は ADP と GDP の両方によって阻害されている.

ピリミジンヌクレオチド合成によって UTP と CTP がつくられる

プリンヌクレオチドの合成とは対照的に，ピリミジンヌクレオチド（pyrimidine nucleotide）の合成では塩基がまずつくられ，それが 5−ホスホリボシル二リン酸に付加される. グルタミン，アスパラギン酸，および炭酸水素イオンを使った 6 段階の反応によってウリジン一リン酸（uridine monophosphate: UMP）が生じる.

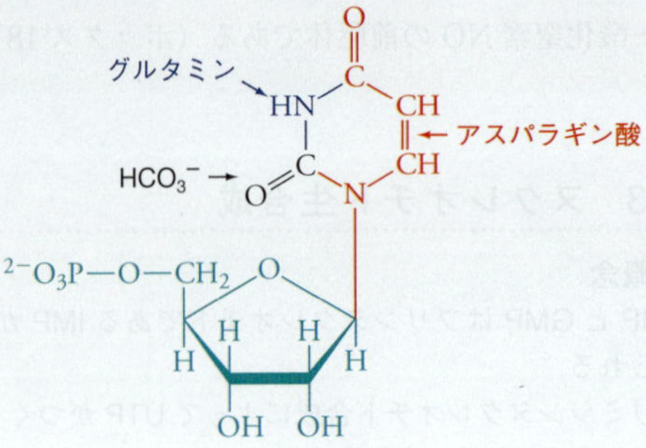

ウリジン一リン酸 (UMP)

UMP はリン酸化され，UDP および UTP となる. CTP シンテターゼがグルタミンのアミノ基を UTP に付加して CTP にする.

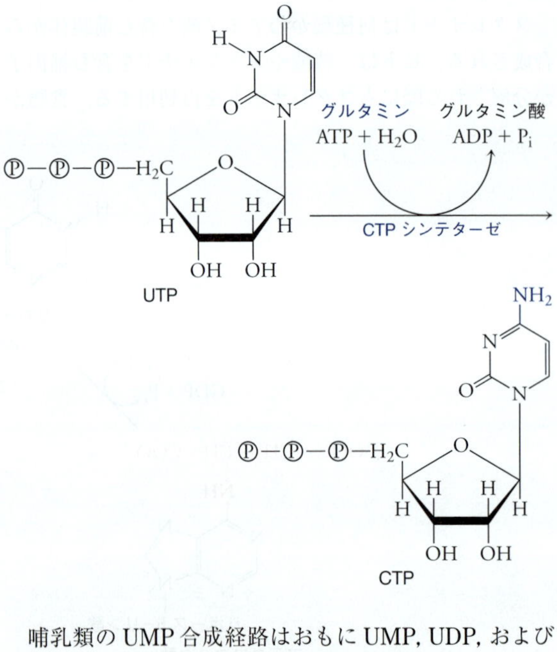

哺乳類の UMP 合成経路はおもに UMP, UDP, および UTP によるフィードバック阻害により調節されている. 第1段階を触媒する酵素を ATP が活性化することによってプリンヌクレオチドとピリミジンヌクレオチドの生成量の釣合がとられている.

リボヌクレオチドレダクターゼがリボヌクレオチドをデオキシリボヌクレオチドに変換する

ここまでは RNA 合成の材料となる ATP, GTP, CTP, および UTP の合成について説明してきた. DNA は，いうまでもなく，デオキシリボヌクレオチドから合成さ

れる．デオキシリボヌクレオチドの合成において，4種のヌクレオシド三リン酸はそれぞれ二リン酸型（NDP）に変換され，リボヌクレオチドレダクターゼ（ribonucleotide reductase）が $2'$ OH 基を H に置き換え，生じたデオキシリボヌクレオシド二リン酸（dNDP）がリン酸化されてそれぞれの三リン酸型（dNTP）になる．

リボヌクレオチドレダクターゼはフリーラジカルを使った化学反応によりむずかしい反応を進行させる重要な酵素である．触媒部分が異なる 3 種類のリボヌクレオチドレダクターゼが知られている．クラスⅠの酵素（哺乳類と細菌がもつ）は活性部位に 2 個の Fe^{3+} と非常に安定なチロシンラジカル（多くのフリーラジカルは不対電子をもち反応性が高く短命である）をもつ．

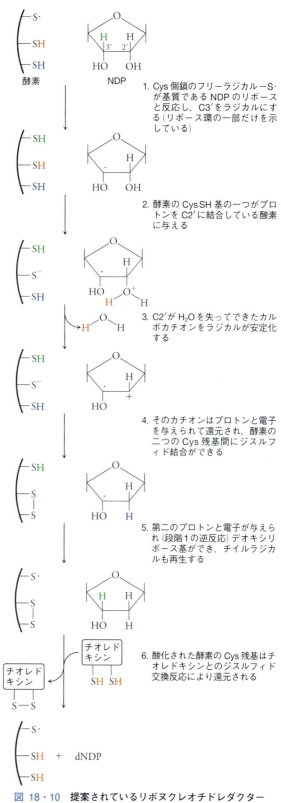

チロシンラジカルはシトクロム *c* オキシダーゼ（ミトコンドリアの複合体Ⅳ）や植物の光化学系Ⅱももっている．クラスⅡのリボヌクレオチドレダクターゼは活性部位にアデノシルコバラミン（メチルマロニル CoA の異性化にも使われる補因子である，§17・1 参照）をもち，クラスⅢの酵素はグリシンラジカルをもつ．それらすべての基の仕事は Cys 側鎖と反応してチイルラジカルにすることで，それが基質であるリボヌクレオチドを攻撃する．図 18・10 に提案されている機構を示した．

酵素が再生する最終反応でチオレドキシン（thioredoxin）という小さなタンパク質が必要となる．酸化されたチオレドキシンは還元されてもとの状態に戻らなければならないが，この反応には NADPH が使われる．そのため，デオキシリボヌクレオチド合成に使われる還元力の究極的な源は NADPH であるといえる．NADPH をつくっているのは，ヌクレオチド合成に使われるリボース 5-リン酸を供給しているペントースリン酸経路であるということを思い出してほしい（§13・4）．

リボヌクレオチドレダクターゼの活性は厳密に調節されていて，細胞内のリボヌクレオチド量とデオキシリボヌクレオチド量の比率だけでなく 4 種のデオキシリボヌクレオチド量の比率も一定に保たれるようになっている．この酵素の活性は基質結合部位とは異なる二つの調節部位を介して調節されている．たとえば，活性化部位とよばれるところに ATP が結合すると酵素は活性化される．デオキシリボヌクレオチドである dATP が結合すると酵素活性は下がる．基質特異性部位とよばれる部位にはいくつかのヌクレオチドが結合する．ここに ATP が結合すると酵素はピリミジンヌクレオチドに作用するようになり，dTTP が結合すると酵素は GDP を

図 18・10 提案されているリボヌクレオチドレダクターゼの反応機構．ヌクレオチドのリボース環だけが書いてある．

基質として選ぶようになる．これらの機構が他の機構と合わさってさまざまなヌクレオチドの量を均等化させ，DNA合成のための4種のデオキシヌクレオチドを供給している．

チミジンヌクレオチドはメチル化によってつくられる

リボヌクレオチドレダクターゼの反応とそれに続くキナーゼによるリン酸化でdATP, dCTP, dGTP, dUTPがつくられる．しかし，dUTPはDNA合成には使われない．それらは速やかにチミンヌクレオチドに変えられる（これによりウラシルがまちがってDNAに取込まれることを防いでいる）．まず，dUTPは加水分解されてdUMPになる．次にチミジル酸シンターゼ(thymidylate synthase)がdUMPにメチル基を付加しdTMPとする．このメチル基はメチレンテトラヒドロ葉酸に由来する．

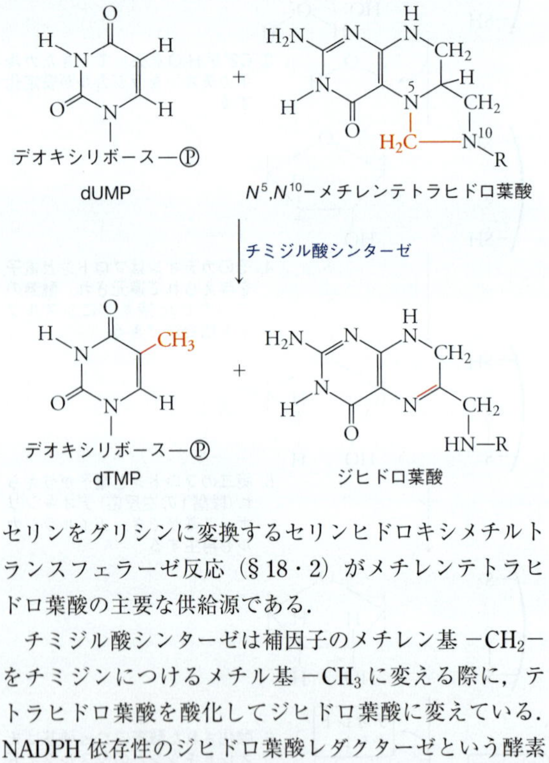

（デオキシリボース—Ⓟ dUMP ＋ N^5,N^{10}-メチレンテトラヒドロ葉酸）

↓ チミジル酸シンターゼ

（デオキシリボース—Ⓟ dTMP ＋ ジヒドロ葉酸）

セリンをグリシンに変換するセリンヒドロキシメチルトランスフェラーゼ反応（§18・2）がメチレンテトラヒドロ葉酸の主要な供給源である．

チミジル酸シンターゼは補因子のメチレン基 $-CH_2-$ をチミジンにつけるメチル基 $-CH_3$ に変える際に，テトラヒドロ葉酸を酸化してジヒドロ葉酸に変えている．NADPH依存性のジヒドロ葉酸レダクターゼという酵素がこのジヒドロ葉酸を還元してもとのテトラヒドロ葉酸に戻している．最後にdTMPがリン酸化されdTTPができ，これがDNAポリメラーゼの基質となる．

がん細胞は盛んに分裂するのでチミジル酸シンターゼやジヒドロ葉酸レダクターゼなどのヌクレオチド合成にかかわる酵素の活性が非常に高い．したがって，これらの反応のどれかを阻害する物質は抗がん剤として働く可能性がある．たとえばdUMPの類似体である5-フルオロデオキシウリジル酸（§7・3参照）はチミ

ジル酸シンターゼを不活性化する．メトトレキセート(methotrexate)のような"抗葉酸"はジヒドロ葉酸と競ってジヒドロ葉酸レダクターゼと結合するので拮抗阻

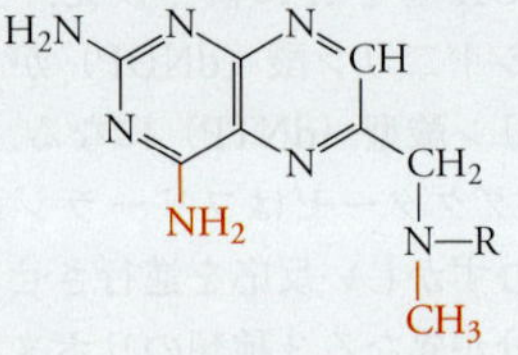

（メトトレキセート）

害剤となる．メトトレキセートが存在すると，がん細胞はdTMPの生成に必要なテトラヒドロ葉酸を再生できずに死んでしまう．非がん細胞の多くはゆっくりと増殖するので，この薬剤による影響を受けにくい．

ヌクレオチドが分解されると尿酸あるいはアミノ酸になる

食物から摂取したり細胞内で合成されたヌクレオチドは分解されることもあり，リボースとプリンあるいはピリミジンを放出する．塩基はさらに異化され，プリンは排泄されピリミジンは代謝燃料として利用される．分解経路のいくつかの点で，中間体が新しいヌクレオチドの合成に回されることもある．それをサルベージ経路(salvage pathway, 再利用経路ともいう)という．たとえば，遊離したアデニン塩基は次のような反応でリボースに再結合する．

アデニン＋5-ホスホリボシル二リン酸 ⇌
$$AMP + PP_i$$

ヌクレオチド一リン酸の分解は脱リン酸してヌクレオシドにすることから始まる．それに続いてホスホリラー

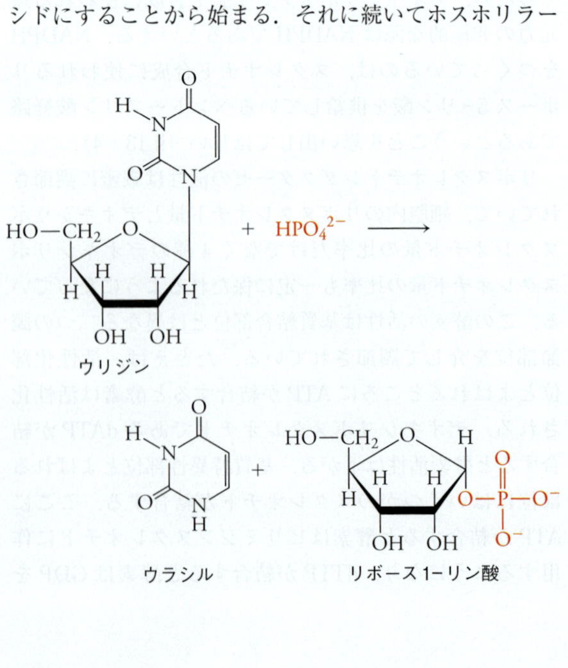

（ウリジン ＋ HPO_4^{2-} ⟶ ウラシル ＋ リボース1-リン酸）

18. 窒 素 代 謝　　　　411

ぜが塩基とリボースの間のグリコシル結合を加リン酸分解する（グリコーゲン分解においても類似した加リン酸分解が行われる，§13・3）.

リン酸化されたリボースは異化されるか，5-ホスホリボシル二リン酸に変換されてから他のヌクレオチド合成に再利用される．塩基がどうなるかはプリンかピリミジンかで異なる.

プリン塩基は脱アミノや酸化により最終的に尿酸に変換されるが，その過程は塩基がアデニンか，グアニンか，それともヒポキサンチンかによって異なる．尿酸のpK_aは 5.4 なので，溶液中では尿酸共役塩基となっている.

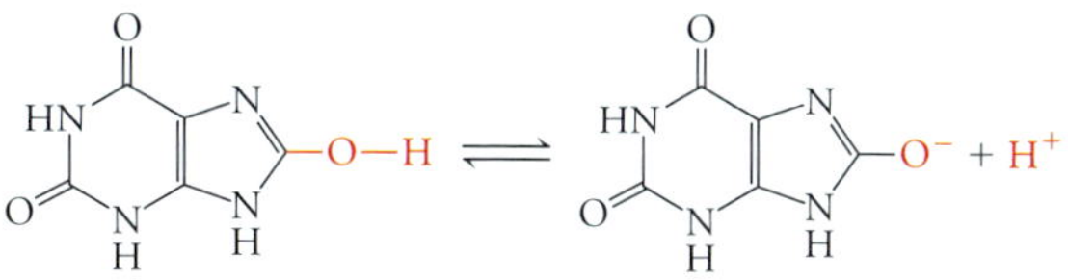

尿酸　　　　　　尿酸共役塩基

ヒトでは，溶解度の低い尿酸共役塩基は尿に排泄される．過剰の尿酸共役塩基は尿酸ナトリウムの結晶となって腎臓に沈着する（腎結石）．尿酸共役塩基が膝やつま先の関節に析出すると非常に痛い痛風をひき起こす．他の生物は尿酸共役塩基をさらに異化し，溶解度の高い尿素やアンモニアにすることができる.

シトシン，チミン，およびウラシルは脱アミノと還元を受けたあと，ピリミジン環が開かれる．さらに異化が進むとシトシンとウラシルからはβ-アラニン，チミンからはβ-アミノイソ酪酸といった標準的ではないアミノ酸がつくられ，どちらも他の代謝経路に入る.

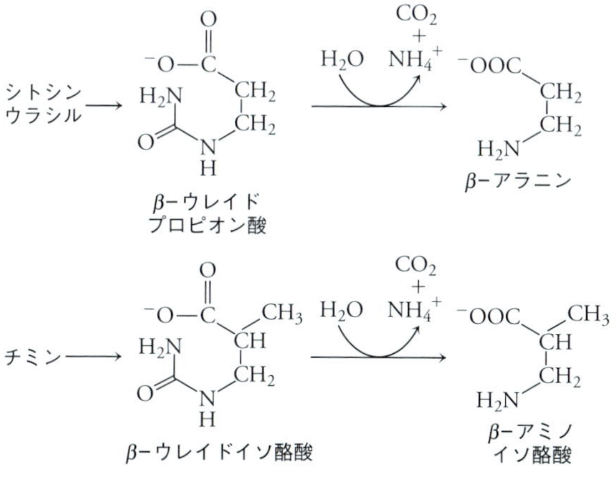

したがって，ピリミジンの異化では細胞の異化過程あるいは同化過程で使われる代謝産物が生成し，それに対してプリンの異化では体から排泄される老廃物が生じる.

18・4　アミノ酸の異化

重要概念
• アミノ酸の炭素骨格の分解産物はアセチル CoA や糖新生の前駆体となる

単糖や脂肪酸と同様にアミノ酸も代謝燃料であり，分解されて自由エネルギーを放出する．実際，小腸内腔に面している細胞の主要な燃料は血液中のグルコースではなく食物中のアミノ酸である．それらの細胞は食物中のアミノ酸を吸収し，そのうちのグルタミン酸とアスパラギン酸のほとんどすべてとグルタミンのかなりの部分を分解してしまう（これらのアミノ酸は必須アミノ酸ではないことに注意してほしい）.

他の組織ではおもに肝臓が食物中のアミノ酸と細胞内タンパク質の分解によって生じたアミノ酸を異化している．長く絶食して食物からのアミノ酸が得られないときは，全身のタンパク質の約40%を含んでいる組織である筋肉を分解してアミノ酸を調達する．アミノ酸はアミノ基転移反応によってα-アミノ基を除去され，その炭素骨格はエネルギー代謝の主要な経路に入る（多くのものがクエン酸回路に入る）．しかし，肝臓でのアミノ酸の異化は完了しない．肝臓にはすべての炭素をCO_2にするだけの酸素が供給されないからである．また，もし仮に酸素が十分あったとしても，肝臓はそんなに大量のATPを必要としないのである．その代わり，アミノ酸は部分酸化されて糖新生（あるいはケトン体生成）の基質として使われる．グルコースは他の組織に向けて送り出されたり，グリコーゲンとしてたくわえられる.

アミノ酸異化の反応は，アミノ酸合成の反応のように多様なので，ここですべてを紹介することはできない．また，炭水化物や脂肪酸の代謝とは異なり，アミノ酸の異化は必ずしも同化経路を逆にたどるものでもない．本節ではアミノ酸異化におけるいくつかの一般則と興味深い化学反応についてだけ解説する．次節では，生物がどのようにアミノ酸の異化で生じた窒素を排泄するかについてみていくことにする.

アミノ酸には糖原性，ケト原性，あるいはその両方の性質をもつものがある

ヒトにおいて，アミノ酸を**糖原性**（glucogenic，クエン酸回路の中間体のように糖新生の原料となるもの）と**ケト原性**（ketogenic，アセチル CoA の原料となり，ケトン体生成や脂肪酸合成に使われるが糖新生には使われないもの）に分類すると便利である．表18・2に示すように，ロイシンとリシンを除くすべてのアミノ酸は少なくとも部分的に糖原性であり，非必須アミノ酸はすべ

表 18・2　アミノ酸の異化による生成物

糖原性			両方の性質をもつもの	ケト原性
アスパラギン	グルタミン	ヒスチジン	イソロイシン	リシン
アスパラギン酸	グルタミン酸	プロリン	チロシン	ロイシン
アラニン	システイン	メチオニン	トリプトファン	
アルギニン	セリン		トレオニン	
グリシン	バリン		フェニルアラニン	

て糖原性である．そして，芳香族アミノ酸の大きな骨格は糖原性とケト原性の両方の性質をもつ．

3種のアミノ酸は単純なアミノ基転移反応（それらの生合成反応の逆反応）によって糖新生の基質となる．アラニンはピルビン酸に，アスパラギン酸はオキサロ酢酸に，グルタミン酸は2-オキソグルタル酸になる．グルタミン酸は酸化反応によって脱アミノされることもある．それについては次節で取上げる．アスパラギンは単純な加水分解で脱アミドされてアスパラギン酸になり，それがアミノ基転移反応によりオキサロ酢酸になる．

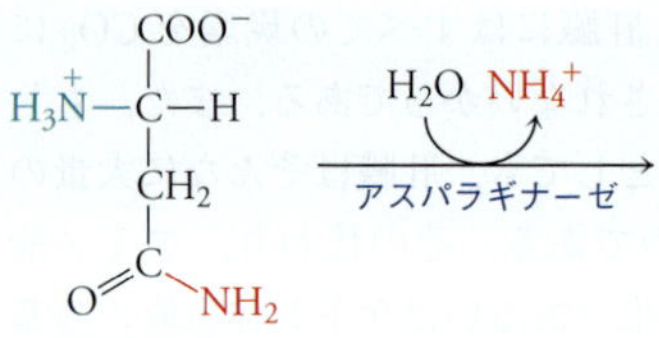

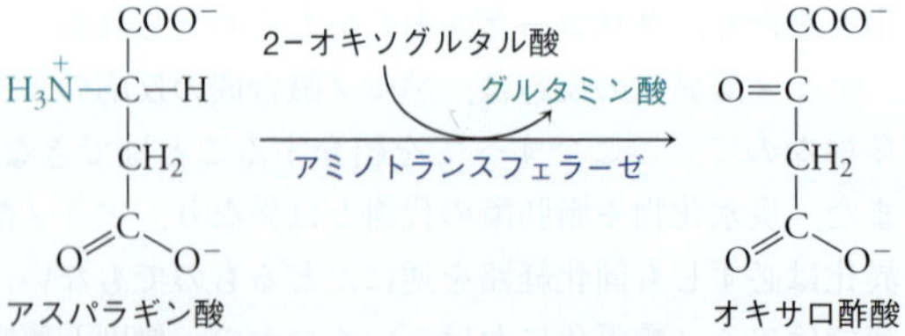

アスパラギン

アスパラギン酸　　オキサロ酢酸

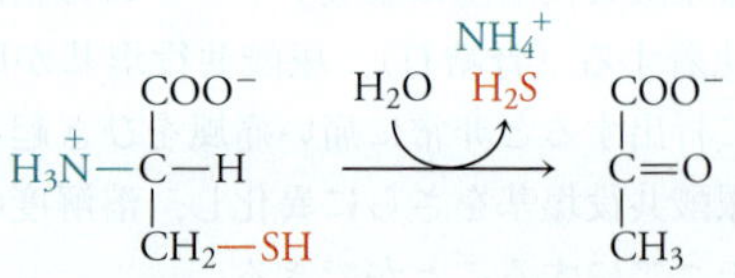

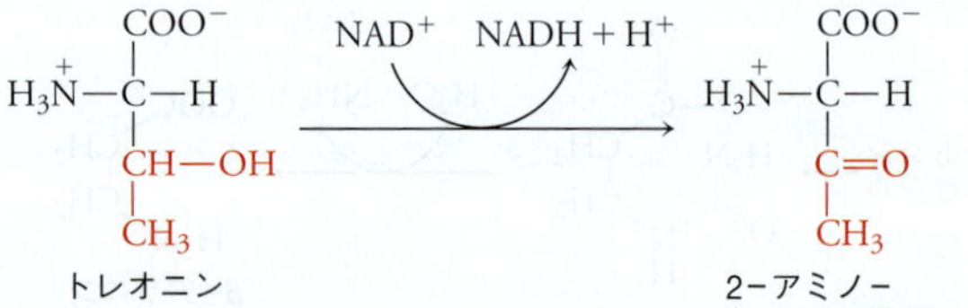

同様に，グルタミンはグルタミナーゼによって脱アミドされてグルタミン酸となり，それがグルタミン酸デヒドロゲナーゼにより2-オキソグルタル酸になる．セリンはピルビン酸になる．

セリン　　ピルビン酸

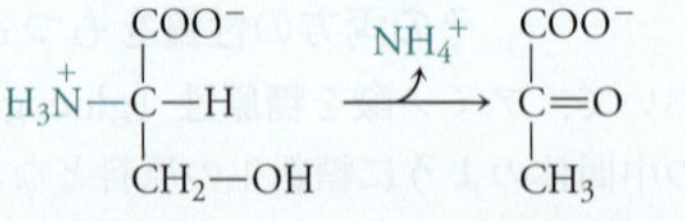

この反応とアスパラギンやグルタミンがアスパラギン酸やグルタミン酸になる反応ではアミノ基が他の化合物に受取られるのではなくNH_4^+として放出される点に注意してほしい．

アルギニンとプロリン（これらはグルタミン酸から合成された）およびヒスチジンは異化されてグルタミン酸になり，それが2-オキソグルタル酸に変えられる．食物中のアミノ酸の約25％はこのグルタミン酸"ファミリー"，すなわちアルギニン，グルタミン，ヒスチジン，およびプロリンなので，これらはエネルギー代謝に大きく貢献している．

システインはアンモニアと硫黄を放出しながらピルビン酸に変換される．

システイン　　ピルビン酸

これらの反応の生成物はピルビン酸，オキサロ酢酸および2-オキソグルタル酸で，すべてが糖新生の前駆体となる．トレオニンはアセチルCoAとグリシンに分解されるので，糖原性とケト原性の両方の性質をもつ．

トレオニン　　2-アミノ-3-オキソ酪酸

グリシン　　アセチル CoA

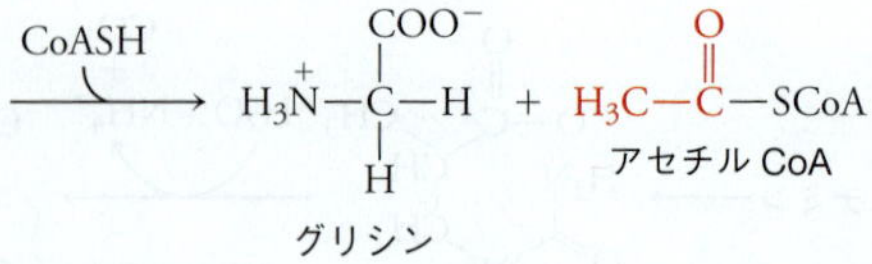

このアセチル CoA はケトン体の前駆体で（§17・2参照），グリシンは，もしセリンヒドロキシメチルトランスフェラーゼによってセリンに変換されると，潜在的に糖原性である．しかし，グリシンの主要な分解経路は多量体タンパク質複合体であるグリシン切断系によるもの

18. 窒 素 代 謝

である.

$$H_3\overset{+}{N}-CH_2-COO^- + \text{テトラヒドロ葉酸} \xrightarrow[\text{グリシン切断系}]{NAD^+ \quad NADH}$$

$$\text{メチレンテトラヒドロ葉酸} + NH_4^+ + CO_2$$

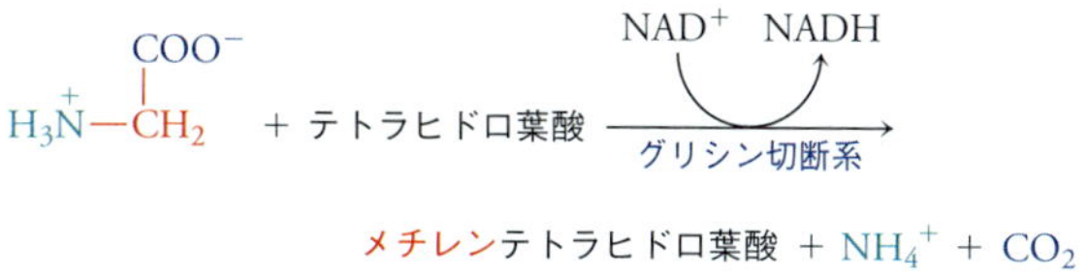

その他のアミノ酸の分解経路はもっと複雑である. た とえば, バリン, ロイシン, およびイソロイシンのよ うな分枝アミノ酸はアミノ基転移反応によって2-オキ ソ酸に変換され, 酸化的脱炭酸反応により CoA と結合 する. この段階を触媒する分枝2-オキソ酸デヒドロ ゲナーゼ複合体はピルビン酸デヒドロゲナーゼ複合体 (§14・1参照) とよく似た多酵素複合体で, そのサブ ユニットのいくつかは同じものを使っている.

バリン分解の最初の反応を図18・11に示す. その後 のいくつかの反応の結果, クエン酸回路の中間体である スクシニル CoA が生じる. イソロイシンも類似の経路 によりスクシニル CoA とアセチル CoA になる. ロイ シンの分解ではアセチル CoA とアセト酢酸というケト ン体ができる. リシンは, 分枝アミノ酸とは別な経路をた どるが, 同様にアセチル CoA とアセト酢酸になる. メ チオニンは分解されてスクシニル CoA になる.

最後に, 芳香族アミノ酸であるフェニルアラニン, チ ロシン, およびトリプトファンの分解ではアセト酢酸と いうケトン体と糖原性化合物 (アラニンあるいはフマル 酸) が生じる. フェニルアラニン分解の最初の段階はヒ ドロキシル化反応で, すでにみてきたように, それによっ てチロシンが生じる. この反応には補因子としてテトラ ヒドロビオプテリン (tetrahydrobiopterin, これは葉酸 のようにプテリン構造をもっている) が使われているの で記憶しておいてほしい.

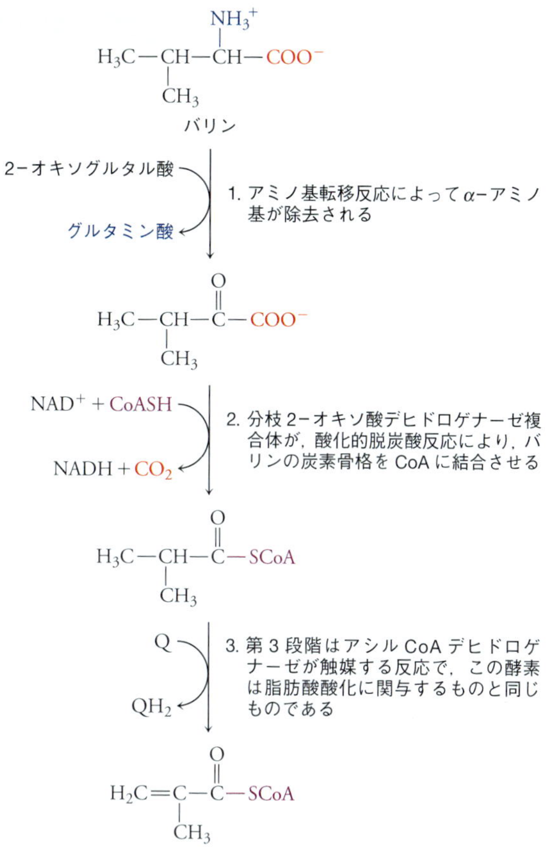

図 18・11 バリン分解の最初の段階

このテトラヒドロビオプテリンはフェニルアラニンヒド ロキシラーゼ (phenylalanine hydroxylase) による反応 で酸化され, ジヒドロビオプテリン (dihydrobiopterin) になる (図の右側). この補因子は, その後, NADH 依 存性酵素によってテトラヒドロ型に還元される. フェニ

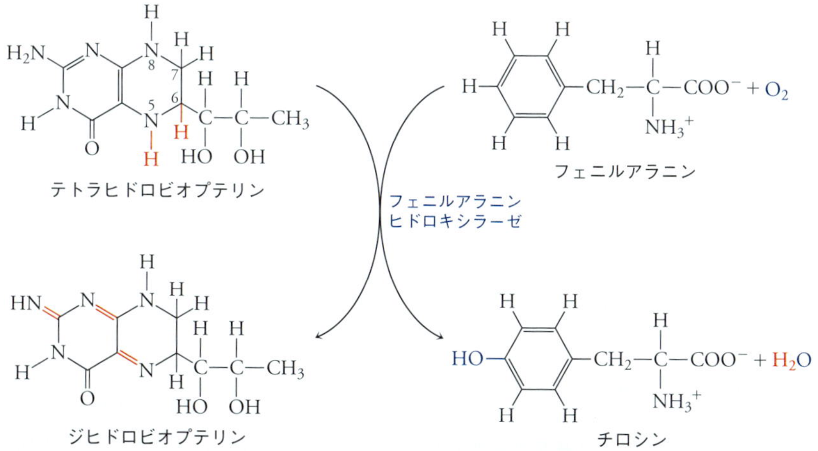

フェニルアラニン分解の最初の段階

ボックス 18・D	生化学ノート

先天性代謝異常

今日では遺伝的病気は遺伝子の欠陥により起こることがわかっている。また，非遺伝的病気の多くにも遺伝子の機能不全がかかわっていることがわかりつつある。遺伝子と病気との関係は医師のガロッド（Archibald Garrod）が最初に認識し，1902 年に"先天性代謝異常（inborn error of metabolism）"という概念を導入した。彼はアルカプトン尿症の患者の研究からこの考えに到達したのだった。これらの患者の尿は空気にふれると黒色になる。それは尿中にチロシンの異化産物であるホモゲンチジン酸が含まれているからである。ガロッドは特定の酵素が欠損しているためにこうなるのだと考えた。今日では，それはホモゲンチジン酸を分解するホモゲンチジン酸ジオキシゲナーゼの欠損あるいは欠陥によって起こることがわかっている。

ガロッドの発見はメンデルの法則にも合ったものだったが，約半世紀の間ほとんど評価されなかった。1950 年代になってビードル（George Beadle）とテータム（Edward Tatum）がアカパンカビを使った実験から"一遺伝子一酵素"という説を提唱した。それと同じころ，イングラム（Vernon Ingram）は鎌状赤血球貧血がヘモグロビン分子

の欠陥によることを発見していた。このときになってやっとガロッドの研究の妥当性が認められたのである。

ガロッドは他にも多くの先天性代謝異常について記述している。それらには色素欠乏症，シスチン尿症（尿にシスチンが排泄される），およびいくつかの生命を脅かすことはないが患者の尿に明らかな兆候が表れる病気が含まれていた。もちろん，多くの先天性異常は致命的である。たとえば，フェニルケトン尿症（PKU）は下に示す経路の最初の酵素であるフェニルアラニンヒドロキシラーゼの欠損による。アミノ基転移反応は起こるがフェニルアラニンは分解されない。その結果生じた 2-オキソ酸誘導体であるフェニルピルビン酸が蓄積し，その尿は独特のにおいを発する。適正に処置しないと PKU は知能障害をもたらす。幸いなことにこの病気は新生児のうちに発見することができる。この異常をもった患者でもフェニルアラニン含量の低い食事を摂取するようにしていると正常に成長できる。残念なことに，他の多くの病気の原因となっている生化学的欠陥はよくわかっておらず，それを発見して処置することはむずかしい。

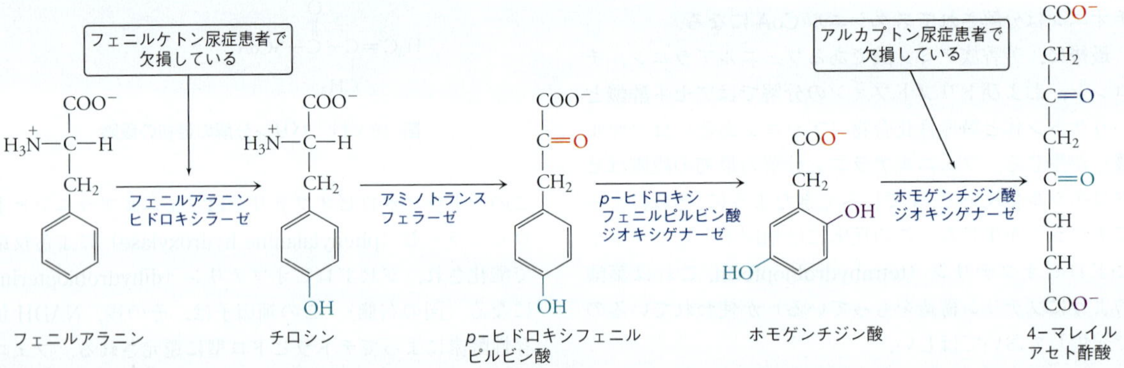

フェニルケトン尿症患者で欠損している／アルカプトン尿症患者で欠損している

フェニルアラニン → （フェニルアラニンヒドロキシラーゼ） → チロシン → （アミノトランスフェラーゼ） → p-ヒドロキシフェニルピルビン酸 → （p-ヒドロキシフェニルピルビン酸ジオキシゲナーゼ） → ホモゲンチジン酸 → （ホモゲンチジン酸ジオキシゲナーゼ） → 4-マレイルアセト酢酸

ルアラニン（およびチロシン）分解経路のもう一つの反応段階は，その酵素の欠損が最初に明らかにされた"先天性代謝異常"（ボックス 18・D）の原因だったので有名である。

18・5　窒素の排泄: 尿素回路

重要概念

- グルタミン酸デヒドロゲナーゼによる反応で放出されたアンモニアはカルバモイルリン酸に取込まれる。
- 尿素回路は四つの反応で 2 個のアミノ基を水溶性の非常に高い老廃物である尿素に取込ませる。

アミノ酸の供給がタンパク質合成や他のアミノ酸を消費する経路での需要より多いと，アミノ酸の炭素骨格は分解され，窒素は排泄される。リシン以外のアミノ酸はアミノトランスフェラーゼによって脱アミノされるが，これは単に他の分子にアミノ基を移したにすぎない。アミノ基は体から外に出されていない。

ある種の異化反応では遊離 NH_4^+ が生じ，それは老廃物として尿中に放出される。実際，腎臓はグルタミン異化の主要な器官で，生じた NH_4^+ はメチオニンやシステインの異化で生じた H_2SO_4 などの酸の排泄を助けている。しかし，アンモニアの生成は大量の過剰窒素を放出するやり方としては適切なものとはいえない。まず

18. 窒 素 代 謝　　　　　415

第一に血液中に高濃度の NH_4^+ が存在するとアルカロー
シス（alkalosis）が起こる．そして第二にアンモニアに
は強い毒性がある．アンモニアは容易に脳内に入り込み，
グルタミン酸をアゴニストとする NMDA 受容体を活性
化する．この受容体はイオンチャネルで本来は Ca^{2+} と
Na^+ を細胞内に流入させ K^+ を流出させるものである．
しかし，アンモニア結合による大量の Ca^{2+} の流入は神
経細胞死をひき起こす．この現象は興奮毒性とよばれる．
そのため，ヒトおよび多くの他の生物は過剰なアミノ基
を安全に処理できるやり方を発展させてきた．

体内で余った窒素の約80％は**尿素**（urea）として排

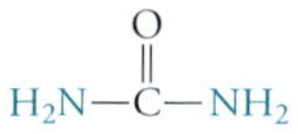

$$H_2N-\overset{\overset{\displaystyle O}{\|}}{C}-NH_2$$
尿素

泄される．尿素は肝臓において**尿素回路**（urea cycle）
によってつくられる．この異化回路は 1932 年にクレブ
ス（Hans Krebs）とヘンゼライト（Kurt Henseleit）に
よって明らかにされた．クレブスは 1937 年にさらに一
つの回路状経路，クエン酸回路を明らかにした．

グルタミン酸が尿素回路に窒素を供給する

多くのアミノトランスフェラーゼがアミノ基の受容体
として 2-オキソグルタル酸を使うので，グルタミン酸
は細胞内で大量に存在するアミノ酸のひとつである．グ
ルタミン酸はグルタミン酸デヒドロゲナーゼ（glutamate
dehydrogenase）が触媒する酸化還元反応によって 2-
オキソグルタル酸に戻され，NH_4^+ を放出する．

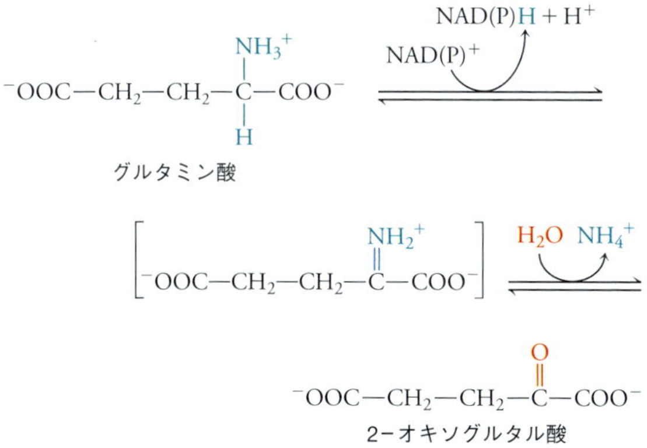

$$^-OOC-CH_2-CH_2-\overset{\overset{\displaystyle NH_3^+}{|}}{\underset{\underset{\displaystyle H}{|}}{C}}-COO^-$$
グルタミン酸

$$\left[^-OOC-CH_2-CH_2-\overset{\overset{\displaystyle NH_2^+}{\|}}{C}-COO^-\right]$$

$$^-OOC-CH_2-CH_2-\overset{\overset{\displaystyle O}{\|}}{C}-COO^-$$
2-オキソグルタル酸

このミトコンドリア酵素はちょっと変わっている．こ
の酵素は補因子として NAD^+ と $NADP^+$ のどちらも利
用できる唯一の酵素なのである．グルタミン酸デヒドロ
ゲナーゼの反応はアミノ酸由来のアミノ基を尿素回路に
供給する主要な経路であり，当然のことながらアロステ

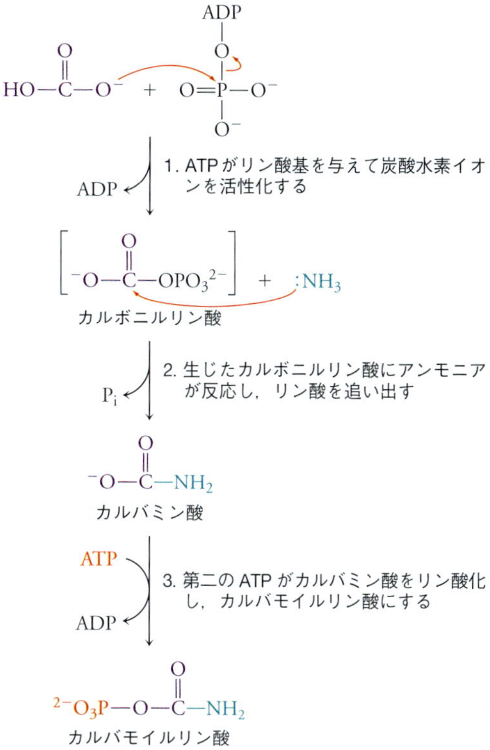

$$HO-\overset{\overset{\displaystyle O}{\|}}{C}-O^- \ + \ \overset{\overset{\displaystyle O}{\|}}{\underset{\underset{\displaystyle O^-}{|}}{P}}-O^-$$

1. ATP がリン酸基を与えて炭酸水素イオ
ンを活性化する

$$\left[^-O-\overset{\overset{\displaystyle O}{\|}}{C}-OPO_3^{2-}\right] \ + \ :NH_3$$
カルボニルリン酸

2. 生じたカルボニルリン酸にアンモニア
が反応し，リン酸を追い出す

$$^-O-\overset{\overset{\displaystyle O}{\|}}{C}-NH_2$$
カルバミン酸

3. 第二の ATP がカルバミン酸をリン酸化
し，カルバモイルリン酸にする

$$^{2-}O_3P-O-\overset{\overset{\displaystyle O}{\|}}{C}-NH_2$$
カルバモイルリン酸

図 18・12 カルバモイルリン酸シンテターゼの反応

リックな阻害あるいは活性化を受ける．

尿素回路の出発物はカルバモイルリン酸シンテターゼ
（carbamoyl phosphate synthetase）によって触媒され
る炭酸水素イオンとアンモニアの縮合反応により生じる
"活性化された"分子である（図 18・12）．NH_4^+ はグル
タミン酸デヒドロゲナーゼの反応あるいは他のアンモニ
アを放出する反応によって供給される．炭酸水素イオン
は尿素の炭素を供給している．エネルギー的に不利なカ
ルバモイルリン酸の生成のために 2 分子の ATP が消費
されていることに注意してほしい．

尿素回路は四つの反応からなる

尿素回路に使われている四つの酵素触媒反応を図 18・
13 に示す．この回路はアルギニンを合成する手段とも
なっている．グルタミン酸から炭素数 5 個のオルニチン
が生じ，それを尿素回路がアルギニンにするのである．
しかし，小児のアルギニン要求度は尿素回路の生合成能
力を上回るので，アルギニンは必須アミノ酸に分類され
ている．

尿素回路の段階 3 で生じるフマル酸はリンゴ酸を経て
オキサロ酢酸に変換され，糖新生に使われる．段階 2 の
基質であるアスパラギン酸はアミノ基転移反応によって

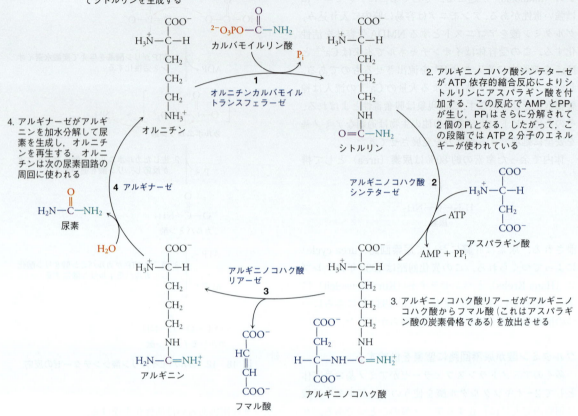

図 18・13 尿素回路の四つの反応

オキサロ酢酸からつくられたものである．こうした付随する反応と尿素回路の反応，カルバモイルリン酸シンテターゼの反応，およびグルタミン酸デヒドロゲナーゼの反応を組合わせると，図 18・14 に示すような経路ができあがる．全体としてみると，他のアミノ酸からのアミノ基転移反応によって生成したグルタミン酸とアスパラギン酸が尿素合成に必要なアミノ基を供給するかたちになっている．尿素合成を行う組織は肝臓だけなので，除去されたアミノ基はおもにグルタミンとなって血液により運ばれてくる．そのため，グルタミンの量は血中アミノ酸の4分の1にも上る．

他の多くの代謝経路と同様に尿素回路に関与する酵素もミトコンドリアに局在するものと細胞質に局在するものがある．グルタミン酸デヒドロゲナーゼ，カルバモイルリン酸シンテターゼ，およびオルニチンカルバモイルトランスフェラーゼはミトコンドリアにあり，アルギニノコハク酸シンテターゼ，アルギニノコハク酸リアーゼ，およびアルギナーゼは細胞質にある．そのため，ミトコンドリアで生成されたシトルリン（citrulline）は次の反応を行うために細胞質に輸送されねばならず，細胞質で生成されたオルニチンは次の周回のためにミトコンドリアへ送り込まれねばならない．

カルバモイルリン酸シンテターゼとアルギニノコハク酸シンテターゼの反応はそれぞれ ATP 2 分子に相当するエネルギーを使っているので，尿素生成には ATP 4 分子が必要である．しかし，尿素回路と付随する反応をあわせたものでは ATP は消費ではなく産生されている．グルタミン酸デヒドロゲナーゼの反応では NADH（あるいは NADPH）が生成され，これが酸化的リン酸化に使われれば ATP を 2.5 分子合成できる．アミノ基転移反応によってアミノ基を失ったあとのアミノ酸炭素骨格の異化によっても ATP がつくられる．

尿素生成速度はおもにカルバモイルリン酸シンテターゼの活性により調節されている．この酵素はグルタミン酸とアセチル CoA から合成される N-アセチルグルタミン酸によりアロステリックに活性化される．

18. 窒素代謝

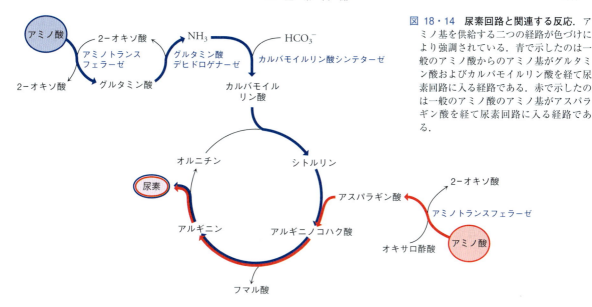

図 18・14 尿素回路と関連する反応. アミノ基を供給する二つの経路が色づけにより強調されている. 青で示したのは一般のアミノ酸からのアミノ基がグルタミン酸およびカルバモイルリン酸を経て尿素回路に入る経路である. 赤で示したのは一般のアミノ酸のアミノ基がアスパラギン酸を経て尿素回路に入る経路である.

多くのアミノ酸がアミノ基転移反応により異化されると, それによって生じたグルタミン酸とアセチル CoA が N-アセチルグルタミン酸の生成を押し上げる. これによりカルバモイルリン酸シンテターゼが活性化され, 尿素回路への流れ込みが増加する. こうした調節により, 細胞はアミノ酸分解により放出された窒素を効率よく排泄できる.

尿素は比較的毒性が低く, 容易に血流に乗って腎臓に運ばれ尿へと排泄される. しかし, 極性をもつ尿素を排泄するためには大量の水が必要である. この点が空を飛ぶ鳥類や異常に乾燥した環境に適応した爬虫類にとっては問題となる. これらの生物は窒素排泄のためにプリン合成によって尿酸をつくる. 比較的水に溶けにくい尿酸を半固体のペースト状にして排泄するので水の消費を抑えられる.

窒素排泄に関する反応の最後に, 細菌, 真菌類, および他のいくつかの生物が使っている尿素を分解する酵素ウレアーゼ (urease) を取上げよう.

$$H_2N-\overset{\overset{O}{\|}}{C}-NH_2 + H_2O \xrightarrow{\text{ウレアーゼ}} 2\,NH_3 + CO_2$$

ウレアーゼは酵素のなかで最初に結晶化された (1926年) ものとして有名である. この結晶化により, タンパク質が触媒活性をもつという説を推進させることになった. しかし, これまでみてきたように多くの酵素は金属イオンすなわち無機補因子を含むので (ウレアーゼ自身も触媒活性に必要な Ni 原子を 2 個含んでいる), この説は完全に正しいとはいえない.

まとめ

18・1 窒素固定と同化

- 窒素固定生物は ATP のエネルギーを使ったニトロゲナーゼ反応によって N_2 を NH_3 に変えている. 硝酸や亜硝酸も還元されて NH_3 になる.

- グルタミンシンテターゼの働きによりアンモニアはグルタミンに取込まれる.

- アミノトランスフェラーゼは補欠分子族として PLP を使い, α-アミノ酸と 2-オキソ酸の可逆的交互変換反応を

触媒する.

18・2 アミノ酸生合成
- 必須でないアミノ酸は、ピルビン酸，オキサロ酢酸，および 2−オキソグルタル酸といった一般的代謝中間体から合成できる.
- 含硫アミノ酸，分枝アミノ酸，および芳香族アミノ酸を含む必須アミノ酸は細菌や植物のもっと複雑な経路で合成される.
- アミノ酸はいくつかの神経伝達物質およびホルモンの前駆体である.

18・3 ヌクレオチド生合成
- ヌクレオチドの合成にはリボース 5−リン酸のほかにグルタミン酸，グリシン，およびアスパラギン酸が必要である. 種々のヌクレオチドがバランスよくつくられるようにプリンやピリミジンの合成経路は調節されている.
- リボヌクレオチドレダクターゼはフリーラジカルを使った

しくみでヌクレオチドをデオキシヌクレオチドに変える.
- チミジン合成には補因子のテトラヒドロ葉酸が供給するメチル基が必要である.
- ヒトにおいてプリンは尿酸として排泄され，ピリミジンは β−アミノ酸に変換される.

18・4 アミノ酸の異化
- アミノ基転移反応によってアミノ基を除去されたアミノ酸は分解されて糖新生の原料になるかアセチル CoA に変えられてクエン酸回路，脂肪酸生合成，あるいはケトン体生成に利用される

18・5 窒素の排泄: 尿素回路
- 哺乳類は余ったアミノ基を尿素にして排泄する. 尿素回路はアンモニアが回路に入ってくるカルバモイルリン酸シンテターゼの段階で調節されている. 他の生物は余剰の窒素を尿酸などに変えている.

問　題

18・1　窒素固定と同化

1. 次の半反応の $\varepsilon°′$ は −0.34 V である.

$$N_2 + 6H^+ + 6e^- \rightleftharpoons 2NH_3$$

窒素還元のために電子を供給するニトロゲナーゼ構成成分の還元電位は −0.29 V である. ATP の加水分解はこのタンパク質に構造変化を起こさせ還元電位を変化させる（0.11 V ほどの変化が起こる）. この変化は電子供与体の $\varepsilon°′$ を上げるのかそれとも下げるのか. そして，この変化はなぜ必要なのか.

2. 2〜3 年ごとに農地にアルファルファを植えることはなぜ良いのか.

3. 根粒に窒素固定細菌を共生させている植物は，構造がミオグロビンとよく似たレグヘモグロビン（leghemoglobin）というヘムを含んだタンパク質を合成している. 根粒におけるこのタンパク質の役割は何か.

4. 光合成を行うシアノバクテリアは，光化学系 I をもつが光化学系 II をもたない特殊な細胞で窒素固定を行う. このような戦略をとる理由を説明せよ.

5. さまざまな状況に対応できる原核細胞では，アンモニア濃度に応じて，二つの経路でアンモニアを取込みアミノ酸にすることができる.

　(a) その一つはグルタミンシンテターゼ，グルタミン酸シンターゼ，およびアミノ基転移反応を組合わせたものである. これらの反応をまとめて反応過程全体を表す反応式を書け.

　(b) もう一つは可逆的なグルタミン酸デヒドロゲナーゼの反応とアミノ基転移反応を組合わせたものである. これらの反応をまとめて，反応過程全体を表す反応式を書け.

6. 問題 5 に対する答に関して次の問いに答えよ.

　(a) アンモニア濃度が低いときはどちらの経路が使われるか. アンモニア濃度が高いときはどうか. 〔ヒント: アンモニアに対するグルタミンシンテターゼの K_M はアンモニウムイオンに対するグルタミン酸デヒドロゲナーゼの K_M より低い.〕

　(b) アンモニア濃度が低いとき原核生物が不利であるというのはなぜか.

7. がん細胞は正常細胞に比べてグルタミンの利用速度が高い. 細胞内のグルタミン濃度を高めるためにがん細胞がとりうる二つの戦略は何か. この情報をどう使うとがん治療薬を創薬できるか.

8. 大腸菌のグルタミンシンテターゼはアデニル酸化によって調節されている. アデニル酸化とは AMP がチロシン側鎖に共有結合することである. アデニル酸化された酵素の活性は低くなる. この反応はアデニリルトランスフェラーゼ（ATase）という酵素により行われる.

　(a) この反応式を書き，アデニル酸化されたチロシン側鎖の構造を書け.

　(b) 2−オキソグルタル酸はこの酵素のアデニル酸化を促進するかそれとも阻害するか.

9. 次のアミノ基転移反応の生成物の構造を書け.

　(a) グリシン＋2−オキソグルタル酸 ⟶
　　　　　　　　　　　　　　グルタミン酸＋____

　(b) アルギニン＋2−オキソグルタル酸 ⟶
　　　　　　　　　　　　　　グルタミン酸＋____

　(c) セリン＋2−オキソグルタル酸 ⟶
　　　　　　　　　　　　　　グルタミン酸＋____

18. 窒素代謝　　　419

(d) フェニルアラニン＋2-オキソグルタル酸 ⟶
グルタミン酸＋____

10. 次のアミノ基転移反応の生成物の構造を書け. それらの生成物の共通点は何か.

(a) アスパラギン酸＋2-オキソグルタル酸 ⟶
グルタミン酸＋____

(b) アラニン＋2-オキソグルタル酸 ⟶
グルタミン酸＋____

(c) グルタミン酸＋オキサロ酢酸 ⟶
アスパラギン酸＋____

11. 2-オキソグルタル酸とのアミノ基転移反応で次の(a)～(d)となるアミノ酸の名称を答えよ.

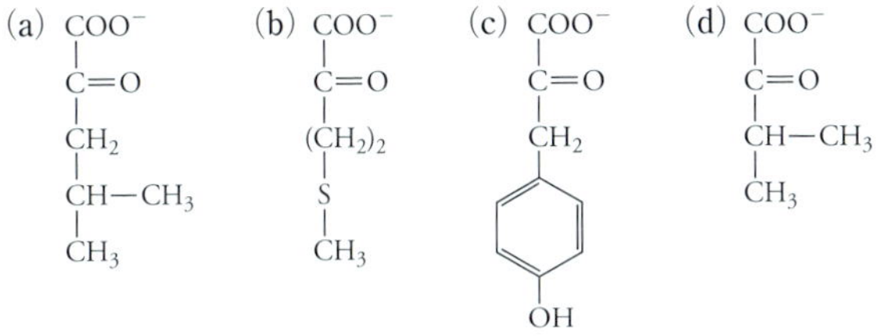

(a)
$$
\begin{array}{c}
COO^- \\
| \\
C=O \\
| \\
CH_2 \\
| \\
CH-CH_3 \\
| \\
CH_3
\end{array}
$$

(b)
$$
\begin{array}{c}
COO^- \\
| \\
C=O \\
| \\
(CH_2)_2 \\
| \\
S \\
| \\
CH_3
\end{array}
$$

(c)
$$
\begin{array}{c}
COO^- \\
| \\
C=O \\
| \\
CH_2 \\
| \\
\text{(ベンゼン環)} \\
| \\
OH
\end{array}
$$

(d)
$$
\begin{array}{c}
COO^- \\
| \\
C=O \\
| \\
CH-CH_3 \\
| \\
CH_3
\end{array}
$$

12. セリンヒドロキシメチルトランスフェラーゼはPLPに依存する反応によってトレオニンをグリシンにする. その機構は図18・5に示したアミノ基転移反応の場合とは少し異なる. トレオニンからグリシンへの分解はトレオニンのC_α-C_β間が切断されることにより始まる. この反応で形成されるトレオニン-シッフ塩基中間体の構造を書き, どのようにC_α-C_β間の切断が起こるかを示せ.

18・2 アミノ酸生合成

13. グルタミンシンテターゼとアスパラギンシンテターゼはそれぞれグルタミンとアスパラギンをつくる反応を触媒する. これらの酵素がよく似ていると考えるのも仕方がないが, それぞれの酵素のアミノ酸合成法はとても異なっている. 対比させながら両酵素を比較せよ.

14. アスパラギンシンテターゼは, グルタミンシンテターゼと同様な機構であるが, 窒素供与体としてグルタミン酸ではなくアンモニウムイオンを使って, アスパラギン酸からアスパラギンを合成する (問題13参照).

(a) この反応の反応式を書け.

(b) この反応をグルタミンシンテターゼの反応と比較せよ.

15. ある種のがんにおいてセリン生合成の第1段階を触媒するホスホグリセリン酸デヒドロゲナーゼの発現が劇的に上昇しており代謝活性も高い. このデヒドロゲナーゼ活性の上昇は, 余分にセリンを供給するだけでなくクエン酸回路の流れも高めていることが実験から示唆された. その理由を説明せよ.

16. 前立腺がんになると尿中の濃度が上昇する代謝産物がいくつかあることを研究者が見つけた. そのうちの一つがサルコシン (sarcosine, *N*-メチルグリシン) である.

(a) サルコシンの構造を書け.

(b) 葉酸欠乏症で血液中のサルコシン濃度が上昇する. この観察結果に対する説明を提案せよ.

17. 必須でないアミノ酸は, チロシンを除いて, すべて四つの代謝産物 (ピルビン酸, オキサロ酢酸, 2-オキソグルタル酸, および3-ホスホグリセリン酸) から合成できる. これらの代謝産物からどのようにして10種のアミノ酸がつくられるかを示す図を書け.

18. 多くの細菌において, システインとメチオニンを合成する経路の酵素にはシステインやメチオニンがあまり含まれていない. なぜそれが利点となるのか説明せよ.

19. いくつかの栄養ドリンクに含まれているタウリン (taurine) は胆汁酸の合成に使われる (§17・3). タウリンはさらに心臓血管系の機能調節やリポタンパク質の代謝を助けるかもしれない. タウリンはどのアミノ酸からつくられ, その変換にはどのような様式の反応が必要か.

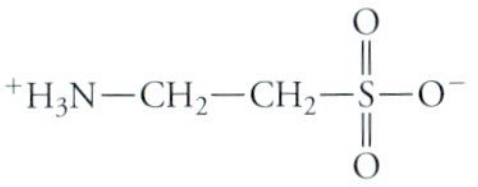

$$
^+H_3N-CH_2-CH_2-\overset{\displaystyle O}{\underset{\displaystyle O}{S}}-O^-
$$

タウリン

20. スルホンアミド (サルファ剤) は細菌の葉酸合成を阻害するので抗生物質として働く.

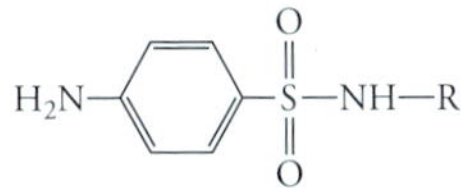

$$
H_2N-\text{(ベンゼン環)}-\overset{\displaystyle O}{\underset{\displaystyle O}{S}}-NH-R
$$

スルホンアミド

(a) スルホンアミドは葉酸のどの部分と似ているのか.

(b) スルホンアミドが哺乳類宿主を害さずに細菌を殺せるのはなぜか.

21. 必須アミノ酸のうちの一つでも摂取量が少ないと窒素バランスが負になる. すなわち, 取込む窒素量より排泄する窒素量が増える. 他のアミノ酸を十分摂取していてもこのようなことが起こる理由を説明せよ.

22. 何日ものあいだ固形食を食べられなかった病気の子供にコラーゲンというタンパク質を主成分とするゼラチンの薄い溶液を与えることがある.

(a) ゼラチンが必須アミノ酸の供給源としてあまりよくないのはなぜか.

(b) 何日ものあいだ食事をとれなかった人に, スクロース溶液ではなくゼラチン溶液を与えることの利点は何か.

23. トレオニンデアミナーゼは分枝アミノ酸であるイソロイシンの生合成において重要な反応段階を触媒する. この酵素はトレオニンを脱水および脱アミノして2-オキソ酪酸にする. トレオニンデアミナーゼは四量体で, 基質に対する親和性の低い "T" 状態と親和性の高い "R" 状態の二つの状態をとりうる. この酵素はアロステリックに調節されていることがわかっている. 基質であるトレオニンの濃度を増加させていったときの酵素活性を測定した (図の曲線A). 同様な測

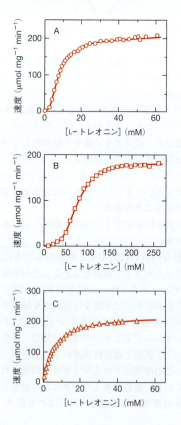

	トレオニン だけ	トレオニン +50 mM イソロイシン	トレオニン +0.5 mM バリン
V_{max}†	214	180	225
K_M (mM)	8.0	74	5.7

† $\mu mol\ mg^{-1}\ min^{-1}$

定をイソロイシン存在下（曲線B）とバリン存在下（曲線C）でも行った．これらのグラフから求めた反応速度定数を表にまとめる．

(a) これらのデータからトレオニンデアミナーゼについてどのような情報をひき出せるか．

(b) トレオニンデアミナーゼ活性に対してイソロイシンはどのような影響を及ぼしているか．イソロイシンはどちらの状態の酵素に結合するのか．

(c) トレオニンデアミナーゼ活性に対してバリン（並行する経路の生成物）はどのような影響を及ぼしているか．バリンが結合するのはどちらの状態の酵素か．

24. 細菌はアスパラギン酸を基質としてリシン，メチオニン，トレオニンといった必須アミノ酸を合成する．その経路を次ページにまとめて示す．この経路のいくつかの酵素が調節点となり，細胞内でそれぞれのアミノ酸が適切な濃度を維持するようになっている．実は，それぞれのアミノ酸自体が酵素のアロステリック調節因子となっている．リシン(a)，メチオニン(b)，およびトレオニン(c)の合成を調節するのに適した酵素（複数も可）を指摘せよ．

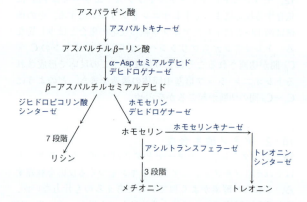

18・3 ヌクレオチド生合成

25. メトトレキセートはがんの化学療法に使われているが，関節リウマチのような自己免疫疾患にも処方されることがある．なぜか．

26. 真核生物の代謝においてよくみられるのが多機能酵素である．ジヒドロ葉酸レダクターゼ（DHFR）とチミジル酸シンターゼ（TS）が一つのタンパク質になることの有利な点は何か．

27. プリンヌクレオチド合成は高度に調節されている．主要な目的はDNA合成に必要なATPとGTPをほぼ等量供給することにある．プリンヌクレオチド合成経路の概略を次ページに示す．

(a) ADPとGDPはリボースリン酸ピロホスホキナーゼをどのように調節するか．

(b) アミドホスホリボシルトランスフェラーゼはIMP合成経路の重要な反応を触媒している．この酵素の活性に

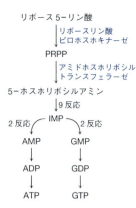

PRPP, AMP, ADP, ATP, GMP, GDP, および GTP はどのような影響を与えると考えられるか.

28. 問題27に示したプリンヌクレオチド合成経路は新規に合成するときの経路で，すべての生物においてほとんど同じである．多くの生物はそれ以外にサルベージ経路をもっていて，分解経路で放出されたプリンを再利用してもとのヌクレオチドにつくり直す（ある種の生物は新規に合成する経路をもっておらず，プリンヌクレオチドのすべてをサルベージ経路で賄っている）．サルベージ経路の一つはアデニンホスホリボシルトランスフェラーゼ（APRT）という酵素によってアデニンを AMP に変換する．もしアデニンが大量に存在すると，それはジヒドロキシアデニンに変換され，腎結石となる．

アデニン ＋ 5-ホスホリボシル二リン酸 ⇌[APRT] AMP ＋ PPi

↓ キサンチンデヒドロゲナーゼ

ジヒドロキシアデニン

(a) APRT 遺伝子に突然変異が起こり基質の一つに対する K_M が 10 倍増加した．この突然変異の結果どのようなことが起こるか.
(b) この突然変異によって起こった症状に対してどう処置するか．

29. プリンサルベージ経路（問題28参照）の第二のものはヒポキサンチン−グアニンホスホリボシルトランスフェラーゼ（HGPRT）によるもので，次の反応を触媒する．

ヒポキサンチン ＋ 5-ホスホリボシル二リン酸 →[HGPRT] IMP ＋ PPi

グアニン ＋ 5-ホスホリボシル二リン酸 →[HGPRT] GMP ＋ PPi

細胞内に寄生する原生動物は高濃度の HGPRT をもち，この酵素の阻害剤が寄生虫の増殖阻止に効果があるのではないかと研究されている．寄生虫の HPRT を阻害することの代謝上の効果は何か．このことから寄生虫の代謝能力についてどんなことがわかるか．

30. レッシューナイハン症候群（Lesch–Nyhan syndrome）とは HGPRT 活性（問題29参照）の著しい低下によってひき起こされる病気である．この病気の患者には核酸分解産物の尿酸が大量に蓄積し，それが神経障害や自傷を含む破壊行動を起こさせる．なぜ HGPRT がないと尿酸が蓄積するのか．

31. 抗体を産生する B リンパ球は，ヌクレオチド合成に新規合成経路とサルベージ経路の両方を使うが，培地上での生存期間は 7〜10 日である．骨髄腫細胞は HGPRT 酵素（問題29参照）をもっていないが培地上で永遠に生き続ける．長生きする抗体産生細胞を作製するには，リンパ球と骨髄腫細胞を融合させたハイブリドーマをつくり，そのなかから HAT 培地で生存するものを選ぶ．この培地にはヒポキサンチン，アミノプテリン（ヌクレオチド新規合成経路の酵素を阻害する抗生物質），およびチミジンが含まれている．HAT 培地はどのようにしてハイブリドーマ細胞を選択できるのか．

32. 5-フルオロウラシルという化合物は小さな皮膚がんに対して局所的に用いられる．培養細胞に 5-フルオロウラシルを与えると dUTP の濃度が増加し dTTP が枯渇する．この観察結果をどう説明するか．5-フルオロウラシルはどのようにしてがん細胞を殺すのか．

5-フルオロウラシル

18・4 アミノ酸の異化

33. シトルリン残基を含んだペプチドが関節リウマチのような炎症を伴う症状の人から検出される．
  (a) シトルリン残基はどのアミノ酸からつくられるのか．そして，どのような反応でそれはつくられるのか．
  (b) シトルリンを含んだペプチドが自己免疫応答をひき起こすことがありうるのはなぜか．

34. 尿中の 3-メチルヒスチジン（おもにアクチンに含まれる修飾されたアミノ酸）は筋変性速度の指標として用いられる．アクチンが分解されたときに放出された 3-メチルヒスチジンは，タンパク質合成に再利用できないので排泄される．それはなぜか．3-メチルヒスチジン量を計測しても筋変性速度のおよその値しかわからない理由を説明せよ．

35. 20種類のアミノ酸の異化経路はかなり異なっているが，すべてのアミノ酸は分解されると 7 個の代謝産物のうちの一つになる．それらはピルビン酸，2-オキソグルタル酸，スクシニル CoA，フマル酸，オキサロ酢酸，アセチル CoA，およびアセト酢酸である．それらの代謝産物はその後どうなるのか．

36. アミノ酸は糖原性，ケト原性あるいはその両方の性質をもつものに分けられているが，それらすべての炭素骨格は分解されてアセチル CoA になりうる．理由を述べよ．

37. ハツカネズミの胚性幹細胞は小さいが非常に速く分裂する．それらの細胞は，高い代謝を維持するために高濃度のトレオニンを必要とし，トレオニン分解の最初の段階を触媒するトレオニンデヒドロゲナーゼを大量に発現している．ク

エン酸回路の活性とヌクレオチド生合成にトレオニン分解がどのように貢献しているか説明せよ.

38. イソロイシンは分解されてアセチルCoAとプロピオニルCoAになるが，その経路の最初の何段階かはバリンの分解（図18・11）と同一で，最後の何段階かは脂肪酸酸化のものと同一である.

(a) イソロイシン分解の中間体をすべて書き各段階で働く酵素名を示せ.

(b) ピルビン酸デヒドロゲナーゼによる反応と類似しているのは分解段階のどの反応か.

(c) 脂肪酸酸化におけるアシルCoAデヒドロゲナーゼの反応と類似した反応はどれか.

39. イソロイシンの分解で生じるプロピオニルCoAはその後どのように代謝されるのか.

40. ロイシンはアセチルCoAとアセト酢酸に分解されるが，最初の二つの反応はバリンの分解と同じである（図18・11参照）. 3番目の反応は脂肪酸酸化の1番目の反応と同じである. 4番目はATP依存性カルボキシル化反応，5番目は水和反応，そして最後はリアーゼという酵素が触媒する切断反応で生成物が放出される. ロイシン分解におけるすべての中間体を書き，それぞれの反応段階で働く酵素を示せ.

41. (a) ロイシンの分解産物（問題40参照）はその後どう代謝され，それはイソロイシン分解産物（問題39参照）の代謝とどう異なるか.

(b) ロイシン分解経路の最終反応を触媒するのはHMG-CoAリアーゼである（問題40参照）. この酵素を欠損している人は，ロイシンだけでなく脂肪の摂取も控えなくてはならないのはなぜか. [ヒント: 図17・16参照]

42. メープルシロップ尿症（MSUD）は先天性代謝異常で，分枝鎖2-オキソ酸を尿に排泄するため，メープルシロップのようなにおいのする尿が出る. この患者で機能していないのはどの酵素か. 適切に処置しないと重度の神経障害を発症するが，処置さえ行えば患者はふつうの生活を送れる. この病気に対してどのような処置を行うべきか.

43. フェニルアラニンヒドロキシラーゼという酵素（ボックス18・D参照）に対するグルカゴンとインスリンというホルモンの効果を調べた. フェニルアラニンはこの酵素を二量体から四量体に変換することが知られていたので，あらかじめフェニルアラニンと一緒にしておいたものとそうしなかったものを比較した. 結果は図のとおりであった.

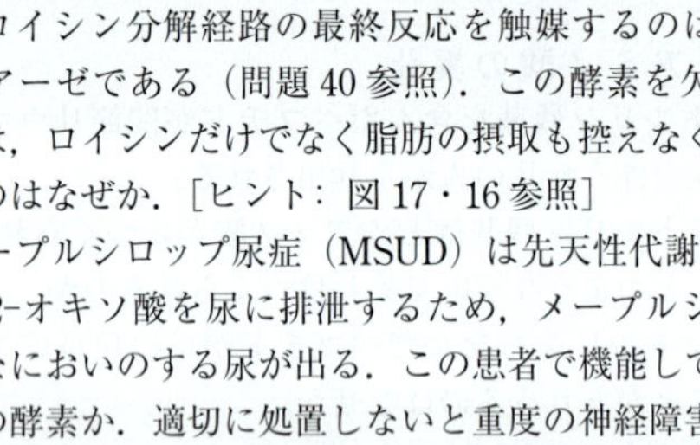

(a) この酵素を活性化するのはどちらのホルモンか.

(b) この酵素の活性を調節するうえでフェニルアラニンはどのような役割を果たしているか.

(c) 別な実験で，酵素への放射性同位体標識したリン酸の取込みがグルカゴン存在下で7倍近く増加することがわかった. この観察をどう説明するか.

(d) フェニルアラニンヒドロキシラーゼの活性は食事をとっているときに高いのかそれとも絶食しているときに高いのか.

44. フェニルケトン尿症（PKU）はフェニルアラニンヒドロキシラーゼ（問題43参照）が欠損しているために起こる先天性疾患である. フェニルアラニンヒドロキシラーゼはフェニルアラニン分解の最初の段階を触媒する（ボックス18・D参照）. フェニルケトン尿症の患者は，フェニルアラニンを分解できないため，血液中にたまったものがアミノ基転移反応によりフェニルケトンであるフェニルピルビン酸に変換される. 適切な処置をしないと蓄積したフェニルピルビン酸が脳に不可逆的障害をもたらす.

(a) フェニルアラニンのアミノ基転移で生じるフェニルピルビン酸の構造を書け.

(b) テトラヒドロビオプテリン欠乏症の子供はなぜ尿中にこの化合物を大量に放出するのか.

(c) PKUと診断された人は低フェニルアラニン食をとらされる. なぜ無フェニルアラニン食ではないのか.

(d) PKU患者はなぜ人工甘味料アスパルテーム（4章の問題15参照）をとってはいけないのか.

(e) 低フェニルアラニン食をとっている患者はチロシン摂取を増やさねばならない. 理由を説明せよ.

45. 非ケトン性高グリシン血症（NKH）は，血液，尿，および脳脊髄液のグリシン濃度が非常に高まる先天性代謝異常である. この病気をもった赤ん坊は，筋緊張低下，発作，知的障害などを起こす. NKH患者はどの酵素が機能しなくなっている可能性が高いか.

46. 哺乳類の代謝燃料は貯蔵がきく. たとえば，グルコースはグリコーゲンとして，脂肪酸はトリアシルグリセロールとして貯蔵されている. どのような分子がアミノ酸の貯蔵形態と考えられるか. それは他の燃料貯蔵分子とどう異なるか.

18・5 窒素の排泄: 尿素回路

47. 一時期，アンモニアの毒性は，可逆的なグルタミン酸デヒドロゲナーゼ反応への関与の結果であると考えられていた. この反応が脳のエネルギー代謝にどう影響を与える可能性があるか説明せよ.

48. グルタミン酸デヒドロゲナーゼはさまざまな代謝産物によってアロステリックに調節を受ける. 次にあげるものがグルタミン酸デヒドロゲナーゼ活性に与える影響を予測せよ.

(a) GTP　　(b) ADP　　(c) NADH

49. 飢餓のときにケトン体がつくられるということを思い出してほしい（§17・2参照）. そのような状況下で，腎臓

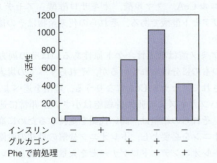

はグルタミンの取込みを増やす．これがどのようにしてケトーシスの影響を打消すことになるのか．

50. 尿素の2個の窒素が何に由来するのか．
51. 本章に出てきた遊離アンモニアを生じる反応をすべてあげよ．
52. 過剰なNH_4^+を細胞から排除することに関与する哺乳類の酵素を三つあげよ．
53. 尿素回路の酵素がすべて欠損している子供は生後すぐに死んでしまうが，部分的欠損だと生き延びられる．
　(a) 尿素回路の酵素に欠損があると高アンモニア血症 (hyperammonemia) になるのはなぜか説明せよ．
　(b) アンモニアの毒性による害を最少にするにはどのような食事制限を行ったらよいか．
54. アセファンという薬剤はフェニル酢酸と安息香酸のナトリウム塩で，尿素回路の酵素の欠損による高アンモニア血症（問題53参照）の処置として使われる．フェニル酢酸はグルタミンと，安息香酸はグリシンと反応し，生成物は尿に排泄される．これらの化合物の構造を書け．生化学的にみたとき，この処置はどのような効果をねらっていると考えられるか．

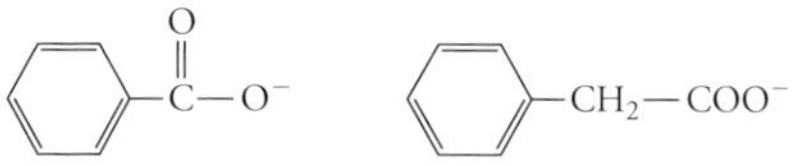

安息香酸　　　　フェニル酢酸

55. アルギニノコハク酸リアーゼの欠損による先天性代謝異常がある．尿素産生を促すためには何を食事に加えたらよいか．
56. 生物の代謝要求度に応じて尿素回路の酵素の量は増減する．飢餓状態だけでなく高タンパク質食によってもそれらの酵素の量は増える．この一見矛盾した現象を説明せよ．
57. グルタミン酸デヒドロゲナーゼの可逆的反応は，(a) どのようにアミノ酸生合成に寄与し，(b) どのようにクエン酸回路の補充反応として機能するのか．
58. 腎臓は，グルタミンのアミノ基を放出させ，その結果生じたアンモニウムイオンが代謝によって生じた酸を中和するので，人の体において酸塩基平衡を調節するという役割をもつ（ボックス2・D）．グルタミンからアミノ基を切り離す腎臓の酵素を二つあげよ．それぞれの酵素が触媒する反応を書き，全体としての反応を書け．
59. 激しい運動は筋肉タンパク質を分解させることが知られている．その結果生じた遊離アミノ酸はどのように代謝されると考えられるか．
60. 脳のNMDA受容体はそのアゴニストの一つであるN-メチル-D-アスパラギン酸の名前からそうよばれている．この化合物の構造を書け．
61. 細菌のグルタミンシンテターゼは，アロステリック調節と共有結合による調節の両方からなるとても洗練された調節機構をもっている．この細菌の酵素は12個の同一サブユニットからなり，それらが六角柱の各頂点に配置されている（図18・4参照）．その活性は，アデニル酸化（AMPの共有

結合，問題8参照）で阻害される．この酵素の各サブユニットがアデニル酸化される部位をもつので，全体として12の部位がある．アデニル酸化された酵素の活性は低くなり，脱アデニル酸された酵素の活性は高くなる．アデニル酸化の程度はウリジリルトランスフェラーゼ（UTアーゼ）という酵素によって調節されている．この酵素はP_{II}とよばれる調節タンパク質にウリジル酸（UMP）を付加させる．一方でウリジル酸除去酵素（UR）がP_{II}からウリジル酸を除去する．このP_{II}タンパク質はアデニリルトランスフェラーゼ（ATアーゼ）と結合し，ATアーゼはグルタミンシンテターゼのアデニル酸化反応と脱アデニル酸反応を触媒している．P_{II}がウリジル酸化されているとATアーゼはグルタミンシンテターゼを脱アデニル酸する．P_{II}からウリジル酸が除去されるとグルタミンシンテターゼはアデニル酸化される．この複雑な代謝戦略を図に示す．

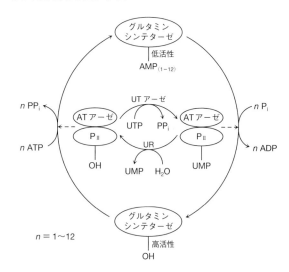

　(a) UTアーゼ活性は細胞内の2-オキソグルタル酸，ATP，グルタミン酸，および無機リン酸の濃度の影響を受ける．URの活性は細胞内グルタミン濃度の影響を受ける．これらの化合物はUTアーゼおよびURの阻害剤となるのか活性化剤となるのか．
　(b) グルタミンシンテターゼがアデニル酸化されると，この酵素は以下の代謝産物によるアロステリック阻害を受けやすくなる．それらはヒスチジン，トリプトファン，カルバモイルリン酸，グルコサミン6-リン酸，AMP，CTP，NAD^+，アラニン，セリン，およびグリシンである．なぜこれらの化合物はグルタミンシンテターゼを阻害するのか．
　(c) グルタミンシンテターゼが最初に大腸菌から精製された際，炭素源としてグリセロール，窒素源としてグルタミン酸だけを含む培地で育った大腸菌が使われた．こうした細胞から調製された酵素は先にあげたアロステリック阻害剤に対する感受性が高かった．次にグルコースと塩化アンモニウムを含んだ培地で育った大腸菌からグルタミンシンテターゼを調製したところ，その酵素は先にあげたアロステリック阻害剤に対する感受性をもっていなかった．この観察をどう説明

するか.

62. ピロリ菌の感染によって胃潰瘍は起こる. 胃の中の強い酸性下で生き延びるためにこの菌は高濃度のウレアーゼを産生する.

(a) ピロリ菌の生存にウレアーゼ活性が必須なのはなぜか.

(b) 少量のウレアーゼがこの細菌の表面に結合していないといけないのはなぜか.

参 考 文 献

Brosnan, J. T., Glutamate, at the interface between amino acid and carbohydrate metabolism, *J. Nutr.* 130, 988S−990S (2000). グルタミン酸がエネルギー源としておよび脱アミノとアミノ基転移反応において果たす代謝上の役割のまとめ.

Reichard, P., Ribonucleotide reductases: Substrate specificity by allostery, *Biochem. Biophys. Res. Commun.* 396, 19−23 (2010). これらの酵素がどのように制御されているかについての解説を含む.

Toney, M. D., Controlling reaction specificity in pyridoxal phosphate enzymes, *Biochim. Biophys Acta.* 1814, 1407−1418

(2011). これらの酵素がどのように同じ補酵素をさまざまな反応に用いているかを解説している.

Williams, R. A., Mamotte, C. D. S., and Burnett, J. R., Phenylketonuria: An inborn error of phenylalanine metabolism, *Clin. Biochem. Rev.* 29, 31−41 (2008). フェニルケトン尿症の歴史, 生化学, 診断と治療法を含む.

Withers, P. C., Urea: Diverse functions of a 'waste product', *Clin. Exp. Pharm. Physiol.* 25, 722−727 (1998). 毒性, 酸塩基平衡, 窒素移動の点でアンモニアと比較しながら, 尿素のさまざまな役割を解説している.

19 哺乳類の代謝調節

> **糖尿病では何が悪いのか**
> ヒトは長期間の安定化に向けて適応できる．成人の体の大きさや形は数十年間に渡って大きく変化しない．毎日の食事や活動が劇的に変化するにもかかわらず，体に乱れは現れない．体の調節機構が壊れるか疲弊すると，結果的には死に至ってしまう．世界中で急増しているⅡ型糖尿病に罹患すると，体による燃料の摂取，消費や貯蔵の調節が不全となる．そして，燃料代謝を調節しているホルモンのインスリンを投与しても，その効果は現れない．

復習事項
- アロステリック調節因子は酵素を阻害または活性化する（§7・3）．
- Gタンパク質共役型や受容体型チロシンキナーゼは，細胞外シグナルを細胞の内側に伝達する二つの主要な受容体である（§10・1）．
- 代謝燃料はグリコーゲン，トリアシルグリセロール，およびタンパク質の分解により得られる（§12・1）．
- 細胞の代謝経路は互いにつながり調節されている（§12・2）．

　熱力学の法則に従う機械として，ヒトの体は，その資源を管理するうえで驚くほど柔軟性がある．ヒトを含む哺乳類は，代謝燃料の利用，貯蔵，そして相互変換に向けて特殊化した異なる器官に依存している．器官の間での物質交換と情報連絡は，体全体として統合された動作を可能にしている．しかし，同じ理由で燃料代謝のある側面での欠陥は体に広く重大な結果をもたらす．本章では，代謝の過程がどのように調整され，それらの欠陥によって病気がどのように生じるかを探究する．

19・1　燃料代謝の統合

重要概念
- 種々の器官は燃料の貯蔵，移動，他の機能に向けて特殊化している．
- 代謝産物は組織間の代謝経路を移動している．

　哺乳類における主要な代謝燃料と構築単位である炭水化物，脂肪酸，アミノ酸とヌクレオチドの異化と同化の

ために働く種々の経路を調べるうえで，熱力学的な視点から生合成と分解の経路が異なることをみてみよう．これらの経路はまた，同時に行って資源を浪費することのないように調節されている．調節における一つの様式は，逆方向の経路を区画化することにある．たとえば，脂肪酸の酸化はミトコンドリアで，他方，脂肪酸の合成は細胞質で進行する．主要な代謝経路の部位を図19・1に示す．細胞内の区画間での物質移動は，膜輸送にかかわる広範なしくみを必要とするが，それらのいくつかも図19・1に含まれている．

器官は異なる機能に向けて特殊化している

　区画化はまた，器官を特殊化するという様式にもみられ，異なる組織はエネルギーの貯蔵と利用において異なる役割をもつ．たとえば，肝臓はほとんどの代謝を進行させるが，糖新生，ケトン体生成や尿素生成という，肝臓に特異的な機能も有する．脂肪組織は，体内の中性脂肪の約95％を貯蔵するために特殊化されている．赤血球などのいくつかの組織は，グリコーゲンや脂肪をたくわえることができず，肝臓から供給されるグルコースに依存している．

　燃料の保管庫あるいは資源庫としての器官の機能は，体に栄養が豊富にある（たとえば，食事の直後）か，欠乏している（何時間もの絶食後）かに依存している．いくつかの器官の主要な代謝機能を，燃料の貯蔵と移動における相互の役割を含めて，図19・2に図解している．

　食後に肝臓はグルコースを取込んで，貯蔵のためにそれをグリコーゲンに変換する．過剰なグルコースとアミノ酸はアセチルCoAに変換され，脂肪酸を合成するために利用される．脂肪酸はグリセロールにエステル化さ

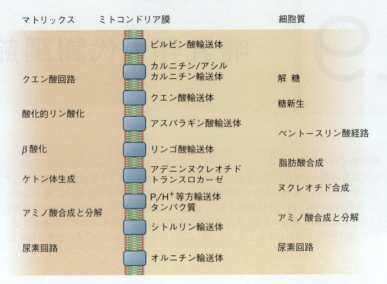

図 19・1 主要な代謝経路の細胞内局在．哺乳類では，代謝にかかわる多くの反応が細胞質またはミトコンドリアのマトリックスで進行する．尿素回路は，ミトコンドリアのマトリックスと細胞質に存在する酵素が必要であり，アミノ酸の分解もまた両方の場所で進行する．ここに書いていない他の反応は，ペルオキシソーム，小胞体，ゴルジ体やリソソームで進行する．図には，ミトコンドリアと細胞質の間で輸送される基質と生成物を運ぶいくつかの輸送体を示している．

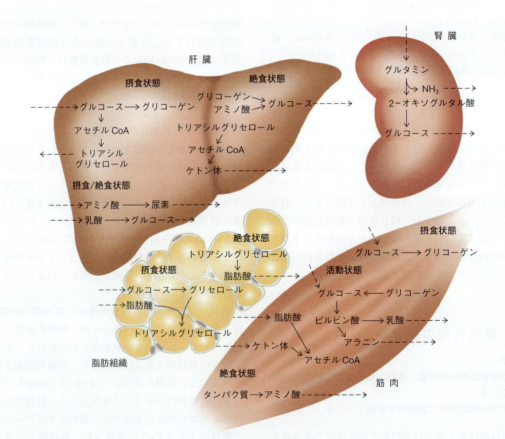

図 19・2 肝臓，腎臓，筋肉および脂肪組織における主要な代謝の役割

れ，その結果生じるトリアシルグリセロールは，食事由来のトリアシルグリセロールとともに，他の組織に輸送される．絶食の間，肝臓はグリコーゲン貯蔵体からグルコースを動員し，それを他の組織が利用できるように循環血中に放出する．グルコースが不足しているとき，トリアシルグリセロールはアセチル CoA に分解され，これがケトン体に変換して脳と心臓にエネルギーを供給する．タンパク質から生じるアミノ酸は，糖新生によってグルコースに変換可能である（非糖原性アミノ酸は，ケトン体に変換可能である）．肝臓はまた，筋肉の活動によって産生された乳酸とアラニンを処理してグルコースに変換し，尿素合成を通してアミノ基を蓄積させている．

グルコースが利用可能でグリコーゲンとして貯蔵できるとき，その貯蔵量に限界があるものの，筋肉細胞はグルコースを取込む．運動の間にグリコーゲンはすばやく分解され，能率は悪いが ATP を急速に産生する回路である解糖に供給される．筋肉細胞はまた，脂肪酸とケトン体の燃焼が可能である．一定の活動水準を維持する心筋は，脂肪酸を主要な燃料として燃焼するために特殊化されており，この好気的活動を遂行するためにミトコンドリアを豊富に含む．長期の激しい活動の間は，筋肉細胞から乳酸とアラニンが放出される（次項参照）．グルコースを生成するためにアミノ酸が必要となる飢餓の間は，代謝燃料の資源として筋肉のタンパク質が利用され

ボックス 19・A **臨床との接点**

がんの代謝

　分化した正常な細胞は可能な限りゆっくりと成長し，エネルギー需要をみたすために酸化的リン酸化に依存する．これとは対照的に，がん細胞のほとんどは，酸素が豊富であるときでさえも，速く無秩序に増殖するという特徴をもち，解糖を高速で回転させる．**ワールブルグ効果**（Warburg effect）として知られるこの嫌気的解糖は，1920 年代のワールブルグ（Otto Warburg）による観察以降，生化学者を当惑させてきた．がん細胞はより効率的な経路を利用して燃料を燃やし，ATP を生産するであろうと思われるが，その代わりに細胞は大量のグルコースを消費し，不要になった炭素を CO_2 よりもむしろ乳酸の形で放出する．実際に，がん細胞によって亢進したグルコースの取込みは，腫瘍の場所を探し出してその増殖を監視するために使われる PET（positron emission tomography, 陽電子放射断層画像撮影法）走査の基礎になっている．患者はスキャナー装置に入る約 1 時間前に，2−デオキシ−2−[^{18}F]フルオログルコース（フッ化デオキシグルコースまたは FDG）を注射され，これがグルコースを代謝するすべての細胞に取込まれる．^{18}F 同位体の崩壊は陽電子（正電荷をもつ電子のようなもの）を発し，これが最終的には光の閃光として感知される．PET スキャナーは同位体の位置を示す二次元または三次元の地図を作成し，これがグルコースを急速に取込んでいる組織の局在を表す．

　がん細胞は，なぜ明らかに非効率的な方法でグルコースを利用するのだろうか．この代謝戦略で考えられる利点のひとつは，がん細胞がおもに解糖によって ATP を生成する（これは活発な筋肉細胞でも起こる）ことによって，電子伝達経路において不可避な副産物であるスーパーオキシド・O_2^- のような活性酸素種の産生（ボックス 15・A 参照）を避けられることにある．がん細胞で亢進した好気的な活動に伴うスーパーオキシドの高い産生効率は，破滅的な DNA 損傷に導くであろう．しかしながら，がん細胞の特質の一つは損傷を受けた DNA にあり（§ 20・4），これはがんの進行に貢献している要因であると考えられるが，必ずしもがんの進行の結果ではない．

　別の可能性は，グルコースから乳酸への異化で十分な ATP の供給が可能となり，代謝燃料を ATP に変換する役割としてのクエン酸回路の負担を軽減できるということである．したがって，クエン酸回路の流量の大きな部分を，細胞が分裂するときに多量に必要となる脂肪酸，アミノ酸やヌクレオチドの合成といった同化反応のための前駆体の生産に向けることが可能となる．

　生合成前駆体の必要性はまた，多くのがん細胞が，グルコース異化は高率であるにもかかわらず，より低い酵素活性をもつピルビン酸キナーゼの変異体を発現している，という理由を説明しているようである．解糖の流量で結果として生じるボトルネックは，ヌクレオチド合成に必要な NADPH とリボースの産生のために，グルコースの炭素がアミノ酸生合成経路あるいはペントースリン酸経路（§ 13・4）を通って流れるようにしているのかもしれない．

PET 走査で暗い部分はグルコース代謝に大きく依存している組織を示す．矢印は腫瘍部位．[Living Art Enterprises/Photo Researchers/amanaimages．]

る.

脂肪細胞はグルコースを取込んで，それをグリセロールに変換する．これと循環血中から取込んだ脂肪酸は，細胞の中で脂肪球として貯蔵されるトリアシルグリセロールの原材料となる．脂肪酸は緊急時に脂肪組織から動員されて循環血中へと放出される．

腎臓は，老廃物の排出と酸塩基平衡（ボックス2・D参照）の維持に加えて，燃料代謝において小さな役割を果たしている．グルタミンからのアミノ基の除去によってグルコースに変換可能な2-オキソグルタル酸が生成する（肝臓と腎臓は糖新生を行える限られた器官である）．

上記に示した典型的な燃料使用の様相は，がん細胞では変化しており，その代謝は速い増殖と細胞分裂を支えなければならない（ボックス19・A）．

代謝産物は器官間を移動する

体の器官は循環系によって相互に連結されており，肝臓で生成したグルコースのように，一つの器官で合成された代謝産物は，容易に他の組織に達することができる．種々の組織から放出されたアミノ酸は，それらのアミノ基を除去するために肝臓あるいは腎臓に移動する．代謝産物は，体の器官と腸に生息する微生物との間で同じく交換される（ボックス19・B）．

いくつかの代謝経路は器官間の輸送を含む回路である．たとえば，**コリ回路**（Cori cycle，この名は Carl Cori と Gerty Cori が最初に記述したことによる）は，筋肉と肝臓を結ぶ代謝経路である．高い活動状態の間は，筋肉のグリコーゲンがグルコースにまで分解され，これが解糖で異化されて筋収縮に必要な ATP を産生する．筋肉におけるグルコースの急速な異化は，ミトコンドリアでの NADH 再酸化能力を超えてしまい，最終代謝産物として乳酸を生成する．この3炭素分子は筋肉細胞から排出され，血流を介して肝臓に達するが，そこで乳酸は糖新生の基質として利用される．その結果産生するグルコースは，筋肉に運ばれて戻ることができ，筋肉のグリコーゲンが枯渇したあとも持続的な ATP の産生が可

ボックス 19・B　　生化学ノート

腸内ミクロビオームは代謝に貢献する

ヒトの体には約10兆（10^{13}）個の細胞があると推定され，おそらくはその数の10倍の微生物がおもに腸で生きている．大部分は細菌であるこれらの生物は，**ミクロビオーム**（microbiome）とよばれる統合された生態系を構成している．ヒト宿主内の微生物の存在は，昔はある種の片利共生，両者が共同で得たり失ったりするものが多くない関係にあると信じられていた．しかし現在では，栄養素（いくつかのビタミンを含めて）の提供，燃料の使用と貯蔵の調節，さらに病気の防止において，ミクロビオームが活性な役割を果たしていることは明らかである．

DNA の塩基配列を決定する研究は，ヒトが最高 10,000 の異なった種の宿主を務めるかもしれないことを示している．微生物のこうした生態系の構築は，出生とともに始まって約1年後には完成する．種の混合比は，個人の一生を通じてかなり不変のままであるが，同じ世帯であっても個体間では著しく変化している．しかし，実際に存在している微生物の種類よりも，微生物生態系の全体的な代謝能力が重大であるように思われる．予期に反して，共通あるいは中核となるようなミクロビオームはない．ヒトミクロビオームプロジェクト（http://commonfund.nih.gov/hmp/index.aspx）は，ヒトの体に宿って健康と病気に寄与する微生物種をよりよく特徴づけることをめざしている．

小腸内の細菌と真菌は，消化不良の炭水化物，おもにはヒトの消化酵素では分解できない多糖を分解し，酢酸，プロピオン酸と酪酸を産生する．これらの短鎖脂肪酸は宿主によって吸収され，長期貯蔵のためにトリアシルグリセロールに変換される．腸内細菌はまた，ビタミン K，ビオチンと葉酸を生産し，それらの一部は宿主に取込まれて利用される．微生物による消化の重要性は，無菌環境下で飼育されたマウスによって明らかにされている．パートナーであるふつうの細菌が不在のマウスは，消化器系に細菌を移住させた正常動物に比べて，約30%多くの食餌を摂取する必要があった．

やせと肥満の人には，二つの主要な種類の細菌である Bacteroidetes と Firmicutes が異なる比率で宿っているという証拠がある．肥満者の微生物は食事から栄養素を抽出する効率がよりよく，宿主が吸収して過剰の栄養素を脂肪として貯蔵するということはない．むしろ，異なった種類の微生物は，腸内で免疫応答を促進あるいは抑制することで役割を果たしているようであり，その結果として生じる炎症の程度が宿主全体の燃料利用の様式に影響を与える．

一連の拡大する証拠は，ミクロビオームが糖尿病や自己免疫のような疾患の進行で役割を果たすことを示している．こうした理由から，いわゆる善玉菌微生物がこのような不快の処置や治療として提案されており，生きている微生物を含んでいる多種のカプセルや食品が商業的に入手可能である．臨床試験から，善玉菌ヨーグルトがヒトの腸内ミクロビオームの代謝特性を変えることが示されている．しかし，このような変化が真にヒトの健康にとって十分に大きくまた十分長く続くかは，未だ証明されていない．

能となる（図 19・3）．肝臓において糖新生の駆動に必要な自由エネルギーは，脂肪酸の酸化によって生成するATPから供給される．要するに，コリ回路は自由エネルギーを肝臓から筋肉に移しているのである．

第二の器官間の輸送経路である**グルコース-アラニン回路**（glucose-alanine cycle）もまた，筋肉と肝臓を結んでいる．激しい運動の間に筋肉のタンパク質は分解するが，その結果生じるアミノ酸はアミノ基転移反応によって中間体を生成し，クエン酸回路の活性を増加させる（§14・3 参照）．解糖の代謝産物であるピルビン酸は，アミノ基転移反応によってアラニンに変換され，血流を介して肝臓に運ばれる．肝臓ではアラニンのアミノ基が尿素合成のために利用され（§18・5 参照），その後の産物であるピルビン酸は糖新生の反応によってグルコースに変換される．コリ回路の場合と同様に，産生したグルコースは，その代謝ループを完成させるために，筋肉に戻される（図 19・4）．グルコース-アラニン回路の全体としての効果は，窒素源を筋肉から肝臓に輸送することにある．

19・2　燃料代謝のホルモン調節

重要概念
- 循環するグルコースが増加すると，膵臓細胞からインスリンが分泌される．
- インスリンはグルコースの取込みを促進して，代謝燃料を貯蔵する．
- グルカゴンとアドレナリンはグリコーゲン分解と脂肪分解を促進する．
- 脂肪組織と消化器官で産生するホルモンは，食欲と燃料代謝を調節する．
- AMP依存性プロテインキナーゼはATP産生経路を活性化してATP消費経路を抑制する．

個々の細胞や器官は，代謝の必要性や断続的に供給される代謝燃料と構築単位に応じて，それらに固有の経路の活性を調節する必要がある．体は代謝燃料を貯蔵し，必要に応じてそれらを動員し，そして次の食事の後でそれらを補充することによって，燃料供給の変動から自身を防護している．グルコースを定常的に供給し続けることは，炭水化物の食事摂取量がどう変化するか，あるいは炭水化物が他の活動のためにどのくらい酸化されるかにかかわらず，グルコースに大きくしかも比較的一定量を必要とする脳のために特に重要である．

時間あるいは日単位を通じて，体はグルコースと他の燃料の量をどのように制御しているのだろう．燃料を貯蔵して放出する器官の活動は**ホルモン**（hormone）によって調節されており，ホルモンはある組織で産生されて体全体に渡って他の組織に影響を与える物質である．燃料代謝に関与する最も重要なホルモンは，インスリン，グルカゴンとカテコールアミンのアドレナリン（エピネフリン）とノルアドレナリン（ノルエピネフリン）であるが，他の器官によって産生される多くの物質は，食欲，

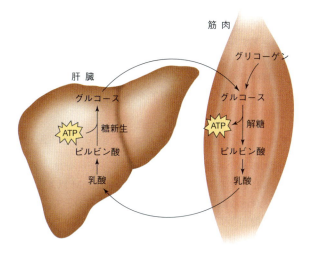

図 19・3　**コリ回路**．筋肉における解糖の産物である乳酸は，肝臓に運ばれる．肝臓で乳酸は乳酸デヒドロゲナーゼによってピルビン酸に変換され，糖新生によるグルコース産生に利用される．肝臓におけるATPの形での自由エネルギーの供給は，グルコースが筋肉に戻されて異化されたときに回復できる．

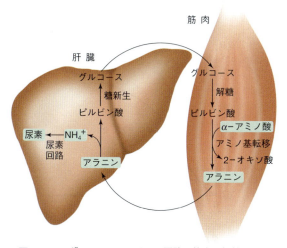

図 19・4　**グルコース-アラニン回路**．筋肉で解糖によって産生したピルビン酸は，アミノ基転移反応によってアラニンとなり，そのアミノ基を肝臓に輸送する．アラニンの炭素骨格はグルコースに変換されて筋肉で利用されるが，その窒素源は尿素に変換されて排出される．

燃料配分と体重を制御する経路に関与している.

細胞外シグナルに応答する細胞の能力は,細胞表面受容体に依存するが,受容体はホルモンを認識して細胞内にシグナルを伝達する.ホルモンに対する細胞内応答には,酵素活性と遺伝子発現の変化が含まれる.主要なシグナル伝達経路は10章で解説した.

グルコースに応答してインスリンが分泌される

インスリン（insulin）は,グルコースの取込みのような活性を促進し,グリコーゲン分解のような過程を抑制して,燃料代謝の調節において重要な役割を果たしている.インスリンの欠乏やインスリンに対する応答の不全は,**糖尿病**（diabetes mellitus）をひき起こす（§19・3）.食事後,血中グルコース濃度は正常値である3.6〜5.8 mMから約8 mMにただちに上昇する.循環血中のグルコース濃度の上昇は,51アミノ酸からなるペプチドホルモンのインスリンの分泌を促す（図19・5）.インスリンは膵臓にある膵島のβ細胞で合成されるが,膵島は細胞の小塊であり,消化酵素群の代わりにホルモンを産生する（図19・6）.このホルモンの名称insulinは,ラテン語で"島"を意味するinsulaに由来している.

β細胞からインスリンが分泌される機構は,完全には解明されていない.膵島細胞には,予想されるグルコースに対する受容体は存在しない.それに代わって,細胞内でのグルコース代謝そのものが,インスリン分泌に向けたシグナルを産生している.肝臓と膵臓β細胞では,グルコキナーゼ（glucokinase）によって触媒される反応が解糖でのグルコース分解の始まりとなる（グルコキナーゼはヘキソキナーゼのアイソザイムである,§13・1参照）.

グルコース＋ATP ⟶ グルコース6-リン酸＋ADP

他の種類の細胞に存在するヘキソキナーゼは,グルコースに対するK_Mが相対的に低く（0.1 mM以下）,これは生理的な濃度のグルコースという基質の下で,この酵素が飽和していることを意味する.これに対して,グルコキナーゼは5〜10 mMという高いK_Mをもち,飽和することなく,有効なグルコースの濃度範囲においてその活性を最大限に変化させることができる（図19・7）.

興味深いことに,グルコキナーゼに対する基質-反応速度の曲線は,ヘキソキナーゼのような単量体型酵素に期待された双曲線の形ではない.代わりに,その曲線はS字形（シグモイド形）であり,これは協調性のある複

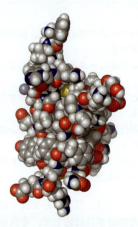

図19・5 ヒトインスリンの構造. この二本鎖からなるホルモンを,炭素を灰色,酸素を赤,窒素を青,水素を白,そして硫黄を黄で色づけしている.［構造（pdb 1AI0）はX. Chang, A. M. M. Jorgensen, P. Bardrum, J. J. Ledによって決定された.］

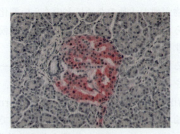

図19・6 膵臓の膵島細胞. 膵島はランゲルハンス島ともいい,2種類の細胞からなる［ランゲルハンス（Langerhans）の名前はその発見者の名による］.β細胞はホルモンであるインスリンを産生し,α細胞はグルカゴンを産生する.他の大部分の膵臓の細胞は消化酵素を産生する.［DIOMEDIA/Carolina Biological.］

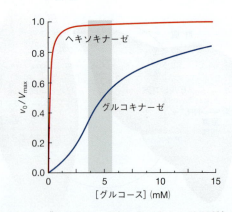

図19・7 グルコキナーゼとヘキソキナーゼの活性. 両酵素とも,解糖の最初の段階であるATPに依存したグルコースのリン酸化反応を触媒する.グルコキナーゼは高いK_Mをもち,その反応速度はグルコース濃度の変化に依存して変化する.一方,ヘキソキナーゼは生理的なグルコース濃度（灰色の部分）ですでに飽和している.

数の活性部位をもつアロステリックな酵素の典型である（§7・2参照）．一つの活性部位しかもたないグルコキナーゼがシグモイド曲線の特性を示すのは，基質誘導性の構造変化が原因で，これは，触媒サイクルの終わりで，この酵素が次の基質となるグルコース分子に対して高い親和性を一時的にもつためかもしれない．したがって，高いグルコース濃度でグルコキナーゼは高い反応速度を示すことになる．低いグルコース濃度では，次の基質のグルコースを結合する前に低親和性の構造に戻ってしまうので，この酵素はよりゆっくりと作用する．

膵臓のグルコースセンサーとしてのグルコキナーゼの役割は，グルコキナーゼ遺伝子の変異がまれに糖尿病でみられるという知見からも支持される．しかし，他の細胞内因子，とりわけβ細胞のミトコンドリアに存在する因子が，糖尿病と関連している可能性もある．また，インスリン分泌をひき起こすためのグルコースセンサーは，ミトコンドリア内の $NAD^+/NADH$ または ADP/ATP の比にも依存している．こうした理由から，加齢に依存したミトコンドリア機能の低下が，年齢とともに糖尿病が進行する要因になっているのであろう．

一度インスリンが血液中に分泌されると，このホルモンは筋肉や他の組織の細胞表面に存在する特異的な受容体に結合する．インスリンが受容体に結合すると，受容体の細胞内領域に存在するチロシンキナーゼの活性が促進される（§10・3参照）．このキナーゼは受容体を互いにリン酸化するとともに，IRS-1 と IRS-2（インスリン受容体基質1と2）を含む他のタンパク質のチロシン残基をリン酸化する．IRS タンパク質は細胞内でさらに次の事象をひき起こすが，それらのすべては十分に解明されていない．

インスリンは燃料の利用と貯蔵を促進する

インスリン受容体をもつ細胞はこのホルモンに応答できるが，その応答は細胞の種類によって異なる．一般に，インスリンは燃料が豊富であるというシグナルを伝達する．インスリンは貯蔵燃料の代謝を抑制し，燃料の貯蔵を促進する．さまざまな組織に対するインスリンの効果を表 19・1 にまとめている．

筋肉や脂肪のような組織においては，インスリンは細胞内へのグルコース輸送を数倍にまで上昇させる．インスリンはグルコース輸送の V_{max} を増加させるが，これは，インスリンが個々の輸送体に内在する活性を上昇させるのではなく，細胞表面への輸送体の数を増加させるためである．この輸送体は，他のグルコース輸送体タンパク質と区別するために GLUT4 とよばれており，細胞内小胞に局在している．インスリンが細胞に結合する

表 19・1 インスリンの作用のまとめ

標的組織	代謝効果
筋肉と他の組織	細胞へのグルコース輸送の促進 グリコーゲン合成の促進 グリコーゲン分解の抑制
脂肪組織	細胞外リポタンパク質リパーゼの活性化 アセチル CoA カルボキシラーゼの増加 中性脂肪（トリアシルグリセロール）合成の促進 脂肪酸分解の抑制
肝臓	グリコーゲン合成の促進 中性脂肪（トリアシルグリセロール）合成の促進 糖新生の抑制

と，細胞内小胞が細胞膜と融合する．この輸送体が細胞膜に局在を変えて，グルコースが細胞に取込まれる速度を上昇させている（図19・8）．GLUT4 は受動輸送体の一種で，赤血球のグルコース輸送体と同様に作用している（図9・12参照）．インスリンの刺激が消失すると，グルコース輸送体はエンドサイトーシスによって取込まれ，細胞内の小胞に戻される．

インスリンはグルコースの取込みとともに，脂肪酸の取込みを促進する．脂肪組織でインスリンがその受容体に結合すると，細胞外タンパク質のリポタンパク質リパーゼを活性化し，循環しているリポタンパク質から脂肪酸を遊離させる．その結果，遊離脂肪酸は脂肪組織に取込まれて貯蔵される．

インスリンによるシグナル伝達経路はまた，グリコーゲン代謝にかかわる酵素も調節する．グリコーゲン代謝はグリコーゲンの合成と分解の釣合によって特徴づけられる．その合成は酵素の**グリコーゲンシンターゼ**（glycogen synthase）によって触媒されるが，この酵素は，UDP グルコースから供給されるグルコース単位をグリコーゲン多量体の分枝した末端に付加させる（§13・3

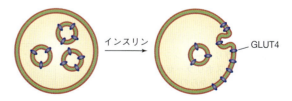

図 19・8 GLUT4 に対するインスリンの効果．インスリンは小胞の融合をひき起こし，グルコースを輸送するタンパク質 GLUT4 を細胞内小胞から細胞膜に移行させる．この機構によって，細胞がグルコースを取込む速度が上昇する．

参照).

$$\text{UDP グルコース} + \text{グリコーゲン}_{(n\text{残基})} \longrightarrow \text{UDP} + \text{グリコーゲン}_{(n+1\text{残基})}$$

グリコーゲンホスホリラーゼ(glycogen phosphorylase)は,加リン酸分解(水の付加ではなく,リン酸基の付加)によってグリコーゲンからグルコース残基を遊離させる.

$$\text{グリコーゲン}_{(n\text{残基})} + P_i \longrightarrow \text{グリコーゲン}_{(n-1\text{残基})} + \text{グルコース 1-リン酸}$$

この反応に続いて異性化反応が起こり,解糖の最初の中間体であるグルコース 6-リン酸が生成する.

　グリコーゲンシンターゼは同じポリペプチド鎖からなるホモ二量体であり,グリコーゲンホスホリラーゼは異なるポリペプチド鎖からなるヘテロ二量体である.両酵素は,アロステリック因子群によって調節されている.たとえば,グリコーゲンシンターゼはグルコース 6-リン酸によって活性化される.AMP はグリコーゲンホスホリラーゼを活性化し,ATP はこれを抑制する.これらの効果は,細胞内で ATP 産生を押し上げるグルコースの動員という点で,グリコーゲンホスホリラーゼの役割に一致する.しかし,グリコーゲンシンターゼとグリコーゲンホスホリラーゼの調節において働く基本的な機構は,共有結合性の修飾(リン酸化と脱リン酸)であり,これがホルモンによって調節される.両酵素は,特定のセリン残基が可逆的にリン酸化される.リン酸化は,グリコーゲンシンターゼを不活性化し,グリコーゲンホスホリラーゼを活性化する.脱リン酸は逆の作用をもつ.すなわち,脱リン酸は,グリコーゲンシンターゼを活性化し,グリコーゲンホスホリラーゼを不活性化する(図19・9).

　共有結合性の修飾は一種のアロステリック調節である(§7・3).高いアニオン性のリン酸基の付加と脱離は,より活性の高い(a または R)型とより活性の低い(b または T)型との間で高次構造の構造変化をひき起こす.グリコーゲンシンターゼとグリコーゲンホスホリラーゼの逆向きの調節は,代謝の効率化を促進する.なぜなら,この二つの酵素は逆向きの代謝経路において律速段階となる反応を触媒しているからである.この調節機構が優れているのは,一つのキナーゼがグリコーゲンの合成と分解の釣合を傾けることが可能な点にある.同じように,一つのホスファターゼが逆方向にその釣合を傾けることができる.リン酸化と脱リン酸のような共有結合性の修飾は,細胞内で濃度変動が小さい代謝産物のアロステリック効果による単なる制御よりは,より広い範囲に渡って酵素活性を引出すことを可能にしている.インスリンのシグナル伝達はホスファターゼを活性化するが,このホスファターゼはグリコーゲンシンターゼを脱リン酸(不活性化)し,さらにグリコーゲンホスホリラーゼを脱リン酸(活性化)する.グルコースが豊富にあると,結果としてグリコーゲン合成の速度が増加し,グリコーゲン分解の速度が減少する.

グルカゴンとアドレナリンは燃料を動員する

　食後数時間以内に食物中のグルコースは細胞に取込まれ,燃料として消費されるか,グリコーゲンとして貯蔵されるか,あるいは長期間の保存のために脂肪酸に変換される.この時点において,肝臓は血中グルコース濃度を一定に保つために,グルコースを動員しなければならない.この時期の燃料代謝は,インスリンではなく,他のホルモン,その多くはグルカゴン(glucagon)とカテコールアミンであるアドレナリン〔adrenaline,エピネフリン(epinephrine)ともいう〕とノルアドレナリン〔noradrenaline,ノルエピネフリン(norepinephrine)ともいう〕によって調節される.

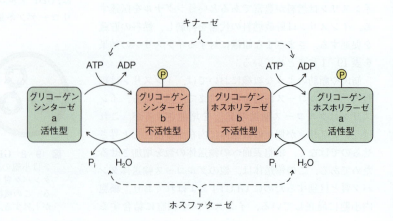

図 19・9　**グリコーゲンシンターゼとグリコーゲンホスホリラーゼの逆方向の調節**.リン酸化(ATP からのリン酸基の転移)は,グリコーゲンシンターゼを不活性化し,グリコーゲンホスホリラーゼを活性化する.脱リン酸は逆の作用をもつ.個々の酵素において,より活性の高い分子種は a 型(緑で示す)として,またより活性の低い分子種は b 型(赤で示す)として知られている.

29 アミノ酸残基からなるペプチドホルモンのグルカゴンは，血中のグルコース濃度が約 5 mM 以下になると，膵島のα細胞で合成されて分泌される（図19・10）．カテコールアミンはチロシン誘導体（§18・2）であり，中枢神経系では神経伝達物質として，また副腎髄質ではホルモンとして合成される．グルカゴン，アドレナリンとノルアドレナリンは7回膜貫通領域をもつ受容体に結合する．これらのホルモンが結合した受容体は，高次構造を変化させてそれに結合している G タンパク質を活性化し，アデニル酸シクラーゼ（adenylate cyclase）のような他の細胞内成分を活性化する（§10・2）．アデニル酸シクラーゼは二次メッセンジャーであるcAMPを生成し，cAMPはプロテインキナーゼA(protein kinase A) を活性化する．

インスリンとは異なり，グルカゴンは肝臓を刺激してグリコーゲン分解と糖新生によってグルコースを動員し，さらに脂肪組織を刺激して**脂肪分解**（lipolysis）をひき起こす．筋肉細胞はグルカゴンが結合する受容体を発現していないが，グルカゴンと結果的には同じ効果をひき起こすカテコールアミンに応答する．こうして，アドレナリンが筋肉細胞を刺激すると，グリコーゲン分解が活性化され，より多くのグルコースを産生して筋収縮に利用する．

プロテインキナーゼAの細胞内標的の一つはグリコーゲンホスホリラーゼキナーゼ（phosphorylase kinase）であり，この酵素はグリコーゲンシンターゼをリン酸化（不活性化）し，さらにグリコーゲンホスホリラーゼをリン酸化（活性化）する．したがって，cAMPの産生に導くグルカゴンやアドレナリンのようなホルモンは，グリコーゲン分解を促進し，グリコーゲン合成を抑制する．グリコーゲンホスホリラーゼキナーゼはプロテインキナーゼAによって活性化されるが，この酵素は Ca^{2+} が存在するときに最大限まで活性化される．ホルモンであるカテコールアミンに応答して，Ca^{2+} 濃度はホスホイノシチド経路を介するシグナル伝達経路で上昇する（§10・2）．

脂肪細胞では，プロテインキナーゼAはホルモン感受性リパーゼ（hormone-sensitive lipase）とよばれる酵素をリン酸化し，これを活性化する．このリパーゼは，脂肪分解の律速段階であり，貯蔵されたトリアシルグリセロールからのジアシルグリセロール，そしてモノアシルグリセロールへの変換を触媒する．ホルモンによる刺激は，リパーゼの触媒活性を上昇させるばかりでなく，リパーゼを脂肪細胞の細胞質から脂肪滴に移動させる．おそらくは，ある脂質結合タンパク質を介した基質と酵素の共局在が，脂肪酸を移動させる速度を上昇させていると考えられる．こうして，グルカゴンとアドレナリンはグリコーゲンと脂肪の両方の分解を促進する．これら

図 19・10　**グルカゴンの構造**．29 アミノ酸残基からなるペプチドを，炭素を灰色，酸素を赤，窒素を青，水素を白，そして硫黄を黄で色づけしている．［構造（pdb 1GCN）は T. L. Blundell, K. Sasaki, S. Dockerill, I. J. Tickle によって決定された．］

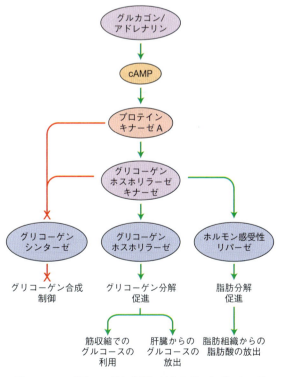

図 19・11　**グリコーゲン代謝に対するグルカゴンとアドレナリンの効果**．緑の矢印は活性化を，赤の記号は抑制を示す．グルカゴンとアドレナリンの両者はグリコーゲン合成を抑制してグルコースと脂肪酸の動員を促進する．

の応答を図19・11にまとめて示す.

別種のホルモンが燃料代謝に影響を与える

膵臓(インスリンやグルカゴンの合成)や副腎(アドレナリンやノルアドレナリンの合成)のようなよく知られた内分泌器官に加えて,他の多くの組織がホルモンを産生し,食物の獲得や利用のすべての調節を助けている(表19・2).事実,これまで相対的に不活性な脂肪の貯蔵部位と考えられてきた脂肪組織が,体の他の部分と積極的に情報を交換している.

脂肪組織は146残基からなるポリペプチドホルモンの**レプチン**(leptin)を産生するが,これは満腹シグナルとして作用する.レプチンは脳の一部である視床下部に作用し,食欲を抑制する.レプチンの濃度は脂肪組織の量に比例している.より多くの脂肪が体に蓄積するほど,食欲を抑えるレプチンのシグナルがより強くなる.

レプチンと同様に,脂肪組織から**アディポネクチン**(adiponectin)が分泌される.しかし,247残基からなるポリペプチドのアディポネクチンは,各種の組合わせによる多量体として存在し,異なった受容体と結合する特徴をもつ.アディポネクチンはAMP依存性プロテインキナーゼを活性化することによって,いろいろな組織にその効果を与える(表19・2参照).アディポネクチンの効果として,グルコースと脂肪酸の燃焼増大があり,また,インスリンに対する組織の感応性を高める.

さらに脂肪細胞は,**レジスチン**(resistin)とよばれる108残基からなるホルモンを分泌し,これはインスリンの作用を阻害する.レジスチン濃度は肥満で増加するが,これは体重増加とインスリンに対する感受性低下の間の関係を説明している(§19・3).

消化器系は,少なくとも20のさまざまな作用をもつ異なったペプチドホルモンを産生する.これらのいくつかは,食物が消化されたというシグナルを発する.たとえば,**インクレチン**(incretin)は腸から分泌され,膵臓からのインスリン分泌を増強する.ペプチドYY(PYY_{3-36})として知られるオリゴペプチドは,特に高タンパク質の食事によって分泌されるが,これは視床下部に作用して食欲を抑制する.胃で産生され28残基からなるペプチドの**グレリン**(ghrelin)は,その濃度が絶食の間に増加して食後に減少する.これは食欲を促進する唯一の消化管ホルモンである.

AMP依存性プロテインキナーゼが燃料センサーとして機能する

体の恒常性維持を助けるために,これまで燃料の摂取,貯蔵と動員を制御するさまざまなシグナルをみてきた.個々の細胞にも同じように燃料計があり,より高い精度でそれらの活性を調節している.AMP依存性プロテインキナーゼ(AMP-dependent protein kinase: AMPK)は細胞のATP,ADP,AMPの釣合に応答して,異なった代謝性経路に介在する多くの酵素を活性化したり抑制したりする.細胞がエネルギーを必要とすることを示すAMPとADPは,AMPKを活性化し,エネルギーが十分であることを示すATPは,このキナーゼを抑制する.

AMPKは高度に保存されたセリン/トレオニンキナーゼで,触媒サブユニットと調節サブユニットが"足場(scaffolding)"サブユニットで連結されている(図19・12).他の多くのキナーゼのように,AMPKは特定のトレオニン残基のリン酸化によって活性化される.このトレオニン残基の脱リン酸は,ADPがAMPKの調節サブ

表 19・2 燃料代謝を調節するいくつかのホルモン

ホルモン	由来	作用
アディポネクチン	脂肪組織	AMPKの活性化(燃料異化の促進)
レプチン	脂肪組織	飽満シグナル
レジスチン	脂肪組織	インスリン作用の阻害
ニューロペプチドY	視床下部	食欲の促進
コレシストキニン	腸	食欲の抑制
インクレチン	腸	インスリン分泌の促進,グルカゴン分泌の抑制
PYY_{3-36}	腸	食欲の抑制
アミリン	膵臓	飽満シグナル
グレリン	胃	食欲の促進

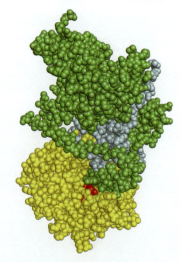

図 19・12 **AMPKの構造**.触媒サブユニット(緑)の一部が足場サブユニット(青)で包まれ,調節サブユニット(黄)と相互作用している.調節サブユニットに結合したAMPを赤で示す.[構造(pdb 2Y94)はB. Xiao, M. J. Sanders, E. Underwood, et alによって決定された.]

ユニットに結合すると阻害されるので，キナーゼは活性状態（脱リン酸状態より活性が約200倍高い）に維持される．AMPは同じくキナーゼのアロステリック活性化因子として作用し，全体的にその活性を約2000倍に上昇させる．ATPは，AMPとADPが調節サブユニットに結合するときに競合して，AMPKを抑制する．この複数部位による調節機構から，AMPKは細胞の広範なエネルギー状態に対して応答できる．

細胞内エネルギー不足への応答に加えて，AMPKはレプチンとアディポネクチンのようなホルモンに反応する．AMPK活性化の結果として，細胞はATPを消費する同化経路のスイッチを切って，ATPを産生する異化経路のスイッチを入れる．たとえば，運動している筋肉においてAMPKは，ホスホフルクトキナーゼのアロステリック活性化因子であるフルクトース2,6-ビスリン酸を産生する酵素をリン酸化してそれを活性化し，解糖の流量を増加させる（§13・1）．脂肪組織においてAMPKは，マロニルCoAを生成する酵素アセチルCoAカルボキシラーゼをリン酸化してそれを不活性化し，脂肪酸合成を抑制する．マロニルCoAは脂肪酸のミトコンドリアへの輸送を抑制するので，AMPKは筋肉のような組織でミトコンドリアのβ酸化速度を増加させる．AMPKの活性化はまた，新しいミトコンドリアの生産を促進する．代謝に向けたAMPKのいくつかの効果を表19・3に示す．

19・3 燃料代謝の障害

重要概念

- 絶食の間に体はグリコーゲン，脂肪，タンパク質を分解し，グルコース，脂肪酸，ケトン体を産生する．
- 肥満は代謝，環境，遺伝的な要因から発症する．
- 糖尿病では，インスリンの不足あるいはインスリンに対する応答不全で高血糖になる．
- メタボリックシンドローム（代謝症候群）は肥満とインスリン抵抗性によって特徴づけられる．

哺乳類の燃料代謝の調節が多面的であることは，障害が起こりやすいことも意味している．燃料の過剰摂取と貯蔵は，肥満の原因となる．飢餓は不十分な食事に起因する．炭水化物と脂質代謝の不完全な調節は，糖尿病につながる．本節では，これらの状態の背後にある生化学のいくつかを検討する．

絶食の間に体はグルコースとケトン体を産生する

生体のほとんどの組織は，望ましい燃料としてグルコースを利用し，その供給が減少するときにだけ脂肪酸を利用する．腸を除いて，アミノ酸は主要な燃料とはな

表 19・3 AMP 依存性プロテインキナーゼの効果

組 織	応 答
視床下部	摂食の増大
肝臓	解糖の増大，脂肪酸酸化の増大，グリコーゲン合成の減少
	糖新生の減少
筋肉	脂肪酸酸化の増大，ミトコンドリア生合成の増大
脂肪組織	脂肪酸合成の減少，脂肪分解の増大

ボックス 19・C　生化学ノート

消耗症とクワシオルコル

慢性的な栄養失調はさまざまな様相でヒトの健康を損なう．たとえば，栄養状態が良好な個体に対して，必ずしも致命的にはならない感染症を悪化させる．重い栄養失調の小児も，その後の摂食が標準的なレベルに増加するとしても，体の大きさや認知発達の点で十分な能力にまで到達できない．重篤な栄養失調の二つの主要な型として，消耗症（marasmus）とクワシオルコル（kwashiorkor, タンパク質栄養障害ともいう）があり，それらは併発することもある．

消耗症では，すべてのタイプの代謝燃料の不適切な摂取によって萎縮を生じる．この状態の患者は，きわめてわずかな筋肉量と皮下脂肪の消失から，やせ衰える．類似した症状は，がん，結核やエイズのようないくつかの慢性疾患

で生じる．

クワシオルコルは不適切なタンパク質の摂取に起因するが，不適切なエネルギーの摂取を伴う場合と伴わない場合がある．クワシオルコルの小児は，典型的には細い手足，赤味がかった髪と腹部腫脹をもつ．アミノ酸の十分な供給がないので，肝臓は血管内の液体の保持を助けるタンパク質であるアルブミンをわずかしか合成しない．アルブミン濃度が低下すると，液体が浸透によって組織に入る．この膨潤（浮腫）は，肝臓の機能を損なう他の病気でも生じる．クワシオルコルでは，肝臓が脂肪の沈着のために拡張する．必須アミノ酸のフェニルアラニンから生じるチロシンは，茶色の色素分子であるメラニンの前駆体であるために，髪と皮膚の色素脱失が生じる．

らない．しかし，長期間にわたって食事がとれないときは，体は異なる種類の燃料を動員するために調節が必要となる．平均的な成人は，ヒトの進化の間に季節性食糧不足によって形づくられた適応として，数カ月まで永続的な飢餓状態を切抜けることが可能である．幼年期の飢餓は，もちろん，発達に著しく悪い影響を与える（ボックス19・C）．

　肝臓と筋肉は，1日に必要なグルコースより少ない量をグリコーゲンの形で貯蔵している．貯蔵グリコーゲンが枯渇すると，筋肉は燃料をグルコースから脂肪酸に変換する．循環しているグルコースが低下するとインスリン分泌が停止して，インスリンに応答する組織はグルコースを取込む刺激を受けなくなる．こうして，ほとんどグリコーゲンを貯蔵しておらず，脂肪酸を燃料として利用できない脳のような組織のために，もっと多くのグルコースが利用できるようになる．

　肝臓と腎臓は，アミノ酸（タンパク質分解から）とグリセロール（脂肪酸分解から）のような非炭水化物の前駆体を利用する糖新生の速度を増加させて，絶え間ないグルコース需要に応答している．数日後には，肝臓は動員された脂肪酸をアセチルCoAに，そしてケトン体へと変換する．これらの小さな水溶性燃料は，心臓と脳を含むさまざまな組織で利用される．グルコースからケトン体への緩やかな変換は，糖新生前駆体の供給に向けてタンパク質を使い尽くすのを防いでいる．40日間の絶食の間に，循環中の脂肪酸濃度は約15倍に，ケトン体濃度は約100倍に増加する．これとは対照的に，血液中のグルコース濃度は3倍を超えては変化しない．こうした燃料使用の様式を表19・4に要約する．

肥満には複数の原因がある

　肥満は公衆衛生上で大きな問題になっている．生活の質に対する影響に加えて，肥満は生理学的に浪費にあたる．大量の脂肪蓄積によって，肺の完全な膨張が阻止される．より大きい体を通した血液循環のために，心臓は通常より激しく拍動する必要がある．そして体重の増加は，腰，ひざと足首関節に負担を与えている．肥満はまた，心血管疾患，糖尿病とがんの危険度を増加させる．そして肥満は，推定上米国成人の1/3に影響を与えているので，肥満を流行病として記述することは誇張ではない．

　多くの状態のように，肥満の原因は一つとは限らない．肥満は複合疾患であり，食欲と代謝を含み，そして遺伝的，環境的要因を反映している．肥満は高い遺伝性があるにもかかわらず，その原因遺伝子は必ずしも同定されていない．過食と脂肪組織における脂肪沈着の間に明白な相関がある．しかし，代謝調節は非常に複雑なため，ダイエットをする人が証明しているように，体重増加傾向の是正に向けて，小食にするような単純な適応では不十分かもしれない．

　ヒトの体は，体重に対するある**設定値**（set-point）をもっているように思われる．この設定値は不変で，そして何十年にもわたってエネルギーの摂取と出費から比較的独立して維持されている．ホルモンのレプチンを欠くと，齧歯類とヒトは重度の肥満になることから（図19・13），レプチンは設定値の確立を助けているのかもしれない．しかし，大多数の肥満者はレプチンの欠損ではないようで，その代わりにレプチンのシグナル伝達経路の一部の欠失のために，レプチン抵抗性で苦しんでいるのかもしれない．レプチンが食欲を抑制することにそれほど効果がないとき，体重が増える．最終的に，脂肪組織量の増大に起因しているレプチン濃度の増加は，満腹のシグナル伝達に成功するが，その結果は高い設定値（維持すべき体重より高い値）となる．これは，数kgのダイエットに成功した過体重の人が，しばしば減らした体重を再び増やし，もとの設定値に戻るということを説明する一つの理由かもしれない．

　ヒトの脂肪には，皮下脂肪（皮膚の下），内臓脂肪（腹部臓器を取巻く），褐色脂肪のように数種類が存在する．

表 19・4　異なる状態における代謝燃料の原料

	炭水化物 （%）	脂肪酸 （%）	アミノ酸 （%）
食事の直後	50	33	17
一晩の絶食後	12	70	18
40日間の絶食後	0	95†	5

† この値は，脂肪酸に由来するケトン体の高濃度を反映している．

図 19・13　**正常と肥満のマウス**．レプチンの機能的な遺伝子を欠く左のマウスは，対照の正常なマウス（右）に比べて数倍大きい．［The Rockefeller University/AP/© Wide World Photos.］

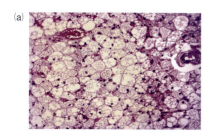
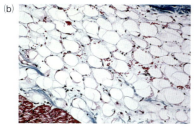

図 19・14 褐色と白色の脂肪組織. (a) 褐色脂肪組織の細胞は, 比較的多くのミトコンドリアを含み, トリアシルグリセロールが多くの小球として細胞質に存在する. (b) 白色脂肪組織の細胞は, 大部分が一つの大きな脂肪球で占められており, 細胞質はほとんどない. [Biophoto Associates/Photo Researchers, Inc./amanaimages.]

高いミトコンドリア含量から命名された**褐色脂肪組織** (brown adipose tissue) は, 体温を維持するための熱産生に特殊化している. 褐色脂肪組織は新生児と冬眠する哺乳類 (ボックス 15・B 参照) で顕著にみられ, ヒト成人でもおもに首と胸郭上部に少なくとも少量存在する.

発生学・代謝学的に, 褐色脂肪組織はふつうの白色脂肪組織よりも筋肉に類似している (図 19・14). 褐色脂肪組織は, 一つの大きな脂肪球の代わりに, 多くの小さい脂肪滴を含んでおり, これが熱産生に向けて酸化される脂肪酸の源になる. ホルモンのノルアドレナリンは褐色脂肪細胞上の受容体に結合し, プロテインキナーゼ A を経由するシグナル伝達によって, トリアシルグリセロールから脂肪酸を遊離するリパーゼを活性化する. 脱共役タンパク質 (uncoupling protein: UCP) は褐色脂肪組織のミトコンドリアに発現しており, そこで ATP の合成を伴わずに燃料酸化が起こる. 説得力のある仮説は, やせた個体が, 脂肪を白色脂肪組織に貯蔵する代わりに, 褐色脂肪組織で過剰な燃料を燃焼させるより高い能力をもつというものである.

糖尿病は高血糖で特徴づけられる

燃料代謝でよく特徴づけられた異常のもう一つは糖尿病 (diabetes mellitus) であり, 米国人口の約 10% に悪影響を及ぼしている. 糖尿病は, 世界的に毎年約 3 億 5000 万の人々に影響を与え, 約 350 万人が死んでいる. 糖尿病の最も高い発症率は中間所得の国で観察され, そして人口の約 20% が影響を受けている.

diabetes ("通り過ぎる"の意味) と mellitus ("蜜のように甘い"の意味) の言葉は, 糖尿病患者のはっきりとした症状を示している. 糖尿病患者は高濃度のグルコースを含む多量の尿を排泄する (患者の腎臓は過剰の循環血中グルコースを尿中に排泄して除去するために働いており, この過程は多量の水分を要求する).

I 型糖尿病 (若年発症型またはインスリン依存性糖尿病ともいう) は, 自己免疫疾患の一種で, 免疫系が膵島の β 細胞を破壊することによる. この症状は, インスリンの産生が低下し始める幼年期において最初に現れる. かつて糖尿病は, 常に致死的であった. しかし 1922 年に, バンティング (Frederick Banting) とベスト (Charles Best) が膵臓の抽出物を糖尿病患者に投与し, 重篤な患者の命を救ったことにより, この状況は大きく変化した (図 19・15). それ以降, I 型糖尿病に精製インスリンを処置する治療法が確立し, あらかじめ注入された注射器と小さいポンプを含めた送達装置も備えられた.

摂食と絶食の典型的な 24 時間周期の期間にわたって, 体が必要とするインスリンを配給する試みが進行中である. 糖尿病患者は, 1 日に数回, しばしば 1 μL 以下のごく少量試料のグルコース濃度を測定する. 血糖値の測定あるいはインスリンの投与のためであるかにかかわらず, 頻繁な注射から患者を解放する方法は, 若干の成功

図 19・15 バンティング (右) とベスト (左). 彼らはイヌの膵臓を外科的に摘出して糖尿病を誘発させた. 膵臓組織の抽出物をそのイヌに投与したところ, 糖尿病の症状が改善された. この研究は, ヒトの糖尿病に対してインスリンを含む膵臓抽出物で治療する基礎となった. [Hulton Archive/ゲッティイメージズ.]

をみている膵島細胞の移植である．糖尿病の遺伝子治療は，インスリンの遺伝子発現がグルコースに感受性を示すように，その遺伝子を体に導入する必要があるので，なかなか到達できない目標である．

すべての症例の約95％を説明し，最も多くの場合に共通する糖尿病は，Ⅱ型の糖尿病（成人発症型またはインスリン非依存性糖尿病ともいう）である．これらの場合は，**インスリン抵抗性**（insulin resistance）によって特徴づけられ，生体はそのホルモンの正常濃度あるいは上昇した濃度に対して応答することができない．一部のⅡ型糖尿病患者は，予想されるように，インスリン受容体に遺伝的な欠陥をもっているが，その他の大部分の患者の原因は不明のままである．

未治療の糖尿病の第一の徴候は，慢性的な**高血糖**（hyperglycemia, 血中のグルコース濃度が高い）にある．組織がインスリンに対して感受性をもたないことは，細胞がグルコースを取込めないことを意味する．体内の代謝はグルコースが利用できないように応答するので，肝臓の糖新生が亢進してさらに高血糖をひき起こす．高濃度のグルコースの循環は，タンパク質の非酵素的なグリコシル化をもたらす．この過程はゆっくりと進行するが，修飾されたタンパク質はしだいに蓄積して，神経や眼の水晶体のような代謝速度の遅い組織に傷害を与える．

組織の傷害は，高血糖による代謝効果からも生じる．筋肉と脂肪組織はインスリンに応答してグルコースを取込むことができないので，血中のグルコースは他の組織に入りやすくなる．こうした細胞では，**アルドースレダクターゼ**（aldose reductase）がグルコースを**ソルビトール**（sorbitol）に変換する．

図19・16 糖尿病性白内障の写真．レンズにおけるソルビトールの蓄積は，レンズタンパク質を膨らませて沈殿させる．その結果生じる混濁化は，目のかすみや完全な失明をひき起こす．[Dr. Manuel Datiles Ⅲ, Cataract and Cornea Section, OGCSB, National Eye Institute, National Institutes of Health 提供．]

アルドースレダクターゼはグルコースに対する K_M が相対的に高い（約 100 mM）ので，この反応を通る流量は通常時には非常に少ない．しかし，高血糖の条件下ではソルビトールが蓄積して，細胞の浸透圧の釣合が変化してしまう．その結果，腎臓の機能が変化し，また他の組織でタンパク質の沈殿が生じる．水晶体タンパク質の凝集は白内障につながる（図19・16）．神経と血管壁の細胞も同様に傷害を受けて，神経変性や循環障害の可能性を増大させ，重篤な場合には心臓発作，脳卒中，または手足の切断に陥るかもしれない．

糖尿病は古くは糖代謝の異常と考えられていたが，インスリンは通常脂肪細胞において中性脂肪の合成を促進し，脂肪分解を抑制するので，脂肪代謝の障害でもある．未治療の糖尿病患者では，炭水化物よりは脂肪酸を代謝する傾向にあり，その結果生成するケトン体は呼気に甘い香りを漂わせる．ケトン体の過剰な産生は糖尿病性のケトアシドーシスをひき起こす．

インスリン抵抗性という生理的効果を補うために，多くの薬が開発されている．個々の種類の薬のなかに，薬物動態が若干異なる複数の選択肢もある（表19・5）．たとえば，メトホルミン（metformin）は肝臓と他の組織で AMPK を活性化し，糖尿病の症状を改善する．肝臓でのグルコース産生は糖新生の酵素であるホスホエノールピルビン酸カルボキシキナーゼとグルコース-6-ホスファターゼの発現低下によって抑制される（§13・2）．メトホルミンはまた，筋肉でグルコースの取込みと脂肪酸の酸化を増大させる．

ロシグリタゾン（ボックス7・A参照）のようなチアゾリジンジオン類の薬は，ペルオキシソーム増殖因子活性化受容体として知られている細胞内受容体を介して作用する．通常脂質シグナルに応答するこれらの受容体は，遺伝子発現を変える転写因子である（§10・4）．チアゾリジンジオン類はアディポネクチン濃度を上昇させ，レジスチン濃度を低下させる（実際に，これらの薬の薬理学的研究からレジスチンが発見された）．全体としての結果は，インスリン感受性の増大である．

多くの糖尿病患者には，血中グルコース濃度の低下を助けるために，薬を組合わせて処方する．最も広く処方される薬は経口薬であり，すべて副作用を有する．たとえば，心臓発作の危険率が高いロシグリタゾンは，その処方が厳しく制限されている．

19. 哺乳類の代謝調節 439

表 19・5 抗糖尿病薬の分類

分　類	例	作用機構
ビグアナイド系	メトホルミン	AMPK の促進，肝臓からのグルコース遊離の抑制，筋肉によるグルコースの取込みの促進
スルホニル尿素系	グリピジド	β細胞の K^+ チャネルの阻害，インスリンの産生と分泌の促進
チアゾリジンジオン系	ロシグリタゾン	ペルオキシソーム増殖因子活性化受容体に結合して遺伝子発現を活性化，インスリン感受性の増大

メタボリックシンドロームは肥満と糖尿病を関連づける

糖尿病では，体が絶食状態にあるようにふるまう．逆説的にいえば，II型糖尿病患者の約80%は太っており，肥満は，とりわけ腹部の脂肪蓄積が多い場合は，糖尿病の進行と強い相関がある．研究者らは，関連している肥満とインスリン抵抗性を含めて，一連の症状を意味するためにメタボリックシンドローム（metabolic syndrome，代謝症候群）という用語を用いる．60歳以上の米国人の約40%がメタボリックシンドロームの診断基準をみたす．この障害をもつ患者は，しばしばII型糖尿病を発症する．患者は心臓発作の危険にさらされるようなアテローム性動脈硬化症と高血圧にかかっているかもしれず，がんの発症率もより高い．メタボリックシンドロームにはいくつかの要因があり，糖尿病による肥満と関連するように思われる．

メタボリックシンドロームの患者は，内臓脂肪が比較的高い比率（ウエスト/腰の比率が高いと判断される）をもつ傾向にある．この内臓脂肪は，皮下脂肪とは異なったホルモン分泌の様相を示す．たとえば，内臓脂肪は，レプチンとアディポネクチン（インスリン感受性を増大させるホルモン）をより少なく，またレジスチン（インスリン抵抗性を促進するホルモン）をもっと多く産生する．内臓脂肪はまた，腫瘍壊死因子α（tumor necrosis factor α: TNFα）とよばれるホルモンを産生するが，これは体の免疫防御で正常な一部となる炎症の強力なメディエーターである．内臓脂肪由来の TNF

αによってひき起こされる慢性炎症は，メタボリックシンドロームを特徴づけるアテローム性動脈硬化症のような，いくつかの症候の原因かもしれない．TNFα シグナル伝達経路は細胞で IRS-1 のリン酸化を導きそうで，このリン酸化による修飾反応は，インスリン受容体キナーゼによる IRS-1 の活性化を阻害する．これはメタボリックシンドロームがインスリン抵抗性を示すことを，そして炎症につながる腸のミクロビオーム（ボックス 19・B 参照）の障害が，なぜインスリン抵抗性をひき起こすのかを物語っている．

炎症と協調して生じるかもしれないメタボリックシンドロームの別の可能性に，脂肪毒性がある．脂肪酸高含量の食事は，脂肪組織に加えて筋肉組織にも脂肪の蓄積を促進し，GLUT4 の移動を妨げてグルコースの取込みを阻害する．循環している脂肪酸はまた，肝臓に糖新生をひき起こして高血糖の要因となる．膵臓のβ細胞はインスリン分泌の増加によって高血糖に応答するが，これは死の極限にまで細胞にストレスを与えて“β細胞の枯渇”をもたらす．

その生化学的な基礎が何であれ，肥満とメタボリックシンドロームの間の関連は，患者が体重を減らすときの症候の改善によって強調される．もし食事と運動に関係するライフスタイルの変更が効果的でなければ，メタボリックシンドロームはII型糖尿病に処方されるのと同じ治療薬によって治療が可能であり，これは治療薬がインスリン感受性を増大させるためである．

まとめ

19・1 燃料代謝の統合

• 肝臓は特殊化されていて，グルコースをグリコーゲンとして貯蔵し，トリアシルグリセロールを合成し，糖新生を進め，そしてケトン体と尿素を合成する．

• コリ回路やグルコース-アラニン回路のような経路は，異なる器官を連結している．

19・2 燃料代謝のホルモン調節

• グルコースに応答して膵臓で合成されるインスリンは，受容体型チロシンキナーゼに結合する．インスリンに対する細胞応答に，グルコースと脂肪酸の取込みがある．

• グリコーゲンの合成と分解の釣合は，グリコーゲンシンターゼとグリコーゲンホスホリラーゼの相対的な活性に依

存しており，これはホルモンによるリン酸化と脱リン酸によって調節される．

- グルカゴンとカテコールアミンは cAMP に依存するプロテインキナーゼを活性化し，肝臓と筋肉でグリコーゲン分解を，また脂肪組織で脂肪分解を促進する．
- レプチン，アディポネクチン，レジスチンは，脂肪組織で産生されるホルモンで，食欲，燃料燃焼，そしてインスリン抵抗性の調節を助けている．胃，腸や他の器官もまた，食欲を調節するホルモンを産生する．
- AMP は AMPK のアロステリック活性化因子であり，その活性は解糖や脂肪酸酸化のような代謝経路のスイッチを点灯させる．

19・3　燃料代謝の障害

- 絶食時に貯蔵グリコーゲンは枯渇するが，肝臓はアミノ酸からグルコースを生成し，脂肪酸をケトン体に変換する．
- 肥満の原因は明確ではないが，体重の設定値を上昇させるレプチンのシグナル伝達経路の欠陥を含んでいそうである．
- 糖尿病の最も多くに共通する症状が，インスリンに対する応答が不全となるインスリン抵抗性である．その結果生じる高血糖は，組織に傷害を与える．
- 肥満が原因である代謝の撹乱は，メタボリックシンドロームと名づけられた症状であるインスリン抵抗性へと導く．

問　題

19・1　燃料代謝の統合

1. 代謝の"分岐点"における二つの小さな代謝産物の名称は何か．これらの代謝産物は，ここで学んだ代謝経路とどのように関連しているか．

2. 炭水化物の代謝において，グルコース 6-リン酸（G6P）はいくつかの代謝経路と関連づけられる代謝産物である．グルコース 6-リン酸がどのようにこれらの経路と関連づけられるかを示せ．

3. 脳の切片をウワバイン（ouabain, Na^+/K^+ ATP アーゼ阻害剤）を含む培養液でインキュベートすると，呼吸は 50% に減少する．これは脳の ATP 消費について何を示すか．脳において ATP 産生にかかわる経路は何か．

4. 赤血球はミトコンドリアを欠いている．赤血球細胞において，ATP 産生にかかわる代謝経路を示せ．グルコース 1 分子につき ATP の収量はいくらになるか．

5. グリコーゲンホスホリラーゼは加水分解よりもむしろ加リン酸分解によって，グリコーゲンからグルコース残基を切断する．

　(a) それぞれの反応式を書け．

　(b) 加リン酸分解による切断が代謝的に有利な点は何か．

6. アデニル酸キナーゼは次の反応を触媒する．

$$AMP + ATP \rightleftharpoons 2ADP$$

　(a) この反応は平衡状態に近い反応である可能性が高いか．

　(b) 激しい運動の間，筋肉のアデニル酸キナーゼの活性が非常に高い理由を説明せよ．

7. 運動の間，筋肉細胞の AMP 濃度は増加する（問題 6 参照）．AMP はアデノシンデアミナーゼ反応の基質である．

$$AMP + H_2O \longrightarrow IMP + NH_4^+$$

AMP はその後，アスパラギン酸のアミノ基が IMP のプリン環に結合してフマル酸が遊離する過程で再生される〔この反応セットは，プリンヌクレオチド回路（purine nucleotide

cycle）として知られている〕．

　(a) 生成物であるフマル酸の運命はどうなるか．

　(b) 筋肉細胞は，単純なアミノ基転移反応によってアスパラギン酸をオキサロ酢酸に変換することによって，なぜクエン酸回路の中間体の濃度を増加させないのか．

8. アンモニウムイオンがホスホフルクトキナーゼとピルビン酸キナーゼの活性を促進する．この情報と問題 6 と 7 に対する解答から，活動する筋肉でアデノシンデアミナーゼ活性がどのように ATP 産生を促進することができたかを説明せよ．

9. コリ回路が作動すると，ATP の"エネルギー消費"はいくつになるか．ATP はどのように得られるか．

10. コリ回路においては，筋肉でピルビン酸が乳酸に変換され，筋肉から放出された乳酸は血流を経て肝臓に達し，そこで逆反応によって乳酸はピルビン酸に戻される．この余分な段階はなぜ必要なのか．筋肉は肝臓によって取込まれるピルビン酸を，なぜ単純に放出しないのか．

11. グルコース-アラニン回路の反応は，なぜ絶食状態において作用するかを説明せよ．

12. ピルビン酸あるいは乳酸代謝の遺伝子疾患から，高い血漿ピルビン酸量を呈する患者の血漿アラニン量はどうなるか．説明せよ．

13. 出生時において乳児は正常に思われたが，生後 3 カ月のときにピルビン酸カルボキシラーゼ欠損症と診断された．彼女は乳酸アシドーシスとケトーシスになった．彼女は筋緊張低下を呈し，発作を経験していた．

　(a) この患者において，上昇する代謝産物と欠損する代謝産物は何か．

　(b) この患者は，なぜ乳酸アシドーシスとケトーシスとなるのか．

　(c) 筋緊張低下は，神経伝達物質のアミノ酸であるグルタミン酸，アスパラギン酸と γ-アミノ酪酸（GABA）の欠損に起因する．ピルビン酸カルボキシラーゼ欠損は，なぜこれ

19. 哺乳類の代謝調節　441

らの神経伝達物質の合成を低下させるのか.

（d）患者のピルビン酸カルボキシラーゼ活性を確認するために，繊維芽細胞の培養系にアセチル CoA が添加された．この検査法の背景にある理論的根拠は何か.

14. ピルビン酸カルボキシラーゼ欠損症（問題13参照）の乳児を治療している医者は，患者が高アンモニア血症を生じ，血漿シトルリンが高値であることを指摘した. この現象を説明せよ.

15. ウシやニワトリのような家畜に低用量の抗生物質を処方すると，体重の増加を促進する.

（a）この現象を説明せよ.

（b）動物における抗生物質の広範な使用は，ヒト病原性細菌が抗生物質に対して耐性を高めることに関連している. これはどのように起こるのか.

16. 青いモルフォチョウの幼虫は約 20 mg の脂肪酸を含み，これと比較して成虫のチョウの脂肪酸は約 7 mg である. これは変態（虫が食餌を摂取しない）期間のエネルギー源について，何を示しているのか.

17. 初期の泌乳期間中，ウシは牛乳の生産に必要とされる栄養素を得るのに十分な食餌を摂取することができない. 最近の研究から，グリコーゲン合成とクエン酸回路に含まれる酵素が初期の泌乳期間中は減少し，これに対して解糖の酵素活性，乳酸の産生と脂肪酸分解の活性は増加することが示された. 十分な食餌を摂食しないで牛乳の生産に必要とされる栄養素を得るために，ウシはどんな代謝的戦略を用いているのか. どの組織が関連しているかを明示して説明せよ.

18. 化合物 2−デオキシ−D−グルコースは構造上グルコースに類似しており，グルコース輸送体を介して細胞内に取込まれる.

（a）一度細胞内に流入すると，化合物にはヘキソキナーゼが反応して，2−デオキシ−D−グルコース 6−リン酸を生成する. この反応の平衡式を示せ.

（b）もし 2−デオキシ−D−グルコースが培養されたがん細胞に加えられたなら，ATP の細胞内濃度は急速に減少する. 別の実験系で，アンチマイシン A（電子伝達鎖でシトクロム c への電子移動を阻害する）が細胞に加えられているが，この場合 ATP 産生に対する効果はない. これらの結果を説明せよ.

19・2　燃料代謝のホルモン調節

19. ヘキソキナーゼのアイソザイムである肝臓の酵素グルコキナーゼは，肝臓が利用可能なグルコース量に対してその代謝活性を調節できるようシグモイド形の特性を示すのはなぜか.

20. グルコキナーゼに対する小さな分子のアロステリック活性化因子は，なぜ糖尿病の治療に効果がありそうなのか.

21. チロシンホスファターゼは，なぜインスリンのシグナル伝達の効果を抑制するように働くのか.

22. 脂肪細胞におけるトリアシルグリセロールの合成に，なぜインスリンは必要か.

23. グリコーゲンシンターゼキナーゼ3（GSK3）は，筋肉細胞でグリコーゲンシンターゼをリン酸化する. インスリン受容体の活性化は，プロテインキナーゼ B（Akt，§10・2 参照）を活性化して GSK3 をリン酸化する. インスリンは GSK3 を経由してグリコーゲン代謝にどのような影響を与えるか.

24. インスリンはグルコースを取込んで，それをグリコーゲンやトリアシルグリセロールのような貯蔵形態に転換するが，インスリン抵抗性とは，こうしたインスリンに対する組織の感受性が障害されることによって特徴づけられる. グリコーゲンシンターゼキナーゼ3（GSK3，問題23参照）は，なぜ糖尿病の治療に役立つかもしれないのか.

25. アディポネクチンは，AMPK を活性化することに加えて，グリコーゲンシンターゼキナーゼ3（GSK3，問題23参照）のリン酸化を阻害する. 肥満した人がアディポネクチンを欠損すると，なぜインスリン抵抗性（問題24参照）を生じやすいのか.

26. 未熟な運動選手は，レースの直前にグルコース含量の高い食事を摂取するかもしれない. しかし，ベテランのマラソンランナーは，そうすることが競技に支障をきたすことを知っている. なぜ支障をきたすのかを説明せよ.

27. ある研究から，グルカゴンがグルコース 6−リン酸の加水分解速度を増加させることが示された.

（a）これが次の結果となることを説明せよ. グルカゴンの存在下，体にジヒドロキシアセトンリン酸を投与すると，ホスホエノールピルビン酸の濃度が 2 倍に増加し，グルコース 6−リン酸の濃度が 60% 減少し，肝臓のグルコース濃度が 2 倍に増加した.

（b）グルコース 6−リン酸の加水分解の促進は，糖新生の活性化と解糖の抑制の両方をもたらした. 理由を説明せよ.

28. ある医師の患者に 15 歳になる少年がおり，患者の両親は，少年が激しい運動をすると，疼痛性筋痙攣を伴うことを心配している. 患者の肝臓の大きさは正常であるが，筋肉は締まりがなく発達が遅れている. 肝臓と筋肉の生検から，肝臓のグリコーゲン含量は正常であるが，筋肉のグリコーゲン含量が上昇している. 両方の組織でのグリコーゲンの生化学的な構造は正常である. 絶食時の糖負荷試験の結果は，患者が低血糖でも高血糖でもないことを示している. グルカゴンに対する患者の反応は，高用量のグルカゴンを静脈内投与し，周期的に血液試料を採取して血糖値を測定することによって診断された.

（a）グルカゴン注入後に患者の血糖値は劇的に上昇する. この応答は，健常人において期待されるものか.

（b）肝臓と筋肉の生検から得られた結果について説明せよ. この患者はどの型の糖尿病（グリコーゲン貯蔵病）か.

（c）患者は 30 分間の虚血性（嫌気性）運動を行い，数分ごとに血液を採取して，アラニン濃度が分析される. 健常人においては，虚血性の運動負荷によって血中アラニン値が上昇する. しかし，患者の血液試料ではアラニン濃度の減少が観察され，彼の筋肉はアラニンを放出する代わりにそれを取込むようにみえる. 健常人においては，なぜ血中のアラニン

濃度が上昇し，患者では逆にそれが低下するのか．

（d）患者はなぜ低血糖や高血糖を生じないかを説明せよ．

（e）患者は激しい運動を避けるように助言された．もし患者が軽度あるいは中程度の運動を望むなら，運動している間にグルコースあるいはフルクトースを含むスポーツドリンクを頻繁に摂取するように助言される．これはなぜ運動中の筋痙攣の緩和を助けるのであろうか．

29. グリコーゲンホスホリラーゼキナーゼは，知られているなかで最も複雑な酵素である．この酵素は四つの異なるサブユニットのそれぞれが四つから構成され，$\alpha_4\beta_4\gamma_4\delta_4$として記される．$\gamma$サブユニットは触媒部位を含んでいる．$\alpha$と$\beta$サブユニットはリン酸化される．$\delta$サブユニットはカルモジュリンである（§10・2参照）．この情報に基づいて，ホスホリラーゼキナーゼの活性調節について説明せよ．

30. 甲状腺機能亢進症は，甲状腺が過剰のホルモンを分泌して，体のすべての細胞が代謝速度を亢進させたときの状態である．甲状腺機能亢進症は，グルコースと酸化的リン酸化に対する需要を増大させる．この需要をみたすために，絶食状態の肝臓，筋肉と脂肪組織において活性な代謝経路はどれか．

31. AMPK は遺伝子の転写に影響を与える．筋肉の GLUT4（a）と肝臓のグルコース-6-ホスファターゼの発現（b）に対する AMPK 活性化の効果を予想せよ．

32. AMPK によるリン酸化は，次の酵素の活性にどのような影響を与えるか．

（a）グリコーゲンシンターゼ

（b）HMG-CoA レダクターゼ

（c）ホルモン感受性リパーゼ

（d）グリコーゲンホスホリラーゼキナーゼ

33. 化合物 5-アミノイミダゾール-4-カルボキサミドリボヌクレオチド（AICAR）は AMPK を活性化する．がん細胞の培養系に AICAR を添加すると，活性酸素種の濃度が上昇する（ボックス 19・A 参照）．なぜか．

34. インスリンは cAMP ホスホジエステラーゼを活性化する．これがなぜインスリンの代謝効果を増強させるのか．

35. ラット筋肉細胞の培養系で，もしインスリン受容体基質（IRS-1）を過剰に発現させたら何が起こるか．

36. 肝臓は，なぜしばしば体の"グルコース緩衝系"とよばれるのか．

19・3　燃料代謝の障害

37. 肝臓におけるホスホエノールピルビン酸カルボキシキナーゼとグルコース-6-ホスファターゼの濃度は，なぜ絶食で増加するかを説明せよ．

38. 数日間の絶食のあとには，肝臓はクエン酸回路を介してアセチル CoA を代謝する能力が著しく低下する．なぜか．

39. 24 時間の絶食の間に，ヒトは 75 g/日の速度でタンパク質を利用する．もし肥満でない人が 6000 g のタンパク質を貯蔵していて，その 50% を消費したときに死亡するなら，死を迎える前にどれくらいの期間まで絶食が可能か．

40. 絶食の期間中，実際はタンパク質の使用が 75 g/日の速度（問題 39）で進行せず，絶食期間の増加に伴って 20 g/日にまで劇的に鈍化する．生体のタンパク質を節約するために，絶食の長期化に伴って利用される生体の燃料は何か．

41. アトキンスダイエット（脂肪とタンパク質に富み，炭水化物が非常に低い食事）を行った人が口臭で苦しむのはなぜか．[ヒント：呼気のにおい成分はアセトンである．]

42. 体重を減らそうとしている人に対して，運動とともにより低いカロリーを摂取するように助言される．運動（筋肉の活動を高くしておくこと）は，なぜ脂肪組織から貯蔵脂肪の減少を促進するのだろうか．

43. 脂肪細胞は食欲を抑制するホルモンのレプチンを分泌する．レプチンは中枢神経系を介して，また直接標的組織に存在する特定の受容体に結合して，その効果を与える．レプチンはインスリン分泌を抑制することができるが，その一方で，インスリンと同じ細胞内シグナル伝達経路の一部を活性化し，インスリンを模倣する役割を果たせる．たとえば，レプチンはインスリン受容体基質 1（IRS-1）のチロシンリン酸化をひき起こすことが可能である．この情報を用いて，次の項目におけるレプチンの効果を予想せよ．

（a）骨格筋におけるグルコースの取込み

（b）肝臓におけるグリコーゲン分解とグリコーゲンホスホリラーゼ活性

（c）cAMP ホスホジエステラーゼ

44. 成人は，おもに首の下部と鎖骨の筋肉に，褐色脂肪組織を少しもっている．

（a）褐色脂肪組織は白色脂肪組織よりも多量のシトクロム c を発現する．シトクロム c の増加の目的は何か．

（b）室温および水温 7〜9 ℃ に足をさらした条件下の被験者において，褐色脂肪への標識グルコースの取込みが測定された．褐色脂肪への標識グルコースの取込みは，被験者が低い温度にさらされたときに 15 倍増加した．これを説明せよ．

45. 肥満患者では，ミトコンドリアの電子伝達鎖活性の低下と合わせて，カルニチンアシルトランスフェラーゼ活性の減少が観察される．これらの現象を説明せよ．

46. アセチル CoA カルボキシラーゼの活性は，脂肪を含まない食事によって促進され，絶食と糖尿病で抑制される．なぜか．

47. 肥満の治療に向けた創薬標的的な可能性を探るために，アセチル CoA カルボキシラーゼ（ACC）の特徴が研究された．哺乳類には，ACC1 と ACC2 とよばれる 2 種のアセチル CoA カルボキシラーゼが存在し，それらの性状を表にまとめる．

	ACC1	ACC2
分子量	265,000	280,000
発現組織	肝臓，脂肪組織	心臓，筋肉
細胞内分布	細胞質	ミトコンドリア
マロニル CoA による調節の有無	有	有

19. 哺乳類の代謝調節　443

(a) マロニル CoA はどのようにアセチル CoA カルボキシラーゼの活性を制御するのか.

(b) ACC2 ノックアウトマウスでは ACC2 遺伝子が欠損しているが, ACC1 遺伝子は正常に発現している. ACC2 ノックアウトマウスの肝臓グリコーゲンは, 対照の野生型マウスに比べて 20% の縮小を示した. なぜか.

(c) ACC2 ノックアウトマウスは野生型マウスに比べて, 血液中の脂肪酸濃度はより低かったが, トリアシルグリセロール濃度はより高かった. なぜか.

(d) ノックアウトマウスと野生型マウスから分離した筋肉組織を用いて, 脂肪酸酸化を測定した. 野生型マウスから分離した筋肉組織において, インスリンの投与はパルミチン酸の酸化を 45% 減少させたが, ノックアウトマウスの筋肉組織では, インスリンの投与はパルミチン酸の酸化に影響を与えなかった. なぜか.

(e) ノックアウトマウスと野生型マウスの両方を, 自由な摂食条件で飼育した. 27 週間の飼育後に, ノックアウトマウスが野生型マウスよりも 20〜30% 多くの食餌を摂取した. 興味深いことに, ノックアウトマウスは多くの食餌を摂取したにもかかわらず, その体重は野生型に比べて約 10% 少なく, さらに脂肪組織における脂肪の蓄積も少なかった. なぜか.

(f) これらの結果に基づいて, 次世代の新しい“ダイエットピル”をどのように設計できるだろうか.

48. 脂肪合成酵素の阻害剤は, 体重を減少させる医薬品の候補として研究されている. C75 とよばれる脂肪酸合成酵素 (FAS) 阻害剤が合成された (これは問題 17・34 の“阻害剤 D”である).

(a) マウスに C75 とともに放射能標識された酢酸が腹腔内投与された. 標識体の運命はどうなるか.

(b) C75 を腹腔内投与し続けたマウスは, 食餌の摂取量が 90% 以上低下して体重の約 1/3 が失われたが, 投与を止めるとその体重は回復した. 視床下部に作用して絶食下に食欲を刺激する物質である神経ペプチド Y (NPY) の脳内濃度を測定した. ここでの結果に基づいて, 脳内の NPY 濃度に対する C75 の効果を推定せよ.

(c) C75 を投与されたマウスは, 対照のマウスとは異なり肝臓のマロニル CoA 濃度が高いので, マロニル CoA が摂食を抑制すると仮説を立てた. もしその仮説が正しいとすると, C75 の投与前にアセチル CoA カルボキシラーゼの阻害剤でマウスを処置すると, どうなるかを推定せよ.

(d) マロニル CoA の濃度が高いと, 他に蓄積する細胞内の代謝産物は何であるか (これらの分子は, 食欲を低下させる生化学的経路を刺激することができるシグナル伝達分子の候補である).

49. I 型糖尿病の治療に使用されるいくつかの医薬品は, 細胞内に拡散してチロシンキナーゼを活性化する化合物であるが, それはなぜか.

50. PTP-1B はホスファターゼであり, インスリン受容体を脱リン酸してインスリン受容体基質 1 (IRS-1) をも脱リン酸

するかもしれない.

(a) 食後に PTP-1B を欠損するマウスは, 正常なマウスの半量のインスリンによって循環している血糖値が低下する. この知見を説明せよ.

(b) PTP-1B を欠損するマウスにインスリンを投与すると, 筋肉細胞の細胞内でいかなる変化が観察されるか.

(c) この情報を利用して, 糖尿病を治療する薬をどのように設計できるだろうか. 設計した薬の使用に際して, 注意は必要か.

51. いくつかの研究から, インスリンを欠乏する I 型糖尿病では, 高いグルカゴン分泌を伴うことが示されている. 過剰なグルカゴン分泌は肝臓からグルコースを放出させ, これが治療されていない糖尿病患者でみられる高血糖を悪化させている. こうした知見から, 糖尿病の治療には, インスリンとともにグルカゴンの拮抗剤を投与することが有効であろうという指摘がある. グルカゴンの拮抗剤は, 肝臓の細胞表面受容体には結合できるが, そのシグナル伝達を進めることのできない分子である. グルカゴンの拮抗剤は, 内在性のグルカゴンが受容体に結合してグリコーゲン分解を促進することを阻害する.

グルカゴンの拮抗剤を設計するためには, どのアミノ酸が受容体への結合に関与しているか, またどのアミノ酸がシグナル伝達に関与しているかを決定する必要がある. グルカゴン受容体には, グルカゴンの結合に必須なアスパラギン酸残基が存在する.

グルカゴンの改変体は, その分子のいくつかのアミノ酸残基を改変することによって合成された. 合成された改変体について, 肝臓細胞膜のグルカゴン受容体への結合活性およびシグナル伝達活性 (cAMP 上昇の測定から判定) から検討された. 真のアンタゴニストとは, 受容体に結合できるが応答をひき起こさないものである. 結合するが, 弱められたシグナル伝達活性をもつ改変体は, 部分アゴニストとよばれる.

ヒトグルカゴンのアミノ酸配列

1	2	3	4	5	6	7	8	9	10
His	Ser	Gln	Gly	Thr	Phe	Thr	Ser	Asp	Tyr
11	12	13	14	15	16	17	18	19	20
Ser	Lys	Tyr	Leu	Asp	Ser	Arg	Arg	Ala	Gln
21	22	23	24	25	26	27	28	29	
Asp	Phe	Val	Gln	Trp	Leu	Met	Asn	Thr	

(a) グルカゴンは肝臓の細胞表面受容体に結合し, グリコーゲン分解へと導く一連の経路を作動させることによってその生物学的な機能を発揮している. この過程を示す説明図を書け.

(b) なぜ研究者は, 1, 12 と 18 番目のアミノ酸残基の改変を選んだのか.

(c) 合成された数種類のグルカゴン改変体を次ページの表に示している. グルカゴン改変体がもつ受容体との結合活性およびシグナル伝達活性を測定し, もとのグルカゴンと比較した.

9番目のアミノ酸の置換または欠失の効果は何か. 12番目のアミノ酸の置換または修飾の効果は何か. 18番目のアミノ酸の置換の効果は何か. 1番目のヒスチジンの役割は何か.

グルカゴン改変体[†]	結合親和性 (%)	最大活性 (%)
グルカゴン	100	100
des−Asp9	45	8.3
Lys9	54	0
Ala12	17.3	59.7
Glu12	1.0	80.4
Ala18	13	94.4
Leu18	56	95
Glu18	6.2	100
des−His1	63	44
des−His1−des−Asp9	7	0
des−His1−Lys9	70	0

[†] des は欠失アミノ酸を示す.

(d) ここで登場したグルカゴン改変体のなかで, どれが一番よいグルカゴンアンタゴニストであるか.

52. Ⅱ型糖尿病を患う肥満患者は胃のバイパス手術を受けて, 胃の上部と小腸の下部を接続した. いくつかの患者においてこの手術は, 体重を減らす前であっても糖尿病の症状を取除くようにみえた. この現象について説明せよ.

53. AMPK の一つの標的は 6−ホスホフルクト−2−キナーゼであり, この酵素はフルクトース 2,6−ビスリン酸(§13・1参照)の合成を触媒する. AMPK の刺激はどのように糖尿病の治療を支援するか.

54. AMPK がアセチル CoA カルボキシラーゼをリン酸化するという確かな証拠がある. AMPK はまた, プロテインキナーゼ B(§10・2)をリン酸化して, GLUT4 小胞が細胞膜に移動するのを促進できる. この情報から, メトホルミンがどのようにして代謝症候群の症状を治療するかを説明せよ.

参 考 文 献

Friedman, J. M., Causes and control of excess body fat, *Nature* 459, 340−342 (2009). 肥満とレプチンの役割について, 短い問答集としてまとめている.

Hardie, D. G., AMP-activated protein kinase—an energy sensor that regulates all aspects of cell function, *Genes Dev.* 25, 1895−1908 (2011). 燃料代謝や細胞の増殖といった他の視点に対する AMPK の効果を詳細にまとめている.

Rosen, E. D. and Spiegelman, B. M., Adipocytes as regulators of energy balance and glucose homeostasis, *Nature* 444, 847−853 (2006). 脂肪細胞から分泌されるホルモン作用の要約を含んでいる.

Saltiel, A. R. and Kahn, C. R., Insulin signaling and the regulation of glucose and lipid metabolism, *Nature* 414, 799−806 (2001). インスリンの作用とインスリン抵抗性の機構をまとめている.

Vander Heiden, M. G., Cantley, L. C., and Thompson, C. B., Understanding the Warburg effect: the metabolic requirements of cell proliferation, *Science* 324, 1029−1033 (2009). 速い速度で増殖する細胞が, なぜ酸化的な代謝よりも解糖に依存するかを解説している.

20 DNA複製と修復

DNAは核内部にどのように収まっているか

ヒト細胞には46本のDNA分子が含まれている．染色体とよばれるこれらDNA分子は総数で60億を超す塩基対からなっている．この大きさのDNA二重らせん1本の長さは2mを超える．しかし，哺乳類細胞の平均的な核の直径は6μmしかなく，46本の染色体DNA分子全部を核に収容するのは，まるでかばんに100kmものひもを入れるようなものである．染色体DNAが46本に分かれているにしても，ずたずたにちぎって押込めない限り，これを入れるのはむずかしい．しかし幸いなことに，細胞には，染色体DNAをうまくたたみ込んで核に詰込み，かつ必要に応じて情報を取出すというきわめて有効な機構が備わっている．

復習事項

- DNAでは，2本の逆平行鎖が互いに巻きついて二重らせん構造をとる．この構造では，相対する鎖のAとTが，そしてCとGが水素結合を介して結びつく（§3・1）．
- DNA二重らせん構造は高温でほどけるが，温度を下げると相補的なポリヌクレオチドどうしが再結合する（§3・1）．
- DNAポリメラーゼによって鋳型鎖をコピーするという反応で，DNA分子の塩基配列を決めたり，DNA鎖を増やすことができる（§3・4）．
- ATPのリン酸無水物結合を加水分解するという反応で，大きな自由エネルギー変化が生じる（§12・3）．

1953年にワトソン（James Dewey Watson）とクリック（Francis Henry Crick）は，相補的二本鎖からなるDNAの二重らせん構造を提案した．彼らはこの構造に基づいて，DNA二本鎖はいったん一本鎖に分離され，それぞれを鋳型にした新たなDNA鎖合成が進行し，そのあとに新旧鎖が相補的に会合してDNA鎖が倍加するという **DNA複製**（DNA replication）機構を考えた．この複製機構は，メセルソン（Matthew Meselson）とスタール（Franklin Stahl）による次のような実験で，1958年に検証された．彼らはまず細菌を重い同位体 ^{15}N の入った培地で育てて，細胞のDNA（親DNA）を ^{15}N で標識した．次に，この細菌を軽い同位体 ^{14}N のみ含む新しい培地に移し，DNA複製を1回行わせてから，合成されたDNA（複製の第一世代DNA）を単離した．これを超遠心で沈降させると，密度に応じて沈降速度が変わる．この超遠心実験で，第一世代DNAは親DNAより密度が低いが，^{14}N のみを含むDNAよりは密度が高いことが明らかとなった．つまり，複製第一世代DNA

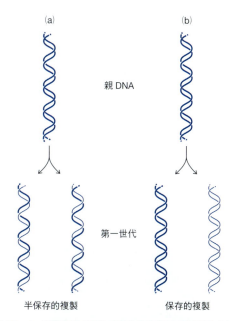

図 20・1 半保存的DNA複製と保存的DNA複製．(a) メセルソンとスタールによって行われた実験によって，第一世代DNAが1本の親鎖（重い鎖）ともう1本の新たに合成された鎖（軽い鎖）を含んでいることが示された．この実験で，DNA複製は半保存的過程であることが証明された．(b) もしDNA複製が保存的であったら，第一世代DNAは親DNA（両鎖ともに重い）と軽い2本の新規鎖からなるDNAの混合物になるはずである．

鎖の1本は ^{15}N を含む親由来（重い DNA 鎖），もう1本は ^{14}N を含む新しく合成された鎖（軽い DNA 鎖）ということになる．いいかえると，DNA 複製は**半保存的** (semiconservative) な過程である．さらに，第一世代 DNA 中に ^{15}N のみを含む重い DNA は見いだされなかったという事実からも，親世代 DNA が変化なしに，すなわち保存された形で複製される保存的機構は否定された（図 20・1）．

原理的には単純であるが，DNA 複製は多くの酵素あるいは補助因子が関与する多段階過程である．こうした多数の酵素あるいは補助因子は，損傷を受けた DNA を修復する場合にも必要とされる．DNA 複製や修復の複雑さは，DNA 分子がかなり大きなものであること，それを速やかにしかも正確に複製する必要があること，そしてゲノムの品質を保証しなくてはならないことを反映している．さらに DNA のらせん構造とその長さのため，DNA 複製や修復にかかわる装置は困難な作業に直面する．本章では DNA の超らせん構造，DNA の複製あるいは損傷修復の酵素，そして真核細胞核内への DNA 分子の詰込みを考える．

20・1　DNA 超らせん

重要概念
- 細胞内では，DNA らせんは少しほどけて負の超らせんを形成する．
- トポイソメラーゼは，一時的に DNA 鎖の一方の鎖あるいは両鎖を切断して超らせん構造を変化させる．

二重らせんを組んだ2本の DNA 鎖は互いに巻きつき合っているので，複製時にはこれらは分かれて一本鎖になる必要がある．そのため，細胞内では二重らせんはすでに少しほどけた構造をとっている．二重らせんの一部がほどけた DNA は安定な B 形構造を回復するために，自分自身に巻きついて**超らせん**（supercoil，スーパーコイル）という構造をとる．小さな環状 DNA 分子を観察すると，巻きついた紐のような超らせん構造が見える（図 20・2）．

超らせんを経験的に理解するには，次のようなことをしてみるとよい．まず，平たいゴムバンドを切って 10 cm ほどの長さの帯をつくり，軽く引っ張りながらバンド両端をねじる（下図右）．次に，両端の引っ張りを緩めて互いに近づける．するとゴムバンド内のねじれが解消され，平たくなったバンドがらせんを巻く（下図左）．ゴムバンドを逆方向にねじると，両端を近づけたときの巻きつき方が逆になる．

こうしたことが DNA にもあてはまる．DNA 鎖が自身に巻きついた超らせん構造は，二重らせん構造のねじれ（標準的な B 形らせん構造からのずれ）の増減の結果として起こる．B 形構造からずれたねじれをもつ DNA は，超らせんを巻いて二重らせん内のひずみを解消し，エネルギー的により安定な B 形構造をとろうとする．

細胞内の DNA のように二重らせんが少しほどけていると，ゴムバンドをねじったときのように DNA 分子は自身に巻きついて"負の超らせん"を形成し，安定な B 形二重らせん構造を回復する．なお，逆に二重らせんの巻き方をきつくすると，"正の超らせん"ができる．DNA が効率よく細菌の細胞や真核生物の核内といった小さな空間に納まるには超らせん構造が役に立つ．

負の超らせん構造をとった DNA を伸ばして超らせんをほどくと，自然に2本の DNA 鎖の分離した局所領域が生じる．この領域で DNA 複製装置は一本鎖鋳型 DNA に結合し，複製を開始することが可能となる．これに対して，負の超らせんをもたない DNA 鎖の一部を無理に分離しようとすると，その先の二重らせんのピッチは安定な B 形らせんよりきつくなり，エネルギー的に不利な構造となる（下図参照）．

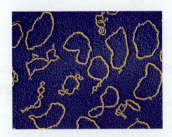

図 20・2　**超らせん DNA**．環状 DNA は少しほどけた状態なので，自身に巻きついて超らせん状態をとることで安定になる．[Dr. Gopal Murti/Photo Researchers Inc./amanaimages.]

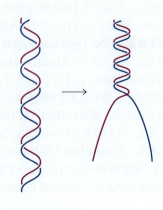

トポイソメラーゼはDNAの超らせんを変化させる

通常の複製と転写過程では，超らせんを増減させながらDNA全体の超らせんを一定の状態に維持することが必要である．ぴんと張った状態で，分子の端にねじれを加えたり取除いたりすることはむずかしい．そこで**トポイソメラーゼ**（topoisomerase）という酵素が超らせん状態にあるDNA二本鎖の片側あるいは両側を切って，超らせん構造を変化させ，その後に切れた鎖をつなぎ戻す．Ⅰ型トポイソメラーゼはDNA鎖の片方を切断し，ATP依存的なⅡ型トポイソメラーゼはDNAの両鎖を切断する．

Ⅰ型トポイソメラーゼはすべての細胞に存在し，DNA二重らせんのねじれ方を変えて超らせん状態を変化させる．たとえばⅠA型トポイソメラーゼによってDNA二重らせんに**ニック**（nick）が入ると（片側のDNA鎖が切断されると），切断されなかったほうのDNA鎖はこの切断点を自由に通り抜けることができる．DNA鎖が1回通り抜けたあと，切断点が修復されると，二重らせんが一巻分ほどけたDNAができる（図20・3）．ⅠB型トポイソメラーゼもDNA鎖にニックを入れるが，このとき一方の切断末端は酵素に結合したままで，もう一方の切断末端が二重らせんを解く方向に1回あるいは数回回転する．その後切断点が修復され，二重らせんが一巻あるいは数巻ほどけたDNAができる．ⅠA型でもⅠB型でも，超らせんにたまったひずみが二重らせんをほどく駆動力になっている．Ⅰ型トポイソメラーゼは，正の超らせんも負の超らせんもひずみのないらせんにすることができる．

ヒトトポイソメラーゼⅠはⅠB型酵素で，DNAを取囲むように位置した4個のドメインからなる（図20・4）．DNAと接触する酵素表面には正に荷電した側鎖が位置しており，10ヌクレオチド長ほどのDNA骨格のリン酸基と相互作用する．このトポイソメラーゼが

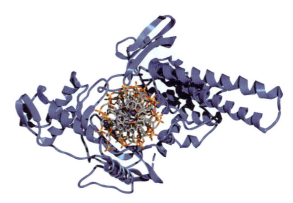

図 20・4 ヒトのⅠ型トポイソメラーゼの構造．トポイソメラーゼ（青）がDNA分子を取囲んでいる．このモデルでは，DNAのらせん軸は紙面に垂直になっている．[構造（pdb 1A36）はL. Stewart, M. R. Redinbo, X. Qiu, J. J. Champoux, W. G. J. Holによって決定された．]

DNA鎖を切断してニックを入れると，活性部位のTyr残基が切断鎖の5′末端のリン酸基と共有結合を形成する（下図参照）．ここで生じたジエステル結合に切断されたホスホジエステル結合の自由エネルギーが保存されており，これが切断点修復に利用されるので，外部からこの反応に自由エネルギーを供給する必要はない．

Ⅱ型トポイソメラーゼはDNAの両鎖を同時に切断し，切断されたDNA鎖の末端どうしが相対的に動けるようにして超らせんの巻き方を変える（図20・5）．Ⅱ型酵素は二量体で，二つの活性部位Tyrが切断されたDNA鎖の2箇所の5′末端リン酸基とそれぞれ共有結合を形成する．この酵素はDNA鎖を切断し，二つの切断末端との共有結合を維持しながら，一方の末端を他方の末端をまたぐように移動させる．そうした作業には，酵素の複雑な構造変化が必要である．この構造変化にはATPの加水分解で供給される自由エネルギーが使われる．Ⅱ型酵素は，負の超らせんも正の超らせんもほどくことができる．

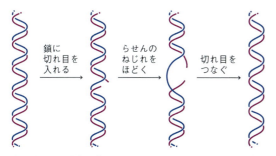

図 20・3 Ⅰ型トポイソメラーゼの作用．この模式図では，まず二重らせんの片側のDNA鎖が切断される．次に，二つの切断末端がもう一方のDNA鎖をまたいで，らせんを緩める．最後に，切断末端どうしが再結合し，らせんが緩んだ二本鎖DNAが再生される．

図 20・5 Ⅱ型トポイソメラーゼの作用. ねじった輪ゴムのような形は, 超らせん環状 DNA 分子を示す. Ⅱ型トポイソメラーゼは DNA 二本鎖を切断して, 切断末端が互いに動けるようにする. 一方の末端が他方の末端に対して回転すると, 超らせん構造が変わる. その後, 切れ目は閉じられる. この図では超らせんの巻き方が減少している.

細菌は DNA ジャイレース (DNA gyrase) というⅡ型トポイソメラーゼをもっている. この酵素は負の超らせんを増す方向に働くので, DNA 二重らせんをどんどんほどいていくことになる. 真核細胞は DNA ジャイレースをもたないが, その DNA はヌクレオソームに巻きついているので (§20・5参照), もともと十分な負の超らせん構造をもつ. 真核細胞のⅡ型トポイソメラーゼは阻害しないが, 細菌の DNA ジャイレースを阻害する抗生物質が多数ある. シプロフロキサシンのような薬剤は, DNA ジャイレースに作用して DNA 鎖の切断速度を速くしたり, 切断 DNA 鎖の修復速度を遅らせたりする. その結果, DNA 鎖上の切断点が増加して, 正常な細胞の成長や分裂に必要な複製や転写過程が阻害される. シプロフロキサシンはさまざまな細菌感染に対して使われる.

シプロフロキサシン

20・2 DNA 複製装置

重要概念
- タンパク質複合体によって DNA は複製される.
- DNA 複製に必要なタンパク質には, ヘリカーゼ, 一本鎖 DNA 結合タンパク質, プライマーゼ, DNA ポリメラーゼ, スライディングクランプ, RN アーゼ, DNA リガーゼがある.
- DNA ポリメラーゼは, リーディング鎖を連続合成し, ラギング鎖を一連の岡崎フラグメントとして合成する.
- DNA ポリメラーゼによる DNA 鎖合成の正確さは, この酵素が正しい塩基対を認識することができるとともに, まちがって取込んだヌクレオチドを切り出す校正作用をもつことにも依存している.

DNA ポリメラーゼ (DNA polymerase) はデオキシリボヌクレオチドの重合を触媒する酵素で, 二本鎖 DNA の複製にかかわる多数のタンパク質のうちのひとつである. 二本鎖の分離, 新しいポリヌクレオチド鎖合成の開始, その伸長といった過程全体は, 複数の酵素や他のタンパク質からなる複合体によって行われる. 本節では, DNA 複製にかかわるおもなタンパク質の構造と機能について解説する.

DNA 複製は "工場" で行われる

細菌の環状染色体では, DNA 複製は **複製起点** (replication origin, 複製開始点ともいう) という特定の場所で始まる. このとき, 複数のタンパク質が DNA と結合し, ATP の加水分解で放出されるエネルギーで二本鎖を分離する. 合成はこの部位から染色体全体 (大腸菌だと 4.6×10^6 塩基対) の複製が完了するまで, 両方向に進行する. 親 DNA の両鎖が分離し, 新しい鎖の合成が進行している DNA 領域は **複製フォーク** (replication fork) とよばれる.

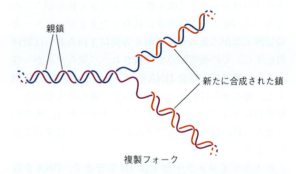

親鎖

新たに合成された鎖

複製フォーク

これに対して, ヒト細胞の核内では 46 本の染色体 DNA 上の数多くの部位で複製が開始される. こうした真核細胞の複製起点は, 細菌の複製起点のように特定の配列をもっているわけではなく, **複製起点認識複合体** (origin recognition complex) が探し出す.

かつては, DNA ポリメラーゼと複製にかかわる他のタンパク質との複合体は DNA に沿って軌道上の電車のように移動すると考えられていた. この DNA 複製の "機関車" モデルでは, 巨大な複製タンパク質が DNA 鎖上をぐるぐる回って, 2 本の娘 DNA 鎖を産生しながら移動することになる. ところが細胞学的解析によると, DNA 複製 (転写も同様に) は細胞内の固定された場所にある "工場" で進行するらしい. たとえば, 細菌では DNA ポリメラーゼと補助因子は, 細胞膜近傍にある一つないしは二つの複合体内に固定されているようにみえる. 真核生物の核では, 新しく合成されている DNA は核内の 100〜150 箇所に局在し, それぞれが数百の複製

20. DNA複製と修復　449

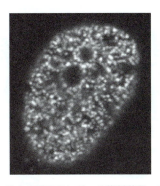

図20・6　**核内で固定されている複製装置**．真核細胞の核内の蛍光スポットは新たに合成されたDNAの存在を示す．複製装置が核骨格に結合しているために，DNA複製が行われている場所が多数の蛍光スポットとして観察される．それぞれの蛍光スポットには多数の複製装置が局在している．［A. Pombo 提供．*Science* **284**, 1790–1795(1999)による．］

フォークに対応するものと思われる（図20・6）．このように，細胞内には多種類のタンパク質からなる複製装置を多数集積した"工場"があると考えられている(DNA複製の"工場モデル")．複製装置は細胞内で固定されており，DNAが手繰られてそこを通過していき，複製が進行する．真核生物では，こうした組織化によって多くのDNA断片が同調して伸長でき，膨大な量のゲノムの効率的複製が可能になる．

ヘリカーゼは二本鎖DNAを一本鎖DNAにする

　真核細胞における複製起点認識複合体の役割のひとつは，DNA二重らせんをほどく**ヘリカーゼ**（helicase）という酵素を動員することである．ヘリカーゼはふつうは活性がないが，細胞にDNA複製の準備ができるとその情報が伝えられて（キナーゼを介したリン酸化で），活性化される．ヘリカーゼは，ATP依存的に2本の親DNA鎖を分離し，DNAポリメラーゼによる複製の鋳型として使える状態にする．こうした親DNA鎖の分離は，負の超らせん構造にも助けられている．原核細胞のDNA複製も，ヘリカーゼ活性にも依存している．

　ヘリカーゼは六量体タンパク質で，DNAの一本鎖領域を取囲むように結合する（図20・7）．ヘリカーゼは，六量体の環の中にDNA一本鎖を通しながら，二本鎖DNAをほどいていく．ATP 1分子の消費でおよそ5塩基対の鎖がほどかれる．ヘリカーゼは，ATP加水分解によってひき起こされた構造変化を利用して，DNAのまわりをぐるぐる回転しながら働いているらしい．この回転は，別の六量体ATP結合タンパク質であるATP合成酵素のF_1サブユニットの回転機構を思い起こさせる（§15・4参照）．

　複製の進行に従い，親DNA鎖はヘリカーゼの作用で連続的にほどけていき，生じた一本鎖DNAにはDNAポリメラーゼが結合してさらにDNA複製が進む．六量体ヘリカーゼとは別の二量体ヘリカーゼが存在し，これがもう一方の一本鎖DNAに結合して複製フォークの進行を助けているらしい．複製フォークの先では，DNAらせんをほどくのに伴って生じたひずみをトポイソメラーゼが解消する．真核細胞ゲノムには無数の複製起点があるが，いったん複製されたDNAにはもうヘリカーゼが結合しなくなるので，DNA鎖全体としての複製は1回しか起こらない．

　複製フォークでDNAが一本鎖になると，ここに**一本鎖結合タンパク質**（single-strand binding protein: SSB）というタンパク質が結合する．SSBはむき出しになった一本鎖DNAを覆って，これがヌクレアーゼで分解されないように保護するとともに，複製を邪魔しかねない二次構造が一本鎖DNA内で生じないようにする役割を担っている．大腸菌のSSBは四量体タンパク質で，一本鎖DNAループが結合できる大きさの正に荷電した溝をもつ．この溝には二本鎖DNAは大きすぎて結合できない．複製タンパク質Aとよばれる真核生物のSSBは大腸菌SSBより大きなタンパク質で，柔軟な構造でつながれた4箇所のDNA結合部位をもつ（図20・8）．原核生物SSBも真核生物SSBも複数の構造をとることができるので，DNA鎖といろいろな形で結合できる．複製タンパク質Aの研究から，DNA鎖はいくつかの段階を経てSSBと結合することがわかっている．まずDNA鎖はSSBと弱く結合する（解離定数K_dは数μM程度）．その後さらに，SSBの他のドメインがDNA鎖に結合

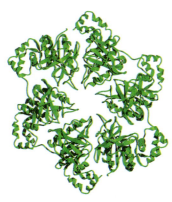

図20・7　**六量体ヘリカーゼの構造**．このヘリカーゼはバクテリオファージT7のもので，六量体の環状構造をもつ．二本鎖DNAの片側の鎖の周囲を取囲むように結合し，一本鎖領域を押し広げていく．［構造（pdb 1E0J）はM. R. Singleton, M. R. Sawaya, T. Ellenberger, D. B. Wigley によって決定された．］

図 20・8 **複製タンパク質 A の DNA 結合ドメインの構造**．ここでは，四つのDNA 結合ドメインのうち二つを黄と緑で表示してある．10 個のデオキシシチジンからなるオリゴヌクレオチド（紫）が結合している．(a) 正面から見た構造．(b) 側面から見た構造．［構造（pdb 1JMC）は A. Bochkarev, R. Pfuetzner, A. Edwards, L. Frappier によって決定された．］

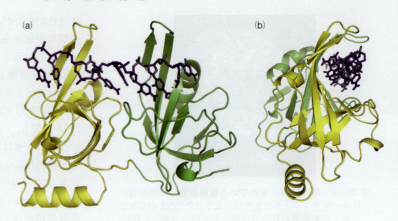

して解離定数はほぼ 10^{-9} M まで下がる．この結合で，DNA の 30 ヌクレオチドほどの領域が保護される．鋳型 DNA が DNA ポリメラーゼに取込まれるときには，結合している SSB は DNA 鎖から剥がされるが，これはヘリカーゼによって生じた新たな一本鎖 DNA への結合に再利用される．

DNA ポリメラーゼが遭遇する二つの問題

DNA ポリメラーゼの作用機構と DNA の二本鎖構造から考えて，DNA 複製を効率的に行うためには二つの大きな問題がある．まず，DNA ポリメラーゼはすでに存在している鎖の伸長を行うことはできるが，ポリヌクレオチド鎖合成を開始することはできない．これに対して，RNA ポリメラーゼはポリヌクレオチド鎖の新規合成ができる．そこで生体内ではまず短い RNA が合成され，それに続いて DNA 鎖合成が進む．最初に合成された RNA はあとで除かれ，DNA で置き換えられる．

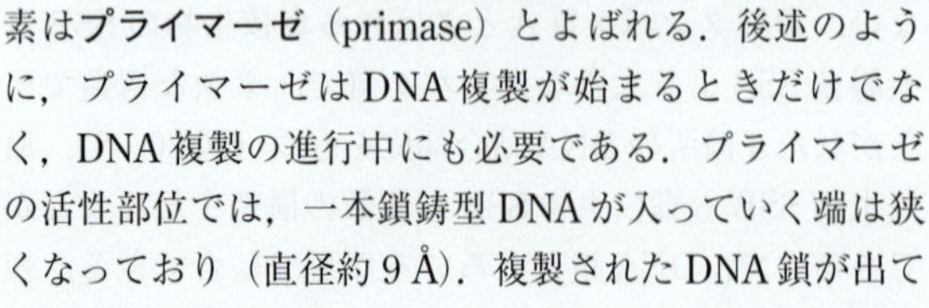

ここで合成される 10～60 ヌクレオチド長の RNA 鎖は**プライマー**（primer）とよばれ，これを合成する酵素は**プライマーゼ**（primase）とよばれる．後述のように，プライマーゼは DNA 複製が始まるときだけでなく，DNA 複製の進行中にも必要である．プライマーゼの活性部位では，一本鎖鋳型 DNA が入っていく端は狭くなっており（直径約 9 Å）．複製された DNA 鎖が出ていく端は DNA-RNA ハイブリッド鎖（A 形 DNA 様の構造，図 3・6 参照）が通れるほどの広さをもつ．

DNA ポリメラーゼが直面する二つ目の問題は，2 本の逆平行鋳型 DNA 鎖を 1 対のポリメラーゼが同時に複

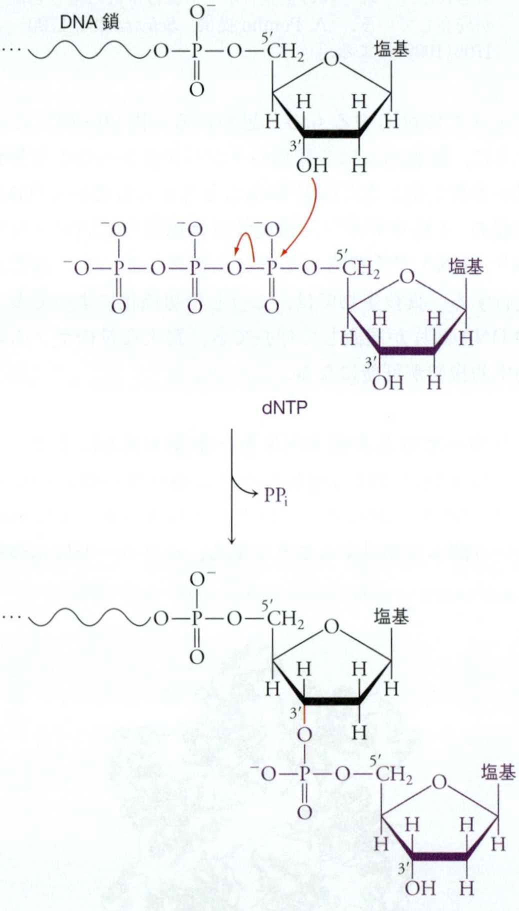

図 20・9 **DNA 複製機構**．伸長している DNA 鎖 3′ 末端の 3′ OH 基には求核反応性がある．伸長鎖に新たに取込まれるデオキシリボヌクレオシド三リン酸（dNTP）のリン酸基をこの 3′ OH 基が攻撃する（酸素原子からリン原子への赤矢印）．その結果，新たなホスホジエステル結合が生じ，PP_i が放出される．反応物と生成物の自由エネルギーがほぼ同じなので，この重合反応は可逆的である．しかし細胞内では，生じた PP_i はその後加水分解されるので，重合反応は最終的には不可逆となる．RNA ポリメラーゼの反応機構も同様である．

製しなければならないということである．それぞれのポリメラーゼが触媒するのは，伸長している DNA 鎖末端の 3′ OH 基に，鋳型 DNA 鎖と相補的な遊離ヌクレオチドを付加する反応である（図 20・9）．この反応によって，新たな DNA 鎖合成は 5′→3′ 方向に進行する．2 本の鋳型 DNA 鎖は逆平行に並んでいるので，1 対の DNA ポリメラーゼがそれぞれの新しい鎖の 3′ 末端にヌクレオチドを付加していくと，この複製装置は反対方向に引っ張られることになる．

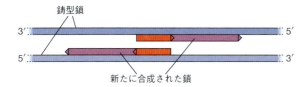

細胞の中ではこのようなぎこちない事態は起こらない．1 対のポリメラーゼは一体で働いており，下記のように，むしろ鋳型 DNA 鎖の 1 本が周期的にループとして飛び出すことでこの問題が回避されている．**リーディング鎖**（leading strand）とよばれる複製された DNA の一方の鎖は，1 本の連続した形で合成される．リーディング鎖合成はプライマーゼによる RNA 合成で開始され，DNA ポリメラーゼによって 5′→3′ 方向に進行する．もう一方の**ラギング鎖**（lagging strand）とよばれる DNA 鎖は，断片的に，つまり**不連続に**（discontinuously）合成される．この場合，上述のように鋳型 DNA 鎖はループとして繰返し飛び出し，この DNA ループの 5′→3′ 方向に DNA ポリメラーゼが働く．こうして合成されたラギング鎖は複数のポリヌクレオチド断片から構成されることになる．この複製断片は発見者にちなんで**岡崎フラグメント**（Okazaki fragment）とよばれる（図 20・10）．

細菌の岡崎フラグメントは約 500〜2000 ヌクレオチド長，真核生物では約 100〜200 ヌクレオチド長である．それぞれの岡崎フラグメントは，プライマーゼによる独立の合成開始反応を経ているので，その 5′ 末端には短い RNA の部分がある．連続的リーディング鎖合成にはプライマーが一つあればよいが，非連続的ラギング鎖合成には複数のプライマーが必要になる．このためにプライマーゼは複製中いつも必要となる．

リーディング鎖の連続した合成とラギング鎖の非連続な合成が同調して進行するには，ラギング鎖合成の鋳型が周期的に入れ替わる必要がある．つまり，一つの岡崎フラグメントが完成するたびに，次の岡崎フラグメントの RNA プライマーの伸長を開始しなくてはならない．そのため，複製複合体のいくつかのタンパク質がこの鋳型再配置にかかわっており，二つの DNA ポリメラーゼによるリーディング鎖とラギング鎖の同調した合成を助けている．実際には，大腸菌では（おそらく他の生物でも）複製フォークに三つの DNA ポリメラーゼが局在している．そのうちの一つはリーディング鎖合成を行い，他の二つはおそらく入れ替わりながら岡崎フラグメント合成を行う．二つの DNA ポリメラーゼがあると，作業

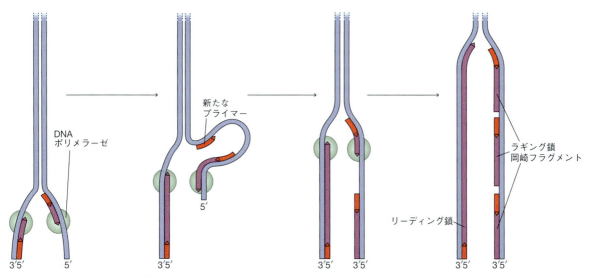

図 20・10　DNA 複製機構の模式図．二つの DNA ポリメラーゼ（緑）が DNA の相補鎖を合成するために複製フォークに位置している．リーディング鎖とラギング鎖の合成はともに RNA プライマー（赤）から始まり，DNA ポリメラーゼによって 5′→3′ 方向に伸長する．複製装置は動かず，むしろ鋳型 DNA がそれをくぐって巻取られていく．2 本の鋳型鎖は逆平行なので，ラギング鎖の鋳型鎖（右側）はループ状に飛び出す．飛び出したループ状一本鎖 DNA は SSB で安定化されている．リーディング鎖は連続した形で，ラギング鎖はいくつもの岡崎フラグメントとして合成される．

を分け合いながらその効率を上げることができるのだろう．

さまざまなDNAポリメラーゼには共通の構造と反応機構がある

既知のすべてのDNAポリメラーゼは大まかにいって手のような形をしており，手のひら，指，親指に対応するドメインがある．ポリメラーゼ間では手のひらドメインだけが強い相同性を示すにすぎないので，こうした構造は収束進化の結果で生まれたのだろう．これらのなかで大腸菌のDNAポリメラーゼIは，最初に発見され，最も研究の進んだものである（図20・11，この酵素は§3・4で述べたように，DNA配列決定に用いられる）．鋳型鎖と新規に合成されたDNA鎖は二本鎖を形成し，手のひらドメインの塩基性アミノ酸側鎖が並んだくぼみに入り込んでいる．

くぼみの底にあるポリメラーゼの活性中心には互いに3.6Å離れた二つのMg^{2+}が結合しており，これに酵素のAsp残基側鎖と取込まれるヌクレオシド三リン酸のリン酸基が配位している．これらMg^{2+}の一つはプライマー3′末端か伸長中のDNA 3′末端の3′酸素原子と相互作用し，この酸素原子の求核性を高めてヌクレオシド三リン酸との反応を促進する．ヌクレオシド三リン酸リボース環の2′位デオキシ炭素は疎水性ポケットに結合する．この結合を介して，ポリメラーゼは2′ OHの有無でリボヌクレオチドとデオキシリボヌクレオチドとを区別する．

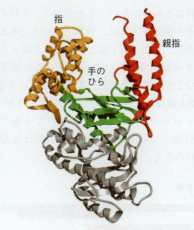

図20・11　**大腸菌DNAポリメラーゼIの構造**．クレノウフラグメント（Klenow fragment）とよばれるDNAポリメラーゼIの活性断片（324～928残基）の構造を示す．手のひら，指，そして親指に対応するドメインを色分けしてある．指ドメインの先端にあるループ構造は揺らいでいるので，ここでは見えていない．［構造（pdb 1KFD）はL. S. Beese, J. M. Friedman, T. A. Steitzによって決定された．］

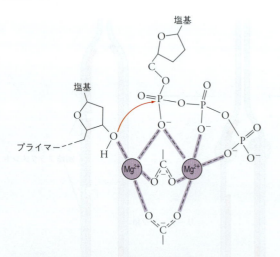

合成が起こるたびに，酵素は鋳型鎖上を1ヌクレオチド分進まなければならない．多くのDNAポリメラーゼは連続反応性酵素（processive enzyme）といわれる．**連続反応性**（processivity）とは，基質から離れる前に何度かの触媒サイクル（大腸菌のDNAポリメラーゼで

はin vitroで10～15回ほど）を繰返すことをさす．大腸菌のDNAポリメラーゼはin vivoではもっとこの連続反応性が高く，DNAから離れる前に5000ヌクレオチドほどを新規DNA鎖に取込む．このように高い連続反応性は，DNAを包み込み滑るようにして移動するクランプというタンパク質に依存している．クランプはDNAに結合するとともにDNAポリメラーゼにも結合して，複製の進行中に両者の位置を維持する．大腸菌ではクランプは二量体タンパク質，真核生物では三量体タンパク質である．どちらのタンパク質も同じような大きさで六角形の環状構造をしていて，共通の機能を果たしている（図20・12）．ラギング鎖合成では，それぞれの岡崎フラグメントの開始部位でクランプの環状構造が開いたり閉じたりして，ポリメラーゼの鋳型となるDNA鎖が入れ替わる．大腸菌ではこのようなことが毎秒1回といった頻度で起こる．こうしたクランプの開閉にはクランプローダー（clamp loader）というタンパク質がかかわっている．

大腸菌には5種類のDNAポリメラーゼ（I～V）がある．真核生物には，ミトコンドリア，葉緑体のものを除いても少なくとも13種類のDNAポリメラーゼがある（それぞれはギリシャ文字で表示されている）．どうしてこんなに多種類のDNAポリメラーゼが存在するのだろうか．真核生物，そしてある原核生物では2種類のポリメラーゼが協調してリーディング鎖とラギング鎖を合成しており，他のポリメラーゼはそれぞれが特別な役割を

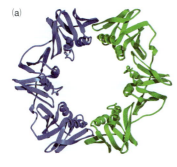

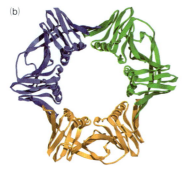

図 20・12 **DNA ポリメラーゼの連続反応性を保証するクランプ**．(a) 大腸菌では，DNA ポリメラーゼIIIの β サブユニットが二量体クランプを形成する．(b) ヒトでは，増殖細胞核抗原（PCNA）とよばれるタンパク質が三量体クランプを形成する．どちらのクランプも環状構造をとり，直径 35 Å の環の内側は正に荷電している．これは 26 Å の太さをもった二本鎖 DNA や DNA–RNA ハイブリッド鎖を囲むのに十分な大きさである．こうした構造はそれぞれの DNA ポリメラーゼの連続反応性を増加させ，DNA 複製の効率を上げる．[β クランプ（pdb 2POL）の構造は X.-P. Kong, J. Kuriyan, PCNA の構造（pdb 1AXC）は J. M. Gulbis, J. Kuriyan によって決定された．]

演じている．たとえば真核生物では，DNA ポリメラーゼ α が岡崎フラグメントの合成を開始するが，すぐに DNA ポリメラーゼ δ がこれにとって代わりラギング鎖のほとんどを合成する．一方，リーディング鎖の合成は DNA ポリメラーゼ ε が担う．大腸菌 DNA ポリメラーゼ II, IV, あるいは V や真核生物 DNA ポリメラーゼのほとんどのものは，DNA の修復機構で働いているようである．特に，損傷を受けた DNA の切り出しや置換を行うものがいくつか知られている（§ 20・4）．

DNA ポリメラーゼは新たに合成された DNA の校正を行う

DNA 合成では，鋳型 DNA 鎖と相補的なヌクレオチドが新規 DNA 鎖に取込まれるので，新規鎖と鋳型鎖とが相補的になる．すべての可能な塩基対（A：T，T：A，C：G，G：C）は全体として同じ嵩となり（§ 3・1 参照），

DNA ポリメラーゼはこの相補的塩基対にぴったりと結合する．このことで誤対合の可能性は少なくなっている．新規鎖に取込まれるヌクレオチド基質（鋳型と塩基対を形成できるヌクレオチド）がポリメラーゼの手のひらドメインに結合すると，親指ドメインと指ドメインが近づき，手のひらが"開いた形"から"閉じた形"に変化する（図 20・13）．こうした構造変化は，強く結合したヌクレオチド基質の新規鎖への取込みを加速するのかもしれないし，塩基対をつくれないゆるく結合したヌクレオチドの放出を促すのかもしれない．

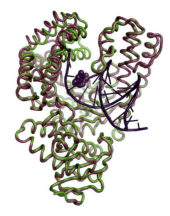

図 20・13 **DNA ポリメラーゼの開いた構造と閉じた構造**．好熱菌 *Thermus aquaticus* 由来の DNA ポリメラーゼの構造を，ヌクレオチド基質類似体（空間充填モデル，紫）のある状態（緑）とない状態（赤紫）で決定した．この構造には鋳型鎖とそれに相補的なプライマー鎖も含まれている（紫）．[開いた構造（pdb 2KTQ）と閉じた構造（pdb 3KTQ）は Y. Li, G. Waksman によって決定された．]

もしまちがったヌクレオチドが伸長中の鎖と共有結合してしまっても，ポリメラーゼは新しく合成された二重らせんに生じたゆがみを検出できる．多くの DNA ポリメラーゼはポリメラーゼ活性部位とは別に，伸長中の DNA 鎖 3′ 末端からヌクレオチドを切り出すエキソヌクレアーゼ活性部位をもっている．この 3′→5′ エキソヌクレアーゼはまちがって取込まれたヌクレオチドを切り出す．これが DNA ポリメラーゼの**校正作用**（proofreading）につながっている（図 20・14）．大腸菌の DNA ポリメラーゼ I では，3′→5′ エキソヌクレアーゼ活性部位はポリメラーゼ活性部位から約 25 Å 離れている．このことは，酵素–DNA 複合体の働きが新規鎖合成から加水分解へと変わる過程で，酵素の大きな立体構造変化があることを示唆する．

エキソヌクレアーゼによる校正によって，DNA 複製の過程での誤りの頻度は 10^6 塩基に 1 回ほどに限定される．校正作用をすり抜けてまちがって取込まれた塩基は，

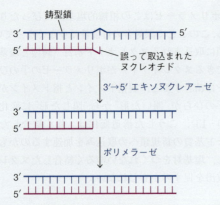

図 20・14 複製中の誤りの校正．DNAポリメラーゼは，誤対合ヌクレオチド取込みに由来する二本鎖DNAのゆがみを検出し，3′→5′エキソヌクレアーゼ活性で新規鎖3′末端に取込まれたヌクレオチドを切り出す（エキソヌクレアーゼはポリヌクレオチドの端から残基を取除く．エンドヌクレアーゼはポリヌクレオチドの内部で切断をする）．その後，ポリメラーゼは再び働き始めて，正しい塩基対を形成したDNAをつくり出す．

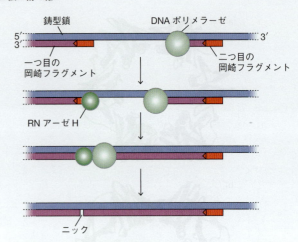

図 20・15 プライマー除去．RNアーゼHは，すでにでき上がっている岡崎フラグメントからRNAプライマーと周囲のDNAを取除く．取除かれた領域は，DNAポリメラーゼが鋳型に相補的なヌクレオチドで正確に置き換える．最後に残ったニックはリガーゼが閉じる．

種々のDNA修復機構によって複製が終わったあとに取除かれる．これによってさらに複製時の誤りの頻度が下がる．この結果得られる複製の正確さは，一つの世代から次の世代へと生物情報を正確に伝達するうえで必須である．

RNアーゼとリガーゼが
　　　　ラギング鎖の完成に必要である

岡崎フラグメントとして一つずつ合成されたDNA断片が全部つながって1本のラギング鎖となり，初めて複製は完了する．岡崎フラグメントが合成されると，その5′末端にあるRNAプライマーは，それに続くDNAの一部も含めて加水分解によって除かれ，DNAに置き換えられる．残ったニックはふさがれて，連続したDNA鎖となる．この過程でDNA複製の正確さは増す．プライマーゼによる複製は正確さで劣り，RNAプライマーも，それに続いてDNAポリメラーゼが付加したいくつかのデオキシリボヌクレオチドもまちがいを起こしやすいからである．

多くの細胞では，**RNアーゼH**（RNase H，Hはハイブリッドをさす）というエキソヌクレアーゼが5′→3′方向に働いて，岡崎フラグメント5′末端にあるプライマーのヌクレオチドを取除く．次の岡崎フラグメントを完成させたDNAポリメラーゼは，RNアーゼHが取除いたリボヌクレオチドをデオキシリボヌクレオチドで置き換えながら先行のRNアーゼHに追いつく（ポリメラーゼのほうがエキソヌクレアーゼより反応進行が速い）．その結果，DNAのみからなる二つのラギング鎖の断片の間にニックが残った構造ができる（図20・15）．

仮にDNAポリメラーゼの進行が速すぎて，5′末端にプライマーがまだ多少残っている先行の岡崎フラグメントに追いつくと，ポリメラーゼはこのプライマー領域を鋳型鎖から引きはがして，一本鎖の"フラップ"とする．RNアーゼHあるいは別のタンパク質がこのフラップを基質としたエンドヌクレアーゼとして働き，プライマーを切断する（図20・16）．このフラップエンドヌクレアーゼ（flap endonuclease）は一本鎖中のRNAとDNA部分の境界を認識するらしい．

大腸菌のDNAポリメラーゼIのポリペプチドは5′→3′方向のエキソヌクレアーゼ活性をもっていて（3′→5′方向の校正エンドヌクレアーゼに加えて），少

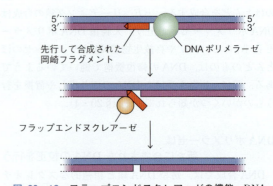

図 20・16 フラップエンドヌクレアーゼの機能．DNAポリメラーゼが岡崎フラグメントのRNAプライマー領域を引きはがすと，一本鎖フラップが生じる．フラップエンドヌクレアーゼがこの一本鎖フラップを取除く．

なくとも in vitro では DNA ポリメラーゼ I だけでも先行する岡崎フラグメントからリボヌクレオチドを取除くことができる．ヌクレオチドを除去し，置き換える，といった活性が一緒になると，5′→3′方向にニックの位置を移動させることができる．この現象は**ニックトランスレーション**（nick translation）として知られる．しかし DNA ポリメラーゼはニックを埋めることはできない．

ニックで分断された不連続なラギング鎖は **DNA リガーゼ**（DNA ligase）によって連結される．リガーゼによるホスホジエステル結合形成反応では，ヌクレオチド補因子のホスホジエステル結合の自由エネルギーが消費される．原核生物では NAD^+ が補因子として働き，生成物として AMP とニコチンアミドモノヌクレオチドが生じる．真核生物では ATP が用いられ，AMP と PP_i が生じる．リガーゼによる岡崎フラグメントの連結で 1 本の連続したラギング鎖ができ，DNA 複製過程が終了する．

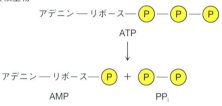

20・3 テロメア

重要概念
- 真核生物染色体 DNA の両末端はテロメラーゼによって伸長され，テロメアが生じる．

細菌の環状 DNA 分子では，複製は二つの複製フォークが出会ったところ，すなわち複製起点の反対側の部位で終結する．これに対して末端をもつ線状の真核生物の染色体では，複製は染色体末端まで進まなければならない．DNA ポリメラーゼは新しい相補的な鎖を 5′→3′ 方向に伸長するので，親の 2 本の DNA 鎖を 5′ 末端から複製するには問題ない．

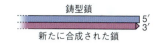

しかし，親 DNA 鎖の 3′ 末端を複製するときには，同じように考えると問題が起こる．仮に，RNA プライマーが鋳型鎖の 3′ 末端領域と対をつくってそこから DNA 複製が始まったとして，新規合成鎖の 5′ 末端にあるプライマーの除去はできても，この部分のリボヌクレオチドをデオキシリボヌクレオチドに置き換えることができない．そこで，それぞれの親（鋳型）DNA の 3′ 末端は新規合成鎖の端に対して一本鎖として飛び出した形になり，ヌクレアーゼで切られてしまう．

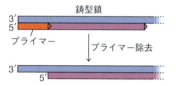

その結果，DNA 複製が起こるたびに染色体が短くなるだろう（下図）．

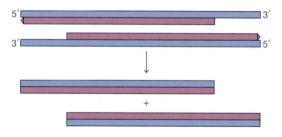

真核生物は，短い配列の繰返しからなる**テロメア**（telomere）とよばれる構造を染色体末端に付け加えることで，複製による染色体の短縮という問題に対処している．テロメアはそこに結合するタンパク質とともに DNA 分子の末端をヌクレアーゼによる分解からまもり，二つの染色体の端と端が結合しないようにしている（分断された DNA 分子が修復されるときに，こうした結合反応が起こる）．

テロメラーゼが染色体末端にテロメアを付加する

テロメア構築にかかわる一群のタンパク質には，ブラックバーン（Elizabeth Blackburn）によって発見された**テロメラーゼ**（telomerase）という酵素が含まれている．テロメラーゼは，酵素に結合している RNA を鋳型としながら，DNA 鎖の 3′ 末端に 6 ヌクレオチドからなる配列を繰返し付加する．テロメラーゼの触媒サブユニットは**逆転写酵素**（reverse transcriptase）で，ウイルス RNA ゲノムを DNA に置き換えるウイルス酵素

ボックス 20・A　生化学ノート

HIV と逆転写酵素

ヒト免疫不全ウイルス（human immunodeficiency virus，ボックス 7・B で解説した HIV）はレトロウイルス（retrovirus）で，そのゲノム RNA は宿主細胞内で DNA に転写される．宿主細胞内に侵入すると，HIV 粒子を構成しているゲノム RNA やタンパク質はばらばらになる．細胞内に入った 9 kb ゲノム RNA はウイルスの逆転写酵素（reverse transcriptase）の働きで DNA に転写される．もう一つのウイルスタンパク質であるインテグラーゼ（integrase）によって，転写産物の DNA は宿主ゲノムに挿入される．ウイルスゲノムからは 15 種類の遺伝子産物が産生され，そのうちのあるものは HIV プロテアーゼで切断されて活性のある形になる．最終的に，多数の新たなウイルス粒子が再集合し，宿主から出芽する．その結果，宿主細胞は死んでしまう．HIV は免疫細胞に選択的に感染するので，ウイルス感染による細胞死によって致命的な免疫不全が起こる．

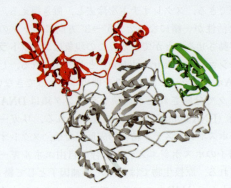

[HIV の逆転写酵素の構造（pdb 1BQN）は Y. Hsiou, K. Das, E. Arnold によって決定された．]

RNA 鋳型から DNA を合成する（この現象は §3・2 で解説したセントラルドグマに反する）機能をもつ HIV 逆転写酵素の構造には，他のポリメラーゼのように指，親指，手のひら領域に対応するドメインがある．逆転写酵素のこうした複数のドメイン（右上の図では赤で示す）はポリメラーゼ活性部位を構成し，DNA も RNA も基質として認識できる．逆転写酵素以外には，こうした二重の特異性を示すポリメラーゼはない．別のドメイン（図で緑）には RNA 鋳型を分解する RN アーゼ活性部位がある．

逆転写の過程全体は次のように進行する．酵素が RNA 鋳型に結合し，これと相補的な DNA 鎖を合成する．宿主細胞中では，転移 RNA が DNA 合成のプライマーとして働く．DNA 合成が進行すると，RNA–DNA ハイブリッド分子の RNA 鎖部分が RN アーゼ活性部位で分解される．残った一本鎖の DNA は逆転写酵素のポリメラーゼ活性部位に結合し，これが鋳型となって DNA の相補鎖が合成される．こうして二本鎖 DNA が完成する．

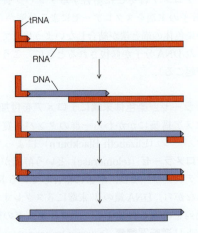

ウイルスの逆転写酵素は生物学的に興味深いだけでなく，研究の道具としても役に立つ．mRNA を細胞から精製し，逆転写酵素でこの mRNA を DNA（**相補的 DNA** complementary DNA，**cDNA** とよばれる）に変換すれば，クローン化したり，タンパク質産物を発現させたりすることができる．

ウイルス逆転写酵素には 2 種類の阻害物質がある．AZT や ddC のようなヌクレオシド類似体は容易に細胞に取込まれリン酸化される．生じたヌクレオチドは逆転写酵素の活性部位に結合し，5′ 末端のリン酸基を介して伸長中の DNA 鎖に付加される．しかし，この反応で生じた DNA の 3′ 末端には 3′ OH 基がないので，ここで DNA 鎖伸長が停止する．こうした類似体は**連鎖反応停止剤**（chain terminator）とよばれ，DNA 配列決定でも使われる（§3・4 参照）．

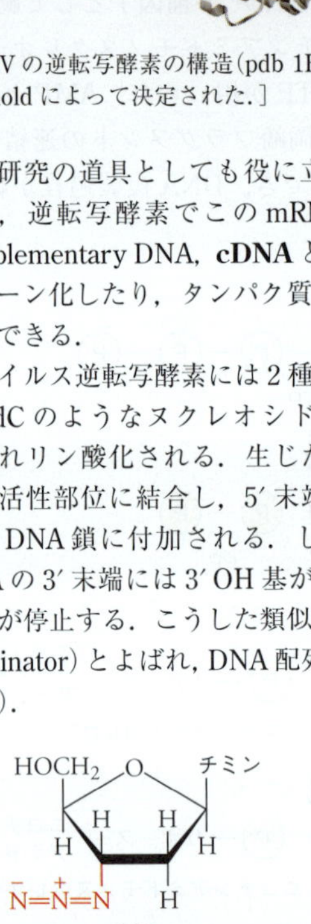

AZT
（3′-アジド-2′,3′-ジデオキシチミジン，ジドブジン）

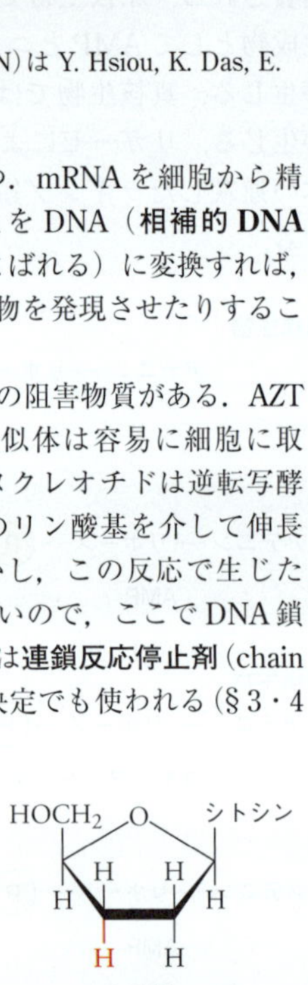

ddC
（2′,3′-ジデオキシシチジン，ザルシタビン）

逆転写酵素の阻害剤として，ネビラピン（nevirapine）のような非ヌクレオシド類似体を用いることもできる．

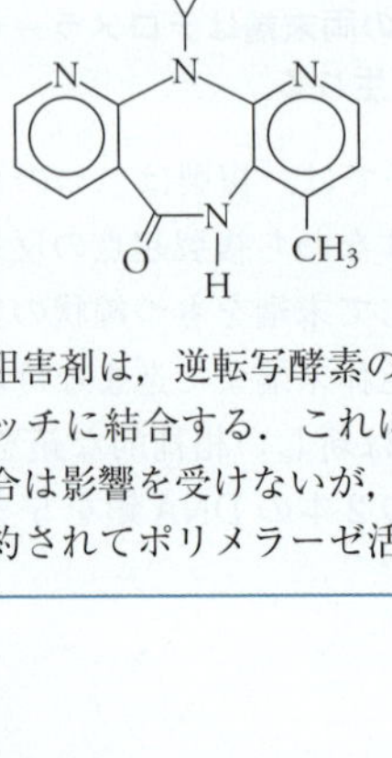

ネビラピン

この非拮抗阻害剤は，逆転写酵素の親指ドメインの底付近の疎水性パッチに結合する．これによって RNA やヌクレオチドの結合は影響を受けないが，おそらく親指ドメインの動きが制約されてポリメラーゼ活性は阻害される．

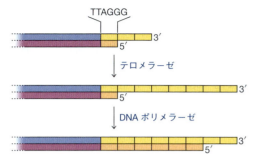

図 20・17 テロメア DNA の合成．テロメラーゼは，TTAGGG 配列 (黄の断片) を繰返し付加して DNA の 3′末端を伸長させる．その後，DNA ポリメラーゼがラギング鎖合成と同じ機構で相補鎖を伸長させる (オレンジの断片)．この過程のあとでも 3′末端領域が一本鎖のまま飛び出しているが (ヒトの場合，300 ヌクレオチドほどになる)，染色体全体としては長くなっている．

(ボックス 20・A) に似ている．

テロメラーゼの触媒サブユニットは真核生物のなかでよく保存されているが，これに結合している RNA サブユニットは種によって約 150 から約 1300 を超えるヌクレオチドからなる．ヒトの場合，その RNA は 451 ヌクレオチド長で，そこには TTAGGG という配列を繰返し DNA 末端に付加するときの鋳型である 6 ヌクレオチドが含まれている．すべての真核生物で，染色体の 3′末端には同様の G に富む配列が続く．テロメア DNA の合成では，先行して伸長した 6 ヌクレオチドの 3′末端に同じ配列の 6 ヌクレオチドが再び付加される．この再付加反応ごとに，テロメラーゼの鋳型 RNA は DNA 上で再配置される．この再配置には，テロメア DNA とテロメラーゼ RNA の非鋳型領域との塩基対形成が重要である．いったんテロメラーゼの作用で DNA 3′末端が伸長すると，DNA ポリメラーゼがこの G に富む領域を鋳型として相補 DNA 鎖の伸長を進める (図 20・17)．

ヒトのテロメア DNA は，組織や個体の年齢によって異なるものの 2～15 kb 長である．また，その 3′末端に

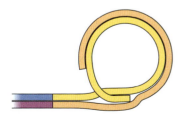

図 20・18 T ループ．テロメア DNA は折り曲げられ，3′末端の G に富んだ一本鎖 DNA が二本鎖 DNA に入り込む．シェルタリン (ここには示していない) は一本鎖および二本鎖 DNA に結合して，染色体末端を保護するキャップを形成する．

は 100～300 ヌクレオチド長の一本鎖 DNA が突き出している．この一本鎖 DNA は折りたたまれて T ループという構造をとっているらしい (図 20・18)．6 種類の異なるタンパク質がいくつも集合して，テロメアに結合するシェルタリン (shelterin) と総称される複合体をつくる．こうしたタンパク質群は，細胞の寿命の指標にもなるテロメアの長さを調節するにあたって重要な役割を果たしている．

テロメラーゼの活性は細胞の不死と関連があるか

細胞分裂をある回数繰返した細胞には，活性のあるテロメラーゼがないようである．その結果，複製サイクルを経るごとにテロメアの長さは短くなっていき，最後には細胞は老年期に達してもはや分裂しなくなる．ヒト細胞では，35～50 回の細胞分裂後にこうした段階に達する．これに対して，単細胞生物や多細胞生物の幹細胞あるいは生殖細胞のような"不死"細胞はテロメラーゼの活性をもち続けているようである．こうした発見は，何回もの複製サイクルのあとでも染色体末端を維持するというテロメラーゼの役割と一致する．

老化した組織に由来するがん細胞ではテロメラーゼが活性化されているようである．これはテロメラーゼ活性を低下させることががん治療に有効である可能性を示唆する．しかし多くの細胞にとって，テロメラーゼ活性だけがその細胞の不死の能力を示すものではない．染色体が短くならずに繰返し分裂を経ていくための細胞の能力は，テロメラーゼの機能，テロメアの長さ，あるいはテロメアの状態 (テロメラーゼもふつうの DNA 同様にいろいろな損傷を受ける) に複雑に関係しているらしい．

20・4　DNA 損傷と修復

重要概念
- DNA における突然変異 (変異) は，DNA 複製のまちがい，酵素を介さない細胞内過程による作用，あるいは環境要因によってひき起こされる．
- ヌクレアーゼ，ポリメラーゼ，あるいはリガーゼといったさまざまな酵素が DNA 修復経路で働いている．

理由がなんであるにせよ，細胞 DNA の変化は修復されなければ**突然変異** (変異，mutation) として固定されてしまう．単細胞生物では，変異した DNA は複製され，細胞分裂によって娘細胞に受け継がれる．多細胞生物では，変異が生殖細胞に起こったときにだけ子孫個体に伝えられる．生殖細胞以外の細胞で起こった変異は，変異を起こした細胞から分裂して生じた細胞群にだけ伝えられる．

遺伝的変化は遺伝子発現に正の影響も負の影響も与えうるし，見かけ上影響を与えないこともある．個体における遺伝子変異は生涯を通して蓄積し，その結果，老化に伴いしだいにいろいろな機能が失われる．大きなDNA損傷を被った細胞は，**アポトーシス**（apoptosis）とよばれるプログラムされた細胞死を迎える．しかし，DNA損傷をもった細胞がアポトーシスで死滅せず，細胞増殖制御機構の監視を逃れて異常増殖することがある．この結果，がんが生じる．このため，がんは遺伝子に由来する病気とみなすことができる（ボックス20・B）．本節では，DNAにはどんな損傷が生じるか，そして，こうした損傷を取除くために細胞内でどんな機構が働いているかを解説する．

細胞内でのDNA損傷は避けがたい

細胞内でのDNA損傷は，がんに至らないにしても避けがたい．DNAポリメラーゼには校正機能があるが，やはり鋳型鎖と相補的でないヌクレオチドを取込んだり，チミンの代わりにウラシルを取込んだりする．さらに，DNAポリメラーゼによってヌクレオチドが付加されたり除去されたりして，DNA末端に一本鎖の突起ができたりする．その結果，DNA鎖に挿入や欠損といった変異が生じる．

細胞内の酸化的代謝反応の副産物として生じる活性酸素分子種（たとえば，スーパーオキシドアニオン $\cdot O_2^{2-}$，ヒドロキシルラジカルあるいは過酸化水素）にはDNAに対する損傷作用がある．DNAの酸化的修飾について100以上の異なるものが報告されている．たとえば，グアニンは酸化されて8−オキソグアニン（8−oxoguanine: oxoG）となる．

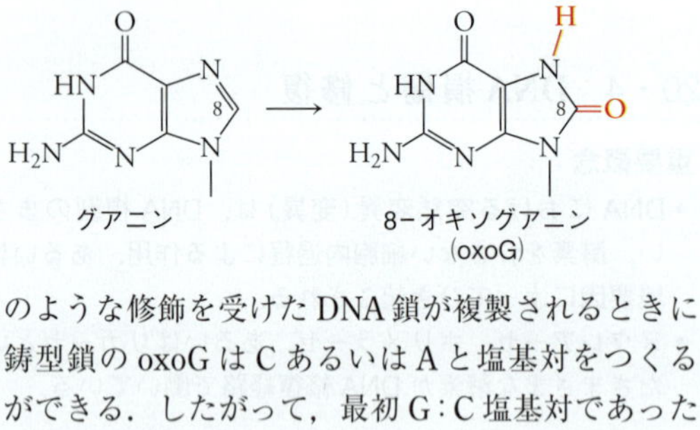

このような修飾を受けたDNA鎖が複製されるときには，鋳型鎖のoxoGはCあるいはAと塩基対をつくることができる．したがって，最初G：C塩基対であったものがT：A塩基対となることがある．このような塩基の置換を**点変異**（point mutation）とよぶ．あるプリン塩基（あるいはピリミジン塩基）から他のプリン塩基（あるいはピリミジン塩基）への置換を**トランジション変異**（transition mutation）とよび，プリン塩基からピリミジン塩基への置換あるいはその反対方向の置換を**トランスバージョン**（tranversion）とよぶ．

生理的な条件でも非酵素的反応によってDNAの損傷が起こる．たとえば，塩基とデオキシリボースとをつないでいるN−グリコシド結合の加水分解によって**脱塩基部位**（abasic site，脱プリン部位，脱ピリミジン部位，あるいはAP部位という）が生じる．

脱アミノ反応は塩基の特徴を変えてしまう．特にシトシンの場合には，次のように脱アミノ（実際には酸化的脱アミノ）によってウラシルが生じる．

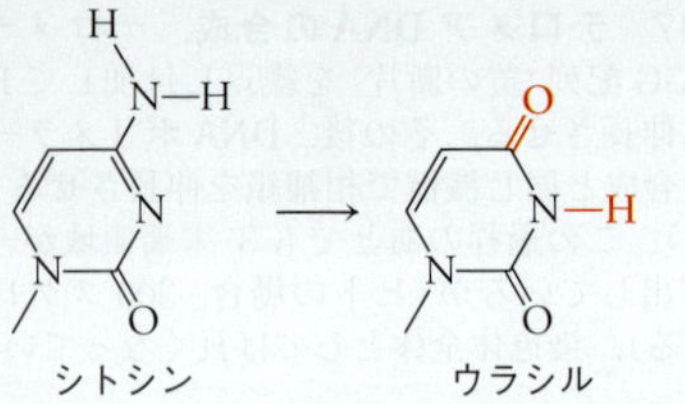

ウラシルはチミンと同じような塩基対形成能をもっているので，DNA複製によってもとのC：G塩基対がT：A塩基対へと変わってしまう．しかし，DNAはウラシルでなくチミンを含むように進化してきたので，シトシン脱アミノ反応に由来するウラシルは認識され，変化が固定化される前に修正される．

このような細胞内因子以外にも，紫外線（UV）や，電離放射線，いくつかの化学物質など環境にあるものも物理的にDNAに損傷を与える．たとえば，紫外線は隣り合うチミン塩基の間で共有結合をつくる．これによって塩基間が狭まり，DNAのらせん構造をゆがめる．この結果，チミン二量体は正常な複製と転写を阻害する．

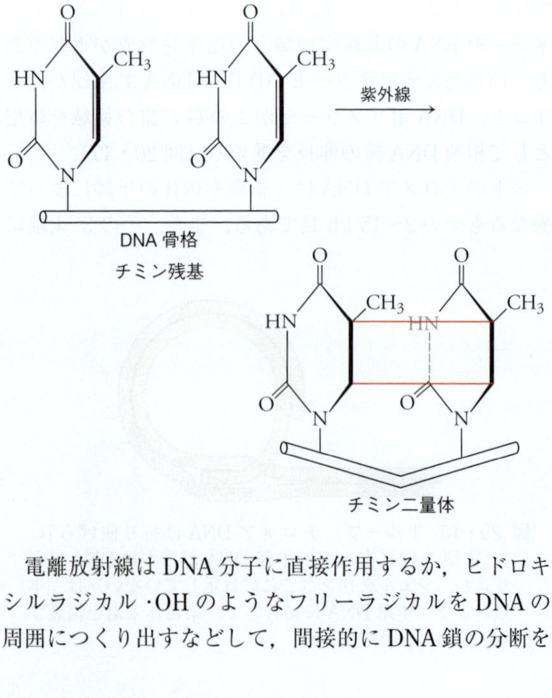

電離放射線はDNA分子に直接作用するか，ヒドロキシルラジカル $\cdot OH$ のようなフリーラジカルをDNAの周囲につくり出すなどして，間接的にDNA鎖の分断を

ひき起こす．何千もの天然のあるいは人工の化合物がDNA分子と反応する可能性がある．変異をひき起こす化合物を **変異原物質**（mutagen）とよび，それががんにつながるようであれば **発がん物質**（carcinogen）とよぶ．

多くのDNA損傷は避けられないので，損傷を検出して修復する機構が進化してきた．DNAに点変異や小さな挿入あるいは欠失が生じても，必須遺伝子を含まないゲノムの部分であれば特に悪影響はないだろう．しかし，一本鎖あるいは二本鎖の切断といったもっと重大な損傷では，複製あるいは翻訳が終結してしまう．細胞はこうした事態にも対応しなければならない．

修復酵素は損傷を受けたDNAの回復を担う

ある場合には，損傷を受けたDNAが一つの酵素だけで修復される．一例をあげると，細菌や哺乳類を除くいくつかの生物では，光で活性化されるDNA光回復酵素（DNA photolyase）が紫外線で生じたチミン二量体を単量体に戻す．

哺乳類では，グアニン残基のメチル化で O^6-メチルグアニン（この修飾塩基はシトシンともチミンとも塩基対を形成する）が生じDNA損傷が起こるが，これを修復する機構がある．

O^6-メチルグアニン

メチルトランスフェラーゼは，損傷の原因となるメチル基をグアニン残基から自己のCys残基の一つに転移させ，これを除去する．この反応では，メチルトランスフェラーゼが不可逆的に不活性化されるが，O^6-メチルグアニンが高頻度で突然変異を誘発することを考えればやむをえない．

細菌や真核生物では，ヌクレオチドの誤対合は **ミスマッチ修復系**（mismatch repair system）によりDNA複製直後に修復される．細菌ではMutSとよばれるタンパク質が新しく合成されたDNAを監視し，誤対合した部分に結合する．MutSは，正常な塩基対に対するよりも誤対合部分に20倍ほど強い結合をするにすぎないが，いったん結合すると構造変化を起こして，DNAを折り曲げる（図20・19）．その後，MutSが結合した誤対合部位から1000塩基も離れたところで，エンドヌクレアーゼが誤った塩基の入った鎖を切断する．MutSとエンドヌクレアーゼに続いて登場するタンパク質らせんをほどくと，DNAポリメラーゼが欠陥のあるDNA領域を

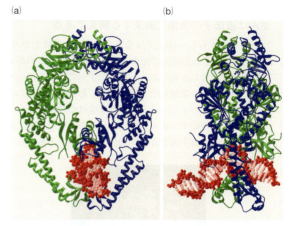

図 20・19 **DNAに結合したミスマッチ修復タンパク質MutS**．MutSの二つのサブユニットが誤対合したヌクレオチド部分でDNAを囲んでいる．この結合でDNAが折り曲げられて，DNAの主溝は押し縮められ，副溝は押し広げられる．(a) 正面図．(b) 側面図．[Wei Yang/NIH 提供．*Nature* 407, 703–710 (2000) による．]

取除き，ここを正しい塩基対をつくるヌクレオチドで置き換える．それではエンドヌクレアーゼはどのようにして誤った塩基を含んでいる側の鎖を知るのだろうか．細胞DNAは通常メチル化されているが（§20・5参照），新しく合成されたばかりの鎖はメチル化を受けていないので，エンドヌクレアーゼはこれを見つけだすことができる．ヒトの場合，MutSの相同遺伝子の欠陥によって突然変異率が上昇し，ある種の遺伝性大腸がんにかかりやすくなる．

塩基除去修復は一番頻度の高いDNA損傷を修復する

直接修復できない修飾を受けた塩基は，**塩基除去修**

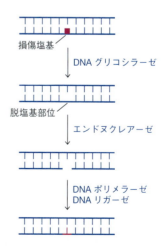

図 20・20 **塩基除去修復の機構**

ボックス20・B　臨床との接点

がんは遺伝子の損傷に由来する病気である

がんはめずらしい病気ではなく，2人に1人はかかり，3人に1人はそれが原因で死ぬ．がんの症状は，どの組織に生じたかで著しく異なる．しかし，すべてのがん細胞で共通なのは，その増殖が全く制御されておらず，通常の分化シグナルやアポトーシスシグナルを受けつけないという点である．その結果，がん細胞はまわりの正常な組織に侵入し，これを損傷することで，個体を死に至らしめる．

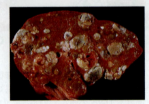

ヒト肝臓の腫瘍．白い塊が肝臓で増殖しているがん細胞．[CNRI/Science Photo Library/Photo Researchers/aman-aimages.]

多くのがんは，遺伝的素因，環境要因，あるいは感染に由来すると考えてよい．がんのうち遺伝性のものの発症率はたった1%だけだが，こうした遺伝性がんには20種類を超えるものがあり，発がん（carcinogenesis）の分子機構を研究するうえでは重要である．環境要因と発がんの関係はおもに疫学研究で見いだされた．たとえば，日光で黒色腫（皮膚がんの一種）発症の危険性が増すとか，喫煙やアスベスト被曝で肺がん発症の危険性が増すといったことである．ウイルス感染もある種のがんの発症に関係がある．たとえば，B型肝炎ウイルスによる肝がん，ヒトパピローマウイルスによる子宮頸がんがそうした例である．慢性的な細菌感染も発がんの原因となりうる．

発がんの原因はすべて，何らかの形のDNA損傷にいきつく．つまり，がんは遺伝子の損傷に由来する疾患である．すでにみてきたように，シグナル伝達経路の発がん性変異によって常に活性のある受容体やキナーゼが生じ，増殖シグナルなしでも細胞が分裂・増殖する（ボックス10・B）．

遺伝的過程の不活性化も発がんにかかわっている．たとえば網膜芽細胞腫（網膜に生じる腫瘍）という幼少期のがんは遺伝することもあるし，非遺伝的に発症することもある．一般的にがんを発症する年齢幅は広いが，これは，ある1対の対立遺伝子の双方が不活性化されたためにがんが生じるという仮説と一致する．遺伝的網膜芽細胞腫を幼少期に発症する子供の場合には，両親のどちらかから欠陥のある対立遺伝子一つをすでに受け継いでいるので，もう一つの対立遺伝子が不活性化されたときに発症する．この網膜芽細胞腫にかかわる遺伝子は，その不活性化によってがんが誘発されるので，がん抑制遺伝子（tumor suppressor gene）とよばれる．

DNAの点変異，大小のDNA欠損，染色体再配置，遺伝子サイレンシングをひき起こす不適切なDNAメチル化（§20・5）といった遺伝情報の変化は，がん遺伝子の活性化あるいはがん抑制遺伝子の不活性化をひき起こす．しかし，細胞増殖と細胞分裂はしっかりと制御されているので，ただ一つの遺伝的変化によって細胞の増殖が制御不能になり，細胞ががん化するという事態は考えにくい．細胞の分裂と増殖は，増殖促進シグナルと細胞死シグナルの釣合，テロメアの状態，まわりの細胞との接触，酸素や栄養物の供給といった多数の因子に依存している．そこで，いくつもの遺伝的変化によって複数の制御系に損傷が生じた結果，がんが発症すると考えられている．これを，発がんの"複数回ヒット仮説（multiple-hit hypothesis）"という．

複数の遺伝的変化を経て正常な細胞ががん化するときには決まった順序があるわけではないので，発がん過程は複雑である．しかし，いろいろな種類のがん細胞に共通の遺伝的変異を見つけだせば，がん治療の標的とすることができる．こうしたことを視野に入れながら，がんゲノムアトラス（Cancer Genome Atlas）という研究プロジェクトが進行中である．たとえば，DNAマイクロアレイ（ボックス12・B参照）を用いてがん細胞の遺伝的特徴をとらえることで，特定のがん細胞の潜在的増殖能を予測し，それを抑えるのに最適な方法を探し出すという研究が行われている．

現状では，特別な情報のあるがんを除いては，がんの治療はすべてのがんに共通する標的を対象にせざるをえない．そこで，がん細胞の増殖を抑えるのが治療の主流となっている．有糸分裂や細胞分裂を抑える薬剤は抗がん剤として有用だが，がん細胞に特異的に作用するわけではないので，正常な組織更新を行っている細胞も殺してしまう．放射線照射治療の場合には，放射線に敏感な血管壁の上皮細胞が破壊され，すばやく増殖しているがん細胞への栄養補給が止まって，がん細胞が死ぬ．放射線治療以外にも，血管新生（angiogenesis）を阻害する薬剤でもがんの成長を遅くできる．

いったん発症したがんの完治は非常にむずかしいので，まずがんの発症を防止することが大事である．疫学的研究から，喫煙やある種の化学物質あるいは微生物との接触といった発がんリスクを取除けば，がんによる死亡率が大きく減る（場合によっては半減する）ことがわかっている．

DNA修復機構の欠陥が発がんに関係している

がん細胞でどんな遺伝的損傷が起こっているのかを同定するのはむずかしい．一つの腫瘍には複数種類のがん細胞が含まれているし，がん細胞自身が遺伝的に不安定だからである．DNA上の小さな変異に加えて，ある染色体全体が失われていたり，その数が増えていたりする．また，染色体の一部が他の染色体に転移していることもある．こうして，がんの進行に伴い，DNAの状態はしだいに悪化する．つまりがん細胞では，損傷を受けたDNAを見つけ出して

修復する機構が機能していないので，DNA損傷が蓄積する．こうした監視修復過程には，DNA損傷にすばやく（ふつうは数分以内に）対応する一群のキナーゼや他の細胞内シグナル伝達分子が必要である．そうしたタンパク質のいくつかについて以下に解説する．

DNA損傷に反応する経路で働く重要なタンパク質のひとつは，ATMとよばれるプロテインキナーゼである．ATMの欠損は，神経変性，早期老化が起こり，がんを発症しやすいという血管拡張性失調症（ataxia telangiectasia）の原因となる．ATMはDNA結合ドメインをもつ大きなタンパク質（350,000 Da）で，そのキナーゼ活性は二本鎖切断のようなDNA損傷を感知して活性化される．ATMキナーゼ活性の基質には，細胞分裂を開始する過程にかかわるタンパク質群，BRCA1というタンパク質（乳がんの多くは*BRCA1*遺伝子の変異に由来する），そしてp53というがん抑制遺伝子産物がある．

先進国ではおよそ9人に1人が乳がんにかかる．乳がんのほぼ10％は遺伝性のもので，その半数は*BRCA1*遺伝子あるいは*BRCA2*遺伝子に変異がある．どちらかの変異*BRCA*遺伝子をすでにもつ女性の70％は乳がんを発症する可能性がある．BRCA1とBRCA2は複数のドメインからなる大きな"足場"タンパク質で，DNA損傷を感知するタンパク質と損傷の修復をしたり細胞周期停止を誘導したりするタンパク質とをつなぐ役割を果たす．たとえば，BRCA2はRad51という組換え修復経路にかかわるタンパク質と結合する．BRCA1あるいはBRCA2が欠損した細胞では，DNA損傷が生じても修復されずに細胞が分裂してしまう可能性が高まる．

ヒトのがんの少なくとも半数で，がん抑制遺伝子*p53*が変異を起こしている．細胞内のp53タンパク質の量は，その分解速度で調節されている（§12・1で解説したように，p53はユビキチン化されてプロテアソームに送られ，そこで分解される）．この分解速度が低下すると，細胞内のp53量は増加する．こうした状況は，p53のユビキチン化速度が低下する場合だけでなく，ATMのようなプロテインキナーゼによってp53がリン酸化される場合でも起こる．たとえば，DNA損傷によってATMは活性化され，その結果，p53濃度が上昇して細胞のDNA損傷修復機能が上昇する．

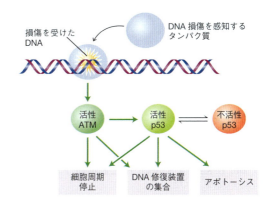

アセチル化やグリコシル化といった修飾によっても，p53活性は上昇する．p53はDNA損傷に反応するだけでなく，低酸素量や高温といった他の細胞ストレスにも反応する．こうした共有結合性修飾の結果，p53はDNAの特定の配列に結合するようになり，数十種類の異なる遺伝子の転写を促す．p53は四量体（二量体の二量体）となって，DNAを取囲むように結合する（左下図）．

p53は細胞分裂を阻止するタンパク質の合成を促すと同時に，DNA修復に必要なタンパク質の合成も促す．その結果，細胞は分裂前にDNA損傷を修復することができるようになる．さらにp53はリボヌクレオチドレダクターゼ（§18・3参照）遺伝子も活性化し，DNA修復に必要なデオキシリボヌクレオチド合成も促す．

p53の標的遺伝子には，アポトーシスにかかわる複数のタンパク質をコードしているものがある．アポトーシスは複数の段階からなる反応経路で，まず細胞内容物がアポトーシス小胞という膜構造体に分配され，これらが最終的にマクロファージに飲込まれる．多細胞生物にとっては，DNA損傷によってまともに機能しなくなった細胞をそのままにしておくより，アポトーシスで取除いたほうが有利な選択といえる．

p53の効果には，濃度の低いところでは（軽度のDNA損傷に対応している）細胞周期中断とDNA修復をひき起こし，高いところでは（修復不能なDNA損傷に対応している）アポトーシスをひき起こすといった用量依存性があるかもしれない．DNA修復，細胞周期制御，そしてアポトーシスにかかわる複数の経路の交差点にp53が位置していることから，*p53*遺伝子の欠損が発がんに深くかかわっている理由が理解できる

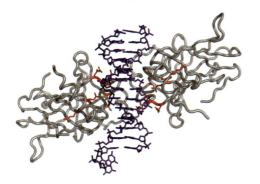

DNA（青）に結合したp53二量体（灰色）．がん細胞のp53でよくみられる6個の変異残基を赤で示す．これらの残基は，DNAと直接相互作用しているか，p53の安定化に寄与している．［構造（pdb 2GEQ）は W. C. Ho, M. X. Fitzgerald, R. Marmorstein によって決定された．］

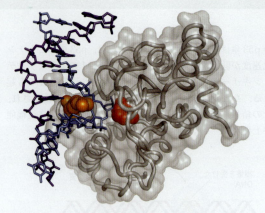

図 20・21 **DNAに結合したウラシル-DNAグリコシラーゼ**．酵素を灰色で，DNA基質を青と紫で表示してある．外に押し出されたウラシル（デオキシリボースとのグリコシド結合はすでに加水分解されている）は空間充填モデル（赤）で表示し，ウラシルの代わりに入った酵素のアルギニン残基側鎖も空間充填モデルで表示（オレンジ）している．[構造(pdb 4SKN)はG. Slupphaug, C. D. Mol, B. Kavli, A. S. Arvai, H. E. Krokan, J. A. Tainerによって決定された．]

復（base excision repair）とよばれる過程で取除かれ置き換えられる．この過程は損傷した塩基を切除するグリコシラーゼで開始される．次にエンドヌクレアーゼがDNA鎖を切断し，そこにできるギャップをDNAポリメラーゼが埋める（図20・20）．

いくつかのDNAグリコシラーゼの構造と作用機構が詳細に調べられている．ウラシル-DNAグリコシラーゼは，複製時に誤ってDNAに取込まれたり，あるいはシトシンの脱アミノによって生じたりしたウラシル塩基を取除く．グリコシラーゼがDNAに結合すると，損傷を受けた塩基はDNAらせんから外向きにはじき出されて，グリコシラーゼ表面にあるくぼみに結合する．タンパク質上のさまざまな側鎖が損傷を受けた塩基の代わりになり，もう一方のDNA鎖の相手のいなくなった相補塩基と水素結合を形成して安定化する（図20・21）．

DNAグリコシラーゼは塩基が除去された部位に結合し続け，修復を行う次の酵素がやってくるのを助けるらしい．この酵素はAPエンドヌクレアーゼ（AP endonuclease，ヒトでいうAPE1）とよばれ，塩基が欠けたリボースをもつDNA骨格の5′末端側にニックを入れる．このとき，APエンドヌクレアーゼは，二つのループをDNAの主溝，副溝に挿入し，DNAを約35°曲げて塩基のない部位をむき出しにする．塩基がついた正常なDNA骨格構造はAPエンドヌクレアーゼの活性化部位のポケットに入ることができない．加水分解反応の進行中，活性化部位に位置しているMg^{2+}は負電荷をもった反応基を安定化している（図20・22）．グリコシラーゼのように，APエンドヌクレアーゼも反応後に生成物と接触し続ける．多くの酵素の場合，迅速に生成物が遊離されるのが一般的であるが，DNA修復の場合にはそうではない．損傷を受けたDNA鎖とエンドヌクレアーゼが会合し続けることは，不都合な副反応を抑えるうえで都合がいいのだろう．

塩基の除去修復の最終段階では，ふつうはDNAポリメラーゼ（真核生物ではDNAポリメラーゼβ）が1ヌクレオチド分のギャップを埋め，DNAリガーゼがそのニックをつなぐ．しかし，DNAポリメラーゼは10ヌクレオチドほどの領域を置き換えることもある．この過程で除かれた10ヌクレオチドほどの一本鎖DNAは，フラップエンドヌクレアーゼ（flap endonuclease）によって切り落とされる（§20・2参照）．

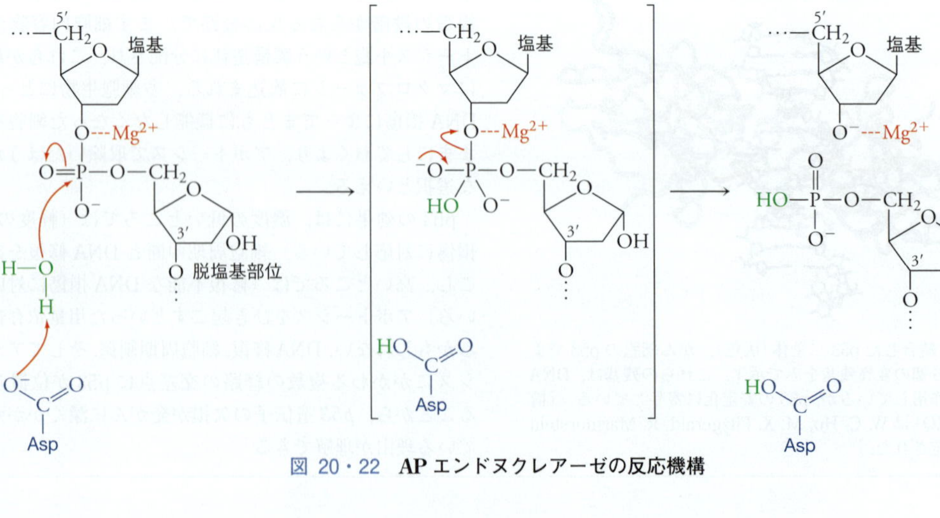

図 20・22 **APエンドヌクレアーゼの反応機構**

ヌクレオチド除去修復機構は
2番目に頻度の高いDNA損傷を標的とする

ヌクレオチド除去修復（nucleotide excision repair）とは，その名のとおり，塩基除去修復と似ているが紫外線照射や酸化によるDNA損傷をおもに標的とする．ヌクレオチド除去修復では，損傷を受けたヌクレオチドを含む断片とその近傍30ヌクレオチドほどが取除かれる．結果として生じるギャップはDNAポリメラーゼが，無傷の相補鎖を鋳型にして埋める（図20・23）．この経路にかかわる30種類ほどのタンパク質が，二つの遺伝子疾患にかかわる突然変異の研究から明らかとなった．

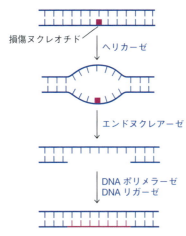

図 20・23　ヌクレオチド除去修復の機構

まれな遺伝子疾患であるコケーン症候群（Cockayne syndrome）の患者には，神経系の未発達，成長の遅れ，日光への過敏症，などの特徴がある．これは，転写中に停止したRNAポリメラーゼの認識にかかわるいくつかの遺伝子の変異に由来する．DNA鋳型が損傷を受けてひずむと，RNAポリメラーゼはmRNA転写途中で止まってしまう．ヌクレオチド除去修復系でこのDNA損傷を修復するには，まず立ち往生しているRNAポリメラーゼを取除く必要があるが，コケーン症候群にかかわる遺伝子が欠損しているとこのRNAポリメラーゼを取除くことができない．その結果，DNA損傷を修復できず細胞はアポトーシスを起こすので，転写が活発な細胞ほど死滅しやすくなってコケーン症候群の症状が現れる．

色素性乾皮症（xeroderma pigmentosum）の患者はコケーン症候群と同様に日光に対する感受性が非常に高く，コケーン症候群に比べて皮膚がんが発生する確率が約1000倍高い．しかし，発生上の問題が起こることはない．色素性乾皮症はヌクレオチド除去修復反応に直接関与する遺伝子群のいずれかに突然変異が起こることで

ひき起こされる．コケーン症候群遺伝子産物は転写を妨げるDNA損傷の検出にかかわるが，色素性乾皮症タンパク質は損傷の修復反応そのものにかかわる．そこで色素性乾皮症では，アポトーシスは誘導されないうえに，損傷DNAも修復されない．紫外線がもたらす欠陥を修復できないことが，色素性乾皮症患者で皮膚がんの発症率が非常に高いことの理由である．

修復されなかった損傷DNAを複製するには，ふつうは使われないDNAポリメラーゼが役立つ．たとえば，真核細胞ではDNAポリメラーゼηという酵素が，紫外線で生じたチミン二量体などの損傷部位の新規合成鎖にアデニン塩基を二つ入れるなどしてDNA損傷を回避する．このポリメラーゼは損傷回避のポリメラーゼとしては有用であるが，正確さに欠け，校正作用にかかわるエキソヌクレアーゼの活性ももっていない．そのため，30ヌクレオチドに一つくらいの割合で誤った塩基が入ってしまう．しかし，こうしたまちがいはすでに述べたミスマッチ修復系によって認識され修復されるので，あまり問題とはならない．

まちがいを起こしやすいポリメラーゼの存在は，標準の複製系では複製できないDNA領域にとって安全装置となっている．実際に細菌では，DNA損傷によってこのようなDNAポリメラーゼの合成が増加する．複製時における多少の誤りは，細胞が死んでしまうよりはましということなのだろう．

二本鎖切断は末端結合で修復される

放射線やフリーラジカルで二本鎖が両方とも切断されたDNA断片の再結合では，相同配列をもつ別のDNA

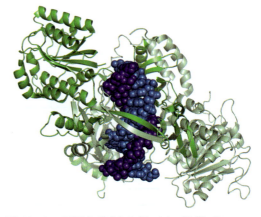

図 20・24　**DNAに結合したKuタンパク質**．Kuヘテロ二量体タンパク質の二つのサブユニットを薄緑と濃緑で表示し，DNA鎖を青と緑で表示している．［構造（pdb 1JEY）は J. R. Walker, R. A. Corpina, J. Goldberg によって決定された．］

鎖を必要とする**組換え**(recombination)か，こうした相同配列 DNA を必要としない**非相同末端結合**(nonhomologous end-joining)が進行する．哺乳類では，ほとんどすべての二本鎖切断は非相同末端結合で修復される．

この修復過程の第一歩は，Ku という二量体タンパク質による DNA 鎖切断箇所の認識である（図 20・24）．Ku タンパク質は切断された DNA に結合すると構造変化を起こし，ここにヌクレアーゼを引き寄せる．ヌクレアーゼはまず DNA 鎖の切断末端から最長 10 ヌクレオチドを切り出す．次に，Ku を結合した DNA 鎖に DNA ポリメラーゼ μ のようなポリメラーゼがよび込まれて，鋳型の有無にかかわらず DNA 鎖末端を伸長する．鋳型がない場合には，ポリメラーゼ μ が横滑りしやすいこととあいまって，切断点にこれまでになかったいくつかのヌクレオチドが付加されることが多い．最後に DNA リガーゼが DNA 骨格のホスホジエステル結合を再構成して修復が終了する（図 20・25）．

二つの Ku-DNA 複合体は会合しやすいので，理想的な場合には，切断された DNA 鎖の末端どうしがつなぎ合わされる．しかし現実には，別べつの切断末端が非相同末端結合でつながり，染色体再配置に至ることがある．さらに，Ku-DNA 複合体はヌクレアーゼ，ポリメラーゼ，リガーゼとどんな順序でも相互作用できるので，DNA 切断はいろいろな経路で修復されうるし，修復点においてはヌクレオチドの付加あるいは欠損が起こったり，起こらなかったりする．非相同末端結合はその機構からみて DNA に変異をひき起こす確率が高いが，切断された断片から連続的な二本鎖 DNA を再生させるにはやむを得ない対価なのだろう．

組換えによっても DNA 切断が修復される

ある種の生物では，組換えによっても二本鎖切断の修復が行われる．組換えは，減数分裂時に相同染色体間で遺伝子をシャッフルするための機構としてよく知られている．二倍体生物（2 組の相同染色体をもつ）では，切断された染色体の組換え修復はいつでも行われるが，1 組の染色体しかもたない一倍体生物では DNA 複製後にだけ行われる．組換えには，もう 1 本の誤りのない相同二本鎖 DNA と，ヌクレアーゼ，ポリメラーゼ，リガーゼ，その他のタンパク質がかかわっている（図 20・

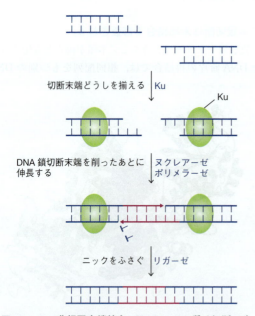

図 20・25 **非相同末端結合**．Ku タンパク質は切断で生じた二つの DNA 末端を認識し，それらを近くに整列させる．ヌクレアーゼ，ポリメラーゼ，リガーゼの働きで，切断末端どうしはつながるが，つながった領域の配列はもととは違っている可能性がある．

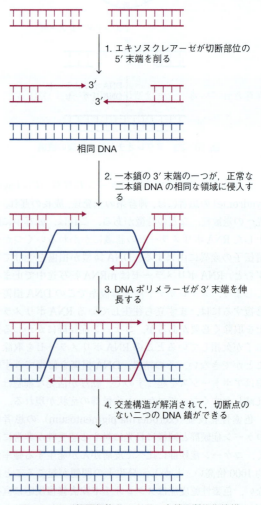

図 20・26 **相同組換えによる二本鎖切断修復機構**

26).

　組換え修復では，まず損傷を受けた DNA の片側の一本鎖が正常な DNA の相同鎖で置き換えられる．一本鎖 DNA が二本鎖 DNA に入り込むには（図 20・26 段階 2），大腸菌では RecA，ヒトでは Rad51 とよばれている ATP 結合タンパク質でこの一本鎖 DNA を取囲んでおかなくてはいけない．RecA タンパク質は，切断点から始まって共同的に DNA 鎖に結合していく．RecA 結合によって，DNA 鎖のらせん構造が解かれて長さが 50% ほど伸びるが，一様に伸びるわけではない．3 ヌクレオチド一組ではほとんど標準的な構造（塩基間距離が 3.4 Å）が保たれるが次の 3 ヌクレオチドの組とは 7.8 Å も離れてしまう（図 20・27）．組換え時には，RecA–DNA フィラメントはこの DNA 鎖に対する相補鎖を含む二本鎖 DNA と対をつくる．RecA–DNA フィラメントの引き伸ばされた構造によって，対になっている二本鎖 DNA にも構造変化が起こり，塩基の積み重なりが崩れる．この構造変化によって組換え時の DNA 鎖交換が促進される．この時点で，RecA に結合していた ATP は加水分解され，ATP を失った RecA は新たにできた二本鎖 DNA と遊離一本鎖 DNA から解離する．

　組換えの機構は原核生物，真核生物の間で非常によく保存されている．これは遺伝情報を伝える DNA をもとのまま維持することの重要性を示している．組換えを行うタンパク質は，**構成的に**（constitutively，常に遺伝子が発現していること）機能しているようである．これは DNA 鎖の切断はある程度避けられないといわれていることと矛盾しない．それに対して，多くの他の DNA 修復機構は特定の型の DNA 損傷が検出されたときにのみ誘導される．これは，修復酵素は必要な場合以外ではむしろ正常な複製と拮抗してしまうので，納得できることである．実際，修復経路が活性化されると，必ず DNA 合成は休止し，まちがいを起こしやすい特別な DNA ポリメラーゼが誘導される．

20・5　DNA の折りたたみ

重要概念
- 真核生物の DNA はヒストンのまわりに巻きつき，ヌクレオソームを形成する．ヌクレオソームはさらに高次の構造体を形成する．
- ヒストンも DNA も化学修飾を受ける．

　複製されたあとある時間がたつと，真核生物の DNA は高度に折りたたまれた形をとる．これは分裂しようとしている細胞にとって大切なことである．折りたたみがなければ，長く伸びた DNA 分子は絶望的なほど互いに絡まってしまい，2 本の相同な染色体としてきれいに分離できないだろう．細胞が分裂していないときにも，DNA の大半の部分がその長さをかなり縮めた形に折りたたまれている．こうした DNA は**ヘテロクロマチン**（heterochromatin）とよばれ，そこからの情報は転写されない．**ユークロマチン**（euchromatin，真正クロマチンともいう）の凝縮度はヘテロクロマチンより低く，盛んに転写されているようである．クロマチンの二つの形は電子顕微鏡で区別ができる（図 20・28）．

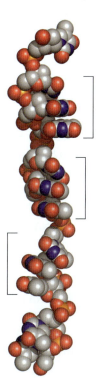

図 20・27　**RecA に結合した DNA の構造**．DNA の一本鎖を空間充填モデルで表示している（炭素原子は灰色，窒素原子は青，酸素原子は赤，リン原子はオレンジ）．角かっこで示したところは，3 ヌクレオチド一組で B 形 DNA に近い構造をとっている．これら以外の部分では，DNA 鎖は 1.5 倍に引き伸ばされている．結合している Rec タンパク質サブユニットは表示していない．[構造 (pdb 3CMW) は N. P. Pavletich によって決定された．]

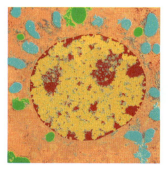

図 20・28　**真核細胞の核**．電子顕微鏡写真では，ヘテロクロマチンは濃く見え（ここでは赤で表示），ユークロマチンは薄く見える（ここでは黄で表示）．[Gopal Murti/Science Photo Library/Photo Researchers/amanaimages.]

DNA 折りたたみの基本単位はヌクレオソームである

ヘテロクロマチンもユークロマチンも，DNAとタンパク質の複合体である**ヌクレオソーム**（nucleosome）とよばれる構造単位でできている．ヌクレオソームの中心部分（ヌクレオソームコア）には，H2A, H2B, H3, そしてH4とよばれる**ヒストン**（histone）が二つずつ，計8個のヒストンタンパク質が含まれており，約146塩基対のDNAがヒストン八量体の周囲を巻いている（図20・29）．完全なヌクレオソームでは，この小さなヒストンH1がコアの外側に結合しているようである．隣り合ったヌクレオソームはまちまちの長さをもったDNAの短い領域でつながっている．

ヒストンタンパク質は，おもに糖-リン酸骨格との水素結合とイオン相互作用を介してDNAと配列非特異的に相互作用している．原核細胞はヒストンをもたないが，他のDNA結合タンパク質が細菌細胞におけるDNA折りたたみに寄与している．

ヌクレオソームの周囲をDNAが巻いていることで（ヒストン八量体の周囲を約1.65回転する），負の超らせん状態ができる．言いかえるとヌクレオソーム中のDNAらせんは多少緩んだ状態となる．このため真核生物には，DNAに負のらせんを導入するDNAジャイレースが必

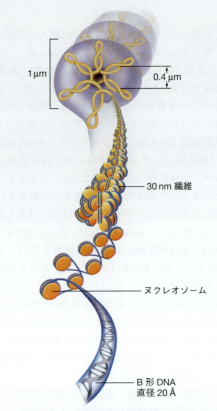

図20・30　クロマチン構造の階層性．DNAらせん（青）がヒストン八量体（オレンジ）に巻きついて，ヌクレオソームができる．ヌクレオソームはらせん状に折りたたまれて30 nm 繊維を形成する．30 nm 繊維はさらにループ状に折りたたまれて，完全に凝集した染色体となる．各階層構造のおよその大きさを図中に示してある．

要ない．複製の際，DNAが複製装置の中をくぐり抜けていくときには，ヌクレオソームは解体される．複製後，解離したヒストンとともに新しく合成され細胞質から核へ運ばれたヒストンとが，新たに複製されたDNAと会合してヌクレオソームが再構成される．このとき，複製共役集合因子（replication-coupling assembly factor）というタンパク質複合体がかかわる．

細胞内にはDNAを効率よく折りたたむ機構が備わっている．まず，ヌクレオソームに詰込まれたDNA鎖は，もとの数十分の一ほどの嵩になっている．次に，ヌクレオソームが連なってできた鎖自身が約30 nmの直径をもったコイルへと巻かれていき，DNA鎖の凝集がさらに進行する（図20・30）．この30 nm 繊維のDNAはヌクレアーゼの攻撃から保護されており，複製や転写を遂行するタンパク質もDNAに近づけない．細胞分裂時には，染色体はさらに凝集して，平均長約10 μm，直径1 μmの棒状の形となる．

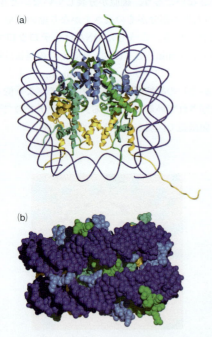

図20・29　ヌクレオソームコアの構造．(a) 上から見た図．(b) 横から見た図（空間充填モデル）．DNA（濃青）がヒストン八量体の外側を取巻いている．[構造（pdb 1AOI）は K. Luger, A. W. Maeder, R. K. Richmond, D. F. Sargent, T. J. Richmond によって決定された．]

ヒストンは共有結合修飾を受ける

ヒストンは知られているタンパク質のなかで最も保存性が高いもののひとつで，すべての真核細胞で遺伝物質を折りたたむという機能を果たす．それぞれのヒストンは対をなし，8分子が一組となったコンパクトな構造をしている．しかしヒストンの末端尾部は柔軟で，電荷をもっており，ヌクレオソームのコアから外部へと飛び出している（図20・29参照）．これらの尾部は，アセチル化，メチル化，リン酸化など共有結合による修飾を受けやすい（図20・31）．

こうした種々のヒストン修飾基の付加あるいは除去で，クロマチンの微細構造にかなりの変化が生じ，遺伝子発現が促進あるいは抑制される．たとえば，ヒストンのリシン残基は正の電荷をもっているので，負の電荷をもったDNA骨格と強い相互作用をする．リシン側鎖のアセチル化は電荷を中和することになり，DNAとの相互作用が弱まる．それによってヌクレオソームが不安定化し，他のタンパク質とDNAとの接触の機会が生まれる．実際に，ヒストンのアセチル化は転写が活発なクロマチンにみられ，脱アセチルは転写を抑制するようにみえる．また，ヒストンのリン酸化は細胞分裂の際に起こる染色体凝縮の前ぶれのようにみえる．

ヒストンを修飾する酵素には，異なるヒストンタンパク質の多くの残基に働きかけるものと，一つのヒストンの特定の残基に特異的なものがある．複数の修飾は互いに関係し，依存し合っている．たとえばヒストンH3では，Lys9のメチル化はSer10のリン酸化を阻害するが，Ser10のリン酸化はLys14のアセチル化を促進する．ヒストンの修飾がいろいろ組合わさって一種の"**ヒストンコード**（histone code）"ができ，それを種々のタンパク質が"解読"するのだろう．ヒストン-ヒストン，あるいはヒストン-DNA相互作用の変化は，ヌクレオソームの構造を変化させたり，転写因子といったタンパク質の結合部位を生み出したりする可能性がある（詳細は§21・1で述べる）．

DNAも共有結合修飾を受ける

植物，動物を含めて多くの生物で，DNAメチルトランスフェラーゼはシトシン残基にメチル基を付加する．メチル基はDNAの主溝へと飛び出し，DNA結合タンパク質との相互作用を変化させる可能性がある．

哺乳類では，メチルトランスフェラーゼはG残基の隣のC残基を基質とするので，CG配列（正式にはCpGと表記する）のうち約80％はメチル化されている．CpG配列は統計的に予想されるよりも出現頻度はずっと低いが，CpGのクラスター〔**CpGアイランド**（CpG island）とよばれる〕は遺伝子の開始部位によく存在す

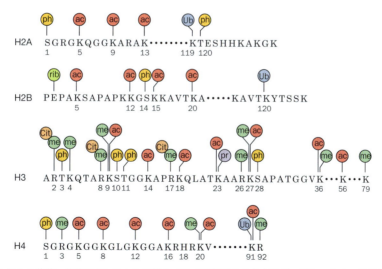

図20・31　**ヒストン修飾．**4種類のヒストンの部分アミノ酸配列を1文字記号で示してある．修飾基は色づけして区別してある．それぞれは次のようなものである．ac＝アセチル基，me＝メチル基，ph＝リン酸基，pr＝プロピオニル基，rib＝ADP-リボース，ub＝ユビキチン，Cit＝シトルリン（脱イミノアルギニン）．いくつかの残基は複数の基で修飾されている．ここに示す図はいろいろな場合を集めたもので，このような修飾すべてが全生物にわたってみられるわけではない．〔図はAli Shilatifard, St. Louis University School of Medicineをもとに作成．〕

る．興味深いことに，開始部位の CpG アイランドでは多くが脱メチルされている．こうしたことは，メチル化が遺伝子を含んでいない DNA 領域に目印をつける，あるいは遺伝子サイレンシング機構の一部をなすことを示唆している．

DNA 複製後に，メチルトランスフェラーゼは親 DNA 鎖のメチル化パターンを鋳型として新しく合成された DNA 鎖を修飾できる．細胞には，鋳型なしで DNA をメチル化する酵素や脱メチルする酵素もある．

どちらの親由来の DNA であるかによってある遺伝子（対立遺伝子）の発現頻度が違うという**ゲノムインプリンティング**（genome imprinting）という現象は，DNA メチル化の違いが原因かもしれない．子は，どの遺伝子

についても両親それぞれから 1 コピーの対立遺伝子を受取っている．ふつうは父親由来の対立遺伝子も母親由来の対立遺伝子も発現するが，メチル化されているものは発現しない可能性がある．対立遺伝子には，どちらの親由来かということが刷込まれているといってもよいだろう．メンデルの遺伝法則に反して，ある種の形質が母親由来だったり父親由来だったりすることは，ゲノムインプリンティングで説明できる．メチル化やその他の DNA 修飾（たとえば，テロメア付加など）は，DNA ヌクレオチド配列を超えて遺伝情報を担うことができるので，**エピジェネティック**（epigenetic，遺伝子外あるいは遺伝子を超えたという意味）な情報とよばれる．

ま と め

20・1　DNA超らせん

- DNA を複製するには，まず DNA の二本鎖を分離しなければならない．DNA が負の超らせんを巻いていると，二本鎖の分離が容易になる．トポイソメラーゼという酵素は，一時的に DNA の一方の鎖を切断したり両鎖を切断したりして，超らせんをつくったり解いたりする．

20・2　DNA複製装置

- DNA 複製には，核内の固定された "複製工場" にあるいくつもの酵素やタンパク質が必要である．ヘリカーゼは複製フォークの二つの DNA 鎖をひき離し，SSB はそうしてできた裸の一本鎖に結合する．
- DNA ポリメラーゼはすでに存在している鎖を出発点として伸長反応を行うので，プライマーゼによって合成された RNA プライマーが必要である．二本鎖 DNA を複製する二つのポリメラーゼは横に並び，リーディング鎖を連続した形で，ラギング鎖はいくつもの岡崎フラグメントとして不連続な形で合成していく．岡崎フラグメントの RNA プライマーは除かれて，ギャップは DNA ポリメラーゼで埋められ，ニックは DNA リガーゼでふさがれる．
- 伸長中の鎖の 3′ OH 基は，鋳型鎖と塩基対形成するヌクレオチドのリン酸基を求核攻撃するが，この反応を DNA ポリメラーゼや他のポリメラーゼが触媒する．DNA 鎖上を滑るように動くクランプは DNA ポリメラーゼの連続反応性を高める．
- 多くの DNA ポリメラーゼが，誤って新規鎖に付加された

ヌクレオチドを除去する活性をもっている．

20・3　テロメア

- 真核生物では，DNA 鎖の 3′ 末端は複製できないので，テロメラーゼという酵素が 3′ 末端に反復配列を付加し，テロメアとよばれる構造をつくる．

20・4　DNA損傷と修復

- 複製のまちがい，自然に起こる脱アミノ反応，放射線損傷，あるいは化学反応による損傷により DNA には変異が生じる．
- 細胞内には，損傷を受けた DNA を修復する機構がある．こうした機構として，DNA ポリメラーゼ自身のもつ校正機能，ミスマッチ修復，塩基除去修復，ヌクレオチド除去修復，末端結合，組換えなどがあげられる．

20・5　DNAの折りたたみ

- 真核生物の DNA は，8 個のヒストンタンパク質からなるコアのまわりに巻きついてヌクレオソームという構造をとる．ヌクレオソームは，核内での DNA の折りたたみ過程でできる最初の構造である．
- ヌクレオソームのヒストンタンパク質は，アセチル化，リン酸化，メチル化といった化学修飾を受ける．こうした修飾によって，遺伝子発現が制御される可能性がある．DNA も共有結合修飾を受けることがあり，たとえば転写されないゲノム領域の C 塩基はメチル化されていることが多い．

問　題

20・1　DNA超らせん

1．Ⅱ型トポイソメラーゼの働きには ATP が必要だが，Ⅰ型トポイソメラーゼには必要ない．なぜか．

2．大腸菌の新たに複製された二つの環状 DNA は，細胞分裂直前にイソメラーゼ Ⅳ というトポイソメラーゼによって分離される．トポイソメラーゼ Ⅳ はⅠ型かⅡ型か．

3. トポイソメラーゼを阻害するさまざまな化合物がある．ノボビオシン（novobiocin）はシプロフロキサシンのような抗生物質で，DNA ジャイレースを阻害する．ドキソルビシン（doxorubicin）とエトポシド（etoposide）は抗がん剤で，真核生物のトポイソメラーゼを阻害する．抗生物質と抗がん剤とではどんな点が異なるか．

4. 酵素デオキシリボヌクレアーゼ（DN アーゼ）は二本鎖 DNA の骨格のホスホジエステル結合を連続的に加水分解し，これを細かいオリゴヌクレオチド断片にしてしまうエンドヌクレアーゼである．DN アーゼは囊胞性繊維症（cystic fibrosis: CF）患者の治療に用いられる．DN アーゼを肺へ吸入させ，患者の肺から分泌される粘性のある痰液中の DNA に作用させる．DNA が加水分解されると，痰の粘性が下がり，肺の機能が改善される．そこで，少ない量の薬で同じような効果を得るため，ヌクレアーゼ活性が高い組換え DN アーゼを遺伝子工学的に生産する試みが行われた．

(a) 使われた DN アーゼの変異体を表に示す．ここでたとえば Q9R というのは野生型 DN アーゼの9番目のグルタミン（Q）をアルギニン（R）に置換した変異体という意味である．変異体が共通にもつ構造の特徴は何か．どうしてこうした変化によって DN アーゼの触媒効率が上がるのだろうか．

(b) DN アーゼ変異体の酵素活性を DNA の濃色効果を用いて測定した．まず何も処理をしていない DNA 溶液の 260 nm での吸光度を測定する．次に酵素を加え，吸光度の上昇を追う．どうして濃色効果を用いて DN アーゼ変異体の活性を評価できるのだろうか．

(c) 濃色効果法を用いたアッセイで各変異体の K_M と V_{max} を求めた．次の表にその結果を示す．アミノ酸置換によって，酵素活性はどんな影響を受けたか．どの変異体の活性が一番高いか．

DN アーゼ変異体	電荷[†1]	K_M[†2]	V_{max}[†3]
野生型		1.0	1.0
N74K	+1	0.77	3.6
E13R/N74K	+2	0.20	5.3
E13R/N74K/T205K	+3	0.18	7.7
E13R/T14K/N74K/T205K	+4	0.37	3.5
Q9R/E13R/H44K/N74K/T205K	+5	0.11	2.4
Q9R/E13R/T14K/H44R/N74K/T205K	+6	0.20	2.5

[†1] 野生型に対しての増加．
[†2] µg/mL DNA．
[†3] A_{260} units min^{-1} mg^{-1}．

(d) 次に，DN アーゼ変異体の DNA 切断あるいはニックを入れる活性について調べた．ここで切断とは両鎖のホスホジエステル結合の加水分解，ニックとは片側だけの分解をさす．この活性測定には環状プラスミドを用いた．環状プラスミドは超らせん構造をとったときに安定である．図にあるように，片方の鎖のホスホジエステル結合の骨格にニックが入るとプラスミドは弛緩した環状構造をとり，両鎖が切断されると線状となる．超らせん，弛緩環状，あるいは線状といった DNA の状態は，それぞれがアガロースゲル電気泳動で異なる移動度を示すので区別できる．環状プラスミドを基質として種々の DN アーゼで処理し，産物をアガロースゲル電気泳動で分析した．結果を次に示す．各レーンでの結果を説明せよ．DNA に切れ目あるいはニックを入れる能力に関して野生型 DN アーゼと，それぞれの変異体を比較せよ（C：移動度対照試料，WT：野生型 DN アーゼを用いた実験）．

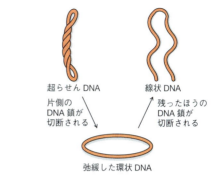

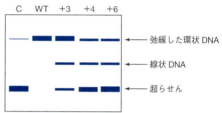

(e) 次に DN アーゼ変異体を高濃度あるいは低濃度にして，高分子量あるいは低分子量 DNA に対する酵素活性を調べた．下表にデータを示す．高分子量 DNA は CF 患者の肺の分泌物にかなりの濃度で存在する．また，血清中に存在する核成分（たとえば低濃度の DNA）に対する自己免疫疾患である全身性エリテマトーデス（systemic lupus erythematosus: SLE の治療薬としても，DN アーゼが使える可能性がある．どの変異体が CF の治療薬として有効だろうか．SLE 治療薬としてはどうだろうか．

	ニックを入れる活性（野生型と比較）			
	低 DNA 濃度		高 DNA 濃度	
	低分子量	高分子量	低分子量	高分子量
野生型	1	1	1	1
N74K	26		10.4	
E13R/N74K	211	31	24.3	13
E13R/N74K/T205K	7		1.3	
E13R/T14K/N74K/T205K	7		0.7	

20・2　DNA 複製装置

5. 図 20・1 に半保存的複製を示した．2世代，3世代，4世代目の娘 DNA の組成を示す図を書け．

6. 細菌 DNA の複製で，DNA ジャイレースの果たす役割は

何か.

7. 大腸菌の環状染色体 DNA の複製は，DNA 上の複製起点に DnaA というタンパク質が結合したときに始まる．DnaA は，複製起点の DNA が負の超らせんを組んでいるときにだけ複製を開始できる．これはなぜか．

8. 問題 7 の複製起点では G：C 塩基対が多いか，あるいは A：T 塩基対が多いか．

9. DNA ヘリカーゼは，物理エネルギーが必要な DNA 鎖解離を NTP 加水分解の化学エネルギーを用いて行う分子モーターである．バクテリオファージ T7 ゲノムにコードされているタンパク質は，ヘリカーゼ活性をもつ六量体環状構造を形成する．

　(a) ヘリカーゼが DNA をほどくには，二本鎖 DNA 断片の両端が一本鎖状態となっていなければならない．しかし，ヘリカーゼは，二つの一本鎖末端の片方のみに，それを取囲むようにして結合する．この二つの現象は矛盾していないだろうか．

　(b) 速度を測定した結果，T7 ヘリカーゼは毎秒 132 塩基の速度で DNA 上を移動していく．またこのタンパク質は毎秒 49 分子の dTTP を加水分解する．dTTP の加水分解と DNA 鎖解離との間にはどのような関係があるか．

　(c) T7 ヘリカーゼの構造と，その連続的 DNA 鎖解離能力についてどんなことが考えられるか述べよ．

10. 真核生物の複製起点では，DNA ポリメラーゼが同時に働くときにだけヘリカーゼが活性化される．ポリメラーゼなしにヘリカーゼが活性化されると，どんなことが起こるか．

11. 変異誘発の結果，タンパク質機能が低温（許容温度）でだけ維持され，高温（非許容温度）では失活する場合，これを温度感受性変異とよぶ．ある種の複製タンパク質温度感受性変異では，非許容温度に移したとたんに細菌増殖が停止する．別の場合には，非許容温度に移すとゆっくりと細菌増殖が停止する．温度感受性変異がヘリカーゼ (a) に，あるいは DnaA (b) に起こったとき（問題 7 参照），生育温度を突然に非許容温度にした細菌の DNA 複製と増殖はどうなるか．

12. 複製タンパク質に関する知見に基づき，DNA ポリメラーゼと一本鎖結合タンパク質（SSB）の DNA に対する親和性 (a) と，細胞内濃度 (b) を比較せよ．

13. DNA 配列決定のジデオキシ配列決定法（§3・4 参照）では，DNA ポリメラーゼ I のクレノウフラグメント（図 20・11 参照）を用いて鋳型一本鎖 DNA に対する相補鎖を合成する．プライマーと 4 種の dNTP 基質に加えて，少量の 2′,3′-ジデオキシリボヌクレオシド三リン酸（ddNTP）を反応溶液に加える．ddNTP が伸長しているヌクレオチド鎖の中に取込まれると，合成が止まる．なぜか．

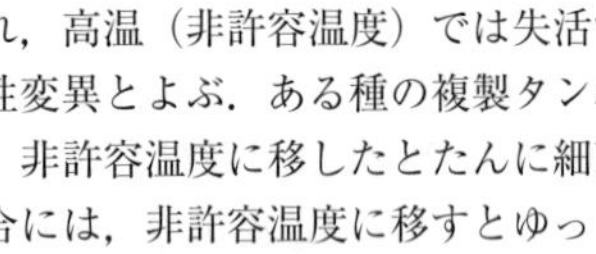

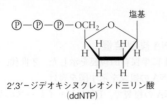

2′,3′-ジデオキシヌクレオシド三リン酸
(ddNTP)

14. 無機ピロホスファターゼの活性を抑える薬剤を見つけたとしよう．DNA 合成に対してこの薬剤はどのような効果を与えるだろうか．

15. 真核生物 DNA ポリメラーゼ α と DNA ポリメラーゼ ε のどちらの連続反応性（DNA から解離せずにポリメラーゼ反応を継続する性質）が高いか．

16. 精製した哺乳類タンパク質を用いてシミアンウイルス 40（SV40）DNA を複製する in vitro 実験系を構築した．こうした無細胞系で SV40 DNA を複製するのに必要なタンパク質を列挙せよ．

17. DNA 複製中にまちがったヌクレオチドが新規鎖に取込まれることを防ぐ機構が細胞には備わっている．これらについて説明せよ．

18. DNA ポリメラーゼはその活性部位に二つの Mg^{2+} を保持している．

　(a) この Mg^{2+} は，新規鎖に取込まれるヌクレオチドの α-リン酸基に対する 3′ OH 基の求核反応性を高める．その機構を示せ．

　(b) DNA 鎖伸長の遷移状態では 5 価のリン原子が形成される．この構造を書け．この遷移状態の安定化に，どのように Mg^{2+} は寄与するか．

19. 精製した DNA ポリメラーゼ，4 種の dNTP，図に示した (a)〜(f) いずれかの構造をもつ DNA を混ぜたとする．PP_i を生成するのは，どの反応か．

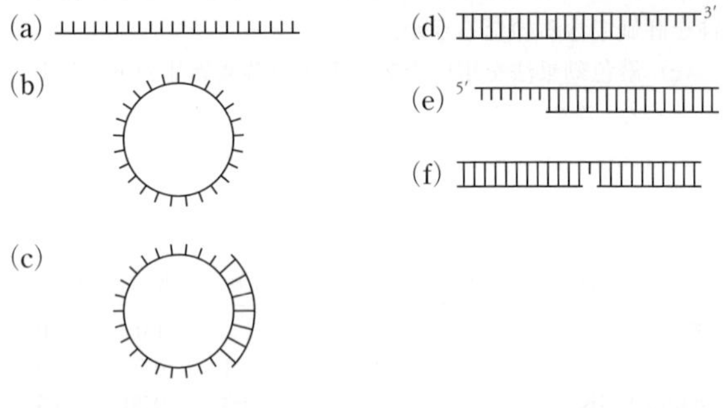

(a) ▭▭▭▭▭▭▭▭ (d) 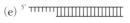 3′

(b)  (e) 5′ ▭▭▭▭▭▭

(f) ▭▭▭▭▭▭

(c)

20. "フラップ"エンドヌクレアーゼは，岡崎フラグメントの 5′ 末端近くにある RNA と DNA の境界を認識する．この構造のどういった特徴を酵素は見いだすのだろうか．

21. DNA 分子全体が複製されるまで待ってから，岡崎フラグメントをつないで一挙に連続したラギング鎖にするのは，細胞にとって何がまずいのだろうか．

22. DNA 分子に放射性のヌクレオチドを取込ませるときに，DN アーゼ（問題 4 で述べたように，DNA 分子の一本鎖骨格を切断するエンドヌクレアーゼ），大腸菌 DNA ポリメラーゼ I（5′→3′ のエキソヌクレアーゼ活性ももつ），DNA リガーゼをどのように用いるか説明せよ．

23. 大腸菌 DNA リガーゼの作用機構には，NAD^+ のアデニリル基が酵素の必須リシン残基の ε-アミノ基に転移する下図のような段階がある．次に，このアデニリル基がニックにある 5′-リン酸基に転移する．大腸菌の DNA リガーゼ作用機構全体を書け．

24. NAD$^+$ を補助因子として用いるリガーゼは,細菌感染症治療薬の標的候補となる.なぜか.

20・3 テロメア

25. 次のような反応を触媒する酵素の名前を示せ.
  (a) DNA を鋳型として DNA を合成する.
  (b) RNA を鋳型として DNA を合成する.
  (c) DNA を鋳型として RNA を合成する.

26. HIV に感染したヒト細胞では,dNTP から三リン酸基を除去する SAMDH1 というホスホヒドロラーゼの発現が増加する.SAMDH1 は HIV 複製を抑制するが,なぜか.

27. ある種の生物では,G に富んだテロメア DNA は折りたたまれて四本鎖構造を組む.この構造中,四つのグアニン残基は以下に示すような水素結合で安定化された平面的な配置をとる.

  (a) この構造は G 四量体 (G カルテット) とよばれ,テロメラーゼ活性の負の制御因子として働くらしい.プリン塩基の水素結合を書込むなどして,この G カルテットの構造を完成させよ.
  (b) TTAGGG 配列が 4 回繰返した 1 本の DNA 鎖が折れ曲がり,TTA ループで互いにつながった三つの G カルテットが積み重なった構造をとる.この構造の模式図を書け.

28. G カルテット (問題 27 参照) 形成を誘導するような薬剤は抗がん剤として有用かもしれない.なぜか.

29. テロメラーゼにある AAUCCC という RNA 鋳型に変異を導入する実験を行った.この変異によってテロメア配列は変化するか.そう考えた理由も示せ.

30. 問題 29 のような変異をテロメラーゼの RNA 鋳型に入れたとき,細胞にはどんな変化が起こるか.

20・4 DNA 損傷と修復

31. 修復酵素をコードする遺伝子の変異によって,正常細胞ががん化することがある.なぜか.

32. DNA に起こった損傷によって細胞のがん化が起こる.しかし,がんの化学療法では積極的に DNA に損傷を与える薬剤を使うことがある.たとえば,カルボプラチン (carboplatin) という薬剤から白金イオンが生じ,これが 1 本の DNA 鎖上の隣り合うグアニン塩基を架橋結合する.こうした反応でなぜがん細胞が死滅するか.説明せよ.

33. 真核生物の細胞では,あるトリホスファターゼによるデオキシ-8-オキソグアノシン三リン酸 (oxo-dGTP) の分解で,oxo-dGMP + PP$_i$ が生じる.この反応はなぜ有用か.

34. オキソグアニン:アデニン塩基対の構造を書け.[ヒント: オキソグアニン塩基はグリコシド結合のまわりをぐるぐる回って,アデニン塩基と 2 本の水素結合を組む.]

35. グアニン残基のメチル化で,次世代以降の DNA にどのような変化が生じるか.

36. 臭化エチジウム,プロフラビン,アクリジンオレンジといった化合物はゲル内の DNA バンドを染色するのに使われる.こうした化合物の構造を次に示す.インターカレーターといわれるこれらの化合物は,重なり合った塩基対の間に滑り込むことで DNA と相互作用をする.この相互作用によって,インターカレーターの蛍光が増強され,紫外線下でゲル中の DNA のバンドを見ることができる.しかし,こうした化合物は強力な変異原物質でもあるので,扱いには注意が必要である.なぜか説明せよ.

37. 5-ブロモウラシルという化合物はチミンの類似体でチミンの代わりに DNA 中に取込まれる.5-ブロモウラシルはエノール異性体に変換し,グアニンと塩基対を組むことができる (ケト-エノール互変異性化は,隣り合った窒素原子と酸素原子間での水素原子の動きを介して簡単に起こる).エノール形の 5-ブロモウラシルとグアニンの間に形成される塩基対の構造を書け.5-ブロモウラシルはどのような種類の突然変異を誘導するだろうか.

5-ブロモウラシル

38. 空気中を漂っている細菌が実験に用いる細胞に混入することを極力避けるため，細胞を扱うときにはフィルターを通した空気を流しているクリーンベンチを使う．実験終了時には，クリーンベンチから細胞を取出し，クリーンベンチ中の紫外線ランプを点灯して，次回の使用時までつけておく．この操作の根拠は何か．

39. 本文で述べたように，シトシンの脱アミノによってウラシルができる．他の DNA 塩基の脱アミノも起こりうる．たとえば，アデニンの脱アミノでヒポキサンチンができる．

(a) ヒポキサンチンの構造を書け．

(b) ヒポキサンチンはシトシンと塩基対を組める．この塩基対の構造を書け．

(c) 脱アミノが修復されなかった場合，DNA にどのようなことが起こるか．

40. グアニンの脱アミノでキサンチンが生じる．

(a) キサンチンの構造を書け．

(b) キサンチンはシトシンと塩基対を組む．これによって突然変異が起こるだろうか．説明せよ．

41. A，G，C，T を含むように進化したことで，DNA 分子の損傷は修復しやすい．たとえば，アデニンの脱アミノでヒポキサンチン，グアニンの脱アミノでキサンチン，シトシンの脱アミノでウラシルが生じる．こうした脱アミノは迅速に修復されるが，なぜか．

42. 細菌や他の生物を用いた研究から，特定の箇所では突然変異が非常に起こりやすいことが示唆されている．こうした“ホットスポット”には，5-メチルシトシン（自然に起こりうるメチル化された塩基）が存在し，これが酸化的脱アミノを起こしうるためである．

(a) 脱アミノした 5-メチルシトシンの構造を書け．

(b) 生じた塩基の名は何か．

(c) 5-メチルシトシンの脱アミノで起こる突然変異はどのようなものか．

(d) 細胞が，こうして変化した塩基を修復することができないのはどうしてか．

43. アデニンの類似体である 2-アミノプリンは，細菌にとって強力な変異原物質となる．2-アミノプリンは DNA 複製時にアデニンの代わりに DNA 鎖に取込まれるが，取込まれたものはチミンとではなくシトシンと塩基対を組むので，突然変異をひき起こす．構造研究の結果，2-アミノプリンは，中性 pH ではおもに“中性ゆらぎ”塩基対，低い pH では“プロトン化したワトソン-クリック”塩基対という二つの塩基対を形成しうること，そしてこの二つの塩基対が平衡関係にあることがわかった（右上図参照）．

(a) “中性ゆらぎ”塩基対では，シトシンと 2-アミノプリンの間には二つの水素結合が形成される．その塩基対の構造を書け．

(b) pH が低いときにできる“プロトン化したワトソン-クリック”構造では，シトシンあるいは 2-アミノプリンのどちらかがプロトン化した状態でできる 2 種類の塩基対が可能で，両者は平衡状態にある．平衡状態では，プロトンが一方の塩基と他方の塩基との間を行き来しながら，水素結合を維持している．平衡状態にある 2 種類の塩基対の構造を書け．

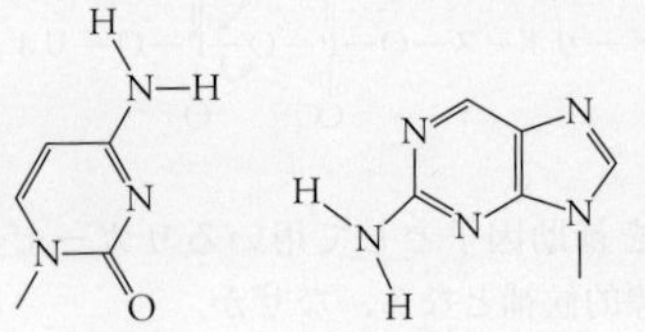

シトシン　　　2-アミノプリン

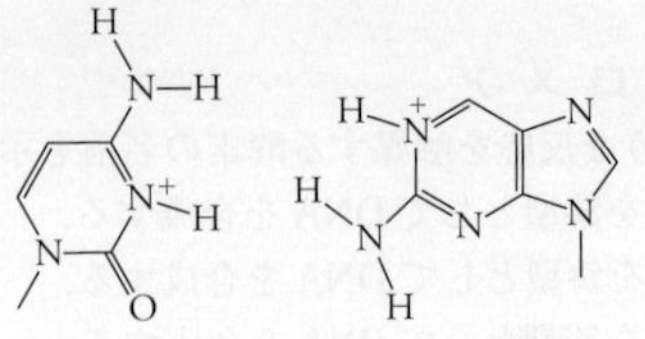

プロトン化した　　　プロトン化した
シトシン　　　2-アミノプリン

44. メチル化剤が DNA のグアニン残基と反応すると O^6-メチルグアニン（459 ページ参照）を生じ，これがチミンと塩基対を形成するので，突然変異が起こる．この化学的 DNA 損傷は非常に修復がむずかしい．というのは O^6-メチルグアニン：T の塩基対は構造が通常の G：C 対と似ており，ミスマッチ修復機構が見いだしにくいためである．この型の DNA 損傷によって起こる突然変異ががん原遺伝子をがん遺伝子へと変化させる．問題 43 での 2-アミノプリン：C と同様に，O^6-メチルグアニンはチミンと“ゆらぎ塩基対”を形成できる．また低い pH では，メチル化したグアニンはプロトン化したシトシンと塩基対を組むことができる．

(a) 生理的な pH では，O^6-メチルグアニン：T というゆらぎ塩基対が支配的となる．これら二つの塩基間には二つの水素結合ができる．この塩基対の構造を書け．この結果，変異が生じるか．

(b) 低い pH ではシトシンはプロトン化される（問題 43b 参照）．三つの水素結合をもつ O^6-メチルグアニン：プロトン化シトシンの塩基対構造を書け．この塩基対形成の結果，変異は生じるか．

45. 色素性乾皮症の患者に共通にみられる DNA 損傷は何か．

46. チミン二量体は，この二量体を切断する活性をもつフォトリアーゼ（photolyase）によってもとの形に修復される．フォトリアーゼは光によって活性化されるので，こうした名前がつけられた．この活性機構は生化学的にみて具合がよい．なぜか．

47. ウラシル-DNA グリコシラーゼを欠く突然変異をもった細菌株がある．こうした細菌にはどのようなことが起こるか．

48. 多くの場合，DNA 上に起こった点変異はコードするアミノ酸配列には影響がない．なぜか．

49. 大腸菌では，チミン二量体のような DNA 損傷部分の複製は DNA ポリメラーゼ V が担う．このときポリメラーゼは，損傷を受けたチミン残基の向かいにグアニン残基を取込む傾向があり，他のポリメラーゼよりまちがいを起こしやす

い．チミン二量体による損傷は，DNAポリメラーゼⅢ（大腸菌の大半のDNA複製を行う）のような他のポリメラーゼでも乗り越えられる．DNAポリメラーゼⅢは損傷を受けたチミン残基の反対側にアデニン残基を取込むが，DNAポリメラーゼⅤよりずっと反応が遅い．DNAポリメラーゼⅢは非常に連続反応性に富む酵素であるが，DNAポリメラーゼⅤはDNAから離れる前にたかだか6～8ヌクレオチドを付加するだけである．DNAポリメラーゼⅢとⅤが一緒になって，UVで損傷を受けたDNAの複製まちがいを最小にとどめつつ，いかにして効率的な複製を行うかを説明せよ．

50．真核生物は多くのDNAポリメラーゼを含む．これらのうちいくつかについて，DNA鎖の3′末端からヌクレオチドを切断していく活性（3′→5′エキソヌクレアーゼ活性）を測定した．同様にDNA複製の正確さも，塩基置換の頻度として測定した．表に結果を示す．

ポリメラーゼ	3′→5′エキソヌクレアーゼ活性	塩基置換頻度 （$\times 10^{-5}$）
α	なし	16
β	なし	67
δ	あり	1
ε	あり	1
η	なし	3500

（a）3′→5′エキソヌクレアーゼ活性のあるなしと，DNA複製でのまちがいの頻度（塩基置換頻度）に関連はあるか．

（b）それぞれのポリメラーゼの複製まちがい頻度を，鋳型と対合しない（ミスマッチ）塩基が取込まれる頻度として表せ．

（c）ポリメラーゼの複製まちがいはミスマッチ塩基の取込みか，あるいは鋳型にあった塩基を効率よく挿入できないことに由来するのだろう．どちらがポリメラーゼ η の厳密でない複製に関係しているのかを調べるため，この酵素の触媒効率（k_{cat}/K_M）を鋳型に合った塩基とミスマッチ塩基で比較した．この結果を別のポリメラーゼであるHIV逆転写酵素（HIV RT）の触媒効率と比較した．表にデータをまとめて示す．DNAポリメラーゼ η とHIV RTについて，鋳型に合った塩基あるいはミスマッチ塩基を取込む効率で比較せよ．この結果から，ポリメラーゼ η の複製まちがいの原因を考察せよ．

ポリメラーゼ	鋳型塩基	取込まれた塩基	k_{cat}/K_M[†]
ポリメラーゼ η	T	A	420
ポリメラーゼ η	T	G	22
ポリメラーゼ η	T	C	1.6
ポリメラーゼ η	G	C	760
ポリメラーゼ η	G	G	8.7
HIV RT	T	A	800
HIV RT	T	G	0.07

[†] $k_{cat}/K_M = \mu M \; min^{-1} \times 10^3$.

（d）DNAポリメラーゼ η と類似したDNAポリメラーゼ

をコードする遺伝子を細菌が過剰発現することが観察されている．このことはこの細菌における変異率にどのような影響を与えるだろうか．

20・5　DNAの折りたたみ

51．仔ウシ胸腺DNAに結合している各種ヒストン中のアルギニンおよびリシン残基含量を表に示す．ヒストンはなぜ大量のリシンあるいはアルギニン残基を含んでいるのか．

	H1	H2A	H2B	H3	H4
% Arg	1	9	6	13	14
% Lys	29	11	16	10	11

52．クロマチンのDNAからヒストンを遊離させるのに0.5 M NaClが有効である．なぜか．

53．次のようなヒストン修飾に対応するアミノ酸残基側鎖の構造を書け．

（a）Lys のアセチル化　　（b）Ser のリン酸化
（c）His のリン酸化　　　（d）Lys のメチル化
（e）Arg のメチル化

こうした側鎖修飾はそれぞれのアミノ酸側鎖の性質をどのように変えるか．

54．ウシ由来ヒストンH4とマメ由来ヒストンH4は10億年も前に分岐した種のタンパク質だが，どちらも102残基のアミノ酸からなり，たった二つのアミノ酸しか違っていない．仔ウシ胸腺ヒストンH4のVal 60はマメのヒストンH4ではIle 60となっており，仔ウシH4のLys 77はマメではArg 77となっている．H4タンパク質が進化の過程でこのように高度に保存されているのはなぜか．仮説を述べよ．

55．DNAのメチル化では，メチオニンとATPの縮合で生じた S –アデノシルメチオニンがメチル基供与体となる．図に示したスルホニウムイオン上のメチル基（赤）がメチル基転移反応に使われる．

S –アデノシルメチオニン

（a）メチル基が解離した S –アデノシルメチオニンは，アデノシンと非標準型のアミノ酸に加水分解される．このアミノ酸の構造を書け．細胞はどのようにしてこの化合物をメチオニンに戻し，S –アデノシルメチオニンを再生するのだろうか．

（b）DNAのシトシン残基に対するメチル化と脱メチルは遺伝子発現制御にかかわっている．脱メチル酵素がシトシン残基を再生する加水分解を行ったとき，もう一つの反応生成

物は何か.

56. DNAメチルトランスフェラーゼが機能しないような変異をもつホモ接合型のマウスは，通常子宮内で死亡する．この変異がそのような致命的な結果をひき起こすのはなぜか.

57. プロテアソームで分解されるタンパク質は，§12・1で解説したようにユビキチン標識されている．このユビキチン修飾とヒストンのユビキチン修飾とは何が違うか．ヒストンがユビキチン化されると，プロテアソームで加水分解されるのだろうか.

58. ヒストンのアセチル化を触媒する酵素〔ヒストンアセチルトランスフェラーゼ（histone acetyltransferase），HATと略す〕は，転写を活性化する転写因子と強く相互作用している．これは，生化学的にみて具合がよい．なぜか.

59. 精子形成時には，細胞内DNAの95%はヒストンでは

なくプロタミン（protamine）という小さなタンパク質と結合している．プロタミン-DNA複合体はヒストン-DNA複合体より小さく高密度にまとめることができる.

（a）精子形成時にヒストンをプロタミンに置き換えるとどんな利点があるのか.

（b）精子形成時にもヌクレオソームのままでいる遺伝子はどんなものだろうか．〔ヒント: こうした遺伝子群は受精後に初めて転写される.〕

60. 細胞内では，DNAは局所的かつ一時的に融解して，2本の解離したDNA鎖をもつバブルを形成することがある．こうしたDNAの動態から，DNAがヌクレオソーム内にあるときにはCからTへの変異速度が低いという現象を説明できるだろうか.

参 考 文 献

Deweese, J. E., Osheroff, M. A., and Osheroff, N., DNA topology and topoisomerases, *Biochem. Mol. Biol. Educ.* **37**, 2−10 (2009). トポイソメラーゼの働きと，阻害剤についての考察を含む.

Dunn, B., Solving an age-old problem, *Nature* **483**, S2−S6 (2012). がんの原因，遺伝的基盤，治療，予防に関する大きな進歩について解説している.

Hakem, R., DNA-damage repair; the good, the bad, and the ugly, *EMBO J.* **27**, 589−605 (2008). DNAの異なる修復機構と，DNAの損傷にかかわる疾患についてまとめている.

Kunkel, T. A. and Burgers, P. M., Dividing the workload at

a eukaryotic replication fork, *Trends Cell Biol.* **18**, 521−527 (2008). 真核生物のDNA複製にいくつかのポリメラーゼがかかわっていることを支持する実験的証拠に関する考察.

Luger, K. and Hansen, J. C., Nucleosome and chromatin fiber dynamics, *Curr. Opin. Struct. Biol.* **15**, 188−196 (2005).

O'Donnell, M., Replisome architecture and dynamics in *E. coli*, *J. Biol. Chem.* **281**, 10653−10656 (2006).

O'Sullivan, R. J. and Karlseder, J., Telomeres: protecting chromosomes against genome instability, *Nat. Rev. Mol. Cell Biol.* **11**, 171−181 (2010). テロメア結合タンパク質の役割と，テロメアの構造に関する考察.

21 | 転写 と RNA

なぜ遺伝子にイントロンがあるのか

1970 年代，ロバーツ（Richard Roberts）とシャープ（Phillip Sharp）は，いくつかの真核生物の mRNA 分子が，転写したもとの遺伝子よりもかなり短いことを見いだした．さらに驚くべきことに，mRNA は長い RNA から複数の断片が切り出され，つながって組立てられていた．ヒトにおいては，ほとんどすべての遺伝子がこのような，mRNA スプライシングを行うために複雑なしくみをもつ必要がある．何億年もの自然選択を受けながらも，遺伝子を断片化していることには有利な点があるからこそ，これだけ非効率的にみえる遺伝情報の発現のしくみを残しているのであろう．

復習事項

- DNA と RNA はヌクレオチドの重合体で，それぞれのヌクレオチドはプリンあるいはピリミジン塩基，デオキシリボースあるいはリボース，そしてリン酸からなる（§3・1）．
- DNA の塩基配列にコードされた遺伝情報は RNA に転写され，それからタンパク質のアミノ酸配列に翻訳される（§3・2）．
- 遺伝子はそれぞれのヌクレオチド配列によって特徴づけられる（§3・3）．
- DNA 複製はタンパク質複合体のほうが動かずに行われる（§20・2）．
- ヒストンも DNA も化学的な修飾を受けている可能性がある（§20・5）．

転写（transcription）は遺伝子が発現するための基本的機構である．蓄積されていた遺伝情報（DNA）をより機能的な形（RNA）に変換させる機構ともいえる．DNA のデオキシリボヌクレオチドの配列に含まれていた情報が RNA のリボヌクレオチドの配列に変換される．DNA 複製と同様に，転写は鋳型に依存した，かなり忠実に起こるヌクレオチドの重合過程である．しかし DNA 合成と異なるのは，RNA 合成は選択的に個々の遺伝子レベルで起こるという点である．

RNA の転写を理解する前に，**遺伝子**（gene）とはコードされている遺伝情報を発現するため，細胞が利用できる形に変換する転写が起こる DNA 領域であることを思い出そう．この遺伝子の定義はもう少し説明を要する．

1. タンパク質をコードする遺伝子に関連して，**メッセンジャー RNA**（messenger RNA）あるいは **mRNA** とよばれる RNA は一つのポリペプチドのアミノ酸配列を特定するすべての情報を含む．ただし，すべての RNA 分子がタンパク質に翻訳されるのではないことを覚えておく必要がある．**リボソーム RNA**（ribosomal RNA: **rRNA**），**転移 RNA**（transfer RNA: **tRNA**），その他の小分子 RNA 分子は翻訳を受けることなしに機能を果たす．

2. 大半の RNA は，一つのポリペプチドなど一つの機能単位と対応している．しかし，特に原核生物におけるいくつかの mRNA は，複数のタンパク質をコードする一つの**オペロン**（operon）の転写から生まれる．オペロンは互いに関連した代謝機能をもつ一連の遺伝子からなる．一つの mRNA 上の重なり合った塩基配列が二つのタンパク質をコードする情報をもつめずらしい例もいくつかある．

3. RNA の多くはヌクレオチドの付加，削除，修飾といった**プロセシング**（processing）を受けてから完全に機能を果たせるようになる．哺乳類では，ほとんどすべてのタンパク質をコードする遺伝子から転写される mRNA で，**イントロン**（intron）を**スプライシング**（splicing）によって除去するというプロセシングが行われる．こうした非コード領域の長いヌクレオチド領域は，タンパク質としては発現されないが，遺伝子の一部ではある．mRNA のスプライシングや転写後修飾には複数の種類があって一つの遺伝子から複数の異なる形のタンパク質が発現する可能性

がある．

4. 一つの遺伝子が適切に転写されるには，それ自身は転写されないが，RNAポリメラーゼを転写開始部位に導いたり，遺伝子発現の調節にかかわったりするDNA配列が必要である．

本章の大半は，真核生物でタンパク質をコードする遺伝子の転写に目を向ける．§3・3で紹介したように，ヒトのゲノムは平均約 27,000 塩基対からなるタンパク質をコードする遺伝子を約 2 万ほどもっている．タンパク質をコードする配列の実際の部分は非常に小さい（ゲノムの約 1.5%）．平均的な遺伝子は，平均 145 塩基対長からなる 8 個の**エキソン**（exon，タンパク質をコードする領域）が平均 3365 塩基対長からなるイントロンによって分断されてできている．ヒトゲノムの約 80% ほどの領域から，さまざまなサイズの**非コード RNA**（noncoding RNA: **ncRNA**）が転写されていると推定される．こうしたもののいくつかを表 21・1 に示す．

いくつかの非コード RNA については機能が明らかにされていて，本章でもあとでふれる．そのほかについてはまだ不明な点が多い．非コード RNA は，合成後にすぐに分解されることが観察されているので，ノイズのように単にランダムに転写されたにすぎない可能性もある．しかし，こうした配列のいくつかは種を越えて保存されているので，広く転写活性の制御にかかわる可能性も示唆されている．

なじみのある mRNA，rRNA や tRNA の機能はよく理解されているとはいえ，その合成は単純ではない．こうした RNA の転写にはどこから RNA ポリメラーゼが転写を開始するかという部位を特定する機構が必要である．数多くのタンパク質因子とポリメラーゼが協同し，鋳型 DNA と相互作用し，どこをいつ転写するかを制御し，正確に DNA から転写を起こし，その RNA 転写開始産物をさらに成熟した機能を発揮する型へと変化させていく．

21・1 転写開始

重要概念
- 真核生物の転写にはヒストンとクロマチン構造の変化を伴う．
- プロモーターとは RNA ポリメラーゼが転写を開始する DNA 上の配列のことである．
- 真核生物の転写因子は互いに相互作用しながら，DNA と，そして RNA ポリメラーゼと相互作用し，さらに転写因子どうしが相互作用する．
- それ以外にも DNA 結合タンパク質が転写制御にかかわる．
- *lac* オペロンでは複数の遺伝子の転写が一つのリプレッサーによって制御されている．

DNA 複製と同様に RNA 転写はタンパク質複合体のほうは動かずに DNA のほうが動くようにみえる．真核生物の核内のこうした転写の場を蛍光抗体法で見ると，DNA が合成されている複製の場とは別のところであることがわかる（図 21・1）．もし RNA ポリメラーゼが長い DNA 分子に沿ってらせん状の鋳型の周囲を回転しながら自由に動けるとすると，新しく合成される RNA は DNA と絡んでしまうだろう．実際のところ，ポリメラーゼの活性部位での短い 8〜9 塩基対の DNA−RNA ハイ

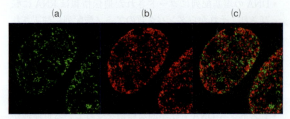

図 21・1 転写と複製の場は空間的に離れている． S 期初期マウス細胞の蛍光顕微鏡写真．DNA 複製の場を緑（a），RNA の転写の場を赤（b）で示した．重ねた像が（c）である．一つの核には 2000〜3000 の転写の場（"工場"とよばれる）があるらしい．[Ronald Berezney 提供．X. Wei et al., *Science* 281, 1502−1505（1998）による．]

表 21・1 非コード RNA の例

種　　類	長さ（ヌクレオチド数）	機　　能
リボソーム RNA（rRNA）	120〜4718	翻訳（リボソームの構造と触媒活性）
転移 RNA（tRNA）	54〜100	翻訳過程でリボソームへのアミノ酸の輸送
低分子干渉 RNA（siRNA）	20〜25	配列特異的な mRNA の抑制
マイクロ RNA（miRNA）	20〜25	配列特異的な mRNA の抑制
長鎖非コード RNA（lincRNA）	最大 17200	転写調節
核内低分子 RNA（snRNA）	60〜300	RNA スプライシング
核小体低分子 RNA（snoRNA）	70〜100	rRNA の配列特異的なメチル化

ブリッド二本鎖部分を除けば，新しく合成された RNA は一本鎖分子として放出されている．

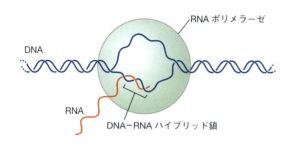

新しい RNA 分子の合成は，転写開始点の見定め，二本鎖 DNA の分離，RNA 合成の開始といった多くの段階からなる．

クロマチン再構築が転写に先行して起こるらしい

§20・5 で述べたように，真核生物の DNA はヌクレオソームに詰込まれ，高次構造を形成している．転写が不活性な DNA は DNA メチル化の度合や，ヒストンバリアントの有無，ヒストン修飾のパターン（ヒストンコード）など，互いに関連し合って維持されている．

"不活性","活性"クロマチンと関連あるいくつかのヒストン修飾を表 21・2 にまとめた．ヒストンコードには，さらにセリンあるいはトレオニン残基のリン酸化，アルギニン残基のメチル化，その他の化学修飾が含まれている（図 20・31 参照）．こうしたヒストン修飾の組合わせの数は 10^{11} といった数に達し，このすべてが現実に起こるわけではない．どのようにヒストンコードが作用するのかはまだ未解明なことが数多くある．

不活性クロマチンから活性クロマチンへと変化するための重要な変化にヒストンのアセチル化がある．ヒストンアセチルトランスフェラーゼ（histone acetyltransferase: HAT）として知られる酵素が，アセチル CoA から受取ったアセチル基をリシン残基の側鎖に付加する（下図）．この修飾はあとでヒストンデアセチラーゼの働きで除かれることも可能である．ほかにもヒストンと DNA の脱メチル反応などによって，転写活性が促進される．

アセチル-Lys

表 21・2 転写活性とヒストン修飾

転写不活性なクロマチン	
H3K9me2	ヒストン H3 の 9 番目のリシンが二重にメチル化されている状態
H3K27me3	ヒストン H3 の 27 番目のリシンが三重にメチル化されている状態
転写活性のあるクロマチン	
H3K4me3	ヒストン H3 の 4 番目のリシンが三重にメチル化されている状態
H3K9ac	ヒストン H3 の 9 番目のリシンがアセチル化されている状態
H4K16ac	ヒストン H4 の 16 番目のリシンがアセチル化されている状態

りにきつく巻かれた状態から，露出した状態になる．クロマチンの動態変化としては，DNA 鎖に沿って滑るように，ヌクレオソームがその場所を変える過程が含まれる．**クロマチン再構築複合体**（chromatin-remodeling complex）には，複数のタンパク質サブユニットが含まれ，機能するうえで ATP の自由エネルギーが必要である．ヌクレオソームをつかむようにみえる，こうした複合体の一つのモデルを図 21・2 に示す．

こうした複合体はどのように働くのであろうか．ヒストン八量体から DNA を完全にはがすのはエネルギー的に非常に大変である．それができないので，複合体はヒストンから接している DNA 領域をはがしているようである．こうしてできた DNA のループは，波のようにヌクレオソーム周囲を回り，ヌクレオソームコアの一部分に含まれる DNA 領域が，晴れて転写因子と相互作用することができるようになる（図 21・3）．真核生物では，ヌクレオソームに覆われていない DNA 領域から転写が開始する．

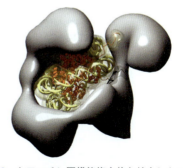

図 21・2 クロマチン再構築複合体と結合したヌクレオソームのモデル．ヌクレオソームの X 線結晶構造（図 20・29 参照）モデルをクライオ電子顕微鏡観察で決定された酵母の RSC 複合体（灰色）の構造に重ねた．RSC は chromatin structure remodeling complex の略で，クロマチン再構築複合体の一種．［Andres Leschziner, Harvard University 提供．］

クロマチンの脱凝縮では，転写装置がクロマチンに近づきやすくなるようにクロマチン再構築が起こり，重要な DNA 配列は，ヌクレオソームコアのヒストンのまわ

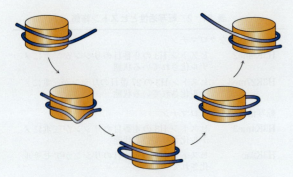

図 21・3 ヌクレオソームの滑り．クロマチン再構築複合体が，ヒストン八量体（オレンジ）に巻かれた DNA（青）のある部分を緩めるようにして働くらしい．ヌクレオソームは DNA 上を滑るように動き，DNA の異なる部分を露出させる．

転写はプロモーターから始まる

原核生物は，通常転写されない DNA 部分がほとんどないコンパクトなゲノムをもつ（図 3・13a 参照）が，真核生物では，タンパク質をコードする遺伝子は長い DNA 配列によって分断されていることが多い（図 3・13b 参照）．しかしいずれの生物においても，遺伝情報を効率よく発現するために，タンパク質をコードする配列近くの**プロモーター**（promoter）とよばれる特定の部位から RNA 合成を開始する必要がある．プロモーター部分の DNA 配列は特定のタンパク質によって認識される．こうしたタンパク質として，RNA ポリメラーゼの 1 サブユニット，RNA 合成を開始する適切な RNA ポリメラーゼを導くタンパク質などがある．

大腸菌のような細菌では，プロモーターは転写開始部位の 5′ 末端側の約 40 塩基の配列からなる．慣習でこう

した配列はコード鎖，いいかえると非鋳型側の DNA 鎖の配列として表記される（§3・2 参照）．すると DNA も転写される RNA と同じ配列，同じ 5′→3′ の方向性で書かれることになる．大腸菌のプロモーターには，転写開始部位（図 21・4 の +1 の位置）から数えて −35 と −10 の位置を中心に二つの**共通配列**（consensus sequence，それぞれの位置に最も高い頻度で現れる塩基の配列）がある．

大腸菌の RNA ポリメラーゼは五つのサブユニットからなる酵素で約 450 kDa の分子質量からなる．サブユニット構成は $\alpha_2\beta\beta'\omega\sigma$ と書かれる．σ サブユニット，別名 σ 因子はプロモーターを認識し，それによって RNA ポリメラーゼを転写開始位置に正確に配置させる．細菌細胞は一種のコア RNA ポリメラーゼ（$\alpha_2\beta\beta'\omega$）をもつのみであるが，複数の σ 因子があってそれによってそれぞれ異なるプロモーター配列を特異的に認識する．異なる遺伝子でも類似のプロモーターをもつことがあり，細菌細胞は異なる σ 因子を用いることで遺伝子発現のパターンを制御することができる．いったん転写が始まると σ 因子はその場で解離し，RNA ポリメラーゼの残りのサブユニットが転写伸長を行う．

真核生物では，タンパク質をコードする遺伝子のプロモーターには原核生物のプロモーターと類似した **TATA ボックス**（TATA box）とよばれる配列があることもあるが，大半の遺伝子にはこの配列はない．代わりにいくつも種類があるが，転写開始部位の上流（5′ 末端側）や下流（3′ 末端側）に，進化上保存されているプロモーター構成配列が存在することがある（図 21・5）．遺伝子一つを例に取上げると，こうした配列のいくつかを，協調的に機能するような形で含んでいることが多い．たとえ

図 21・4 大腸菌のプロモーター．転写される最初の塩基を +1 としている．−10 と −35 領域周辺にある二つのプロモーター共通配列を灰色で示す．N はどの塩基でもよいことを示す．

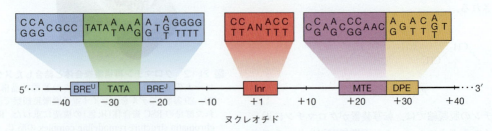

図 21・5 真核生物のプロモーターの配列．ヒトでのそれぞれの因子の共通配列を示す．いくつかの場所では 2～3 ヌクレオチドの違いがある．N はどの塩基でもよいことを示す．

ば，DPE（下流プロモーター配列）があれば常に Inr 配列（イニシエーター）を伴う．真核生物の大きなゲノムでは，特定の 6〜8 ヌクレオチドの配列は，確率的に何回も登場するはずである．真核生物のプロモーターに，こうしたいくつもの因子が存在するという特徴は，一つしかないとたまたま起こってしまうような転写開始が起こらないようにしているのかもしれない．

　脊椎動物遺伝子の約 2/3 の遺伝子には，明確な転写開始部位をもったはっきりとしたプロモーターがみられず，転写の開始は 50〜100 ヌクレオチドにわたって起こる．こうした DNA にはメチル化されていない CpG アイランドがあることが多く（§20・5 参照），こうした DNA と転写因子や RNA ポリメラーゼがどのように相互作用するかについてはほとんど理解が進んでいない．真核生物の RNA ポリメラーゼには原核生物の σ 因子のようなサブユニットはない．代わりに，RNA ポリメラーゼは何段階にもわたる複雑なタンパク質‐タンパク質相互作用とタンパク質‐DNA 相互作用によって，プロモーターに動員される．

転写因子が真核生物のプロモーターを認識する

　真核生物では転写の開始に，**基本転写因子**（general transcription factor）とよばれる進化上非常に保存された TFⅡB, TFⅡD, TFⅡE, TFⅡF, TFⅡH（Ⅱはこれらが転写を行う酵素 RNA ポリメラーゼⅡに特異的に作用することを意味する）という一連のタンパク質が必要である．こうした基本転写因子のいくつかは，図 21・5 に示すように，あるプロモーターと特異的に相互作用する．たとえば，TFⅡB は BRE 配列と，TFⅡD のサブユニットである TATA 結合タンパク質（TATA-binding protein: TBP）は TATA ボックスと結合する．TAF（TBP-associated factor）とよばれる他の TFⅡD サブユニットは Inr と DPE プロモーター配列と相互作用する．どの遺伝子を転写するうえでも必ず必要な基本転写因子のセットというものは存在しない．TFⅡD には異なるサブユニットで構成された型があり，異なったプロモーター配列の組合わせを認識することと関連している．

　さまざまな転写因子が DNA を転写に向けての待機をさせ，RNA ポリメラーゼを動員するうえでさまざまな役割を果たしている．TBP は真核生物プロモーターの TATA ボックスに結合する約 32×45×60 Å の大きさをもつサドル形のタンパク質である．TBP は構造上類似した二つのドメインからなり，ある角度をなして TATA ボックス配列 DNA 分子をまたいだ形をしている（図 21・6）．このタンパク質‐DNA の相互作用が DNA に 2 箇所の鋭い曲がりをひき起こす．TATA ボックスの両端

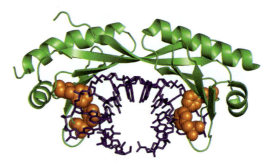

図 21・6　**DNA に結合した TBP の構造**．TBP ポリペプチド（緑）がほぼ対称的な構造をとって TATA ボックスを含む DNA 断片をまたぐ構造をつくっている（DNA は中心軸方向に青で示している）．TBP の Phe 残基（オレンジ）が DNA を 2 箇所で曲げている．〔構造（pdb 1YTB）は Y. Kim, J. H. Geiger, S. Hahn, P. B. Sigler によって決定された．〕

の T 残基と A 残基の間にくさびのように二つの Phe 側鎖が挿入することによってこの鋭い曲がりが生まれる．ほかにも水素結合や，ファンデルワールス相互作用による配列特異的な相互作用がある．TBP は TATA ボックスが存在しないプロモーターであっても，転写開始をするうえで重要な役割をしているようである．

　TBP がプロモーターにいったん配置すると，構造変化を起こした DNA が以後のタンパク質，RNA ポリメラーゼや他の転写因子（図 21・7）の会合の場となる．たとえば TFⅡB は，DNA をポリメラーゼの活性部位近傍に配置するように働き，TFⅡE は複合体をまとめて，ATP に依存して DNA をほどくヘリカーゼである TFⅡH を動員する．その結果，転写バブル（transcription bubble）とよばれる開いた構造となる．非鋳型側の DNA 鎖に

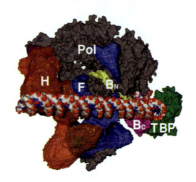

図 21・7　**RNA ポリメラーゼといくつかの転写因子のモデル**．この重ね合わせたモデルは，さまざまなタンパク質のモデルに基づいてつくられた．RNA ポリメラーゼ（Pol）は灰色，さまざまな転写因子〔TBP, TFⅡF, TFⅡH, そして TFⅡB の N 末端側（B_N），C 末端側（B_C）〕をそれぞれ異なる色で示す．DNA は静電ポテンシャルによって色づけしている（赤が負，青が正電荷）．〔Roger Kornberg, Stanford University School of Medicine 提供．〕

TFⅡFが結合することで一部安定化する.

転写バブル

DNAの構造変化は転写バブルの領域を越えて広がる可能性がある. たとえば, TAF1として知られるTFⅡDの構成因子はヒストンアセチルトランスフェラーゼ活性をもっていて, リシンの側鎖の電荷を中和してヌクレオソームのパッキングを変化させる. TAF1は, 小さなタンパク質であるユビキチンをH1に結合するのを助け, H1が近傍のヌクレオソームを結びつける度合を減少させる可能性も示唆されている. これはH1をプロテアソームによるタンパク質分解へと向かわせるためである(§12・1参照).

TAF1といくつかの転写因子はブロモドメインという構造モチーフをもっている. このドメインは4本のαヘリックスの束の内部に形成される疎水的なポケットで, それがアセチル化されたリシン側鎖と結合する(図21・8). TAF1では二つのブロモドメインが隣り合っていることで, 複数のアセチル化を受けたヒストンタンパク質と協調的に結合することができる. TAF自身のヒストンアセチルトランスフェラーゼ活性によって, 局部的に過剰なアセチル化をひき起こし, 遺伝子の転写を促進するうえでの正のフィードバック機構を構成している.

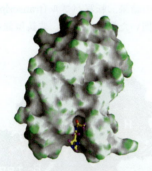

図21・8 ブロモドメイン. このモデルではタンパク質の表面が示されている. 一つのブロモドメイン(約110アミノ酸)は, アセチル-Lys(棒球モデル)が入る空洞をもつ. [Ming-Ming Zhou, Mt. Sinai School of Medicine 提供. Science 285, 1201 (1999) による.]

エンハンサーとサイレンサーはプロモーターから離れたところから作用する

さらに多くのタンパク質-タンパク質相互作用, そしてタンパク質-DNA相互作用が多くの真核生物遺伝子における高度な発現制御にかかわっている. 原核生物の場合, 一番よく発現する遺伝子と逆に発現が少ない遺伝子との間で約1000倍ほどの転写速度の違いがあるが, 真核生物での遺伝子転写速度の違いは10^9倍ほどに達する. こうした繊細ないくつかの調節は**エンハンサー**(enhancer)によるものである. エンハンサーとは50〜1500塩基対からなるDNA配列で, プロモーターの上流, あるいは下流に120 kbほどまで離れて位置する. 機能と関連して一つの遺伝子が複数のエンハンサーをもつ可能性もある. こうした配列がヒトゲノム中に, 数十万ほど散在する可能性があるといわれている.

エンハンサーと結合するタンパク質は, 単純に転写因子ともいわれるが, **アクチベーター**(activator)ともよばれる. 一方, **基本転写因子**とはプロモーターに結合するものをさす. こうしたDNA結合タンパク質は, 内部あるいは外部のシグナルを受けて, その転写を促進(あるいは抑制)することで, その生物がもつ遺伝子発現のパターンを構築する. これまでに, いくつかの転写因子がシグナル伝達経路と結びついている例をみてきた(10章). たとえば, ステロイドホルモンが直接DNA結合タンパク質を活性化したり, Rasシグナル伝達は間接的にいくつかの転写因子を活性化する. こうしたタンパク質はいくつかの様式によってDNAと相互作用する(ボックス21・A).

アクチベーターがエンハンサーと結合すると, **メディエーター**(mediator)とよばれるタンパク質複合体が, アクチベーターとプロモーターに位置する転写装置を結びつける. この相互作用が起こるためには, DNAがループを形成してエンハンサーとプロモーターが近づく必要がある(図21・9). DNAがヌクレオソームに詰込まれることで, 介在するDNAループの長さを最小限にして, 遠く離れた相互作用が促進されると思われる. エンハンサーに加えて, 遺伝子は**リプレッサー**(repressor)とよばれるタンパク質が結合する**サイレンサー配列**(silencer sequence)をもつことがある. 遺伝子の転写を抑制するために, メディエーターがサイレンサー-リプレッサーシグナルを転写装置に伝えている可能性もある.

メディエーターは, 酵母では約20, 哺乳類では約30種のポリペプチドを含んでいて, 電子顕微鏡で粒子として見ることができる. メディエーター分子は, RNAポリメラーゼや, 基本転写因子と相互作用する(図21・10). 60種ほどのタンパク質が転写開始部位でともに会合するようである. メディエーター複合体を構成するポリペプチド鎖が違えば, こうした複合体は異なるアクチベーターやリプレッサーと結合できるであろう. さらに

21. 転写と RNA　　　481

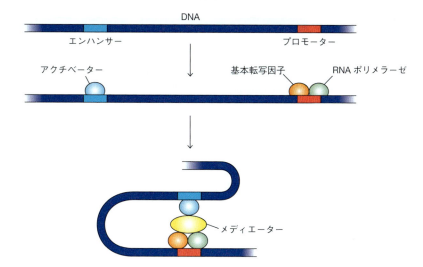

図 21・9　エンハンサーの機能の概観．アクチベータータンパク質が遺伝子のエンハンサー配列と結合する．酵母のメディエーターは，基本転写因子と同時に，遺伝子のプロモーターに位置するアクチベーター，RNA ポリメラーゼとも結合する．それによって転写の活性化のシグナルを RNA ポリメラーゼに伝え，遺伝子の発現を促進する．遺伝子発現の負の制御は，リプレッサータンパク質が遺伝子のサイレンサー配列と結合することで起こりうる．いずれの場合にも，タンパク質-タンパク質相互作用によって調節配列とプロモーター配列間の DNA が飛び出すことになる．このような単純な図では，多くのタンパク質が関与した結合部位をめぐる競合などのアクチベーター経路とリプレッサー経路の複雑さを伝えきれていない．

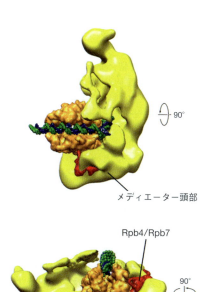

図 21・10　**RNA ポリメラーゼと結合した酵母のメディエーター複合体**．メディエーターは黄，RNA ポリメラーゼはオレンジ，そのうちメディエーターと密接に相互作用する二つのサブユニット（Rpb4/Rpb7）は赤，プロモーター DNA は青と緑で示す．このモデルは電子顕微鏡観察と X 線結晶構造解析の結果に基づく．［Francisco Asturias, the Scripps Research Institute, La Jolla, CA 提供．］

高等な生物では，メディエーター様の複合体の多様さが，複数のエンハンサーとサイレンサーと相まって，遺伝子発現の微調整のために洗練された系を構築しているのだろう．それによって，ヒトでみられるように 200 ほどの異なる細胞種となっていく異なった遺伝子発現パターンを生み出すと考えられる．

原核生物のオペロンでは協調した遺伝子発現をする

　原核生物は，真核生物と比較して単純な機構を用いて転写開始を制御しているが，いくつかの代謝シグナルに反応して，原核生物も確実に協調的な発現を行うために，機能的に関連のある複数の遺伝子が**オペロン**（operon）というかたちを構築していることがある．研究の進んだ大腸菌の *lac* オペロンのラクトースの代謝に関係した三つの遺伝子などの例もいれて，原核生物遺伝子の約 13％はオペロンを構成している形で見いだされる．

　原核生物では，二糖であるラクトースがない状態で培養しておいた細菌を，ラクトースを含む培地に移した際，ラクトース代謝に必要な二つのタンパク質の合成が急速に高まる．その一つはガラクトシドパーミアーゼ（galactoside permease，ラクトースパーミアーゼともいう，図 9・14）とよばれるラクトースを細胞内に取込む輸送タンパク質であり，もう一つがラクトースを加水分解して単糖に分解する反応を触媒する β-ガラクトシ

ボックス 21・A　生化学ノート

DNA結合タンパク質

　DNA複製や修復，そして転写などの調節過程に直接関係するタンパク質（DNA結合タンパク質 DNA-binding protein）は，DNAの二重らせんと密に相互作用する必要がある．実際，転写を促進あるいは抑制する多くのタンパク質は，DNA上の特定の配列を認識して結合する．しかし，あるアミノ酸残基の側鎖が特定の塩基を認識するといった暗号のようなルールがあるようにはみえない．一般的に，こうした相互作用にはしばしば水分子を介したファンデルワールス相互作用や水素結合が関与している．

　原核生物，真核生物由来の多くのタンパク質–DNA複合体の構造を調べてみると，DNAと接触する構造モチーフによってDNA結合タンパク質をいくつかのクラスに分類できることがわかってきた．こうしたモチーフの多くは収束進化の結果であり，DNAと相互作用するにあたって一番安定で進化的に適応性のあるタンパク質の形なのであろう．

　タンパク質–DNA相互作用の場面で圧倒的に，DNAの主溝に結合するαヘリックスが関与することが多い．このDNA結合モチーフは，二つのαヘリックスが，最短4残基長の小さなループ部分でつながり垂直に交わるヘリックス–ターン–ヘリックス（helix–turn–helix: HTH）構造の形をとることがある．右上に示すバクテリオファージλのリプレッサーでは，HTHモチーフは赤で，DNAを青で示してある．多くの場合，一つのDNA結合ヘリックスが主溝に入り込み，その側鎖がDNA中の塩基の露出した端と直接相互作用する．残ったヘリックスやターンの残基がDNAの骨格と相互作用する．

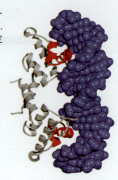

DNAに結合したλリプレッサー（一部）．〔構造（pdb 1LMB）はL. J. Beamer, C. O. Paboによって決定された．〕

　原核生物，真核生物いずれのタンパク質であっても，HTHヘリックスは，いくつかのαヘリックスでできた束の一部である．こうしたαヘリックスの束は中心部が疎水性となる安定なドメインを形成する．原核生物の転写因子は，上の例のようにホモ二量体を形成する傾向があり，回文DNA配列を認識する．これとは対照的に，真核生物の転写因子はヘテロ二量体を形成するか，いくつかの非対称的な結合部位を認識するように複数のドメインをもつことが多い．こうしたしくみで真核生物のDNA結合タンパク質は非常に多岐にわたる標的DNA配列と相互作用ができる．

　多くの真核生物の転写因子のなかに，システイン，あるいはヒスチジン側鎖がZn^{2+}一つ（ときに二つ）と配位して四面体を形づくるDNA結合モチーフがある．金属イオンはこの小さなタンパク質ドメインを安定化する（このドメインは，ときにタンパク質–DNA相互作用ではなく，タ

ダーゼ（β-galactosidase, §11・2）とよばれる酵素である．これら単糖は酸化され，ATPを生じる．

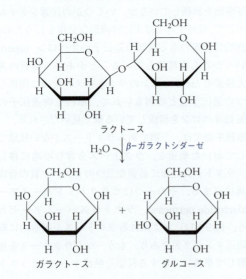

　β-ガラクトシダーゼとガラクトシドパーミアーゼは，三つ目の酵素〔ガラクトシドアセチルトランスフェラーゼ（galactoside acetyltransferase）という名だが機能は不明〕と一緒に3遺伝子からなる*lac*オペロンを形成している．三つの遺伝子（*Z, Y, A*と表される）は一つのプロモーター*P*から一つの単位として転写される．β-ガラクトシダーゼ遺伝子の開始点近くにオペレーター*O*とよばれる調節部位がある．そこに*lac*リプレッサーというタンパク質が結合する．リプレッサーというのは*I*遺伝子の産物で，それをコードする領域はちょうど*lac*オペロンのすぐ上流に存在する．

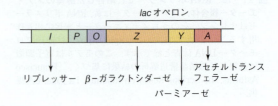

ンパク質-タンパク質の相互作用にかかわる）ジンクフィンガー（zinc finger, 図4・15参照）とよばれるこのDNA結合モチーフは，二つの逆平行β鎖とそれに続くαヘリックスからなることが多い．Zn^{2+}を配位しているのはαヘリックスの一部と2番目のβ鎖である．次に示す構造では，三つのジンクフィンガーのうち一つを赤で，Zn^{2+}を紫の球で示す．HTHタンパク質の例のように，ジンクフィンガーモチーフそれぞれのヘリックスがDNAの主溝に入り，そこでモチーフが3塩基対の配列と相互作用する．

ホモ二量体を形成する真核生物のDNA結合タンパク質として，タンパク質の二量体形成を助けるロイシンジッパー（leucine zipper）モチーフをもつものがある．それぞれのサブユニットが約60残基からなるαヘリックスをもち，もう一つのサブユニットのαヘリックスとコイルドコイル構造を形成する（§5・2参照）．ロイシン残基がαヘリックスでいうとほぼ2回転分にあたる8残基ごとに現れ，二つのヘリックス間の疎水性相互作用を助ける（実際にはジッパーという名前が思わせるようにロイシンが交互に現れるのではない）．ロイシンジッパータンパク質のDNA結合部分は二量体化したヘリックスが伸びた先にあり主溝と結合する．

二，三のタンパク質ではβシートがDNAと相互作用する（TBPはその一例である，図21・6参照）．ほかにも二つの逆平行β鎖がDNA結合部を形成し主溝にはまり，それによってタンパク質の側鎖がDNA中の塩基と水素結合を組めるようになるタンパク質の例もある．

ここに述べたDNA結合タンパク質は狭い範囲のDNA部分（ふつう2，3塩基対）と相互作用する．それが調節領域のDNA配列の目印となり，さらに別のタンパク質-タンパク質相互作用を生みだすなどによって，遺伝子の転写といった過程を制御する．触媒機能をもったタンパク質（たとえば，ポリメラーゼなど）の場合，タンパク質はDNA上もっと広い領域にわたって相互作用するが，配列には依存しない．この場合，タンパク質はDNA鎖全体を囲むような傾向がある．

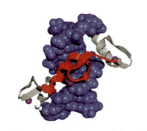

マウスの転写因子Zif268由来のジンクフィンガー．［構造（pdb 1AAY）はM. Elrod-Erickson, M. A. Rould, C. O. Paboによって決定された．］

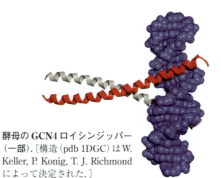

酵母のGCN4ロイシンジッパー（一部）．［構造（pdb 1DGC）はW. Keller, P. Konig, T. J. Richmondによって決定された．］

ラクトースがないときは，Z, Y, A遺伝子は発現しない．なぜなら *lac* リプレッサーがオペレーターに結合しているからである．リプレッサーは二量体が二量体化した形で機能する四量体であり，そのためにオペレーターDNAの二つの領域に同時に結合することができる（図21・11）．リプレッサーはRNAポリメラーゼの結合を阻害することはないが，RNAポリメラーゼがプロモーターから転写を開始するのを阻害する．

細胞がラクトースに出会うと，ラクトースの異性体であるアロラクトース（allolactose，これは細菌細胞にわずかながら存在するβ-ガラクトシダーゼによってラクトースから生成する）が *lac* オペロンのインデューサーとして働く．*lac* リプレッサーはこのインデューサーと結合すると，立体構造の変化をひき起こし，オペレーター配列との結合が弱くなり離れていく．こうしてプロモーターは転写できるように解放され，β-ガラクトシダーゼとガラクトシドパーミアーゼは通常2〜3分で1000

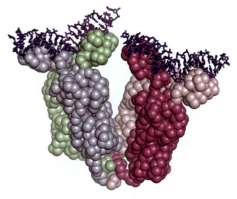

図21・11　**DNAに結合した *lac* リプレッサー**．このモデルでは，DNA断片を青，リプレッサーの単量体ユニットを淡緑色，淡青色，淡桃色，赤紫色（それぞれのアミノ酸が球）で示す．リプレッサーが結合する2箇所のオペレーター配列は，93 bpのDNA配列で離れていて，この部分はおそらくループを形成している．［構造（pdb 1LBG）はM. Lewis, G. Chang, N. C. Horton, M. A. Kercher, H. C. Pace, P. Luによって決定された．］

倍にも増える．この単純な調節系によって，代謝できる栄養源としてラクトースしかなくなったときだけ，ラクトースを代謝するうえで必要なタンパク質が合成される．

[構造式：アロラクトース]

21・2 RNAポリメラーゼ

重要概念
- 転写中，DNAの鎖がほどけ，RNAポリメラーゼはDNAの鋳型鎖と短いハイブリッドの鎖をつくるようなRNA分子を合成する．
- RNAポリメラーゼは転写産物を校正しつつ連続した反応が可能な（連続反応性）酵素である．
- 開始段階から伸長段階への移行には，そのC末端ドメインのリン酸化などRNAポリメラーゼの構造変化が関与する．
- 転写終結の機構は原核生物と真核生物とでは異なる．

細菌はRNAポリメラーゼを一種のみもつが，真核生物の細胞には3種類ある（さらに葉緑体とミトコンドリアにもある）．真核生物のRNAポリメラーゼIは多数のコピーが存在するrRNA遺伝子を転写する．RNAポリメラーゼIIIはおもにtRNAと他の小分子RNAを合成する．タンパク質をコードする遺伝子はRNAポリメラーゼIIによって転写される．本節ではこのポリメラーゼについておもに述べる．

RNAポリメラーゼIIの構造がコーンバーグ（Roger Kornberg）によって決定された（図21・12）．この酵素は分子質量500 kDaを超え，DNAポリメラーゼと似た，指，親指，手のひらの各ドメインをもつ（図20・11参照）．真核生物のRNAポリメラーゼが非常に保存された配列をもつことは，ほとんど同じ立体構造をしているということを意味する．RNAポリメラーゼの中核となる構造とその触媒機構は，真核生物と原核生物とで非常に類似している．違いはおもに，転写因子や他の制御タンパク質と相互作用する酵素の表面に存在する．

RNAポリメラーゼの活性部位は，二つの大きなサブユニットの間で，正の電荷をもった割れ目の一番奥に位置している．転写されるDNA部分が，RNAポリメラーゼの活性部位に入り，DNAの2本の鎖が引きはがされて，12～14ヌクレオチドほどの長さの転写バブルが形成される．非鋳型鎖の位置ははっきりとしないが，鋳型鎖はポリメラーゼをすり抜けるように動き，タンパク質の壁に突き当たって突然に直角に曲がる．このとき，鋳型の塩基は，標準的なB形DNAとは逆を向き，活性部位の割れ目の底へと向く．この配置をとることでデオキシリボヌクレオチド残基が，入ってくるリボヌクレオシド三リン酸と塩基対を形成することができる．リボヌクレオシド三リン酸は底のチャネルを通過して活性部位に入ってくる（図21・13）．

ここで，入ってくるヌクレオチドのうち正しく塩基対を組めるのは25%の確率しかないことに気づいてほしい（ATP, CTP, GTP, UTPの四つのリボヌクレオチドがある）．正しいヌクレオチドが鋳型の塩基と水素結合を形成すると，タンパク質のループがそれにかぶさってきて，活性部位の残基がその位置に寄ってくる．正しく対を組めるヌクレオチドのみが伸長中の鎖に付加されるので，この機構こそが転写の正確さを上げていると考えられている．

負の電荷をもった側鎖によって配位された二つの金属イオンMg^{2+}が触媒作用に必要である．DNAポリメラーゼのように，RNAポリメラーゼは伸長中のポリヌクレオチド鎖の3′ OH基が，入ってくるヌクレオチドの5′リン酸基を求核攻撃するのを触媒する（図20・9参照）．したがって，RNA分子は5′→3′方向に伸長する．プライマーは不要で，RNA鎖の伸長は二つのリボヌクレオチドの結合から始まる．RNA鎖が合成されるにつれ，RNAは8～9塩基対にわたって，DNA鎖とハイブリッド二本鎖を形成する．このハイブリッド分子の構造としては，A形（二本鎖のRNA）とB形（二本鎖のDNA）

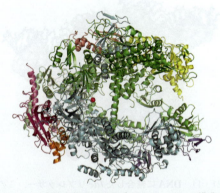

図 21・12 真核生物のRNAポリメラーゼIIの構造．このモデルは酵母の酵素を構成する12のサブユニットのうち10サブユニットを示す（二つのサブユニットは転写には必須でないので，示していない）．サブユニットごとに色を変えて示してある．赤紫の球は活性部位にあるMg^{2+}を示す．［構造（pdb 1I50）はP. Cramer, D. A. Bushnell, R. D. Kornbergによって決定された．］

の中間型をとる.

A形DNA

DNA-RNAハイブリッド

B形DNA

RNAポリメラーゼは連続反応が可能な酵素である

転写中は，RNAポリメラーゼ中のクランプとよばれる部分（図21・13でオレンジの構造）が約30°回転して，DNA鋳型の上にちょうどおさまるように閉じる．クランプが閉じることがRNAポリメラーゼの高い連続反応性（processivity，プロセッシビティーともいう，訳注：この場合DNAから解離することなくヌクレオチドの重合反応を繰返して行える能力）を促進していると思われる．RNAポリメラーゼを固定し磁石ビーズをつけたDNAを用いてビーズの回転を観察した実験では，RNAポリメラーゼからDNAが外れるまで，180回ほど（1回転当たり10.4塩基対の勘定で数千塩基対にも相当する）回転するのが観察されている．通常遺伝子は数千，ときには百万といった長さのものであり，大きい遺伝子になると転写に数時間かかるようなものもあるので，この連続反応性は不可欠である．

反応1サイクルごとに，活性部位近くにあるヘリックス（図21・12，図21・13aの長い緑の"橋"のように見えるヘリックス）は，まっすぐな構造と曲がった構造との間を行き来するようである．このように，交互の状態を行き来することは，伸長中のRNA鎖に次のヌクレオチドが付加できるように鋳型が移動することを助けるような爪車（ラチェット，訳注：動作方向を一方に制限するために用いられる機構）として機能していると考えられている．転写の間，転写バブルの長さとDNA-RNAハイブリッドらせんの長さは一定である．"舵"とよばれるタンパク質のループ（図21・13b参照）がRNAとDNA鎖の分離を助け，一本鎖のRNAが酵素から押し出され，鋳型と非鋳型DNA鎖が再会合して二本鎖DNAの状態に戻る．

DNAポリメラーゼのようにRNAポリメラーゼも校正（proofreading）を行う．もしデオキシリボヌクレオチド，または塩基対を組めないリボヌクレオチドがまちがって取込まれた際には，DNA-RNAハイブリッド鎖にゆがみを生じる．するとこのことが重合反応を止め，

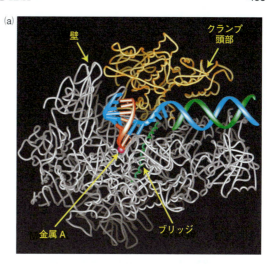

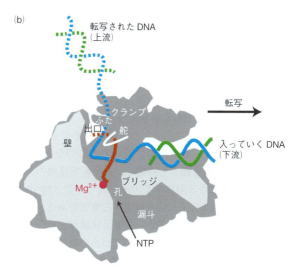

図21・13 DNA，RNAと結合したRNAポリメラーゼ．(a) DNA（コード鎖が緑，鋳型鎖が青）およびRNA（赤）を結合した状態のRNAポリメラーゼのX線結晶構造（灰色，オレンジ部分）．タンパク質の一部分は取除いて，活性中心部分が見やすくしてある．(b) 断面図．DNAは右側から酵素内へと入る．赤紫の球は触媒活性に必須なMg^{2+}一つの位置を示している．新たに合成されたRNAは，酵素の外へと出ていく前に，鋳型鎖と短いハイブリッド鎖を形成している．2本のDNA鎖は重合に先立って解離し，RNAの出口の少し先で再会合する．[Roger Kornberg提供. *Science* **292**, 1876, 1844 (2001) による．]

新しく合成されたRNAは活性部位から，リボヌクレオチドが入っていくチャネルの方に後退させる（図21・14）．転写因子TFIISはRNAポリメラーゼと結合し，まちがいを含むRNAを切り落とすエンドヌクレアーゼとして働かせる．すると後ろが削られた転写産物の3′末端があらためて活性部位の位置に戻ると，転写が再開する．

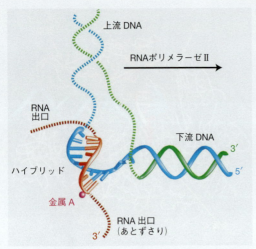

図 21・14　RNA ポリメラーゼ内であとずさりする RNA の模式図．重合のまちがいによって重合が停止したら，転写産物 RNA の 3′ 末端はヌクレオチドが入ってくるチャネルの孔の方へ後退する．酵素が 3′ 末端を切り落とし，転写を再開する．[Roger Kornberg 提供．*Science* **292**, 1879 (2001) による．]

転写伸長のために RNA ポリメラーゼの構造変化が必要である

　RNA ポリメラーゼの作用についての謎のひとつに，酵素が RNA 合成を繰返し開始し，長い転写産物の伸長を続けるようになる前に多くの短い転写産物（約 12 ヌクレオチド長以下）をつくり放出する事実がある．このことは転写装置が開始状態から，伸長状態へと変化する必要があることを示している．いくつかの構造変化がこの時点で起こる必要がある．最初の 2～3 ヌクレオチドを重合しても，転写装置は堅固にプロモーターと結合したままである．結果として鋳型 DNA が RNA ポリメラーゼ分子の活性部位へと入り，転写後は他に行き場がない状態となる．原核生物では，"DNA かみ砕き（DNA scrunching）"とよばれる張力がうまれ，ポリメラーゼ

がついにプロモーターから離れて，σ 因子を放出するための駆動力となる．真核生物では TFIIB が RNA ポリメラーゼの活性部位の一部に入り込んでおり，2～3 ヌクレオチドより長い RNA をおさめるには出ていかねばならない．さらに，RNA の出口チャネルは最初は部分的にブロックされている．伸長のための構造へと移行することによって，こうした障壁が除かれ，ポリメラーゼがプロモーターを越えて進んでいくことが可能となる．
　真核生物では RNA ポリメラーゼの一番大きなサブユニットの C 末端のドメイン（構造は決まっていないため図 21・12，図 21・13 に示すモデルでは見えない）が RNA ポリメラーゼの移行に働くらしい．哺乳類の RNA ポリメラーゼの C 末端のドメインは 7 残基の共通アミノ酸配列（類似含めて）の 52 回繰返し配列を含む．その共通配列とは，

$$\text{Tyr-Ser-Pro-Thr-Ser-Pro-Ser} \\ \ \ 1\ \ \ \ 2\ \ \ \ 3\ \ \ \ 4\ \ \ \ 5\ \ \ \ 6\ \ \ \ 7$$

であり，7 アミノ酸残基のうち，2 番目と 5 番目（そしておそらく 7 番目も）のセリン残基がリン酸化を受ける可能性がある．転写の開始段階では RNA ポリメラーゼの C 末端ドメインはリン酸化されていないが，伸長反応中の RNA ポリメラーゼは多くのリン酸化を受けている．TFIIH のキナーゼ活性によって起こるセリン 5 のリン酸化は開始状態から伸長状態の RNA ポリメラーゼへの変換を促す．他のキナーゼがそれに続き，おもにセリン 2 をリン酸化する過程に関与する．
　RNA ポリメラーゼはその C 末端ドメインがリン酸化されると，もうメディエーター複合体とは結合できなくなる．これをきっかけにポリメラーゼは転写開始因子を解離させ，鋳型 DNA の上を進むことになる．実際には，RNA ポリメラーゼがプロモーター領域を通過していって，TFIID を含むいくつかの基本転写因子をその場に残す（図 21・15）．残ったタンパク質はメディエーター

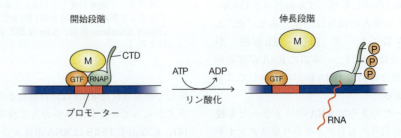

図 21・15　転写の開始段階から伸長段階への移行．開始段階では RNA ポリメラーゼ（RNAP）の C 末端ドメイン（CTD）はリン酸化されておらず，メディエーター複合体（M）の結合部位となっている．その C 末端ドメインがリン酸化を受けると，RNA ポリメラーゼはメディエーター複合体を解離し，基本転写因子（GTF）をプロモーターに残した伸長状態へと転換する．伸長段階では他のタンパク質がリン酸化された CTD と結合する可能性がある．

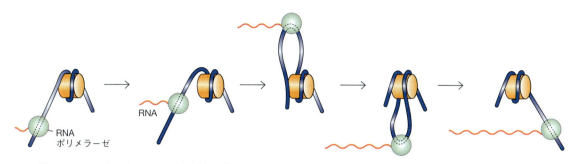

図 21・16 ヌクレオソームの中で進む転写. このモデルでは RNA ポリメラーゼが DNA 分子 (青) 上を進み, RNA (赤) を合成しているところを表している. DNA はループを外に突き出すことで, ヒストンの八量体 (オレンジ) から完全に離れることはない. [G. Orphanides and D. Reinberg, *Nature* **407**, 472 (2000) による.]

と協力して, プロモーターに別の RNA ポリメラーゼを動員して次の転写を始めることができる. こうして, 特定の遺伝子を最初に転写した RNA ポリメラーゼは "先導的" ポリメラーゼとなり, 次回以降の転写のための道筋をつくる. 最初の RNA ポリメラーゼと結合したヒストンアセチルトランスフェラーゼは, 転写中の遺伝子のヌクレオソームを変化させる可能性がある. しかし, ヒストン八量体は転写中の DNA から完全に外れることはない (図 21・16).

転写の伸長中, RNA ポリメラーゼⅡのリン酸化された C 末端ドメインに, それまでの転写開始因子の代わりにほかのタンパク質が結合する. in vitro では RNA ポリメラーゼだけで DNA 配列を転写できるが, こうした因子を加えると転写が増進する. おもしろいことに, 転写開始に関係した基本転写因子である TFⅡF と TFⅡH は, 伸長中も RNA ポリメラーゼと結合したままである. 伸長過程にある RNA ポリメラーゼのリン酸化ドメインは, 合成途中 (新生) の RNA 転写産物のプロセシングを開始するタンパク質をつなぎ止める場所ともなっている. こうした酵素がそれぞれの役割を終えて初めて転写が終わる.

転写の終結にはいくつかの形がある

原核生物, 真核生物どちらの場合でも, 転写終結の場

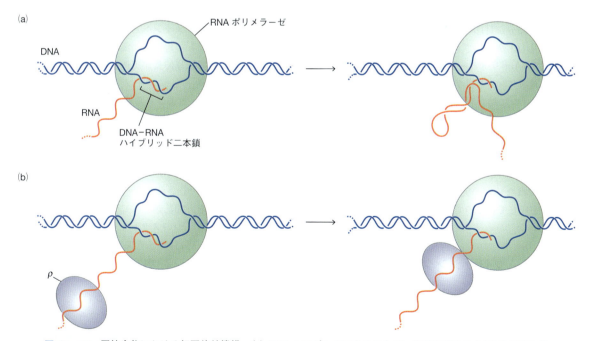

図 21・17 原核生物における転写終結機構. (a) RNA ヘアピンができることで, 容易に離れる A:U 対に富んだ DNA−RNA ハイブリッドのらせんが短くなる. (b) ρ 因子が RNA 転写産物の上を移動し, ポリメラーゼを前に押し, その結果, RNA が容易に離れていけるような短いハイブリッド二本鎖が残る.

面では，RNA 合成の終了，完成した RNA 転写産物の放出，鋳型 DNA からのポリメラーゼの解離が起こる．大腸菌のような原核生物では，2 種ある機構のいずれかの形で終結することが多い．大腸菌の遺伝子のうちおよそ半分は，3′ 末端側に回文配列とそれに続く連続した T 配列をもっている．この遺伝子からの RNA はステム-ループ，あるいはヘアピン構造，それに続く連続した U からなる配列をもつ．残り半分の大腸菌遺伝子にはヘアピン構造はなく，その終結は ρ 因子のようなタンパク質の作用に依存する．ρ 因子は六量体のヘリカーゼであり，DNA から合成途中の RNA をこじ開けるように放出させ，鋳型からポリメラーゼを押し出す．いずれの型の終結であっても，伸長中の転写バブルの中で形成される DNA–RNA ハイブリッドを不安定化するという共通点がある．ヘアピンの形成，あるいは ρ 因子の ATP に依存した作用によって，RNA ポリメラーゼに RNA 伸長をさせることなしに前進させ，転写バブルが伸びる先を広げる（図 21・17）．ハイブリッド部分はこうして短くなり，さらに，弱い U：A 対からなるので，容易に分断されて，RNA 転写産物が放出される．

　真核生物のタンパク質をコードする遺伝子では，終結は不正確に起こる過程のようにみえる．DNA 配列上もはっきりとしたシグナルもなく，RNA ポリメラーゼは伸長中に周期的に小休止をするようで，こうしたことが転写終結につながるのかもしれない．小休止部位の前にポリアデニル化シグナルがあって，その連続したヌクレオチド配列部分が目印となり，伸長中の mRNA が切断され，ポリ（A）が付加される（以下参照）．小休止している間に RNA ポリメラーゼは構造変化を起こし，それによって調節タンパク質がリン酸化したポリメラーゼの C 末端ドメインに結合し，伸長の終結をひき起こす．あるいは，mRNA が切断されて，エキソヌクレアーゼが合成中の RNA の尾部を端から"かじって"いき，ポリメラーゼに追いつき，その転写の継続を止めている可能性もある．いずれのシナリオであっても，終結の箇所は正確なものではないが，実際に情報をコードする mRNA の部分は完成しているので，さして重要なことではない．

21・3　RNA プロセシング

重要概念

• 真核生物 mRNA には転写中に 5′ キャップ構造，3′ ポリ（A）尾部が付加される．
• RNA を含んでいるスプライソソームがイントロンを除き，エキソンをつなぎ，一つの遺伝子から異なるタンパク質産出させる．

• RNA 干渉などの mRNA 分解が転写後の遺伝子発現を調節している．
• rRNA や tRNA の転写産物は，修飾を受けて機能分子となる．

　原核細胞では，合成直後から mRNA 転写産物の多くが翻訳を受ける．それに対して，真核細胞では，核内（DNA が存在する）で転写が起こり，翻訳は細胞質（リボソームが存在する）で起こる．二つの過程が分断されていることで，真核生物には次の二つの有利な点がある．1) mRNA を修飾することで，多種類の遺伝子産物を産出できる，2) RNA プロセシング，輸送という段階が加わることで，遺伝子発現に制御がかかわる機会が増える．

　本節では，RNA プロセシングのいくつかおもなものを述べる．RNA は細胞の中で単独でいることはなく，転写産物の化学修飾，不要な配列の除去，RNA の核外輸送，mRNA のリボソームへの輸送，細胞にとって不要となった RNA の分解などにかかわるといった，非常に多様なタンパク質と相互作用していることに注目しよう．

真核生物 mRNA は
5′ キャップ構造，3′ ポリ（A）尾部をもつ

　mRNA プロセシングは，転写が完結するのを待たず，転写産物が RNA ポリメラーゼによって合成され始めるのと同時に始まる．mRNA の 5′ 末端にキャップ構造をつける酵素，3′ 末端を伸長させる酵素，スプライシングに関係する酵素など種々の酵素が，RNA ポリメラーゼのリン酸化されたドメインへと動員され，プロセシングが転写と密に連動して起こる．実際，プロセシング酵素が存在することで転写伸長が促進されることもある．

　ポリヌクレオチドを 5′ エキソヌクレアーゼからまもるキャップ（cap）とよばれる構造をつくるうえで，合成開始直後の mRNA の 5′ 末端を修飾する 3 種類の酵素活性が存在する．一つはトリホスファターゼで，mRNA の 5′ の三リン酸から一番端のリン酸基を除くものである．二つ目はグアニリルトランスフェラーゼで，GTP から GMP 単位を，用意された 5′-二リン酸に転移させる．この二つの反応を，哺乳類では二つの機能をもった一つの酵素が触媒し，二つのヌクレオチド間に 5′-5′ 三リン酸結合をつくる．三つ目がメチルトランスフェラーゼで，グアニンとリボースの 2′ OH にメチル基を付加する（図 21・18）．

　mRNA の 3′ 末端もやはり修飾を受ける．RNA 配列 AAUAAA 部分が合成されるとそのプロセシングが始まる．この配列をシグナルとして認識して，あるタンパク質複合体が転写産物を切断し，これにアデノシン残基を付加して RNA 鎖を伸長させる．RNA 切断反応は RNA

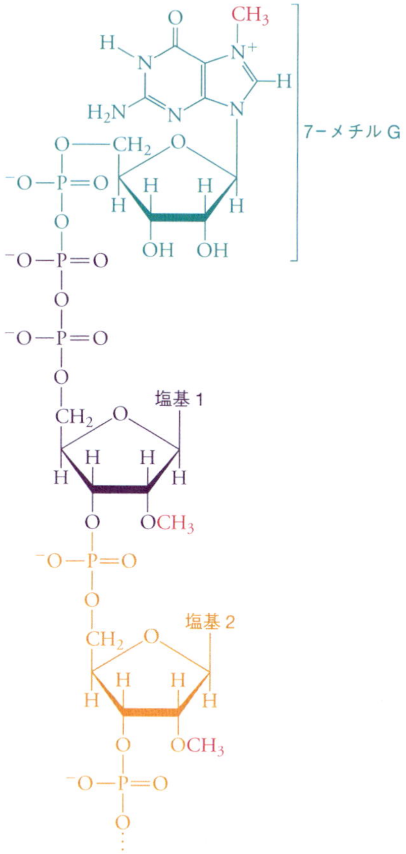

図 21・18 mRNA の 5′ 末端のキャップ構造

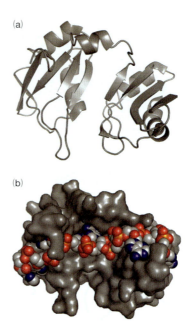

図 21・19 ポリ(A)配列に結合するポリ(A)結合タンパク質．(a) ヒト由来のポリ(A)結合タンパク質内にある二つの RNA 結合ドメインをリボンで示す．(b) ポリ(A)結合タンパク質がポリ(A)9 残基と結合しているところの表面表示．元素ごとに異なる色で示す．C は灰色，O は赤，N は青，P はオレンジ．[構造(pdb 1CVJ) は R. C. Deo, J. B. Bonanno, N. Sonenberg, S. K. Burley によって決定された．]

ポリメラーゼがまだ働いている間に始まり，転写を終結させる．

ポリ(A)ポリメラーゼは，およそ 200 残基長の 3′ ポリ(A)尾部〔poly(A)tail，ポリアデニル酸尾部ともよばれる〕を生み出す．この酵素の構造と触媒機構は他のポリメラーゼと類似している．ただしこの酵素はヌクレオチドを付加する過程で鋳型を必要としない．

複数の結合タンパク質が尾部と会合する．ポリ(A)結合タンパク質は RNA 結合ドメイン〔その RNA 認識モチーフは RBD (RNA binding domain) または RRM (RNA recognition motif) とよばれる〕を四つもち，さらにタンパク質-タンパク質相互作用をとりもつ C 末端ドメインをもつ．ポリ(A)結合タンパク質の一部が RNA と結合する様子を図 21・19 に示す．約 80 アミノ酸からなるそれぞれのドメインが RNA の 2〜6 ヌクレオチドと結合する．こうして，mRNA のポリ(A)尾部には結合タンパク質が連なり，転写産物の 3′ 末端をエキソヌクレアーゼの攻撃を受けないようにする．さらにポリ(A)尾部は mRNA をリボソームへ運ぶタンパク質にとって，

"持ち手"のような役割を果たす．ほかにもいくつかのタイプのヌクレオチド結合ドメインをもった RNA 結合タンパク質があり，RNA プロセシングや他の過程にかかわっている．

真核生物遺伝子のイントロンを除くスプライシング

遺伝子は連続した DNA の配列からなっていると信じられてきた．しかしロバーツとシャープが行った DNA と mRNA 分子のハイブリッド実験は，相手となる RNA 配列がない DNA 領域の大きなループの存在を示した (図 21・20)．遺伝子が転写され，**イントロン**とよばれる配列部分（介在配列）は切り出され，残った部分（発現配列，**エキソン**）がつながれる．こうした**スプライシング**(splicing) 反応は，遺伝子が連続した形で存在する原核生物では起こらず，複雑な真核生物で起こる反応である．酵母のような単純な生物ではイントロンを含むものは少数派であるのに対し，ヒトではほとんどすべての遺伝子が少なくとも一つのイントロンを含んでいる．

キャップ構造の形成同様，スプライシングは RNA ポリメラーゼが一つの遺伝子の転写を終える前から始まる．スプライシングの機構にかかわるいくつかの因子は

490　第Ⅳ部　遺伝情報

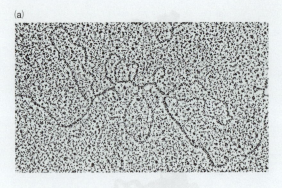

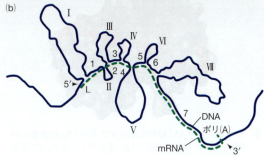

図 21・20　オボアルブミンの DNA と mRNA の間のハイブリッド形成の様子．ニワトリのオボアルブミン遺伝子の鋳型鎖と mRNA の間でハイブリッド形成させた．mRNA と相補的な配列はエキソンを表すものでアニールしているが，イントロンをコードする一本鎖の DNA 部分は mRNA からはじき出されてループを形成する．(a) 電子顕微鏡写真．(b) 解釈の図．mRNA は破線で，一本鎖 DNA 部分（青線）のイントロンを I〜Ⅶ，エキソン部分は 1〜7 と表示した．〔Pierre Chambon, Fabienne Perrin 提供．〕

RNA ポリメラーゼのリン酸化された C 末端ドメインに集まってくる．多くの mRNA のスプライシングは，**スプライソーム**（spliceosome）とよばれる五つの小さい RNA 分子〔**snRNA** とよぶ，small nuclear RNA（**核内低分子 RNA**）の略〕とそれに結合する何百ものタンパク質からなる複合体によって行われる．このスプライソームが 5′ 末端側のエキソンとイントロン境界にある保存配列とイントロン内に保存された分枝点（branch point）とよばれる箇所にある A 残基を認識する（図 21・21）．これらが認識されるには保存された mRNA 配列と snRNA 配列との間の塩基対形成が必要である．とはいえ，配列の保存性はさほど大きくなく，イントロンも長さ 100 ヌクレオチドにみたないものから，最大 240 万ヌクレオチドに至るものまで，平均で約 3400 ヌクレオチドの長さをもつ．このような理由で，ゲノム配列情報のみからイントロン，エキソン領域を判定するのはむずかしい．

　スプライシングは 2 段階からなるエステル交換反応である（図 21・22）．それぞれの段階に一つの求核基（リボースのヒドロキシ基 OH）と一つの脱離基（リン酸基）が必要である．触媒に不可欠な Mg^{2+} はヒドロキシ基の求核性を高め，脱離基であるリン酸基を安定化する．ホスホジエステル結合の数には前後で変化はないので，スプライシング反応には外からの自由エネルギー供給は必要ない．

　ある型のイントロン，特に原生動物の rRNA 遺伝子のものは**自己スプライシング**（self-splicing）を起こす．表現を変えると，タンパク質の助けなしで自らそのエステル交換反応を触媒することができる．こうした rRNA 分子は初めて 1982 年に報告された RNA 酵素（**リボザイム** ribozyme）である．こうした自己スプライシングをする活性をもつ RNA 分子の存在と，他にも snRNA がタンパク質なしでスプライシングを行えるという証拠も考えあわせると，スプライソームの触媒活性はタンパク質ではなく構成因子のうち snRNA の性質によると考えられる．イントロンとスプライシング機構そのものの起源は，自分自身で mRNA 分子へとつなぎあわせられる RNA 分子が，逆転写酵素の作用（ボックス 20・A）によって DNA に変換され，ゲノムに組込まれたものであるという仮説もある．

　典型的な遺伝子では遺伝子全長の 90% 以上がイントロンを構成していて，多くの RNA が転写され，そして捨てられていることになる．細胞はスプライソームを構成する RNA とタンパク質を合成するため，そしてイントロン RNA や不正確なスプライシングを受けた転写産物を分解するためにエネルギーを消費することになる．さらに，スプライシング過程の複雑さは，ものごとを悪いほうへと導く機会をつくった．さらに遺伝子疾患

図 21・21　真核生物 mRNA スプライシング部位の共通配列．太字のヌクレオチドは保存されている．

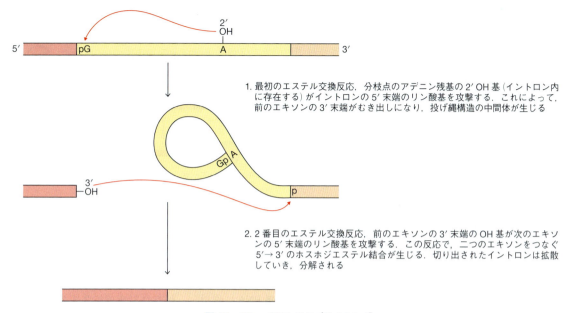

図 21・22　**mRNA のスプライシング**

に関係した多くの変異によって，スプライシング異常が起こることが明らかとなった．そうだとすると，遺伝子をイントロンで分断して，いくつかのエキソンで構成することに有利な点はあるのだろうか．

一つの答は選択的スプライシングによって細胞が遺伝子の多様な発現パターンをもつことができるということである．ヒトのタンパク質をコードする遺伝子のうち少なくとも 95％で多様なスプライシングを示す．5′ あるいは 3′ スプライシング部位となりうる配列箇所の使い分けをすることで多様性を生みだせる．特定のエキソン配列は，最終の RNA 転写産物に含まれたり，含まれなかったりする（図 21・23）．エキソンを選択するためのスプライシング部位を変えるのは，エキソンあるいはイントロン内にある配列あるいは二次構造を認識する RNA 結合タンパク質である．選択的スプライシングの結果，一つの遺伝子からでも複数種類のタンパク質産物が生み出せて，細胞のタイプごとの必要性に応じた遺伝子発現を細かく調整することができる．こうした制御の柔軟性は進化上有利であり，RNA 配列の切貼りを行う機構をつくる煩雑さをしのぐ．ヒトと線虫は同じほどの数の遺伝子から構成されるが，選択的スプライシングは，なぜヒトがずっと複雑なものとなっているかを説明する一つの機構である（表 3・4 参照）．

mRNA の新陳代謝と遺伝子発現を制限する RNA 干渉

mRNA は細胞内の RNA の約 5％を占めるにすぎない（rRNA が約 80％，tRNA が約 15％）が，絶え間なく合成

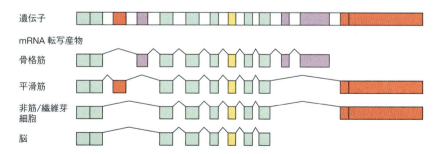

図 21・23　**選択的スプライシング**．12 エキソンからなるラットの筋肉タンパク質 α−トロポミオシン遺伝子．成熟した mRNA は，器官が異なると異なるエキソンを組合わせた選択的スプライシングを反映したものとなる（すべての転写産物に共通なエキソンもある）．［R. E. Breitbart, A. Andreadis, and B. Nadal-Ginard, *Annu. Rev. Biochem.* **56**, 481（1987）による．］

図 21・24 **mRNA の分解**. 完成した mRNA には 5′ 末端にキャップ構造, 3′ 末端にポリ(A) 尾部がある. 脱アデニル酵素が尾部を短くすると, 脱キャップ酵素が 5′ 末端のメチルグアノシンのキャップ構造を外す. ここまでくると mRNA はエキソヌクレアーゼの作用で両末端から分解されていく.

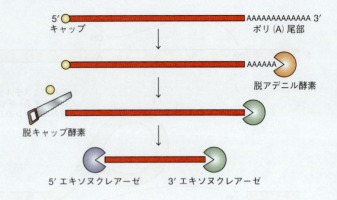

されるものもあれば, 分解されるものもある. mRNA 分子の寿命も, 遺伝子発現のなかで制御を受けている. mRNA 分子はそれぞれの速さで壊れていく. 哺乳類細胞では mRNA によってその寿命が 1 時間にみたないものから 24 時間ほどのものまである.

mRNA が新陳代謝される速さは, 脱アデニルエキソヌクレアーゼの活性によってポリ(A) 尾部が短くなる速さにある程度依存する. ポリ(A) 尾部が短くなると脱キャップ反応が起こり, それによってエキソヌクレアーゼが転写産物の 5′ 末端に作用し, その後 mRNA 全体が分解される (図 21・24). 生体内では翻訳にかかわるタンパク質が mRNA の両末端に結合し, RNA のキャップ構造とポリ(A) 尾部が近接し, 効率的に環状化している. RNA 結合調節タンパク質が常に RNA が正常なものかどうかを見張っている. たとえば, 終止コドンが正規の位置より前に現れるような転写産物は優先的に分解を受け, 機能を発揮できない短いポリペプチドを合成するような無駄なことを避けるようになっている.

特定の RNA を配列特異的に分解する **RNA 干渉**(RNA interference: **RNAi**) とよばれる現象は, 転写が起こったあとの遺伝子発現の調節にかかわる新たな機構である. RNA 干渉は最初, RNA の形で遺伝情報を過剰に導入して, 遺伝子の発現をさまざまな種の細胞で高めようとした研究者たちによって見いだされた. 彼らは, その RNA が特に二本鎖であると, 遺伝子の発現を高めるどころか, むしろ遺伝子産物の生産を抑えることを発見した. この干渉は, 遺伝子サイレンシング効果 (gene-silencing effect) とよばれ, 導入した RNA が細胞で相補的な配列をもった mRNA を標的として分解へと導く能力をもっているために起こる. 細胞自身が自ら合成する **低分子干渉 RNA** (small interfering RNA: **siRNA**) と **マイクロ RNA** (micro RNA: **miRNA**) として知られる RNA は, ヒトの細胞のみならず, 基本的にすべての真核生物の細胞において RNA 干渉を導く.

siRNA が絡む RNA 干渉は, 二本鎖 RNA の生成から始まる. この二本鎖 RNA としては, 1 本のポリヌクレオチド鎖が自身で折れ曲がり, ヘアピンを形成したものも含まれる. **Dicer** とよばれるヌクレアーゼが二本鎖 RNA に作用し, 双方の 3′ 末端に 2 ヌクレオチドの出っ張りを残す形で, 20〜25 ヌクレオチドの長さに切断する (図 21・25). こうしてできた siRNA は **RNA 誘導サイレンシング複合体** (RNA-induced silencing complex: **RISC**) とよばれるタンパク質複合体と結合し, その中で RNA の片側 ("パッセンジャー鎖" とよばれる) はもう 1 本の鎖とヘリカーゼの作用ではがされる, あるいはヌクレアーゼで分解される. 残った鎖 (ガイド鎖) は, RISC の案内役として相補的な mRNA 分子を見いだして結合する役割をもつ. RISC 中の Argonaute として知られるタンパク質の "スライサー" 活性によって, mRNA を分解し, 翻訳させない.

RNA スプライシング同様, RNA サイレンシングも一見無駄に思える現象であるが, そのままでは幾度も翻訳されるような mRNA を, 細胞から特異的に取除くための機構となっている. ウイルスの増殖過程で二本鎖 RNA が形成されることから, RNA 干渉は, 最初は抗ウイルス防御のしくみとして進化したと考えられている.

miRNA の系では, 一部塩基対形成できていない形のヘアピン型 RNA が Dicer と他の酵素によってプロセシングを受け二本鎖の miRNA となり, RISC と結合する. パッセンジャー鎖が放出され, 残った側の鎖が RISC を相補的な配列をもった標的 mRNA へと導く. siRNA の場合には特異的に完全に相補的な配列をもった mRNA だけを探し分解するのに対して, miRNA のほうはたかだか 6〜7 ヌクレオチド長の部分で塩基対形成するだけなので, 数百の標的 mRNA と結合することが可能である. とらえられた mRNA は翻訳には使われなくなり, あとは図 21・24 にあるような標準的な RNA 分解機構の餌食となる.

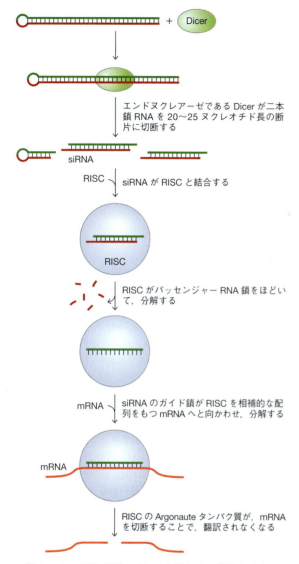

図 21・25 **RNA 干渉**. siRNA が関与する段階を示す. mRNA の活性を抑える miRNA 経路も類似している.

機能研究のために遺伝子をサイレンシングさせるという強力な実験上の技術としてだけでなく，RNA 干渉は病気治療技術としても用いられつつある．応用例を一つ紹介する．血管内皮増殖因子とよばれるタンパク質の発現を抑える siRNA が，網膜の背後にある毛細血管が過剰にできることで起こる加齢黄斑変性の一種を治療するために使われている．siRNA がウイルスの遺伝子発現を抑えて，ウイルス複製を阻止することができるかの臨床試験も現在進行中である．がんなど，遺伝子を抑制できれば抑えられる他の病気も，siRNA をがん細胞にのみ選択的に運ぶことができれば，RNAi 治療の対象となりうる．多くの場合，RNA を外から細胞内へと入れる

うえで核酸が膜を容易には通り抜けないこと，そしてウイルス防御のための自然免疫による RNA 分解の系を刺激することが障壁となる．

rRNA と tRNA のプロセシングでは ヌクレオチドの付加，除去，修飾が起こる

RNA ポリメラーゼ I で合成された真核生物の rRNA の前駆体転写産物が成熟した rRNA 分子となるためにはプロセシングを受けなければならない．rRNA のプロセシングとリボソームの構築は，核の中でも区切られた**核小体**（nucleolus）で起こる．合成された真核生物の rRNA の前駆体転写産物は切断を受け，そのあとエンドあるいはエキソヌクレアーゼの作用で末端が削られ 3 種の rRNA 分子となる（図 21・26）．rRNA は，それぞれその沈降係数（沈降係数は超遠心機にかけた際にどれだけ速く落ちていくかの目安で，大きな分子はより大きな沈降係数をもつ）に基づいて，18S, 5.8S, 28S rRNA とよばれる．

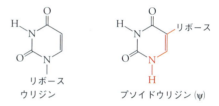

rRNA 転写産物のなかで，特定のウリジン残基がプソイドウリジン（左）への変換，特定の塩基，リボースの 2′OH がメチル化修飾を受ける．メチル化反応は，いくつもの**核小体低分子 RNA**（small nucleolar RNA: **snoRNA**）が，rRNA 配列の特定の 15 塩基配列と塩基対を形成し，それぞれの部位でメチル化酵素が作用する．配列特異的にリボースのメチル化を仲介する snoRNA がなかったら，細胞は修飾を加えるべきヌクレオチド配列それぞれを認識する多くの異なったメチル化酵素が必要となるであろう．

増殖が盛んな哺乳類細胞は毎分 7500 分子ほどの

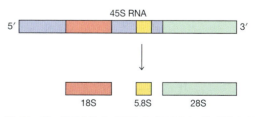

図 21・26 **真核生物の rRNA のプロセシング**．最初に転写されるのは約 13.7 kb で 45S の沈降係数をもつ転写産物である．これより小さい三つの rRNA 分子 (18S, 5.8S, 28S) がヌクレアーゼの作用で生じる．

ボックス 21・B　生化学ノート

RNA: 多様な機能をもった分子

どの細胞にも不可欠な RNA 酵素（リボザイム）が二つある．tRNA のプロセシングにかかわる RN アーゼ P と，タンパク質合成の際のペプチド結合形成を触媒するリボソーム RNA（rRNA）である．少なくとも天然には，（スプライシングにかかわるものなど）6 種の触媒 RNA が存在し，人工的につくられたものはさらに多く知られている．触媒 RNA が発見された当初は懐疑的にみられたが，その後の研究によって，RNA もタンパク質が触媒として機能するうえで必要な複雑な三次構造や反応性の高い官能基をもつ性質をもつことが示されてきた．

DNA は二本鎖状態をとるために構造が制約されるのとは異なり，一本鎖の RNA 分子は離れている領域との間でも塩基対を形成して，かなり込み入った形をとることができる．RNA は標準的な（ワトソン-クリック型）塩基対以外の形の塩基対を組んだり，3 塩基間でも水素結合で相互作用することができる．いくつかの例を下図に示す．R はリボース-リン酸の骨格を示す．塩基の重なりは三次構造を安定化し，タンパク質酵素がもつような堅さと柔軟さをともに発揮できる．折りたたまれた RNA 分子は基質と結合し，その配向を決定し，化学反応の遷移状態を安定化することもできる．

初めてその詳細が研究されたリボザイムは，自らの切断を触媒する RNA であった．しかし，それでは真の触媒とはいえない．というのは，その分子は複数回の反応サイクルにかかわらないからである．RN アーゼ P 中の RNA 分子は，真の触媒といえる．この酵素の RNA 分子は，基質である tRNA をタンパク質が切断するうえで配向を決めるだけであると思われたこともあったが，細菌の RN アーゼ P の RNA は，RN アーゼ P のタンパク質分子がなくてもその基質を切断することができる．*Thermotoga maritima* 由来の RN アーゼ P と生成物である tRNA（赤）の構造を右上に示す．347 ヌクレオチド長の RNA（金色）の数多くの塩基対からなるステムが，タンパク質酵素のように非常に

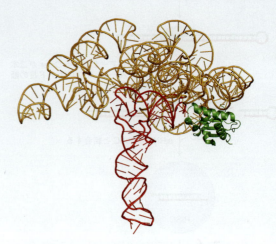

[構造 (pdb 3Q1Q) は N. J. Reiter, A. Osterman, A. Torres-Larios, K. K. Swinger, T. Pan, A. Mondragon によって決定された．]

コンパクトな構造を形成している．RN アーゼ P（117 アミノ酸残基からなる）の小さなタンパク質分子を緑で示す．真核生物の RN アーゼ P 酵素は同様の RNA 分子に加えて，機能が明らかとなっていない 9 ないし 10 のタンパク質サブユニットを含む．

RNA が触媒活性をもつということは生物誕生時の "**RNA ワールド**（RNA world）" 仮説を支持するものである．当時 RNA は（現在の DNA のように）生物学的情報を維持すると同時に（現在のタンパク質のように）触媒として機能したとする説である．in vitro での合成 RNA を用いた実験で，RNA が生物学的意義のあるグリコシド結合（たとえばヌクレオシドで塩基とリボースの間の結合）や RNA を鋳型とした RNA 合成など実に多くの種類の化学反応を触媒することが示されている．おそらく初期の RNA ワールドで生まれた大半のリボザイムはのちに出てきたタンパク質にとって代わられ，現在では RNA 触媒のほんのわずかの例が残っているにすぎないのであろう．

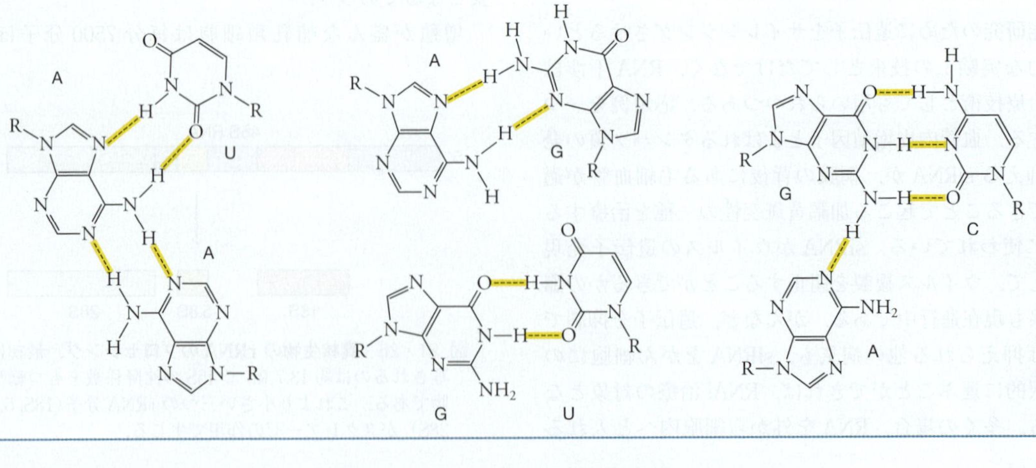

21. 転写と RNA 495

rRNA 転写産物を合成する．それぞれが約 150 種ほどの snoRNA と結合してプロセシングを受けて，rRNA が完成する．できた rRNA は約 80 種のリボソームタンパク質と結合し，リボソームが完成する．この過程には RNA 合成とリボソームタンパク質合成の間で厳密な釣合をとる必要がある．

tRNA 分子は，真核生物では RNA ポリメラーゼⅢによって合成され，切断によるプロセシング，化学修飾を経て完成する．tRNA 転写産物は最初，リボヌクレアーゼ P（RN アーゼ P，RNase P）によって端が削られる．RN アーゼ P はリボ核タンパク質酵素で，しかもその活性はその RNA 成分側に備わっている（ボックス 21・B）．

いくつかの tRNA 転写産物はイントロン部分を取除くスプライシングを受ける．原核生物では tRNA の 3′ 末端は CCA 配列で終わり，これがタンパク質合成の際にアミノ酸が結合する場所となる．真核生物では，ヌクレオチジルトランスフェラーゼの作用によって，成熟過程の途中の分子の 3′ 末端にこの 3 ヌクレオチドが付加される．

tRNA 分子のおよそ 25% ほどのヌクレオチドが化学修飾を受ける．その変化の度合も，単純にメチル基の付加に始まり，塩基の複雑な再構成に至るまでさまざまである．100 近く知られているヌクレオチドの修飾のうち，いくつかの例を図 21・27 に示す．細胞が，DNA 分子から転写されたそのままの形の遺伝情報を，非常に変化に富み，より動的な RNA 分子へと変化させる例が他にも知られている．

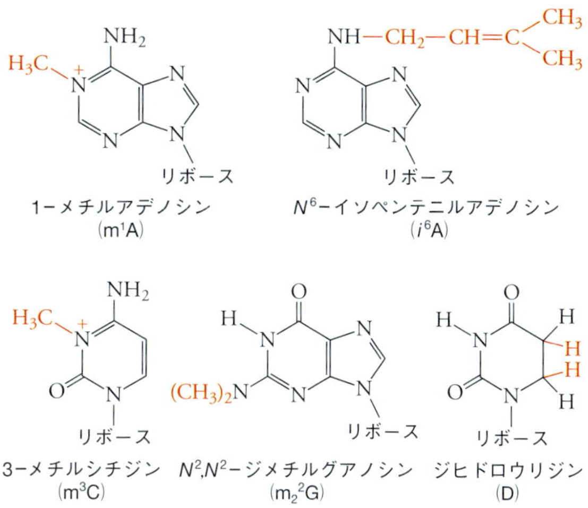

図 21・27　tRNA 分子中の修飾ヌクレオチドの種類． もとの塩基部分を黒，修飾部分を赤で示す．

まとめ

21・1 転写開始

- 転写はある DNA 領域を RNA へ変換する過程である．転写された RNA はタンパク質をコードする遺伝子の情報を反映するものと，あるいはタンパク質合成または RNA プロセシングなど他の活性にかかわるものがある．
- ヒストンの変化や，ヌクレオソームの配置が変わることで，DNA 配列が露出し，転写できるようになる．
- 転写はプロモーターとよばれる DNA 配列から始まる．原核生物の場合，σ 因子のような調節因子が転写される遺伝子を認識する．
- 真核生物では，基本転写因子一揃いが DNA のプロモーター領域と相互作用して，複合体を形成し，それが RNA ポリメラーゼを動員する．それによってクロマチン構造が変わることもある．
- DNA の調節配列は，結合タンパク質がメディエーター複合体を介して RNA ポリメラーゼと相互作用することで転写を調節する．
- 細菌の *lac* オペロンはリプレッサータンパク質による転写調節を示す非常によい例となっている．

21・2 RNA ポリメラーゼ

- 真核生物の RNA ポリメラーゼⅡがタンパク質をコードする遺伝子を転写する．プライマーを必要とせず，リボヌクレオチドを重合し，鋳型 DNA と短い二本鎖を形成するように RNA 鎖を合成する．
- ポリメラーゼは DNA 鋳型上を連続反応として進んでいくが，塩基対を形成しないようなまちがったヌクレオチドが取込まれた際はヌクレオチドを取除くために逆戻りする．
- 転写反応は，RNA ポリメラーゼⅡの C 末端ドメインのリン酸化が引金となって伸長段階へと移行する．
- 原核生物の転写が終結する際，DNA–RNA ヘテロ二本鎖の不安定化が起こる．真核生物の転写終結には，ポリメラーゼの小休止と RNA 切断が関係する．

21・3 RNA プロセシング

- mRNA 転写産物は，5′ キャップ形成，3′ ポリ（A）尾部の付加反応などのプロセシングを受ける．mRNA スプライシングはスプライソソームとよばれる RNA–タンパク質複合体によって行われる過程で，イントロンを切り出してエキソンをつなぐ．
- RNA 干渉は siRNA あるいは miRNA が塩基対を形成する相補的な mRNA を不活性化する現象である．
- rRNA と tRNA はヌクレアーゼと特定の塩基を修飾する酵素によってプロセシングを受ける．

496　　　第IV部　遺 伝 情 報

問　題

21・1　転写開始

1. ゲノムにはタンパク質をコードする遺伝子と比較して，rRNA遺伝子が数多く含まれるのはなぜか.

2. 細菌細胞が，関連した機能をもつ遺伝子がオペロンを構築しているのはなぜ有利なのか. 真核生物では，同じことを果たすためにどのようにしているか.

3. タンパク質とDNAは，イオン対など強い静電相互作用に加えて，水素結合やファンデルワールス力など比較的弱い力で相互作用している. 配列特異的なDNA結合タンパク質，配列には依存しないDNA結合タンパク質についてそれぞれどちらの相互作用の寄与が大きいだろうか.

4. ある遺伝子の発現を促進するタンパク質は，配列特異的に結合し，DNAに構造の変化をひき起こす. DNAと相互作用する際の，この2段階はそれぞれにどのような意味があるか.

5. 大腸菌 rrnA1 遺伝子のプロモーターのセンス鎖（コード鎖）を次に示す. 転写の開始部位が +1 である. この遺伝子の −35 と −10 の領域はどこか示せ.

$$^{+1}$$

AAAATAAATGCTTGACTCTGTAGCGGGAAGGCGTATTATCCAACACCC

6. プロモーターの −35 領域あるいは −10 領域にある一つの塩基に突然変異があった際の影響を予想せよ.

7. Sp1はある配列に特異的なヒトのDNA結合タンパク質で，GCボックスという名のついた配列GGGCGGをもったプロモーターDNA領域に結合する. Sp1がGCボックスと結合するとRNAポリメラーゼIIの活性が50〜100倍上がる. Sp1を精製するうえでどのようなアフィニティークロマトグラフィー（§4・5参照）を用いればよいか.

8. 真核生物由来のRNAポリメラーゼIで転写されるそれぞれの遺伝子のプロモーターの配列にほとんど違いがない. しかしRNAポリメラーゼIIで転写される遺伝子のプロモーターは，ずっと違いが多い. なぜか.

9. 真核生物のプロモーターには，転写開始部位の直前にATに富む配列がある. なぜこうした配列はG:C対ではなく，A:T対から構成されるのだろうか.

10. 次に示すマウスのβグロビン遺伝子の配列中で，真核生物のプロモーター因子と思われるものを示せ. 転写の最初のヌクレオチドを +1 と示してある.

$$^{+1}$$

GAGCATATAAGGTGAGGTAGGATCAGTTGCTCCTCACATTT

11. 特定の型のヒストンメチルトランスフェラーゼ（HMT）は，ヒストン（通常H3またはH4）上の決まったリシン，あるいはアルギニンのメチル化を触媒する. メチル化リシンとメチル化アルギニン残基の構造を書け.

12. ヒストンメチル化でできたメチル化アルギニンから，逆反応で H_2O を消費する反応によってシトルリンができる. こうしてできるアミノ酸残基を書け. この反応によってできるもう一つの産物は何か.

13. EZH2は，さまざまながんで活性が上がることが示され

ているヒストンリシンメチルトランスフェラーゼである. この活性上昇がヒストン3の4番と27番のリシンにどのような影響を与えるか. このヒストンが結合している遺伝子の転写にどのような影響を与えるか.

14. ヒトの3種のTAF（TBPと相互作用している因子）に，ヒストンのH2B, H3, そしてH4で見いだされるドメインと相同なタンパク質ドメインが見いだされている. この発見はそう驚くことでないのはなぜか.

15. T7バクテリオファージのRNAポリメラーゼは特異的なプロモーター配列を認識し，DNAをほぐす形で転写バブルを形成する. T7 RNAポリメラーゼの場合，転写を開始するうえでほかの転写因子を必要としない.

　（a）ポリメラーゼとプロモーター配列をもったDNA断片との相互作用の強さを知るために，解離定数 K_d を測定した. ある実験で，転写バブルの形成をまねるように，DNAに1塩基，あるいは4塩基，8塩基のミスマッチを導入しバルジを含む形にした. その結果を表に示す. どのDNA断片にポリメラーゼが一番強く結合しているか. これをDNAの構造から説明せよ.

DNAプロモーター断片	K_d (nM)
完全な塩基対	315
1塩基バルジ	0.52
4塩基バルジ	0.0025
8塩基バルジ	0.0013

　（b）T7 RNAポリメラーゼがDNAに結合するときの自由エネルギー変化を計算する際，（a）でのデータをどのように使えるか.（解離定数は，結合定数の逆数であることを思い出そう.）

　（c）T7 RNAポリメラーゼが二本鎖DNAと，8塩基のバルジをもったDNAにそれぞれ結合する際の自由エネルギー変化 ΔG を比較せよ.

　（d）転写のためにDNAをほぐすことについて熱力学としてこの結果は何を表しているだろうか. 8塩基対に相当する転写バブルを形成するうえで必要な自由エネルギーはおおよそどのくらいか.

　（e）転写開始の際に転写バブルが形成され始める配列としては，次のDNA配列のどちらが可能性が高いか. 理由も述べよ.

```
CTATA        GGGAG
GATAT        CCCTC
```

16. 細菌では，RNAポリメラーゼの中心部分とDNAの結合は 5×10^{-12} M の解離定数をもつ. 複合体中のポリメラーゼと σ 因子との解離定数は 10^{-7} M である. 転写開始の段階について，この値を参考にしながら説明せよ.

17. lac オペロンから発現する遺伝子の一つに lacY 遺伝子がある. この遺伝子はガラクトシドパーミアーゼといって，ラ

21. 転写と RNA

クトースを細胞へと取込む働きをする．この遺伝子の発現が
オペロンの発現を助けるのはなぜか．

18. *lac* オペロンの遺伝子は，*lac* リプレッサーがオペレー
ターに結合しているときには発現しない．しかし，*lac* リ
プレッサーがなくなるだけでは遺伝子の発現には至らない．
CAP（代謝産物活性化タンパク質 catabolite activator pro-
tein）とよばれるタンパク質も RNA ポリメラーゼを助けて
転写を促すうえで必要である．CAP はそのリガンドである
cAMP と結合しているときのみ，オペロンと結合できる．大
腸菌でグルコースが存在する際には，cAMP の細胞内濃度が
下がる．次のような状況におかれた際の *lac* オペロンの活性
を述べよ．

　(a) ラクトース，グルコースともに存在する．
　(b) グルコースが存在し，ラクトースは存在しない．
　(c) グルコース，ラクトースともに存在しない．
　(d) ラクトースが存在し，グルコースは存在しない．

19. 研究者たちは，*lac* オペロンのさまざまな領域に変異を
もった細菌を単離してきた．もし，オペレーターに変異が起
こってリプレッサーが結合できないようになったら，遺伝子
発現はどうなるか．この変異体の培地にラクトースが添加さ
れたら何が起こるか．

20. ある細菌株は，オペレーターとは結合するが，ラクトー
スには結合できない変異 *lac* リプレッサータンパク質を発現
する．この変異体で遺伝子発現への影響はどのようなもの
か．この変異体の培地にラクトースが添加されたら何が起こ
るか．

21. フェニル-β-D-ガラクトース（フェニル-Gal）とい
う化合物は，リプレッサーとは結合することができないので，
lac オペロンの誘導物質ではない．しかし，この物質はβ-
ガラクトシダーゼの基質となり，切断されてフェノールとガ
ラクトースになる．フェニル-Gal を培地に加えたとき，野
生型細菌と *lacI* 遺伝子に変異が入った細菌とをどのように
区別できるか．

22. 細菌の細胞で，トリプトファン生合成系の酵素をコー
ドする遺伝子は次に示すようなオペロンを構成している．他
にトリプトファンを結合するリプレッサータンパク質の遺伝
子がある．どのようにしてリプレッサータンパク質は，トリ
プトファンオペロン上の複数の遺伝子の発現を調節するの
か．

P	trpL	trpE	trpD	trpC	trpB	trpA

21・2　RNA ポリメラーゼ

23. RNA 合成は DNA 合成より正確さでずっと劣る．どう
してこのことによって細胞に害がないのか．

24. 放射能をもったγ-[^{32}P]GTP を，転写を行っている細
菌の培養液に加えた．結果としてできる RNA は標識される
か．そうであれば，どこが標識されるだろうか．

25. アデノシン誘導体のコルジセピン（cordycepin）が RNA
合成を阻害するのはなぜか．

コルジセピン

26. 問題 25 に対する答が，どのように転写が 3′→5′ 方向で
はなく，5′→3′ 方向に進むという仮説を支持する証拠となる
か．

27. 抗生物質リファンピシン（rifampicin）が存在すると，
培養中の細菌は短い RNA のオリゴマーしか合成できない．
リファンピシンが阻害効果を発揮するのは転写の過程でどの
段階か．

28. リファンピシン（問題 27）は細菌 RNA ポリメラーゼの
β サブユニットと結合する．リファンピシンはなぜ細菌に
よって起こる病気の治療目的で使われる抗生物質なのか．

29. ある遺伝子のコード鎖の配列を次に示す．この DNA 配
列に対応してできる mRNA の配列を書け．

GTCCGATCGAATGCATG

30. 細菌由来の酵素ポリヌクレオチドホスホリラーゼ（PNP
アーゼ）は mRNA を分解する 3′→5′ エキソリボヌクレアー
ゼである．

　(a) この酵素はグリコーゲンホスホリラーゼ（§13・3 参
照）と同様に，加水分解でなく加リン酸分解反応を触媒する．
mRNA 加リン酸分解反応の反応式を書け．

　(b) in vitro では PNP アーゼは加リン酸分解と逆の反応も
触媒する．この反応で何が得られるか．その反応は RNA ポ
リメラーゼが行う反応とどのように異なるか．

　(c) PNP アーゼは長いリボヌクレオチドと結合する部位
をもっていて，酵素の連続反応性を高めている．PNP アー
ゼが生体内で果たすおもな活性にとってこれはどのように有
利か．

31. RNA ポリメラーゼ II の活性は，キノコ毒素であるα ア
マニチンによって阻害される（$K_d = 10^{-8}$ M）．それに対し
て RNA ポリメラーゼ III の活性はα アマニチンで若干の阻害
（$K_d = 10^{-6}$ M）を受け，RNA ポリメラーゼ I に至っては全
く影響を受けない．細胞の培養液に 10 nM のα アマニチン
を加えた際，どの RNA 合成に影響が出るか．

32. 真核生物の 3 種の RNA ポリメラーゼは 1970 年代に研
究者たちが細胞を可溶化した抽出液を DEAE イオン交換カ
ラム（§4・5 参照）にかけて発見された．硫酸アンモニウ
ム（硫安）塩の濃度勾配をかけて，結合タンパク質を溶出
した．カラムから溶出して出てきた画分について，RNA ポ
リメラーゼ活性を測定した（図参照）．活性測定は Mg^{2+} と
α アマニチン存在下で行われた．問題 31 で触れたα アマニ
チンに対する感受性の違いに加えて，5 mM Mg^{2+} 存在下で
RNA ポリメラーゼ II と III は 50 % の活性しか発揮しないが，
RNA ポリメラーゼ I は 100 % の活性を示した．研究者はこ

うした結果をもとにどのように，三つのピークが3種の異なるRNAポリメラーゼを示していると結論づけたか．

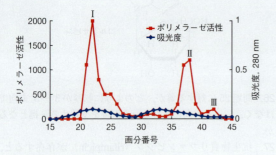

33. RNAポリメラーゼIIのC末端ドメイン（CTD）は，タンパク質の球状部分から突き出ている．なぜこのような構造をしているのだろう．

34. RNAポリメラーゼIIのC末端ドメイン（CTD）を欠くようにした細胞を作製した．細胞内でどのようなことが起こるだろうか．

35. 仮想される大腸菌のターミネーターのDNA配列を次に示す．Nは4塩基いずれでもよいことを示す．

```
5′…NNAAGCGCCGNNNNCCGGCGCTTTTTTNNN…3′
3′…NNTTCGCGGCNNNNGGCCGCGAAAAAANNN…5′
```

（a）下の鎖が非コード（鋳型）鎖だとして，mRNAが転写された際の配列を書け．
（b）このRNA転写産物が形成すると思われるRNAヘアピン構造を書け．

36. ある実験で，イノシン三リン酸（ITP）を細菌の培養液に加えた．細胞はITPをGTPの代わりに用いる．イノシン（I）はシチジン（C）とI:C対として二つの水素結合を形成する．
（a）問題35と同じ遺伝子について，下の鎖が非コード（鋳型）鎖だとして，この実験でmRNAが転写された際の配列を書け．
（b）このRNA転写産物が形成すると思われるRNAヘアピン構造を書け．このヘアピン構造と，問題35（b）で書いたヘアピン構造とで安定性を比較せよ．ITPで置換されたことによって転写の終結はどのように影響を受けるか．

37. RNAヘアピンが形成されると，原核生物での転写終結が決定するわけではない．なぜか．

38. β,γ-イミドヌクレオシド三リン酸を培養細胞に加えると，ρ因子に依存した終結を阻害する．なぜか．

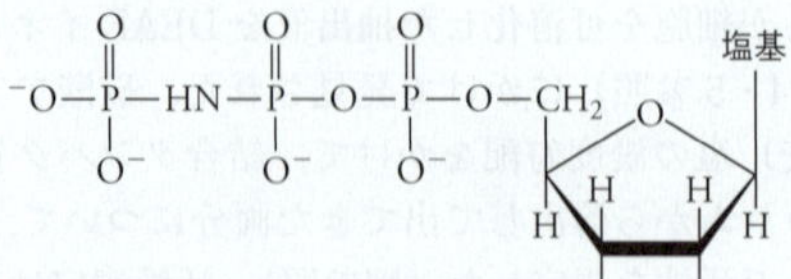

39. 細菌では，機能的に関連のある遺伝子がオペロンを構成していることで，こうした遺伝子を同時に制御することを可能にしている．生合成系の酵素をコードする複数の遺伝子

からなるオペロンがあったとする．そして反応系全体の最終産物濃度が高くなると，全体として系の活性にフィードバック阻害がかかる．
（a）フィードバック制御の一つのやり方として，オペロンの最終代謝産物と結合したときにのみ，リプレッサータンパク質がオペロンのある部位（オペレーター）と結合して，転写の速度を減少させる．このような制御系が働く様子を図で示せ．
（b）遺伝子発現のフィードバック制御は，RNA合成が始まったあとでもかかる．それは，オペロンの最終代謝産物があると転写が途中で止まる，あるいはmRNAから翻訳されないようになっている場合である．この調節機構を示す図を書け．フィードバック機構には最終産物が結合するタンパク質が関与するとする．
（c）（b）で述べたフィードバック阻害機構は，タンパク質が関与しないとした場合，どのように異なってくるか．
（d）いくつかの細菌では，酸化還元型補因子であるフラビンアデニンジヌクレオチド（FAD，図3・3c参照）を生合成するのに必要な複数の遺伝子がオペロンを形成している．このオペロンの配列を異なる種間で比較するとオペロンのmRNAの5′非翻訳領域に保存された配列が存在することがわかった．典型的なmRNA分子の三次構造では，塩基対を組む領域と塩基対を組まないループ部分（ステム-ループ構造）を含むことが多い．RNA配列を比較してどの塩基がよく保存されているかをみると，RNAのステム-ループ構造を予想することも可能である．FADを合成するオペロンの発現を調節し，RFNとよばれる保存されたmRNA配列部分を次に示す．このRNA領域のステム-ループ構造を書け．

…GAUUCAGUUUAAGCUGAAGC…

（e）FADセンサーとして機能するために，RFN因子（約165ヌクレオチドからなる）はFADと結合してその構造を変化させるにちがいない．どのようにしたらRNAの構造変化を評価できるだろうか．
（f）FADは，リボフラビンに由来するフラビンモノヌクレオチド（FMN）の誘導体とみなすことができる．

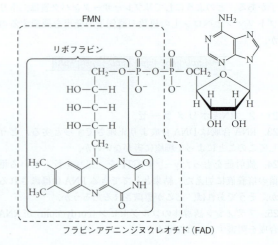

21. 転 写 と RNA　　　　499

FAD, FMN, リボフラビンが RFN 因子と結合する能力は解離定数 K_d として測定される.

化合物	K_d(nM)
FAD	300
FMN	5
リボフラビン	3000

細胞内でどの化合物が最も効果的に FAD の生合成を制御しているだろうか. mRNA と相互作用するという重要な役割のうえでどの FAD 分子のどの部分が関与するか.

40. 多くのヒトの神経系疾患はあるタンパク質をコードする遺伝子中に 3 ヌクレオチドの繰返しが存在することでひき起こされる. それぞれの病気の重篤度はその繰返し数と関連する. その数は複製時に DNA ポリメラーゼが滑ることによって増加するらしい.

（a）3 ヌクレオチド繰返しとして最も多いのが CAG である. これはほとんどの場合, コード領域内に存在する. このコドンがコードしているアミノ酸は何か（表 3・3 参照）. この繰返しがタンパク質にどのような影響を与えるか.

（b）CAG リピートが転写に与える影響をみるのに, 研究者は, CAG リピートをもつようにした遺伝子を酵母で発現させた. 当初期待された長さに対応する遺伝子の転写産物のほかに, 3 倍の長さになるほどの RNA 分子も見つかった. RNA 合成とプロセシングの知識に基づいて, ある遺伝子から予想より長い転写産物ができることはどのように説明できるか.

（c）予想に反して, 長い転写産物は RNA ポリメラーゼ II が CAG リピートを転写する際に滑るためであった. このなかで, ポリメラーゼは一時合成反応を止め, DNA 鋳型の上を滑って戻ってきて, そして転写を再開する. 結果として同じ配列を再度転写することになる. 滑りは DNA の鋳型鎖の二次構造が形成されることで誘導されるらしい. CAG リピートを含む DNA 鎖が, RNA ポリメラーゼの進行を妨げるような二次構造をとる様子を図で示せ.

41. 大腸菌では, 複製は, 転写に比べて数倍速く進む. たまに複製フォークが同じ方向に動いている RNA ポリメラーゼに追いつくことがある. もしこれが起こると, 翻訳が停止し, RNA ポリメラーゼは鋳型 DNA から外れる. DNA ポリメラーゼは, そこにある RNA 転写産物を, 複製継続のためのプライマーとして利用することができる. こうした衝突が, 不連続なリーディング鎖の合成を起こす様子を示す図を書け.

42. 問題 41 に関連して, 大腸菌の大半の遺伝子が複製と転写が同じ方向に進むように配置されている理由を説明せよ.

21・3　RNA プロセシング

43. 大腸菌では, mRNA 分解はエンドヌクレアーゼによって行われるが, 最初はある 5′–ピロホスホヒドロラーゼによって修飾を受ける必要がある. この酵素はどのような反応を触媒するか.

44. 核酸関連ポリメラーゼに関する次の表を完成せよ.

ポリメラーゼ	鋳型の種類	基質	反応産物
DNA ポリメラーゼ			
ヒトテロメラーゼ			
RNA ポリメラーゼ			
ポリ（A）ポリメラーゼ			
細菌 CCA 付加酵素			

45. なぜ mRNA のみがキャップ構造をつけ, ポリアデニル化を受けるのか. こうした転写後修飾が rRNA や tRNA ではなぜ起こらないのか.

46. mRNA 分子の 5′ 末端にキャップがつくと, なぜ 5′→3′ エキソヌクレアーゼの作用を受けにくくなるかを説明せよ. mRNA が完全に合成される前からキャップが付加されることがなぜ必要か.

47. ポリ（A）ポリメラーゼは mRNA の 3′ 末端を修飾するが, 他のポリメラーゼとは異なっている. DNA ポリメラーゼも RNA ポリメラーゼもその活性部位は二本鎖のポリヌクレオチドをおさめるのに十分な大きさをもっている. それに対し, ポリ（A）ポリメラーゼの活性部位はずっと狭い. なぜか.

48. ポリ（A）ポリメラーゼの基質特異性は従来の RNA ポリメラーゼとどのように異なるかを説明せよ.

49. ポリ（A）結合タンパク質〔PABP, poly（A）-binding protein の略〕はポリ（A）尾部をもった RNA 分子と親和性をもつ. mRNA と RN アーゼを含む無細胞系に PABP を加えるとどのようなことが起こるか.

50. ポリ（A）尾部をもたない mRNA 転写産物として唯一ヒストンをコードする mRNA がある. どうしてこれらの転写産物にはポリ（A）尾部がいらないのだろうか.

51. ATP 分子の α, β, あるいは γ と記載される三つのリン酸基のいずれかを選んで ^{32}P 標識することができる.

転写と RNA プロセシングを行っている真核細胞に標識 ATP をつける. 用いる ATP の α 位（a）, β 位（b）, γ 位（c）を ^{32}P で標識したものを用いた際に, RNA 転写産物のどこに ^{32}P が現れるか.

52. 真核生物の遺伝子を細菌を宿主細胞として発現させる際にその遺伝子を改変せねばならない. 真核生物の遺伝子由来の DNA を直接細菌に入れることはできず, 最初 mRNA に転写したあとに, それを cDNA に逆転写せねばならないのはなぜか.

53. 真核生物のタンパク質をコードする遺伝子中のイントロンは非常に大きい場合もある．逆に65塩基対より小さいものはほとんどない．どうしてイントロンには最小のサイズがあるのか．

54. 20〜30年前の生化学の教科書にはしばしば"一遺伝子一タンパク質"というフレーズがみられた．しかしこれはもはや正しくない．なぜか．

55. イントロンは転写後というよりは，転写と連動して取除かれる．どうしてこれが細胞にとってよい戦略なのだろうか．

56. ヘモグロビンの β 鎖の遺伝子の一部を次に示す．上の配列はエキソン1と2間のイントロンの5′スプライシング部位，下の配列が同じく3′スプライシング部位を含んでいる．5′スプライシング部位と3′スプライシング部位を示せ．

…CCCTGGGCAGGTTGGTA…

… TTTCCCACCCTTAGGCTGCT …

57. RNアーゼPとして知られるリボザイムは，特定のtRNA前駆体とrRNA前駆体に作用してプロセシングを行う．細菌ではRNアーゼPは大きめの約400ヌクレオチドのRNAと120アミノ酸からなる小さめのタンパク質とからなる．異なる種間でRNアーゼPのRNAを比較すると，エンドヌクレアーゼ反応にかかわると思われる保存性の高い特徴が浮かび上がる．たとえば，69の位置にある塩基対を組まないU残基が幅広く保存されている．この塩基は他のヌクレオチドと塩基対を形成することはなく，RNA二次構造内でバルジを形成する．RNアーゼP活性のために69位の塩基がUとして重要なのか，他の塩基でもよいのかを決定するため，いくつかの変異体を作製し，それらのエンドヌクレアーゼ活性を測定した．それぞれの変異体について，触媒としての速度定数 k と，基質との結合を示す解離定数 K_d を得た．

RNアーゼP RNA	k (min^{-1})	K_d (nM)
野生型 U69	0.26	1.7
U69 → A69	0.062	4
U69 → G69	0.0034	73
U69 → C69	0.0056	3
U69 欠失	0.0056	7
U69 + U70	0.0054	181

　(a) これらの結果に基づいて考えると，U69バルジは基質との結合と触媒作用のどちらに重要か．

　(b) U残基をもう一つ加えバルジの大きさを大きくすると（U69 + U70変異体），何が起こるか．

58. いくつかのtRNA分子には硫黄を含むヌクレオチドがある．4-チオウリジンと2-チオシチジンの構造を書け．

59. RNA干渉が，多くのがんで血管新生に必要な，血管内皮増殖因子（VEGF）の遺伝子に対してサイレンシングを起こさせる手法として研究されている．VEGF遺伝子に抑えようとするsiRNAを加えると，ほぼ完全に前立腺がんの培養細胞からVEGFの分泌が抑えられる．この遺伝子配列の一部（189〜207塩基）を下に示す．遺伝子のこの領域を標的とするsiRNAの配列を決めよ．

5′ … GGAGTACCCTGATGAGATC … 3′

60. 触媒活性をもつ核酸の大半がDNAではなく，RNAであるのはなぜか．

61. タンパク質のように，RNAは一次，二次，そして三次構造をとる．タンパク質の一次，二次，そして三次構造で学んだことをもとに，リボザイムのRNアーゼPの構造を説明せよ．

62. 本章での知識をもとに，遺伝子に起こったサイレント変異（コードするタンパク質のアミノ酸配列を変えないような変異）が，タンパク質の発現量を下げうる理由を少なくとも三つあげよ．

参 考 文 献

Borukhov, S. and Nudler, E., RNA polymerase: the vehicle of transcription, *Trends Microbiol.* **16**, 126−134 (2008). 開始と伸長の間に，細菌のRNAポリメラーゼで起こる構造変化を解説している．

Gilmour, D. S. and Fan, R., Derailing the locomotive: transcription termination, *J. Biol. Chem.* **283**, 661−664 (2008). 原核生物と真核生物における転写終結の機構について概略を述べている．

Juven-Gershon, T. and Kadonaga, J. T., Regulation of gene expression via the core promoter and the basal transcription machinery, *Dev. Biol.* **339**, 225−229 (2010). いくつかの真核生物プロモーターの因子について記述している．

Kornberg, R. D., The molecular basis of eukaryotic transcrip-

tion, *Proc. Nat. Acad. Sci.* **104**, 12955−12961 (2007). RNAポリメラーゼに関する研究でノーベル賞を受賞した科学者による転写に関する多くの側面をまとめている．

Sashital, D. and Doudna, J. A., Structural insights into RNA interference, *Curr. Opin. Struct. Biol.* **20**, 90−97 (2010). RISCの構造に関する情報を述べている．

Sharp, P. A., The discovery of split genes and RNA splicing, *Trends Biochem. Sci.* **30**, 279−281 (2005). 発見者の一人によるスプライシングに関する簡略なまとめ．

Sikorski, T. W. and Buratowski, S., The basal initiation machinery: beyond the general transcription factors, *Curr. Opin. Cell Biol.* **21**, 344−351 (2009).

22 タンパク質合成

なぜすべての *tRNA* が同じ大きさと形をもつのか

RNA 分子は非常に多様な形をとれるので，遺伝情報の保持と発現に関係したさまざまな重要な細胞機能を担うことができる．転移 RNA として知られる小さな RNA はタンパク質合成の際リボソームに 20 種類のアミノ酸を運ぶ．とはいえ，tRNA 分子は驚くほど同じ形をしている．おおよそ 76 ヌクレオチド長に限定され，例外なく，ステムとループが決まった配置をとり，L 字形をなしている．本章では，同じ形がその役割を果たすために必要であることをみていこう．

復習事項

- DNA と RNA はヌクレオチドの重合体で，それぞれのヌクレオチドはプリンあるいはピリミジン塩基，デオキシリボースあるいはリボース，そしてリン酸からなる（§3・1）．
- DNA の塩基配列にコードされた遺伝情報は RNA に転写され，それからタンパク質のアミノ酸配列に翻訳される（§3・2）．
- アミノ酸はペプチド結合でつながり，ポリペプチドになる（§4・1）．
- タンパク質の折りたたみとタンパク質の安定化は，非共有結合相互作用によって起こる（§4・3）．
- rRNA と tRNA 転写産物は，化学修飾を受けたのちに機能をもつ分子となる（§21・3）．

ワトソン（James D. Watson）とクリック（Francis Crick）が 1953 年に DNA 構造を提唱したのち 10 年で，mRNA，tRNA，そしてリボソームといった遺伝情報を発現するうえで必要なほとんどすべての要素が同定された．クリックは当時タンパク質合成，つまり**翻訳**（translation）は，アミノ酸を運び塩基配列としての遺伝情報を認識するような "アダプター" 分子（のちに tRNA として同定された）を必要とすることを提唱していた．DNA 配列とタンパク質との配列とが対応することは疑われなくなったが，遺伝暗号（genetic code）の本質を明らかにするにはさらに生化学そして遺伝学を用いた研究が必要であった．そしてついに，遺伝暗号が重なりのない形で順に読まれるような 3 塩基配列，すなわち**コドン**（codon）に基づくことが示された．

3 塩基でコドン（トリプレットコドン）をつくること

が数のうえでも必要なことがわかる．というのは 4 種の異なる塩基三つで可能な順列の数（$4^3 = 64$）はポリペプチド中の 20 種のアミノ酸を規定するうえで必要な数より多くなる（これが 2 塩基であると $4^2 = 16$ で不十分である）．突然変異体のバクテリオファージを用いた遺伝的実験によってトリプレットコドンが連続して読まれていることが示された．たとえば，ある遺伝子から 1 ヌクレオチドの欠失が起こったことによる突然変異がその遺伝子中に他のヌクレオチドが挿入される二つ目の突然変異が起こることでもとに戻ることがある．二つ目の変異が遺伝子機能を復活させることができたのは，翻訳のための適切な**読み枠**（reading frame）を取戻せたからである．一つの mRNA 分子のある塩基配列は三つの異なる読み枠として読まれる可能性があるが（図 22・1），翻訳開始部位が正確に同定されることで三つのうち適切な一つが選択される．

表 22・1 に示す遺伝暗号は**縮重**（degeneracy）して

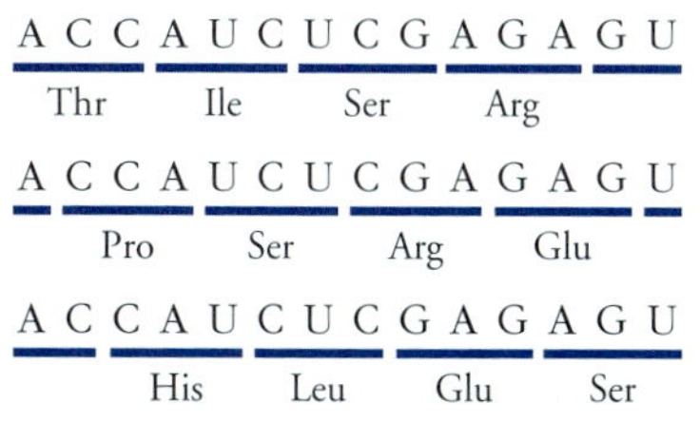

A C C A U C U C G A G A G U
Thr   Ile   Ser   Arg

A C C A U C U C G A G A G U
Pro   Ser   Arg   Glu

A C C A U C U C G A G A G U
His   Leu   Glu   Ser

図 22・1 **読み枠**．3 塩基（トリプレット）で遺伝暗号は重なり合わないようになっていても，ある塩基配列は可能性として三つの読み枠をもつ．したがって，一つの mRNA 分子は三つの異なるアミノ酸配列を指定する可能性がある．

第IV部 遺 伝 情 報

表 22・1 標準的な遺伝暗号†

1番目 (5′末端側)	2番目				3番目 (3′末端側)
	U	C	A	G	
U	UUU Phe UUC Phe UUA Leu UUG Leu	UCU Ser UCC Ser UCA Ser UCG Ser	UAU Tyr UAC Tyr UAA 終止 UAG 終止	UGU Cys UGC Cys UGA 終止 UGG Trp	U C A G
C	CUU Leu CUC Leu CUA Leu CUG Leu	CCU Pro CCC Pro CCA Pro CCG Pro	CAU His CAC His CAA Gln CAG Gln	CGU Arg CGC Arg CGA Arg CGG Arg	U C A G
A	AUU Ile AUC Ile AUA Ile AUG Met	ACU Thr ACC Thr ACA Thr ACG Thr	AAU Asn AAC Asn AAA Lys AAG Lys	AGU Ser AGC Ser AGA Arg AGG Arg	U C A G
G	GUU Val GUC Val GUA Val GUG Val	GCU Ala GCC Ala GCA Ala GCG Ala	GAU Asp GAC Asp GAA Glu GAG Glu	GGU Gly GGC Gly GGA Gly GGG Gly	U C A G

† Ala: アラニン, Arg: アルギニン, Asn: アスパラギン, Asp: アスパラギン酸, Cys: システイン, Gly: グリシン, Gln: グルタミン, Glu: グルタミン酸, His: ヒスチジン, Ile: イソロイシン, Leu: ロイシン, Lys: リシン, Met: メチオニン, Phe: フェニルアラニン, Pro: プロリン, Ser: セリン, Thr: トレオニン, Trp: トリプトファン, Tyr: チロシン, Val: バリン.

いるといわれる。それは，一つのアミノ酸を指定するmRNAのコドンが複数あるためである。ほとんどのアミノ酸は複数のコドン（Arg, LeuとSerについてはそれぞれ6コドンある）で指定される。MetとTrpだけは1コドンのみである（この二つのアミノ酸はポリペプチド内であまり登場しない）。Metコドンは翻訳の開始点としても機能する。終止コドン（stop codon）あるいはナンセンスコドン（nonsense codon）として知られる三つのコドンは翻訳を終わらせる。表22・1は対応するアミノ酸の側鎖が疎水性，極性あるいは電荷をもっているかどうかを色で示す（図4・2と同じ分類の仕方である）。化学的に類似したアミノ酸のコドンは集まる傾向があるようにみえる。たとえばコドンの2番目にUがあると，疎水性のアミノ酸を指定するようになっている。このようにコドンとアミノ酸の対応が全くのランダムにみえないことは，遺伝暗号が最初は2ヌクレオチドと今より少数のアミノ酸からなる単純な系から進化したことを示唆しているのかもしれない。

いくつものmRNAコドンを正確にポリペプチドへ翻訳していく過程には核酸とタンパク質の相互作用が必要で，最初は特定のアミノ酸が適切なtRNA分子と結合することから始まる。次にtRNAのアンチコドン（anticodon）部分がリボソーム上でmRNAの配列と向き合う。それによってmRNAに指定される順序でアミノ酸がペプチド結合でつながっていく。次節でその詳細をみる。そしてポリペプチドが完全に機能をもったタンパク質へと変わっていく途中の段階をみていこう。

22・1 tRNAのアミノアシル化

重要概念

- tRNAはコンパクトなL字形をした分子で，一つの端にアンチコドン，もう一つの端にアミノアシル基をもつ。
- アミノアシルtRNA合成酵素はATPを消費して，アミノ酸を活性化し，それを適切なtRNAに転移する。
- ゆらぎの塩基対があるおかげで，tRNAのアンチコドンは複数種のmRNA上のコドンと塩基対形成ができる。

細菌細胞には通常30～40の異なるtRNAが存在する。哺乳類細胞となるとそれが150にもなる〔ポリペプチドに通常取込まれるのは20種類のアミノ酸しかないので，これは生物にみられる冗長性（redundancy）というものを示すよい例である〕。異なるアンチコドンをもっているが同じアミノ酸を運ぶtRNAのことを**イソアクセプター tRNA**（isoacceptor tRNA）とよぶ。異なるアミノ酸を運ぶものであっても，すべてのtRNAの分子構造は類似している。

それぞれのtRNA分子は約76ヌクレオチドからなる（54〜100ヌクレオチドと幅はある）．そのヌクレオチドのうち1/4は転写後に修飾を受けている（こうした修飾塩基のいくつかは図21・27に示してある）．多くのtRNAは分子内で塩基対を形成し，その結果クローバー葉形の二次構造とよばれる短いステムやループができる（図22・2a）．tRNAの5′末端に相当する領域は3′末端に近い部分と塩基対をつくり，アクセプターステム（acceptor stem, アミノ酸は3′末端に結合する）を形成する．塩基対でできるいくつかのステムには小さなループができる．DループはしばしばジヒドロウリジンD（として示される）という修飾塩基を含み，TψCループは名のとおりTψCという配列を含む（ψはプソイドウリジンをもつヌクレオチドを示す，§21・3参照）．可変ループ（variable loop）の名はtRNAごとに3〜21ヌクレオチドの長さの幅があることを示す．アンチコドンループ（anticodon loop）はmRNAのコドンと塩基対形成する3ヌクレオチドを含む．

コンパクトなL字形に折りたたまれたtRNAの二次構造は，いくつものスタッキング相互作用や，非標準的な塩基対形成（図22・2b）によって安定したものになる．アンチコドンのトリプレットと3′末端CCA配列以外のほとんどすべての塩基がtRNA分子の内部に埋もれている．tRNAは細長い構造をとり，翻訳中，mRNAの隣り合ったコドンの上に一つひとつ並んでいくことが可能となっている．tRNA中，アンチコドンとそれが指定するアミノ酸が結合した3′アミノアシル基との距離は75 Åにもなる．

tRNAアミノアシル化はATPを消費する

tRNAにアミノ酸が結合する**アミノアシル化**（aminoacylation）反応を，**アミノアシルtRNA合成酵素**（aminoacyl-tRNA synthetase: AARS）が触媒する．正確な翻訳を成立させるには，その合成酵素はアミノ酸と対応するアンチコドンをもつtRNAとを適切に結合させる必要がある．多くのAARSは，期待されるようにtRNAのアンチコドンと同時にtRNA分子の反対側に位置するアミノアシル化部位と相互作用する．

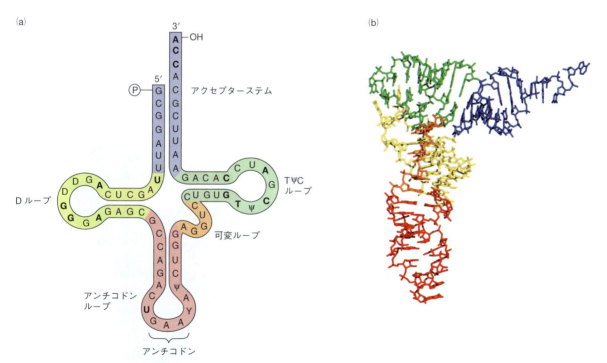

図22・2 酵母のtRNA^Pheの構造．(a) 二次構造．76ヌクレオチドからなるこのtRNA分子はその3′末端にフェニルアラニン残基を結合することができる．分子内の塩基対からなる4本のステム構造を組み，クローバーの葉の形をとる．保存性の高い塩基を太文字で表す．ψはプソイドウリジン，Yはグアノシン誘導体．この構造中のいくつかのCとGはメチル化を受けている．(b) 三次構造．それぞれの構造を，(a)と同じ色づけで示してある．L字の長い腕に当たるのはおもにアンチコドンループとDループである．短い腕はおもにTψCループとアクセプターステムからなる．分子内でアンチコドンとアクセプターステムの端の部分は約75 Å離れている．[構造（pdb 4TRA）はE. Westhof, P. Dumas, D. Morasによって決定された．]

AARS はアミノ酸と tRNA の 3′ 末端のリボースの OH 基との間のエステル結合の形成を触媒し，アミノアシル tRNA を形成させる．

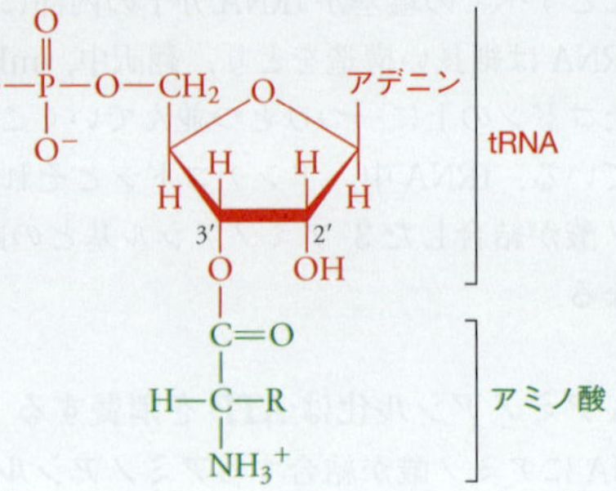

tRNA 分子がこの状態になることをアミノ酸で"充填"されたという．アミノアシル化の反応は 2 段階で起こり，ATP の自由エネルギーを必要とする（図 22・3）．全反応として以下のようになる．

アミノ酸 + tRNA + ATP ⟶
　　　　　アミノアシル tRNA + AMP + PP$_i$

ほとんどすべての細胞が標準的な 20 のアミノ酸と対応して，20 の異なる AARS をもっている（イソアクセプター tRNA は同じ AARS によって認識される）．すべての AARS が同じ反応を触媒するが，すべてが同じような大きさや四次構造をもっているわけではない．いくつかの共通の構造と機能の特徴に基づいて，AARS は二つのグループに分けられる（表 22・2）．クラス I の酵素はアミノ酸を tRNA のリボースの 2′ OH に結合させる．一方，クラス II の酵素は 3′ OH にアミノ酸を結合させる（この違いは最終的には影響はない．というのはタンパク質合成に参加する前に 2′-アミノアシル基は 3′ の位置に移動するためである）．

いくつかの細菌では 20 あるはずの AARS の一部が欠けている．そのなかでも GlnRS と AsnRS（tRNA^{Gln} と tRNA^{Asn} をアミノアシル化する）が欠けていることが多い．こうした生物では Gln–tRNA^{Gln} と Asn–tRNA^{Asn} は間接的に合成される．まず最初に多少特異性が低いながらも GluRS と AspRS が tRNA^{Gln} と tRNA^{Asn} に対応するアミノ酸（Glu と Asp）を充填する．次にアミドトランスフェラーゼがグルタミンをアミノ基供与体として用いて，Glu–tRNA^{Gln} と Asp–tRNA^{Asn} を Gln–tRNA^{Gln} と Asn–tRNA^{Asn} へと変換する．いくつかの微生物では，これがアスパラギンを合成する唯一の経路となっている．

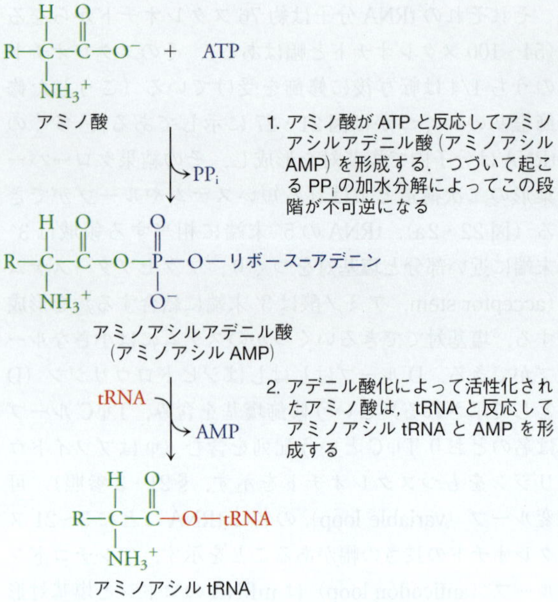

大腸菌の GlnRS と対応する tRNA（tRNA^{Gln}）との会

図 22・3　アミノアシル tRNA 合成酵素による反応

1. アミノ酸が ATP と反応してアミノアシルアデニル酸（アミノアシル AMP）を形成する．つづいて起こる PP$_i$ の加水分解によってこの段階が不可逆になる

2. アデニル酸化によって活性化されたアミノ酸は，tRNA と反応してアミノアシル tRNA と AMP を形成する

表 22・2　アミノアシル tRNA 合成酵素の分類

クラス	アミノ酸		クラス	アミノ酸	
I	Arg	Leu	II	Ala	Lys
	Cys	Met		Asn	Pro
	Gln	Trp		Asp	Phe
	Glu	Tyr		Gly	Ser
	Ile	Val		His	Thr

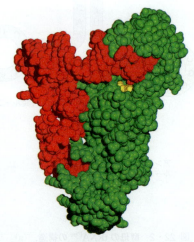

図 22・4　**GlnRS と tRNA^{Gln} の構造**．この複合体中，合成酵素を緑，対応する tRNA を赤で示す．tRNA 3′ 末端（アクセプター，右上）とアンチコドンループ（左下）はタンパク質に埋もれている．活性部位の ATP を黄で示す．[大腸菌複合体の構造（pdb 1QRT）は J. G. Arnez, T. A. Steitz によって決定された．]

22. タンパク質合成

合体の構造は，タンパク質と tRNA 分子凹部が緊密に相互作用していることを示している（L字形の内側，図 22・4）．AARS はアミノ酸を活性化して tRNA へ渡す触媒ドメインと，tRNA のアンチコドン（あるいは可変ループのような他の部分）と結合するドメインといったモジュールが組合わさったタンパク質である．大半の AARS は tRNA がなくてもアミノ酸を活性化することができる．ただし，GlnRS，GluRS と ArgRS は対応した tRNA 分子がないと，アミノアシル−AMP が形成されない．この事実はアンチコドン認識部位とアミノアシル化の活性部位とが互いに相互作用していることを示唆している．この事実は tRNA に正しいアミノ酸が結合することを保証するものであろう．

いくつかの AARS は校正活性をもっている

それぞれの AARS についての研究から，そのアミノ酸結合部位が特定のアミノ酸の形状，静電的な性質に合うようになっており，他の 19 種のアミノ酸に対する活性化や tRNA 分子への結合が起こりにくくなっていることが明らかにされた．たとえば，TyrRS（Tyr−tRNA^{Tyr} を形成する）は，タンパク質自身との水素結合を組めるかどうかで，類似の形をもつチロシンとフェニルアラニンを区別できる．

ある場合には tRNA のアミノアシル化の特異性は AARS の校正作用によって高まる．たとえば Ile−tRNA^{Ile} の合成にかかわる IleRS を考えよう．Ile とたかだかメチレン基一つしか違わない Val は IleRS の活性部位に容易に入ってきそうであるが，Val を tRNA に転移することはほとんどない（あっても約 50,000 回に 1 回ほど）．IleRS がまちがったアミノ酸を充塡した tRNA^{Ile} が合成されないよう二つの活性部位をもち"二重ふるい"機構をもつことで高い正確さが実現されている．

まず一つ目の活性部位が Ile と，化学的にそれと類似した小さいアミノ酸（Val, Ala, Gly など）を活性化し，大きなアミノ酸（Phe, Tyr など）を排除する．二つ目の活性部位には Ile より小さいアミノ酸でアミノアシル化を受けた tRNA^{Ile} が入り，加水分解されて，tRNA からアミノ酸が外れる（編集）．こうしたアミノ酸活性化と編集の両活性部位の共同作業によって，IleRS が Ile−tRNA^{Ile} のみを合成する結果となる．二つの活性部位は合成酵素の中で別のドメインとして存在していて，新たにアミノアシル化された tRNA は編集ドメインの加水分解の活性部位を通過しなければ酵素から離れられない．

tRNA のアンチコドンが mRNA のコドンと対をなす

翻訳の間，tRNA 分子は，mRNA のコドンと逆平行と

なるように塩基対を形成することで配置する．

```
tRNA アンチコドン      3′−A−A−G−5′
                          : : :
mRNA コドン            5′−U−U−C−3′
```

このような特異的な塩基対形成を見ると，表 22・1 に示すそれぞれの"センス（アミノ酸と対応する）"コドンを認識する 61 種の異なる tRNA 分子が必要であるように思える．実際にはいくつものイソアクセプター tRNA が，同じアミノ酸を特定する複数のコドンと結合することができる．たとえば，酵母の tRNA^{Ala} のアンチコドン配列は 3′−CGI−5′ である（ここで I はプリン塩基であるイノシン，アデノシンが脱アミノしたもの）．そして Ala コドンである複数の GCU, GCC, GCA と塩基対を形成する．

```
tRNA アンチコドン    −C−G−I−      −C−G−I−      −C−G−I−
                       : : :        : : :        : : :
mRNA コドン          −G−C−U−      −G−C−C−      −G−C−A−
```

クリックが最初ゆらぎ仮説（wobble hypothesis）として提唱したように，アンチコドンの 5′ の位置とコドンの 3 番目の水素結合には，その水素結合の配置上柔軟性とゆらぎがある．このゆらぎによって可能となる塩基対を表 22・3 に示す．ゆらぎ仮説によって，40 種にみたない tRNA しかもたない多くの細菌が 61 コドンすべてを利用できることが説明できる（哺乳類細胞が 150 以上の tRNA をもつ理由はわからない）．tRNA のアンチコドンの配列にさまざまな種類があることで，ポリペプチドが合成される際，終止コドンに対応して非標準的なアミノ酸が入る例が知られている（ボックス 22・A）．

表 22・3 コドンの 3 番目にとりうるゆらぎ塩基対

5′ アンチコドン塩基	3′ コドン塩基
C	G
A	U
U	A, G
G	U, C
I	U, C, A

22・2 リボソームの構造

重要概念

- リボソームの二つのサブユニットは，ほとんど rRNA からなっており，タンパク質合成中は mRNA と三つの tRNA と結合している．

タンパク質を合成する際，アミノ酸が特定の順番で化

ボックス 22・A　生化学ノート

遺伝暗号の拡張

図4・2にあげた20種の標準的なアミノ酸に加えて，翻訳の際にいくつか変種のアミノ酸が取込まれることがある（成熟した形のタンパク質はいくつか変化したアミノ酸をもっているかもしれないが，こうした変化はタンパク質の合成後に起こる）．非標準的なアミノ酸がタンパク質合成の際に取込まれるには，それにかかわる tRNA があって終止コドンが何らかのアミノ酸に読まれる必要がある．遺伝暗号の拡張として，セレノシステイン（selenocysteine, Sec）とピロリシン（pyrrolysine, Pyl）の二つが自然界で知られていて，研究室ではさらに多くのアミノ酸の例がある．

セレノシステインは原核生物，真核生物両者でいくつかのタンパク質でその例が知られ，それがセレンという元素が微量必須元素となっている理由である．ヒトは20数個ほどのセレノタンパク質をもっている．

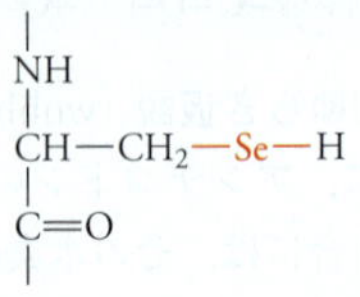

セレノシステイン（Sec）残基

セレノシステインはシステインと似ており，SerRS の作用によって tRNA^{Sec} に充填されたセリンからつくられる．そこに別の酵素がかかわり，Ser-tRNA^{Sec} を Sec-tRNA^{Sec} に変換する．この充填された tRNA はアンチコドン（3′ → 5′ 方向に読んで）ACU をもち，コドン UGA を認識する．通常はこの UGA は終止コドンとして機能するが，セレノタンパク質の mRNA 上のヘアピンをなす二次構造が，リボソームにセレノシステインを運ぶシグナルとなっている．

いくつかの原核生物では，ピロリシンを特定のタンパク質に取込む．こうしたタンパク質の合成には，tRNA^{Pyl} にピロリシンを直接充填する21番目の AARS が必要である．リボソームに結合した mRNA の二次構造を認識するタンパク質の助けもあって，Pyl-tRNA^{Pyl} が UAG 終止コドンを認識し，Pyl のコドンとして翻訳する．

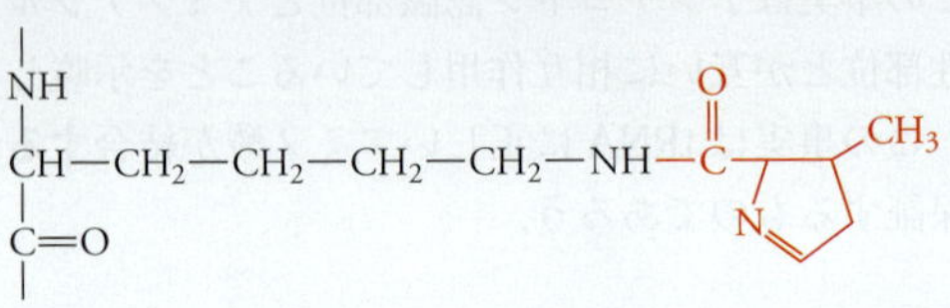

ピロリシン（Pyl）残基

研究室では，細菌，酵母そして哺乳類細胞で非天然型のアミノ酸を含むタンパク質を合成することが可能である．こうした実験系では，具体的には終止コドンを読むことができる tRNA と，tRNA に非天然型のアミノ酸を充填できる AARS といったいくつかの遺伝子改変をした因子が必要である．細胞が終止コドンを含む mRNA を翻訳する際に，新規なアミノ酸がそのコドンに導入される．この技術を利用してフッ素，反応性に富むアセチル基やアミノ基をもったもの，蛍光を発する目印や他の修飾をもったアミノ酸誘導体が10種類以上の例で特定のタンパク質に導入されている．遺伝的にコードされているので，翻訳後のタンパク質中，この方法では，新規なアミノ酸が予想箇所でのみ現れるので試験管のなかでタンパク質を化学的に修飾するアプローチよりも，信頼性のある手法であると思われる．

学結合しなければならないので，mRNA の形となった遺伝情報と tRNA に充填されたアミノ酸との間を，関連づける必要がある．これは RNA とタンパク質を含んだ巨大な複合体である**リボソーム**（ribosome）の仕事である．かつてはリボソームタンパク質がタンパク質合成のために働いていて，rRNA はリボソームタンパク質のための構造上の骨格であると考えられていた．しかしいまでは，rRNA 自身がリボソームの機能を担う中心的な存在であることが明らかとなっている．

細菌細胞は約20,000個，酵母細胞は約200,000個ものリボソームをもっている．このことから細胞内 RNA の少なくとも80％がリボソームにあることがわかるだろう．ちなみに tRNA は細胞中 RNA の15％，mRNA は2〜3％にしかすぎない．リボソームは rRNA 分子を含む大サブユニットと小サブユニットとからなる．いずれの分子もそれぞれの沈降係数 S によって表される．ま

ず細菌の70S リボソームは大サブユニット（50S）と小サブユニット（30S）からなる．80S の真核生物のリボソームは60S 大サブユニットと40S 小サブユニットからなる．原核生物と真核生物のリボソームの構成については表22・4にまとめた．生物種によらず，リボソームの質量の約2/3を rRNA が占め，残りを何十種もの異なるタンパク質（真核生物だと80以上）が占める．

原核生物と真核生物由来の完全なリボソームの構造が X 線結晶構造解析によって解明された．リボソームの大きなサイズを考えると（細菌で約2600 kDa，真核生物で約4300 kDa），画期的な研究である．好熱菌 *Thermus thermophilus* からとられたリボソームの小サブユニットを図22・5に示す．サブユニットの大まかな形は16S rRNA（大腸菌で1542ヌクレオチド長）によって決定されている．この RNA は数多くの塩基対によってステムとループを形成し，いくつかのドメインをつくりだす．

22. タンパク質合成

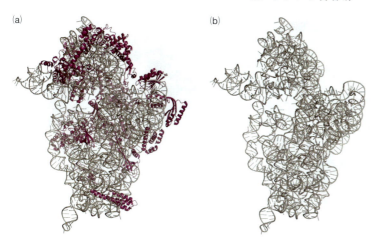

図 22・5 好熱菌 *Thermus thermophilus* の 30S リボソームサブユニットの構造. (a) 16S rRNA（灰色）と 20 のタンパク質（紫）からなる 30S サブユニット．(b) 16S rRNA 単独の構造．30S のサブユニットの全体の形は rRNA の構造を反映している．［構造（pdb 1J5E）は B. T. Wimberly, D. E. Brodersen, W. M. Clemons, Jr., R. J. Morgan-Warren, A. P. Carter, C. Vonrhein, T. Hartsch, V. Ramakrishnan によって決定された．］

複数のドメインからなるこの構造は，30S サブユニットに，タンパク質合成に必要なある程度の構造上の柔軟性をもたらしている．20 もの小さなポリペプチドがその構造の表面に点在している．

30S サブユニットと比べて，原核生物の 50S サブユニットは堅い構造をしていて，動きというものはない．その 23S rRNA（大腸菌で 2904 ヌクレオチド）と 5S rRNA（120 ヌクレオチド）は一つに折りたたまれている（図 22・6）．小サブユニットと同じように，リボソームタンパク質は rRNA 表面と相互作用している．しかし，70S リボソーム中で大および小サブユニットがじかに接触する面にはほとんどタンパク質は存在しない．rRNA が大半を占めるサブユニットどうしが接する面は，タンパク質合成の際 mRNA と tRNA が結合する部位である．

真核生物のリボソームは，細菌のものと比べると約 40～50％大きく，多くの細菌にはないタンパク質と，細菌のものより長い rRNA を含んでいる．この RNA 上，細菌のリボソーム RNA にみられない配列は，拡張領域として知られている．こうした構造は真核生物固有のタンパク質構成因子とともに，より単純な細菌のリボソームにも共通なコア構造を取囲むようになっている（図 22・7）．

tRNA 3 分子がリボソームと結合するときがある（図 22・8）．その結合部位の一つは **A 部位**（A site, アミノアシル tRNA の頭文字から）とよばれ，入ってくるアミノアシル tRNA を迎え入れる部分である．次の **P 部位**（P site, ペプチジル tRNA の頭文字から）は伸長しているポリペプチドと tRNA が結合する部分，そして **E 部位**〔E site, 出口（exit）の頭文字から〕はペプチド結合ができたあとに脱アシルした tRNA と結合し続けている部分である．tRNA のアンチコドンの端が 30S サブユニッ

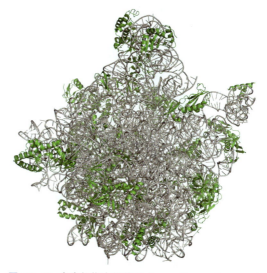

図 22・6 高度好塩古細菌 *Haloarcula marismortui* の 50S リボソームサブユニットの構造．rRNA を灰色，タンパク質を緑で示す．大半のリボソームタンパク質がこの方向からは見えない．タンパク質がほとんどない中心部の領域が 30S サブユニットとの界面を構成する．［構造（pdb 1JJ2）は D. J. Klein, T. M. Scheming, P. B. Moore, T. A. Steitz によって決定された．］

表 22・4 リボソームの構成因子

	RNA	ポリペプチド
大腸菌リボソーム（70S）		
小サブユニット（30S）	16S	21
大サブユニット（50S）	23S, 5S	31
哺乳類リボソーム（80S）		
小サブユニット（40S）	18S	33
大サブユニット（60S）	28S, 5.8S, 5S	49

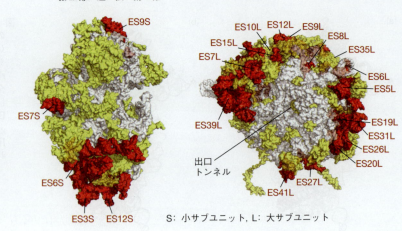

図 22・7 真核生物のリボソームのサブユニット．40S サブユニット（左）と 60S サブユニット（右）での溶媒に露出した表面と，進化上保存されたリボソームのコアとなる構造（灰色）がみえる．真核生物に特有のタンパク質を黄，rRNA の拡張領域（本文参照）を赤で示した．新しく合成されるタンパク質は，リボソームから出口トンネルを通って出てくる．[M. Yusupov, *Science* 334, 1524-1529 (2011) による．AAAS の許可を得て複製．Marat Yusupov 提供．]

S: 小サブユニット, L: 大サブユニット

ト内部へと入り，mRNA のコドン領域と相互作用する．一方，ペプチド結合形成を触媒する 50S サブユニットにこの tRNA のアミノアシル化された端が入る．

細菌では数多くの Mg^{2+} が安定化にかかわり，RNA-RNA の接触があることで，二つのリボソームサブユニットとさまざまな tRNA が適切に配置する．真核生物のリボソームでは，多くのタンパク質がサブユニット間を橋渡しする．いずれの場合も，30S サブユニットから紡ぐように出てくる mRNA は，A 部位と P 部位コドンの間

で鋭角の曲がりを形成する．ここで Mg^{2+} は mRNA の骨格を形成するリン酸基と相互作用をする（図 22・8 参照）．このように曲がることによって mRNA 上で連続したコドンと相互作用しながら，二つの tRNA が隣どうしに並ぶことができる．このことはリボソームが mRNA 上で滑ることなく読み枠を維持するうえで重要である．

22・3 翻　訳

重要概念

- 翻訳はメチオニンを運ぶ開始 tRNA が，リボソームの P 部位に結合することから始まる．
- リボソームは新たなアミノアシル tRNA それぞれについて，正しいコドン-アンチコドンの塩基対形成をしていることを確認する．
- リボソーム RNA はペプチド転移反応でペプチド形成を促進する．
- EF-Tu と EF-G といった G タンパク質が，翻訳効率を高めるために GTP の自由エネルギーを消費する．
- 翻訳の終結はアミノアシル tRNA ではなく，終結因子が A 部位にある終止コドンと結合して起こる．
- 1 本の mRNA 上で複数のリボソームが翻訳を同時に行える．

DNA 複製や RNA の転写のときと同様に，翻訳も，開始，伸長，終結という段階に分けることができる．それぞれの段階で tRNA やリボソームと結合する補助タンパク質が共同して働くことが，翻訳の速さ，正確さのために重要である．

翻訳の開始には開始 tRNA が必要である

原核生物，真核生物いずれも，タンパク質の合成はメチオニンを指定する AUG コドンから始まる．原核生物

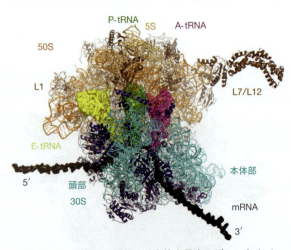

図 22・8　細菌のリボソーム全体を示すモデル．大サブユニットをオレンジ（rRNA）と茶（タンパク質），小サブユニットを青（rRNA）と紫（タンパク質）の影をつけて示す．3 分子の tRNA は赤紫（A 部位），緑（P 部位），黄（E 部位），mRNA 分子は濃い灰色で示す．tRNA のアンチコドン端は小サブユニットの mRNA と接触している一方，そのアミノアシル端はペプチド結合が形成される場である大サブユニットに埋もれていることに注目．[M. Schmeing, *Nature* 461, 1234-1242 (2009) による．Macmillan Publishers, Ltd. の許可を得て複製．M. Schmeing, McGill University 提供．]

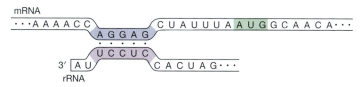

図 22・9 シャイン-ダルガーノ配列と 16S rRNA の配置．mRNA 上のシャイン-ダルガーノ配列（青）が 16S rRNA 分子の 3′ 末端の相補的な領域（紫）と塩基対を組んでいるところ．緑部分が開始コドン．この相互作用によって mRNA が翻訳開始の位置にくる．ここに示す mRNA はリボソームタンパク質 S12 をコードするもの．

mRNA の開始コドン（initiation codon）はシャイン-ダルガーノ配列（Shine-Dalgarno sequence, 図 22・9）とよばれる保存された配列から約 10 塩基下流にある．この配列は 16S rRNA の 3′ 末端と相補的な塩基対を形成し，リボソームを開始コドンに配置させる役割をもつ．真核生物の mRNA には 18S rRNA と塩基対をつくるシャイン-ダルガーノ配列のようなものはなく，mRNA 分子の最初の AUG コドンから翻訳が開始される．

開始コドンはメチオニンが充填された開始 tRNA によって認識される．この tRNA は，mRNA のコード配列内に出てくる他の AUG コドンを認識することはない．大腸菌では，開始 tRNA と結合したメチオニンにテトラヒドロ葉酸（§18・2 参照）のホルミル基が転移する．そのようにしてできたアミノアシル基を fMet, 開始 tRNA を tRNA$_f^{Met}$ と表す．

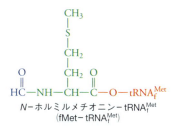

N-ホルミルメチオニン-tRNA$_f^{Met}$
（fMet-tRNA$_f^{Met}$）

fMet のアミノ基は修飾されているのでペプチド結合を形成できない．そのため，fMet はポリペプチドの N 末端にのみ取込まれる．このあとホルミル基あるいは fMet 残基全体が取除かれる．真核生物では開始 tRNA は tRNA$_i^{Met}$ と表され，メチオニンで充填されるがホルミル化は受けない．

大腸菌の翻訳開始には IF1, IF2, そして IF3 という三つの**開始因子**（initiation factor: IF）が必要である．IF3 はリボソームの小サブユニットに結合して，大サブユニット，小サブユニット間の解離を促進する．fMet-tRNA$_f^{Met}$ は，GTP 結合タンパク質である IF2 の助けを借りて 30S サブユニットと結合する．IF1 は小サブユニットの A 部位を立体的にブロックすることで半ば強制的に開始 tRNA を P 部位に導く．mRNA 分子が 30S サブユニットと結合するのは開始 tRNA が結合する前であったり，あとであったりする．ということはタンパク質合成を開始するうえでコドン-アンチコドンの相互作用は必須でないことを示唆する．

30S-mRNA-fMet-tRNA$_f^{Met}$ 複合体が形成されたあと，50S が結合して 70S リボソームとなる．その後，IF2 は結合している GTP を GDP と P$_i$（無機リン酸）に加水分解してリボソームから離れていく．すると 70S リボソームは fMet-tRNA$_f^{Met}$ を P 部位に置きながら，最初のペプチド結合を形成するために 2 番目のアミノアシル tRNA と A 部位で結合する（図 22・10）．

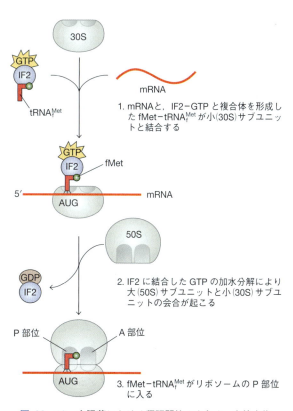

図 22・10 大腸菌における翻訳開始のまとめ．真核生物の翻訳開始でも同様のことが起こり，Met-tRNA$_i^{Met}$ が開始コドンと結合するのに続いて，40S と 60S のサブユニットが会合する．

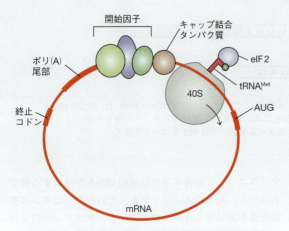

図 22・11 **翻訳開始の際の真核生物の mRNA は環状になる**. 数多くの開始因子が，mRNA の 5′ キャップ構造と 3′ ポリ(A)尾部とをつなぐ複合体を形成する. 小 (40S) リボソームサブユニットは，mRNA と結合し，開始 tRNA のアンチコドンと相補的な配列をもった開始 AUG コドンの位置を見いだす.

真核生物では翻訳の開始には少なくとも 12 個の異なる開始因子を必要とする. そのなかには mRNA の 5′ 末端のキャップ構造とポリ(A)尾部を認識して，mRNA が実際に環の形をした複合体を形成する複数のタンパク質 (§21・3 参照) が含まれる. 翻訳開始には，mRNA の翻訳を妨げる二次構造を解消するヘリカーゼも必要である. 40S サブユニットは ATP のエネルギーを用いて，mRNA をその 5′ キャップ構造から，多くは 50〜70 ヌクレオチドほど下流にある最初の AUG コドンに出くわすまで順にたどっていく (図 22・11). 開始コドンを見つけ出すと，開始因子 eIF2 (e は真核生物 eukaryote を意味する) は結合していた GTP を分解して離れていく. すると 60S サブユニットが 40S サブユニットと会合して，完全な 80S リボソームを形成する. IF2 と eIF2 は細胞内のシグナル伝達経路に関与する三量体 **G タンパク質** (G protein) と似た形で作用する (§10・2 参照). どの場合も GTP の加水分解に伴うタンパク質の構造変化は，一連の反応を次の段階へと導く.

伸長の過程では適切な tRNA がリボソームへと運ばれる

すべての tRNA が同じ大きさと形をもっていて，リボソームの小さなくぼみに入ることができる. タンパク質合成の伸長反応の各段階ごとにアミノアシル tRNA がリボソームの A 部位に入っていく (開始 tRNA だけが最初に A 部位に入ることなしに，いきなり P 部位に入る). ペプチド結合が形成されると，tRNA は P 部位へと移動し，次に E 部位へと移る. そこには空間的余裕はない

ことが図 22・8 でわかる. すべての tRNA はいずれのものもタンパク質因子と結合できなければならない.

アミノアシル tRNA は，大腸菌では EF-Tu として知られる GTP 結合**伸長因子** (elongation factor: EF) と複合体を形成してリボソームへと運ばれる. EF-Tu は大腸菌内で存在量が多いタンパク質の一つ (細胞当たり約 100,000 個，すべてのアミノアシル tRNA 分子と結合するに十分な数) である. アミノアシル tRNA は in vitro で単独でもリボソームと結合するが，in vivo では EF-Tu があると結合が速くなる.

EF-Tu が 20 種のアミノアシル tRNA (実際には 20 種以上の異なる tRNA 分子ということになるが) すべてと相互作用できるのはおもにアクセプターステムと TψC ループの片側からなる tRNA 構造の共通要素を認識しているからである (図 22・12). 種を越えて保存された EF-Tu のポケットがアミノアシル基を周囲から囲む. 結合しているアミノ酸の化学的性質の違いにかかわらず，すべてのアミノアシル tRNA がほぼ同じ親和性で EF-Tu と結合する (EF-Tu は充填されていない tRNA には弱い親和性しか示さない). EF-Tu とアミノアシル tRNA の間での相互作用は，複数の要因が関与しているようで，アミノアシル基との結合が弱いときにはアクセプターステムとの結合が強くなったり，別のアミノアシル tRNA ではその逆になるなど，うまく釣合がとれている. このようにして EF-Tu が 20 種すべてのアミノアシル tRNA を同じ効率でリボソームに導く.

入ってくるアミノアシル tRNA は，A 部位の mRNA

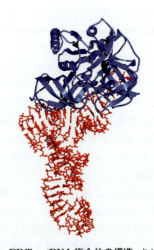

図 22・12 **EF-Tu–tRNA 複合体の構造**. タンパク質 (青) がアミノアシル tRNA (赤) のアクセプターステム末端と TψC ループとで相互作用する. [構造 (pdb 1TTT) は P. Nissen, M. Kjeldgaard, S. Tharp, G. Polekhina, L. Reshetnikova, B. F. C. Clark, J. Nyborg によって決定された.]

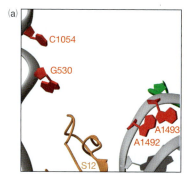
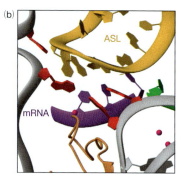

図 22・13 適切なコドン-アンチコドンの塩基対を認識するリボソームセンサー．mRNA と tRNA の類似体が存在しないとき (a) と存在するとき (b) の 30S サブユニットの A 部位を示す．rRNA を灰色，"センサー"となる塩基を赤で示す．A 部位コドンを示す mRNA の類似体を紫，tRNA の類似体（ASL と示す）を黄で示す．リボソームタンパク質（S12）と二つの Mg^{2+}（赤）も見える．rRNA の A1492 と A1493 の塩基が向きを変え，コドン-アンチコドン間の相互作用を認識している．［Venki Rama-krishnan 提供．*Science* **292**, 897−902 (2001) による．AAAS の許可を得て複製．］

のコドンを相補的に認識できるかどうかによって選択を受ける．細胞内のすべてのアミノアシル tRNA 分子の間で競争があるために，ここがタンパク質合成中での律速段階となっている．50S サブユニットがペプチド結合を触媒する前に，リボソームは正しいアミノアシル tRNA がそこに入っているかを確認する必要がある．30S サブユニットの A 部位に tRNA が結合してコドン-アンチコドン対ができると，16S rRNA の保存性の高い二つの残基（A1492 と A1493）が rRNA のループから"そりかえり"，mRNA のコドンとさまざまな部分と水素結合を形成する．こうした相互作用を通して，rRNA の二つの塩基と，コドン-アンチコドン塩基対の最初の 2 塩基が物理的に結びつくことによって mRNA と tRNA が正しく対合しているかを感知する（図 22・13）．最初あるいは 2 番目のコドンが正しく塩基対を形成できなければ，この 3 者による mRNA-tRNA-rRNA の相互作用が成立しない．ゆらぎ仮説（§ 22・1 参照）から期待されるように，3 番目のコドン位置の非標準的な塩基対は A1492/A1493 のセンサーで検知されない．

正しいコドン-アンチコドンの対合を確認して rRNA ヌクレオチドがその位置を変えると，G タンパク質である EF-Tu に結合した GTP の加水分解が促進されるよ

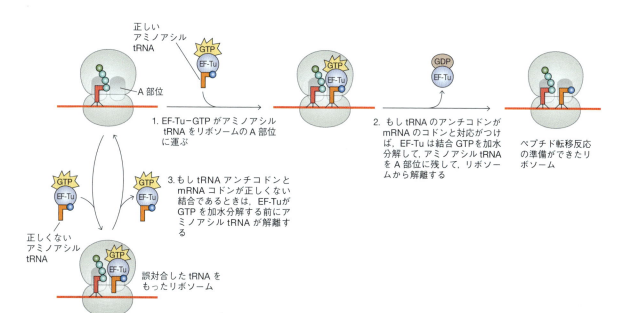

図 22・14 翻訳伸長における EF-Tu の機能

うにリボソームの構造が変化する．GTP 加水分解で生じた EF-Tu–GDP はリボソームから離れ，伸長中のポリペプチド鎖に取込まれるアミノアシル基を結合した tRNA が A 部位に残る．

一方，もし tRNA のアンチコドンが A 部位のコドンと正しく塩基対を形成できない場合には，30S の構造変化も，EF-Tu による GTP 加水分解も起こらない．代わりに，アミノアシル tRNA が EF-Tu–GTP とともにリボソームから離れていく．EF-Tu が GTP を加水分解しなければペプチド結合は形成されない．正しいアミノアシル tRNA が A 部位に入って初めて，確実にペプチド結合の重合が起こるようにを EF-Tu が保証している．翻訳の解読段階で校正を行うために（EF-Tu によって触媒される）GTP 加水分解の自由エネルギーが消費される．EF-Tu の機能を図 22・14 に示す．真核生物では伸長因子 eEF1α が，原核生物の EF-Tu と同じ役割を果たす．表 22・5 にいくつかの原核生物と真核生物の翻訳因子がもつ機能を示す．

リボソーム自身，多少校正機能をもっている．EF-Tu–GDP が離れていくと，残ったアミノアシル tRNA のアクセプターステムの端が 50S リボソームサブユニットの A 部位へと入っていき，30S サブユニットが tRNA のまわりにかぶさってくる．この時点で，アミノアシル tRNA をその場にとどめているのはコドン–アンチコドンの相互作用のみとなる．もし 1 番目，2 番目の位置に G：U 対のような若干の誤対合があっても A1492/A1493 のセンサーによって感知されないが，完全なワトソン–クリック型塩基対が形成されていないことを，リボソームや tRNA 自身が感知する結果，アミノアシル tRNA は A 部位から抜けていく．このようにして，リボソームは各アミノアシル tRNA について，正しいコドン–アンチコドン対であるかどうかを，EF-Tu が最初アミノアシル tRNA をリボソームへと運んだときと，EF-Tu が離れ

たあとと二度確認をする．リボソームの校正機能があることで翻訳の誤りの割合がおおよそ 10^{-4}（10^4 コドンに一つほどの割合）にとどまっている．

ペプチジルトランスフェラーゼが　ペプチド結合の形成を触媒する

リボソームの A 部位にアミノアシル tRNA，P 部位にペプチジル tRNA（最初のペプチド結合ができる前であれば fMet–tRNA$_i^{Met}$）があるとき，50S サブユニットがもつペプチジルトランスフェラーゼ活性が作用する．A 部位 tRNA のアミノアシル基のアミノ基が，P 部位 tRNA とペプチド間のエステル結合を攻撃する**ペプチド転移反応**（transpeptidation）が触媒されるのである．（図 22・15）．この反応によって，ペプチドの C 末端側が 1 アミノ酸分長くなる．こうしてポリペプチドは N→C 方向に伸びる．ペプチド転移反応は外から自由エネルギーが加わらなくても進行する．理由は切断されたペプチジル tRNA のエステル結合の自由エネルギーが新しく形成されるペプチド結合のエネルギーとほとんど同じだからである（ただし，tRNA にアミノ酸を充填する際に ATP が消費されることを思い出そう）．

ペプチジルトランスフェラーゼの活性部位は 50S サブユニットの非常に保存性の高い領域にある．新しく形成されるペプチド結合は，一番近いリボソームタンパク質の位置からでも 18 Å ほど離れている．つまり，リ

表 22・5　原核生物，真核生物の翻訳因子

原核生物での タンパク質	真核生物での タンパク質	機　　能
IF2	eIF2	開始 tRNA をリボソームの P 部位に運ぶ
EF-Tu	eEF1α	伸長中にアミノアシル tRNA をリボソームの A 部位に運ぶ
EF-G	eEF2	A 部位に結合し，ペプチド結合形成後に転位を促進する
RF1, RF2	eRF1	終止コドンのところで A 部位に結合し，ペプチドを水に転移させる

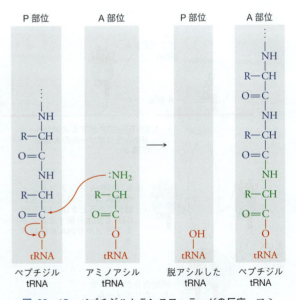

図 22・15　**ペプチジルトランスフェラーゼの反応**．アミノアシル基によるペプチジル基への求核攻撃によって，P 部位に脱アシル tRNA，A 部位にペプチジル tRNA が残る．

ボソームはタンパク質酵素ではなく RNA 酵素（**リボザイム** ribozyme）ということである．どのように rRNA はペプチド結合の形成を触媒するのだろうか．二つの保存性の高い rRNA のヌクレオチド（大腸菌でいうと G2447 と A2451）が当初提唱されたような酸塩基触媒として働いているわけではない．むしろ，誘導適合（§6・3）でみられるようにこの二つの残基が，反応が起こ

りやすいように基質の位置決めをする．アミノアシル tRNA が A 部位に結合すると構造が変化し，P 部位のペプチジル tRNA のエステル結合が露出する．場合によってはこのエステル結合は水と接触しないように埋もれており，水と反応して途中でタンパク質合成が終わらないように保護されている．リボソームによる近接配向効果によって，10^7 倍ほどペプチド結合の生成速度が上がる．

ボックス 22・B ◆ 生化学ノート

タンパク質合成の阻害剤としての抗生物質

抗生物質は，細胞壁の合成，あるいは DNA 複製，RNA 転写などさまざまな細胞過程を阻害する．広く臨床で使われているものを含めて，非常に効果のある抗生物質には，タンパク質合成を標的にするものが含まれる．原核生物と真核生物ではリボソームや翻訳因子が異なるので，こうした抗生物質は，哺乳類である宿主を傷つけることなしに細菌を殺すことができる．

リボソームの構造や機能を研究する道具として，翻訳を阻害する抗生物質は研究室でも非常に役に立つ．たとえば，ピューロマイシン（puromycin）は Tyr–tRNA の 3′ 末端と似た構造をしており，リボソームの A 部位に結合するためアミノアシル tRNA と競合する．

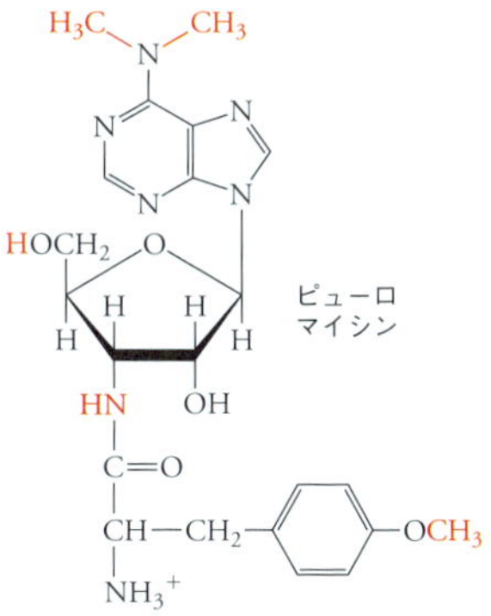

ペプチド転移反応でピューロマイシン–ペプチジル基が形成されるが，そのあと伸長できなくなる．それはピューロマイシン上の"アミノ酸"部分はその"tRNA"部分とエステル結合ではなく，アミド結合で結合しているためである．その結果ペプチド合成は停止してしまう．

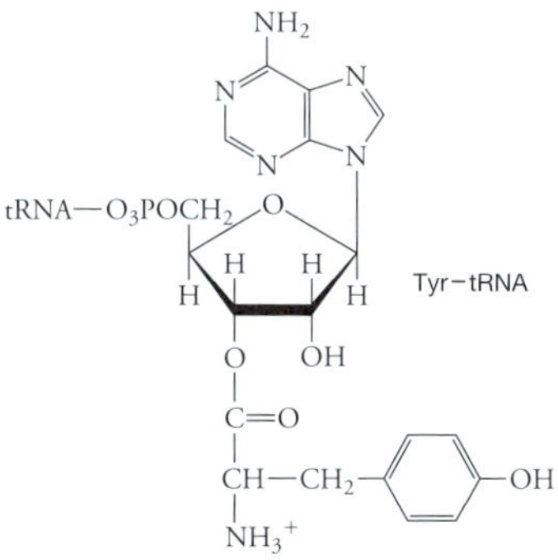

抗生物質のクロラムフェニコール（chloramphenicol）は，ペプチジルトランスフェラーゼの活性部位に結合するためにタンパク質合成を阻害する．

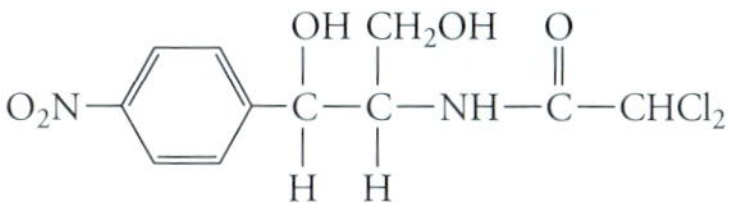

クロラムフェニコール

X 線結晶構造解析の結果は，この低分子量の化合物は，活性に必須な A2451 を含む活性部位のヌクレオチドと相互作用してペプチド転移反応を阻害することを示唆している．

もう少し複雑な構造をもった他の抗生物質は別の機構によってタンパク質合成を阻害する．たとえばエリスロマイシン（erythromycin）は活性部位から合成途中のポリペプチドが出てくるトンネルを物理的にふさいでしまう．6～8 個までペプチド結合が伸長すると，トンネルの閉ざされた出口に行き当たってしまい，それ以上伸長できなくなる．

ストレプトマイシン（streptomycin）は 16S rRNA の骨格と強固に結合し，リボソームが誤りを起こしやすい型の構造をとらせてそれを安定化してしまう．ストレプトマイシンが存在するとアミノアシル tRNA へのリボソームの親和性は増大するが，同時に誤ったコドン–アンチコドン対をつくりやすくし，結果として翻訳の誤りが増えてしまう．不正確に合成されたタンパク質は毒性を発揮して細胞を殺してしまうだろう．

ここで紹介した薬剤は，他の抗生物質と同じで，標的の生物が耐性をもつと効果を失う．耐性も種々の機構で獲得される．たとえば，リボソームの構成要素が変異を起こすと抗生物質は結合できなくなるだろう．実際にこうした変異の場所を rRNA 上で特定することでリボソームの機能解析が進展した．時に抗生物質に感受性であった生物が，染色体外のプラスミドにのった遺伝子を獲得することがある．その遺伝子産物が抗生物質を無毒化するのである．アセチルトランスフェラーゼをコードする遺伝子を獲得すると，クロラムフェニコールにアセチル基を付加できる．するとクロラムフェニコールがリボソームに結合するのを抑えられることで耐性を獲得する．ABC トランスポーター（§9・3）の遺伝子を獲得した場合，細胞から薬剤を排出する能力が高まり，薬剤の効果がなくなる．

図 22・16　好熱菌 *T. thermophilus* の EF-G の構造. [構造 (pdb 2BV3) は S. Hansson, R. Singh, A. T. Gudkov, A. Liljas, D. T. Logan によって決定された.]

いくつかの抗生物質は，そのペプチジルトランスフェラーゼの活性部位に結合し直接タンパク質合成を阻害して，その効果を発揮する（ボックス 22・B）.

ペプチド転移反応でペプチジル基は A 部位にある tRNA へと転移され，P 部位の tRNA は脱アシルされる. 次にその新しいペプチジル tRNA は P 部位に，脱アシルした tRNA は E 部位へと移動する. ペプチジル tRNA のアンチコドンと塩基対を形成したまま mRNA はリボソーム上を 1 コドン分前に進む. リボソームが出す力を評価するための実験が行われ，大サブユニットのペプチジルトランスフェラーゼ部位でのできごとがどのように小サブユニットの mRNA 解読部位に伝わるかは不明のままであるが，ペプチド結合の形成によってリボソームが mRNA を捕捉する力が緩むことが示された. tRNA と mRNA が動いて次のコドンが翻訳できるようになることを**転位** (translocation) とよぶ. 大腸菌ではこの動的な過程に伸長因子 G（EF-G）とよばれる G タンパク質が必要である.

EF-G 分子は EF-Tu-tRNA 複合体と驚くほど似ていて（図 22・16），二つのタンパク質がリボソームに結合する場所は重なっている. 構造解析から EF-G-GTP 複合体がペプチジル tRNA を A 部位から物理的に追い出し，P 部位へと転位させることが明らかとなった. この移動に伴って，脱アシルした tRNA が P 部位から E 部位へと追いやられる. EF-G がリボソームに結合するとその GTP アーゼ活性が高まる. EF-G が結合した GTP を加水分解するとリボソームから離れ，空の A 部位が生じ，次のアミノアシル tRNA が入り，次のペプチド転移反応が起こる.

EF-Tu，EF-G といった G タンパク質の GTP アーゼ活性によって，翻訳伸長の全段階を通じてリボソームが効率よく回転する. GTP の加水分解は不可逆であるので，伸長反応として，アミノアシル tRNA の結合，ペプチド転移反応，転位が一方向に進行する. 大腸菌のリボソームからみた伸長サイクルを図 22・17 に示す. 真核生物は EF-Tu や EF-G と類似の機能をもった伸長因子

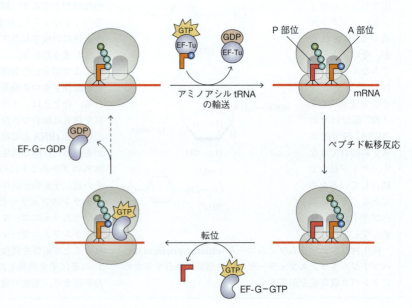

図 22・17　リボソームの伸長サイクル

をもつ．こうしたGタンパク質はタンパク質合成が行われている間，再利用される．次の反応サイクルでのGタンパク質を用意するために，補助タンパク質が存在してGタンパク質の結合GDPをGTPと入れ替えるのを助ける場合もある．

終結因子が翻訳の終結を手助けする

ペプチド転移反応によって伸長するにつれ，ペプチド鎖はリボソームの大サブユニットの中心にあるトンネルのような出口から出てくる．細菌のリボソームにある長さ約100Å，直径約15Åのトンネルには30残基ほどのペプチド鎖が入る．このトンネルは23S rRNAとリボソームタンパク質によって構成される．rRNAの塩基，骨格のリン酸基，そしてタンパク質の側鎖などさまざまな官能基で，その多くが親水性のトンネル表面を形づくる．そこには新しく合成されたペプチド鎖が出ていくのを妨げるような大きな疎水性領域はない．

リボソームが終止コドン（表22・1参照）と出くわすと翻訳は終わる．A部位に終止コドンがくると，リボソームはアミノアシルtRNAではなく，代わりに**終結因子**（release factor: **RF**）とよばれるタンパク質と結合する．大腸菌のような細菌では，RF1はUAAとUAGの終止コドン，RF2はUAAとUGAの終止コドンを認識する．真核生物では，eRF1という一種のタンパク質が三つすべての終止コドンを認識する．

終結因子はmRNAの終止コドンを特異的に認識しなければならない．たとえばRF1では"アンチコドン"配列とも表現できるPro-Val-Thr，RF2ではSer-Pro-Pheの3アミノ酸配列で認識している．終結因子のGly-Gly-Glnという保存配列をもったループは，50Sサブユニットのペプチジルトランスフェラーゼ部位に入り込む（図22・18）．Gln残基のアミド基が，加水分解の遷移状態を安定化させ，P部位のペプチジルtRNAの加水分解を促進する．反応産物であるポリペプチドをつなぎとめるものはなくなり，リボソームの出口から出ていく．一時，終結因子はEF-Gがそうであったように，tRNA分子を擬態することで作用すると考えられていた．しかしいまでは，終結因子はリボソームと結合する際に立体構造の変化を起こし，単にtRNAの代理人として働くわけではないことがわかっている．

大腸菌では，そのほかにGTPと結合するRF(RF3)が，RF1またはRF2がリボソームと結合するのを促進する．

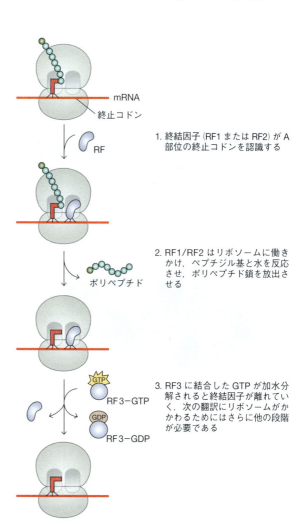

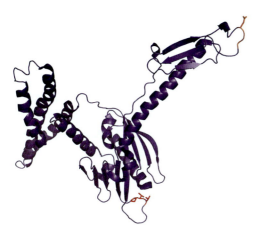

図22・18 **RF1の構造**．RF1タンパク質を紫のリボンで示す．アンチコドンと結合するPro-Val-Thr (PVT)配列を赤で，ペプチジルトランスフェラーゼと結合するGly-Gly-Gln (GGQ)配列をオレンジで示した．RF1がリボソームと結合しているときの構造を示す．[*T. thermophilus*のリボソームとRF1の構造（pdb 3D5A）はM. Laurberg, H. Asahara, A. Korostelev, J. Zhu, S. Trakhanov, H. F. Nollerによって決定された．]

図22・19 **大腸菌における翻訳終結**

真核生物ではeRF3がこの役割を果たす．RF3（またはeRF3）と結合したGTPが加水分解すると終結因子が離れていけるようになる（図22・19）．このときリボソームにmRNAが結合したまま，A部位は空，P部位には脱アシルしたtRNAが残っている．

細菌ではリボソームを次の翻訳へと向かわせるためには，リボソーム**再利用因子**（ribosome recycling factor: **RRF**）が，EF-Gとともに大きくかかわる．RRFはリボソームのA部位に入っていく．EF-Gが結合するとRRFはP部位へと移動し，これによって残っていた脱アシルされたtRNAを押し出すことになる．GTPの加水分解が起こって，EF-GとRRFはリボソームから離れ，次の翻訳開始ができる新たな状態となる．真核生物では，ATPアーゼ活性をもつタンパク質が，eRF3を含んだリボソームと結合すると，大サブユニットと小サブユニットの解離を促進する．開始因子がこの段階で結合するので，翻訳の終結と次の開始は密に関連しているとみなせる．

in vivo で翻訳は効率よく進む

リボソームは，細菌の場合で毎秒約20アミノ酸，真核生物の場合で毎秒約4アミノ酸相当のポリペプチド鎖を伸ばすことができる．この速さでいけば，大半のタンパク質は分単位で合成される．ここまでみてきたように，さまざまなGタンパク質が，伸長サイクルが繰返すなかで効率よくリボソームが機能するような立体構造の変化をひき起こす．細胞ではさらに**ポリソーム**（polysome，ポリリボソームともいう）が形成され，タンパク質合成が速まる．これは，1本のmRNAを複数のリボソームによって同時に翻訳している状態である（図22・20参照）．最初のリボソームが開始コドンを通過した瞬間，次のリボソームが参加してmRNAの翻訳を始める．真核生物のmRNAは環状の構造（図22・11）をとることで，翻訳を幾度も繰返すのを助けているのだろう．コード領域の3′末端側にある終止コドンは，5′末端側にある開始コドンと近い位置にあるので，終結で放出されるリボソーム構成因子がまた開始の過程へと容易に向かうことができるだろう．

22・4 翻訳後に起こる現象

重要概念
- 分子シャペロンは，リボソームからポリペプチドが出てくるときからタンパク質の折りたたみを促進する．
- 膜タンパク質と分泌タンパク質はシグナル認識粒子によってトランスロコンへと運ばれる．
- 翻訳後タンパク質修飾として，タンパク質分解，グリコシル化，その他の化学修飾といった種類がある．

リボソームから離れたばかりのポリペプチドはそのままではまだ完全に機能を発揮できるものではない．たとえば，ポリペプチドはあるべき構造に折りたたまれる必要がある．細胞内，あるいは細胞外の別の場所に運ばれること，翻訳後修飾，あるいは**プロセシング**（processing）を受ける必要がある場合もある．

シャペロンはタンパク質の折りたたみを促進する

in vitroでのタンパク質の折りたたみの研究によって，タンパク質（化学的に変性させた，多くは小さめのタンパク質）が，疎水性中心部と親水性表面をもったコンパクトな球形をとるまでの経路について多くの知見が得られた（§4・3参照）．in vivoでのタンパク質の折りたたみについてはほんの一部しか理解されていない．タンパク質全体が完全に合成される前から，リボソームからそのN末端が出てくるなり折りたたみが始まる．そして，

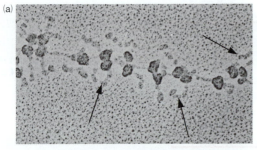

図22・20 ポリソーム． (a) カイコ *Bombyx mori* 由来の絹のフィブロインタンパク質をコードする1本のmRNA鎖上にリボソームが散在する様子が見える電子顕微鏡写真．矢印は伸長中のフィブロインポリペプチド鎖を示す．(b) クライオ電子顕微鏡観察に基づいてつくられたポリソームの再構成写真．リボソームは青，金色，誕生するポリペプチドを赤と緑で示す．[(a) は Oscar L. Miller, Jr., Steven L. McKnight, University of Virginia 提供．(b) は Wolfgang Baumeister and Julip Ortiz 提供．*Cell* 136, 261–271 (2009) による．]

ポリペプチド鎖は，他のタンパク質に囲まれて邪魔されるような環境でも折りたたまれる．さらに四次構造をとるタンパク質では，各ポリペプチド鎖どうしが適切な量比と配向で会合する必要がある．こうした過程は**分子シャペロン**（molecular chaperone）とよばれる細胞内のタンパク質によって促進される．

ポリペプチド鎖内あるいは鎖の間で不適切な相互作用をさせないように，シャペロンはタンパク質表面に露出した疎水性の領域と結合する．（疎水性の基が凝集しやすいことに起因して，不自然なタンパク質の構造，タンパク質の凝集，沈殿に結びつくことを思い出そう）．多くのシャペロンは基質のポリペプチド鎖と結合し，ATPの加水分解の自由エネルギーを用いて構造変化を起こさせ，本来の形をとったら手放すようなATPアーゼである．もともとシャペロンは熱ショックタンパク質（heat-shock protein: Hsp）として発見された．その名は，タンパク質が変性して崩れ，凝集しやすい高温条件で，その合成が誘導されることに由来する．

引金因子（trigger factor）とよばれるシャペロンはリボソームのポリペプチド鎖出口トンネルのすぐ外側に位置してリボソームタンパク質と結合しており（図22・21），細菌のタンパク質が最初に出会う．引金因子がリボソームと結合すると，出口トンネルに向いた疎水性領域を露出するように広げる．新しく出てきたポリペプチド鎖の疎水性断片はこの部分と結合するので，ポリペプチド鎖どうしあるいは他の細胞因子と非特異的に吸着するのを抑える．引金因子がリボソームから離れても，他のシャペロンに引き継がれるまで新生ポリペプチド鎖と結合したままである．真核生物には引金因子はないが，新生タンパク質を同じような方法で守る異なる種類の低分子量の熱ショックタンパク質がある．こうしたシャペロンは細胞内に非常に多く存在し，少なくともリボソーム当たり一つは存在する．

引金因子は，新生ポリペプチド鎖を，大腸菌であればDnaK（DNA合成にかかわると思われたことから名づけられた）といった他のシャペロンに手渡す．原核生物，真核生物でのDnaKや他の熱ショックタンパク質は，新生ポリペプチド鎖や細胞内に存在するタンパク質と相互作用して，不適切な折りたたみをさせず，戻すことができる．こうしたシャペロンはATPを結合した複合体を形成して，疎水性部分を露出した短く伸びたポリペプチド鎖部分と結合する（疎水性領域が内部に囲まれるように折りたたまれたタンパク質を認識することはない）．シャペロンがポリペプチド鎖を放出する際にはATPの加水分解を必要とする．ポリペプチド鎖が折りたたまれる過程で，繰返し熱ショックタンパク質が結合したり離れたりする．

最後に**シャペロニン**（chaperonin）とよばれる多量体のシャペロンが関与して，タンパク質の折りたたみが完成する．シャペロニンは，折りたたまろうとするポリペプチド鎖を内部に収容できる籠のような構造を組む．最もよく知られているシャペロニン複合体は大腸菌のGroEL/GroES複合体である．14個のGroELのサブユニットから，7個のサブユニットでできた環を二つ形

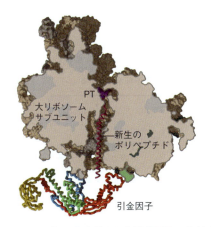

図 22・21　**リボソームと結合した引金因子**．引金因子のリボソームが結合する領域を，ドメインごとに色分けして示す．この因子は，50Sリボソームサブユニットから，ポリペプチド（赤紫のらせん）が出てくる箇所に結合する．PTはペプチジルトランスフェラーゼの活性部位を示す．[Nenad Ban, Eidgenossische Technische Hochschule Honggerberg, Zurich 提供．]

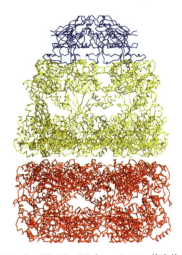

図 22・22　**GroEL/GroESシャペロニン複合体**．二つの7サブユニットからなるGroELの環（赤と黄）を横から見た図．7サブユニットからなるGroES複合体（青）がいわゆるシスGroEL環にかぶさる．[構造（pdb 1AON）はZ. Xu, A. L. Horwich, P. B. Siglerによって決定された．]

成する．それぞれの環が，折りたたまろうとするポリペプチド鎖をおさめるのに十分な直径45Åの空間をもつ．一つのGroELの部屋ごとに，7個のGroESサブユニットからなるドーム状のふた（キャップ）一つがある（図22・22）．キャップに近いGroELの環をシス環，反対側をトランス環とよぶ．

GroELサブユニットはそれぞれATPアーゼの活性部位をもっている．環の中の七つのサブユニットすべてが協調して働き，結合したATPを加水分解を伴って，構造変化を起こす．シャペロニン複合体の二つのGroEL環は交互に働くことで，2本のポリペプチド鎖が安全な環境で折りたたまる（図22・23）．タンパク質が10秒で折りたたまれるたびに，7分子のATPが消費されることに注目しよう．基質タンパク質が本来の構造をとれないときは，放出されても再度シャペロニン複合体と再結合することもあるだろう．GroEL/GroESシャペロニン複合体の作用を必要とするのは細菌タンパク質のうち約10%ほどらしい．その多くは10〜55 kDaの分子質量をもつ（おそらく約70 kDaより大きいタンパク質はタンパク質を折りたたむ部屋の中におさまらないのだろう）．免疫細胞学的な解析によって，タンパク質によってはシャペロニン複合体から遠くに離れないことを示している．こうしたタンパク質は構造を崩しやすく，その本来の構造を繰返し回復させる必要があるのだろう．

真核生物では，TRiCとして知られるシャペロニン複合体が細菌のGroELと類似しているが二つの環は八つのサブユニットからなり，GroESのキャップ構造の代わりに指のような形をした突出部分があることが異なる．

シグナル認識粒子によって特定のタンパク質が膜へと向かう

細胞質のタンパク質であれば，リボソームから細胞内の最終目的地までは単純な道のりである（実際，mRNAは細胞質のある決まった部分へと運ばれてから翻訳されるほど道のりは短い）．それに対して膜内在性のタンパク質あるいは細胞から分泌されるタンパク質は，膜を完全にあるいは多少なりとも通り抜ける必要があるので，異なる道筋をたどる．

原核生物では，膜タンパク質，分泌タンパク質は細胞質のリボソームで合成されたのち，細胞膜に向かって，あるいは細胞膜を通過するように運ばれる．真核生物では大半の膜タンパク質は翻訳と共役しながら，リボソーム上で伸長していく過程で膜に組込まれる．基本的にすべての細胞で膜の通過はよく似ており，**シグナル認識粒子**（signal recognition particle: **SRP**）とよばれるリボ核タンパク質が必要とされる．SRPは特定のタンパク質を細胞膜（細菌の場合）または小胞体（真核生物）へと向かわせる．

リボソームやスプライソソームなどの他のリボ核タンパク質の場合と同様に（§21・3参照），SRPを構成するRNA分子は種を越えてよく保存されており，SRPの

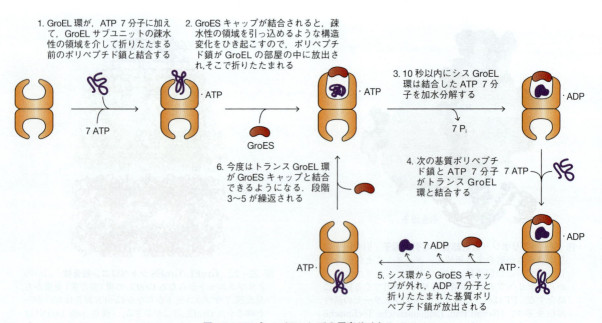

図 22・23　シャペロニンでの反応サイクル

機能に必須である．大腸菌のSRPは複数ドメインをもつタンパク質一つと4.5SのRNAからなる．哺乳類のSRPはそれより大きいRNAと，異なる六つのタンパク質とからなる．しかしその中心部分は細菌のSRPとほとんど同じである．SRPのRNA成分は，G：A，G：G，そしてA：Cといった非標準型の塩基対をいくつか形成し，タンパク質のペプチド骨格のカルボニル基と相互作用している（ふつうRNAは，骨格ではなく，タンパク質の側鎖と相互作用する）．

どのようにしてSRPは膜タンパク質と分泌タンパク質を認識するのだろうか．典型的な膜あるいは分泌タンパク質はそのN末端に，少なくとも一つの正の電荷をもった残基とそれに続く6〜15残基の疎水性アミノ酸のαヘリックスからなる**シグナルペプチド**（signal peptide）をもっている．たとえば，ヒトのプロインスリン（ホルモンであるインスリンの前駆体ポリペプチド）は次のようなシグナルペプチドの配列（シグナル配列という）をもっている（疎水性の部分と隣り合ったArg残基に緑とピンクの色をつけてある）．

MALWMRLLPLLALLALWGPDPAAAFVN……

シグナルペプチドは，おもにメチオニンに富んだドメインで形成されるSRPのポケットに結合する．疎水性のメチオニン残基が柔軟な側鎖をもつおかげで，このポケットにさまざまな大きさと形をもったシグナルペプチドのヘリックスを収容することができる．Met残基に加えてSRPの結合ポケットにはRNAのある領域も関与していて，その骨格上の負電荷がシグナルペプチドの正電荷をもったN末端および塩基性残基と静電的に相互作用する（図22・24）．

電子顕微鏡による研究で，真核生物ではリボソームはポリペプチド鎖の出口トンネルでSRPと結合することがわかった．シグナルペプチドがリボソームから出てくるやいなや，SRPが結合し，SRPは構造変化を起こす．その変化がリボソームの他の部分へと情報伝達されて，翻訳伸長が止まる．リボソーム−SRP複合体は小胞体膜上での受容体と結合する．翻訳が再開すると，伸長中のペプチドは膜を越えていく．原核生物のSRPは完全長のポリペプチド鎖（すでにリボソームから離れた）を，**トランスロコン**（translocon）とよばれる膜を移行させる装置と結合させる．いずれの場合もSRPによってGTPが加水分解されることが，この過程で不可欠である．

原核生物ではSecY，真核生物ではSec61とよばれるトランスロコンのタンパク質は，他の物質の拡散を許さない穴をもった膜貫通型のチャネルを形成する（図22・25）．ポリペプチド鎖が移動するときにはその穴は少なくとも20Åの直径まで拡大し，ポリペプチド鎖が通れるようになる．移動が翻訳と共役して起こる場合には，リボソームによるポリペプチド鎖の伸長によって駆動力を得ている．リボソームがポリペプチド合成を完成させたあとに移動が起こる際（原核生物で起こる）には，ポリペプチド鎖はATPを消費する爪車（ラチェット）のような機構をもつトランスロコンを通って移動が促される必要がある．真核生物の分泌タンパク質が移動する過程を，図22・26にまとめた．

シグナルペプチドは膜の反対側に出ると，**シグナルペプチダーゼ**（signal peptidase）とよばれる膜内在性タンパク質によって切り落とされる．この酵素はシグナルペプチドの疎水性領域と隣り合うペプチドなど，伸びた

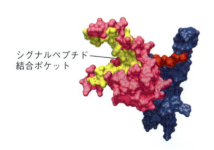

図22・24 **SRPのシグナルペプチド結合ドメイン**．このモデルは大腸菌のシグナル認識粒子のある部分の分子表面を示す．タンパク質をピンク，そのうち疎水性残基を黄色で示す．隣り合うRNAのリン酸基を赤で，RNAの残りの部分を濃青で示す．シグナルペプチドがSRPのポケットに結合して，タンパク質やRNAと静電的あるいは疎水的に接触する．[R. Batey, *Science* 287, 1232−1239 (2000) による．AAASの許可を得て複製．Robert Batey 提供．]

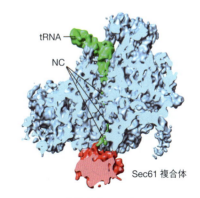

図22・25 **Sec61と結合するリボソーム**．このクライオ電子顕微鏡像によって得られたイメージは，酵母のリボソームの一つ（図では部分的に切断された像となっている）が，ポリペプチドの出口トンネルの端に位置するSec61（ピンク）と結合しているところを示す．新生ポリペプチド部分（NC, 緑）が出口トンネルに見えている．[R. Beckmann, *Science* 326, 1369−1373 (2009) による．AAASの許可を得て複製．Roland Beckmann 提供．]

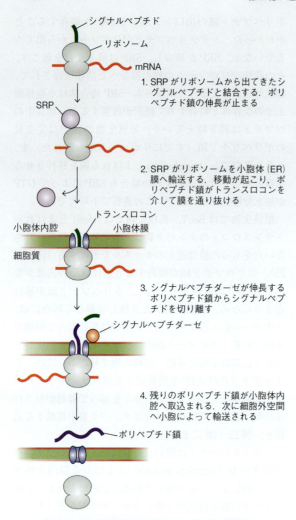

図 22・26 真核生物の分泌タンパク質の膜輸送

形のポリペプチド鎖を認識する．しかし，成熟型の膜タンパク質によくみられるαヘリックスを認識しない．膜内在性タンパク質のシグナルペプチドのなかには切り落とされずに，タンパク質とともに膜につながれた状態にとどまるものもある．複数の膜貫通領域をもつタンパク質は，膜を移動せずに，いくつかのポリペプチド領域を膜に挿入する形でトランスロコンと相互作用する．

移動後，小胞体のシャペロンなどのタンパク質が，ポリペプチド鎖の折りたたみ，ジスルフィド結合の形成，および他のタンパク質サブユニットとの会合を助ける．細胞外タンパク質はさらに小胞体からゴルジ体を経て，小胞を介して細胞膜へ輸送される．タンパク質は最終目的地に向かう途中でプロセシングを受ける（後述）．膜タンパク質，分泌タンパク質すべてがここで紹介したSRPを介した道筋を通るとは限らない．たとえば，膜を通り抜けるタンパク質でもシグナル配列をもたないものもある．さらには真核生物ではタンパク質によって，特にミトコンドリアのタンパク質などは，細菌内で起こるように，翻訳が終わってから膜を通り抜ける．

多くのタンパク質が化学修飾を受ける

多くのタンパク質の成熟過程に**タンパク質分解**（proteolysis）がかかわる．たとえばインスリン前駆体は小胞体内腔に入ると，シグナルペプチドが切り落とされて，Cys の側鎖がジスルフィド結合で架橋されたのち，タンパク質分解によるプロセシングを受ける．このプロホルモン中で2箇所切断を受けて，成熟型のインスリンとなる（図 22・27）．

多くの真核生物の細胞外タンパク質は Asn, Ser, または Thr の側鎖が**グリコシル化**（glycosylation）を受けて糖タンパク質（§11・3 参照）となる．分泌糖タンパク質に結合した短い糖鎖（オリゴ糖）が，タンパク質を分解から守ったり，分子間の相互作用を仲介する．メチル基，アセチル基，プロピオニル基のような官能基も側鎖に付加されることがある．N末端はしばしばアセチル化（ヒトタンパク質の80%），C末端はアミド化を受けている．タンパク質に脂肪酸アシル基や他の脂質が結合すると，膜につなぎ止められるようになる（§8・3）．リン酸基の付加，あるいは脱離は，細胞のシグナル伝達因子（§10・2）や代謝系（§19・2）をアロステリックに調節するうえで重要な機構である．

タンパク質の分解が起こる際，他のタンパク質が共有結合する修飾を受けることがある．ユビキチンが標的タンパク質に共有結合するのはその一例である（§12・1）．それと似た SUMO（small ubiquitin-like modifier の頭文字をとったもの）タンパク質も標的タンパク質のリシン側鎖に共有結合する．ただ，SUMO 化はユビキチン

図 22・27 プロインスリンからインスリンへの変換．三つのジスルフィド結合をもったプロホルモンは，2箇所で（矢印で示す）切断され，C鎖を遊離する．成熟インスリンホルモンはジスルフィド結合でつながったA鎖とB鎖とからなる．

22. タンパク質合成　　521

のようにそのタンパク質を分解するのではなく，タンパク質を核へ輸送するなど他の過程にかかわる．

以上紹介したすべての翻訳後修飾には，特定の酵素が触媒としてかかわる．こうした酵素は修飾の種類や，細胞の状況に依存して作用する．したがって，翻訳後修飾の結果として，遺伝暗号で決まるアミノ酸配列そのままではなく，タンパク質が多くの違いを示すようになる．

ま　と　め

22・1　tRNA のアミノアシル化

- DNA 上の塩基配列は，アダプター分子である tRNA が翻訳する際，トリプレットコドンに基づいた遺伝暗号によってタンパク質のアミノ酸配列と関連が生まれる．
- tRNA 分子はみな L 字形をして似ており，一つの端に 3 塩基のアンチコドン，もう一方の端に特定のアミノ酸が結合する部位がある．
- アミノアシル tRNA 合成酵素が tRNA にアミノ酸を結合させる反応には ATP が必要である．さまざまな校正機能があるため正しいアミノ酸が tRNA に結合する．

22・2　リボソームの構造

- タンパク質合成の場であるリボソームは rRNA とタンパク質から構成される二つのサブユニットからなる．リボソームには mRNA 結合部位と，三つの A, P, E 部位とよばれる tRNA 結合部位がある．

22・3　翻　訳

- mRNA の翻訳にはメチオニン（細菌の場合にはホルミルメチオニン）を運ぶ開始 tRNA が必要である．開始因子タンパク質はリボソームのサブユニットを解離させ，開始 tRNA と翻訳される mRNA との再結合を促進する．
- タンパク質合成の伸長過程では伸長因子（大腸菌では EF-Tu）が相互作用したアミノアシル tRNA をリボソームの A 部位に運ぶ．mRNA のコドンと tRNA のアンチコドンが正確に対を組むと EF-Tu に結合した GTP が加水分解され，リボソームから離れる．
- ペプチド転移反応，つまりペプチド結合の形成はリボソームの大サブユニットの rRNA によって触媒される．伸長中のポリペプチドは A 部位にある tRNA と結合しているが，次は P 部位に移動する．この移動には GTP 結合タンパク質である伸長因子（大腸菌では EF-G）がかかわる．
- リボソームの A 部位に mRNA の終止コドンがきて，さらにそれを終結因子が認識すると，翻訳が終結する．他の因子によってリボソームは新たな翻訳を開始する．

22・4　翻訳後に起こる現象

- シャペロンタンパク質は新しく合成されたポリペプチド鎖と結合し，折りたたみを助ける．大きなシャペロニン複合体は折りたたまれたタンパク質を収容できる樽の形をしている．
- 分泌タンパク質は膜を通り抜ける必要がある．シグナル認識粒子とよばれる RNA−タンパク質複合体が，N 末端にシグナルペプチドをもったポリペプチドを通り抜けさせるため膜へと運ぶ．
- 新たに合成されたタンパク質に加えられる修飾としては，タンパク質プロセシング，糖鎖や脂質の付加などがある．

問　題

22・1　tRNA のアミノアシル化

1. 4 塩基でアミノ酸がコードされていると仮定した場合，4 種類のヌクレオチドから何通りの組合わせが可能か．

2. 縮重した遺伝暗号のおかげで，突然変異による影響から生物はまもられている．それはなぜか．

3. 1960 年代の初め，ニーレンバーグ（Marshall Nirenberg）らは遺伝暗号を解き明かした．そのために，さまざまなリボヌクレオチドと，ランダムに周囲のヌクレオチドを重合する酵素ポリヌクレオチドホスホリラーゼを用いて，RNA の鋳型を構築した．無細胞翻訳系に次の鋳型を入れた際に得られるタンパク質の配列を示せ．

　(a) ポリ(U)　　(b) ポリ(C)　　(c) ポリ(A)

4. 問題 3 で述べた実験手法によってポリ(UA)が合成された．ポリヌクレオチドホスホリラーゼによるヌクレオチドの取込みはランダムであることを考慮すると，U と A を含むすべてのコドンが RNA 鋳型に登場する可能性がある．

　(a) この鋳型を用いて無細胞翻訳系で合成されるポリペプチドに取込まれるアミノ酸を示せ．

　(b) ポリ(UC)を鋳型として用いた際にタンパク質に取込まれるアミノ酸を示せ．

　(c) (b)と同様にポリ(UG)ではどうか．

　(d) こうした実験で遺伝暗号に冗長性があることがどのように示されるだろうか．

5. 遺伝暗号の完全な解明は，ランダムではなく，確定した配列をもったポリヌクレオチドを合成できるコラナ（H. Gobind Khorana）の方法を用いて完璧なものとなった．

　(a) (UAUC)配列が繰返したポリヌクレオチドを鋳型にした際に合成されるポリペプチドを示せ．

　(b) 1 種類の RNA の鋳型であるにもかかわらず，複数のポリペプチドができるのはなぜか．

第Ⅳ部 遺 伝 情 報

6. (AUAG) 配列が繰返したポリヌクレオチドを鋳型にした際に合成されるポリペプチドを示せ. その答を問題5の答と比較せよ.

7. 生物はそれぞれにコドンの使い方 (codon usage) に違いがある. たとえば, 酵母では61のアミノ酸コドンのうち25のものを高頻度で用いる. 細胞内には, こうしたコドンと通常のワトソン‐クリック型の塩基対ができる tRNA の存在量が多い. コードするアミノ酸には変化をもたらさない点変異がある遺伝子の中で起こることで, その遺伝子からのタンパク質合成の効率が落ちる可能性があるかを説明せよ.

8. (a) 酵母で多く発現している遺伝子は25の好まれるコドンのセットに対応した配列をもつと予想できるか (問題7). 同じことは, たまに発現するような遺伝子に関しても同じように予想されるか.

(b) 多くの細菌のゲノムには, 哺乳類も含む他の種から獲得したような遺伝子が含まれているようである. その遺伝子の機能が明らかとなっていない場合でも, 細菌由来でないことがわかるのだが, それはなぜか.

9. tRNA のアンチコドンの 5′ ヌクレオチドにはよくメチルグアニンなどの非標準的な塩基がみられる. こうした塩基がリボソームによる遺伝暗号の解読を妨げることにならないのはなぜか.

10. 本章では, 真核生物の翻訳を原核生物ではなく, 細菌の翻訳系と比較してきた. アーキアのタンパク質合成機構は細菌の系よりも真核生物の系により似ているために意図的に区別をしてきた. このことは図 1・15 で示した進化のあらましと矛盾しないだろうか.

11. イノシン (I) とアデノシンの間で形成される "ゆらぎ" 塩基対を書け.

イノシン

12. 大腸菌で, tRNA 上のウリジンがウリジン 5′-オキシ酢酸 (cmo⁵U) へと修飾されたものが見いだされた. この修飾ウリジンは G, A, U と塩基対形成できる.

(a) $tRNA^{Leu}_{cmo^5UAG}$ によって認識される mRNA 上のコドンを示せ.

(b) 修飾された tRNA は, 合成されるペプチド配列にどのような影響を与えるか.

13. ある RNA 転写産物はアデノシンデアミナーゼの基質となる. この "編集酵素" はアデノシン残基をイノシン残基へと変換する. このイノシンはグアノシン残基と塩基対を組むことができるようになる. どのようにしてデアミナーゼの働きが一つの遺伝子から得られる遺伝子産物の数を増加させる可能性があるのかを説明せよ.

14. ある種の細胞では, アミノアシル tRNA 合成酵素がRNA スプライシングにおける特定の現象を促進するという別の役割をもっているようである (§ 21・3 参照).

(a) 合成酵素のどの構造的特徴が, アミノアシル化とスプライシング反応とにかかわることができるだろうか.

(b) アミノアシル tRNA 合成酵素は進化的に古いタンパク質のひとつである. この事実と, 一つの合成酵素分子が複数の活性をもっていることと関連するのはなぜか.

15. GlyRS にはなぜ校正ドメインがなくてよいのか.

16. IleRS は, 正確に Ile-$tRNA^{Ile}$ を形成し, Val-$tRNA^{Ile}$ を形成しないように二重ふるい機構を用いている. 同じように他のアミノ酸の対で一つの炭素原子による構造の違いをもち, その AARS が同様の二重ふるい機構を用いている可能性があるものをあげよ.

17. AlaRS (アラニンを $tRNA^{Ala}$ に付加する酵素) の研究から, このアミノアシル化酵素の活性部位は, Ala, Gly, Ser を互いに区別できないことが示唆された.

(a) AlaRS を介した反応のすべての産物をあげよ.

(b) IleRS の際のような二重ふるい機構は, $tRNA^{Ala}$ にまちがったアミノ酸が充填される問題を完全には解決できない. なぜか.

(c) 多くの生物で, AlaXp とよばれるタンパク質が発現されている. このタンパク質は AlaRS の校正ドメインの可溶性類似体であり, Ser-$tRNA^{Ala}$ を加水分解できるが, Gly-$tRNA^{Ala}$ を加水分解することはできない. AlaXp は何のためにあるのか.

18. tRNA 分子はその 3′ 末端に CCA 配列をもたないとアミノアシル化されない. 多くの tRNA 前駆体はこの配列なしの形で合成されるので, 不完全な tRNA 分子の 3′ 末端に CCA を付加する酵素がなければならない.

(a) CCA 付加酵素はポリヌクレオチドの鋳型を必要としない. この事実は CCA 配列を付加する機構について何を示唆するか.

(b) CCA 付加酵素の基質特異性について述べよ.

(c) 多くの CCA 付加酵素はポリメラーゼドメインを一つもつ. しかし細菌の一種の CCA 付加酵素には二つのポリメラーゼドメインがある. この CCA 付加酵素がどのように作用するかを説明せよ.

19. あるタンパク質をコードする遺伝子中の Lys コドンの最初の塩基に入りうる塩基置換をすべてあげ, それぞれについてタンパク質の構造, そして機能への影響を予想せよ.

20. 非標準的なアミノ酸がタンパク質に組込まれた際の構造や機能への影響を研究しているタンパク質工学者は, 細胞に非標準的なアミノ酸を与えてつくらせることを行う. 理論的には, ノルロイシン (norleucine) というアミノ酸を含むペプチドは, 本来のロイシンを欠いた培地にノルロイシンを高濃度に加えて細胞を成長させると合成可能である. しかし, 変異型の LeuRS をもった細胞を用いないと, ロイシンの代わりにノルロイシンを含んだペプチドは合成されないことが実験的に示された. この結果を説明せよ.

ノルロイシン

22. タンパク質合成　　　523

22・2　リボソームの構造

21. 大腸菌のリボソームタンパク質すべての配列が明らかにされている．その配列には多くのリシンとアルギニン残基が含まれていることがわかった．この知見は驚くほどのことはないのはなぜか．リボソームタンパク質とリボソームRNAの間にはどのような種類の相互作用が働くのだろうか．

22. 真核生物では，rRNA前駆体として，18S, 5.8S, 28S rRNAが短いスペーサー配列を挟んだ形で並んだ45S rRNAが合成される．このようにrRNA遺伝子がオペロンのような配置をしていることにどのような有利な点があるだろうか．

23. リボソームRNAの配列は，ゲノム中に多くのrRNA遺伝子があるにもかかわらず，高度に保存されている．このことはrRNAが単に構造をつくるのではなく，実際に機能していることをどのように裏づけるだろうか．

24. リボソーム不活性化タンパク質（ribosomal inactivating protein: RIP）は植物からRNA *N*-グリコシダーゼとして見いだされる．RNA中の特定のアデニン残基の加水分解を触媒する．がん化した細胞でリボソーム合成が上昇するので，RIPは非常に毒性が高いが腫瘍を抑える薬として利用できる．どのようにRIPがリボソームを不活性化するかを一般的な形で説明せよ．

25. タンパク質合成を行う細菌由来の細胞抽出液に，2価イオンの特異的なキレート剤であるEDTAを加えるとどのようなことが起こるか．

26. 50Sのリボソームサブユニットから95%以上のタンパク質を取除くことができる方法がある．そこには23S rRNAといくつかのタンパク質断片が残るのみとなっている．ペプチジルトランスフェラーゼ活性は依然として残っている．残っているタンパク質断片の役割は何か．どうしてそれを取除くのがむずかしいのだろうか．

27. 小サブユニット由来のリボソームタンパク質には"S"の字が，大サブユニット由来のリボソームタンパク質には"L"の字がつけられる．個々のタンパク質は，SまたはLの字に続いて，二次元電気泳動（タンパク質の電荷と大きさに基づいてタンパク質を分離する方法）で分けられた際のそれぞれの位置を示す番号を添えて名がついている．大サブユニット由来のリボソームタンパク質の一つはしばしばそのN末端がアセチル化を受けている．リボソームタンパク質を二次元電気泳動にかけた際にこのタンパク質に対応したスポットが二つ現れるのはなぜか．

28. タンパク質と同様に，RNA分子もさまざまな構造モチーフの形に折りたたまれる．リボソームタンパク質はいわゆるRNA認識モチーフをもっている．ρ因子，ポリ(A)結合タンパク質もこのモチーフをもっていて不思議でないのはなぜか．

22・3　翻　訳

29. ある遺伝子とそのmRNAを示す図21・20で，開始コドンと終止コドンのおおよその位置を示せ．

30. 真核生物の複製，転写と翻訳に関する次の表を完成せよ．

段　階	複　製	転　写	翻　訳
基質			
生成物			
鋳型〔案内（ガイド）する分子〕			
プライマー			
酵素			
細胞内の場所			

31. タンパク質合成の方向性は，次に示すようなAが連なるポリマーの3′末端にCがついたmRNAを用いた無細胞系での実験で決定された．どのようなポリペプチドが合成されただろうか．もしmRNAの3′→5′方向に翻訳されるとすると結果はどのようになるか．ここでみた方向性があってこそ，原核生物で転写が終わる前に翻訳が始まることができる．なぜか．

5′ AAAA…AAAC 3′

32. マイコバクテリアのファージ遺伝子はAUGではなく，たまにGUG，さらにまれにUUGで始まっている．これらのコドンにはどのアミノ酸が対応するか．

33. リボソームタンパク質L10の翻訳開始部分の配列を次に示す．シャイン-ダルガーノ配列が16S rRNA上の適切な配列と並ぶ様子を図で示せ．そのとき，開始コドンを明記せよ．

5′ CUACCAGGAGCAAAGCUAAUGGCUUUA 3′

34. リボソーム小サブユニットのS1タンパク質は一本鎖RNAに高い親和性をもち，開始に重要な役割をもっていることがわかった．S1は開始においてどのような役割をもつのだろうか．

35. 16S rRNAのA1493（1493位のA）の5′末端側で切断する活性をもつコリシンE3を，細菌の培養液に加えると何が起こるだろうか．

36. 原核生物の16S rRNAの1492位と1493位の修飾あるいは変異は，翻訳のまちがいの割合を増加させるが，なぜか．

37. アミノアシルtRNAとEF-Tuが対をなすことによって翻訳の過程で校正が行われる．EF-Tuは20すべてのアミノアシルtRNAとはほぼ同じ親和性で結合する．そのことによってどのtRNAもほぼ同じ効率で運ばれ，リボソームに渡される．EF-Tuが正確に充填されたtRNAあるいはまちがった充填をされたtRNAとの結合定数が実験的に研究されている（次に示す）．このデータに基づいて，tRNA-EF-Tuの認識システムが，どのようにタンパク質にまちがったアミノ酸を取込ませないようにしているかを説明せよ．

アミノアシルtRNA	解離定数(nM)
Ala-tRNA^{Ala}	6.2
Gln-tRNA^{Ala}	0.05
Gln-tRNA^{Gln}	4.4
Ala-tRNA^{Gln}	260

38. リボソームの tRNA に対する親和性は，tRNA が P 部位にあるときのほうが A 部位にあるときより 50 倍ほど高い．このことが翻訳の正確さを高めている理由を説明せよ．

39. 細菌の伸長因子 EF-Tu と EF-G は in vivo の翻訳に必須である．しかし，in vitro では EF-Tu と EF-G がなくても，細菌のリボソームは mRNA を翻訳してタンパク質を合成する．in vitro でこれらの因子がなくてもよいのはなぜか．これらの分子がないと翻訳の正確さにどのような影響をもたらすだろうか．

40. EF-Tu が fMet-tRNA^{Met} を認識して，複合体を形成できたら，タンパク質合成にどのような影響が出るだろうか．

41. 次に示す DNA 配列にコードされるペプチドを示せ（下の鎖が RNA 合成の鋳型となる）．

CGATAATGTCCGACCAAGCGATCTCGTAGCA
GCTATTACAGGCTGGTTCGCTAGAGCATCGT

42. ある遺伝子のセンス鎖の一部の配列を，同じ遺伝子の変異型のものと並べて，次に示す．

野生型　ACACCATGGTGCATCTGACT
変異型　ACACCATGGTTGCATCTGAC

(a) 野生型遺伝子から翻訳されるポリペプチド配列を書け．

(b) 変異型遺伝子は，野生型のものと比較してどのように異なるか．この変異はコードされるポリペプチドにどのような影響を与えるか．

43. 嚢胞性繊維症で変異しているタンパク質の CFTR 遺伝子は 25 万ヌクレオチドほどの長さをもつ．スプライシングのあとでも成熟 mRNA は 6129 ヌクレオチドの長さである．1480 残基からなるタンパク質をコードするにはどれだけのヌクレオチドが必要か．そのとき，"余計"にある mRNA ヌクレオチドの役割は何か．

44. リボソームが 20 残基からなるポリペプチドを 1 mol 合成する際に必要なエネルギー（kJ 単位で）を計算せよ．生体内では実際にこの計算値よりおそらく大きくなるが，その理由を説明せよ．

45. 原核生物では翻訳が mRNA の転写が完全に終了する前から始まる．真核生物ではなぜ転写と翻訳が同時に進行しないのか．

46. あらゆる細胞が，リボソームと結合していないペプチジル tRNA を加水分解する酵素をもっている．このようなペプチジル tRNA 加水分解酵素を欠損した細胞の成長は非常にゆっくりとなる．tRNA からペプチジル基を切断するこの酵素の機能は何か．タンパク質合成を行うリボソームの能力に関して，このことは何を示しているか．

47. ある実験系のデータを次に示す．ペプチド転移反応の速度は，P 部位にある tRNA と結合しているアミノ酸の種類によって，右上の表に示すように変わる．

(a) プロリンの場合に他のアミノ酸と比較して転移反応が遅いのはなぜか．

ペプチジル基	ペプチジル基の転移速度(s^{-1})
Ala	57
Arg	90
Asp	8
Lys	100
Phe	16
Pro	0.14
Ser	44
Val	16

(b) ペプチジルトランスフェラーゼの活性部位の静電的環境はどのようなものと推定するか．

(c) 非極性アミノ酸の場合，ペプチド転移反応を促進すると思われる要因は何か．

48. リボソームのペプチジルトランスフェラーゼの活性中心はポリペプチドと tRNA を連結するエステル結合がかかわる二つの反応，アミノリシスと加水分解について，いつ起こるかを説明せよ．

49. ペプチジルトランスフェラーゼの反応速度は pH が 6 から 8 に上がるにつれ，速くなる．ペプチド転移反応に関する知識をもとに，この結果を説明せよ．

50. ペプチド転移反応という現象は，ペプチド結合の加水分解の逆過程と似ている（図 6・10 参照）．

(a) ペプチド転移反応における"四面体中間体"を書け．

(b) rRNA の触媒作用において，N1 位でプロトン化された A2451 残基が反応中間体の安定化にかかわるという古くからの仮説がある．プロトン化されたアデニンを書いて，これがどのように四面体中間体を安定化しうるかを説明せよ．このような触媒機構は pH が上昇すると促進されるだろうか．

51. "ナンセンスサプレッサー"変異は，tRNA のアンチコドンの配列に変異が入り，tRNA が終止コドン（ナンセンスコドンともいう）と塩基対を形成できるようになって起こるものである．

(a) ナンセンスサプレッサー変異が細胞のタンパク質合成に与える影響はどのようなものだろうか．

(b) この変異によって，すべての細胞内のタンパク質が影響を受けるだろうか．

(c) 変異していない tRNA をアミノアシル化するようなアミノアシル tRNA 合成酵素は，ナンセンスサプレッサー変異の影響を最小限に抑えることができるだろうか．

52. 自然界にある多くの抗生物質は，細菌のリボソームを標的とし，タンパク質合成を阻害する．理論的には，翻訳にかかわるすべての段階（リボソームの会合，tRNA との結合，コドン－アンチコドンの塩基対形成，そしてペプチド結合形成などが含まれる）が抗生物質による標的となりうる．オキサゾリジノン（oxazolidinone）という合成抗生物質はタンパク質合成を阻害する．この化合物は直接にはペプチド結合の形成を阻害しないことが実験で示されている．高濃度で用いたときのみ翻訳の開始を阻害する．このことは，この化合物はこれまでにない段階で作用していることを示唆する．さまざまな可能性を試すために，研究者たちは大腸菌 *lacZ* 発

現系を用いた（lacZ は β-ガラクトシダーゼをコードする，§21・1 参照）．そしてオキサゾリジノンが存在するときとないときとで β-ガラクトシダーゼの活性を測定した．

（a）最初，ポリペプチド配列の N 末端に近い側に終止コドンを導入し，β-ガラクトシダーゼ活性を測定した．この終止コドンを入れたことによってどのような影響が出るだろうか．終止コドンを C 末端側ではなく N 末端に近い側に入れたのはなぜだろうか．

（b）終止コドンをもった lacZ から発現される β-ガラクトシダーゼ活性は非常に低いが，オキサゾリジノンが存在すると活性が 8 倍になることがわかった．このことからオキサゾリジノンの作用についてどのような示唆が得られるか．

（c）次に 1 ヌクレオチドの挿入あるいは欠失をもつ lacZ を用いて実験を行った．こうした変異は β-ガラクトシダーゼ活性にどのような影響を与えるか．

（d）抗生物質存在下で，この挿入，欠失変異体を調べたところ，抗生物質が存在しないときに比べて 15～25 倍の β-ガラクトシダーゼ活性が見いだされた．このことから，オキサゾリジノンの作用としてどのようなことが示唆されるか．

（e）次に，活性部位の Glu 残基のコドンを変異させた lacZ 遺伝子を用いて，β-ガラクトシダーゼ活性を測定した．Glu に対応するコドンは何か（表 22・1 参照）．どのような 1 塩基の置換で Glu コドンが Ala, Gln, Gly, Val のコドンとなるかを確認せよ．

（f）Glu コドンに変異を入れた遺伝子産物はすべて β-ガラクトシダーゼ活性が低かった．そしてオキサゾリジノンの有無は何の影響もなかった．このことでオキサゾリジノンの作用についてどのようなことがわかるか．

（g）以上のオキサゾリジノンを用いた実験をふまえたうえで，この化合物が細菌の増殖を阻害する理由を説明せよ．

（h）オキサゾリジノンはリボソームの一つの部位，50S サブユニット上のペプチジルトランスフェラーゼ活性部位近くに結合する．この情報は，これまでにみてきた実験事実と矛盾しないだろうか．

22・4　翻訳後に起こる現象

53. 1957 年，アンフィンセン（Christian Anfinsen）は四つのジスルフィド結合をもち，124 アミノ酸からなる一本鎖からなる膵臓由来の酵素リボヌクレアーゼを用いて変性に関する in vitro 実験を行った（問題 4・41 参照）．尿素（変性剤）と 2-メルカプトエタノール（還元剤）を精製したリボヌクレアーゼの溶液に加えると，タンパク質がほどけて，それと同時に酵素活性がなくなった．尿素と 2-メルカプトエタノールを取除くと，リボヌクレアーゼは自発的にもとの立体構造へと再度折りたたまり，完全に酵素活性を取戻した．分子シャペロンがない状態のこの実験でなぜ，適切なタンパク質の折りたたみが起こったのか．

54. 関連した実験で，リボヌクレアーゼ（問題 53）の表面にある側鎖のリシン残基を 8 残基からなるポリアラニンと化学結合で結びつけた．このポリアラニンがついたことによっ て，このリボヌクレアーゼの折りたたみが影響を受けることはなかった．以上の実験はタンパク質の折りたたみを引き出す力に関して何を示すか．

55. シャペロンは細胞質のみならず，ミトコンドリアにも同様に存在する．ミトコンドリアのシャペロンの役割は何か．

56. Hsp90 は，リガンドとの結合ドメインを失い，チロシンキナーゼドメインを保持したある増殖因子受容体チロシンキナーゼドメインと相互作用するシャペロンである（ボックス 10・B 参照）．抗生物質ゲルダナマイシン（geldanamycin）は Hsp90 の働きを阻害する．変異型の増殖因子受容体を発現する細胞にゲルダナマイシンを添加した際の影響はどのようなものになるだろうか．

57. 複数のドメインをもつタンパク質は，細胞質シャペロンとよりも，かご状の形をしたシャペロニン構造（たとえば大腸菌の GroEL/GroES）の中のほうが，折りたたまれやすいものが多い．なぜか．

58. 未分化の赤血球細胞ではグロビン合成が緻密に制御されている．α, β グロビン遺伝子（§5・1 参照）は異なる染色体上にあり，いずれの β グロビン遺伝子に対しても二つの α グロビン遺伝子がある．もし β 鎖が過剰に合成されると，機能的には役に立たない四量体ヘモグロビンをつくってしまう．α 鎖が多すぎても不溶化し，赤血球を損傷させてしまう．

（a）α 鎖を少し多めに合成することが細胞にとって有利なのはなぜか．

（b）赤血球細胞は α 鎖を安定化すると思われるタンパク質を合成し，不溶化することを抑えている．どうしてこのような安定化タンパク質が必要なのか．

（c）β サラセミアという疾患は β グロビン遺伝子の異常に由来する．ヘテロ接合体（一方は正常，もう一つが異常遺伝子）では貧血は現れても程度は軽いが，ホモ接合体（二つとも異常 β グロビン遺伝子）では激しい貧血が現れる．一つの β グロビン遺伝子を欠く個体では α グロビン遺伝子が相対的に多くあるようになり，もっと激しい貧血となる．この理由を説明せよ．

（d）α グロビン遺伝子一つの変異が β サラセミアの貧血の症状を和らげる理由を説明せよ．

（e）未分化の赤血球細胞はリボソームの開始因子 eIF2 をリン酸化するキナーゼをもっている．リン酸化された eIF2 は，結合した GDP を GTP と交換することができない．このことは細胞内のタンパク質合成の効率にどのような影響を与えるか．

（f）ヘムの存在下で，そのキナーゼは不活性である．この機構はどのようにヘモグロビン合成を制御するのだろうか．

59. ウシのプロアルブミンという分泌タンパク質の N 末端の配列を次に示す．このタンパク質のシグナルペプチドの重要な特徴を見いだせ．

シグナルペプチダーゼ
の切断部位
↓
MKWVTFISLLLLFSSAYSRGV

60. 哺乳類のシグナル認識粒子 (SRP) は，RNA 1 分子と六つのタンパク質とからなる．シグナルペプチドと相互作用する以外に，SRP 中の RNA がもつ役割として何がありうるだろうか．

61. 哺乳類のシグナル認識粒子 (SRP) 中の六つのタンパク質のうち一つには，疎水性アミノ酸が並んだくぼみがある．SRP 中でこのタンパク質がもつ役割を推定せよ．

62. 哺乳類のシグナル認識粒子 (SRP) は，リボソームから現れたばかりのできたてのポリペプチドと結合するのはなぜか．なぜ SRP は翻訳が完結するのを待ってから，新生ポリペプチドを小胞体膜に運ばないのだろうか．

63. 真核生物 "無細胞" 翻訳系は，タンパク質合成に必要なすべての要素を含んでいる．その内訳はリボソーム，tRNA，アミノアシル tRNA 合成酵素，開始因子，伸長因子，終結因子，そしてアミノ酸，GTP，Mg^{2+} である．外から mRNA をこの混合液に加えると，in vitro でタンパク質を合成させることができる．分泌タンパク質の mRNA を SRP とともにこの無細胞系に加えると，完全長のタンパク質が合成される．ミクロソーム（小胞体膜由来の閉じた膜小胞）をさらに加えただけでは，タンパク質がミクロソーム内腔には移行できず，シグナルペプチドも取除かれない．この観察から，分泌タンパク質の合成過程での SRP の役割について何がわかるか．

64. 伸長因子 EF-Tu は翻訳中にコドンとアンチコドンの塩基対形成を監視することで，校正機能を果たす．塩基対形成が確認されると，構造の変化が起こり，EF-Tu は結合していた GTP を加水分解する．SRP は校正機能を果たすために同様の機構を用いることができるだろうか．

65. ポリグルタミン病とは，3 塩基の配列 CAG トリプレット（triplet）の繰返しが DNA 上に変異として入ることによる神経変性疾患である．変異型遺伝子から翻訳された長いグルタミンの鎖がタンパク質の折りたたみを阻害する．ポリグルタミンタンパク質は凝集しやすく，細胞質あるいは核で，封入体（inclusion body）という構造を構築する．その結果，未知の機構によりニューロン機能が失われる．最近の研究によって，ポリグルタミンタンパク質の翻訳後修飾が，疾患の進行に関与していることが示された．おもしろいことに，ある翻訳後修飾は神経毒性があるのに対して，別のものは抑える効果がある．

(a) プロテインキナーゼ B（§10・2 参照）は，ポリグルタミンタンパク質のある重要なセリン残基をリン酸化し，その結果毒性が下がる．リン酸化したセリン残基の構造を書け．

(b) 分解を運命づけられたタンパク質のあるリシン残基に，タンパク質ユビキチンが付加されることで，分解される目印となる（§12・1 参照）．リシンの側鎖とユビキチンの C 末端のカルボキシ基がイソペプチド結合を形成する．ユビキチン化は，封入体タンパク質の分解を促進する．ユビキチンとポリグルタミンタンパク質の間の結合を書け．

(c) ポリグルタミンタンパク質はヒストンのアセチル化酵素と相互作用し（§20・5 参照），封入体内に酵素を導き，その分解を早める．この相互作用によって細胞内で何が起こるか．

66. c-Myc タンパク質は細胞の増殖と分化過程において，遺伝子の発現を制御するロイシンジッパータンパク質である．タンパク質内のある特定のトレオニン残基がリン酸化されるか否かで，その活性が制御されていることが知られている．その後の研究で，同じトレオニンが N−アセチルグルコサミン残基で修飾を受けること，リン酸化とこの糖が付加する反応が互いに競争的に起こることが示された．このトレオニンが，あるヒトでのリンパ腫において変異している．O−グリコシル化トレオニン残基の構造を書け．

67. N−ミリストイル化の過程では，翻訳中のタンパク質の N 末端にあるグリシン残基にミリスチン酸（14 : 0）が付加する．ミリストイル化した N 末端のミリストイル化グリシン残基を書け．

68. パルミトイル化の過程では，あるタンパク質の内部にあるシステイン残基の側鎖にパルミチン酸（16 : 0）が付加する．パルミトイル化されたシステイン残基の構造を書け．細胞のシグナル伝達経路にかかわるどのタンパク質に，この修飾が含まれるか．パルミチン酸の役割は何か．

参 考 文 献

Hartl, F. U., Bracher, A., and Hayer-Hartl, M., Molecular chaperones in protein folding and proteostasis, *Nature* 475, 324−332 (2011). タンパク質の構造を常に監視することが必要である理由を説明している．

Ibba, M. and Söll, D., Aminoacyl-tRNAs: setting the limits of the genetic code, *Genes Dev.* 18, 731−738 (2004). アミノアシル tRNA すべての種類をつくり出す生物の戦略にふれている．

Moore, P. B., The ribosome returned, *J. Biol.* 8, 8 (2009). コドンを読み解く際の正確さなど，翻訳に関して多角的に概説している．

Nirenberg, M., Historical review: deciphering the genetic code — a personal account, *Trends Biochem. Sci.* 29, 46−54 (2004). 遺伝コードを解読するうえで用いられた実験的手法について紹介している．

Rapoport, T. A. Protein translocation across the eukaryotic endoplasmic reticulum and bacterial plasma membranes, *Nature* 450, 663−669 (2007). 膜中へ，膜をまたいだタンパク質の移動について，さまざまな経路を紹介している．

Schmeing, T. M. and Ramakrishnan, V., What recent ribosome structures have revealed about the mechanism of translation, *Nature* 461, 1234−1242 (2009). リボソームからみた開始，伸長，放出，再利用過程の紹介と，各過程でリボソームと相互作用するタンパク質にも言及している．

章末問題の解答

1章
1. (a) 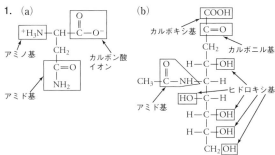 (b)

(c) 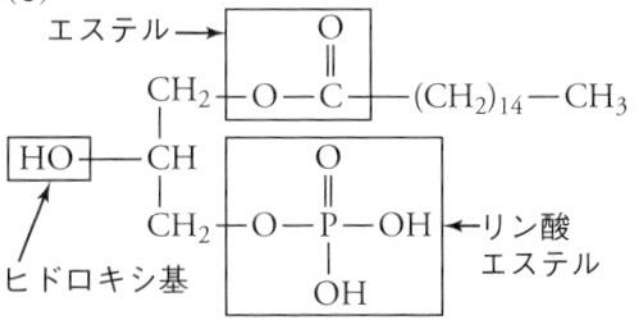 (d)

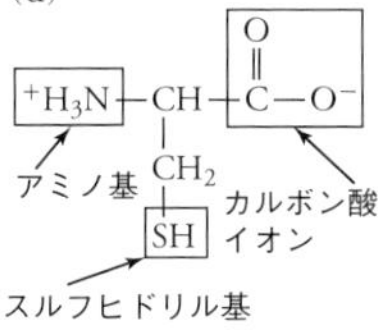

(e) 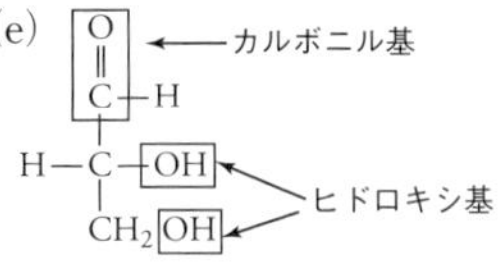 (f)

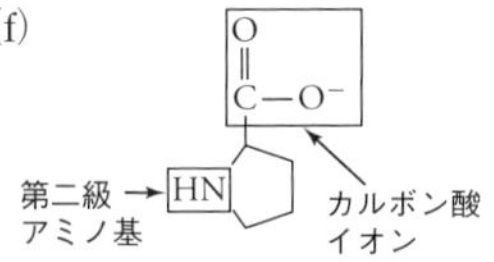

3. アミノ酸, 単糖, ヌクレオチド, 脂質. このうち前三者がそれぞれタンパク質, 多糖, 核酸という重合体を形成する.
5. (a) おもに炭素原子, 水素原子で, 酸素原子が少し含まれる.
(b) 炭素原子, 水素原子, 酸素原子.
(c) 炭素原子, 水素原子, 酸素原子, 窒素原子, そして少量の硫黄原子.
7. (a) タンパク質の存在を示すのは窒素原子なので, この含量を測る. 脂質にも多糖にも窒素原子は含まれていない.
(b) 最も窒素含量の多い化合物イ (メラミン) を加える. 実際に, 中国でミルクなどにメラミンを添加するという事件が起こった. メラミンは毒性がある.
(c) ウはアミノ酸なので, タンパク質を含む食物に含まれる.
9. すべてのアミノ酸にはカルボキシ基が含まれる. またプロリン以外のアミノ酸には第一級アミノ基が含まれる. プロリンには第二級アミノ基がある.
11. Asn の側鎖はアミド基, Cys の側鎖はスルフヒドリル基.
13.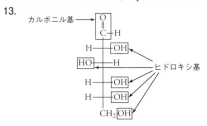

15. ウラシルには官能基としてカルボニル基があり, シトシンにはアミノ基がある.
17. パルミチン酸もコレステロールも疎水性が強く, 水に溶けない. Ala は, イオン化するカルボキシ基とアミノ基があるため水に溶けやすい. グルコースは, アルデヒドとヒドロキシ基が水と水素結合をつくるので, 水に溶けやすい.
19. DNA は 4 種類のヌクレオチドで構成され, タンパク質は 20 種類のアミノ酸で構成されているので, DNA のほうが規則的な構造をつくる. 特に, 20 種類のアミノ酸側鎖間の違いは, 4 種類の塩基間の違いより変化に富んでいる点からもそういえる. 細胞内での DNA の役割は, 全体の構造ではなく, そのヌクレオチド配列に依存している. 一方, タンパク質は多様な構造をとり, そうした構造に依存した多彩な細胞内機能を果たす. 表 1・2 に示すように, さまざまな代謝反応を進めたり, 細胞構造を支えたりするのは細胞内でのタンパク質のおもな働きである.
21. 膵臓のアミラーゼは (セルロースのグルコース残基間をつなぐ) グリコシド結合を切断できない. 図 1・6 でデンプンとセルロースの構造的違いを示してある. 膵臓アミラーゼはグリコシド結合を切断する前にデンプンに結合しなければならない. これは酵素とデンプンが相補的な形をしているから可能である. セルロースの構造はデンプンと違うので, 膵臓アミラーゼはこれに結合できず, そのグリコシド結合を切断できない.
23. 正のエントロピー変化は系の秩序が乱れたことを, 負のエントロピー変化は系が秩序だってきたことを示す.
(a) 負 (b) 正 (c) 正 (d) 正 (e) 負
25. 単量体がばらばらに溶けている状態 (多数の空間配置がありうる) より, それらが重合して秩序だった状態にある重合体のエントロピーのほうが低い.
27. 硝酸アンモニウムを水に溶かす反応の ΔH が大きな正の値をもつことから明らかなように, これは吸熱反応である. つまり, この反応はまわりから熱を奪い冷やすので, 冷却バッグが冷えて, けがの処置に役立つ.
29. まず, ΔS と ΔH を計算する.

$\Delta H = H_B - H_A = 60 \text{ kJ mol}^{-1} - 54 \text{ kJ mol}^{-1} = 6 \text{ kJ mol}^{-1}$
$\Delta S = S_B - S_A = 43 \text{ K}^{-1} \text{ mol}^{-1} - 22 \text{ K}^{-1} \text{ mol}^{-1} = 21 \text{ K}^{-1} \text{ mol}^{-1}$

(a) $\Delta G = (6000 \text{ J mol}^{-1}) - (4 + 273 \text{ K})(21 \text{ J K}^{-1} \text{ mol}^{-1})$
$= 180 \text{ J mol}^{-1}$
この反応は 4 ℃ では起こりにくい.

(b) $\Delta G = (6000 \text{ J mol}^{-1}) - (37 + 273 \text{ K})(21 \text{ J K}^{-1} \text{ mol}^{-1})$
$= -510 \text{ J mol}^{-1}$
この反応は 37 ℃ では起こりやすい.

31. $0 > -14.3 \text{ kJ mol}^{-1} - (273 + 25 \text{ K})(\Delta S)$
$14.3 \text{ kJ mol}^{-1} > -(273 + 25 \text{ K})(\Delta S)$
$-48 \text{ J mol}^{-1} < \Delta S$

ΔS は正のどんな値もとりうるし, -48 J mol^{-1} より絶対値が小さな負の値もとりうる.
33. (d) という変化は自発的に起こらない.
35. 尿素を水に溶かす反応は吸熱反応で ΔH は正である. こ

の反応が自発的に起こるには，自由エネルギー変化が負でなくてはならないので，ΔSの値は正でなくてはならない．水と尿素固体が別べつにあるより，尿素が水に溶けた状態のほうがエントロピーは大きい．

37. (a) グルコースをグルコース 6-リン酸に変換する反応はΔGが正なので起こりにくい．この反応は吸エルゴン反応である．

(b) 二つの反応が共役していると，全反応は両者の和となるので，そのΔGは二つの反応のΔGの和となる．

$$\text{ATP} + \text{グルコース} \rightleftharpoons \text{ADP} + \text{グルコース 6-リン酸}$$
$$\Delta G = -16.7 \text{ kJ mol}^{-1}$$

ATP加水分解反応が共役することで全反応のΔGは負となり，反応は自発的に進むことになる．

39. C（最も酸化された状態），A, B（最も還元された状態）

41. (a) 酸化 (b) 酸化 (c) 酸化 (d) 還元

43. (a) パルミチン酸の−CH₂−の炭素原子はCO₂の炭素原子より還元された状態なので，これをCO₂に再酸化すると自由エネルギーが放出される．

(b) パルミチン酸の−CH₂−の炭素原子はグルコースの炭素原子（−HCOH−）より還元された状態なので，パルミチン酸のCO₂への酸化のほうが，グルコースのCO₂への酸化より熱力学的に有利である（ΔGの負の値が大きい）．つまり，パルミチン酸炭素のほうがグルコース炭素より酸化で大きな自由エネルギーを放出する．

45. この実験の重要性は，出発物として無機物質の気体をエネルギーとして放電を用いて，生体高分子の構成要素（アミノ酸，糖質，ヌクレオチド）が合成できること，つまり，生物が全くいない原始地球の環境でも生体物質が合成されることを示した点にある．

47. 大きな生物を分類するには形態的特徴は有用だが，形態的には同じように見える細菌の分類にはあまり使えない．また，顕微鏡下でしか見えないような生物は，大きな生物のように化石として残ることもない．そこで，細菌を分類したり，その進化を調べるには分子レベルの情報を使わざるをえない．

49.

2章

1. 水分子の構造は正四面体ではない．これは，OH結合中の電子どうしの反発より非結合電子と結合電子の反発のほうが強いからである．二つのOH結合間の角度は109°より少し小さい．

3. アンモニアは一組の非共有電子対をもつ極性分子である．その形は三角錐だが構造は対称的ではない．窒素原子は水素原子より電気陰性度が高いので，部分負電荷が窒素原子に，部分正電荷が水素原子にある．

5. 矢印は水素供与体から受容体の方に向いている．

7. (a) ファンデルワールス相互作用（双極子−双極子相互作用）

(b) 水素結合

(c) ファンデルワールス相互作用（ロンドンの分散力）

(d) イオン相互作用

9. 融点の高い順に，(c), (b), (e), (a), (d).

化合物（c, 尿素，融点 133 ℃）は水素結合供与体あるいは受容体となる官能基を三つもつ．化合物（b, アセトアミド，融点 80.16 ℃）は尿素に比べてNH基が一つ少ないので，分子間の水素結合数が少ない．化合物（e, プロピオンアルデヒド，融点 −80 ℃）は水素結合受容体となりうる官能基をもつが受容体となるものがないので，双極子−双極子相互作用だけが分子間相互作用として働く．化合物（a, メチルエチルエーテル，融点 −113 ℃）には水素結合受容体になりうる官能基が一つあるが，供与体がない．炭化水素鎖がロンドンの分散力で相互作用する．化合物（d, ペンタン，融点 −139.67 ℃）は非極性で，ロンドンの分散力だけで相互作用する．

11. 沼などに住む水生生物は冬も生き残ることができる．沼の底の水は冬でも凍結しないので，これら生物は動き回ることができる．沼にはる氷は，冷たい空気からの影響を遮る緩衝材の役割を果たす．

13. 正に荷電したアンモニウムイオンは1層の水分子に取囲まれている．このとき，水分子の部分的に負に荷電した酸素原子は正に荷電したアンモニウムイオンと相互作用する．同様に，負に荷電した硫酸イオンは水分子で取囲まれる．このとき，部分的に正に荷電した水素原子が硫酸イオンと相互作用する．（ここでは，アンモニウムイオンの数と硫酸イオンの数が 2：1 であることは示されていない．また，書かれている水分子の数はあまり意味をもたない．）

15. (a) 表面張力は，液体内の分子間相互作用と同等である．水分子間の水素結合の数はエタノール分子間の水素結合の数より多い．エタノールの炭化水素鎖間のロンドンの分散力は水素

章末問題の解答（2章）

結合よりずっと弱い.

(b) 温度が上がり水分子の動きが激しくなると，水素結合は弱まる．その結果，水の表面張力は弱まる．

17. メタノールは最も高い誘電率をもち，アンモニウムイオンの最もよい溶媒である．第一級アルコールの極性は炭化水素鎖の大きさに依存する．最も大きな炭化水素鎖をもつ 1-ブタノールの誘電率は最も小さく，極性は最も低い．

19. (a) まずアボガドロ数を使ってタンパク質のモル数を出す.

$$1000\ 分子 \times \frac{1\ \text{mol}}{6.02 \times 10^{23}\ 分子} = 1.66 \times 10^{-21}\ \text{mol}$$

次に，r を cm に換算して細胞の体積を計算する.

$$体積 = \frac{4\pi r^3}{3} = \frac{4\pi (5 \times 10^{-5}\ \text{cm})^3}{3} = 5.2 \times 10^{-13}\ \text{cm}^3$$

これらの式から，タンパク質のモル濃度が計算できる.

$$\frac{1.66 \times 10^{-21}\ \text{mol}}{5.2 \times 10^{-16}\ \text{L}} = 3.2 \times 10^{-6}\ \text{M}\ または\ 3.2\ \mu\text{M}$$

(b) $\dfrac{5 \times 10^{-3}\ \text{mol}}{\text{L}} \times \dfrac{6.02 \times 10^{23}\ 分子}{\text{mol}} \times 5.2 \times 10^{-16}\ \text{L}$
$= 1.6 \times 10^6\ 分子$

21. (a) は 1 個の極性頭部と 1 本の非極性尾部をもつ両親媒性物質で，ミセルを形成する（図 2・10 参照）．(b) は非極性物質で，ミセルも二重層も形成しない．(c) は極性物質で，ミセルも二重層も形成しない．(d) は 1 個の極性頭部と 2 本の非極性尾部をもち，二重層を形成する（図 2・11 参照）．(e) は極性物質でミセルも二重層も形成しない．

23. (a)

(b)

(c) 疎水性のグリースは水に溶けているせっけんのミセル構造の疎水性中心部に移動し，溶け込む．これは，せっけんと一緒

に洗い流される．

25. (a) 脂質二重層の非極性中心部には水は侵入できないので，ここが水に対しての障壁となる．

(b) ほとんどのヒト細胞は，150 mM Na^+ とそれより少し低濃度の Cl^- を含む溶媒に取囲まれている（図 2・13 参照）．そこで，150 mM NaCl を含む水溶液は細胞外体液に似ており，単離された細胞を維持するのに使われる．細胞を純水に入れると，浸透圧で水が細胞内に入り，細胞は破裂する．

27. (a) CO_2 は非極性物質で二重層を通過する．

(b) グルコースは極性物質で，OH 基があって水和しており，二重層は通過できない．

(c) DNP は非極性物質で，二重層を通過する．

(d) カルシウムイオンは正に荷電し水和しており，二重層は通過できない．

29. 溶媒に溶けている物質は濃度の高いところから低いところに自発的に移動し，その系のエントロピーは増加する．細胞内の Na^+ を細胞外に運び出すのは濃度勾配に逆らう過程なので自発的には進まず，エネルギーを使う必要がある．K^+ を細胞内に運び込むのも同様である．

31. 溶質濃度の高い培地中では細胞質は水を失い，細胞体積は減少する．溶質濃度の低い培地中では逆に細胞質は水を得て，細胞体積は増加する．

33. 水分子の重量は 18.0 g mol^{-1} である．モル濃度の定義から，水のモル濃度は $(1000\ \text{g L}^{-1})/(18.0\ \text{g mol}^{-1}) = 55.5\ \text{M (mol L}^{-1})$ となる．pH 7.0 の水溶液の H^+ 濃度は 1.0×10^{-7} M なので，水分子と H^+ との濃度比は $55.5\ \text{M}/(1.0 \times 10^{-7}\ \text{M}) = 5.55 \times 10^8$ となる．

35. HCl は強酸で，完全にイオン化している．そこで HCl 由来の水素イオン濃度は 1.0×10^{-9} M となる．しかし，水由来の水素イオン濃度は 1.0×10^{-7} M で HCl 由来の 100 倍になるので，こちらがこの溶液の水素イオン濃度（つまり pH）を決めている．そこで pH は 7.0 となる．

37. HCl のような強酸の水溶液中では水素イオンは完全に解離しており，これがすべて水分子に取込まれて H_3O^+ となっている．

$$HCl + H_2O \longrightarrow H_3O^+ + Cl^-$$

39. $pH = -\log [H^+]$ なので $[H^+] = 10^{-pH}$
唾液では $\quad [H^+] = 10^{-6.6} = 2.5 \times 10^{-7}\ \text{M}$
尿では $\quad [H^+] = 10^{-5.5} = 3.2 \times 10^{-6}\ \text{M}$

41. (a) HNO_3 の最終濃度は $(0.020\ \text{L})(1.0\ \text{M})/0.520\ \text{L} = 0.038$ M．HNO_3 は強酸なので完全解離し，加わる水素イオン濃度は硝酸濃度に等しい．ここで，水の解離による水素イオン濃度はこれに比べてきわめて少ないので無視できる．

そこで，$pH = -\log (0.038) = 1.4$

(b) KOH の最終濃度は $(0.015\ \text{L})(1.0\ \text{M})/0.515\ \text{L} = 0.029$ M．KOH は強塩基なので完全解離し，加わる OH^- 濃度は KOH 濃度に等しい．ここで，水の解離による OH^- 濃度はこれに比べてきわめて少ないので無視できる．

$$K_w = 1.0 \times 10^{-14} = [H^+][OH^-]$$

$$[H^+] = \frac{1.0 \times 10^{-14}}{[OH]} = \frac{1.0 \times 10^{-14}\ \text{M}^2}{0.029\ \text{M}} = 3.4 \times 10^{-13}\ \text{M}$$

そこで，$pH = -\log (3.4 \times 10^{-13}) = 12.5$

43. 胃液（pH 1.5〜3.0）のため胃の中の pH は低い．部分的に分解された食物が胃から小腸に入ると，膵液（pH 7.8〜8.0）に

よって中和され，pH は上昇する．

45. (a) $C_2O_4^{2-}$ (b) SO_3^{2-} (c) HPO_4^{2-} (d) CO_3^{2-} (e) AsO_4^{3-} (f) PO_4^{3-} (g) O_2^{2-}

47.

クエン酸　ピペリジン　シュウ酸

バルビツール酸

リシン　4-モルホリノエタンスルホン酸 (MES)

49.

51. フッ素化された化合物の pK_a は低く，塩基性はもとの化合物より低い．これは，フッ素は電気陰性度が高く，窒素原子の電子をひきつけるため，窒素に結合している水素イオンが解離しやすくなるためである．

53. (a) 希望の pH に pK_a が近いので，10 mM グリシンアミド．
(b) 濃度の高い緩衝液ほど，緩衝効果が高いので 20 mM トリス緩衝液．
(c) どちらでもない．どちらもホウ酸とその共役塩基であるホウ酸イオンを含んでいる．

55. 二酸化炭素は非極性低分子なので細胞膜を容易に通過し，組織から放出されて赤血球に取込まれる．

57. (a) リン酸の3個の水素イオンの pK_a は 2.15, 6.82, 12.38 である（表2・4）．滴定曲線の中点がこの pK_a に対応する．

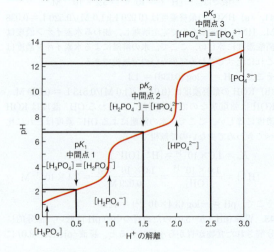

(b) 2番目の水素イオン解離の pK_a は 6.82 で，血液の pH に近い．そこで血液中の弱酸は $H_2PO_4^-$ で，弱塩基は HPO_4^{2-} である．
(c) 3番目の水素イオン解離の pK_a は 12.38 なので，pH 11 の緩衝液をつくるには，弱酸として HPO_4^{2-}，弱塩基として PO_4^{3-} を用いる（たとえば Na_2HPO_4 と Na_3PO_4）．

59. まず弱酸 ($H_2PO_4^-$) と弱塩基 (HPO_4^{2-}) のモル濃度を計算する．ここで K^+ は緩衝反応にはかかわらない．

$$[H_2PO_4^-] = \frac{(0.025\ L)(2.0\ M)}{0.200\ L} = 0.25\ M$$

$$[HPO_4^{2-}] = \frac{(0.050\ L)(2.0\ M)}{0.200\ L} = 0.50\ M$$

次に，これらの値と表2・4の pK_a 値をヘンダーソン–ハッセルバルヒの式に入れる．

$$pH = pK_a + \log \frac{[A^-]}{[HA]} = 6.82 + \log(0.50\ M)/(0.25\ M)$$
$$= 6.82 + 0.30 = 7.12$$

61. まず $[A^-]$ と $[HA]$ の比を決める．

$$pH = pK_a + \log \frac{[A^-]}{[HA]}$$

$$\log \frac{[A^-]}{[HA]} = pH - pK_a$$

$$\frac{[A^-]}{[HA]} = 10^{(pH - pK_a)}$$

この式に必要な pH (5.0) と pK_a (4.76) を入れる．

$$\frac{[A^-]}{[HA]} = 10^{(5.0-4.76)} = 10^{0.24} = 1.74$$

すでに存在している酢酸イオン A^- のモル数は，

$$(0.50\ L)(0.20\ mol\ L^{-1}) = 0.10\ mol$$

上記の $[A^-]/[HA]$ 値と酢酸イオンのモル数から酢酸のモル数を計算する．

$$\frac{[A^-]}{[HA]} = 1.74$$

$$[HA] = \frac{0.10\ mol}{1.74} = 0.057\ mol$$

最後に，必要な酢酸の体積を計算する．

$$\frac{0.057\ mol}{1.74\ mol\ L^{-1}} = 0.0033\ L\ または\ 3.3\ mL$$

3.3 mL の酢酸を 500 mL の溶液に加えても 1% 以下しか濃度変化がないので，これは無視できる．

63. (a)

HO—(H₂C)₂—NH⁺（ピペラジン環）N—(CH₂)₂—SO₃⁻ + H₂O ⇌
　　弱酸 (HA)

HO—(H₂C)₂—N（ピペラジン環）N—(CH₂)₂—SO₃⁻ + H₃O⁺
　　共役塩基 (A)

(b) HEPES の pK_a は 7.55 なので，緩衝作用があるのは pH 6.55〜8.55 である．

(c) $1.0\ L \times \dfrac{0.10\ mol}{L} \times \dfrac{260.3\ g}{mol} = 26\ g$

そこで，26 g の HEPES 塩をビーカーに計りとり，1.0 L より

章末問題の解答（3章）　　531

少し少ない水に溶かす（後で HCl 溶液を加えて 1.0 L にする余地を残す）.

(d) 最終 pH では

$$\frac{[A^-]}{[HA]} = 10^{(pH - pK_a)} = 10^{(8.0 - 7.55)} = 10^{0.45} = 2.82$$

1 mol の HCl を HEPES 塩（A$^-$）溶液に加えると, 1 mol の HEPES 酸（HA）が生じる. そこで,

$$\frac{[A^-]}{[HA]} = 2.82 = \frac{0.10 \text{ mol} - x}{x}$$
$$2.82x = 0.10 \text{ mol} - x$$
$$3.82x = 0.10 \text{ mol}$$
$$x = 0.10 \text{ mol}/3.82 = 0.0262 \text{ mol}$$

6 M HCl を加えて 0.0262 mol にするので,

$$\frac{0.0262 \text{ mol}}{6.0 \text{ mol L}^{-1}} = 0.0044 \text{ L または } 4.4 \text{ mL}$$

つまり, 上記 HEPES 塩溶液に 6 M HCl 4.4 mL を加え, 最終的に全量が 1.0 L になるように水を加える.

65. (a) まず[A$^-$]と[HA]の比を計算する. ヘンダーソン–ハッセルバルヒの式を変形して,

$$\frac{[A^-]}{[HA]} = 10^{(pH - pK_a)} = 10^{(2.0 - 8.3)} = 10^{-6.3} = 5.0 \times 10^{-7}$$

つまりほとんどのトリスは弱酸（HA）となっている. HA は 0.10 M で, 共役塩基（A$^-$）は 5.0×10^{-8} M である.

(b) HCl は完全解離するので, 加えた水素イオンは

$$(0.0015 \text{ L})(3.0 \text{ mol L}^{-1}) = 0.0045 \text{ mol}$$

である. トリス緩衝液の緩衝作用は加えた水素イオンがトリス共役塩基を弱酸に変換するからだが, この場合共役塩基はほとんど存在していないので緩衝作用はない. 加えた HCl はすでに存在する水素イオン濃度（1.0×10^{-2} M）を上昇させる（0.010 + 0.0045 = 0.0145 M）だけである. したがって最終 pH は,

$$pH = \log(0.0145 \text{ M}) = 1.84$$

となる.

(c) NaOH を加えると, 当量のトリス酸（HA）が共役塩基（A$^-$）に変換される. 加える NaOH は 4.5 mmol（0.0015 L × 3.0 mol L^{-1}）なので, 最終的なトリス塩基（A$^-$）は 4.5 mmol となる（もとからあるトリス塩基は無視できるくらい少ない）. 最終的なトリス酸（HA）は 100 mmol − 4.5 mmol = 95.5 mmol. この結果, 溶液の pH は A$^-$ と HA 濃度をヘンダーソン–ハッセルバルヒの式に入れて,

$$pH = pK_a + \log\frac{[A^-]}{[HA]} = 8.3 + \log\frac{(4.5 \text{ mmol})}{(95.5 \text{ mmol})}$$
$$= 8.3 + (-1.3) = 7.0$$

つまり pH 2.0 では緩衝効果は全くない. これはトリスの pK_a から pH が 6 単位もずれているからである.

67. アンモニアとアンモニウムイオンは次のような平衡にある.

$$NH_4^+ \rightleftharpoons H^+ + NH_3$$

炭酸と炭酸水素イオンは次のような平衡にある.

$$H_2CO_3 \rightleftharpoons H^+ + HCO_3^-$$

リン酸イオンは次のような平衡にある.

$$H_2PO_4^- \rightleftharpoons H^+ + HPO_4^{2-}$$

代謝性アシドーシスが起こると, これらの平衡は左にずれる. pH をもとに戻すために, 腎臓は $H_2PO_4^-$ を排出し, アンモニウムイオンと炭酸を再吸収する. その結果, 水素イオン濃度は

減少して血液の pH は上昇する.

3 章

1. 熱処理で野生型肺炎球菌の多糖でできた外被は破壊されるが, DNA は破壊されない. この DNA は変異型肺炎球菌に取込まれ, 変異体にはない多糖外被の合成に必要な遺伝子を供与する. その結果, 変異体は多糖外被を合成できるようになり, 致死的な肺炎をひき起こすことになる. 死んだマウスからは多糖外被をもった肺炎球菌が見つかる.

3. DNA につけられた ^{32}P 標識は細菌で増殖した子孫ファージ内に存在するが, タンパク質につけられた ^{35}S 標識は子孫ファージには見つからなかった. このことは, 感染したファージの細菌内での増殖にかかわるのは DNA で, タンパク質ではないことを示している.

5.

5-メチルシトシン

7. 5-クロロウラシルという塩基はチミン（5-メチルウラシル）の代わりになる.

9. ウラシルのピリミジン環の C5 にメチル基が結合したものがチミン（5-メチルウラシル）である.

11.

ホスホジエステル結合

ジヌクレオチドが DNA の場合には, リボースの 2′ 位の OH 基がない.

13. DNA のプリン塩基（A+G）の総数はピリミジン塩基（C+T）の総数と等しい. これは, 二本鎖 DNA ではプリン塩基とピリミジン塩基が塩基対を形成するからである. RNA は一本鎖なので, このようなことはない.

15. (a) シャルガフの法則から C 塩基も 24,182 個ある. 塩基総数が 97,004 個なので, A+T は 48,640 個となる. A と T は同数あるので, それぞれが 24,320 個となる.

(b) シャルガフの法則から, 二本鎖 DNA では一方の鎖のヌクレオチド配列がわかれば, それと相補的なもう一方の鎖の配列もわかる.

17. G:C 塩基対

19. この記述はまちがっている. GC 含量の多い DNA が AT 含量の多い DNA より安定なのは, G や C ではスタッキング相互作用（DNA 鎖に沿った塩基の非極性領域の積み重なりに由来する相互作用）が A や T より強いためである. 塩基間の水

素結合の数に依存しているわけではない.

21. DNA 鎖の糖ーリン酸骨格は,分子の外側にある. 極性をもつ糖はまわりの水分子と水素結合を形成する. 負に荷電したリン酸基は,正に荷電したイオンと相互作用する. 一方,非極性の塩基はスタッキング相互作用を介して分子の内部に存在し,水分子との接触は最小限に抑えられる. これは疎水性相互作用で予想されることである.

23.

25. 高温環境で生育する生物の DNA の GC 含量は,もっと穏和な環境で生育する生物のものより高い. GC 含量が高いと,高温での DNA の安定性が増す.

27. プローブと DNA の不完全なハイブリッド形成を抑えるため,温度を上げるべきである.

29. (a) 遺伝的な形質は複数の遺伝子で決まることが多い.

(b) rRNA や tRNA のようにタンパク質ではないものをコードする遺伝子がある.

(c) 特定の環境下だけで転写されたり,多細胞生物では特別な細胞でだけ転写されたりする遺伝子がある.

31. (a) TGTGGTACCACGTAGACTGA

(b) ACACCAUGGUGCAUCUGACU

33. (a) ポリ Phe ができる.

(b) ポリ(A)からはポリ Lys が,ポリ(C)からはポリ Pro が,ポリ(G)からはポリ Gly ができる.

35.
最初の読み枠

AGG TCT TCA GGG AAT GCC TGG CGA GAG GGG AGC AGC
Ser－Ser－Ser－Gly－Asn－Ala－Trp－Arg－Glu－Gly－Ser－Ser－
TGG TAT CGC TGG GCC CAA AGG C
Trp－Tyr－Arg－Trp－Ala－Gln－Arg

2 番目の読み枠

A GGT CTT CAG GGA ATG CCT GGC GAG AGG GGA GCA
　Gly－Leu－Gln－Gly－Met－Pro－Gly－Glu－Arg－Gly－Ala－
GCT GGT ATC GCT GGG CCC AAA GGC
Ala－Gly－Ile－Ala－Gly－Pro－Lys－Gly

3 番目の読み枠

AG GTC TTC AGG GAA TGC CTG GCG AGA GGG GAG CAG
　　Val－Phe－Arg－Glu－Cys－Leu－Ala－Arg－Gly－Glu－Gln－
CTG GTA TCG CTG GGC CCA AAG GC
Leu－Val－Ser－Leu－Gly－Pro－Lys

37. Asn のコドンは AAU あるいは AAC である. 2 番目の A が G に変異すると,Asn が Ser に代わる.

39. 遺伝暗号は重複している(表 3・3 参照). 3 塩基からなるコドンには 64 種類の可能性があるが,アミノ酸は 20 種類だけである. そこで,いくつかのアミノ酸には複数のコドンが対応することになる. 変異がたまたまコドンの 3 番目(3′末端)に生じたときには,アミノ酸配列に変化はない. たとえば,

GUU, GUC, GUA, そして GUG はすべて Val のコドンである. どの Val のコドンでも,3 番目の変異ではタンパク質のアミノ酸配列に変化は生じない.

41. まず翻訳開始部位の Met のコドン ATG を見つけ出す. ここから表 3・3 の遺伝暗号表で終止コドン TAA までのコドンを翻訳すると以下のようになる.

CTCAGAGTTCACC ATG GGC TCC ATC GGT GCA GCA AGC ATG GAA
　　　　　　　Met－Gly－Ser－Ile－Gly－Ala－Ala－Ser－Met－Glu

…1104 bp … TTC TTT GGC AGA TGT GTT TCC CCT TAA AAAGAA
…………… Phe－Phe－Gly－Arg－Cys－Val－Ser－Pro－終止

43. *Carsonella ruddii* のゲノムには少数のタンパク質しかコードされていないので(182 個の読み枠),これは自立して生活するというよりは他の生物に寄生するものと考えられる(実際 *C. ruddii* は昆虫に寄生する).

45. ヒトとチンパンジーゲノム 3.2×10^9 ヌクレオチドで 3.5×10^7 ヌクレオチドの差がみられたことは,ほぼ 1 %の差があることになるので,これまで考えられていたよりは差が小さい.

47. (a) 以下の読み枠で,最初のものが一番長い.

最初の読み枠

TAT GGG ATG GCT GAG TAC AGC ACG TTG AAT GAG GCG
Tyr－Gly－Met－Ala－Glu－Tyr－Ser－Ser－Leu－Tyr－Glu－Ala－
ATG GCC GCT GGT GAT G
Met－Ala－Ala－Gly－Asp－

2 番目の読み枠

T ATG GGA TGG CTG AGT ACA GCA CGT TGA ATG　AGG
　Met－Gly－Trp－Leu－Ser－Thr－Ala－Arg－終止－Met－Arg－
CGA TGG CCG CTG GTG ATG
　Arg－Trp－Pro－Leu－Val－Met

3 番目の読み枠

TA TGG GAT GGC TGA GTA CAG CAC GTT GAA TGA GGC
　　Tyr－Asp－Gly－終止－Leu－Gln－His－Val－Glu－終止－Gly－
GAT GGC CGC TGG TGA TG
Gly－Arg－Trp－終止－

(b) 読み枠が正しいとすると,最初の読み枠の最初に出てくる Met が開始部位に相当する可能性が高い.

49. もし SNP がほぼ 300 ヌクレオチドに 1 箇所あるとすると,ヒトゲノム 3×10^6 kb(表 3・4)中にはおよそ 10,000 kb の SNP があることになる. [出典:http://ghr.nlm.nih.gov/handbook/genomicresearch/snp]

51. (a) 最も強い相関は,67,400,000〜67,450,000 の位置に見いだされる.

(b) 遺伝子 B はこの疾患に相関のある SNP を含むが,遺伝子 A と遺伝子 C はこれを含まない. [R. H. Duerr, *Science* 314, 1461−1463 (2006) による]

53. DNA 合成は 5′→3′ 方向に進み,プライマーヌクレオチド 3′ 末端の OH 基が必要である. そこで,必要なプライマーは以下に示すようになる.

5′-AGTCGATCCCTGATCGTACGCTACGGTAACGT-3′
　　　　　　　　　　　　3′-TGCCATTGCA-5′

55. 制限酵素はクローニングベクターに DNA 断片を挿入するのに使う. DNA 断片をベクターに挿入しやすいように,プライマーの 5′ 末端には制限酵素部位のヌクレオチド配列を付加する.

57. 好熱菌の DNA ポリメラーゼでなくても使うことは可能で

ある．ただし，温度を上げて二本鎖 DNA を一本鎖に解離させたあとに温度を十分に下げ，新たに酵素を加え直すという操作を毎回行わなければならない．相補鎖合成のあとで温度を上げて DNA 鎖を解離させると，酵素が変性してしまうからである．

59. *Msp*I，*Asu*I，*Eco*RI，*Pst*I，*Sau*I，そして *Not*I で付着末端が，*Alu*I と *Eco*RV で平滑末端が生じる．

61. 4塩基認識配列をもつ制限酵素のほうが8塩基認識配列をもつものより頻繁に DNA を切断する．前者はほぼ 4^4 bp に1箇所の割合で DNA を切断するが，後者はほぼ 4^8 bp に1箇所しか切断しない．

63. もしプラスミドを用いると，3×10^6 kb ヒトゲノム DNA をそれぞれが 20 kb の断片にしなければならない（表3・6参照）．生じる断片の種類は多すぎて，解析に向かない．一方，酵母人工染色体を用いれば 1000 kb 断片を扱うことができるので，3000 クローンほどの解析を行えばヒトゲノム解析が可能になる．

65. （a）プライマーは以下の配列中の灰色部分．

5′-ATGGGCTCCATCGGTGCAGCAAGCATGGAA...
    TTCTTTGGCAGATGTGTTTCCCCTTAAAAAGAA-3′
                3′-CAAAGGGGAATTTTTCTT-5′

5′-ATGGGCTCCATCGGTGCA-3′

3′-TACCCGAGGTAGCCACGTCGTTCGTACCTT...
    AAGAAACCGTCTACACAAAGGGGAATTTTTCTT-5′

（b）各プライマーの 5′ 末端側に *Eco*RI の認識配列（GAATTC，表3・5参照）を付加する．そこで，左向きのプライマー（表示ヌクレオチド配列の 3′ 末端方向から左向きにコピーを始めるためのプライマー）の配列は

    GAATTCATGGGCTCCATCGGTGCA

で，右向きのプライマー（表示ヌクレオチドの 5′ 末端から右向きにコピーを始めるプライマー）の配列は

    5′-GAATTCTTCTTTTTAAGGGGAAAC-3′

である．

4章

1. （a）キラル炭素原子を＊で示す．L-Ala の鏡像異性体である D-Ala も示す．

（b）細菌細胞壁にふつうには存在しない D-Ala があると，他の生物が細菌を破壊するために出すタンパク質分解酵素の基質にはなりにくく，細菌にとっては有利である．

3. （a）His, Phe, Pro, Tyr, Trp　（b）His, Phe, Tyr, Trp
（c）His, Cys, Ser, Thr, Tyr　（d）Gly　（e）Arg, Lys
（f）Asp, Glu　（g）Cys, Met

5. 最も溶けにくいものから，溶けやすいものは Trp, Val, Thr, Ser, Arg の順になる．

7. どんな pH でも，この組合わせはほとんど起こらない．これはアミノ基の pK_a がカルボキシ基の pK_a よりずっと高いからである．

9. 遊離したアミノ酸では，荷電したアミノ基と荷電したカルボキシ基が α 炭素原子に結合しており，互いに静電的に影響し合っている．アミノ酸がペプチド結合を形成すると，この静電相互作用がなくなるので，ペプチド末端部のアミノ基とカルボキシ基の pK_a 値は遊離のアミノ酸のものとは異なる．

11. pH 6.0 では，このテトラペプチドの N 末端はプロトン化されており（電荷 +1），C 末端はプロトンを失っている（電荷 −1）．4個の His 側鎖（pK_a 6.0）はそれぞれ +0.5 の電荷をもっている．そこでこのペプチドの正味の電荷は +2 である．

13. （a）3個のアミノ酸は，Ser, Tyr, Gly.
（b）Ser のカルボニル炭素と Gly のアミド窒素間でポリペプチド骨格が環化する．
（c）Tyr 側鎖の C_α 炭素と C_β 炭素間の酸化で二重結合が生じる．

15.

アスパルテーム（Asp-Phe-OMe）

17. （a）

グルタチオン（GSH）

（b）

酸化型グルタチオン（GSSG）

19.

(構造図)

21. HPR, HRP, PHR, PRH, RHP, RPH の6種類の配列が可能.

23. (a) 三次構造 (b) 四次構造 (c) 一次構造
(d) 二次構造

25.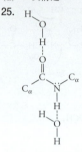

27. DNAらせんもαヘリックスも右巻きである．両者とも，内部は密に詰まっている．DNAらせん内部は塩基で占められているが，αヘリックス内部はポリペプチド鎖側鎖原子で占められている．αヘリックスではポリペプチド鎖側鎖はらせんから外側に突き出しているが，DNAではこれに対応する構造はない．

29. Pro のアミノ基は自身の側鎖と結合しているので，これが形成するペプチド結合の構造の自由度は制限されている．Pro のペプチド結合まわりでは，αヘリックスを形成するのに必要な構造はとれない．

31.

極性残基は赤，非極性残基は青で表示．極性残基側鎖がらせんの片側に，非極性残基側鎖がもう一方の側に出る．相当数の極性残基が正に荷電している．[これは両親媒性ヘリックスの例である．B. Martoglio, R. Graf, and B. Dobberstein, *EMBO J.* 16, 6636−6645 (1997) による．]

33. トリオースリン酸イソメラーゼは α/β タンパク質の一例である．

35. リガンドが正に荷電しており，受容体の負に荷電した Glu 側鎖とイオン結合を形成する可能性がある．Glu が Ala に変異すると，この受容体とリガンドのイオン結合が失われる．

37. この問題の解答にはいくつもの可能性があるが，それぞれの相互作用についての例を示す．

(a) Lys–Glu イオン結合 (b) Tyr–Ser 間水素結合 (c) Leu–Val 間ファンデルワールス相互作用

39. 細胞内で合成されるポリペプチド鎖の配列は，機能を発揮する形に折りたたまれるように進化の過程で最適化されてきた．ランダムなアミノ酸配列をもつポリペプチド鎖では，こうした折りたたみはうまく進行せず，疎水残基側鎖間の相互作用で多数のポリペプチド鎖の凝集が起こり，沈殿してしまう．

41. アンフィンセンのリボヌクレアーゼ実験で，タンパク質の一次構造がその三次構造を決定することが示された．生体内でも，リボヌクレアーゼのような小さなタンパク質の三次元構造は自然に形成される．しかし，ほとんどのタンパク質の三次構造形成にはシャペロンのようなタンパク質の手助けが必要である．

43. 温度が上昇すると，タンパク質を構成している原子の振動あるいは回転エネルギーが上昇し，タンパク質の構造が崩壊する可能性が上がる．こうした条件下でもシャペロンの合成を増やせば，熱変性したタンパク質が巻戻されて三次構造が再生される．

45. イミノ酸である Pro 残基にはペプチド結合に立体化学的な制限がある（問題 29 参照）ことと，水素結合の供与体となるペプチド結合の NH 基（問題 37 参照）がないために，αヘリックスにうまく組込めない．この変異によってスペクトリンの安定性が損なわれ，毛細血管内を変形しながらすり抜けるという赤血球の能力に影響が出る．このとき赤血球は損傷を受け，血流から除かれる．その結果，貧血が起こる．[C. P. Johnson, M. Gaetani, V. Ortiz, N. Bhasin, S. Harper, P. G. Gallagher, D. W. Speicher, and D. E. Discher, *Blood* 109, 3538−3543 (2007) による．]

47. タンパク質がホモ二量体であれば，DNA 上の回文配列を認識する2箇所の結合部位を形成できる．しかしヘテロ二量体では，こうした対称性が欠けている可能性が高い．

49. 正に荷電している Arg 残基も負に荷電している Asp も単量体の表面に位置している．これら残基はイオン対を形成して二量体を安定化する．Arg や Asp を電荷をもたないアミノ酸に置換すると，イオン対が形成できず，二量体形成がむずかしくなって単量体に平衡が傾く．[Y. Huang, S. Misquitta, S. Y. Blond, E. Adams, and R. F. Colman, *J. Biol. Chem.*, 283, 32800−32888 (2008) による．]

51. ジペプチドのイオン化可能な基は C 末端（pK_a 3.5）と N 末端（pK_a 9.0）である．等電点 pI は $1/2(3.5+9.0)=6.25$

53. このタンパク質は pH 4.3 付近でプロトン化/脱プロトンを起こす官能基をもっている．この範囲の pK_a をもつのは Asp と Glu である（表 4・1 参照）．そこで，このタンパク質はこれらアミノ酸残基を豊富に含んでいると考えられる．

55. このペプチドは Arg(R) や Lys(K) を Asp(D) や Glu(E) より豊富に含んでいるので，pH 7.0 では正味で正に荷電していると考えられる．そこでこのペプチドは DEAE 基ではなく CM 基に結合する可能性が高い．

57. アミノ末端の残基は Asp である．また，臭化シアンで処理してもこのペプチドを切断できないので，C 末端は Met である．キモトリプシンは Phe の直後を切断する．断片 II には Asp があるので，こちらが N 末端側にあり，この断片の Phe がキモトリプシン切断部位である．トリプシンは Lys 残基の直後を切断する．断片 III は Asp を含むので，この断片の Lys 残基が切断点である．エラスターゼは Gly, Val, Ser の直後を切断する．このペプチドの Val はプロリンに続く残基なのでエラスターゼでは切断されていない．これらを総合して考えると，次のような配列が導かれる．[A. Anastasi, P. Montecucchi, V. Erspamer, and J. Visser, *Experientia* 33, 857−858 (1977) による．]

トリプシン　　　キモトリプシン
切断　　　　　　切断

Asp–Val–Pro–Lys–Ser–Asp–Gln–Phe–Val–Gly–Leu–Met

エラスターゼ　　　　エラスターゼ
切断　　　　　　　　切断

59. ジスルフィド結合をもつポリペプチド鎖のエドマン分解は，分解過程で N 末端に Cys がでてきた段階でうまくいかなくなる．この Cys 残基はもう一つの Cys 残基に共有結合でつながっているので遊離アミノ酸として放出されないからである．あらかじめジスルフィド結合を還元して，Cys の SH 基を還元しておけば，通常のアミノ酸のように扱えるので，エドマン分解でアミノ酸配列を決めることができる．

61. (a) 1 種類の酵素による加水分解では，酵素断片のアミノ酸配列は決まっても，断片の前後の位置関係を決めることはできない．さらに別の酵素を使ってペプチド断片を作製してそのアミノ酸配列を決め，これら二つの断片の組で重複する配列を見つけ出せば全配列を決めることができる．

(b) トリプシンは Lys か Arg 残基の直後を切断する．切断の結果，軽鎖と重鎖からそれぞれ次のようなペプチド断片が得られる．数字は残基番号である．

軽 鎖	重 鎖	軽 鎖	重 鎖
6	1〜7	29〜38	43〜57
7〜9	8〜18		58〜61
10〜11	19〜31		62〜71
12	32〜35		72〜77
13〜20	36〜38		78〜85
21〜28	39〜42		86〜91

(c) キモトリプシンが 2 番目の切断酵素として適当だろう．この酵素は，Phe, Tyr, Trp の直後を切断する．以下のような断片が得られる．

軽 鎖	重 鎖
6〜13	1〜63
14〜25	64〜83
26〜38	84〜91

63. 各コドンは一つのアミノ酸に対応するので，まちがいが起こる確率は，

$$\frac{5 \times 10^{-4} \text{まちがい}}{\text{残基}} \times 500 \text{残基} = 0.25$$

つまり，できたポリペプチドの 25% にまちがいが起こることになる．

65. Leu と Ile は異性体であり，質量は等しい．そこで，質量分析では両者を区別できない．

67.

点線は分解される結合を示す．最小の質量をもつ断片は N 末端残基（Phe）で，その質量はほぼ 149 Da（9C＋1N＋1O＋11H）である．

69. タンパク質結晶中では，ポリペプチド鎖末端の残基は分子内相互作用が他の部分に比べて少ないので，結晶内では動きやすくなる傾向がある．この動きが結晶全体の秩序を乱すようなら，結晶内のタンパク質の電子密度を決定することはできない．

5 章

1. グロビンには酸素結合部位がないので，酸素分子を結合できない．ヘム自身はすぐに酸化されてしまうので，単独ではやはり酸素を結合できない．グロビンに結合したヘムが酸素結合能をもち，グロビンはヘムの鉄原子を酸化から保護する．

3. ミオグロビンは細胞内への酸素分子の拡散を促進する．ヘモグロビンで細胞まで運ばれてきた酸素分子を細胞内のミオグロビンが受取り，これをミトコンドリア内のタンパク質に受け渡す．細胞内酸素分圧がミオグロビンの p_{50} に等しいと，ミオグロビンの半分が酸素分子を結合している．この状態ではミオグロビンは効率よく酸素分子を受取る．細胞内酸素分圧が p_{50} より高いと，ヘモグロビンからミオグロビンへの酸素分子の受け渡しの効率は悪くなる．細胞内酸素分圧が p_{50} より低いとミオグロビンの酸素結合が不十分で，ミトコンドリアタンパク質への酸素分子の受け渡しが阻害される．

5. (a) 焼いていない牛肉の内部は酸素にさらされていないので，ヘモグロビンは脱酸素状態にあり，紫色をしている．肉を薄切りにするとミオグロビンが酸素にふれて酸素分子を結合し，赤色に変化する．

(b) 肉を調理するとグロビンが変性してヘムが遊離し，鉄原子が酸化されて Fe^{3+} となる．ミオグロビンはメトミオグロビンとなって茶色を呈する．

(c) 真空パックでは，筋肉内の細胞はすぐに酸素を使い果たしてしまいミオグロビンは脱酸素状態になる．その結果，肉は紫色になる．酸素が透過できるパックでは，細胞には常に酸素が供給されてミオグロビンは酸素化された状態を維持する．この結果，肉は赤色を呈する．消費者には後者のほうが好まれるので，こうしたパックが使われる．〔出典："Color Changes in Cooked Beef", James Claus, National Cattlemen's Association.〕

7. Ile のほうが Val より大きな側鎖をもつ．この結果，ヘムへの酸素結合に立体的な障害が生まれ，酸素結合能が減少する．〔J. S. Olson and G. N. Phillips, Jr., *J. Biol. Chem.* **271**, 17593−17596 (1996) による．〕

9. 動脈ではほとんどすべてのヘモグロビンが酸素化されており，Fe(II) の 6 番目の配位座には酸素分子が結合している．その結果，動脈血は 6 配位 Fe(II) 由来の鮮紅色となる．毛細血管を通過した赤血球のヘモグロビンには酸素分子を失っているものが多く，静脈血では 6 配位 Fe(II) をもつヘモグロビンと 5 配位 Fe(II) をもつヘモグロビンとが混じっている．そこで，静脈血は 5 配位 Fe(II) 由来の青みがかった色をしている．

11. (a) 6 番目（Gly）と 9 番目（Val）が不変らしい．(b) 保存的置換は 1 番目（Asp と Lys，両者とも電荷をもつ），10 番目（Ile と Leu，両者とも疎水性で似た構造をもつ），2 番目（どれも荷電していないかさばった側鎖）．5 番目と 8 番目ではある程度の置換が許される．(c) 最も可変な位置は 3, 4, 7 番目で，ここにはさまざまな残基が現れる．

13. (5・4) 式を用いて，双曲線形結合における飽和度 Y を求める．ここで，$K = 26$ Torr とする．

$$Y = \frac{p\mathrm{O}_2}{K + p\mathrm{O}_2}$$

30 Torr では，$Y = \dfrac{30\ \text{Torr}}{26\ \text{Torr} + 30\ \text{Torr}} = 0.54$

100 Torr では，$Y = \dfrac{100\ \text{Torr}}{26\ \text{Torr} + 100\ \text{Torr}} = 0.79$

このように，もしヘモグロビンが双曲線形酸素結合をするなら，肺での酸素飽和度は79％（肺での $p\text{O}_2$ はほぼ100 Torr）で，組織（$p\text{O}_2$ はほぼ30 Torr）で放出できるのはたった25％（79 − 54 ＝ 25％）になってしまう．ヘモグロビンのシグモイド形酸素結合によって，肺での酸素結合がずっと多くなり，組織により多くの酸素を供給できることになる（ほぼ40％）．

15.

$$Y = \frac{(p\text{O}_2)^n}{(p_{50})^n + (p\text{O}_2)^n} = \frac{(25\ \text{Torr})^3}{(40\ \text{Torr})^3 + (25\ \text{Torr})^3} = 0.20$$

$$Y = \frac{(p\text{O}_2)^n}{(p_{50})^n + (p\text{O}_2)^n} = \frac{(120\ \text{Torr})^3}{(40\ \text{Torr})^3 + (120\ \text{Torr})^3} = 0.96$$

17. インドガンが生息する高地では，酸素濃度は低く肺でヘモグロビンに結合する酸素量が相対的に少ない．インドガンのヘモグロビンの p_{50} 値が平地で生息する灰色ガンのものより小さいため，こうした環境でも十分な酸素を肺から組織にまで運ぶことができる．[T.-H. Jessen, R. E. Weber, G. Fermi, J. Tame, and G. Braunitzer, *Proc. Natl. Acad. Sci.* 88, 6519−6522 (1991) による．]

19. 酸素分子放出の増加はボーア効果による．プロトン濃度上昇の結果，オキシヘモグロビンからデキオシヘモグロビンに平衡が動き，酸素放出が誘導される．これは酸素を必要とする筋肉にとって必要である．

21. (a) デオキシヘモグロビンでは Asp94 とプロトン化された His146 はイオン対を形成する．プロトンは細胞呼吸で生成される．ボーア効果で解説したように，プロトン濃度の上昇はデオキシヘモグロビンを安定化し，その結果，組織への酸素供給が容易になる．

(b) Asp 残基にある負電荷は His 残基のイミダゾール環の pK_a を上昇させ，二つの残基のイオン対形成を促進する．pK_a の上昇は，イミダゾール環のプロトン親和性が高まることを意味している．[M. Berenbrink, *Resp. Physiol. Neurobiol.* 154, 165−184 (2006) による．]

23. ヤツメウナギのデオキシヘモグロビンは，表面にある負に荷電した Glu の負電荷どうしの反発のために四量体を形成しにくく，解離して単量体になりやすい．pH が下がれば Glu 残基由来の負電荷が少なくなり，四量体デオキシヘモグロビンの形成が促進される．代謝活性の高い組織では pH が下がるので，デオキシヘモグロビンが安定に存在し，ここに酸素供給することができる．[Y. Qiu, D. H. Maillett, J. Knapp, J. S. Olson, and A. F. Riggs, *J. Biol. Chem.* 275, 13517−13528 (2000) による．]

25. (a) 胎児型ヘモグロビン（曲線 A）は，成人型ヘモグロビン（曲線 B）に比べて酸素親和性が高い．どんな酸素濃度でも，酸素飽和度は前者のほうが高い．

(b) γ 鎖では β 鎖の His21 にあたる残基が Ser に置換されており，中心部の空洞の正荷電が少なくなっている．そのため，負に荷電したアロステリック因子 BPG はヘモグロビン A に比べてヘモグロビン F に結合しにくい．BPG はヘモグロビンの酸素親和性を弱めるので，BPG を結合しにくい HbF は酸素親和性が高くなる．母親のヘモグロビンより胎児ヘモグロビンの酸素親和性が高ければ，母親の血流から胎児の血流に酸素を移

すことが可能となる．

27. (a) 正常ヘモグロビンの酸素結合曲線はシグモイド形で，変異ヘモグロビン Hb Great Lakes のものは双曲線形である．つまり，正常ヘモグロビンでは酸素分子の結合・解離は協同的であるが，変異ヘモグロビンではこうした協同性がみられない．

(b) 変異ヘモグロビンのほうが正常ヘモグロビンより酸素親和性が高い．前者では60％以上が，後者ではほぼ30％が酸素を結合している．

(c) 両者ともに100％飽和している．

(d) 正常ヘモグロビンのほうが酸素運搬能が高い．正常ヘモグロビンは肺から組織に結合酸素の70％を運搬するが（75 Torr で100％飽和，20 Torr で30％飽和），変異ヘモグロビンは40％以下しか運搬できない．[S. Rahbar, K. Winkler, J. Louis, C. Rea, K. Blume, and E. Beutler, *Blood* 58, 813−817 (1981) による．]

29. (a) 酸素を多く取込もうとして過呼吸を起こす．その結果，血液の pH は次に示す反応式に従って上昇する．過呼吸状態で肺から余分な二酸化炭素が放出されると，3番目の反応が右に偏る．その結果，血液に溶解した二酸化炭素が減少し，2番目の反応が右に偏り炭酸水素イオンが減少する．その結果，最初の反応が右に偏りプロトンが減少して pH が上昇する．

$$\text{H}^+(aq) + \text{HCO}_3^-(aq) \rightleftharpoons \text{H}_2\text{CO}_3(aq)$$
$$\text{H}_2\text{CO}_3(aq) \rightleftharpoons \text{CO}_2(aq) + \text{H}_2\text{O}(l)$$
$$\text{CO}_2(aq) \rightleftharpoons \text{CO}_2(g)$$

(b) 肺胞での $p\text{CO}_2$ 濃度の減少は，(a) に示した過呼吸で説明できる．2,3-BPG 濃度は上昇して，酸素親和性の低いヘモグロビンが増え，組織への酸素供給の効率がよくなる．

31. C 末端残基の置換によって His F8 の位置が変わり，酸素分子の結合が弱くなったり強くなったりする可能性がある．この置換残基はプロトン結合に関与する His146（問題 21 参照）に非常に近く，このプロトン結合に影響するかもしれない．His146 は中央空洞に位置しているので，プロトン結合が弱まれば BPG の結合も弱まり，オキシヘモグロビンの割合が増えることになる．

33. どちらもタンパク質なのでアミノ酸が重合したものである．どちらも二次構造をもつ部分がある．しかし球状タンパク質は水溶性で球に近い形をしている．ヘモグロビン，ミオグロビン，酵素などがその例である．細胞内では化学反応にかかわっている．対照的に，繊維状タンパク質は水に不溶性であり，長く伸びた形をしている．細胞内では細胞骨格繊維や細胞間の結合組織をつくるといった構造的な役割を果たしている．

35. ミクロフィラメントと微小管はサブユニットが頭部と尾部が結合するような形で重合したものなので，サブユニット（ミクロフィラメントのアクチン，微小管のチューブリン二量体）の極性が繊維にも反映される．中間径フィラメントでは最初の段階（らせんが平行に二量体化する）だけは極性が保たれるが，その後の段階ではサブユニットが逆平行になるように並ぶため重合された中間径フィラメントでは両端とも頭部と尾部をもつ．

37. ファロイジンは F アクチンに結合するが G アクチンには結合しないので，F アクチンを安定化する．細胞運動は先行端での G アクチンの重合と後端での F アクチン脱重合で駆動されるが，ファロイジンによって後者が阻害され，その結果，細胞運動が阻害される．

39. 速く伸長する微小管では，GTP の加水分解はチューブリン二量体の β チューブリンサブユニットが微小管に取込まれた

あとに起こるため，微小管の (+) 端には GTP 型の β チューブリンが集積する．ゆっくり伸長する微小管では GDP に加水分解されたもののほうが比較的多い．このため GDP でなく GTP をもつ (+) 端に選択的に結合するタンパク質は，速く伸長する微小管とゆっくり伸長する微小管を見分けることができる．

41. 加水分解できない GTP 類似体存在下で重合させた β チューブリンからなる重合体はより安定である．β チューブリンサブユニットが溶液の GTP に接触すると GTP は β チューブリンに結合し，GDP に加水分解される．この GDP は β チューブリンに結合したままであり，ここに αβ ヘテロ二量体が重合していく．GDP の結合したプロトフィラメントは曲がってほつれやすいため，GDP の結合した β チューブリンを末端にもつ微小管は不安定である．加水分解できない類似体が結合すると，これは GTP と形が似ておりプロトフィラメントはまっすぐになるためほつれにくく，結果として微小管はより安定になる．

43. 微小管は細胞分裂時に紡錘体を形成する．がん細胞は細胞分裂の速度の大きい細胞であり，正常細胞に比べて速い細胞分裂を行うため，チューブリンを標的にして紡錘体の形成を阻害する薬剤はがん腫瘍の成長を遅らせる．

45. 細胞運動は微小管の重合と脱重合によって起こるので，微小管の脱重合を促進するコルヒチンは好中球の運動能を阻害する．

47. 図 5・22 に示すように，微小管はその (+) 端と (−) 端を介して染色体を細胞の反対側にある二つの極につなぎとめる．ビンブラスチンは微小管の (+) 端を安定化し (−) 端を不安定にするので，染色体と極との結合を切断することになる．〔D. Panda, M. A. Jordan, K. C. Chu, and L. Wilson, *J. Biol. Chem.*, **271**, 29807−29812 (1996) による．〕

49. (a) 1 番目と 4 番目の残基側鎖はコイルドコイル内部に埋込まれているが，他の残基側鎖は溶媒に露出しているので極性をもつか電荷をもつ．
(b) 両方の配列で，1 番目と 4 番目の残基側鎖は疎水性だが，Trp と Tyr は Ile や Val よりかさばっており，コイルドコイルを構成する 2 本のポリペプチド鎖間の相互作用部位にうまくはまり込まない（図 5・25 参照）．

51. 還元剤はケラチン分子内のジスルフィド結合 (−S−S−) を切断する．髪をセットする際に，いったん還元された Cys 残基 (SH 基をもつ) が他のケラチン分子の Cys 残基と接触することになる．こうしてセットした髪に酸化剤を作用させると，システイン残基間に新たなジスルフィド結合が形成され，セットした髪の形が固定される．

53. アクチンの一次構造はそのアミノ酸配列である．二次構造には α ヘリックスと β シート，その他のポリペプチド骨格の立体構造がある．三次構造は球状構造における骨格とすべての側鎖の立体配置である．定義により，単量体アクチンには四次構造がない．しかし，単量体アクチンが結合してミクロフィラメントを形成すると，サブユニットの配置が四次構造となる．アクチンはある条件で四次構造をとるタンパク質の一例である．
　コラーゲンの一次構造はそのアミノ酸配列である．二次構造は Gly-Pro-Hyp の繰返し配列からなる左巻きらせんである．タンパク質の大部分はこの二次構造からできているため，三次構造は本質的には二次構造と同じである．四次構造は 3 本のポリペプチド鎖がとる三重らせん構造である．この三重らせんを三次構造の一つとみなし，四次構造をコラーゲン分子の集合と

考えることもできる．

55. この酵素はコラーゲンを分解する〔コラーゲンには Gly−X−Y（X は Pro のこともある）の繰返し配列がある〕．コラーゲンは結合組織の主要なタンパク質なので，組織を分解することで細菌が宿主に侵入しやすくなる．細菌はコラーゲンをもたないので，細菌自身には影響がない．〔出典: Worthington Biochemical Corporation.〕

57. (a) A はウニ由来，B はネズミ由来．
(b) ネズミやウニのコラーゲンの安定性はヒドロキシプロリン含量に依存している．ヒドロキシプロリン含量が多いと，規則的構造をとりやすくなり，変性しにくくなる．その結果，コラーゲンの安定性が増す．ネズミのコラーゲンは，冷たい海中に生息するウニのコラーゲンより安定である．ネズミやウニのコラーゲンの変性温度は，それぞれの生息温度より高い．その結果，生息環境下でコラーゲンは安定に維持されている．〔J. Mayne and J. J. Robinson, *J. Cell. Biochem.* **84**, 567−574 (2001) による．〕

59. (a) (Pro−Pro−Gly)$_{10}$ の融点は 41 ℃ であり，(Pro−Hyp−Gly)$_{10}$ の融点は 60 ℃ である．どちらもイミノ酸含量は 67% であるが，(Pro−Hyp−Gly)$_{10}$ にはヒドロキシプロリンがあるが，(Pro−Pro−Gly)$_{10}$ にはない．そのため，ヒドロキシプロリンはプロリンよりも安定化する効果がある．
(b) (Pro−Pro−Gly)$_{10}$ と (Gly−Pro−Thr(Gal))$_{10}$ の融点は同じであるため，安定性も同じである．(Pro−Pro−Gly)$_{10}$ のイミノ酸含量が 67% なのに対し，(Gly−Pro−Thr(Gal))$_{10}$ のイミノ酸含量は 33% しかないのでこれは興味深い．糖鎖の結合したトレオニンにはプロリンと同様の効果があるはずである．ガラクトースには多くのヒドロキシ基があり，水素結合をつくることができるため三重らせんが安定化するのかもしれない．
(c) (Gly−Pro−Thr)$_{10}$ は三重らせんを形成しないため，これを含めることは重要である．この分子は (Gly−Pro−Thr(Gal))$_{10}$ の安定性の増加が，トレオニン残基ではなくガラクトースによるものであるということを示すための対照として含まれている．〔J. G. Bann, D. H. Peyton, and H. P. Bächinger, *FEBS Lett.* **473**, 237−240 (2000) による．〕

61.

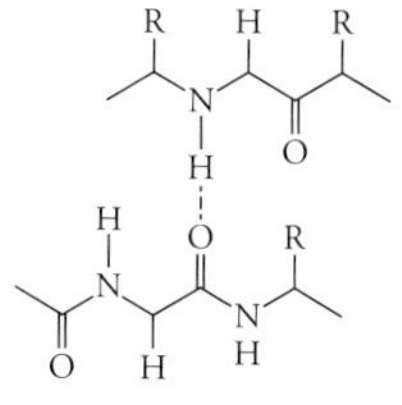

63. コラーゲンのアミノ酸組成は非常に偏っており，ほぼ三分の二は Gly と Pro あるいは Pro 誘導体で，他のアミノ酸の含量は非常に低いので，他のタンパク質のように多様なアミノ酸をもつものに比べて栄養という面からは劣っている．ゼラチンはコラーゲンの熱変性物である．

65. (a) 患者はすべて，食事中にビタミン C（アスコルビン酸）が欠けている結果起こる壊血病を発症している．
(b) ビタミン C は，新たに合成されたコラーゲン分子中のヒドロキシプロリン (Hyp) 生成に必須である．新生コラーゲン内で Pro が Hyp に変換できないと，このコラーゲンは不安定となる．こうした Hyp を含まないコラーゲンからなる組織は弱く，出血しやすかったり，関節が腫れたり，疲れやすかったり，歯茎が痛んだりという症状を呈する．

(c) 胃腸病の患者はビタミン C を含む食事をとっているものの，その胃腸での吸収に問題がある．歯の状態が悪い場合あるいは，アルコール中毒の場合には，食事そのものを十分にとっていないことが考えられる．流行のいろいろな食事療法に凝っている人は，ビタミン C 摂取がひどく制限されるような状態に陥っている可能性がある．いずれにせよ，ビタミン C 不足で正常なコラーゲンが少ないことが問題である．[J. M. Olmedo, J. A. Yiannias, E. B. Windgassen, and M. K. Gornet, *Int. J. Dermatol.* 45, 909−913 (2006) による．]

67.

$$-NH-\overset{1}{\underset{|}{CH}}-\overset{O}{\overset{||}{\underset{}{C}}}-$$

with side chain: $\overset{2}{CH_2}$, $\overset{3}{CH_2}$, $\overset{4}{CH}-OH$, $\overset{5}{CH_2}$, $\overset{6}{NH_3^+}$

69. (a) ミノキシジルはリシルヒドロキシラーゼを阻害する．ミノキシジル存在下ではリシンのヒドロキシル化が阻害されるため，[³H]リシンのコラーゲンへの取込みが減少する．
(b) ミノキシジルはリシルヒドロキシラーゼを阻害するので，プロコラーゲン鎖は十分にヒドロキシル化されない．ヒドロキシ基をもたないリシンは糖鎖の結合部位として働かないので，コラーゲンの安定性が減少し，繊維芽細胞から分泌されたときに分解されやすくなる．このため繊維症患者の細胞内コラーゲン濃度を減らすのには効果的である．
(c) 同様の説明により，ミノキシジルを繊維症を患っていない人に長期にわたって投与すると，皮膚の繊維芽細胞におけるコラーゲン合成が妨げられるおそれがある．ミノキシジル存在下で合成されたヒドロキシル化が十分でないコラーゲンは不安定なため，皮膚の構造に作用する可能性がある．しかし医学文献によると，2 年近くミノキシジルの局所的治療を受けた数名の患者でみられた副作用は頭皮の炎症，乾燥，フケ，かゆみ，発赤だけであったとされている．[S. Murad, L. C. Walker, S. Tajima, and Sr. R. Pinnell, *Arch. Biochem. Biophys.* 308, 42−47 (1994) と V. H. Price, *N. Engl. J. Med.* 341, 964−973 (1999) による．]

71. ミオシンは繊維状でも球状でもある．二つの頭部は球状でありいくつもの二次構造をもつが，尾部は 1 本の繊維状のコイルドコイルでできている．

73. (a) 拡散はランダムな過程であり，遅い（特に大きい物質や長い距離において）．ランダムなので，直線的でなく三次元的に起こり，方向性もない．
(b) 細胞内輸送系（積み荷の直線的な輸送）には輸送経路と，化学エネルギーを力学エネルギーに変換して積み荷を運ぶエンジンが必要である．エンジンは一方向に不可逆的な速い運動を行えねばならない．そして積み荷を特定の目的地に運ぶためにはある種の"番地づけ"を行う必要がある．

75. F アクチンとミオシンによる筋収縮過程では，ミオシンはアクチンに結合し，ATP 結合でアクチンから解離するというサイクルを繰返す．死亡時には，ミトコンドリアでの ATP 合成が停止する．ATP が筋肉内で枯渇する結果，ミオシンはしっかりと F アクチンに結合したままになり，筋肉が硬直する．

77. 正常な骨形成過程では，骨にかかる力に反応して骨組織成長が起こる．筋ジストロフィーのように筋肉の動きが弱くなると，骨形成刺激が少なくなり，骨形成過程にも異常が出る．

6章

1. 球状タンパク質では，ドメイン間の間隙に位置するアミノ酸残基側鎖などをうまく配置して，基質を囲み込む活性部位を形成することが可能である．これに対して，ほとんどの繊維状タンパク質は硬く伸びた構造をしており，基質を囲い込むことができず，化学変化を促進することができない．

3. 触媒による反応速度の加速は，次式のように触媒存在下での反応速度と触媒のない状態での反応速度の比として計算できる．[R. A. R. Bryant and D. E. Hansen, *J. Am. Chem. Soc.*, 118, 5498−5499 (1996) による．]

$$\frac{61 \text{ s}^{-1}}{1.3 \times 10^{-10} \text{ s}^{-1}} = 4.7 \times 10^{11}$$

5. アデノシンデアミナーゼでは

$$\frac{370 \text{ s}^{-1}}{1.8 \times 10^{-10} \text{ s}^{-1}} = 2.1 \times 10^{12}$$

トリオースリン酸イソメラーゼでは

$$\frac{4300 \text{ s}^{-1}}{4.3 \times 10^{-6} \text{ s}^{-1}} = 1.0 \times 10^{9}$$

である．触媒により反応速度の加速はアデノシンデアミナーゼのほうが大きい．

7.

9. (a) ピルビン酸デカルボキシラーゼはリアーゼである．ピルビン酸のカルボキシ基 $-COO^-$ が除かれ，$CO_2(O=C=O)$ の二重結合が形成される．
(b) アラニンアミノトランスフェラーゼは転移酵素である．アミノ基がアラニンから 2−オキソグルタル酸に転移される．
(c) アルコールデヒドロゲナーゼは酸化還元酵素である．アセトアルデヒドはエタノールに還元され，エタノールはアセトアルデヒドに酸化される．
(d) ヘキソキナーゼは転移酵素である．リン酸基が ATP からグルコースに転移され，グルコース 6−リン酸ができる．
(e) キモトリプシンは加水分解酵素である．キモトリプシンはペプチド結合の加水分解を触媒する．

11. コハク酸デヒドロゲナーゼは酸化還元酵素である．

コハク酸 →（コハク酸デヒドロゲナーゼ）→ フマル酸

13. キナーゼはリン酸基を ATP から基質に転移する．

クレアチン →（ATP, ADP）→ クレアチンリン酸

15. (a) 反応 4　(b) 反応 1　(c) 反応 3　(d) 反応 2

17. $2 H_2O_2 \rightleftharpoons O_2 + 2 H_2O$

19. 速度が 10 倍上昇するには $\Delta G^{\ddagger}$ が約 5.7 kJ mol^{-1} 減少す

る必要がある．ヌクレアーゼでは，速度が 10^{14} 上昇しているので，$\Delta G^{\ddagger}$ は約 $14 \times 5.7 = 80$ kJ mol^{-1} 減少している．

21.

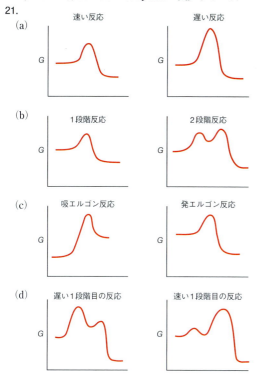

23. ある．酵素は反応のどちらの方向の活性化エネルギーも減少させる．

25. (a) Gly, Ala, Val 側鎖には，酸塩基触媒反応，あるいは共有結合触媒反応に必要な官能基がない．
(b) これら残基への変異導入で，触媒反応にかかわる官能基の配置が変わるため．

27. (a) どの分子も酵素として働くためには，基質を特異的に認識して結合し，化学変化を起こす適切な官能基をもち，その官能基が反応部位に存在しなければならない．
(b) 窒素塩基の官能基はタンパク質のアミノ酸残基側鎖のように化学反応に関与する．たとえば，アデニン，グアニン，シトシン塩基は求核剤として働き，プロトン供与体である．
(c) 二本鎖である DNA は立体構造の自由度が限られている．一本鎖である RNA は大きな構造変化が可能である．このような柔軟性をもつため基質と結合し，化学変化を起こすことができる．

29. His 57 は Ser 195 のプロトンを取除くので，Ser の酸素はより求核性になる．Ser 195 が DFP と共有結合すると，プロトンが使えなくなるのでセリンは求核性でなくなる．His 57 を TPCK で修飾するとイミダゾール環の窒素がアルキル化され，プロトンを取除くことができなくなる．

31.

33. His 残基はプロトン移動にかかわることがある．カルボキシメチル化された His はプロトンを供与も受容もできなくなる．〔R. Shapiro, S. Weremowicz, J. F. Riordan, and B. Vallee, *Proc. Natl. Acad. Sci.* 84, 8783–8787 (1987) による．〕

35. (a)

(b) 安息香酸は基質と似た構造をもつので酵素の基質結合部位に結合し，FDNP の結合を妨げる．その結果 FDNP はチロシン残基と反応しない．〔T. Nishino, V. Massey, and C. H. Williams, *J. Biol. Chem.*, 255, 3610–3616 (1979) による．〕

37. 非常に pH が低い場合には，His 残基側鎖はプロトン化されて Ser と水素結合を形成できなくなる．Asp もプロトン化されて His と水素結合を形成できない．非常に pH が高い場合には，His が脱プロトンされ Asp と水素結合を形成できなくなる．

39. (a) Glu35 の pK_a は 5.9, Asp52 の pK_a は 4.5.
(b) pH 2.0 では Glu も Asp もプロトン化されているので，リゾチームは不活性．Asp52 は負電荷をもたず，カルボカチオン中間体と反応できない．pH 8.0 では Asp も Glu もプロトンを失って負電荷をもち，リゾチームは不活性となる．Glu35 の $-COO^-$ は，糖をつなぐ結合を加水分解するのに必要な水分子と共役して働く．
(c)

41. (a) 反応初期ではエステル結合が切断されキモトリプシンはアセチル化される．*p*-ニトロフェノラートはすぐに放出されるため，410 nm の吸収が急激に上昇する．酵素が次の反応の触媒を始めるためには脱アセチルされて再生されなければ

ならない．この段階は初めの反応よりも遅い．酢酸が放出されると酵素は次の基質分子と結合し，反応することができる．こうして"定常状態"に達し，基質が枯渇するまで吸収は一定速度で上昇していく．

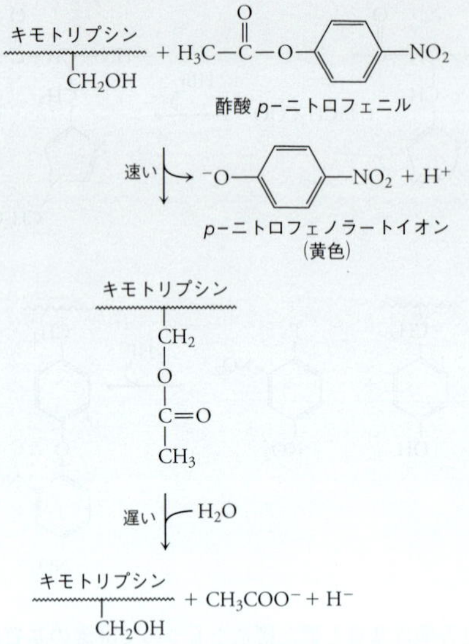

キモトリプシン—CH₂OH + H₃C—C(=O)—O—〈ベンゼン環〉—NO₂
酢酸 p-ニトロフェニル

速い ↓ → ⁻O—〈ベンゼン環〉—NO₂ + H⁺
p-ニトロフェノラートイオン
（黄色）

キモトリプシン—CH₂—O—C(=O)—CH₃

遅い ↓ H₂O

キモトリプシン—CH₂OH + CH₃COO⁻ + H⁺

(b) 2段階反応なので，反応座標は図6・7のような形になる．各段階が固有の活性化エネルギーをもつ．アセチル化キモトリプシンが中間体である．

(c) 役立つ．キモトリプシンとトリプシンは同じ触媒機構で働くため，トリプシンもプロテアーゼであると同時にエステラーゼとしても働くことができる．

43. これは，関係のないタンパク質が進化の過程で互いに似た性質を獲得するという収束進化の一例である．

45. クレアチンキナーゼの他の Cys 残基に比べて Cys278 はタンパク質表面に露出しているので，NEM との反応性が高い．この高い反応性から考えて，この残基が触媒残基のひとつである可能性がある．他の Cys 残基は NEM とほとんど反応しないことから，触媒には直接に関係していないと考えられる．

47.

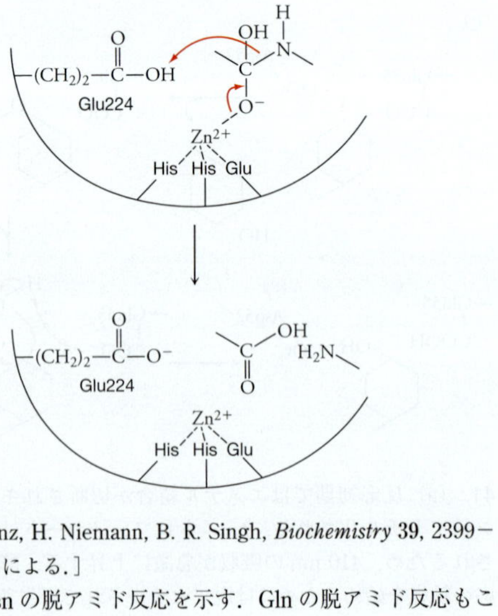

[L. Li, T. Binz, H. Niemann, B. R. Singh, *Biochemistry* **39**, 2399–2405 (2000) による．]

49. (a) Asn の脱アミド反応を示す．Gln の脱アミド反応もこ

れと同様である．

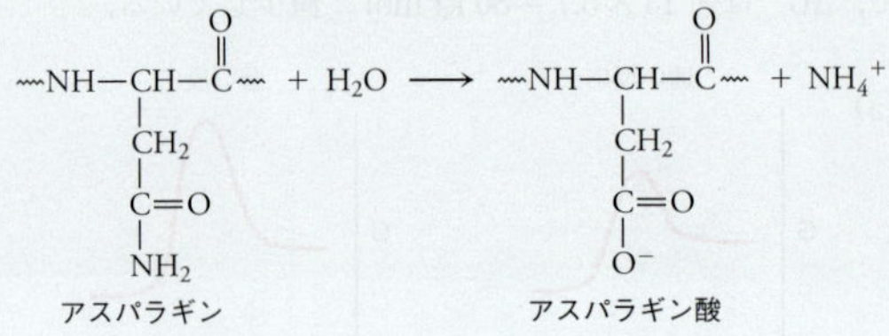

~NH—CH—C~ + H₂O → ~NH—CH—C~ + NH₄⁺
（CH₂—C=O—NH₂）　　（CH₂—C=O—O⁻）
アスパラギン　　　　　アスパラギン酸

(b)

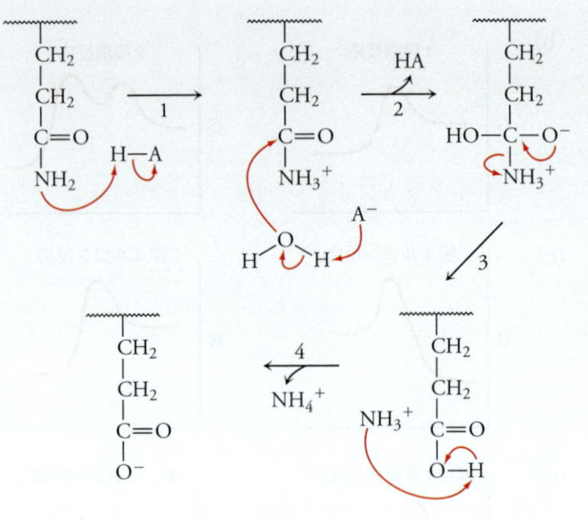

(c) Ser と Thr 残基は遷移状態を安定化させる．脱プロトンされていると塩基としても働き，水分子のプロトンを受容して水酸化物イオンを形成し，これが求核性をもつ．Ser と Thr（脱プロトン型）はそれ自体でも求核性をもっている．

(d) Gln 残基の N 末端の脱アミドの機構を示す．Asn の N 末端の場合は4員環となってしまい，不安定なので脱アミドされない．

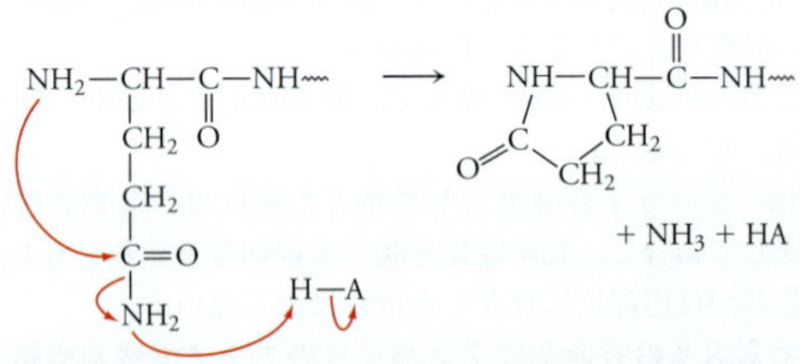

NH₂—CH—C—NH~ → NH—CH—C—NH~ + NH₃ + HA

(e) 水は反応の基質である．タンパク質表面の Asn と Gln はタンパク質内部の Asn と Gln より水分子に接触しやすい．[H. T. Wright, *Crit. Rev. Biochem. Mol. Biol.* **26**, 1–52 (1991) による．]

51. 遊離した基質の自由エネルギーより酵素に結合した基質の自由エネルギーが低かったとする．この場合でも，酵素に結合した基質が遷移状態を経て生成物になる活性化エネルギーのほうが，酵素に結合した基質がそのまま遊離する反応（結合反応の逆反応）の活性化エネルギーより小さければ触媒反応は進行する．

53. セリンプロテアーゼの反応物のひとつが水分子なので，活性部位から水を排除する必要がない．

55. 亜鉛イオンは，Glu224 が水分子からプロトンを引抜く反応を助ける．正に荷電した亜鉛イオンは，反応の遷移状態に出てくる負に荷電した酸素を安定化する．

57. アデノシンは平面構造をとり，1,6-ジヒドロプリンは正四面体構造をとるので，遷移状態はプリン環の6位で正四面体構造をとると考えられる．酵素は，基質より遷移状態に強く結

59. 変異によって活性部位の構造や官能基の活性がどのように変わるかによって，酵素活性は上がる場合も下がる場合もある．

61. (a) トリプシンは生理的 pH では正に荷電している Lys と Arg 残基のカルボキシ基側のペプチド結合を切断する．これらの残基は特異性ポケットに入り込み，Asp189 と静電的に相互作用する．
(b) 特異性ポケットに正に荷電した Lys 残基をもつ突然変異トリプシンは，反発する塩基性側鎖と相互作用できなくなる．この変異トリプシンは，正に荷電した Lys 残基と静電的に相互作用する Glu, Asp などの負に荷電した残基のカルボキシ基側のペプチド結合を切断するかもしれない．
(c) 特異性ポケットに正に荷電した Lys 残基がないとすると，変異トリプシンが酸性側鎖を切断するとは考えられない．その代わり，変異トリプシンは Leu や Ile などの非極性側鎖をもつ基質を切断する可能性がある．[L. Graf, C. S. Craik, A. Patthy, S. Roczniak, R. J. Fletterick, and W. J. Rutter, *Biochemistry* 26, 2616–2623 (1987) による．]

63. キモトリプシンの活性化では，キモトリプシンは別のキモトリプシンの Leu, Tyr, Asn 残基を切断する．このうち Tyr だけがキモトリプシンの標準の認識特異性に一致する．つまりキモトリプシンは広い基質特異性をもっており，これはおそらく切断される結合の近くに同一の残基があるためだと考えられる．

65. 問題 8 の化合物はキモトリプシンで加水分解されない．アミド結合のカルボニル側に位置する残基はアルギニンで，その側鎖はキモトリプシンの特異性ポケットに入り込めない．

67. (a) トリプシノーゲンが恒常的にトリプシンに変換される（問題 64 参照）と，キモトリプシノーゲンが常にキモトリプシンに変換されることになり，膵臓組織が破壊される．
(b) トリプシンはカスケード反応の最初に位置しているので，トリプシン阻害剤でトリプシンを不活性化するのは意味がある．[M. Hirota, M. Ohmuraya, and H. Baba, *Postgrad. Med. J.* 82, 775–778 (2006) による．]

69. 非常に狭い基質特異性をもつプロテアーゼ（つまり，一つの標的にしか作用しないプロテアーゼ）は，基質以外のタンパク質を認識しないためほかのタンパク質にとって危険にならない．

7 章

1. 基質濃度対反応速度曲線が双曲線形であることは，酵素と基質は物理的に接触し，高濃度の基質存在下では酵素が飽和することを意味している．鍵と鍵穴モデルは酵素と基質の結合の高い特異性を説明している．

3. $v = \dfrac{d[S]}{dt}$

$= \dfrac{0.025 \text{ M}}{440 \text{ 年} \times 365 \text{ 日 年}^{-1} \times 24 \text{ 時間日}^{-1} \times 3600 \text{ s 時間}^{-1}}$

$= 1.8 \times 10^{-12} \text{ M s}^{-1}$

5. $v = \dfrac{d[P]}{dt} = \dfrac{25 \times 10^{-6} \text{ M}}{50 \text{ 日} \times 24 \text{ 時間日}^{-1} \times 3600 \text{ s 時間}^{-1}}$

$= 5.8 \times 10^{-12} \text{ M s}^{-1}$

[R. A. R. Bryant and D. E. Hansen, *J. Am. Chem. Soc.* 118, 5498–5499 (1996) による．]

7. $(5.8 \times 10^{-12} \text{ M s}^{-1})(4.7 \times 10^{11}) = 2.7 \text{ M s}^{-1}$

9. $v = -\dfrac{d[S]}{dt} = -\dfrac{0.065 \text{ M}}{60 \text{ s}} = -1.1 \times 10^{-3} \text{ M s}^{-1}$

11.

反応	反応分子数	反応速度式	k の単位	反応速度が比例する値	次数
A → B+C	一分子反応	$k[A]$	s^{-1}	$[A]$	一次
A+B → C	二分子反応	$k[A][B]$	$\text{M}^{-1}\text{s}^{-1}$	$[A]$ と $[B]$	二次
2A → B	二分子反応	$k[A]^2$	$\text{M}^{-1}\text{s}^{-1}$	$[A]^2$	二次
2A → B+C	二分子反応	$k[A]^2$	$\text{M}^{-1}\text{s}^{-1}$	$[A]^2$	二次

13. 反応速度 $= k[\text{スクロース}] = (5.0 \times 10^{-11} \text{ s}^{-1})(0.050 \text{ M})$
$= 2.5 \times 10^{-12} \text{ M s}^{-1}$

15. (a) 反応速度定数 k の単位が $\text{M}^{-1}\text{s}^{-1}$ なので，二次反応である．
(b) 理想気体の法則を用いて CO_2 の分圧をモル濃度に変換する．

$$PV = nRT$$

$$\dfrac{n}{V} = \dfrac{P}{RT} = \dfrac{40 \text{ Torr} \times \dfrac{1 \text{ atm}}{760 \text{ Torr}}}{\dfrac{0.0821 \text{ L atm}}{\text{K mol}} \times 310 \text{ K}}$$

$$= 0.0021 \text{ M}$$

次に，モル濃度と反応速度定数から反応速度が求まる．

反応速度 $= k[\text{RNH}_2][\text{CO}_2]$
$= 4950 \text{ M}^{-1}\text{s}^{-1} \times 0.6 \times 10^{-3} \text{ M} \times 0.0021 \text{ M}$
$= 6.2 \times 10^{-3} \text{ M s}^{-1}$

(c) 速度定数 k は pH が上がると大きくなる．これは pH が高くなるとアミノ基のプロトンが解離し，反応しやすくなるためである．[G. Gros, E. Forster, and L. Lin, *J. Biol. Chem.* 251, 4398–4407 (1976) による．]

17.
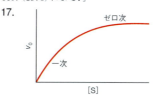

19. 反応溶液中に基質がある程度沈殿するとすると，基質濃度は本来よりも小さくなるため，見かけの K_M は真の K_M よりも大きくなる．

21. (a) 反応速度はどんな単位を用いて表してもよい．K_M は基質濃度で定義されているので，反応速度がどんな単位で測定されたかに影響されない．
(b) K_M と V_{max} を求めるために酵素濃度を知っている必要はない．$[S]$ と v_0 がわかればラインウィーバー–バークプロットから，これらの値が出る．k_{cat} を求めるには酵素濃度 $[E]_T$ が必要である．

$$k_{cat} = \dfrac{V_{max}}{[E]_T}$$

という式を使えばよい．

23. $v_0 = \dfrac{V_{max}[S]}{K_M + [S]} = \dfrac{7.5 \text{ μmol min}^{-1}\text{mg}^{-1} \times 0.15 \text{ mM}}{0.5 \text{ mM} + 0.15 \text{ mM}}$

$$= \frac{7.5\ \mu\text{mol min}^{-1}\ \text{mg}^{-1} \times 0.15\ \text{mM}}{0.65\ \text{mM}}$$

$$= 7.5\ \mu\text{mol min}^{-1}\ \text{mg}^{-1} \times 0.23$$

$$= 1.7\ \mu\text{mol min}^{-1}\ \text{mg}^{-1}$$

[R. S. Phillips, M. A. Parniak, and S. Kaufman, *J. Biol. Chem.* **259**, 271−277 (1984) による.]

25. $V_{\max}$ は約 30 μM s^{-1} で，K_{M} は約 5 μM である.

27. (a) $v_0 = 0.75\,V_{\max}$ を代入し，

$$0.75\,V_{\max} = \frac{V_{\max}[\text{S}]}{[\text{S}] + K_{\text{M}}}$$

両辺より $V_{\max}$ を消去して，

$$0.75 = \frac{[\text{S}]}{[\text{S}] + K_{\text{M}}}$$

$$0.75\,([\text{S}] + K_{\text{M}}) = [\text{S}]$$

$$0.75\,K_{\text{M}} = 0.25[\text{S}]$$

$$3\,K_{\text{M}} = [\text{S}]$$

よって，基質濃度は $V_{\max}$ の 3 倍となる.

(b) $v_0 = 0.9\,V_{\max}$ を代入し，

$$0.9\,V_{\max} = \frac{V_{\max}[\text{S}]}{[\text{S}] + K_{\text{M}}}$$

両辺より $V_{\max}$ を消去して，

$$0.9 = \frac{[\text{S}]}{[\text{S}] + K_{\text{M}}}$$

$$0.9\,([\text{S}] + K_{\text{M}}) = [\text{S}]$$

$$0.9\,K_{\text{M}} = 0.1[\text{S}]$$

$$9\,K_{\text{M}} = [\text{S}]$$

よって，基質濃度は K_{M} の 9 倍となる.

29. $k_{\text{cat}} = \dfrac{V_{\max}}{[\text{E}]_{\text{T}}} = \dfrac{4.0 \times 10^{-7}\ \text{M s}^{-1}}{1.0 \times 10^{-7}\ \text{M}} = 4.0\ \text{s}^{-1}$

k_{cat} は，1 個の酵素上で単位時間当たりに回る反応サイクル数（回転数）である. この場合，それぞれの酵素上で 1 秒間に 4 回の反応が起こっている.

31.

反応	$1/V_{\max}$ (s M^{-1})	$V_{\max}$ (M s^{-1})	$-1/K_{\text{M}}$ (M^{-1})	K_{M} (M)
1	4	0.25	-4	0.25
2	2	0.50	-1	1.0
3	2	0.50	-2	0.5

反応 1 の K_{M} が最も低い. $V_{\max}$ は，反応 2 と 3 両者で最も高い.

33. (a) N−アセチルチロシンエチルエステルは最も K_{M} が小さいため，キモトリプシンとの親和性が最も高い. 芳香族であるチロシン残基は小さな脂肪族であるバリン残基よりも酵素の非極性ポケットに入り込みやすい.

(b) $V_{\max}$ の値は K_{M} の値とは関係ないため，ここからはわからない.

35. 溶液中で二つの分子が衝突すると必ず反応するとき，この反応は拡散律速反応である. その反応速度は $10^8 \sim 10^9$ M^{-1} s^{-1} である. $k_{\text{cat}}/K_{\text{M}}$ がこの範囲に入る場合に，この反応は拡散律速とみなせる. 反応 B と C は拡散律速だが，反応 A はそうではない.

酵素	K_{M}	k_{cat}	$k_{\text{cat}}/K_{\text{M}}$
A	0.3 mM	5000 s^{-1}	1.7×10^7 M^{-1} s^{-1}
B	1 nM	2 s^{-1}	2×10^9 M^{-1} s^{-1}
C	2 μM	850 s^{-1}	4.2×10^8 M^{-1} s^{-1}

37. (a) 反応は 3 基質反応であるため，ミカエリス−メンテン型にならない.

(b) 他の二つの基質濃度を飽和量で一定にして一つの基質濃度を変化させれば，この基質の K_{M} が求まる.

(c) 各基質に対して酵素量を飽和させれば $V_{\max}$ が求まる. 基質濃度はそれぞれの K_{M} 以上である必要がある. [D. L. Brekken and M. A. Phillips, *J. Biol. Chem.* **273**, 26317−26322 (1998) による.]

39. (a) ズブチリシン E は Phe 残基のカルボキシ基側にあるペプチド結合の加水分解を触媒する. 生成物の一つは p−ニトロフェノールであり，これは明るい黄色である. この合成速度は分光光度計で追跡できる.

(b) K_{M} はほとんど同じであり，基質に対する親和性はどちらの酵素も同程度である. Leu31 酵素の k_{cat} は野生型酵素の k_{cat} のほぼ 6 倍であることは，変異型酵素は強い触媒能をもち，1 分当たりの基質から生成物への変換速度も大きいことを意味している. $k_{\text{cat}}/K_{\text{M}}$ 比は基質である AAPF と酵素の反応特異性を表しており，この値は野生型よりも変異型のほうが大きい.

(c) 変異型酵素は野生型酵素に比べカゼイン基質に対して約 3 倍活性が高い. すなわち人工的な基質に対してだけではなく，天然の基質に対しても触媒活性の改善がみられた.

(d) Ile31 はズブチリシン E の Asp−His−Ser という触媒 3 残基部位の近くに存在する. Leu31 変異体は触媒活性が改善されているため，この変異させた残基は触媒部位の機能を向上させたはずである. 31 番目の残基は特に Asp に近いため，触媒部位における Asp の機能を助ける役割をしたのかもしれない. His は塩基触媒として働き，Ser からプロトンを引抜く. His のイミダゾール環はその結果正に荷電し，Asp は荷電したイミダゾール環を安定化する. そのため，Leu は何らかの形で Ile よりもこの Asp の機能を高めたと考えられる. Ile から Leu への置換によってタンパク質の三次元構造が変化し，触媒 3 残基部位の残基が互いに近くにくるようになってプロトン移動が容易になった，という可能性もある.

(e) ズブチリシンはタンパク質のペプチド結合を加水分解し，アミノ酸や短いペプチドにしてしまうことでタンパク質汚れを取除くのであろう. アミノ酸やペプチドは衣類から簡単に洗い流すことができる. [H. Takagi, Y. Morinaga, H. Ikemura, and M. Inouye, *J. Biol. Chem.* **263**, 19592−19596 (1988) による.]

41. (a) 不可逆的な阻害剤が存在していたら，試料を 100 倍に希釈すると酵素活性はちょうど 100 分の 1 になる. 希釈しても阻害の度合は変わらない.

(b) 可逆的な阻害剤が存在していたら，希釈すると酵素も阻害剤も濃度が下がるため，阻害剤の一部は酵素から解離する. 低濃度では阻害されていない酵素の割合が増えるため，酵素活性は 100 分の 1 よりも大きくなる.

43. (a) 構造が似ているので（両者ともにコリン基をもつ），拮抗阻害剤である. 拮抗阻害剤は基質と結合部位を奪い合うので，両者の構造は似ていなければならない.

(b) この阻害は解除できる. 十分量の基質を加えれば阻害剤との結合部位の奪い合いに勝って，結合部にはほとんどの場合に基質が結合して反応が進行する.

(c) すべての拮抗阻害剤と同様に，これも結合部位に可逆的に結合する.

45. 活性部位のアミノ酸側鎖の触媒能は阻害する（k_{cat} や $V_{\max}$ で表される）が，基質がそのアミノ酸が存在する（またはその近くの）部位に結合する（K_{M} で表される）のは阻害しないよ

うな阻害剤というのは想像しにくい．

47. (a) NADPH は NADP$^+$ と構造が似ており，拮抗阻害剤となりうる．
(b) 基質濃度が十分に高いと拮抗阻害は解除されるので，V_{max} 値は阻害剤の有無で変わらない．一方，拮抗阻害剤存在下では，V_{max} の半分の速度に達するには余分な基質が必要なので，K_M は上昇する．
(c) NAD$^+$ に対する K_M は NADP$^+$ の 400 倍になるので，この酵素の補助因子としては NADP$^+$ がよい．V_{max} は両者であまり大きく変わらない．[T. Hansen, B. Schicting, and P. Schonheit, *FEMS Microbiol. Lett.* **216**, 249−253 (2002) による．]

49. この化合物は遷移状態類似体（反応中間体の構造に似ている）なので，拮抗阻害である．

51. コホルマイシンの構造は，予想されているアデノシンデアミナーゼの遷移状態に似ている（§7・3参照）．そこで，この結果は，予想に反してはいない．しかし，1,6-ジヒドロイノシンの K_I は 1.5×10^{-13} M であるのに対してコホルマイシンの K_I は 0.25 μM でしかない．そこで，1,6-ジヒドロイノシンのほうがコホルマイシンより遷移状態の構造に近い．

53.
$$\alpha = \frac{K_M(阻害剤あり)}{K_M(阻害剤なし)} = \frac{40\ \mu M}{10\ \mu M} = 4 = 1 + \frac{[I]}{K_I}$$

$$4 = 1 + \frac{30\ \mu M}{K_I}$$

$$K_I = 10\ \mu M$$

[R. W. Gross and B. E. Sobel, *J. Biol. Chem.* **258**, 5221−5226 (1983) による．]

55. この阻害剤があると V_{max} が小さくなり，K_M が上がる．阻害剤がないときの V_{max} は y 軸との交点の逆数から，次のように求められる．

$$V_{max} = \frac{1}{y\text{切片}} = \frac{1}{1.51\,(OD^{-1}\,min)} = 0.66\ OD\ min^{-1}$$

阻害剤があるときの V_{max} は同様に次のように求められる．

$$V_{max} = \frac{1}{y\text{切片}} = \frac{1}{4.27\,(OD^{-1}\,min)} = 0.23\ OD\ min^{-1}$$

阻害剤がないときの K_M は x 軸との交点を計算で求め，その逆数から次のように求められる．

$$x\text{切片} = -\frac{b}{m} = -\frac{1.51\ OD^{-1}\ min}{1.52\ min\ OD^{-1}\ mM} = -0.99\ mM^{-1}$$

$$K_M = -\frac{1}{x\text{切片}} = -\frac{1}{-0.99\ mM^{-1}} = 1.0\ mM$$

阻害剤があるときの K_M は同様に次のように求められる．

$$x\text{切片} = -\frac{b}{m} = -\frac{4.27\ OD^{-1}\ min}{1.58\ min\ OD^{-1}\ mM} = -2.70\ mM^{-1}$$

$$K_M = -\frac{1}{x\text{切片}} = -\frac{1}{-2.70\ mM^{-1}} = 0.37\ mM$$

没食子酸ドデシルは不拮抗阻害剤である．阻害剤があると，V_{max} と K_M は同じ程度に減少し，ラインウィーバーバークプロットの傾きは阻害剤の有無で大きくは変わらない．[I. Kubo, Q.-X. Chen, and K.-I. Nihei, *Food. Chem.* **81**, 241−247 (2003) による．]

57. (a) ラインウィーバーバークプロットを示す．K_M は x 切片から，V_{max} は y 切片から求められる．

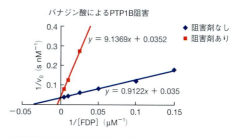

	バナジン酸なし	バナジン酸あり
x 切片 (μM^{-1})	−0.038	−0.0039
K_M (μM)	26	260
y 切片 (s nM^{-1})	0.035	0.035
V_{max} (nM s^{-1})	28.5	28.5

(b) 阻害剤は拮抗阻害剤である．V_{max} は阻害剤の有無で同じだが，K_M は 10 倍に上昇することから，バナジン酸は酵素の活性部位に基質と拮抗して結合することがわかる．

59. (a) ラインウィーバーバークプロットを示す．K_M は x 切片から，V_{max} は y 切片から求まる．

	阻害剤なし	阻害剤あり
y 切片 (mM min^{-1})$^{-1}$	0.704	1.90
V_{max} (mM min^{-1})	1.42	0.52
x 切片 (mM)$^{-1}$	−0.949	−2.54
K_M (mM)	1.05	0.39

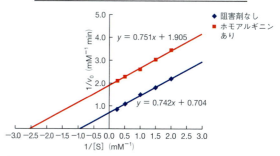

(b) ホモアルギニンは不拮抗阻害剤であり，ラインウィーバーバークプロットの傾きはほとんど同じである．K_M と V_{max} は，阻害剤の量に比例して減少する．
(c) ホモアルギニンは不拮抗阻害剤なので，アルカリホスファターゼの活性部位には結合しないが，ほかの方法で酵素活性を阻害する．腸アルカリホスファターゼは，骨アルカリホスファターゼと同じ反応を触媒するため，二つの酵素の活性部位は似ているのだろう．しかし，酵素の構造は，腸アルカリホスファターゼがホモアルギニン結合部位を欠くほどに十分異なっているのだろう．[C.-W. Lin, W. H. Fishman, *J. Biol. Chem.* **247**, 3082−3097 (1972) による．]

61. (a) ATC アーゼは，活性－基質濃度曲線がシグモイド形であるのでアロステリック酵素である．
(b) CTP を加えると K_M が増加し酵素の基質への親和性が減少するため，CTP は負の調節因子，すなわち阻害剤である．CTP はピリミジン生合成系の生成物であるため，CTP 濃度が細胞の必要量に達すると，CTP はフィードバック阻害によっ

て生合成系の初期に働く ATC アーゼを阻害する.

（c）ATP を加えると K_M が減少し酵素の基質への親和性が増加するため，ATP は正の調節因子，すなわち活性化因子である．ATP は反応系における反応物であるため，活性化因子として働く．CTP がピリミジンヌクレオチドであるのに対し，ATP はプリンヌクレオチドである．ATP 合成が活性のときに ATP によって ATC アーゼを刺激すると，CTP 合成が活性化される．こうして細胞内のプリンとピリミジンの濃度の釣合が保たれている．

63. 酸化的条件下でのジスルフィド結合の形成や還元条件下でのその切断はアロステリックなシグナルとして働き，酵素の構造を変え活性部位の残基に影響を与える．

8 章

1. （a）$H_3C-(CH_2)_{12}-COO^-$
　　ミリスチン酸（14:0）

（b）$H_3C-(CH_2)_5-CH=CH-(CH_2)_7-COO^-$
　　パルミチン酸（16:1 n-7）

（c）$H_3C-CH_2-(CH=CH-CH_2)_3-(CH_2)_6-COO^-$
　　α-リノレン酸（18:3 n-3）

（d）$H_3C-(CH_2)_7-CH=CH-(CH_2)_{13}-COO^-$
　　ネルボン酸（24:1 n-9）

3. 下図参照．〔O. Sayanova, R. Haslam, M. Venegas Caleron, J. A. Napier, *Plant Physiol.* 144, 455−467 (2007) による．〕

5. （a）（b）下図参照．

7.

$H_3C-(CH_2)_7-\overset{H}{\underset{H}{C=C}}-(CH_2)_7-COOH$　エライジン酸

エライジン酸のトランス形二重結合は伸びた形状で，シス形二重結合をもつオレイン酸は曲がった形状になるので，エライジン酸の融点はオレイン酸よりも高い．

9. （a）SQDG は負電荷を一つ頭部にもつので，ホスファチジルエタノールアミン（正と負の電荷をもつ）よりも，ホスファチジルグリセロール（正味の電荷は −1）の代替脂質となろう．

（b）リンが制限されたときに，その生物は生体膜の代替脂質として相対的により多くの硫黄を含む SQDG を産生する．

11.

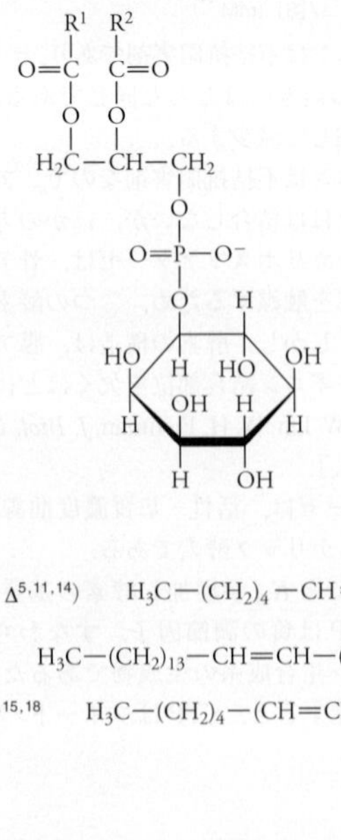

13.

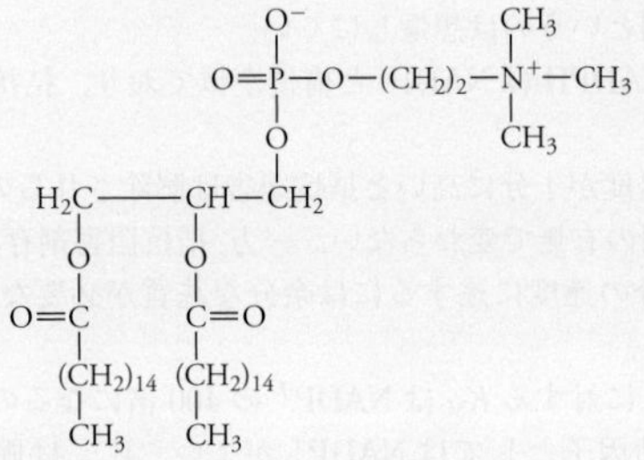

15.

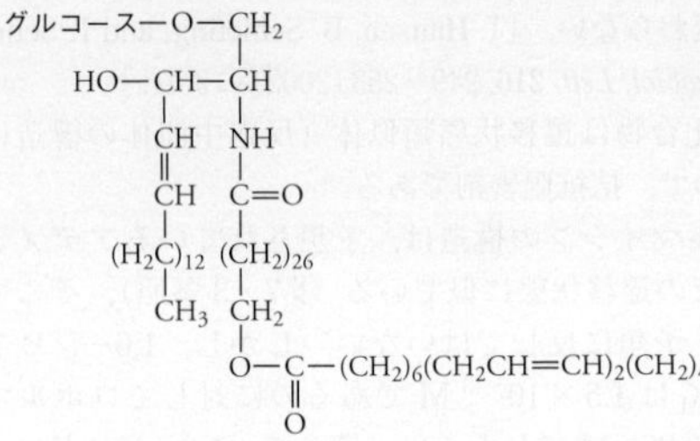

17. ホスファチジルコリンを除くすべてが，水素結合できる頭部をもっている．

19. DNA とリン脂質の両者はリン酸基を露出しており，それらは抗体によって認識される．

21. トウガラシのピリッとした成分は，疎水性の化合物カプサイシン（§8・1参照）を含むコショウからつくられた粉末である．ヨーグルトに含まれる全乳もまた，ピリッとさせるカプサイシンの口腔感覚を取除く疎水性の成分を含んでいる．水は極性をもつのでカプサイシンは溶けずに残り，口腔感覚を取除くことはできない．

23. ビタミン A と，それが生じる化合物の β-カロテンは，脂溶性分子である．典型的なサラダとしての野菜は多量の脂質を含まない．そこに脂質に富むアボカドを添加すると，β-カロテンを溶かす手段となって吸収を増加させる．〔N. Z. Unlu, T. Bohn, S. K. Clinton, S. J. Schwartz, *J. Nutr.* 135, 431−436 (2005) による．〕

25. （b）は極性があり，（d）は極性がない．（a），（c）と（e）は両親媒性である．

27. （a）炭化水素鎖はグリセロール骨格の1位にビニルエーテル結合している．グリセロリン脂質では，アシル基がエステル結合している．

（b）プラスマローゲンは，ホスファチジルコリンと同じ頭部をもち，全体的な形状も同じなので，この脂質の存在はあまり大きな効果を与えないだろう．

29. 二重層を形成する脂質は両親媒性であるが，トリアシルグリセロールは極性をもたない．両親媒性の分子は，その極性頭部が細胞の内側と外側にある水層に向かうように配置される．トリアシルグリセロールは円筒形よりは円錐形であり，図8・4に示すように，二重層の構造にはあまり適合しない．

31. 脂肪酸の融点に影響を与える二つの因子は，炭素の数と二重結合の数である．二重結合が入ると大きな構造変化（"ねじれ"）が起こるので，二重結合は炭素の数よりも重要な因子

3. シアドン酸（20:$\Delta^{5,11,14}$）　$H_3C-(CH_2)_4-CH=CH-CH_2-CH=CH-(CH_2)_4-CH=CH-(CH_2)_3-COO^-$

5. （a）24:2 $\Delta^{5,9}$　$H_3C-(CH_2)_{13}-CH=CH-(CH_2)_2-CH=CH-(CH_2)_3-COO^-$

（b）24:2 $\Delta^{5,9,15,18}$　$H_3C-(CH_2)_4-(CH=CH-CH_2)_2-(CH_2)_3-CH=CH-(CH_2)_2-CH=CH-(CH_2)_3-COO^-$

である.炭素数の増加は融点を上昇させるが,その変化はそれほど顕著ではない.たとえば,パルミチン酸(16:0)の融点は63.1℃であるのに対して,ステアリン酸(18:0)の融点は69.1℃にしか上がらない.しかし,オレイン酸(18:1)の融点は13.2℃であり,二重結合が入ることによって著しく減少する.

33. 一般に,動物性トリアシルグリセロールは融点が高く室温で固相型をとりやすいので,植物性トリアシルグリセロールと比べて,より長く,より飽和度の高い炭化水素鎖を多く含むにちがいない.植物性トリアシルグリセロールは室温での液相状態を保持するので,より短く,より飽和度の低い炭化水素鎖を含むにちがいない.

35. 2月に屠殺したトナカイの肉が含有する脂質は,健康状態が良い時期に比べて不飽和の脂肪酸鎖が少なかった.不飽和脂肪酸は二重結合をもつので,きつくは詰込まれず,その融点は低い.したがって,これらの脂質は低温下においても膜の流動性が保てるよう助けている.飽和脂肪酸はより密に詰込まれているので,その融点は高く,低温下で膜の流動性が損なわれる.不飽和脂肪酸鎖をもつ脂質組成の減少は膜の流動性低下をもたらし,寒い冬を生き抜くトナカイの能力を損なうであろう.[P. Suppela, M. Nieminen, *Comp. Biochem. Physiol.* 128, 53−72 (2001) による.]

37. ラクトバチリン酸のシクロプロパン環は,その脂肪鎖を湾曲させるので,ラクトバチリン酸の融点は二重結合によって同様に湾曲されるオレイン酸の融点と近いであろう.この湾曲の存在によって,近傍の分子に働くファンデルワールス力が減少する.分子間力を破壊するのに必要な熱が少なくなれば,類似の炭素数をもつ飽和脂肪酸の融点に比べてより低下したものになる.したがって,ステアリン酸が最も高い融点(69.6℃)をもち,ラクトバチリン酸(28℃),オレイン酸(13.4℃)の順になる.

39. コレステロールの平面状の環はアシル鎖の動きを阻害するので,膜の流動性を下げる傾向にある.これと同時に,コレステロールはアシル鎖が近くで詰まるのを防ぐために,固相化を抑える傾向にある.合わせると,高い温度で膜の液相化と低い温度で膜の固相化をともに防いでいる.したがって,コレステロールを含む膜においては,含まない膜よりも,徐々に固相型から液相型へと移行する.

41. 変換しない.高温は脂肪酸の流動性を高める.温度の効果に対抗するために,植物は高温の融点をもつ長い脂肪酸を合成する.ジエン酸はトリエン酸よりも飽和度が高いので融点が高い.したがって,植物はジエン酸をトリエン酸にあまり変換しない.

43. (a) PSとPEは共通にアミノ基をもつ.
(b) PCとSMは共通にコリン基をもつ.
(c) PE, PCとSMは,すべて中性であるが,PSは全体として負の電荷をもつ.PSは細胞質に面する側の層に局在化しているので,膜の内側がもう一方の外側に比べて負の電荷をもつ.

45. (a) 非極性のアシル鎖と相互作用するタンパク質ドメインは著しく疎水的なので,界面活性剤が膜貫通タンパク質を可溶化するために必要である.
(b) 界面活性剤のドデシル硫酸ナトリウム(SDS)が膜貫通タンパク質と相互作用する模式図を示す.SDSの極性頭部を丸で,非極性尾部を波線で表す.SDSの非極性尾部はタンパク質の非極性部分と相互作用しており,それらの部位は極性溶媒から効果的に遮蔽されている.SDSの極性頭部は有利に水と相互作用している.界面活性剤の存在は,膜貫通タンパク質を効果的に可溶化し,その精製を可能にしている.

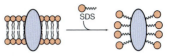

47. A. 脂肪酸アシル基で膜につなぎとめられたタンパク質(アシル基はミリスチル化されている)
B. プレニル基でつなぎとめられたタンパク質
C. グリコシルホスファチジルイノシトール(GPI)でつなぎとめられたタンパク質

49. 膜を突き抜ける領域は19アミノ酸残基にわたる部分で,電荷がなく,大部分が疎水性である.

LSTTEVAMHTTTSSSVSKSYISSQTNDTHKRDTYA-
ATPRAHEVSEISVRTVYPPEEETGERVQLAHHFS-
EPEITLIIFGVMAGVIGTILLISYGIRRLIKKSPSDV-
KPLPSPDTDVPLSSVEIENPETSDQ

51. ステロイドは疎水性の脂質なために,簡単に細胞内へと通過することができる.ステロイドはペプチドのような極性分子にみられる細胞表面上の受容体を必要としない.

53. (a) 頭部が非常に大きいスフィンゴ糖脂質は密に相互作用できないので,緩く詰込まれる.
(b) 脂質ラフトはコレステロールと飽和した脂肪酸アシル鎖を含み,不飽和のアシル鎖よりも堅く詰込まれるので,その流動性はより低くなる.[L. Pike, *J. Lipid Res.* 44, 655−667 (2003) による.]

55. (a) アルコール,エーテル,そしてクロロホルムは非極性の分子であり,リン脂質の脂肪酸アシル鎖である脂質二重層の極性な部分を容易に通過できる.糖,アミノ酸,塩類は極性が高く,生体膜の非極性な部分を横切ることは不可能であろう.
(b) 細胞は輸送体として機能するタンパク質をもっている.水を輸送するアクアポリンとよばれるタンパク質が同定されている.[A. Kleinzeller, *News Physiol. Sci.* 12, 49−54 (1997) による.]

57. 緑と赤のマーカーは二つの異なる細胞由来の表面タンパク質なので,融合直後は,これらのマーカーは分離していた.時間が経過すると,脂質二重層に拡散する細胞表面上のタンパク質はランダムに分布したので,緑と赤のマーカーは混じり合う.15℃においては,脂質二重層は流動型というよりはゲルのような性状なので,膜タンパク質の拡散が抑えられた.エディディンの実験は,タンパク質が流動する膜上を拡散していく可能性を証明したという点で,流動モザイクモデルを支持している.

9章

1.
$$\Delta \psi = 0.058 \log \frac{[Na^+_{内}]}{[Na^+_{外}]}$$

$$-0.070 = 0.058 \log \frac{[Na^+_{内}]}{[Na^+_{外}]}$$

$$-1.20 = \log \frac{[Na^+_{内}]}{[Na^+_{外}]}$$

$$10^{-1.20} = \frac{[Na^+_{内}]}{[Na^+_{外}]}$$

$$\frac{0.063}{1} = \frac{[Na^+_{内}]}{[Na^+_{外}]}$$

3.

$$\Delta G = RT \ln \frac{[\text{Na}^+_{内}]}{[\text{Na}^+_{外}]} + ZF\Delta\psi$$

$$= (8.3145 \times 10^{-3}\,\text{kJ K}^{-1}\,\text{mol}^{-1})(310\,\text{K})\ln\frac{0.063}{1}$$

$$+ (+1)(96{,}485 \times 10^{-3}\,\text{kJ V}^{-1}\,\text{mol}^{-1})(-0.070\,\text{V})$$

$$= -7.12\,\text{kJ mol}^{-1} - 6.75\,\text{kJ mol}^{-1} = -13.9\,\text{kJ mol}^{-1}$$

静止電位で, 細胞内への Na^+ の流入は自発的に進行する.

5.

$$\Delta G = RT \ln \frac{[\text{Na}^+_{内}]}{[\text{Na}^+_{外}]} + ZF\Delta\psi$$

$$= (8.3145 \times 10^{-3}\,\text{kJ K}^{-1}\,\text{mol}^{-1})(20+273\,\text{K})\ln\frac{40\,\text{mM}}{450\,\text{mM}}$$

$$+ (1)(96{,}485 \times 10^{-3}\,\text{kJ V}^{-1}\,\text{mol}^{-1})(-0.070\,\text{V})$$

$$= -5.90\,\text{kJ mol}^{-1} - 6.75\,\text{kJ mol}^{-1} = -12.64\,\text{kJ mol}^{-1}$$

$$\Delta G = RT \ln \frac{[\text{Ca}^{2+}_{内}]}{[\text{Ca}^{2+}_{外}]} + ZF\Delta\psi$$

$$= (8.3145 \times 10^{-3}\,\text{kJ K}^{-1}\,\text{mol}^{-1})(20+273\,\text{K})\ln\frac{0.0001\,\text{mM}}{4\,\text{mM}}$$

$$+ (2)(96{,}485 \times 10^{-3}\,\text{kJ V}^{-1}\,\text{mol}^{-1})(-0.070\,\text{V})$$

$$= -25.8\,\text{kJ mol}^{-1} - 13.5\,\text{kJ mol}^{-1} = -39.3\,\text{kJ mol}^{-1}$$

Na^+ と Ca^{2+} はともに細胞内より細胞外の濃度が高く, 細胞の膜電位が負であるので, 両イオンの受動輸送が細胞の外側から内側に進行する. この問題で与えられたイオン濃度を維持するためには, エネルギーを消費する能動輸送の過程が必要となる.

7. (9・4) 式を用いて, $Z=2$, $T=310\,\text{K}$ とする.

(a)
$$\Delta G = RT \ln \frac{[\text{Ca}^{2+}_{内}]}{[\text{Ca}^{2+}_{外}]} + ZF\Delta\psi$$

$$= (8.3145\,\text{J K}^{-1}\,\text{mol}^{-1})(310\,\text{K})\ln\frac{(10^{-7})}{(10^{-3})}$$

$$+ (2)(96{,}485\,\text{J V}^{-1}\,\text{mol}^{-1})(-0.05\,\text{V})$$

$$= -23{,}700\,\text{J mol}^{-1} - 9600\,\text{J mol}^{-1}$$

$$= -33{,}300\,\text{J mol}^{-1} = -33.3\,\text{kJ mol}^{-1}$$

ΔG が負となり, 熱力学的に有利に進行する.

(b)
$$\Delta G = RT \ln \frac{[\text{Ca}^{2+}_{内}]}{[\text{Ca}^{2+}_{外}]} + ZF\Delta\psi$$

$$= (8.3145\,\text{J K}^{-1}\,\text{mol}^{-1})(310\,\text{K})\ln\frac{(10^{-7})}{(10^{-3})}$$

$$+ (2)(96{,}485\,\text{J V}^{-1}\,\text{mol}^{-1})(+0.05\,\text{V})$$

$$= -23{,}700\,\text{J mol}^{-1} + 9600\,\text{J mol}^{-1}$$

$$= -14{,}100\,\text{J mol}^{-1} = -14.1\,\text{kJ mol}^{-1}$$

ΔG が負となり, 熱力学的に有利であるが, (a) の場合ほど有利ではない.

9. (a) (9・1) 式の右側における項は, T を除いてすべて一定なので, 二つの温度 〔37 ℃ (310 K) と 40 ℃ (313 K)〕 を適用すると以下の比例関係になる.

$$\frac{-70\,\text{mV}}{310\,\text{K}} = \frac{\Delta\psi}{313\,\text{K}}$$

$$\Delta\psi = -70.7\,\text{mV}$$

高温での膜電位の差は小さく, 神経活動に有意な影響を与えない.

(b) 温度の上昇は細胞膜の流動性を高める. これが, 膜電位に対して, 温度よりも劇的な作用をもつイオンチャネルやポンプを含めた膜タンパク質の活性を変える.

11. (a)

$$\Delta G = RT \ln \frac{[\text{グルコース}_{内}]}{[\text{グルコース}_{外}]}$$

$$= (8.3145 \times 10^{-3}\,\text{kJ K}^{-1}\,\text{mol}^{-1})(310\,\text{K})\ln\frac{0.5\,\text{mM}}{15\,\text{mM}}$$

$$= -18.8\,\text{kJ mol}^{-1}$$

(b)

$$\Delta G = RT \ln \frac{[\text{グルコース}_{内}]}{[\text{グルコース}_{外}]}$$

$$= (8.3145 \times 10^{-3}\,\text{kJ K}^{-1}\,\text{mol}^{-1})(310\,\text{K})\ln\frac{0.5\,\text{mM}}{4\,\text{mM}}$$

$$= -5.4\,\text{kJ mol}^{-1}$$

13. 極性が小さい物質ほど, 脂質二重層の拡散速度が大きくなる. C, A, B の順に速くなる.

15. (a) マンニトールに比べて, グルコースは透過係数が少し大きいので, 合成二重層をより容易に移動できる.

(b) 両方の溶質は赤血球膜に対してより大きい透過係数をもつので, 膜を介した拡散よりもタンパク質輸送体を介した輸送があることを示している. 輸送体は特異的にグルコースと結合し, 膜を横切ってそれを急速に輸送している. 輸送体はマンニトールにあまり結合せず, それを効果的に輸送できない.

17. (a) リン酸イオンは負電荷をもち, リシン残基の側鎖は生理的な pH で十分に正に荷電している. リン酸イオンとリシン残基の側鎖との間でイオン対が形成され, さらに, リシン残基の側鎖はリン酸イオンをポリンに送り込む役割を果たしている.

(b) もし (a) で述べた仮説が正しい場合, 正電荷をもつリシン残基を負に荷電しているグルタミン酸残基に置換すると, ポリンによるリン酸の輸送は, 電荷間の反発によって消滅するであろう. 変異をもつポリンは, リン酸の代わりに正電荷をもつイオンを輸送するだろう. 〔A. Sukhan and R. E. W. Hancock, *J. Biol. Chem.* **271**, 21239−21242 (1996) による.〕

19. (a) このアセチルコリンの結合がイオンチャネルの開口をひき起こしている. これは, リガンドで開口する輸送タンパク質の一例である.

(b) Na^+ は, その濃度が低い筋肉細胞の内側に流入する.

(c) 正電荷 (Na^+) の流入により, 膜電位が上昇する.

21. 純水への移動は, 浸透圧によって水の流入を増加させ, 細胞は膨張し始める. 細胞膜を加圧する膨張は, 機械刺激感受性チャネルを開口させる. 細胞内の物質が流出すると, ただちに圧力が軽減して細胞は正常な大きさに復元可能となる. これらのチャネルが存在しないと, 細胞は膨張して破裂してしまう.

23. ヒドロキシ基とアミド基はプロトン供与体として作用し, 負電荷をもつ Cl^- に配位する. カチオンはプロトンとは相互作用できず, 排除されるであろう.

25. (a) 酵素のように, 輸送タンパク質は化学反応をひき起こす (この場合には, グルコースを膜通過させる) が, その後もとの形に戻る. 輸送タンパク質はグルコースを結合するので, グルコースの輸送速度はグルコース濃度の増加に直接正比例して増加せずに, 高いグルコース濃度では飽和する.

(b) 輸送タンパク質には最大の速度がある (曲線の最上部の限界である $V_{\max}$ にあたる). また, グルコースとは固有の結合能 (最大速度の半分を与えるグルコース濃度である K_M にあたる) で結合する. このグルコース輸送体において推定される $V_{\max}$ と K_M は, それぞれ $0.8 \times 10^6\,\text{mM cm s}^{-1}$ と $0.5\,\text{mM}$ である.

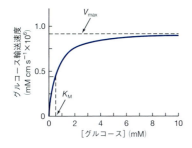

27. グルコース輸送体の細胞内側をトリプシンにさらす実験から，輸送体タンパク質の細胞質内のある領域が少なくてもグルコース輸送に重要であることが示される．この領域におけるペプチド結合の一つ以上の加水分解がグルコース輸送を消失させる．しかし，輸送体の細胞外領域へのトリプシン処理は効果がなく，輸送に重要なトリプシン感受性の細胞外領域は存在しない．今回の実験はまた，グルコース輸送体が赤血球膜へ非対称に配向していることを示している．

29. グルタミン酸（電荷 −2）が細胞内に流入すると，正電荷 +4 が同時に流入し（3 Na$^+$，1 H$^+$），合計は正電荷 +2 となる．同時に，1 K$^+$ 細胞外に流出するので，1分子のグルタミン酸の輸送に際して，全体として正電荷 +1 が細胞に付加される．

31. 呼吸する組織で生成した二酸化炭素は赤血球に取込まれ，水と結合して炭酸を生成し，炭酸はプロトン H$^+$ と炭酸水素イオン HCO$_3^-$ に解離する．バンド3によって，HCO$_3^-$ は Cl$^-$ との交換によって赤血球から排出され，Cl$^-$ が細胞に流入する．炭酸水素イオンは循環によって肺まで到達し，そこで H$^+$ と再結合して炭酸になる．その後，炭酸は水と二酸化炭素に解離し，二酸化炭素は肺で排出される．

33.

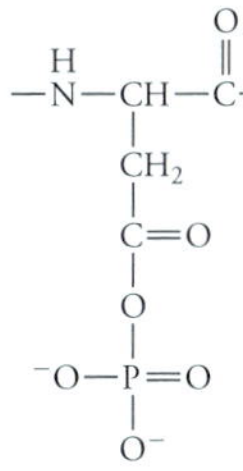

```
    H   O
    |   ||
  —N—CH—C—
     |
     CH₂
     |
     C=O      アスパルチルリン酸
     |
     O
     |
     O—P=O
        |
        O⁻
```

35. (a) 大きな β バレルでさえも，巨大なリボソームをおさめるには小さすぎるので，ポリンのような輸送体は不適当であろう．同様に，リボソームに比べると高次構造を変化させる輸送タンパク質も小さいので，機能できないであろう．さらに，二重の膜を横切って粒子を輸送するのに適合するようなタンパク質もないであろう．事実，リボソームや他の巨大粒子は核と細胞質の間を核膜孔とよばれる部位を通過して移動している．この核膜孔は，多くの異なるタンパク質から構築されており，その構造はリボソームより巨大で二重の核膜を貫通している．

(b) リボソームの濃度は合成される核内で高いので，初めは，リボソームの輸送が熱力学的に有利な過程と考えられていた．しかし，リボソームが通過する核膜孔（二重の膜を貫通）の構築に，最終的には自由エネルギーが必要となった．事実，すべての小さな物質の核と細胞質間の輸送には，核膜孔で一方向への粒子の輸送が保証されるように付添うタンパク質 GTP アーゼの活性が必要である．

37. (a) 周皮細胞でのグルコースの取込みは，Na$^+$ 濃度の上昇に依存して増加する．内皮細胞では，グルコースの取込みは Na$^+$ 濃度にかかわらず一定である．

(b) 周皮細胞での曲線の形状は，輸送タンパク質の介在を示している．はじめは，グルコースの取込みが Na$^+$ 濃度の上昇に依存してしだいに増加し，やがて高濃度の Na$^+$ でプラトー（平坦域）に達する．これは輸送体が飽和して，その最大能力で作動していることを示す．

(c) 周皮細胞は，グルコースの取込みに二次性能動輸送を利用していることを示す．Na$^+$ とグルコース分子は共輸送で細胞に取込まれる．その後 Na$^+$ は Na$^+$/K$^+$ ATP アーゼの輸送体によって細胞から流出される．

39. (a) この実験から測定された K_M および V_{max} の値は，それぞれ 40 μM と 6〜7 pmol mg^{-1} min^{-1} である．

(b) コリン輸送体はコリン濃度の上昇に伴って輸送速度を増大させて，K_M 付近のコリン濃度の範囲において効果的な取込みを行う．低コリン濃度（10 μM）では最大速度の20%で機能し，高コリン濃度（80 μM）では最大速度のほぼ100%で機能する．40 μM という K_M は，コリンの生理的濃度の範囲内である．

(c) コリン輸送体は，H$^+$ とコリンを共輸送すると考えることができる．コリンが入ってくると，H$^+$ が排出されるであろう．これは対向輸送の一例である．

(d) TEA は構造的にコリンと類似しており，競合阻害剤として機能する．TEA はコリン輸送体に結合し，コリンの結合を抑制する．この様式で，TEA はコリンの代わりに細胞内に運ばれる．したがって，門脈循環血から肝臓へのコリンの輸送が阻害される．［C. J. Sinclair, K. D. Chi, V. Subramanian, K. L. Ward, and R. M. Green, *J. Lipid Res.* 41, 1841–1847（2000）による．］

41. ABC 輸送体は ATP と結合する．ATP がその後加水分解され，リン酸を遊離して ADP 型になると高次構造が変化する．リン酸類似体であるバナジン酸は ATP 結合部位のリン酸部分に結合して競合阻害するであろう．ATP が結合できないので，必要とされる高次構造変化が起こらず，輸送体は抑制される．

43. 両方の輸送体は二次性能動輸送の例である．H$^+$/Na$^+$ 交換体は，細胞への Na$^+$ 流入と H$^+$ の流出のために，Na$^+$ の濃度勾配（Na$^+$/K$^+$ ATP アーゼで生成した）の自由エネルギーを利用している．同様に，あらかじめ存在する Cl$^-$ の濃度勾配（図 2・13 参照）が細胞への Cl$^-$ 流入と HCO$_3^-$ の流出を可能にしている．

45. ジペプチドとトリペプチドは，H$^+$ に沿った共輸送体で細胞に流入する．流入した H$^+$ は，逆輸送体で Na$^+$ と交換して細胞から流出する．流入した Na$^+$ は，Na$^+$/K$^+$ ATP アーゼで細胞から流出する．これは二次性能動輸送の例であり，Na$^+$/K$^+$

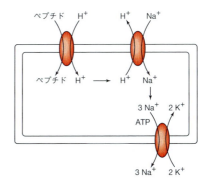

ATPアーゼのポンプによるATPの消費が細胞内へのペプチド流入を駆動させている.

47. アセチルコリンエステラーゼの阻害剤は,アセチルコリン(§9・4)を分解する酵素の作用を妨げる.この結果,シナプス間隙のアセチルコリン濃度が上昇し,アセチルコリンがシナプス後細胞に存在する減少したアセチルコリン受容体に結合する機会が増大する.[B. R. Thanvi and T. C. N. Lo, *Postgrad. Med. J.*, **80**, 690–700 (2004)による.]

49.

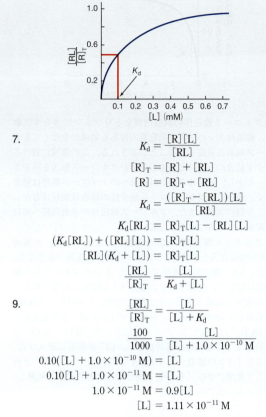

51. 破傷風毒素は,シナプス小胞が神経の細胞膜と融合するために必要なSNAREを分解する.これがアセチルコリンの放出を妨げ,神経と筋肉の連絡を阻害して筋肉を麻痺させる.

53. リン酸基の付加によって,キナーゼは脂質の頭部の大きさと負電荷を増大させる.この結果,頭部は大きな体積を占有し,付近に存在する負電荷をもった脂質をより強く排除する.ホスファチジルイノシトールはより円錐形の形状になり,出芽によって新しい小胞の形成に必要な段階である二重層の湾曲上昇に寄与する.

55. 二つの脂質二重層が,細胞の残りの部分から傷ついた細胞小器官を分離している.

10章

1. 脂質(コルチゾールとトロンボキサン)とかなり小さな分子(一酸化窒素)は,脂質二重層を通過して拡散できるので,細胞表面受容体を必要としない.

3. $[RL] = x$ および $[R] = 0.010 - x$

$$K_d = \frac{[R][L]}{[RL]}$$

$$[RL] = x = \frac{[R][L]}{K_d} = \frac{(0.010 - x)(0.0025)}{0.0015}$$

$$= \frac{(0.000025 - 0.0025x)}{0.0015}$$

$$0.0015x = 0.000025 - 0.0025x$$
$$0.0040x = 0.000025$$
$$x = 0.00625 = 6.25 \text{ mM} = [RL]$$

リガンドで占有されている受容体の比率は,6.25 mM/10 mM または62.5%である.

5. 曲線から推定される解離定数 K_d は約 0.1 mM である.

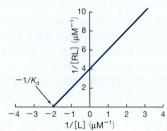

7.
$$K_d = \frac{[R][L]}{[RL]}$$
$$[R]_T = [R] + [RL]$$
$$[R] = [R]_T - [RL]$$
$$K_d = \frac{([R]_T - [RL])[L]}{[RL]}$$
$$K_d[RL] = [R]_T[L] - [RL][L]$$
$$(K_d[RL]) + ([RL][L]) = [R]_T[L]$$
$$[RL](K_d + [L]) = [R]_T[L]$$
$$\frac{[RL]}{[R]_T} = \frac{[L]}{K_d + [L]}$$

9.
$$\frac{[RL]}{[R]_T} = \frac{[L]}{[L] + K_d}$$
$$\frac{100}{1000} = \frac{[L]}{[L] + 1.0 \times 10^{-10} \text{ M}}$$
$$0.10([L] + 1.0 \times 10^{-10} \text{ M}) = [L]$$
$$0.10[L] + 1.0 \times 10^{-11} \text{ M} = [L]$$
$$1.0 \times 10^{-11} \text{ M} = 0.9[L]$$
$$[L] = 1.11 \times 10^{-11} \text{ M}$$

11. (a) K_d が 0.35 μM の結合部位が高親和性で,K_d が 7.9 μM の結合部位が低親和性である.K_d は受容体の半分がリガンドで飽和するのに必要なリガンド濃度を表す.したがって,K_d が小さいほど,低い濃度のリガンドで受容体の半分が飽和する.

(b) K_d が 0.35 μM の高親和性結合部位は,0.1〜0.5 μM のリガンド濃度でより効果的に作用している.なぜなら,このリガンド濃度の最大値 (0.5 μM) で,高親和性結合部位へのリガンド結合は 50% 以上であるが,低親和性結合部位へのリガンド結合は 50% 以下である.

(c) これらのADPアゴニストの両方は,高濃度において競合可能である.しかし,小さい K_d をもつ 2-メチルチオ-ADP のほうが,低濃度でより効果的に抑制できる.[J. R. Jefferson, J. T. Harmon, and G. A. Jamieson, *Blood* **71**, 110–116 (1988) による.]

13. K_d は二重逆数プロットが x 軸と交わる切片から求められる.

章末問題の解答 (10章)

$$x\,\text{int} = -\frac{1}{K_d} \qquad -2\,\mu M^{-1} = \frac{1}{K_d}$$
$$K_d = 0.5\,\mu M$$

15. 細胞表面受容体の多くは膜貫通タンパク質であり，膜から解離させるために界面活性剤の添加が必要なので，その精製がむずかしい．細胞に存在するすべてのタンパク質のなかで，受容体タンパク質はほんのわずかな比率を占めるにすぎない．この理由から，受容体タンパク質を他の細胞タンパク質から分離することがむずかしい．

17. G タンパク質共役型受容体の異なる種類が別種の細胞に見いだされている．ある受容体にリガンドが結合したときに生じる細胞応答は，特定の細胞がそのシグナルをどのように集積して処理するかに依存している．異なる細胞は別種の細胞内成分をもつので，同じシグナルがいかなるものであっても，結果的には異なる応答をひき起こす．

19. 受容体が細胞表面から取除かれると，リガンドは結合できず，細胞内で応答が起こらない．受容体がリン酸化されると，受容体にアレスチンが結合してリガンドの結合を阻害する．

21.

23. アドレナリンとノルアドレナリンは，アドレナリン β_2 受容体に結合するアゴニストである．これらのリガンドが受容体に結合すると，シグナル伝達経路が作動して，心拍数，筋収縮や血圧の増加を含む多くの効果が生じる．さらに，気管支の平滑筋が弛緩し，肺の拡張を容易にする．これらの生理的効果は闘争−逃走反応のすべてに必要な成分であるが，高血圧で苦しむ人には有害になる．β 遮断薬は，同じアドレナリン β_2 受容体に結合するアンタゴニストであるが，細胞応答を起こさない．アンタゴニストは受容体を占有して，アドレナリンやノルアドレナリンの作用を阻害する．その結果，心拍数と血圧は低下して心収縮が弱められる．

25. RGS による GTP アーゼ活性の促進は，GTP から GDP への加水分解を加速し，受容体に結合する G タンパク質をより速く不活性型に転換する．これによって，シグナル伝達の時間が短縮される．

27. (a)

(b)

29. 構造的なジアシルグリセロールとの類似性から，ホルボールエステルはジアシルグリセロールのようにプロテインキナーゼ C を活性化する．プロテインキナーゼ C 活性の上昇は，キナーゼの細胞内標的基質のリン酸化を増大させる．プロテインキナーゼ C は細胞の分裂や増殖に介在するタンパク質をリン酸化するので，ホルボールエステルを細胞に添加すると，細胞の分裂や増殖速度を促進する効果を与えるであろう．

31. 細胞外リガンドが G タンパク質共役型受容体に結合して T 細胞が刺激を受けると，ホスホリパーゼ C が活性化される．活性化されたホスホリパーゼ C はホスファチジルイノシトールビスリン酸を加水分解してジアシルグリセロールとイノシトールトリスリン酸を生成する．イノシトールトリスリン酸は小胞体にあるチャネルタンパク質に結合して，Ca^{2+} を細胞質内に流出させる．Ca^{2+} はカルモジュリンに結合してその高次構造変化をもたらし，カルシニューリンに結合してそれを活性化する．こうして活性化されたカルシニューリンは，問題文で述べたように NFAT を活性化する．

33. 哺乳類細胞に PTEN を過剰発現させると，アポトーシスを亢進するであろう．PTEN はイノシトールトリスリン酸からリン酸基を除去するが，これが進行すると，イノシトールトリスリン酸はもはやプロテインキナーゼ B を活性化できなくなる．プロテインキナーゼ B (Akt) が活性化されないと，細胞の増殖と分化が進行せずにアポトーシスが亢進する．

35. (a) 神経細胞が活動電位によって刺激を受けると，アセチルコリンを含むシナプス小胞が細胞膜と融合し，シナプス間隙にその内容物を放出する（§9・4参照）．アセチルコリンはシナプス間隙を拡散して内皮細胞に達する．

(b) アセチルコリンが内皮細胞の G タンパク質共役型受容体に結合してホスホリパーゼ C を活性化する．活性化されたホスホリパーゼ C はホスファチジルイノシトールビスリン酸を加水分解してジアシルグリセロールとイノシトールトリスリン酸を生成する．イノシトールトリスリン酸は小胞体にあるチャネルタンパク質に結合して，Ca^{2+} を細胞質内に流出させる．Ca^{2+} はカルモジュリンに結合してその高次構造変化をもたらし，NO シンターゼに結合してそれを活性化する．

(c) GTP からピロリン酸とともにサイクリック GMP (cGMP)

GTP

サイクリック GMP

が生成する．この反応を触媒する酵素は，グアニル酸シクラーゼである．

(d) cAMP で活性化されるプロテインキナーゼ A のように，cGMP はプロテインキナーゼ G を活性化する．すなわち，cGMP が結合すると，プロテインキナーゼ G から調節サブユニットが離れて，活性をもつ触媒サブユニットが放出される．この活性化されたプロテインキナーゼ G が次に筋収縮過程に介在するタンパク質，おそらくはミオシンまたはアクチンをリン酸化し，平滑筋を弛緩させる．

37. NO シンターゼを欠くと，問題 35 で述べたシグナル伝達経路が完結しない．NO シンターゼがないので NO が合成できず，二次メッセンジャーである cGMP の産生とプロテインキナーゼ G の活性化を含めたその後の段階が進行しない．プロテインキナーゼ G は筋肉に作用して弛緩させるような方向に働く．これが起こらないと，血管に沿った筋肉は収縮して高血圧に至る．これによって，心臓は血液を循環系に排出することが困難になり，心拍数を増加させて心室の肥大をもたらす．

39. ニトログリセリンは分解して NO を生成し，舌の組織の細胞膜を通過して血流に入る．問題 35 で述べたように，NO は平滑筋細胞でグアニル酸シクラーゼを活性化し，cGMP を生成してプロテインキナーゼ G を活性化する．このキナーゼは筋収縮に介在するタンパク質をリン酸化し，平滑筋細胞を弛緩させる．これが心臓への血流を増大させて狭心症にかかわる痛みを軽減する．

41. (a) G タンパク質共役型受容体による G タンパク質の活性化によって，アデニル酸シクラーゼは二次メッセンジャーである cAMP を産生する．EF 毒素は，特別なホルモンのシグナルがなくても，多量に cAMP を産生する．

(b) Ca^{2+}-カルモジュリンが EF に結合すると，それは正常な細胞のシグナル伝達に介在する他の Ca^{2+} 感知タンパク質を活性化できない．

43. 増殖因子はキナーゼ活性を促進するので，二次メッセンジャーである過酸化水素 H_2O_2 は類似の応答をひき起こしそうであり，それはホスファターゼを不活性化するにちがいない．

45. GEF の存在は，不活性型である Ras・GDP から結合した GDP の解離を促進するので，シグナル伝達経路の活性を上昇させる．ひとたび GDP が解離すると，GTP が結合して Ras を活性化する．GAP の存在はシグナル伝達経路の活性を低下させる．Ras・GTP は活性を示し，GTP が GDP に分解されると，Ras は活性型から不活性型に変換される．

47. インスリン受容体からリン酸基を除く酵素ホスファターゼは，インスリンのシグナル伝達経路を停止させて，プロテインキナーゼ B と C を不活性化状態にする．プロテインキナーゼ B が不活性なので，グリコーゲンシンターゼは活性がなく，グルコースからグリコーゲンが合成されない．プロテインキナーゼ C も不活性なので，グルコース輸送体は細胞膜へ移動せず，グルコースが細胞内に取込まれずに血中にとどまる．ホスファターゼを抑制する薬剤はインスリン受容体の作用を増強し，低いリガンド濃度でも受容体を活性化状態において，糖尿病に対する効果的な治療薬となりうる．

49. 問題 29 に示したように，ホルボールエステルはプロテインキナーゼ C を活性化するジアシルグリセロール類似体である．その問題で与えられた情報によると，プロテインキナーゼ C は MAP キナーゼを活性化し，これが遺伝子発現に影響を与えるタンパク質をリン酸化する．これらの遺伝子が発現すると

細胞周期の進行が変化して，細胞は刺激されて腫瘍細胞に特徴的な成長と増殖に向かう．

51. 活性型になるためには，二つの不活性な PKR タンパク質が十分なほどに接近して，互いをリン酸化（自己リン酸化）する必要がある．長鎖の RNA 分子は同時に二つの PKR タンパク質と結合でき，それらが互いにリン酸化できるよう接近させる．他方，PKR の RNA 結合部位が短鎖の RNA で占有されると，その PKR 分子は第二の PKR に向き合ってリン酸化される別の RNA と結合できなくなるので，短鎖の RNA 分子は PKR の活性化を阻害する．[S. R. Nallagatla, R. Toroney, and P. C. Bevilacqua, *Curr. Opin. Struct. Biol.* **21**, 119–127 (2011) による．]

53. 核膜孔と相互作用して核内移行を可能とする配列である核局在化シグナルをもたない分子は，核内に入ることができない．プロゲステロン受容体の核局在化シグナルは，リガンドが結合していないときでも露出している．しかし，グルココルチコイド受容体の核局在化シグナルは覆われており，リガンドが結合すると，高次構造に変化が生じて核局在化シグナルが露出し，複合体は核膜孔を通過して核内へ移行できる．

55. アラキドン酸はプロスタグランジン類を生成する基質であり，その多くが炎症性作用を有する．C1P による膜からのアラキドン酸遊離の促進は，プロスタグランジン合成に利用される基質の濃度を増加させる．プロスタグランジン合成において最初の段階を触媒する酵素の一つは COX-2 であり，これは S1P によって促進される．C1P と S1P の両者が潜在的にプロスタグランジンの合成を増加させるので，図に示したような炎症性作用がもたらされる．

57. S1P は，受容体型チロシンキナーゼあるいはプロテインキナーゼ C 活性化を経由するさまざまな機構によって，Ras を活性化する．Ras はその後 MAP キナーゼ経路（問題 49 参照）を活性化し，細胞周期に介在するタンパク質の発現を促進する転写因子をリン酸化して，最終的には細胞を生存へと導く．

59.

アセチルサリチル酸 ＋ 酵素 CH₂OH → サリチル酸 ＋ アセチル化酵素 CH₂O—C—CH₃

酵素の反応機構を知っていないと，なぜセリン残基のアセチル化がシクロオキシゲナーゼ活性を抑制するかは答えられない．しかし，アセチル化が活性部位の構造を変えて，基質であるアラキドン酸が結合できなくなった可能性がある．また，キモトリプシンにおける求核基としてのように，セリン残基が触媒反応にかかわることもある．アセチル化されたセリンは求核基として機能できないので，修飾された酵素は触媒的に不活性なものとなろう．

61. ホスホリパーゼ A_2 は膜脂質からアラキドン酸の遊離を触媒する．この反応の遮断は，COX によって触媒されるアラキドン酸から炎症性プロスタグランジンへの変換を阻害するだろう．

章末問題の解答 (11章)　551

63.

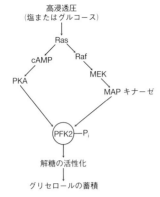

11章

1. (a) アルドース　(b) ケトース　(c) アルドース

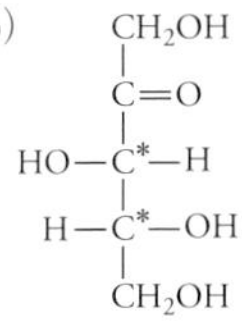

3. (a)
```
     CHO
HO—C*—H
 H—C*—OH
    CH₂OH
```
(b)
```
   CH₂OH
    C=O
HO—C*—H
 H—C*—OH
    CH₂OH
```
(c)
```
     CHO
HO—C*—H
HO—C*—H
HO—C*—H
    CH₂OH
```

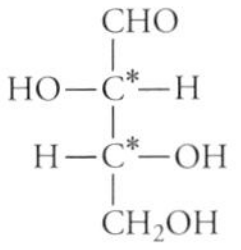

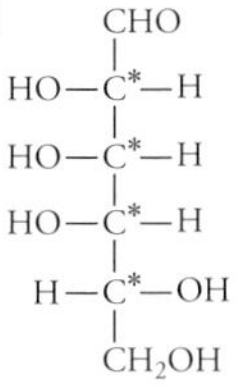

不斉炭素には*をつけてある.

5. (a) D　(b) L　(c) D　(d) L

7. (a) D-プシコースとD-ソルボースはエピマー.
(b) D-ソルボースとD-フルクトースは構造異性体.
(c) D-フルクトースとL-フルクトースはエナンチオマー.
(d) D-リボースとD-リブロースは構造異性体.

9. フルクトースとガラクトースはグルコースの異性体.

11. (a) 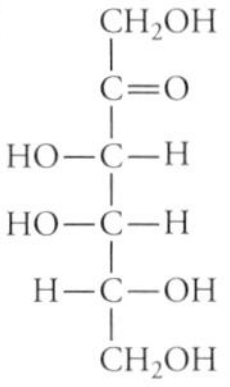
```
   CH₂OH
    C=O
HO—C—H
 H—C—H
 H—C—OH
    CH₂OH
```
(b)
```
   CH₂OH
    C=O
 H—C—OH
HO—C—H
 H—C—OH
    CH₂OH
```

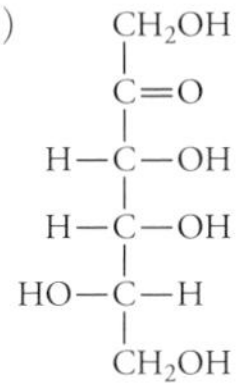

(c) 小腸の内壁を覆っている上皮細胞の輸送タンパク質は, 通常の食事に含まれる糖に比べてタガトースに対する結合が弱いので, 小腸でのタガトースの吸収効率はよくない.

13. かさ張るヒドロキシ基や置換基のほとんどが水平方向に突き出すのでβ-アノマーのほうが安定である.

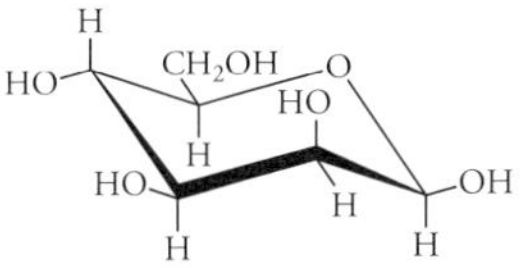

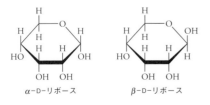

15.

α-D-リボース　　β-D-リボース

17. (a) 5員環ができる.

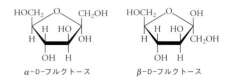

α-D-フルクトース　　β-D-フルクトース

(b) 6員環ができる.

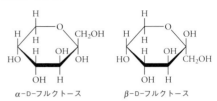

α-D-フルクトース　　β-D-フルクトース

19. αおよびβアノマーは平衡状態にあるので, すべての糖分子が生成物に変換される.

21. グルコース6-リン酸を膜透過させる輸送体は存在せず, グルコース輸送体はグルコースに特異的なので, グルコース6-リン酸が輸送タンパク質を通って細胞外に出ることはできない. そのためリン酸化されると細胞内に残りやすくなる.

23. グルコースは環状構造と直鎖状構造の間で相互変換しており, 直鎖状構造はホルミル基をもつので還元糖である (図11·1参照). フルクトースはケトンのカルボニル基をもつが, Cu^{2+} によって酸化されない. したがってフルクトースは非還元糖である. (ベネディクト試薬中の強い塩基の存在下でフルクトースが異性化してアルドースになり Cu^{2+} と反応することがある.)

25.

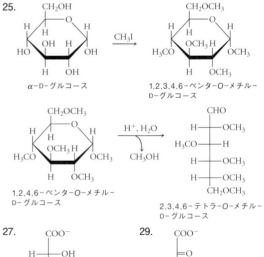

27.　　　　　　　　29.

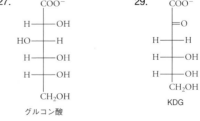

グルコン酸　　　　　　KDG

31. ラクトースは未反応のアノマー炭素をもっている (グルコース残基のC1炭素) ので還元糖である. スクロースを構成しているグルコースとフルクトースのアノマー炭素はグリコシ

ド結合に使われているので還元能力がない．したがって非還元
糖である．

33.

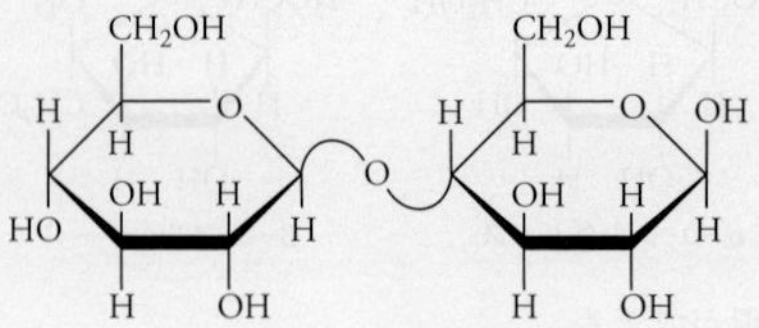

セロビオースは還元糖である．右側のグルコースのアノマー炭
素は何とも反応していないので環状構造から直鎖状構造に戻っ
てホルミル基を生じ，それが還元性を示す．

35. トレハロースが分解されるとグルコースが生じる．分解
産物中にはαとβのアノマーが混じっている．

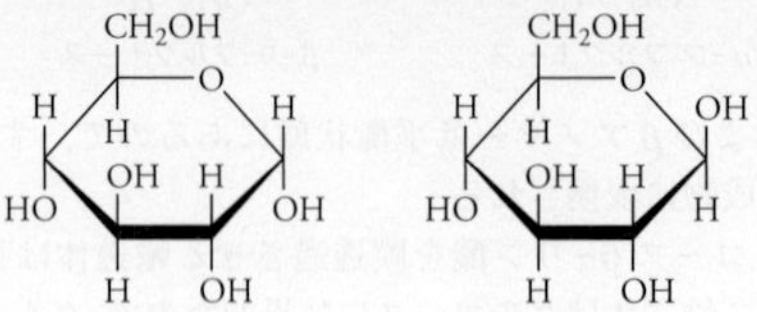

37.

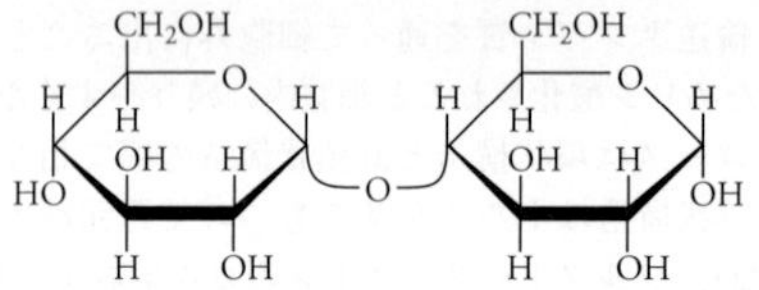

39. ソルビトールが異化されてエネルギーを放出するために
はグルコースと同じ異化経路に入らなければならない．グル
コースを異化する酵素はグルコース特異的なのでソルビトール
と結合しない．そのため，この糖アルコールは代謝されず体内
を素通りしていく．このように，ソルビトールを食品に使うと
味や甘味はもとの単糖とほぼ同じでもカロリーにはならない．

41. 三糖のラフィノースのグリコシド結合を切断して単糖に
する酵素の一つをヒトはもっていない．ラフィノースのガラク
トースとグルコースの間には$\alpha(1{\to}6)$グリコシド結合が，グ
ルコースとフルクトースの間には$\alpha(1{\to}2)$グリコシド結合が
ある．ヒトは後者のグリコシド結合を切断する酵素をもってい
るが前者に対するものはもっていない．

43. デンプン，グリコーゲン，セルロース，およびキチンは
ホモポリマーである．ペプチドグリカンとコンドロイチン硫酸
はヘテロポリマーである．

45. (a)

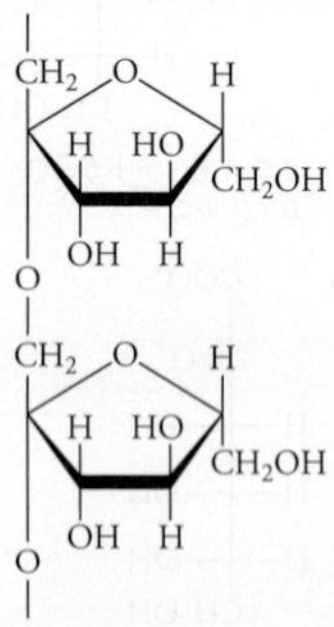

(b) $\beta(2{\to}1)$グリコシド結合
を切断する酵素をヒトはもっ
ていない（大腸にすむ細菌は
この酵素をもっていて消化で
きる）．消化できない炭水化
物を食品加工業者は"繊維"
とよぶ．チコリの根から抽出
したイヌリンは繊維含量を上
げるために使われる．

47. ペクチンは水を多く含む多糖なので，粘りを与え，ゲル
化しやすくする．

49. セルロースからなる植物の細胞壁は強く丈夫だが，植物
が成長する際には再構築しないといけない．細胞はセルラーゼ
を使って細胞壁を弱くし，伸長する．

51.

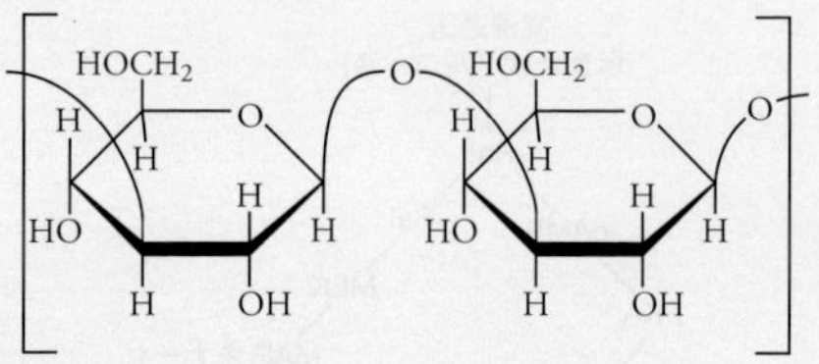

53. N結合した糖はN-アセチルグルコサミンでβ-グリコシ
ド結合している．O結合しているのはN-アセチルガラクトサ
ミンでα-グリコシド結合している．

55. 二糖の部分はグルクロン酸が$\beta(1{\to}3)$グリコシド結合で
N-アセチルガラクトサミン4-硫酸と結合したものである．
二糖どうしは$\beta(1{\to}4)$グリコシド結合でつながっている．

57.

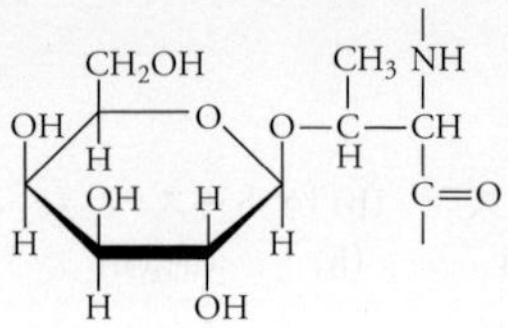

59. もとになる単糖はN-アセチルグルコサミンである．

61. 二糖のC3の位置にある置換基のカルボキシ基との間でア
ミド結合ができる．

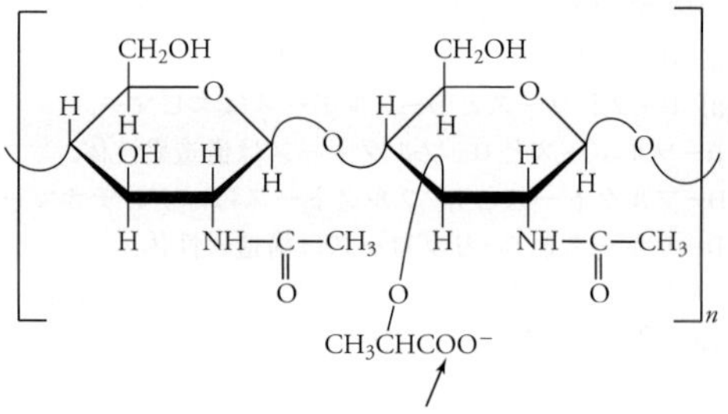

12章

1. (a) 化学合成独立栄養生物　　(b) 光独立栄養生物
(c) 化学合成独立栄養生物　(d) 従属栄養生物　(e) 従属栄
養生物　　(f) 化学合成独立栄養生物　(g) 光独立栄養生物

3. 胃のpHはおよそ2である．唾液のアミラーゼはこのpH
では変性してしまい，食物中の炭水化物のグリコシド結合を切
断することはできない．

5. マルトトリオースとマルトースの$\alpha(1{\to}4)$グリコシド結
合を切断するためにマルターゼが必要である（解答4参照）．
マルターゼは限界デキストリンに含まれる枝分かれ部分のα
$(1{\to}6)$結合を切断できないので，それを切断するイソマルター
ゼも必要である（問題4参照）．単糖しか吸収されないので，
デンプンを完全に単糖にするためにこれらの酵素群が必要なの
である．

7. 糖アルコールは天然にはあまり存在しないのでヒトはその
輸送体をもっていない．受動拡散は受動輸送より効率が悪い（問
題9・15参照）．

9. 核酸分解産物のヌクレオチドは比較的大きく，電荷をもつ
ので小腸細胞膜を通過するには輸送タンパク質が必要である．
この輸送体は，単糖やアミノ酸の場合と同じようにNa$^+$濃度
勾配の自由エネルギーを使った能動輸送を行うものだろう．

11. pHが低いと，タンパク質が変性し，ペプチド鎖がほどけるので，胃の消化酵素がペプチド結合を攻撃しやすくなる．

13. ペプシンの活性は胃の中のpHと同じpH2で最大になる．トリプシンやキモトリプシンの最適pHは7～8で，やや塩基性である小腸内pHと合っている（表2・3参照）．それぞれの酵素は，置かれた環境下で最も活性が高まるようになっている．

15. アミノ酸は二次的能動輸送によって小腸内腔に面している細胞に入る．この系は図9・18に示したグルコースの吸収過程と似ている．

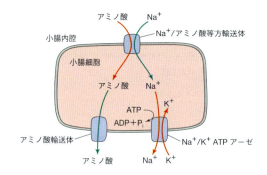

17. (a)

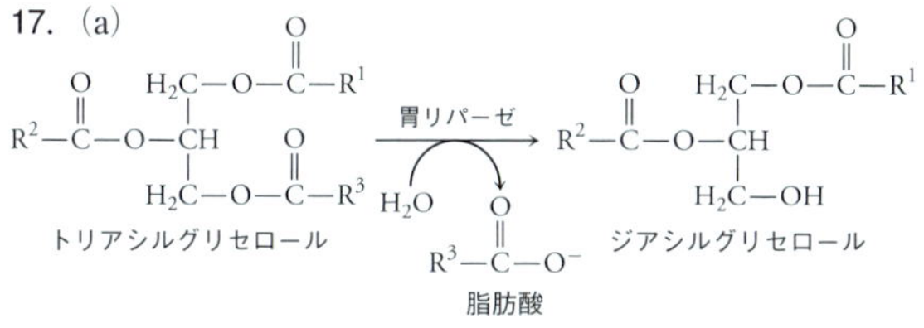

トリアシルグリセロール → 胃リパーゼ / H₂O → ジアシルグリセロール + 脂肪酸

(b) ジアシルグリセロールと脂肪酸は親水性領域と疎水性領域の両方をもつ両親媒性分子である．これらの分子はミセルをつくり，非極性でミセルをつくれないトリアシルグリセロールを乳化することができる．

19. コレステロールエステル → コレステロールエステラーゼ → 脂肪酸 + コレステロール

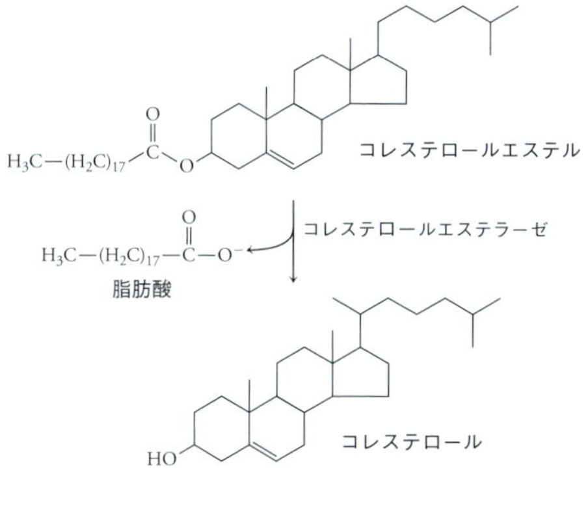

21. (a) 極性をもつグリコーゲンは水和しているので重量にはそうした水分子が含まれているが脂肪には水が含まれていない．したがって，同じ重量だと脂肪のほうがより多くの自由エネルギーをたくわえることができる．

(b) グリコーゲンは水和して細胞質で大きな体積を占めてしまう．そこには他のグリコーゲン分子，酵素，細胞小器官なども存在しているので，その量には限界がある．疎水性の脂質は細胞質からは排除されるので細胞質に存在するものの邪魔をしない．したがって，それらの量には限界がないといえる．

23. リン酸化されたグルコースはグルコース輸送体によって輸送されない．リン酸が除去されることにより初めてグルコースは細胞から出ることができる．

25.

	アセチルCoA	G3P	ピルビン酸
解糖			○
クエン酸回路	○		
脂肪酸代謝	○		
TG合成		○	
光合成		○	
アミノ基転移			○

27. (a) NAD^+ (b) NADPH (c) NADH (d) $NADP^+$

29. 胃腸疾患をもっている人は，ビタミンB_{12}を合成する適切な細菌が消化管に生息していないことがあるので欠乏症になる可能性がある．ビタミンB_{12}の取込みに必要なハプトコリンあるいは内因子が欠損している人も欠乏症になる．動物性食品を摂取しない菜食主義者や完全菜食主義者（卵，乳製品なども一切摂取しない人）はビタミンB_{12}欠乏症になる危険がある．

31. (a) γ-カルボキシグルタミン酸

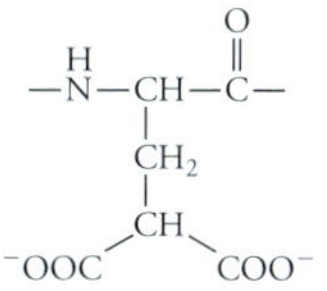

(b) グルタミン残基にもう一つカルボキシ基がつくと側鎖は-2の電荷をもつ．それが血液凝固に必須なCa^{2+}に対する高親和性結合部位形成に役立つ．

33. (a) ビタミンC (b) ビオチン (c) ピリドキシン (d) パントテン酸

35. K_{eq}は平衡になったときの生成物の濃度と反応物の濃度の比なので，K_{eq}が大きい反応では生成物濃度が高くなる．したがって，試験管1のBの濃度は試験管2のDの濃度より高いと考えられる．

37. (a) $K_{eq}=1$なので$\ln K_{eq}=0$であり，$\Delta G^{\circ\prime}=0$である．〔(12・2)式〕．

(b) $K_{eq}=1$なので，平衡状態での反応物と生成物の濃度は等しい．1 mMのFから出発したので，平衡状態ではEが0.5 mMでFが0.5 mMである．

39.

$$\Delta G = \Delta G^{\circ\prime} + RT\ln\frac{[B]}{[A]}$$
$$= -5.9 \text{ kJ mol}^{-1} +$$
$$(8.3145 \times 10^{-3} \text{ kJ K}^{-1}\text{ mol}^{-1})(310\text{ K})\ln\left(\frac{0.1 \times 10^{-3}\text{ M}}{0.9 \times 10^{-3}\text{ M}}\right)$$
$$= -11.6 \text{ kJ mol}^{-1}$$

反応は，[B]/[A]が10/1になるまでAがBに変換される．

41. (a) 平衡定数は（12・2）式を使って計算できる（計算例題12・2参照）．

$$K_{eq} = e^{-\Delta G^{\circ\prime}/RT} = e^{-10\text{ kJ mol}^{-1}/(8.3145\times 10^{-3}\text{ kJ K}^{-1}\text{ mol}^{-1})(298\text{ K})}$$
$$= e^{4.04} = 56.6$$
$$K_{eq} = e^{-\Delta G^{\circ\prime}/RT} = e^{-(-20\text{ kJ mol}^{-1})/(8.3145\times 10^{-3}\text{ kJ K}^{-1}\text{ mol}^{-1})(298\text{ K})}$$
$$= e^{-8.07} = 0.000313$$

$\Delta G^{\circ\prime}$のわずかな変化がK_{eq}を大きく変える．$\Delta G^{\circ\prime}$を2倍に（熱力学的に不都合な正の方向に）するとK_{eq}は60分の1になる．

(b) $K_{eq} = e^{-\Delta G^{\circ\prime}/RT} = e^{-(-10 \text{ kJ mol}^{-1})/(8.3145\times10^{-3}\text{ kJ K}^{-1}\text{mol}^{-1})(298\text{ K})}$
$= e^{4.04} = 56.6$
$K_{eq} = e^{-\Delta G^{\circ\prime}/RT} = e^{-(-20 \text{ kJ mol}^{-1})/(8.3145\times10^{-3}\text{ kJ K}^{-1}\text{mol}^{-1})(298\text{ K})}$
$= e^{8.07} = 3200$

(a)と同じで $\Delta G^{\circ\prime}$ のわずかな変化が K_{eq} を大きく変える．$\Delta G^{\circ\prime}$ を2倍に（熱力学的に好都合な負の方向に）すると K_{eq} は約60倍になる．

43. 実際の反応は $ATP + H_2O \rightarrow ADP + P_i$ である．(12・3) 式と表12・4の $\Delta G^{\circ\prime}$ を使う．水の濃度は1とする．

$\Delta G = \Delta G^{\circ\prime} + RT\ln\dfrac{[ADP][P_i]}{[ATP]}$
$= -30.5 \text{ kJ mol}^{-1}$
$+ (8.3145\times10^{-3} \text{ kJ K}^{-1}\text{mol}^{-1})(310\text{ K})\ln\dfrac{(0.001)(0.005)}{(0.003)}$
$= -30.5 \text{ kJ mol}^{-1} - 16.5 \text{ kJ mol}^{-1}$
$= -47 \text{ kJ mol}^{-1}$

45. まずカロリーをジュールに変換する．72,000 cal × 4.184 J cal^{-1} = 300,000 J すなわち 300 kJ．
ATP → ADP + P$_i$ の反応で 30.5 kJ mol^{-1} のエネルギーが放出されるので，リンゴには 300 kJ/30.5 kJ mol^{-1} すなわち約 9.8 モルの ATP が含まれている．

47.

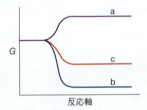

49. (a) 低 pH で ATP のリン酸基の負電荷は減る．したがって，負電荷どうしの反発が減るので，加水分解によって放出されるエネルギーも減る．低 pH では $\Delta G^{\circ\prime}$ もそれほど大きな負の値ではなくなる．

(b) Mg^{2+} は正に荷電し，負に荷電したリン酸基とイオン対を形成する．したがって，Mg^{2+} はリン酸基どうしの反発を減らす．Mg^{2+} が存在しないとリン酸基どうしの反発が強くなるので，リン酸基が切り離されたときに放出される自由エネルギーはより大きくなる．Mg^{2+} が存在しないと $\Delta G^{\circ\prime}$ はより大きく負となる．

51. (a) ADP から ATP を合成するには 30.5 kJ mol^{-1} のエネルギーが必要である．

$ADP + P_i \longrightarrow ATP + H_2O \quad \Delta G^{\circ\prime} = +30.5 \text{ kJ mol}^{-1}$
$\dfrac{2850 \text{ kJ mol}^{-1}}{30.5 \text{ kJ mol}^{-1}} \times 0.33 = 30.8 \text{ ATP}$

(b) $\dfrac{9781 \text{ kJ mol}^{-1}}{30.5 \text{ kJ mol}^{-1}} \times 0.33 = 105.8 \text{ ATP}$

(c) グルコースでは，30.8 ATP/6 炭素 = 5.1 ATP/炭素．パルミチン酸では，105.8 ATP/16 炭素 = 6.6 ATP/炭素．脂肪酸の炭素の多くは最も還元された CH$_2$ である．グルコースの炭素の多くにはヒドロキシ基がついている（CHOH）ので少し酸化された状態である．したがって，グルコースの炭素より脂肪酸の炭素のほうがより大きな自由エネルギーを放出できる．

53. リンゴ1個からは 9.8 モルの ATP がつくられる（解答 45 参照）．ふつうに活動している女性は，毎日 100 モルの ATP を必要とする．それゆえ 100 ATP/9.8 ATP リンゴ$^{-1}$ = 10.2 個のリンゴとなる．33%の効率を考慮すると，10.2/0.33 = 31 個のリンゴが必要．

55. ホスホエノールピルビン酸，1,3-ビスホスホグリセリン酸，およびホスホクレアチンを含む反応は ATP 合成を駆動することができる．それらからリン酸基が取れるときには ADP にリン酸を結合させるときに必要なエネルギーより大きなエネルギー変化が起こるからである．

57. (a) (12・2)式を変形することで平衡定数を求めることができる（計算例題 12・2 参照）．

$K_{eq} = e^{-\Delta G^{\circ\prime}/RT} = e^{-5 \text{ kJ mol}^{-1}/(8.3145\times10^{-3}\text{ kJ K}^{-1}\text{mol}^{-1})(298\text{ K})}$
$= e^{-2.02} = 0.133$

(b) $K_{eq} = \dfrac{[\text{イソクエン酸}]}{[\text{クエン酸}]} = 0.133$ なので

[イソクエン酸] = 0.133[クエン酸]

イソクエン酸とクエン酸を合わせた濃度が 2 M なので
[イソクエン酸] = 2 M − [クエン酸]

となる．この二つの式を合わせると

0.133[クエン酸] = 2 M − [クエン酸]
1.133[クエン酸] = 2 M
[クエン酸] = 1.77 M
[イソクエン酸] = 2 M − 1.77 M = 0.23 M

(c) 標準状態で起こりやすいのはイソクエン酸からクエン酸がつくられる方向である．

(d) 細胞内は標準状態ではないのでイソクエン酸合成の方向に反応は進む．また，この反応は8段階ある経路内の反応の第2段階目なので，つくられたイソクエン酸はすぐに次の反応に使われてしまい，濃度が非常に低い．

59.
機構 1:
グルタミン酸 + NH$_3$ $\rightleftharpoons$ グルタミン
ATP + H$_2$O $\rightleftharpoons$ ADP + P$_i$
―――――――――――――――――――
グルタミン酸 + NH$_3$ + ATP + H$_2$O $\rightleftharpoons$ グルタミン
 + ADP + P$_i$

機構 2:
グルタミン酸 + ATP $\rightleftharpoons$ γ-ホスホグルタミン + ADP
γ-ホスホグルタミン + H$_2$O + NH$_3$ $\rightleftharpoons$ グルタミン + P$_i$
―――――――――――――――――――
グルタミン酸 + NH$_3$ + ATP + H$_2$O $\rightleftharpoons$ グルタミン
 + ADP + P$_i$

機構2のほうが，ATP のリン酸無水物結合のエネルギーをリン酸化中間体として捕らえて進行するので，より可能性の高い機構といえる．機構1では，二つの反応が共通の中間体により結ばれていない．ATP は加水分解されるが，そのエネルギーは捕らえられていないので，熱として散逸してしまう．

61. (12・2)式を変形することで平衡定数を求めることができる（計算例題 12・2 参照）．

(a) $K_{eq} = e^{-\Delta G^{\circ\prime}/RT} = e^{-47.7 \text{ kJ mol}^{-1}/(8.3145\times10^{-3}\text{ kJ K}^{-1}\text{mol}^{-1})(298\text{ K})}$
$= e^{-19.2} = 4.4 \times 10^{-9}$

$K_{eq} = \dfrac{[\text{フルクトース 1,6-ビスリン酸}]}{[\text{フルクトース 6-リン酸}][P_i]}$

$$4.4 \times 10^{-9} = \frac{[フルクトース 1,6\text{-}ビスリン酸]}{[フルクトース 6\text{-}リン酸](5.0 \times 10^{-3}\,M)}$$

$$\frac{[フルクトース 1,6\text{-}ビスリン酸]}{[フルクトース 6\text{-}リン酸]} = 2.2 \times 10^{-11}$$

(b)

フルクトース 6-リン酸 + P_i $\rightleftharpoons$

$\qquad$ フルクトース 1,6-ビスリン酸 $\qquad \Delta G^{\circ\prime} = 47.7\,\text{kJ mol}^{-1}$

$ATP + H_2O \rightleftharpoons ADP + P_i \qquad \Delta G^{\circ\prime} = -30.5\,\text{kJ mol}^{-1}$

フルクトース 6-リン酸 + ATP + $H_2O \rightleftharpoons$

$\qquad$ フルクトース 1,6-ビスリン酸 + ADP

$\qquad\qquad\qquad \Delta G^{\circ\prime} = 17.2\,\text{kJ mol}^{-1}$

(c) $K_{eq} = e^{-\Delta G^{\circ\prime}/RT} = e^{-17.2\,\text{kJ mol}^{-1}/(8.3145 \times 10^{-3}\,\text{kJ K}^{-1}\,\text{mol}^{-1})\,(298\,K)}$
$\qquad = e^{-6.94} = 1.0 \times 10^{-3}$

$$K_{eq} = \frac{[フルクトース 1,6\text{-}ビスリン酸][ADP]}{[フルクトース 6\text{-}リン酸][ATP]}$$

$$1.0 \times 10^{-3} = \frac{[フルクトース 1,6\text{-}ビスリン酸][ADP]}{[フルクトース 6\text{-}リン酸][ATP]}$$

$$\frac{(1.0 \times 10^{-3})[ATP]}{[ADP]} = \frac{[フルクトース 1,6\text{-}ビスリン酸]}{[フルクトース 6\text{-}リン酸]}$$

$$\frac{(1.0 \times 10^{-3})(3.0 \times 10^{-3})}{(1.0 \times 10^{-3})} = \frac{[フルクトース 1,6\text{-}ビスリン酸]}{[フルクトース 6\text{-}リン酸]}$$

$$3.0 \times 10^{-3} = \frac{[フルクトース 1,6\text{-}ビスリン酸]}{[フルクトース 6\text{-}リン酸]}$$

(d) フルクトース 6-リン酸をフルクトース 1,6-ビスリン酸にする反応は熱力学的に不都合である. 標準状態で反応物に対する生成物の比は 2.2×10^{-11} である. しかし, この反応をATPの加水分解と共役させるとかなり反応が起こりやすくなり, フルクトース 6-リン酸に対するフルクトース 1,6-ビスリン酸の比は 3×10^{-3} と 8 桁増加する.

(e) 第二の機構では, 二つの反応がATPのエネルギーを捕らえたリン酸化中間体によって共役しているので, 生化学的にみて高い可能性をもつものといえる. 第一の反応機構では二つの反応は共役していない. ATPは加水分解されるが, そのエネルギーはフルクトース 6-リン酸のリン酸化を助けることには使われず, 熱として失われる.

63. (a) (12・2) 式を変形することで平衡定数を求めることができる (計算例題 12・2 参照).

$K_{eq} = e^{-\Delta G^{\circ\prime}/RT} = e^{-31.5\,\text{kJ mol}^{-1}/(8.3145 \times 10^{-3}\,\text{kJ K}^{-1}\,\text{mol}^{-1})\,(298\,K)}$
$\qquad = e^{-12.7} = 3.0 \times 10^{-6}$

$$K_{eq} = \frac{[パルミトイル CoA]}{[パルミチン酸][CoA]}$$

$$3.0 \times 10^{-6} = \frac{[パルミトイル CoA]}{[パルミチン酸][CoA]}$$

したがって, 反応物に対する生成物の比は $3.0 \times 10^{-6} : 1$ である. この反応は起こりにくい.

(b) パルミトイル CoA の合成と ATP の ADP への加水分解を共役させると自由エネルギー変化は $1\,\text{kJ mol}^{-1}$ となる 〔$31.5\,\text{kJ mol}^{-1} + (-30.5\,\text{kJ mol}^{-1}) = 1\,\text{kJ mol}^{-1}$〕.

$パルミチン酸 + CoA + ATP \longrightarrow$

$\qquad$ パルミトイル $CoA + ADP + P_i$

$\qquad\qquad \Delta G^{\circ\prime} = 1.0\,\text{kJ mol}^{-1}$

$K_{eq} = e^{-\Delta G^{\circ\prime}/RT} = e^{-1.0\,\text{kJ mol}^{-1}/(8.3145 \times 10^{-3}\,\text{kJ K}^{-1}\,\text{mol}^{-1})\,(298\,K)}$
$\qquad = e^{-0.40} = 0.67$

$$K_{eq} = \frac{[パルミトイル CoA][ADP][P_i]}{[パルミチン酸][CoA][ATP]}$$

$$0.67 = \frac{[パルミトイル CoA][ADP][P_i]}{[パルミチン酸][CoA][ATP]}$$

パルミトイル CoA の合成と ATP の ADP への加水分解を共役させると [生成物]/[反応物] 比をかなり改善できるが, この反応はまだ起こりにくい.

(c) パルミトイル CoA の合成と ATP の AMP への加水分解を共役させると自由エネルギー変化は $-14.1\,\text{kJ mol}^{-1}$ となる 〔$31.5\,\text{kJ mol}^{-1} + (-45.6\,\text{kJ mol}^{-1}) = -14.1\,\text{kJ mol}^{-1}$〕.

$パルミチン酸 + CoA + ATP \longrightarrow$

$\qquad$ パルミトイル $CoA + AMP + PP_i$

$\qquad\qquad \Delta G^{\circ\prime} = -14.1\,\text{kJ mol}^{-1}$

$K_{eq} = e^{-\Delta G^{\circ\prime}/RT} = e^{-(-14.1\,\text{kJ mol}^{-1})/(8.3145 \times 10^{-3}\,\text{kJ K}^{-1}\,\text{mol}^{-1})\,(298\,K)}$
$\qquad = e^{5.7} = 296$

$$296 = \frac{[パルミトイル CoA][AMP][PP_i]}{[パルミチン酸][CoA][ATP]}$$

パルミトイル CoA の合成を ATP の AMP への加水分解と共役させると [生成物]/[反応物] 比はかなり高くなる. この場合, 反応物生成は起こりやすくなっている.

(d) パルミトイル CoA の合成を ATP の AMP への加水分解および PP_i の加水分解と共役させると自由エネルギー変化は $-33.3\,\text{kJ mol}^{-1}$ となる 〔$-14.1\,\text{kJ mol}^{-1} + (-19.2\,\text{kJ mol}^{-1}) = -33.3\,\text{kJ mol}^{-1}$〕.

$パルミチン酸 + CoA + ATP + H_2O \longrightarrow$

$\qquad$ パルミトイル $CoA + AMP + 2P_i$

$\qquad\qquad \Delta G^{\circ\prime} = -33.3\,\text{kJ mol}^{-1}$

$K_{eq} = e^{-\Delta G^{\circ\prime}/RT} = e^{-(-33.3\,\text{kJ mol}^{-1})/(8.3145 \times 10^{-3}\,\text{kJ K}^{-1}\,\text{mol}^{-1})\,(298\,K)}$
$\qquad = e^{13.4} = 6.9 \times 10^{5}$

$$6.9 \times 10^{5} = \frac{[パルミトイル CoA][AMP][P_i]^2}{[パルミチン酸][CoA][ATP]}$$

パルミチン酸を活性化してパルミトイル CoA にする反応とATP を AMP と 2 個のリン酸に加水分解する反応とを共役させることは, 反応を進行させるうえでとても有効である. ATP を ADP に加水分解する反応と共役させてもあまり効果はない.

13章

1. (a) リン酸化 1, 3, 7, 10　　(b) 異性化 2, 5, 8
(c) 酸化還元 6　　(d) 脱水 9　　(e) 炭素間結合の開裂 4

3. (a)
$$\Delta G^{\circ\prime} = -RT \ln \frac{[グルコース 6\text{-}リン酸][ADP]}{[グルコース][ATP]}$$

$-16.7\,\text{kJ mol}^{-1} = -(8.3145 \times 10^{-3}\,\text{kJ K}^{-1}\,\text{mol}^{-1})(298\,K)$

$\qquad\qquad \times \ln \dfrac{[グルコース 6\text{-}リン酸][ADP]}{[グルコース][ATP]}$

$16.7\,\text{kJ mol}^{-1} = 2.48\,\text{kJ mol}^{-1}$

$\qquad\qquad \times \ln \dfrac{[グルコース 6\text{-}リン酸][ADP]}{[グルコース][ATP]}$

$6.73 = \ln \dfrac{[グルコース 6\text{-}リン酸][ADP]}{[グルコース][ATP]}$

$$e^{6.73} = \frac{[\text{グルコース 6-リン酸}][\text{ADP}]}{[\text{グルコース}][\text{ATP}]}$$

$$840 = \frac{[\text{グルコース 6-リン酸}][\text{ADP}]}{[\text{グルコース}][\text{ATP}]}$$

$$840 = \frac{[\text{グルコース 6-リン酸}](1)}{[\text{グルコース}](10)}$$

$$8.4 \times 10^3 = \frac{[\text{グルコース 6-リン酸}]}{[\text{グルコース}]}$$

(b)
$$\Delta G^{\circ\prime} = -RT \ln \frac{[\text{グルコース}][\text{ATP}]}{[\text{グルコース 6-リン酸}][\text{ADP}]}$$

$$16.7\ \text{kJ mol}^{-1} = -(8.3145 \times 10^{-3}\ \text{kJ K}^{-1}\ \text{mol}^{-1})(298\ \text{K})$$
$$\times \ln \frac{[\text{グルコース}][\text{ATP}]}{[\text{グルコース 6-リン酸}][\text{ADP}]}$$

$$-16.7\ \text{kJ mol}^{-1} = 2.45\ \text{kJ mol}^{-1}$$
$$\times \ln \frac{[\text{グルコース}][\text{ATP}]}{[\text{グルコース 6-リン酸}][\text{ADP}]}$$

$$-6.73 = \ln \frac{[\text{グルコース}][\text{ATP}]}{[\text{グルコース 6-リン酸}][\text{ADP}]}$$

$$e^{-6.73} = \frac{[\text{グルコース}][\text{ATP}]}{[\text{グルコース 6-リン酸}][\text{ADP}]}$$

$$1.2 \times 10^{-3} = \frac{[\text{グルコース}][\text{ATP}]}{[\text{グルコース 6-リン酸}][\text{ADP}]}$$

$$1.2 \times 10^{-3} = \frac{[\text{グルコース}](10)}{[\text{グルコース 6-リン酸}](1)}$$

$$1.2 \times 10^{-4} = \frac{[\text{グルコース}]}{[\text{グルコース 6-リン酸}]}$$

逆反応を起こすためには，グルコース 6-リン酸とグルコースの比は $8.3 \times 10^3 : 1$ でなければならない．

5. （a）脳は血中のグルコースに依存しており，グリコーゲンの形でグルコースをたくわえてはいない．そのため，リン酸化されたグルコースよりもむしろグルコースのほうが解糖に入る基質となる．脳におけるグルコース異化の最初の段階はヘキソキナーゼにより触媒されるので，その段階が経路における律速段階となる．解糖のためにグリコーゲンを分解する他の組織では，このヘキソキナーゼの段階は迂回される．

（b）低い K_M は，その酵素がグルコースで飽和しており，そのため最大反応速度で機能することを意味している．したがって，グルコース濃度が多少変動しようとも，脳におけるグルコース異化の能力は影響を受けない．

7. 生成物はその反応を触媒する酵素を抑制すると期待されるが，反応物が活性化因子として作用することもある．ADPはPFK反応の直接の生成物であることは事実であるが，PFKは細胞が全体として必要とするATPに対して感受性を示す．ADP濃度の上昇は，ATPが必要であるという兆候で，続いて起こるPFKの活性化は解糖の流量を増加させて，経路の最終産物としてのATPを生成する．

9. 阻害因子が存在すると，曲線はS字形になって K_M は著しく増加し（10倍近くの $200\ \mu\text{M}$ まで），最大速度の半分に必要な基質濃度が増加する．PEPはPFKのT状態を安定化する（問題8参照）．

11. グリセロールはグリセルアルデヒド 3-リン酸に変換されるので，エネルギー源として供給可能であり，ホスホフルクトキナーゼ段階の"下流"から解糖に流入できる．酵母変異体はグルコースで生育できない．なぜなら，グルコースはまずグルコース 6-リン酸に変換されて解糖に入り，その後フルクトース 6-リン酸となる．次の段階のフルクトース 1,6-ビスリン酸への変換には，酵素ホスホフルクトキナーゼが必要である．したがって，この変異体にとってグリセロールは基質として適当であるが，グルコースは適当でない．

13. ヨード酢酸の存在下では，フルクトース 1,6-ビスリン酸が蓄積するが，これは，ヨード酢酸がフルクトース 1,6-ビスリン酸を基質として用いる酵素を不活性化することを示唆している．ヨード酢酸はシステイン残基と反応するので，その試薬による酵素の不活性化は，システインが酵素の活性部位であることを示唆する．その後の研究から，システイン残基は活性部位ではなく，ヨード酢酸とシステインの反応が酵素を不活性化させるような構造変化をもたらす可能性が示された．

15.
$$\Delta G = \Delta G^{\circ\prime} + RT \ln \frac{[\text{GAP}]}{[\text{DHAP}]}$$

$$4.4\ \text{kJ mol}^{-1} = 7.9\ \text{kJ mol}^{-1} + (8.3145) \times 10^{-3}\ \text{kJ K}^{-1}\ \text{mol}^{-1}$$
$$\times (310\ \text{K}) \ln \frac{[\text{GAP}]}{[\text{DHAP}]}$$

$$-3.5\ \text{kJ mol}^{-1} = 2.58\ \text{kJ mol}^{-1} \ln \frac{[\text{GAP}]}{[\text{DHAP}]}$$

$$-1.36 = \ln \frac{[\text{GAP}]}{[\text{DHAP}]}$$

$$e^{-1.36} = \frac{[\text{GAP}]}{[\text{DHAP}]}$$

$$0.26 = \frac{[\text{GAP}]}{[\text{DHAP}]}$$

[GAP]と[DHAP]の比は $0.26 : 1$ であり，GAPではなくDHAPの生成が起こりやすいように思われる．しかし，トリオースリン酸イソメラーゼ反応の生成物であるGAPはGAPDH反応の基質である．GAPDHの働きによりGAPが持続的に反応系から除かれるので，DHAPからGAPの生成に平衡が傾く．

17. ヒ酸は代謝毒であり，細胞はついには死んでしまう．ヒ酸の存在下では，1,3-BPGが形成されない．その代わりにこの段階は基本的に回避される．通常，この段階ではグルコース1分子当たり2分子のATPが産生される．もしこの段階でATPが産生されないと，解糖全体でのATP産生量は0になってしまう．そしてエネルギー要求をみたせないので，細胞は死んでしまう．

19. ホスホグリセリン酸キナーゼは，ADPからATPの産生を伴って，1,3-ビスホスホグリセリン酸を 3-ホスホグリセリン酸に変換する．このキナーゼはイオンポンプが必要とするATPを産生可能で，ポンプがリン酸化されて生じたADPは，このキナーゼ反応で基質として提供される．

21. リン酸はGAPDHの反応物なので，リン酸濃度は上昇する．ATPはGAPDH反応の生成物なので減少する．GAPDH阻害の結果，1,3-BPGの量は減少するので2,3-BPGも同様に減少する．

23. フッ素はエノラーゼを阻害する．もしその酵素が不活化されると，その基質である 2-ホスホグリセリン酸が蓄積するだろう．その前段階の反応は平衡にあるので，2-ホスホグリセリン酸の蓄積とともに 3-ホスホグリセリン酸が蓄積するだろう．

25. ピルビン酸キナーゼを欠損する細胞では，[ADP]/[ATP]の比が上昇して[NAD$^+$]/[NADH]の比が低下する．ピルビン酸キナーゼは解糖の第二のATP産生段階を触媒する．この反応がないと，ATP量が減少して[ADP]/[ATP]の比が上昇する．

章末問題の解答（13章）　　557

ピルビン酸キナーゼを欠損すると，基質 PEP は蓄積して PFK を刺激し，F16BP 濃度を増加させる．これによって結果的には，グリセルアルデヒド 3-リン酸が上昇し，これが NAD$^+$ と反応して NADH を生成させる．ピルビン酸キナーゼが欠損するとピルビン酸は生産されないので，乳酸は結果的に NADH を NAD$^+$ に再酸化できない．したがって，［NAD$^+$］/［NADH］の比が低下する．

27. アルコールデヒドロゲナーゼはアセトアルデヒドを還元してエタノールを生じる．それと同時に，NADH が酸化されて NAD$^+$ となる．NADH は解糖の GAPDH 反応において産生される．アルコールデヒドロゲナーゼ反応において産生される NAD$^+$ は，解糖の GAPDH 反応における基質となっており，解糖が持続するようにしている．

29. (a) メタノールは（エタノールと同様に）アルコールデヒドロゲナーゼと反応してホルムアルデヒドを産生する（§13・1）．

$$
\underset{\text{メタノール}}{H_3C\!-\!OH} \;\xrightleftharpoons[\text{アルコールデヒドロゲナーゼ}]{\text{NAD}^+ \quad \text{NADH, H}^+}\; \underset{\text{ホルムアルデヒド}}{H\!-\!\overset{\displaystyle O}{\overset{\|}{C}}\!-\!H}
$$

(b) アルコールデヒドロゲナーゼへの結合に対して，エタノールはメタノールと競合し，より毒性の弱いアセトアルデヒドを生じるので，エタノール飲料は解毒薬となる．こうして，メタノールが体内から除去される時間が生じる．[J. A. Cooper, M. Kini, *Biochem. Pharmacol.* 11, 405−416 (1962) による．]

31. (a) KDG が KDPG に変換される際に 1 分子の ATP が使われる．1,3-BPG が 3-PG に変換されるときに 1 分子の ATP が産生される．PEP がピルビン酸に変換されるときに 1 分子の ATP が産生される．したがって，経路全体としての産生量は（グルコース 1 分子当たり），ATP 1 分子である．

(b) その経路の進行を維持するために，ひき続いて起こる反応では，グルコースがグルコン酸に変換されるときに生じる NADPH や GAPDH により産生される NADH の再酸化が必要となろう．[U. Johnsen, M. Selig, K. B. Xavier, H. Santos, and P. Schönheit, *Arch. Microbiol.* 175, 52−61 (2001) による．]

33. (a) ピルビン酸から生じたアセチル CoA は，エネルギー産生経路のクエン酸回路の基質である．細胞のエネルギー要求度が低いと，アセチル CoA が蓄積し，糖新生の最初の段階を触媒するピルビン酸カルボキシラーゼを活性化する．その結果，燃料異化の要求度が低いと細胞はグルコースを合成できる．

(b) 脱アミノに続いて，アラニンが糖新生の基質となる．ピルビン酸キナーゼを抑制することによって，アラニンは解糖を抑制し，解糖と糖新生で共有された段階を通じる流量は糖新生に向かう．

35. 摂食状態のホルモンであるインスリンは，糖新生の酵素であるピルビン酸カルボキシラーゼ，ホスホエノールピルビン酸カルボキシキナーゼ PEPCK，フルクトース-1,6-ビスホスファターゼ，そしてグルコース-6-ホスファターゼの転写を抑制することが期待される．[事実，インスリンは PEPCK とグルコース-6-ホスファターゼの転写を抑制することが示されている．]

37. (a) 絶食状態では，ホスファターゼが活性化されている．このホスファターゼが F26BP からリン酸基を除去してフルクトース 6-リン酸を生成する．こうして，解糖を促進する（あるいは糖新生を抑制する）F26BP は存在しなくなる．その結果，糖新生が活性化される．

(b) 絶食状態のホルモンはグルカゴンである．

(c) グルカゴンがその受容体に結合すると，§10・2 で述べたように細胞内で cAMP 量が上昇する．これがプロテインキナーゼ A を活性化して，この二機能性酵素をリン酸化し，ホスファターゼ活性を促進してキナーゼ活性を抑制する．

39. (a) F26BP を産生する酵素の活性化は，この代謝産物の濃度を高め，PFK を活性化してフルクトース-1,6-ビスホスファターゼを抑制する．これが解糖を促進して糖新生を抑制する効果をもたらす．PFK の促進はフルクトース 1,6-ビスリン酸の濃度を上昇させ，フィードフォワード活性化を介してピルビン酸キナーゼを活性化する．ブラジリンによるピルビン酸キナーゼの活性化も，解糖の流量を増加させる．

(b) ブラジリンが肝臓に作用し，解糖を促進して糖新生を抑制できれば，糖尿病で生じる高血糖を軽減できる．肝臓で糖新生経路の活性が高いと，肝臓からグルコースが流出する結果となり，これは糖尿病患者にとって好ましくない．[E.-J. You, L.-Y. Khill, W. -J. Kwak, H.-S. Won, S.-H. Chae, B.-H. Lee, and C.-K. Moon, *J. Ethnopharmacol.* 102, 53−57 (2005) による．]

41. コリ回路とよばれるこの経路の図式は図 19・3 に示している．乳酸が筋肉での嫌気的な解糖活性によって遊離する．乳酸は血流を介して肝臓に運ばれ，そこで取込まれてピルビン酸となり，糖新生を経てグルコースに変換される．解糖で ATP 2 分子が産生され，糖新生で ATP 6 分子を消費するので，このコリ回路の回転で，ATP 4 分子を消費する．

43. 発酵を司る酵母は出発原料としてグルコースを利用するので，種子中のデンプンはグルコースに変換される必要がある．

45. グルコース 1-リン酸の生成は，ホスホグルコムターゼによる異性化反応のみでグルコース 6-リン酸への変換を可能とし，それは解糖に入ることができる．これはヘキソキナーゼ反応を回避しており，ATP 分子を消費しないですむ．グルコースを産生するような加水分解反応では，それをリン酸化してグルコース 6-リン酸にするため，ATP の消費を必要とする．

47. この知見によれば，グリコーゲンを分解する経路の欠陥はその合成経路に影響を与えないので，グリコーゲンの分解と合成の経路は異なっているにちがいないということを示している．

49. 通常，筋肉のグリコーゲンは分解されてグルコース 6-リン酸になり，解糖に入って酸化されて筋肉活動のために ATP を産生する．嫌気的条件では，解糖の最終産物であるピルビン酸は乳酸に変換され，これが筋肉から遊離して血流に入り，肝臓で糖新生によってグルコースに再変換される．患者の筋肉細胞では，グリコーゲンをグルコース 6-リン酸に分解できず，このため解糖に入るグルコース 6-リン酸は生じず，乳酸産生も起こらない．[J. B. Stanbury, J. B. Wyngaarden, and D. S. Fredrickson, *The Metabolic Basis of Inherited Disease*, pp. 151−153, McGraw-Hill, New York (1978) による．]

51. グルコース-6-ホスファターゼは肝臓での糖新生（およびグリコーゲン合成）における最後の反応を触媒する．グルコース 6-リン酸はグルコースに変換され，グルコース輸送体がグルコースを細胞外に排出して，糖新生やグリコーゲン合成を行わない臓器に対してグルコースを利用可能にしている．この酵素がないとグルコース 6-リン酸はグルコースに変換されない．グルコース 6-リン酸は肝臓に蓄積しグルコース 1-リン酸に

変換されて，グリコーゲン合成に使われる．そのため，この病気の患者の肝臓ではグリコーゲン合成が上昇している．グリコーゲンの蓄積は肝臓を肥大化させ，腹部が突出する．

53. 酵素の活性化には活性部位にあるセリン残基のリン酸化が必須である．このリン酸基はグルコース6-リン酸がグルコース1-リン酸に変換される最初の段階でグルコース6-リン酸のC1に供与される．グルコース1,6-ビスリン酸が時期尚早に酵素から解離すると，セリン残基のリン酸化はなく，酵素は再生されず，触媒のさらなる回転が生じない．

55. この経路によるATPの収量は2分子となる．*T. tenax*はエネルギーをグリコーゲンの形で貯蔵しており，グリコーゲンを加リン酸分解してグルコース1-リン酸にする．グルコース1-リン酸は，ATPの投入を必要としない異性化反応によってグルコース6-リン酸に変換される．グルコース6-リン酸はフルクトース6-リン酸に変換される．次のフルクトース6-リン酸がフルクトース1,6-ビスリン酸に変換される段階でも，ATPの投入を必要としない．なぜなら，*T. tenax*のホスホフルクトキナーゼ反応は可逆的で，ATPの代わりに二リン酸を利用するからである．このGAPDH反応は1,3-ビスホスホグリセリン酸を産生しないので，ホスホエノールピルビン酸がピルビン酸に変換される最後の段階まで，ATPを生成しない．この反応は個々のグルコース1分子に対して二度起こるので，経路によるATPの収量はグルコース1分子当たり2分子となる．〔N. A. Brunner, H. Brinkmann, B. Siebers, and R. Hensel, *J. Biol. Chem.* **273**, 6149−6156 (1998) による．〕

57. (a) ペントースリン酸経路の最初に不可逆となる段階はグルコース-6-リン酸デヒドロゲナーゼによって触媒される初めの反応である．一度グルコース6-リン酸がこの反応を通過すると，ペントースリン酸に変換される以外の運命はない．
(b) ヘキソキナーゼ反応の生成物はグルコース6-リン酸であり，これはペントースリン酸経路にも流入できる．したがって，ヘキソキナーゼ反応はグルコースが解糖経路を流れるように決定づけない．

59. 赤血球におけるペントースリン酸経路はNADPHを生成し，それは酸化型グルタチオンを再生するのに使われる．グルコース-6-リン酸デヒドロゲナーゼは酸化経路の最初の段階を触媒する酵素である．酵素の欠損はその経路からのNADPHの産生を減少させる．結果としてグルタチオンは酸化型のままとなり，その役割である有機過酸化物の還元や正常な赤血球の構造維持，ヘモグロビンの鉄イオンを2価の状態に保つことができなくなる．溶血性貧血が予想される結果である．

61.

63. グルコース1,6-ビスリン酸（G16BP）は，ヘキソキナーゼ活性を抑制してPFKとピルビン酸キナーゼを活性化する．これは解糖が活性化されていることを意味するが，ヘキソキナーゼの活性がないとグルコースはリン酸化されないので，基質はグルコース6-リン酸の場合に限られる．6-ホスホグルクロン酸デヒドロゲナーゼが抑制されているので，ペントースリン酸経路は不活性化されている．ホスホグルコムターゼが促進されているので，グルコース1-リン酸（グリコーゲン分解の生成物）はグルコース6-リン酸に変換される．こうして，G16BPが存在すると，グリコーゲン分解が促進し，ペントースリン酸経路ではなく解糖に向けて基質（グルコース6-リン酸）が生成する．これは血流から取込んだグルコースを利用する経路に比べて，より効率的な経路である．なぜなら，グルコースはATPを消費してリン酸化される必要がある．〔R. Beitner, *Trends Biol. Sci.* **4**, 228−230 (1979) による．〕

14章

1. 哺乳類細胞内で，ピルビン酸は乳酸デヒドロゲナーゼによって乳酸に，ピルビン酸カルボキシラーゼによってオキサロ酢酸に，ピルビン酸デヒドロゲナーゼ複合体によってアセチルCoAに，アミノ基転移反応によってアラニンに，それぞれ変換される．

3. 段階4と5の目的は酵素の再生である．段階3で生成物のアセチルCoAは放出されるがE2の補欠分子族であるリポアミドは還元状態になっている．段階4でE3の補欠分子族であるFADが還元状態のリポアミドからプロトンと電子を受取り再酸化する．段階5でFADH$_2$がNAD$^+$により再酸化される．生じたNADHは拡散していく．

5. 亜ヒ酸イオンはピルビン酸デヒドロゲナーゼ複合体のE2の還元されたリポアミドと反応し，図に示したような化合物を形成する．こうなった酵素は再生不能となり，アセチルCoAをピルビン酸にすることができなくなる．2-オキソグルタル酸デヒドロゲナーゼ複合体もそのE2サブユニット中にリポアミドをもっていて同じように阻害される．クエン酸回路は機能しなくなり，グルコースを好気的に酸化することができなくなる．そして呼吸も止まる．この化合物が強い毒性をもつのはこのためである．

7. NADHとアセチルCoAはこの反応の生成物なので，どちらの場合もピルビン酸デヒドロゲナーゼ複合体の活性は低下する．NADHとアセチルCoAはNAD$^+$やCoASHと競合して酵素に結合するので，その濃度が高まると酵素活性は低下する．

9. ピルビン酸デヒドロゲナーゼ複合体のE1サブユニットにはリン酸化されたチアミンであるTPPが補因子として必要である．もしE1の突然変異がチアミン結合部位に起こっていたとしたら，大量のチアミン投与は効果的な療法となるかもしれない．

11. ホスホフルクトキナーゼによる反応は解糖における主要な速度調節段階である．クエン酸回路が処理能力の限界近くで働いていてクエン酸濃度が高いとき，ホスホフルクトキナーゼ活性を阻害すれば解糖全体が遅くなり，それに続くピルビン酸デヒドロゲナーゼ複合体によるアセチルCoA産生を減らすことができる．

13. クエン酸シンターゼによる反応の最初の段階でアセチル

CoAのアセチル基からプロトンが除去される．ヒスチジンは水素結合によってそのエンジオラート中間体を安定化する．アラニンの側鎖はプロトンを与えることができないので反応は進まない．[D. S. Pereira, L. J. Donald, D. J. Hosfield, and H. W. Duckworth, *J. Biol. Chem.* **269**, 412−417(1994)による．]

15.

$$CoA-S-C\begin{matrix}OH\\ \\ CH_2\end{matrix}$$

17. (a) アコニターゼはクエン酸とイソクエン酸の間の可逆的異性化反応を触媒する酵素である．この反応の前後は不可逆反応なので，アコニターゼを阻害するとクエン酸が蓄積する．他のクエン酸回路の中間体は減少する．

(b) もしクエン酸回路とミトコンドリアの呼吸が機能しなくなると，細胞は必要なATPを解糖に依存することになる．したがって解糖の流量が増す．高酸素状態のときは還元剤の需要も増すのでペントースリン酸経路の速度も増す．[C. B. Allen, X. L. Guo, and C. W. White, *Am. J. Physiol.* **274 (3 Pt. 1)**, L320−L329 (1998)による．]

19. *cis*−アコニット酸はクエン酸がアコニターゼによってイソクエン酸に変換されるときの中間体である．*trans*−アコニット酸の構造は*cis*−アコニット酸に似ているので，酵素への結合で競合することが予想できる．しかし，クエン酸を基質として使ったとき*trans*−アコニット酸は非拮抗阻害剤となるので，クエン酸の結合部位とアコニット酸の結合部位は異なる．クエン酸と*trans*−アコニット酸は競合せず，同時に酵素と結合できる．しかし，両者が同時に結合したとき，基質は生成物に変換されなくなる．[J. J. Villafranca, *J. Biol. Chem.* **249**, 6149−6155 (1974)による．]

21. (12・2)式を変形することで平衡定数を求めることができる（計算例題12・2参照）．

$$K_{eq} = e^{-\Delta G^{\circ\prime}/RT} = e^{(-21\,kJ\,mol^{-1})/(8.3145\times10^{-3}\,kJ\,K^{-1}\,mol^{-1})(298\,K)}$$
$$= e^{8.5} = 4.8\times10^3$$

23. (a) 通常，リン酸化は酵素の構造を変化させ，それによって活性を変える．しかし，細菌のイソクエン酸デヒドロゲナーゼの場合は，活性中心のSerがリン酸化されて負電荷をもつようになり，基質である負電荷をもったイソクエン酸と反発してその結合を妨げたと考えられる．

(b) この変異型酵素での結果は(a)の考えに合う．Ser残基をAsp残基に置換するということは活性中心に負電荷を導入することである．イソクエン酸が結合できなかったということは電荷による反発という考えと合う．[A. M. Dean, M. H. I. Lee, and D. E. Koshland, *J. Biol. Chem.* **264**, 20482−20486(1989)による．]

25. 段階1．最初の段階で2−オキソグルタル酸が脱炭酸される．この過程にはTPPが必要である．カルボニル基の炭素はカルボアニオンになり，TPPと結合する．

段階2．次にスクシニル基は2−オキソグルタル酸デヒドロゲナーゼ複合体のE2の補欠分子族であるリポアミドに渡される．

段階3．そのスクシニル基は補酵素Aに渡され，リポアミドは還元状態になる．

段階4と5．最後の二つの反応はピルビン酸デヒドロゲナーゼ複合体のものと同じである．E3の補欠分子族のFADがリポアミドから2個のH$^+$と2個の電子を受取り，それを再酸化する．FADH$_2$はNAD$^+$によって再酸化される．そこで生じたNADH

とH$^+$は拡散していく．

27. スクシニルCoAはアセチルCoAによく似ているのでクエン酸シンターゼの活性部位への結合でアセチルCoAと競合できる．同じように，スクシニルCoAは2−オキソグルタル酸デヒドロゲナーゼの活性部位への結合でCoASHと競合できる．両方ともフィードバック阻害の例である．スクシニルCoAはそれ自身をつくる酵素とその経路の上流にある酵素を阻害している．

29. スクシニルCoAシンテターゼが逆に働くとキナーゼのような反応を触媒する．すなわち，ヌクレオシド三リン酸（GTPあるいはATP）からリン酸基を転移させる．

31. コハク酸がフマル酸にならないので蓄積する．スクシニルCoAシンテターゼの反応は可逆的なのでスクシニルCoAも蓄積する．スクシニルCoAは細胞内でのCoAの供給とも密接に関係しているので，CoAを必要とする2−オキソグルタル酸デヒドロゲナーゼの反応は低下する．その結果2−オキソグルタル酸も蓄積する．

33.
$$\Delta G = \Delta G^{\circ\prime} + RT \ln\frac{[\text{リンゴ酸}]}{[\text{フマル酸}]}$$
$$0 = -3.4\,kJ\,mol^{-1} + (8.3145\times10^{-3}\,kJ\,K^{-1}\,mol^{-1})$$
$$(310\,K)\times\ln\frac{[\text{リンゴ酸}]}{[\text{フマル酸}]}$$

$$3.4\,kJ\,mol^{-1} = 2.58\,kJ\,mol^{-1}\ln\frac{[\text{リンゴ酸}]}{[\text{フマル酸}]}$$
$$1.32 = \ln\frac{[\text{リンゴ酸}]}{[\text{フマル酸}]}$$
$$e^{1.32} = \frac{[\text{リンゴ酸}]}{[\text{フマル酸}]}$$
$$3.7 = \frac{[\text{リンゴ酸}]}{[\text{フマル酸}]}$$

リンゴ酸とフマル酸の比は3.7：1となり，反応はリンゴ酸生成に向かうことが示唆される．この過程のΔGがほぼ0ということは平衡状態にあることを意味するので，クエン酸回路の調節点とはならない．

35. (a)

リンゴ酸 + NAD⁺ ⟶ オキサロ酢酸 + NADH + H⁺
$\Delta G^{\circ\prime} = 29.7$ kJ mol⁻¹

オキサロ酢酸 + アセチル CoA ⟶ クエン酸 + CoA
$\Delta G^{\circ\prime} = -31.5$ kJ mol⁻¹

―――――――――――――――――――――
リンゴ酸 + NAD⁺ + アセチル CoA ⟶
クエン酸 + NADH + H⁺ + CoA
$\Delta G^{\circ\prime} = -1.8$ kJ mol⁻¹

(b) 共役していないときの平衡定数より共役したときの平衡定数は 3.4×10^5 倍となる.

反応1と8が共役した場合

$K_{eq} = e^{-\Delta G^{\circ\prime}/RT} = e^{-(-1.8 \text{ kJ mol}^{-1})/(8.3145 \times 10^{-3} \text{ kJ K}^{-1} \text{ mol}^{-1})(298 \text{ K})}$
$= e^{0.73} = 2.1$

反応8だけで共役していない場合

$K_{eq} = e^{-\Delta G^{\circ\prime}/RT} = e^{-(29.7 \text{ kJ mol}^{-1})/(8.3145 \times 10^{-3} \text{ kJ K}^{-1} \text{ mol}^{-1})(298 \text{ K})}$
$= e^{-12.0} = 6.2 \times 10^{-6}$

37. (a) 放射性同位体で標識されたオキサロ酢酸のC4炭素は2-オキソグルタル酸デヒドロゲナーゼによる反応で ¹⁴CO₂ として放出される.

(b) アセチル CoA の C1 に入った放射性同位体はスクシニル CoA シンテターゼの段階で局在が分かれてしまう. コハク酸は対称な構造をもつ分子なので C1 と C4 は化学的に区別できない. したがってコハク酸では C1 と C4 に半分ずつ放射性同位体が検出されることになる. そのため, クエン酸回路が1周して生じたオキサロ酢酸でも C1 と C4 に半分ずつ放射性同位体が検出される. 両方の標識された炭素も次のクエン酸回路の周回中に ¹⁴CO₂ として放出される.

39. (a) 基質の供給量: アセチル CoA とオキサロ酢酸の濃度がクエン酸シンターゼの活性を調節する.

(b) 反応生成物阻害: クエン酸はクエン酸シンターゼを阻害する. NADH はイソクエン酸デヒドロゲナーゼと 2-オキソグルタル酸デヒドロゲナーゼの活性を阻害する. スクシニル CoA は 2-オキソグルタル酸デヒドロゲナーゼの活性を阻害する.

(c) フィードバック阻害: NADH とスクシニル CoA はクエン酸シンターゼの活性を阻害する.

41. ピルビン酸カルボキシラーゼは, ピルビン酸をクエン酸回路の最初の反応の基質となるオキサロ酢酸に変換する酵素である. もし, この最初の反応が起こらなければ, その後の反応も起こらない.

43. (a) クエン酸回路は多段階触媒のようなものである. アミノ酸が分解されてクエン酸回路の中間体になると, 回路の触媒としての活性は高まるが, この回路における反応の化学量論 (アセチル CoA → 2 CO₂) を変えはしない.

(b) アミノ酸が分解されてピルビン酸になると, それはピルビン酸デヒドロゲナーゼ複合体によってアセチル CoA に変換される. そうしたアミノ酸の炭素はクエン酸回路により完全に酸化される.

45. どんな代謝産物でもオキサロ酢酸に変換できるものなら糖新生に入ることができ, グルコースの前駆体となりうる. 分解されてアセチル CoA になるものはグルコース前駆体として使えない. なぜならアセチル CoA はクエン酸回路に入り, 二つの炭素は最終的には酸化されて CO₂ になってしまうからである. したがって, グリセルアルデヒド 3-リン酸, トリプトファン, そしてフェニルアラニンは, 分解産物の一つがオキサロ酢酸に変換されるので, 糖新生の基質となりうる. パルミチン酸とロイシンの分解産物はアセチル CoA あるいはその誘導体なので糖新生の基質とはならない. 哺乳類はアセチル CoA をピルビン酸にすることができない.

47. 問題44で述べたように, アラニンはアミノ基転移反応によってピルビン酸に変換される. 糖新生において, ピルビン酸はピルビン酸カルボキシラーゼによってオキサロ酢酸にされ, オキサロ酢酸からはホスホエノールピルビン酸を経てグルコースがつくられる. ピルビン酸カルボキシラーゼが欠損していると, アラニンからピルビン酸まではつくられるがその先へはいかないので糖新生は起こらない.

49. ピルビン酸カルボキシラーゼは補因子としてビオチンを必要とする (表 12・2 参照). もしピルビン酸カルボキシラーゼの欠陥がビオチンへの親和性の低下だとしたら, ビオチンの大量投与は効果があるかもしれない. この酵素の欠陥部位がビオチン結合領域ではなかったり, 酵素の発現量が非常に低いあるいは全く発現しないのだとしたら, ビオチンによる処置は効果がないだろう.

51. 運動しているときの筋肉は収縮のためにより高濃度の ATP を必要とするので解糖とクエン酸回路の速度も上昇する. ホスホエノールピルビン酸がピルビン酸に変換される速度も増すのでホスホエノールピルビン酸濃度は下がる. ピルビン酸の一部はピルビン酸デヒドロゲナーゼの反応によりアセチル CoA に変換される. クエン酸回路の最初の反応ではアセチル CoA と等量のオキサロ酢酸が必要なので, ピルビン酸の一部はピルビン酸カルボキシラーゼの反応によりオキサロ酢酸に変換される. オキサロ酢酸濃度が上昇するのはこの反応のせいである. ピルビン酸濃度は定常状態になるので増加しない. すなわち, ホスホエノールピルビン酸からピルビン酸が生成する速度とピルビン酸が消費される速度は等しくなっている.

53. (a) 大腸菌などのようにグリオキシル酸回路をもっている生物ではイソクエン酸がクエン酸回路とグリオキシル酸回路の分岐点となっている. 栄養源が酢酸だけしかない場合, イソクエン酸デヒドロゲナーゼは不活化され, 酢酸は (アセチル CoA として) グリオキシル酸回路に入る. この回路では, グルコース (糖新生による) や他の生合成反応の前駆体となりうる代謝中間体がつくられる.

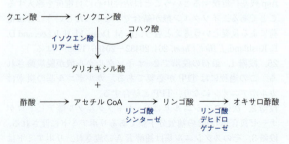

(b) 大腸菌の培地にグルコースがあると, グルコースを生成するグリオキシル酸回路は不要となる. するとイソクエン酸デヒドロゲナーゼが活性化され, グルコースは解糖を経てクエン酸回路に入る.

55. 脂肪酸が分解されて生じたアセチル CoA はクエン酸回路

に入ってさらに酸化される。アセチル基に入っていた標識された炭素はクエン酸回路1周目ではCO_2として放出されないので（図14・10参照），オキサロ酢酸中に残る。もし，このオキサロ酢酸の一部が糖新生のためにクエン酸回路から流用されたとすると，グルコースの中に標識された炭素が入ることになる。クエン酸回路が1周したときに2個の炭素がCO_2として失われているので，この反応が起こったとしても，脂肪酸は炭水化物に変換されないということはまちがいではない。クエン酸回路に入った二つの炭素はすでにCO_2として失われており，全体としてみたとき，脂肪酸の炭素がグルコースの炭素に変換されているのではないからである。

57. 激しい筋肉運動をするとAMP濃度が上昇し，解糖やクエン酸回路によるATP産生が必要であることを知らせる。この図のようにAMPはアデノシンデアミナーゼによってIMPに変換される。筋肉タンパク質の分解によってアスパラギン酸がつくられ，IMPと結合してアデニロコハク酸となる。この基質は分解されてAMPとフマル酸になる。フマル酸はクエン酸回路の構成員なので，その濃度が増すとクエン酸回路の活性も高まる。このようにして，プリンヌクレオチド回路はクエン酸回路の補充機構として働いている（代償として筋タンパク質を使っているが）。

59. (a) 哺乳類において，NADH，クエン酸，スクシニルCoAはクエン酸シンターゼ活性を阻害するがピロリ菌 *H. pylori* のクエン酸シンターゼはこれらによって阻害されない。イソクエン酸デヒドロゲナーゼはNAD$^+$依存性ではなくNADP$^+$依存性で，調節のされ方も異なっている（NADHではなく高濃度の基質すなわちNADP$^+$とイソクエン酸により調節されている）。ピロリ菌には2-オキソグルタル酸デヒドロゲナーゼがなく，代わりに2-オキソグルタル酸オキシダーゼがある。またピロリ菌にはスクシニルCoAシンテターゼがない。この酵素はクエン酸回路のなかで唯一基質レベルのリン酸化反応を行う酵素である。したがって，この生物ではクエン酸回路でGTPがつくられない。コハク酸デヒドロゲナーゼはないがフマル酸レダクターゼは存在する。哺乳類はグリオキシル酸回路をもたないがほとんどの細菌はもっている。ピロリ菌はリンゴ酸シンターゼが触媒する1段階だけをもつ（イソクエン酸リアーゼは存在しない）。

(b) K_Mが大きいということは酵素と基質との親和性が低いということを意味する。すなわち，最大速度の半分になるためにはかなり高い基質濃度が必要ということである。このことは，回路が働くためには中間体濃度がかなり高くないといけないということを示唆する。この条件はピロリ菌が高栄養環境下にいるときにみたされる（たぶん"宿主"であるヒトが食物を食べたときにそうなるのであろう）。ピロリ菌のクエン酸回路の主要な目的は生合成のための中間体を供給することなので，代謝のための材料が豊富なときにだけこの回路が働くというのは理にかなっている。

(c) ピロリ菌のクエン酸シンターゼはATPによって阻害されるが，NADHやクエン酸回路の中間体によっては阻害されない。この生物のクエン酸回路は，電子伝達系に還元物質を供給してエネルギーを産生するためのものではないのでNADHが阻害剤とならないのは理にかなっている。

(d) クエン酸シンターゼ，イソクエン酸デヒドロゲナーゼおよび2-オキソグルタル酸オキシダーゼは不可逆反応を触媒し，アロステリックモジュレーターにより活性化されたり阻害され

たりするので，回路の調節点となっている可能性がある。

(e) ピロリ菌に特有な酵素，すなわち2-オキソグルタル酸オキシダーゼ，フマル酸レダクターゼ，およびリンゴ酸シンターゼは治療のために好都合な標的となるかもしれない。[S. M. Pitson, G. L. Mendz, S. Srinivasan, and S. L. Hazell, *Eur. J. Biochem.* 260, 258 (1999) による。]

61. グリオキシル酸回路の酵素，なかでもリンゴ酸デヒドロゲナーゼとイソクエン酸リアーゼ（この回路に固有のものである）が不活化されるであろう。非炭水化物からグルコースをつくり出すグリオキシル酸回路は，グルコースを取込むことができれば必要なくなる。ホスホエノールピルビン酸カルボキシラーゼやフルクトース-1,6-ビスホスファターゼのように糖新生に関与し，解糖には関与していない酵素も不活性化されるだろう。

63. (a) この反応は細菌や植物にとっての補充反応で，動物のピルビン酸カルボキシラーゼ反応と類似している。PPCはクエン酸回路のためにオキサロ酢酸をつくり，それが燃料分子の酸化経路だけではなく生合成反応の中間体の供給源として使い続けられるようにしている。

(b) アセチルCoAとオキサロ酢酸は，クエン酸回路の出だしとなるクエン酸シンターゼの反応の基質である。もしアセチルCoAの濃度が上昇するとオキサロ酢酸の濃度も上昇せねばならないが，オキサロ酢酸はクエン酸回路の一部として触媒的に働くので同じだけ上昇する必要はない。フルクトース1,6-ビスリン酸によるホスホエノールピルビン酸カルボキシラーゼの活性化は，解糖とピルビン酸デヒドロゲナーゼによってつくられたアセチルCoAと縮合するオキサロ酢酸の量を増やすためのフィードフォワード機構のようである。

65. (a) グルタミンは脱アミノ反応によってグルタミン酸にされ，グルタミン酸はアミノ基転移反応によって2-オキソグルタル酸にされる。

(b) 2-オキソグルタル酸デヒドロゲナーゼ，スクシニルCoAシンテターゼ，コハク酸デヒドロゲナーゼ，フマラーゼ，リンゴ酸酵素。

15章

1. 表15・1からピルビン酸とNADHの半反応を探す。NADHの半反応の方向を逆にして酸化反応にし，$\varepsilon^{\circ\prime}$の値の正負も逆にしてから，二つの反応式と$\varepsilon^{\circ\prime}$の値を足す。

ピルビン酸 + $2H^+ + 2e^-$ ⟶ 乳酸	$\varepsilon^{\circ\prime} = -0.185$ V
NADH ⟶ $NAD^+ + H^+ + 2e^-$	$\varepsilon^{\circ\prime} = 0.315$ V

NADH + ピルビン酸 + H^+ ⟶ NAD^+ + 乳酸	$\Delta\varepsilon^{\circ\prime} = 0.130$ V

(15・4)式を使い，この反応の$\Delta G^{\circ\prime}$を求める。

$$\Delta G^{\circ\prime} = -nF\Delta\varepsilon^{\circ\prime} = -(2)(96{,}485 \text{ J V}^{-1} \text{ mol}^{-1})(0.130 \text{ V})$$
$$= -25.1 \text{ kJ mol}^{-1}$$

標準状態でNADHによるピルビン酸の還元（§13・1）は自発的に進む。

3. 表15・1から問いにある半反応の$\varepsilon^{\circ\prime}$を探す。

ジヒドロリポ酸 ⟶ リポ酸 + $2H^+ + 2e^-$	$\varepsilon^{\circ\prime} = 0.29$ V
$NAD^+ + H^+ + 2e^-$ ⟶ NADH	$\varepsilon^{\circ\prime} = -0.315$ V

ジヒドロリポ酸 + NAD^+ ⟶ リポ酸 + NADH	$\Delta\varepsilon^{\circ\prime} = -0.025$ V

$(15 \cdot 4)$ 式を使い，この反応の $\Delta G^{\circ\prime}$ を計算する．

$$\Delta G^{\circ\prime} = -nF\Delta\varepsilon^{\circ\prime} = -(2)(96{,}485 \, \text{J V}^{-1}\,\text{mol}^{-1})(-0.025\,\text{V})$$
$$= 4.8 \, \text{kJ mol}^{-1}$$

5. 表 $15 \cdot 1$ からアセトアルデヒドと NAD^+ の半反応を探す．アセトアルデヒドの半反応の方向を逆にして酸化反応にし，$\varepsilon^{\circ\prime}$ の値の正負も逆にしてから，二つの反応式と $\varepsilon^{\circ\prime}$ の値を足す．

$$\text{アセトアルデヒド} + H_2O \longrightarrow \text{酢酸} + 3H^+ + 2e^-$$
$$\varepsilon^{\circ\prime} = 0.581\,\text{V}$$

$$NAD^+ + H^+ + 2e^- \longrightarrow NADH \qquad \varepsilon^{\circ\prime} = -0.315\,\text{V}$$

$$\overline{\text{アセトアルデヒド} + H_2O + NAD^+ \longrightarrow NADH + \text{酢酸} + 2H^+}$$
$$\Delta\varepsilon^{\circ\prime} = 0.266\,\text{V}$$

$(15 \cdot 4)$ 式を使い，この反応の $\Delta G^{\circ\prime}$ を求める．

$$\Delta G^{\circ\prime} = -nF\Delta\varepsilon^{\circ\prime} = -(2)(96{,}485 \, \text{J V}^{-1}\,\text{mol}^{-1})(0.266\,\text{V})$$
$$= -51.3 \, \text{kJ mol}^{-1}$$

標準状態で NAD^+ によるアセトアルデヒドの酸化は自発的に進む．

7. 表 $15 \cdot 1$ からユビキノール（QH_2）とシトクロム c_1 の半反応を探す．QH_2 の半反応を逆にして酸化反応にし，$\varepsilon^{\circ\prime}$ の値の正負も逆にする．シトクロム c_1 の式に 2 をかけて授受する電子の数を合わせてから，二つの反応式と $\varepsilon^{\circ\prime}$ の値を足す．

$$QH_2 \longrightarrow Q + 2H^+ + 2e^- \qquad \varepsilon^{\circ\prime} = -0.045\,\text{V}$$
$$2\,\text{シトクロム}\,c_1(Fe^{3+}) + 2e^- \longrightarrow 2\,\text{シトクロム}\,c_1(Fe^{2+})$$
$$\varepsilon^{\circ\prime} = 0.220\,\text{V}$$

$$\overline{QH_2 + 2\,\text{シトクロム}\,c_1(Fe^{3+}) \longrightarrow Q + 2\,\text{シトクロム}\,c_1(Fe^{2+})}$$
$$\Delta\varepsilon^{\circ\prime} = 0.175\,\text{V}$$

$(15 \cdot 4)$ 式を使い，この反応の $\Delta G^{\circ\prime}$ を求める．

$$\Delta G^{\circ\prime} = -nF\Delta\varepsilon^{\circ\prime} = -(2)(96{,}485 \, \text{J V}^{-1}\,\text{mol}^{-1})(0.175\,\text{V})$$
$$= -33.8 \, \text{kJ mol}^{-1}$$

標準状態でこの反応は自発的に進む．

9. (a) $(15 \cdot 2)$ 式を使ってこれら二つの半反応の ε を求める．

$$QH_2 \longrightarrow Q + 2H^+ + 2e^- \qquad \varepsilon^{\circ\prime} = -0.045\,\text{V}$$
$$\varepsilon = \varepsilon^{\circ\prime} - \frac{0.026\,\text{V}}{n}\ln\frac{[QH_2]}{[Q]}$$
$$= -0.045\,\text{V} - \frac{0.026\,\text{V}}{2}\ln 10 = -0.075\,\text{V}$$
$$2\,\text{シトクロム}\,c(Fe^{3+}) + 2e^- \longrightarrow$$
$$2\,\text{シトクロム}\,c(Fe^{2+}) \qquad \varepsilon^{\circ\prime} = 0.235\,\text{V}$$
$$\varepsilon = \varepsilon^{\circ\prime} - \frac{0.026\,\text{V}}{n}\ln\frac{[\text{シトクロム}\,c(Fe^{2+})]}{[\text{シトクロム}\,c(Fe^{3+})]}$$
$$= 0.235\,\text{V} - \frac{0.026\,\text{V}}{2}\ln\frac{1}{5} = 0.256\,\text{V}$$
$$QH_2 \longrightarrow Q + 2H^+ + 2e^- \qquad \varepsilon = -0.075\,\text{V}$$
$$2\,\text{シトクロム}\,c(Fe^{3+}) + 2e^- \longrightarrow 2\,\text{シトクロム}\,c(Fe^{2+})$$
$$\varepsilon = 0.256\,\text{V}$$

$$\overline{QH_2 + 2\,\text{シトクロム}\,c(Fe^{3+}) \longrightarrow}$$
$$Q + 2H^+ + 2\,\text{シトクロム}\,c(Fe^{2+}) \qquad \Delta\varepsilon = 0.181\,\text{V}$$

(b) $(15 \cdot 4)$ 式を使い，この反応の ΔG を求める．

$$\Delta G = -nF\Delta\varepsilon = -(2)(96{,}485 \, \text{J V}^{-1}\,\text{mol}^{-1})(0.181\,\text{V})$$
$$= -34.9 \, \text{kJ mol}^{-1}$$

11. 表 $15 \cdot 1$ から O_2 と $NADH$ の半反応を探す．$NADH$ の半反応の方向を逆にして酸化反応にし，$\varepsilon^{\circ\prime}$ の値の正負も逆にしてから，二つの反応式と $\varepsilon^{\circ\prime}$ の値を足す．

$$1/2\,O_2 + 2H^+ + 2e^- \longrightarrow H_2O \qquad \varepsilon^{\circ\prime} = 0.815\,\text{V}$$
$$NADH \longrightarrow NAD^+ + H^+ + 2e^- \qquad \varepsilon^{\circ\prime} = 0.315\,\text{V}$$

$$\overline{NADH + 1/2\,O_2 + H^+ \longrightarrow NAD^+ + H_2O \qquad \Delta\varepsilon^{\circ\prime} = 1.13\,\text{V}}$$

$(15 \cdot 4)$ 式を使い，この反応の $\Delta G^{\circ\prime}$ を求める．

$$\Delta G^{\circ\prime} = -nF\Delta\varepsilon^{\circ\prime} = -(2)(96{,}485 \, \text{J V}^{-1}\,\text{mol}^{-1})(1.13\,\text{V})$$
$$= -218 \, \text{kJ mol}^{-1}$$

ATP を 2.5 分子合成するには $2.5 \times 30.5 \, \text{kJ mol}^{-1}$，すなわち $76.3 \, \text{kJ mol}^{-1}$ のエネルギーが必要である．よって，酸化的リン酸化の効率は $76.3/218 = 0.35$，すなわち 35% となる．

13. これらの反応とその $\varepsilon^{\circ\prime}$ は表 $15 \cdot 1$ にある．

$$\text{コハク酸} \longrightarrow \text{フマル酸} + 2H^+ + 2e^- \qquad \varepsilon^{\circ\prime} = -0.031\,\text{V}$$
$$Q + 2H^+ + 2e^- \longrightarrow QH_2 \qquad \varepsilon^{\circ\prime} = 0.045\,\text{V}$$

$$\overline{\text{コハク酸} + Q \longrightarrow \text{フマル酸} + QH_2 \qquad \Delta\varepsilon^{\circ\prime} = 0.014\,\text{V}}$$

$(15 \cdot 4)$ 式を使い，この反応の $\Delta G^{\circ\prime}$ を求める．

$$\Delta G^{\circ\prime} = -nF\Delta\varepsilon^{\circ\prime} = -(2)(96{,}485 \, \text{J V}^{-1}\,\text{mol}^{-1})(0.014\,\text{V})$$
$$= -2.7 \, \text{kJ mol}^{-1}$$

15. (a) これらの阻害剤は電子伝達鎖のどこかで電子伝達を妨害するので，呼吸中のミトコンドリア懸濁液に阻害剤を与えると酸素消費は減る．それらのどれを与えても，最終電子受容体である酸素への電子供給が阻害されるからである．

(b) ロテノンあるいはアミタールで阻害されたミトコンドリアでは $NADH$ と複合体 I の酸化還元中心は還元状態だがユビキノンから下流の成分は酸化状態になっている．アンチマイシン A で阻害されたミトコンドリアでは $NADH$，複合体 I の酸化還元中心，QH_2，および複合体 III の酸化還元中心は還元状態だが，シトクロム c と複合体 IV の酸化還元中心は酸化状態である．シアン化物で阻害されたミトコンドリアでは電子伝達系の全成分が還元状態であるが，酸素だけが還元されない．

17. 複合体 IV に 1 対の電子を与えると酸素 1 原子（$1/2\,O_2$）当たり 1.3 分子の ATP が合成される．したがって，この化合物の $P:O$ 比は 1.3 である（解答 12c 参照）．

19. ロテノンやアンチマイシン A で阻害されたミトコンドリアにテトラメチル-p-フェニレンジアミンを与えると，この化合物は阻害された部位を迂回して複合体 IV に電子を与えるため，電子伝達は回復する．シアン化物は複合体 IV を阻害するので，シアン化物で阻害されたミトコンドリアにテトラメチル-p-フェニレンジアミンを与えても効果はない．同様に，複合体 IV のすぐ上流のシトクロム c に電子を与えるアスコルビン酸はアンチマイシン A で阻害されたミトコンドリアでは迂回効果を発揮するが，シアン化物で阻害されたミトコンドリアには効果がない．

21. シアン化物はシトクロム a_3 の Fe-Cu 中心に含まれる Fe^{2+} と結合する（問題 15 参照）．ヘモグロビンの鉄が Fe^{2+} から Fe^{3+} に酸化されたとき，シトクロム a_3 は電子をそれに与えて還元し Fe^{2+} に戻すことができる．これによりシトクロム a_3

$$HbO_2(Fe^{2+})$$
$$\downarrow$$
$$HbO_2(Fe^{3+})$$
$$\text{シトクロム}\,a_3(Fe^{2+}-Cu)-CN^-$$
$$\text{シトクロム}\,a_3(Fe^{3+}-Cu)$$
$$HbO_2(Fe^{2+})-CN^-$$

の鉄は Fe^{3+} に酸化される．シアン化物は Fe^{3+} には結合しないので解離し，複合体 IV は正常に機能できるようになる．ヘモグロビンの Fe^{2+} に結合したシアン化物はミトコンドリア呼吸を阻害しないが，酸素の運搬を阻害する．

23. これらの酵素が触媒する反応は NADH のような還元物質から還元電位の高いユビキノンへと電子を伝達するものである．ユビキノンより低い還元電位をもつフラビン基（表 15・1）は還元された NADH とユビキノンの間で電子を受け渡しするのにとても適している．

25. 膜を構成する脂質と同様に，ユビキノンは両親媒性で親水性頭部と疎水性尾部をもつ．"同じものは混ざりやすい"というが，ユビキノンも膜に溶け込み，そのなかで高速拡散していく．

27. シトクロム c は水溶性膜表在性タンパク質で，ミトコンドリア内膜との静電相互作用が高塩濃度溶液により弱められると容易に膜から外れてくる．シトクロム c_1 は膜内在性タンパク質で膜リン脂質の脂肪酸鎖と相互作用する疎水性アミノ酸が表面にあるのでほとんど水に溶けない．シトクロム c_1 を膜から分離するには界面活性剤が必要である．両親媒性である界面活性剤は膜を壊し，膜タンパク質を可溶化する過程で脂質の代わりに膜タンパク質を包む．

29. 死んだ藻類は水底近くの好気性微生物の栄養源となる．そうした生物が増殖すると呼吸および酸素消費が増し，水中の酸素濃度は大きな好気性生物が生きられないほど下がってしまう．

31. ミオグロビンが存在しないと，ハツカネズミはそれを補うしくみをいくつか発達させ，組織に酸素を供給する．述べられている症状はすべてヘモグロビンの供給を増すためのものである．そのようにして，ミオグロビンが果たしていた機能をヘモグロビンが代行している．

33. ミオグロビンは酸素を筋肉細胞内の隅々まで行き届かせるようにしているが，腫瘍細胞内でも同じことをしていると考えられる．酸素濃度が上昇すると，取込んだグルコースを好気的に分解する割合が増え，より多くの ATP を獲得することができる．[G. Kristiansen, et al., *J. Biol. Chem.*, **286**, 43417−43428 (2011) による．]

35. 運動プログラムにより被験者の筋肉のミトコンドリア数が増加したことが DNA 量の増加から示唆された．複合体 II の活性増加が同程度だったことも，同じくミトコンドリア数の増加を示唆する．しかし，運動プログラム後に電子伝達鎖の活性が 2 倍になったということは，ミトコンドリアの機能も高まったということを示唆する．ミトコンドリアの酸化的損傷は歳とともに増加するが，運動はミトコンドリアの機能を維持したり高めたりすることを助ける．[E. V. Menshikova, V. B. Ritov, L. Fairfull, R. E. Ferrell, D. E. Kelley, and B. H. Goodpaster, *J. Gerontol. A Biol. Sci. Med. Sci.* **61**, 534−540 (2006) による．]

37. 電気的不均衡をつくるために必要な自由エネルギーは（15・6）式から計算できる．
$$\Delta G = ZF\Delta\psi = (1)(96{,}485 \text{ J V}^{-1}\text{ mol}^{-1})(0.081 \text{ V})$$
$$= 7.8 \text{ kJ mol}^{-1}$$

39. (a) マトリックスの H^+ が内膜を横切って膜間腔に輸送されるので，膜間腔の pH はマトリックスより低くなる．膜間腔の H^+ 濃度が上昇すると pH は下がる．マトリックス内の H^+ が減ると pH は上がる．

(b) 界面活性剤は膜を壊す．酸化的リン酸化が起こるためには内膜が壊れていてはいけない．内膜が壊れていると ATP 合成のためのエネルギーをたくわえる電気化学的勾配ができず，ATP 合成も起こらない．

(c) ジニトロフェノール DNP のような脱共役剤は内膜を横切って H^+ を運んでしまうので，電子伝達によって生じた H^+ 濃度勾配を消滅させてしまう．DNP が存在すると電子伝達は同じように起こるが，その過程で放出された自由エネルギーは ATP 合成には使われず熱となって失われてしまう．

41. (a)

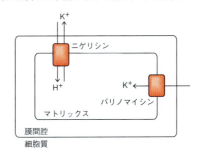

(b) バリノマイシンにより K^+ がマトリックスに入る．その K^+ はニゲリシンによって H^+ と交換で外に出される．H^+ がマトリックスに入ってくるので，その濃度勾配は解消される．H^+ 濃度勾配が ATP 合成のエネルギー源なので，それがなくなると ATP 合成も起こらなくなる．

43. 好気的条件でグルコースが酸化されると 32 分子の ATP が得られる．

解糖系	2 ATP	2 ATP
	2 NADH	2 × 2.5 = 5 ATP
2 ピルビン酸 → 2 アセチル CoA	2 NADH	2 × 2.5 = 5 ATP
クエン酸回路(2周)	2 × 3 NADH	6 × 2.5 = 15 ATP
	2 × 1 QH$_2$	2 × 1.5 = 3 ATP
	2 × 1 GTP	2 × 1 = ATP
合　計		32 ATP

嫌気的条件でグルコースが乳酸あるいはエタノールに変換されるときには 2 分子の ATP が得られる（§13・1）．

45. 好気的条件では 32 分子の ATP が生成する（問題 43 参照）．その合成には 1 mol 当たり 30.5 kJ のエネルギーが必要である．

$$\frac{32 \times 30.5 \text{ kJ mol}^{-1}}{2850 \text{ kJ mol}^{-1}} \times 100 = 34\%$$

乳酸発酵では 2 分子の ATP が生成する．

$$\frac{2 \times 30.5 \text{ kJ mol}^{-1}}{196 \text{ kJ mol}^{-1}} \times 100 = 31\%$$

アルコール発酵では 2 分子の ATP が生成する．

$$\frac{2 \times 30.5 \text{ kJ mol}^{-1}}{235 \text{ kJ mol}^{-1}} \times 100 = 26\%$$

47. (a) 好気的酸化ではグルコース 1 分子当たり 32 分子の ATP が生じるが，アルコール発酵では 2 分子である．酵母細胞が必要とするエネルギーが好気的条件と嫌気的条件で同じだとすると，同じ量の ATP を合成するためのグルコースの異化は嫌気的条件のほうが好気的条件の 16 倍となる．したがって，

同じ量のATPを得るために少ないグルコース量でよいので，酵母に酸素を与えるとグルコースの消費は減る．

(b) クエン酸回路(嫌気的条件では働いていなかった)が電子伝達鎖に多くのNADHを供給するので両方の比が最初は上昇する．好気的条件では(a)で述べたようにグルコース1分子の酸化によってより多くのATPが生成されるので[ATP]/[ADP]比が上がる．ATPやNADHは解糖系やクエン酸回路中の調節酵素を阻害することによって流れを遅くして，この比をもとに戻す．しばらくすると[NADH]/[NAD$^+$]と[ATP]/[ADP]比はもとの値に戻る．

49. (a) ADP(電荷 −3)を取込み，ATP(電荷 −4)を放出すると，ミトコンドリア内の負電荷が減る．これは電子伝達に伴って輸送されたH$^+$による外側が正の電位差を減少させることになる．したがってATP/ADPトランスロカーゼの活性は濃度勾配を解消させる方向に働く．

(b) P$_i$/H$^+$等輸送体の活性もH$^+$を膜間腔からマトリックスに導き入れるので濃度勾配を解消させる方向に働く．

(c) 両輸送系ともH$^+$の電気化学的勾配によって駆動されている．

51. H$^+$が内膜を通り抜けるためにはc環の連続的回転が必要なので，cサブユニットの一つがDCCDによって失活すると，F$_0$によるH$^+$輸送は止まってしまう．この回転が止まるとF$_1$のγサブユニットが動かなくなり，βサブユニットも結合状態変化によるATPの合成あるいは加水分解を行えなくなる．

53. DNPはH$^+$濃度勾配を解消させることにより電子伝達と酸化的リン酸化の共役を失わせる．電子伝達は起こっているが，そこで生じたエネルギーはATP合成に使われず熱として散逸する．電子伝達系に送り込まれる電子は食物中の炭水化物や脂肪に由来するものなので，DNPはダイエットに効果があると考える人がいるかもしれない．もしそれらの化合物のエネルギーがATP合成に使われないで熱として散逸するなら，ATPはいろいろな過程において使われ，そのなかには脂肪組織での脂肪合成が含まれるので，理論上は食べたものによる体重の増加を防げるはずである．

55. 有機化合物は，ミトコンドリアの電子伝達複合体を介して，酸素によって酸化される．このときにH$^+$濃度勾配ができ，それはADPのリン酸化に使われる．マトリックス内にADPがないとATP合成酵素は働けず，H$^+$濃度勾配を解消できなくなる．酸化的リン酸化と電子伝達の強い共役により電子伝達と酸素の消費も止まってしまう．

57. c環が回転するとき，aサブユニットを介してH$^+$がcサブユニットに与えられ，F$_0$はH$^+$ポンプとなる(図15・23参照)．F$_1$をそれに結合させると，γサブユニットがc環の回転を抑えるので，H$^+$の輸送は止まる．γサブユニットとc環はβサブユニットが結合状態変化機構によってヌクレオチドを結合，放出しているときだけ回転できる．γサブユニットを回転させるためにはATPあるいはADP＋P$_i$が存在しないといけない．

59. 細菌のATP合成酵素のcサブユニット数は10なので，理論上，10個のH$^+$が輸送されると3分子のATPが合成される．葉緑体では14個のH$^+$で3ATPである．したがって，細菌のほうが電子伝達で生じたH$^+$濃度勾配をより有効に使い，消費O$_2$当たりのATP産生も高い．

61. 2-オキソグルタル酸はクエン酸回路の中間体なので，その濃度を上げるとクエン酸回路の流れも増し，基質レベルのリ

ン酸化によってつくられるATPも増える．しかし，2-オキソグルタル酸デヒドロゲナーゼの反応ではNADHが生じ，電子伝達系や酸化的リン酸化が正常に行われていないとそれを効率よく再酸化することができない．アスパラギン酸を与えると，この余剰NADHを減らすことができる．アスパラギン酸はアミノ基転移反応によりオキサロ酢酸にされ(§14・3)，それはリンゴ酸デヒドロゲナーゼによってリンゴ酸に変換される．この反応がNADHを消費するのである．[G. Sgarbi, G. A. Casalena, A. Baracca, G. Lenaz, S. DiMauro, and G. Solaini, *Arch. Neurol.* 66, 951−957 (2009) による．]

63. 嫌気的発酵ではグルコース1分子当たり2分子のATPしか得られない．したがって，ATPに対する細胞の需要をみたすためにグルコースはおもに解糖によって分解され，ペントースリン酸経路に回されるものはごくわずかとなる．しかし，好気的条件ではグルコース1分子当たり32分子のATPが得られる．このように，わずかなグルコースで同じ量のATPをつくれるので，ペントースリン酸経路に回されるグルコースの割合は上がる．

65. (a) ザゼンソウの根でデンプンは酵素的に分解されてグルコースになる．このグルコースは好気呼吸により解糖，クエン酸回路，および電子伝達系を経て分解される．グルコースの酸化は電子伝達およびそれによる熱発生を維持するための基質となるNADH/H$^+$とQH$_2$を供給する．

(b) 気温が下がるとザゼンソウ内での熱発生が起こる．すると電子伝達系へ電子を供給するNADH/H$^+$やQH$_2$を増すためグルコースの好気的酸化が増す．電子の最終受容体は酸素なので，電子伝達の流れが増すと酸素の消費も増す．外気温が高く，暖かくなると，熱発生はあまり必要でなくなるので電子伝達系の流れは少なくなり，日中の酸素消費は減る．

67. (a) グルタミン酸は特異的輸送体によってミトコンドリア内に入り，マトリックスに存在するグルタミン酸デヒドロゲナーゼの作用によって2-オキソグルタル酸になる．そのときにNAD$^+$がNADHに還元される．NADHは電子伝達系に入る．

(b) セラミドはグルタミン酸輸送，グルタミン酸デヒドロゲナーゼ，電子伝達系の三つの複合体，ATP合成酵素およびATP/ADPトランスロカーゼのすべてを阻害する可能性がある．

(c) セラミドはATP合成酵素を阻害しない．脱共役剤存在下での呼吸が増加しないので，セラミドは呼吸鎖の初期の段階を阻害しているのだろう．

(d) セラミドはグルタミン酸輸送体とグルタミン酸デヒドロゲナーゼを阻害しない．セラミドは3個の電子伝達複合体のうちの一つを阻害するにちがいない(実際，セラミドは複合体Ⅲの活性を阻害している)．[T. I. Gudz, K.-Y. Tserng, and C. L. Hoppel, *J. Biol. Chem.* 272, 24154−24158 (1997) による．]

16 章

1. プロトン輸送 C, M 　 光リン酸化 C 　 光酸化 C
キノン C, M 　 酸素の還元 M 　 水の酸化 C
電子伝達 C, M 　 酸化的リン酸化 M 　 炭素固定 C
NADH酸化 M 　 Mn補因子 C 　 ヘム基 C, M
結合状態変化機構 C, M 　 鉄−硫黄クラスター C, M
NADP$^+$還元 C

章末問題の解答 (16章)

3. [構造式]

5. (a) プランクの法則を用いて，アボガドロ数を掛け，光子のエネルギーを計算する．

$$E = \frac{hc}{\lambda} \times N$$
$$= \frac{(6.626 \times 10^{-34}\,\text{J s})(2.998 \times 10^8\,\text{m s}^{-1})}{4 \times 10^{-7}\,\text{m}}$$
$$\times (6.022 \times 10^{23}\,\text{光子 mol}^{-1})$$
$$= 300\,\text{kJ mol}^{-1}$$

(b)
$$E = \frac{(6.626 \times 10^{-34}\,\text{J s})(2.998 \times 10^8\,\text{m s}^{-1})}{7 \times 10^{-7}\,\text{m}}$$
$$\times (6.022 \times 10^{23}\,\text{光子 mol}^{-1})$$
$$= 170\,\text{kJ mol}^{-1}$$

7. P680* と P680 の間での還元電位の違いは $-0.8\,\text{V} - 1.15\,\text{V} = -1.95\,\text{V}$. したがって ΔG は次のようになる．

$$\Delta G^{\circ\prime} = -nF\Delta\varepsilon^{\circ\prime} = -(1)(96{,}485\,\text{J V}^{-1}\,\text{mol}^{-1})(-1.95\,\text{V})$$
$$= 188{,}000\,\text{J mol}^{-1} = 188\,\text{kJ mol}^{-1}$$

9. その藻類が赤く見えるということは，赤色光を吸収せずに放出している．紅藻類の光合成色素は赤い光を吸収せずに，他の波長の光を吸収している．

11. ・クロロフィル a の中央にある金属イオンは Mg^{2+} であるのに対して，ヘム b の中央にあるのは Fe^{2+} である．
・クロロフィル a では C 環にシクロペンタノン環が結合している．
・クロロフィル a の B 環はエチル基の側鎖，それがヘムでは不飽和となっている．

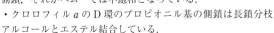

・クロロフィル a の D 環のプロピオニル基の側鎖は長鎖分枝アルコールとエステル結合している．

13. プロトン勾配が形成されることは光化学系の活性が高いことを意味している．プロトン輸送系が最大能力を発揮して働いている際にみられるような急な勾配は，それ以上の光酸化を抑えるために光保護作用を誘導する．

15. 作用する順序は，水－プラストキノンオキシドレダクターゼ（光化学系II），プラストキノン－プラストシアニンオキシドレダクターゼ（シトクロム b_6f 複合体），プラストシアニン－フェレドキシンオキシドレダクターゼ（光化学系I）．

17. 電子が光化学系Iへと移っていかなければ，光化学系IIは還元されたままで，再度酸化されることはない．光合成による酸素の発生も止まる．プロトン勾配は生じず，ATP の合成は DCMU の存在下では起こらない．

19. 膜を構成する脂質のように，プラストキノンは親水性の頭部と疎水性の尾部をもった両親媒性の分子である．"似たものを溶かす"という原則どおり，プラストキノンは膜に溶けて，迅速に水平方向に拡散する．

21. 計算例題 15・3 で用いた (15・7) 式を使う．マトリックスもストロマも"内側"である．

$$\Delta G = 2.303\,RT(\text{pH}_\text{内} - \text{pH}_\text{外}) + ZF\Delta\psi$$
$$= 2.303\,(8.3145\,\text{J K}^{-1}\,\text{mol}^{-1})(298\,\text{K})(3.5)$$
$$+ (1)(96{,}485\,\text{J V}^{-1}\,\text{mol}^{-1})(-0.05\,\text{V})$$
$$= 20{,}000\,\text{J mol}^{-1} - 4800\,\text{J mol}^{-1} = +15.2\,\text{kJ mol}^{-1}$$

23. 関連のある半反応の酸化還元電位については表 15・1 を参照せよ．水の酸化の半反応については，符号を逆にすること．

$$\text{H}_2\text{O} \longrightarrow 1/2\,\text{O}_2 + 2\,\text{H}^+ + 2\,\text{e}^- \qquad \varepsilon^{\circ\prime} = -0.815\,\text{V}$$
$$\text{NADP}^+ + \text{H}^+ + 2\,\text{e}^- \longrightarrow \text{NADPH} \qquad \varepsilon^{\circ\prime} = -0.320\,\text{V}$$
$$\overline{\text{H}_2\text{O} + \text{NADP}^+ \longrightarrow 1/2\,\text{O}_2 + \text{NADPH} + \text{H}^+ \quad \varepsilon^{\circ\prime} = -1.135\,\text{V}}$$

(15・4) 式を用いて $\Delta G^{\circ\prime}$ を計算すると，

$$\Delta G^{\circ\prime} = -nF\Delta\varepsilon^{\circ\prime} = -(2)(96{,}485\,\text{J V}^{-1}\,\text{mol}^{-1})(-1.135\,\text{V})$$
$$= +219{,}000\,\text{J mol}^{-1}$$

となる．アボガドロ数で割れば，分子当たりの自由エネルギーが求まる．

$$(219{,}000\,\text{J mol}^{-1}) \div (6.022 \times 10^{23}\,\text{分子 mol}^{-1})$$
$$= 3.6 \times 10^{-19}\,\text{J 分子}^{-1}$$

25. 光合成での最後の電子受容体は NADP^+ である．ミトコンドリアの電子伝達における最後の電子受容体は酸素である．

27. (a) 脱共役剤は ATP 合成酵素以外に移動する道筋をつくり，膜を隔てたプロトン勾配を弱め，葉緑体での ATP 生成が減少する．
(b) 脱共役剤は NADP^+ の還元を妨げない．光で誘導される電子伝達は，プロトン勾配の状態にかかわらず継続するからである．

29. (a) c サブユニットが多いということは，ATP 合成の段階において，ATP 合成酵素を回転させるうえでより多くのプロトンが必要ということになる．より多くの光子を吸収してより多くのプロトンを移動させる必要があるので，量子収率は減少する．
(b) 循環型電子伝達によってプロトン勾配が形成されて，ATP 合成が進む．しかし，カルビン回路による炭素固定には NADPH が必要で，必要以上に循環型電子伝達を起こす光子があっても炭素がそれ以上固定されることにはならない．したがって，量子収率は減少する．

31. この主張はまちがい．"暗"反応には，反応を進めるために暗さは必要でない．ときに"暗"反応は，直接には光エネルギーを必要としないことを表すために"光非依存的"反応とよばれる．カルビン回路での"暗"反応という表現は，進行のためには ATP と NADPH という明反応の産物が絶対に必要であり誤解を生むのでよくない．大半の植物にとって，"暗"反応といっても明反応が機能し，必要な ATP と NADPH が合成されている日中でも実際に起こっている．

33. 藻類細胞が $^{14}\text{CO}_2$ を取込んですぐに合成される安定な放射性物質は 3-ホスホグリセリン酸である．放能標識は化合物のカルボキシ基に見いだされる．

35. 重量の増加は二酸化炭素の取込みに由来する．CO_2 は，木材のおもな構成要素であるセルロースの炭素源である．水も重量の増加に関与する．大きく育ったナラの木の重量のうち，土からの養分はごくわずかに寄与するのみである．

37. 通常，植物は大量のルビスコを合成しなければならない．

ルビスコもタンパク質なので窒素を含むアミノ酸から構成される．もしルビスコがより高い触媒活性をもてば，植物が必要とするルビスコが減り，したがって窒素の必要量が減る．

39. プロトン化されていない Lys 側鎖は，CO_2 と反応する求核基として作用する．pH が高いとプロトン化されていない ε-アミノ基の割合が増えるためである．

41. 暑く乾燥した環境で光呼吸を行うために，草木は褐色化する．ルビスコは酸素と反応して 2-ホスホグリコール酸を形成し，これが大量の ATP と NADPH を消費する．気候が暑く乾燥していると，水を失わないように植物が気孔を閉じるために，CO_2 濃度は低い（ボックス 16・A）．CO_2 がないと，光合成は起こらず，草は褐色化する．それに対して，メヒシバなどの C_4 植物ではオキサロ酢酸から CO_2 をつくり出すことができ，これがカルビン回路へと入る．炭素固定が起こるので，メヒシバは暑く乾燥している環境でも生き残る．

43.

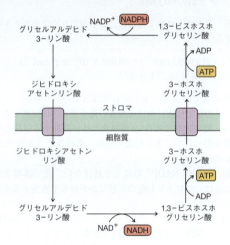

こうした輸送回路が働くことで，ストロマの NADPH や ATP を消費し，細胞質に NADH や ATP を生成するという正味の効果をもたらす．

45. (a) PEPC は，クエン酸回路最初の反応での反応物の一つであるオキサロ酢酸の合成を触媒する．補充反応は，クエン酸回路の中間体を補充する意味で重要である（図 14・18 参照）．オキサロ酢酸が補充されなければ，クエン酸回路は継続できない．
(b) アセチル CoA はアロステリックな PEPC の活性化物質である．アセチル CoA の濃度が上がると，クエン酸回路の最初の反応で，アセチル CoA と反応するためにさらにオキサロ酢酸が必要となる．アセチル CoA によって PEPC が活性化すると，必要となるオキサロ酢酸の合成がさらに増える．

47. プライマーの配列は以下のとおり（図 3・17 参照）．

GTAGTGGGATTGTGCGTC
GCTCCTACAAATGCCATC

49. 除草剤グリホサートは，植物体内で芳香族アミノ酸を合成するのに必要な EPSPS を阻害するので，雑草を殺すうえで有効である．遺伝子組換え植物には，グリホサートによって阻害を受けない細菌の酵素をもたせることで，この阻害剤から守られる．求められる穀物生産を維持しつつ，この戦略によって雑草駆除ができる．

17章

1. リポタンパク質の密度は，タンパク質の割合が上がり，脂質の割合が下がると増える．したがって，キロミクロンの密度が最も低く HDL の密度が最も高い．

3. できるのはパルミトイルメチルエステルが 1 個，オレイルメチルエステルが 2 個，グリセロールが 1 個である．

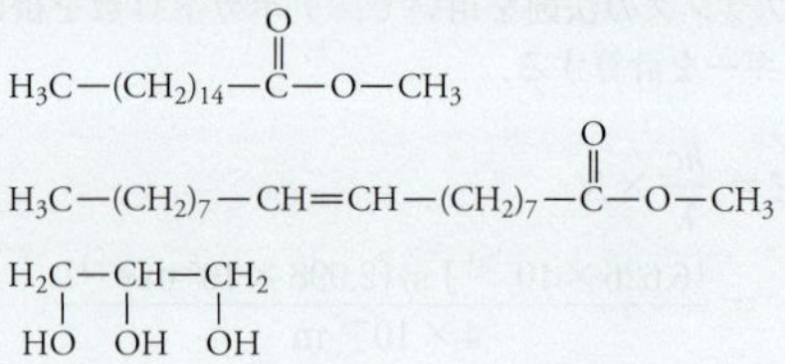

$$
\begin{array}{l}
H_3C-(CH_2)_{14}-\overset{\displaystyle O}{\overset{\|}{C}}-O-CH_3 \\[4pt]
H_3C-(CH_2)_7-CH=CH-(CH_2)_7-\overset{\displaystyle O}{\overset{\|}{C}}-O-CH_3 \\[4pt]
\begin{array}{ccc}
H_2C-CH-CH_2 \\
|\quad\ \ |\quad\ \ | \\
HO\ \ OH\ \ OH
\end{array}
\end{array}
$$

5. 二リン酸加水分解の $\Delta G^{\circ\prime}$ は $-19.2\ \text{kJ mol}^{-1}$ である．

脂肪酸 + CoA + ATP ⇌ アシル CoA + AMP + PP_i
　　　　　　　　　　　　　　　　　$\Delta G^{\circ\prime} = 0$
$PP_i + H_2O \longrightarrow 2P_i$　　　$\Delta G^{\circ\prime} = -19.2\ \text{kJ mol}^{-1}$
脂肪酸 + CoA + ATP + $H_2O \longrightarrow$ アシル CoA + AMP + $2P_i$
　　　　　　　　　　　　　　　　　$\Delta G^{\circ\prime} = -19.2\ \text{kJ mol}^{-1}$

$$
\begin{aligned}
K_{eq} &= e^{-\Delta G^{\circ\prime}/RT} \\
&= e^{-(-19.2\,\text{kJ mol}^{-1})/(8.3145\times 10^{-3}\,\text{kJ K}^{-1}\text{mol}^{-1})(310\,\text{K})} \\
&= e^{7.4} = 1.7\times 10^3
\end{aligned}
$$

7. カルニチンが欠乏していると細胞質からミトコンドリアマトリックス（β 酸化が行われる場所）への脂肪酸の輸送がうまくいかなくなる．脂肪酸の酸化は大量の ATP を筋肉に供給しているので，脂肪酸が使えない場合，筋肉は貯蔵してあったグリコーゲンおよび血中のグルコースから必要な ATP を得ることになる．空腹時に筋肉の痙攣が起こりやすくなるのは血中のグルコースが少なく，貯蔵してあったグリコーゲンも枯渇しているからである．運動すると ATP の必要量が増すので，やはり筋肉の痙攣が起こりやすくなる．

9. MCAD が欠損した人は脂肪酸アシル CoA をエノイル CoA にできないので，中鎖のアシル CoA (C_4〜C_{12}) が蓄積する．アシルカルニチンエステルも蓄積する．

11. 脂肪酸アシル CoA をエノイル CoA にする反応とコハク酸をフマル酸にする反応は，基質の酸化と同時に FAD が $FADH_2$ に還元される（§14・2 参照）という点で似ている．エノイル CoA をヒドロキシアシル CoA に変換する反応とフマル酸をリンゴ酸に変換する反応は，二重結合のトランスの位置に水が付加されるという点で似ている．ヒドロキシアシル CoA をケトアシル CoA にする反応とリンゴ酸をオキサロ酢酸にする反応は，アルコールをケトンに酸化すると同時に NAD^+ を NADH に還元するという点で似ている．

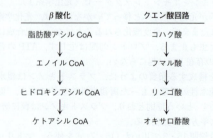

13. フェニルプロピオン酸を与えたイヌでは安息香酸が生じ，

フェニル酪酸を与えたイヌではフェニル酢酸が生じる.

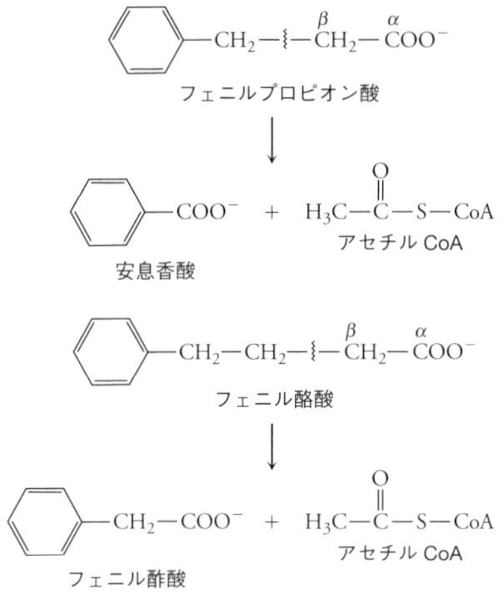

フェニルプロピオン酸

安息香酸 + H₃C—C—S—CoA（アセチル CoA）

フェニル酪酸

フェニル酢酸 + アセチル CoA

15. （a）パルミチン酸はβ酸化を7回受ける.初めの6回ではQH₂,NADH,アセチルCoAが1分子ずつ生じる.7回目ではQH₂,NADHが1分子ずつ,アセチルCoAが2分子生じる.電子伝達系によりQH₂からは1.5分子のATP,NADHからは2.5分子のATP,そして各アセチルCoAからは10分子（1 QH₂ × 1.5 = 1.5 ATP,3 NADH × 2.5 = 7.5 ATP,1 GTP = 1 ATPで10 ATPとなる）のATPが生じる.それらの合計は108分子のATPとなる.パルミチン酸を活性化してパルミトイルCoAにするときに2分子のATPを使うので,それを差引くと106分子のATPとなる.

（b）ステアリン酸はβ酸化を8回受けるが,同様に計算して120分子のATPを生じる.

17. 炭素数17の脂肪酸は7回β酸化を受ける.初めの6回ではQH₂,NADH,そしてアセチルCoAが1分子ずつ生じる.7回目ではQH₂,NADH,アセチルCoAとプロピオニルCoAが1分子ずつ生じる.電子伝達系によりQH₂からは1.5 ATP,NADHからは2.5 ATP,そしてアセチルCoAからは10 ATP（1 QH₂ × 1.5 = 1.5 ATP,3 NADH × 2.5 = 7.5 ATP,1 GTP = 1 ATPで10となる）が生じる.それらの合計は98分子ATPとなる.プロピオニルCoAは代謝されてスクシニルCoAになり（1分子のATPの消費を伴う,図17・7参照）,クエン酸回路に入る.スクシニルCoAがコハク酸に変換されるときにGTPが1分子生成され（これによりプロピオニルCoAがスクシニルCoAに変換されるときに消費したエネルギーを回収している）,コハク酸がフマル酸に変換されるときにQH₂が1分子生成される（ATP 1.5分子に相当する）.フマル酸はリンゴ酸に変換され,次にピルビン酸に変換されるときにNADPHが1分子生成される（ATP 2.5分子に相当する）.ピルビン酸デヒドロゲナーゼがピルビン酸をアセチルCoAにし（これがクエン酸回路で酸化されると10分子のATPを生じる）,同時にNADHを1分子生じる（ATP 2.5分子に相当する）.したがって,プロピオニルCoAの酸化によりさらに16.5分子のATPが生成する.総計は98 ATP + 16.5 ATPで114.5 ATPである.炭素数17の脂肪酸を活性化してアシルCoAにするのに2分子のATPを使うので,それは差し引かないといけない.得られるATPは112.5分子となる.炭素数17の脂肪酸から得られるATPの量はパルミチン酸（106 ATP）より多く,オレイン酸

（118.5 ATP）より少ないことに気づいてほしい.

19. 患者の血液に直接ビタミンB₁₂を注射するという処置が一つの方法である.別な方法として,大量のビタミンB₁₂を経口投与することもできる.大量のビタミンB₁₂が入ってくれば内因子がなくても十分な量のビタミンが吸収される.

21. 脂肪酸はATPを必要とする反応によって活性化され,CoAと結合してからでないと酸化されない.解糖の初期の反応にもATPのエネルギーを必要とするところがある.したがって,それらの異化経路を開始させるための少量のATPが存在しないと,β酸化からも解糖系からもATPはつくられないのである.

23.

	脂肪酸の分解	脂肪酸の合成
細胞内での局在	ミトコンドリアマトリックス	細胞質
アシル基の運搬体	補酵素A	アシルキャリヤータンパク質
電子伝達体	ユビキノンとNAD⁺が電子を受取り,還元型ユビキノンとNADHになる	NADPHが電子を供与し,NAD⁺となる
ATP要求性	脂肪酸の活性にATP 1分子（高エネルギーリン酸無水物結合2個）が必要	伸長中の脂肪酸に炭素2個取込ませるたびにATP 1分子が必要
生成単位あるいは供与体単位	炭素数2のアセチル基（アセチルCoA）	炭素数3の中間体（マロニルCoA）
ヒドロキシアシルCoA中間体の立体配置	L	D
脂肪酸アシル鎖のどちらの端で短縮あるいは伸長が起こるか	チオエステル側	チオエステル側

25. 次ページ図参照.

27. 三つの酵素はすべて基質にATP依存的にカルボキシ基（炭酸水素イオンから供与された）を付加するものである.炭酸水素イオンはビオチンとの結合により活性化される.このビオチンは三つの酵素すべてが必要とする補因子である.それらの酵素の補欠分子族であるカルボキシビオチンがカルボン酸イオンを基質に渡し,炭素の数を一つ増やす.

29. 酵素がリン酸化されるとK_Iは下がる.リン酸化は酵素の活性を下げる（問題28の答）.パルミトイルCoA（経路の産物）はこの酵素をアロステリックに阻害する.酵素がリン酸化されていると低い濃度のパルミトイルCoAで阻害ができる.K_Iが低いということは阻害効率がよいことを意味する（§7・3参照）.リン酸化酵素にはパルミトイルCoAがより強く結合するからである.アセチルCoAカルボキシラーゼに対するパルミトイルCoAのアロステリック阻害は,酵素のリン酸化による阻害の微調整法ともいえる.

31. アセチルCoAからパルミチン酸を合成するには42分子のATPが必要である.合成反応は7回行われる.アセチルCoAをマロニルCoAにするごとにATPを使うので7分子のATPが必要となる.毎回2分子のNADPHが必要なので,2 × 7 × 2.5 = 35分子のATPに相当する.

33. 脂肪酸合成酵素の構造は哺乳類と細菌とで異なっているので,トリクロサンは細菌のものには働くが哺乳類のものには働かない.哺乳類の脂肪酸合成酵素は2本の同一ポリペプチド

568　章末問題の解答 (17章)

25　図

相 I

アデノシン—P—O—P—O—P—O⁻ + ⁻O—C—OH → [HO—P—O—C—O⁻]
ATP　　　　　　　　　　　　　　　カルボキシリン酸

P_i、ビオチン化酵素 +　ビオチン化酵素 →　カルボキシビオチン化酵素

(CH₂)₄—C—NH—(CH₂)₄—E

相 II

アセチル CoA　+　カルボキシビオチン化酵素　→　CO₂ + ビオチン化酵素　→　エノラート形アセチル CoA　→　マロニル CoA

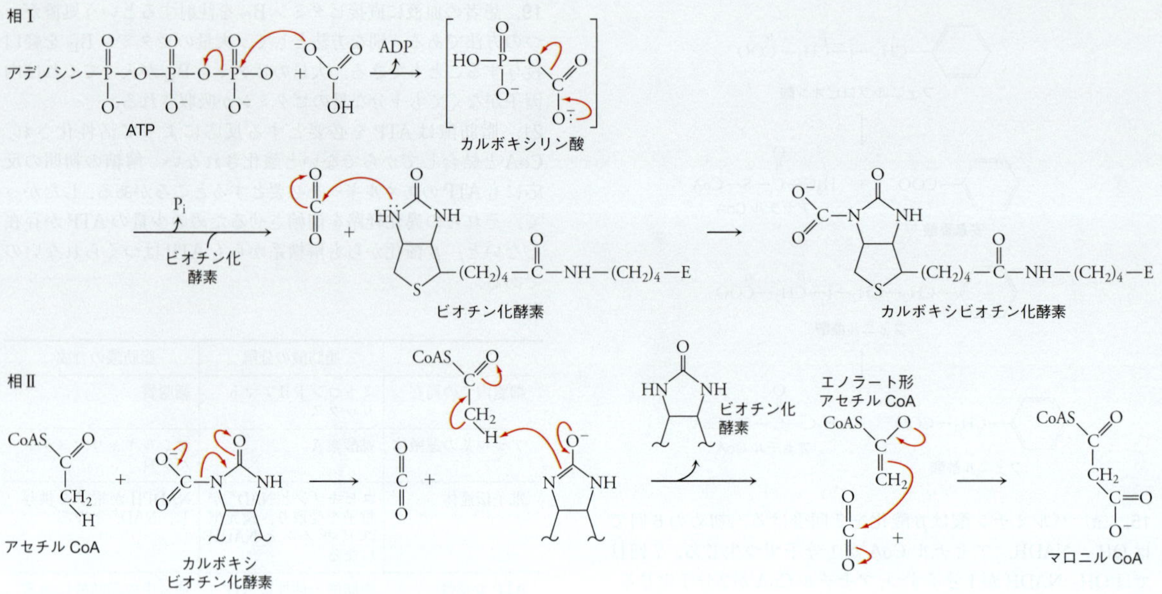

鎖からなる多機能酵素である．細菌の脂肪酸合成経路の酵素は別べつなタンパク質である．トリクロサンが実際に作用するのはそのうちのエノイル ACP レダクターゼである．哺乳類の多機能脂肪酸合成酵素内ではトリクロサンがエノイル ACP レダクターゼの活性部位に入れないように各酵素が配置されているのだろう．

35. 脂肪酸の略記形式については 8 章の問題 1 で述べた．パルミチン酸から伸長酵素やデサチュラーゼを用いてつくれない脂肪酸は必須脂肪酸で，食物から摂取しないといけない．哺乳類は C9 より先に二重結合を導入するデサチュラーゼをもっていない．オレイン酸とパルミトレイン酸は 9 番と 10 番の炭素の間に二重結合をもつが，これらの脂肪酸は必須脂肪酸ではない．リノール酸は第二の二重結合を 12 番と 13 番の間にもっている．ここには二重結合を導入できないので，リノール酸は必須脂肪酸である．α–リノレン酸は 9 番と 10 番の間，12 番と 13 番の間，および 15 番と 16 番の間に三つの二重結合をもっているので必須脂肪酸である．

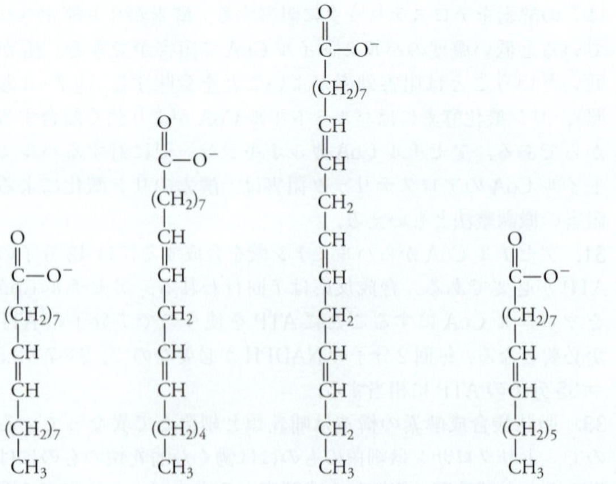

オレイン酸　リノール酸　α–リノレン酸　パルミトレイン酸

37. 糖新生においては，解糖におけるピルビン酸キナーゼの発エルゴン反応を逆転させるためにエネルギーの注入が必要となる．ピルビン酸をカルボキシル化してオキサロ酢酸にし，それから脱炭酸してホスホエノールピルビン酸にする．それぞれの反応ごとに ATP あるいは GTP のリン酸無水物結合の切断が必要である．脂肪酸生合成においては，マロニル CoA をつくるアセチル CoA カルボキシラーゼ反応で ATP が使われる．脱炭酸反応時にはチオエステル結合の切断が同時に起こる．この切断による自由エネルギー変化はリン酸無水物結合の切断によるものとほぼ同じである．

39. (a) アセト酢酸はケトン体である．それはアセチル CoA に変えられ，クエン酸回路で酸化されて，細胞に自由エネルギーを供給する．

(b) クエン酸回路の中間体は他の代謝経路の基質でもある．したがって，それらが補充されないと回路の触媒としての活性も低下する．ケトン体は代謝燃料となるがクエン酸回路の中間体にはなれない．ピルビン酸のようなグルコース由来の 3 炭素化合物はオキサロ酢酸になることができ，クエン酸回路中間体を増し，回路が高速で回り続けられるようにしている．

41. アセト酢酸というケトン体の合成には外からの自由エネルギー注入は不要である（2 分子のアセチル CoA のチオエステル結合が切断されエネルギーを出すため，図 17・16 参照）．アセト酢酸を 3–ヒドロキシ酪酸にするには NADH を使う（酸化的リン酸化に使えば 2.5 分子の ATP を生成することができる）．しかし，3–ヒドロキシ酪酸を 2 分子のアセチル CoA にするときに NADH は再生される（図 17・17 参照）．またこの反応はスクシニル CoA からの CoA を必要とする．クエン酸回路の酵素によりスクシニル CoA がコハク酸になるときには GDP と P_i から GTP がつくられる．したがって，ケトン体からアセチル CoA をつくるときには，1 個のリン酸無水物結合生成に相当するエネルギーが使われていることになる．

43. ピルビン酸カルボキシラーゼが欠損しているとピルビン酸をオキサロ酢酸にすることができない．クエン酸回路の最初

の反応で，アセチル CoA と反応するオキサロ酢酸が十分に供給されないと，アセチル CoA が蓄積する．過剰となったアセチル CoA はケトン体に変換される．

45. 解糖に入ったグルコースはジヒドロキシアセトンリン酸となり，それはすぐにグリセロール−3−リン酸デヒドロゲナーゼによってグリセロール 3−リン酸に変換されるので，すべての細胞はグルコースからグリセロール 3−リン酸をつくることができる．肝臓細胞のように糖新生を行える細胞はピルビン酸をジヒドロキシアセトンリン酸に変換できる．（興味深いことに，脂肪細胞は糖新生を行えないが PEPCK を発現していて，ピルビン酸をグリセロール 3−リン酸に変換できる．）

47. (a) フモニシンはセラミド合成を阻害する．最終産物であるセラミドの濃度は下がるが他の脂質合成経路には影響が出ない．経路の最初の酵素であるセリンパルミトイルトランスフェラーゼの産物である 3−ケトスフィンガニン濃度はフモニシン B_1 が存在してもあまり低下しないので，この酵素はフモニシンの標的ではない．経路の第二の酵素である 3−ケトスフィンガニンレダクターゼも標的ではない．もし標的だとしたら，フモニシンの存在下でこの酵素の基質である 3−ケトスフィンガニンが細胞内にたまるはずである．スフィンガニンが蓄積することからセラミドシンターゼが阻害されていると考えられる．セラミドシンターゼが阻害されると反応物であるスフィンガニンはジヒドロセラミドに変えることができず，細胞内にたまる．
(b) フモニシンは拮抗阻害剤として働きそうである．構造がスフィンゴシンやその誘導体と似ているので活性部位と結合し，基質の結合を妨げるのだろう．フモニシンは酵素と共有結合を形成するか非共有結合でも高い親和性で結合するのかもしれない．あるいは，フモニシンは基質となり，そのあとセラミドにすることのできない生成物となるのかもしれない．[E. Wang, W. P. Norred, C. W. Bacon, R. T. Riley, and A. H. Merrill, *J. Biol. Chem.* **266**, 14486〜14490 (1991) による．]

49. トリアシルグリセロールの加水分解によって脂肪酸が一つ取れ，ジアシルグリセロールが残る．そのねらいは，流動性を大きく変えずに脂肪酸含量を減らし，カロリーを下げることにある．

51. (a) ホスホエタノールアミンをホスホコリンにするために，酵素はメチル基を供与体から 3 回運ばなければならない．

$$^{2-}O_3P-O-CH_2-CH_2-NH_3^+ \longrightarrow {}^{2-}O_3P-O-CH_2-CH_2-N(CH_3)_3^+$$
　　　ホスホエタノールアミン　　　　　　　　　ホスホコリン

(b) そのメチルトランスフェラーゼがマラリア原虫に特異的であり，ヒトでは発現していない場合のみ，薬の標的として適切である（実際にそうである）．

53. (a) コレステロールは水に不溶なので，細胞膜で他の脂質と一緒になっている．コレステロールの親水性頭部が小さな OH 基で，ほとんどの部分がリン脂質二重層の内部に埋まっているため，コレステロールを認識できるのは膜内在性タンパク質だけである．
(b) プロテアーゼによる切断で生じた可溶性断片は，コレステロール感知部位から離れて細胞内の他の部位，たとえば核などにいくことができる．
(c) タンパク質断片の DNA 結合部分は DNA 上のある種の遺伝子の読取り開始部位近くに結合し，転写を開始させるのだろう．コレステロールが存在しなくなると，このようにしてコレステロール合成あるいは取込みに必要なタンパク質の発現が高められる．

55. (a) アポリポタンパク質 B-100 が不足すると LDL 生成に影響が出る．リポタンパク質のタンパク質部分の量が不十分だとトリアシルグリセロールや他の脂質を肝臓から LDL として送り出す量が減り，それらの脂質が肝臓にとどまってしまう．
(b) LDL は肝臓から他の組織にコレステロールを輸送する主要な手段なので，LDL 濃度が低いと低コレステロール血症になる．

18 章

1. ATP による構造変化は $\varepsilon^{\circ\prime}$ を -0.29 V から -0.40 V に低下させる．電子は還元電位の低い物質から高い物質へと流れるので，還元電位が低下したことによりこのタンパク質は N_2 に電子を与えられるようになる．この構造変化が起こらなければニトロゲナーゼは N_2 を還元できない．

3. レグヘモグロビンもミオグロビンと同様に O_2 結合タンパク質である．それが存在すると細菌のニトロゲナーゼを不活性化する遊離 O_2 を減らすことができる．

5. (a)
$$\mathrm{Glu} + \mathrm{ATP} + \mathrm{NH_4^+} \longrightarrow \mathrm{Gln} + \mathrm{P_i} + \mathrm{ADP}$$
$$\mathrm{Gln} + 2\text{-オキソグルタル酸} + \mathrm{NADPH} \longrightarrow$$
$$2\,\mathrm{Glu} + \mathrm{NADP^+}$$
$$\underline{\mathrm{Glu} + 2\text{-オキソ酸} \rightleftharpoons 2\text{-オキソグルタル酸} + \text{アミノ酸}}$$
$$\mathrm{NH_4^+} + \mathrm{ATP} + \mathrm{NADPH} + 2\text{-オキソ酸} \longrightarrow$$
$$\mathrm{ADP} + \mathrm{P_i} + \mathrm{NADP^+} + \text{アミノ酸}$$

(b)
$$2\text{-オキソグルタル酸} + \mathrm{NH_4^+} + \mathrm{NAD(P)H} \rightleftharpoons$$
$$\mathrm{Glu} + \mathrm{H_2O} + \mathrm{NAD(P)^+}$$
$$\underline{\mathrm{Glu} + 2\text{-オキソ酸} \rightleftharpoons 2\text{-オキソグルタル酸} + \text{アミノ酸}}$$
$$2\text{-オキソ酸} + \mathrm{NAD(P)H} + \mathrm{NH_4^+} \rightleftharpoons$$
$$\mathrm{NAD(P)^+} + \text{アミノ酸} + \mathrm{H_2O}$$

7. がん細胞は膜のグルタミン輸送タンパク質の発現量を増やし，血流からのグルタミンの取込みを増やす．がん細胞がとるもう一つの戦略は，グルタミン酸をグルタミンにするグルタミンシンテターゼの発現量の増加である．グルタミン類似体（構造がグルタミンに似た化合物）は輸送タンパク質を止めたり酵素に結合して基質結合を妨害するので，がん治療薬として使えるかもしれない．

9. (a)

(b)

(c)

(d)

$$+H_3N-CH-C-O^- \quad \xrightarrow[\text{2-オキソグルタル酸}]{\text{Glu}} \quad \overset{COO^-}{\underset{CH_2}{C=O}}$$

(構造: フェニルアラニンからフェニルピルビン酸への変換)

11. (a) ロイシン (b) メチオニン (c) チロシン (d) バリン

13. グルタミンシンテターゼの反応ではまず ATP がリン酸基をグルタミン酸に与え，そこにアンモニウムイオンが入り込む．アンモニウムイオンが窒素を供給している．アスパラギンシンテターゼの反応でも ATP がエネルギー源として使われるが，窒素の供給源はグルタミンでアンモニウムイオンではない．アミノ基を供与した後，アスパラギンはアスパラギン酸になりグルタミンはグルタミン酸になる．グルタミンシンテターゼの反応において，ATP は加水分解されて ADP とリン酸ではなく AMP と二リン酸になる．

15. ホスホグリセリン酸デヒドロゲナーゼは 3-ホスホグリセリン酸を 3-ホスホヒドロキシピルビン酸に変換し，それはグルタミン酸とのアミノ基転移反応により 3-ホスホセリンと 2-オキソグルタル酸（クエン酸回路の中間体）となる．2-オキソグルタル酸が増加することでクエン酸回路の流れが増し，細胞のエネルギー需要をみたす．〔R. Possemato et al. *Nature* **476**, 346-350 (2011) による．〕

17.

ピルビン酸 $\xrightarrow{\text{アミノ基転移}}$ Ala

3-ホスホグリセリン酸 $\longrightarrow$ Ser $\longrightarrow$ Gly
$\qquad\qquad\qquad\qquad\qquad\downarrow$
$\qquad\qquad\qquad\qquad\quad$ Cys

2-オキソグルタル酸 $\xrightarrow{\text{アミノ基転移}}$ Glu $\xrightarrow{\text{グルタミンシンテターゼ}}$ Gln $\xrightarrow{\text{アミノ基転移（オキサロ酢酸）}}$ Asp

アスパラギンシンテターゼ: Asn

Glu $\longrightarrow$ Arg
$\qquad$ Pro

19. システインがタウリンの材料となる．システインの SH 基が酸化されてスルホン酸になり，カルボキシ基は脱炭酸される．

21. もし必須アミノ酸の一つが欠乏するとタンパク質合成は非常に低下する．多くのタンパク質の合成には欠乏したものを含む一揃いのアミノ酸群が必要だからである．ふつうだったらタンパク質合成に使われたはずの他のアミノ酸も分解され，含まれていた窒素は尿素として排泄される．タンパク質合成が減り，通常のタンパク質更新のための分解が起こると，取込んだ窒素以上の窒素が排泄されることになる．

23. (a) 基質濃度と反応速度のプロットがシグモイド曲線になるということは，トレオニンデアミナーゼが正の協調性をもって基質と結合することを示唆する．すなわち，トレオニン濃度が上がるにつれ，トレオニンと酵素の結合親和性も高まるのである．

(b) イソロイシンはトレオニンデアミナーゼのアロステリック阻害剤で，T 状態になった酵素と結合する．最大速度の減少は 15% くらいだが K_M が 10 倍近く高まることが劇的な効果を

もたらす．速度が減り，K_M が高まるということは，この経路の最終産物であるイソロイシンが自身をつくる経路の初期の重要な段階を触媒する酵素のアロステリック阻害剤として働くことを示唆する．トレオニンデアミナーゼの基質濃度に対する反応速度のプロットはイソロイシンが存在するとより強くシグモイドになる．これは，阻害剤が存在すると，トレオニンと酵素の結合の協調性が強くなることを意味する．

(c) バリンは R 状態になったトレオニンデアミナーゼと結合して活性を高める．最大活性は少ししか上がらないが K_M が小さくなる．これは，バリンが存在すると，基質であるトレオニンと酵素の親和性が増すことを示唆する．しかし，基質濃度と反応速度の関係が単純な双曲線となっていることからわかるように，バリンが存在するとトレオニンとトレオニンデアミナーゼとの協調的結合は起こらなくなる．

25. 自己免疫疾患の人は白血球が活性化され自身の細胞に対して免疫応答を起こすので，痛み，炎症，および組織の破壊が起こる．白血球もがん細胞と同じように増殖が著しいので，メトトレキセートによって活性を抑えることができる．

27. (a) ADP と GDP はともにリボースリン酸ピロホスホキナーゼのアロステリック阻害剤として働く．

(b) アミドホスホリボシルトランスフェラーゼの基質である PRPP はフィードフォワード活性化により酵素を活性化する．AMP, ADP, ATP, GMP, GDP, および GTP はすべてこの酵素の産物で，フィードバック阻害により酵素を不活性化する．

29. HGPRT を阻害すると AMP や GMP の前駆体である IMP がつくられなくなる．HGPRT が寄生虫駆除薬の標的となるためには HGPRT が寄生虫の生存に必須でなくてはならない．すなわち，寄生虫がプリンヌクレオチドを新規に合成できず，宿主細胞の合成するヒポキサンチンを使ったサルベージ経路だけに依存している場合である．

31. 骨髄腫細胞と融合していないリンパ球は新規合成経路がブロックされているので使えない．これらの細胞は HGPRT サルベージ経路を使えるが，7〜10 日以上は生きられない．骨髄腫細胞は HGPRT をもっていないのでサルベージ経路を使えず，アミノプテリンが新規合成経路をブロックするので，HAT 培地では生きていけない．リンパ球（サルベージ経路をもつ）と骨髄腫細胞（培地上でほぼ無限に分裂して増殖できる）が融合した細胞だけが HAT 培地上で生き残れる．

33. (a) アルギニン残基が脱アミノ反応によってシトルリン残基に変わる（水が反応してアンモニアが生じる）．尿素回路や一酸化窒素生成の際につくられる遊離シトルリンがリボソームによるポリペプチド合成によってペプチド鎖に組込まれることはない．シトルリンのような非標準的アミノ酸に対するコドンがないからである．

(b) シトルリンのような非標準的アミノ酸がポリペプチド鎖に組込まれることはないので，その存在は免疫系からは異物とみなされ，自己免疫反応の引金となる危険性が増す．

35. ピルビン酸はアミノ基転移を受けるとアラニンになり，カルボキシル化されるとオキサロ酢酸になり，酸化されるとアセチル CoA となってクエン酸回路に入る．2-オキソグルタル酸，スクシニル CoA，フマル酸，およびオキサロ酢酸はクエン酸回路の中間体である．それらはすべて，糖新生経路に入ることもできる．アセチル CoA はクエン酸回路に入ることもアセト酢酸に変換されることもあり，脂肪酸生合成にも使われる．

章末問題の解答（19章）　　　571

37. トレオニンの異化でグリシンとアセチル CoA が生じる．アセチル CoA はクエン酸回路の基質であり，活発に分裂する細胞に ATP を供給する．グリシンはグリシン切断系によりメチレン-テトラヒドロ葉酸に組込まれ，1 炭素基の供給源となる．THF はプリンヌクレオチドの合成や dUMP をメチル化して dTMP にする際に 1 炭素基を供給する．活発に分裂する細胞は大量のヌクレオチドを必要とする．[J. Wang, P. Alexander, L. Wu, R. Hammer, O. Cleaver, and S. L. McKnight, *Science* 325, 435–439 (2009) による．]

39. イソロイシンの分解によって生じたプロピオニル CoA は奇数炭素鎖脂肪酸の酸化において生じるプロピオニル CoA と同じように代謝される（図 17・7 参照）．プロピオニル CoA はプロピオニル CoA カルボキシラーゼにより (S)-メチルマロニル CoA に変換される．ラセマーゼが (S)-メチルマロニル CoA を R 体に変える．ムターゼが (R)-メチルマロニル CoA をスクシニル CoA に変え，これがクエン酸回路に入る．

41. (a) オキサロ酢酸が十分にあればアセチル CoA はクエン酸回路に入るが，そうでないとケトン体に変換される．ロイシンがイソロイシンと違うのは，ロイシンはもっぱらケト原性で，分解されるとケトン体あるいはその前駆体にしかならないというところである．イソロイシンからはアセチル CoA のほかにプロピオニル CoA もつくられる．後者はスクシニル CoA に変換され（問題 39 の解答参照），そこからグルコースがつくられる．したがって，イソロイシンはケト原性であると同時に糖原性でもある．

(b) HMG-CoA リアーゼを欠損している人はロイシンを分解できないので，食事中のロイシンを減らさなければならない．同じ酵素がケトン体生成にもかかわっているので（図 17・16 反応 3 参照），低脂肪食も薦められている．脂肪の多い食事をとるとアセチル CoA 濃度が高まるが，この酵素がないのでそれをケトン体にできない．

43. (a) インスリンはこの酵素を阻害するが，グルカゴンは活性化する．

(b) Phe があると酵素の活性は劇的に高まる．グルカゴンがあるとさらに高まる．Phe はフェニルアラニンヒドロキシラーゼのアロステリック活性化因子で，不活性な二量体形から活性の高い四量体形に変換する．

(c) 活性型のフェニルアラニンヒドロキシラーゼへのリン酸の取込みは，この酵素がアロステリック調節だけでなくリン酸化によっても調節されていることを示唆する．グルカゴンからのシグナルがこの酵素をリン酸化させているのであろう．

(d) 絶食状態に対応するグルカゴン濃度の高いときにフェニルアラニンヒドロキシラーゼの活性が最も高くなっている．このような状況でフェニルアラニンは分解されアセト酢酸（ケトン体のひとつ）やフマル酸（グルコースに変換できる）になる．両化合物とも絶食状態でのエネルギー源となる．

45. NKH の人はグリシン切断系を欠いている．この系はグリシンを分解する主要な経路なので，それがないとグリシンが体液に蓄積する．神経系への影響は，脳脊髄液中で神経伝達物質でもあるグリシンの濃度が異常に高まることで説明できる．

47. グルタミン酸デヒドロゲナーゼの反応で 2-オキソグルタル酸がグルタミン酸に変えられる．過剰のアンモニアがあると脳の 2-オキソグルタル酸が枯渇し，クエン酸回路の流れが減ってしまう．

49. グルタミンが分解されてグルタミン酸とアンモニアにな

ると，アンモニアはプロトンと結合し NH_4^+ となる．飢餓のとき血液中に酸性のケトン体が増えることによるアシドーシスをこの NH_4^+ は中和してくれる．

51. セリンとホモシステインからシステインと 2-オキソ酪酸をつくる反応，ピリミジンの分解産物である β-ウレイドプロピオン酸および β-ウレイドイソ酪酸の異化反応，アスパラギナーゼが触媒する反応，セリンをピルビン酸にする反応，システインをピルビン酸にする反応，グリシン切断系，およびグルタミン酸デヒドロゲナーゼの反応が遊離アンモニアをつくる．

53. (a) 尿素回路の酵素の欠乏は窒素を尿素として排泄する速度を遅くする．尿素を合成する際の窒素源としてアンモニアが使われるので，尿素回路が不活発になると体内のアンモニア濃度が上昇する．

(b) 低タンパク質食をとると排泄される窒素量が減る．

55. アルギニノコハク酸の反応の生成物であるアルギニンを与えると尿素回路の流れを増加させるだろう．

57. (a) アンモニアと 2-オキソグルタル酸の縮合によりグルタミン酸というアミノ酸が生じる．

(b) グルタミン酸が脱アミノされて 2-オキソグルタル酸になるという逆反応はクエン酸回路中間体を補充する．

59. タンパク質分解によって生じたアミノ酸は代謝燃料となる．アミノ基は除去され，窒素は尿素として排泄される．筋肉細胞では炭素骨格がクエン酸回路や酸化的リン酸化により完全に分解されて CO_2 になり，そのさい ATP を生じる．部分的に分解されたものが肝臓に運ばれ糖新生に使われることもある．この反応で生じたグルコースは結局筋肉で使われる．

61. (a) UT アーゼ活性は 2-オキソグルタル酸と ATP によって高まる．これらはともにグルタミンシンテターゼの基質である（直接あるいは間接的に）．UT アーゼはグルタミンシンテターゼ反応の生成物であるグルタミンと無機リン酸によって阻害される．UR はグルタミンシンテターゼの生成物であるグルタミンによって活性化される．高濃度のグルタミンはグルタミンシンテターゼの活性を下げる．

(b) ヒスチジン，トリプトファン，カルバモイルリン酸，グルコサミン 6-リン酸，AMP，CTP，および NAD^+ はすべてグルタミン代謝経路の最終産物である．アラニン，セリン，およびグリシンの濃度は細胞内窒素量を反映する．窒素量が適切である場合，グルタミンシンテターゼの活性は阻害される．

(c) 最初の条件下の細胞から精製されたグルタミンシンテターゼはアデニル酸化されていて，活性が低くアロステリック調節因子により阻害されやすい．この酵素がアデニル酸化されているのは培地にグルタミン酸が含まれているからである．この条件ではグルタミンシンテターゼの活性は阻害されている．第二の条件下の細胞から精製された酵素はアデニル酸化されておらず，活性が最も高い状態にある．これは，窒素源が NH_4^+ だけの場合に当然予想されることである．この酵素はアデニル酸化されていないのでアロステリック調節因子による阻害も受けない．[E. R. Stadtman, *J. Biol. Chem.* 276, 44357–44363 (2001) による．]

19 章

1. "分岐点"における二つのおもな代謝産物はピルビン酸と

アセチル CoA である．ピルビン酸は解糖のおもな代謝産物である．それはピルビン酸デヒドロゲナーゼによってアセチルCoA に変換される．ピルビン酸はアラニンが関与するアミノ基転移反応から生成される．糖新生に向けて，ピルビン酸はカルボキシル化されてオキサロ酢酸になる．アセチル CoA は脂肪酸分解産物の一つであり，クエン酸回路における反応物の一つである．アセチル CoA はケト原性アミノ酸の分解産物である．アセチル CoA は脂肪酸とケトン体の合成原料となる．

3. Na^+/K^+ ATP アーゼのポンプは，濃度勾配に逆らって Na^+ を排出して K^+ を流入させるのに ATP を必要とする．ウワバインによる抑制は，脳が産生した ATP の半分を単にこのポンプの作動に向けていることを示している．脳は多量のグリコーゲンを貯蔵していないので，循環血液からグルコースを取込む必要がある．最大限の ATP を産生するために，グルコースは好気的に酸化される．

5. (a) 加リン酸分解
グリコーゲン$_{(n 残基)}$＋P_i ⟶
　　　　グリコーゲン$_{(n-1 残基)}$ ＋ グルコース 1-リン酸

加水分解
グリコーゲン$_{(n 残基)}$ ＋ H_2O ⟶
　　　　グリコーゲン$_{(n-1 残基)}$ ＋ グルコース

(b) 加リン酸分解による切断はグルコース 1-リン酸を生成し，これはリン酸基による負の電荷から，グルコース輸送体を経由して細胞外に流出できない．加えてグルコース 1-リン酸は，ATP を消費することなく異性化されて，グルコース 6-リン酸に変換される（解糖に入ることが可能）．他方，加水分解による切断は電荷をもたない遊離のグルコースを生じ，これはグルコース輸送体を経由して細胞外に流出してしまう．解糖に入るために遊離のグルコースをグルコース 6-リン酸に変換するには，ヘキソキナーゼ反応で ATP の消費を必要とする．

7. (a) フマル酸はクエン酸回路の中間体量を引き上げるために利用されて，この経路を通る流量を増大させる．また，酸化的リン酸化によって ATP 合成を上昇させる．

(b) アスパラギン酸のアミノ基転移反応でオキサロ酢酸が産生する．しかし，ピルビン酸や 2-オキソグルタル酸のような他の 2-オキソ酸がその過程でアミノ酸になる．したがって，クエン酸回路の中間体の量に正味の変化はない．

9. 解糖はグルコース 1 分子当たり 2 分子の ATP を生成する．糖新生によるグルコース 1 分子の合成に，6 分子の ATP を消費する．したがって，コリ回路の 1 回転で消費する ATP は 4分子となる．不足する ATP は肝臓での脂肪酸の酸化から生成される．

11. 絶食状態では，筋肉のタンパク質が分解されて糖新生の前駆体を産生する．アミノ酸のアミノ基はアミノ基転移反応によってピルビン酸に転移される．この結果生じるアラニンは肝臓に運ばれ，そこで尿素回路を経てその窒素源が排泄される．また肝臓では，アラニンの骨格（ピルビン酸）や他のアミノ酸の骨格からグルコースが産生される．このグルコースは単に筋肉には戻らずに，それを要求するすべての組織に利用される．この代謝経路は肝臓と筋肉だけを含む回路ではない．

13. (a) ピルビン酸カルボキシラーゼはピルビン酸のカルボキシル化によるオキサロ酢酸の生成を触媒するので，この酵素の欠損はピルビン酸量の上昇とオキサロ酢酸量の低下をもたらす．過剰なピルビン酸の一部はアラニンに変換されるので，ア

ラニン量も上昇するだろう．

(b) ピルビン酸の一部は乳酸に変換されるので，患者は乳酸アシドーシスになる．減少したオキサロ酢酸量は，クエン酸回路の最初の段階であるクエン酸シンターゼ反応の活性を減少させる．この結果，アセチル CoA が蓄積してケトン体を形成し，これが血液中に蓄積してケトーシスをひき起こす．

(c) ピルビン酸カルボキシラーゼ欠損症はオキサロ酢酸の減少をもたらす．アスパラギン酸はオキサロ酢酸のアミノ基転移反応によって形成されるので，アスパラギン酸量も同様に減少する．低濃度のオキサロ酢酸は，クエン酸シンターゼ反応の活性減少のために，すべてのクエン酸回路の中間体量を減少させる．これは 2-オキソグルタル酸量を低下させ，アミノ基転移されてグルタミン酸になる．GABA はグルタミン酸から生成されるので（§18・2 参照），グルタミン酸量は GABA 量と同様に低下する．

(d) アセチル CoA はピルビン酸カルボキシラーゼの活性を促進する．アセチル CoA を添加すると，この活性化因子がピルビン酸カルボキシラーゼを活性化して少量の酵素を検出でき，ピルビン酸カルボキシラーゼの存在を決定することが可能となる．[J. B. Stanbury, J. B. Wyngaarden, D. S. Fredrickson, J. L. Goldstein, and M. S. Brown, *The Metabolic Basis of Inherited Disease*, pp. 196−198, McGraw-Hill Book Company, New York (1983) による．]

15. (a) 抗生物質は，一定量の食餌から動物がより体重を増やすことを可能にする菌の種類に有利に作用して，腸のミクロビオームの組成に影響を与える．

(b) 抗生物質の存在は，それに抵抗できるある種の微生物の成長のために選択する．その結果，ヒトに病気をひき起こす細菌を含めて，他の種に伝播可能な抗生物質耐性遺伝子をもった細菌が多くなる．

17. 解糖活性の増加とクエン酸回路活性の減少は，好気的代謝が減少していることを示す．その代わりに，代謝中間体が牛乳生産に向けて究極的に必要なグルコースとアミノ酸を生成する経路に注がれる．これら代謝中間体の主要な資源は筋肉である．筋肉から放出されたアミノ酸は血流を運ばれて肝臓に達し，そこで糖新生を経由してグルコースに変換される．グルコースとアミノ酸は，筋肉に戻るよりむしろ（コリ回路で生じるであろう），牛乳生産に向けてその流れを乳腺に変える．[B. Khula, G. Nuernberg, D. Albrecht, S. Goers, H. M. Hammon, and C. C. Metges, *J. Proteome Res.*, 10, 4252−4262 (2011) による．]

19. なぜなら，グルコキナーゼは生理的なグルコース濃度で飽和せず，反応速度の増減をもってグルコースの有効利用に応答することができるからである．したがって，グルコースの解糖への流入とそれにひき続く代謝経路はグルコース濃度に依存する．ヘキソキナーゼは生理的なグルコースの濃度で飽和するので，その反応速度はグルコース濃度の変化とともに変動しない．

21. インスリンがその受容体に結合すると，受容体のチロシンキナーゼ活性を促進する．受容体型チロシンキナーゼによってそのチロシン残基がリン酸化されたタンパク質は，シグナル伝達経路の他の成分と相互に作用することができる．もしチロシンホスファターゼがチロシン残基に結合しているリン酸基を取去ったなら，これらの相互作用は起こらなくなる．

23. GSK3 によるグリコーゲンシンターゼのリン酸化は酵素を不活性化し，グリコーゲンの合成が起こらないようにする．

章末問題の解答（19章）　573

しかし，インスリンがプロテインキナーゼBを活性化すると，GSK3がリン酸化される．リン酸化されたGSK3は不活性となり，グリコーゲンシンターゼをリン酸化できない．脱リン酸された状態のグリコーゲンシンターゼは活性型で，グリコーゲンの合成が進行する．

25. もしGSK3のリン酸化が阻害されると，GSK3は活性化状態を維持し，グリコーゲンシンターゼをリン酸化して，それを不活性化状態にする（解答23参照）．これは細胞がグルコースを取込んで貯蔵形態に転換する能力を低下させ，インスリン抵抗性（問題24参照）を悪化させる．

27. (a) グルコース6-リン酸からのリン酸基除去の促進によりグルコースの濃度が増加してグルコース6-リン酸の濃度が減少する．ジヒドロキシアセトンリン酸からホスホエノールピルビン酸への流れが増加する（解糖の反応はすべて平衡に近い）ので，ホスホエノールピルビン酸の濃度も増加する．

(b) グルコース6-リン酸からのリン酸基の除去は，糖新生（とグリコーゲン分解）の最終段階であり，肝臓からグルコースが遊離することを可能にする．この段階の速度を増すことは，糖新生の全体的な速度を高める．同時に，解糖の第一歩はグルコースのリン酸化によるグルコース6-リン酸の生成にあるので，解糖が抑制される．もしリン酸基が絶えず除去されるなら，グルコース6-リン酸は解糖に入ることができず，解糖は効果的に抑制される．〔C. Ichai, L. Guignot, M. Y. El-Mir, V. Nogueira, B. Guigas, C. Chauvin, E. Fontaine, G. Mithieux, and X. M. Leverve, *J. Biol. Chem.* 276, 28126−28133 (2001) による．〕

29. グリコーゲンホスホリラーゼキナーゼはリン酸化によって調節され，リン酸化は酵素に高次構造変化をもたらす．ホスホリラーゼキナーゼはプロテインキナーゼAによってリン酸化される（図19・11参照）．したがって，プロテインキナーゼAの活性の一部は，グルカゴンやアドレナリンによって活性化されるGタンパク質共役型受容体に依存している．しかし，カルモジュリン（その構造の一部にカルシウムが結合するタンパク質）がカルシウムイオンと結合してそれ自身の高次構造を変化させるまで，リン酸化されたホスホリラーゼキナーゼは完全に活性型ではない．ホスホイノシチドシグナル伝達経路の作動時に（§10・2参照）細胞内カルシウムイオン濃度が上昇するので，ホスホリラーゼキナーゼの活性化は同様にこのシグナル伝達経路に依存している．

31. (a) GLUT4はグルコースの異化作用によってATP産生を増加させるので，AMPKの活性化はGLUT4の発現を増加させる．

(b) グルコース-6-ホスファターゼは細胞内のATPを消費する糖新生の酵素なので，AMPKの活性化はグルコース-6-ホスファターゼの発現を減少させる．

33. AMPKはATP産生を含む経路を促進するので，解糖と脂肪酸酸化の速度を上昇させる．エネルギー需要をみたすために，がん細胞は通常嫌気的代謝に依存している．AMPKの促進が好気的代謝を増大させる効果をもつので，活性酸素種の産生が増大する．

35. IRS-1の過剰発現は輸送体GLUT4の細胞表面への移行速度を増加させる．IRS-1は，グリコーゲンホスホリラーゼキナーゼ（脱リン酸で不活性化される）やグリコーゲンシンターゼ（脱リン酸で活性化される）からリン酸基を除去する酵素ホスファターゼのような経路の下流にあるタンパク質の活性化をひき起こす．この結果，培養系の筋肉細胞でのグリコーゲン合成は増

加する．

37. これらの二つの酵素は糖新生経路の一部である．食物からの燃料が利用可能ではないときは，肝臓が他の組織に新たに合成されたグルコースを供給することができるよう，それらの濃度は増加する．

39. もし脂肪の3000 gが75 g/日の速度で利用されるなら，40日間の絶食で死んでしまう．

41. 炭水化物が低い食事を数日間摂取したあとは，貯蔵グリコーゲンは枯渇しており，肝臓は脂肪酸をケトン体に変換して，筋肉と他の組織が燃料として使用できるようにする．アセトンはケトン体であるアセト酢酸の非酵素的脱炭酸から生成される．比較的極性のないアセトンは毛細血管から肺の肺胞へ通過して，そのにおいは吐き出された息で気づかれる．

43. (a) レプチンは骨格筋におけるグルコースの取込みを促進する．

(b) グリコーゲン分解は抑制されるが，これはグリコーゲン分解の律速段階を触媒する酵素グリコーゲンホスホリラーゼを直接抑制することによる．

(c) レプチンはcAMPホスホジエステラーゼの活性を促進する．その結果，細胞内cAMP濃度が減少する．こうしてレプチンは，インスリンと同じ機構を介して，グルカゴンのアンタゴニストとして作用する．グルカゴンのシグナル伝達経路は，cAMP濃度の増加に導く．

45. これらの知見はともに，ミトコンドリアにおける脂肪酸の酸化能力の低下を示す．カルニチンアシルトランスフェラーゼは，脂肪酸を細胞質からβ酸化が起こるミトコンドリアのマトリックスへ輸送する．β酸化による産物，還元された補酵素のNADHとユビキノールQH_2は，電子伝達鎖によって再び酸化され，同時にATPが産生される．もし脂肪酸の酸化が進まないと，その代わりに脂肪酸はトリアシルグリセロールの合成に利用され，脂肪組織で貯蔵される．

47. (a) アセチルCoAカルボキシラーゼ反応（脂肪酸合成での重要な反応）の産物であるマロニルCoAは，脂肪酸を酸化するためにミトコンドリアのマトリックスへ輸送するカルニチンアシルトランスフェラーゼを抑制して，同時に脂肪酸の酸化を抑制する．脂肪酸がミトコンドリアに流入できないので，この機構は新しく合成された脂肪酸の酸化を阻害する．

(b) ACC2がないときには，心臓と筋肉は脂肪酸を合成できないので，肝臓は心臓と筋肉に脂肪酸を供給するために需要を増大させる．ノックアウトマウスでは，肝臓グリコーゲンはグルコースに分解され，それは脂肪酸合成に向けてアセチルCoAを提供するためにピルビン酸とアセチルCoAに酸化される．

(c) ACC2欠損のために脂肪酸量が減少する．筋肉と心臓は自身の脂肪酸を合成することができないので，脂肪組織からトリアシルグリセロールが動員され，酸化のために筋肉と心臓に輸送される．これがトリアシルグリセロールの血中濃度が増加した理由である．

(d) 野生型マウスの筋肉細胞では，インスリンはACC2を活性化して脂肪酸合成を促進し，脂肪酸酸化を抑制する（増加したマロニルCoAのために）．ノックアウトマウスの筋肉細胞はACC2を欠いており，インスリンによる制御を受けない．脂肪酸合成が起こらず，マロニルCoAも増加しない．インスリン存在下でも脂肪酸酸化が正常に進行する．

(e) ノックアウトマウスでは，心臓と筋肉組織で脂肪酸を合成することができないので，よりやせている．(d)で述べたよう

に，これらの組織へ脂肪酸を供給するためにトリアシルグリセロールが動員される．(c)で述べたように，ノックアウトマウスの脂肪酸の酸化速度は大きく，合成速度は小さい．これは，カロリー摂取量が高いにもかかわらず，ノックアウトマウスが低体重であることを説明している．

(f) ACC1ではなく，ACC2の酵素活性を選択的に阻害する医薬品を設計するために，分子モデリング技術が利用されている．この医薬品は，ACC2が局在するミトコンドリアのマトリックスへ送達されるような標的化が必要であろう．[L. Abu-Elheiga, M. M. Matzuk, K. A. H. Abo-Hashema, and S. J. Wakhil, *Science* 291, 2613-2616 (2001) による．]

49. これらの医薬品は，インスリンが受容体に結合する必要を回避して，インスリン受容体の細胞内領域にあるチロシンキナーゼを活性化することができる．

51. (a)

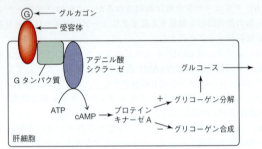

(b) これらのアミノ酸は正電荷をもっている．グルカゴン受容体の負電荷をもつAsp残基が，結合に不可欠であることが示されているので，この残基(Asp)と正電荷をもつアミノ酸の側鎖(His, Lys, Arg)がイオン対を形成しそうである．この作業仮説は，His1, Lys12とArg18を，中性または負の側鎖をもつアミノ酸に改変して，受容体との結合能力およびシグナル伝達能力を評価することによって確認することができる．

(c) 9番目のAspを欠失した改変体は，受容体への結合親和性が低下して生物活性をほとんど失うので，このAspは結合とシグナル伝達の両方において重要な役割をもっている．Aspを正電荷をもつLysに置換すると，受容体への結合親和性は約半分に低下し，生物活性を完全に失う．このAspは結合において明らかに重要な役割を果たしているが，正電荷をもつアミノ酸に置換しても結合が消失しないので，Aspの負電荷の保存は結合に必須ではない．したがって，結合にはAspの側鎖構造がもつ他の特性が重要である．9番目のAspは，その欠失または置換によって生物活性が著しく低下するので，生物活性の発揮に重要である．

Lys12の正電荷をなくすと，その結合親和性は大きく減少する．しかし，それらの改変体は一度結合すると，生物活性を発揮することができる．12番目への負電荷の付加は結果的に結合を消失させるので，12番目のカチオン性基がグルカゴン受容体のある負電荷をもつアミノ酸残基とイオン対を形成している可能性がある．

Leu18改変体は，Ala18改変体に比べて，効果的に受容体と結合してより大きな生物活性をもつ．これは，ホルモンとその受容体の疎水性相互作用が重要であるという仮説を支持している．なぜなら，LeuはAlaに比べてより疎水的な側鎖をもっているからである．Gluへの置換も結合を低下させるが，12番目の場合ほど大きくはない．負電荷をもつGluによる置換はその改変体の結合能力を90%以上消失させるので，(Argの)正の電荷が重要である．

His1欠失体はより低い結合活性と生物活性をもつ．これは1番目のHisが結合とシグナル伝達の両方に重要であるが，シグナル伝達により大きな役割を果たすことを示している．これはまた，他のHis1欠失体からも支持されている．His1とAsp9の欠失は，あまり結合能がなく(対照のわずか7%)，生物活性を全くもたない．興味深いことに，His1欠失-Lys9改変体はよく結合するが(70%)，生物活性を全くもたない．これは，9番目のAspのLysへの置換が，結合に重要な特性を保存していることを示している．しかし，この改変体は，一度結合しても，シグナル伝達をひき起こさない．

(d) His1欠失-Lys9改変体はホルモンと受容体との結合能が70%である一方生物活性がないため，アンタゴニストとして最良である．この改変体ではシグナル伝達に重要な二つのアミノ酸が改変され，結合に重要な12番目と18番目の正電荷をもつ残基が維持されている．[C. G. Unson, et al., *J. Biol. Chem.* 266, 2763-2766 (1991); C. G. Unson, et al., *J. Biol. Chem.* 273, 10308-10312 (1998) による．]

53. AMPKは，フルクトース2,6-ビスリン酸の合成を触媒する酵素の6-ホスホフルクト-2-キナーゼをリン酸化し，それを活性化する．この代謝産物は，解糖酵素のホスホフルクトキナーゼの強力な活性化因子となり，糖新生で逆の反応を触媒するフルクトース-1,6-ビスホスファターゼの阻害因子である．AMPKの活性化はフルクトース2,6-ビスリン酸の濃度を増加して，解糖の促進と糖新生の抑制をもたらす．グルコース消費の増加とグルコース産生の減少は，糖尿病患者の血糖値を低下させる．[D. G. Hardie, S. A. Hawley, and J. W. Scott, *J. Physiol.* 574, 7-15 (2006) による．]

20章

1. トポイソメラーゼⅠの反応は，DNA鎖の超らせん構造がほどけるときに放出される自由エネルギー変化で駆動されるので，特別なエネルギー源は必要としない．この酵素は，単に自然に起こる反応を加速するだけである．これに対して，トポイソメラーゼⅡはもっと複雑な反応を触媒する．超らせんをほどくために，まずDNAの両鎖を切断し，切断されたDNA鎖の一端を酵素上につなぎとめながら，この切断点を越えてもう一端を通り抜けさせる．これは自発的に起こる反応ではなく，ATP加水分解による自由エネルギー変化との共役が必要となる．

3. ノボビオシンとシプロフロキサシンは原核生物のジャイレースを阻害するが真核生物のトポイソメラーゼは阻害しないので，抗生物質として役立つ．これらは病原性をもつ原核微生物を殺すが，宿主である真核細胞を傷つけることはない．ドキソルビシンとエトポシドは真核生物のトポイソメラーゼを阻害し，抗がん剤として用いられる．この薬剤はがん細胞のトポイソメラーゼも正常細胞のトポイソメラーゼも阻害するが，がん細胞はDNA複製の速度が速く，正常な細胞より阻害剤の影響をずっと受けやすい．

5. 親の^{15}Nで標識されたDNA鎖を黒で，新しく合成された^{14}NのDNA鎖を灰色で示す．最初の^{15}Nで標識された親の

DNA鎖は以後の世代に残っているが，全体のDNAに対する割合は新しいDNAが合成されるにつれて減少する．

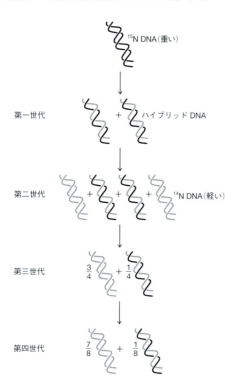

7. DNA鎖の負の超らせんは容易にほどけ，DNA鎖の分離がより容易に起こり，複製が開始できる．

9. (a) 矛盾しない．一本鎖DNA上を動くことで，ヘリカーゼは少し先の二本鎖DNAを押し開いていくくさびのような役割をする．
(b) dTTP加水分解の自由エネルギーはATPの加水分解の自由エネルギーと同じような値をもつ．加水分解が起こるたびにDNA上2〜3塩基分ヘリカーゼを移動させる．
(c) T7ヘリカーゼは連続反応性が優れていると思われる．その六量体環状構造はDNAポリメラーゼの連続反応性を増大させるクランプ構造に似ている（図20・12参照）．[D.-E. Kim, M. Narayan, and S. S. Patel, *J. Mol. Biol.* 321, 807–819 (2002) による．]

11. (a) DNA複製は非許容温度にするとすぐに停止し，その結果，細菌の増殖も停止する．これは，ヘリカーゼ活性が失われると，複製フォーク前方でDNA鎖がほどけないからである．
(b) 細菌増殖はしだいに遅くなり，そのうち停止する．これは，複製起点を見つけ出すのがDnaAの役割だからである（問題7参照）．非許容温度になっても，すでに進行中のDNA複製は影響を受けないからである．これらの細菌の細胞分裂は完了するが，DnaA活性がないと次の複製ができなくなる．

13. ddNTPは，取込まれるdNTPを求核的に攻撃する3′OH基をもたない．

15. リーディング鎖を連続的に複製し続けなければならないので，DNAポリメラーゼεのほうが連続反応性が高い．DNAポリメラーゼαは岡崎フラグメントの合成にかかわるので，連続反応性は必ずしも高くなくてよい．

17. まず，細胞はDNA複製のためにだいたい同じ濃度のデオキシリボヌクレオチドを4種類含んでいる．これによって，過剰なヌクレオチドが別のヌクレオチドに取って代わったり，まちがったヌクレオチドが濃度の薄いヌクレオチドに取って代わったりする可能性を抑えることができる．次に，DNAポリメラーゼは鋳型の塩基と入ってくる塩基の間に正しい対合を必要とする．3番目に，3′→5′エキソヌクレアーゼが新しく形成される塩基対を校正する．4番目に，RNAプライマーと連続したDNAのいくつかの部分が取除かれることで，プライマーゼの反応で入った誤りや，DNAポリメラーゼが新たに合成したDNA断片の5′末端の誤りを最小限にできる．最後にDNA修復作用によって対をなさなかったり，損傷を受けたヌクレオチドを切り出すことができる．

19. PP_iはDNAポリメラーゼの触媒によって起こる合成反応による産物である．この反応はやはり，鋳型DNA鎖と遊離3′末端をもったプライマーを必要とする．
(a) プライマー鎖がないので，PP_iは合成されない．
(b) プライマー鎖がないので，PP_iは合成されない．
(c) PP_iが合成される．
(d) 伸長すべき3′末端がないのでPP_iは合成されない．
(e) PP_iが合成される．
(f) PP_iが合成される．

21. DNA分子（染色体）は岡崎フラグメントよりずっと長いので，真核生物では核内に，あるいは原核生物では細胞内に納まるためには何とかして凝縮して詰込まれる必要がある．DNA分子全体が複製されるまで細胞が待っていたら，多くの岡崎フラグメントとして新しく合成されたラギング鎖は凝縮してしまい，エンドヌクレアーゼ，ポリメラーゼ，リガーゼといった連続したラギング鎖の合成に必要な酵素が近づけなくなる．

23.

25. (a) DNAポリメラーゼ．(b) 逆転写酵素あるいはテロメ

ラーゼ．(c) プライマーゼあるいは RNA ポリメラーゼ．

27. (a)　　　　　　　　　　(b)

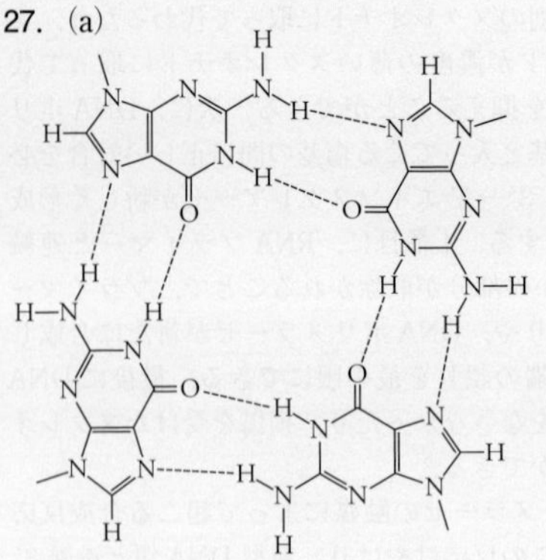

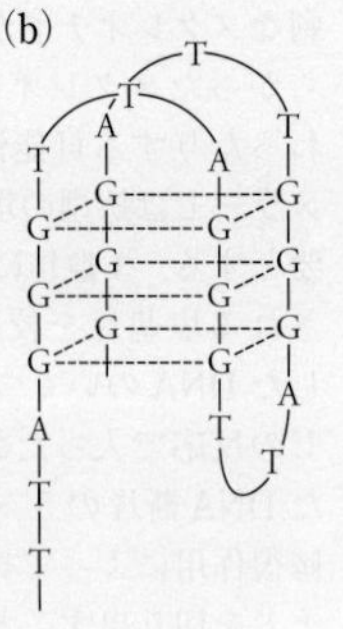

(b)

29. できたテロメアの配列は，テロメラーゼに結合した鋳型 RNA と相補的であろう．この実験は，テロメラーゼによる染色体末端伸長における鋳型 RNA の役割を明らかにするのに重要だった．

31. 活性のある DNA 修復酵素ができないと，細胞増殖制御にかかわる遺伝子にさらに変異が生じて，細胞増殖に歯止めがかからなくなる．

33. トリホスファターゼは，DNA 複製時に DNA 鎖に取込まれないように，塩基修飾を受けたヌクレオチドを取除く．

35. グアニン残基のメチル化によってできる O^6−メチルグアニンは，シトシンまたはチミンと塩基対を組める残基となる．もし O^6−メチルグアニンがチミンと塩基対を形成したら，G：C 塩基対が最終的に A：T 塩基対に変化する．

37. 5−ブロモウラシルは A：T から G：C へのトランジション変異をひき起こす．

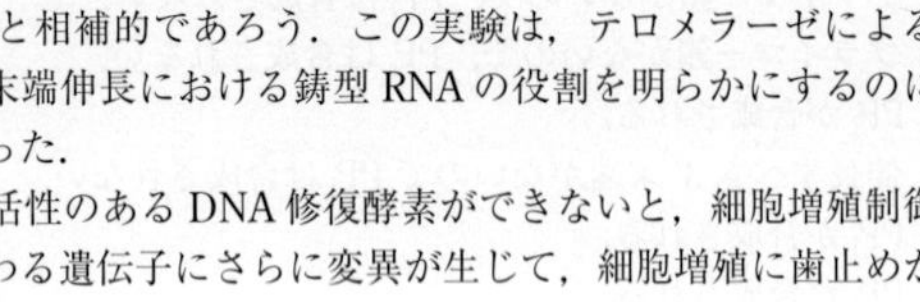

5−ブロモウラシル
（ケト異性体）

5−ブロモウラシル　　グアニン
（エノール異性体）

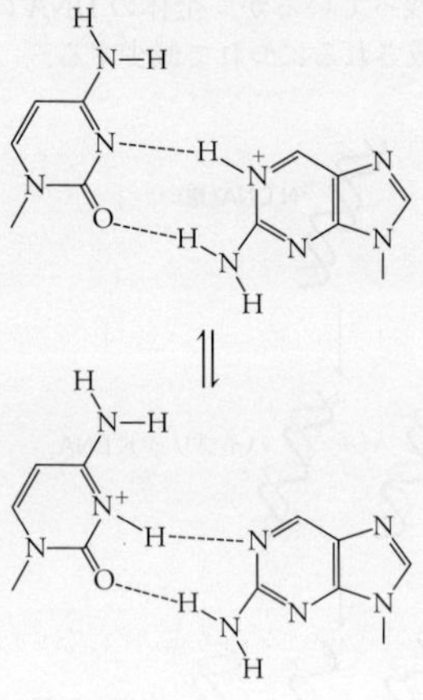

[L. C. Sowers, Y. Boulard, and G. V. Fazakerley, *Biochemistry* **29**, 7613−7620 (2000)による．]

45. 傷害は紫外線に DNA がさらされることで起こるので，チミン−チミン二量体が一番可能性がある．

47. 変異細菌は脱アミノシトシン（ウラシル）を修復できない．こうした細菌では，G：C 対が A：T 対に変異する確率がずっと高い．

49. DNA ポリメラーゼⅢがチミン二量体に出くわすまで複製反応を行う．DNA ポリメラーゼⅢは正確だが，傷害部分をすばやく乗り越えることはできない．DNA ポリメラーゼⅤは傷害を受けた塩基を，T の相手として A ではなく G をまちがえて取込むことを代償に，すばやく通過していくことができる．こうして複製は効率的に進行する．DNA ポリメラーゼⅤの連続反応性が低いことでまちがいを導入し続ける可能性は最小にとどまる．チミン二量体を通過すると，その酵素は離れていき，あとは，より正確な DNA ポリメラーゼⅢが高い忠実度をもった正確な複製を継続することができる．

51. リシンあるいはアルギニンの側鎖の pK_a の値は高いので，生理的条件では正に荷電している．これら側鎖は，DNA 骨格の負に荷電したリン酸基とイオン対を形成できる．

39. (a)　　　　　　　(b)

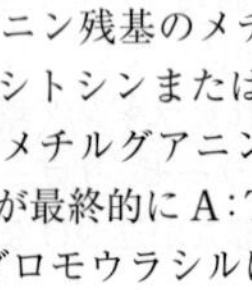

ヒポキサンチン

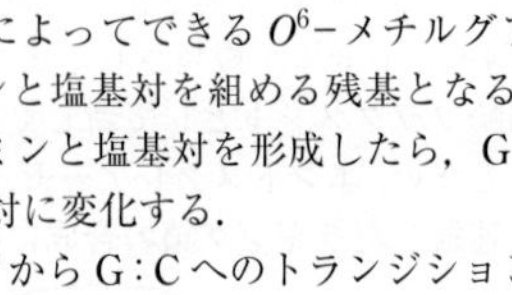

ヒポキサンチン　　シトシン

(c) A：T 塩基対が C：G 塩基対へと変換する．

41. こうした脱アミノは DNA にとっては収まりの悪い塩基を生み出す．それゆえ，DNA が複製され，次世代へとその傷害が伝わる前に，速やかに見つけ出し，修復される必要がある．

43. (a)

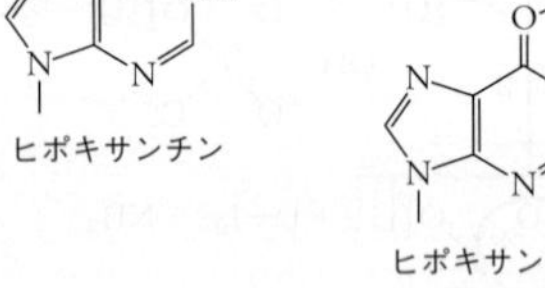

シトシン　　2−アミノプリン

53. (a)　　(b)　　(c)

(d)　　(e)

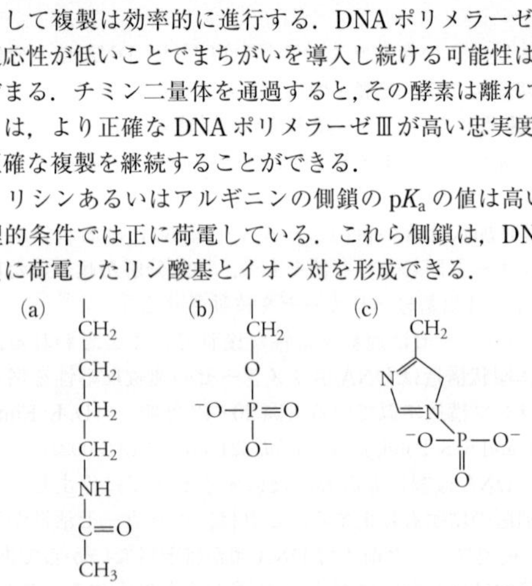

リシンのアセチル化とメチル化は，側鎖の正電荷を取除き，中性側鎖とする．セリンとヒスチジンのリン酸化は，二つの負電荷をもつ側鎖を生み出す．アルギニンのメチル化は，側鎖の大

きさに影響を与えるが，電荷には影響がない．

55. (a) 非標準型のアミノ酸はホモシステインである．メチルテトラヒドロ葉酸からメチル基を受取ってメチオニンに戻ることができる（§18・2参照）．

$$
\begin{array}{c}
\text{COO}^- \\
| \\
{}^+\text{H}_3\text{N}-\text{C}-\text{H} \\
| \\
\text{CH}_2 \\
| \\
\text{CH}_2 \\
| \\
\text{SH}
\end{array}
$$

(b) もう一つの反応産物とはメタノール CH_3OH である．

57. ヒストンはユビキチンで修飾しても，プロテアーゼによるタンパク質加水分解への標識とはならない．これは，ユビキチンのアミノ基には1個のヒストンしか結合しないからである．プロテアソームによる分解過程に入るには，少なくとも4個のユビキチン鎖による修飾が必要である（§12・1参照）．

59. (a) プロタミン-DNA複合体はヌクレオソームより占める体積が小さいので，精子核ではDNAは簡単に狭い空間に詰込むことができる．

(b) それ以外のヌクレオソーム中のDNAはプロタミン-DNA複合体よりはゆるめに詰込まれており，転写時にRNAポリメラーゼが容易に近づける．そこでヌクレオソームDNAには，受精後ただちに発現しなくてはならない遺伝子（初期胚発生に必要な遺伝子）が含まれている．

21章

1. mRNAが翻訳されてタンパク質ができる．1本のmRNAから多くのタンパク質が翻訳される．このようにmRNAはいわば増幅される．rRNAは構造的な役割を果たすので，増幅はされない．したがって細胞が必要とするに十分なrRNAを発現するうえで，より多くのrRNA遺伝子が必要となる．

3. 配列特異的な相互作用にはDNAの塩基との接触が必要である．そのさい，塩基はタンパク質の官能基と，水素結合やファンデルワールス力などによって相互作用できる．配列に依存しない相互作用としてはDNAの骨格をなすイオン性のリン酸基とタンパク質の静電的な相互作用が大きい寄与をする．

5. 灰色の枠部分がプロモーター領域．

$^{+1}$

AAAATAAATGCTTGACTCTGTAGCGGGAAGGCGTATTATCCAACACCC

7. アフィニティークロマトグラフィーでは，注目するタンパク質が特定のリガンドと結合する性質を利用する（§4・5参照）．Sp1を精製するには，GGGCGGオリゴヌクレオチドを，クロマトグラフィーカラムの固定相をなす小さなビーズに共有結合させる．Sp1タンパク質を含む細胞抽出液をカラムに充塡し，緩衝液（移動相）をカラムに通し，オリゴヌクレオチドのリガンドに結合できなかったタンパク質を溶出する．次にSp1とGCボックス間の強い相互作用を壊すように高塩濃度の緩衝液をカラムに通すと，Sp1タンパク質が溶出される．[J. T. Kadonaga, et al., *Trends Biochem. Sci.* **11**, 20-23 (1986); J. T. Kadonaga and R. Tjian, *Proc. Natl. Acad. Sci.* **83**, 5889-5893 (1986) による．]

9. A：T塩基対はG：C塩基対と比べて，スタッキング相互作用が弱く，より容易にはがれる（§3・1参照）．この事実が，

DNAがほぐれ転写の鋳型へと変換するのを容易にする．

11.

$$
\begin{array}{cc}
\begin{array}{c}
\hspace{1em}\text{O} \\
\hspace{1em}\|\\
-\text{NH}-\text{CH}-\text{C}- \\
| \\
\text{CH}_2 \\
| \\
\text{CH}_2 \\
| \\
\text{CH}_2 \\
| \\
\text{NH}_2^+ \\
| \\
\text{CH}_3
\end{array}
&
\begin{array}{c}
\hspace{1em}\text{O} \\
\hspace{1em}\|\\
-\text{NH}-\text{CH}-\text{C}- \\
| \\
\text{CH}_2 \\
| \\
\text{CH}_2 \\
| \\
\text{CH}_2 \\
| \\
\text{NH} \\
| \\
\text{C}={}^+\!\text{N}-\text{CH}_3 \\
| \\
\text{NH}_2
\end{array}
\end{array}
$$

13. メチルトランスフェラーゼの活性が上がると，ヒストン3のリシン4(K4)，リシン27(K27)でのメチル化の度合が増加する．H3K4me3がみられる遺伝子は通常，転写が活性クロマチンにある傾向にある（表21・2参照）ので，こうした遺伝子はがん細胞で過剰に活性化する．逆のことがH3K27me3がみられる遺伝子で起こり，通常転写は不活性となり，がん細胞では過剰に不活性化する．[G. R. Stark, Y. Wang, and T. Lu, *Cell Res.*, **21**, 375-380 (2011) による．]

15. (a) ポリメラーゼは8塩基バルジを含むDNA断片と一番強く結合した．このDNAはDNA鎖が双方分かれた転写バブルをまねたものとなっている．

(b) K_d は解離定数なので，結合するときの見かけの結合定数は $1/K_d$ となる．(12・2)式が ΔG と K の関係を示している．

$$\Delta G = -RT \ln K \ \text{または} \ \Delta G = -RT \ln(1/K_d)$$

(c) 二本鎖DNAについては

$$
\begin{aligned}
\Delta G &= -(8.3145 \,\text{J K}^{-1}\,\text{mol}^{-1})(298\,\text{K}) \ln(1/315 \times 10^{-9}) \\
&= -37 \,\text{kJ mol}^{-1}
\end{aligned}
$$

8塩基のバルジについては

$$
\begin{aligned}
\Delta G &= -(8.3145 \,\text{J K}^{-1}\,\text{mol}^{-1})(298\,\text{K}) \ln(1/1.3 \times 10^{-12}) \\
&= -68 \,\text{kJ mol}^{-1}
\end{aligned}
$$

ポリメラーゼは二本鎖状態のDNAよりも，ほどけたDNAと結合する傾向にある．

(d) DNAのらせんをほどくのは熱力学的には非常に大変である．ポリメラーゼがDNAと結合するときの自由エネルギーの一部が転写バブルを形成するのに利用される．転写バブルが前もって形成されていると（たとえば8塩基のバルジをもったDNAでは），このエネルギーを使う必要はなくて，ポリメラーゼが結合する見かけのエネルギーとして現れる．ポリメラーゼが二本鎖DNAと結合するときと，8塩基のバルジと結合するときの ΔG の差は $(-68)-(-37) = -31 \,\text{kJ mol}^{-1}$ となる．この値がDNAの8塩基対を開くうえでの自由エネルギー（$+31 \,\text{kJ mol}^{-1}$）として見積もられる．

(e) ATに富む配列のほうがGCに富む配列より開きやすい．GCに富むDNAにはスタッキング相互作用がより強く現れるからである．[R. P. Bandwar and S. S. Patel, *J. Mol. Biol.* **324**, 63-72 (2002) による．]

17. ガラクトシドパーミアーゼは，ラクトースが細胞内に入るのを助け，細胞内のラクトース濃度を上げる．するとアロラクトースがリプレッサータンパク質と結合して，オペレーターからそれを外す．さらにラクトースがあれば，オペロンの最大発現が可能となる．

19. もしリプレッサーがオペレーターと結合できなければ，*lac* オペロンの遺伝子が構成的に発現する．いいかえると，成

長している培地中にラクトースがあろうとなかろうと、遺伝子が発現する。ラクトースを加えても遺伝子の発現に影響はない。
21. 野生型の細胞はフェニル-Gal の存在下では成長できない。野生型の細胞では，lac オペロンの発現がない状態でも少量の β-ガラクトシダーゼを発現するが，フェニル-Gal をフェノールとガラクトースに分解するには不十分な量である．それに対して，lacI 変異体は，この成長培地中でも生きていける．lacI 遺伝子の変異によって，機能不全のリプレッサーが発現する（あるいは全くリプレッサーをつくらない）．いずれにしても lac オペロンは構成的に発現し，β-ガラクトシダーゼが，フェニル-Gal に作用してガラクトースを遊離するのに十分な量まで発現する．この培地を用いると，変異体は生き延び，野生型細胞は死ぬような形で，リプレッサー変異体を選抜することができる．

23. 次の世代に遺伝情報を正確に伝えるうえで，DNA 複製の際に非常に高い正確さが必要である．細胞の生存のうえでは正確な RNA 合成はさほど要求されないので，RNA 転写ではまちがい頻度が高くなっても許容される．それが翻訳されると，まちがいを含んだ RNA 転写産物からは，問題のあるタンパク質ができることになる．こうしたタンパク質は，大きな悪影響を細胞に及ぼす前に分解されるであろう．遺伝子は何度も転写されるなかで，多くは正しい転写産物を生じる．

25. コルジセピンはアデノシンと似ていて，リン酸化され，そして RNA ポリメラーゼによって基質として利用される．しかし 3′ OH 基がないので，いったん取込まれるとそれ以上の RNA の重合を阻害することになる．

27. リファンピシンは RNA 転写の開始から伸長へと移行する過程を阻害する．通常，RNA ポリメラーゼは RNA 合成の開始を繰返し，伸長へと決定づけられる前に多くの短い転写産物を遊離する．リファンピシンが存在すると，RNA ポリメラーゼは開始モードから伸長モードへと移行できず，プロモーターに結合したままとなる．薬剤存在下では長い RNA 転写産物を合成することができない．

29. 　　　　GUCCGAUCGAAUGCAUG

31. 10 nM の α アマニチンを培養細胞に加えると，mRNA 合成に関与している RNA ポリメラーゼ II が，α アマニチンによる阻害を一番受けやすい．相対的に他の型の RNA 合成は影響を受けにくい．この毒素の濃度を上げながら実験をすると，それぞれのポリメラーゼで合成される RNA の型が決定できる．

33. C 末端ドメイン（CTD）は，伸長モードへと移行する際に複数のセリン残基でリン酸化を受けるうえで他部分から独立していると考えられる．多く負の電荷をもった多くのリン酸基が存在することで，電荷どうしの反発が起こり，それによってこのドメインが RNA ポリメラーゼの球状ドメインと負の電荷をもった DNA から離れるような位置どりをするようになる．

35. (a) 5′…NNAAGCGCCGNNNNCCGGCGCUUUUUUNNN…3′
(b)
```
        N N
       N   N
      N     N
       G---C
       C---G
       C---G
       G---C
       G---C
       A---U
       A---U
   5′…NN     UUUU…3′
```

37. 転写が進行するにつれ，できかけの RNA は一部で相補的な塩基対を形成するのでさまざまな二次構造を形成する．こうした二次構造ができると，転写が終結しないまでも小休止する可能性がある．

39. (a)
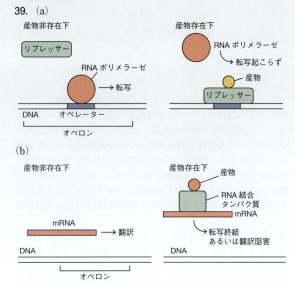

(b)
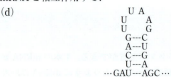

(c) タンパク質の関与がなければ，オペロンの産物が直接 mRNA と相互作用する．
(d)
```
         U A
        U   A
        U   G
        G---C
        A---U
        C---G
        U---A
    …GAU---AGC…
```

(e) FAD 存在下と非存在下で，エンドヌクレアーゼに対する感受性など構造に依存するような RNA 分子の性質を追うことで，RNA 分子の構造を追跡することができる．
(f) FAD の FMN 部分が一番効果的である．理由はこれが一番小さな解離定数を示すからである．リン酸基をもたないリボフラビンがずっと弱い結合しか示さなかったことからリン酸基が RNA 結合に重要であると思われる．[W. C. Winkler, S. Cohen-Chalamish, and R. B. Breaker, *Proc. Nat. Acad. Sci.* 99, 15908-15913 (2002) による．]

41.
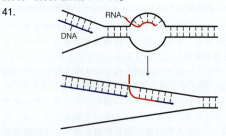

43. 細菌の mRNA は 5′ 末端に三リン酸をもっている．ピロホスホヒドロラーゼは，リン酸基のうち二つをピロリン酸（PPi）として取除き，5′ 末端に一リン酸を残す（こうなると mRNA はエンドヌクレアーゼのよりよい基質となる）．

45. mRNA は RNA ポリメラーゼ II によってのみ転写される．RNA ポリメラーゼ II のリン酸化を受けた尾部が，キャップ付

加酵素とポリ(A)付加酵素を引き寄せる．他の RNA 種は，リン酸化を受けるような尾部をもたない RNA ポリメラーゼによって合成されるため，転写後の修飾をひき起こすような酵素を引き寄せることはできない．こうして，mRNA のみがキャップ構造をもち，ポリ(A)付加が起こる．

47. 鋳型鎖をおさめる必要がないのでポリ(A)ポリメラーゼの活性部位はずっと狭い．

49. PABP はポリ(A)尾部に結合し，RN アーゼによる分解から mRNA を守る．PABP の濃度が増加すると，このタンパク質と結合する mRNA の半減期が伸びる．

51. (a) RNA ポリメラーゼの基質として $\alpha-[^{32}P]$ATP が取込まれ，RNA のホスホジエステル結合骨格のリン酸基が標識される．

(b) ^{32}P は，最初の残基（この残基のみが α と β-リン酸基をもつ）が A である RNA 分子の 5′ 末端にのみ現れる．$\beta-[^{32}P]$ATP を RNA ポリメラーゼの基質としても，β, γ のリン酸基は PP_i として放出される（図 20・9 参照）．

(c) RNA 鎖中に ^{32}P は現れない．重合反応の間，β, γ のリン酸基は PP_i として放出される．RNA 5′ 末端の A 残基の γ 位のリン酸基もキャップ構造が付加される過程で外される．

53. スプライシング反応は，大きな RNA-タンパク質複合体であるスプライソソームによって行われる．イントロンはスプライソソームと結合する領域を含むだけの大きさがないといけない．さらに投げ縄構造の中間体（図 21・22 参照）が形成されるには，RNA 領域がひずみなしに曲がるうえで十分な長さをもつ必要がある．

55. イントロンが転写後というより転写と連動して取除かれるほうがイントロンを取除く過程でエキソンが飛ばされる可能性が少なくなる．

57. (a) U69 バルジが触媒のためにより重要である．この残基が欠失したり，他の残基に置換すると反応の速度定数 k が劇的に低下する一方で，K_d にはある程度の影響にとどまるからである．

(b) バルジの大きさが大きくなると，基質との結合親和性が著しく低下する．このことはバルジが存在することが触媒にとって必須であるが，バルジの配置が基質との結合に重要であることを示唆する．[N. M. Kaye, N. H. Zahler, E. L. Christian, and M. E. Harris, *J. Mol. Biol.* 324, 429-442 (2002) による．]

59.   5′…GGAGUACCCUGAUGAGAUC…3′
         3′…CCUCAUGGGACUACUCUAG…5′

[Y. Takei, K. Kadomatsu, Y. Yuzawa, et al., *Cancer Res.* 64, 3365-3370 (2004) による．]

61. 一次構造とは，タンパク質の場合にはそのアミノ酸配列をさす．RN アーゼ P の RNA では 417 ヌクレオチドの配列に相当する．二次構造とは，タンパク質の場合には α ヘリックスや β シートなどの繰返しでみられる規則的な構造上のモチーフをさす．RN アーゼ P の場合は，塩基対形成したステム-ループ構造をさす．三次構造とは，タンパク質の場合も RN アーゼ P の場合にも，巨大分子全体の三次元の形をさす．

22 章

1. 4 塩基による仮想的な遺伝暗号には，4^4 通り，つまり 256 の組合わせが存在しうる．

3. (a) ポリ(Phe)   (b) ポリ(Pro)   (c) ポリ(Lys)

5. (a) Tyr-Leu-Ser-Ile のテトラペプチドが繰返すポリペプチドが合成される．

(b) ポリペプチド鎖の合成が Tyr, Ile または Ser のいずれかから始まる 3 通りの読み枠がとれるから．

7. 頻出するコドンと対応する tRNA は酵母の細胞内に非常に多く存在するので，タンパク質合成は通常効率よく起こる．変異がコドンを変化させ，それが通常用いられる 25 種のコドンに当てはまらないようになったとき，そのコドンに対応するイソアクセプター tRNA は比較的まれなものとなる．結果として，適切な tRNA がリボソームへとアミノ酸が運ばれるのを待つことになり，タンパク質の配列は変化していないにもかかわらず，タンパク質合成が遅くなる．

9. 5′ 末端側のヌクレオチドはゆらぎの位置にあたり，mRNA 上のコドンの 3′ 末端側のヌクレオチドと非ワトソン-クリック型の塩基対を形成する．コドンの最初の二つの位置がアミノ酸を特定するうえで重要なので（表 22・1 参照），3 番目の位置（コドンの 3′ 末端側ヌクレオチド）のゆらぎは翻訳への影響が小さい．

11.

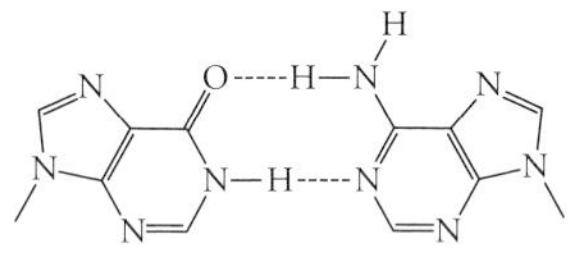

I：A

13. mRNA コドンのアデノシン(A)がイノシン(I)に変換されると，そのコドンは，tRNA 上でウリジンではなく，むしろグアノシンを含むアンチコドンと塩基対を形成する．これによってそのコドンの位置で異なるアミノ酸を取込むことになる．どれだけの数の A 残基が I 残基に変換されるか，その変化がどれだけアミノ酸置換につながるかによるが，一つの遺伝子からいくつかの異なるポリペプチド産物が合成される可能性が生まれる．

15. Gly は一番小さいアミノ酸で，GlyRS のアミノアシル化部位は十分に小さいので，他のアミノ酸が入ってくることが妨げられているため．

17. (a) AlaRS から Ala-tRNA^{Ala}, Gly-tRNA^{Ala}, Ser-tRNA^{Ala} が生成される．

(b) アラニンより小さなアミノ酸を受け入れる編集の活性部位は Gly-tRNA^{Ala} を分解する．しかし編集の活性部位に入れないので Ser-tRNA^{Ala} を排除できない（セリンはアラニンより大きい）．

(c) AlaXp は，AlaRS によって合成された Ser-tRNA^{Ala} を取除くことで，AlaRS とは独立に編集をしている．

19. 二つの Lys コドンは AAA と AAG である．C で置換すると CAA と CAG で Gln をコードするようになる．G で置換すると GAA と GAG で Glu をコードするようになる．U で置換すると UAA と UAG で終止コドンとなる．Lys が終止コドンになれば，タンパク質合成が不完全な形で終結し，多くは機能をもたないタンパク質しかできない．もとの Lys がタンパク質内部でイオン対をつくるような構造的に重要な相互作用をしている場合，Lys が Glu あるいは Gln で置換されると，タンパク質の構造，さらには機能を破壊する可能性がある．Lys がタンパク質表面に存在する場合は，Glu や Gln はいずれも親水性なので，タンパク質の構造や機能にあまり影響を与えないかもしれない．

21. これまでみてきた核酸結合タンパク質（ヒストンが一例）のように，Lys, Arg 残基をもっているタンパク質はポリアニオンである RNA と効率よく相互作用するので理にかなっている．タンパク質と核酸の間での一番重要な相互作用は，イオン結合である．

23. タンパク質をコードする遺伝子で高度に保存されていることは，タンパク質のその部分での置換が許されない状況を示唆する．こうした領域でアミノ酸置換を生む変異は，機能できないタンパク質しかつくれない．リボソーム RNA についても同様である．rRNA での変異も機能を失わせ致死となるので，子孫へは受け継がれないだろう．なので rRNA の配列中置換は起こりにくく，結果として配列は高度に保存される．

25. 小サブユニットと大サブユニットのリボソームサブユニットが Mg^{2+} によって安定化する RNA–RNA 相互作用で接している．リボソームの A 部位と P 部位で結合する tRNA も rRNA と接する．こうした相互作用には類似の構造上の特徴がある．EDTA を加え Mg^{2+} をキレートするとリボソームの安定性がなくなる．このさいには rRNA がほぐれ，リボソームタンパク質の解離が起こる．そして翻訳ができなくなる．

27. アセチル化は，図に示すように N 末端の正電荷を打消す．タンパク質がある割合でアセチル化され，残りがされないような状況では，電荷と大きさをもとに分離するゲルの上では二つのスポットが現れる（この場合大きさの差は小さい）．〔E. Kaltschmidt and H. G. Wittmann, *Proc. Natl. Acad. Sci.* 67, 1276–1282 (1970) による．〕

$$\underset{R}{\overset{O}{\underset{|}{\overset{\|}{H_3\overset{+}{N}-CH-C-}}}} \longrightarrow \underset{O}{\overset{O}{\underset{\|}{\overset{\|}{H_3C-C-}}}}\underset{R}{\overset{H}{\underset{|}{\overset{|}{N-CH-C-}}}}$$

29. 開始コドンは mRNA の 5′ 末端近くに，終止コドンは 3′ 末端近くに存在するであろう（どちらも mRNA の本当の端にはない）．

31. そのポリペプチドは C 末端の Asn 以外はすべて Lys となる．もし mRNA が 3′→5′ 方向に翻訳されるとすると，ポリペプチドとしては N 末端が Gln で Lys が連なるだろう．実際には転写も翻訳も 5′→3′ 方向に進むので，細菌細胞内では転写が完結する前にできかけの mRNA から翻訳が始まる．もし翻訳が 3′→5′ 方向に起こると，翻訳が始まる前，リボソームは mRNA が完成するまで待たねばならない．

33. シャインーダルガーノ配列と向き合う 16S rRNA 上の配列を示す．開始コドンは灰色の枠で囲む．

5′ ···CUACCAGGAGCAAAGCUA AUG GCUUUA···3′
3′ ···UCCUC···5′

35. コリシン E3 は正確で効率的な翻訳を阻害するため細胞にとって致死的である．16S rRNA の A1493 位で切断すると，コドンーアンチコドンの対を確認する役割をもつ 30S リボソームサブユニットの一部分を破壊する．その結果，リボソームが翻訳中のポリペプチドに正しいアミノアシル基を取込ませる能力が下がる．さらに，mRNA–tRNA 対が正しく起こったというリボソームからのシグナルを EF-Tu が受取れないので，EF-Tu による GTP 加水分解がゆっくりしか起こらない．こうして翻訳の速度が遅くなる．

37. 正しく充填された tRNA（Ala-tRNA^{Ala} と Gln-tRNA^{Gln}）は EF-Tu とほぼ同じ親和性で結合する．そこで，ともにリボソームの A 部位に同じ効率で運ばれる．それに対し誤って充填された Gln-tRNA^{Ala} は EF-Tu とはゆるくしか結合できない．むしろ，リボソームに到達する以前に EF-Tu から解離してしまうだろう．誤って充填された Ala-tRNA^{Gln} は EF-Tu とずっと強固に結合してしまうので，リボソームに到達しても外れなくなっているだろう．こうした結果は，結合が強くなっても，弱くなっても EF-Tu がその機能を果たす能力に支障をきたすことを示唆する．つまり，誤って充填されたアミノアシル tRNA は翻訳中に A 部位に結合する速度が落ちる．

39. 生きている細胞では，EF-Tu と EF-G は翻訳のいくつかの段階を不可逆にすることでタンパク質合成の速さを高めている．さらに校正機構を通して，タンパク質合成の正確さも高めている．伸長因子が存在していなかったら，生命を維持するうえで翻訳の進行が非常に遅く，非常に不正確なものとなったであろう．この制約は in vitro の翻訳系では当てはまらない，というのは EF-Tu と EF-G がない状態でも進行するからである．ただ結果として得られるタンパク質は，細胞で合成されるタンパク質と比較してまちがって挿入されたアミノ酸を多く含むものとなるだろう．

41. mRNA は

CGAUA AUG UCCGACCAAGCGAUCUCG UAG CA

という配列をもつ．開始コドンと，終止コドンに灰色の枠をつけてある．そこにコードされるペプチドの配列は Met-Ser-Asp-Gln-Ala-Ile-Ser である．

43. 1480 アミノ酸をコードするには，1480 個のコドン，それは 4440 ヌクレオチド（1480×3），加えて終止コドンが必要となる．残りの 1686 個の mRNA 上のヌクレオチド（= 6129 − 4443）には翻訳因子やリボソームが結合する 3′ 末端領域と，5′ 末端領域が含まれる．

45. 原核生物では mRNA，タンパク質の合成がともに細胞質で起こる．したがって，RNA ポリメラーゼが転写産物の 3′ 末端側を合成している間にも mRNA の 5′ 末端側でリボソームが会合できる．真核生物では，RNA は核でつくられ，リボソームは細胞質に存在する．転写と翻訳が別の区画で起こるので，同時には進行しない．真核生物の mRNA が翻訳を受けるには，核から細胞質へと輸送されなければならない．

47. (a) 次に入ってくるアミノアシル基と反応させるために，リボソームがペプチジル基の位置決めをする．なのでプロリンのように邪魔するような形をしたものは，最適な状態で反応できない．

(b) Arg と Lys 残基は，Asp よりもずっと速く反応するので，活性部位に負電荷をもったものより，正電荷をもった側鎖をもったアミノ酸のほうがおさまりやすい．

章末問題の解答（22章）　581

(c) Ala のペプチド転移反応は, Phe や Val など, そして非極性アミノ酸より速いので, 大きさの小さいほうが有利である. 〔I. Wohlgemuth, S. Brenner, M. Beringer, and M. V. Rodnina, *J. Biol. Chem.* 283, 32229–32235（2008）による.〕

49. ペプチド転移反応では, アミノアシル tRNA のアミノ基がペプチジル tRNA のカルボニル基の炭素を求核的に攻撃する必要がある（図 22・15 参照）. pH が高くなればなるほど, アミノ基が（プロトン化されにくくなり）求核性をもつようになる.

51. (a) この変異によって, 終結因子ではなくアミノアシル化した tRNA がリボソームに入り, 終止コドンと塩基対を形成する. この結果ポリペプチドの翻訳が停止せずに, あるアミノ酸がその位置に入り, リボソームは mRNA 上のコドンを読み続け, より長いポリペプチドを合成する. 特定のアミノ酸を指定するコドンに対応する tRNA の変異はあまりタンパク質合成に影響を与えないだろう. それは細胞が他にも同じコドンを認識するイソアクセプター tRNA をもっているからである.
(b) すべてのタンパク質が影響を受けるとは思えない. 変異 tRNA によって読まれるような終止コドンをもつ遺伝子からのタンパク質のみが影響を受ける. 3種類のうち他の二つの終止コドンをもつ遺伝子からのタンパク質は正常に合成されるであろう.
(c) 抑えられる. アミノアシル tRNA 合成酵素は, 通常基質とする tRNA のアンチコドンとアクセプター部両方を認識する. tRNA のアンチコドンにナンセンスサプレッサー変異などの変異が入ると, tRNA の認識を妨害するかもしれない. すると変異した tRNA 分子はアミノアシル化を受けないかもしれない. こうしたことで変異 tRNA が終止コドンの位置にアミノ酸を挿入する可能性が抑えられている.

53. アンフィンセンのリボヌクレアーゼの実験は, タンパク質の一次構造が三次元の構造を決定するということを示した. 多くのタンパク質, 細胞内に存在する他の因子の相互作用, あるいは不溶化をさせないために, シャペロンは生体内では必要である. 分子シャペロンは, タンパク質が折りたたまる過程を助けるが, さらにそのタンパク質の三次構造に関しての他の情報はもっていない. つまり, アンフィンセンが示したように, 情報はタンパク質の一次構造に保持されている.

55. ミトコンドリアはミトコンドリア DNA によってコードされたタンパク質を合成するリボソームをもっている. 細胞質のタンパク質と同様, ミトコンドリアのタンパク質は適切な折りたたみのためにシャペロンの助けが必要である. 他のタンパク質は細胞質で合成され, ミトコンドリア膜の穴を通して, 部分的にほぐれたうえで輸送される. こうしたタンパク質は目的地に到着すると, シャペロンの助けを借りて, 適切に折りたたまれる.

57. 複数のドメインをもつタンパク質のそれぞれのドメインはファンデルワールス相互作用によって互いに会合し, 最終的にはドメインどうしの接触面はタンパク質の内部となる. かごのような形をしたシャペロニンの構造は, こうしたタンパク質を周囲から隔絶した環境で, つまりタンパク質の疎水性領域が他の細胞内タンパク質と相互作用して凝集しないように, 折りたたまることを可能とする.

59. 塩基性残基は灰色, 疎水性のつらなった部分は下線をつけた.

M K WVTFISLLLLFSSAYSRGV

61. このタンパク質の疎水性のくぼみがあるおかげで, シグナル配列の疎水性中心部を認識できる（問題 59 参照）. SRP 中の他のタンパク質は, 翻訳の休止, 転位の促進にかかわるかもしれない.

63. 無細胞系で, SRP はリボソームの出口トンネルと結合できるが, 膜がなければ翻訳は止まらない. この事実は翻訳が小休止するには, SRP ができかけのポリペプチドと小胞体膜と両方に結合する必要があることを意味している. ミクロソーム膜をあとから加えてもタンパク質は転位できないので, 転位が翻訳後ではなく, 翻訳と共役して起こる必要があることを意味している. 転位していないタンパク質は, ミクロソーム内腔内にあるシグナルペプチダーゼと接触の機会がないので, シグナルペプチドをもったままとなる.

65.

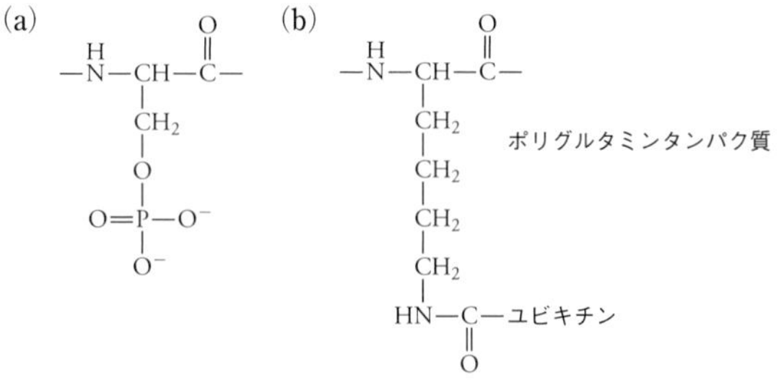

(c) アセチルトランスフェラーゼは, ヒストンの Lys 残基をアセチル化し, Lys 側鎖の正電荷を中和し, ヒストン−DNA の相互作用を弱め, その結果転写活性が上がる. アセチルトランスフェラーゼが不活性化すると, DNA は転写が不活性化する方向に変化し, 遺伝子によっては発現しなくなる. 転写活性がなくなると, ポリグルタミン病が進行する可能性がある. 〔M. Pennuto, I. Palazzolo, and A. Poletti, *Hum. Mol. Gen.* 18, R40−R47（2009）による.〕

67.

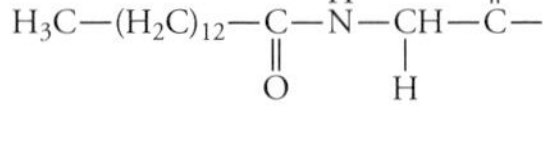

練 習 問 題 の 解 答

1章

1. ΔH は正なので，反応により熱は吸収される．

2. エントロピーは増大するので，ΔS は正である．

3. $\Delta G = \Delta H - T\Delta S$
$$= -15{,}000 \, \text{J mol}^{-1} - 298 \, \text{K} \, (-75 \, \text{J K}^{-1} \, \text{mol}^{-1})$$
$$= -15{,}000 \, \text{J mol}^{-1} + 22{,}400 \, \text{J mol}^{-1}$$
$$= 7400 \, \text{J mol}^{-1} \text{ または } 7.4 \, \text{kJ mol}^{-1}$$

ΔG が 0 より大きいので，反応は自発的ではない．

4. ΔH と $T\Delta S$ が等しいとき，ΔG は 0 になる．
$$\Delta H = T\Delta S$$
$$T = \Delta H/\Delta S = (15{,}000 \, \text{J mol}^{-1})/(75 \, \text{J K}^{-1} \, \text{mol}^{-1})$$
$$= 200 \, \text{K} \text{ または } -73 \, \text{℃}$$

2章

1. HCl は完全に水に溶けるので，加えた $[\text{H}^+]$ は $[\text{HCl}]$ に等しい．
$$[\text{H}^+] = \frac{(0.05 \, \text{L}) \, (0.025 \, \text{M})}{0.55 \, \text{L}} = 0.0023 \, \text{M}$$
$$\text{pH} = -\log[\text{H}^+] = -\log 0.0023 = 2.6$$

2. NaOH は完全に水に溶けるので，加えた $[\text{OH}^-]$ は $[\text{NaOH}]$ に等しい．
$$[\text{OH}^-] = \frac{(0.25 \, \text{L}) \, (0.005 \, \text{M})}{0.5 \, \text{L}} = 0.0025 \, \text{M}$$
$$K_\text{w} = 10^{-14} = [\text{H}^+][\text{OH}^-]$$
$$[\text{H}^+] = \frac{10^{-14}}{0.0025} = 4 \times 10^{-12} \, \text{M}$$
$$\text{pH} = -\log[\text{H}^+] = 11.4$$

3. 最終体積は $1 \, \text{L} + 25 \, \text{mL} + 25 \, \text{mL} = 1.05 \, \text{L}$
$$[\text{酢酸}] = [\text{HA}] = \frac{(0.025 \, \text{L}) \, (0.01 \, \text{M})}{1.05 \, \text{L}} = 2.4 \times 10^{-4} \, \text{M}$$
$$[\text{酢酸イオン}] = [\text{A}^-] = \frac{(0.025 \, \text{L}) \, (0.03 \, \text{M})}{1.05 \, \text{L}} = 7.1 \times 10^{-4} \, \text{M}$$
$$\text{pH} = \text{p}K_\text{a} + \log\frac{[\text{A}^-]}{[\text{HA}]} = 4.76 + \log\frac{7.1 \times 10^{-4}}{2.4 \times 10^{-4}}$$
$$= 4.76 + 0.47 = 5.23$$

4. 最終体積は $500 \, \text{mL} + 10 \, \text{mL} + 20 \, \text{mL} = 0.53 \, \text{L}$
$$[\text{ホウ酸}] = [\text{HA}] = \frac{(0.01 \, \text{L}) \, (0.05 \, \text{M})}{0.53 \, \text{L}} = 9.4 \times 10^{-4} \, \text{M}$$
$$[\text{ホウ酸イオン}] = [\text{A}^-] = \frac{(0.02 \, \text{L}) \, (0.02 \, \text{M})}{0.53 \, \text{L}} = 7.5 \times 10^{-4} \, \text{M}$$
$$\text{pH} = \text{p}K_\text{a} + \log\frac{[\text{A}^-]}{[\text{HA}]} = 9.24 + \log\frac{7.5 \times 10^{-4}}{9.4 \times 10^{-4}}$$
$$= 9.24 - 0.10 = 9.14$$

5.
$$\text{pH} = \text{p}K_\text{a} + \log\frac{[\text{A}^-]}{[\text{HA}]}$$
$$\log\frac{[\text{A}^-]}{[\text{HA}]} = \text{pH} - \text{p}K_\text{a} = 5.0 - 4.76 = 0.24$$

$$\frac{[\text{A}^-]}{[\text{HA}]} = 1.74 \text{ または } [\text{A}^-] = 1.74 \, [\text{HA}]$$
$$[\text{A}^-] = 1.74 \, [\text{A}^-] = 1.74 \, (0.05 \, \text{M} - [\text{A}^-])$$
$$[\text{A}^-] = 0.087 - 1.74 \, [\text{A}^-]$$
$$2.74 \, [\text{A}^-] = 0.087 \, \text{M}$$
$$[\text{A}^-] = 0.032 \, \text{M} \text{ または } 32 \, \text{mM}$$

6.
$$\text{pH} = \text{p}K_\text{a} + \log\frac{[\text{A}^-]}{[\text{HA}]}$$
$$\log\frac{[\text{A}^-]}{[\text{HA}]} = \text{pH} - \text{p}K_\text{a} = 3.0 - 2.15 = 0.85$$
$$\frac{[\text{A}^-]}{[\text{HA}]} = 7.08 \text{ または } [\text{HA}] = \frac{[\text{A}^-]}{7.08}$$
$$[\text{HA}] = \frac{[\text{A}^-]}{7.08} = \frac{(0.05 \, \text{M} - [\text{HA}])}{7.08}$$
$$7.08 \, [\text{HA}] = 0.05 \, \text{M} - [\text{HA}]$$
$$8.08 \, [\text{HA}] = 0.05 \, \text{M}$$
$$[\text{HA}] = 0.0062 \, \text{M} \text{ または } 6.2 \, \text{mM}$$

7. pH が 6 のとき，$\text{pH} < \text{p}K_2$ となるので，H_2PO_4^- がおもなイオン化状態である．

8. pH が 8 のとき，$\text{pH} > \text{p}K_2$ となるので，HPO_4^{2-} がおもなイオン化状態である．

9. アンモニウムイオンの $\text{p}K_\text{a}$ は 9.25 なので，pH 9.25 では $[\text{NH}_3] = [\text{NH}_4^+]$ となる．

10. ジカルボン酸の $\text{p}K_\text{a}$ は 4.2 であり，モノカルボン酸の $\text{p}K_\text{a}$ は 5.64 であるから，pH 4.2 から 5.64 の間ではモノカルボン酸イオンがおもなイオン化状態となる（pH が 5.64 より高いと，ジカルボン酸イオンがおもなイオン化状態となる）．

11.
$$\text{pH} = \text{p}K_\text{a} + \log\frac{[\text{A}^-]}{[\text{HA}]}$$
$$\log\frac{[\text{A}^-]}{[\text{HA}]} = \text{pH} - \text{p}K_\text{a}$$
$$\frac{[\text{A}^-]}{[\text{HA}]} = 10^{(\text{pH} - \text{p}K_\text{a})} = 10^{(9.6 - 9.24)} = 10^{0.36} = 2.29$$

初めの水溶液は，$(0.2 \, \text{L}) \, (0.05 \, \text{mol L}^{-1}) = 0.01 \, \text{mol}$ のホウ酸（HA）を含む．必要なホウ酸イオン（A^-）の量は，$2.29 \, (0.01 \, \text{mol}) = 0.023 \, \text{mol}$ である．加えるホウ酸水溶液の濃度は 5.0 M なので，加えるべきホウ酸水溶液の量は以下のように計算できる．
$$\frac{0.023 \, \text{mol}}{5.0 \, \text{mol L}^{-1}} = 0.0046 \, \text{L} \text{ または } 4.6 \, \text{mL}$$

12.
$$\text{pH} = \text{p}K_\text{a} + \log\frac{[\text{A}^-]}{[\text{HA}]}$$
$$\log\frac{[\text{A}^-]}{[\text{HA}]} = \text{pH} - \text{p}K_\text{a}$$
$$\frac{[\text{A}^-]}{[\text{HA}]} = 10^{(\text{pH} - \text{p}K_\text{a})} = 10^{(6.5 - 7.0)} = 10^{-0.5} = 0.316$$

初めの水溶液は，$(0.5\,\text{L})(0.01\,\text{mol L}^{-1}) = 0.005\,\text{mol}$ のイミダゾール（A^-）を含む．必要なイミダゾール塩化物水溶液（HA）の量は，$0.005\,\text{mol}/0.316 = 0.016\,\text{mol}$ である．加えるイミダゾール塩化物の濃度は $1.0\,\text{M}$ なので，加えるべきホウ酸水溶液の量は以下のように計算できる．

$$\frac{0.016\,\text{mol}}{1.0\,\text{mol L}^{-1}} = 0.016\,\text{L} \ \text{または} \ 16\,\text{mL}$$

4章

1. pH 6.0 のとき，pK_a が 6.0 より小さい残基はほとんど脱プロトンされ，pK_a が 6.0 より大きい残基はほとんどプロトン化されている．ジペプチドの正味の電荷は -1 となる．

基	電荷
N 末端	+1
Glu	−1
Tyr	0
C 末端	−1
正味の電荷	−1

2. pH 7.0 のとき，pK_a が 7.0 より小さい残基はほとんど脱プロトンされ，pK_a が 7.0 より大きい残基はほとんどプロトン化されている．トリペプチドの正味の電荷は -3 となる．

基	電荷
N 末端	+1
3 Asp	−3
C 末端	−1
正味の電荷	−3

3. pH 8.0 のとき，pK_a が 8.0 より小さい残基はほとんど脱プロトンされ，pK_a が 8.0 より大きい残基はほとんどプロトン化されている．トリペプチドの正味の電荷は 0 となる．

基	電荷
N 末端	+1
His	0
Lys	+1
Glu	−1
C 末端	−1
正味の電荷	0

4. アラニンの正味の電荷が 0 となるためには，α-カルボキシ基（pK_a 約 3.5）が脱プロトンされ負電荷をもち，α-アミノ基（pK_a 約 9.0）がプロトン化され正電荷をもたなければならない．

$$\text{pI} = 1/2(3.5 + 9.0) = 6.25$$

5. グルタミン酸の正味の電荷が 0 となるためには，α-カルボキシ基が脱プロトンされ負電荷をもち，側鎖がプロトン化され中性になり，α-アミノ基がプロトン化され正電荷をもたなければならない．側鎖もしくは α-アミノ基の脱プロトンはアミノ酸の正味の電荷を変えるので，pI の計算にはこれらの基の pK_a（4.0, 9.0）を用いる必要がある．

$$\text{pI} = 1/2(4.0 + 9.0) = 6.5$$

5章

1.
$$Y = \frac{p\text{O}_2}{K + p\text{O}_2} = \frac{5.6}{2.8 + 5.6} = 0.67$$

2. Y は増加する．
$$Y = \frac{p\text{O}_2}{K + p\text{O}_2} = \frac{5.6}{1.4 + 5.6} = 0.80$$

3.
$$Y = 0.75 = \frac{p\text{O}_2}{2.8 + p\text{O}_2}$$
$$0.75(2.8 + p\text{O}_2) = p\text{O}_2$$
$$2.1 + 0.75\,p\text{O}_2 = p\text{O}_2$$
$$2.1 = 0.25\,p\text{O}_2$$
$$p\text{O}_2 = 8.4\,\text{Torr}$$

7章

1. $v = k[\text{X}][\text{Y}]$ なので，$k = v/[\text{X}][\text{Y}]$
$$k = (5\,\mu\text{M s}^{-1})/[(5\,\mu\text{M})(5\,\mu\text{M})]$$
$$= 0.2\,\mu\text{M}^{-1}\,\text{s}^{-1}$$

2. $v = k[\text{X}][\text{Y}] = (0.2\,\mu\text{M}^{-1}\,\text{s}^{-1})(20\,\mu\text{M})(10\,\mu\text{M})$
$$= 40\,\mu\text{M s}^{-1}$$

3. $v = k[\text{X}][\text{Y}]$ なので，$[\text{X}][\text{Y}] = [\text{X}]^2 = v/k$
$$[\text{X}]^2 = (8\,\text{mM s}^{-1})/(0.5\,\text{mM}^{-1}\,\text{s}^{-1})$$
$$= 16\,\text{mM}^2$$
$$[\text{X}] = [\text{Y}] = 4\,\text{mM}$$

4.
$$v_0 = \frac{(5\,\text{nM s}^{-1})(1.5\,\text{mM})}{(1\,\text{mM}) + (1.5\,\text{mM})} = \frac{7.5}{2.5}\,\text{nM s}^{-1} = 3\,\text{nM s}^{-1}$$

5.
$$v_0 = \frac{(5\,\text{nM s}^{-1})(10\,\text{mM})}{(1\,\text{mM}) + (10\,\text{mM})} = \frac{50}{11}\,\text{nM s}^{-1} = 4.5\,\text{nM s}^{-1}$$

6.
$$v_0 = \frac{V_{\max}[\text{S}]}{K_\text{M} + [\text{S}]}$$
$$K_\text{M} = \frac{V_{\max}[\text{S}]}{v_0} - [\text{S}]$$
$$K_\text{M} = \frac{(7.5\,\mu\text{M s}^{-1})(1\,\mu\text{M})}{5\,\mu\text{M s}^{-1}} - 1\,\mu\text{M} = 1.5\,\mu\text{M} - 1\,\mu\text{M}$$
$$= 0.5\,\mu\text{M}$$

7.
$$v_0 = \frac{V_{\max}[\text{S}]}{K_\text{M} + [\text{S}]}$$
$$[\text{S}] = \frac{V_{\max}[\text{S}]}{v_0} - K_\text{M}$$
$$V_{\max}[\text{S}] = v_0 K_\text{M} + v_0[\text{S}]$$
$$V_{\max}[\text{S}] - v_0[\text{S}] = v_0 K_\text{M}$$
$$[\text{S}](V_{\max} - v_0) = v_0 K_\text{M}$$
$$[\text{S}] = \frac{v_0 K_\text{M}}{V_{\max} - v_0} = \frac{(2.5\,\mu\text{M s}^{-1})(0.5\,\mu\text{M})}{7.5\,\mu\text{M s}^{-1} - 2.5\,\mu\text{M s}^{-1}} = \frac{1.25}{5}\,\mu\text{M}$$
$$= 0.25\,\mu\text{M}$$

8. $[\text{S}]$ と v_0 の逆数を計算し，$1/v_0$ に対する $1/[\text{S}]$ をプロットする．$1/[\text{S}]$ 軸の切片は $-0.1\,\text{mM}^{-1}$ で，これは $-1/K_\text{M}$ に等しい．したがって，$K_\text{M} = 10\,\text{mM}$ となる．$1/v_0$ 軸の切片は $0.05\,\text{mM}^{-1}\,\text{s}$ で，これは $1/V_{\max}$ に等しい．したがって，$V_{\max} = 20\,\text{mM s}^{-1}$ となる．

9. 見かけの K_M は $3\,K_\text{M}$ であるので，$\alpha = 3$ である．
$$K_\text{I} = \frac{[\text{I}]}{\alpha - 1} = \frac{10\,\mu\text{M}}{3 - 1} = \frac{10\,\mu\text{M}}{2} = 5\,\mu\text{M}$$

練習問題の解答　585

10. (7・29) 式を用いて，α を計算する．
$$\alpha = 1 + \frac{[\mathrm{I}]}{K_{\mathrm{I}}} = 1 + \frac{4\,\mu\mathrm{M}}{2\,\mu\mathrm{M}} = 1 + 2 = 3$$
見かけの K_{M} は $\alpha K_{\mathrm{M}} = (3)(10\,\mu\mathrm{M}) = 30\,\mu\mathrm{M}$.

11. 阻害剤 A について，$\alpha = 2$
$$K_{\mathrm{I}} = \frac{[\mathrm{I}]}{\alpha - 1} = \frac{2\,\mu\mathrm{M}}{2-1} = 2\,\mu\mathrm{M}$$
阻害剤 B について，$\alpha = 4$
$$K_{\mathrm{I}} = \frac{[\mathrm{I}]}{\alpha - 1} = \frac{9\,\mu\mathrm{M}}{4-1} = 3\,\mu\mathrm{M}$$
その比は，$3\,\mu\mathrm{M}/2\,\mu\mathrm{M} = 1.5$.

9 章

1.
$$\Delta\psi = 0.058\log\frac{[\mathrm{Na}^+]_{内}}{[\mathrm{Na}^+]_{外}}$$
$$\log[\mathrm{Na}^+]_{内} = \frac{\Delta\psi}{0.058} + \log[\mathrm{Na}^+]_{外}$$
$$\log[\mathrm{Na}^+]_{内} = \frac{-0.100}{0.058} + \log(0.160)$$
$$\log[\mathrm{Na}^+]_{内} = -1.72 - 0.796 = -2.52$$
$$[\mathrm{Na}^+]_{内} = 0.003\,\mathrm{M} = 3\,\mathrm{mM}$$

2.
$$\Delta\psi = 0.058\log\frac{[\mathrm{Na}^+]_{内}}{[\mathrm{Na}^+]_{外}} = 0.058\log\frac{(0.010)}{(0.100)}$$
$$= 0.058\log(0.10) = -0.058\,\mathrm{V}$$
$$= -58\,\mathrm{mV}$$

3.
$$\Delta\psi = 0.058\log\frac{[\mathrm{Na}^+]_{内}}{[\mathrm{Na}^+]_{外}} = 0.058\log\frac{(0.040)}{(0.025)}$$
$$= 0.058\log(1.6) = 0.012\,\mathrm{V}$$
$$= 12\,\mathrm{mV}$$

4. $\Delta G = RT(-4.6)$
$$= (8.3145\,\mathrm{J\,K^{-1}\,mol^{-1}})(293\,\mathrm{K})(-4.6)$$
$$= -11{,}200\,\mathrm{J\,mol^{-1}} = -11.2\,\mathrm{kJ\,mol^{-1}}$$

5.
$$\Delta G = RT\ln\frac{[\text{グルコース}]_{内}}{[\text{グルコース}]_{外}} = RT\ln\frac{(0.0005)}{(0.005)}$$
$$= (8.3145\,\mathrm{J\,K^{-1}\,mol^{-1}})(293\,\mathrm{K})(-2.3)$$
$$= -5610\,\mathrm{J\,mol^{-1}}$$
$$= -5.61\,\mathrm{kJ\,mol^{-1}}$$

6.
$$\Delta G = RT\ln\frac{[\text{グルコース}]_{内}}{[\text{グルコース}]_{外}} = RT\ln\frac{(0.005)}{(0.0005)}$$
$$= (8.3145\,\mathrm{J\,K^{-1}\,mol^{-1}})(293\,\mathrm{K})(2.3)$$
$$= +5610\,\mathrm{J\,mol^{-1}}$$
$$= +5.61\,\mathrm{kJ\,mol^{-1}}$$

7.
$$\Delta G = RT\ln\frac{[\mathrm{X}]_{内}}{[\mathrm{X}]_{外}} + ZF\Delta\psi$$
$$= (8.3145\,\mathrm{J\,K^{-1}\,mol^{-1}})(293\,\mathrm{K})\ln\frac{(0.050)}{(0.010)}$$
$$+ (1)(96{,}485\,\mathrm{J\,V^{-1}\,mol^{-1}})(-0.05\,\mathrm{V})$$
$$= 3920\,\mathrm{J\,mol^{-1}} - 4820\,\mathrm{J\,mol^{-1}} = -900\,\mathrm{J\,mol^{-1}}$$
$$= -0.9\,\mathrm{kJ\,mol^{-1}}$$
この過程は自発的である．

8.
$$\Delta G = RT\ln\frac{[\mathrm{X}]_{内}}{[\mathrm{X}]_{外}} + ZF\Delta\psi$$
$$= (8.3145\,\mathrm{J\,K^{-1}\,mol^{-1}})(293\,\mathrm{K})\ln\frac{(0.025)}{(0.100)}$$
$$+ (1)(96{,}485\,\mathrm{J\,V^{-1}\,mol^{-1}})(0.05\,\mathrm{V})$$
$$= -3380\,\mathrm{J\,mol^{-1}} + 4820\,\mathrm{J\,mol^{-1}} = 1440\,\mathrm{J\,mol^{-1}}$$
$$= 1.44\,\mathrm{kJ\,mol^{-1}}$$
この過程は自発的ではない．

10 章

1. 全受容体の 40 % がリガンドに結合しているので，$[\mathrm{RL}] = 9.6\,\mu\mathrm{M}$，$[\mathrm{R}] = 14.4\,\mu\mathrm{M}$ である．
$$K_{\mathrm{d}} = \frac{[\mathrm{R}][\mathrm{L}]}{[\mathrm{RL}]}$$
$$= \frac{(14.4\times10^{-6})(10\times10^{-6})}{(9.6\times10^{-6})} = 15\times10^{-6}$$
$$= 15\,\mu\mathrm{M}$$

2.
$$K_{\mathrm{d}} = \frac{[\mathrm{R}][\mathrm{L}]}{[\mathrm{RL}]}$$
$$[\mathrm{RL}] = \frac{[\mathrm{R}][\mathrm{L}]}{K_{\mathrm{d}}} = \frac{(0.005)(0.018)}{(0.003)} = 0.03\,\mathrm{M}$$
$$= 30\,\mathrm{mM}$$

3. $[\mathrm{RL}] = x$ とすると，$[\mathrm{R}] = 20\,\mathrm{mM} - x$
$$K_{\mathrm{d}} = \frac{[\mathrm{R}][\mathrm{L}]}{[\mathrm{RL}]}$$
$$[\mathrm{RL}] = x = \frac{[\mathrm{R}][\mathrm{L}]}{K_{\mathrm{d}}}$$
$$x = \frac{(0.02-x)(0.005)}{(0.01)} = \frac{0.0001 - 0.005x}{0.01}$$
$$0.01x = 0.0001 - 0.005x$$
$$0.015x = 0.0001$$
$$x = 0.0067\,\mathrm{M} = 6.7\,\mathrm{mM}$$

リガンドが結合している受容体の割合は 6.7 mM/20 mM = 0.33 すなわち 33 %.

12 章

1. $\Delta G^{\circ\prime} = -RT\ln K_{\mathrm{eq}} = -(8.3145\,\mathrm{J\,K^{-1}\,mol^{-1}})(298\,\mathrm{K})\ln 0.25$
$$= 3400\,\mathrm{J\,mol^{-1}} = 3.4\,\mathrm{kJ\,mol^{-1}}$$

2. $\Delta G^{\circ\prime} = -RT\ln K_{\mathrm{eq}} = -(8.3145\,\mathrm{J\,K^{-1}\,mol^{-1}})(310\,\mathrm{K})\ln 0.25$
$$= 3600\,\mathrm{J\,mol^{-1}} = 3.6\,\mathrm{kJ\,mol^{-1}}$$
温度が上昇することで，自由エネルギー変化は正方向に少し増える．

3.
$$\Delta G^{\circ\prime} = -RT\ln K_{\mathrm{eq}} \text{ なので，}$$
$$\ln K_{\mathrm{eq}} = -\Delta G^{\circ\prime}/RT$$
$$K_{\mathrm{eq}} = e^{-\Delta G^{\circ\prime}/RT}$$
$$= e^{-(-10{,}000\,\mathrm{J\,mol^{-1}})/(8.3145\,\mathrm{J\,K^{-1}\,mol^{-1}})(310\,\mathrm{K})}$$
$$= e^{3.88} = 48$$

4.
$$\Delta G = \Delta G^{\circ\prime} + RT \ln \frac{[\text{グルコース 6-リン酸}]}{[\text{グルコース 1-リン酸}]}$$
$$= -7100 \text{ J K}^{-1} \text{ mol}^{-1}$$
$$+ (8.3145 \text{ J K}^{-1} \text{ mol}^{-1})(310 \text{ K}) \ln \frac{(0.020)}{(0.005)}$$
$$= -7100 \text{ J mol}^{-1} + 3600 \text{ J mol}^{-1} = -3500 \text{ J mol}^{-1}$$
$$= -3.5 \text{ kJ mol}^{-1}$$

$\Delta G < 0$ なので，反応は自発的である．

5.
$$K_{eq} = 17.6 = \frac{[\text{グルコース 6-リン酸}]}{[\text{グルコース 1-リン酸}]}$$
$$[\text{グルコース 1-リン酸}] = [\text{グルコース 6-リン酸}]/17.6$$
$$= 0.035/17.6 = 0.002 \text{ M} = 2 \text{ mM}$$

6.
$$\Delta G = \Delta G^{\circ\prime} + RT \ln \frac{[\text{グルコース 6-リン酸}]}{[\text{グルコース 1-リン酸}]}$$
$$\ln \frac{[\text{グルコース 6-リン酸}]}{[\text{グルコース 1-リン酸}]} = \frac{\Delta G - \Delta G^{\circ\prime}}{RT}$$
$$\ln \frac{[\text{グルコース 6-リン酸}]}{[\text{グルコース 1-リン酸}]} = \frac{-2000 - (-7100 \text{ J mol}^{-1})}{(8.3145 \text{ J K}^{-1} \text{ mol}^{-1})(310 \text{ K})}$$
$$\ln \frac{[\text{グルコース 6-リン酸}]}{[\text{グルコース 1-リン酸}]} = \frac{5100}{2600} = 2.0$$
$$\frac{[\text{グルコース 6-リン酸}]}{[\text{グルコース 1-リン酸}]} = 7.4$$

15章

1. (15・1) 式を用いる．
$$\varepsilon = \varepsilon^{\circ\prime} - \frac{RT}{nF} \ln \frac{[\text{A}_{\text{還元型}}]}{[\text{A}_{\text{酸化型}}]}$$
$$= 0.031 \text{ V} - \frac{(8.3145 \text{ J K}^{-1} \text{ mol}^{-1})(310 \text{ K})}{(2)(96,485 \text{ J V}^{-1} \text{ mol}^{-1})} \ln \frac{(1 \times 10^{-4})}{(8 \times 10^{-5})}$$
$$= 0.031 \text{ V} - 0.003 \text{ V} = 0.028 \text{ V}$$

2. (15・2) 式を変形して用いる．
$$\varepsilon = \varepsilon^{\circ\prime} - \frac{0.026 \text{ V}}{n} \ln \frac{[\text{A}_{\text{還元型}}]}{[\text{A}_{\text{酸化型}}]}$$
$$\varepsilon^{\circ\prime} = \varepsilon + \frac{0.026 \text{ V}}{n} \ln \frac{[\text{A}_{\text{還元型}}]}{[\text{A}_{\text{酸化型}}]}$$
$$= 0.50 \text{ V} + \frac{0.026 \text{ V}}{2} \ln \frac{(5 \times 10^{-6})}{(2 \times 10^{-4})}$$
$$= 0.50 \text{ V} + (-0.048 \text{ V}) = 0.452 \text{ V}$$

3. 関係する半反応式は以下のとおり．

マレイン酸 $\longrightarrow$ オキサロ酢酸 $+ 2\text{H}^+ + 2\text{e}^-$ $\varepsilon^{\circ\prime} = +0.166 \text{ V}$

ユビキノン $+ 2\text{H}^+ + 2\text{e}^- \longrightarrow$ ユビキノール $\varepsilon^{\circ\prime} = +0.045 \text{ V}$

マレイン酸 $+$ ユビキノン $\longrightarrow$ オキサロ酢酸 $+$ ユビキノン
$$\Delta\varepsilon^{\circ\prime} = 0.211 \text{ V}$$

$$\Delta G^{\circ\prime} = -nF\Delta\varepsilon^{\circ\prime} = -(2)(96,485 \text{ J V}^{-1} \text{ mol}^{-1})(0.211 \text{ V})$$
$$= -40,700 \text{ J mol}^{-1} = -40.7 \text{ kJ mol}^{-1}$$

4. 関係する半反応式は以下のとおり．

アセトアルデヒド $+ 2\text{H}^+ + 2\text{e}^- \longrightarrow$ エタノール
$$\varepsilon^{\circ\prime} = -0.197 \text{ V}$$

NADH $\longrightarrow$ NAD$^+ + \text{H}^+ + 2\text{e}^-$ $\varepsilon^{\circ\prime} = +0.315 \text{ V}$

アセトアルデヒド $+$ NADH $\longrightarrow$ エタノール $+$ NAD$^+$
$$\Delta\varepsilon^{\circ\prime} = 0.118 \text{ V}$$

$$\Delta G^{\circ\prime} = -nF\Delta\varepsilon^{\circ\prime} = -(2)(96,485 \text{ J V}^{-1} \text{ mol}^{-1})(0.118 \text{ V})$$
$$= -22,800 \text{ J mol}^{-1} = -22.8 \text{ kJ mol}^{-1}$$

5. 逆反応では，

シトクロム $c_1(\text{Fe}^{3+}) + \text{e}^- \longrightarrow$ シトクロム $c_1(\text{Fe}^{2+})$ $\varepsilon^{\circ\prime} = 0.22 \text{ V}$

シトクロム $c(\text{Fe}^{2+}) \longrightarrow$ シトクロム $c(\text{Fe}^{3+}) + \text{e}^-$ $\varepsilon^{\circ\prime} = -0.235 \text{ V}$

$$\Delta\varepsilon^{\circ\prime} = 0.22 \text{ V} + (-0.235 \text{ V}) = -0.015 \text{ V}$$
$$\Delta G^{\circ\prime} = -nF\Delta\varepsilon^{\circ\prime} = -(1)(96,485 \text{ J V}^{-1} \text{ mol}^{-1})(-0.015 \text{ V})$$
$$= 1400 \text{ J mol}^{-1} = 1.4 \text{ kJ mol}^{-1}$$

6. 計算例題 15・3 で用いた式を利用する．
$$\Delta G = 2.303 RT(\text{pH}_{内} - \text{pH}_{外}) + ZF\Delta\psi$$
$$= 2.303(8.3145 \text{ J K}^{-1} \text{ mol}^{-1})(310 \text{ K})(7.6 - 7.3)$$
$$+ (1)(96,485 \text{ J V}^{-1} \text{ mol}^{-1})(0.170 \text{ V})$$
$$= 1780 \text{ J mol}^{-1} + 16,400 \text{ J mol}^{-1}$$
$$= 18,200 \text{ J mol}^{-1} = 18.2 \text{ kJ mol}^{-1}$$

7. 計算例題 15・3 で用いた式を利用する．
$$\Delta G = 2.303 RT(\text{pH}_{内} - \text{pH}_{外}) + ZF\Delta\psi$$
$$(\text{pH}_{内} - \text{pH}_{外})$$
$$= \frac{\Delta G - ZF\Delta\psi}{RT}$$
$$= \frac{30,500 \text{ J mol}^{-1} - (1)(96,485 \text{ J V}^{-1} \text{ mol}^{-1})(0.170 \text{ V})}{2.303(8.3145 \text{ J K}^{-1} \text{ mol}^{-1})(298 \text{ K})}$$
$$= \frac{30,500 \text{ J mol}^{-1} - 16,400 \text{ J mol}^{-1}}{5700 \text{ J mol}^{-1}} = 2.5$$

マトリックスの pH は細胞質の pH より 2.5 高くなければならない．

16章

1. $E = (3.6 \times 10^{-19} \text{ J})(6.022 \times 10^{23} \text{ mol}^{-1})$
$$= 217,000 \text{ J mol}^{-1} = 217 \text{ kJ mol}^{-1}$$

2.
$$\lambda = \frac{hcN}{E}$$
$$= \frac{(6.626 \times 10^{-34} \text{ J s})(2.998 \times 10^8 \text{ m s}^{-1}) \times (6.022 \times 10^{23} \text{ mol}^{-1})}{250 \times 10^3 \text{ J mol}^{-1}}$$
$$= 479 \times 10^{-9} \text{ m} = 479 \text{ nm}$$

索　引

あ　行

IRS-1 (insulin receptor substrate-1)　238
IF → 開始因子
IMP → イノシン一リン酸
アイソザイム (isozyme)　134
IDL → 中間密度リポタンパク質
青白選択スクリーニング (blue-white screening)　61
赤　潮　366
アーキア (archaea)　14
アクアポリン (aquaporin)　204, 205
アクセプターステム (acceptor stem)　503
悪玉コレステロール → 低密度リポタンパク質
アクチベーター (activator)　480
アクチン (actin)　107, 120
　F——　108
　球状単量体——　108
　G——　108
アクチンフィラメント (filamentous actin)　108〜110
アグレ (Peter Agre)　204
アゴニスト (agonist)　221
アコニターゼ (aconitase)　313
アコニット酸　313
アシクロビル (acyclovir)　164
アシドーシス (acidosis)　33
　呼吸性——　33
　代謝性——　33
アシル基 (acyl group)　182
アシルキャリヤータンパク質 (acyl carrier protein)　378
アシル CoA　371
アシル CoA オキシダーゼ (acyl-CoA oxidase)　377
アシル CoA デヒドロゲナーゼ (acyl-CoA dehydrogenase)　373
アスコルビン酸 (ascorbic acid)　116
アスパラギン (asparagine)　3, 73, 412
アスパラギン酸 (aspartate, aspartic acid)　73, 412
アスパラギン酸アミノトランスフェラーゼ (aspartate aminotransferase)　399
アスパラギンシンテターゼ　402
アスピリン (aspirin) → アセチルサリチル酸
N-アセチルグルコサミン (N-acetylglucosamine)　247
アセチル CoA (acetyl CoA)　260, 372, 412

アセチルコリン (acetylcholine)　209
アセチルサリチル酸　39, 233
アセト酢酸 (acetoacetate)　384
アッシャー症候群 (Usher syndrome)　122
アディポネクチン (adiponectin)　434
アデニン (adenine)　42, 43
アデノシン (adenosine)　43, 221
アデノシン一リン酸 (adenosine monophosphate) → AMP
アデノシン三リン酸 (adenosine triphosphate) → ATP
アデノシン二リン酸 (adenosine diphosphate) → ADP
アテローム性動脈硬化症 (atherosclerosis)　369, 381, 403
アトルバスタチン (atorvastatin)　168
アドレナリン (adrenaline)　223, 405, 432
アドレナリン β_2 受容体　223
アナンダミド (anandamide)　239
アニール (anneal)　48
アノマー (anomer)　243
アフィニティークロマトグラフィー (affinity chromatography)　88
アポトーシス (apoptosis)　457
アミド　4
アミノアシル化 (aminoacylation)　503
アミノアシル tRNA 合成酵素 (amino acyl-tRNA synthetase)　503, 504
　——の校正活性　505
　——の構造　504
アミノ基転移 (transamination)　398
アミノ基転移酵素 → アミノトランスフェラーゼ
2-アミノ-3-ケト酪酸　412
アミノ酸 (amino acid)　3, 70
　——の構造　72
　含硫——　403
　極性——　72
　疎水性——　71
　分枝——　403
　芳香族——　403
α-アミノ酸 (α-amino acid)　71
アミノ酸残基 (amino acid residue)　74
アミノトランスフェラーゼ (aminotransferase)　398, 399
アミロイド沈着 (amyloid deposit)　84
アミロース (amylose)　245
アミロペクチン (amylopectin)　245
アミン　4
アムホテリシン B (amphotericin B)　203
アラキドン酸　383
アラニン (alanine)　3, 71

アラニンアミノトランスフェラーゼ (alanine aminotransferase)　321, 399
RISC → RNA 誘導サイレンシング複合体
RIP → リボソーム不活性化タンパク質
rRNA → リボソーム RNA
RRF → リボソーム再利用因子
RRM → RNA 結合ドメイン
RN アーゼ H (RNase H)　454
RN アーゼ P (RNase P) → リボヌクレアーゼ P
RNA → リボ核酸
RNAi → RNA 干渉
RNA 活性化プロテインキナーゼ (protein kinase RNA activated)　238
RNA 干渉 (RNA interference)　67, 492, 493
RNA 結合調節タンパク質　492
RNA 結合ドメイン (RNA binding domain)　489
RNA 酵素 → リボザイム
RNA サイレンシング　492
RNA ポリメラーゼ　484〜486
　——の構造　479, 484
RNA 誘導サイレンシング複合体 (RNA-induced silencing complex)　492
RNA ワールド (RNA world)　494
RF → 終結因子
アルカプトン尿症　414
アルカローシス (alkalosis)　33, 415
　呼吸性——　33
　代謝性——　33
R 基 (R group)　70
アルギナーゼ (arginase)　416
アルギニノコハク酸シンテターゼ (argininosuccinate synthetase)　416
アルギニノコハク酸リアーゼ (argininosuccinase)　416
アルギニン (arginine)　73, 402
Argonaute　492
アルコール　4
アルコール代謝　292
アルコールデヒドロゲナーゼ　292
R 状態 (relaxed state, アロステリックタンパク質の)　104, 165
アルツハイマー病 (Alzheimer's disease)　84
アルデヒド　4
アルドース (aldose)　241
アルドースレダクターゼ (aldose reductase)　438
アルドラーゼ (aldolase)　283, 284
RBD → RNA 結合ドメイン
α 炭素原子 (α carbon)　71
α ヘリックス (α helix)　77

索 引

αらせん → αヘリックス
アレスチン (arrestin) 227
アロステリック制御 (allosteric regulation) 170
アロステリックタンパク質 (allosteric protein) 105
アロスリック調節因子 172
アロラクトース (allolactose) 483
アンジオテンシノーゲン (angiotensinogen) 152
アンジオテンシンI (angiotensin I) 152
アンタゴニスト (antagonist) 221
アンチコドン (anticodon) 502
アンチコドンループ (anticodon loop) 503
アンテナ色素 (antenna pigment) 353
暗反応 (dark reaction) 360
アンフィンセン (Christian Anfinsen) 95, 525

eIF → 開始因子
EI複合体 (EI complex) → 酵素-阻害剤複合体
ES複合体 (ES complex) → 酵素-基質複合体
EF → 伸長因子
EF → 浮腫因子
イオン交換クロマトグラフィー (ion exchange chromatography) 87
イオン相互作用 (ionic interaction) 22
イオン対 (ion pair) 81
異化 (catabolism) 255
　プロピオニルCoAの―― 375
イソアクセプターtRNA (isoacceptor tRNA) 502
イソクエン酸 313
イソクエン酸デヒドロゲナーゼ (isocitrate dehydrogenase) 313, 317, 323
イソ酵素 → アイソザイム
イソニアジド (isoniazid) 382
イソプレノイド (isoprenoid) 185, 388
イソペンテニル二リン酸 (isopentenyl diphosphate) 388
イソペンテニルピロリン酸 → イソペンテニル二リン酸
イソロイシン (isoleucine) 71
一塩基多型 (single-nucleotide polymorphism) 55
一次構造 (primary structure, タンパク質の) 76
一次反応 (first-order reaction) 158
一倍体 (haploid) 52
一酸化窒素 406
一本鎖結合タンパク質 (single-strand binding protein) 449, 470
遺伝暗号 (genetic code) 50, 501, 502
遺伝子 (gene) 41, 49, 475
遺伝子組換え (genetically modified) 63
遺伝子組換え植物 → トランスジェニック植物
遺伝子工学 (genetic engineering) 60
遺伝子垂直伝播 (vertical gene transfer) 54
遺伝子水平伝播 (horizontal gene transfer) 54
遺伝子治療 (gene therapy) 63

イニシエーター 478
イヌリン (inulin) 253
イノシン一リン酸 (inosine monophosphate) 408
EPA (eicosapentaenoic acid) 183
EBS → 単純型先天性表皮水疱症
EPO → エリスロポエチン
E部位 (E site) 507
イブプロフェン 233
イマチニブ 231
イミノ基 (imino group) 115
イミン (imine) 4, 137
イングラム (Vernon Ingram) 106, 414
インクレチン (incretin) 434
インスリン (insulin) 430, 520
インスリン受容体 229
インスリン抵抗性 (insulin resistance) 438
インテグラーゼ (integrase) 456
インドール (indole) 404
イントロン (intron) 475, 489
in vitro変異誘発 (in vitro mutagenesis) → 部位特異的変異誘発
ウィルキンス (Maurice Wilkins) 45
ウラシル (uracil) 42, 43
ウリジン (uridine) 43
ウリジン一リン酸 (uridine monophosphate) → UMP
ウリジン三リン酸 (uridine triphosphate) → UTP
ウリジン二リン酸 (uridine diphosphate) → UDP
ウレアーゼ (urease) 417
ウワバイン (ouabain) 440
エイコサノイド (eicosanoid) 234
AIDS → 後天性免疫不全症候群
AARS → アミノアシルtRNA合成酵素
AST → アスパラギン酸アミノトランスフェラーゼ
AMP 43
AMP依存性プロテインキナーゼ (AMP-dependent protein kinase) 434
AMPK → AMP依存性プロテインキナーゼ
ALT → アラニンアミノトランスフェラーゼ
A形DNA (A-DNA) 47
エキシトン (exciton) → 励起子
エキソサイトーシス (exocytosis) 210
エキソヌクレアーゼ (exonuclease) 46
エキソペプチダーゼ (exopeptidase) 74
エキソン (exon) 476, 489
ACP → アシルキャリヤータンパク質
siRNA → 低分子干渉RNA
SREBP (sterol regulatory element binding protein) 395
SRP → シグナル認識粒子
SSRI → 選択的セロトニン再取込み阻害薬
SSB → 一本鎖結合タンパク質
snRNA → 核内低分子RNA
SNARE → SNARE (すねあ)
snoRNA → 核小体低分子RNA
SNP → 一塩基多型
SLE → 全身性エリテマトーデス

SGOT → 血清グルタミン酸-オキサロ酢酸トランスアミナーゼ
SGPT → 血清グルタミン酸-ピルビン酸トランスアミナーゼ
SDS (sodium dodecyl sulfate) 88, 95
SDS-PAGE → SDS-ポリアクリルアミドゲル電気泳動
SDS-ポリアクリルアミドゲル電気泳動 (SDS polyacrylamide gel electrophoresis) 88
エステル 4
エストロゲン (estrogen) 232
SUMO (small ubiquitin-like modifier) 520
X線結晶構造解析法 (X-ray crystallography) 79
HIV → ヒト免疫不全ウイルス
HIVプロテアーゼ 169
Hsp → 熱ショックタンパク質
HAT → ヒストンアセチルトランスフェラーゼ
HOG経路 (high osmolarity glycerol pathway) 239
HTH → ヘリックス-ターン-ヘリックス
HDL → 高密度リポタンパク質
HPLC → 高速液体クロマトグラフィー
ATM 461
エディディン (Michael Edidin) 197
ATP 3, 43, 268
ADP 43
ATP-クエン酸リアーゼ (ATP-citrate lyase) 378
ATP結合カセット (ATP-binding cassette) 208
ATP合成酵素 340, 341, 360
　――の構造 341
　F型―― 340
エーテル 4
エトポシド (etoposide) 468
エドマン分解法 (Edman degradation) 89
エナンチオマー (enantiomer) 242
NAD 44, 261
NADHデヒドロゲナーゼ (NADH dehydrogenase) → NADH-ユビキノンオキシドレダクターゼ複合体
NADH-ユビキノンオキシドレダクターゼ複合体 (NADH-ubiquinone oxidoreductase complex) 333, 334
NADP 261, 363
NFAT (nuclear factor of activated T cell) 237
NMR分光法 (NMR spectroscopy) → 核磁気共鳴分光法
NOシンターゼ (NO synthase) 406
N結合型オリゴ糖 (N-linked oligosaccharide) 247
ncRNA → 非コードRNA
N末端 (N-terminus) 74
エノイルCoAイソメラーゼ (enoyl-CoA isomerase) 374
エノイルCoAヒドラターゼ (enoyl-CoA hydratase) 374
エノラーゼ (enolase) 287
APエンドヌクレアーゼ (AP endonuclease) 462
ABO血液型 249

エピジェネティック（epigenetic） 468
ABC 輸送体（ABC transporter） 208
エピネフリン（epinephrine）→ アドレナリン
AP 部位 → 脱塩基部位
エピマー（epimer） 242
F アクチン（F-actin） 108
A 部位（A site） 508, 509
FeMo 補因子 397
FAD 44
FMN → フラビンモノヌクレオチド
F 型 ATP 合成酵素（F-ATP synthase） 340
エーブリー（Oswald Avery） 42, 65
miRNA → マイクロ RNA
MRSA → メチシリン耐性黄色ブドウ球菌
mRNA → メッセンジャー RNA
MutS 459
エラスターゼ（elastase） 143
　　──の構造 143
エーラース-ダンロス症候群（Ehlers-
　　　　　Danlos syndrome） 118
エリスロポエチン（erythropoietin） 102
エリスロマイシン（erythromycin） 513
LF → 致死因子
エルゴステロール（ergosterol） 395
LDL → 低密度リポタンパク質
LDL 受容体 389
L 糖（L sugar） 242
塩基（base） 28
塩基（base，核酸の） 42
塩基除去修復（base excision repair） 459
塩基触媒（base catalyst） 136
塩基性（basic） 28
塩基対（base pair） 45
塩基対数（base pair） 46
エンタルピー（enthalpy） 8
エンテロペプチダーゼ（enteropeptidase）
　　　　　　　　　　　　　　　　147
エンドサイトーシス（endocytosis） 213
エンドセリン 6
エントナー-ドゥドロフ経路（Entner-
　　　　　Doudoroff pathway） 303
エンドヌクレアーゼ（endonuclease） 46
エンドペプチダーゼ（endopeptidase） 74
エントロピー（entropy） 8
エンハンサー（enhancer） 480
　　──の機能 481

ORF → オープンリーディングフレーム
岡崎フラグメント（Okazaki fragment） 451
オキサゾリジノン（oxazolidinone） 524
オキサロ酢酸 311, 315, 412
オキシアニオンホール（oxyanion hole） 141
オキシヘモグロビン（oxyhemoglobin） 103
8-オキソグアニン（8-oxoguanine） 458
2-オキソグルタル酸 313, 318
2-オキソグルタル酸デヒドロゲナーゼ
　　　（2-oxoglutarate dehydrogenase） 313
oxoG → 8-オキソグアニン
オキソニウムイオン（oxoniumion） 27
2-オキソ酪酸 403
オグストン（Alexander Ogston） 313
O 結合型オリゴ糖（O-linked oligosaccha-
　　　　　ride） 247
オートファゴソーム（autophagosome） 218

オートファジー（autophagy） 218
オーバートン（Charles Overton） 197
オパーリン（A. I. Oparin） 18
オーファン遺伝子（orphan gene） 54
オープンリーディングフレーム（open read-
　　　　　ing frame） 54
オペレーター 482
オペロン（operon） 475, 481
ω-3 脂肪酸（omega-3 fatty acid） 183
オリゴ糖（oligosaccharide） 249
　　N 結合型── 247
　　O 結合型── 247
オリゴヌクレオチド（oligonucleotide） 46
オリゴペプチド（oligopeptide） 75
オルニチンカルバモイルトランスフェラーゼ
　　　（ornithine transcarbamoylase） 416
オレイン酸（oleic acid） 182

か　行

壊血病（scurby） 265
開口（gated） 203
介在配列 → イントロン
開始因子（initiation factor） 509
開始コドン（initiation codon） 509, 515
概日リズム（circadian rhythm） 407
回折像（diffraction pattern） 91
解糖（glycolysis） 260, 279～281
回文配列（palindrome） 59
外膜（outer membrane） 351
化学合成独立栄養生物（chemoautotroph）
　　　　　　　　　　　　　　　　255
化学浸透圧説（chemiosmotic theory） 339
化学標識（chemical labeling） 138
鍵穴モデル（lock-and-key model） 139
核酸（nucleic acid） 6, 7, 41
拡散律速（diffusion-controlled limit） 161
核磁気共鳴分光法（nuclear magnetic
　　　　　resonance spectroscopy） 92
核小体（nucleolus） 493
核小体低分子 RNA（small nucleolar RNA）
　　　　　　　　　　　　　　476, 493
核内低分子 RNA（small nuclear RNA） 476,
　　　　　　　　　　　　　　　　490
核ラミナ（nuclear lamina） 113
過酸化水素（hydrogen peroxide） 377
加水分解（hydrolysis） 74, 131
カタラーゼ（catalase） 150, 377
脚気（beriberi） 265, 321
褐色脂肪組織（brown adipose tissue） 437,
　　　　　　　　　　　　　　　　442
活性化エネルギー（activation energy） 134
活性化自由エネルギー（free energy of activa-
　　　　　tion）→ 活性化エネルギー
活性部位（active site） 132
活動電位（action potential） 199
カテコールアミン（catecholamine） 405
カフェイン 221
カプサイシン（capsaicin） 185
可変（variable） 101
可変ループ（variable loop） 503

β-ガラクトシダーゼ（β-galactosidase）
　　　　　　　　　　　　　245, 481
ガラクトシドアセチルトランスフェラーゼ
　　　（galactoside acetyltransferase） 482
ガラクトシドパーミアーゼ（galactoside
　　　　　permease） 481
カリフラワーモザイクウイルスプロモーター
　　　　　　　　　　　　　　　　368
加リン酸分解（phosphorolysis） 258
カルシニューリン（calcineurin） 237
カルニチン（carnitine） 372, 392
カルニチンアシルトランスフェラーゼ
　　　（carnitine acyltransferase） 384
カルニチンシャトルシステム 372
カルバモイルリン酸シンテターゼ
　　　（carbamoyl phosphate synthetase） 415
カルビン（Melvin Calvin） 363, 367
カルビン回路（Calvin cycle） 363
カルボアニオン（carbanion） 136
カルボキシル化反応 361
カルボニックアンヒドラーゼ（carbonic
　　　　　anhydrase） 32, 105, 132
カルボプラチン（carboplatin） 471
カルボン酸 4
カルモジュリン（calmodulin） 228
ガロッド（Archibald Garrod） 414
カロテノイド（carotenoid） 352
カロリー 267
がん 427
がん遺伝子（oncogene） 231
ガングリオシド（ganglioside） 184
がんゲノムアトラス（Cancer Genome Atlas）
　　　　　　　　　　　　　　　　460
還元（reduction） 11, 261
還元剤（reducing agent, reductant） 328
還元電位（reduction potential） 328, 356
還元糖（reducing sugar） 243
還元力（reducing equivalent） 332
環状 AMP → サイクリック AMP
緩衝液（buffer） 34
感染性海綿状脳症（transmissible spongiform
　　　　　encephalopathy） 85
肝臓 426
γ-アミノ酪酸（γ-aminobutyric acid） 405
がん抑制遺伝子（tumor suppressor gene）
　　　　　　　　　　　　　　　　460
含硫アミノ酸 403

基質（substrate） 133
基質レベルのリン酸化（substrate-level phos-
　　　　　phorylation） 314
キシリトール 244
キシロース（xylose） 246
規則的二次構造（regular secondary
　　　　　structure） 78
気体定数（gas constant） 199
キチン（chitin） 247
拮抗阻害（competitive inhibition） 166
拮抗薬 → アンタゴニスト
キナーゼ（kinase） 221, 280
キネシン（kinesin） 120
　　──の構造 121
ギブズの自由エネルギー（Gibbs free energy）
　　　　　　　　　　　　→ 自由エネルギー

索 引

基本転写因子（general transcription factor） 479, 480, 485
キモトリプシノーゲン（chymotrypsinogen） 146, 147
キモトリプシン（chymotrypsin） 132, 139, 141, 143
——の構造 143
逆転写酵素（reverse transcriptase） 455, 456
逆平行（antiparallel） 46
逆平行βシート（antiparallel β sheet） 77
キャップ（cap） 488
キャップタンパク質（capping protein） 109
GABA → γ-アミノ酪酸
Q → ユビキノン
吸エルゴン的（endergonic） 9
求核剤（nucleophile） 138
求核的触媒機構（nucleophilic catalysis） 138
球状タンパク質（globular protein） 79
球状単量体アクチン（globular monomeric actin） 108
求電子剤（electrophile） 138
QH₂ → ユビキノール
Q回路（Q cycle） 336, 337
qPCR → 定量的 PCR
狭心症 406
鏡像異性体 → エナンチオマー
共通配列（consensus sequence） 478
協同的（cooperative） 164
協同的結合（cooperative binding） 102
共鳴による安定化（resonance stabilization） 269
共役塩基（conjugate base） 30
共有結合触媒（covalent catalyst） 137, 138
極性（polarity） 21, 24
極性アミノ酸（polar amino acid） 72
キラリティー（chirality） 71, 73
キラル（chiral） 242
キロミクロン（chylomicron） 256, 273, 369
筋収縮（contraction） 119
近接効果（proximity effect） 142
金属イオン（metal ion） 138
筋肉 426

グアニン（guanine） 42, 43
グアノシン（guanosine） 43
グアノシン一リン酸（guanosine monophosphate） → GMP
グアノシン三リン酸（guanosine triphosphate） → GTP
グアノシン二リン酸（guanosine diphosphate） → GDP
空間充填モデル（space-filling model） 79
クエン酸 311, 313
クエン酸回路（citric acid cycle） 261, 307, 313〜317
——の反応 311
クエン酸シンターゼ（citrate synthase） 311
——の構造 312
——の反応 312
クエン酸輸送系 319, 378
クオラムセンシング（quorum sensing） 220
Ku タンパク質 463, 464
クヌープ（Franz Knoop） 392
組換え（recombination） 463

組換え DNA 技術（recombinant DNA technology） 60
クライオ電子顕微鏡法（cryoelectron microscopy） 24, 92
グラナ（granum, pl. grana） 351
クランプローダー（clamp loader） 452
グリオキシソーム（glyoxysome） 320, 377
グリオキシル酸回路（glyoxylate cycle） 319, 320
グリカン（glycan） 244
グリコーゲン（glycogen） 245, 295
——の構造 257
グリコーゲン合成 296
グリコーゲンシンターゼ（glycogen synthase） 296, 431, 432
グリコーゲン貯蔵病 → 糖原病
グリコーゲン分解（glycogenolysis） 296
グリコーゲンホスホリラーゼ（glycogen phosphorylase） 225, 298, 432
グリコーゲンホスホリラーゼキナーゼ（glycogen phosphorylase kinase） 433
グリコサミノグリカン（glycosaminoglycan） 249
グリコシダーゼ（glycosidase） 248
グリコシド（glycoside） 243
グリコシド結合（glycosidic bond） 7, 243, 365
グリコシル化（glycosylation） 520
グリコシルトランスフェラーゼ（glycosyltransferase） 248, 296
グリコミクス（glycomics） 244
グリシン（glycine） 73, 402, 412
クリステ（crista, pl. cristae） 331
グリセルアルデヒド（glyceraldehyde） 241
グリセルアルデヒド 3-リン酸（glyceraldehyde 3-phosphate） 260, 283, 285
グリセルアルデヒド-3-リン酸デヒドロゲナーゼ（glyceraldehyde-3-phosphate dehydrogenase） 285, 286, 302
グリセロリン脂質（glycerophospholipid） 183
クリック（Francis Henry Crick） 42, 445, 501
グリフィス（F. Griffith） 64
グリホサート 368, 405
グルカゴン（glucagon） 432, 443
——の構造 433
グルコキナーゼ（glucokinase） 430
グルコース（glucose） 3, 7, 241, 279, 425
グルコース-アラニン回路（glucose-alanine cycle） 429
グルコース代謝 300
グルコース-6-ホスファターゼ（glucose-6-phosphatase） 294
グルコース 6-リン酸（glucose 6-phosphate） 280
グルコース-6-リン酸イソメラーゼ（glucose-6-phosphate isomerase） → ホスホグルコイソメラーゼ
グルコース-6-リン酸デヒドロゲナーゼ（glucose-6-phosphate dehydrogenase） 298
グルタミン（glutamine） 73
グルタミン酸（glutamate, glutamic acid） 73, 318

グルタミン酸シンターゼ（glutamate synthase） 398
グルタミン酸デヒドロゲナーゼ（glutamate dehydrogenase） 318, 415
グルタミン酸ナトリウム 74
グルタミンシンテターゼ（glutamine synthetase） 398
GLUT4 431
クレアチン（creatine） 270
クレノウフラグメント（Klenow fragment） 452
クレブス（Hans Krebs） 313, 415
クレブス回路（Krebs cycle） → クエン酸回路
グレリン（ghrelin） 434
GroEL/GroES 複合体 517
クロストーク（cross-talk） 228
クロトリマゾール（clotrimazole） 237
クローニング（cloning） 61
クローニングベクター（cloning vector） 61
グロビン（globin） 100, 102
クロマチン 466
活性—— 477
不活性—— 477
クロマチン再構築複合体（chromatin-remodeling complex） 477
クロマトグラフィー（chromatography） 87
クロム 346
クロラムフェニコール（chloramphenicol） 513
クロロフィル（chlorophyll） 352
クローン（clone） 61
クローン化 → クローニング
クローン病（Crohn's disease） 55
クワシオルコル（kwashiorkor） 435

K_I 167
K_{eq} 266
蛍光（fluorescence） 353
蛍光 in situ ハイブリッド形成法（fluorescence in situ hybridization） 66
K_a 29
K_M 159
k_{cat}/K_M 161
k_{cat} 160, 161
K⁺ チャネル 202〜204
血液凝固（coagulation） 144
血管拡張性失調症（ataxia telangiectasia） 461
血管新生（angiogenesis） 460
結合状態変化機構（binding change mechanism） 342
血清グルタミン酸-オキサロ酢酸トランスアミナーゼ（serum glutamate-oxaloacetate transaminase） 399
血清グルタミン酸-ピルビン酸トランスアミナーゼ（serum glutamate-pyruvate transaminase） 399
ケトアシドーシス（ketoacidosis） 385
α-ケトグルタル酸 → 2-オキソグルタル酸
ケト原性（ketogenic） 411
ケトース（ketose） 241
ケトン 4
ケトン体（ketone body） 384, 436
——の異化 385

索　引　　　591

ケトン体生成 (ketogenesis)　384
ゲノミクス (genomics)　55
ゲノム (genome)　49
ゲノムインプリンティング (genome imprinting)　468
ゲノム地図 (genome map)　54
ケラチン (keratin)　113
ゲラニオール (geraniol)　185
ゲルダナマイシン (geldanamycin)　525
ゲル沪過クロマトグラフィー (gel filtration chromatography)　87
原核細胞　14
原核生物 (prokaryote)　14
嫌気的 (anaerobic)　13
原子質量単位　6
元　素　2
ケンドルー (John Kendrew)　79
GenBank　51

コイルドコイル (coiled coil)　113, 114
高アンモニア血症 (hyperammonemia)　423
光化学系 I (photosystem I)　357, 358
光化学系 II (photosystem II)　354, 355
好気的 (aerobic)　13
高血糖 (hyperglycemia)　438
光合成 (photosynthesis)　350
光酸化 (photooxidation)　353
光子 (photon)　351
校正 (proofreading)　453, 485
合成酵素 → シンテターゼ
構成的 (constitutive)　465
抗生物質　250
酵素 (enzyme)　11, 131, 135
　——による反応速度上昇　132
　——の触媒定数　161
酵素-基質複合体 (enzyme-substrate complex)　157
高速液体クロマトグラフィー (high-performance chromatography)　88
酵素-阻害剤複合体 (enzyme-inhibitor complex)　167
酵素反応速度論 (enzyme kinetics)　156
後天性免疫不全症候群 (acquired immunodeficiency syndrome)　169
高頻度反復配列 (highly repetitive sequence)　53
高密度リポタンパク質 (high-density lipoprotein)　370, 390
光リン酸化 (photophosphorylation)　360
CoA → 補酵素 A
氷の構造　21
CoQ → ユビキノン
呼吸 (respiration)　330
呼吸性アシドーシス (respiratory acidosis)　33
呼吸性アルカローシス (respiratory alkalosis)　33
コケーン症候群 (Cockayne syndrome)　463
古細菌 (archaebacteria) → アーキア
コシュランド (Daniel Koshland)　142
五炭糖 → ペントース
COX → シクロオキシゲナーゼ
骨形成不全症 (osteogenesis imperfecta)　118

固定 (fixation) → 炭素固定
コード鎖 (coding strand)　49
コドン (codon)　49, 501
コハク酸　315
コハク酸デヒドロゲナーゼ　315, 333, 334
コバラミン (cobalamin)　266, 376
互変異性化 (tautomerization)　288
互変異性体 (tautomer)　136
コホルマイシン (coformycin)　177
コラーゲン (collagen)　107, 115, 118
コラナ (Har Gobind Korana)　66, 521
コーリー (Robert Corey)　65, 77
コリ回路 (Cori cycle)　428
コリスミ酸 (chorismate)　404
コリ病 (Cori's disease)　297
コール酸 (cholate)　389
コルジセピン (cordycepin)　497
コルチゾール (cortisol)　232
コルヒチン (colchicine)　111
コレステロール　5, 185, 387, 388
　——の生合成　388
混合阻害 (mixed inhibition)　170
コンドロイチン硫酸　250
コーンバーグ (Roger Kornberg)　484
コンホメーション (conformation) → 立体構造

さ　行

細菌 (bacterium, *pl.* bacteria) → 真正細菌
サイクリック AMP (cyclic AMP)　225
再生 (renaturation, DNA の)　48
再生 (renaturation, タンパク質の)　83
細胞 (cell)　1
細胞外シグナル　220
細胞骨格 (cytoskeleton)　98, 106
細胞骨格タンパク質 (cytoskeletal protein)　107
細胞質分裂 (cytokinesis)　120
細胞壁　365
再利用経路 → サルベージ経路
サイレンサー配列 (silencer sequence)　480
サキナビル (saquinavir)　169
砂糖 → スクロース
作動薬 → アゴニスト
サブユニット (subunit)　86
サラセミア (thalassemia) → 地中海貧血
サリン (sarin)　150
サルコシン (sarcosine)　419
サルベージ経路 (salvage pathway)　410
酸 (acid)　28
酸塩基触媒 (acid-base catalyst)　136
酸化 (oxidation)　11, 261
サンガー (Frederick Sanger)　55
酸解離定数 (acid dissociation constant) → K_a
酸化還元中心 (redox center)　333
酸化還元反応 (oxidation-reduction reaction)　261, 328
酸化剤 (oxidizing agent, oxidant)　328
酸化状態　10
酸化的リン酸化 (oxidative phosphorylation)　262, 327, 328

残基 (residue)　5, 45
三次構造 (tertiary structure, タンパク質の)　76
三重らせん (triple helix)　115
酸触媒 (acid catalyst)　136
酸性 (acidic)　28
酸素発生複合体 (oxygen-evolving complex)　356
酸素分圧 (partial pressure of oxygen)　100
三炭糖 → トリオース
三糖 (trisaccharide)　241

G アクチン (G-actin)　108
ジアゾ栄養生物 (diazotroph)　396
シアノバクテリア (cyanobacterium, *pl.* cyanobacteria)　350, 418
$C_\alpha → \alpha$炭素原子
ジイソプロピルフルオロリン酸 (diisopropyl fluorophosphate, diisopropylphosphofluoridate)　166
cAMP → サイクリック AMP
cAMP ホスホジエステラーゼ (cAMP phosphodiesterase)　226
GFP → 緑色蛍光タンパク質
GM → 遺伝子組換え
CMP　43
GMP　43
シェルタリン (shelterin)　457
CoA → 補酵素 A
CoQ → ユビキノン
色素性乾皮症 (xeroderma pigmentosum)　463
軸索 (axon)　199
　——のミエリン化　200
シグナル伝達 (signal transduction)　219
シグナル伝達経路　222
シグナル認識粒子 (signal recognition particle)　518
シグナルペプチダーゼ (signal peptidase)　519
シグナルペプチド (signal peptide)　519
σ 因子　478
シクロオキシゲナーゼ (cyclooxygenase)　233
C_4 経路 (C_4 pathway)　362
自己活性化 (autoactivation)　147
自己スプライシング (self-splicing)　490
自己複製　12
自己リン酸化 (autophosphorylation)　230
自殺基質 (suicide substrate)　166
CCA 配列　495
脂質 (lipid)　5, 181
脂質結合型タンパク質 (lipid-linked protein)　190
脂質代謝　371, 391
脂質二重層 (lipid bilayer)　181, 185, 187
　——のモデル　187
自食作用 → オートファジー
C_3 植物　362
システイン (cysteine)　3, 73, 403, 412
ジスルフィド結合 (disulfide bond)　73, 520
自然選択 (natural selection)　13
GWAS → 全ゲノム相関解析
G タンパク質 (G protein)　221, 224, 509, 513

Gタンパク質共役型受容体（G protein-coupled receptor）221
ジチオトレイトール（dithiothreitol）96
シチジン（cytidine）43
シチジン一リン酸（cytidine monphosphate）→ CMP
シチジン三リン酸（cytidine triphosphate）→ CTP
シチジン二リン酸（cytidine diphosphate）→ CDP
シッフ塩基（Schiff base）137
質量作用比（mass action ratio）267
質量分析法（mass spectrometry）89, 90
cDNA → 相補的 DNA
GTF → 基本転写因子
CTP 43
CDP 43
GTP 43
GDP 43
GTP アーゼ 515
ジデオキシ DNA 配列決定法（dideoxy DNA sequencing）56
ジデオキシ法 → ジデオキシ DNA 配列決定法
ジデオキシリボヌクレオシド三リン酸（dideoxyribonucleoside triphosphate）56
ジデオキシリボヌクレオチド → ジデオキシリボヌクレオシド三リン酸
シトクロム（cytochrome）335
——c の構造 337
シトクロム c オキシダーゼ 337
——の構造 337
シトクロム b_6f（cytochrome b_6f）357
シトクロム bc_1 複合体（cytochrome bc_1 complex）→ ユビキノール－シトクロム c オキシドレダクターゼ
シトシン（cytosine）42, 43
シトルリン（citrulline）406, 416
シナプス小胞（synaptic vesicle）210
ジニトロフェノール 343, 347
α シヌクレイン（α-synuclein）84
自発的（spontaneous）9
CpG アイランド（CpG island）467, 479
GPCR → Gタンパク質共役型受容体
GPCR-G タンパク質複合体 224
ジヒドロキシアセトン（dihydroxyacetone）241
ジヒドロキシアセトンリン酸 283, 285
ジヒドロビオプテリン（dihydrobiopterin）413
脂肪細胞 257
脂肪酸（fatty acid）181, 182
——の生合成 380
ω-—— 183
脂肪酸合成酵素（fatty acid synthase）379
脂肪酸代謝 383
脂肪組織 426
脂肪分解（lipolysis）433
C 末端（C-terminus）74, 486
四面体中間体（tetrahedral intermediate）141
シャインーダルガーノ配列（Shine-Dalgarno sequence）509

シャペロニン（chaperonin）517
シャルガフ（Erwin Chargaff）42
シャルガフの法則（Chargaff's rule）42
自由エネルギー（free energy）8
終結因子（release factor）514
集光性複合体（light-harvesting complex）354
重合体（polymer）5
終止コドン（stop codon）502, 515
重症筋無力症（myasthenia gravis）217
修飾ヌクレオチド 495, 504
従属栄養生物（heterotroph）255
収束進化（convergent evolution）144
縮合反応（condensation reaction）74
縮重（degeneracy）501
主溝（major groove）46
受動輸送体（passive transporter）200
腫瘍遺伝子 → がん遺伝子
腫瘍壊死因子 α（tumor necrosis factor α）439
受容体（receptor）219
受容体（型）チロシンキナーゼ（receptor tyrosine kinase）222
ジュール（James Prescott Joule）267
循環型電子伝達（cyclic electron flow）359
準平衡反応（near-equilibrium reaction）282
硝化（nitrification）397
硝酸化 → 硝化
冗長性（redundancy）502
小胞（vesicle）26, 120
消耗症（marasmus）435
触媒（catalyst）132
触媒 3 残基（catalytic triad）139
触媒定数（catalytic constant）→ k_{cat}
触媒三つ組 → 触媒 3 残基
初速度（initial velocity, 酵素反応の）159
シンガー（S. Jonathan Singer）191
真核細胞 14
真核生物（eukaryote）14
進化系統樹 14
ジンクフィンガー（zinc finger）82, 483
神経伝達物質（neurotransmitter）209, 405
親水性（hydrophilic）24
親水性表面（hydrophilic surface）80
真正クロマチン → ユークロマチン
真正細菌（eubacteria）14
腎　臓 32, 426
シンターゼ（synthase）398
伸長因子（elongation factor）510
伸長酵素（elongase）382
シンテターゼ（synthetase）398
浸透（osmosis）204
浸透圧濃度（osmolarity）38
水素結合（hydrogenbond）21
低障壁—— 141
垂直伝播 → 遺伝子垂直伝播
膵島細胞 430
水平伝播 → 遺伝子水平伝播
水和（hydration）24
スクアレン（squalene）388
スクシニル CoA 314
スクシニル CoA シンテターゼ（succinyl-CoA synthetase）314

——の構造 315
スクシニルコリン（succinylcholine）210
スクロース（sucrose）245, 288, 364
スタチン（statin）389
スタッキング相互作用（stacking interaction）47
スタール（Franklin Stahl）445
ストレプトマイシン（streptomycin）513
ストロマ（stroma）351
SNARE（soluble N-ethylmaleimide-sensitive factor attachment protein receptor）211
——の構造 212
スーパーオキシドアニオン 338
スーパーコイル → 超らせん
スフィンゴ脂質（sphingolipid）184, 382
スフィンゴシン（sphingosine）184
スフィンゴミエリン（sphingomyelin）184
ズブチリシン（subtilisin）144
——の構造 143
スプライシング（splicing）52, 475, 489
選択的—— 491
スプライソソーム（spliceosome）490
SUMO（small ubiquitin-like modifier）520
スルホンアミド 419

生化学（biochemistry）1
制限エンドヌクレアーゼ（restriction endonuclease）→ 制限酵素
制限酵素（restriction enzyme）58
制限断片（restriction fragment）60
制限分解（restriction digestion）60
生成酵素 → シンターゼ
生成物阻害（product inhibition）168
生体高分子 7
静電触媒機構（electrostatic catalysis）143
正のアロステリック調節因子（positive effector）172
生物情報学 → バイオインフォマティクス
生物体（organism）14
生物的修復（bioremendation）264
生物変換（bioconversion）246
赤血球 106
絶対温度 8
切断部位（scissile bond）139
設定値（set-point）436
Z 機構（Z-scheme）359
セリン（serine）72, 402, 412
セリンヒドロキシメチルトランスフェラーゼ 402
セリンプロテアーゼ（serine protease）139, 143, 146
——の触媒機構 140
セルトラリン（sertraline）211
セルレニン（cerulenin）382
セルロース（cellulose）7, 246, 365
セレノシステイン（selenocysteine）506
セレノタンパク質 506
セレブロシド（cerebroside）184
セロトニン（serotonin）211, 406
セロビオース（cellobiose）253
遷移状態（transition state）134
遷移状態類似体（transition state analog）168

索　引　593

繊維状タンパク質 (fibrous protein) 79
全ゲノム相関解析 (genome-wide association study) 55
染色体 (chromosome) 41
全身性エリテマトーデス (systemic lupus erythematosus) 469
選択 (selection) 61
選択的スプライシング (alternative splicing) 491
選択的セロトニン再取込み阻害薬 (selective serotonin reuptake inhibitor) 211
善玉コレステロール → 高密度リポタンパク質
先天性代謝異常 (inborn error of metabolism) 414
セント-ジェルジ (Albert Szent-Györgyi) 315
セントラルドグマ (central dogma) 49

双極子-双極子相互作用 (dipole−dipole interaction) 22
増殖細胞核抗原 453
相同遺伝子 (homologous gene) 54
相同タンパク質 (homologous protein) 101
相補体 (complement) 13
相補的 DNA (complementary DNA) 456
阻害因子 (inhibitor) 295
阻害定数 (inhibition constant) → K_I
速度定数 (rate constant) 158
側方拡散 (lateral diffusion) 188
疎水性 (hydrophobic) 24
疎水性アミノ酸 (hydrophobic amino acid) 71
疎水性相互作用 (hydrophobic interaction) 25
疎水性中心部 (hydrophobic core) 80
ソルビトール (sorbitol) 438

た　行

対向輸送体 (antiporter) 206
Dicer 492
代謝 (metabolism) 255
代謝回転数 (turnover number) 161
代謝経路 (metabolic pathway) 260, 263
　　——の細胞内局在 426
代謝産物 (metabolite) 260
代謝産物活性化タンパク質 (catabolite activator protein) 497
代謝症候群 → メタボリックシンドローム
代謝性アシドーシス (metabolic acidosis) 33
代謝性アルカローシス (metabolic alkalosis) 33
代謝的に不可逆な反応 (metabolically irreversible reaction) 282
代謝燃料 (metabolic fuel) 258
ダイニン (dynein) 117
ダーウィン (Charles Darwin) 11
タウリン (taurine) 419
多塩基酸 (polyprotic acid) 30

タキソール (taxol) 112, 126
多機能酵素 (multifunctional enzyme) 379
多酵素複合体 (multienzyme complex) 310
多剤耐性輸送体 (multidrug-resistance transporter) 208
TATA 結合タンパク質 (TATA-binding protein) 479
TATA ボックス (TATA box) 478
脱アデニルエキソヌクレアーゼ 492
脱塩基部位 (abasic site) 458
脱感作 (desensitization) 223
脱共役剤 (uncoupler) 343, 347
脱共役タンパク質 (uncoupling protein) 343, 348, 437
脱窒 (denitrification) 397
脱ピリミジン部位 → 脱塩基部位
脱プリン部位 → 脱塩基部位
多糖 (polysaccharide) 7, 241
ダニエリー (J. Danielli) 197
TAF (TBP-associated factor) 479
炭酸デヒドラターゼ → カルボニックアンヒドラーゼ
胆汁酸 (bile acid) 389
単純型先天性表皮水疱症 (epidermolysis bullosa simplex) 114
タンジール病 (Tangier disease) 390
炭水化物 (carbohydrate) 3, 241
炭素固定 (carbon fixation) 350
単糖 (monosaccharide) 3
タンパク質 (protein) 5, 70
　　——の折りたたみ 83
　　——の構造 71
　　ヘテロ多量体—— 86
　　ホモ多量体—— 86
タンパク質栄養障害 → クワシオルコル
タンパク質合成阻害剤 513
タンパク質分解 (proteolysis) 520
単分子反応 (unimolecular reaction) 158
単盲検試験 (single blind test) 165
単輸送体 (uniporter) 206
単量体 (monomer) 5

チアミン (thiamine) 265
チアミン二リン酸 (thiamine diphosphate) → チアミンピロリン酸
チアミンピロリン酸 (thiamine pyrophosphate) 308, 309
チェイス (Martha Chase) 42, 65
チオエステル (thioester) 271
チオール 4
チオレドキシン (thioredoxin) 409
逐次機構 (ordered mechanism) 163
致死因子 (lethal factor) 237
地中海貧血 107
窒素固定 (nitrogen fixation) 397
窒素固定生物 (nitrogen-fixing organism) → ジアゾ栄養生物
窒素循環 (nitrogen cycle) 397
窒素代謝 401
チミジル酸シンターゼ (thymidylate synthase) 410
チミジン (thymidine) 43
チミジン一リン酸 (thymidine monophosphate) → TMP

チミジン三リン酸 (thymidine triphosphate) → TTP
チミジン二リン酸 (thymidine diphosphate) → TDP
チミン (thymine) 42, 43
チミン二量体 458
チモーゲン (zymogen) 146
チャネリング (channeling) 404
中華料理店症候群 (chinese restaurant syndrome) 74
中間径フィラメント (intermediate filament) 107, 108, 113, 114
中間体 (intermediate) 260
中間密度リポタンパク質 (intermediate-density lipoprotein) 370
中性 (neutral) 28
中頻度反復配列 (moderately repetitive sequence) 53
チューブリン (tubulin) 110, 111
長鎖非コード RNA 476
超低密度リポタンパク質 (very low-density lipoprotein) 369
超らせん (supercoil) 446
チラコイド (thylakoid) 351
チラコイド内腔 (thylakoid lumen) 351
チロキシン (thyroxine) 231
チログロブリン (thyloglobulin) 232
チロシン (tyrosine) 73, 404
チロシンラジカル 356, 409

痛風 (gout) 112

T_3 → トリヨードチロニン
T_4 → チロキシン
DIPF → ジイソプロピルフルオロリン酸
tRNA → 転移 RNA
TAF (TBP-associated factor) 479
TSE → 感染性海綿状脳症
DHA 183
TATA 結合タンパク質 (TATA-binding protein) 479
TATA ボックス (TATA box) 478
DNA 42, 46
DNA かみ砕き (DNA scrunching) 486
DNA 結合タンパク質 (DNA-binding protein) 46, 482
DNA ジャイレース (DNA gyrase) 448
DNA チップ (DNA chip) 264
DNA 光回復酵素 (DNA photolyase) 459
TNFα → 腫瘍壊死因子α
DNA 複製 (DNA replication) 445, 450, 451
　　半保存的—— 445
DNA ポリメラーゼ (DNA polymerase) 56, 448
　　——の構造 452, 453
DNA マーカー (DNA marker) 52
DNA リガーゼ (DNA ligase) 60, 455
dNTP → デオキシリボヌクレオシド三リン酸
TF → 転写因子
DFP → ジイソプロピルフルオロリン酸
TMP 43
定常状態 (steady state) 159
T 状態 (tense state, アロステリックタンパク質の) 104, 165

低障壁水素結合 (low-barrier hydrogen bond) 141
ddNTP → ジデオキシリボヌクレオシド三リン酸
DTT → ジチオトレイトール
TTP 43
TDP 43
D 糖 (D sugar) 242
TBP → TATA 結合タンパク質
TPP → チアミンピロリン酸
低分子干渉 RNA (small interfering RNA) 67, 476, 492
低密度リポタンパク質 (low-density lipoprotein) 369, 389
定量的 PCR (quantitative PCR) 58
デオキシヘモグロビン (deoxyhemoglobin) 103
デオキシリボヌクレオシド (deoxyribonucleoside) 43
デオキシリボヌクレオシド三リン酸 450
デオキシリボヌクレオチド (deoxyribonucleotide) 43, 408
デサチュラーゼ (desaturase) 382
デスフルラン (desflurane) 210
テータム (Edward Tatum) 414
鉄－硫黄クラスター 334
鉄モリブデン補因子 397
テトラヒドロビオプテリン (tetrahydrobiopterin) 413
テトラヒドロ葉酸 (tetrahydrofolate) 402
テトロース (tetrose) 241
デーブソン (H. Davson) 197
テロメア (telomere) 455
テロメラーゼ (telomerase) 455
転位 (translocation) 514
転移 RNA (transfer RNA) 49, 475
——の構造 47, 503, 504
——の修飾ヌクレオチド 495
電位依存性 K$^+$ チャネル (voltage-gated K$^+$ channel) 199
転位因子 (transposable element) 53
電気陰性度 (electronegativity) 22
電気泳動法 (electrophoresis) 56
電子移動 356
電子線トモグラフィー (electron tomography) 331
電子伝達系 330
転写 (transcription) 49, 475
転写因子 (transcription factor) 230, 479
転写開始 486
転写終結 487
転写伸長 486
転写バブル (transcription bubble) 479
デンプン (starch) 7, 245, 364
点変異 (point mutation) 458

糖 (sugar, saccharide) 3, 241
同化 (anabolism) 255
糖原性 (glucogenic) 411
糖原病 (glycogen storage disease) 297, 298
糖脂質 (glycolipid) 184
糖質 → 糖
糖新生 (gluconeogenesis) 279, 293
糖タンパク質 (glycoprotein) 192

等電点 (isoelectric point) 88
糖尿病 (diabetes mellitus) 258, 430, 437
等方輸送体 (symporter) 206
糖－リン酸骨格 (sugar－phosphate backbone) 45
ドキソルビシン (doxorubicin) 468
特異性ポケット (specificity pocket) 146
α－トコフェロール (α-tocopherol) 186
突然変異 (mutation) → 変異
ドデカン 24
ドデシル硫酸ナトリウム (dodecyl sodium sulfate) → SDS
ドーパミン 405
トポイソメラーゼ (topoisomerase) 447
——の作用 448
ドメイン (domain) 80
トランジション変異 (ransition mutation) 458
トランスアミナーゼ (transaminase) → アミノトランスフェラーゼ
トランスクリプトミクス (transcriptomics) 264
トランスクリプトーム (transcriptome) 264
トランスケトラーゼ反応 163
トランスジェニック植物 368
トランスジェニック生物 (transgenic organism) 63
トランスバージョン (tranversion) 458
トランスロカーゼ (translocase) 188
トランスロコン (translocon) 519
トリアシルグリセロール (triacylglycerol) 182, 371, 385
——の生合成 386
トリオース (triose) 241
トリオースリン酸イソメラーゼ (triose phosphate isomerase) 285
トリグリセリド (triglyceride) → トリアシルグリセロール
トリクロサン (triclosan) 382, 393
トリパノソーマ 303
トリパノチオン (tripanothione) 175
トリプシン (trypsin) 143
——の構造 143
トリプシンインヒビター 147
トリプトファン (tryptophan) 71, 404
トリプトファンシンターゼ 404
トリヨードチロニン (triiodothyronine) 231
トレオニン (threonine) 73, 412
トレオニンデアミナーゼ 419
トレッドミル状態 (treadmilling) 109
トレハロース (trehalose) 253, 305
トロンビン (thrombin) 144

な 行

ナイアシン (niacin) 44, 265
内因子 (intrinsic factor) 274
内膜 (inner membrane) 351
Na$^+$/K$^+$ ATP アーゼ (Na$^+$/K$^+$ATPase) 207
——の構造 208
ナンセンスコドン (nonsense codon) → 終止コドン
二基質反応 (bisubstrate reaction) 162

ニゲリシン (nigericin) 346
ニコチンアミドアデニンジヌクレオチド (nicotinamide adenine dinucleotide) → NAD
ニコチンアミドアデニンジヌクレオチドリン酸 (nicotinamide adenine dinucleotide phosphate) → NADP
ニコチン酸 → ナイアシン
ニコルソン (Garth Nicolson) 191
二次構造 (secondary structure, タンパク質の) 76
二次構造要素 (secondary structure element) 78
二次性能動輸送 (secondary active transport) 209
二次反応 (second-order reaction) 158
二次メッセンジャー (second messenger) 221
二重層 (bilayer) 26
二重盲検試験 (double blind test) 165
ニック (nick) 447
ニックトランスレーション (nick translation) 454
日周期 → 概日リズム
二糖 (disaccharide) 241
ニトログリセリン 406
ニトロゲナーゼ (nitrogenase) 396
二倍体 (diploid) 52
二分子反応 (bimolecular reaction) 158
二本鎖切断修復機構 464
乳酸 (lactate) 290
乳酸デヒドロゲナーゼ (lactate dehydrogenase) 290
乳糖 → ラクトース
ニューズホルム (Eric Newsholme) 295
尿素 (urea) 415
尿素回路 (urea cycle) 415～417
二リン酸エステル 4
ニーレンバーグ (Marshall Nierenberg) 66, 521

ヌクレアーゼ (nuclease) 46
ヌクレオシド (nucleoside) 42
ヌクレオソーム (nucleosome) 466, 478
ヌクレオソームコア 466
——の構造
ヌクレオチド (nucleotide) 3, 41
ヌクレオチド除去修復 (nucleotide excision repair) 463

熱ショックタンパク質 (heat-shock protein) 95, 517
熱水噴出孔 12
熱発生 (thermogenesis) 343
ネビラピン (nevirapine) 456
ネルンストの式 (Nernst equation) 328

能動輸送 207
二次性—— 209
能動輸送体 (active transporter) 201
囊胞性繊維症 (cystic fibrosis) 52, 469
ノボビオシン (novobiocin) 469
ノルアドレナリン (noradrenaline) 223, 405, 432

ノルエピネフリン（norepinephrine）→ ノル
　　　　アドレナリン
ノルロイシン（norleucine）　522

は　行

バイオインフォマティクス（bioinformatics）
　　　　1
バイオフィルム（biofilm）　247
配向効果（orientation effect）　142
配糖体 → グリコシド
パーキンソン病（Parkinson's disease）　405
バクテリオファージ（bacteriophage）　42
バクテリオロドプシン　190
パクリタキセル → タキソール
ハーシー（Alfred Hershey）　42, 65
バシャム（James Bassham）　363
破傷風菌（*Clostridium tetani*）　217
パスツール（Louis Pasteur）　290, 316
パスツール効果（Pasteur effect）　316
ハース投影式（Haworth projection）　242
発エルゴン的（exergonic）　9
発がん（carcinogenesis）　317, 460
発がん物質（carcinogen）　459
発現（expression）　49
発現配列 → エキソン
発酵（fermentation）　290
ハートナップ病（Hartnup disease）　274
ハプトコリン（haptocorrin）　274
パラオキソン（paraoxon）　150
パラチオン（parathion）　150
バリノマイシン（valinomycin）　346
バリン（valine）　71
　　──分解　413
パルミチン酸（palmitic acid）　5, 181
半数体 → 一倍体
バンティング（Frederick Banting）　437
反転拡散（transverse diffusion）→ フリップ－
　　　　フロップ
反応機構（reaction mechanism）　137
反応座標（reaction coordinate）　134
反応速度（velocity）　157
反応速度式（rate equation）　158
反応中心（reaction center）　353
反応特異性（reaction specificity）　133
反応物（reactant）　132
半反応（half-reaction）　328
反復 DNA（repetitive DNA）　52
反平行 → 逆平行
反平行 β シート → 逆平行 β シート
半保存的（semiconservative）　446

*p*50　100
p53　461
pI → 等電点
BRCA 遺伝子　461
PRPP → 5－ホスホリボシル二リン酸
PET → 陽電子放射断層画像撮影法
PAH → フェニルアラニンヒドロキシラーゼ
PS Ⅱ → 光化学系 Ⅱ
pH　28
PABP → ポリ（A）結合タンパク質
PFK → ホスホフルクトキナーゼ

PLP → ピリドキサール 5′－リン酸
*p*O₂ → 酸素分圧
ビオチン（biotin）　291, 378
P：O 比（P：O ratio）　343
B 形 DNA（B-DNA）　47
光呼吸（photorespiration）　362
光受容体（photoreceptor）　352
光独立栄養生物（photoautotroph）　255
非還元糖（nonreducing sugar）　243
引金因子（trigger factor）　517
非拮抗阻害（noncompetitive inhibition）　170
PQ → プラストキノン
PQH₂ → プラストキノール
非極性（nonpolar）　24
PKR → RNA 活性化プロテインキナーゼ
p*K*ₐ　30
PKA → プロテインキナーゼ A
非コード RNA（noncoding RNA）　476
非コード鎖（noncoding strand）　49
PCR → ポリメラーゼ連鎖反応
PCNA → 増殖細胞核抗原
非循環型電子伝達（noncyclic electron flow）
　　　　359
微小管（microtubule）　107, 108, 110, 112
微小環境（microenvironment）　74
ヒスチジン（histidine）　73, 405
ヒストン（histone）　466
ヒストンアセチルトランスフェラーゼ
　　　　（histone acetyltransferase）　474, 477
ヒストンコード（histone code）　467, 477
ヒストン修飾　467, 477
1,3－ビスホスホグリセリン酸　286
2,3－ビスホスホグリセリン酸（2,3-bisphos-
　　　　phoglycerate）　105
非相同末端結合（nonhomologous end-
　　　　joining）　463
ビタミン（vitamin）　44, 186, 263
　　──の役割　265
ビタミン A → レチノール
ビタミン B₁ → チアミン
ビタミン B₆ → ピリドキシン
ビタミン C → アスコルビン酸
ビタミン E → α－トコフェロール
必須（essential）　263
必須アミノ酸（essential amino acid）　401
必須脂肪酸（essential fatty acid）　383
必須でないアミノ酸 → 非必須アミノ酸
Bt 遺伝子　368
P 糖タンパク質（P-glycoprotein）　208
　　──の構造　208
ヒト免疫不全ウイルス（human immunodefi-
　　　　ciency virus）　169, 456
ビードル（George Beadle）　414
ヒドロキシプロリン　115
3－ヒドロキシ酪酸（3-hydroxybutyrate）
　　　　384
β－ヒドロキシ酪酸 → 3－ヒドロキシ酪酸
ヒドロニウムイオン（hydronium ion）→ オキ
　　　　ソニウムイオン
BPG → 2,3－ビスホスホグリセリン酸
非必須アミノ酸（nonessential amino acid）
　　　　401
P 部位（P site）　507
ヒポキサンチン（hypoxanthine）　65, 408

肥満　436
比誘電率（dielectric constant）　23
ピューロマイシン（puromycin）　513
標準還元電位（standard reduction potential）
　　　　328, 329
標準自由エネルギー変化（standard free ener-
　　　　gy change）　266
標準状態（standard condition）　266
ピリドキサール 5′－リン酸（pyridoxal 5′-
　　　　phosphate）　399
　　──が触媒するアミノ基転移反応　400
ピリドキシン　399
ピリミジン（pyrimidine）　42
ピリミジンヌクレオチド（pyrimidine nucleo-
　　　　tide）　408
微量元素（trace element）　2
ヒル係数（Hill coefficient）　124
ピルビン酸（pyruvic acid）　260, 287, 289,
　　　　319, 412
ピルビン酸カルボキシラーゼ（pyruvate car-
　　　　boxylase）　291
ピルビン酸キナーゼ（pyruvate kinase）　287
ピルビン酸デヒドロゲナーゼ　310
　　──の構造　308
ピロシークエンス法（pyrosequencing）　56
ピロリ菌　424
ピロリシン（pyrrolysine）　506
貧血（anemia）　106
ビンブラスチン（vinblastine）　127, 217
ピンポン機構（ping pong mechanism）　163
ファゴソーム（phagosome）　326
ファゴフォア（phagophore）　218
ファラデー定数（Faraday constant）　199,
　　　　328
ファロイジン（phalloidin）　126
ファンク（Casimir Funk）　263
ファンデルワールス相互作用（van der Waals
　　　　interaction）　22
ファンデルワールス半径（van der Waals
　　　　radius）　22
VLDL → 超低密度リポタンパク質
フィコシアニン（phycocyanin）　352
フィタン酸（phytanic acid）　195, 377, 392
フィッシャー（Emil Fischer）　139, 173
フィッシャー投影式（Fischer projection）
　　　　242
FISH → 蛍光 in situ ハイブリッド形成法
部位特異的変異誘発（site-directed mutagene-
　　　　sis）　62
フィードバック阻害（feedback inhibition）
　　　　171
フィードフォワード活性化（feed-forward
　　　　activation）　289
フィトール（phytol）　195
フィブリノーゲン（fibrinogen）　144
フィブリン（fibrin）　144
フィロキノン（phylloquinone）　186
封入体（inclusion body）　526
フェニルアラニン（phenylalanine）　71
　　──分解　413
フェニルアラニンヒドロキシラーゼ（phenyl-
　　　　alanine hydroxylase）
　　　　174, 404, 413, 414

フェニルケトン尿症 (phenylketourea) 414, 422
FeMo 補因子 397
フェレドキシン (ferredoxin) 358, 364
フェレドキシン-NADP$^+$ レダクターゼ (ferredoxin-NADP$^+$ reductase) 359
フォトリアーゼ (photolyase) 472
フォンギエルケ病 (von Gierke's disease) 297, 305
不可逆的阻害剤 (irreversible inhibitor) 166
不規則的二次構造 (irregular secondary structure) 78
不拮抗阻害剤 (uncompetitive inhibitor) 170
副溝 (minor groove) 46
複合体 I (complex I) → NADH-ユビキノンオキシドレダクターゼ複合体
複合体 II (complex II) → コハク酸デヒドロゲナーゼ
複合体 III (complex III) → ユビキノール-シトクロム c オキシドレダクターゼ
複合体 IV (complex IV) → シトクロム c オキシダーゼ
複合体 V (complex V) → F 型 ATP 合成酵素
複合糖質 (complex carbohydrate) → 多糖
複数回ヒット仮説 (multiple-hit hypothesis) 460
複製 (replication) 11, 49
複製開始点 → 複製起点
複製起点 (replication origin) 448
複製起点認識複合体 (origin recognition complex) 448
複製共役集合因子 (replication-coupling assembly factor) 466
複製フォーク (replication fork) 448
浮腫因子 (edema factor) 237
付着末端 (sticky end) 60
不定形タンパク質 (intrinsically unstructured protein) 85
太いフィラメント (thick filament) 119
不動毛 (stereocilia) 122
負のアロステリック調節因子 (negative effector) 172
不変残基 (invariant residue) 101
不飽和脂肪酸 (unsaturated fatty acid) 181
フマラーゼ (fumarase) 315, 317
フマル酸 315
フモニシン (fumonisin) 394
プライマー (primer) 56, 450
——除去 454
プライマーゼ (primase) 450
フラジェリン (flagellin) 254
ブラジリン (brazilin) 304
(+) 端 108
プラストキノール (plastoquinol) 355
プラストキノン (plastoquinone) 355
プラストシアニン (plastocyanin) 357
プラスマローゲン (plasmalogen) 194
プラスミド (plasmid) 60
ブラックスモーカー (black smoker) 12
ブラックバーン (Elizabeth Blackburn) 455
フラップエンドヌクレアーゼ (flap endonuclease) → 454, 462
フラビンアデニンジヌクレオチド → FAD
フラビンモノヌクレオチド 333

プランクの法則 (Planck's law) 351
フランクリン (Rosalind Franklin) 45
プリオン (prion) 85
フリッパーゼ (flippase) 188, 390
フリップフロップ (flip-flop) 188
フリーラジカル (free radical) 338
プリン (purine) 42
プリンヌクレオチド (purine nucleotide) 407
プリンヌクレオチド回路 (purine nucleotide cycle) 440
フルオキセチン (fluoxetine) 211, 345, 406
5-フルオロウラシル 421
1-フルオロ-2,4-ジニトロフェノール (1-fluoro-2,4-dinitrophenol) 151
フルクトース (fructose) 242
フルクトースビスホスファターゼ (fructose bisphosphatase) 294, 295
フルクトース 1,6-ビスリン酸 282
フルクトース 2,6-ビスリン酸 283
フルクトース不耐症 305
フルクトース 6-リン酸 (fructose 6-phosphate) 282
プロゲステロン (progesterone) 232
プロセシング (processing) 84, 475, 516
プロセッシビティー (processivity) → 連続運動性
プロセッシビティー → 連続反応性
プロタミン (protamine) 474
プロテアーゼ (protease) 89, 133
プロテアーゼインヒビター (protease inhibitor) 147
プロテアソーム (proteasome) 258, 259
プロテイナーゼ (proteinase) → プロテアーゼ
プロテインキナーゼ A (protein kinase A) 225, 433
——の構造 226
プロテオグリカン (proteoglycan) 249
プロテオミクス (proteomics) 264
プロテオーム (proteome) 264
プロトフィラメント (protofilament) 111
プロトン駆動力 (proton motive force) 339
プロトン勾配 360
プロトンジャンプ (proton jump) 27
プロトンワイヤー (proton wire) 334
プロピオニル CoA (propionyl-CoA) 376
プロピオニル CoA カルボキシラーゼ (propionyl-CoA carboxylase) 376
プローブ (probe) 48
ブロメライン (bromelain) 152
プロモーター (promoter) 478
ブロモドメイン (bromodomain) 480
フロリジン (phlorigin) 216
プロリン (proline) 72, 402
分枝アミノ酸 403
分子クローニング (molecular cloning) 60
分子シャペロン (molecular chaperone) 84, 517
分枝点 (branch point) 490
分子量 6
平滑末端 (blunt end) 60
平衡定数 (equilibrium constant) → K_{eq}
平行 β シート (parallel sheet) 77

ヘキソキナーゼ (hexokinase) 280, 301, 430
——の構造変化 142
ヘキソース (hexose) 241
ペクチン (pectin) 246
ベスト (Charles Best) 437
β-カロテン 352
β 細胞 430
β 酸化 (β oxidation) 372, 374
β シート (β sheet) 77
逆平行—— 77
平行—— 77
β 遮断薬 (β-blocker) 223
β バレル (β barrel) 190
PET → 陽電子放射断層画像撮影法
ヘテロクロマチン (heterochromatin) 465
ペニシリン (penicillin) 250
ベネディクト試薬 (Benedict's reagent) 243
ペプチジルトランスフェラーゼ 512
ペプチダーゼ → プロテアーゼ
ペプチド (peptide) 75
ペプチドグリカン (peptidoglycan) 250
ペプチド結合 (peptide bond) 5, 74
ペプチド骨格 (peptide backbone) 74
ペプチド転移反応 (transpeptidation) 512
ヘム (heme) 99, 335
ヘモグロビン 101, 103
ヘリカーゼ (helicase) 449
ヘリックス-ターン-ヘリックス (helix-turn-helix) 482
ペルオキシソーム (peroxisome) 377
ペルツ (Max Perutz) 103
変異 (mutation) 50, 457
変異原物質 (mutagen) 459
変異ヘモグロビン (mutant hemoglobin) 106
変性 (denaturation) 48, 83
変性温度 (melting temperature) 95
ヘンゼライト (Kurt Henseleit) 415
ベンソン (Andrew Benson) 363
ヘンダーソン-ハッセルバルヒの式 (Henderson-Hasselbalch equation) 31
ペントース (pentose) 241
ペントースリン酸経路 (pentose phosphate pathway) 298, 299

ボーア (Christian Bohr) 124
ボーア効果 (Bohr effect) 105
ボイヤー (Paul Boyer) 342
補因子 (cofactor) 136, 261
芳香族アミノ酸 403
飽和 (saturation) 100
飽和脂肪酸 (saturated fatty acid) 181
飽和度 (fractional saturation) 100
補欠分子族 (prosthetic group) 99, 136
補酵素 (coenzyme) 136, 261
補酵素 A (coenzyme A) 43, 44, 260, 371
補酵素 Q → ユビキノン
補充反応 (anaplerotic reaction) 319
補助基質 (cosubstrate) 136
ホスファターゼ (phosphatase) 227
ホスファチジルイノシトール 217
——の生合成 387
ホスファチジルエタノールアミン (phosphatidylethanolamine) 183
——の生合成 386

索　引　597

ホスファチジルグリセロール（phosphatidyl-
　　　glycerol）183
ホスファチジルコリン（phosphatidylcholine）
　　　183
　——の生合成　386
ホスファチジルセリン（phosphatidylserine）
　　　183
ホスホイノシチドシグナル伝達経路（phos-
　　phoinositide signaling pathway）227
ホスホエノールピルビン酸　287, 362
ホスホエノールピルビン酸カルボキシキナー
　　ゼ（phosphoenolpyruvate carboxykinase）
　　294
ホスホエノールピルビン酸カルボキシラーゼ
　　（phosphoenolpyruvate carboxylase）368
2-ホスホグリセリン酸　287
3-ホスホグリセリン酸　287, 363
ホスホグリセリン酸キナーゼ（phosphoglyc-
　　erate kinase）286
ホスホグリセリン酸ムターゼ（phosphoglyc-
　　erate mutase）287, 303
ホスホグルコイソメラーゼ（phosphogluco-
　　isomerase）282
6-ホスホグルコノラクトナーゼ　298
6-ホスホグルコノ-δ-ラクトン　298
ホスホグルコムターゼ　295
6-ホスホグルコン酸　298
6-ホスホグルコン酸デヒドロゲナーゼ　299
ホスホクレアチン（phosphocreatine）270
ホスホジエステル結合（phosphodiester
　　bond）6, 44
ホスホフルクトキナーゼ（phosphofructoki-
　　nase）171, 282, 283,
　　295
　——の構造　171, 172
ホスホリパーゼ　184
ホスホリパーゼ C（phospholipase C）227
5-ホスホリボシル二リン酸（5-phosphoribo-
　　syl diphosphate）404
5-ホスホリボシルピロリン酸 → 5-ホスホ
　　　リボシル二リン酸
細いフィラメント（thin filament）119
保存的置換（conservative substitution）101
補体（complement）203
ホモゲンチジン酸ジオキシゲナーゼ　414
ホモシステイン（homocysteine）403
ポリアデニル酸尾部 → ポリ（A）尾部
ポリ（A）結合タンパク質（poly（A）-binding
　　protein）499
ポリ（A）尾部（poly（A）tail）489
ポリソーム（polysome）516
ポリタンパク質（polyprotein）169
ポリヌクレオチド（polynucleotide）→ 核酸
ポリペプチド（polypeptide）5, 70
ポリメラーゼ（polymerase）46
ポリメラーゼ連鎖反応（polymerase chain
　　reaction）57
ポリリボソーム → ポリソーム
ポリン（porin）201
ポーリング（Linus Pauling）65, 77, 106, 140
ホールデーン（J. B. S. Haldane）18
ポルフィリン環　335
N-ホルミルメチオニン　510
ホルモン（hormone）219, 429, 434

ホルモン応答配列（hormone response
　　element）232
ホルモン感受性リパーゼ（hormone-sensitive
　　lipase）371, 433
翻訳（translation）49, 501
翻訳因子　512
翻訳開始　509
翻訳伸長　511

ま　行

マイクロ RNA（micro RNA）476, 492
マイクロアレイ（microarray）264
（−）端　108
膜間腔（intermembrane space）331
膜貫通タンパク質 → 膜内在性タンパク質
膜侵襲複合体（membrane attack complex）
　　203
膜タンパク質　189
膜電位（membrane potential）198
膜内在性タンパク質（integral membrane
　　protein, intrinsic membrane protein）
　　189
Mg^{2+}　364
膜表在性タンパク質（peripheral membrane
　　protein, extrinsic membrane protein）
　　189
膜融合　212
マクラウド（Colin MacLeod）42, 65
マッカーティ（Maclyn McCarty）42, 65
マッカードル病（McArdle's disease）304
5′ 末端（5′ end）45
3′ 末端（3′ end）45
マリス（Kary Mullis）57
マルトース（maltose）253
マロニル CoA　379
マンガンクラスター　356
ミエリン化　200
ミエリン鞘（myelin sheath）199
ミオグロビン（myoglobin）79, 99, 101
ミオシン（myosin）117, 119, 120
ミカエリス（Leonor Michaelis）160
ミカエリス定数（Michaelis constant）→ K_M
ミカエリス-メンテンの式（Michaelis-
　　Menten equation）160
ミキソチアゾール（myxothiazol）366
ミクロビオーム（microbiome）428
ミクロフィラメント（microfilament）107
ミコール酸（mycolic acid）382
ミーシャー（Friedrich Miescher）41
水のイオン積（ion product of water）27
水分子　21
ミスマッチ修復系（mismatch repair system）
　　459
ミセル（micelle）25
ミッチェル（Peter Mitchell）339
ミトコンドリア（mitochondrion, pl. mitochon-
　　dria）331, 332
ミトコンドリアマトリックス（mitochondrial
　　matrix）308, 331

未変性構造（native structure）83
ミラー（S. Miller）18

明反応（light reaction）354
メセルソン（Matthew Meselson）445
メタボリックシンドローム（metabolic syn-
　　drome）439
メタボロミクス（metabolomics）264
メタボローム（metabolome）264
メチオニン（methionine）71, 403
メチオニンシンターゼ　403
メチシリン耐性黄色ブドウ球菌（methicillin-
　　resistant *Staphylococcus aureus*）
　　250
メチルマロニル CoA ムターゼ（methylmalo-
　　nyl-CoA mutase）376
メッセンジャー RNA（messenger RNA）49,
　　475
　——の寿命　492
メディエーター（mediator）480, 487
メトトレキセート（methotrexate）410
メトホルミン（metformin）304, 438
メトミオグロビン（metmyoglobin）123
メープルシロップ尿症　422
メラトニン　406
メンデル（Gregor Mendel）41
メンテン（Maude Menten）160

盲検試験（blind test）165
モータータンパク質（motor protein）98

や～わ

薬物動態（pharmacokinetic）164

融解温度（melting temperature）48
融点（melting point）187
誘導適合（induced fit）142
UMP　43, 408
ユークロマチン（euchromatin）465
UCP → 脱共役タンパク質
輸送タンパク質（transport protein）200
UTP　43
UDP　43
ユビキチン（ubiquitin）259
ユビキノール（ubiquinol）262, 335
ユビキノール-シトクロム *c* オキシドレダク
　　ターゼ（ubiquinol-cytochrome *c* oxidoreduc-
　　tase）335～337
ユビキノン（ubiquinone）185, 262
ユビセミキノン（ubisemiquinone）262
ゆらぎ仮説（wobble hypothesis）505
ユーリー（H. Urey）18

葉酸（folic acid）402, 403
溶質（solute）24
陽電子放射断層画像撮影法（positron emis-
　　sion tomography）427
溶媒和（solvation）24
葉緑体（chloroplast）351, 352
四次構造（quaternary structure, タンパク質
　　の）76, 86

読み枠 (reading frame) 501
四炭糖 → テトロース

ラインウィーバー–バークプロット
　　　(Lineweaver–Burk plot) 161, 162
　拮抗阻害反応の―― 167
ラウンドアップ 368
ラギング鎖 (lagging strand) 451
ラクターゼ (lactase) 245, 288
ラクトース (lactose) 244, 288
ラクトースパーミアーゼ → ガラクトシド
　　　　　　　　　　　パーミアーゼ
ラクトバチリン酸 (lactobacillic acid) 195
Ras 経路 230
lac リプレッサー 483
Rad51 465
ラフィノース (raffinose) 253
ラフト (raft) 188
ラミナリン (laminarin) 254
ラミン (lamin) 113
ラン藻 (blue-green algae) 350
ランダム機構 (random mechanism) 163
ランバート–イートン症候群 (Lambert–
　　　　　　Eaton syndrome) 217

リアルタイム PCR → 定量的 PCR
リガンド (ligand) 105, 219
リグニン (lignin) 246, 254
リシン (lysine) 73
RISC → RNA 誘導サイレンシング複合体
リスケタンパク質 (Rieske protein) 336, 357
リスケ鉄硫黄クラスタータンパク質 (Rieske
　　　iron–sulfur protein) → リスケタンパ
　　　ク質
リソソーム (lysosome) 259
リゾチーム (lysozyme) 254
律速反応 (rate-determining reaction) 283
立体構造 5
リーディング鎖 (leading strand) 451
リドカイン (lidocaine) 210
リトナビル (ritonavir) 169
リノール酸 (linoleic acid) 182
リピトール → アトルバスタチン
リファンピシン (rifampicin) 497
リプレッサー (repressor) 480, 482
リブロース 1,5–ビスリン酸 361, 363
リブロースビスリン酸カルボキシラーゼ
　　　(ribulose bisphosphate carboxylase)
　　　　　　　　　　　　　→ ルビスコ

リブロースビスリン酸カルボキシラーゼ/オ
　　　キシゲナーゼ → ルビスコ
リブロース 5–リン酸 (ribulose 5–phos-
　　　　　　　　　　phate) 299
リブロース–5–リン酸イソメラーゼ
　　　(ribulose–5–phosphate isomerase)
　　　　　　　　　　　　　　　299
リポアミド (lipoamide) 309
リボ核酸 (ribonucleic acid) 42
リボザイム (ribozyme) 132, 490, 494, 514
リボース 5–リン酸 (ribose 5–phos-phate)
　　　　　　　　　　　　　　　299
リボソーム (ribosome) 506
　――の構成因子 507
　――の校正機能 512
　――の構造 508
リボソーム RNA (ribosomal RNA) 49, 475,
　　　　　　　　　　　506, 507
リボソーム再利用因子 (ribosome recycling
　　　　　　　　　　　factor) 515
リボソームサブユニット 507
　――の構造 507
リボソームセンサー 511
リボソーム不活性化タンパク質 (ribosomal
　　　inactivating protein) 523
リポタンパク質 (lipoprotein) 256, 369, 431
　――の機能 370
　――の構造 370
　――の性質 370
リポタンパク質リパーゼ (lipoprotein lipase)
　　　　　　　　　　　　371, 431
リボヌクレアーゼ A 151
リボヌクレアーゼ P 494, 495
リボヌクレオシド (ribonucleoside) 43
リボヌクレオシド三リン酸 484
リボヌクレオチド (ribonucleotide) 43
リボヌクレオチドレダクターゼ (ribonucleo-
　　　　　　　　　　tide reductase) 409
リモネン (limonene) 185
流動モザイクモデル (fluid mosaic model)
　　　　　　　　　　　　　　　191
量子収率 (quantum yield) 364
両親媒性 (amphiphilic, amphipathic) 25,
　　　　　　　　　　　　　　　184
緑色蛍光タンパク質 (green fluorescent pro-
　　　　　　　　　　　tein) 93
理論的な薬物設計 (rational drug design) 164,
　　　　　　　　　　　　　　　169
リンゴ酸 315, 319, 362

リンゴ酸–アスパラギン酸シャトル 332
リンゴ酸酵素 319
リンゴ酸デヒドロゲナーゼ (malate dehydro-
　　　　　　　　　　genase) 315
リン酸エステル 4
リン脂質 (phospholipid) 385
臨床試験 (clinical trial) 165

ルシャトリエの法則 (Le châtelier's principle)
　　　　　　　　　　　　　　　35
ルビスコ (rubisco) 360
　――の構造 361
ループ (loop) 78

励起エネルギー移動 (exciton energy trans-
　　　　　　　　　　fer) 353
励起子 353
励起状態 (exsited state) 352
レジスチン (resistin) 434
レチノイン酸 (retinoic acid) 231
レチノール (retinol) 186
RecA 465
レッシューナイハン症候群 (Lesch–Nyhan
　　　　　　　　　　syndrome) 421
レトロウイルス (retrovirus) 456
レニン (renin) 152
レフサム病 (Refsum's disease) 377, 392
レプチン (leptin) 434, 442
連鎖反応停止剤 (chain terminator) 456
連続運動性 (processivity) 122
連続反応性 (processivity) 452, 485
連続反応性酵素 (processive enzyme) 452

ロイシン (leucine) 71
ロイシンジッパー (leucine zipper) 483
ρ 因子 488
老 化 338
浪費サイクル (futile cycle) 295
六炭糖 → ヘキソース
ロシグリタゾン (rosiglitazone) 165
ロフェコキシブ (rofecoxib) 165
ロンドンの分散力 (London dispersion force)
　　　　　　　　　　　　　　　22

ワトソン (James Dewey Watson) 42, 445,
　　　　　　　　　　　　501
ワールブルグ (Otto Warburg) 427
ワールブルグ効果 (Warburg effect) 427

須_す藤_{とう}和_{かず}夫_お
1947 年 香川県に生まれる
1969 年 東京大学理学部 卒
東京大学名誉教授
専攻 生化学, 分子細胞生物学
理 学 博 士

山_{やま}本_{もと}啓_{けい}一_{いち}
1948 年 東京に生まれる
1971 年 東京大学教養学部 卒
千葉大学名誉教授
専攻 生化学, 生理学
理 学 博 士

堅_{かた}田_だ利_{とし}明_{あき}
1952 年 北海道に生まれる
1974 年 北海道大学薬学部 卒
現 武蔵野大学薬学部 教授
東京大学名誉教授
専攻 生化学, 細胞生物学
薬 学 博 士

渡_{わた}辺_{なべ}雄_{ゆう}一_{いち}郎_{ろう}
1958 年 東京に生まれる
1981 年 東京大学理学部 卒
現 東京大学大学院総合文化研究科 教授
専攻 植物分子生物学
理 学 博 士

第1版 第1刷 2006 年 12 月 8 日 発行
第2刷 2016 年 9 月 30 日 発行
第3版 第1刷 2018 年 7 月 6 日 発行

エッセンシャル 生 化 学 第 3 版

訳 者　　須　藤　和　夫
　　　　　山　本　啓　一
　　　　　堅　田　利　明
　　　　　渡　辺　雄　一　郎
発 行 者　　小　澤　美　奈　子
発 行　　株式会社 東京化学同人
東京都文京区千石 3 丁目 36-7 (☎ 112-0011)
電話 (03) 3946-5311・FAX (03) 3946-5317
URL: http://www.tkd-pbl.com/

印刷・製本　新日本印刷株式会社

ISBN 978-4-8079-0919-3　Printed in Japan
無断転載および複製物 (コピー, 電子データ
など) の配布, 配信を禁じます.

標準的なアミノ酸の構造と略号

疎水性アミノ酸

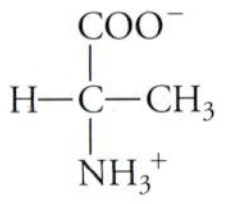

アラニン (Ala, A)

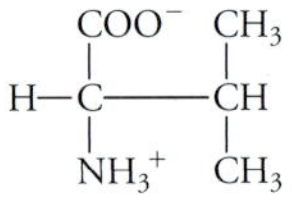

バリン (Val, V)

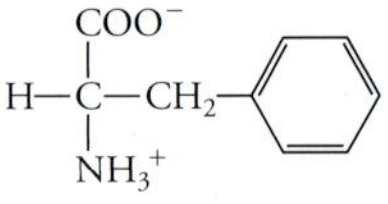

フェニルアラニン (Phe, F)

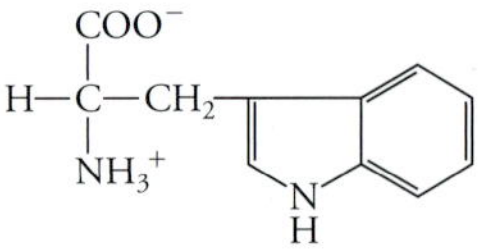

トリプトファン (Trp, W)

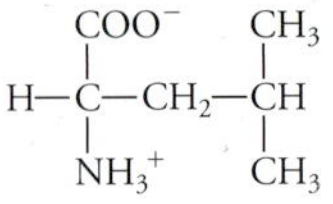

ロイシン (Leu, L)

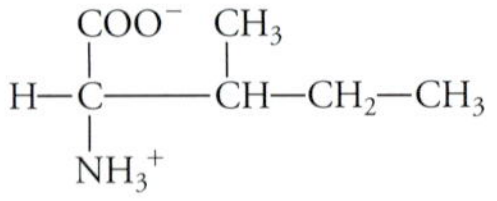

イソロイシン (Ile, I)

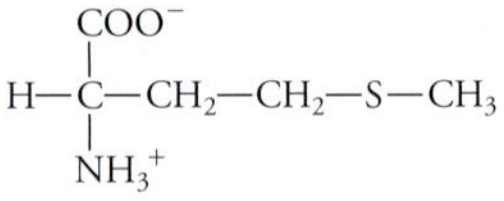

メチオニン (Met, M)

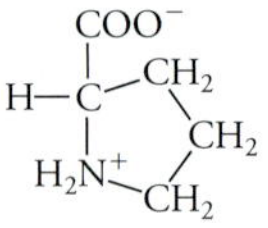

プロリン (Pro, P)

極性アミノ酸

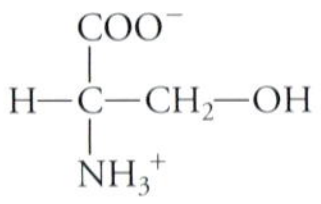

セリン (Ser, S)

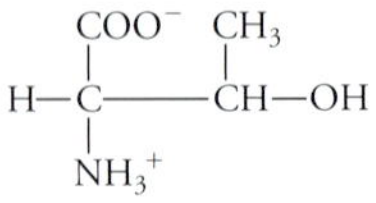

トレオニン (Thr, T)

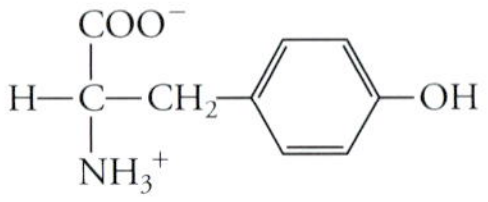

チロシン (Tyr, Y)

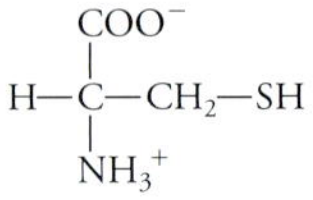

システイン (Cys, C)

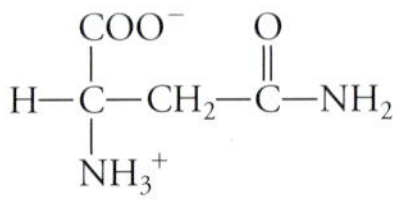

アスパラギン (Asn, N)

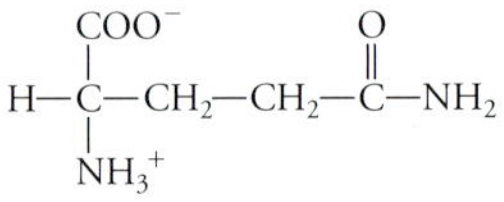

グルタミン (Gln, Q)

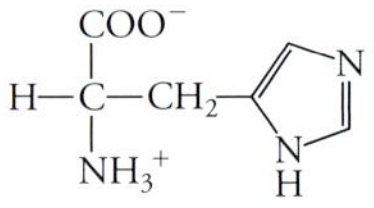

ヒスチジン (His, H)

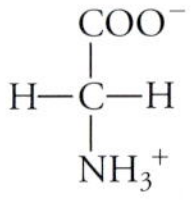

グリシン (Gly, G)

荷電アミノ酸

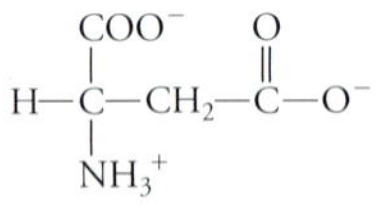

アスパラギン酸 (Asp, D)

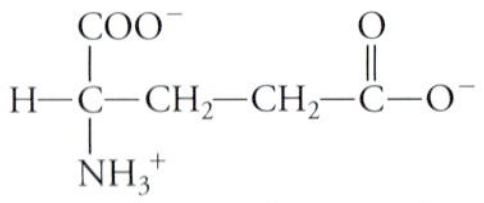

グルタミン酸 (Glu, E)

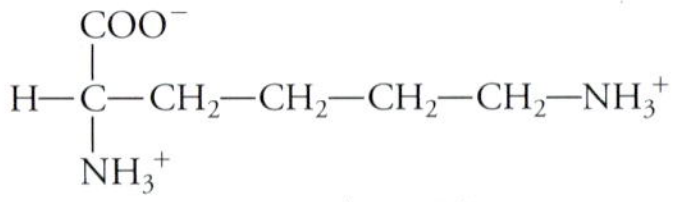

リシン (Lys, K)

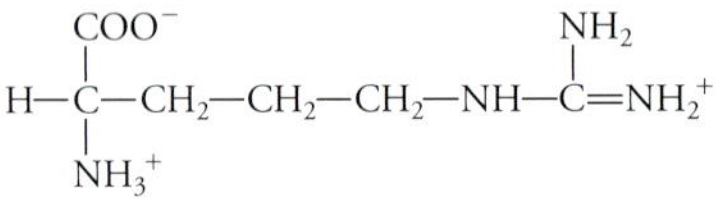

アルギニン (Arg, R)